Nachrichtentechnik

Martin Werner

Nachrichtentechnik

Eine Einführung für alle Studiengänge

8., vollständig überarbeitete und erweiterte Auflage

 Springer Vieweg

Martin Werner
Fachbereich Elektrotechnik und Informationstechnik
Hochschule Fulda
Fulda, Deutschland

ISBN 978-3-8348-2580-3   ISBN 978-3-8348-2581-0 (eBook)
DOI 10.1007/978-3-8348-2581-0

Die Deutsche Nationalbibliothek verzeichnet diese Publikation in der Deutschen Nationalbibliografie; detaillier-
te bibliografische Daten sind im Internet über http://dnb.d-nb.de abrufbar.

Springer Vieweg
© Springer Fachmedien Wiesbaden GmbH 1998, 1999, 2000, 2003 2006, 2009, 2010, 2017

Gedruckt auf säurefreiem und chlorfrei gebleichtem Papier

Springer Vieweg ist Teil von Springer Nature
Die eingetragene Gesellschaft ist Springer Fachmedien Wiesbaden GmbH
Die Anschrift der Gesellschaft ist: Abraham-Lincoln-Strasse 46, 65189 Wiesbaden, Germany

Zum Andenken an
Prof. Dr.-Ing. Dr. h. c. mult. Hans-Wilhelm Schüßler

„Die Aufgabe der Nachrichtenübertragung wird bei vordergründiger Betrachtung durch dieses Wort selbst hinreichend beschrieben. Es geht eben darum, Nachrichten zu übertragen. Etwas schwieriger wird es, wenn wir fragen, was Nachrichten eigentlich sind, eine Frage, die nur scheinbar trivial ist."

*Die Technik der Nachrichtenübertragung:
gestern – heute – morgen
Festvortrag aus Anlass des 238. Gründungstages
der Friedrich-Alexander-Universität Erlangen-Nürnberg
4. November 1981*

Vorwort

Die erste Auflage dieses Buchs, ein eher schmales Bändchen, erschien 1998. Etwa zur gleichen Zeit brachten internationale Fachgremien die technischen Standards auf den Weg, die heute unseren Alltag nachhaltig beeinflussen: die dritte Mobilfunkgeneration (UMTS), das drahtlose lokale Netz (WLAN), die digitale Kommunikation über Glasfaser mit dem Gigabit-Ethernet (1GbE) und über das Breitbandkabel (DOCSIS). Ingenieure der Nachrichtentechnik waren Wegbereiter vieler nachhaltiger Innovationen. In der modernen Informationsgesellschaft kommt ihnen die besondere Verantwortung zu, ihr Wissen um Chancen und Risiken der Informationstechnik in die Gesellschaft einzubringen. Es werden Ingenieurinnen und Ingenieure gebraucht, die nachrichtentechnische Systeme und Methoden effizient einsetzen, kritisch bewerten und neue Lösungen entwickeln können.

Das Buch *Nachrichtentechnik* richtet sich an Studierende technischer Studiengänge, der Informatik und des Wirtschaftsingenieurwesens, die einen Einstieg in die Nachrichtentechnik suchen. Es gibt Einblicke in wichtige Methoden und Anwendungen und legt solide Grundlagen für eine spätere fachliche Vertiefung, z. B. in einem Masterstudium oder einer einschlägigen Berufspraxis. Im Vordergrund steht das Verständnis der Grundlagen und der „bleibenden Ideen" der Nachrichtentechnik. Das eher kurzlebige Produkt- und Anwendungswissen kann dann später bei Bedarf, z. B. in Produktschulungen oder Trainings vor Ort, schnell erworben werden. Die Auswahl und Darstellung der Themen sind dem Bachelorstudium an Universitäten und Hochschulen für angewandte Wissenschaften angepasst. Wiederholungsfragen und Aufgaben zu den Abschnitten sind ohne lange Rechnungen zu lösen. Lösungen zu allen Aufgaben unterstützen den Lernerfolg.

Zahlreiche Kommentare von Fachkollegen, viele Fragen von Studierenden und nicht zuletzt die rasante Entwicklung der Nachrichtentechnik haben das Buch von Auflage zu Auflage wachsen lassen. Gerne habe ich für die nun achte Auflage die Gelegenheit zur vollständigen Überarbeitung mit vielen aktuellen Ergänzungen genutzt.

Allen, die das Buch durch ihr Interesse und ihre Anregungen über viele Jahre begleitet haben herzlichen Dank. Mein besonderer Dank gilt Frau Andrea Broßler und Herrn Reinhard Dapper vom Springer-Vieweg-Verlag für die stets sehr gute Zusammenarbeit und die Bereitschaft, dieses Buch über acht Auflagen hinweg zu unterstützen.

Fulda, im Herbst 2017   Martin Werner

Inhaltsverzeichnis

Aufgaben und Grundbegriffe der Nachrichtentechnik

1

Zusammenfassung

Was ist die Nachrichtentechnik nun eigentlich? Ausgehend von der historischen Entwicklung, einigen typischen Anwendungsbeispielen und grundsätzlichen Überlegungen, wird die Nachrichtentechnik anhand ihre Aufgaben und Lösungen vorgestellt. Dazu werden die Grundbegriffe Signale und Nachrichten, Nachrichtenübertragung und Nachrichtenvermittlung sowie Telekommunikationsnetze eingeführt und erläutert.

Schlüsselwörter

Nachrichtentechnik • Historische Entwicklung • Grundbegriffe • Aufgaben • Informationstechnik • Telekommunikation • Signal • Nachricht • Nachrichtenübertragung • Nachrichtenvermittlung • Telekommunikationsnetz • Telekommunikationsdienst

Smartphone, Notebook und Internet – keine moderne Welt ohne die Nachrichtentechnik. Aber was ist die Nachrichtentechnik nun eigentlich?

Beginnen wir zunächst mit dem Wort selbst, das sich aus Nachricht und Technik zusammensetzt. Der Begriff *Technik* stammt aus dem Altgriechischen „τέχνη" [téchne] und steht für Kunst(fertigkeit). Er umfasst nicht nur Gegenstände, sondern auch deren Entstehung und Verwendung im sozialen Kontext. Technik ist eine Kulturleistung. Auf Technik dürfen wir Menschen stolz sein, müssen sie und ihren Einsatz jedoch auch kritisch hinterfragen. Dies gilt besonders für die Nachrichtentechnik, die sich mit *Nachrichten*, also „Mitteilungen nach denen man sich richtet" befasst. Folgt man dem Francis Bacon (1561–1626) zugeschriebenen Ausspruch „Wissen ist Macht", berührt die Nachrichtentechnik den Kern der Gesellschaft. Rundfunk, Fernsehen und seit einigen Jahren das Internet hinterlassen nachhaltig Spuren in der Gesellschaft. Heute wird statt des Begriffs Nachricht meist synonym Information, lateinisch „informatio" für Darlegung und Deutung, verwendet, was unmittelbar die Brücke schlägt zu Begriffen wie Informationstechnik, In-

© Springer Fachmedien Wiesbaden GmbH 2017
M. Werner, *Nachrichtentechnik*, DOI 10.1007/978-3-8348-2581-0_1

formationsgesellschaft etc. Diese einführenden allgemeinen Überlegungen unterstützen eine breite Definition der Nachrichtentechnik.

▶   *Nachrichtentechnik* ist die Gesamtheit aller Technik zur Darstellung, Verarbeitung, Übertragung und Vermittlung von Nachrichten (Information).

Die Nachrichtentechnik versteht sich als eine moderne ingenieurwissenschaftliche Disziplin. Sie baut auf naturwissenschaftlichen Erkenntnissen und Methoden auf und befasst sich mit der systematischen Entwicklung, der industriellen Herstellung und dem geordneten Betrieb komplexer nachrichtentechnischer Systeme. Durch Forschung unterstützt sie die innovative Weiterentwicklung bestehender Systeme, die Konstruktion neuer Systeme und die Erschließung neuer Anwendungsgebiete.

Anmerkungen

* Technik kann als das Ergebnis der menschlichen Anstrengungen gesehen werden, mit naturwissenschaftlichen Erkenntnissen und Methoden die natürlichen Grenzen des Menschen zu überwinden und seine Handlungsalternativen zu erweitern. Die Betonung liegt hierbei in den naturwissenschaftlichen Erkenntnissen und Methoden. Die ingenieurwissenschaftliche, akademische Vorgehensweise zeichnet sich gerade nicht durch „Basteln" aus, obwohl sich viele Ingenieure auch als kreative Bastler erweisen. Um den Unterschied deutlich hervorzuheben, unterscheidet man auch sprachlich zwischen der grundlegenden Idee und ihrer planmäßigen Umsetzung, zwischen Invention, lateinisch für Einfall und Erfindung, und Innovation, lateinisch für Erneuerung.
* Der allgemeine naturwissenschaftlich-technische Fortschritt hat zu immer mehr Wissen und komplexeren Systemlösungen geführt, die eine fachliche Spezialisierung erfordern. Auch ist eine Fachsprache entstanden, die von Laien kaum mehr verstanden wird. Hier steht der Ingenieur in der Verantwortung, Technik den Entscheidungsträgern und der Öffentlichkeit verständlich zu machen, damit Chancen und Risiken des Einsatzes technischer Systeme öffentlich und kritisch bewertet werden können.

1.1   Entwicklung der Nachrichtentechnik

Weil es in der modernen Wissensgesellschaft stets auch um Informationsverarbeitung geht, stellt die Nachrichtentechnik heute eine selbstverständliche Basistechnologie dar, die oft keine Erwähnung mehr findet. Um einer greifbaren Antwort näher zu kommen, was Nachrichtentechnik eigentlich ist, unterscheiden wir zwischen einem Kernbereich und einem darüber hinausgehenden Bereich interdisziplinärer Anwendungen. Wir werfen einen Blick auf den Kernbereich der Nachrichtentechnik aus der Perspektive des Technikers und beginnen mit einem kurzen Blick zurück in die Geschichte der Nachrichtentechnik.

Die Anfänge der Nachrichtentechnik reichen weit in das Altertum zurück. Mit der Erfindung der Schrift und der Zahlenzeichen wird ab etwa 4000 v. Chr. die Grundlage zur digitalen Nachrichtentechnik gelegt. Der Grieche Polybios schlägt um 180 v. Chr. eine optische Telegrafie mit einer digitalen Codierung der 24 Buchstaben des griechischen Alphabets durch Fackelsignale vor. Für viele Jahre bleibt die optische Übertragung die einzige Form, Nachrichten über größere Strecken schnell zu übermitteln. Ihren Höhepunkt erlebt sie Anfang des 19. Jahrhunderts mit dem Aufbau weitreichender *Zeigertelegrafie*-Verbindungen in Europa; angespornt durch die 1794 von C. Chappe (1763–1805) aufgebaute, 210 km lange Verbindung von Paris nach Lille. Ein Beispiel aus Deutschland ist die 1834 eröffnete Strecke von Berlin nach Koblenz. Auf einer Strecke von etwa 600 km werden insgesamt 61 Stationen errichtet. Die Übertragung basiert auf weithin sichtbaren Signalmasten mit einstellbaren Flügeln, die nacheinander die unterschiedlichen Zeichen der Nachricht darstellen. Bei günstiger Witterung können Nachrichten von Berlin nach Koblenz in nur 15 min übertragen werden.

Dass mit der Zeigertelegrafie neben den technischen Fragen zur Kommunikation, wie dem Codealphabet, dem Verbindungsaufbau, der Quittierung der Nachricht und dem Verbindungsabbau, auch die organisatorischen Fragen zur Infrastruktur eines komplexen Nachrichtensystems gelöst werden mussten, ist im Rückblick besonders beachtenswert.

Die optische Übertragung war nicht nur in Europa verbreitet. Bereits um 1750 richtet in Japan M. Homma (1724–1803) eine Telegrafiestrecke über 600 km von Sakata bis Osaka ein, wobei 150 Menschen mit farbigen Flaggen zur Übertragung von Börsennachrichten eingesetzt wurden.

Anmerkungen

- Homma ist in der Wirtschaft bekannt als der Erfinder der Kerzendiagramme („candelstick charts") zur Beschreibung von Märkten.
- Die Zeigertelegrafen, insbesondere zur Flaggensignalisierung auf Schiffen, werden auch Semaphoren genannt. Ebenfalls verwendet wird der Begriff Semaphoren in der technischen Informatik bei der Steuerung paralleler Prozesse.

In die erste Hälfte des 19. Jahrhunderts fallen wichtige Entdeckungen über das Wesen der Elektrizität. Um 1850 löst die elektrische *Telegrafie*, die auch bei Nacht und Nebel funktioniert, die optische Zeigertelegrafie ab. Die Nachrichtenübertragung bleibt zunächst digital. Buchstaben und Ziffern werden als Folge von Punkten und Strichen codiert. Da diese über einen Taster von Hand eingegeben werden müssen, werden handentlastende, schnelle Codes entwickelt. Als Vater der Telegrafie gilt S. F. B. Morse (1791–1872). Zu seinen Ehren spricht man in der Telegrafie vom Morsealphabet.

Eine Sternstunde erlebt die elektrische Telegrafie 1870 mit der Eröffnung der von Siemens erbauten Indoeuropäischen Telegrafielinie London-Teheran-Kalkutta. Um 1892 existiert ein weltweites Telegrafienetz auf fünf Kontinenten. Mit einer Leitungslänge von fast 5 Mio. km, was etwa 125-mal dem Erdumfang entspricht, stellt es über 1,7 Millionen Verbindungen her.

Nachdem 1863 J. Ph. Reis (1834–1874) das Prinzip der elektrischen Schallübertragung dem Physikalischen Verein in Frankfurt demonstrierte, wird mit der Entwicklung eines gebrauchsfähigen *Telefons* durch A. G. Bell (1847–1922; US-Patent, 1876) die Nachrichtentechnik analog. Die Druckschwankungen des Schalls werden im Mikrofon in Schwankungen der elektrischen Spannung umgewandelt, die als elektrisches Signal über einen Draht geleitet werden.

Mit der raschen Zunahme der Telefonie findet die Handvermittlung durch das „Fräulein vom Amt" ihre Grenzen, die 1892 durch das erste, von A. B. Strowger (1839–1902) entwickelte, automatische *Vermittlungssystem* überwunden werden können. Wegen der schwachen Signale bleiben Telefonnetze jedoch auf Stadtgebiete, als sog. Inselnetze, begrenzt.

Gegen Ende des 19. Jahrhunderts nimmt das physikalisch-technische Wissen rasch zu. Die analoge Nachrichtentechnik erobert sich neue Anwendungsgebiete. Meilensteine sind 1901 die Übertragung von Morsezeichen von Cornwall (England) nach Neufundland (Kanada) durch G. Marconi (1874–1937). Wenige Jahre später erfolgte die Entwicklung elektronischer Verstärker durch J. A. Fleming, Lee de Forest und R. v. Lieben. Mit den Verstärkern wird die Überbrückung größerer Entfernungen mit Analogsignalen möglich. Damit sind wichtige technische Voraussetzungen geschaffen für den Aufbau von landesweiten Telefonnetzen (Weitverkehrsnetze), den *Hörrundfunk* ab etwa 1920 und den *Fernsehrundfunk* ab etwa 1950.

Anfang des 20. Jahrhunderts beginnt ein tiefgreifender Wandel. In der Physik setzen sich statistische Methoden und probabilistische Vorstellungen durch. Diese werden in der Nachrichtentechnik aufgegriffen. Dazu gehört das Abtasttheorem mit dem u. a. E. T. Whittaker (1915), H. Nyquist (1928), V. A. Kotelnikov (1933), H. P. Rabe (1939) und C. E. Shannon (1948) in Verbindung gebracht werden. In Anlehnung an die Thermodynamik wird von C. E. Shannon 1948 der mittlere Informationsgehalt einer Nachrichtenquelle als *Entropie* eingeführt, als die messbare Ungewissheit, die durch den Empfang der Nachricht aufgelöst wird.

In der zweiten Hälfte des 20. Jahrhunderts wird dieser Wandel für die breite Öffentlichkeit sichtbar: der Übergang von der analogen zur digitalen Nachrichtentechnik, der *Informationstechnik*. Die Erfindung des Transistors 1947 durch J. Bardeen, W. H. Brattain und W. Shockley, die Entwicklung des ersten integrierten Schaltkreises von J. Kilbey 1958 und der erste Mikroprozessor auf dem Markt 1970 sind wichtige Voraussetzungen. Das durch die Praxis bis heute bestätigte *mooresche Gesetz* beschreibt die Dynamik des Fortschritts. G. Moore vermutete 1964, dass sich etwa alle zwei Jahre die Komplexität mikroelektronischer Schaltungen verdoppeln wird.

Durch den Fortschritt in der Mikroelektronik ist es heute möglich, die seit der ersten Hälfte des 20. Jahrhunderts gefundenen theoretischen Ansätze der Nachrichtentechnik in bezahlbare Geräte und Dienste umzusetzen. Beispiele für die Leistungen der digitalen Nachrichtentechnik finden sich im digitalen Mobilfunk, im digitalen Rundfunk und Fernsehen, im modernen Telekommunikationsnetz mit Internetdiensten und Multimediaanwendungen. Also überall dort, wo Information digital erfasst und ausgewertet wird, wie in der Regelungs- und Steuerungstechnik, der Medizintechnik, der Verkehrstechnik usw. Ohne die moderne Nachrichtentechnik wären auch so spektakuläre Projekte wie die Marsmission Curiosity 2012 nicht möglich.

Bis zur Verleihung des Nobelpreises für Physik 2009 an Ch. K. Kao wurden die Fortschritte der faseroptischen Nachrichtentechnik in der Öffentlichkeit wenig wahrgenommen. Kao wurde für seine grundlegenden Arbeiten zu Lichtwellenleitern ausgezeichnet, die er bereits in den 1960er-Jahren begonnen hatte. Nachdem um 1975 die industrielle Produktion von Lichtwellenleitern begann, wird schon wenige Jahre später 1988 das erste transatlantische Glasfaserkabel TAT-8 (Transatlantic Telephone Cable) in Betrieb genommen. Im Jahr 1997 verbindet das Glasfaserkabel FLAG (Fiber-Optic Link Around the Globe) von Japan bis London zwölf Stationen durch zwei Lichtwellenleiter mit optischen Verstärkern. Die Übertragungskapazität beträgt 120.000 Telefonkanäle.

Heute sind zahlreiche Fernübertragungsstrecken mit Datenraten von 10–40 Gbit/s pro Faser im kommerziellen Betrieb, das entspricht einer gleichzeitigen Übertragung von mehr als 78.000 Telefongesprächen pro Faser. In naher Zukunft wird der Einsatz optischer Übertragungssysteme mit Bitraten bis zu 400 Gbit/s erwartet. Ergänzend dringen die optischen Netze in die Richtung der Teilnehmer vor. Passive optische Netze (PON, Passive Optical Network) sind dabei, den Engpass auf dem letzten Kilometer zum Teilnehmer zu schließen.

Die technologischen Fortschritte der Nachrichtenübertragungstechnik stehen in enger Wechselwirkung mit dem Nachrichtenverkehrsbedarf in den Telekommunikationsnetzen. Technische Entwicklungen ermöglichen neue Anwendungen, und neue Anwendungen geben Anstoß für technische Entwicklungen. Paul Baran (1926–2011) zeigte 1961, dass die Paketvermittlung für Daten effizienter ist als die herkömmliche Leitungsvermittlung. Mit dem Forschungsnetz ARPANet in den USA erfährt Ende der 1960er-Jahre die Entwicklung von paketorientierten Datennetzen ihren Durchbruch. Im Jahr 1972 wird die elektronische Post (E-Mail) eingeführt; 1973 folgt mit dem Ethernet eine einfache Technologie zum Aufbau lokaler Rechnernetze (LAN, Local Area Network). Das TCP/IP-Protokoll wird 1983 zum Standard im ARPANet. Schließlich leitet Tim Berners-Lee mit dem Hypertext für das Internet 1989 in Genf die Entwicklung der Internetplattform World Wide Web (WWW) ein. Im Jahr 2012 haben mehr als 2,4 Milliarden Menschen weltweit Zugriff auf Internetdienste.

Bei den erwarteten rasch weiter zunehmenden Datenmengen kommt auch dem Energieverbrauch pro übertragenem Bit eine wichtige, vielleicht zukünftig sogar entscheidende Rolle zu. „Schon heute beansprucht die Informationstechnik acht Prozent des europäischen Energieverbrauchs." (Asendorpf 2012). In diesem Zusammenhang hat sich auch der Begriff der grünen Informationstechnik („green IT") als Ziel eingebürgert. Hier liegt die optische Anschlusstechnik vor dem konventionellen Kabel; klar abgeschlagen dazu ist die Funktechnik.

Ein weiterer herausragender Aspekt der Nachrichtentechnik ist die internationale Zusammenarbeit. Bereits 1865 wird der *Internationale Telegrafenverein* in Paris von 20 Staaten gegründet. Über mehrere Zwischenschritte entsteht daraus die *Internatio-*

nal Telecommunication Union (ITU) als Unterorganisation der UNO mit Sitz in Genf. Daneben existiert ein dichtes Netz von Organisationen, die unterschiedliche Interessen vertreten und miteinander verbunden sind. Industriekonsortien, wie die Bluetooth Special Interest Group (SIG) oder das 3rd Generation Partership Project (3GPP), nehmen dabei an Bedeutung zu. Einige Organisationen, deren Abkürzungen häufig in Fachpublikationen auftreten, sind:

ANSI   American National Standards Institute
CCITT Comité Consultatif International Télégraphique et Téléphonique
CCIR   Comité Consultatif International des Radiocommunication (1929)
CEPT   Conférence des Administrations Européennes des Postes et Télécommunications
DIN   Deutsches Institut für Normung (1917)
ETSI   European Telecommunication Standards Institute (1988)
FCC   Federal Communication Commission (USA)
3GPP 3rd Generation Partnership Project (1998)
IAB   Internet Architecture Board (1983/89)
IEC   International Electrotechnical Commission (1906)
IEEE   Institute of Electrical and Electronics Engineers (1884/1963)
IETF   Internet Engineering Task Force (1989)
ISO   International Organization for Standardization (1947)
ITG   Informationstechnische Gesellschaft im VDE (1954/1985)
ITU   International Telecommunication Union (1865/1938/1947/1993), Radiocommunication (R), Telecommunication (T) und Development (D) Sector
VDE   Verband der Elektrotechnik, Elektronik und Informationstechnik (1893)

Der Blick auf die historische Entwicklung der Nachrichtentechnik wird mit einer Moment-aufnahme vor der Jahrtausendwende in Tab. 1.1 abgeschlossen. Darin ausgewählt sind fünf Anwendungsgebiete aus Teilnehmersicht: lokale Rechnernetze am Arbeitsplatz, der Breitbandkabelanschluss des Kabelfernsehens, die herkömmliche Teilnehmeranschluss-leitung der Telefonie, das drahtlose lokale Netz in Büro und im Heimbereich und schließ-lich die öffentliche Mobilkommunikation. Auf all diesen Gebieten hat bis heute eine dynamische Weiterentwicklung stattgefunden. Weitergehende Informationen sind in den folgenden vertiefenden Kapiteln zu finden.

Anmerkung

- Wenn auch oft übersehen, prägt die Mikroelektronik die Nachrichtentechnik in besonderer Weise mit dem von ihr ermöglichten Massenmarkt, vgl. Economy of Scale. Entwicklung und Fertigung höchst integrierter elektronischer Bausteine erfordern nicht nur Fachwissen, sondern auch hohen Kapitaleinsatz und sind demzufolge oft nur über riesige, nur global erzielbare Stückzahlen refinanzierbar. Zwei Beispiele sind die in Notebooks und Smartphones integrierten modernen WLAN-Baugruppen oder die Basisstationen für das Mobilfunksystem der 4. Generation.

Tab. 1.1 Nachrichtentechnik zur Jahrtausendwende anhand fünf ausgewählter Beispiele

Anwendung	Standard	Kommentar
1GbE LAN	IEEE802.3z (1998)	1000BASE-X, Duplexübertragung von 1 Gbit/s über Multimode- und Singlemode-Glasfaser in lokalen Netzen
	IEEE 802.3 (1999)	1000BASE-T, Duplexübertragung von 1 Gbit/s über vier verdrillte Kupferdoppeladern („twisted pair cable") in lokalen Netzen
BK-Netz	ITU-T J.112 (1998)	DOCSIS 1.0, Datenübertragung mit Breitbandkabel-modem
ADSL	ITU-T G.992.1 (1999)	Datenübertragung mit DMT über die Kupferdoppeladern der Teilnehmeranschlussleitung in der Telefonie (bis 8 Mbit/s)
WLAN	IEEE 802.11a/b (1999)	Drahtloses LAN mit bis zu 54 Mbit/s (5-GHz-Band, OFDM) bzw. 11 Mbit/s (2,4-GHz-Band, DSSS).
UMTS	3GPP (1999)	Release 99, erste Stufe des neuen öffentlichen Mobilfunk-netzes der 3. Generation

Der Massenmarkteffekt kommt besonders neuen Firmen und Industrien in aufstre-benden und bevölkerungsreichen Weltregionen zugute, wenn sie über das notwen-dige Fachwissen verfügen. Etablierte Unternehmen in traditionellen Märkten sehen sich dagegen großem Anpassungsdruck ausgesetzt, der bis zum Verschwinden be-kannter Traditionsunternehmen führen kann. Dem vermeintlichen Gefühl der Uber-legenheit sei hier ein Zitat von Charles Darwin (1809–1882) entgegengehalten: „Es sind nicht die stärksten, die überleben, nicht die intelligentesten, sondern die, die am schnellsten auf Veränderungen reagieren können."

Nach dem kurzen Rückblick auf die Entwicklungslinien der Nachrichtentechnik wer-den im folgenden Abschnitt einige zentrale Begriffe und Rahmenbedingungen zur Nach-richtentechnik vorgestellt. Darauf aufbauend werden in Abschn. 1.3 die Nachrichtenüber-tragung und in Abschn. 1.4 die Telekommunikationsnetze ausführlicher behandelt.

1.2   Nachrichtentechnik, Informationstechnik und Telekommunikation

Unter der (elektrischen) *Nachrichtentechnik* wurden früher alle Teilgebiete der Elek-trotechnik zusammengefasst, die sich nicht der Energietechnik zuordnen ließen. Die Nachrichtentechnik bedient sich heute elektronischer Mittel zur Darstellung, Verar-beitung, Übertragung und Vermittlung von *Nachrichten* (Information). Sie steht in engem Austausch mit anderen Feldern der Wissenschaft und Technik. Und oft kön-nen keine scharfen Grenzen gezogen werden. Besonders enge Verbindungen bestehen beispielsweise zur Steuer- und Regelungstechnik sowie zur Informatik. Die zunehmende Digitalisierung in der Technik, die Darstellung der Information durch Binärzeichen und deren Verarbeitung mit der Digitaltechnik, hat dazu geführt, dass die genannten Fachgebiete heute unter dem Begriff *Informationstechnik* zusammengefasst werden.

Anmerkungen

- Auch wenn heute der Begriff Nachricht meist synonym durch Information ersetzt wird, sind die Begriffe Nachrichtentechnik und Informationstechnik nicht einfach austauschbar, sondern können unterschiedliche Schwerpunktsetzungen andeuten.
- Im Jahr 1954 wurde in Deutschland die Nachrichtentechnische Gesellschaft (NTG) im VDE gegründet und 1985 in die Informationstechnische Gesellschaft (ITG) im VDE umbenannt.
- In Erweiterung der ursprünglichen Definition „mit elektronischen Mitteln" ist heute „mit Software" zu denken, deren Ausführung auf dem Einsatz von Elektronik, Mikroprozessoren und Computern beruht.

Der Begriff *Nachricht*, obwohl oder weil im Alltag vertraut, ist im technischen Sinn schwierig zu fassen. Die Nachrichtentechnik stellt ihm deshalb den Begriff *Signal* zur Seite. Während der Nachricht – eigentlich eine Mitteilung, um sich danach zu richten – eine pragmatische Bedeutung zukommt, ist das Signal der physikalische Repräsentant der Nachricht. Signale, wie die Schallwellen beim Sprechen oder die elektrische Spannung am Mikrofonausgang, können mit technischen Mitteln analysiert und verarbeitet werden.

Grundlage der Nachrichtentechnik ist die Darstellung der Nachricht als Signal. Dazu gehört der klassische Bereich der elektroakustischen Umsetzer, wie Mikrofone und Lautsprecher, und der elektrooptischen Umsetzer, mit Bildaufnehmern und Bildschirmen. Hinzu kommen heute alle Formen der Umsetzung physikalischer Größen in elektrische bzw. in elektronisch zu verarbeitende Daten. Beispiele sind einfache Sensoren für Druck, Temperatur, Beschleunigung und auch komplexe Apparate wie der Kernspintomograf in der Medizin.

▷ Die *Nachrichtentechnik* befasst sich mit der Darstellung, der Verarbeitung, der Übertragung und der Vermittlung von Nachrichten (Information).

Die Signalverarbeitung war stets ein Kerngebiet der Nachrichtentechnik (Abb. 1.1). Zu den klassischen Aufgaben, wie die Filterung, Verbesserung, Verstärkung und Modulation von Signalen, sind neue hinzugekommen. Angetrieben durch fallende Preise und steigende Leistungsfähigkeiten in der Mikroelektronik hat sich die *digitale Signalverarbeitung* in der Nachrichtenübertragung und in vielen anderen Anwendungsgebieten etabliert. Damit einher gehen die Entwicklung und der Einsatz von Software zur anwendungsspezifischen digitalen Signalverarbeitung. Beispiele aus der Nachrichtentechnik im engeren Sinn sind die moderne Audio- und Videocodierung nach dem Moving-Picture-Experts-Group(MPEG)-Standard, die Spracherkennung und -steuerung in Smartphones und die Kanalcodierung und Signaldetektion für die Mobilfunkübertragung nach dem Global-System-for-Mobile-Communications(GSM)-Standard.

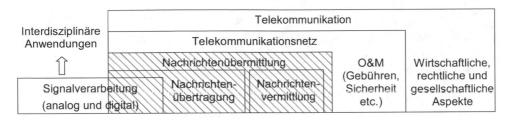

Abb. 1.1 Aufgabenfelder der Nachrichtentechnik

▶   Ein *Signal* ist der physikalische Repräsentant einer Nachricht.

Die *Nachrichtenübertragung* befasst sich mit der räumlichen und zeitlichen Übertragung von Nachrichten, wie bei einem Telefongespräch, aber auch zwischen der Computermaus und dem Notebook oder zwischen dem Mars Rover Curiosity und den Orbitalstationen Mars Global Surveyor und Mars Odyssey und schließlich zur Erdstation. In den Übertragungsstrecken treten gewöhnliche elektrische Leitungen (Zweidrahtleitung, Koaxialkabel, ...), optische Leitungen (Lichtwellenleiter), die Atmosphäre oder der freie Raum auf. Auch Speicherung und Wiedergabe von Signalen und Daten sind Formen der Nachrichtenübertragung. Typische Beispiele sind die Magnetbandaufzeichnung (Tonbandgerät, Diskettenlaufwerk), die optische Aufzeichnung und Wiedergabe (CD-ROM/DVD/BD) und der Einsatz einer Festplatte am PC. So vielfältig die Anwendungen sind, so vielfältig sind die Lösungen, die sich letzten Endes über ihr Preis-Leistungs-Verhältnis im Markt durchsetzen müssen.

Ist die Kommunikation wahlfrei zwischen mehreren Teilnehmern möglich, wie im Telefonnetz, so tritt die *Nachrichtenvermittlung* hinzu. Ihre Aufgabe ist es, einen geeigneten (Signal-)Verbindungsweg zwischen den Teilnehmern herzustellen. In den analogen Telefonnetzen geschieht die Wegewahl in den Vermittlungsstellen mithilfe des Teilnehmernummernsystems und der automatischen Leitungsdurchschaltung. Moderne Telekommunikationsnetze bieten unterschiedliche Dienste mit unterschiedlichen Leistungsmerkmalen an und optimieren bedarfsabhängig die Auslastung der Verbindungswege und Vermittlungsstellen im Netz.

Die Nachrichtenübertragung und die Nachrichtenvermittlung werden zur *Nachrichtenübermittlung* zusammengefasst. Sie bildet die Grundlage des *Telekommunikationsnetzes* (TK-Netz). Zu einem öffentlichen TK-Netz gehören weitere Aspekte, wie die Organisation und das Management (O&M), die Gebührenerfassung und -abrechnung, die Netzzugangskontrolle und die Sicherheit.

▶   Die *Nachrichtenübermittlung* fasst die Teilgebiete Nachrichtenübertragung und Nachrichtenvermittlung zusammen.

Der Begriff *Telekommunikation* umfasst schließlich alle im Zusammenhang mit TK-Netzen denkbaren Aspekte und tritt auch in verschiedenen Zusammensetzungen auf, wie die *Telekommunikationswirtschaft* oder das *Telekommunikationsgesetz* (TKG).

Das Internet hat viele Menschen für die Frage der *Sicherheit* der Telekommunikation sensibilisiert. Stand in Zeiten der Fernmeldemonopole der sichere technische Betrieb der Anlagen im Vordergrund, so sind heute eine Reihe von weiteren Sicherheitsaspekten zu beachten: *Authentizität* („authenitification"), *Vertraulichkeit* („confidentiality"), *Integrität* („integrity"), *Verfügbarkeit* („accessibility") etc. Offene Sicherheitsfragen verhindern heute noch viele technisch mögliche Anwendungen, z. B. in der öffentlichen Verwaltung, bei Handel und Banken, in der Industrie und im Gesundheitswesen. Es ist deshalb wichtig, Sicherheitsaspekte bereits bei der Konzeption nachrichtentechnischer Systeme und Standards, wie z. B. für Wireless Local Area Network (WLAN) oder Radio-Frequency Identification (RFID) zu berücksichtigen.

Anmerkungen

- Zum Datenschutz gehört auch das oft vergessene Prinzip der Datenvermeidung und Datensparsamkeit. Es ist seit 2001 allgemein im Bundesdatenschutzgesetz (BDSG) § 3a verankert. In diese Richtung geht auch die Frage nach unserem Umgang mit computerunterstützten sozialen Netzwerken wie Facebook, Twitter, Xing etc.
- In der Soziologie wird Kommunikation als Einheit von Information, Mitteilung und Verstehen betrachtet. In der Nachrichtentechnik spielt Verstehen nur insoweit eine Rolle, dass der Empfänger der Nachrichten in die Lage versetzt werden soll, prinzipiell so zu handeln, als hätte er die Nachricht vom Sender in originaler Form erhalten. Dies setzt eine gewisse Übertragungsqualität voraus, die durch das Übertragungssystem zu gewährleisten ist.

Ein weiterer, alternativer Zugang zum Begriff Nachrichtentechnik ergibt sich aus den Arbeitsgebieten der *Informationstechnischen Gesellschaft im VDE* . Mit etwa 11.000 persönlichen Mitgliedern im Jahr 2015 und deren Fachverstand spielt die ITG eine wichtige Rolle in der Informationstechnik in Deutschland. Die Arbeit der ITG gliedert sich in neun Fachbereiche:

- Informationsgesellschaft und Fokusprojekte
- Dienste und Anwendungen
- Medientechnologie
- Audiokommunikation
- Kommunikationstechnik
- Technische Informatik
- Hochfrequenztechnik
- Mikro- und Nanoelektronik
- Übergreifende Gebiete

Weitere Informationen zu den einzelnen Arbeitsgebieten und ihren Fachausschüssen sind über die Internetseiten der ITG zu finden.

Im Zusammenhang mit der Informationstechnik wird in den Medien häufig der *Bundesverband für Informationswirtschaft, Telekommunikation und Neue Medien e. V.* (BITKOM) genannt. Nach Selbstaussage im Internet vertritt er 2012 mehr als 1700 Unternehmen, die im deutschen Informations- und Kommunikationstechnologie(IKT)-Markt etwa 135 Mrd. Euro Umsatz erwirtschaften und damit etwa 90 % des deutschen IKT-Markts repräsentieren.

Schließlich sei angemerkt, der enge Zusammenhang zwischen Informationstechnik und Informatik führt dazu, dass sich die Arbeitsgebiete des Ingenieurs der Informationstechnik und des Informatikers oft überschneiden bzw. eine strikte Trennung nicht immer möglich ist. Der Begriff *Informatik* wird zuerst in Frankreich verwendet und 1967 durch die Académie Française definiert (Desel 2001). In englischsprachigen Ländern bzw. Schrifttum ist die Trennung in Informationstechnik und Informatik wenig verbreitet. Dort trifft man auf die Begriffe „computer engineering", „communications engineering" und „computer science".

> *Informatik:* Wissenschaft der rationellen Verarbeitung von Informationen, insbesondere durch automatische Maschinen, zur Unterstützung des menschlichen Wissens und der Kommunikation in technischen, wirtschaftlichen und sozialen Bereichen.

1.3 Nachrichtenübertragung

Die Nachrichtenübertragungstechnik befasst sich mit der Darstellung und der Übertragung von Nachrichten als Signale. Hierzu gehört im weiteren Sinn die physikalische Umsetzung von Signalen, wie z. B. von Schallwellen in elektrische Spannungen in einem Mikrofon. Im engeren Sinn beginnt und endet die Nachrichtenübertragung mit dem elektrischen Signal bzw. der elektronischen Darstellung der Daten.

Eine generische Darstellung der Nachrichtenübertragung liefert das *shannonsche Kommunikationsmodell*[1] in Abb. 1.2. Darin übergibt die Informationsquelle („information source") die Nachricht („message") dem Sender („transmitter"), der das entsprechende Sendesignal („signal") für den Kanal („channel") erzeugt. Im Kanal tritt das Signal der Störgeräuschquelle („noise source") hinzu, sodass aus der Überlagerung das Empfangssignal („received signal") für den Empfänger („receiver") entsteht. Letzterer generiert daraus die empfangene Nachricht („received message") und übergibt sie schließlich der Informationssenke („destination").

---

[1] *Claude Elwood Shannon* (1916–2001), US-amerikanischer Ingenieur und Mathematiker, grundlegende Arbeiten zur Informationstheorie.

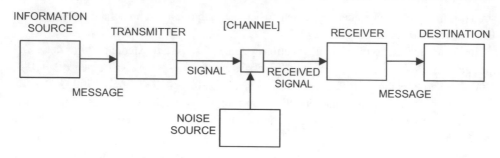

Abb. 1.2 Nachrichtenübertragung (Shannon 1948)

Je nach Anwendung werden die einzelnen Blöcke des Kommunikationsmodells spezialisiert und in weitere Komponenten zerlegt. Die wichtigsten Komponenten der Nachrichtenübertragung und ihre Funktionen sind in Abb. 1.3 zusammengestellt. Einige Fachbegriffe bzw. Abkürzungen werden später noch erläutert. Man beachte auch, in realen Übertragungssystemen werden nicht immer alle Komponenten verwendet bzw. untereinander scharf getrennt.

Die Einbeziehung des Menschen als Nachrichtenempfänger erfordert die Berücksichtigung physiologischer und psychologischer Aspekte. Die Fernseh- und Rundfunkübertragung und insbesondere die modernen Codierverfahren zur Sprach-, Audio- und Videoübertragung sind auf die menschliche Wahrnehmungsfähigkeit abgestellt. Um den Übertragungsaufwand klein zu halten, werden Signalanteile weggelassen, die vom Menschen nicht bzw. kaum wahrgenommen werden. Man bezeichnet diesen Vorgang als *Irrelevanzreduktion*. Darüber hinaus werden die inneren Bindungen (Korrelation) im verbleibenden Signal, die *Redundanz*, zur weiteren Datenreduktion benutzt.

Je nachdem ob nach der Datenreduktion das ursprüngliche Signal prinzipiell wiederhergestellt werden kann, unterscheidet man *verlustlose Codierung* und *verlustbehaftete Codierung*. Anwendungen der verlustbehafteten Codierung finden sich im digitalen Rundfunk (DAB, Digital Audio Broadcasting), im digitalen Fernsehen (DVB, Digital Video Broadcasting) bei der Audio- und Videocodierung nach dem MPEG-Standard und in der Mobilkommunikation. Erreicht werden bei der Audio- und der Videocodierung üblicherweise Verhältnisse von Datenraten vorher und nachher von etwa 10 : 1 bzw. 40 bis 50 : 1.

Anmerkung

- In der Soziologie und Sozialpsychologie werden Kommunikationskanäle nach ihrer *Reichhaltigkeit* unterschieden. Kommunikationskanäle sind umso reichhaltiger, je individueller sie sich prägen lassen, also gesprochene Sprache, Gestik, Mimik, Blick etc. enthalten. In diesem Sinn nimmt die Reichhaltigkeit der Nachrichtenübertragung von der SMS über die E-Mail und das Telefongespräch bis zur Bildtelefonie und der Videokonferenz zu. Die größte Reichhaltigkeit besitzt die direkte persönliche Interaktion (Nerdinger et al. 2011).

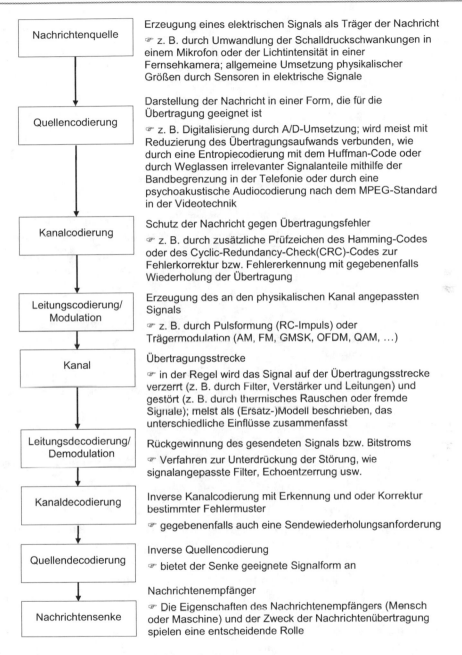

Abb. 1.3 Komponenten von Nachrichtenübertragungssystemen

Wird die Kommunikation zwischen Maschinen betrachtet, ergeben sich je nach Anwendung spezielle Anforderungen an die Übertragungsqualität. Soll beispielsweise bei einer Prozesssteuerung das Kommando „Notaus" übertragen werden, so sind bestimmte

Anforderungen an die Verfügbarkeit des Übertragungskanals und an die maximale Zustellzeit einzuhalten, um ein sicheres Abschalten der Anlage zu gewährleisten.

Schließlich darf nicht vergessen werden, dass die Redundanzminderung die Signale besonders anfällig gegen Übertragungsstörungen macht. Abhilfe schafft hier das digitale Nachrichtenformat in Verbindung mit der *Kanalcodierung*. Darüber hinaus sind manche Übertragungswege, beispielsweise die Funkkanäle moderner Mobilfunksysteme, erst durch die digitale Übertragung mit leistungsfähiger Kanalcodierung nutzbar.

1.4   Telekommunikationsnetze

Ein *Telekommunikationsnetz* (TK-Netz) stellt den Teilnehmern *Dienste* bestimmter Art mit bestimmter, nachprüfbarer Qualität zur Verfügung. Man spricht von der *Dienstgüte* oder Quality of Service (QoS). Von den Anforderungen her lassen sich zwei Gruppen unterscheiden: die Sprach- und Bildtelefonie für die Menschen-zu-Mensch-Kommunikation und die Datenkommunikation.

> ▶ Telekommunikationsnetze ermöglichen die Übermittlung von Nachrichten zwischen bestimmten Netzzugangspunkten. Sie stellen dazu Dienste mit bestimmten Dienstmerkmalen zur Verfügung.

In Kap. 6 wird auf TK-Netze noch näher eingegangen, weshalb hier nur eine typische Anwendung vorgestellt wird: ein Telefongespräch über das öffentliche TK-Netz. Damit der rufende Teilnehmer A mit dem gerufenen Teilnehmer B sprechen kann, muss zunächst über das TK-Netz eine physikalische Verbindung zwischen den Teilnehmerendgeräten aufgebaut werden (Abb. 1.4). Wir gehen der Einfachheit halber davon aus, dass beide Teilnehmer über einen *ISDN-Basisanschluss* verfügen.

Anmerkungen

- Das Integrated-Services Digital Network (ISDN) wurde in Deutschland ab 1989 eingeführt. Für den ökonomischen Netzbetrieb sind diensteintegrierende digitale Netze vorteilhaft, in denen die unterschiedlichen Signale (Sprache, Telefax, Daten usw.) in einheitlicher digitaler Form vorliegen. Man beachte jedoch, dass beispielsweise bezüglich der Verzögerungszeiten und Bitfehlerraten unterschiedliche Anforderungen für die Dienste gestellt werden, was eine Differenzierung des Nachrichtenverkehrs und unterschiedliche Behandlung durch die Dienste im TK-Netz notwendig macht. Heute ersetzt bzw. simuliert die modernere Digital-Subscriber-Line(DSL)-Technik oder der digitale Breitbandkabelanschluss der Kabelfernsehversorger bei vielen Teilnehmern den ISDN-Basisanschluss.
- Die Bitrate gibt die Anzahl der pro Zeit übertragenen Binärzeichen (Bit) an. Die Bitrate des B-Kanals spiegelt den Stand der Puls-Code-Modulations(PCM)-Technik der 1960er-Jahre wider. Für die Übertragung eines Telefonsprachkanals schienen

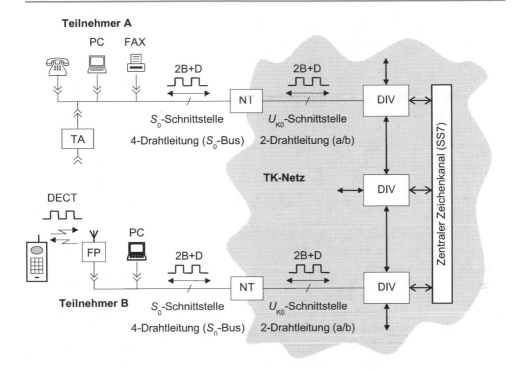

Abb. 1.4 Telekommunikationsnetz und Schnittstellen zum Teilnehmer am Beispiel von ISDN

damals 64 kbit/s notwendig. Heute ermöglichen moderne Verfahren der Quellencodierung Stereomusikübertragung mit 64 kbit/s (Simplexbetrieb) und Bildtelefonie mit 64–384 kbit/s in akzeptabler Qualität. Eine der üblichen Telefonie entsprechende Sprachqualität kann nach ITU-Empfehlung G.729 mit der Bitrate von 8 kbit/s erreicht werden.

- Ein ISDN-Basisanschluss stellt zwei transparente B-Kanäle, sodass sich für den Internetzugang mit ISDN-Modem nach Kanalbündelung eine maximale Datenrate von 128 kbit/s ergibt.

Nach Abnehmen des Hörers wählt Teilnehmer A auf seinem Fernsprechapparat die Rufnummer des Teilnehmers B. Diese wird als elektrisches Datensignal im D-Kanal, dem Steuerkanal, über die Sammelleitung (S_0-Schnittstelle) an den Netzabschluss (NT, Network Termination) übertragen. Der NT bildet den Abschluss des TK-Netzes zum Teilnehmer hin und steht über die Teilnehmeranschlussleitung (U_{K0}-Schnittstelle) mit der digitalen Vermittlungsstelle (DIV) in Verbindung.

Hierzu ist notwendig, dass sowohl das Teilnehmerendgerät (TE, Terminal Equipment) und der NT sowie der NT und die DIV jeweils eine gemeinsame *Schnittstelle* haben. Im Beispiel wird eine *S_0-Schnittstelle* bzw. eine U_{k0}-Schnittstelle verwendet. Beide unterstützen pro Teilnehmer im Duplexbetrieb, d. h. gleichzeitig in Hin- und Rückrichtung, je zwei Basiskanäle, die B-Kanäle mit der Bitrate von jeweils 64 kbit/s und einen *Zeichengabekanal*, den D-Kanal mit der Bitrate von 16 kbit/s.

Der Begriff der Schnittstelle ist in der Nachrichtentechnik von fundamentaler Bedeutung. Er findet seine Anwendung überall da, wo komplexe Systeme (Netze, Geräte, Programme usw.) in Teilsysteme (Vermittlungsstellen, Baugruppen, Softwaremodule usw.) zerlegt werden.

Für den wirtschaftlichen Erfolg ist wichtig, dass erst durch die Definition von offenen Schnittstellen Geräte konkurrierender Hersteller miteinander gekoppelt bzw. gegeneinander ausgetauscht werden können. Offene Schnittstellen sind die Voraussetzung für einen echten Wettbewerb im TK-Sektor und damit für kostengünstige Geräte und Dienste für die Verbraucher.

▶ Die *Schnittstellen* eines TK-Netzes definieren für den Signalaustausch

- die physikalischen Eigenschaften der Signale (Spannungspegel, Impulsform, Frequenzlage, Modulation usw.);
- die Bedeutung der Signale (Befehl, Mitteilung, Quittung etc.) und den zeitlichen Ablauf (Reihenfolge, Zeitüberwachung etc.) sowie
- die Orte, an denen die Schnittstellenleitungen auf einfache Art mechanisch oder elektrisch unterbrochen werden können (Steckverbindungen bei Leitungen oder auch Funkschnittstellen bei Funkübertragungen etc.).

Die digitale Vermittlungsstelle und gegebenenfalls weitere Vermittlungseinrichtungen des TK-Netzes werten die Dienstanforderung aus und bereiten den Verbindungsaufbau zwischen den Teilnehmern vor, indem sie einen günstigen Verkehrsweg durch das TK-Netz suchen. Man spricht von der *Verkehrslenkung* („routing"). Die notwendige Signalisierung wird im Beispiel im zentralen Zeichengabekanal (SS7, Signaling System 7) durchgeführt. Erst nachdem der Teilnehmer B das Gespräch angenommen hat, wird ein Gesprächskanal zwischen den Teilnehmern aufgebaut. Aus Kostengründen werden im Fernverkehr die Gesprächskanäle der Teilnehmer in der DIV mit der Multiplextechnik gebündelt und die gebündelten Multiplexsignale auf speziellen Verbindungskanälen gemeinsam übertragen.

Die Bündelung der Signale geschieht so, dass die einzelnen Gespräche (Signale) am Ende der Übertragungsstrecke wieder störungsfrei getrennt werden können. Je nachdem, ob die Signale anhand ihrer Frequenzlagen, Wellenlängen, Zeitlagen und der modulierenden Codes unterschieden werden, spricht man von *Frequenzmultiplex, Wellenlängenmultiplex, Zeitmultiplex* bzw. *Codemultiplex*.

In analogen TK-Netzen kann es bei Störungen zur Überlagerung mehrerer Gespräche kommen, dem bekannten Übersprechen bzw. Mithören. Bei der digitalen Übertragung, insbesondere in Kabelbündel im Teilnehmeranschlussbereich, führen wechselseitige Störungen (Übersprechen) zu einer Reduktion der verfügbaren Bitrate, was manchmal bei Videoübertragungen als plötzliches Standbild zu erkennen ist.

Auf zwei Besonderheiten in Abb. 1.4 wird noch hingewiesen. Teilnehmer A und B betreiben jeweils mehrere Endgeräte am S_0-Bus. Die S_0-Schnittstelle unterstützt bis zu acht Teilnehmerendgeräte. Sollen nicht-S_0-fähige Geräte benutzt werden, so ist ein geeigneter Terminaladapter (TA) erforderlich. Teilnehmer B betreibt ein digitales *schnurloses Telefon* (PP, Portable Part) mit einer Luftschnittstelle oder Funkschnittstelle nach dem Digital-Enhanced-Cordless-Telephone/Telecommunications(DECT)-Standard mit einer Basisstation (FP, Fixed Part) am S_0-Bus.

Obgleich hier nicht auf die technischen Einzelheiten eingegangen werden kann, macht das Beispiel doch die in der Nachrichtentechnik typische Vorgehensweise deutlich: Komplexe nachrichtentechnische Systeme werden in quasi unabhängige, überschaubarere Teilsysteme zerlegt. Das einwandfreie Zusammenwirken der Teile wird durch die Schnittstellen ermöglicht.

Wie in Abb. 1.4 angedeutet, findet der Nachrichtenaustausch von Endgerät zu Endgerät über verschiedene Schnittstellen statt. Daneben existiert eine Vielzahl weiterer Schnittstellen im TK-Netz, die für ein geordnetes Zusammenspiel der einzelnen Netzkomponenten sorgen. Wichtiger Bestandteil der Schnittstellen zum Datenaustausch ist das Protokoll, das Art und Ablauf der Kommunikation festlegt, was in Kap. 6 noch genauer erläutert wird. Die fortgeschrittene Mikroelektronik ermöglicht zunehmend intelligente Geräte und Komponenten zu verwenden, die in einer Initialisierungsphase das zu verwendende Protokoll gegenseitig aushandeln.

> ➤   Die Regeln für den Datenaustausch an einer Schnittstelle werden durch das *Protokoll* festgelegt. Es definiert die Datenformate, die möglichen Befehle und Meldungen und die zugehörigen Zeitvorgaben.

In Abb. 1.4 ist bereits die Evolution des Telefonnetzes zu einem universellen TK-Netz angedeutet, einem *intelligenten Netz* (IN). Während in der herkömmlichen Telefonie anhand der gerufenen Nummer stets eine Gesprächsverbindung aufgebaut wird, nimmt der ISDN-Teilnehmer über den Zeichengabekanal direkt Verbindung mit der Dienststeuerung des TK-Netzes auf und kann so verschiedene Dienste abrufen, wie die Sprachübertragung, die Bildtelefonie, die Datenübertragung, den Telefaxdienst, die Anrufumlenkung usw.

Abschließend sei auf den rechtlichen Rahmen zum Betrieb von TK-Netzen in Deutschland hingewiesen. Diesen liefert das *Telekommunikationsgesetz* (TKG), dessen Anwendung durch die Bundesnetzagentur begleitet wird. Für den Mobilfunk ist auch das Bundes-Immissionsschutzgesetz (BImSchG), speziell die Verordnung über elektromagnetische Felder, wichtig. Entsprechende Gesetze gibt es in jedem Land und deren Einhaltung ist zum Schutz aller Beteiligter zu beachten.

Aufgabe 1.1

In diesem Kapitel stehen Grundbegriffe und Konzepte der Nachrichtentechnik im Mittelpunkt. Beantworten Sie rückschauend folgende Fragen:

a) Was sind die Aufgaben der Nachrichtentechnik?

b) Erklären Sie die Begriffe Signal, Schnittstelle und Protokoll.

c) Wodurch unterscheiden sich die Aufgaben der Quellencodierung und der Kanalcodierung?

d) Wozu dient die Leitungscodierung bzw. Modulation?

e) Skizzieren Sie das shannonsche Kommunikationsmodell.

f) Was sind die Aufgaben eines Telekommunikationsnetzes?

g) Was unterscheidet die Nachrichtenübertragung und die Nachrichtenvermittlung?

h) Was versteht man unter der Multiplextechnik und auf welchen physikalischen Effekten beruht sie?

i) Nennen Sie vier Aspekte der Netzsicherheit.

1.5 Zusammenfassung

Die Frage, was Nachrichtentechnik eigentlich ist, ist nicht einfach zu beantworten. Historische Entwicklung, Anwendungsbeispiele und grundsätzliche Überlegungen legen einen Kernbereich nahe. Zu dessen Eingrenzung können folgende sechs Thesen dienen:

Die Nachrichtentechnik

- ist eine ingenieurwissenschaftliche Disziplin;
- beschäftigt sich mit der Darstellung, Verarbeitung, Übertragung und Vermittlung von Nachrichten (Information) in elektronischer Form;
- entwickelt, erstellt und betreibt komplexe Systeme, die oft aus Hardware und Software bestehen;
- setzt insbesondere Mittel aus der Elektrotechnik, der Elektronik, der Photonik, der Digitaltechnik und der digitalen Signalverarbeitung ein;
- steht in engem Austausch mit Anwendungsfeldern, wie z. B. der Steuerungs- und Regelungstechnik, der Informatik, der Medizintechnik und der Verkehrstechnik, und trägt dort oft als Innovationsmotor zum Fortschritt bei;
- steht in enger Wechselwirkung zu gesellschaftlichen, wirtschaftlichen und politischen Prozessen.

Die Bedeutung der Nachrichtentechnik als Schlüsseltechnologie und Innovationsmotor ist unbestritten: Die Informationstechnische Gesellschaft kommt in ihrem Positionspapier zur Bedeutung der IKT für den Standort Deutschland 2012 zu dem Schluss: „Eine flächendeckende Versorgung der Bevölkerung mit hochqualitativen, mobilen, jederzeit verfügbaren und sicheren Breitband-Diensten stellt eine der wichtigsten und auch notwendigen Verpflichtungen [der IKT] gegenüber unserer Gesellschaft dar." (VDE(ITG) 2012, S. 5)

1.6   Lösungen zu den Aufgaben

Lösung 1.1

a) Die (elektrische) Nachrichtentechnik befasst sich mit der Darstellung, der Übertragung, der Vermittlung und der Verarbeitung von Nachrichten (in elektronischer Form).

b) Ein Signal ist der physikalische Repräsentant einer Nachricht.

Eine Schnittstelle definiert die Bedeutung und Reihenfolge und die physikalischen Eigenschaften der ausgetauschten Signale sowie die Orte, an denen die Schnittstellenleitungen auf einfache Weise unterbrochen werden können.

Die Regeln für den Datenaustausch an einer Schnittstelle werden durch das Protokoll festgelegt. Es definiert die Datenformate, die möglichen Befehle und Meldungen und die zugehörigen Zeitvorgaben.

c) Die Quellencodierung stellt die Nachricht in einer Form dar, die für eine aufwandsgünstige Übertragung geeignet ist. Oft wird dabei eine Datenkompression durch Beseitigung von redundanten und irrelevanten Anteilen vorgenommen.

Die Kanalcodierung sichert die Nachricht gegen Übertragungsfehler durch zusätzliche Prüfzeichen, sodass im Empfänger Fehler erkennbar und/oder korrigierbar werden.

d) Die Leitungscodierung bzw. Modulation erzeugt zur Nachricht ein an die physikalischen Eigenschaften des Kanals angepasstes (Sende-)Signal.

e) Shannonsches Kommunikationsmodell

Quelle → Sender → Kanal (+ Störung) → Empfänger → Sinke

f) TK-Netze ermöglichen die Übermittlung (Vermittlung und Übertragung) von Nachrichten zwischen zwei Netzzugangspunkten. Sie stellen Dienste mit bestimmten Dienstmerkmalen zur Verfügung.

g) Die Nachrichtenübertragung befasst sich im Wesentlichen mit der physikalischen Signalübertragung zwischen zwei Punkten. Die Nachrichtenvermittlung erweitert die Nachrichtenübertragung um die Aspekte des Telekommunikationsnetzes, insbesondere der Wegewahl und der effizienten Nutzung der Netzressourcen durch alle Teilnehmer.

h) Die Multiplextechnik ermöglicht die Bündelung von Signalen bzw. Nachrichten zur gemeinsamen Übertragung. Die Signale werden nach Frequenz, Wellenlänge, Zeit bzw. Code unterschieden.

i) Verfügbarkeit des Dienstes, Authentizität (Echtheit des Teilnehmers), Vertraulichkeit der Information, Integrität (Information unverfälscht)

Literatur

Asendorpf D. (2012) Mit schlauer Power. Die Zeit 34:S 32

Desel J. (2001) Das ist Informatik. Berlin, Springer

Nerdinger F.W., Blickle G., Schaper N. (2011) Arbeits- und Organisationspsychologie. 2. Aufl., Berlin, Springer

Shannon C.E. (1948) A mathematical theory of communication. Bell Sys. Tech. J. 27:379–423 und
    623–656
VDE(ITG) (2012) Bedeutung der IKT für den Standort Deutschland. VDE Positionspapier. https://
    www.vde.com/de/InfoCenter/Seiten/Details.aspx?eslShopItemID=7990be62-4b5e-491b-b6f2-
    514ead992581. Zugegriffen: 6.11.2012

Weiterführende Literatur

Aschoff V. (1987) Geschichte der Nachrichtentechnik. Band 2: Nachrichtentechnische Entwicklun-
    gen in der 1. Hälfte des 19. Jahrhunderts. Berlin, Springer
Aschoff V. (1989) Band 1: Beiträge zur Geschichte der Nachrichtentechnik von ihren Anfängen bis
    zum Ende des 18. Jahrhunderts. 2. Aufl., Berlin, Springer
Eckert M., Schubert H. (1986) Kristalle, Elektronen, Transistoren: Von der Gelehrtenstube zur In-
    dustrieforschung. Reinbeck bei Hamburg, Rowohlt Taschenbuch
Glaser W. (2001) Von Handy, Glasfaser und Internet: So funktioniert moderne Kommunikation.
    Wiesbaden, Vieweg
Gilson N., Kaiser W. (2004) Von der Nachrichtentechnik zur Informationstechnik. Zum 50-jährigem
    Bestehen der NTG / ITG. Erschienen in Tagungsband der Jubiläumsfachtagung der ITG im VDE,
    Frankfurt a. M., 26/27
Herter E., Lörcher W. (2004) Nachrichtentechnik: Übertragung, Vermittlung und Verarbeitung.
    9. Aufl., München, Carl Hanser
Huurdeman A.A. (2003) The Worldwide History of Telecommunications. Hoboken, NJ, John Wiley
    & Sons
Kanbach A., Körber A. (1999) ISDN – Die Technik. 3. Aufl., Heidelberg, Hüthing Buch
Meinel Ch., Sack H. (2009) Digitale Kommunikation. Vernetzen, Multimedia, Sicherheit. Berlin,
    Springer
Oberliesen R. (1982) Information, Daten und Signale. Geschichte technischer Informationsverar-
    beitung. Reinbeck bei Hamburg, Rowohlt Taschenbuch

Signale und Systeme

2

Zusammenfassung

Das Wissen über die Signale als Träger der Information und ihre Übertragung bzw. Verarbeitung durch Systeme gehören zur Kernkompetenz der Nachrichtentechnik. Dabei werden Signale als mathematische Funktionen und Systeme durch ihre Wirkung auf eben diese Signale, den Eingangs-Ausgangsgleichungen, definiert.

Eine zentrale Rolle spielen dabei die linearen zeitinvarianten Systeme, wie sie sich beispielsweise in der Elektrotechnik aus RLC-Netzwerken ergeben. Das Ausgangssignal resultiert dann aus der Faltung des Eingangssignals mit der Impulsantwort des Systems. Im Frequenzbereich ergibt sich das (Fourier-)Spektrum des Ausgangssignals aus dem Produkt des (Fourier-)Spektrums des Eingangssignals mit dem Frequenzgang des Systems. Darauf gründet sich auch der bekannte Begriff des Filters: Ist der Frequenzgang null, so wird die entsprechende Frequenzkomponente unterdrückt. Impulsantwort und Frequenzgang bilden ein Fourier-Paar.

Die Darstellung der Signale in Zeit- und im Frequenzbereich und die Übertragung des Konzepts auf die charakteristischen Systemfunktionen Impulsantwort und Frequenzgang liefern den Zugang zu wichtigen Kenngrößen und Methoden der Nachrichtentechnik, wie der Bandbreite und der Filterung eines Signals.

Schlüsselwörter

Analoge und digitale Signale • RLC-Netzwerke • Methode der Ersatzspannungsquellen • harmonische Analyse • Fourier-Transformation • Spektrum • Frequenzgang • lineare Filterung • Tiefpass • Bandpass • Hochpass • Bandsperre • Zeitdauer-Bandbreite-Produkt • lineare zeitinvariante Systeme • Impulsfunktion • Faltung

© Springer Fachmedien Wiesbaden GmbH 2017
M. Werner, *Nachrichtentechnik*, DOI 10.1007/978-3-8348-2581-0_2

Abb. 2.1 System als Abbildung von Signalen

Dem Mitbegründer der modernen Informationstheorie N. Wiener[1] wird die Feststellung zugeschrieben: „Information is information, not matter or energy". Die Information besitzt ihre eigene Qualität. Wie Materie oder Energie, ist sie ein grundlegendes Phänomen unserer Welt. Jedoch wird Information als Signal stets durch Materie bzw. Energie getragen.

Der eher philosophische Ausspruch Wieners deutet auf die Schwierigkeit hin, Information greifbar zu machen. Die Nachrichtentechnik unterscheidet deshalb zwischen der Information im Sinn einer Nachricht und ihrer physikalischen Darstellung, dem Signal, dessen Eigenschaften gemessen werden können.

Die Untersuchung von elektrischen Signalen und deren Übertragung durch elektrische Netzwerke ist seit der elektrischen Telegrafie ein Kernthema der Nachrichtentechnik. Mit ihren Ergebnissen trägt sie bis heute zur fachübergreifenden Theorie der Signale und Systeme, der *Systemtheorie*, bei. Die Systemtheorie erklärt die Systeme funktional, als Abbildungen von Signalen (Abb. 2.1).

▷ Die *Systemtheorie* beschreibt

- *Signale* als mathematische Funktionen und macht sie der mathematischen Analyse und Synthese zugänglich. Physikalische Signale werden durch Modelle in Form mathematischer Idealisierungen angenähert.
- *Systeme* und deren Reaktionen auf Signale. Physikalische Systeme werden durch mathematisch idealisierte Modelle beschrieben, die in einem eingeschränkten Arbeitsbereich das reale Systemverhalten approximieren.

In diesem Kapitel wird eine Einführung in den Themenkreis der Signale und Systeme aus nachrichtentechnischer Sicht gegeben. Gemäß dem A. Einstein[2] zugesprochenen Worten „alles so einfach wie möglich, aber nicht einfacher" soll über die folgenden Beispiele hinaus auch eine solide Grundlage für eine spätere fachliche Vertiefung gelegt werden.

Zunächst werden in Abschn. 2.1 grundlegende Signalarten vorgestellt. Danach werden in Abschn. 2.2 einfache elektrische Netzwerke mit den konzentrierten Bauelementen R, L und C als typische Beispiele linearer zeitinvarianter Systeme betrachtet. Es wird gezeigt,

---

[1] *Norbert Wiener* (1884–1964), US-amerikanischer Mathematiker, grundlegende Arbeiten zur Kybernetik.
[2] *Albert Einstein* (1879–1955), Nobelpreis für Physik (1921), emigrierte vor der Verfolgung durch die Nationalsozialisten in die USA.

wie das Ausgangssignal für ein beliebiges Eingangssignal berechnet werden kann. Ausgehend von der komplexen Wechselstromrechnung wird zunächst mit der Fourier-Reihe in Abschn. 2.3 das Lösungsverfahren auf periodische Signale erweitert, auf die Methode der Ersatzspannungsquellen in Abschn. 2.4. Darauf aufbauend werden in Abschn. 2.5 anhand einfacher physikalischer Vorstellungen das Spektrum und der Frequenzgang eingeführt.

In Abschn. 2.6 wird anschließend mit der Verallgemeinerung, der Fourier-Transformation, die Betrachtung auf den eigentlich interessanten Fall der aperiodischen Signale ausgedehnt. Durch die Fourier-Transformation wird die Signalbeschreibung im Frequenzbereich mit dem Spektrum als charakteristische Funktion definiert. Komplementär zum Spektrum werden die linearen zeitinvarianten Systeme durch ihren Frequenzgang beschrieben und das Konzept der linearen Filterung demonstriert. Typische Beispiele wie Tiefpass und Hochpass werden erläutert. Der fundamentale reziproke Zusammenhang zwischen der Bandbreite und der Dauer eines Signals und seine Bedeutung für die Nachrichtentechnik werden herausgestellt.

Zum Schluss wird in Abschn. 2.7 das Konzept der linearen zeitinvarianten Systeme nochmals aufgegriffen. Mit der Definition der Impulsfunktion als mathematische Idealisierung eines sehr kurzen aber energiereichen Signals wird die Impulsantwort als die zentrale Systemfunktion eingeführt. An der Impulsantwort lassen sich wichtige Systemeigenschaften erkennen. Darüber hinaus können Impulsantwort und Frequenzgang als Fourier-Paar ineinander transformiert werden. So schließt sich der Kreis zwischen den Systembeschreibungen im Frequenzbereich und im Zeitbereich.

Die Organisation dieses Kapitels veranschaulicht die Mindmap in Abb. 2.2. Sie gibt auch einen Überblick über die zu klärenden Fachbegriffe.

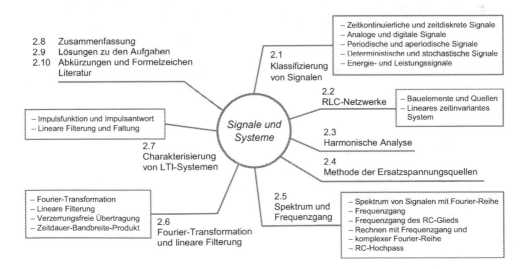

Abb. 2.2 Aufbau des Kapitels

2.1 Klassifizierung von Signalen

Signale treten in der Nachrichtentechnik an verschiedenen Stellen bei unterschiedlichen Randbedingungen auf. Es bietet sich deshalb an, die Mathematik zur Vereinheitlichung zu nutzen, d. h. die Signale als mathematische Funktionen zu modellieren und anhand gemeinsamer Eigenschaften in Signalklassen zu ordnen und dann jeweils die passenden Methoden als Werkzeuge bereitzustellen.

2.1.1 Zeitkontinuierliche und zeitdiskrete Signale

Ein Signal ist eine mathematische Funktion von mindestens einer unabhängigen Variablen. Wir schreiben für ein Signal allgemein $x(t)$; falls es sich um Spannung oder Strom handelt auch $u(t)$ bzw. $i(t)$. Die Variable t steht i. d. R. für die Zeit. Ist t kontinuierlich, so liegt ein *zeitkontinuierliches Signal* vor. Ist die Zeitvariable nur für diskrete Werte definiert, so spricht man von einem *zeitdiskreten Signal* und schreibt $x[n]$. Der Laufindex n wir *normierte Zeitvariable* genannt.

Im Beispiel der Telefonie liefert das Mikrofon eine sich zeitlich ändernde elektrische Spannung. Deren prinzipieller Verlauf könnte wie in Abb. 2.3 aussehen, einer Aufnahme des Worts „Ful-da". Darin gut zu erkennen, die zwei energiereichen Abschnitte zu den beiden Vokalen „u" und „a".

In vielen Anwendungen entstehen zeitdiskrete Signale durch gleichförmige zeitliche Diskretisierung zeitkontinuierlicher Signale, wie im *Stabdiagramm* in Abb. 2.4 illustriert. Man spricht von der (Signal-)Abtastung und der *Abtastfolge* $x[n] = x(t = n \cdot T_A)$ mit dem *Abtastintervall* T_A. Der Übergang vom zeitkontinuierlichen zum zeitdiskreten Signal wird in Kap. 3 noch ausführlich behandelt.

Anmerkungen

- Für zeitdiskrete Signale sind auch die Schreibweisen $x(n)$ verbreitet. Anzutreffen ist ebenfalls die in der Mathematik übliche Indexschreibweise x_n.

Abb. 2.3 Mikrofonspannung als Funktion der Zeit

Abb. 2.4 Zeitkontinuierliches
Signal und Abtastintervall T_A
(**a**) und zeitdiskretes Signal im
Stabdiagramm (**b**)

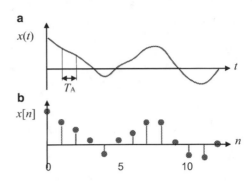

- Viele Signale sind von Natur aus zeitdiskret, wie der tägliche Börsenschlusswert einer Aktie. Oder Audiosignale werden am Computer (Synthesizer) erzeugt und dann erst hörbar gemacht.
- Die Systemtheorie ist interdisziplinär. Die Variable t bzw. n muss nicht der Zeit entsprechen. Beispielsweise in der Bildverarbeitung und der Geologie sind die Signale vom Ort abhängig, man spricht dann von der Ortsvariablen.

2.1.2 Analoge und digitale Signale

Betrachtet man die Funktionswerte der Signale, wird zwischen *wertkontinuierlichen* und *wertdiskreten Signalen* unterschieden. Letztere erhält man stets bei der Signalverarbeitung an Digitalrechnern aufgrund der endlichen Wortlänge der Zahlendarstellung. Sie werden dort taktgesteuert verarbeitet. Man nennt derartige wert- und zeitdiskrete Signale *digitale Signale* im Gegensatz zu *analogen Signalen*, die wert- und zeitkontinuierlich sind.

Kann ein Signal nur zwei Werte annehmen, so spricht man von einem *binären Signal*. Solche Signale treten häufig in der Digitaltechnik auf und werden dort, abweichend von der Sprechweise hier, als digitale Signale bezeichnet. Die Abb. 2.5 zeigt ein bi-

Abb. 2.5 Binäres zeitkontinuierliches Signal zur
Übertragung des ASCII-
Zeichens Y mit Paritätsbit
(10011010)

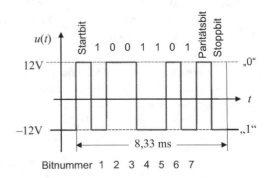

Abb. 2.6 Temperaturwerte
eines Sensors als digitales
Signal

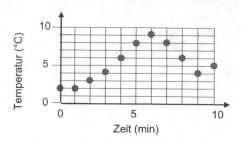

näres Signal der früher am PC und auch heute noch an manchen Messgeräten üblichen
RS-232-Schnittstelle. Es wird das Zeichen Y in der ASCII-Darstellung $89 = 2^0 + 2^3 +
2^4 + 2^6$ übertragen. Das Akronym ASCII steht für den bekannten American Standard Co-
de for Information Interchange, der von der ITU als Internationales Alphabet Nr. 5 (IA5)
eingeführt ist. Die Schrittgeschwindigkeit im Beispiel beträgt 1200 Baud[3] pro Sekunde,
was in Kap. 4 noch genauer erläutert wird.

Für ein Beispiel eines digitalen Signals betrachten wir ein Thermometer, das zur Pro-
zessüberwachung einmal pro Minute abgelesen wird. Das Thermometer habe eine Anzei-
genauflösung von 1 °C. Ein Messprotokoll könnte Abb. 2.6 enthalten. Es liegt ein digitales
Signal vor, das sich in der Mengenschreibweise kurz so darstellt:

$$x\,[n] = \{2, 2, 3, 4, 6, 9, 9, 8, 6, 3, 5\} \quad \text{für} \quad n = 0, 1, 2, \dots, 10.$$

Das letzte Beispiel macht deutlich, das Konzept der Signale und Systeme kann überall
da angewendet werden, wo geordnete Zahlenfolgen anfallen. Derartige Signale werden,
insbesondere in den Wirtschafts-, Sozial- und Humanwissenschaften, oft *Zeitreihen* genannt. Ihre Auswertung im Rahmen der Zeitreihenanalyse, beispielsweise das Erkennen
von Zyklen und Trends zur Prädiktion von Entwicklungen in Rohstoff-, Waren- oder Ak-
tienmärkten oder das Entfernen von Störungen in Elektrokardiogramm(EKG)-Signalen,
ist Gegenstand der Systemtheorie.

Man beachte auch den prinzipiellen Unterschied zwischen den durch einen Laufindex
geordneten gleichartigen Daten der Informationstechnik und den in Datenbanken ver-
knüpften Daten der elektronischen Datenverarbeitung (EDV) der Informatik, wie Adressen, Kontonummern, bestellte Artikel etc.

▶   Analoge Signale sind wert- und zeitkontinuierlich, digitale Signale wert- und
    zeitdiskret. Die technische Umsetzung eines analogen Signals in ein digitales
    erfolgt mit einem Analog-Digital-Umsetzer (ADU) bzw. umgekehrt mit einem
    Digital-Analog-Umsetzer (DAU).

---

[3] *Jean Maurice Emile Baudot* (1845–1903), französischer Entwickler eines Schnelltelegrafen und
Schöpfer des internationalen Fernschreibcodes Nr. 1.

Abb. 2.7 Rechteckimpuls der Dauer T (**a**) und periodischer Rechteckimpulszug mit Periode T_0 (**b**)

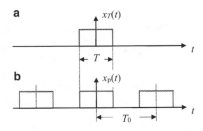

2.1.3 Periodische und aperiodische Signale

In der harmonischen Analyse ist die Unterscheidung der Signale in periodische und aperiodische wichtig. Bei einem *periodischen Signal* wiederholt sich jeder Signalwert nach genau einer Periode. Ist das Signal nicht periodisch, so spricht man von einem *aperiodischen Signal*. Als Beispiel für ein aperiodisches Signal zeigt Abb. 2.7a einen *Rechteckimpuls* mit der *Impulsdauer T*. Darunter wird der Rechteckimpuls periodisch im Abstand T_0 wiederholt. Man erhält einen *periodischen Rechteckimpulszug* mit dem *Tastverhältnis T/T_0*, also dem Verhältnis von eingetastetem Zustand (an, 1) zu ausgetastetem Zustand (aus, 0) innerhalb einer Periode.

Eine wichtige Anwendung für periodische Signale liefert in Abschn. 2.2 die komplexe Wechselstromrechnung. Dort werden sinusförmige bzw. exponentielle Signale vorausgesetzt. Die eulersche Formel[4] liefert für die (*allgemein*) *Exponentielle* den Zusammenhang

$$x\,(t) = \mathrm{e}^{st} = \mathrm{e}^{\sigma t} \cdot [\cos{(\omega t)} + \mathrm{j} \cdot \sin{(\omega t)}]$$

mit der komplexen Frequenz

$$s = \sigma + \mathrm{j}\omega.$$

Man unterscheidet drei Fälle: die *angefachte* Exponentielle mit $\sigma > 0$, die *harmonische* Exponentielle mit $\sigma = 0$ und die *gedämpfte* Exponentielle mit $\sigma < 0$. Die Signalverläufe sind in Abb. 2.8 veranschaulicht. Das Bild oben zeigt einen Ausschnitt des Realteils von $x(t)$ im gedämpften Fall. Zusätzlich ist der Verlauf der Einhüllenden $\mathrm{e}^{\sigma t}$ eingezeichnet. Die Einhüllende begrenzt das Signal von oben. Mit zunehmender Zeit verschwindet das Signal schließlich anschaulich in der Abszisse. Man spricht auch von einem transienten Signal. Mit $\sigma = 0$ erhält man den harmonischen Fall. Die sinusförmige Funktion bleibt beständig. Schließlich ist unten der Signalverlauf des Realteils für den angefachten Fall mit $\sigma > 0$ zu sehen. Die Einhüllende wächst schnell exponentiell und damit auch das Signal über alle Grenzen.

---

[4] *Leonhard Euler* (1707–1783), Schweizer Mathematiker.

Abb. 2.8 Beispiele zur zeitkontinuierlichen allgemeinen
Exponentiellen

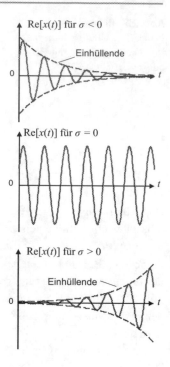

2.1.4 Deterministische und stochastische Signale

Bei der bisherigen Unterscheidung der Signale wurden die Funktionstypen (Grafen) zugrunde gelegt. Eine weitere, in den Anwendungen wichtige Unterscheidung ergibt sich
aus der Art bzw. der Quelle ihrer Entstehung, was sich u. a. darin äußert, ob das jeweilige
Signal exakt vorhergesagt werden kann oder nicht. Im ersten Fall handelt es sich um ein
deterministisches Signal. Sind beispielsweise Amplitude, Frequenz und Phase der Sinusfunktion bekannt, ist der Funktionswert für jeden beliebigen Zeitpunkt festgelegt.

Lassen sich für ein Signal nur statistische Kenngrößen, wie Mittelwert, Varianz und
(Auto-)Korrelation angeben, so spricht man von einem *stochastischen Signal* oder Zufallssignal. Typische Beispiele für stochastische Signale sind die thermische Rauschspannung
eines Widerstands, die elektrische Spannung am Mikrofonausgang eines Fernsprechappa-
rats (Abb. 2.3), biologische Signale, z. B. die Signale einer EKG-Ableitung, oder Umwelt-
signale, wie die Bilder einer Webcam.

Das charakteristische Verhalten eines regellosen stochastischen Signals zeigt Abb. 2.9
links, wohingegen das stochastische Signal rechts im Bild, ein Tonsignal, neben einem An-
und Abklingen eine gewisse periodische Grundstruktur aufweist. Stochastische Signale
spielen eine herausragende Rolle, weil alle informationstragenden Signale stochastischer
Natur sind. Andernfalls wäre die Nachricht bereits bekannt und eine Mitteilung könnte
unterbleiben.

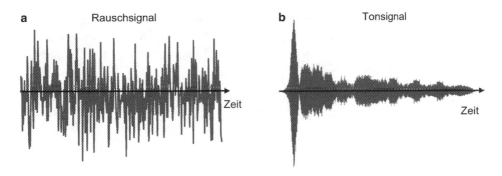

Abb. 2.9 Rauschsignal (**a**) und Tonsignal (**b**) der Dauer von etwa 1 s

Streng genommen handelt es sich bei allen abgebildeten Signalen um deterministische Signale, da sie durch die Abbildung per se eindeutig bestimmt sind. Man spricht hier treffender von einer *Musterfunktion* eines stochastischen Prozesses. Letzterer steht für eine prinzipiell unendliche Schar von Musterfunktionen und der Zufall bestimmt, welche Musterfunktion gerade beobachtet wird. Man spricht allgemein von einem stochastischen Prozess, wenn die Auswahl der Musterfunktion noch offen ist. Die Nachrichtentechnik, oder allgemein die Systemtheorie, beschäftigt sich intensiv mit stochastischen Signalen und deren Verarbeitung mit Systemen. Die moderne Nachrichtentechnik ist ohne die Wahrscheinlichkeitstheorie nicht möglich. Das Kap. 4 stellt grundlegende stochastische Konzepte soweit vor, dass ihre Anwendungen in der Nachrichtentechnik verständlich werden.

▷   Ein stochastisches Signal ist prinzipiell nicht vollständig vorhersagbar. Seine Realisierung als Musterfunktion hängt von einem Zufallsereignis ab.

2.1.5 Energie- und Leistungssignale

Für die Analyse von Signalen und Systemen, d. h. der Anwendbarkeit bestimmter mathematischer Methoden, ist die Unterscheidung von Energie- und Leistungssignalen wichtig. Dabei orientieren wir uns zunächst an bekannten physikalischen Größen. Betrachtet wir die Spannung $u(t)$ und den Strom $i(t)$ an einem Widerstand R, so resultiert die (elektrische) Momentanleistung

$$p(t) = u(t) \cdot i(t) = R \cdot i^2(t).$$

Die Energie E und die mittlere Leistung P sind

$$E = R \cdot \int_{-\infty}^{+\infty} i^2(t)\, \mathrm{d}t \quad \text{bzw.} \quad P = R \cdot \lim_{T \to \infty} \frac{1}{T} \cdot \int_{-T/2}^{+T/2} i^2(t)\, \mathrm{d}t.$$

Betrachtet man dimensionslose Signale – gegebenenfalls nach Normierung der zugrunde liegenden physikalischen Größen, z. B. durch Bezug auf einen Referenzwiderstand von $1\,\Omega$, der Referenzstromstärke 1 A oder der Referenzspannung 1 V – so definiert man allgemein die normierte *Energie* und die normierte *Leistung*

$$E = \int_{-\infty}^{+\infty} |x\,(t)\,|^2 \mathrm{d}t \quad \text{bzw.} \quad P = \lim_{T \to \infty} \frac{1}{T} \cdot \int_{-T/2}^{+T/2} |x\,(t)\,|^2 \mathrm{d}t.$$

Man spricht von *Energiesignalen* und *Leistungssignalen*, wenn E bzw. P als nichtnegativer endlicher Wert existiert.

Energiesignale sind alle betragsmäßig quadratisch integrierbaren Signale, also zeit- und amplitudenbegrenzte Signale, wie der Rechteckimpuls. Leistungssignale sind periodische Signale wie die Sinus- und Kosinusfunktion oder der periodische Rechteckimpulszug. Insbesondere sind alle später noch betrachteten Signale (Musterfunktionen) stationärer stochastischer Prozesse ebenfalls Leistungssignale.

Das Konzept der Energie- und Leistungssignale lässt sich unmittelbar auf die Folgen übertragen. Dazu ersetzt man oben die Integrale durch entsprechende Summen. Damit kann auch für die Folgen an der Bedeutsamkeit von Energie und Leistung, wie sie aus der Physik bekannt ist, angeknüpft werden.

2.2 RLC-Netzwerke

Denkt man an die analoge Telefonie oder die Funktechnik, dann ist die Bedeutung elektrischer Netzwerke für die Nachrichtentechnik offensichtlich. Standen früher elektromagnetischer Phänomene im Mittelpunkt, so haben sich heute in der Informationstechnik die Gewichte zwar verschoben, trotzdem bleibt das Wissen um elektrische Netzwerke, z. B. die Vierpoltheorie, Leitungstheorie etc. eine Kernkompetenz der Nachrichtenübertragungstechnik. Darüber hinaus liefern die elektrischen Netzwerke wichtige, physikalisch nachvollziehbare Anwendungsbeispiel zur Systemtheorie. Die Beschreibung der elektrischen Netzwerke führt zudem zur zentralen Theorie der linearen zeitinvarianten Systeme. Im Folgenden knüpfen wir kurz an den elektrotechnischen Grundlagen an.

2.2.1 Bauelemente und Quellen

Die Grundlagen zur Analyse und Synthese von RLC-Netzwerken bilden die aus der Physik bzw. Elektrotechnik bekannten Beziehungen zwischen den Spannungen und Strömen an den idealen konzentrierten Bauelementen *Widerstand R*, *Induktivität L* und *Kapazität C*. In Abb. 2.10 sind die Definitionsgleichungen zusammengestellt. Hinzu kommen die Definitionen der idealen Strom- und Spannungsquellen sowie die *kirchhoffsche*[5] *Maschen-*

---

[5] *Gustav Robert Kirchhoff* (1824–1887), deutscher Physiker.

| Bezeichnungen und Schaltzeichen | Grundgleichungen | | Energie |
	Zeitfunktionen	Komplexe Wechselstrom-rechnung	
Widerstand R $[R] = $ V / A $= \Omega$ (Ohm) 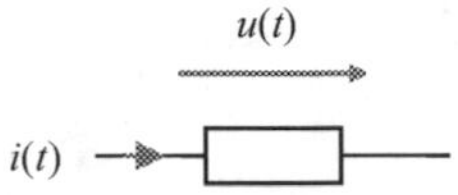 $u(t)$ $i(t) \longrightarrow$ ▭ $R{=}1/G$	$u(t) = R \cdot i(t)$ $i(t) = G \cdot u(t)$	$Z(s) = R$ $Y(s) = G$	$w(t) = \int\limits_{-\infty}^{t} R \cdot i^2(\tau)\,\mathrm{d}\tau$ – in Wärme umgesetzt
Induktivität L $[L] = $ Vs / A $= $ H (Henry) 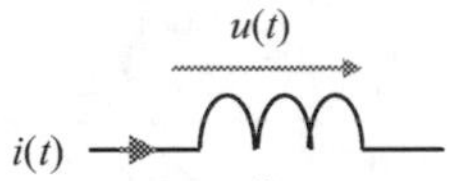 $u(t)$ $i(t) \longrightarrow$ ⌒⌒⌒ L	$u(t) = L \cdot \dfrac{\mathrm{d}}{\mathrm{d}t} i(t)$ $i(t) = \dfrac{1}{L} \cdot \int\limits_{-\infty}^{t} u(\tau)\,\mathrm{d}\tau$	$Z(s) = sL$ $Y(s) = \dfrac{1}{sL}$	$w_m(t) = \dfrac{1}{2} \cdot L \cdot i^2(t)$ – im magnetischen Feld gespeichert
Kapazität C $[C] = $ As / V $= $ F (Farad) 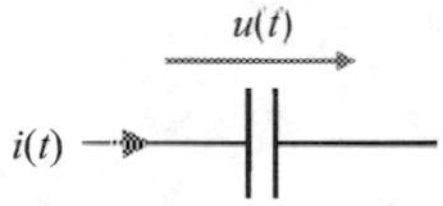 $u(t)$ $i(t) \longrightarrow$ ⊣⊢ C	$u(t) = \dfrac{1}{C} \cdot \int\limits_{-\infty}^{t} i(\tau)\,d\tau$ $i(t) = C \cdot \dfrac{\mathrm{d}}{\mathrm{d}t} u(t)$	$Z(s) = \dfrac{1}{sC}$ $Y(s) = sC$	$w_e(t) = \dfrac{1}{2} \cdot C \cdot u^2(t)$ – im elektrischen Feld gespeichert

Komplexe Frequenz $s = \sigma + \mathrm{j}\omega$, Impedanz $Z(s)$, Admittanz $Y(s) = 1 / Z(s)$

(A) André-Marie Ampère (1775–1836)   (Ω) Georg Simon Ohm (1789–1854)
(F) Michael Faraday (1791–1867)   (V) Alessandro Volta (1745–1827)
(H) Joseph Henry (1779–1878)

Abb. 2.10 Lineare elektrische Zweipole – Definitionsgleichungen

regel für die Zweigspannungen und die *kirchhoffsche Knotenregel* für die Zweigströme in Abb. 2.11.

Die Analyse von RLC-Netzwerken mithilfe der *komplexen Wechselstromrechnung* als Operatorrechnung wird im Folgenden anhand des elektrischen *Reihenschwingkreises* in Abb. 2.12 kurz vorgestellt.

Spannungsquelle 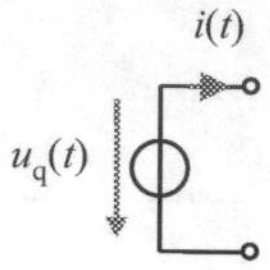	Sinusförmige Spannungsquelle mit eingeprägter Spannung und Innenwiderstand null	Zeitfunktion $$u_q(t) = \hat{u}_q \cdot \cos(\omega \cdot t + \varphi)$$ Komplexe Amplitude $$U_q = \hat{u}_q \cdot e^{j\varphi}$$
Stromquelle 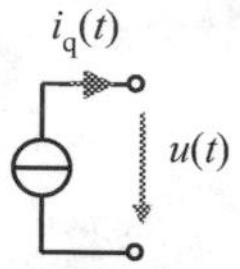	Sinusförmige Stromquelle mit eingeprägtem Strom und Innenwiderstand unendlich	Zeitfunktion $$i_q(t) = \hat{i}_q \cdot \cos(\omega \cdot t + \varphi)$$ Komplexe Amplitude $$I_q = \hat{i}_q \cdot e^{j\varphi}$$
Kirchhoffsche Maschenregel 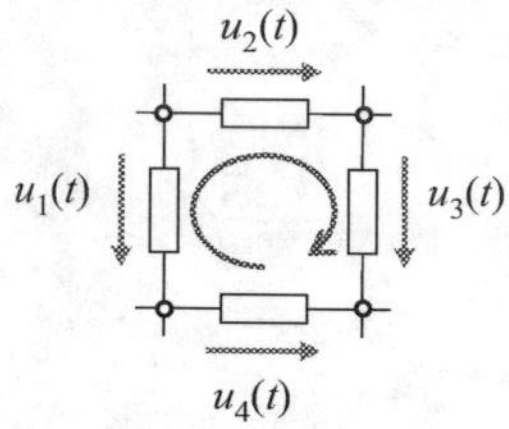	Die Summe aller Zweigspannungen einer Masche ist null. Die Spannungen im Umlaufsinn der Masche werden positiv und die im Gegensinn negativ gezählt.	$$\sum_n u_n(t) = 0$$ $$\sum_n U_n = 0$$
Kirchhoffsche Knotenregel 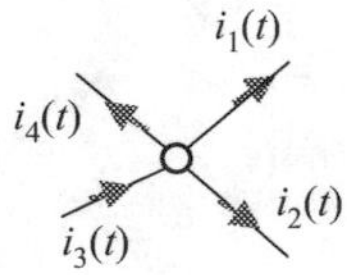	Die Summe aller Zweigströme eines Knotens ist null. Die hineinfließenden Ströme werden positiv und die herausfließenden negativ gezählt.	$$\sum_n i_n(t) = 0$$ $$\sum_n I_n = 0$$

Abb. 2.11 Quellen und Grundgleichungen der RLC-Netzwerkanalyse

Abb. 2.12 Reihenschwingkreis

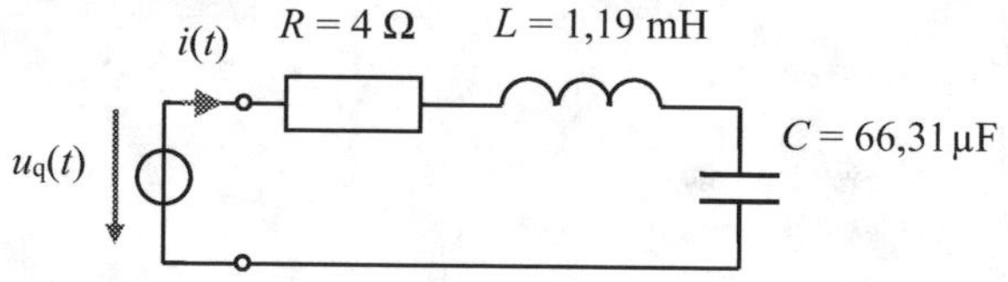

Wir betrachten eine sinusförmige Erregung mit der Spannungsquelle

$$u_q(t) = \hat{u} \cdot \cos(\omega t + \varphi) = 100\,\text{V} \cdot \cos(2\pi \cdot 50\,\text{Hz} \cdot t)$$

und berechnen die Zeitfunktion des Stroms $i(t)$ im Kreis. Aus der kirchhoffschen Maschenregel erhalten wir zunächst den Zusammenhang der Zweigspannungen

$$u_q(t) = u_R(t) + u_L(t) + u_C(t).$$

Weil der Strom des Reihenschwingkreises alle Bauelemente der Masche durchfließt, kann mit den in Abb. 2.10 dargestellten Beziehungen seine Bestimmungsgleichung als Integrodifferenzialgleichung angegeben werden:

$$u_q(t) = R \cdot i(t) + L \cdot \frac{\mathrm{d}}{\mathrm{d}t} i(t) + \frac{1}{C} \cdot \int\limits_{-\infty}^{t} i(\tau)\,\mathrm{d}\tau.$$

Differenziert man die Gleichung einmal nach der Zeit, ergibt sich eine *lineare Differenzialgleichung* zweiter Ordnung mit konstanten Koeffizienten.

$$L \cdot \frac{\mathrm{d}^2}{\mathrm{d}t^2} i(t) + R \cdot \frac{\mathrm{d}}{\mathrm{d}t} i(t) + \frac{1}{C} \cdot i(t) = \frac{\mathrm{d}}{\mathrm{d}t} u_q(t).$$

Aus der Mathematik ist das allgemeine Lösungsschema für lineare Differenzialgleichungen bekannt. Wegen der sinusförmigen Inhomogenität kann hier die Lösung über die Operatormethode relativ einfach bestimmt werden. In der Elektrotechnik bildet diese Methode die Grundlage für die komplexe Wechselstromrechnung. Weil die Inhomogenität sinusförmig ist, wird als Lösungsansatz ein ebenfalls sinusförmiger Strom gewählt. Damit erscheint in der Differenzialgleichung auf der linken und rechten Seite der gleiche Funktionstyp. Nur dann kann für alle Zeit t, d. h. im eingeschwungenen Zustand, die Gleichung gelöst werden, wenn sich beim Differenzieren und Integrieren der Funktionstyp reproduziert. Das genau leistet die sinusförmige Gestalt. Die Überlegungen führen unmittelbar auf den Exponentialansatz für die Spannungsquelle

$$u_q(t) = \mathrm{Re}\left(U_q \cdot e^{st}\right)$$

mit der *komplexen Amplitude*
$$U_q = \hat{u} \cdot e^{j\varphi}.$$

Anmerkung

- In der komplexen Wechselstromrechnung wir für gewöhnlich der Realteil der komplexen Frequenz zu null gesetzt, d. h. $s = j\omega$. Der Realteil ist erst von Bedeutung, wenn die Laplace-Transformation zur Berechnung von Schaltvorgängen zum Einsatz kommt oder Stabilitätsüberlegungen wichtig werden.

Entsprechend wird für den Strom der Ansatz gewählt

$$i(t) = \mathrm{Re}\left(I \cdot e^{st}\right).$$

Die beiden Ansätze in die Bestimmungsgleichung (Integrodifferenzialgleichung) eingesetzt liefert

$$R \cdot I \cdot e^{st} + L \cdot \frac{\mathrm{d}}{\mathrm{d}t} I \cdot e^{st} + \frac{1}{C} \cdot \int_{-\infty}^{t} I \cdot e^{st} \mathrm{d}\tau = U_{\mathrm{q}} \cdot e^{st},$$

was nach kurzer Zwischenrechnung die Vorgehensweise rechtfertigt:

$$R \cdot I \cdot e^{st} + L \cdot sI \cdot e^{st} + \frac{1}{C} \cdot \frac{1}{s} I \cdot e^{st} = U_{\mathrm{q}} \cdot e^{st}.$$

Jetzt kann die Zeitabhängigkeit durch Kürzen mit der Exponentialfunktion formal eliminiert werden. Die Zeitabhängigkeit der Lösung ist davon nicht betroffen. Sie ist als Exponentialfunktion definiert und wird der Lösung für die komplexe Amplitude wieder hinzugefügt. Die komplexe Wechselstromrechnung setzt die Betrachtung im stationären Zustand, auch eingeschwungener Zustand genannt, voraus. Es resultiert die algebraische Bestimmungsgleichung in s für die komplexe Amplitude des Stroms:

$$R \cdot I + sL \cdot I + \frac{1}{sC} \cdot I = U_{\mathrm{q}}.$$

Sie ergibt schließlich die Lösung

$$I = \frac{sC}{s^2 LC + sCR + 1} \cdot U_{\mathrm{q}} = Y(s) \cdot U_{\mathrm{q}} = \frac{1}{Z(s)} \cdot U_{\mathrm{q}}.$$

Der komplexe Faktor $Y(s)$ wird *Admittanz*, auch komplexer Leitwert, genannt. Sein Kehrwert $Z(s)$ heißt *Impedanz*, auch komplexer Widerstand. Der Zusammenhang zwischen den komplexen Größen stellt eine direkte Erweiterung des bekannten ohmschen Gesetzes dar. Unter Berücksichtigung der Rechenregeln für komplexe Zahlen kann für RLC-Netzwerke mit den komplexen Amplituden wie mit Gleichgrößen gerechnet werden.

Die Impedanz ist eine Funktion der Bauelemente R, L und C, sowie der komplexen Frequenz s der sinusförmigen Spannungsquelle. Im Zahlenwertbeispiel in Abb. 2.12 gilt mit

$$s = \mathrm{j}2\pi \cdot 50\,\mathrm{Hz}$$

für die Impedanz

$$Z = 4\,\Omega - \mathrm{j}3\,\Omega = 5 \cdot e^{-\mathrm{j}0{,}64}\,\Omega$$

und somit für die komplexe Amplitude des Stroms

$$I = 20 \cdot e^{\mathrm{j}0{,}64}\,\mathrm{A}.$$

Die gesuchte Zeitfunktion des Stroms erhalten wir durch Einsetzen in den Lösungsansatz

$$i(t) = \mathrm{Re}\left(I \cdot e^{st}\right) = 20\,\mathrm{A} \cdot \cos(2\pi \cdot 50\,\mathrm{Hz} \cdot t + 0{,}64).$$

Anmerkungen

- Wie später noch gezeigt wird, steht die Lösung in engem Zusammenhang mit der Übertragungsfunktion und dem Frequenzgang von linearen zeitinvarianten Systemen.
- Der Schwingkreis zeichnet sich durch den Energieaustausch zwischen magnetischem und elektrischem Feld aus. Analoges gilt beispielsweise auch in der Mechanik, in der die kinetische und die potenzielle Energie in wechselseitigen Austausch treten können, z. B. beim mechanischen Pendel. Man spricht in diesen Fällen von mechanischen Schwingkreisen.

2.2.2   Lineares zeitinvariantes System

In den folgenden Abschnitten werden elektrische Netzwerke betrachtet, die sich aus den idealen Bauelementen Widerstand R, Induktivität L und Kapazität C und den idealen Strom- und Spannungsquellen zusammensetzen. Trotz der Idealisierung haben derartige Netze in der Nachrichtentechnik eine hohe praktische Bedeutung, weil sie reale Systeme im Arbeitsbereich oft gut beschreiben. So lassen sich reale Widerstände, Spulen und Kondensatoren in vielen Anwendungen durch RLC-Ersatzschaltungen modellieren. Eine wesentliche Eigenschaft der RLC-Netzwerke ist ihre Linearität. Sie entspricht dem physikalischen *Superpositionsprinzip* und garantiert eine relativ einfache mathematische Beschreibung. Die Linearität leitet sich hier allgemein aus den Beziehungen zwischen Strömen und Spannungen an den Bauelementen in Abb. 2.10 ab. Es treten nur lineare Rechenoperationen auf: die Multiplikation mit einer Konstanten, die Differenziation und die Integration. In der Elektrotechnik spricht man deshalb von der Linearisierung der Schaltung. Eine weitere wichtige Eigenschaft wird meist stillschweigend vorausgesetzt: die Zeitinvarianz. Das heißt, die Netzwerke ändern im betrachteten Zeitraum ihre Eigenschaften nicht.

Anmerkung

- Wie der Techniker weiß, sind Temperaturschwankungen der Kennwerte, wie beim sich im Betrieb erwärmenden Widerstand, sowie Alterungsprozesse typische Fehlerquellen in realen Schaltungen. Derartige Fehler und der Umgang mit ihnen sind hier außerhalb der weiteren Überlegungen.

Linearität und Zeitinvarianz führen unmittelbar zum Begriff des *linearen zeitinvarianten Systems*, kurz LTI-System („linear time-invariant"). Hierzu betrachte man in Abb. 2.13 den passiven elektrischen Vierpol in seiner Darstellung als System mit je einem Ein- und Ausgang und den elektrischen Spannungen als Eingangs- bzw. Ausgangssignal.

Zwei Eingangssignalen $x_1(t)$ und $x_2(t)$ seien die Ausgangssignale $y_1(t)$ bzw. $y_2(t)$ zugeordnet. Das System ist dann linear, wenn für eine beliebige Linearkombination der

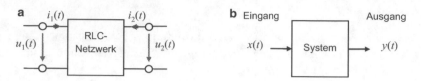

Abb. 2.13 RLC-Netzwerk als Zweitor (**a**) und als System mit einem Eingang und einem Ausgang (**b**)

Eingangssignale mit den Konstanten α_1 und α_2 stets die entsprechende Linearkombination der Ausgangssignale zu beobachten ist:

$$\alpha_1 \cdot x_1(t) + \alpha_2 \cdot x_2(t) \Rightarrow \alpha_1 \cdot y_1(t) + \alpha_2 \cdot y_2(t).$$

Diese Bedingung muss streng genommen für die Überlagerung von beliebig vielen, in Summe leistungs- bzw. energiebegrenzten Signalen gelten, wie sie sich beispielsweise durch die harmonische Analyse mit der Fourier-Reihe und der Fourier-Transformation in den folgenden Abschnitten ergibt.

Für RLC-Netzwerke kann die Linearität direkt aus den physikalischen Definitionsgleichungen für Strom und Spannung an den Bauelementen abgelesen werden. Weil diese mathematischen Operationen linear sind, muss jede Linearkombination solcher Operationen, also praktisch die Verschaltung der Bauelemente, wieder ein lineares System sein.

▶   Beschränken sich die Operationen im System auf die Addition von Signalen, die Multiplikation der Signale mit Konstanten und die Differenziation oder Integration der Signale, so resultiert ein lineares System.

Die Linearität ist deshalb so wichtig, weil dadurch das weitere Vorgehen wesentlich vereinfacht wird. Will man die Reaktion eines LTI-Systems auf ein beliebiges Eingangssignal bestimmen, so bietet es sich an, das Eingangssignal in sinusförmige Signalkomponenten zu zerlegen. Für diese kann das jeweilige Ausgangssignal, z. B. mit den Methoden der komplexen Wechselstromrechnung, gefunden werden. Die Systemreaktion ergibt sich dann aus der Überlagerung aller Ausgangs(teil)signale. Das Werkzeug hierzu liefert die Mathematik mit der Fourier-Reihe in Abschn. 2.3 und ihrer Verallgemeinerung, der Fourier-Transformation in Abschn. 2.6.

Anmerkungen

● In der komplexen Wechselstromrechnung wird vorausgesetzt, dass bei sinusförmiger Erregung mit einer festen Frequenz, alle Spannungen und Ströme ebenfalls sinusförmig und mit gleicher Frequenz sind, nur Amplituden und Phasen unterscheiden sich. Dem liegt bei den LTI-Systemen folgender allgemeine Zusammenhang zugrunde: Ein Signal von der Form einer (allgemein) Exponentiellen am Systemeingang führen auf die Exponentielle gleicher Frequenz am Ausgang; man spricht von der Eigenfunktion. Es ist deshalb nicht verwunderlich, dass wichtige Gleichungen der Physik zur Ausbreitung von Wärme, mechanischer und elektromagnetischer Energie durch komplex Exponentielle gelöst werden, siehe Wellengleichungen bzw. Telegrafengleichung der Nachrichtentechnik.

- In der Systemtheorie stellt die Zeit als Variable nur einen Sonderfall dar. Man spricht deshalb mathematisch von der Translationsinvarianz oder aus dem Englischen auch von der Shift-Invarianz, kurz den LSI-Systemen.

2.3 Harmonische Analyse

Die Entwicklung einer Funktion in ihre *Fourier-Reihe*[6] bezeichnet man als *harmonische Analyse*. Die Funktion wird dabei als Überlagerung von sinusförmigen Schwingungen oder allgemein Exponentiellen dargestellt. Ist die Funktion ein Eingangssignal eines LTI-Systems, kann das Ausgangssignal relativ einfach berechnet werden. Die harmonische Analyse ist deshalb ein wichtiges mathematisches Werkzeug in der Nachrichtentechnik und spielt auch in anderen Fachgebieten eine große Rolle.

In diesem Abschnitt werden periodische reelle Signale betrachtet, wie der Rechteckimpulszug in Abb. 2.7. Ein periodisches Signal $x(t)$ kann stets durch eine Fourier-Reihe dargestellt werden, wenn es den Dirichlet-Bedingungen[7] genügt:

- Innerhalb einer Periode T_0 ist $x(t)$ in endlich viele Intervalle zerlegbar, in denen $x(t)$ stetig und monoton ist.
- An jeder Unstetigkeitsstelle (Sprungstelle) sind die Werte $x(t + 0)$ und $x(t - 0)$ definiert.

Die in der Nachrichtentechnik wichtigen periodischen Signale erfüllen die beiden Bedingungen. Je nach Bedarf kann eine der drei nachfolgenden äquivalenten Formen der Fourier-Reihe benutzt werden.

Trigonometrische Form
Die trigonometrische Form der Fourier-Reihe stellt das Signal $x(t)$ mit der Periode T_0 als Überlagerung von Sinus- und Kosinusfunktionen dar

$$x(t) = \frac{a_0}{2} + \sum_{k=1}^{\infty} [a_k \cdot \cos(k\omega_0 t) + b_k \cdot \sin(k\omega_0 t)],$$

mit der Grundkreisfrequenz

$$\omega_0 = \frac{2\pi}{T_0}$$

---

[6] *[Jean-Baptiste] Joseph Baron de Fourier* (1768–1830), französischer Mathematiker und Physiker.
[7] *[Lejeune] Peter Dirichlet* (1805–1859), deutsch-französischer Mathematiker.

und den *Fourier-Koeffizienten*

$$a_k = \frac{2}{T_0} \cdot \int_{t_0}^{t_0+T_0} x\,(t) \cdot \cos\,(k\omega_0 t)\,\mathrm{d}t \quad \text{für } k = 0, 1, 2, \ldots$$

$$b_k = \frac{2}{T_0} \cdot \int_{t_0}^{t_0+T_0} x\,(t) \cdot \sin\,(k\omega_0 t)\,\mathrm{d}t \quad \text{für } k = 1, 2, 3, \ldots$$

Harmonische Form

Die Sinus- und Kosinusterme gleicher Frequenz können zu einer Harmonischen zusammengefasst werden:

$$x\,(t) = C_0 + \sum_{k=1}^{\infty} C_k \cdot \cos\,(k\omega_0 t + \theta_k)$$

mit den Amplituden bzw. Phasen

$$C_0 = \frac{a_0}{2}; C_k = \sqrt{a_k^2 + b_k^2} \quad \text{und} \quad \theta_k = \arctan\left(\frac{b_k}{a_k}\right) \quad \text{für } k = 1, 2, 3\ldots$$

Das konstante Glied C_0 entspricht dem *Gleichanteil* des Signals, also im Fall eines elektrischen Signals dem Gleichstrom- bzw. dem Gleichspannungsanteil. Der Anteil bei der Grundkreisfrequenz, für $k = 1$, wird *Grundschwingung* oder *1. Harmonische* genannt. Die Anteile zu $k = 2, 3, \ldots$ heißen *1. Oberschwingung* oder *2. Harmonische* usw.

Komplexe Form

Alternativ können die Sinus- und Kosinusterme mit der eulerschen Formel als Linearkombinationen von Exponentialfunktionen geschrieben werden

$$x\,(t) = \sum_{k=-\infty}^{\infty} c_k \cdot \mathrm{e}^{jk\omega_0 t}$$

mit den komplexen Fourier-Koeffizienten

$$c_k = \frac{1}{T_0} \cdot \int_{t_0}^{t_0+T_0} x\,(t) \cdot \mathrm{e}^{-jk\omega_0 t}\,\mathrm{d}t.$$

Dabei wird ohne Unterschied mit positiven und negativen Frequenzen gerechnet. Für die üblichen reellen Signale gilt die Symmetrie

$$c_{-k} = c_k^*$$

und der Zusammenhang mit den Koeffizienten der trigonometrischen Form

$$c_0 = \frac{a_0}{2} \quad \text{und} \quad c_k = \frac{1}{2} \cdot (a_k - jb_k) \quad \text{für } k = 1, 2, 3, \ldots$$

Parsevalsche Gleichung

Die Sinus- und Kosinusfunktionen der Fourier-Reihe bilden ein vollständiges Orthogonal-system, das den mittleren quadratischen Fehler minimiert. Diese wichtige mathematische Eigenschaft drückt sich in der *parsevalschen Gleichung*[8] aus:

$$\frac{1}{T_0} \cdot \int_0^{T_0} |x\,(t)\,|^2 \mathrm{d}t = \sum_{k=-\infty}^{\infty} |c_k|^2.$$

Sie verknüpft die Signalleistung, die mittlere Signalleistung in einer Periode, mit der Summe der Betragsquadrate der Fourier-Koeffizienten. Damit kann auch die Approxi-mationsgüte einer abgebrochenen Fourier-Reihe bezüglich des mittleren quadratischen Fehlers abgeschätzt werden.

Fourier-Reihe des Rechteckimpulszugs

Als wichtiges Beispiel betrachten wir den Rechteckimpulszug und seine Fourier-Reihe. In der Nachrichtenübertragungstechnik werden Rechteckimpulse zur binären Datenübertra-gung verwendet, siehe Abb. 2.5:

$$x_T\,(t) = \begin{cases} 1 & |t| < T/2 \\ 0 & \text{sonst} \end{cases}.$$

Dazu passend betrachten wir den periodischen Rechteckimpulszug $x_\mathrm{p}(t)$ in Abb. 2.7 mit der Periode T_0, dem Tastverhältnis T/T_0 und der Amplitude A. Ihn entwickeln wir in eine trigonometrische Fourier-Reihe. Als Integrationsintervall nehmen wir eine Periode $t \in [-T_0/2, T_0/2]$ symmetrisch um den Ursprung. Für die Fourier-Koeffizienten gilt

$$a_0 = \frac{2}{T_0} \cdot \int_{-T_0/2}^{T_0/2} x_\mathrm{p}\,(t)\,\mathrm{d}t = 2A \cdot \frac{T}{T_0}$$

$$a_k = \frac{2}{T_0} \cdot \int_{-T/2}^{T/2} A \cdot \cos\,(k\omega_0 t)\,\mathrm{d}t$$

$$= \frac{2A}{T_0} \cdot \frac{1}{k\omega_0} \cdot \left[\sin\left(\frac{k\omega_0 T}{2}\right) - \sin\left(\frac{-k\omega_0 T}{2}\right) \right] \quad \text{für } k = 1, 2, \ldots$$

Da die Sinusfunktion ungerade ist, wird das Minuszeichen aus dem Argument vorgezo-gen. Nach Zusammenfassen der beiden Sinusterme ergeben sich nach kurzer Umformung die Fourier-Koeffizienten

$$a_k = 2A \cdot \frac{T}{T_0} \cdot \frac{\sin\left(k\omega_0 \cdot \frac{T}{2}\right)}{k\omega_0 \cdot \frac{T}{2}} = 2A \cdot \frac{T}{T_0} \cdot \mathrm{si}\left(k\omega_0 \cdot \frac{T}{2}\right) \quad \text{für } k = 0, 1, 2, \ldots,$$

---

[8] *Marc-Antoine Parseval des Chênes* (1755–1836), französischer Mathematiker.

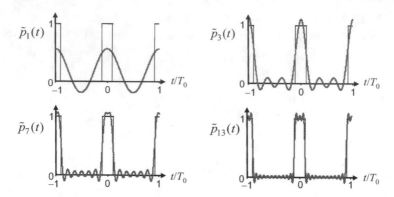

Abb. 2.14 Approximation des periodischen Rechteckimpulszugs durch den Gleichanteil und den ersten k Harmonischen

wobei als Abkürzung die *si-Funktion* benutzt wird:

$$\text{si}(x) = \frac{\sin(x)}{x}.$$

Für die Fourier-Koeffizienten zu den Sinusfunktionen resultiert hier stets null, weil $x_\text{p}(t)$ eine gerade Funktion ist. Im Beispiel treten keine Sinusfunktionen auf.

Ersetzen wir schließlich noch die Grundkreisfrequenz ω_0 durch $2\pi / T_0$, hängen die Fourier-Koeffizienten nur vom Tastverhältnis ab. Die Fourier-Reihe des periodischen Rechteckimpulszugs nimmt damit endgültig die kompakte Form

$$x_\text{p}(t) = 2A \cdot \frac{T}{T_0} \cdot \left[\frac{1}{2} + \sum_{k=1}^{\infty} \text{si}\left(\pi k \cdot \frac{T}{T_0} \right) \cdot \cos\left(2\pi k \cdot \frac{t}{T_0} \right) \right]$$

an.

In vielen Anwendungen ist es oft ausreichend, Signale nur durch eine endliche Zahl von Gliedern anzunähern. In Abb. 2.14 veranschaulichen wir den entstehenden Approximationsfehler am Beispiel des periodischen Rechteckimpulszugs. Das Tastverhältnis beträgt 1/5. Es werden jeweils der Gleichanteil und die ersten k Harmonischen benutzt mit $k = 1, 3, 7$ und 13. Im Bild ist deutlich die Annäherung an den Rechteckimpulszug bei wachsender Zahl berücksichtigter Harmonischen zu sehen. An den Sprungstellen zeigt sich das als *gibbsches Phänomen* bekannte Überschwingen der Approximation. Erhöht man die Zahl der berücksichtigten Harmonischen, so ist das Überschwingen von etwa 9 % der Sprunghöhe der Unstetigkeitsstelle weiter zu beobachten. Die maximalen Abweichungen rücken dabei links und rechts immer näher an die Sprungstelle. Erst im Grenzfall $k \to \infty$ fallen sie zusammen und kompensieren sich. Das gibbsche Phänomen spielt beispielsweise beim Entwurf digitaler Filter eine Rolle.

Anmerkungen

- Mit der Regel von L'Hospital[9] oder mit der Potenzreihe für die Sinusfunktion lässt sich zeigen, dass für die si-Funktion an der Stelle null gilt

$$\mathrm{si}\,(0) = \lim_{x \to 0} \frac{\sin(x)}{x} = 1.$$

- Eine quantitative Behandlung des Approximationsfehlers bei Abbruch der Fourier-Reihe ist mit der parsevalschen Gleichung möglich. Sie stellt auch sicher, dass mit jedem zusätzlich berücksichtigten Glied der Approximationsfehler im quadratischen Mittel abnimmt.

2.4   Methode der Ersatzspannungsquellen

In den letzten beiden Abschnitten wurden zwei allgemeine Prinzipien vorgestellt: die Linearität eines Systems und die harmonische Signalzerlegung. Nun zeigen wir anhand der Methode der Ersatzspannungsquellen wie sich beide Prinzipien vorteilhaft verbinden lassen.

Die Signaldarstellung als Fourier-Reihe ermöglicht es, die Reaktion auf periodische Spannungs- und Stromquellen in RLC-Netzwerken mit der komplexen Wechselstromrechnung zu bestimmen. Grundlagen hierzu sind, dass das Superpositionsprinzips gültig ist und die Harmonischen die Eigenfunktionen der LTI-Systeme sind. Das heißt, es darf die Wirkung jeder einzelnen Harmonischen getrennt berechnet werden. Die Teillösungen werden zur Gesamtlösung addiert. Das nachfolgende ausführliche Beispiel stellt das Verfahren vor. Dabei orientieren wir uns an einer typischen Aufgabe in der Nachrichtenübertragung, der Datenübertragung über eine Zweidrahtleitung. Wir modellieren das binäre Datensignal als periodischen Rechteckimpulszug, indem wir annehmen, es wird für jede logische „1" ein Rechteckimpuls gesendet und sonst das Signal ausgetastet, d. h. der Rechteckimpuls nicht gesendet. Dann entspricht der Datenfolge ...01010101... ein Rechteckimpulszug mit dem Tastverhältnis $T/T_0 = 1/2$. Nehmen wir weiter an, die Übertragungsstrecke lasse sich – zumindest näherungsweise – durch das in Abb. 2.15 gezeigte *RC-Glied* beschreiben, so kann das Signal am Ausgang berechnet werden.

Anmerkungen

- Mit der periodischen Bitfolge lässt sich natürlich keine genuine Information übertragen. Der periodische Rechteckimpulszug spielt beispielsweise als Taktsignal in der Digitaltechnik eine wichtige Rolle.

---

[9] *Guillaume François Antonine, Marquis de L'Hôpital* (1661–1704), französischer Mathematiker.

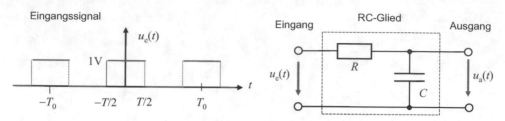

Abb. 2.15 Periodischer Rechteckimpulszug am RC-Glied

- Im Beispiel einer einfachen Zweidrahtleitung werden mit dem Widerstand R der Spannungsabfall entlang der Leitung und mit der Kapazität C die Querkapazitäten zwischen den Leitern modelliert.
- Die Aufgabe des Empfängers wäre dann, die gesendete Nachricht, die Bitfolge, aus dem Ausgangssignal zu rekonstruieren. Die sich aus dem Beispiel ergebenden Konsequenzen für die digitale Übertragung im Basisband werden in Kap. 4 behandelt.

Im ersten Schritt bestimmen wir die Ersatzspannungsquellen. Danach geben wir im zweiten Schritt mit der komplexen Wechselstromrechnung die zugehörigen Spannungen an der Kapazität an. Deren Überlagerung liefert schließlich das Ausgangssignal im dritten und letzten Schritt.

Ersatzspannungsquellen

Entsprechend der Fourier-Reihe des Rechteckimpulszugs fassen wir die Eingangsspannung als Überlagerung von Spannungsquellen auf:

$$u_e(t) = U_{e,0} + \sum_{k=1}^{\infty} \hat{u}_{e,k} \cdot \cos\left(2\pi k \frac{t}{T_0}\right)$$

$$= 2\,\mathrm{V} \cdot \frac{T}{T_0} \cdot \left[\frac{1}{2} + \sum_{k=1}^{\infty} \mathrm{si}\left(\pi k \frac{T}{T_0}\right) \cdot \cos\left(2\pi k \frac{t}{T_0}\right)\right],$$

und zwar mit der Gleichspannungsquelle

$$U_{e,0} = \frac{T}{T_0}\,\mathrm{V}$$

und den Wechselspannungsquellen

$$u_{e,k}(t) = \hat{u}_{e,k} \cdot \cos(\omega_k t).$$

Die Scheitelwerte und Kreisfrequenzen sind

$$\hat{u}_{e,k} = 2 \cdot \frac{T}{T_0} \cdot \mathrm{si}\left(\pi \cdot k \cdot \frac{T}{T_0}\right)\mathrm{V} \quad \text{bzw.} \quad \omega_k = k \cdot \frac{2\pi}{T_0}.$$

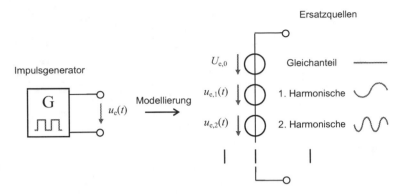

Abb. 2.16 Ersatzspannungsquellen für den periodischen Rechteckimpulszug

Die Modellierung der Impulsquelle durch die *Ersatzspannungsquellen* veranschaulicht Abb. 2.16.

Komplexe Wechselstromrechnung
Aus der Spannungsteilerregel der komplexen Wechselstromrechnung folgt mit den komplexen Amplituden am Eingang $U_{e,k}$ für die komplexen Amplituden am Ausgang des RC-Glieds, der Kapazität,

$$U_{a,k} = U_{e,k} \cdot \frac{\frac{1}{j\omega_k \cdot C}}{R + \frac{1}{j\omega_k \cdot C}} = U_{e,k} \cdot \frac{1}{1 + j\omega_k \cdot R \cdot C} \quad \text{für } k = 1, 2, 3, \ldots$$

Daraus erhalten wir mit der *Zeitkonstante* des RC-Glieds

$$\tau = R \cdot C$$

die zugehörigen Spannungen am Ausgang:

$$u_{a,k}(t) = \mathrm{Re}\left(\frac{U_{e,k}}{1 + j\omega_k \tau} \cdot e^{j\omega_k t}\right) = \frac{\hat{u}_{e,k}}{\sqrt{1 + (\omega_k \tau)^2}} \cdot \cos\left(\omega_k t - \arctan\left(\omega_k \tau\right)\right).$$

Anmerkung

- Die Zeitkonstante des RC-Glieds τ ist ein Maß für die Dauer des Ladevorgangs an der Kapazität mit in Reihe geschaltetem Widerstand. Je größer R und/oder C, umso länger dauert der Ladevorgang. Beim Entladen eines Kondensators mit der Anfangsspannung U_0 beträgt die Spannung am Kondensator nach der Zeit $t = \tau$ genau $U_0 \cdot e^{-1} \approx 0{,}3679 \cdot U_0$.

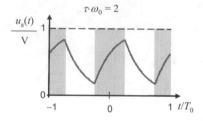 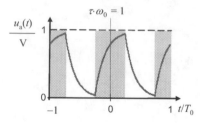

Abb. 2.17 Übertragung eines periodischen Rechteckimpulszugs (*hinterlegt*) durch ein RC-Glied mit der Zeitkonstante τ

Superposition

Die Überlagerung der sinusförmigen Teilspannungen am Ausgang liefert mit der unverändert übertragenen Gleichspannungskomponente die gesuchte Spannung an der Kapazität

$$u_a\left(t\right) = 2\,\mathrm{V}\cdot\frac{T}{T_0}\cdot\left[\frac{1}{2} + \sum_{k=1}^{\infty}\frac{\mathrm{si}\left(\pi k\cdot\frac{T}{T_0}\right)}{\sqrt{1+\left(2\pi k\cdot\frac{\tau}{T_0}\right)^2}}\cdot\cos\left(2\pi k\cdot\frac{t}{T_0} - \arctan\left(2\pi k\cdot\frac{\tau}{T_0}\right)\right)\right].$$

Der Spannungsverlauf ist für zwei verschiedene Werte der Zeitkonstanten τ in Abb. 2.17 zu sehen. Im linken Teilbild ist die Zeitkonstante relativ groß. Es wird die Amplitude der ersten Harmonischen bereits so stark gedämpft, dass das Ausgangssignal im Wesentlichen einem unvollständigen Lade- bzw. Entladevorgang der Kapazität entspricht. Ist, wie im rechten Teilbild, die Zeitkonstante gleich der Inversen der Grundkreisfrequenz, so wird die Kapazität während der Impulsdauer fast vollständig geladen bzw. entladen. Die Konsequenzen, die sich daraus für die Datenübertragung ergeben, werden in Kap. 4 noch diskutiert.

2.5 Spektrum und Frequenzgang

Das Beispiel mit der harmonischen Analyse des Signals am RC-Glied lässt sich verallgemeinern. Es führt uns auf die zentralen Begriffe: Spektrum, Frequenzgang und Filterung. Bevor wir jedoch die grundlegenden Definitionen und allgemeinen Beziehungen behandeln, bleiben wir zunächst bei unserem Beispiel und führen die Begriffe auf anschauliche Weise ein.

2.5.1 Spektrum von Signalen mit Fourier-Reihe

Betrachtet man die Definition der Fourier-Reihe, so unterscheiden sich die Signale bei gleicher Periode durch die Gewichtung der Harmonischen, den Fourier-Koeffizienten.

Letztere enthalten, bis auf die Periode, die vollständige Information über das Signal. Im Beispiel des letzten Abschnitts entsprechen die Fourier-Koeffizienten den Amplituden der Ersatzspannungsquellen. Sie haben somit eine physikalische Bedeutung. Die Methode der Ersatzspannungsquellen in Abb. 2.16 liefert implizit eine Verteilung der Signalleistung auf die Harmonischen. Indem jeder Ersatzspannungsquelle genau eine bestimmte Frequenz zugeordnet ist, kann auch von Signalanteilen bzw. Leistungsanteilen bei diskreten Frequenzen gesprochen werden. Hierzu stellen wir zunächst den Zusammenhang zwischen den komplexen Fourier-Koeffizienten und den bekannten Größen der Wechselstromrechnung her. Aus der harmonischen Form der Fourier-Reihe folgt für die Amplitude des Gleichanteils

$$U_0 = c_0$$

und die Amplitude der k-ten Harmonischen

$$\hat{u}_k = C_k = 2 \cdot |c_k| \quad \text{für} \quad k = 1, 2, 3, \ldots$$

Damit sind auch die jeweiligen Anteile an der mittleren Leistung an einem Widerstand R bekannt:

$$\frac{U_{\text{eff},k}^2}{R} = \frac{2 \cdot |c_k|^2}{R} \quad \text{für} \quad k = 1, 2, 3, \ldots$$

Der Betrag des k-ten komplexen Fourier-Koeffizienten ist proportional zur Amplitude der k-ten Harmonischen. Und das Betragsquadrat des komplexen Fourier-Koeffizienten ist proportional zur am Referenzwiderstand R umgesetzten thermischen Leistung. Da dem k-ten Fourier-Koeffizienten genau die diskrete Frequenz $k \cdot f_0$ zugeordnet ist, spricht man vom *Amplitudenspektrum* bzw. vom *Leistungsspektrum* des periodischen Signals und nennt die zugeordneten Signalanteile *Spektral-* oder *Frequenzkomponenten*. Der Einfachheit halber wird kurz vom *Spektrum* gesprochen.

Die verschiedenen Formen der Fourier-Reihe lassen es zu, dass man je nach Zweckmäßigkeit einseitige Spektren mit nur positiven „natürlichen" Frequenzen und zweiseitige Spektren mit positiven und negativen Frequenzen verwendet. Letzteres bietet Vorteile beim Rechnen und ist darum in der Physik und der Technik gebräuchlich.

Im Beispiel des periodischen Rechteckimpulszugs resultieren für die Spektren die Stabdiagramme in Abb. 2.18. Darin sind die Fourier-Koeffizienten c_k bzw. die (normierten) Leistungen $|c_k|^2$ der Signalanteile über den Index k aufgetragen. Jedem Index k ist die Frequenz $f_k = k \cdot f_0$ eindeutig zugeordnet. Deshalb kann Abb. 2.18 als Frequenzbereichsdarstellung interpretiert werden. Es resultieren *Linienspektren* mit äquidistant im Abstand f_0 verteilten Frequenzkomponenten. Man beachte auch, dass die si-Funktion die Fourier-Koeffizienten im oberen Teilbild interpoliert.

Wichtig ist ebenfalls die Symmetrie der Fourier-Koeffizienten für reelle Signale. Für die Beträge der Fourier-Koeffizienten ergibt sich eine gerade Symmetrie. Betragsspektrum und Leistungsspektrum werden deshalb meist nur für positive Frequenzen angegeben.

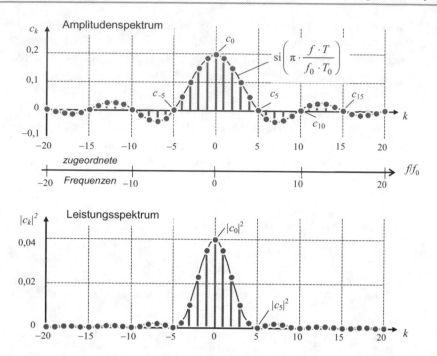

Abb. 2.18 Amplituden- und Leistungsspektrum des periodischen Rechteckimpulszugs

Bemerkenswert ist der Zusammenhang zwischen dem Tastverhältnis und der ersten Nullstelle im Spektrum für positive Frequenzen. Mit

$$\text{si}\left(\pi \cdot k \cdot \frac{T}{T_0}\right) = 0 \quad \text{nur für} \quad k \cdot \frac{T}{T_0} = \pm 1, \pm 2, \pm 3, \dots$$

ergeben sich mit dem Tastverhältnis $T/T_0 = 1/5$ Nullstellen bei $k = \pm 5, \pm 10, \pm 15$, usw. Der periodische Rechteckimpulszug besitzt keine Harmonischen bei diesen Frequenzen.

Die Verteilung der Leistungen auf die Frequenzkomponenten im unteren Teilbild zeigt, dass die wesentlichen Anteile auf Frequenzen bis zur ersten Nullstelle $k = \pm 5$ des Spektrums beschränkt sind. Man spricht deshalb von der *Bandbreite* des Signals und gibt je nach Anwendung einen geeigneten Kennwert an, was später noch genauer ausgeführt wird. In vielen Fällen genügt es, die Übertragung oder Weiterverarbeitung der Signale auf die Frequenzkomponenten innerhalb der Bandbreite zu beschränken. Der dabei vernachlässigte Leistungsanteil kann mit der parsevalschen Gleichung bestimmt werden.

2.5.2   Frequenzgang

In Abb. 2.15 ist das RC-Glied als *Zweitor* dargestellt. Mit den komplexen Amplituden an Eingang U_e und Ausgang U_a kann für jede beliebige, fest vorgegebene Kreisfrequenz ω ein komplexes Übertragungsverhältnis im eingeschwungenen Zustand angegeben werden:

$$\frac{U_a}{U_e} = \frac{\hat{u}_a}{\hat{u}_e} \cdot e^{j(\varphi_a - \varphi_e)}\big|_{\omega \text{ fix}}.$$

Die Verallgemeinerung des Übertragungsverhältnisses der komplexen Amplituden, mit der komplexen Frequenz $s = j\omega$ als unabhängigem Parameter, führt auf den *Frequenzgang*

$$H(j\omega) = |H(j\omega)| \cdot e^{jb(\omega)}.$$

Das Argument des komplexen Frequenzgangs liefern den *Phasengang*, oft kurz auch nur Phase genannt,

$$b(\omega) = \arctan\left(\frac{\operatorname{Im}[H(j\omega)]}{\operatorname{Re}[H(j\omega)]}\right).$$

Die arctan-Funktion, ist bezüglich der vier Quadranten von 0 bis 2π auszuwerten. Der Phasengang kann, wie noch gezeigt wird, mit der Signalverzögerung der Frequenzkomponenten durch das System in Verbindung gebracht werden. Und anders als hier wird er in der Literatur manchmal mit negativem Vorzeichen festgelegt.

Der *Betragsgang* gibt an, wie stark ein sinusförmiges Signal bzw. eine Frequenzkomponente bei der Übertragung verstärkt oder gedämpft wird. Er wird häufig im logarithmischen Maß als *Dämpfungsgang* angegeben:

$$a_{dB}(\omega) = -20 \cdot \log_{10}|H(j\omega)|\text{dB}.$$

Zur Unterscheidung wird die Pseudoeinheit *Dezibel*[10] (dB) angehängt. Wird die Dämpfung in dB angegeben, spricht man vom *Dämpfungsmaß*. Um Verwechslungen vorzubeugen, können bei Formeln die Größen, für die Werte im logarithmischen Maß einzusetzen sind, durch den Index dB kenntlich gemacht werden.

Die Anwendung der Logarithmusfunktion hat zwei praktische Vorteile. Zum Ersten werden bei der Multiplikation von Betragsgängen, z. B. bei Hintereinanderschaltung von Filtern, die Werte des Dämpfungsmaßes einfach addiert. Zum Zweiten lässt die grafische Darstellung der Dämpfung in dB die Bereiche des Betragsgangs mit kleinen Werten, z. B. im Sperrbereich von Filtern, vergrößert erscheinen.

---

[10] Zusammensetzung von „Dezi" für den Zehnerlogarithmus und „bel" vom Namen Bell. *Alexander Graham Bell* (1847–1922), US-amerikanischer Physiologe, Erfinder und Unternehmer schottischer Abstammung; erhält 1876 in den USA ein Patent für das Telefon.

Anmerkung

- Aus der Physik ist bekannt, dass reale elektrische Netzwerke mit Widerständen, Spulen und Kondensatoren gut durch die idealen Bauelemente R, L und C und den zugehörigen Beziehungen zwischen Strömen und Spannungen beschrieben werden können. Will man den Zusammenhang zwischen den Strömen und Spannungen in einem RLC-Netzwerk berechnen, so resultieren lineare Differenzialgleichungen mit konstanten Koeffizienten, wie z. B. beim Schwingkreis. Lässt man jedoch als Erregung nur sinusförmige Spannungs- oder Stromquellen zu, vereinfachen sich die Differenzialgleichungen mit dem Exponentialansatz der Operatormethode zu algebraischen Gleichungen. Wie im Beispiel des Reihenschwingkreises erhält man Gleichungen mit Polynomen in s, die dann relativ einfach gelöst werden können. Die komplexe Frequenz s deutet hier den Zusammenhang mit der Laplace-Transformation und der Übertragungsfunktion an. Im Sonderfall $\sigma = 0$ ergibt sich mit $s = \mathrm{j}\omega$ die bekannte komplexe Wechselstromrechnung. Um im Rahmen einer Einführung zu bleiben, wird hier der Themenkomplex Laplace-Transformation und Übertragungsfunktion nicht weiter vertieft.

2.5.3 Frequenzgang des RC-Glieds

Im Beispiel des RC-Glieds in Abb. 2.15 erhalten wir aus der erweiterten Spannungsteilerregel für das Verhältnis der komplexen Amplituden an Aus- und Eingang

$$\frac{U_\mathrm{a}}{U_\mathrm{e}}\Big|_{\omega\,\mathrm{fix}} = \frac{1}{1 + \mathrm{j}\omega RC}$$

und daraus für den Frequenzgang des RC-Glieds

$$H\,(\mathrm{j}\omega) = \frac{1}{1 + \mathrm{j}\omega \cdot R \cdot C}.$$

Die Bedeutung der Frequenzgänge des Betrags bzw. der Dämpfung wird in Abb. 2.19 deutlich. Eine kurze Zwischenrechnung ergibt für den Betragsgang

$$|H\,(\mathrm{j}\omega)| = \frac{1}{\sqrt{1 + \omega^2 \cdot R^2 \cdot C^2}}$$

und den Dämpfungsgang

$$a_\mathrm{dB}\,(\omega) = -20 \cdot \log_{10}\left(\frac{1}{\sqrt{1 + \omega^2 \cdot R^2 \cdot C^2}}\right)\mathrm{dB} = 10 \cdot \log_{10}\left(1 + \omega^2 \cdot R^2 \cdot C^2\right)\mathrm{dB}.$$

Zur grafischen Darstellung der Frequenzgänge ist hier die Frequenznormierung $\Omega = \omega \cdot R \cdot C$ günstig. Dann hängt der Frequenzgang nur noch von der normierten Kreisfrequenz Ω ab, ist also in den Grafiken unabhängig von der konkreten Dimensionierung des

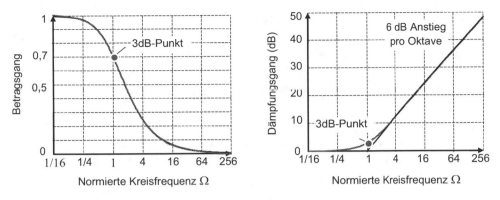

Abb. 2.19 Betragsgang und Dämpfungsgang des RC-Tiefpasses über der normierten Kreisfrequenz

Widerstands und der Kapazität. Und weil der Betragsgang eines RLC-Netzwerks stets eine gerade Funktion ist, genügt die Darstellung für positive Frequenzen. Darüber hinaus wird meist nur von der Frequenz gesprochen.

Der Betragsgang des RC-Glieds besitzt bei der Frequenz null sein Maximum und fällt bei wachsender Frequenz monoton. Das heißt, eine Gleichspannung am Eingang wird ohne Änderung übertragen, während sinusförmige Eingangsspannungen mit zunehmender Frequenz immer schwächer am Systemausgang, an der Kapazität, erscheinen. Im Grenzfall sehr hoher Frequenz wirkt die Kapazität wie ein Kurzschluss und die (normierte) Ausgangsspannung geht gegen null.

Der Frequenzgang der Dämpfung beginnt für die Frequenz null (Gleichspannung) mit dem Wert null und wächst mit der Frequenz monoton gegen unendlich (Kurzschluss der Kapazität). Für größere Frequenzen nimmt die Dämpfung bei jeder Frequenzverdoppelung um 6 dB zu. Dies entspricht in Abb. 2.19 einem linearen Dämpfungsverlauf mit einem Anstieg von 6 dB pro Oktave, was sich für große Frequenzen durch eine Abschätzung der Dämpfung mit der Logarithmusfunktion erklären lässt.

Der Dämpfungsgang zeigt insgesamt ein für einen *Tiefpass* charakteristisches Verhalten. Sinusförmige Signale (Frequenzkomponenten) bei relativ niedrigen Frequenzen passieren nahezu ungeschwächt das System, während solche bei relativ hohen Frequenzen so stark gedämpft werden, dass sie am Systemausgang keine Rolle mehr spielen. Man spricht in diesem Zusammenhang von einem (elektrischen) *Filter* oder auch einer *Siebschaltung*.

Zur groben Abschätzung des selektiven Verhaltens elektrischer Filter wird oft die *3 dB-Grenzfrequenz* $f_{3\,\text{dB}}$ bzw. die 3 dB-Grenzkreisfrequenz $\omega_{3\,\text{dB}}$ angegeben. Sie ist die (Kreis-)Frequenz, bei der die Dämpfung 3 dB bezogen auf den Maximalwert des Betragsgangs $H_{\max}$ beträgt:

$$a_{\text{dB}}\left(\omega_{3\,\text{dB}}\right) = -20 \cdot \log_{10}\left(\frac{|H\left(\mathrm{j}\omega_{3\,\text{dB}}\right)|}{H_{\max}}\right) \text{dB} = 3\,\text{dB}.$$

Die 3 dB-Grenzfrequenz gibt die Frequenz an, bei der die Leistung eines sinusförmigen Signals nur noch zur Hälfte übertragen wird. Die Amplitude wird in diesem Fall vom System mit dem Faktor $1/\sqrt{2}$ bewertet:

$$|H\left(\mathrm{j}\omega_{3\,\mathrm{dB}}\right)| = \frac{1}{\sqrt{2}} \cdot \mathrm{H_{max}}.$$

Streng genommen gilt damit $-10 \cdot \log_{10}(1/2)\,\mathrm{dB} \approx 3{,}0103\,\mathrm{dB}$, was aber in Überschlags- und Beispielsrechnungen i. d. R. der Rundung zum Opfer fällt.

Im Beispiel des RC-Glieds liegt der 3 dB-Punkt bei der normierte Kreisfrequenz $\Omega = 1$. Die 3 dB-Grenzfrequenz ergibt sich demnach zu

$$f_{3\,\mathrm{dB}} = \frac{1}{2\pi \cdot R \cdot C} = \frac{1}{2\pi \cdot \tau}.$$

Man beachte, die 3 dB-Grenzfrequenz und die Zeitkonstante stehen in reziprokem Zusammenhang. Wie in Abschn. 2.6.4 noch gezeigt wird, ist der reziproke Zusammenhang zwischen der Zeitdauer eines Vorgangs und seiner Bandbreite von grundlegender Natur und hat weitreichende Konsequenzen.

2.5.4 Rechnen mit Frequenzgang und komplexer Fourier-Reihe

Alternativ zur trigonometrischen Form der Fourier-Reihe kann mit der komplexen Form gerechnet werden. Jede Frequenzkomponente wird mit dem Frequenzgang gewichtet (Abb. 2.20). Dabei wird ohne Unterschied mit positiven und negativen Frequenzen gerechnet. Das Ausgangssignal ist somit allgemein

$$y\left(t\right) = \sum_{k=-\infty}^{+\infty} H\left(\mathrm{j}k\omega_0\right) \cdot c_k \mathrm{e}^{\mathrm{j}k\omega_0 t}.$$

Anders als bei der komplexen Wechselstromrechnung erübrigt sich hier der Ansatz mit der Realteilbildung. Diese ist schon in der Symmetrie der komplexen Fourier-Koeffizienten und des Frequenzgangs der RLC-Netzwerke enthalten. Für *reellwertige Systeme*, also

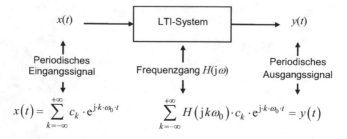

Abb. 2.20 Berechnung des Ausgangssignals eines LTI-Systems bei periodischem Eingangssignal

Systeme die auf ein reelles Eingangssignal mit einem reellen Ausgangssignal antworten, gilt nämlich für den konjugiert komplexen Frequenzgang die Symmetrie

$$H^* (j\omega) = H (-j\omega).$$

Der Betragsgang ist demzufolge eine gerade

$$|H (j\omega)| = |H (-j\omega)|$$

und der Phasengang eine ungerade Funktion

$$b (\omega) = -b (-\omega).$$

Fasst man nun im Ausgangssignal die Terme zu k und $-k$, also für positive und negative Frequenzen, paarweise zusammen

$$y (t) = H (0) \cdot c_0 + \sum_{k=1}^{+\infty} \left[H (-jk\omega_0) \cdot c_{-k} e^{-jk\omega_0 t} + H (jk\omega_0) \cdot c_k e^{jk\omega_0 t} \right]$$

und benützt die Symmetrie der Fourier-Koeffizienten reeller Signale und des Frequenz-gangs reellwertiger Systeme, so treffen jeweils zwei konjugiert komplexe Summanden paarweise aufeinander:

$$y (t) = H (0) \cdot c_0 + \sum_{k=1}^{+\infty} \left[H^* (jk\omega_0) \cdot c_k^* \cdot e^{-jk\omega_0 t} + H (jk\omega_0) \cdot c_k \cdot e^{jk\omega_0 t} \right].$$

Es resultiert stets das Zweifache des Realteils, wobei $H(0)$ und c_0 für reelle Systeme bzw. reelle Signale stets rein reell sind:

$$y (t) = H (0) \cdot c_0 + 2 \cdot \sum_{k=1}^{+\infty} \mathrm{Re} \left[H (jk\omega_0) \cdot c_k \cdot e^{jk\omega_0 t} \right].$$

Periodischer Rechteckimpulszug am RC-Tiefpass
Im Beispiel des periodischen Rechteckimpulszugs bestimmen wir die komplexen Fourier-Koeffizienten des Eingangssignals mit der Umrechnungsformel aus den Fourier-Koeffizi-enten der trigonometrischen Form

$$c_0 = A \cdot \frac{T}{T_0} \quad \text{und} \quad c_k = A \cdot \frac{T}{T_0} \cdot \mathrm{si} \left(\frac{\omega_0 T}{2} \cdot k \right) \quad \text{für } k = 1, 2, 3, \ldots$$

Und für den Frequenzgang des RC-Tiefpasses gilt

$$H (jk\omega_0) = \frac{1}{1 + jk\omega_0 RC} = \frac{1}{\sqrt{1 + (k\omega_0 RC)^2}} \cdot e^{-j \arctan(k\omega_0 RC)}.$$

Im Beispiel erhalten wir aus obigem Ausgangssignal $y(t)$ in komplexer Form nach kurzer Zwischenrechnung wieder die reelle Spannung am Ausgang des RC-Glieds wie nach der Methode der Ersatzspannungsquellen in Abschn. 2.4.

Abb. 2.21 RC-Hochpass

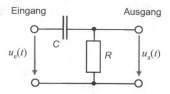

Eingang   Ausgang

$u_e(t)$ C R $u_a(t)$

2.5.5   Beispiel: RC-Hochpass

Das RC-Glied in Abb. 2.21 stellt einen Hochpass dar, wie anhand von physikalischen Überlegungen schnell nachgeprüft wird: Für niedrige Frequenzen, im Grenzfall für eine Gleichspannung, wirkt die Kapazität wie ein Leerlauf. Es fließt kein Strom und die Spannung am Widerstand, das Ausgangssignal, ist null. Dagegen kann für hohe Frequenzen die Kapazität als ein Kurzschluss angesehen werden. Eine entsprechende Eingangsspannung fällt fast vollständig am Widerstand ab, die Ausgangsspannung ist dann näherungsweise gleich der Eingangsspannung.

Der Frequenzgang des *RC-Hochpasses* bestimmt sich aus der erweiterten Spannungsteilerregel

$$H\,(j\omega) = \frac{R}{R + \frac{1}{j\omega C}} = \frac{j\omega RC}{1 + j\omega RC}.$$

Für die weitere Rechnung ist es günstig, ihn nach Betrag und Phase darzustellen:

$$|H\,(j\omega)| = \frac{\omega RC}{\sqrt{1 + (\omega RC)^2}} \quad \text{und} \quad b\,(\omega) = \arctan\left(\frac{1}{\omega RC}\right).$$

Die oben diskutierte Hochpasseigenschaft erschließt sich schnell aus dem Betragsgang, wenn man die Grenzfälle ω gegen 0 und ∞ betrachtet und berücksichtigt, dass der Betragsgang monoton ist. Im ersten Fall ist $H(0) = 0$ und im zweiten Fall gilt $H(\infty) = 1$.

Als Signalbeispiel verwenden wir wieder den periodischen Rechteckimpulszug aus dem vorhergehenden Beispiel (Abb. 2.15). Im Fall der komplexen Fourier-Reihe wird jede Frequenzkomponente mit dem Frequenzgang gewichtet (Abb. 2.20), wobei hier zu beachten ist, dass der Gleichanteil nicht übertragen wird. Ganz entsprechend zum Beispiel des RC-Tiefpasses berechnet sich das Signal am Ausgang des RC-Hochpasses:

$$y\,(t) = 2A \cdot \frac{T}{T_0} \cdot \sum_{k=1}^{\infty} \text{si}\left(\frac{k\omega_0 T}{2}\right) \cdot \frac{k\omega_0 RC}{\sqrt{1 + (k\omega_0 RC)^2}} \cdot \cos\left(k\omega_0 t + \arctan\left(\frac{1}{k\omega_0 RC}\right)\right).$$

Abschließend werden Resultate für den RC-Tiefpass und den RC-Hochpass grafisch verglichen. Zunächst ist in Abb. 2.22 das Eingangssignal dargestellt. Zu sehen sind links zwei Perioden des Eingangssignals. Für die numerische Berechnung wurde die Fourier-Reihe des periodischen Rechteckimpulszugs bei $k = 99$ abgebrochen, womit das gibbsche Phänomen deutlich zu erkennen ist. Rechts sind der Gleichanteil und die ersten sieben

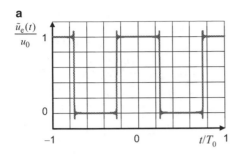

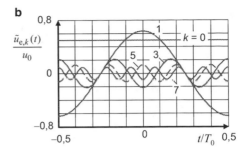

Abb. 2.22 Eingangssignal: Abgebrochene Fourier-Reihe des periodischen Rechteckimpulszugs mit dem Tastverhältnis $T/T_0 = 0{,}5$ (**a**) und der Gleichanteil und die ersten sieben Harmonischen (**b**)

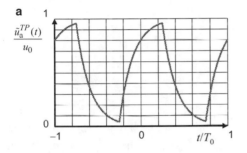

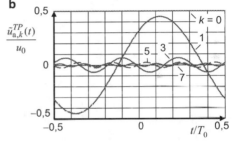

Abb. 2.23 Ausgangssignal des RC-Tiefpasses mit der Zeitkonstanten $\tau = T_0/(2\pi)$ (**a**) und der Gleichanteil und die ersten sieben Harmonischen (**b**)

Harmonischen abgebildet. Man beachte auch, dass wegen des Tastverhältnisses $T/T_0 = 1/2$ alle Harmonischen geradzahliger Ordnung verschwinden.

Das Ausgangssignal des RC-Tiefpasses ist in Abb. 2.23 zu sehen. Es ergibt sich der bekannte exponentielle Verlauf der Spannung an der Kapazität während des Lade- und Entladevorgangs. Mit der gewählten Zeitkonstanten $\tau = T_0/(2\pi)$ ist die 3 dB-Grenzfrequenz des Tiefpasses gleich der Frequenz der 1. Harmonischen des Eingangssignals. Im rechten Teilbild werden wieder die ersten sieben Glieder der Fourier-Reihe dargestellt. Der Gleichanteil wird unverändert übertragen. Man erkennt deutlich, wie unterschiedlich die Harmonischen durch den Tiefpass gedämpft und in ihren Phasen verschoben werden. Die Amplituden der Harmonischen werden mit zunehmender Frequenz (k) stärker gedämpft. Dadurch wird das Signal insgesamt geglättet, da die Signalkomponenten, die die schnellen Änderungen repräsentieren, unterdrückt werden. Im Ausgangssignal treten keine Sprünge mehr auf. Die glättende Wirkung ist typisch für Tiefpässe.

Das Ausgangssignal des RC-Hochpasses zeigt Abb. 2.24. Mit der gewählten Zeitkonstanten $\tau = T_0/(2\pi)$ ist die 3 dB-Grenzfrequenz des Hochpasses gleich der Frequenz der 1. Harmonischen. Im rechten Teilbild werden die ersten sieben Glieder der Fourier-Reihe dargestellt. Insbesondere wird der Gleichanteil vollständig unterdrückt. Die verschiedenen

a

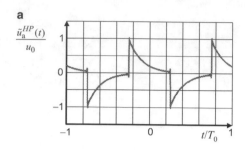

b

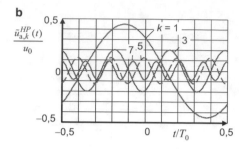

Abb. 2.24 Ausgangssignal des RC-Hochpasses mit der Zeitkonstanten $\tau = T_0/(2\pi)$ (**a**) und der Gleichanteil und die ersten sieben Harmonischen (**b**)

Abb. 2.25 RC-Schaltung

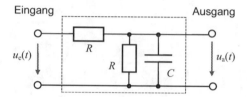

Dämpfungen und Phasenverschiebungen der Harmonischen durch den Hochpass werden deutlich sichtbar. Die Amplituden der 3., 5. und 7. Harmonischen werden durch den Hochpass weniger stark gedämpft als beim Tiefpass. Dies gilt erst recht für die Spektralkomponenten bei höheren Frequenzen. Insgesamt wird durch den Hochpass der Einfluss der Harmonischen mit höheren Frequenzen auf den Signalverlauf stärker. Signaländerungen werden betont, wie sich deutlich im linken Teilbild zeigt. Da beim RC-Hochpass am Ausgang der Spannungsabfall am Widerstand abgegriffen wird, ist das Ausgangssignal proportional zum bekannten Verlauf des Lade- bzw. Entladestroms der Kapazität und wechselt insbesondere das Vorzeichen. Man beachte auch hier wieder das gibbsche Phänomen an den Sprungstellen des Signals aufgrund der numerischen Berechnung mit der abgebrochenen Fourier-Reihe.

Aufgabe 2.1

Betrachten Sie die RC-Schaltung in Abb. 2.25.

a) Geben Sie den Frequenzgang analytisch an. Verwenden Sie die Zeitkonstante $\tau = R \cdot C/2$.

b) Bestimmen Sie den Frequenzgang der Dämpfung im logarithmischen Maß.

c) Skizzieren Sie den Frequenzgang der Dämpfung im logarithmischen Maß und tragen Sie die Dämpfung bei der 3 dB-Grenzfrequenz ein.
   Hinweis: Wählen Sie eine geeignete Einteilung der Frequenzachse.

d) Um welche Art von Frequenzgang handelt es sich?

e) Berechnen Sie die 3 dB-Grenzfrequenz für $R = 50\,\Omega$ und $C = 796\,\text{nF}$.

Abb. 2.26 Periodische Sägezahnschwingung

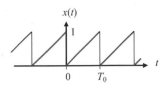

Aufgabe 2.2

Skizzieren Sie das Amplitudenspektrum, d. h. den Betrag der Fourier-Koeffizienten in einseitiger Form, der in Abb. 2.26 gezeigten periodischen Sägezahnschwingung mit der Fourier-Reihe

$$x\,(t) = \frac{1}{2} - \frac{1}{\pi} \cdot \sum_{k=1}^{\infty} \frac{\sin\,(k\omega_0 t)}{k}.$$

Hinweis: Beachten Sie die Zusammenhänge und die Symmetrie der Fourier-Koeffizienten; $1/\pi \approx 0{,}32$.

Aufgabe 2.3

Die periodische Sägezahnschwingung in Abb. 2.26 erregt ein System mit idealem Bandpassverhalten mit den Grenzfrequenzen $f_{0u} = 300\,\text{Hz}$ und $f_{0o} = 4{,}1\,\text{kHz}$. Die Periode des Signals ist $T_0 = 1\,\text{ms}$.

a) Geben Sie die Reaktion am Ausgang des Systems im eingeschwungenen Zustand an.
b) Skizzieren sie das Amplitudenspektrum (einseitiges Betragsspektrum) des Ausgangssignals.

Aufgabe 2.4

a) Erklären Sie den Begriff des Spektrums.
b) Warum ist die harmonische Analyse im Zusammenhang mit elektrischen RLC-Netzwerken wichtig?
c) Welche Bedeutung hat die parsevalsche Gleichung?
d) Erklären Sie den Begriff der Bandbreite.
e) Welche Eigenschaft muss ein Signal haben, damit ein Linienspektrum entsteht?
f) In welchem Zusammenhang stehen Bandbreite und zeitliche Dauer eines Signals?

Aufgabe 2.5

Gehen Sie von der RC-Schaltung in Abb. 2.27 aus mit $R = 100\,\Omega$ und $C = 796\,\text{nF}$.

a) Geben Sie den Frequenzgang analytisch an. Verwenden Sie dabei die Zeitkonstante $\tau = 2 \cdot R \cdot C$.
b) Geben Sie den Frequenzgang der Dämpfung in dB an.

Abb. 2.27 RC-Schaltung

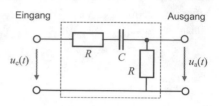

c) Skizzieren Sie den Frequenzgang der Dämpfung in dB und tragen Sie den Wert der Dämpfung bei der 3 dB-Grenzfrequenz ein.
d) Um welche Art von Frequenzgang handelt es sich?
e) Berechnen Sie die 3 dB-Grenzfrequenz.

2.6 Fourier-Transformation und lineare Filterung

Am Beispiel von RLC-Netzwerken wurde gezeigt, wie die Fourier-Reihe vorteilhaft benutzt wird, um die Reaktion von LTI-Systemen auf periodische Signale zu bestimmen. Periodische Signale spielen zwar in der Nachrichtentechnik eine wichtige Rolle, z. B. als Test- und Trägersignale, beinhalten jedoch als deterministische Signale keine eigentliche Information. Deshalb wird im Folgenden die Analyse auf aperiodische Signale erweitert. Ein Anwendungsbeispiel liefert die Übertragung des ASCII-Zeichens in Abb. 2.5. Je nach codierendem Zeichen erhält man einen anderen Signalverlauf. Gemeinsam bleibt jedoch die Grundstruktur, die jedes Bit durch einen Rechteckimpuls darstellt, mit positivem Vorzeichen für die logische Null (0) und negativem Vorzeichen für die logische Eins (1). Damit rückt der Rechteckimpuls als Grundelement des binären Signals in den Mittelpunkt des Interesses. Seine Beschreibung im Frequenzbereich ist Gegenstand des folgenden Abschnitts.

2.6.1 Fourier-Transformation

Zunächst betrachten wir nochmals den periodischen Rechteckimpulszug und sein Spektrum in Abb. 2.7 bzw. Abb. 2.18. Letzteres zeigt das typische Linienspektrum mit dem Frequenzabstand $f_0 = 1/T_0$. Wir stellen uns nun vor, die Periode T_0 des Rechteckimpulszugs würde bei gleicher Impulsdauer T immer größer, sodass die Periodizität immer weniger ins Gewicht fällt. Da für die Abstände der Spektrallinien $f_0 = 1/T_0$ gilt, rücken dabei die Spektrallinien immer dichter aneinander. Für $T_0 \to \infty$ ergibt sich mit $f_0 \to 0$ ein kontinuierliches Spektrum für einen einzelnen Rechteckimpuls. Mathematisch gesehen findet der Übergang von der Fourier-Reihe auf das Fourier-Integral statt. Um den Rahmen einer Einführung nicht zu überschreiten, verzichten wir auf die Herleitung der Fourier-Transformation und stellen nur die im Weiteren benötigten Zusammenhänge vor.

Durch die *Fourier-Transformation* werden zwei Funktionen miteinander verbunden. Man spricht von einem *Fourier-Paar*

$$x(t) \leftrightarrow X(j\omega)$$

mit der *Fourier-Transformierten*, auch kurz (Fourier-)*Spektrum* genannt,

$$X(j\omega) = \int\limits_{-\infty}^{+\infty} x(t) \cdot e^{-j\omega t} \, dt$$

und der inversen Fourier-Transformierten, hier auch kurz Zeitfunktion (Originalfunktion) genannt

$$x(t) = \frac{1}{2\pi} \cdot \int\limits_{-\infty}^{+\infty} X(j\omega) \cdot e^{+j\omega t} \, d\omega.$$

Anmerkungen

- Eine Funktion, die in jedem endlichen Teilintervall die dirichletschen Bedingungen erfüllt und absolut integrierbar ist, besitzt eine Fourier-Transformierte. Eine ausführliche Antwort auf die Frage nach der Existenz und den Eigenschaften der Fourier-Transformation entnehme man den einschlägigen Lehrbüchern.
- Die Formel für die Fourier-Transformation wird auch als Fourier Integral bezeichnet. Da das Integral, wie die Summe, eine lineare Operation darstellt, ist die Fourier-Transformation eine lineare Transformation. Addiert man zwei Signale im Zeitbereich, so addieren sich ebenso die Spektren im Frequenzbereich.
- Der Vergleich des Fourier-Integrals und der Gleichungen zur Berechnung der Koeffizienten der Fourier-Reihe zeigt unter Berücksichtigung der eulerschen Gleichung die enge Verwandtschaft zwischen dem Fourier-Spektrum und den Fourier-Koeffizienten. Tatsächlich stellt die Berechnung der Fourier-Koeffizienten einen Sonderfall des Fourier-Integrals dar. Entsprechend kann für die inverse Fourier-Transformation argumentiert werden.
- Bei der Fourier-Transformation spricht man auch von der Analysegleichung (Spektralanalyse) und bei der inversen Transformation von der Synthesegleichung (Erzeugung des Zeitsignals).
- Ist $x(t)$ eine Funktion der elektrischen Spannung, d. h. $[x(t)] = V$, so hat die Fourier-Transformierte die Dimension $[X(j\omega)] = Vs = V/Hz$. In der Systemtheorie wird für gewöhnlich mit dimensionslosen Größen gerechnet, indem alle Größen auf die üblichen Einheiten, wie beispielsweise V, A, Ω, W, m, s etc., normiert werden. In der Literatur wird die Fourier-Transformation manchmal in leicht modifizierten Schreibweisen angegeben. Wegen der festen Kopplung $\omega = 2\pi \cdot f$ ist auch $X(f)$ für das Spektrum, insbesondere bei grafischen Darstellungen des Betragsspektrums,

üblich. Die im Buch gewählte Form betont den Zusammenhang mit der Laplace-Transformation und ist in der deutsch- und englischsprachigen Literatur weit verbreitet.

Fourier-Transformierte des Rechteckimpulses

Anhand des Rechteckimpulses lassen sich Ähnlichkeiten und Unterschiede der Fourier-Transformation und der Fourier-Reihe gut verdeutlichen. Die Fourier-Transformation des Rechteckimpulses $x_T(t)$ mit Amplitude eins in Abb. 2.7 liefert

$$\int_{-\infty}^{+\infty} x_T(t) \cdot e^{-j\omega t}\,dt = \int_{-T/2}^{+T/2} e^{-j\omega t}\,dt = \frac{1}{-j\omega} \cdot \underbrace{\left[e^{-j\omega T/2} - e^{j\omega T/2}\right]}_{-2j\cdot\sin(\omega T/2)}$$

$$= \frac{-2j \cdot \sin(\omega T/2)}{-j\omega} = T \cdot \frac{\sin(\omega \cdot T/2)}{\omega \cdot T/2} = T \cdot \text{si}\left(\omega \cdot \frac{T}{2}\right).$$

Der Ausdruck in der eckigen Klammer führt auf die Sinusfunktion und kann mit der si-Funktion kompakter geschrieben werden. Der Rechteckimpuls und die si-Funktion bilden ein Fourier-Paar:

$$x_T(t) \leftrightarrow T \cdot \text{si}\left(\omega \cdot \frac{T}{2}\right).$$

Die inverse Fourier-Transformation

$$x_T(t) = \frac{1}{2\pi} \cdot \int_{-\infty}^{+\infty} T \cdot \text{si}\left(\omega \frac{T}{2}\right) \cdot e^{j\omega t}\,d\omega$$

übernimmt die Rolle der Fourier-Reihe in der Signalsynthese. Vergleichen wir das Ergebnis mit der Fourier-Reihe des periodischen Rechteckimpulszugs, erkennen wir einen prinzipiell ähnlichen Verlauf. Die Impulsdauer T nimmt die Stelle des Tastverhältnisses T/T_0 ein und statt der diskreten Kreisfrequenzen $k \cdot \omega_0$ tritt die kontinuierliche Kreisfrequenz ω auf.

Abgesehen von einem Skalierungsfaktor interpoliert die Fourier-Transformierte des Rechteckimpulses in Abb. 2.28 das Linienspektrum der Fourier-Koeffizienten in Abb. 2.18. Damit können wir den Grenzübergang vom periodischen zum aperiodischen Fall wieder anschaulich deuten. Mit zunehmender Periode T_0 nimmt der Abstand der Spektrallinien, die Frequenzschrittweite, $f_0 = 1/T_0$ immer mehr ab. Im Grenzfall $T_0 \to \infty$ entsteht schließlich das Frequenzkontinuum.

Auffällig ist auch der Einfluss der Impulsdauer T auf das Spektrum. Die erste Nullstelle des Spektrums für $f > 0$ liegt bei $f_0 = 1/T$. Beträgt die Impulsdauer beispielsweise 1 ms, so liegt die erste Nullstelle im Spektrum bei der Frequenz 1 kHz.

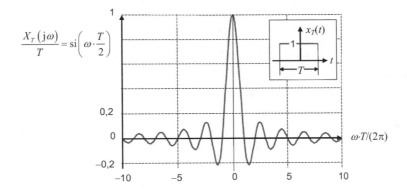

Abb. 2.28 Spektrum des Rechteckimpulses

Parsevalsche Formel

Ganz entsprechend zur Fourier-Reihe gilt für ein Fourier-Paar die *parsevalsche Formel*

$$\int_{-\infty}^{+\infty} |x\,(t)\,|^2 \mathrm{d}t = \frac{1}{2\pi} \cdot \int_{-\infty}^{+\infty} |X\,(\mathrm{j}\omega)\,|^2 \mathrm{d}\omega.$$

Die parsevalsche Formel gibt an, wie die Signalenergie auch im *Frequenzbereich* bestimmt werden kann. Insbesondere kann das Betragsquadrat des Spektrums als Energiebelegung auf der Frequenzachse angesehen werden. Man spricht von der *Energiedichte* des Signals. Integriert man die Energiedichte $|X(\mathrm{j}\omega)|^2$ über ein bestimmtes Frequenzintervall, so erhält man die Gesamtenergie der darin enthaltenen Frequenzkomponenten.

Ganz entsprechendes gilt für Leistungssignale, wobei dann vom *Leistungsdichtespektrum* gesprochen wird, also der Verteilung der mittleren Leistung auf die Frequenzkomponenten.

Die Fourier-Transformation ist in der Nachrichtentechnik und anderen naturwissenschaftlich-technischen Disziplinen von großer Bedeutung. Meist werden wenige Standardsignale benutzt, deren Fourier-Transformierte bekannt und in Tabellen gängiger mathematischer Formelsammlungen oder einschlägiger Lehrbücher der Systemtheorie zu finden sind. Die Bedeutung der Fourier-Transformation in der Nachrichtentechnik gründet sich auf die Tatsache, dass grundlegende Konzepte mit ihr hergeleitet und einfach formuliert werden, beispielsweise die Filterung und die Modulation von Signalen. Damit wird es möglich, Zusammenhänge zu verstehen und quantitative Aussagen ohne lange Rechnungen zu treffen. In den beiden folgenden Abschnitten werden – ohne mathematische Herleitungen – einige dieser Zusammenhänge vorgestellt und angewendet.

Anmerkungen

- In manchen Tabellenwerken wird die Fourier-Transformation in die Kosinus- und Sinustransformation zerlegt. Mit der eulerschen Formel lässt sich die komplexe Form bestimmen.
- In der modernen Nachrichtentechnik (Messtechnik, Mustererkennung, Spracher-kennung, Funkkommunikation usw.) ist die besonders für Digitalrechner geeigne-te numerische Fourier-Transformation, die diskrete Fourier-Transformation (DFT) bzw. schnelle Fourier-Transformation (FFT), nicht mehr wegzudenken. Wir werden sie in Kap. 3 näher kennenlernen.

2.6.2 Lineare Filterung

In Abschn. 2.4 wurde die Methode der Ersatzspannungsquellen mit der Fourier-Reihe zur Berechnung des Ausgangssignals von RLC-Netzwerken vorgestellt. Mit der Fourier-Transformation kann die Methode direkt auf aperiodische Signale erweitert werden. Das allgemeine Verfahren ist auf alle LTI-Systeme mit Frequenzgang anwendbar.

Lineare Filterung im Frequenzbereich
Zunächst wird das Spektrum des Eingangssignals durch Fourier-Transformation be-stimmt. Dann wird es mit dem Frequenzgang multipliziert. Man erhält das Spektrum des Ausgangssignals aus der *Eingangs-Ausgangsgleichung* im Frequenzbereich:

$$Y\,(j\omega) = H\,(j\omega) \cdot X\,(j\omega)\,.$$

Der Vorteil der Methode ist offensichtlich: Der Einfluss des Systems wird durch ein-fache Multiplikation im Frequenzbereich berücksichtigt. Die Berechnung der Fourier-Transformation und ihrer Inversen kann jedoch im Einzelfall schwierig sein. In der Re-gel greift man auf Korrespondenztafeln für Fourier-Paare zurück. Auch eine numerische Lösung kann für eine konkrete Aufgabe hilfreich sein.

Die analytische Berechnung des Ausgangssignals ist jedoch eher untypisch. Im Vorder-grund steht vielmehr das sich aus der Eingangs-Ausgangsgleichung unmittelbar ergebende Konzept der *linearen Filterung*. Ist der Frequenzgang für eine Frequenz oder ein Fre-quenzband null, so ist das Spektrum am Systemausgang für diese Frequenz oder dieses Frequenzband ebenfalls null. Die entsprechende Frequenzkomponente im Eingangssignal wird im System vollständig herausgefiltert. Solche Systeme, die gewisse Frequenzkom-ponenten mehr oder weniger unterdrücken, werden kurz (selektive) Filter genannt.

Entsprechendes gilt auch für die Verteilung der mittleren Leistung auf die Frequenz-komponenten, dem Leistungsdichtespektrum stochastischer Signale (Prozesse). Liegt am Filtereingang ein Signal mit einem bestimmten Leistungsdichtespektrum an, so werden die Amplituden der Frequenzkomponenten durch das Filter jeweils mit $|H(j\omega)|$ gewich-tet. In das Leistungsdichtespektrum am Ausgang geht der Betragsgang deshalb quadra-

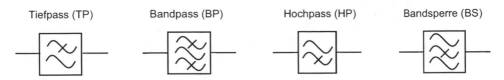

Abb. 2.29   Schaltsymbole elektrischer Filter

tisch ein. Man bezeichnet demzufolge die Funktion $|H(j\omega)|^2$ auch als *Leistungsübertragungsfunktion* des Systems.

In der Nachrichtentechnik genügt es für das Verständnis vieler Verfahren, das Konzept der Filter in abstrakter, idealisierter Form anzuwenden. Die Abb. 2.29 zeigt die Schaltsymbole der vier idealtypischen Filter: den *Tiefpass*, den *Bandpass*, den *Hochpass* und die *Bandsperre*. Die Funktionen erklären sich aus den Bezeichnungen. Beispielsweise unterdrückt die Bandsperre alle Frequenzkomponenten in einem bestimmten Frequenzband.

Selektive Filter

Ein wichtiger Anwendungsbereich selektiver elektrischer Filter ist die Frequenzmultiplextechnik, wie in Abschn. 5.2 noch näher erläutert wird. Dort werden verschiedene Signale in jeweils nicht überlappenden Frequenzbändern (Kanälen) gleichzeitig übertragen. Ein weiteres Beispiel für die Frequenzmultiplextechnik ist der Kabelanschluss für Rundfunk und Fernsehen mit seinen verschiedenen Programmen. Um eine hohe Auslastung der Übertragungsmedien zu erreichen, werden die benutzten Frequenzbänder möglichst nahe aneinandergelegt, sodass zur Signaltrennung im Empfänger besondere Filter eingesetzt werden müssen. Diese werden mit speziellen mathematischen Methoden, Standardapproximationsverfahren genannt, entworfen. Die Butterworth[11]-, Chebyshev[12]- und Cauer[13]-Filter sind typische Beispiele. Ihre Behandlung ist Gegenstand der Netzwerk- und Filtersynthese. Wir beschränken uns hier darauf, die charakteristischen Frequenzgänge und die prinzipielle Realisierbarkeit anzusprechen.

Anmerkungen

- Zum Filterentwurf stehen heute auf dem PC leistungsfähige Programme zur Verfügung. Dabei können in den Realisierungen auftretende parasitäre Effekte bereits vorab mit berücksichtigt werden.
- Butterworth- und Cauer-Filter werden entsprechend der analytischen Lösungen auch Potenzfilter bzw. elliptische Filter genannt.

---

[11] *Stephen Butterworth* (1885–1958), britischer Physiker und Ingenieur.
[12] *Pafnuti Lwowitsch Tschebyschow* (englisch Chebyshev; 1821–1894), russischer Mathematiker, bedeutende Beiträge zur Approximations-, Integrations- und Wahrscheinlichkeitstheorie.
[13] *Wilhelm Cauer* (1900–1945), deutscher Physiker, bedeutende Arbeiten zur theoretischen Nachrichtentechnik.

Abb. 2.30 Frequenzgang des
Betrags und der Phase des
idealen Tiefpasses

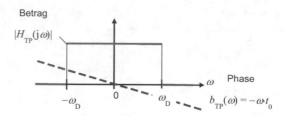

Der Frequenzgang des *idealen Tiefpasses* in Abb. 2.30 steht für die Wunschvorstellung. Sein Betragsgang entspricht einem Rechteckimpuls und sein Phasengang ist linear. Bis zur Grenzkreisfrequenz ω_D, der Durchlasskreisfrequenz, passieren alle sinusförmigen Signale bzw. Frequenzkomponenten das System unverändert bis auf eine in der Frequenz linearen Phasenverschiebung. Alle Signale bzw. Frequenzkomponenten bei höheren Frequenzen werden gesperrt. Der lineare Phasenverlauf im Durchlassbereich erfüllt die Forderung der verzerrungsfreien Übertragung, wie später noch erläutert wird.

Die Aufgabe *Filterentwurf* besteht folglich darin, ein RLC-Netzwerk so anzugeben, dass der zugehörige Frequenzgang den Wunschvorstellungen möglichst entspricht. Weil der Frequenzgang eines RLC-Netzwerks aufgrund der physikalischen Randbedingungen nicht völlig frei gewählt werden kann, sind Kompromisse notwendig.

Wie am Beispiel des Reihenschwingkreises in Abschn. 2.2.1 gezeigt wurde, liefert die Operatormethode für die infrage kommenden Admittanzen und Impedanzen Polynome in s bzw. in $j\omega$. Polynome charakterisieren jedoch distinkte Nullstellen und können damit nicht abschnittsweise konstant sein. Konsequenterweise ist der Betragsgang eines idealen selektiven Filters nicht real darstellbar. Der Frequenzgang des idealen Tiefpasses kann durch ein reales System nur angenähert werden. Eine sinnvolle Filterentwurfsaufgabe muss deshalb anders gestellt werden. Für den Filterentwurf ist vielmehr festzulegen, welche Abweichungen in der konkreten Anwendung tolerierbar sind. Dies geschieht typischerweise mit dem *Toleranzschema* in Abb. 2.31. Im Toleranzschema wird die Frequenz, bis zu der die Signalanteile durchgelassen werden sollen, die *Durchlassfrequenz*, und die Frequenz, ab der sie gesperrt werden sollen, die *Sperrfrequenz*, festgelegt. Dazwischen liegt der Übergangsbereich, für den keine weiteren Vorgaben, als üblicherweise ein monotoner Übergang, gemacht werden. Ebenso wichtig sind die (maximal) zulässigen Abweichungen vom idealen Betragsgang, die *Durchlasstoleranz* und die *Sperrtoleranz*. Der

Abb. 2.31 Toleranzsche-
ma des Betragsgangs zum
Tiefpassentwurf (*zulässiger
Bereich hinterlegt*) mit der
Durchlasskreisfrequenz ω_D,
der Durchlasstoleranz δ_D, der
Sperrkreisfrequenz ω_S und der
Sperrtoleranz δ_S

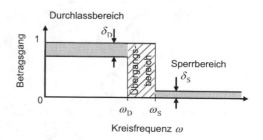

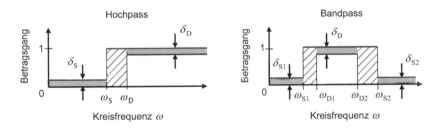

Abb. 2.32 Toleranzschema der Betragsgänge für einen Hochpass und einen Bandpass (*zulässige Bereiche hinterlegt*)

Realisierungsaufwand eines elektrischen Filters steigt allgemein, je kleiner die Durchlass- und die Sperrtoleranz und je schmaler der Übergangsbereich vorgegeben werden.

Entsprechend definiert man das Toleranzschema zu einem *Hochpass* bzw. einem *Bandpass* in Abb. 2.32. Durch geeignete Kombinationen von Tief- und Hochpass ergeben sich auch *Bandsperren*, die jeweils ein bestimmtes Frequenzband unterdrücken.

Anmerkungen

- In der Netzwerk- und Filtersynthese wird der Filterentwurf häufig nur bezüglich des Betragsgangs vorgenommen und vorausgesetzt, dass das resultierende Filter einen tolerierbaren Phasenverlauf im Durchlassbereich aufweist.
- Mit Bandpässen lassen sich bestimmte Signale (Rundfunk- oder Fernsehprogramme) auswählen. Der Übergangsbereich der Filter entspricht den Frequenzabständen zweier benachbarter Signale. Je schmaler der Übergangsbereich, desto mehr Signale lassen sich gleichzeitig übertragen.
- Schmalbandige Störsignale werden oft mit Bandsperren unterdrückt.

Abschließend werden realistische Betragsgänge für einfache Butterworth-, Chebyshev- und Cauer-Tiefpässe vorgestellt. Um einen aussagekräftigen Vergleich zu ermöglichen, sind die Durchlass- und Sperrtoleranzen und die Filterordnung, d. h. der Grad des Nennerpolynoms in s, für die drei Beispiele in Abb. 2.33 gleich. Als Filterordnung wurde fünf vorgegeben. Die Frequenzachsen sind auf die Durchlasskreisfrequenz gleich eins normiert.

Der augenfälligste Unterschied zeigt sich in den Breiten der Übergangsbereiche. Betrachtet man zunächst den *Butterworth-Tiefpass*, so erkennt man einen flachen Verlauf aus $H(0) = 1$ heraus. Diesem Verhalten liegt ein bestimmter mathematischer Zusammenhang zugrunde. Butterworth-Tiefpässe werden deshalb maximal flach genannt. Der Betragsfrequenzgang biegt schließlich nach unten ab, berührt (idealerweise) die untere Toleranzgrenze bei der Durchlassfrequenz und fällt weiter monoton. Dabei erreicht er (idealerweise) die Sperrtoleranz bei der Sperrfrequenz. Dieses (Wunsch-)Verhalten bildet die Grundlage zur Dimensionierung der Butterworth-Tiefpässe. Der Butterworth-Tiefpass mit kleinster Filterordnung, der Filterordnung eins, ist der RC-Tiefpass.

Abb. 2.33 Standardapproximationen für Tiefpässe
(*Toleranzbereiche unterlegt*)

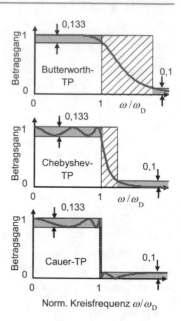

Im Gegensatz dazu schöpft der *Chebyshev-Tiefpass* die zulässige Toleranz im Durchlassbereich aus. Der Betragsfrequenzgang alterniert zwischen den Toleranzgrenzen. Dabei
ist die Zahl der lokalen Extrema im Durchlassbereich gleich der Filterordnung. Das Ausschöpfen der Durchlasstoleranz wird durch einen im Vergleich zum Butterworth-Tiefpass
schmaleren Übergangsbereich belohnt. Alternativ zu Abb. 2.33 (mittig) kann auch ein
Ausschöpfen des Toleranzintervalls im Sperrbereich gewählt werden. Zur Unterscheidung
spricht man dann von einem Chebyshev-II-Tiefpass oder vom inversen Chebyshev-Verhal-
ten.

Im Fall des *Cauer-Tiefpasses* werden die Toleranzen im Durchlass- und im Sperrbereich genutzt. Man erhält in Abb. 2.33 den schmalsten Übergangsbereich mit der steilsten
Filterflanke.

Anmerkungen

- Für eine weitergehende Diskussion und insbesondere für eine Darstellung der Pha-
  sengänge wird auf Schüßler (1988) verwiesen. Dort findet man auch zwei Beispiele
  für Tiefpässe, die nach Vorschriften bezüglich der Phase, d. h. im Durchlassbereich
  möglichst konstante Gruppenlaufzeit, entworfen wurden, ein Bessel-Tiefpass und
  ein Chebyshev-Laufzeitfilter.
- Die vorgestellten Zusammenhänge für RLC-Netzwerke gelten auch für digitale Filter, sodass sich die Ergebnisse in Abb. 2.33 auch in der digitalen Signalverarbeitung
  wichtig sind (Kap. 3).

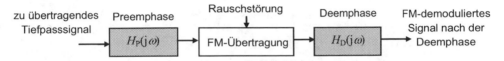

Abb. 2.34 Blockdiagramm der Anwendung der Preemphase und Deemphase im UKW-Rundfunk mit FM-Übertragung

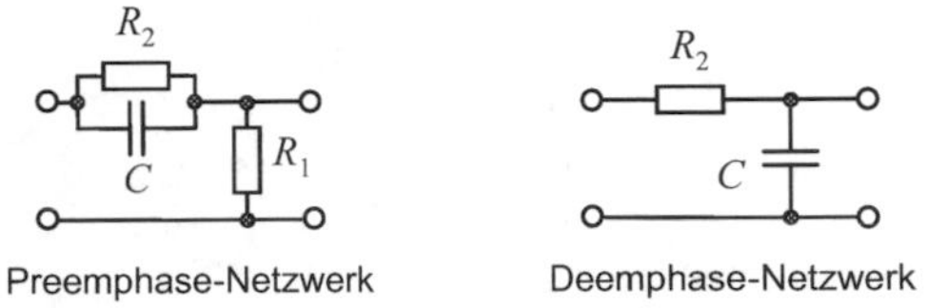

Abb. 2.35 Preemphase- und Deemphase-Netzwerk für den UKW-Rundfunk

Preemphase-Netzwerk

Deemphase-Netzwerk

Preemphase- und Deemphase-Netzwerke für den UKW-Rundfunk

Im Beispiel betrachten wir eine praktische Anwendung einfacher elektrischer Schaltungen als Filter im UKW-Rundfunk. Der technische Hintergrund wird später noch genauer erläutert. Hier ist wichtig, dass im UKW-Rundfunk die Frequenzmodulation (FM) eingesetzt wird. Bei der FM-Übertragung steigt die Leistung des additiven Rauschens mit zunehmender Frequenz an. Somit werden die Frequenzkomponenten des Nachrichtensignals mit zunehmender Frequenz stärker gestört. Hier setzt die Kombination aus Preemphase- und Deemphase-Netzwerk an. Die *Preemphase* hat die Aufgabe, die höherfrequenten Spektralanteile des Nachrichtensignals vor der FM-Modulation leistungsmäßig anzuheben. Die *Deemphase* senkt sie nach der FM-Demodulation wieder so ab, dass beide Systeme sich in ihren Wirkungen aufheben (Abb. 2.34). Weil das erst bei der FM-Übertragung hinzukommende Rauschsignal durch das Deemphase-Netzwerk ebenfalls gedämpft wird, verringert sich die Störung. Modellrechnungen für den UKW-Rundfunk im Monobetrieb zeigen, dass die Anwendung der hier vorgestellten Kaskade von Preemphase- und Deemphase-Netzwerk die Rauschleistung auf etwa ein Sechstel absenkt.

Im *UKW-Rundfunk* werden aus Kostengründen relativ einfache Schaltungen eingesetzt. Die Abb. 2.35 zeigt den verwendeten Hochpass und Tiefpass. Deren Frequenzgänge werden mit den aus der komplexen Wechselstromrechung bekannten erweiterten kirchhoffschen Regeln bestimmt:

$$H_\text{P}(j\omega) = \frac{R_1 \cdot (1 + j\omega R_2 C)}{R_1 + R_2 + j\omega R_1 R_2 C} \quad \text{und} \quad H_\text{D}(j\omega) = \frac{1}{1 + j\omega R_2 C}.$$

In der Rundfunktechnik ist es üblich, die Frequenzgänge in normierter Form anzugeben. Mit

$$r = \frac{R_1}{R_1 + R_2}; \quad \Omega = \omega \cdot R_2 \cdot C$$

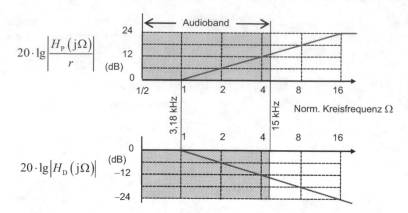

Abb. 2.36 Betragsgänge (Bode-Diagramme) zur normierten Kreisfrequenz Ω der Preemphase- und Deemphase-Netzwerke für den UKW-Rundfunk

erhält man

$$H_P\,(j\Omega) = r \cdot \frac{1+j\Omega}{1+jr\Omega} \quad \text{und} \quad H_D\,(j\Omega) = \frac{1}{1+j\Omega}.$$

Verwendet werden die Parameter

$$r = \frac{1}{16}, \quad \Omega_{3\,\mathrm{dB}} = 1 \quad \text{und} \quad R_2 \cdot C = 50\,\mu\mathrm{s}.$$

Daraus resultiert die 3 dB-Grenzfrequenz des Deemphase-Tiefpasses

$$f_{3\,\mathrm{dB}} = \frac{1}{2\pi \cdot R_2 C} = 3{,}18\,\mathrm{kHz}.$$

Das ist ungefähr ein Fünftel der Grenzfrequenz des UKW-Audiosignals von 15 kHz. Die zugehörigen Frequenzgänge sind in Abb. 2.36 in Form von Bode-Diagrammen skizziert. Dabei werden die Beträge der Frequenzgänge stückweise durch Geraden angenähert, s. auch Abb. 2.19.

Anmerkung

- Die Preemphase und Deemphase wird auch bei der Magnetbandaufzeichnung und in der analogen Fernsehtechnik für die Farbinformation eingesetzt. Dort werden höhere Preise für die Geräte gezahlt und deshalb können aufwendigere Schaltungen mit höheren Gewinnen als hier gezeigt verwendet werden.

2.6.3 Verzerrungsfreie Übertragung

In der Nachrichtentechnik soll das informationstragende Signal durch ein System (Kanal) möglichst ohne Verzerrung übertragen werden. Die Übertragung ist dann *verzerrungsfrei*, wenn das Ausgangssignal bis auf einen Amplitudenfaktor a und einer tolerierbaren zeitlichen Verschiebung t_0 dem Eingangssignal gleicht:

$$y\,(t) = a \cdot x\,(t - t_0)\,.$$

Der Amplitudenfaktor a entspricht einer Dämpfung und die zeitliche Verschiebung t_0 einer Laufzeit beim Durchgang des Signals durch das System. Der Frequenzgang eines verzerrungsfreien Systems hat somit eine konstante Amplitude und einen linearen Phasenverlauf:

$$H\,(\mathrm{j}\omega) = a \cdot \mathrm{e}^{-\mathrm{j}\omega t_0}\,.$$

Dies zeigt man am einfachsten durch inverse Fourier-Transformation des postulierten Frequenzgangs. Mit $a = 1$ erhält man den *Verschiebungssatz* der Fourier-Transformation

$$x\,(t - t_0) \leftrightarrow X\,(\mathrm{j}\omega) \cdot \mathrm{e}^{-\mathrm{j}\omega t_0}\,.$$

Soll das Übertragungssystem ein RLC-Netzwerk sein, folgt aus der Polynomdarstellung des Frequenzgangs, dass eine verzerrungsfreie Übertragung nicht realisiert werden kann. Schränkt man die Forderung auf das interessierende Frequenzband ein, wird eine verzerrungsfreie Übertragung näherungsweise möglich.

In der Nachrichtentechnik bezeichnet man die Verzerrungen, die durch ein LTI-System entstehen, als *lineare Verzerrungen*. Man spricht von *Dämpfungsverzerrungen* und *Phasenverzerrungen*, je nachdem, ob die Amplituden oder die Phasen der Frequenzkomponenten des Nachrichtensignals betroffen sind. Da die Wirkungen von Phasenverzerrungen nicht so offensichtlich sind, aber durchaus gravierend sein können, werden sie im Folgenden anhand eines Beispiels sichtbar gemacht.

Phasenverzerrungen

Wir betrachten der Anschauung halber den Gleichanteil und die ersten elf Harmonischen des periodischen Rechteckimpulszuges in Abb. 2.37 oben als Eingangssignal eines LTI-Systems mit dem Frequenzgang mit konstantem Betrag gleich eins und linearer Phase.

Für das Signal am Ausgang ergibt sich aus der Fourier-Reihe des Rechteckimpulszugs und der Bewertung mit dem idealen Frequenzgang nach kurzer Zwischenrechnung

$$y_1\,(t) = 2A \cdot \frac{T}{T_0} \cdot \left[\frac{1}{2} + \sum_{k=1}^{11} \mathrm{si}\left(\pi k \cdot \frac{T}{T_0}\right) \cos\left(\frac{2\pi k}{T_0} \cdot [t - t_0]\right)\right]\,.$$

Das Signal wird unverzerrt übertragen, wie Abb. 2.37 in der Mitte augenfällig zeigt. Weil sich die Phasenverschiebungen der Frequenzkomponenten durch das System linear mit der Kreisfrequenz ändern, stellt sich nach Ausklammern für alle Komponenten die gleiche *Signalverzögerung* $t_0 = 0{,}05 \cdot T_0$ ein.

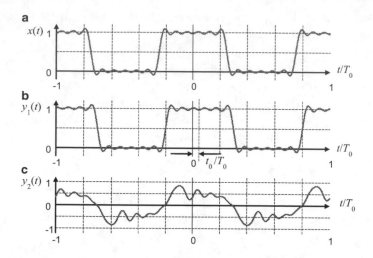

Abb. 2.37 Eingangssignal (**a**), Ausgangssignal des Systems mit linearer Phase (**b**) und des Systems mit quadratischer Phase (**c**)

Für die störende Wirkung von Phasenverzerrungen wählen wir ein System mit quadratischem Phasenterm

$$H_2\left(\mathrm{j}\omega\right) = \exp\left(-\mathrm{j}\cdot\mathrm{sgn}\left(\omega\right)\cdot\omega^2\cdot t_0^2\right).$$

Die Signumfunktion $\mathrm{sgn}(\omega)$ sorgt als Vorzeichenfunktion dafür, dass der Phasenfrequenzgang, wie bei den reellwertigen RLC-Netzwerken gefordert, eine ungerade Funktion ist. In diesem Fall ergibt sich das Ausgangssignal

$$y_2\left(t\right) = 2A\cdot\frac{T}{T_0}\cdot\left[\frac{1}{2} + \sum_{k=1}^{11}\mathrm{si}\left(\pi k\cdot\frac{T}{T_0}\right)\cos\left(\frac{2\pi k}{T_0}\cdot\left[t - \frac{2\pi k}{T_0}\cdot t_0^2\right]\right)\right].$$

Die Laufzeiten in den Argumenten der Kosinusfunktionen wachsen jetzt mit steigender Frequenz (k) linear. Damit erfahren die Frequenzkomponenten unterschiedliche Phasenverschiebungen, die in Abb. 2.37 anschaulich zu einem „Zerfließen" der Rechteckimpulse führen. Obwohl alle Frequenzkomponenten noch mit gleicher Amplitude, d. h. auch Leistung, vorhanden sind. Das ursprüngliche Signal ist nicht mehr zu erkennen.

In der Nachrichtentechnik wird zur Beurteilung der Phasenverzerrungen durch LTI-Systeme die *Gruppenlaufzeit* als Ableitung der Phase herangezogen:

$$\tau_\mathrm{g}\left(\omega\right) = -\frac{\mathrm{d}}{\mathrm{d}\omega}b\left(\omega\right).$$

Man beachte die Definition der Gruppenlaufzeit mit negativem Vorzeichen. In der Literatur wird manchmal das negative Vorzeichen bereits in der Phase eingeführt und entfällt dann hier.

Ein phasenverzerrungsfreies System hat eine konstante Gruppenlaufzeit. Phasenverzerrungen machen sich besonders bei Audio- und Bildsignalen störend bemerkbar. Bei Bildern führen Phasenverzerrungen zu räumlichen Verschiebungen der Bildinhalte. Telefonsprache zeigt sich hingegen relativ unempfindlich gegen Phasenverzerrungen, da es hierbei v. a. auf die Verständlichkeit ankommt.

Klirrfaktor

Bei der Nachrichtenübertragung werden meist auch nichtlineare Komponenten eingesetzt, wie beispielsweise Verstärker oder Modulatoren. In diesem Fall treten *nichtlineare Verzerrungen* auf, die im Gegensatz zu den linearen Verzerrungen neue Frequenzkomponenten verursachen. Ein besonders in der Audiotechnik verbreitetes Maß zur Beurteilung von nichtlinearen Verzerrungen ist der *Klirrfaktor d* (Total Harmonic Distortion, THD). Er ist gleich dem Quotienten aus der Wurzel der Summe der Leistungen der störenden Oberschwingungen (Effektivwert der Oberschwingungen) durch die Wurzel aus der Gesamtleistung (Effektivwert des Gesamtsignals):

$$d = \frac{\text{Effektivwert der Oberschwingungen}}{\text{Effektivwert aller Harmonischen}}.$$

In der Audiotechnik wird der Klirrfaktor meist anhand des Eintonsignals mit der Frequenz von 1 kHz gemessen, da bei etwa dieser Frequenz auch das menschliche Gehör am empfindlichsten ist.

In der Übertragungstechnik können bei Vorhandensein von mehreren frequenzmäßig getrennten Signalen, z. B. Rundfunksignale verschiedener Frequenzkanäle, nichtlineare Kennlinien zur Intermodulation und im Sonderfall auch zur Kreuzmodulation führen. In der Telefonie kann es zum Übersprechen, d. h. dem unbeabsichtigten Mithören fremder Telefonate, kommen.

▶   Bei einer *unverzerrten* Übertragung wird das Signal nur zeitlich verschoben und/oder mit einem konstanten Faktor bewertet, ändert also seine Form nicht. Wird die Übertragungsstrecke als LTI-System modelliert, treten durch den Frequenzgang *lineare Verzerrungen* im Signal auf, die *Dämpfungs-* und/oder *Phasenverzerrungen*. Am Ausgang treten keine neuen Frequenzkomponenten auf. Enthält die Übertragungsstrecke nichtlineare Komponenten, treten *nichtlineare Verzerrungen* auf. Es entstehen neue Frequenzkomponenten.

2.6.4   Zeitdauer-Bandbreite-Produkt

Bandbreite

Unter der *Bandbreite* eines Signals versteht man die Breite des Bereichs im Spektrum, in dem die wesentlichen Frequenzkomponenten liegen. Was unter wesentlich zu verstehen ist, wird durch die jeweilige Anwendung bestimmt. Im Beispiel der Sprachtelefonie

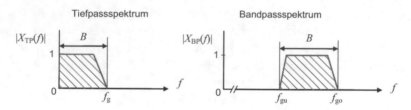

Abb. 2.38 Absolute Bandbreite B von Tiefpass- und Bandpassspektren

liefert die Verständlichkeit das Kriterium, bei Audiosignalen, zum Beispiel Musik, ist es der Höreindruck. Häufig sind jedoch auch rein technische Aspekte, wie Systemspezifikationen oder Koexistenz mit anderen Signalen, ausschlaggebend. In früheren Beispielen haben wir die Bandbreite mit der ersten Nullstelle im Spektrum (für positive Frequenzen) abgeschätzt. Zwei gebräuchliche Definitionen sind die absolute und die 3 dB-Bandbreite.

Anmerkung

- Grafische Darstellungen der Spektren beschränken sich oft auf den Betrag für positive Frequenzen, weil der Betrag der Spektren der üblichen reellen Signale eine gerade Funktion ist. Häufig wird die verkürzte Schreibweise $|X(f)|$ statt $|X(2\pi f)|$ oder $|X(j\omega)|$ verwendet. Darüber hinaus werden in den Beschriftungen manchmal auch die Betragsstriche weggelassen, wenn die Darstellungen symbolisch gemeint sind.
- Bei den eher seltenen, maßstäblichen Zeichnungen werden die Amplituden der Betragsgänge bezüglich der Frequenz f in der Literatur gelegentlich mit dem Faktor 2π normiert (Lüke 1995).
- Meist werden Darstellungen des Betragsspektrums bzw. des Betragsgangs auf den jeweiligen Maximalwert normiert. Dann heben sich die Skalierungsfaktoren weg. Typisch sind Darstellungen im logarithmischen Maß mit dem Maximum bei 0 dB.

Eine strikte Bandbegrenzung liegt vor, wenn das Spektrum für Frequenzen größer gleich der Grenzfrequenz f_g null ist. Im Fall des *Tiefpassspektrums* in Abb. 2.38 spricht man von der absoluten Bandbreite $B = f_g$. Liegt ein *Bandpassspektrum* vor, so ist die Bandbreite $B = f_{go} - f_{gu}$.

Im Beispiel von mit dem RC-Tiefpass gefilterten Signalen oder des Spektrums des Rechteckimpulses liegt keine strikte Bandbegrenzung vor. Die Bandbreite kann aber wie in Abb. 2.39 durch die 3 dB-Grenzfrequenz abgeschätzt werden. Beim RC-Tiefpass ist die 3 dB-Grenzfrequenz $B = f_{3\,dB} = 1/(2\pi RC)$, s. Abschn. 2.5.3. Die 3 dB-Grenzfrequenz der si-Funktion ist $B = f_{3\,dB} \approx 0{,}44/T = 0{,}44 \cdot f_0$.

Einige typische Bandbreiten von Signalen in der Nachrichtentechnik sind in Tab. 2.1 zusammengestellt. Darin ist deutlich der wachsende Bandbreitenbedarf für die moderne Kommunikation zu erkennen. Genügten für die Sprachtelefonie noch etwa 4 kHz, so sind

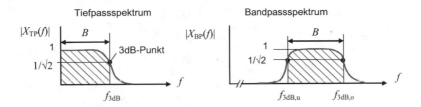

Abb. 2.39 3 dB-Bandbreite B von Tiefpass- und Bandpassspektren

Tab. 2.1 Ungefähre Bandbreiten einiger Nachrichtenübertragungskanäle

Anwendung	Kanalbandbreite
Fernsprechen (analog)	4 kHz
Audio für UKW-Rundfunk	15 kHz
Audio für Compact Disc (CD)	20 kHz
UKW-Rundfunk (Funksignal)	180 kHz
Global System for Mobile Communications[a] (GSM)	200 kHz
Digitaler Teilnehmeranschluss[b] (ADSL2+)	2,2 MHz
Schnurlostelefonie[c] (DECT)	1,8 MHz
Universal Mobile Telecommunication System[d] (UMTS)	5 MHz
Fernseh-Rundfunk (analog)	5,5–7 MHz
Wireless Local Area Network[e,f,g] (WLAN)	20 und 40 MHz
Power Line Communication[h] (PLC)	bis 40 MHz
Global Positioning System[i] (GPS)	2 und 20 MHz
Long Term Evolution[j] (LTE)	1,25–20 MHz

[a] Frequenzkanal für die gleichzeitige unidirektionale Übertragung von 8/16 Full-/Half-Rate-Telefongesprächen;
[b] Asymmetric Digital Subscriber Line,
[c] Frequenzkanal für die gleichzeitige bidirektionale Übertragung von 12 Telefongesprächen;
[d] Frequenzkanal im Codemultiplex für Sprache und Daten;
[e] IEEE 802.11a/b/g;
[f] IEEE 802.11n mit Kanalbündelung;
[g] IEEE 802.11ac bis 160 MHz;
[h] IEEE P1901;
[i] L1- bzw. L2-Träger der Satellitensignale;
[j] Übertragung von Sprache und Daten im Multiplex mit OFDM

es für das moderne WLAN oder die vierte Mobilfunkgeneration LTE bis zu 40 MHz und mehr.

> Die Bandbreite eines Signals gibt die Breite des Bereichs im Spektrum an, der durch die wesentlichen Frequenzkomponenten des Signals belegt wird. Sie wird i. d. R. anwendungsspezifisch durch Angabe der unteren und oberen Grenzfrequenz festgelegt.

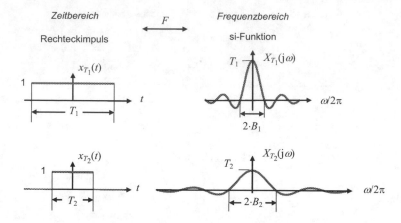

Abb. 2.40 Zeitdauer-Bandbreite-Produkt am Beispiel des Rechteckimpulses

Zeitdauer-Bandbreite-Produkt

Ein wichtiges physikalisches Phänomen ist der Zusammenhang zwischen der Dauer und der Bandbreite eines Signals. Wir veranschaulichen uns das anhand des Rechteckimpulses und seines Spektrums in Abb. 2.40. Mit der Impulsdauer T und der Bandbreite $B = f_0$, d. h. wir wählen die erste Nullstelle im Spektrum als Maß, erhält man das konstante *Zeitdauer-Bandbreite-Produkt* $B \cdot T = 1$. Demzufolge stehen die Zeitdauer eines Vorgangs und die Breite des Spektrums in reziprokem Zusammenhang. Halbiert man wie in Abb. 2.40 unten die Impulsdauer, so verdoppelt sich die Bandbreite. Bei der binären Datenübertragung mit Rechteckimpulsen bedeutet das: Soll die Zahl der pro Zeiteinheit gesendeten Impulse (Nutzen) verdoppelt werden, so ist die doppelte Bandbreite (Kosten) zur Verfügung zu stellen.

Die Theorie der Fourier-Transformation zeigt, dass zeitbegrenzte Signale nicht strikt bandbegrenzt sein können und umgekehrt. Eine Definition des Zeitdauer-Bandbreite-Produkts für nicht zeit- bzw. bandbegrenzte Signale im Sinn einer effektiven Dauer und effektiven Bandbreite gelingt mit den Varianzen des Signals bzw. seiner Dauer und seines Spektrums (Werner 2008).

> Die effektive Dauer und die Bandbreite eines Signals stehen in reziprokem Zusammenhang. Je kürzer ein Impuls und je steiler ein Signalübergang, umso größer die Bandbreite.

2.7 Charakterisierung von LTI-Systemen

Zur Eingangs-Ausgangsgleichung im Frequenzbereich fehlt bisher das Gegenstück im Zeitbereich. In diesem Abschnitt wird der Kreis vom Frequenzbereich zurück in den Zeitbereich geschlossen. Dem Frequenzgang wird die Impulsantwort an die Seite gestellt.

Wurde bisher der Anschauung halber direkter Bezug auf die physikalisch interpretierbaren RLC-Netzwerke genommen, so soll in diesem Abschnitt mit Blick auf die grundlegenden Eigenschaften von zeitkontinuierlichen LTI-Systemen, die Linearität und die Zeitinvarianz, ein allgemeiner Standpunkt eingenommen werden. Die theoretischen Zusammenhänge werden durch ausführliche Rechenbeispiele nachvollziehbar gemacht. Dabei gelten die Definitionen für dimensionslose Größen. Physikalische Größen sind deshalb vorab geeignet zu normieren, wie beispielsweise die Spannungen in Volt, die Zeit in Sekunden usw.

2.7.1 Impulsfunktion und Impulsantwort

Wir beginnen mit einer Messaufgabe: Ein im Wesentlichen bandbegrenztes LTI-System mit der Grenzfrequenz f_g soll mit einem Signal so erregt werden, dass am Ausgang der Frequenzgang direkt beobachtet werden kann. Aus der Eingangs-Ausgangsgleichung im Frequenzbereich (s. Abschn. 2.6.2 lineare Filterung) schließen wir, dass das Spektrum des erregenden Signals im interessierenden Frequenzband konstant sein muss. Wie könnte folglich das Signal $x(t)$ aussehen?

Beispielsweise wie ein Rechteckimpuls mit entsprechend kurzer Dauer T. Wählt man nämlich T so, dass für die Bandbreite gilt $B = 1/T \gg f_g$, dann ist das Spektrum am Systemausgang näherungsweise proportional zum gesuchten Frequenzgang.

Betrachten wir nun ein System mit doppelter Grenzfrequenz, ist für die Messung die Dauer des Rechteckimpulses zu halbieren. Ist das System nicht strikt bandbegrenzt, müsste die Signalbandbreite $B \rightarrow \infty$ und damit die Dauer des Rechteckimpulses $T \rightarrow 0$ gehen. Wie in Abb. 2.40 zu sehen ist, geht jedoch ebenso die Amplitude des Spektrums gegen null, da ja nun praktisch keine Signalenergie mehr aufgewendet wird.

Das kleine Gedankenexperiment zeigt das Problem auf – und deutet die Lösung an. Mit Blick auf die parsevalsche Formel ist festzustellen: Ein Signal, dessen Spektrum ungleich null und konstant für alle Frequenzen ist, würde unendliche Energie aufweisen und kann deshalb nicht physikalisch existieren. Es ist jedoch möglich, im Sinn eines Grenzübergangs, ein derartiges Signal als mathematische Idealisierung zu konstruieren.

Impulsfunktion
Dazu betrachten wir in Abb. 2.41a die endliche Folge von gewichteten Rechteckimpulsen, die bei konstanter eingeschlossener Fläche für wachsendes n immer schmaler und höher werden:

$$\int_{-\infty}^{+\infty} n \cdot x_{1/n}(t)\,dt = 1 \quad \text{für} \quad n = 1, 2, 3, \ldots, N.$$

Die zugehörigen Spektren sind ebenfalls in Abb. 2.41b skizziert. Im Grenzfall $n \rightarrow \infty$ strebt das Spektrum für alle Kreisfrequenzen gegen eins, da die erste positive und die erste negative Nullstelle sich nach $+\infty$ bzw. $-\infty$ verschieben. Jedoch strebt zugleich die Breite

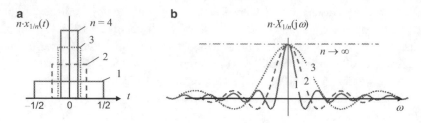

Abb. 2.41 Folge von flächennormierten Rechteckimpulsen und die zugehörigen Spektren

des Rechteckimpulses gegen 0 und die Höhe gegen ∞. Die Flächennormierung bedeutet, dass die Energie der Rechteckimpulse dann gleich n ist, und somit ebenfalls gegen ∞ strebt.

Es ist offensichtlich, dass im Grenzfall das Integral oben im herkömmlichen Sinn nicht mehr existiert. Gut, dass das mathematische Problem des Grenzübergangs hier für sich genommen nicht relevant ist. Denn für die Messaufgabe werden ein Signal <u>und</u> seine Wirkung auf ein System gesucht. Es interessiert hier stets die Anwendung auf eine weitere Funktion $x(t)$, die später den Einfluss des zu untersuchenden Systems widerspiegeln wird. Wir machen uns das durch eine kurze Überlegung deutlich.

Ist die (zu testende) Funktion $x(t)$ um $t = 0$ stetig und beschränkt, so erwarten wir gemäß dem Mittelwertsatz der Integralrechnung für n genügend groß aber endlich für das Testergebnis

$$\int\limits_{-\infty}^{+\infty} x(t) \cdot n \cdot x_{1/n}(t)\, \mathrm{d}t \approx x(0).$$

Es ist deshalb vorteilhaft, den Grenzübergang $n \to \infty$ im Sinn einer Abbildung aufzufassen, die der Funktion $x(t)$ ihren Wert an der Stelle $t = 0$ zuweist. Wir schreiben formal

$$\int\limits_{-\infty}^{+\infty} x(t) \cdot \delta(t)\, \mathrm{d}t = x(0)$$

mit der *Impulsfunktion* oder diracschen[14] Delta-Funktion $\delta(t)$.

Die Impulsfunktion ist keine Funktion im herkömmlichen Sinn, sondern eine verallgemeinerte Funktion, auch Distribution genannt. Sie und das obige Integral werden im Rahmen der Distributionentheorie erklärt. Mit anderen Worten, das Integral wird nicht durch Einsetzen der Funktionen und herkömmliches Integrieren gelöst, sondern ist als Definitionsgleichung der Impulsfunktion aufzufassen. Man spricht von der *Ausblendeigenschaft* der Impulsfunktion, da sie den gesamten Funktionsverlauf von $x(t)$ bis auf den Wert $x(0)$ an der Stelle $t = 0$ ausblendet.

---

[14] *Paul Adrien Maurice Dirac* (1902–1984), britischer Physiker, Nobelpreis 1933.

Abb. 2.42 Impulsfunktion
und weißes Spektrum

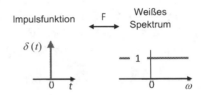

Anmerkungen

- In der Literatur wird die Impulsfunktion auch als Dirac-Stoß, Dirac-Impuls oder Delta-Funktion bezeichnet.
- Es sei noch angemerkt, dass in der Distributionentheorie der Grenzübergang nicht mit einem Rechteckimpuls, sondern mit einer unbegrenzt oft differenzierbaren Funktion, wie z. B. der gaußschen Glockenkurve, gearbeitet wird. Dadurch wird es möglich, auch Ableitungen, sog. Derivierte, der Impulsfunktion sinnvoll zu definieren und die Impulsfunktion zur Lösung von Differenzialgleichungen heranzuziehen, wie sie in Physik und Technik typisch sind.

Die Impulsfunktion wird, wie in Abb. 2.42 gezeigt, als nadelförmiger Impuls dargestellt. Falls hilfreich, wird ihr Gewicht, die Impulsstärke, an die Spitze geschrieben. Ihre Fourier-Transformierte ist eine Konstante, wie man durch Einsetzen in das Fourier-Integral und Anwenden der Ausblendeigenschaft schnell zeigt:

$$\delta(t) \leftrightarrow 1 \; \forall \; \omega$$
$$1 \; \forall \; t \leftrightarrow 2\pi \cdot \delta(\omega).$$

In Anlehnung an die additive Farbmischung in der Optik wird ein konstantes Spektrum auch vereinfachend *weißes Spektrum* genannt. Der Ausdruck weißes Spektrum wird insbesondere im Zusammenhang mit Zufallsprozessen mit konstanten Leistungsdichtespektren gebraucht. In Anlehnung an die Audiotechnik spricht man dann bei den entsprechenden Prozessen vom weißen Rauschen, dessen Musterfunktionen sich ähnlich wie rauschendes Wasser anhören.

In der Technik und der Physik nützt man die formale Übereinstimmung mit den gewohnten Rechenregeln.

> Die Impulsfunktion ist die mathematische Idealisierung eines Signals sehr kurzer Dauer und sehr hoher Energie. Definiert wird sie über die Ausblendeigenschaft. Das Spektrum der Impulsfunktion ist konstant für alle Frequenzen.

Impulsantwort
Mit der Impulsfunktion als mathematische Idealisierung für ein Signal mit hoher Energie und kurzer Dauer lassen sich zur Systembeschreibung wichtige Zusammenhänge ableiten.

Erregt man das zunächst energiefreie LTI-System mit der Impulsfunktion, so ist das Spektrum am Ausgang gleich dem Frequenzgang des LTI-Systems, siehe lineare Filterung. Im Zeitbereich erhält man dazu, wie der Name sagt, die *Impulsantwort*. Die Impulsantwort und der Frequenzgang bilden ein Fourier-Paar:

$$h(t) \leftrightarrow H(j\omega).$$

Beide Systemfunktionen liefern die gleiche Information über das LTI-System, da sie mit der Fourier-Transformation ineinander umgerechnet werden können.

Anmerkung

- Hierbei wird die Existenz des Frequenzgangs als Fourier-Transformierte der Impulsantwort vorausgesetzt. Ein hinreichendes Kriterium dafür ist, wie später gezeigt wird, die absolute Integrierbarkeit der Impulsantwort.

Impulsantwort des RC-Tiefpasses

Am Beispiel des RC-Tiefpasses lassen sich die bisherigen Überlegungen anhand bekannter Ergebnisse aus der Physik überprüfen. Wir betrachten dazu den RC-Tiefpass in Abb. 2.15 mit der Zeitkonstanten τ und setzen ohne Beschränkung der Allgemeinheit im Folgenden stets voraus, dass die Kapazität sich anfangs im ungeladenen Zustand befindet, also das System zu Beginn energiefrei ist. Wir starten mit dem Übergang des Eingangssignals vom Rechteckimpuls zur Impulsfunktion. Zunächst wird die Ausgangsspannung $u_\mathrm{a}(t)$ bei Erregung mit einem Rechteckimpuls $x_T(t)$ bestimmt:

$$u_\mathrm{e}(t) = U_\mathrm{q} \cdot x_T(t).$$

Aus der kirchhoffschen Maschenregel und dem Zusammenhang zwischen Strom und Spannung an der Kapazität resultiert für die Ausgangsspannung die inhomogene lineare Differenzialgleichung erster Ordnung mit konstanten Koeffizienten

$$\frac{\mathrm{d}}{\mathrm{d}t} u_\mathrm{a}(t) + \frac{1}{\tau} \cdot u_\mathrm{a}(t) = \frac{1}{\tau} \cdot u_\mathrm{e}(t).$$

Die Lösung der Differenzialgleichung für eine rechteckförmige Eingangsspannung mit dem Einschaltzeitpunkt $t = 0$ ist aus der Physik bekannt oder kann mit der Methode der Variation der Konstanten berechnet oder durch einfache Überlegungen erraten werden (Abb. 2.17):

$$u_\mathrm{a}(t) = \begin{cases} 0 & \text{für} \quad t < 0 \\ U_\mathrm{q} \cdot \left(1 - \mathrm{e}^{-t/\tau}\right) & \text{für} \quad 0 \leq t < T \\ U_\mathrm{q} \cdot \left(1 - \mathrm{e}^{-T/\tau}\right) \cdot \mathrm{e}^{-(t-T)/\tau} & \text{für} \quad t \geq T \end{cases}.$$

a

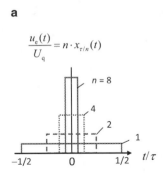

b

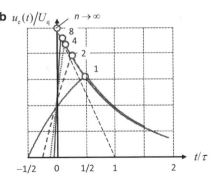

Abb. 2.43 Reaktion des RC-Tiefpasses mit der Zeitkonstanten $\tau = R \cdot C$ auf flächennormierte Rechteckimpulse der Dauer $T = \tau/n$

In Abb. 2.43b wird die Ausgangsspannung für verschiedene Rechteckimpulse (links) als Eingangsspannung dargestellt. Man sieht deutlich die zuerst wachsende Spannung an der Kapazität im Ladevorgang und anschließend deren fallenden Verlauf beim Entladen. Betrachtet man die Folge von Rechteckimpulsen, so erkennt man für wachsendes n, dass sich der Ladevorgang immer mehr verkürzt und sich der Endwert der Spannung im Ladevorgang dem Wert U_q annähert. Im Grenzfall $n \to \infty$, d. h. bei Erregung mit der Impulsfunktion, scheint die Spannung an der Kapazität auf den Wert U_q zu springen und es beginnt sofort der Entladevorgang.

Selbstredend ist für $n \to \infty$ eine derartige physikalische Spannungsquelle nicht realisierbar. Die mathematische Idealisierung ist jedoch von großem praktischem Wert. Bei jedem physikalischen Experiment ist man auf Beobachtungen, hier die Messungen der Zeit und der Spannung, angewiesen. Die Messgenauigkeit ist jedoch stets beschränkt. Unterschreitet man die Messauflösung, so ist der Unterschied zwischen Experiment und Idealisierung nicht mehr festzustellen.

In Einklang mit den physikalischen Überlegungen ist die Impulsantwort des RC-Tiefpasses

$$h_{\text{RC-TP}}(t) = \begin{cases} \frac{1}{\tau} \cdot \exp\left(-\frac{t}{\tau}\right) & \text{für} \quad t > 0 \\ 0 & \text{für} \quad t < 0 \end{cases}.$$

Abschließend verifizieren wir die gefundene Impulsantwort und die zugrunde liegenden theoretischen Zusammenhänge:

a) Die Impulsantwort und der Frequenzgang bilden ein Fourier-Paar.
b) Man erhält die Impulsantwort, wenn in der systembeschreibenden Differenzialgleichung die Impulsfunktion als Erregung eingesetzt wird.

Zu a): Zunächst wird die obige Impulsantwort des RC-Tiefpasses transformiert und mit dem früher bestimmten Frequenzgang des RC-Tiefpasses in Abschn. 2.5.3 verglichen:

$$\int_{-\infty}^{+\infty} h_{\text{RC-TP}}\,(t) \cdot e^{-j\omega t}\,dt = \int_{0}^{+\infty} \frac{1}{\tau} \cdot e^{-t/\tau} \cdot e^{-j\omega t}\,dt = \frac{1}{\tau} \cdot \int_{0}^{+\infty} e^{-[1/\tau + j\omega]t}\,dt$$

$$= \frac{1}{\tau} \cdot \frac{1}{1/\tau + j\omega} = \frac{1}{1 + j\omega\tau} = H_{\text{RC-TP}}\,(j\omega).$$

Zu b): Nun wird die Impulsantwort als Lösungsansatz in die obige Differenzialgleichung für $t \geq 0$ mit Impulserregung eingesetzt

$$\frac{d}{dt}\frac{a}{\tau} \cdot e^{-t/\tau} + \frac{a}{\tau^2} \cdot e^{-t/\tau} = \frac{U_q}{\tau} \cdot \delta\,(t)$$

mit der positiven reellen Konstanten a. Die Integration vereinfacht die Gleichung

$$\frac{a}{\tau} \cdot e^{-t/\tau} + \frac{a}{\tau^2} \cdot \underbrace{\int_{-0}^{t} e^{-x/\tau}dx}_{-\tau \cdot [\exp(-t/\tau) - 1]} = \frac{U_q}{\tau} \cdot \underbrace{\int_{-0}^{t} \delta\,(x)\,dx}_{1}.$$

Wie zu zeigen war, erhält man mit $a = U_q$ das Ausgangssignal

$$u_a\,(t) = U_q \cdot h_{\text{RC-TP}}\,(t) = U_q \cdot \frac{1}{\tau} \cdot e^{-t/\tau} \quad \text{für} \quad t > 0.$$

Anmerkungen

- Die untere Integrationsgrenze -0 soll den Grenzübergang von links an 0 symbolisieren, sodass die Ausblendeigenschaft der Impulsfunktion angewendet werden kann. In der Literatur sind auch Definitionen für den Grenzübergang mit rechtsseitigen Rechteckimpulsen zur Impulsfunktion zu finden, die jedoch an anderer Stelle eine entsprechende Interpretation verlangen.
- Man beachte, dass hier eine einfache Dimensionskontrolle nicht zulässig ist, da mit dimensionslosen Größen gerechnet wird. Würde man mit Dimensionen rechnen, so wäre die Formel für die Ausblendeigenschaft der Impulsfunktion zu modifizieren. Da eine Integration über der Zeit vorliegt, müsste das Resultat die Dimension der Zeit aufweisen.

▷   Die Reaktion eines energiefreien LTI-Systems auf die Impulsfunktion heißt Impulsantwort. Die Impulsantwort und der Frequenzgang eines LTI-Systems bilden ein Fourier-Paar.

2.7.2 Lineare Filterung und Faltung

Mit der Impulsantwort kann die Eingangs-Ausgangsgleichung eines LTI-Systems im Zeitbereich angegeben werden. Die Impulsantwort ist darüber hinaus die zentrale Systemfunktion für die Systemeigenschaften. Die grundsätzliche Idee der Beschreibung von LTI-Systemen besteht darin, zunächst die Systemreaktion auf die Impulsfunktion, die Impulsantwort, zu bestimmen. Lässt sich später das Eingangssignal als Linearkombination von gewichteten und verzögerten Impulsfunktionen darstellen, so folgt aufgrund der Linearität und der Zeitinvarianz des LTI-Systems, dass das Ausgangssignal eine Linearkombination von ebenso gewichteten und verzögerten Impulsantworten sein muss. Diesen grundsätzlichen Zusammenhang wollen wir jetzt erfassen.

Anmerkung

- Die nachfolgend verwendeten mathematischen Interpretationen von Linearität und Zeitinvarianz können auch im Sinn einer Definition verstanden werden.

Im ersten Schritt wird mit dem Systemoperator T{.} die Impulsantwort definiert und dabei ihre Existenz vorausgesetzt:

$$h(t) = T\{\delta(t)\}.$$

Der Systemoperator bedeutet nichts weiter, als dass die Funktion in der geschweiften Klammer das Eingangssignal ist und das Ausgangssignal als Ergebnis der Abbildung (Transformation) durch das System zugewiesen wird. Wie diese Abbildung wirklich aussieht, hängt von dem jeweils betrachteten System ab. Voraussetzung ist hier nur, dass die Funktionen sinnvoll existieren und die Abbildung linear und zeitinvariant ist.

Im zweiten Schritt wird zunächst das Eingangssignal als Überlagerung von Impulsfunktionen dargestellt:

$$\int_{-\infty}^{+\infty} x(\tau) \cdot \delta(t-\tau)\,d\tau = x(t) \cdot \underbrace{\int_{-\infty}^{+\infty} \delta(t-\tau)\,d\tau}_{1} = x(t).$$

Da, wegen der Ausblendeigenschaft der Impulsfunktion, das linke Integral nur dann einen von null verschiedenen Wert liefert wenn $t = \tau$, darf im Integral auch $x(t)$ geschrieben werden; $x(t)$ ist jedoch unabhängig von der Integrationsvariablen τ, weshalb $x(t)$ vor das Integral gestellt wird. Es verbleibt die Integration über die Impulsfunktion, die definitionsgemäß den Wert eins hat. Das linke Integral gleicht somit dem Eingangssignal.

Mit dieser Vorbereitung ergibt sich die Eingangs-Ausgangsgleichung eines Systems auf ein weitestgehend beliebiges Eingangssignal

$$y(t) = T\left\{\int\limits_{-\infty}^{+\infty} x(\tau) \cdot \delta(t-\tau)\, d\tau\right\}.$$

Man beachte, die Zeitvariablen t betrifft die Abbildung durch das System und die Integrationsvariable τ die Darstellung des Eingangssignals als Überlagerung von gewichteten Impulsfunktionen. Nun kann die Linearität genutzt werden, weil der Systemoperator nur bezüglich der Variablen t angewendet wird. Vertauscht wird die Reihenfolge aus linearer Abbildung des Signals bezüglich der Zeitvariablen t durch das System und linearer Abbildung durch das Integral bezüglich der Integrationsvariablen τ:

$$y(t) = \int\limits_{-\infty}^{+\infty} x(\tau) \cdot T\{\delta(t-\tau)\}\, d\tau.$$

Ist das System zeitinvariant, so hängt das Ausgangssignal, die (System-)Reaktion, bis auf eine zeitliche Verschiebung aufgrund des Einschaltzeitpunkts, hier τ, nicht vom Zeitpunkt der Erregung ab. Man erhält die zeitlich um τ verschobene Impulsantwort

$$y(t) = \int\limits_{-\infty}^{+\infty} x(\tau) \cdot h(t-\tau)\, d\tau.$$

Damit ist die gesuchte *Eingangs-Ausgangsgleichung* für den Zeitbereich gefunden. Man bezeichnet das Integral als Faltungsintegral, oder kurz als *Faltung*, und schreibt mit dem Faltungsstern „∗" ebenso kurz

$$x(t) * h(t) = \int\limits_{-\infty}^{+\infty} x(\tau) \cdot h(t-\tau)\, d\tau = \int\limits_{-\infty}^{+\infty} x(t-\tau) \cdot h(\tau)\, d\tau.$$

Die Faltung erhält ihren Namen daher, dass eine der Funktionen im Integranden mit negativer Integrationsvariablen vorkommt. Das entspricht einem Umfalten (Spiegelung) der Funktion an der Ordinate. Die Faltung ist kommutativ, wie noch gezeigt wird.

Zunächst verifizieren wir die Faltung als Eingangs-Ausgangsgleichung. Wir führen die Fourier-Transformation durch und Vergleichen des Ergebnis mit der Eingangs-Ausgangsgleichung im Frequenzbereich eins.

Anmerkung

- Die folgende Herleitung stellt ein typisches Beispiel für die Anwendung der Fourier-Transformation und der Impulsfunktion in der Nachrichtentechnik dar. Die Anwendung beruht – abgesehen von einem gewissen Vertrautwerden mit den Zusammenhängen – auf einfachen Rechenregeln. Die Gültigkeit der Regeln wird

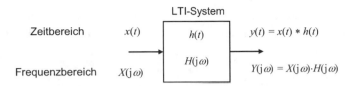

Abb. 2.44 Eingangs-Ausgangsgleichungen für LTI-Systeme in Zeit- und Frequenzbereich mit der Impulsantwort $h(t)$ und dem Frequenzgang $H(j\omega)$

stillschweigend vorausgesetzt, was durch die physikalischen Randbedingungen und den praktischen Erfahrungen in den technischen Anwendungen motiviert ist und durch die Distributionentheorie mathematisch abgesichert wird.

Vertauschen der Integrationsreihenfolge, also der Zeitvariablen t der Fourier-Transformation mit der Faltungsvariablen τ, liefert nach einfacher Substitution der Variablen den Frequenzgang und den Faktor $e^{-j\omega\tau}$. Dieser Zusammenhang wird auch als *Zeitverschiebungssatz* der Fourier-Transformation bezeichnet:

$$x(t) * h(t) \leftrightarrow \int_{-\infty}^{+\infty} \left[\int_{-\infty}^{+\infty} x(\tau) \cdot h(t-\tau) \, d\tau \right] \cdot e^{-j\omega t} \, dt$$

$$= \int_{-\infty}^{+\infty} x(\tau) \cdot \underbrace{\left[\int_{-\infty}^{+\infty} h(t-\tau) \cdot e^{-j\omega t} \, dt \right]}_{H(j\omega)\cdot\exp(-j\omega\tau)} d\tau = H(j\omega) \cdot \underbrace{\int_{-\infty}^{+\infty} x(\tau) \cdot e^{-j\omega\tau} \, d\tau}_{X(j\omega)}.$$

Da der Frequenzgang bezüglich der Integration nach τ als konstant anzusehen ist, darf er vor das Integral gezogen werden und es verbleibt die Fourier-Transformation des Eingangssignals. Damit ist gezeigt, dass die Fourier-Transformation die Faltung zweier Funktionen im Zeitbereich in das Produkt ihrer Fourier-Transformierten im Frequenzbereich überführt. Aus der Faltung des Eingangssignals mit der Impulsantwort wird das Produkt des Eingangsspektrums mit dem Frequenzgang

$$x(t) * h(t) \leftrightarrow X(j\omega) \cdot H(j\omega).$$

Aus der Kommutativität des Produkts im Frequenzbereich darf auf die Kommutativität der Faltung im Zeitbereich geschlossen werden. Die Eingangs-Ausgangsgleichungen von LTI-Systemen im Zeit- und im Frequenzbereich ist in Abb. 2.44 zusammengestellt. Es sei nochmals betont, dass die Eingangs-Ausgangsgleichungen nur die sinnvolle Existenz der Impulsantwort des Systems und dessen Linearität und Zeitinvarianz voraussetzen. Wegen der Sparsamkeit der Voraussetzungen kann eine breite Anwendung der Theorie erwartet werden.

Wichtige Eigenschaften von LTI-Systemen werden nachfolgend nochmals zusammengestellt. Die sinnvolle Wahl von Funktionen und Konstanten in den Gleichungen wird vorausgesetzt.

Linearität

Sind zwei beliebigen Eingangssignalen $x_1(t)$ und $x_2(t)$ jeweils die Ausgangssignale $y_1(t)$ bzw. $y_2(t)$ zugeordnet, so folgt für *lineare Systeme* für jede Linearkombination mit beliebigen Konstanten c_1 und c_2

$$T\{c_1 \cdot x_1(t) + c_2 \cdot x(t)\} = c_1 \cdot y_1(t) + c_2 \cdot y_2(t).$$

Diese Eigenschaft muss im erweiterten Sinn auch für konvergente Funktionenfolgen, wie Fourier-Reihen und Integrale gelten.

Zeitinvarianz

Ein System ist *zeitinvariant*, wenn für einen beliebigen Einschaltzeitpunkt t_0 gilt

$$T\{x(t)\} = y(t) \quad \text{und} \quad T\{x(t-t_0)\} = y(t-t_0).$$

Kausalität

Man beachte im Beispiel der Impulsantwort des RC-Tiefpasses, dass die Impulsantwort für $t < 0$ gleich null ist. Signale mit dieser Eigenschaft werden als rechtsseitige Signale bezeichnet. Ist die Impulsantwort eines Systems rechtsseitig, spricht man von einem *kausalen System*. In diesem Fall erfolgt die Reaktion zeitgleich mit oder erst nach der Erregung und steht somit im Einklang mit der physikalischen Erfahrung der Reihenfolge von Ursache und Wirkung.

Ist das System kausal, so kann die Rechtsseitigkeit der Impulsantwort in den Grenzen des Faltungsintegrals berücksichtigt werden:

$$y(t) = \int\limits_{-\infty}^{t} x(\tau) \cdot h(t-\tau)\, d\tau = \int\limits_{0}^{+\infty} h(\tau) \cdot x(t-\tau)\, d\tau.$$

BIBO-Stabilität

Ein System mit absolut integrierbarer Impulsantwort

$$\int\limits_{-\infty}^{+\infty} |h(t)|\, dt < \infty$$

bezeichnet man als *BIBO-stabil*. BIBO steht für Bounded-Input – Bounded-Output und bedeutet, dass für jedes amplitudenbeschränkte Eingangssignal $|x(t)| \leq M$ auch das

Ausgangssignal in seiner Amplitude beschränkt bleibt:

$$|y(t)| = \left| \int\limits_{-\infty}^{+\infty} x\,(\tau) \cdot h\,(t-\tau)\,\mathrm{d}\tau \right| \leq \int\limits_{-\infty}^{+\infty} |x\,(\tau) \cdot h\,(t-\tau)\,|\mathrm{d}\tau$$

$$\leq \int\limits_{-\infty}^{+\infty} \underbrace{|x\,(\tau)\,|}_{\leq M} \cdot |h\,(t-\tau)\,|\mathrm{d}\tau \leq M \cdot \int\limits_{-\infty}^{+\infty} |h\,(t-\tau)\,|\mathrm{d}\tau < \infty.$$

Ist die Impulsantwort absolut integrierbar, existiert der Frequenzgang.

Zum Abschluss betrachten wir zwei Beispiele für die Faltung: den Rechteckimpuls am RC-Tiefpass und die Faltung zweier Rechteckimpulse. Für das erste Beispiel kennen wir das Ergebnis, z. B. aus der Physik, und können so nochmals die Zusammenhänge überprüfen. Im zweiten Beispiel geben wir eine grafische Lösung an und erhalten ein wichtiges Ergebnis aus der Nachrichtenübertragungstechnik.

Rechteckimpuls am RC-Tiefpass

Beispielhaft berechnen wir die Reaktion eines zunächst energiefreien RC-Tiefpasses bei Erregung mit einem konstanten normierten Spannungsimpuls:

$$u_e\,(t) = \begin{cases} U_q & \text{für} \quad t \in [0, T] \\ 0 & \text{sonst} \end{cases} .$$

Die Kausalität des Systems, die Rechtsseitigkeit der Impulsantwort, wird in den Integrationsgrenzen der Faltung berücksichtigt. Da auch das Eingangssignal rechtsseitig ist, kann die Systemantwort erst für $t \geq 0$ erfolgen. Das Integral ist nur für $t > 0$ zu lösen:

$$u_a\,(t) = u_e\,(t) * h_{\text{RC-TP}}\,(t) = \int\limits_{-\infty}^{+\infty} u_e\,(\alpha) \cdot h_{\text{RC-TP}}\,(t-\alpha)\,\mathrm{d}\alpha$$

$$= \int\limits_{0}^{t} u_e\,(\alpha) \cdot \frac{1}{\tau} \mathrm{e}^{-\frac{(t-\alpha)}{\tau}}\,\mathrm{d}\alpha = \frac{1}{\tau} \cdot \mathrm{e}^{-\frac{t}{\tau}} \cdot \int\limits_{0}^{t} u_e\,(\alpha) \cdot \mathrm{e}^{\frac{\alpha}{\tau}}\,\mathrm{d}\alpha.$$

Wegen des Rechteckimpulses ist eine Fallunterscheidung notwendig. Für $0 < t < T$ liegt die Spannung U_q an und man erhält die Spannung an der Kapazität im Ladevorgang:

$$u_a\,(t) = \frac{U_q}{\tau} \cdot \mathrm{e}^{-t/\tau} \cdot \underbrace{\int\limits_{0}^{t} \mathrm{e}^{\alpha/\tau}\,\mathrm{d}\alpha}_{\tau \cdot \exp(\alpha/\tau)|_0^t} = U_q \cdot \left(1 - \mathrm{e}^{-t/\tau}\right) \quad \text{für} \quad 0 < t < T.$$

Für $t > T$ ist die Eingangsspannung null, die Kapazität entlädt sich. Aus dem Ansatz mit der Faltung wird

$$u_a(t) = \frac{U_q}{\tau} \cdot e^{-t/\tau} \cdot \underbrace{\int_0^T e^{\alpha/\tau} d\alpha}_{\tau \cdot \exp(\alpha/\tau)|_0^T} = U_q \cdot e^{-t/\tau} \cdot \left(e^{-T/\tau} - 1\right) \quad \text{für} \quad t > T$$

und somit das bekannte Ergebnis aus dem Beispiel in Abschn. 2.7.1.

Man beachte auch die Stetigkeit der Spannung an der Kapazität für $t = 0$ und $t = T$. Da Kapazitäten und Induktivitäten Energiespeicher sind, können sich ihre Spannungen bzw. Ströme aus physikalischen Gründen nicht sprunghaft ändern. Die Ausnahme von dieser Regel ist die mathematische Idealisierung der impulsförmigen Erregung.

Faltung eines Rechteckimpulses mit sich selbst

In der Nachrichtenübertragungstechnik werden im Empfänger oft auf das Sendesignal angepasste Filter, sog. Matched-Filter, verwendet, um die Signale bei additiver Rauschstörung gut detektieren zu können (Kap. 4). Dort liegt eine ähnliche Situation vor wie im folgenden Beispiel.

In manchen Fällen lässt sich die Faltung auf grafischem Weg veranschaulichen. Hierzu betrachten wir das Beispiel zweier rechtsseitiger Rechteckimpulse

$$x(t) = x_T\left(t - \frac{T}{2}\right).$$

Die Faltung

$$y(t) = x(t) * x(t) = \int_{-\infty}^{+\infty} x(\tau) \cdot x(t - \tau) \, d\tau$$

lässt sich grafisch durchführen. Die Methode wird nachfolgend erläutert und in Abb. 2.45 illustriert.

Für einen beliebigen, aber fest vorgegebenen Wert t ist im Integranden das Produkt aus $x(\tau)$ und $x(t - \tau)$ zu bilden. Hierzu sind in Abb. 2.45 die beiden Signale für verschiedene Werte von t gezeigt. Für $t = 0$ erhält man für $x(-\tau)$ wegen des Minuszeichens im Argument den an der Ordinate gespiegelten Rechteckimpuls. Die Spiegelung wird im Bild durch ein kleines Dreieck angedeutet.

Im Integranden ist das Produkt aus dem Rechteckimpuls und dessen gespiegelter und verschobener Replik, $x(\tau) \cdot x(t - \tau)$, zu bilden. Im Beispiel werden vier Fälle unterschieden:

(i) $t < 0$

Der Integrand ist für $t < 0$ identisch null, da sich $x(\tau)$ und $x(t - \tau)$ nicht überlappen. Demzufolge liefert die Faltung den Wert null, wie in der rechten Bildhälfte gezeigt wird.

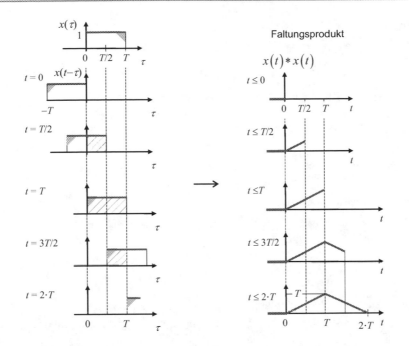

Abb. 2.45 Faltung eines Rechteckimpulses mit sich selbst

(ii) $0 \leq t < T$

Für wachsendes t schiebt sich der Rechteckimpuls $x(t - \tau)$ mehr und mehr unter den Rechteckimpuls $x(\tau)$. Da es sich um Rechteckimpulse handelt, nimmt die vom Produkt der beiden Rechteckimpulse eingeschlossene Fläche linear zu.

(iii) $T \leq t < 2 \cdot T$

Für $t = T$ decken sich die Rechteckimpulse vollständig. Die Faltung liefert jetzt den Maximalwert.

Allgemein gilt: Die Faltung eines reellen spiegelsymmetrischen Signals der Dauer T mit sich selbst ergibt zum Zeitpunkt T die Energie des Signals. Die Energie ist auch gleich dem Maximum des Faltungsprodukts.

Mit wachsendem t schiebt sich $x(t - \tau)$ aus dem Abszissenbereich des Rechteckimpulses $x(\tau)$. Die von den beiden Rechteckimpulsen gemeinsam eingeschlossene Fläche nimmt linear ab.

(iv) $2 \cdot T \leq t$

Für $t \geq 2 \cdot T$ ist der Integrand und damit das Ergebnis der Faltung identisch null.

Das Faltungsprodukt ist in Abb. 2.45 unten rechts gezeigt. Es resultiert ein Dreieckimpuls mit der Breite $2 \cdot T$ und der Höhe T.

Aufgabe 2.6

Eine Signalanalyse ergibt die näherungsweise Darstellung

$$u\,(t) \approx 2\,\text{V} \cdot \cos\,(\omega_0 t) + 0{,}1\,\text{V} \cdot \cos\,(2\omega_0 t) - 0{,}04\,\text{V} \cdot \cos\,(3\omega_0 t)$$

Berechnen Sie den Klirrfaktor. Geben Sie den Wert in Prozent an.

Aufgabe 2.7

a) Skizzieren Sie einen Rechteckimpuls $x(t) = A$ für $t \in [-T, T]$ und 0 sonst.
b) Geben Sie die Fourier-Transformierte zu $x(t)$ analytisch an.
c) Skizzieren Sie das Spektrum zu $x(t)$.
d) Geben Sie die erste Nullstelle im Spektrum ($f > 0$) an, wenn die Impulsdauer $1\,\mu s$ beträgt.

Aufgabe 2.8

a) Nennen Sie die drei Standardapproximationen für Tiefpassfilter.
b) Ordnen Sie die Standardapproximationen in a) nach steigender Breite des Übergangsbereichs bei gleicher Filterordnung.
c) Nennen Sie die vier Prototypen für selektive Filter.

Aufgabe 2.9

Skizzieren Sie das Toleranzschema zum Entwurf eines Tiefpasses. Tragen Sie alle relevanten Parameter ein und benennen Sie die Parameter und die Bereiche des Toleranzschemas.

Aufgabe 2.10

a) Welche grundlegenden Eigenschaften charakterisieren ein LTI-System?
b) Was bedeutet es, wenn ein System linear ist?
c) Nennen Sie die beiden (System-)Funktionen mit denen das Übertragungsverhalten eines LTI-Systems beschrieben wird. In welchem Zusammenhang stehen die beiden Funktionen?
d) Wie wird bei einem LTI-System das Eingangssignal auf das Ausgangssignal abgebildet?
e) Wie hängt bei einem LTI-System das Spektrum am Ausgang mit dem Spektrum am Eingang zusammen?

Aufgabe 2.11

a) Welche Bedeutung hat der Frequenzgang bei sinusförmiger Erregung eines LTI-Systems?
b) Wann ist eine Übertragung verzerrungsfrei?

Abb. 2.46 Filterung eines
Basisbandsignals

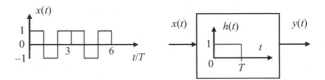

c) Was bedeutet es, wenn ein System mit einem Eintonsignal mit 1 kHz erregt wird und
    am Ausgang zwei Signalkomponenten bei der Frequenz 0 bzw. 2 kHz gemessen wer-
    den?

Aufgabe 2.12

a) Was versteht man unter der Ausblendeigenschaft der Impulsfunktion?
b) Wie kann man sich die Wirkung der Impulsfunktion anschaulich erklären?
c) Was ist das Ergebnis, wenn man eine Funktion $x(t)$ mit einer verschobenen Impuls-
    funktion $\delta(t-t_0)$ faltet?

Aufgabe 2.13
In Abb. 2.46 wird das Basisbandsignal $x(t)$ auf das System mit der Impulsantwort $h(t)$
gegeben. Skizzieren Sie das Ausgangssignal $y(t)$.
    Hinweis: Keine Rechnung

Aufgabe 2.14
In Abb. 2.2 findet sich eine Übersicht über dieses Kapitel in Form einer Mindmap. Mind-
maps besitzen eine Baumstruktur, die thematische Querverbindungen nicht berücksichtigt.
Alternativ bieten sich sog. kognitive Karten („cognitive maps") an, die auch Querverbindungen zulassen.
    Gehen Sie anhand der Übersicht in Abb. 2.2 nochmals im Uhrzeigersinn durch die The-
men des Kapitels und ergänzen Sie schrittweise die Zusammenhängen (Voraussetzungen,
Bedingungen, Entwicklungen). Erstellen Sie sich selbst eine kognitive Karte, beispielsweise indem Sie sich Ihre Gedanken beim Weg durch die Mindmap laut vorsprechen.
(Auch als Gruppenarbeit geeignet.)

2.8   Zusammenfassung

Die wesentlichen Schritte von der Gleichstromrechnung zur Theorie der linearen zeitinvarianten Systeme sind in Abb. 2.47 von unten nach oben zusammengestellt. Den Ausgangspunkt bilden unten die Gleichströme bzw. -spannungen als Signale in Widerstandsnetzen.
Die interessierenden Zweigströme und Zweigspannungen werden mit dem ohmschen Gesetz und den kirchhoffschen Regeln berechnet.

Signale	Systeme	Methoden
Aperiodische Quelle $x(t)$	LTI-System mit Impulsantwort $h(t)$ Kausalität	Eingangs-Ausgangsgleichung
Spektrum $$X(j\omega) = \int\limits_{-\infty}^{+\infty} x(t)\cdot e^{-j\omega t}\, dt$$	$h(t) = 0 \quad \forall\, t < 0$ BIBO-Stabilität $$\int\limits_{-\infty}^{+\infty} |h(t)|\, dt < \infty$$	– im Zeitbereich mit der Impuls- antwort $$y(t) = h(t) * x(t)$$
Inverse Fourier-Transformation $$x(t) = \frac{1}{2\pi}\cdot \int\limits_{-\infty}^{+\infty} X(j\omega)\cdot e^{j\omega t}\, d\omega$$	Frequenzgang $$H(j\omega) = \int\limits_{-\infty}^{+\infty} h(t)\cdot e^{-j\omega t}\, dt$$	– im Frequenzbereich mit dem Frequenzgang $$Y(j\omega) = H(j\omega)\cdot X(j\omega)$$
Periodische Quelle $x(t)$ mit der Grundkreisfrequenz ω_0 $$x(t) = \sum_{k=-\infty}^{\infty} c_k \cdot e^{jk\omega_0 t}$$	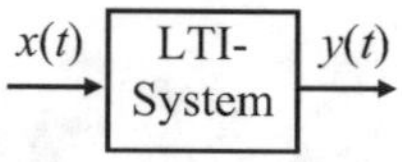 $x(t) \rightarrow$ LTI-System $\rightarrow y(t)$	Eingangs-Ausgangsgleichung mit Frequenzgang und Fourier-Reihe $$y(t) = \sum_{k=-\infty}^{\infty} H(jk\omega_0)\cdot c_k \cdot e^{jk\omega_0 t}$$
Wechselspannungsquelle $$u_q(t) = \hat{u}\cdot\cos(\omega t + \varphi)$$ Wechselstromquelle $$i_q(t) = \hat{i}\cdot\cos(\omega t + \varphi)$$	RLC-Netzwerk – Widerstand R – Induktivität L – Kapazität C	Komplexe Wechselstromrechnung mit erweitertem ohmschen Gesetz und den kirchhoffschen Regeln für komplexe Amplituden
Gleichspannungsquelle U_q Gleichstromquelle I_q	Widerstandsnetzwerk – Widerstand R	Gleichstromrechnung mit dem ohmschen Gesetz und den kirchhoffschen Regeln

Abb. 2.47 Von der Gleichstromlehre (*unten*) zur Theorie der LTI-Systeme (*oben*)

Durch die Elemente Kapazität und Induktivität wird die Betrachtung auf die RLC-Netze erweitert. Mit der komplexen Wechselstromrechnung lassen sich die Zweigströme und Zweigspannungen für sinusförmige Quellen berechnen.

RLC-Netzwerke sind ein Beispiel für lineare zeitinvariante Systeme. Deren Übertragungsverhalten kann vorteilhaft im Frequenzbereich durch den Frequenzgang beschrieben werden. Damit lassen sich insbesondere in Verbindung mit der Fourier-Transformation die Systemreaktionen auch für nichtperiodische Signale bestimmen.

Die Beschreibung der Signale und Systeme im Frequenzbereich liefert wichtige neue Einblicke. Verbreitete Konzepte und Kenngrößen nehmen im Beispiel anschauliche Formen an, wie das Spektrum, die Bandbreite, das Zeitdauer-Bandbreite-Produkt, der Tiefpass oder die Bandsperre etc.

Mit der Definition der Impulsfunktion als mathematische Idealisierung eines sehr kurzen aber energiereichen Signals und der allgemeinen Betrachtung der LTI-Eigenschaften, Linearität und Zeitinvarianz, wird die Impulsantwort als die wesentliche Systemfunktion eingeführt. Wichtige Systemeigenschaften, wie die Kausalität und die Stabilität, lassen sich an ihr erkennen. Mit der Faltung der Impulsantwort mit dem Eingangssignal erhält man die Eingangs-Ausgangsgleichung im Zeitbereich. Die Systemfunktionen Impulsantwort und Frequenzgang bilden ein Fourier-Paar.

Ausblick Die vorgestellten Begriffe und Zusammenhänge lassen sich in ihren Bedeutungen unverändert in das Zeitdiskrete übertragen. Für zeitdiskrete Signale kann ebenfalls die harmonische Analyse mit der Fourier-Transformation vorgenommen werden. Die Begriffe Frequenzkomponenten, Spektrum, Bandbreite und Zeitdauer-Bandbreite-Produkt finden zeitdiskrete Entsprechungen. An die Stelle der Systembeschreibung mit Differenzialgleichungen treten bei zeitdiskreten LTI-Systemen Differenzengleichungen. Es existieren Impulsantworten und Frequenzgänge mit Eingangs-Ausgangsgleichungen im Zeit- und im Frequenzbereich, die denen in Abb. 2.47 oben entsprechen.

Die digitale Signalverarbeitung macht von diesen Analogien ausgiebig Gebrauch und hat die analoge Signalverarbeitung in vielen Anwendungen verdrängt. Im nächsten Kapitel wird ein kurzer Blick auf die digitale Signalverarbeitung geworfen. Beispielhaft werden digitale Filter und die Kurzzeit-Spektralanalyse mit der DFT/FFT (Discrete Fourier Transform/Fast Fourier Transform) vorgestellt. Der DFT/FFT kommt in der Nachrichtentechnik eine wichtige Rolle zu und ihr soll deshalb entsprechend Platz eingeräumt werden.

Mit den hier vorgestellten Begriffen und Zusammenhängen werden auch Grundlagen für eine zügige Einarbeitung in die digitale Signalverarbeitung gelegt.

2.9 Lösungen zu den Aufgaben

Lösung 2.1

a) Frequenzgang

$$H\left(\mathrm{j}\omega\right) = \frac{\frac{1}{\mathrm{j}\omega C + 1/R}}{R + \frac{1}{\mathrm{j}\omega C + 1/R}} = \frac{1}{2 + \mathrm{j}\omega CR} = \frac{1}{2} \cdot \frac{1}{1 + \mathrm{j}\omega CR/2} = \frac{1}{2} \cdot \frac{1}{1 + \mathrm{j}\omega \tau}$$

b) Dämpfungsgang

$$a_{\mathrm{dB}}\left(\omega\right) = -20 \cdot \lg |H(\mathrm{j}\omega)|\mathrm{dB} = 10 \cdot \lg\left(1 + \omega^2\tau^2\right)\mathrm{dB} + 6\,\mathrm{dB}$$

c) Skizze des Dämpfungsganges in Abb. 2.48 mit der 3 dB-Grenzkreisfrequenz $\omega_{3\,\mathrm{dB}} = 1/\tau$

Abb. 2.48 Dämpfungsgang

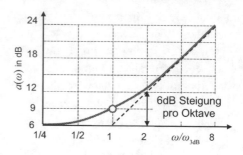

Abb. 2.49 Amplitudenspektrum

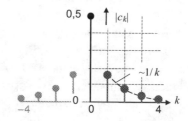

Hinweis:
- Die 3 dB-Grenzfrequenz bezieht sich auf das Maximum des Betragsgangs, s. Abb. 2.19.

d) Tiefpass

e) 3 dB-Grenzfrequenz

$$f_{3\,dB} = \frac{1}{2\pi} \cdot \frac{1}{RC/2} \approx 8\,\text{kHz}$$

Lösung 2.2

Amplitudenspektrum (Betrag der Fourier-Koeffizienten) zur periodischen Sägezahn-schwingung in Abb. 2.49

Hinweis: Ergänzend sind die Werte auf der linken Seite, $k < 0$, eingetragen, um die gerade Symmetrie hervorzuheben.

Lösung 2.3

a) Reaktion am Ausgang des Bandpasses mit $\omega_0 = 2\pi \cdot 1\,\text{kHz}$

$$y(t) = \frac{1}{\pi} \cdot \sum_{k=1}^{4} \frac{\sin(k\omega_0 t)}{k}$$

$$= \frac{1}{\pi} \cdot \left[\sin(\omega_0 t) + \frac{1}{2}\sin(2\omega_0 t) + \frac{1}{3}\sin(3\omega_0 t) + \frac{1}{4}\sin(4\omega_0 t) \right]$$

b) Skizze des Amplitudenspektrums (einseitig) in Abb. 2.50

Ergänzung: Reaktion des Bandpasses, s. Ausgangssignal in Abb. 2.51

Abb. 2.50 Amplitudenspektrum des Ausgangssignals

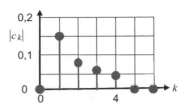

Lösung 2.4

a) Die Fourier-Transformierte eines Signals bezeichnet man als (Fourier-)Spektrum. Das Betragsquadrat des Spektrums gibt die Verteilung der (Signal-)Energie über der Frequenz an.

Ist das Signal periodisch mit der Periode T, so erhält man aus der harmonischen Analyse eine Fourier-Reihe mit Gleichanteil bei der Frequenz null und Harmonischen bei ganzzahligen Vielfachen der Grundkreisfrequenz $\omega_0 = 2\pi / T$. Es ergibt sich ein Linienspektrum.

Bei periodischen Signalen wird zur Berechnung der Fourier-Koeffizienten eine Periode betrachtet. Man erhält die Energie pro Periode, also die mittlere Leistung, s. auch Leistung der Ersatzspannungsquellen.

b) In RLC-Netzwerken lassen sich für sinusförmige Quellenströme und Quellenspannungen die Zweigströme und die Zweigspannung im eingeschwungenen Zustand mithilfe der komplexen Wechselstromrechnung bestimmen.

Die harmonische Analyse liefert eine mathematische Darstellung periodischer Ströme und Spannungen durch sinusförmige Ersatzquellen, sodass die bekannten Beziehungen der komplexen Wechselstromrechnung, die verallgemeinerten kirchhoffschen Regeln, angewendet werden können.

c) Die parsevalsche Gleichung stellt die Verbindung zwischen der Energie bzw. der Leistung des Zeitsignals und dem Betragsquadrat seines Spektrums her. Damit können Energie- und Leistungsbetrachtungen äquivalent sowohl im Zeit- als auch im Frequenzbereich durchgeführt werden.

d) Unter der Bandbreite eines Signals versteht man die Breite des Bereiches im Spektrum, kurz (Frequenz-)Band genannt, in dem sich die wesentlichen Frequenzkomponenten des Signals befinden. Liegt eine strikte Bandbegrenzung vor, so besitzt das Signal keine Frequenzkomponente außerhalb des Bands.

Abb. 2.51 Ausgangssignal des Bandpasses

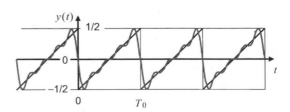

Abb. 2.52 Dämpfungsgang

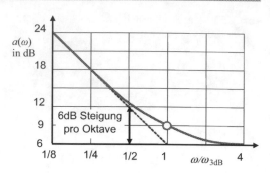

e) Einem periodischen Signal mit der Periode T ist eine Fourier-Reihe und damit ein Linienspektrum zugeordnet. Die Frequenzkomponenten finden sich bei der Frequenz null für den Gleichanteil und den ganzzahligen Vielfachen der Grundkreisfrequenz $\omega_0 = 2\pi/T$ für die Harmonischen.

f) Die zeitliche Dauer eines Signals und dessen Bandbreite stehen in reziprokem Zusammenhang. Je schneller sich ein Signal ändert, umso größer ist seine Bandbreite.

Lösung 2.5

a) Frequenzgang

$$H\,(\mathrm{j}\omega) = \frac{R}{R + \frac{1}{\mathrm{j}\omega C} + R} = \frac{\mathrm{j}\omega C R}{1 + \mathrm{j}\omega C \cdot 2R} = \frac{1}{2} \cdot \frac{\mathrm{j}\omega\tau}{1 + \mathrm{j}\omega\tau}$$

b) Frequenzgang der Dämpfung

$$a_{\mathrm{dB}}\,(\omega) = -20 \cdot \lg\left(\frac{1}{2} \cdot \sqrt{\frac{\omega^2\tau^2}{1 + \omega^2\tau^2}}\right) \mathrm{dB} = 10 \cdot \lg\left(\frac{1 + \omega^2\tau^2}{\omega^2\tau^2}\right) \mathrm{dB} + 6\,\mathrm{dB}$$

c) Skizze des Frequenzgangs der Dämpfung mit der 3 dB-Grenzkreisfrequenz $\omega_{3\,\mathrm{dB}} = 1/(2RC)$

d) Hochpass

e) 3 dB-Grenzfrequenz

$$f_{3\,\mathrm{dB}} = \frac{1}{2\pi} \cdot \frac{1}{2\,RC} \approx 1\mathrm{kHz}$$

Lösung 2.6

Klirrfaktor $d = \sqrt{\frac{0{,}1^2 + 0{,}04^2}{2^2 + 0{,}1^2 + 0{,}04^2}} \approx 0{,}054 \,\widehat{=}\, 5{,}4\,\%$

Lösung 2.7

a) Siehe Abb. 2.53a

b) $x\,(t) \leftrightarrow X\,(\mathrm{j}\omega) = 2A \cdot T \cdot \mathrm{si}\,(\omega T)$

Abb. 2.53 Rechteckimpuls
und sein Spektrum

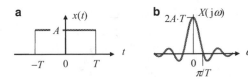

c) Siehe Abb. 2.53b
d) $f_0 = 1/(2T) = 500\,\text{kHz}$

Lösung 2.8

a) Butterworth- (Potenz-), Chebyshev- und Cauer- (Elliptische) Filter
b) Cauer-, Chebyshev- und Butterworth-Filter
c) Tiefpass-, Hochpass-, Bandpassfilter und Bandsperre

Lösung 2.9
Siehe Abb. 2.31

Lösung 2.10

a) LTI-Systeme sind linear (L) und zeitinvariant (TI).
b) Ist ein System linear, so erhält man bei einer Linearkombination von Eingangssignalen (Erregungen) die gleiche Linearkombination der zugehörigen Ausgangssignale (Reaktionen).
c) Das Übertragungsverhalten eines LTI-Systems wird durch die Impulsantwort und den Frequenzgang (bzw. Übertragungsfunktion) beschrieben. Impulsantwort und Frequenzgang bilden ein Fourier-Paar.
d) Das Eingangssignal wird mit der Impulsantwort zum Ausgangssignal gefaltet.
e) Das Eingangsspektrum wird mit dem Frequenzgang zum Ausgangsspektrum multipliziert.

Lösung 2.11

a) Der Frequenzgang charakterisiert die Übertragungseigenschaften des LTI-Systems im Frequenzbereich. Stellt man, wie in der komplexen Wechselstromrechnung, das sinusförmige Eingangssignal als komplexe Amplitude dar, so ergibt sich die komplexe Amplitude des Ausgangssignals aus der komplexen Amplitude am Eingang mal dem Wert des Frequenzgangs bei der entsprechenden Kreisfrequenz. Damit ist die Amplitude des sinusförmigen Ausgangssignals proportional zum Betrag des Frequenzgangs bei der entsprechenden Kreisfrequenz. Die Phase des Frequenzgangs bei der entsprechenden Kreisfrequenz tritt im Ausgangssignal als Phasenverschiebung in Erscheinung.

Aufgrund des multiplikativen Zusammenhangs können im Ausgangssignal keine Frequenzkomponenten auftreten, die nicht im Eingangssignal vorhanden sind.

b) Eine Übertragung ist verzerrungsfrei, wenn das Empfangssignal dem Sendesignal bis auf einen konstanten Amplitudenfaktor und einer konstanten Zeitverschiebung gleicht.

c) Am Systemausgang liegen neue Frequenzkomponenten vor. Das Signal wird nichtlinear verzerrt. Das System ist nichtlinear. (Für diese Aussage muss die Zeitinvarianz vorausgesetzt werden.)

Im Zahlenwertbeispiel ist mit

$$\sin^2(\alpha) = \frac{1}{2} \cdot [1 - \cos(2\alpha)] \quad \text{und} \quad \cos^2(\alpha) = \frac{1}{2} \cdot [1 + \cos(2\alpha)]$$

zu vermuten, dass das System ein Quadrier ist, wie er beispielsweise zur Modulation benutzt wird.

Lösung 2.12

a) Die Impulsfunktion stellt die mathematische Idealisierung eines sehr kurzen und sehr energiereichen Signals dar. Am Beispiel der Aufladung der Kapazität eines RC-Glieds kann man sich die Impulsfunktion als Spannungsimpuls vorstellen, der die Kapazität so schnell lädt, dass im Rahmen der Messgenauigkeit der Ladevorgang selbst nicht mehr beobachtet werden kann.

b) Die Wirkung der Impulsfunktion ist unmittelbar mit ihrer Definition über die Ausblendeigenschaft verknüpft. Wird die Impulsfunktion auf ein (im Ursprung stetiges) Signal angewendet, erhält man den Signalwert im Ursprung. Der restliche Signalverlauf wird ausgeblendet.

c) Man erhält die Funktion entsprechend verschoben, d. h. es resultiert $x(t - t_0)$

Lösung 2.13

Das Signal $x(t)$ kann in eine Folge von Rechteckimpulsen der Dauer T zerlegt werden. Wegen der Linearität der Faltung, darf jeder einzelne Rechteckimpuls für sich mit $h(t)$ gefaltet werden. Es ergeben sich jeweils Dreieckimpulse der Dauer $2T$ und Höhe T, s. Abb. 2.54. Das Ergebnis $y(t) = x(t) * h(t)$ setzt sich aus der Überlagerung der Dreieckimpulse zusammen.

Abb. 2.54 Ausgangssignal

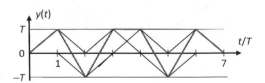

2.10   Abkürzungen und Formelzeichen

Abkürzungen

ADU   Analog-Digital-Umsetzer
DAU   Digital-Analog-Umsetzer
dB   Dezibel
LTI   Linear Time-Invariant (linear zeitinvariant)
THD   Total Harmonic Distortion
TP   Tiefpass

Formelzeichen – Parameter, Konstanten und Variablen

a_k, b_k	Fourier-Koeffizienten zu den Kosinus- bzw. Sinusfunktionen
B	Bandbreite
C	Kapazität
C_k	Komplexe Fourier-Koeffizienten zu den Harmonischen
d	Klirrfaktor
δ_D, δ_S	Durchlass- bzw. Sperrtoleranz
E	(Signal-)Energie
f	Frequenzvariable
$f_{3\,dB}$	3 dB-Eckfrequenz/Grenzfrequenz
f_g, f_{go}, f_{gu}	Grenzfrequenz, obere und untere
H_{max}	Maximum des Betragsgangs
L	Induktivität
n	Normierte Zeitvariable
ω	Kreisfrequenz
ω_0	Grundkreisfrequenz periodischer Signale
ω_D, ω_S	Durchlass- bzw. Sperrkreisfrequenz
P	(Signal-)Leistung
R	Widerstand
$s = \sigma + j\omega$	Komplexe Frequenz
$\tau = R \cdot C$	Zeitkonstante des RC-Glieds
t	Zeitvariable
T	Impulsdauer
T_A	Abtastintervall
T_0	Periode

Formelzeichen – Funktionen, Signale und Operatoren

$a(\omega)$	Dämpfungsgang
$b(\omega)$	Phasengang
$\delta(.), \delta[.]$	Impulsfunktion bzw. Impulsfolge
$*$	Faltungssymbol/-stern
$h(t)$	Impulsantwort
$H(\mathrm{j}\omega)$	Frequenzgang
$\mathrm{sgn}(.)$	Signumfunktion
$\mathrm{si}(.)$	si-Funktion
$\mathrm{T}\{.\}$	Allgemeiner Systemoperator
$\tau_g(\omega)$	Gruppenlaufzeit
$x(t), x[n]$	Allgemeine/s Funktion/Signal, zeitkontinuierlich bzw. zeitdiskret
$x_T(t)$	Rechteckimpuls
$X(\mathrm{j}\omega)$	Allgemeines (Fourier-)Spektrum, Fourier-Transformierte
$x(t) \leftrightarrow X(\mathrm{j}\omega)$	Fourier-Paar

Literatur

Lüke H.D. (1995) Signalübertragung. Grundlagen der digitalen und analogen Nachrichtenübertragungssysteme. 6. Aufl., Berlin, Springer

Schüßler H.W. (1988) Netzwerke, Signale und Systeme, Band I: Systemtheorie linearer elektrischer Netzwerke. 2. Aufl., Berlin, Springer

Werner M. (2008) Signale und Systeme. Ein Lehr- und Arbeitsbuch. 3. Aufl., Wiesbaden, Vieweg+Teubner

Weiterführende Literatur

Brigola R. (1997) Fourieranalysis, Distributionen und Anwendungen. Braunschweig/Wiesbaden, Vieweg

Bronstein I.N., Semendjajew K.A., Musiol G., Mühlig H. (1999) Taschenbuch der Mathematik. 4. Aufl., Frankfurt am Main, Harri Deutsch

Frey Th., Bossert M. (2008) Signal- und Systemtheorie. 2. Aufl.. Wiesbaden, Vieweg+Teubner

Girod B., Rabenstein R., Stenger A. (2007) Einführung in die Systemtheorie. Signale und Systeme in der Elektrotechnik und Informationstechnik. 4. Aufl., Stuttgart, B.G. Teubner

Karrenberger U. (2012) Signale, Prozesse, Systeme. Eine multimediale und interaktive Einführung in die Signalverarbeitung. 6. Aufl., Berlin, Springer

Kaufhold B., Kreß D. (2010) Signale und Systeme verstehen und vertiefen. Denken und Arbeiten im Zeit- und Frequenzbereich. Wiesbaden, Vieweg+Teubner

Kiencke U., Jäkel H. (2008) Signale und Systeme. 4. Aufl., München/Wien, Oldenbourg

Mertins A. (2010) Signaltheorie. Grundlagen der Signalbeschreibung, Filterbänke, Wavelets, Zeit-Frequenz-Analyse, Parameter- und Signalschätzung. 2. Aufl., Wiesbaden, Vieweg+Teubner

Meyer M. (2008) Signalverarbeitung. Analoge und digitale Signale, Systeme und Filter. 5. Aufl., Wiesbaden, Vieweg+Teubner

Ohm J-R., Lüke H.D. (2010) Signalübertragung. Grundlagen der digitalen und analogen Nachrichtenübertragungssysteme. 11. Aufl., Heidelberg, Springer

Scheithauer R. (2005) Signale und Systeme. Grundlagen für die Mess- und Regelungstechnik und Nachrichtentechnik (2. Aufl.). Wiesbaden: B.G. Teubner

Schüßler H.W. (1991) Netzwerke, Signale und Systeme, Band II: Theorie kontinuierlicher und diskreter Signale und Systeme. 3. Aufl., Berlin, Springer

Schüßler H.W (b. v. G. Dehner, R. Rabenstein und P. Steffen) (2010) Digitale Signalverarbeitung 2. Entwurf diskreter Systeme. Berlin, Springer

Shannon C.E. (1948) A mathematical theory of communication. Bell Sys Tech J 27:379–423 und 623–656

Unbehauen R. (1993) Netzwerk- und Filtersynthese: Grundlagen und Anwendungen. 4. Aufl., München/Wien, Oldenbourg

Unbehauen R. (1998) Systemtheorie 2: Mehrdimensionale, adaptive und nichtlineare Systeme. 7. Aufl., München/Wien, Oldenbourg

Unbehauen R. (2002) Systemtheorie 1: Allgemeine Grundlagen, Signale und lineare Systeme im Zeit- und Frequenzbereich. 8. Aufl., München/Wien, Oldenbourg Verlag

Wangenheim L. (2010) Analoge Signalverarbeitung. Systemtheorie, Elektronik, Filter, Oszillatoren, Simulationstechnik. Wiesbaden, Vieweg+Teubner

Wiener N. (1948) Cybernetics or Control and Communication in the Animal and the Machine. Paris, Hermann

Wiener N. (1963) Regelung und Nachrichtenübertragung in Lebewesen und in der Maschine. Düsseldorf/Wien, Econ

Digitale Signalverarbeitung und Audiocodierung 3

Zusammenfassung

Zur Digitalisierung analoger Signale sind zwei Schritte notwendig: die Abtastung und die Quantisierung. Folgt man dem Abtasttheorem, ist die ideale Abtastung reversibel. Die Quantisierung ist hingegen nicht reversibel. Die Größe des Quantisierungsfehlers kann jedoch durch die Zahlendarstellung eingestellt werden.

Zur digitalen Signalverarbeitung stehen digitale Filter, wie Tiefpässe und Bandpässe, mit hohen Sperrdämpfungen in transversaler (FIR) oder rekursiver (IIR) Struktur zur Verfügung. Dazu eröffnet die diskrete Fourier-Transformation (DFT) am Digitalrechner den Zugang zu Methoden aus dem Frequenzbereich.

Die Digitalisierung von Audiosignalen erforderte einen eigenen Zugang. Wegen der subjektiven Bewertung des Quantisierungsgeräuschs durch das menschliche Gehör wird in der Telefonie eine ungleichförmige Quantisierung angewendet. Die logarithmische Pulse Code Modulation (PCM) liefert mit der Bitrate von 64 kbit/s eine der analogen Telefonie entsprechende Hörqualität. Moderne Datenkompressionsverfahren, wie der weitverbreitete HE-AACv2-Audiocodec, nutzen die Erkenntnisse der Psychophysik über das menschliche Hören zur wahrnehmungsbasierten Codierung.

Schlüsselwörter

Abtasttheorem • Quantisierung • Quantisierungsgeräusch • Analog-Digital-Umsetzer (ADU) • digitale Signalverarbeitung • digitale Filter • diskrete Fourier-Transformation (DFT) • Audiocodierung • Telefonie • Pulse Code Modulation (PCM) • Datenkompression • MP3 • AAC

In vielen Anwendungen hat sich die digitale Signalverarbeitung als preiswerte Alternative durchgesetzt oder als Innovator neue Anwendungen hervorgebracht. Als Wegbereiter der digitalen Signalverarbeitung kann die Digitalisierung der Sprache in der Telefonie angesehen werden. Für das Prinzip der digitalen Übertragung von Sprache wurde A. H. Reeves[1] 1938 ein Patent zugesprochen. Es dauerte aber noch etwa 25 Jahre, bis es kommerziell eingesetzt wurde. In den 1960er-Jahren setzte sich die Idee durch, die bisher analoge Sprachtelefonie mit der aufkommende Datenkommunikation in einem TK-Netz zu vereinen, dem Integrated-Services-Digital-Network (ISDN). Die bis dahin getrennten Netze sollten mit der Digitaltechnik gemeinsam kostengünstig realisiert werden. Heute hat sich die Digitalisierung nicht nur in der Telefonie, s. Voice over Internet Protocol (VoIP), sondern auch in Radio und Fernsehen durchgesetzt. Was das Datenvolumen in TK-Netzen betrifft, haben Multimedia- und Datendienste die Telefonsprachdienste weit abgehängt.

In diesem Kapitel werden zunächst die Schritte vom analogen zum digitalen Signal vorgestellt: das Abtasttheorem und die Quantisierung. Dazu werden die grundsätzlichen Arbeitsweisen der Analog-Digital-Umsetzer aufgezeigt. Wie die abgetasteten Signale durch digitale Filter oder diskrete Fourier-Transformation (DFT/FFT) verarbeitet werden, ist Gegenstand der weiteren Ausführungen. Damit sollen auch die Grundlagen für das Verstehen vieler Verfahren der digitalen Signalverarbeitung und insbesondere der modernen Nachrichtenübertragungstechnik gelegt werden. So beruht beispielsweise die Funkübertragungstechnik im Wireless Local Area Network (WLAN) und im Funksystem der vierten Generation, Long Term Evolution (LTE) genannt, auf der DFT/FFT.

Mit dem Anwendungsbeispiel Audiocodierung schließt das Kapitel. Das Standardverfahren zur Digitalisierung von Sprachsignalen ist die Pulse Code Modulation (PCM). Es wird die Frage beantwortet, welche Bitrate zur Übertragung eines Telefonsprachsignals notwendig ist. Dabei wird außerdem die typische Arbeitsweise der Nachrichtentechnik sichtbar mit den Schritten: Analyse, Modellbildung, (Modell-)Lösung und Implementierung. Das Thema wird durch einen kurzen Blick auf die moderne Audiocodierung mit dem HE-AAC-Codec abgerundet.

Die Organisation des Kapitels veranschaulicht die Mindmap in Abb. 3.1.

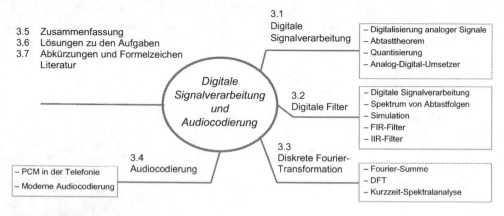

Abb. 3.1 Aufbau des Kapitels

[1] *Alec H. Reeves* (1902–1971), britischer Ingenieur.

3.1 Digitale Signalverarbeitung

Die Nachrichtentechnik gab und gibt Anstöße zur Entwicklung der *digitalen Signalverarbeitung*. Beispiele liefern die heute in Smartphones und in digitalen Kameras alltäglichen Verfahren zur Sprach-, Audio- und Videocodierung. Die digitale Signalverarbeitung beschränkt sich jedoch nicht auf die Nachrichtentechnik im engeren Sinn. Sie profitiert von einer interdisziplinären Sichtweise. Signale können an unterschiedlichen Stellen entstehen, nicht nur als Audiosignal an einem Mikrofon oder Bildsignal an einer Videokamera, auch ein Sensor an einer Maschine oder ein EKG-Gerät erzeugt Signale. Diese Signale werden meist vor Ort digitalisiert und in einer für Mikrocontroller (Computer) brauchbaren Form dargestellt. Oft sind die Signale bereits bei ihrer Entstehung gestört oder werden bei der Übertragung mit Störungen überlagert, die zunächst reduziert werden müssen. Dazu werden an die Signale angepasste Verfahren eingesetzt, wie z. B. die Filterung und die Entzerrung.

Daneben spielt die Mustererkennung eine wichtige Rolle. Typische kommerzielle Beispiele sind die automatischen Sprach- und Schrifterkennungssysteme sowie die Bildverarbeitungssysteme, z. B. in der Qualitätskontrolle oder der medizinischen Diagnostik. Als neuere kommerzielle Anwendung treten beispielsweise die Fahrassistenzsysteme hinzu. Dort werden u. a. von einer Kamera hinter der Windschutzscheibe bis zu 30 Bilder pro Sekunde aufgenommen und in der Bildfolge Verkehrszeichen und Fahrbahnbegrenzungen automatisch erkannt und dem Fahrer angezeigt. Inzwischen ist die Technik soweit ausgereift, dass Tests mit autonomen Fahrzeugen im Straßenverkehr erfolgreich absolviert werden.

Seit der enormen Verbesserung des Preis-Leistungs-Verhältnisses in der Mikroelektronik, der Massenproduktion leistungsfähiger digitaler Schaltkreise, ist die digitale Signalverarbeitung aus vielen Anwendungsfeldern nicht mehr wegzudenken bzw. hat sie erst entstehen lassen. Speziell dafür entwickelte Mikrocontroller, digitale Signalprozessoren genannt, ermöglichen den kostengünstigen Einsatz der digitalen Signalverarbeitung. Durch einen programmgesteuerten Ablauf lassen sich adaptive Verfahren realisieren, die sich automatisch an veränderte Bedingungen anpassen. Erst diesen adaptiven Verfahren sind viele der modernen Anwendungen zu verdanken.

Trotz der Fortschritte hat sich bis heute das Grundproblem der digitalen Signalverarbeitung, der Bedarf an mehr Leistung bei weniger Ressourcenverbrauch, nicht geändert – nur die Grenzen haben sich verschoben. Als Maß für die *Komplexität* der Algorithmen[2] der digitalen Signalverarbeitung wird häufig die Anzahl der benötigten Rechenoperationen in MIPS („million instructions per second") bzw. MOPS („mega operations per second") angegeben.

In den folgenden Unterabschnitten werden wichtige Grundlagen zur digitalen Signalverarbeitung in der Nachrichtentechnik vorgestellt.

---

[2] *Chwarismi Mohammed* (um 780–846), persischer Mathematiker und Astronom. Von seinem Namen, mittellateinisch Algorismi, leitet sich der Ausdruck Algorithmus ab.

Anmerkungen

- Wie groß die Anforderungen der digitalen Signalverarbeitung sein können, zeigen Kennzahlen zu digitalen Sprachcodierverfahren in Vary, Heute und Hess (1998). Für den in Mobiltelefonen ab 1991 eingesetzten Full-rate-Sprachcoder GSM 06.10 werden 3,5 MOPS benötigt. Der heute in GSM-Handys gebräuchliche, verbesserte Enhanced-Full-rate-Sprachcoder GSM 06.60 erfordert bereits etwa 18 MOPS.
- Den ersten großen kommerziellen Erfolg erzielte der 1983 erschienene digitale Signalprozessor (DSP) der Firma Texas Instruments TMS32010. Wenig später brachte die Firma Motorola den ebenfalls erfolgreichen digitalen Signalprozessor DSP56000 auf den Markt. Er leistete 16,5 MIPS bei einem Takt von 33 MHz. Eine DFT/FFT der Länge 1024 bewältigt er in 1,8 ms. Zum Vergleich, der Multi-Purpose-Processor-Core i7 2600K der Firma Intel aus dem Jahr 2011 leistet beim Takt von 3,4 GHz etwa 128.000 MIPS. Für die Auswahl eines DSP für den kommerziellen Einsatz ist i. d. R. jedoch nicht die schiere Rechenkraft ausschlaggebend, sondern die günstigste Passung zum jeweiligen Anwendungsfall in Preis und Leistung, d. h. Speicherbedarf, Energieaufnahme usw.

3.1.1 Digitalisierung analoger Signale

Signale von Audio- und Videoquellen, Sensoren und Messdatenaufnehmern etc. werden mit *Analog-Digital-Umsetzern* (ADU) digitalisiert. ADU sind in unterschiedlichen Leistungsmerkmalen und großer Auswahl erhältlich. Oft sind sie bereits in Mikrocontrollern und intelligenten Sensoren integriert.

Die prinzipiellen Verarbeitungsschritte zur *Digitalisierung* eines analogen Signals zeigt Abb. 3.2. Der erste Schritt, die Tiefpassfilterung mit der Grenzfrequenz f_g, kann zwar unterbleiben, wenn das Eingangssignal bereits passend bandbegrenzt ist, jedoch wird mit ihr i. d. R. Rauschen am Eingang reduziert. Die eigentliche Digitalisierung geschieht in den drei folgenden Schritten: der zeitlichen und der wertmäßigen Diskretisierung des Signals und der Codierung der diskreten Werte.

Zunächst werden bei der zeitlichen Diskretisierung, auch (ideale) *Abtastung* genannt, jeweils alle Abtastzeitpunkte $t_n = n \cdot T_A$ Momentanwerte aus dem analogen Signal,

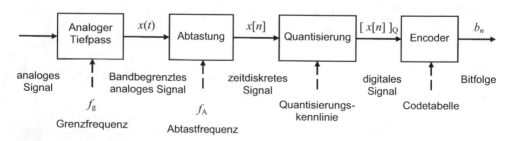

Abb. 3.2 Analog-Digital-Umsetzung: Vom analogen Signal zum Bitstrom

die *Abtastwerte* $x[n] = x(t_n)$, entnommen. Die entstandene Abtastfolge $x[n]$ besitzt wertkontinuierliche Amplituden. Bei der *Quantisierung* werden den Amplituden über die *Quantisierungskennlinie* Werte aus einem diskreten Zeichenvorrat zugewiesen, sodass das digitale Signal $[x[n]]_Q$ entsteht. Im *Encoder* wird das digitale Signal gemäß einer *Codetabelle* für die diskreten Amplituden in die *Bitfolge* b_n, auch Bitstrom genannt, umgesetzt.

Für die Digitalisierung vorzugebende Parameter sind somit die Grenzfrequenz, die Abtastfrequenz und die Quantisierungskennlinie. Wie sie gewählt werden, wird in den beiden folgenden Unterabschnitten erläutert.

3.1.2 Abtasttheorem

Eine sinnvolle zeitliche Diskretisierung liegt vor, wenn das zeitkontinuierliche Signal durch die Abtastfolge brauchbar wiedergegeben wird. Die Abb. 3.3 veranschaulicht, dass ein Signal ausreichend dicht abgetastet werden muss, damit es durch eine *Interpolation* hinreichend genau wieder gewonnen werden kann. Diese grundsätzliche Überlegung präzisiert das Abtasttheorem.

Abtasttheorem
Eine Funktion $x(t)$, deren Spektrum für $|f| \geq f_g$ null ist, wird durch die Abtastwerte $x(t_n)$ vollständig beschrieben, wenn das *Abtastintervall* T_A bzw. die *Abtastfrequenz* f_A so gewählt wird, dass

$$T_A = \frac{1}{f_A} \leq \frac{1}{2 \cdot f_g}.$$

Die Funktion kann dann durch die *si-Interpolation* aus den Abtastwerten fehlerfrei rekonstruiert werden:

$$x(t) = \sum_{n=-\infty}^{+\infty} x(nT_A) \cdot \mathrm{si}(f_A \pi \cdot [t - nT_A]).$$

Abb. 3.3 Abtastung und lineare Interpolation bei größerem bzw. kleinerem Abtastintervall

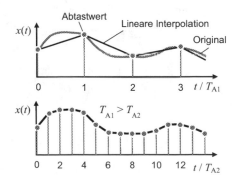

Anmerkungen

- Man beachte im Abtasttheorem in obiger Formulierung die Definition der Grenz-frequenz, die eine Spektralkomponente bei eben dieser Frequenz im abzutastenden Signal ausschließt.
- Mathematisch gesehen handelt es sich bei der si-Interpolation um eine orthogonale Reihendarstellung ähnlich der Fourier-Reihe, wobei die Abtastwerte die Rolle der Entwicklungskoeffizienten übernehmen.
- Der mathematische Grundgedanke des Abtasttheorems lässt sich auf J. L. Lagran-ge zurückführen. Ausführliche mathematische Darstellungen lieferten J. Whittaker 1915 und E. T. Whittaker 1935. Wichtige Beiträge zu technischen Anwendungen der Abtastung stammen aus der ersten Hälfte des 20. Jahrhunderts (Lüke 1999): H. Nyquist 1928, V. A. Kotelnikov 1933 und A. Raabe 1939.
- In der Literatur wird auch von der Nyquist-Abtastung („Nyquist sampling"), der Ny-quist-Abtastrate („Nyquist sampling rate") und dem Whittaker-Kotelnikow-Shan-non(WKS)-Abtasttheorem gesprochen. Durch C. E. Shannon wurde 1948 das Ab-tasttheorem einem größeren Kreis bekannt, weshalb gelegentlich auch die Bezeich-nung Shannon-Abtasttheorem zu finden ist.
- Das Beispiel der linearen Interpolation in Abb. 3.3 deutet auf die beträchtliche Schnittmenge der digitalen Signalverarbeitung mit der numerischen Mathematik hin.

Die Forderung nach strikter Bandbegrenzung wird in Abb. 3.4 anhand zweier Kosi-nussignale mit den Frequenzen von 1 und 7 kHz veranschaulicht. Bei der Abtastfrequenz von 8 kHz erhält man in beiden Fällen die gleichen Abtastwerte. Offensichtlich tritt eine Mehrdeutigkeit auf, die nur durch die vorausgesetzte Bandbegrenzung aufgelöst werden kann. Der in Abb. 3.4 gezeigte Effekt kann auch hörbar gemacht werden. Tastet man ein sinusförmiges Tonsignal bei der Frequenz 7 kHz mit 8 kHz ab und macht die Abtast-folge dann durch *Digital-Analog-Umsetzung* (DAU) wieder hörbar, so ertönt ein Signal mit der Frequenz von 1 kHz. Die durch die Verletzung des Abtasttheorems entstehenden Spektralkomponenten werden (Abtast-)*Spiegelfrequenzen* genannt, da sie im Spektrum als Spiegelung an der halben Abtastfrequenz, hier 4 kHz, erscheinen. Man spricht in diesem Zusammenhang auch von der spektralen Überfaltung, englisch „aliasing" genannt.

Abb. 3.4 Mehrdeutigkeit der Abtastung

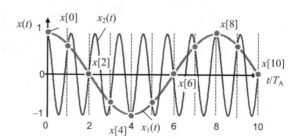

Abb. 3.5 si-Interpolation

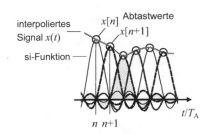

si-Interpolation

Die Wirkung der si-Interpolation illustriert Abb. 3.5. Jedem Abtastwert wird eine (zeit-kontinuierliche) si-Funktion zugeordnet: Der Abtastwert bestimmt die Amplitude und sein Index die zeitliche Lage $(t - nT_A)$. Wichtig dabei sind die äquidistanten Nullstellen der si-Funktion. So geht zu jedem Abtastzeitpunkt nur der jeweilige Abtastwert in die Inter-polationssumme ein, womit die *Interpolationsbedingung* erfüllt ist.

Die si-Impulse in der Interpolationssumme entsprechen im Frequenzbereich einer Fil-terung mit einem idealen Tiefpass mit der Grenzfrequenz f_g. Eine Interpolation mit einem idealen Tiefpass liefert somit wieder das ursprüngliche zeitkontinuierliche Signal.

▶   Bei der Analog-Digital Umsetzung ist auf eine ausreichende Abtastfrequenz bzw. Bandbegrenzung des Signals zu achten. Bei Einhaltung des Abtasttheo-rems geht durch die (ideale) Abtastung keine Information verloren. Das ur-sprüngliche Signal kann mit der si-Interpolation durch einen idealen Tiefpass perfekt rekonstruiert werden.

Eine wichtige Anwendung der Abtastung findet sich in der Telefonie mit der auf 300 Hz bis 3,4 kHz bandbegrenzten Telefonsprache. Nach dem Abtasttheorem ist eine Abtastfre-quenz von mindestens 6,8 kHz erforderlich. Tatsächlich wird das Signal mit 8 kHz etwas überabgetastet, um bei der Übertragung, z. B. mit der Trägerfrequenztechnik, einfachere Filter mit geringerer Flankensteilheit verwenden zu können.

Aufnahmen für die CD-AD (Audio) erfassen den Frequenzbereich von etwa 20 Hz bis 20 kHz bei einer Abtastfrequenz von 44,1 kHz. Darüber hinaus sind der Audiotech-nik auch 48 und 96 kHz gebräuchlich. In der Videotechnik wird das Luminanzsignal mit der Helligkeitsinformation mit 13,5 MHz abgetastet. Hohe Abtastfrequenzen ergeben sich auch in der Funkübertragungstechnik, wenn breitbandige Signale digital demoduliert wer-den sollen.

3.1.3 Quantisierung

Durch die Zuordnung eines diskreten Wertevorrats für die Signalamplituden, der *Quantisierung*, entstehen Fehler, die sich am Beispiel eines Grauwertbilds[3] in Abb. 3.6 veran-

Abb. 3.6 Grauwertbild bei Quantisierung mit 8, 4, 2 bzw. 1 Bit. (Im Bild R. L. Parks und Dr. M. L. King Jr., etwa 1955)

---

[3] *Rosa Louise Parks* (1913–2005), US-amerikanische Bürgerrechtlerin, löste 1955 den Montgomery-Bus-Boykott aus.

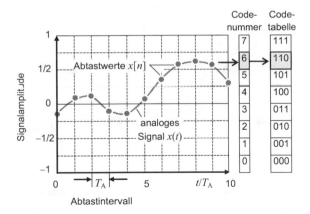

Abb. 3.7 Gleichförmige Quantisierung mit 3 bit Wortlänge und Codierung

schaulichen lassen. Das digitale Originalbild besitzt die Auflösung von 8 Bit. Das heißt, es enthält maximal 256 verschiedene Grautöne die von 0 für Schwarz bis 255 für Weiß codiert sind. Die anderen Bilder haben die Auflösung 4, 2 bzw. 1 Bit. Der Informationsverlust durch die reduzierte Wortlänge ist deutlich zu erkennen. Bei 2 Bit-Auflösung stellt sich der Postereffekt ein, bei 1 Bit entsteht ein Schwarz-Weiß-Bild.

Das Prinzip der Digitalisierung wird anhand des Beispiels in Abb. 3.7 genauer erläutert. Das analoge Signal sei auf den *Quantisierungsbereich* $[-1, 1]$ begrenzt. Falls nicht, wird es mit seinem Betragsmaximum normiert. Im Weiteren wird stets von einem Quantisierungsbereich von -1 bis 1 ausgegangen. Die Amplituden der Abtastwerte sollen mit je drei Binärzeichen dargestellt werden. Man spricht folglich von der *Wortlänge* von drei Bits und schreibt kurz $w = 3$. Mit drei Bits können genau $2^3 = 8$ *Quantisierungsintervalle* oder Quantisierungsstufen unterschieden werden. Alternativ kann die Wortlänge auch mit der Pseudoeinheit bit für „binary digit" eingeführt werden, dann schreibt man $w = 3$ bit und berücksichtigt die Pseudoeinheit in den Formeln entsprechend.

Bei der *gleichförmigen Quantisierung* teilt man den Quantisierungsbereich in 2^w Intervalle mit der *Quantisierungsintervallbreite* oder Quantisierungsstufenhöhe

$$Q = 2^{-(w-1)}.$$

Im Beispiel ergibt sich Q zu $1/4$. Dementsprechend ist in Abb. 3.7 die Ordinate von -1 bis 1 in acht gleichgroße Intervalle eingeteilt. Den Quantisierungsintervallen werden eindeutige *Codenummern* zugewiesen, im Beispiel die Nummern 0–7.

Jetzt kann die Quantisierung für jeden Abtastwert entsprechend dem vorgegebenen Abtastintervall T_A erfolgen. Im Bild sind die Abtastwerte durch Kreise markiert. Zu jedem Abtastwert bestimmt man das jeweils belegte Quantisierungsintervall und ordnet die entsprechende Codenummer zu. Im Beispiel des Abtastwerts für $t = 9 \cdot T_A$ ist das die Codenummer 6.

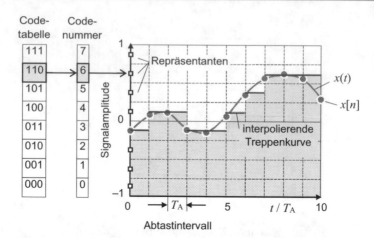

Abb. 3.8 Signalrekonstruktion durch die interpolierende Treppenfunktion

Jeder Codenummer in Abb. 3.8 wird bei der Digital-Analog-Umsetzung genau ein diskreter Amplitudenwert, der *Repräsentant*, zugeordnet. Bei der gleichförmigen Quantisierung liegt dieser in der Intervallmitte, sodass der Abstand zwischen Abtastwert und Repräsentant, der Quantisierungsfehler, die halbe Quantisierungsintervallbreite nicht überschreitet. Die Repräsentanten sind in Abb. 3.8 an der Ordinate als Quadrate kenntlich gemacht. Es ergibt sich eine interpolierende Treppenfunktion, die in den Anwendungen meist durch einen Tiefpass noch geglättet wird.

Entsprechend der *Codetabelle* werden die Codenummern zur binären Übertragung in ein Codewort umgewertet. Im Beispiel werden die Codenummern von 0 bis 7 nach dem *Binary-Coded-Decimal(BCD)-Code* durch die Codeworte 000–111 ersetzt. Nun kann der zugehörige Bitstrom abgelesen werden: 011 100 100 011 011 100 101 110 110 110 101...

Die Art der Quantisierung beschreibt die *Quantisierungskennlinie*. Letztere definiert die Abbildung der kontinuierlichen Abtastwerte auf die zur Signalrekonstruktion verwendeten Repräsentanten. Dem Beispiel liegt die Quantisierungskennlinie in Abb. 3.9a zugrunde.

An der Quantisierungskennlinie lassen sich die zwei grundsätzlichen Probleme der Quantisierung erkennen:

Eine *Übersteuerung* tritt auf, wenn das Eingangssignal außerhalb des vorgesehenen Aussteuerungsbereichs liegt. In der Regel setzt dann die *Sättigung* ein und es wird der Maximalwert bzw. der Minimalwert der Quantisierung ausgegeben, s. *Sättigungskennlinie*.

Eine *Untersteuerung* liegt vor, wenn das Eingangssignal (fast) immer viel kleiner als der Aussteuerungsbereich ist. Im Extremfall entsteht *granulares Rauschen,* bei dem das quantisierte Signal scheinbar regellos zwischen den beiden Repräsentanten um den Wert null herum wechselt. Mit der Quantisierungskennlinie rechts wird das granulare Rauschen vermieden.

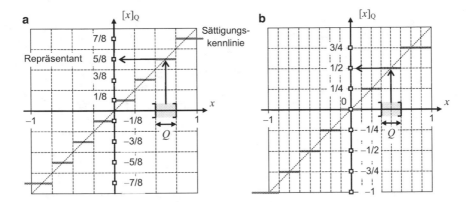

Abb. 3.9 Quantisierungskennlinie der gleichförmigen Quantisierung mit 3 bit mit Sprung bei null (**a**) und explizit dargestelltem Wert null (**b**)

▷   Bei der Analog-Digital-Umsetzung ist auf die Aussteuerung des Eingangssignals zu achten. Übersteuerungen und Untersteuerungen sind zu vermeiden.
Oft werden Quantisierungskennlinien mit Sättigung und Darstellung der Null eingesetzt.
Durch die Quantisierung geht i. d. R. Signalinformation verloren. Das ursprüngliche Signal kann nicht mehr perfekt rekonstruiert werden. Die Genauigkeit der Signaldarstellung kann jedoch über die Wortlänge eingestellt werden.

2er-Komplement-Format

In der digitalen Signalverarbeitung sind auch andere Quantisierungskennlinien gebräuchlich. Die Abb. 3.9b zeigt die Kennlinie der Quantisierung im *2er-Komplement-Format*. Der Wert null wird explizit dargestellt und somit granulares Rauschen bei der Quantisierung vermieden. Beim Einsatz von Festkommasignalprozessoren wird meist das 2er-Komplement-Format bei einer Wortlänge von 16, 24 oder 32 bit verwendet. Es werden die Zahlen im Bereich von -1 bis 1 dargestellt:

$$x = -a_0 \cdot 2^0 + \sum_{i=1}^{w-1} a_i \cdot 2^{-i} \quad \text{mit} \quad a_i \text{ in } \{0,1\} \quad \text{und} \quad -1 \le x < 1 - 2^{-w+1}.$$

Die negativen Zahlen berechnen sich durch Komplementbildung und Addition des Bits mit geringster Wertigkeit, dem Least Significant Bit (LSB). Bei der Addition wird gegebenenfalls ein Übertrag ausgeführt:

$$-x = -\overline{a}_0 \cdot 2^0 + \sum_{i=1}^{w-1} \overline{a}_i \cdot 2^{-i} + 2^{-w+1} \quad \text{mit} \quad a_i \text{ in } \{0,1\} \quad \text{und} \quad -1 \le x < 1 - 2^{-w+1}.$$

Beispiel

Zahlendarstellung im 2er-Komplement-Format mit der Wortlänge von 8 bit

$$+0{,}328125_d = 00101010_{2c} = 2^{-2} + 2^{-4} + 2^{-6}$$
$$-0{,}328125_d = 11010110_{2c}$$

Anmerkungen

- Das 2er-Komplement-Format beinhaltet die Zahl -1, nicht aber 1. Oft wird jedoch aus Symmetriegründen auch auf -1 verzichtet. Das entsprechende Bitmuster kann dann anderweitig, z. B. zur Signalisierung von Ausnahmen („not a number"), verwendet werden. Das 2er-Komplement-Format ermöglicht relativ einfache elektronische Schaltungen zur Addition von positiven und negativen Zahlen.
- Bei aufwendigeren Signalprozessoren und auf PCs kommt häufig das Gleitkommaformat nach IEEE 754-1985 zum Einsatz (Fortschreibung IEEE 754-2008). Das Gleitkommaformat besteht aus Exponent und Mantisse, sodass ein größerer Zahlenbereich und somit eine höhere Signaldynamik dargestellt werden kann.

Quantisierungsgeräusch

Aus den Repräsentanten kann das ursprüngliche Signal – bis auf künstliche Spezialfälle – nicht mehr fehlerfrei rekonstruiert werden. Wie Abb. 3.9 zeigt, wird die Größe des Quantisierungsfehlers durch die Wortlänge kontrolliert. Je größer die Wortlänge, desto kleiner ist der Quantisierungsfehler. Mit zunehmender Wortlänge nimmt jedoch auch die Zahl der zu verarbeitenden bzw. zu speichernden Bits zu. Je nach Anwendung ist jeweils zwischen der Güte und dem Aufwand abzuwägen.

Für die Telefonie soll in Abschn. 3.4.1 beispielhaft die Frage beantwortet werden: Wie viele Bits werden zur Darstellung eines Abtastwerts benötigt? Um die Frage zu beantworten, muss zunächst die Qualität messbar sein. Dazu führen wir das Modell der additiven Störung mit dem *Quantisierungsgeräusch* in Abb. 3.10 ein. Dessen Leistung kann prinzipiell gemessen werden.

Abb. 3.10 Modell der Quantisierung mit additivem Fehlersignal

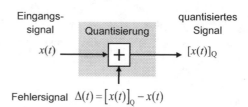

Abb. 3.11 Quantisierung eines
periodischen dreieckförmigen
Signals (*oben*) und dabei ent-
stehendes Fehlersignal (*unten*)

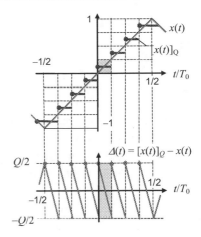

Anmerkungen

- Der Einfachheit halber werden hier zeitkontinuierliche Signale betrachtet. Dies ist ohne Komplikation möglich, weil die Quantisierung für jeden Momentanwert und damit auch für jeden Abtastwert unabhängig von der Zeit gelten soll.
- Von der Telefonie und Audiotechnik herkommend, wird traditionell vom (Quantisierungs-)Geräusch gesprochen, da bei geringer Wortlänge die Quantisierungsfehler als Rauschen, einem Wasserfall ähnlich, hörbar sind. Bei der Digitalisierung von Bildern, z. B. bei der Digitalkamera, spricht man entsprechend vom Bildrauschen.

Ein übersichtliches Beispiel liefert die Quantisierung des periodischen dreieckförmigen Signals $x(t)$ in Abb. 3.11 oben. Es überstreift den gesamten Quantisierungsbereich und eignet sich auch als Testsignal für die Messung der Quantisierungskennlinie. Im unteren Bild ist das entstehende *Fehlersignal* $\Delta(t)$, das Quantisierungsgeräusch, aufgetragen. Betrachtet man den Zeitpunkt null, so ist $x(0) = 0$ und $[x(0)]_Q = Q/2$. Mit zunehmender Zeit steigt das Eingangssignal zunächst linear an und nähert sich dem Wert des Repräsentanten. Der Fehler wird kleiner und ist für $t = T_0/16$ gleich null. Danach ist das Eingangssignal größer als der zugewiesene Repräsentant. Das Fehlersignal ist negativ, bis das Quantisierungsintervall wechselt. Beim Übergang in das neue Quantisierungsintervall springt das Fehlersignal von $-Q/2$ auf $Q/2$. Entsprechendes kann für die anderen Signalabschnitte überlegt werden.

Das additive Modell der Trennung von Nutzsignal und Störsignal ermöglicht es, die Güte der Quantisierung quantitativ zu erfassen. Als Gütemaß wird das Verhältnis der Leistungen des Eingangssignals und des Quantisierungsgeräuschs, das *Signal-Quantisierungsgeräusch-Verhältnis*, kurz SNR (Signal-to-Noise Ratio), zugrunde gelegt. Im Beispiel ergibt sich für das normierte (Nutz-/Eingangs-)Signal bei *Vollaussteuerung* die (normierte) mittlere Signalleistung

$$S = \frac{1}{T_0} \cdot \int\limits_0^{T_0} |x\,(t)\,|^2 \mathrm{d}t = \frac{2}{T_0} \cdot \int\limits_0^{T_0/2} \left(\frac{t}{T_0/2}\right)^2 \mathrm{d}t = \frac{1}{3}.$$

Die mittlere Leistung des Quantisierungsgeräuschs kann ebenso berechnet werden. Das Fehlersignal ist wie das Eingangssignal abschnittsweise linear, s. Abb. 3.11. Nur sind dessen Werte auf das Intervall $[-Q/2, Q/2[$ beschränkt. Die mittlere Leistung des Quantisierungsgeräuschs ist folglich

$$N = \frac{1}{3} \cdot \frac{Q^2}{4} = \frac{Q^2}{12}.$$

Für das SNR folgt im Beispiel

$$\frac{S}{N} = \frac{1/3}{Q^2/12} = 2^{2w},$$

wobei die Quantisierungsintervallbreite durch seine Abhängigkeit von der Wortlänge ersetzt wurde. Im logarithmischen Maß resultiert die wichtige Formel für das SNR der Quantisierung

$$\left(\frac{S}{N}\right)_{\mathrm{dB}} = 10 \cdot \log_{10}\left(2^{2w}\right) \mathrm{dB} = 20 \cdot w \cdot \log_{10}(2)\,\mathrm{dB} \approx 6 \cdot w \mathrm{dB}.$$

Man sieht, das SNR verbessert sich um etwa 6 dB pro Bit an Wortlänge. Bei der Wortlänge von 8 bit resultiert ein SNR von etwa 48 dB. Im Allgemeinen hängt das SNR von der Art des Signals ab. Ein periodischer Rechteckimpulszug, der zwischen zwei Repräsentanten wechselt, wird fehlerfrei quantisiert. Einem Sinussignal wird ein anderes Fehlersignal zugeordnet als einem Sägezahnsignal. Während das SNR für derartige deterministische Signale prinzipiell wie oben berechnet werden kann, wird für stochastische Signale, wie die Telefonsprache, die Verteilung der Signalamplituden zur Berechnung des SNR benötigt. Das im Modell gefundene Ergebnis liefert jedoch eine brauchbare Näherung für die weiteren Überlegungen.

Anmerkungen

- Eine einfache Approximation für die Verteilung der Sprachsignalamplituden ist die zweiseitige Exponentialverteilung.
- Bei vorgegebener Verteilung, z. B. durch eine Messung geschätzt, und Wortlänge kann die Lage der Quantisierungsintervalle und Repräsentanten so bestimmt werden, dass das SNR maximiert wird. Derartige Quantisierer sind unter den Bezeichnungen Optimal-Quantisierer und Max-Lloyd-Quantisierer in der Literatur zu finden.

6 dB-pro-Bit-Regel

Für eine symmetrische gleichförmige Quantisierung mit hinreichender Wortlänge w in bit und Vollaussteuerung gilt für das SNR die *6 dB-pro-Bit-Regel*

$$\left(\frac{S}{N} \right)_{dB} \approx 6 \cdot w \text{dB}.$$

Eine hinreichende Wortlänge liegt erfahrungsgemäß vor, wenn das Signal typisch mehrere Quantisierungsintervalle durchläuft. Den Einfluss einer ungenügenden Aussteuerung schätzt man schnell ab. Halbiert man die Aussteuerung, reduziert sich die Signalleistung um 6 dB und die effektive Wortlänge somit um 1 bit. Nur noch die Hälfte der Quantisierungsintervalle wird tatsächlich benützt.

▷ Für eine symmetrische gleichförmige Quantisierung mit hinreichender Wortlänge w in bit und Vollaussteuerung gilt für das Verhältnis von Signalleistung zu Geräuschleistung (SNR) die 6 dB-pro-Bit-Regel:

$$\text{SNR}_{dB} \approx 6 \cdot w \text{dB}.$$

Anmerkungen

- Die Frage der Genauigkeit der Quantisierung relativiert sich vor dem Hintergrund der prinzipiell begrenzten Messgenauigkeit physikalischer Größen, wie beispielsweise bei der Spannungsmessung mit einem Voltmeter einer bestimmten Güteklasse. Geht man weiter davon aus, dass dem zu quantisierenden analogen (Nutz-)Signal eine, wenn auch kleine Störung überlagert ist, so ist auch nur eine entsprechend begrenzte Darstellung der Abtastwerte erforderlich.
- Mit dem Menschen als Nachrichtenempfänger stellt sich die Frage nach der Genauigkeit im Sinn der subjektiven Genauigkeit: Welche Unterschiede können von Menschen wahrgenommen werden? Eine Frage mit der sich die Psychophysik seit G. Th. Fechner (1801–1887) und E. H. Weber (1795–1878) beschäftigt.

Additive Störung

Das Modell der additiven Störung spielt nicht nur in der Nachrichtentechnik eine herausgehobene Rolle. Durch die Trennung von Nutzanteil (Signal) und Störanteil (Rauschen) wird prinzipiell die quantitative Beurteilung durch Leistungsmessungen möglich, also durch eine aus der Physik bekannte und bedeutsame Größe.

Setzt man die gemessenen Leistungen ins Verhältnis, so erhält man SNR-Werte von ∞ bis $-\infty$, für kein Rauschen bis nur Störung. Beim SNR von 0 dB sind die Leistungen von Nutzanteil und Störanteil gleich groß. Ferner resultieren normierte Größen, gemeinsame Faktoren entfallen praktischerweise. Verstärkt man beispielsweise ein gestörtes Signal mit dem Faktor zwei, ändert sich das SNR nicht.

Tab. 3.1 Signal-to-Noise Ratio (SNR) im logarithmischen Maß

SNR	0,1	0,5	1	2	4	10	100	1000
SNR in dB	−10	−3	0	3	6	10	20	30

Werte gerundet, $10 \cdot \log_{10}(2) \approx 3{,}0103$

In der Nachrichtentechnik hat sich der Gebrauch des logarithmischen Maßes (dB) eingebürgert (s. Tab. 3.1). Der Logarithmus bildet Produkte in Summen ab. Verstärkt man
beispielsweise ein Signal mit dem Faktor 2, so vervierfacht sich die Leistung. Dem entspricht im logarithmischen Maß die Addition von $10 \cdot \log_{10}(4)\text{dB} \approx 6\,\text{dB}$.

Im logarithmischen Maß wird aus dem Quotienten SNR die Differenz der Leistungen
von Signal und Rauschen in dB. Man spricht auch vom *Signal-Geräusch-Abstand* in dB.

3.1.4 Analog-Digital-Umsetzer

Die *Analog-Digital-Umsetzer* (ADU, engl. ADC für „analog-to-digital converter") machen die Vorteile der digitalen Signalverarbeitung auch für analoge Anwendungen nutzbar. Je nach Anwendungsgebiet gibt es ein umfangreiches Angebot von ADU-Bausteinen
mit unterschiedlichen Leistungsmerkmalen und Bauformen. Bei der praktischen Realisierung der ADU werden vier verbreitete Verfahren unterschieden, um eine elektrische
Spannung in einen digitalen Wert umzusetzen:

- das Parallelverfahren,
- das Wägeverfahren,
- das Zählverfahren und
- das Kaskadenverfahren.

Im Folgenden werden die Verfahren kurz vorgestellt. Weiterführende Informationen
findet man z. B. in Tietze und Schenk (2010) und Zölzer (2005).

Parallelverfahren

Beim *Parallelverfahren* wird die Eingangsspannung gleichzeitig mit allen n Referenzspannungen (zu allen Repräsentanten) verglichen. Damit verbunden ist der Nachteil einer
mit der Wortlänge exponentiell wachsenden Komplexität der Schaltung, dem allerdings
eine mögliche hohe Verarbeitungsgeschwindigkeit gegenübersteht. Das Parallelverfahren
eignet sich besonders für hohe Abtastfrequenzen bei relativ kleinen Auflösungen. Typische Werte sind 8 bit-Auflösung bei 10^9 Abtastwerten pro Sekunde (1000 „mega samples
per second", 1000 MS/s).

Das Prinzip des Parallelverfahrens veranschaulicht das vereinfachte Blockschaltbild
eines 2 Bit-Quantisierers in Abb. 3.12. Die Widerstandskaskade wurde so dimensioniert,
dass die Quantisierung der Kennlinie in Abb. 3.9 rechts entspricht. Mit $U_{\text{LSB}} = U_{\text{ref}}/4$

Tab. 3.2 Analog-Digital-Umsetzer mit Parallelverfahren

Eingangsspannung U_e/U_{LSB}	Komparatorzustände[a] $k_3; k_2; k_1$	Dualzahl $z_1; z_2$	Repräsentanten[b] $[U_e/U_{ref}]_Q$
$0 \ldots 0,5$	0; 0; 0	0; 0	0
$0,5 \ldots 1 \ldots 1,5$	0; 0; 1	0; 1	1/4
$1,5 \ldots 2 \ldots 2,5$	0; 1; 1	1; 0	1/2
$2,5 \ldots 3$	1; 1; 1	1; 1	3/4

[a] High- bzw. Low-Zustand;
[b] Vgl. Abb. 3.9 rechts

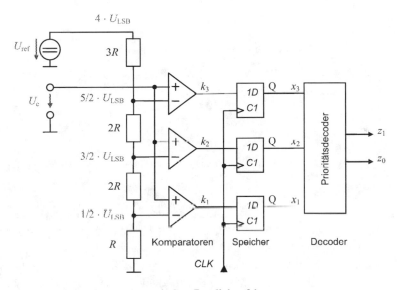

Abb. 3.12 Analog-Digital-Umsetzer nach dem Parallelverfahren

liefert sie die Referenzspannungen 1/8-, 3/8- und 5/8-mal U_{ref}. Je nach Wert der Eingangsspannung stellen sich die in Tab. 3.2 dargestellten Komparatorzustände ein.

Anmerkung

- Die Verwendung von D-Master-Slave-Flip-Flops als Speicher für die digitalen Komparatorzustände in Abb. 3.12 und das gleichzeitige Auslesen mithilfe des Taktsignals (CLK) vermeidet Fehler bei dynamischen Eingangssignalen.

Wägeverfahren

Beim *Wägeverfahren* wird, beginnend mit dem höchstwertigen Bit, jeweils eine Stelle der binären Darstellung bestimmt. Im Successive Approximation Register (SAR) wird ein Größer-kleiner-Vergleich zwischen der Eingangsspannung und der Referenzspannung des aktuellen Schritts ausgewertet. Um Fehler zu vermeiden, sollte die Eingangsspannung des ADU während des gesamten Wägeprozesses konstant sein, weshalb ein *Abtast-*

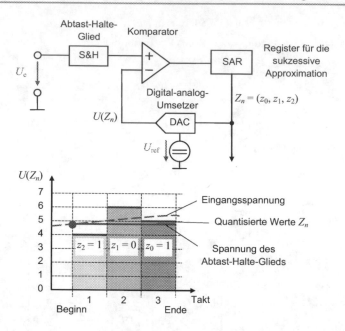

Abb. 3.13 Analog-Digital-Umsetzer nach dem Wägeverfahren mit Signalbeispiel (3 Bits)

Halte-Glied (S&H, Sample and Hold Circuit) vorgeschaltet wird. Das Wägeverfahren wird für Abtastraten von $100\,\text{kS/s}$ bis $1\,\text{MS/s}$ und Wortlängen von 8 bis 16 bit eingesetzt. In Abb. 3.13 wird das Verfahren durch ein Blockschaltbild und ein Signalbeispiel für die Wortlänge von 3 bit veranschaulicht. Das Wägeverfahren realisiert mit der Rückführung über den Digital-Analog-Umsetzer das fundamentale *Prinzip der Analyse durch Synthese* („analysis by synthesis").

Zählverfahren

Das *Zählverfahren* stellt das einfachste der vier Verfahren dar. Es wird gezählt, wie oft die Referenzspannung der niedrigsten Stufe addiert werden muss, um die Eingangsspannung zu erhalten. Im ungünstigsten Fall sind bei der Wortlänge von w bit 2^w Schritte durchzuführen. Das Zählverfahren ist damit relativ langsam. Und weil im Vergleich zum Wägeverfahren nur wenig einfacher, wird es kaum praktisch eingesetzt.

Kaskadenverfahren

Das *Kaskadenverfahren* ist eine Kombination aus Parallelverfahren mit eingeschränkter Zahl von Referenzspannungen und dem Wägeverfahren. Dementsprechend liegt das typische Einsatzgebiet bei Abtastraten von 10 bis $1000\,\text{MS/s}$ und Wortlängen von 8 bis 16 bit.

Beim Kaskadenverfahren kann die Zahl der Stufen und der Bits pro Stufe variiert werden. Einen technisch interessanten Grenzfall erhält man, wenn pro Stufe genau ein

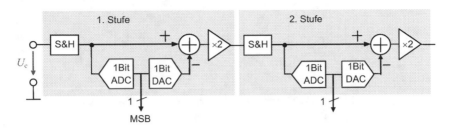

Abb. 3.14 Analog-Digital-Umsetzer nach dem Pipeline-Verfahren mit 1 Bit-Codierung pro Stufe

Bit gewonnen wird. Die Abb. 3.14 zeigt die ersten beiden Stufen. Die Zahl der Stufen kann der beabsichtigten Anwendung angepasst werden. Man spricht hier auch von einem *Pipeline-ADU*, da gleichzeitig in jeder Stufe ein Bit bestimmt wird; allerdings, wegen der S&H-Glieder zu je einem zeitlich folgenden Abtastwert.

Fehlerquellen bei der ADU
Reale ADU können verschiedene Fehlerquellen aufweisen. Man unterscheidet statische und dynamische Fehler:

Zu den *statischen Fehlern* zählt das Quantisierungsgeräusch. Daneben treten mehr oder weniger große Abweichungen durch fehlerhafte Schaltungen auf. Dazu gehört die Verschiebung der Kennlinie aus dem Ursprung, der *Offset Fehler*, und eine Steigung ungleich eins, der *Verstärkungsfehler*. Offset- und Verstärkungsfehler lassen sich meist durch Abgleichen von Nullpunkt bzw. Vollausschlag beseitigen. Ein nichtlinearer Fehler entsteht, wenn die Stufenhöhen nicht den Vorgaben entsprechen. Dies kann bis zum Überspringen einzelner Quantisierungsintervalle, dem sog. *Missing-Code-Fehler*, gehen.

Dynamische Fehler ergeben sich aus der Verletzung zeitlicher Vorgaben. Bei (etwas) zu hoher Abtastfrequenz kann beispielsweise (gelegentlich) ein falscher Wert ausgegeben werden, wenn die Schaltung die ADU nicht abschließen konnte. Eine weitere wichtige Fehlerursache ist der *Apertur-Jitter*. Damit bezeichnet man die zeitlichen Schwankungen zwischen den tatsächlichen Abtastzeitpunkten. Weil das Signal i. d. R. dynamisch ist, werden falsche Werte erfasst.

Aufgabe 3.1

a) Nennen Sie zwei grundsätzliche Probleme, die bei der ADU auftreten können.
b) Wie können die beiden Probleme beseitigt bzw. abgemildert werden?
c) Welche typischen Fehler können beim Einsatz von ADU-Bausteinen auftreten?

Aufgabe 3.2
In Abb. 3.15 ist ein Ausschnitt eines Signals $u(t)$ gezeigt. Es gelte max $|u(t)| = 1$. Das Signal soll beginnend bei $t = 0$ mit der Abtastfrequenz $f_A = 1\,\text{kHz}$ und der Wortlänge von 3 bit bezüglich des gesamten Aussteuerungsbereichs digitalisiert werden.

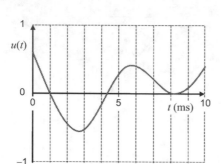

Codewort-   BCD-   Repräsen-
Nr.   Codewort   tant

Abb. 3.15 Digitalisierung (Beispiel)

a) Markieren Sie die Abtastwerte in Abb. 3.15.
b) Tragen Sie die Quantisierungsintervalle ein und nummerieren Sie diese geeignet durch, sodass eine BCD-Codierung vorgenommen werden kann.
c) Geben Sie die BCD-Codewörter zu den entsprechenden Quantisierungsintervallen an.
d) Bestimmen Sie den Bitstrom zu den Abtastwerten.
e) Geben Sie die zugehörige quantisierte Signalfolge (Repräsentanten) an.
f) Zeichnen Sie die sich aus den Repräsentanten ergebende interpolierende Treppenfunktion.

3.2 Digitale Filter

Nachdem die Prinzipien der ADU aufgezeigt wurden, wie also z. B. Sprache und Musik in das Smartphone kommt, rückt die Verarbeitung der digitalen Signale in den Mittelpunkt. Ein wichtiges Werkzeug sind die digitalen Filter.

3.2.1 Digitale Signalverarbeitung

Die Digitalisierung von Signalen liefert geordnete Zahlenfolgen, die in natürlicher Weise für die elektronische Verarbeitung geeignet sind. Es bot sich ab den 1960er-Jahren zunächst an, bisher analoge Komponenten, wie aufwendige Filter, durch die aufkommenden mikroelektronischen Systeme zu ersetzen.

Für mikroelektronische Systeme spricht

- die Langzeit- und Temperaturbeständigkeit,
- die Reproduzierbarkeit,

- die hohe Zuverlässigkeit und
- die geringe Störempfindlichkeit.

Für die digitale Signalverarbeitung kommen weitere Vorteile hinzu:

- die über die Wortlänge skalierbare Genauigkeit,
- die Flexibilität durch die Programmierbarkeit und
- die Adaptivität durch signalabhängige Parameter und selbstlernende Algorithmen.

Ging es früher darum, bestehende analoge Systeme durch digitale zu ersetzen, hat sich die digitale Signalverarbeitung heute zu einer interdisziplinären Basistechnologie entwickelt, die völlig neue Anwendungen ermöglicht. In diesem und dem folgenden Abschnitt werden die wahrscheinlich wichtigsten zwei Anwendungen der digitalen Signalverarbeitung vorgestellt: die digitale Filterung und die diskrete Fourier-Transformation.

Anmerkung

- In der digitalen Signalverarbeitung wird der Einfachheit halber oft nicht explizit zwischen wertdiskreten und wertkontinuierlichen Signalen unterschieden, wenn eine idealisierte Sichtweise vorteilhafter ist, z. B. für die folgende Behandlung der digitalen Filter und der diskreten Fourier-Transformation. Oder wenn eine Verarbeitung mit ausreichender Wortlänge durchgeführt wird, z. B. am PC im Double-precision-Format, sodass die Wortlängeneffekte vernachlässigt werden können. Zu wissen, wann in einer Anwendung Wortlängeneffekte vernachlässigt werden können und wann nicht, gehört zur Kernkompetenz der digitalen Signalverarbeitung.

3.2.2   Spektrum von Abtastfolgen

Wir stellen zunächst über die Abtastung die Verbindung zwischen analoger und digitaler Welt her. Wir Fragen nach dem Spektrum einer *Abtastfolge*. Dazu wird die Abtastung im Zeitkontinuierlichen als ideale mathematische Operation beschrieben, als Multiplikation des analogen Signals mit einem Kamm aus Impulsfunktionen:

$$x_A(t) = x(t) \cdot \sum_{n=-\infty}^{+\infty} \delta(t - nT_A) = \sum_{n=-\infty}^{+\infty} x[n] \cdot \delta(t - nT_A).$$

Führen wir nun die *Fourier-Transformation* durch, resultiert mit der Ausblendeigenschaft der Impulsfunktion schließlich die Summe

$$F\{x_A(t)\} = \int_{-\infty}^{+\infty} \sum_{n=-\infty}^{+\infty} x[n] \cdot \delta(t - nT_A) \cdot e^{-j\omega t} \, dt = \sum_{n=-\infty}^{+\infty} x[n] \cdot e^{-j\omega \cdot T_A \cdot n}.$$

Darin ist im Exponenten das Produkt aus Kreisfrequenz und Abtastintervall dimensionslos, die *normierte Kreisfrequenz*

$$\Omega = \omega \cdot T_{\mathrm{A}}.$$

Mit Blick auf die Abtastfolge kann somit die Fourier-Transformation, das Spektrum der Folge, unmittelbar und kompakt definiert werden:

$$X\left(\mathrm{e}^{\mathrm{j}\Omega}\right) = \sum_{n=-\infty}^{+\infty} x\,[n] \cdot \mathrm{e}^{-\mathrm{j}\Omega \cdot n}.$$

Das Spektrum der Abtastfolge entsteht als Sonderfall der bekannten Fourier-Transformation. Damit erbt die Fourier-Transformation für Folgen die charakteristischen Eigenschaften der Fourier-Transformation, insbesondere das Konzept des Frequenzbereichs und der linearen Filterung mit Tiefpässen, Bandpässen etc. (Werner 2008a).

Nachdem die Frage nach dem Spektrum von Abtastfolgen prinzipiell beantwortet ist, suchen wir den Zusammenhang zum Spektrum des zugehörigen analogen Signals. Zum ersten erinnern wir uns, dass die ideale Abtastung unter Beachtung des Abtasttheorems ohne Informationsverlust geschieht. Zum zweiten, dass die Fourier-Transformation eine bijektive Abbildung ist, also das Zeitsignal und sein Spektrum die gleiche Information in sich tragen. Daraus folgt, dass auch das Spektrum der Abtastfolge die volle Information über das Spektrum des analogen Signals enthält.

Es kann gezeigt werden, dass für das *Spektrum der Abtastfolge* und das Spektrum des abgetasteten Signals bei Einhaltung des Abtasttheorems der allgemeine Zusammenhang

$$X\left(\mathrm{e}^{\mathrm{j}\Omega}\right) = \frac{1}{T_{\mathrm{A}}} \cdot X\,(\mathrm{j}\omega)\,|_{\omega \cdot T_{\mathrm{A}}=\Omega} \quad \text{für} \quad \Omega = [-\pi, \pi] \quad \text{und} \quad T_{\mathrm{A}} \le \frac{1}{2f_{\mathrm{g}}} \quad \text{gilt.}$$

Das bandbegrenzte Spektrum des analogen Signals mit der Kreisfrequenz ω wird bijektiv in das Spektrum des zeitdiskreten Signals mit der normierten Kreisfrequenz Ω abgebildet (Abb. 3.16). Dabei gilt für die Frequenzvariablen der Zusammenhang

$$\Omega = \omega \cdot T_{\mathrm{A}} = 2\pi \cdot \frac{f}{f_{\mathrm{A}}} \quad \text{für} \quad |\Omega| \le \pi \quad \text{und} \quad |f| \le \frac{f_{\mathrm{A}}}{2}.$$

Abb. 3.16 Zusammenhang zwischen dem Spektrum eines zeitkontinuierlichen Signals und dem Spektrum seiner Abtastfolge, wenn das Abtasttheorem eingehalten wird

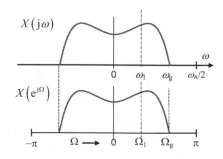

Der halben Abtastfrequenz $f_A/2$ wird stets der Wert π für die normierte Kreisfrequenz zugeordnet. Ist beispielsweise die Abtastfrequenz 20 kHz, so entspricht der Frequenz $f_1 = 4\,\text{kHz}$ der normierten Kreisfrequenz $\Omega_1 = 0{,}4\pi$ und umgekehrt.

▷   Wird das Abtasttheorem eingehalten, enthält das *Spektrum der Abtastfolge* im
     Intervall $\Omega \in [-\pi, \pi]$ bis auf einen Amplitudenfaktor die Kopie des bandbe-
     grenzten Spektrums des abgetasteten Signals. Die Frequenz $f = f_A/2$ wird auf
     die normierte Kreisfrequenz $\Omega = \pi$ projiziert.

3.2.3   Simulation

Die analogen Verfahren der Nachrichtenübertragung, z. B. die Trägerfrequenztechnik in der Telefonie, benötigen zur Signaltrennung im Frequenzbereich oft aufwendige und wartungsintensive analoge Filterschaltungen. Motiviert durch die Fortschritte der Digitaltechnik war es deshalb naheliegend, nach Ersatz zu suchen. Dabei sollte das Signal am Ausgang des Digital-Analog-Umsetzers in seinen wesentlichen Merkmalen gleich dem Ausgangssignal des zu ersetzenden analogen Filters sein. Man spricht in diesem Zusammenhang auch von einer *Simulation* (Abb. 3.17).

Anmerkung

● In der Systemtheorie werden ideale Analog-Digital- und Digital-Analog-Umsetzer
  für die mathematische Herleitung des Simulationstheorems verwendet und die Ausgangssignale dazu gleichgesetzt (Unbehauen 2002). Für die Praxis kommt es darauf
  an, gewisse (Mindest-)Anforderungen zu erfüllen, vergleichbar dem Toleranzschema zum Filterentwurf in Kap. 2.

Entsprechend dem engen Zusammenhang zwischen den analogen Signalen und ihren Abtastfolgen ergibt sich die Beschreibung der digitalen Filter als lineare zeitinvariante Systeme (LTI-Systeme) ähnlich der Beschreibung der analogen Filter. Digitale Filter, die Realisierungen von LTI- Systemen darstellen, beinhalten nur Addierer, Multiplizierer und Verzögerungsglieder. In Abb. 3.18 sind die Blockschaltbilder zweier gebräuchlicher Strukturen gezeigt: die *transversale Struktur* für *Finite-Duration-Impulse-Response(FIR)-Filter* N-ter Ordnung und einen *Block 2. Ordnung*, wie er in *Infinite-Duration-Impulse-Response(IIR)-Filtern* verwendet wird. IIR-Filter höherer Ordnung können durch Kaskadierung von Blöcken 2. Ordnung (und gegebenenfalls 1. Ordnung) aufgebaut werden.

Abb. 3.17 Digitale Filterung
analoger Signale (Simulation)

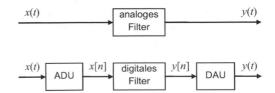

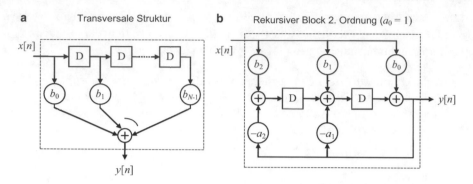

Abb. 3.18 Digitale Filter in transversaler Struktur (**a**) und als rekursiver Block 2. Ordnung (**b**)

Im Blockdiagramm werden die Addierer und Multiplizierer durch Kreise symbolisiert, wobei Faktoren angegeben werden. Für die Verzögerungsglieder steht das D, von englisch „delay". Bei sich spaltenden Pfeilen (Pfaden) werden die Signale kopiert.

Selbstredend ist auch eine Softwarerealisierung auf einem Mikroprozessor möglich. Addierer, Multiplizierer und Verzögerungsglieder werden beispielsweise durch die Assemblerbefehle Addition (ADD), Multiplikation (MUL) und Speicherzugriff (LOAD bzw. STORE) mit passender Adressierung ersetzt.

Anmerkung

- Wie können Strukturen aus nur drei einfachen Grundelementen wie in Abb. 3.18 ein mächtiges Werkzeug bilden? Die Antwort liefert der Blick auf den Verzögerungsoperator D. Er deutet in elementarer Weise auf die Differenziation und die Integration hin, s. auch Differenzialgleichung des Schwingkreises. So wird im Mathematikunterricht i. d. R. der Weg vom Differenzialquotienten zur Ableitung und von der Riemann[4]-Summe zum Integral beschritten. Dem entspricht in der digitalen Signalverarbeitung die Addition des Signals mit einer verzögerten Kopie, die mit -1 bzw. 1 multipliziert wird, also quasi einer einfachen numerischen Differenziation bzw. Integration.

  Mit der Differenz und der Summe von Signalen werden die beiden Grundgleichungen physikalischer dynamischer Prozesse realisiert, vgl. Schlitt (1988): das Gefällegesetz durch die Differenz zweier Signale und das Speichergesetz durch die Akkumulation eines Signals. Mit den drei Grundelementen in Abb. 3.18 lassen sich also das Gefällegesetz und das Speichergesetz umsetzen, letzteres insbesondere mit einer rekursiven Struktur wie in Abb. 3.18b. Der Vollständigkeit halber sei hier auch das dritte Gesetz, das Kontinuitätsgesetz (Schlitt 1988), erwähnt, dass in Abb. 3.18 implizit bei der Spaltung eines Pfads angenommen wird. Die Sparsamkeit der Filterstrukturen an Grundelementen spricht daher für eine breite praktische Anwendung digitaler Filter mit robusten Eigenschaften.

---

[4] *Georg Friedrich Bernhard Riemann* (1826–1866), deutscher Mathematiker.

3.2.4   FIR-Filter

FIR-Filter in transversaler Struktur werden von digitalen Signalprozessoren besonders effizient unterstützt. Digitale Signalprozessoren verfügen meist über einen *Multiply-and-Accumulate(MAC)-Befehl*, sodass ein Signalzweig des Transversalfilters in einem Prozessorzyklus berechnet werden kann. Dabei werden die Multiplikationsergebnisse in einen Akkumulator geschrieben, der i. d. R. über mehrere Reservebits zum Schutz gegen Überlauf verfügt.

Das FIR-System N-ter Ordnung realisiert allgemein die Faltung des Eingangssignals $x[n]$ mit der *Impulsantwort $h[n]$*,

$$y[n] = \sum_{k=0}^{N-1} h\,[k] \cdot x\,[n-k] = h\,[n] * x\,[n]\,,$$

wobei die *Filterkoeffizienten b_n* gleich der Impulsantwort sind:

$$h[n] = \begin{cases} b_n & \text{für} \quad n = 0, 1, \ldots, N-1 \\ 0 & \text{sonst} \end{cases}$$

Im Frequenzbereich wird aus der Faltung der Zeitfunktionen das Produkt der Spektren. Das Spektrum um Filterausgang ist

$$Y\left(e^{j\Omega}\right) = H\left(e^{j\Omega}\right) \cdot X\left(e^{j\Omega}\right)$$

mit der Fourier-Transformierten des zeitdiskreten Eingangssignals

$$X\left(e^{j\Omega}\right) = \sum_{n=-\infty}^{+\infty} x\,[n] \cdot e^{-j\Omega \cdot n}$$

und dem *Frequenzgang* des (kausalen) FIR-Filters

$$H\left(e^{j\Omega}\right) = \sum_{n=0}^{N-1} h\,[n] \cdot e^{-j\Omega \cdot n}\,.$$

Die Gleichungen mit der Faltung der Signale und dem Produkt der Spektren geben die Eingangs-Ausgangsgleichungen eines zeitdiskreten LTI-Systems im Zeit- bzw. im Frequenzbereich wieder. Impulsantwort und Frequenzgang bilden ein Fourier-Paar.

FIR-Tiefpass
Die Wirkungsweise des FIR-Filters veranschaulichen wir durch ein ausführliches Beispiel. Dazu wählen wir einen Tiefpass mit der normierten Durchlasskreisfrequenz $\Omega_D =$

Tab. 3.3 Impulsantwort des FIR-Tiefpasses

n	10	11	12	13	14	15
$h[n]$	1	0,7808	0,3002	−0,0874	−0,1803	−0,0602
n	16	17	18	19	20	
$h[n]$	0,0666	0,0895	0,0431	0,0028	−0,0061	

Koeffizienten normiert auf Maximum 1 und gerundet, gerade Symmetrie mit $h[20 − n] = h[n]$ für $n = 0,1, \ldots, 20$

Abb. 3.19 Impulsantwort des FIR-Tiefpasses

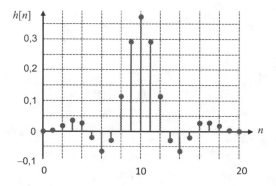

$0,3 \cdot \pi$, der Durchlasstoleranz $\delta_D = 0,05$, der normierten Sperrkreisfrequenz $\Omega_S = 0,5 \cdot \pi$ und der Sperrtoleranz $\delta_S = 0,001$ (vgl. Toleranzschema in Kap. 2).

Der *Filterentwurf*, z. B. mit MATLAB® nach dem Parks-McClellan-Verfahren für linearphasige FIR-Filter, liefert die Impulsantwort in Tab. 3.3. Die Filterordnung N beträgt 20. Die Impulsantwort ist im Stabdiagramm Abb. 3.19 veranschaulicht. Man erkennt die für FIR-Tiefpässe typische, dem si-Impuls ähnliche Form.

Den Betrag des Frequenzgangs in linearer und logarithmischer Darstellung zeigt Abb. 3.20a bzw. b. Der Betragsgang erfüllt im Wesentlichen die Vorgaben. Im Sperrbereich ist jedoch zu erkennen, dass die Sperrtoleranz von −60 dB (im linearen Maß 0,001) nicht vollständig eingehalten wird. Für das Beispiel ist das jedoch nicht weiter wichtig, weshalb hier auf einen erneuten Filterentwurf mit etwas höherer Filterordnung verzichtet wird.

Die Wirkung des Tiefpasses soll an einem Signalbeispiel verdeutlicht werden. Dazu nehmen wir als Eingangssignal eine Überlagerung aus einem Sinussignal mit der normierten Kreisfrequenz gleich $\pi/4$ (Periode 8) und einem unkorrelierten, normalverteilten Rauschsignal (s. MATLAB®-Programmcode).

Das Sinussignal liegt im Durchlassbereich des Tiefpasses, während das unkorrelierte Rauschsignal Spektralkomponenten auch im Sperrbereich besitzt. Die Faltung („convolution") der Impulsantwort mit dem Eingangssignal sollte deshalb das Signal glätten, den Rauschanteil reduzieren und folglich die Sinuskomponente deutlicher hervortreten lassen. In Abb. 3.21 werden das Eingangssignal $x[n]$ und das Ausgangssignal $y[n]$ des Tiefpasses gegenübergestellt. Während oben im Eingangssignal die Sinuskomponente mit der Peri-

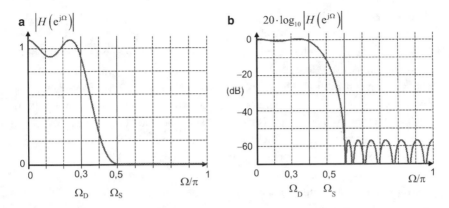

Abb. 3.20 Betragsgang des FIR-Tiefpasses

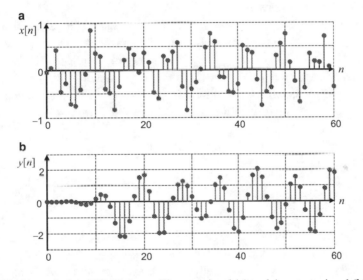

Abb. 3.21 Filterung mit dem FIR-Tiefpass, Eingangssignal (**a**) und Ausgangssignal (**b**)

ode 8 nur zu erahnen ist, tritt sie unten im gefilterten Signal deutlich hervor. Man beachte auch den Einschwingvorgang zu Beginn der Filterung.

```
% Signalerzeugung und FIR-Filterung
x = .5*sin((pi/4)*n)+.25*randn(size(n));
y = conv(h,x); % Faltung
```

▸   *FIR-Filter* besitzen eine nichtrekursive Struktur (keine Signalrückführung) und werden typisch als Transversalfilter implementiert. Die Filterkoeffizienten liefern unmittelbar die (endlich lange) Impulsantwort.

3.2.5 IIR-Filter

Für IIR-Filter gelten die gleichen Eingangs-Ausgangsgleichungen wie für die FIR-Filter. Die Impulsantwort ist allerdings theoretisch zeitlich nicht beschränkt. Der Unterschied liegt in der inneren Struktur der Filter und macht sich beim Entwurf, den Eigenschaften und der praktischen Realisierung bemerkbar. Durch die *Signalrückführung* (Abb. 3.18b) entsteht eine Rückkopplung, einem Regelkreis vergleichbar, die zur Instabilität durch Fehler beim Entwurf oder unzulängliche Implementierung führen kann. Andererseits ermöglicht die Signalrückführung selektive Filter mit schmalen Übergangsbereichen bei niedrigen Filterordnungen. Die Standardapproximationen analoger Filter (Kap. 2), wie Butterworth-, Chebyshev- und Cauer-Filter, werden auf die digitalen IIR-Filter übertragen (Werner 2012).

IIR-Tiefpass (Cauer-Tiefpass)

Wir knüpfen an das ausführliche Beispiel des FIR-Filters an und übernehmen die Anforderungen im Frequenzbereich für einen Tiefpass mit der normierten Durchlasskreisfrequenz $\Omega_D = 0.3 \cdot \pi$, der Durchlasstoleranz $\delta_D = 0.05$, der normierten Sperrkreisfrequenz $\Omega_S = 0.5 \cdot \pi$ und der Sperrtoleranz $\delta_S = 0.001$. Als Filtertyp wählen wir einen *Cauer-Tiefpass* und benutzen ein Filterentwurfsprogramm, wie z. B. MATLAB®. Filterentwurfsprogramme für IIR-Filter liefern meist die Filterkoeffizienten für die *Kaskadenform* in Blöcken 1. und 2. Ordnung wie in Tab. 3.4.

Die Filterkoeffizienten bestimmen die rationale Übertragungsfunktion entsprechend zu analogen LTI-Systemen:

$$H(z) = H_1(z) \cdot H_2(z) \cdot H_3(z)$$
$$= \frac{b_{0,1} + b_{1,1} \cdot z^{-1}}{a_{0,1} + a_{1,1} \cdot z^{-1}} \cdot \frac{b_{0,2} + b_{1,2} \cdot z^{-1} + b_{2,2} \cdot z^{-2}}{a_{0,2} + a_{1,2} \cdot z^{-1} + a_{2,2} \cdot z^{-2}} \cdot \frac{b_{0,3} + b_{1,3} \cdot z^{-1} + b_{2,3} \cdot z^{-2}}{a_{0,3} + a_{1,3} \cdot z^{-1} + a_{2,3} \cdot z^{-2}}.$$

Aus der Kaskadenform kann unmittelbar das Blockdiagramm in Abb. 3.22 abgeleitet werden.

Die Softwareimplementierung in einer höheren Programmiersprache, wie z. B. MATLAB®, lässt sich aus dem Blockdiagramm schnell umsetzen. Hierzu betrachten wir den Block 2 in Abb. 3.22. Zusätzlich eingetragen sind dort die zwei inneren Größen $s_1[n]$

Tab. 3.4 Filterkoeffizienten für den digitalen Cauer-Tiefpass

	Zählerkoeffizienten			Nennerkoeffizienten		
	b_0	b_1	b_2	a_0	a_1	a_2
Block 1	1	1	–	1	−0,6458	–
Block 2	1	0,7415	1	1	−1,1780	0,5741
Block 3	1	−0,0847	1	1	−1,0638	0,8562

Verstärkungsfaktor $G = 0,0106$

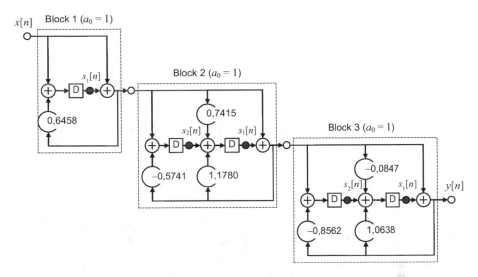

Abb. 3.22 Blockdiagramm des digitalen Cauer-Tiefpasses fünfter Ordnung in Kaskadenform

und $s_2[n]$, Zustandsgrößen („state variable") genannt. Sie beschreiben die Signale an den Ausgängen der Verzögerungsglieder. Im Programm dienen sie als Speichervariablen.

Um für einen Eingangswert einen Ausgangswert zu berechnen, sind für einen Block 2. Ordnung drei Schritte in der angegebenen Reihenfolge durchzuführen: Ausgangswert $y[n]$ berechnen, Zustandsgröße $s_1[n]$ aktualisieren und Zustandsgröße $s_2[n]$ aktualisieren. Das Programmbeispiel illustriert die Berechnung für $b(k) = b_{k-1}$ und $a(k) = a_{k-1}$. Die Zustandsgrößen müssen jeweils gemerkt werden.

Sind die Zustandsgrößen zu einem Zeitpunkt bekannt, ist bei weiter bekanntem Eingangssignal das Ausgangssignal eindeutig festgelegt.

```
% Rekursiver Block 2. Ordnung
y(n) = b(1)*x(n) - s(1);
s(1) = b(2)*x(n) - a(2)*y(n) + s(2);
s(2) = b(3)*x(n) - a(3)*y(n);
```

Wir überprüfen den Frequenzgang des entworfenen digitalen Cauer-Tiefpasses. Er ergibt sich aus der obigen Übertragungsfunktion für $z = e^{j\Omega}$. Sein Betrag ist in Abb. 3.23 dargestellt. Die Entwurfsvorgaben werden eingehalten. Wie bei dem Betragsgang des FIR-Tiefpasses in Abb. 3.20 liegt eine Chebyshev-Approximation mit *Equiripple-Verhalten* in Durchlass- und Sperrbereich vor.

Abschließend wird die Impulsantwort des digitalen Cauer-Tiefpasses in Abb. 3.24 vorgestellt. Sie ist eine relativ schnell abklingende oszillierende Folge, wie sie für rekursive Tiefpässe typisch ist. Für eine weitergehende Diskussion wird der Kürze halber auf die vertiefende Literatur zur digitalen Signalverarbeitung verwiesen.

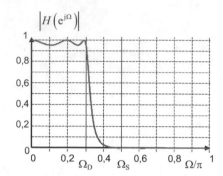

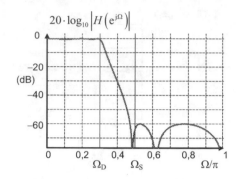

Abb. 3.23 Betragsgang des digitalen Cauer-Tiefpasses fünfter Ordnung

Abb. 3.24 Impulsantwort des digitalen Cauer-Tiefpasses fünfter Ordnung

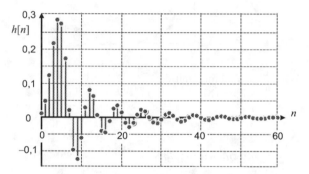

Die Wirkung des Cauer-Tiefpasses veranschaulicht ein Signalbeispiel. Dazu nehmen wir als Eingangssignal wieder eine Überlagerung aus einem Sinussignal mit der normierten Kreisfrequenz $\pi/4$ (Periode 8) und einem unkorrelierten, normalverteilten Rauschsignal. Das Eingangssignal $x[n]$ und das Ausgangssignal $y[n]$ des Cauer-Tiefpasses werden in Abb. 3.25 gegenübergestellt. Während oben im Eingangssignal die Sinuskomponente mit der Periode 8 nur zu erahnen ist, tritt sie unten im gefilterten Signal deutlich hervor. Man beachte auch den Einschwingvorgang zu Beginn der Filterung.

> **IIR-Filter** haben eine rekursive Struktur (mit Signalrückführungen) und werden typisch in Kaskadenform aus IIR-Filter-Blöcken 1. und 2. Ordnung zusammengesetzt. Die Filterkoeffizienten liefert unmittelbar die Übertragungsfunktion (bzw. der Frequenzgang).

Aufgabe 3.3

a) Was versteht man unter der Simulation durch ein digitales Filter?
b) Welche Voraussetzungen müssen für die Simulation erfüllt sein?
c) Was versteht man üblicherweise unter einem FIR-Filter?
d) Was versteht man üblicherweise unter einem IIR-Filter?

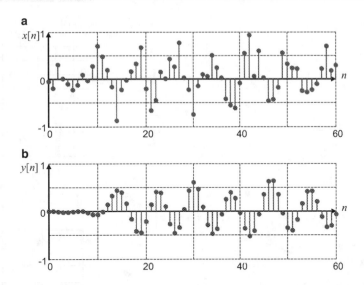

Abb. 3.25 Filterung mit dem digitalen Cauer-Tiefpass fünfter Ordnung, Eingangssignal (**a**) und Ausgangssignal (**b**)

Aufgabe 3.4

Die Abb. 3.26 zeigt einen typischen Betragsgang eines digitalen Filters.

a) Um welche Art von Frequenzgang handelt es sich?
b) Geben Sie die normierte Durchlasskreisfrequenz an und schätzen Sie die Durchlassto-leranz im logarithmischen Maß.
c) Geben Sie die normierte Sperrkreisfrequenz an und bestimmen sie die Sperrdämpfung im logarithmischen Maß.

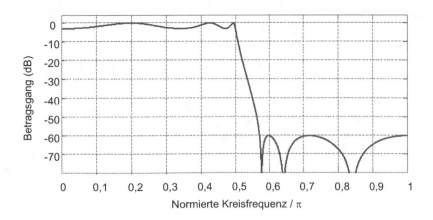

Abb. 3.26 Betragsgang des digitalen Filters

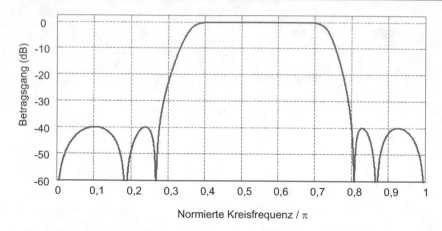

Abb. 3.27 Betragsgang des digitalen Filters

d) Das digitale Filter wird für eine Simulation mit der Abtastfrequenz 100 kHz eingesetzt.
Wie groß darf die Bandbreite des analogen Signals maximal sein, damit es durch das
Filter nicht verfälscht wird?

Aufgabe 3.5
Die Abb. 3.27 zeigt einen typischen Betragsgang eines digitalen Filters.

a) Um welche Art von Frequenzgang handelt es sich?
b) Wie groß sind die normierten Sperrkreisfrequenzen?
c) Das digitale Filter wird für eine Simulation mit der Abtastfrequenz 20 kHz eingesetzt.
Schätzen Sie die untere und obere Grenzfrequenz bezüglich des analogen Signals.

3.3   Diskrete Fourier-Transformation

Die *schnelle Fourier-Transformation* (FFT, Fast Fourier Transform) ist heute das Standardverfahren für die Messung bzw. numerische Berechnung von Fourier-Spektren. Die
FFT ist jedoch nichts anderes als ein effizienter Algorithmus zur Berechnung der *diskreten Fourier-Transformation* (DFT, Discrete Fourier Transform; Werner 2012). Oft wird
in verschiedenen Zusammensetzungen nur von der FFT gesprochen, z. B. FFT-Spektrum,
was hier mit Blick auf die theoretischen Grundlagen nicht übernommen werden soll.
Wird das Abtasttheorem eingehalten, geht keine Information über das Signal verloren,
sodass sich die DFT ebenfalls zur Spektralanalyse analoger Signale anbietet. Auch wenn
die Signale nicht streng bandbegrenzt sind, lassen sich in vielen Anwendungen aus den
berechneten Spektren wichtige Informationen gewinnen. Darüber hinaus ist die DFT/FFT
das Kernstück des Orthogonal-Frequency-Division-Multiplexing(OFDM)-Verfahrens, das

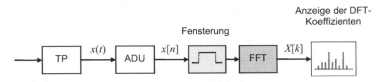

Abb. 3.28 Spektralanalyse mit der diskreten Fourier-Transformation

in digitalen Teilnehmeranschlüssen (Digital Subscriber Line, DSL), in drahtlosen lokalen Netzen (WLAN), zur breitbandigen Nachrichtenübertragung über Stromversorgungsleitungen in Gebäuden (Power Line Communications, PLC), der terrestrischen digitalen Fernsehübertragung (Digital Video Broadcasting with Terrestrial Transmission, DVB-T) und in der vierten Mobilfunkgeneration (LTE, Long Term Evolution) eingesetzt wird. Das OFDM-Verfahren wird später noch ausführlich vorgestellt; dieser Abschnitt soll darauf gründlich vorbereiten. Dazu wird im Folgenden der Zusammenhang zwischen der Fourier-Reihe und der DFT aufgezeigt. Ein durchgerechnetes Zahlenwertbeispiel soll das Verständnis wecken. Auf eine umfassende theoretische Darstellung muss hier der Kürze halber allerdings verzichtet werden.

3.3.1 Fourier-Summe

Das Prinzip der *Spektralanalyse* zeigt Abb. 3.28: Ein analoges Signal $x(t)$ wird i. d. R. nach Tiefpassfilterung, digitalisiert. Eine ausreichende Wortlänge wird dabei vorausgesetzt, sodass die Quantisierung im Weiteren vernachlässigt werden kann. Für die Berechnung der DFT wird ein Block der Länge N aus dem Signal geschnitten, man spricht von der Fensterung des Signals. Die DFT des Blocks liefert die DFT-Koeffizienten $X[k]$, die angezeigt und weiter verarbeitet werden können.

Das folgende ausführliche Rechenbeispiel zeigt den Zusammenhang zwischen den Fourier-Koeffizienten und den DFT-Koeffizienten auf – und damit eine weitere enge Verbindung von analoger und digitaler Signalverarbeitung. Um die Überlegungen möglichst anschaulich nachvollziehbar zu machen, gehen wir von einem Signal aus, das durch eine endliche Fourier-Reihe beschrieben wird, also periodisch und bandbegrenzt ist. Für diesen Fall zeigen wir, dass die DFT-Koeffizienten aus den Fourier-Koeffizienten und umgekehrt bestimmbar sind.

Bandbegrenztes periodisches Signal
Wir wählen das periodische und bandbegrenzte Signal in Abb. 3.29 mit einem Gleichanteil und drei Harmonischen:

$$x(t) = 1 + 2 \cdot \cos(2\pi \cdot 1\,\text{kHz} \cdot t) - 4 \cdot \sin(2\pi \cdot 2\,\text{kHz} \cdot t) - 6 \cdot \cos(2\pi \cdot 3\,\text{kHz} \cdot t).$$

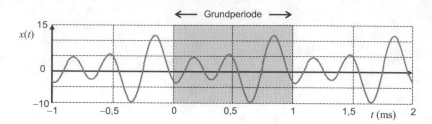

Abb. 3.29 Periodisches bandbegrenztes Signal

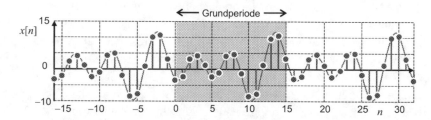

Abb. 3.30 Abtastfolge des periodischen bandbegrenzten Signals

Die Periode des Signals betrage $T_0 = 1$ ms. Es folgen für die trigonometrische Form der Fourier-Reihe

$$x(t) = \frac{a_0}{2} + \sum_{k=1}^{3}[a_k \cdot \cos(k \cdot \omega_0 \cdot t) + b_k \cdot \sin(k \cdot \omega_0 \cdot t)]$$

mit der Grundkreisfrequenz

$$\omega_0 = 2\pi \cdot f_0 = 2\pi \cdot 1\,\text{kHz}$$

die Fourier-Koeffizienten

$$a_0 = 2; \quad a_1 = 2; \quad a_2 = 0; \quad a_3 = -6$$
$$b_0 = 0; \quad b_1 = 0; \quad b_2 = -4; \quad b_3 = 0.$$

Wegen der Bandbegrenzung verkürzt sich hier die Fourier-Reihe zur *Fourier-Summe*. Das Signal enthält keine Spektralanteile bei Frequenzen größer als 3 kHz.

Tasten wir nun das Signal mit der Abtastfrequenz $f_A = 1/T_A = 16\,\text{kHz}$ ab, so wird das Abtasttheorem eingehalten und es resultiert die Abtastfolge $x[n]$ in Abb. 3.30:

$$x[n] = \frac{a_0}{2} + \sum_{k=1}^{3}[a_k \cdot \cos(k \cdot \omega_0 \cdot T_A \cdot n) + b_k \cdot \sin(k \cdot \omega_0 \cdot T_A \cdot n)].$$

Der Einfachheit halber führen wir die normierte Kreisfrequenz Ω_0 als Abkürzung ein:

$$\Omega_0 = \omega_0 \cdot T_A = 2\pi \cdot \frac{f_0}{f_A} = 2\pi \cdot \frac{1\,\text{kHz}}{16\,\text{kHz}} = \frac{2\pi}{N}.$$

Darin ist $N = 16$ die Zahl der Abtastwerte pro Periode, also einer Periode der 1. Harmonischen. Wir erhalten die Abtastfolge in der Form einer trigonometrischen Fourier-Summe:

$$x\,[n] = \frac{a_0}{2} + \sum_{k=1}^{3}\left[a_k \cdot \cos\left(\frac{2\pi}{N}\cdot k \cdot n\right) + b_k \cdot \sin\left(\frac{2\pi}{N}\cdot k \cdot n\right)\right].$$

Für die weitere Rechnung ist die komplexe Form

$$x\,[n] = \sum_{k=-3}^{3} c_k \cdot \mathrm{e}^{\mathrm{j}\frac{2\pi}{N}\cdot k \cdot n}$$

der Fourier-Reihe vorteilhafter, mit den komplexen Fourier-Koeffizienten

$$c_0 = \frac{1}{2}a_0 = 1; \quad c_1 = \frac{1}{2}\cdot(a_1 - \mathrm{j}b_1) = 1;$$

$$c_2 = \frac{1}{2}\cdot(a_2 - \mathrm{j}b_2) = \mathrm{j}2; \quad c_3 = \frac{1}{2}\cdot(a_3 - \mathrm{j}b_3) = -3;$$

und der Symmetrie für reelle Folgen

$$c_{-k} = c_k^*.$$

Das Beispiel zeigt, dass für jedes periodische und bandbegrenzte Signal mit einer Darstellung als Fourier-Summe unter Beachtung des Abtasttheorems eineindeutig eine Abtastfolge angegeben werden kann, die eine ähnliche Darstellung mit Fourier-Koeffizienten wie die komplexe Fourier-Reihe besitzt. Wird dabei das Abtastintervall so gewählt, dass ein ganzzahliges Vielfaches des Abtastintervalls gleich der Periode des Signals ist, $T_0 = N \cdot T_A$, entsteht eine periodische Folge. Die N Abtastwerte einer Periode enthalten die vollständige Information sowohl über das zeitdiskrete als auch das zeitkontinuierliche Signal. Es bietet sich deshalb an, für die weitere Signalanalyse auf eine Blockverarbeitung überzugehen. Dies geschieht mit der DFT.

3.3.2   Diskrete Fourier-Transformation

Die DFT liefert die *harmonische Analyse* einer endlichen Folge (oder eines Ausschnitts) der Länge N. Sie zerlegt den Signalblock der Länge N in Sinus- und Kosinusfolgen mit den normierten Kreisfrequenzen $\Omega_k = k \cdot 2\pi/N$ für $k = 0, 1, 2, \ldots, N/2$. Die Definition der *DFT* einer Folge der Länge N ist

$$X\,[k] = \sum_{n=0}^{N-1} x\,[n] \cdot \mathrm{e}^{-\mathrm{j}\frac{2\pi}{N}\cdot k \cdot n} \quad \text{für} \quad n, k = 0, 1, \ldots, N-1.$$

Die DFT ist eine bijektive lineare Abbildung des Signals $x[n]$ auf das *DFT-Spektrum* $X[k]$. Ihre Umkehrung, die *inverse DFT* (IDFT), stellt das Signal als Überlagerung von Kosinus- und Sinusfolgen mit den *DFT-Koeffizienten* als Gewichte dar:

$$x[n] = \frac{1}{N} \cdot \sum_{n=0}^{N-1} X[k] \cdot e^{+j\frac{2\pi}{N} \cdot k \cdot n} \quad \text{für} \quad n, k = 0, 1, \ldots, N-1.$$

Die Formeln für die DFT und ihre Inverse werden auch *Analyse-* bzw. *Synthesegleichung* genannt. Man beachte, die DFT und IDFT sind bis auf den Vorfaktor und das Vorzeichen im Exponenten gleich.

▶   Durch die diskrete Fourier-Transformation (DFT) wird eine (Zeit-)Signalfolge $x[n]$ der Länge N auf die N Koeffizienten des DFT-Spektrums $X[k]$ abgebildet. Die DFT ist bijektiv und somit ohne Informationsverlust.

DFT

Wir veranschaulichen die Zusammenhänge anhand des Zahlenwertbeispiels zur Fourier-Summe im letzten Unterabschnitt. Dazu unterwerfen wir die Fourier-Summe in komplexer Form aus Abschn. 3.3.1 der DFT:

$$X[k] = \sum_{n=0}^{N-1} x[n] \cdot e^{-j\frac{2\pi}{N} \cdot k \cdot n}$$

$$= \sum_{n=0}^{N-1} \left(\sum_{m=-3}^{3} c_m \cdot e^{j\frac{2\pi}{N} \cdot m \cdot n} \right) \cdot e^{-j\frac{2\pi}{N} \cdot k \cdot n} \quad \text{für} \quad n, k = 0, 1, \ldots, N-1.$$

Nach Vertauschen der Reihenfolge der Summen resultiert als Teilergebnis

$$X[k] = \sum_{m=-3}^{3} c_m \cdot \sum_{n=0}^{N-1} e^{j\frac{2\pi}{N} \cdot (m-k) \cdot n} \quad \text{für} \quad n, k = 0, 1, \ldots, N-1.$$

Wie das Beispiel zeigt, berechnet sich die Summe der komplex Exponentiellen in der DFT von Fourier-Summen stets als endliche geometrische Reihe. Durch die besondere Gestalt des Exponenten hat diese die Eigenschaft

$$\sum_{n=0}^{N-1} e^{j\frac{2\pi}{N} \cdot (m-k) \cdot n} = \begin{cases} N & \text{für} \quad m - k = 0, \pm N, \pm 2N, \ldots \\ 0 & \text{sonst} \end{cases}.$$

Man spricht von der *Orthogonalität* der komplex Exponentiellen. Sie spielt in der digitalen Signalverarbeitung eine wichtige Rolle und ist hier die Grundlage für die Berechnung der Fourier-Koeffizienten mit der DFT. Wegen der Orthogonalität der komplex

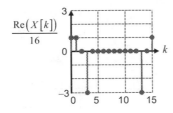
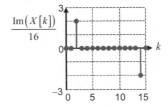

Abb. 3.31 Komplexwertiges DFT-Spektrum

Exponentiellen gilt: Bei bandbegrenzten periodischen Signalen und Einhaltung des Abtasttheorems sind die DFT-Koeffizienten gleich dem N-fachen der komplexen Fourier-Koeffizienten.

Mit der Orthogonalität verschwindet die Summe über n, außer, wenn $m = k$ bzw. $m = k - N$. Im obigen Zahlenwertbeispiel resultiert aus der Orthogonalität der komplex Exponentiellen für die DFT-Koeffizienten und komplexen Fourier-Koeffizienten

$$X\,[k] = N \cdot \begin{cases} c_k & \text{für} \quad k = 0, 1, 2, 3 \\ 0 & \text{für} \quad k = 4, 5, \ldots, 12 \\ c_{16-k}^{*} & \text{für} \quad k = 13, 14, 15 \end{cases}.$$

Wir überprüfen das Ergebnis durch numerische Berechnung der DFT, z. B. mit MATLAB®. Im Fall der periodischen Folge $x[n]$ in Abb. 3.30 werden genau $N = 16$ Abtastwerte pro Periode genommen. Schneiden wir die Grundperiode für $n = 0$ bis $N - 1 = 15$ heraus und berechnen die DFT, so resultiert wie erwartet

$$X\,[k] = 16 \cdot \{1, 1, \mathrm{j}2, -3, 0, 0, 0, 0, 0, 0, 0, 0, 0, -3, -\mathrm{j}2, 1\}.$$

Das DFT-Spektrum wird in Abb. 3.31 gezeigt. Der Realteil links repräsentiert den Gleichanteil ($k = 0$) und die Kosinusanteile ($k = 1$ und 3 bzw. 15 und 13), während der Imaginärteil rechts für die Sinusanteile ($k = 2$ bzw. 14) steht.

Das DFT-Spektrum gibt das Ergebnis der harmonischen Analyse wieder. Seine Interpretation liefert die Signalzerlegung in Abb. 3.32. Die Folge $x[n]$ wird in den Gleichanteil $x_0[n]$ und drei Harmonischen $x_1[n]$, $x_2[n]$ und $x_3[n]$ zerlegt.

Wie das Beispiel anschaulich zeigt, bestimmen die DFT-Koeffizienten die Gewichte der Teilsignale. Aus den DFT-Koeffizienten lässt sich durch IDFT, durch die Synthesegleichung, das ursprüngliche Signal als Linearkombination des Gleichanteils und der Harmonischen wiedergewinnen.

Die Nachrichtenübertragungstechnik greift den Gedanken der Signalsynthese als DMT- oder OFDM-Verfahren auf. Es werden die DFT-Koeffizienten gezielt vorgegeben und so Signalblöcke mit harmonischer Grundstruktur synthetisiert. Die Methode wird in einem späteren Abschnitt noch näher erläutert.

Wir schließen den Abschnitt zur DFT mit einem Blick auf ihre Anwendung zur Spektralanalyse.

Abb. 3.32 Harmonische Zerlegung des Signals

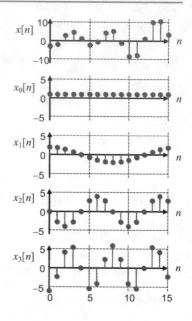

3.3.3 Kurzzeitspektralanalyse

Wird das Abtasttheorem eingehalten, so wird das Spektrum des bandbegrenzten analogen Signals eineindeutig in das Spektrum des zeitdiskreten Signals abgebildet (Abb. 3.16). Der halben Abtastfrequenz $f_A/2$ wird stets die normierte Kreisfrequenz π zugeordnet. Bei Beachtung des Abtasttheorems geht keine Information über das Signal oder sein Spektrum verloren.

Anders ist das beim Beschneiden des Signals durch die Fensterung in Abb. 3.28. Man spricht dann von der Kurzzeitspektralanalyse bzw. vom *Kurzzeitspektrum*. Dem Nachteil der Signalverkürzung steht der Vorteil der einfachen (Block-)Verarbeitung im Digitalrechner gegenüber. Darüber hinaus ist in den Anwendungen, z. B. der Sprachverarbeitung oder Regelungstechnik, oft die Veränderung des Kurzzeitspektrums von Block zu Block von Interesse.

Die Kurzzeitspektralanalyse basiert auf der DFT. Sie bildet die N Signalwerte eines Blocks, $x[n]$ für $n = 0, \ldots, N - 1$, eineindeutig in die N DFT-Koeffizienten des DFT-Spektrums, $X[k]$ für $k = 0, \ldots, N - 1$, ab und umgekehrt.

Wie am Beispiel der Fourier-Summe gezeigt wurde, steht die DFT in engem Zusammenhang mit der Fourier-Reihe periodischer Signale. Die DFT kommt darum bei der Messung von Klirrfaktoren zum Einsatz.

Oft ist das zu untersuchende Signal jedoch nicht periodisch. Dann liefern die DFT-Koeffizienten Näherungswerte für das Spektrum. Die Approximation ist umso besser, je größer die Blocklänge N ist. Der Approximationsfehler kann durch die Form des Fensters, die Art wie der Block aus dem Signal geschnitten wird, beeinflusst werden. In der digitalen Signalverarbeitung werden je nach Randbedingungen verschiedene Fenster eingesetzt, wie das Hamming-Fenster, das Gauß-Fenster und einige andere mehr. Eine tiefergehende Diskussion der Eigenschaften des DFT-Spektrums würde über den Rahmen einer Einführung hinausgehen, weshalb auf die Literatur zur digitalen Signalverarbeitung verwiesen wird (Kammeyer und Kroschel 2012; Werner 2012).

Eine wichtige Kenngröße der Spektralanalyse ist die *spektrale Auflösung*. Hierzu vergleichen wir die Exponenten in den Definitionsgleichungen der Fourier-Transformation in Abschn. 3.2.2 für Folgen und der DFT in Abschn. 3.3.2. Die DFT liefert Stützwerte zum Spektrum für die normierte Kreisfrequenz Ω bei den Stützstellen $k \cdot 2\pi/N$. Aus dem Abstand zweier Stützstellen im Spektrum der Folge $2\pi/N$ folgt die spektrale Auflösung bezüglich des abgetasteten Signals

$$\Delta_f = \frac{f_A}{N}.$$

Wird beispielsweise mit einer Abtastfrequenz von $20\,\text{kHz}$ und einer DFT-Länge von $N = 1024$ gemessen, so sind Frequenzkomponenten mit kleinerem Abstand als $19{,}5\,\text{Hz}$ nicht zu unterscheiden. In vielen Anwendungen ist deshalb eine große Blocklänge N erwünscht oder unabdingbar. Andererseits steigt mit der Blocklänge der Rechenaufwand der DFT-Summenformel quadratisch. Hier kommt die FFT zum Zug. Sie ist ein Algorithmus zur effizienten Berechnung der DFT. Der Rechenaufwand steigt bei der FFT im Wesentlichen nur linear mit der Blocklänge. Ist die Blocklänge eine Zweierpotenz, so ergibt sich die besonders effiziente *Radix-2-FFT*. Aus diesem Grund werden in den Anwendungen meist solche Blocklängen verwendet. Typische FFT-Längen sind 512, 1024, 2048, 4096 und 8192.

Die Abschätzung der Zahl der erforderlichen Rechenoperationen (FLOP, Floating Point Operation) liefern bei der typischen Länge $N = 1024$ für die DFT $8 \cdot N^2$ FLOPs $\approx$ $8{,}4\,\text{Mio.}$ FLOPs und für die Radix-2-FFT $5 \cdot N \cdot \log_2(N) \approx 0{,}051\,\text{Mio.}$ FLOPs (Werner 2012), also eine Ersparnis um zwei Größenordnungen.

In der Telefonie kann die DFT zur Erkennung der Töne beim *Mehrfrequenzwahlverfahren* verwendet werden. Jeder Telefontaste ist ein Tonpaar mit bestimmten Frequenzen zugeordnet. Wird eine Taste gedrückt, wird das zugehörige Tonpaar für etwa 65 ms gesendet. Aufgabe der Gegenstation ist es, die gedrückte Taste anhand des empfangenen Signals zu erkennen. Das Verfahren ist international als Dual-Tone-Multi-Frequency(DTMF)-Verfahren) standardisiert. Beispielsweise ist für die Taste „1" das Frequenzpaar $697\,\text{Hz}$ und $1209\,\text{Hz}$ festgelegt.

Für viele Anwendungen aus dem Bereich der Mustererkennung interessieren die Änderungen im Kurzzeitspektrum. So treten beispielsweise an Maschinen aufgrund von Abnutzungen bei beweglichen Teilen bestimmte Schwingungen auf, die auf eine baldige Störung hinweisen. Liefert die FFT einen oder mehrere DFT-Koeffizienten, deren Beträge gewisse Schwellen überschreiten, so kann eine Wartung angefordert oder gegebenenfalls sogar Alarm ausgelöst und abgeschaltet werden. Durch den überwachten Betrieb wird es nicht nur möglich, Schäden vorzubeugen, sondern die Werkzeuge können bis zu ihrer Verschleißgrenze kostengünstiger eingesetzt werden. Die Interpretation des DFT-Spektrums

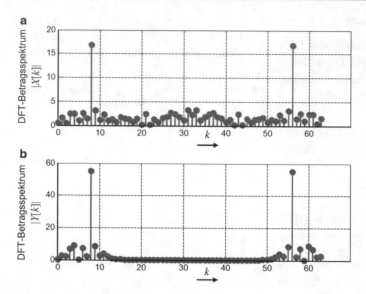

Abb. 3.33 DFT-Betragsspektrum des Eingangssignals (**a**) und am Filterausgang (**b**)

hängt von der jeweiligen Anwendung ab. Sie ergibt sich entweder aus Modellüberlegungen oder praktischen Erfahrungen.

DFT-Spektrum und Tiefpassfilterung

Mit einem Beispiel für die Kurzzeitspektralanalyse mit der DFT beenden wir den Abschnitt. Zum Vergleich mit früheren Ergebnissen benutzen wir die Signale zur Tiefpassfilterung in Abb. 3.21. Dazu entnehmen wir dem Eingangssignal $x[n]$ einen Ausschnitt der Länge 64 und unterwerfen ihn der DFT. Den Betrag des DFT-Spektrums stellen wir in Abb. 3.33a dar.

Das Signal enthält einen relativ starken harmonischen Anteil mit der normierte Kreisfrequenz $\pi/4$ (Periode 8) und weißes Rauschen. Da bei der Blocklänge von 64 genau acht Perioden des harmonischen Anteils im DFT-Fenster liegen, erhalten wir im Betragsspektrum die zwei, als dominante Stäbe sichtbaren DFT-Koeffizienten bei $k = 8$ und $64 - 8 = 56$. Der Rauschanteil ist in den anderen DFT-Koeffizienten als unregelmäßiger Rauschteppich („noise floor") deutlich sichtbar.

Ebenso verfahren wir mit dem Ausgangssignal $y[n]$ des Tiefpasses. Um die Ergebnisse nicht zu verfälschen, warten wir, bis die Einschwingvorgänge abgeklungen sind, im Beispiel des FIR-Filters genau 20 Takte. Den Betrag des DFT-Spektrums zeigt Abb. 3.33b. Der harmonische Anteil tritt nun noch etwas deutlicher hervor, da er im Durchlassbereich des Tiefpasses liegt. Durch den Tiefpass wurde ein Teil der Rauschleistung entfernt. Die Spektralkomponenten im Sperrbereich ab $k = 16$ (entspricht $\pi/2$) werden unterdrückt.

Anmerkung

- Der Betrag des DFT-Spektrums reeller Signale ist symmetrisch bezüglich $N/2$, weshalb Darstellungen oft auf den Bereich k von 0 bis $N/2$, also bezüglich der normierten Kreisfrequenz Ω von 0 bis π bzw. der Frequenz f von 0 bis $f_A/2$, verkürzt werden.

Nachdem die Spektralanalyse durch die FFT eingeführt wurde, wird mit der modernen Audiocodierung im nächsten Abschnitt eine Anwendung vorgestellt.

Aufgabe 3.6

a) Was zeichnet die DFT-Spektren von Sinus- und Kosinusfolgen aus, wenn die DFT-Länge ein ganzzahliges Vielfaches der jeweiligen Signalperiode ist?
b) Wodurch unterscheiden sich die Spektren der DFT und FFT?

Aufgabe 3.7
Bestimmen Sie die DFT-Spektren der Länge 16 zu den drei Folgen ohne lange Rechnung:

a) Kosinusfolge $\cos([2\pi/4] \cdot n)$
b) Sinusfolge $\sin([2\pi/8] \cdot n)$
c) Impulsfolge $\delta[n]$

Aufgabe 3.8
Beschriften Sie das Blockdiagramm Abb. 3.28 mit den jeweils relevanten Parametern der einzelnen Verarbeitungsschritte (Blöcke).

Aufgabe 3.9
Das Signal einer EKG-Aufnahme wird mit der Abtastfrequenz von 1000 Hz digitalisiert. Durch das Energieversorgungsnetz wird eine Störkomponente bei 50 Hz (Netzbrummen) eingestreut. Die Störung soll im DFT-Spektrum unterdrückt werden.

a) Welche normierte Kreisfrequenz hat die Störung?
b) Wie groß ist die Frequenzauflösung bezüglich des zeitkontinuierlichen Signals, wenn die DFT-Länge 128 beträgt?
c) Kann die Störung im DFT-Spektrum durch Nullsetzen eines DFT-Koeffizienten unterdrückt werden? Wenn nicht, was müsste geändert werden, damit dies möglich wird?

Aufgabe 3.10
Unter welchen idealen Voraussetzungen kann die DFT zur Bestimmung der Fourier-Koeffizienten eines analogen Signals eingesetzt werden?

3.4 Audiocodierung

Die Audiocodierung liefert ein typisches Beispiel dafür, wie in der digitalen Signalverarbeitung Theorie und Anwendung eng miteinander verknüpft sind und wie in der Nachrichtentechnik maßgeschneiderte Lösungen erarbeitet werden. Der Abschnitt beginnt mit der Sprachcodierung für die Telefonie, der Pulse Code Modulation (PCM). Sie gibt Antwort auf die Frage, wie die analoge Telefonie effizient durch die digitale ersetzt werden kann. Danach richtet sich der Blick auf die moderne Audiocodierung. Dem Rahmen einer Einführung angemessen, werden die grundlegenden, bleibenden Ideen in den Vordergrund gestellt.

3.4.1 PCM in der Telefonie

Mit dem Modell des Quantisierungsgeräusches in Abschn. 3.1.3 wird der Einfluss der Quantisierung auf die Übertragungsqualität durch Berechnen und Messen des Signal-Quantisierungsgeräusch-Verhältnisses (SNR) abgeschätzt. Nun soll die frühere Frage wieder aufgegriffen und beantwortet werden: Wie viele Bits werden in der Telefonie zur Darstellung eines Abtastwerts benötigt?

Abschätzung der Wortlänge

Zunächst ist der Zusammenhang zwischen der Rechen- und Messgröße SNR (Planungsgröße) und der Qualität des *Höreindrucks* (Kundenzufriedenheit) herzustellen. Dazu wurden im Rahmen der weltweiten Standardisierung umfangreiche Hörtests vorgenommen. Dabei wurde auch der Einfluss der Bandbegrenzung untersucht. Bei üblicher Nutzung sind für die Qualität das SNR und die *Dynamik* bedeutsam:

Das Verhältnis von Störsignalamplitude zu Nutzsignalamplitude soll 5 % nicht überschreiten. Für das SNR heißt das

$$\left(\frac{S}{N}\right)_{dB} \geq 10 \cdot \log_{10}\left(\frac{1}{0{,}05}\right)^2 dB \approx 26\,dB.$$

Die notwendige Übertragungsqualität von mindestens 26 dB an SNR soll auch bei leisen Sprechern, also über einen hinreichend großen Aussteuerungsbereich, gewährleistet sein. Weil (ursprünglich) die Analog-Digital-Umsetzer aus Kostengründen in den Ortsvermittlungsstellen für den geteilten Betrieb vorzusehen sind, ist insbesondere die Signaldämpfung auf den Teilnehmeranschlussleitungen zu berücksichtigen. Da diese bis zu einigen Kilometern langen sein können, ist eine Dynamikreserve von 40 dB vorzusehen.

Anmerkungen

- Zu den Anforderungen im SNR siehe auch das nach E. H. Weber (1795–1878) und G. Th. Fechner (1801–1887) benannte *Weber-Fechner-Gesetz*, nach dem die Intensität einer (Sinnes-)Empfindung dem Logarithmus des Reizes proportional ist.

Abb. 3.34 SNR in Abhängigkeit von der Signalleistung S
bei der Wortlänge von 11 bit

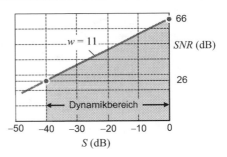

- Findet die Digitalisierung erst in der Ortsvermittlungsstelle statt, z. B. bei der analogen Anschlusstechnik, so werden den Analog-Digital-Umsetzern je nach Zuleitungslänge stark unterschiedlich ausgesteuerte Signale angeboten. Die Dynamikreserve von 40 dB entspricht einer Anschlusslänge von 4,2 km bei einer Leitung mit Aderndurchmesser von 0,4 mm und 8–10,2 km bei 0,6 mm (Kanbach und Körber 1999; Lochmann 2002).

Die Überlegungen zum SNR und der Dynamik fasst Abb. 3.34 zusammen. Aufgetragen ist das *SNR* über der Signalleistung S jeweils in dB. An der unteren Grenze des Aussteuerungsbereichs, bei −40 dB, wird ein *SNR* von 26 dB gefordert. An der oberen Grenze, d. h. Vollaussteuerung bei 0 dB, ist die Signalleistung um 40 dB größer. Da die Leistung des Quantisierungsgeräuschs nur von der Quantisierungsintervallbreite abhängt, ändert sich diese nicht. Die 40 dB mehr an Signalleistung gehen vollständig in das *SNR* ein. Man erhält 66 dB bei Vollaussteuerung. Mit der 6 dB-pro-Bit-Regel findet man als notwendige Wortlänge 11 bit.

In der Telefonie werden tatsächlich 64 kbit/s bei der Abtastfrequenz 8 kHz, also nur 8 bit Wortlänge verwendet. Um dies ohne deutlichen Qualitätsverlust zu bewerkstelligen, wird dort die gleichförmige Quantisierung durch einen Kunstgriff, die Kompandierung, ergänzt.

Kompandierung

Den Anstoß zur *Kompandierung* liefert die Erfahrung, dass die Qualität des Höreindrucks von der relativen Lautstärke der Störung abhängt. Je größer die Lautstärke des Nachrichtensignals, umso größer darf die Lautstärke der Störung sein.

Anmerkungen

- Dieser Effekt wird Verdeckungseffekt genannt. Er bildet eine wichtige Grundlage der modernen Audiocodierung.
- Vgl. auch *stevenssche Potenzfunktion* für die Sinneswahrnehmung, S. S. Stevens (1906–1973).

Abb. 3.35 Kompandierung für
die Pulse-Code-Modulation

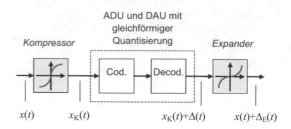

Diese Erfahrung und die Beobachtung in Abb. 3.34, dass das SNR bei der Quantisierung mit 11 Bit bei guter Aussteuerung die geforderten 26 dB weit übersteigt, motivieren dazu, eine ungleichförmige Quantisierung vorzunehmen: Betragsmäßig große Signalwerte werden gröber dargestellt als betragsmäßig kleine Signalwerte.

Eine solche ungleichförmige Quantisierung lässt sich mit der in Abb. 3.35 gezeigten Kombination aus einer nichtlinearen Abbildung und einer gleichförmigen Quantisierung erreichen. Vor die eigentliche Quantisierung im Sender wird der *Kompressor* geschaltet. Er schwächt die betragsmäßig großen Signalwerte ab und verstärkt die betragsmäßig kleinen. Danach schließt sich eine gleichförmige Quantisierung an, eine Codierung mit fester Wortlänge. Bei der DAU im Empfänger wird das gleichförmig quantisierte Signal rekonstruiert. Dabei entsteht zusätzlich das analoge Fehlersignal. Zum Schluss wird im *Expander* die Kompression rückgängig gemacht. Da die Expanderkennlinie invers zur Kompressorkennlinie ist, wird idealerweise das Nutzsignal durch die Kompandierung nicht verändert.

Dies gilt nicht für das Fehlersignal. Im besonders kritischen Bereich betragsmäßig kleiner Nutzsignalanteile wird das Fehlersignal abgeschwächt. Im Bereich betragsmäßig großer Nutzsignalanteile wird es zwar mit verstärkt, aber nicht als störend empfunden. Die Anwendung der Kombination aus Kompressor und Expander heißt *Kompandierung*.

Die Kompandierung ist durch die ITU (G.711) standardisiert. Als Kompressorkennlinie wird in Europa die *A-Kennlinie* und in Nordamerika und Japan die *μ-Kennlinie* verwendet. Die Kennlinien sind so festgelegt, dass das SNR in einem weiten Aussteuerungsbereich konstant bleibt. Beide Kompressorkennlinien sind sehr ähnlich und orientieren sich an der Logarithmusfunktion. Man spricht deshalb auch von der *logarithmischen PCM*.

Anmerkung

- Die Kompandierung ist vergleichbar mit der Preemphase und der Deemphase bei der FM-Übertragung im Rundfunk oder der Magnetbandaufzeichnung.

13-Segment-Kennlinie

Eine mögliche Realisierung der Kompandierung geschieht aufwandsgünstig mit der *13-Segment-Kennlinie* in Abb. 3.36. Das Bild zeigt den positiven Ast der symmetrischen Kompressorkennlinie mit sieben Segmenten. Die insgesamt 13 Segmente ergeben sich aus den sieben Segmenten mit verschiedenen Steigungen in Abb. 3.36 und den nicht gezeig-

Abb. 3.36 13-Segment-Kennlinie (positiver Ast)

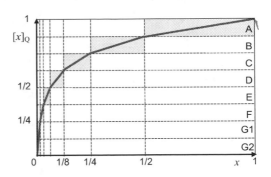

ten korrespondierenden sechs Segmenten im negativen Ast. Der linear durch null gehende Abschnitt wird nur einmal gezählt.

Der Aussteuerungsbereich des Signals wird wieder auf $[-1, +1]$ normiert. Der Quantisierungsbereich von null bis eins wird in die acht Segmente A bis G2 unterteilt. Die Einteilung geschieht folgendermaßen: Beginnend für große Signalwerte bei A mit der Segmentbreite von $\frac{1}{2}$ wird die Breite für die nachfolgenden Segmente jeweils halbiert. Nur die Breiten der beiden G-Segmente sind mit $\frac{1}{128}$ gleich.

In jedem Segment wird mit 16 gleich großen Quantisierungsintervallen gleichförmig quantisiert. Dies hat den praktischen Vorteil, dass nur ein einziger Analog-Digital-Umsetzer mit 4 bit-Auflösung benötigt wird. Das Eingangssignal wird durch einen Verstärker jeweils an den Aussteuerungsbereich des Analog-Digital-Umsetzers angepasst. Der jeweils verwendete Verstärkungsfaktor ist charakteristisch für das Segment und liefert mit dem Vorzeichen die restlichen vier Bits zum Codewort.

Da die Segmente unterschiedlich breit sind, unterscheiden sich auch die Breiten der Quantisierungsintervalle von Segment zu Segment. Die Werte für die einzelnen Segmente sind in Tab. 3.5 zusammengestellt.

Die Modellrechnung nach der 6 dB-pro-Bit-Regel zeigt den Gewinn durch die ungleichmäßige Quantisierung auf. Zunächst wird in Tab. 3.5 über den Zusammenhang zwischen der Quantisierungsintervallbreite und der Wortlänge bei gleichförmiger Quantisierung jedem Segment eine *effektive Wortlänge* w_{eff} zugeordnet. Betrachtet man beispielsweise das A-Segment mit $w_{\text{eff}} = 6$, so resultiert aus der 6 dB-pro-Bit-Regel die SNR-Abschätzung mit 36 dB in der Tabelle. Da beim Wechsel zum nächsten Segment jeweils sowohl der Aussteuerungsbereich als auch die Quantisierungsintervallbreite hal-

Tab. 3.5 Quantisierungsintervallbreiten der 13-Segment-Kennlinie, effektive Wortlänge w_{eff} und *SNR*-Abschätzung mit der 6 dB-pro-Bit-Regel

Segment	A	B	C	D	E	F	G1	G2
Q	2^{-5}	2^{-6}	2^{-7}	2^{-8}	2^{-9}	2^{-10}	2^{-11}	2^{-11}
w_{eff} (bit)	6	7	8	9	10	11	12	12
SNR	30–36 dB							

Abb. 3.37 SNR in Abhängigkeit von der Signalleistung S im Dynamikbereich von 0 bis -40 dB bei Wortlänge w von 6 bit (*rechts*) bis 12 bit (*links*; Modellrechnung)

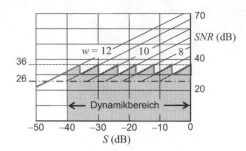

biert werden, liefert die SNR-Abschätzung stets einen Wert zwischen 30 und 36 dB. Nur bei sehr kleiner Aussteuerung, außerhalb des zulässigen Dynamikbereichs, ist die Abschätzung nicht mehr gültig.

Das Ergebnis der Modellrechnung veranschaulicht Abb. 3.37. Darin ist wieder das SNR über der Signalleistung aufgetragen. Diesmal als Kurvenschar in Abhängigkeit von der (effektiven) Wortlänge. Bei der Quantisierung mit der 13-Segment-Kennlinie wird aussteuerungsabhängig die effektive Wortlänge gewechselt, sodass die Qualitätsanforderung von mindestens 26 dB im gesamten Dynamikbereich erfüllt wird. Die insgesamt benötigte Wortlänge bestimmt sich aus der binären Codierung der Zahl der Quantisierungsintervalle pro Segment (16) mal der Zahl der Segmente pro Ast (8) mal der Zahl der Äste (2) zu

$$w = \log_2 (16 \cdot 8 \cdot 2) = 8 \, (\text{bit}) \,.$$

Die benötigte Wortlänge kann demzufolge durch den Einsatz der 13-Segment-Kennlinie ohne unzulässige Qualitätseinbuße auf 8 Bit reduziert werden.

Die durch die Modellrechnung gefundene Abschätzung des SNR wird durch experimentelle Untersuchungen bestätigt. In Abb. 3.38 sind die Ergebnisse einer Simulation für eine Sprachprobe eines Radiosprechers und einer Radiosprecherin dargestellt. Die Sprachprobe umfasst 54 s und wurde mit 16 bit Wortlänge und 44,1 kHz Abtastfrequenz aufgenommen. Die normierte Leistung der Sprachprobe bei Vollaussteuerung ist etwa $-13{,}8$ dB. Die relativ geringe Leistung ist typisch für Sprache, da sie viele Mikro-Pausen enthält (s. Abb. 3.39).

Die Abb. 3.38 zeigt, dass für Signalleistungen im Bereich von etwa -50 bis -10 dB das SNR die Toleranz von 26 dB übersteigt. Damit stellt sich der geforderte Dynamikbereich von etwa 40 dB ein. Darüber hinaus zeigt sich über einen weiten Aussteuerungsbereich ein SNR mit über 36 dB. Der Vergleich mit Abb. 3.37 macht deutlich, wie gut die vereinfachte Modellrechnung mit dem tatsächlich gemessenen SNR harmoniert. Für kleinere und größere Werte der Signalleistung setzt die Degradation durch die Untersteuerung bzw. die Übersteuerung ein. Zusätzlich eingetragen ist das SNR für die gleichförmige Quantisierung mit der Wortlänge von 8 bit. Wie erwartet nimmt das SNR quasi linear mit zunehmender Signalleistung zu, bis es zu Übersteuerungen kommt.

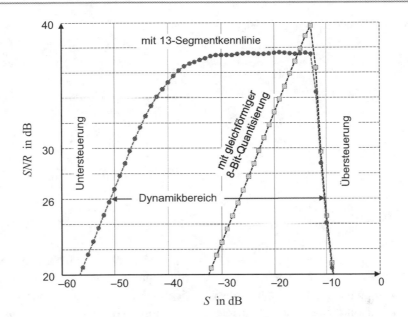

Abb. 3.38 SNR in Abhängigkeit von der Signalleistung S bei Quantisierung mit der 13-Segment-Kennlinie (Simulation mit Sprache)

Abb. 3.39 Relative Häufigkeit der Sprachsignalamplituden

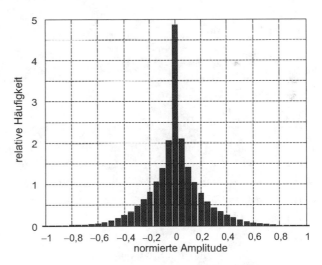

Die Qualität der logarithmischen PCM wurde durch ausführliche Hörtests überprüft. Für die Einstufung als „gut mit der Tendenz zu sehr gut" werden 4,3 Mean-Opinion-Score(MOS)-Punkte vergeben (Vary et. al 1998, S. 503).

War ein Analog-Digital-Umsetzer bei der Einführung der PCM-Technik in den 1960er-Jahren teuer, so ist heute im Audiobereich ein Analog-Digital-Umsetzer mit 12 Bits an

Tab. 3.6 Logarithmische PCM-Codierung

Segment	Wertebereich	Gleichförmige Quantisierung mit $w = 12(\text{bit})$ und einem Vorzeichenbit V	PCM-Format mit einem Vorzeichenbit V und Segmentanzeige
A (7)	$2^{-1} \leq \|x\| < 1$	V 1 **XXX X** — —	V 111 **XXXX**
B (6)	$2^{-2} \leq \|x\| < 2^{-1}$	V 01 **XX XX** – —	V 110 **XXXX**
C (5)	$2^{-3} \leq \|x\| < 2^{-2}$	V 001 **X XXX** - —	V 101 **XXXX**
D (4)	$2^{-4} \leq \|x\| < 2^{-3}$	V 0001 **XXXX** —	V 100 **XXXX**
E (3)	$2^{-5} \leq \|x\| < 2^{-4}$	V 0000 1 **XXX X** –	V 011 **XXXX**
F (2)	$2^{-6} \leq \|x\| < 2^{-5}$	V 0000 01 **XX XX** -	V 010 **XXXX**
G1 (1)	$2^{-7} \leq \|x\| < 2^{-6}$	V 0000 001 **X XXX**	V 001 **XXXX**
G2 (0)	$0 \ \ \leq \|x\| < 2^{-7}$	V 0000 000 **X XXX**	V 000 **XXXX**

Wortlänge ein preiswertes Massenprodukt. Es werden deshalb heute für die Kompandierung 12 Bit-Analog-Digital-Umsetzer verwendet und die Wortlänge durch anschließende Codeumsetzung reduziert. Die Tab. 3.6 verdeutlicht die Codierungsvorschrift. Im PCM-Format werden mit einem Bit das Vorzeichen V und mit 3 Bits das Segment angezeigt. Die führenden vier relevanten Bits der gleichförmigen Quantisierung werden jeweils übernommen.

⯈ PCM-Sprachtelefonie

- Abtastfrequenz $f_A = 8\,\text{kHz}$
- Wortlänge $w = 8(\text{bit})$
- Bitrate $R_b = 64\,\text{kbit/s}$
- Qualität 4,3 MOS

Zum Schluss wird die Bandbreite bei der PCM-Übertragung und der herkömmlichen analogen Übertragung verglichen. Während bei letzterer nur etwa 4 kHz benötigt werden, erfordert die binäre Übertragung des PCM-Bitstroms im Basisband eine (Nyquist-)Bandbreite von etwa 32 kHz. Die größere Bandbreite wird durch eine größere Störfestigkeit belohnt.

Die PCM-Sprachübertragung wurde in den 1960er-Jahren zunächst im Telefonfernverkehr eingeführt und war Grundlage für die Wahl der Datenrate der ISDN-Basiskanäle (B) von 64 kbit/s. Moderne Sprachcodierverfahren berücksichtigen zusätzlich die statistischen Bindungen im Sprachsignal sowie psychoakustische Modelle des menschlichen Hörens. Der Sprachcodierer, nach ITU-G.729-Standard von 1996, ermöglicht Telefonsprache bei der PCM-üblichen Hörqualität mit einer Datenrate von 8 kbit/s zu übertragen. Damit lassen sich theoretisch bis zu acht Telefongespräche gleichzeitig auf einem ISDN-Basiskanal übertragen.

Anmerkungen

- Der Wunsch nach einer noch effektiveren Codierung der Nachrichten ist auch nach 50 Jahren noch aktuell: Einerseits sind Bildtelefonie und Übertragung von Musik- oder Videoinhalten für die Bürger in Städten selbstverständlich, andererseits verfügen ländliche Gebiete oft nur über herkömmliche Telefonanschlüsse, sodass ohne effektive Codierung die digitale Spaltung der Regionen droht.
- Moderne Audiocodierung kann auch dazu benutzt werden, in der Bildtelefonie und bei Videokonferenzen eine hörbar bessere Audioqualität zur Verfügung zu stellen, wie z. B. die Audiobandbreite von 50 Hz bis 7(14) kHz bei dem Sprachcodec ITU-T G722.1 von 1999 (2005). Mit der voranschreitenden Umstellung der Telefonie auf Voice over Internet Protocol (VoIP) bietet sich auch die Chance für eine Verbreitung der höheren Sprachqualität in der Telefonie.
- In Tab. 3.6 wird deutlich, dass die logarithmische PCM als eine Quantisierung im Gleitkommaformat gedeutet werden kann. Die Segmentanzeige übernimmt dabei die Rolle des Exponenten (Zölzer 2005).

Aufgabe 3.11

Das Audiosignal eines Stereokanals für die Übertragung mit dem digitalen Hörrundfunk (Digital Audio Broadcasting, DAB) wird mit einer Abtastfrequenz von $f_A = 48$ kHz und einer Wortlänge von 16 Bit digitalisiert.

a) Wie groß darf die Frequenz eines Tons im Audiosignal höchstens sein, damit zumindest theoretisch und ohne Berücksichtigung der Quantisierung eine fehlerfreie Rekonstruktion anhand der Abtastwerte möglich ist?
b) Schätzen Sie das Signal-Quantisierungsgeräusch-Verhältnis in dB ab.
c) Diskutieren Sie die Schätzung in b). Welcher Wert könnte sich bei einer Rundfunk-nachrichtensendung beispielsweise einstellen?

Aufgabe 3.12

Wie groß sind die Abtastfrequenz f_A, die Wortlänge w und die Bitrate R_b der üblichen PCM-Sprachübertragung in der Telefonie?

Aufgabe 3.13

Die Sound-Card eines Multimedia-PC bietet drei Optionen für die Audioaufnahme an: Telefonqualität ($f_A = 11{,}025$ kHz, PCM 8 Bit, Mono), Rundfunkqualität ($f_A = 22{,}05$ kHz, PCM 8 Bit, Mono) und CD-AD-Qualität ($f_A = 44{,}1$ kHz, PCM 16 Bit, Stereo).

a) Wie groß darf in den drei Fällen die maximale Frequenz f_{max} im Audiosignal sein, damit das Abtasttheorem nicht verletzt wird?

b) Schätzen Sie das Signal-Quantisierungsgeräusch-Verhältnis in dB für die drei Optionen ab.

c) Welche Bitrate besitzen die von der Sound-Card für die drei Optionen jeweils erzeugten Bitströme?

d) Zur Speicherung der Aufnahmedaten steht eine Harddisk mit einem Gigabyte freiem Speicher bereit. Wie viele Sekunden des Audiosignals können je nach ausgewählter Option aufgezeichnet werden?

Aufgabe 3.14

Stellen Sie die Zahlenwerte in der folgenden Tabelle in den angegebenen Festkommaformaten dar.

PCM-Codierung

x_d	Gleichförmige Quantisierung mit $w = 12$ bit und Vorzeichen V	PCM-Format ($w = 8$ bit)
0,8		
−0,4		
0,25		
0,001		

$V = 1$ für $x \geq 0$

3.4.2 Moderne Audiocodierung

Das Beispiel des MP3-Players zeigt, wie die moderne *Audiocodierung* die digitale Signalverarbeitung mit bezahlbarer Mikroelektronik verbindet. Audiosignale werden bei vorgegebener Qualität so dargestellt, dass sie mit möglichst geringem Umfang gespeichert und übertragen werden können. Man spricht von einer *Datenkompression*. Erst sie macht Anwendungen wie die tragbaren MP3-Player oder das Internetradio über den ISDN-Teilnehmeranschluss oder Handy möglich. Je nach Anwendung werden *Kompressionsfaktoren* von etwa 10 bis 20 erzielt. In vielen Fällen kann ohne hörbare Qualitätseinbußen der Audiobitstrom einer Compact Disc (CD-DA, $f_A = 44{,}1\,kHz$, 16 Bit, Stereo) von $1411{,}2\,kbit/s$ auf 64–$128\,kbit/s$ reduziert werden.

Im Folgenden werden die grundlegenden psychoakustischen Effekte der wahrnehmungsbasierten Audiocodierung („conceptual audio coding"), aufgezeigt und die Audiocodierung nach *MPEG-1 Layer III* vorgestellt. Die Audiocodierung ist allgemein bekannt als MP3, was sich aus der 1995 eingeführten Dateiendung „.mp3" ableitet. Erste MP3-Produkte erschienen ab 1998 im Markt. Die MP3-Codierung liefert auch für geübte Testhörer einen der CD-AD vergleichbaren Höreindruck ab etwa $192\,kbit/s$, also eine Datenkompression um etwas mehr als den Faktor sieben.

MPEG-1 steht für das 1992 standardisierte Verfahren ISO/IEC 11172-3 der International Standard Organization (ISO) und International Electrotechnical Commission (IEC). Grundlage sind die Arbeiten zum Filmton der Motion Picture Experts Group (MPEG). Weiterentwicklungen sind MPEG-2 (1994) und MPEG-4 (1999; Benesty et al. 2008). Neben der Anpassung an neue Anwendungsfelder (Mehrkanalsysteme, Mobilkommunikation usw.) sind zwei Innovationen hervorzuheben: das *Advanced Audio Coding* (AAC 1997) und die *Spectral Band Replication* (SBR 2002). Beide erlauben im Vergleich zu MP3 nochmals eine deutliche Datenkompression bei etwa gleicher Qualität (Herre und Dietz 2008).

Die Audiocodierung liefert auch ein interessantes Beispiel der wechselseitigen Abhängigkeit von technologischem Fortschritt und wirtschaftlichen Interessen. Die Entwicklung der Audiocodierung wird wesentlich beeinflusst von den im Konsumentenmarkt erzielbaren Preisen. Letztere setzen der Komplexität der digitalen Signalverarbeitung Grenzen, die aber, entsprechend dem moorschen Gesetz, rasch expandieren. Während im Konsumbereich stets neue Geräte abgesetzt werden sollen, ist das in der professionellen Audiotechnik anders. In Ton- und Filmaufnahmestudios für Rundfunk und Fernsehen und im Kino findet man den Wunsch nach Sicherung der Investitionen, nach Abwärtskompatibilität und Beständigkeit. Nicht zu unterschätzen ist ferner der Einfluss von Firmen und Konsortien, die nach einer marktbeherrschenden Position streben.

Psychoakustische Effekte

Grundlage der Kompression durch die wahrnehmungsbasierten Audiocodierverfahren ist die Orientierung am Nachrichtenempfänger, dem Menschen. Statt das mit dem Mikrofon aufgenommene Audiosignal möglichst genau wiederherzustellen, wird nur der Anteil codiert, der einen Einfluss auf den Höreindruck hat. Man spricht von *verlustloser* bzw. wie im Folgenden von *verlustbehafteter Codierung*.

Das menschliche Gehör nimmt nur Geräusche war, die in einem Frequenzbereich von etwa 20 Hz bis 20 kHz liegen und Schalldruckpegel in einem bestimmten Bereich aufweisen, also im *Hörbereich* des Menschen liegen. Die Abb. 3.40 fasst hierzu experimentelle Ergebnisse zusammen. Erst wenn der Schalldruckpegel des Eintonsignals die *Hörschwelle* überschreitet, wird der Ton wahrgenommen. Die Hörschwelle ist frequenzabhängig. Am besten werden Töne zwischen 1 und 4 kHz wahrgenommen.

Untersuchungen mit Mehrtonsignalen zeigen, dass unter bestimmten Umständen auch Töne über der Hörschwelle in Abb. 3.40 nicht wahrgenommen werden. Man spricht vom Verdeckungs- oder *Maskierungseffekt*. Der Maskierungseffekt ist sowohl frequenz- als auch zeitabhängig.

Den Maskierungseffekt im Frequenzbereich verdeutlicht Abb. 3.41 anhand dreier schmalbandiger Rauschsignale und ihrer Mithörschwellen. Tritt beispielsweise ein schmalbandiges Rauschsignal um die Frequenz von 1 kHz auf, dann werden Töne mit ähnlichen Frequenzen verdeckt, wenn ihre Lautstärken unterhalb der Mithörschwelle liegen; in Abb. 3.41 im grau hinterlegten Bereich. Folglich können bei der Audiocodierung die entsprechenden Signalanteile weggelassen werden; eine *Irrelevanzreduktion* wird durchgeführt.

Eine zeitliche Maskierung tritt nach einem lauten Geräusch auf. Erst nach einiger Zeit können leisere Geräusche wieder wahrgenommen werden. Man spricht von der *Nachmaskierung*. Sie nimmt mit der Zeit schnell ab und dauert etwa 150–200 ms. Die Abb. 3.42 stellt den Effekt schematisch dar. Überraschenderweise gibt es auch eine *Vormaskierung*.

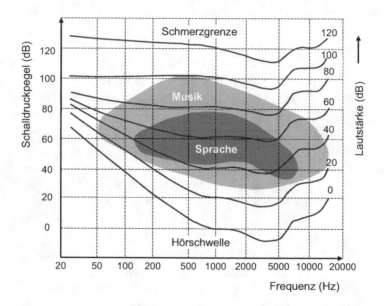

Abb. 3.40 Hörbereich des Menschen – Schalldruck und Lautstärke über der Frequenz (nach Brockhaus 2009)

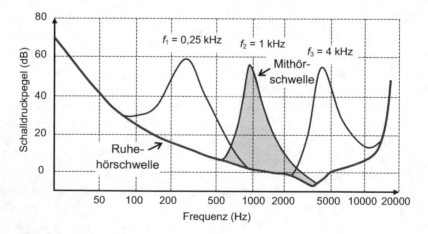

Abb. 3.41 Maskierung im Frequenzbereich: Ruhehörschwelle und Mithörschwelle bei Anregung mit Schmalbandrauschen (nach Zwicker 1982 in Reimers 2005, S. 41)

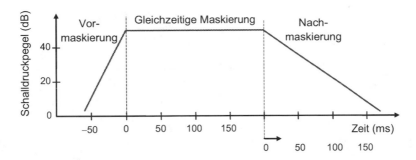

Abb. 3.42 Maskierung im Zeitbereich (nach Zwicker 1982 in Reimers 2005, S. 44)

Sie erklärt sich aus den Signallaufzeiten im Gehörorgan und der verzögerten Verarbeitung im Gehirn. Dadurch können Signalanteil scheinbar andere überholen. Vor- und Nachmaskierung führen zu Irrelevanzen, die zur Datenreduktion weggelassen werden können.

Anmerkungen

- Die Abb. 3.40 gibt Auskunft über den enormen Dynamikbereich des menschlichen Hörens von über 100 dB. Eine Faustregel sagt, dass eine Zunahme des Schallpegels um 10 dB etwa einer Verdopplung der wahrgenommenen Lautstärke entspricht.
- Die Wahrnehmungspsychologie kennt den Moment (Elementarzeit) als das kürzeste Zeitintervall, in der man Ereignisse, wie zwei kurze Töne, unterscheiden kann (nach K. E. Baer [1792–1876] etwa 1/18 Sekunde) und die psychische Präsenzzeit (Gegenwartsdauer) als die Zeit in der Vergangenes noch bewusst ist (nach W. Stern [1871–1938] etwa 4–6 s).

Audiocodierung für MPEG-1 Layer III

Die digitale Signalverarbeitung ermöglicht, die besonderen Eigenschaften des menschlichen Gehörs zur Datenreduktion zu nutzen. Die Maskierungseffekte im Frequenz- und im Zeitbereich legen eine blockorientierte Signalverarbeitung im Frequenzbereich nahe, ähnlich der Kurzzeitspektralanalyse mit der DFT/FFT in Abschn. 3.3.3. Die Anleitung zur Codierung der Blöcke liefert ein *psychoakustisches Modell*, das den Einfluss der Codierung auf den Höreindruck beschreibt. Damit wird der Empfänger in die Codierung im Encoder einbezogen. Man spricht von einer *Analyse durch Synthese*.

Die Abb. 3.43 zeigt das vereinfachte Blockdiagramm des Encoders. Den Ausgangspunkt bildet ein digitales Audiosignal in mono, das üblicherweise bei einer Abtastfrequenz von 48 kHz mit 16 Bits gleichförmig PCM-codiert ist, also eine Bitrate von 768 kbit/s aufweist.

Im ersten Codierungsschritt wird das Audiosignal mit einer Filterbank in 32 Teilbänder spektral zerlegt. Die Filterbank liefert 32 Teilbandsignale. Im nachfolgenden Block MDCT wird die spektrale Aufteilung weiter verfeinert. Jedes Teilbandsignal wird in 18 Subbänder zerlegt, sodass insgesamt 576 Subbänder entstehen. Zur Anwendung

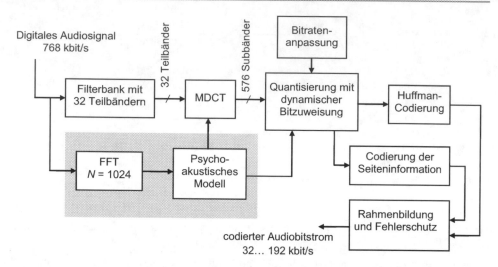

Abb. 3.43 Blockdiagramm des Encoders für die Audiocodierung nach MPEG-1 Layer III (Mono)

kommt die *modifizierte diskrete Kosinus-Transformation* (MDCT, „modified discrete cosine transform"), die mit der DFT eng verwandt ist.

Parallel wird zum Audiosignal mit einer FFT der Länge 1024 das Kurzzeitspektrum in relativ hoher Frequenzauflösung berechnet. Das Kurzzeitspektrum beschreibt den momentanen Zustand des Audiosignals, wie er für die psychoakustische Bewertung, die Berechnung der Mithörschwellen, benötigt wird.

Die Codierung mit Datenkompression wird im Block Quantisierung mit dynamischer Bitzuweisung vorgenommen. Die Datenkompression beruht darauf, dass jedem Teilsignal der 576 Subbänder zu seiner Darstellung so wenige Bits wie möglich zugeteilt werden, sodass die Quantisierungsfehler gerade noch unterhalb der Mithörschwellen bleiben. Dabei werden auch zeitliche Verdeckungseffekte berücksichtigt.

Die Bitratenanpassung beachtet äußere Vorgaben, beispielsweise die Zielbitrate des codierten Audiobitstroms.

Nach der Irrelevanzreduktion schließt sich eine *Huffman-Codierung* an. Dabei werden Redundanzen im Signal (Bitstrom) zur weiteren Datenkompression genutzt. Man spricht auch von einer Entropiecodierung. Die Seiteninformation, das sind Daten, die zur Steuerung der Decodierung im Empfänger benötigt werden, wird gesondert behandelt.

Abschließend werden alle Daten in standardgemäße Rahmen gepackt und zusätzlich mit 16 Redundanzbits eines *Cyclic-Redundancy-Check(CRC)-Codes* zur Erkennung von Übertragungsfehlern versehen. Je nach gewünschter Qualität, Zielbitrate, entsteht so ein genormter Audiobitstrom mit einer Bitrate von 32 bis 196 kbit/s.

In Erweiterung des vorgestellten Verfahrens wird nach MPEG-1 Layer III die Quantisierung mit dynamischer Bitzuweisung iterativ vorgenommen. Darüber hinaus wird eine Bitreservoirtechnik zur Codierung schwieriger Passagen eingesetzt. Das heißt, bei einfach

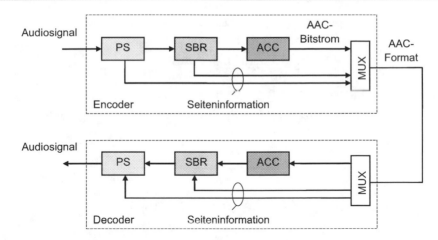

Abb. 3.44 Aufbau des HE-AAC

zu codierenden Blöcken werden nicht alle verfügbaren Bits benutzt, sondern einige Bits für schwierig zu codierende Blöcke angespart. Eine Intensitäts- und Stereocodierung ist vorgesehen.

High Efficiency Advanced Audio Codec

Fortschritte in der Audiocodierung haben die ISO/IEC im Jahre 2006 veranlasst, den *High Efficiency Advanced Audio Codec* in der Version 2 (HE-AAC v2) zu standardisieren. Er findet heute breite Unterstützung durch viele Multimediaplattformen im Internet.

Die technischen Einzelheiten würden hier den Rahmen sprengen (Benesty et al. 2008; Herre und Dietz 2008). Es kommen jedoch zwei Aspekte zum Tragen, die auch in anderen Bereichen der Informationstechnik eine wichtige Rolle spielen und deshalb hier herausgestellt werden: die Kompatibilität und die Skalierbarkeit.

Der Aufbau des HE-AAC Codec ist in Abb. 3.44 zu sehen. Im Encoder und Decoder wird, ähnlich den Schalen einer Zwiebel, der ACC-LC-Kern (LC, „low complexity") durch zwei Erweiterungen umgeben: der Module zur Verbesserung des reproduzierten Spektrums (SBR, „spectral band replication bandwidth enhancement tool") und zur Komprimierung von Stereosignalen (PS, „parametric stereo compression tool").

Im Encoder sind drei Betriebsarten möglich:

- AAC-LC-Codierung;
- HE-AAC v1 (ACC-Codierung mit SBR-Vorverarbeitung);
- und HE-AAC v2 (ACC-Codierung mit SBR- und PS-Vorverarbeitung).

Man kann deshalb auch von der AAC-Codec-Familie sprechen.

Beim HE-AAC-v2-Encoder wird das Audiosignal dem PS-Modul zugeführt. Das PS-Modul berücksichtigt die Abhängigkeiten zwischen den Stereosignalen und erhöht so die

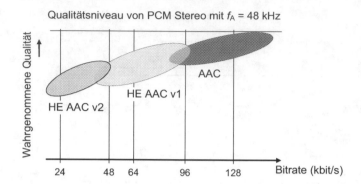

Abb. 3.45 Qualitätseindruck und Bitraten des HE-AAC (nach Herre und Dietz 2008)

Effizienz der Komprimierung. Dabei erzeugte Daten müssen zusätzlich als Seiteninformation übertragen werden, was einen zusätzlichen Bitstrom von einigen Kilobit pro Sekunde bedingt.

Das vorverarbeitete Audiosignal wird zum SBR-Modul geleitet, das die Abhängigkeiten zwischen dem unteren und oberen Teil des Spektrums zur Komprimierung nützt. Auch hier entsteht Seiteninformation mit einem Bitstrom von etwa 2 bis 3 kbit/s.

Das zweimal vorverarbeitete Audiosignal wird schließlich AAC-LC-codiert. Der ACC-Bitstrom und die Seiteninformationen werden zu einem AAC-Standard-kompatiblen Datenstrom zusammengeführt, in Abb. 3.44 durch den Multiplexer (MUX) angedeutet.

Aus dem AAC-konformen Bitstrom wird im Decoder wieder ein Audiosignal erzeugt. Das Audiosignal am Decoderausgang weicht mehr oder weniger vom ursprünglichen Audiosignal am Encodereingang ab, wobei der Höreindruck möglichst wenig verfälscht werden soll.

Von besonderem Interesse an der AAC-Codec-Familie ist die realisierte *Kompatibilität*. Da dem Bitstrom das AAC-Format zugrunde liegt, kann der Decoder die Bitströme aller drei Encodervarianten optimal verarbeiten. Darüber hinaus kann auch ein AAC-Decoder die Bitströme der HE-AAC-Encoder zu einem Audiosignal umsetzten – allerdings unterbleibt die SBR- und PS-Nachverarbeitung, sodass mit hörbaren Qualitätseinbußen zu rechnen ist. In der Praxis auch deshalb, weil beim Einsatz der HE-AAC-Encoder die Bitrate des AAC-Anteils i. d. R. relativ niedrig gewählt wird.

Den Zusammenhang zwischen Bitrate und der wahrgenommenen Qualität, dem subjektiven Höreindruck, zeigt Abb. 3.45. Als Referenz nach oben dient die typische Qualität einer Audio-CD (CD-AD). Das Bild weist auf die *Skalierbarkeit* des Codecs hin. Mit der AAC-Codec-Familie wird, je nach gewünschter Qualität, der Bitratenbereich von etwa 24 bis 128 kbit/s abgedeckt. Für die Anwendung wurden Profile definiert, d. h. typische Kombinationen von Einstellung:

- Abtastfrequenz des Audiosignals 24, 48 oder 96 kHz;
- Zahl der Audiokanäle 2 (Stereo) oder 5 (Mehrkanalsystem).

Den Stand der Entwicklung fast der 2012 von MPEG verabschiedete Standard Extended HE-AAC zusammen. Er ist kompatibel zum HE-AAC und bringt in einigen Details weitere Verbesserungen mit sich.

Anmerkung

- Würde man die AAC-Familie in der Telefonie einsetzen, könnte durch den Duplexbetrieb das Profil dynamisch vereinbart werden. Allerdings lässt der Einsatz in der Telefonie nur kurze Signalverzögerungen durch den Codec zu, weshalb der AAC-Codec zum AAC-LD-Codec (aktuell AAC-ELDv2 für Enhanced LD Version 2) weiterentwickelt wurde. Der schnellere Algorithmus wird durch eine etwas geringere Effizienz der Codierung erkauft (Benesty et al. 2008).

Aufgabe 3.15

a) Erklären Sie die Begriffe: verlustlose Codierung, verlustbehaftete Codierung, Irrelevanzreduktion und Redundanzreduktion.
b) Was versteht man in der Audiocodierung unter der Maskierung? Erläutern Sie die Bedeutung der Maskierung.

Aufgabe 3.16
Als Maß für die erreichte Kompression wird üblicherweise das Kompressionsverhältnis („compression ratio") C_R, d. h. das Verhältnis aus der Datenmenge des Originalsignals zur Datenmenge des codierten Signals, verwendet. Schätzen Sie für die AAC-Codierung das Kompressionsverhältnis für die typische Qualität einer CD-AD ab. Um welchen Faktor kann die Kompression verstärkt werden, wenn gewisse Abstriche in der Qualität hingenommen werden.

3.5 Zusammenfassung

Durch die Digitalisierung analoger Signale mithilfe Abtastung und Quantisierung können Informationen aus unserer Umwelt mit den elektronischen Mitteln der Digitaltechnik dargestellt, übertragen, gespeichert und verarbeitet werden. Während bei der Abtastung unter Beachtung des Abtasttheorems das Originalsignal prinzipiell durch die si-Interpolation fehlerfrei rekonstruiert werden kann, ist die Quantisierung i. d. R. irreversibel. Der entstehende Quantisierungsfehler kann jedoch durch die Wortlänge der Zahlendarstellung kontrolliert werden, sodass mit entsprechendem Aufwand in praktischen Anwendungen eine hinreichende Genauigkeit erzielt wird. Zur quantitativen Abschätzung des Quantisierungsfehlers wird das Fehlermodell mit additivem Quantisierungsgeräusch eingeführt und als Gütemaß das Verhältnis der Leistungen des Signals und des Quantisierungsgeräuschs (SNR) gebildet.

Die Digitalisierung analoger Signale führt auf geordnete Folgen und ihre Verarbeitung durch die digitale Signalverarbeitung. Zwei prominente Anwendungen sind die digitalen Filter und die diskrete Fourier-Transformation (DFT). Mit digitalen Mitteln können selektive Filter wie Tiefpässe und Bandpässe mit hohen Sperrdämpfungen realisiert werden. Für die Implementierung bieten sich transversale (FIR-) und rekursive (IIR-) Strukturen an. Die harmonische Analyse von Folgen endlicher Länge mit der DFT öffnet am Digitalrechner einen Zugang zu Spektrum und Methoden aus dem Frequenzbereich. Der enge Zusammenhang zwischen der Fourier-Reihe und der DFT kann beispielsweise zur Klirrfaktoranalyse benutzt werden. Als FFT kann die DFT effizient realisiert und für die Kurzzeitspektralanalyse eingesetzt werden. Dabei bestimmen Abtastfrequenz und DFT-Länge die erzielbare spektrale Auflösung.

Ein interessanter Anwendungsfall ergibt sich bei der Digitalisierung von Telefonsprache. Für sie wird ein SNR von mindestens 26 dB gefordert. Wegen der subjektiven Bewertung des Quantisierungsgeräuschs durch das menschliche Gehör wird eine von der Signalaussteuerung abhängige, ungleichförmige Quantisierung durch Kompandierung angewendet. Es lässt sich die Wortlänge und somit der Aufwand bei gleicher Hörqualität pro Abtastwert von 12 auf 8 Bits reduzieren. Die heute weitverbreiteten Methoden zur Datenkompression für Audio- und Videosignale machen sich ähnliche Überlegungen zunutze, indem sie die physiologischen Voraussetzungen des menschlichen Hörens bzw. Sehens berücksichtigen. Man spricht dann von der wahrnehmungsbasierten Codierung; der SNR-Wert aus der PCM-Codierung ist dann kein Maß mehr für die Güte der Quantisierung. An seine Stelle tritt die Bewertung aus standardisierten Hörtests.

Bei der Codierung von Audio- und Videosignalen wird zwischen den verlustbehafteten und verlustlosen Verfahren, zwischen Irrelevanzreduktion bzw. Redundanzreduktion, unterschieden. Die heute erzielbaren Kompressionsfaktoren, bis etwa 20 im Audiobereich (HE-AAC v2) und bis etwa 50 für Standbilder (Joint Picture Experts Group, JPEG 2000) und darüber hinaus im Videobereich, werden durch die Verbindung von digitaler Signalverarbeitung und wahrnehmungsbasierten Konzepten möglich.

3.6   Lösungen zu den Aufgaben

Lösung 3.1

a) Übersteuerung und granulares Rauschen
b) Die Übersteuerung kann durch eine Sättigungskennlinie abgemildert werden. Bei expliziter Darstellung der Amplitude null tritt kein granulares Rauschen auf.
c) Statische Fehler (Offset-Fehler, Verstärkungsfehler, Missing-code-Fehler) und dynamische Fehler (z. B. Schwankungen der Abtastzeitpunkte aufgrund von Apertur-Jitter)

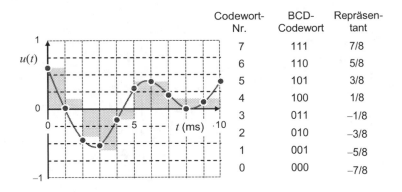

	Codewort-Nr.	BCD-Codewort	Repräsen-tant
	7	111	7/8
	6	110	5/8
	5	101	3/8
	4	100	1/8
	3	011	−1/8
	2	010	−3/8
	1	001	−5/8
	0	000	−7/8

Abb. 3.46 Digitalisierung eines Signals

Lösung 3.2

Signalausschnitt, Codenummern und Codewörter in Abb. 3.46

Bitstrom $\{110, 100, 010, 001, 011, 101, 101, 100, 100, 100, 101\}$

Repräsentanten $\{5/8, 1/8, -3/8, -5/8, -1/8, 3/8, 3/8, 1/8, 1/8, 1/8, 3/8\}$

Interpolierende Treppenfunktion (s. Abb. 3.46).

Lösung 3.3

a) Simulation. Ersetzen eines analogen Filters durch ein digitales Filter nach Analog-Digital-Umsetzung mit anschließender Digital-Analog-Umsetzung, sodass die gewünschte Funktion des analogen Filters erfüllt wird. Dabei werden die Übertragungseigenschaften des analogen Filters (z. B. der Frequenzgang, die Impulsantwort oder die Sprungantwort) durch die digitale Signalverarbeitung mit dem digitalen Filter nachgebildet.

b) Voraussetzungen (ideal). Das analoge Signal ist bandbegrenzt, ADU und DAU sind fehlerfrei und das digitale Filter hat den äquivalenten Frequenzgang wie das analoge Filter.

(Real) Es ist das Abtasttheorem zu beachten und eine ausreichende Wortlänge bei der digitalen Signalverarbeitung bereitzustellen. Ferner sind die Eigenschaften der Analog-Digital- und Digital-Analog-Umsetzer zu berücksichtigen.

c) FIR-Filter. Ein FIR-Filter ist ein digitales, nicht rekursives Filter mit endlich vielen Koeffizienten (endlich lange Impulsantwort, „finite-lenght impulse response"). Für gewöhnlich wird darunter ein digitales Filter in transversaler Struktur verstanden.

d) IIR-Filter. Ein IIR-Filter ist ein rekursives digitales Filter mit (exponentiell abklingender) unendlich langer Impulsantwort („infinit-lenght impulse response"). Für gewöhnlich wird ein digitales Filter mit rekursiver Struktur gemeint.

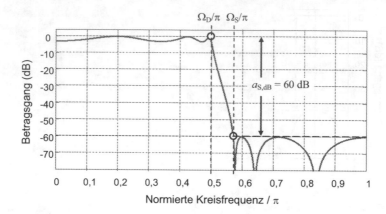

Abb. 3.47 Betragsgang Tiefpass

Lösung 3.4

a) Es handelt sich um einen Tiefpass (s. Abb. 3.47

b) Durchlasskreisfrequenz $\Omega_D = \pi \cdot 0{,}5$; $\delta_{D,dB} = 3\,dB$

c) Sperrkreisfrequenz $\Omega_S = \pi \cdot 0{,}58$; Sperrdämpfung $a_{S,dB} = 60\,dB$ Sperrdämpfung $a_{S,dB} = +60\,dB$; das Maximum des Betragsgangs im Sperrbereich ist $10^{-60/20} = 0{,}001$

d) Sperrfrequenz $f_g = 25\,kHz$; das Spektrum des analogen Signals muss nach der Abtastung im Durchlassbereich des Tiefpasses liegen ($\pi \cong f_{A/2} = 50\,kHz$)

Lösung 3.5

a) Es handelt sich um einen Bandpass, da sowohl tiefe als auch hohe Frequenzen unterdrückt werden (s. Abb. 3.38).

b) Sperrkreisfrequenzen $\Omega_{Su} = \pi \cdot 0{,}28$; $\Omega_{So} = \pi \cdot 0{,}8$

c) Sperrdämpfung $a_{S,dB} = +40\,dB$; das Maximum des Betragsgangs im Sperrbereich ist $10^{-40/20} = 0{,}01$.

d) Sperrfrequenzen $f_{Su} = 2{,}8\,kHz$; $f_{So} = 8\,kHz$; ($\pi \cong f_{A/2} = 10\,kHz$).

Lösung 3.6

a) Ist die DFT-Länge ein ganzzahliges Vielfaches der Periode einer Sinus- oder Kosinusfolge, dann besitzt das DFT-Spektrum genau zwei von null verschiedene DFT-Koeffizienten. Mit der DFT-Länge N und der Signalperiode N_0 und der Vielfachheit $k_0 = N/N_0$ sind das genau die DFT-Koeffizienten $X[k_0]$ und $X[N - k_0]$.

b) DFT und FFT liefern identische Spektren. Die FFT ist nur ein Algorithmus zur effizienten Berechnung der DFT (bei der praktischen Implementierung am Rechner sind Unterschiede wegen numerischer Ungenauigkeiten bei den Rechenoperationen nicht auszuschließen).

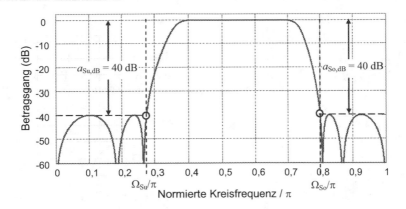

Abb. 3.48 Betragsgang Bandpass

Lösung 3.7

a) Die Kosinusfolge hat die Periode vier, sodass vier Perioden die DFT-Länge 16 ergeben:

$$X[k] = 8 \cdot (\delta[k-4] + \delta[k-12]).$$

b) Die Sinussfolge hat die Periode acht. Es ergeben sich zwei Perioden in der DFT-Länge:

$$X[k] = 8 \cdot j(-\delta[k-2] + \delta[k-14]).$$

c) Das Spektrum der Impulsfolge ist konstant:

$$X[k] = 1.$$

Lösung 3.8
TP: Grenzfrequenz f_g; ADU: Wortlänge w in Bit (Quantisierungskennlinie); Fensterung: Fensterlänge N (Art der Fensterfolge $w[n]$); FFT: DFT-Länge (Algorithmus/Software)

Lösung 3.9

a) Normierte Kreisfrequenz der Störung: $\Omega_s = 2\pi \cdot 50/1000 = 0,1 \cdot \pi$
b) Frequenzauflösung: $\Delta f = 1000\,\text{Hz}/128 \approx 7,8\,\text{Hz}$
c) Die Störfrequenz 50 Hz entspricht nach Abtastung keinem DFT-Koeffizienten. Wählt man die DFT-Länge 100, so entspricht die Störfrequenz 50 Hz dem DFT-Koeffizient bei $k = 5$ bzw. 95.

Das sieht man beispielsweise so: Die DFT-Länge 100 entspricht bei Abtastung mit 1 kHz der Dauer von 100 ms. Die Periode des Störtons mit 50 Hz ist 20 ms. Die DFT-Länge umfasst somit genau fünf Perioden des Störsignals.

Lösung 3.10

Das periodische analoge Signal ist bandbegrenzt (es kann als eine Fourier-Summe ausgedrückt werden). Das Abtasttheorem wird eingehalten (alle Fourier-Koeffizienten werden erfasst). Die DFT-Länge ist ein ganzzahliges Vielfaches der Periode (die DFT-Koeffizienten sind proportional zu den Fourier-Koeffizienten).

Lösung 3.11

a) $f_g < f_A/2 = 24\,\text{kHz}$
b) $(S/N)_{dB} \approx 16 \cdot 6\text{dB} = 96\,\text{dB}$
c) Das Beispiel für Sprache in Abb. 3.38 zeigt eine Leistung des Sprachsignals von nur etwa $-13,8\,\text{dB}$ bei Vollaussteuerung an. In der Modellrechnung ergibt sich jedoch für das Dreiecksignal die Leistung von etwa $-4,7\,\text{dB}$. Damit ist im Beispiel des Sprachsignals mit einem etwa um $9\,\text{dB}$ kleinerem SNR zu rechnen, d. h. $(S/N)_{dB} \approx 87\,\text{dB}$.

Lösung 3.12

PCM für die Telefonie: Abtastfrequenz $f_A = 8\,\text{kHz}$; Wortlänge $w = 8\,\text{bit}$; Bitrate $R_b = 64\,\text{kbit/s}$.

Lösung 3.13

Sound-Card

	Telefonqualität	Rundfunkqualität	CD-Qualität
a) Maximale Signalfrequenz f_{max}	$< 5{,}5125\,\text{kHz}$	$< 11{,}025\,\text{kHz}$	$< 22{,}05\,\text{kHz}$
b) S/N^a	$48\,\text{dB}$	$48\,\text{dB}$	$96\,\text{dB}$
c) Bitrate R_b	$88{,}2\,\text{kbit/s}$	$176{,}4\,\text{kbit/s}$	$1411{,}2\,\text{kbit/s}^b$
d) Aufnahmezeit	$\approx 27\,\text{h}$	$\approx 13{,}5\,\text{h}$	$\approx 101\,\text{min}$

[a] nach der 6 dB-pro-Bit-Regel;
[b] stereo

Hinweis: $1\,\text{GB} = 1024\,\text{MB}$ (Megabyte) $= 1024 \cdot 1024\,\text{KB}$ (Kilobyte) $= 1024 \cdot 1024 \cdot 1024\,\text{Byte}$ (B) $= 8 \cdot 1.073.741.824\,\text{Bit} = 8.589.934.592\,\text{Bit}$.

Lösung 3.14

PCM-Codierung, $V = 1$ für $|x| \geq 0$

x_d	Gleichförmige Quantisierung mit $w = 12\,\text{bit}$ und Vorzeichen V	PCM-Format $w = 8\,\text{bit}$
0,8	1 1<u>10</u> 0110 0110	1 111 <u>1001</u>
−0,4	0 01<u>1</u> 0011 0011	0 110 <u>1001</u>
0,25	1 01<u>0</u> 0000 0000	1 110 <u>0000</u>
0,001	1 000 0000 <u>0010</u>	1 000 <u>0010</u>

Lösung 3.15

a) Verlustlose Codierung: Aus dem codierten Signal kann im Prinzip das ursprüngliche Signal fehlerfrei wiedergewonnen werden → nur Redundanzminderung

Verlustbehaftete Codierung: Aus dem codierten Signal kann das ursprüngliche Signal nicht mehr exakt wiedergewonnen werden → auch Irrelevanzreduktion und/oder bewusste Inkaufnahme von Abweichungen

Irrelevanzreduktion: Weglassen von Signalanteilen, die für den eigentlichen Zweck nicht benötigt werden → z. B. Maskierungseffekte beim Hören

Redundanzreduktion: Die im Signal mehrfach vorhandene Information (Redundanz) wird benutzt, um überflüssige Signalanteile zu entfernen → z. B. Huffman-Codierung

b) Unter der Maskierung versteht man in der Audiocodierung den Effekt, dass bei Mehrtonsignalen gewisse Töne vom menschlichen Gehör nicht wahrgenommen werden. Es gibt sowohl eine Maskierung im Frequenzbereich als auch im Zeitbereich.

In der Audiocodierung wird die Maskierung zur Datenkompression durch Irrelevanzreduktion benutzt. Die hohen Kompressionsgrade moderner Audiocodierverfahren sind im Wesentlichen auf die Ausnutzung des Maskierungseffekts zurückzuführen.

Lösung 3.16

Das Kompressionsverhältnis kann für den AAC-Codec bei etwa CD-Qualität mit $C_R = 1411{,}2\,\text{kbit/s}/128\,\text{kbit/s} \approx 11$ abgeschätzt werden. Gibt man sich mit etwas geringerer Qualität zufrieden, z. B. beim Einsatz in Umgebungen mit erheblichen Störgeräuschen (Auto, Tram usw.), so kann mit dem HE-AAC-v2-Codec bei 32 kbit/s das Verhältnis nochmals um den Faktor vier erhöht werden.

3.7 Abkürzungen und Formelzeichen

Abkürzungen

AAC	Advanced Audio Coding
ADU, ADC	Analog-Digital-Umsetzer, Analog-to-Digital Converter
BCD	Binary Coded Decimal
DAU, DAC	Digital-Analog-Umsetzer, Digital-to-Analog Converter
dB	Dezibel
DCT	Discrete Cosine Transform (diskrete Kosinustransformation)
DFT, IDFT	Diskrete Fourier-Transformation, inverse diskrete Fourier-Transformation
DTMF	Dual Tone Multi Frequency
FFT, IFFT	Fast Fourier Transform (schnelle Fourier-Transformation), Inverse FFT
FIR	Finite-Duration Impulse Response
FLOP	Floating Point Operation
HE-AAC	High Efficency Advanced Audio Coding

IEEE	Institute of Electrical and Electronics Engineers
IIR	Infinite-Duration Impulse Response
ITU	International Telecommunication Union
LSB	Least Significant Bit
MAC	Multiply and Accumulate
MDCT	Modified Discrete Cosine Transform
MIPS	Million Instructions Per Second
MOPS	Mega Operations Per Second
MOS	Mean Opinion Score
MPEG	Motion Picture Experts Group
OFDM	Orthogonal Frequency Division Multiplexing
PCM	Pulse Code Modulation
SAR	Successive Approximation Register
SBR	Spectral Band Replication
S&H	Sample and Hold (Abtast-Halte-Glied)
SNR	Signal-to-Noise Ratio (Signal-Quantisierungsgeräusch-Verhältnis)

Formelzeichen – Parameter, Konstante und Variablen

a_k	Zählerkoeffizienten der Übertragungsfunktion; Koeffizienten des 2er-Komplement-Formats
b_k	Nennerkoeffizienten der Übertragungsfunktion
c_k	Komplexe Fourier-Koeffizienten
$\delta(.), \delta[.]$	Impulsfunktion, zeitkontinuierlich bzw. zeitdiskret
$\delta_\mathrm{D}, \delta_\mathrm{S}$	Durchlass- bzw. Sperrtoleranz
Δ_f	Spektrale Auflösung/Frequenzauflösung der DFT
f	Frequenzvariable
f_A	Abtastfrequenz
f_g	Grenzfrequenz
n	Normierte Zeitvariable
N	Leistung des Quantisierungsgeräuschs/Rauschens; Filterordnung; DFT-Länge
ω	Kreisfrequenz
ω_0	Grundkreisfrequenz periodischer Signale
Ω	Normierte Kreisfrequenz
$\Omega_\mathrm{D}, \Omega_\mathrm{S}$	Normierte Durchlass- bzw. Sperrkreisfrequenz
Q	Quantisierungsintervallbreite/-stufenhöhe
R_b	Bitrate
S	(Signal)Leistung
t	Zeitvariable
T_A	Abtastintervall
w	Wortlänge
$z = r \cdot \mathrm{e}^{\mathrm{j}\Omega}$	Komplexe Variable der z-Transformation

Formelzeichen – Funktionen, Signale und Operatoren

D	Verzögerungsoperator („delay")
$\delta(t)$, $\delta[n]$	Impulsfunktion, zeitdiskret
$\Delta(t)$	(Quantisierungs-)Fehlersignal
$F\{.\}$, $F^{-1}\{.\}$	Fourier-Transformation, Inverse
$h(t)$, $h[n]$	Impulsantwort, zeitkontinuierlich bzw. zeitdiskret
$H(j\omega)$, $H(e^{j\Omega})$	Frequenzgang, für zeitkontinuierliche bzw. zeitdiskrete Systeme
$H(z)$	Übertragungsfunktion zeitdiskreter Systeme
$[.]_Q$	Quantisierter Wert
$s[n]$	Zustandsvariable
si(.)	si-Funktion
$x(t)$, $x[n]$	Allgemeines Signal, zeitkontinuierlich bzw. zeitdiskret
$X[k]$	DFT-Spektrum, DFT-Koeffizient
$x_A(t)$	Abtastsignal
$x[n] \leftrightarrow X(e^{j\Omega})$	Allgemeines Fourier-Paar für Folgen
$x[n] \leftrightarrow X[k]$	Allgemeines DFT-Paar

Literatur

Benesty J., Sondhi M.M., Huang Y. (2008) Springer Handbook of Speech Processing. Berlin, Springer

Herre J., Dietz M. (2008) "MPEG-4 High-Efficiency AAC Coding." IEEE Signal Processing Magazine 5:137–142

Kammeyer K.-D., Kroschel K. (2012) Digitale Signalverarbeitung. Filterung und Spektralanalyse mit MATLAB®-Übungen. 8. Aufl., Wiesbaden, Springer Vieweg

Reimers U. (2005) DVB The family of international standards for digital video broadcasting. 2. Aufl., Berlin, Springer

Schlitt H. (1998) Regelungstechnik. Physikalisch orientierte Darstellung fachübergreifender Prinzipien. Würzburg, Vogel

Tietze U., Schenk Ch. (2010) Halbleiterschaltungstechnik. 13. Aufl., Berlin, Springer

Unbehauen R. (2002) Systemtheorie 1: Allgemeine Grundlagen, Signale und lineare Systeme im Zeit- und Frequenzbereich. 8. Aufl., München, Oldenbourg

Vary P., Heute U., Hess W. (1998) Digitale Sprachverarbeitung. Stuttgart, Teubner

Werner M. (2008a) Signale und Systeme. Lehr und Arbeitsbuch mit MATLAB-Übungen und Lösungen. 3. Aufl., Wiesbaden, Vieweg+Teubner

Werner M. (2012) Digitale Signalverarbeitung mit MATLAB®. Grundkurs mit 16 ausführlichen Versuchen. 5. Aufl., Wiesbaden, Vieweg+Teubner

Zölzer U. (2005) Digitale Audiosignalverarbeitung. 3. Aufl., Stuttgart, Teubner

Zwicker E. (1982) Psychoakustik. Berlin, Springer

Weiterführende Literatur

Bibliographisches Institut und F.A. Brockhaus AG (2009) Der Brockhaus multimedial 2009 premium. Mannheim

Girod B., Rabenstein R., Stenger A. (2007) Einführung in die Systemtheorie. Signale und Systeme in der Elektrotechnik und Informationstechnik. 4. Aufl., Stuttgart, B.G. Teubner

Gold B., Morgan N. (2000) Speech and audio signal processing. Processing and perception of speech and music. New York, John Wiley & Sons

Grünigen D.Ch. v. (2008) Digitale Signalverarbeitung. Bausteine, Systeme, Anwendungen. Egg bei Zürich, FO Print & Media

Karrenberger U. (2012) Signale, Prozesse, Systeme. Eine multimediale und interaktive Einführung in die Signalverarbeitung. 6. Aufl., Berlin, Springer

Meffert B., Hochmuth O. (2004) Werkzeuge der Signalverarbeitung. Grundlagen, Anwendungsbeispiele, Übungsaufgaben. München, Pearson Studium

Schüßler H.W. (2008) Digitale Signalverarbeitung 1. Analyse diskreter Signale und Systeme. 5. Aufl., Berlin, Springer

Schüßler H.W. (b. v. G. Dehner, R. Rabenstein und P. Steffen) (2010) Digitale Signalverarbeitung 2. Entwurf diskreter Systeme. Berlin, Springer

Unbehauen R. (1998) Systemtheorie 2: Mehrdimensionale, adaptive und nichtlineare Systeme. 7. Aufl., München, Oldenbourg

Werner M. (2008b) Digitale Signalverarbeitung mit MATLAB-Praktikum. Zustandsraumdarstellung, Lattice-Strukturen, Prädiktion und adaptive Filter. Wiesbaden, Vieweg

Digitale Übertragung im Basisband

4

Zusammenfassung

Im weiten Sinn heißt digitale Basisbandübertragung die Übertragung digitaler Information mit Signalen um die Frequenz null herum, also ohne explizite Frequenzumsetzung mit sinusförmigem Träger. Das typische Modell der Basisbandübertragung folgt dem shannonschen Übertragungsmodell mit Sender, Kanal und Empfänger. Der Sender bildet den logischen Bitstrom der Quelle auf ein physikalisch übertragbares Signal ab. Wichtige elementare Funktionen dabei sind die Bitverwürfelung mit einem Scrambler, die Leitungscodierung und die Impulsformung. Der Kanal wird meist durch einen Tiefpass mit additivem weißem und normalverteiltem Rauschen (AWGN) modelliert. Um aus dem Empfangssignal den gesendeten Bitstrom zu rekonstruieren, führt der Empfänger drei elementare Operationen durch: die Rückgewinnung des Bittakts, die Gewinnung der Detektionsvariablen und schließlich die Schätzung der Nachricht.

In der digitalen Basisbandübertragung spielen das Matched-Filter und die shannonsche Kanalkapazität eine wichtige Rolle. Das Matched-Filter wird so auf das Sendesignal angepasst, dass das Signal-to-Noise-Verhältnis (SNR, Signal-to-Noise Ratio) im Detektionszeitpunkt maximiert wird und die Fehlerwahrscheinlichkeit sinkt. Die Kanalkapazität stellt den Zusammenhang zwischen der maximal fehlerfrei übertragbaren Bitrate und der Kanalbandbreite und dem SNR her.

Ein modernes Anwendungsbeispiel für die digitale Basisbandübertragung über herkömmliche Teilnehmeranschlussleitungen liefert der Standard ADSL2+.

© Springer Fachmedien Wiesbaden GmbH 2017
M. Werner, *Nachrichtentechnik*, DOI 10.1007/978-3-8348-2581-0_4

ASCII-Code • RS-232-Schnittstelle • digitale Basisbandübertragung • Scrambler •
Descrambler • Leitungscodierung • Manchester-Code • AMI-Code • HDBn-Code •
Rauschen • AWGN-Kanal • Bitfehlerwahrscheinlichkeit • Matched-Filter • Tiefpasskanal • lineare Verzerrungen • Nyquist-Bandbreite • Impulsformung • Impulsverbreiterung • RRC-Impuls • Augendiagramm • shannonsche Kanalkapazität • Pulsamplitudenmodulation (PAM) • digitaler Teilnehmeranschluss • Leitungsdämpfung • ADSL
• VDSL • DMT

Die *digitale Übertragung* im *Basisband* umfasst Anwendungen zur Datenübertragung,
bei denen keine Frequenzumsetzung mit einem für gewöhnlich sinusförmigen Trägersi-
gnal geschieht. Im Basisband heißt, Signale mit Spektrum um die Frequenz null herum.
Dieses Kapitel stellt die grundlegenden Prinzipien und Begriffe vor: Zunächst wird am
Beispiel des ASCII-Codes und der weitverbreiteten RS-232-Schnittstelle eine Einführung in die digitale Basisbandübertragung gegeben. Danach werden anhand von einfachen
Modellüberlegungen die beiden wesentlichen Störeinflüsse behandelt, die Störung durch
Rauschen und die Signalverzerrungen durch die Bandbegrenzung im Kanal. Schließlich
werden der Zusammenhang zwischen der Bandbreite, der Datenrate und dem SNR aufgezeigt und die Auswirkungen auf die Kanalkapazität thematisiert. Den Abschluss bildet ein
ausführlicher Blick auf den digitalen Teilnehmeranschluss ADSL2+ über die Zweidrahtleitung der Telefonie. Die thematische Zusammenstellung und den Verlauf dieses Kapitels
stellt die Mindmap in Abb. 4.1 nochmals vor.

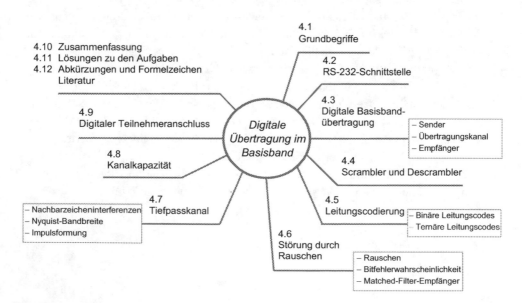

Abb. 4.1 Übersicht des Kapitels

4.1 Grundbegriffe

Typische Beispiele der digitalen Übertragung im Basisband liefern die S_0- und U_{K0}-Schnittstellen des ISDN-Netzes (Kap. 1) und die leitungsgebundene Datenkommunikation in lokalen Rechnernetzen. Hinzu kommt die Datenübertragung über Kabel zwischen PCs, Druckern, Bildschirmen usw.

Bei der Kommunikation von Maschine zu Maschine ergeben sich andere Anforderungen als in der Sprachtelefonie (Kap. 3). So werden an die Fehlerrobustheit hohe Anforderungen gestellt. Gemessen wird die *Bitfehlerquote*, kurz BER (Bit Error Rate) genannt. Typisch für die physikalische Übertragung sind Wahrscheinlichkeiten kleiner 10^{-6} für einzelne quasizufällige Bitfehler. Also im Beispiel pro eine Million übertragener Bits im Mittel ein gestörtes Bit. Ebenso wichtig ist, dass die Daten in der richtigen Reihenfolge, vollständig und ohne Wiederholung sowie ohne zusätzliche fremde Daten empfangen werden. Hierfür ist i. d. R. die Sicherung der Übertragung durch das Protokoll auf der Datensicherungsschicht zuständig (Kap. 6). Anders als in der Sprachtelefonie sind die zeitlichen Anforderungen meist eher gering. Allerdings existieren auch zeitkritische Anwendungen, bei der es auf eine schnelle bzw. gleichmäßige Übertragung ankommt.

Anmerkungen

- Die geringe Fehlerwahrscheinlichkeit aus der Sicht der Anwendungen wird erst durch das Protokoll mit Kanalcodierung erreicht (Kap. 8).
- In der Steuerungs- und Regelungstechnik ist die Echtzeitfähigkeit der Datenübertragung eine wichtige und unter Umständen sogar sicherheitsrelevante Frage. Darunter versteht man die Übertragung von Steuerungsinformationen innerhalb der von den Prozessen vorgegebenen Zeit. Besonders kritisch ist beispielsweise die Unterstützung von Notausschaltern.
- Bei Videobetrachtung ist eine gleichmäßige Übertragung der Daten erwünscht, damit das Video am Bildschirm nicht plötzlich zum Standbild einfriert.

Mehr als bei der Verständigung zwischen Menschen, die improvisieren können, sind für die Datenkommunikation gemeinsame Protokolle und Schnittstellen erforderlich. Bereits 1865 wurde, um eine länderübergreifende Telegrafie zu ermöglichen, der internationale Telegrafenverein in Paris gegründet. Aus ihm ist die heute für den TK-Sektor maßgebliche *International Telecommunication Union* (ITU) hervorgegangen. Eine wichtige Rolle spielt auch die *International Organization for Standardization* (ISO), u. a. mit dem bekannten Open-System-Interconnect(OSI)-Referenzmodell mit seinen sieben Protokollschichten. Davon sind für die digitale Basisbandübertragung v. a. die beiden unteren Schichten, die *Bitübertragungsschicht* („physical layer") und die *Datensicherungsschicht* („data link layer") bedeutsam. Wie die Namen bereits sagen, betrifft die Bitübertragungsschicht die physikalische Übertragung der einzelnen Bits. Für den Datenfluss und die Sicherung gegen Fehler ist die Datensicherungsschicht zuständig. Sie operiert mit speziell zusammengestellten Gruppen von Bits, sog. (Daten-)Rahmen („frame") (Kap. 6).

ASCII-Code nach DIN 66003

				0	0	0	0	1	1	1	1	b_7
				0	0	1	1	0	0	1	1	b_6
				0	1	0	1	0	1	0	1	b_5
0	0	0	0	NUL	DLE	Space	0	§	P	`	p	
0	0	0	1	SOH	DC1	!	1	A	Q	a	q	
0	0	1	0	STX	DC2	"	2	B	R	b	r	
0	0	1	1	ETX	DC3	#	3	C	S	c	s	
0	1	0	0	EOT	DC4	$	4	D	T	d	t	
0	1	0	1	ENQ	NAK	%	5	E	U	e	u	
0	1	1	0	ACK	SYN	&	6	F	V	f	v	
0	1	1	1	BEL	ETB	'	7	G	W	g	w	
1	0	0	0	BS	CAN	(	8	H	X	h	x	
1	0	0	1	HT	EM	)	9	I	Y	i	y	
1	0	1	0	LF	SUB	*	:	J	Z	j	z	
1	0	1	1	VT	ESC	+	;	K	Ä	k	ä	
1	1	0	0	FF	FS	,	<	L	Ö	l	ö	
1	1	0	1	CR	GS	-	=	M	Ü	m	ü	
1	1	1	0	SO	RS	.	>	N	^	n	ß	
1	1	1	1	SI	US	/	?	O	_	o	DEL	
b_4	b_3	b_2	b_1									

Abb. 4.2 ASCII-Code (DIN 66003)

ASCII-Code

Das Beispiel für den Erfolg der Standardisierung im Bereich der Basisbandübertragung ist der *American Standard Code for Information Interchange*, kurz ASCII-Code genannt. Er hat als Internationales Alphabet Nr. 5 (IA5) der ITU von 1968 und ISO-Standard weltweite Bedeutung. Es existieren auch verschiedene lokale Anpassungen wie die Version des Deutschen Instituts für Normung e. V., dem Nachfolger des 1917 gegründeten Normenausschusses der Deutschen Industrie e. V., Berlin. Die DIN 66003 führt speziell acht in der deutschen Schriftsprache gebräuchliche Zeichen ein, s. Abb. 4.2.

Beim ASCII-Code werden sieben binäre Zeichen, *Bit* („binary digit") genannt, benutzt, um genau 128 Zeichen, Meldungen und Befehle darzustellen. Die ersten beiden unterlegten Spalten in Abb. 4.2 beinhalten Sonderzeichen für Meldungen und Befehle zur Kommunikationssteuerung, wie die positive Empfangsbestätigung ACK („acknowledgement") oder den (Schreibmaschinen-)Wagenrücklauf CR („carriage return") der Fernschreibtechnik.

Paritätsbit

Die Zeichen werden als Bitmuster, i. d. R. beginnend mit dem Bit b_1, übertragen. Zusätzlich kann zur Fehlererkennung ein *Paritätsbit* hinzugestellt werden. Dann sind pro ASCII-Zeichen acht Bits, also ein *Oktett* oder auch *Byte* genannt, zu senden. Mit einem

Paritätsbit kann eine ungerade Anzahl von Bitfehlern im Oktett erkannt werden. Beim Einsatz eines Paritätsbits geht man von nur geringen Störungen aus, sodass so gut wie nie zwei oder mehr Bitfehler pro Oktett bzw. Datenwort auftreten.

Wir veranschaulichen die Zusammenhänge am Beispiel der ASCII-Code-Darstellung mit gerader und ungerader Parität. Dazu wählen wir die Initialen E.T. und stellen sie mit gerader und ungerader Parität dar. Wir entnehmen Abb. 4.2 die Bitmuster für die Buchstaben E und T sowie das Satzeichen „.". Gerade Parität liegt vor, wenn die Zahl der Einsen im Codewort einschließlich des Paritätsbits gerade ist. Entsprechend wir das Paritätsbit in jedem Oktett gesetzt.

Für gerade Parität erhalten wir die Bitfolge

$$10100011, \quad 01110100, \quad 00101011, \quad 01110100$$

und bei ungerader Parität

$$10100010, \quad 01110101, \quad 00101010, \quad 01110101$$

▷ Im *ASCII-Code* werden mit sieben Bits 128 Zeichen dargestellt: neben den lateinischen Groß- und Kleinbuchstaben, den Ziffern und einigen Sonderzeichen auch spezielle Zeichen zur Organisation und Steuerung der Kommunikation.
Mit einem *Paritätsbit* für gerade oder ungerade Parität können die ASCII-Codewörter auf die typische Datenwortlänge von acht Bits (ein Oktett) verlängert werden. Dadurch können alle Datenwörter mit Einzelbitfehler erkannt werden.

Synchron- und Asynchronübertragung

Grundsätzlich unterscheidet man bei der Datenübertragung zwischen synchroner und asynchroner Übertragung. Bei der *Asynchronübertragung* liegt während der gesamten Übertragungszeit kein einheitliches Zeitraster, wie ein Schritttakt, zugrunde. Die Übertragung geschieht mit einzelnen Datenwörtern oder kurzen Rahmen, z. B. den ASCII-Zeichen, die mit einer Synchronisationsphase beginnen und dazwischen unterschiedlich lange Pausen zulassen. Man spricht auch von einem *Start-Stopp-Verfahren*. Ein wichtiges Beispiel ist die RS-232-Schnittstelle im nächsten Abschnitt.

Bei der *Synchronübertragung* wird ein Takt im Sender erzeugt und dem Empfänger zur Verfügung gestellt. Oft ist dazu eine eigene Taktleitung vorgesehen. Es liegt der Übertragung ein einheitliches Zeitraster zwischen Sender und Empfänger zugrunde, was den Datenempfang erleichtert. Dadurch können lange Rahmen und deutlich höhere Datenraten als bei der asynchronen Übertragung realisiert werden, allerdings mit höherem Aufwand.

Serielle und parallele Übertragung

Weiter wird zwischen serieller und paralleler Übertragung unterschieden. Werden die Bits eines Datenworts oder Rahmens nacheinander über eine Leitung gesendet, spricht man von *serieller Übertragung*. Eine höhere Bitrate erreicht man bei *paralleler Übertragung* durch gleichzeitiges Versenden mehrerer Bits über entsprechend viele (Daten-)Leitungen; meist als ein Datenwort mit acht Bits oder ganzzahligen Vielfachen davon.

Duplexübertragung

Schließlich unterscheidet man je nachdem, ob die Kommunikation nur in eine Richtung, abwechselnd in beide Richtungen oder gleichzeitig in beide Richtungen erfolgt, zwischen der *Simplex-*, *Halbduplex-* bzw. *Duplexübertragung*.

4.2 RS-232-Schnittstelle

In diesem Abschnitt werden einige für die Datenübertragung im Basisband wichtige Zusammenhänge am Beispiel der RS-232-Schnittstelle aufgezeigt. Im Jahr 1962 wurde von der *Electronic Industries Alliance* (EIA) in den USA die Schnittstelle RS-232 als „recommended standard" zur seriellen Datenkommunikation eingeführt. Damit begann eine wahre Erfolgsgeschichte. Seit 1997 existiert die Schnittstellenbeschreibung in sechster Überarbeitung als EIA-232-F-Standard.

Die RS-232-Schnittstelle in Abb. 4.3 sieht eine 25-polige Steckverbindung vor. Von den 25 Verbindungsleitungen werden nur zwei zur eigentlichen Datenübertragung verwendet, nämlich TxD (Transmitter) und RxD (Receiver). Zwei weitere stellen gemeinsame elektrische Bezugspotenziale her. Die anderen dienen zur Steuerung und Meldung, stellen Taktsignale und Hilfskanäle zur Verfügung und unterstützen Tests bzw. sind nicht belegt:

- DCD zeigt der Datenendeinrichtung (DEE) an, ob die Datenübertragungseinrichtung (DÜE) ausreichenden Signalpegel empfängt;
- RxD Empfangsdaten von der DÜE zur DEE;
- TxD Sendedaten von der DEE an die DÜE;

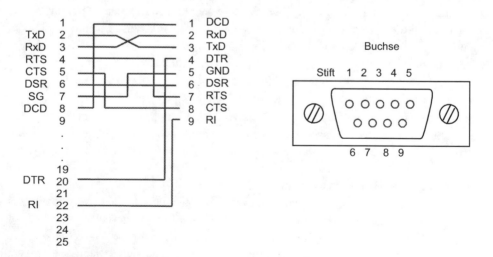

Abb. 4.3 Umsetzung der 25-poligen RS-232-Schnittstelle auf einen 9-poligen Stecker (D-SUB)

Abb. 4.4 Verbindung mit
9-poligem Stecker (D-SUB)
für den Handshake-Betrieb

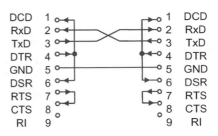

- DTR zeigt der DÜE die Betriebsbereitschaft der DEE an;
- GND Betriebserde;
- DSR zeigt der DEE die Betriebsbereitschaft der DÜE an;
- RTS zeigt der DÜE an, dass Sendebetrieb gefordert wird;
- CTS zeigt der DEE die Sendebereitschaft der DÜE an (Quittung RTS);
- RI meldet ankommenden Ruf.

Häufig wird zur Realisierung einer Datenübertragung, z. B. zum Anschluss an die analoge a/b-Schnittstelle der Telefonleitung (Zweidrahtleitung), nur ein Teil der Leitungen benutzt. Typischerweise werden neun Leitungen plus Schutzerde verwendet. Der Anschluss eines PC geschieht oft mit einer 9-poligen D-SUB-Steckverbindung. Die Umsetzung des 25-poligen Anschlusses auf einen 9-poligen zeigt Abb. 4.3.

Handshake-Betrieb

Wenn keine Steuerleitungen benutzt werden können oder eingespart werden sollen, verwendet man eine softwaregesteuerte Datenflusskontrolle, den *Xon-Xoff-Handshake*-Betrieb. Hierbei benutzt eine Station das ASCII-Sonderzeichen DC1 (Xon) zum Einschalten bzw. zur Wiederaufnahme des Sendebetriebs der Gegenstation über die Datenleitungen TxD bzw. RxD in Abb. 4.4. Mit dem ASCII-Sonderzeichen DC3 (Xoff) wird der Sender gestoppt. Handshaking heißt, dass die Übertragung durch eine Station mit der Sendeaufforderung angestoßen und durch eine Quittierung abgeschlossen wird.

> Der Xon-Xoff-Handshake ist ein elementares Verfahren der Softwaredatenfluss-steuerung. Die Gegenstation wird über die Datenleitung durch ein Xon-Zeichen zum Senden aufgefordert und durch ein Xoff-Zeichen gestoppt.

Die elektrische Nachrichtenübertragung auf den Schnittstellenleitungen RxD und TxD wird am Beispiel der Übertragung des ASCII-Zeichens E erläutert. In Abb. 4.5 ist der Signalverlauf schematisch dargestellt. Zugelassen ist der Spannungsbereich von $-25\,\mathrm{V}$ bis $+25\,\mathrm{V}$, wobei Werte kleiner $-3\,\mathrm{V}$ dem logischen Zustand 1 und über $3\,\mathrm{V}$ dem logischen Zustand 0 entsprechen. Der Bereich dazwischen ist nicht definiert. Vor der Übertragung liegt die Spannung auf dem Wert von $-12\,\mathrm{V}$. Die Übertragung beginnt mit dem Startbit, einem positiven Rechteckimpuls der Dauer eines Taktintervalls. Daran schließen sich die sieben Bits des ASCII-Zeichens und das Paritätsbit an, hier für gerade Parität. Zum

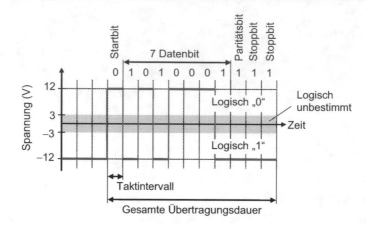

Abb. 4.5 Übertragung des ASCII-Zeichens E mit gerader Parität und einem Start- und zwei Stopp-bits

Schluss werden ein oder wie im Beispiel zwei Stoppbits eingefügt. Damit wird sicher-gestellt, dass der Beginn der nächsten Zeichenübertragung stets durch einen positiven Spannungssprung gekennzeichnet wird. Das Einfügen von Start-, Paritäts- und Stoppbits reduziert die effektive Bitrate.

Wir machen uns das an einem Zahlenwertbeispiel deutlich: Bei einer typischen *Schritt-geschwindigkeit* von 9600 Baud[1] , d. h. von 9600 Schritten (potenziellen Umschaltungen) pro Sekunde, beträgt das *Taktintervall* etwa 0,104 ms. Im Beispiel werden 11 Taktinterval-le benötigt, um ein Symbol (Zeichen) zu übertragen. Damit ergibt sich eine *Symboldauer* von etwa 1,15 ms. Die maximale *Symbolrate* beträgt somit 872 symbol/s. Allerdings wird diese aus der Sicht des Nutzers durch die Übertragung von Steuerinformation und Meldun-gen nochmals reduziert. Da pro Symbol nur sieben Informationsbits übertragen werden, ist die effektive *Bitrate* R_b etwa 6,109 kbit/s.

UART-Controller

Die RS-232-Schnittstelle wurde ursprünglich auf die Übertragungsrate 20 kBaud bei einer Leitungslänge bis zu 15 m ausgelegt. Leistungsfähigere Realisierungen der asynchronen Kommunikation auf dem Prinzip der RS-232-Schnittstelle benutzen einen integrierten programmierbaren Baustein, den *Universal-Asynchronous-Receiver/Transmitter(UART)-Controller*. In vielen Mikrocontrollern ist ein UART-Controller bereits integriert. Die Parameter der Übertragung sind i. d. R. per Software wählbar bzw. werden nach einer Initialisierungsphase automatisch eingestellt. So werden typischerweise die Schritt-geschwindigkeiten 300, 600, 1200, 2400, 4800, 9600, 19.200, 38.400, 57.600 und

---

[1] Mit der Pseudoeinheit Baud wird der französische Ingenieur und Pionier der Telegrafie *Jean Mau-rice Emile Baudot* (1845–1903) geehrt.

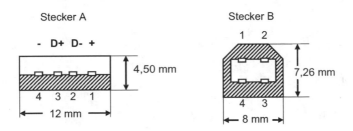

Abb. 4.6 Standardbauformen der USB-2.0-Stecker (Spannung *1*, D− *2*, D+ *3* und Masse *4*)

115.200 Baud unterstützt. In speziellen Anwendungen sind auch höhere Übertragungs-geschwindigkeiten anzutreffen. Es können jeweils 5, 6, 7 oder 8 Datenbits verwendet werden. Weiter kann keine Parität, eine gerade oder eine ungerade Parität sowie die Zahl der Stoppbits 1, 1,5 oder 2 eingestellt werden. Auch die Spannungspegel können variieren. So existieren Bausteine, die mit Spannungen zwischen 0 und 5 V arbeiten.

Universal Seriell Bus
Im PC- und Konsumelektronikbereich hat sich ein serielles Bussystem durchgesetzt, der *Universal Serial Bus* (USB). Die Version USB 2.0 (HI-Speed) aus dem Jahr 2000 ermög-licht Bitraten bis zu 480 Mbit/s und „hot plug and play", also Verbinden und Trennen der Geräte im eingeschalteten Zustand nebst automatischer Erkennung. Erfahrungsgemäß werden mit USB 2.0 in günstigen Fällen Bitraten (Datentransferraten) bis etwa 300 Mbit/s erreicht.

Bei der USB-Schnittstelle handelt es sich um ein elektrisches Stecksystem aus vier Leitungen in Abb. 4.6. Davon ist eine Leitung für die Masseverbindung (GND, 4) und eine für die Spannungsversorgung (V_{Bus}, 1) von 5 V reserviert. USB-Geräte verwenden ein Protokoll, das voluminöse und teure Kabel mit Steuerleitungen überflüssig macht. Man spricht allgemein von *intelligenten Terminals*. Am USB-Bus lassen sich mehrere Geräte in einer Mehrfach-Sternstruktur anschließen, wobei ein Gerät, Host genannt, die zentrale Steuerung übernimmt.

Im Jahr 2008 wurde die 3. Generation USB 3.0 (SuperSpeed) vorgestellt. Sie erreicht eine Bitrate von bis zu 5 Gbit/s, etwa 10-mal so viel wie USB 2.0. Erste Produkte gelang-ten 2010 in den Handel. USB 3.0 erfordert höherwertigere Kabel und die Stecker bringen fünf zusätzliche Pins mit, vier für Datenleitungen und einen für die Stromversorgung an-geschlossener Geräte. Die Kompatibilität zu Kabeln und Steckern für USB 2.0 ist deshalb teilweise eingeschränkt. Praktische Erfahrungen zeigen, dass tatsächlich erreichte Bitraten (Datentransferraten) stark mit den angeschlossenen Geräten variieren; in günstigen Fällen werden bis etwa 3 Gbit/s erreicht.

Anmerkungen

- USB-Stecker gibt es auch in kleineren Bauformen, Mini-USB und Micro-USB.
- In Kap. 6 wird anhand des HDLC-Protokolls ein Einblick in die Aufgaben und die Funktionsweise eines Protokolls gegeben.
- Die 1993 als Kabelersatz konzipierte Infrarotschnittstelle IrDA (Infra-red Data Association) war bis Ende der 1990er-Jahre in Laptops und Druckern weit verbreitet. Sie hat sich nicht durchgesetzt, weil sie ein oft unpraktisches gegenseitiges Ausrichten der Geräte erfordert. Heute werden Datenkabel meist durch Kurzstreckenfunksysteme ersetzt, z. B. durch *Bluetooth* oder *WLAN*.

Aufgabe 4.1

a) Geben Sie das Bitmuster nach dem ASCII-Code für das Zeichenpaar NT an.
b) Skizzieren Sie für das Zeichenpaar in a) das Basisbandsignal entsprechend der RS-232-Schnittstelle. Verwenden Sie eine Codierung mit ungerader Parität und 1 Stopbit.
c) Welche effektive Bitrate erreicht die Übertragung in b), wenn die Schrittgeschwindigkeit 115.200 Baud beträgt?

Aufgabe 4.2
Geben Sie die Bytewerte zu den Handshake-Signalen Xon und Xoff an.

4.3 Digitale Basisbandübertragung

Wir wenden uns den übertragungstechnischen Grundlagen zu. Den Ausgangspunkt liefert das shannonsche Übertragungsmodell, das wir durch die Leitungscodierung und die Impulsformung im Sender und die Synchronisation und die Detektion im Empfänger ergänzen, s. Abb. 4.7.

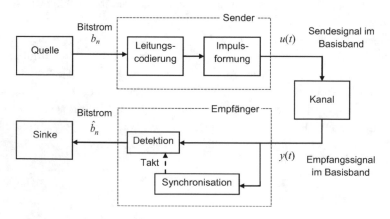

Abb. 4.7 Digitale Basisbandübertragung

4.3.1 Sender

Nachrichtenquelle

Wir nehmen an, dass die *Quelle* im vorgegebenen Takt unabhängige und gleich wahrscheinliche Binärzeichen $b_n \in \{0, 1\}$ an den Sender abgibt. Eine Quelle mit binärem Zeichenvorrat wird *Binärquelle* genannt und die Zeichen kurz Bit.

Die Unabhängigkeit und die Gleichverteilung der zu übertragenden Zeichen werden in der Informationstechnik i. d. R. vorausgesetzt. Gegebenenfalls werden beide Eigenschaften durch geeignete Maßnahmen wie der (Daten-)Verwürfelung („scrambling"; Abschn. 4.4) in der Zeichenfolge angenähert.

▶ Eine ideale *Binärquelle* liefert im Bittakt einen Strom aus gleichverteilten und unabhängigen Binärzeichen.

Sender

Der *Sender* besteht im Wesentlichen aus zwei Komponenten: der Leitungscodierung und der Impulsformung. Sie haben die Aufgabe, das Signal zur Übertragung an die physikalischen Eigenschaften des Kanals anzupassen. Dabei sind meist folgende Anforderungen zu berücksichtigen:

- Das Signal soll *gleichstromfrei* sein. Also keine Spektralanteile um die Frequenz null aufweisen, damit eine galvanische Kopplung mit Übertragern, d. h. magnetisch gekoppelte Spulen, ohne Signalverzerrung möglich wird.
- Das Signal soll eine hohe *spektrale Effizienz* besitzen, um bei begrenzter Bandbreite eine hohe Bitrate zu erreichen.
- Das Signal soll mit einem hohen *Taktgehalt* die Synchronisation erleichtern.
- Das Signal soll eine geringe Störempfindlichkeit haben, damit die Detektion zuverlässig gelingt.
- Sender und Empfänger sollen eine geringe *Komplexität* besitzen, um Kosten, Baugröße, Energieaufnahme usw. klein zu halten.

Der Hintergrund und die Konsequenzen der Anforderungen werden im Verlauf dieses Abschnitts noch genauer erläutert.

Im Beispiel wird der Bitstrom in ein binäres Signal mit zwei entgegengesetzten Amplituden, ein *bipolares Signal*, umgesetzt. Das Sendesignal ist für die *Bitfolge* 101101 in Abb. 4.8 in normierter Form veranschaulicht, vgl. auch Abb. 4.5. Jedem Bit wird ein Rechteckimpuls („rectangular impulse") als *Sendegrundimpuls* zugeordnet. Seine Amplitude ist positiv, falls eine 1 gesendet wird, andernfalls negativ:

$$g_{\text{rec}}(t) = \begin{cases} 1 & \text{für } |t| \le \frac{T_b}{2} \\ 0 & \text{sonst} \end{cases} \quad .$$

Abb. 4.8 Bipolares Basisbandsignal mit Rechteckimpulsen bzw. cos²-Impulsen

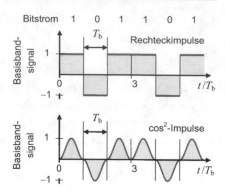

Damit sind bereits zwei wichtige Parameter der Datenübertragung festgelegt: die *Bitdauer* T_b, auch Bitintervall genannt, und die *Bitrate* $R_b = 1\,\text{bit}/T_b$. Das Basisbandsignal
entsteht somit als Linearkombination aus gewichteten und zeitlich versetzten Sendegrundimpulsen (Abb. 4.8). Man spricht von einer *linearen Basisbandmodulation*.

Um sprunghafte Signalübergänge zu vermeiden, werden auch *cos²-Impulse* („cosine-
squared impulse") verwendet. Sie haben die Form einer nach oben verschobenen Periode
der Kosinusfunktion. Der Name leitet sich aus der trigonometrischen Umformung ab:
$1 + \cos(x) = 2 \cdot \cos^2(x/2)$:

$$g_{cs}(t) = \begin{cases} \frac{1}{2} \cdot \left[1 + \cos\left(2\pi \cdot \frac{t}{T_b}\right)\right] & \text{für } |t| \leq \frac{T_b}{2} \\ 0 & \text{sonst} \end{cases} .$$

> ⮞ Bei der linearen Basisbandmodulation wird aus dem logischen Bitstrom das phy-
> sikalische Basisbandsignal durch Linearkombination gewichteter und zeitlich
> verschobener Sendegrundimpulse gebildet.

Die Annahme idealer Rechteckimpulse im Signal ist für die weiteren grundsätzlichen
Überlegungen ausreichend. In der Übertragungstechnik werden die tatsächlichen Impuls-
formen durch die Angabe von Toleranzbereichen, den *Sendeimpulsmasken*, vorgegeben.
Die Sendeimpulsmaske der ISDN-S_0-Schnittstelle zeigt Abb. 4.9. Die Impulshöhe soll

Abb. 4.9 Sendegrundim-
pulsmaske (positiv) der
ISDN-S_0-Schnittstelle

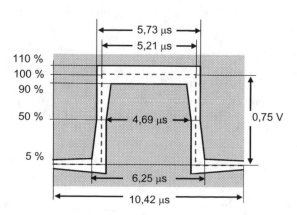

0,75 V betragen. Aus der zu übertragenden Bitrate 192 kbit/s resultiert die Bitdauer 5,21 μs.

Anmerkung

- Die Bitrate auf der S_0-Schnittstelle bestimmt sich aus den Anteilen für die beiden B-Kanäle (2×64 kbit/s), dem D-Kanal (16 kbit/s) und weiteren Bits für die Steuerung der Übertragung (48 kbit/s). Zur einfachen Taktableitung wurde die Bitrate von 192 kbit/s als das Dreifache der Bitrate (ganzzahliges Vielfaches) des B-Kanals gewählt.

4.3.2 Übertragungskanal

Der physikalische Übertragungskanal, kurz Kanal genannt, wird durch ein vereinfachtes Modell charakterisiert. Im Fall eines idealen Kanals erhält der Empfänger das gesendete Signal. In der Realität können zusätzliche Effekte auftreten, v. a. lineare Verzerrungen, nichtlineare Verzerrungen und Rauschen. Sie werden im Blockdiagramm durch die Modelle in Abb. 4.10 berücksichtigt.

Lineare Verzerrungen, d. h. Amplituden-, Dämpfungs- und Phasenverzerrungen, werden durch die ungleichmäßige Übertragung der Frequenzkomponenten verursacht. Der Kanal wird als LTI-System beschrieben und die Verzerrungen werden auf dessen Fre-

Abb. 4.10 Kanalmodelle

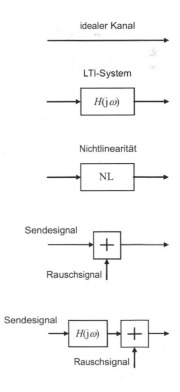

quenzgang (Dämpfungsgang und Phasengang) zurückgeführt. Im Kanal entstehen durch lineare Verzerrungen keine neuen Frequenzkomponenten.

Nichtlineare Verzerrungen entstehen an nichtlinearen Komponenten, wie z. B. Verstärkern. Nichtlinearitäten (NL) werden oft mithilfe von Kennlinien beschrieben und bedürfen meist aufwendiger Einzelfallbetrachtungen. Im Ausgangssignal treten i. d. R. neue Frequenzkomponenten auf, die bei analogen Audiosignalen als Klirrgeräusche hörbar sein können. Nichtlineare Verzerrungen sind vorab durch konstruktive Maßnahmen möglichst zu vermeiden. Sie werden deshalb im Folgenden nicht weiter behandelt.

Additive Störung durch *Rauschen* ist typisch für die Übertragungskanäle und selten zu vernachlässigen. Bei analogen Audiosignalen kann sich die Störung durch ein Geräusch ähnlich dem Rauschen eines Wasserfalls bemerkbar machen. Schließlich können die Kanäle oft hinreichend durch die Kombination aus einem LTI-System und Rauschen modelliert werden. Dabei wird das Störsignal i. d. R. am Kanalausgang als breitbandiges Rauschen eingespeist.

> ▶ Bei der Übertragung im Basisband werden die (Nutz-)Signale im Kanal verzerrt und mit Rauschen gestört. Man spricht von linearen und nichtlinearen *Verzerrungen*, je nachdem ob die Effekte auf lineare oder nichtlineare Systeme zurückgeführt werden können. Für das *Rauschen* wird i. d. R. ein additiver weißer gaußscher Zufallsprozess (AWGN, Additiv White Gaussian Noise) angenommen. Tritt nur das Rauschen auf, spricht man vom *AWGN-Kanal*.

4.3.3 Empfänger

Der *Empfänger* soll aus dem Empfangssignal die gesendete Bitfolge der Nachrichtenquelle rekonstruieren. Er führt dazu in Abb. 4.11 folgende drei Schritte durch:

- *Synchronisation* – Rückgewinnung des Bittakts, der Zeitlage der Rechteckimpulse.
- *Abtastung* – Das Empfangssignal $y(t)$ wird bei idealer Synchronisation in der Mitte der Rechteckimpulse abgetastet.

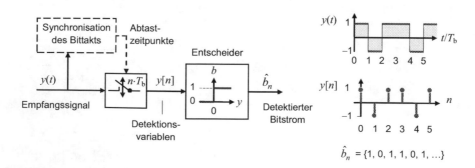

Abb. 4.11 Blockschaltbild des Empfängers mit Signalbeispiel

- *Detektion* – Der Detektion liegt eine Schwellenwertentscheidung zugrunde. Ist der Abtastwert, die Detektionsvariable $y[n]$, größer null, so entscheidet der Empfänger auf das logische Zeichen 1; bei kleiner null wird das logische Zeichen zu 0 gesetzt (oder umgekehrt). Die Entscheidung für den Signalwert null kann beliebig gewählt werden, da er so gut wie nie auftritt und damit die Fehlerwahrscheinlichkeit insgesamt nicht beeinflusst.

Häufig werden auch speziell an den Sendegrundimpuls angepasste Filter, sog. Matched-Filter, verwendet. Der Einsatz eines Matched-Filters erhöht die Zuverlässigkeit der Detektion und wird später in Abschn. 4.6.3 vorgestellt.

Als eine Anwendung sei die asynchrone serielle Schnittstelle eines Mikrocontrollers für das Signal der RS-232-Schnittstelle in Abb. 4.5 genannt, z. B. der HC-11 der Firma Motorola. Im Empfangsteil des Mikrocontrollers wird das Signal 16-fach höher abgetastet, als die vorab eingestellte Übertragungsrate angibt. Eine spezielle Logik mit Fehlerbehandlung detektiert den Beginn der Datenwörter. Wird ein Startbit erkannt, werden von den 16 Abtastwerten innerhalb jedes der folgenden Datenbits die jeweils innersten drei Abtastwerte durch eine Schwellenwertentscheidung ausgewertet und eine Mehrheitsentscheidung durchgeführt. Weicht einer der drei Abtastwerte von der Mehrheitsentscheidung ab, wird zusätzlich ein Fehlerindikator gesetzt.

> Bei der Basisbandübertragung sind für den Empfänger drei Funktionen typisch: Synchronisation (Rückgewinnung des Bittakts), Abtastung (Gewinnung der Detektionsvariablen) und Detektion (Rückgewinnung der Nachricht).

4.4   Scrambler und Descrambler

Eine Voraussetzung für die spektrale Formung durch die Leitungscodierung ist eine gleichverteilte und unkorrelierte Bitfolge. Insbesondere gilt es auch, Periodizitäten und lange Eins- und Nullfolgen im Bitstrom zu vermeiden, da diese zu ungünstigen Effekten im Spektrum und zum Verlust der Taktsynchronisation führen können. Um dies zumindest näherungsweise zu erreichen, wird vor der Leitungscodierung oft eine *Verwürfelung* („scrambling") des Nachrichtenbitstroms durch eine logische Schaltung durchgeführt. Verwendet werden einfach zu implementierende *selbstsynchronisierende Scrambler*, die eine *transparente Übertragung* zulassen. Die Bitfolge der Nachricht unterliegt also keinen Einschränkungen, alle möglichen Folgen von Nullen und Einsen sind zugelassen. Im Empfänger hebt der *Descrambler* die Verwürfelung wieder auf.

Für die Modemübertragung werden u. a. von der ITU-Schieberegisterschaltungen mit den *Generatorpolynomen* in der Tab. 4.1 empfohlen. In Abb. 4.12 wird die Konstruktion

Tab. 4.1 Empfohlene Generatorpolynome für Scrambler

Generatorpolynom	Anwendung
$x^7 + x^4 + 1$	IEEE 802.11 WLAN
$x^7 + x^6 + 1$	V22/V29 – Modems (2,4/9,6 kbit/s), STM-1 (155,520 Mbit/s)
$x^{23} + x^5 + 1$	ISDN U_{K0}-Schnittstelle: vom Netzwerk zum NT; HDSL: vom HTU-R zum HTU-C
$x^{23} + x^{18} + 1$	ISDN U_{K0}-Schnittstelle: vom NT zum Netzwerk; HDSL: vom HTU-C zum HTU-R; ADSL

ADSL Asymmetric DSL;
DSL Digital Subscriber Line";
HDSL High Bit Rate DSL;
STM-1 Synchronous Transport Module Level 1;
TU-C Central Office (Netzseite);
TU-R Terminal Unit-Remote (Teilnehmerseite, Chen 1998)

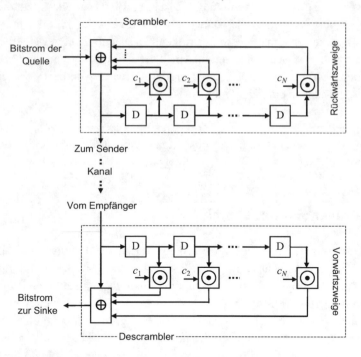

Abb. 4.12 Scrambler- und Descrambler-Schaltung in Modulo-2-Arithmetik mit der Addition $\oplus$ und der Multiplikation $\odot$

der *Schieberegisterschaltungen* für den N-stufigen Scrambler und Descrambler gezeigt mit dem Generatorpolynom

$$c\,(x) = c_0 + c_1 x + c_2 x^2 + \cdots + c_N x^N$$

$$\text{mit} \quad c_0, c_N = 1 \quad \text{und} \quad c_i \in \{0, 1\} \quad \text{für} \quad i = 2, \ldots, N - 1.$$

Die Exponenten geben dabei die Stellen der Abgriffe für die Rückführungen an, also x^i für i-faches Verzögern (Kap. 8). Der größte Exponent bestimmt die Anzahl der Verzögerungsglieder, die Stufenzahl des Scramblers. Im Scrambler und Descrambler werden alle Additionen und Multiplikationen in der *Modulo-2-Arithmetik* ausgeführt, also insbesondere $1 \oplus 1 = 0$.

Anmerkungen

- Mathematisch gesprochen wird mit der Modulo-2-Arithmetik der *Galois-Körper* der Ordnung 2 zugrunde gelegt, abgekürzt durch $GF(2)$ nach der englischen Bezeichnung „Galois field"[2].
- Bei den Polynomen $1 + x^6 + x^7$ und $1 + x^5 + x^{23}$ handelt es sich um primitive Polynome, sodass der Scrambler als autonomes System eine Pseudozufallszahlenfolge mit Periode $2^7 - 1$ bzw. $2^{23} - 1$ erzeugen kann.

Es lässt sich algebraisch zeigen, dass die Kette aus Scrambler und Descrambler wieder die ursprüngliche Nachricht erzeugt. Dabei spielt die Reihenfolge der Schaltungen im fehlerfreien Fall keine Rolle. Praktisch ist jedoch die in Abb. 4.12 gezeigte Anordnung mit rekursivem Scrambler (Rückwärtszweige) im Sender und nichtrekursivem Descrambler (nur Vorwärtszweige) im Empfänger vorteilhafter. Tritt trotz zusätzlicher Schutzmaßnahmen bei der Übertragung ein Bitfehler auf, so wird bei nichtrekursivem Descrambler die Zahl der Bitfehler auf die Zahl der von Null verschiedenen Koeffizienten c_i begrenzt. Eine weitere Fehlerfortpflanzung findet nicht statt. Aus diesem Grund werden bei gleichem Grad Generatorpolynome mit weniger Koeffizienten bevorzugt.

In Abb. 4.12 lässt sich auch die Wirkung des Scramblers bei Nachrichten nachvollziehen, die Abschnitte mit langen Nullfolgen enthalten. Durch die Rückführung schon gesendeter Einsen im Scrambler werden Abschnitte mit langen Nullfolgen am Ausgang unwahrscheinlicher. Eine vollständige Vermeidung langer Nullfolgen kann indes nicht garantiert werden.

▶ Der *Scrambler* bildet den Bitstrom durch Verwürfeln mithilfe einer logischen Schaltung bijektiv in einen quasi unabhängigen und gleichverteilten Bitstrom, ähnlich dem einer idealen Binärquelle, ab.

Um die Arbeitsweise von Scrambling und Descrambling zu demonstrieren, verwenden wir der Einfachheit halber den siebenstufigen Scrambler nach Tab. 4.1 und als Nachricht (zufällig) die Bitfolge 1001 0011 1010 1001...

Zunächst erhalten wir die Schaltungen in Abb. 4.13. Darin sind auch die resultierenden Bitfolgen eingetragen. Man beachte, dass im Bild die Bitfolge von links in den Scrambler gespeist wird. Sie beginnt mit dem Bit 1.

---

[2] *Évariste Galois* (1811–1832), französischer Mathematiker.

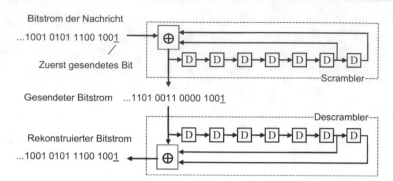

Abb. 4.13 Scrambler- und Descrambler-Schaltung für das Generatorpolynom $1 + x^6 + x^7$

Die Ausgangsfolge des Scramblers erhalten wir am einfachsten durch eine Software-simulation. Aber auch eine schrittweise Entwicklung im Diagramm und die algebraische Lösung durch Polynomdivision sind möglich.

Nun wählen wir eine lange Nullfolge, der eine Eins vorangestellt wird $\underline{1}000\ 0000\ 0000$ $0000\dots$ Dann sehen wir am Ausgang des Scramblers die Folge $\underline{1}000\ 0011\ 0000\ 1010\dots$

Aufgabe 4.3

a) Welche Aufgabe erfüllt ein Scrambler in der digitalen Basisbandübertragung?
b) Skizzieren Sie die Schaltungen für den Scrambler und Descrambler zum Generator-polynom $x^7 + x^4 + 1$.
c) Welche Struktur sollte der Descrambler haben? Begründen Sie Ihre Antwort.
d) Geben Sie zur Eingangsfolge $100\ 010\ 000\ 000\ 110\dots$ die Ausgangsfolge des Scram-blers an, wenn der Scrambler zu Beginn mit Nullen initialisiert wird.

4.5   Leitungscodierung

Die Aufgaben der Leitungscodierung stellte Abschn. 4.3.1 bereits zusammen mit dem Sender vor. Im Folgenden behandeln wir dazu wichtige Beispiele binärer und ternärer Leitungscodes.

4.5.1   Binäre Leitungscodes

In der Übertragungstechnik haben sich verschiedene Formen binärer Leitungscodes ent-wickelt. Man unterscheidet grundsätzlich zwei Arten: Codes, bei denen innerhalb eines Bitintervalls die Signalamplitude nicht auf den Wert null zurückkehrt, die *Non-Return-to-Zero(NRZ)-Codes*, und solche, bei denen dies geschieht, *die Return-to-Zero(RZ)-Codes*.

Abb. 4.14 Binäre Leitungscodes

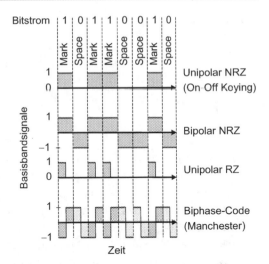

In Abb. 4.14 werden einige typische Beispiele gezeigt. Die Übertragung der Bits durch das unipolare NRZ-Signal, auch *On-Off-Keying* (OOK) genannt, und das bipolare NRZ-Signal unterscheidet sich nur durch eine Gleichspannungskomponente. OOK ist für den Übergang auf eine optische Übertragung von Interesse, da beispielsweise damit Leuchtdioden (LED, Light Emitting Diode) für eine Infrarotstrecke angesteuert werden können.

Bei der unipolaren RZ-Übertragung ist die Dauer der elektrischen Impulse im Vergleich mit dem unipolaren NRZ-Signal halbiert. Das Spektrum wird also um den Faktor zwei verbreitert (Kap. 2). Diesem Nachteil steht der Vorteil gegenüber, dass das RZ-Signal den doppelten Taktgehalt besitzt, d. h. die doppelte Anzahl von Flanken, anhand derer die Synchronisationseinrichtung den Bittakt erkennt. Darüber hinaus ergibt sich ein Schutzabstand gegen die Impulsverbreiterung im Kanal.

In lokalen Rechnernetzen wird häufig der *Manchester-Code* verwendet, z. B. bei der 10BaseT-Ethernet-Übertragung über ein verdrilltes Kabelpaar (TP, „twisted pair") oder bei der Übertragung mit Koaxialkabel nach IEEE 802.3. Bei einer Gleichverteilung der Bits ist er gleichstromfrei. Er wird auch *Biphase-Code* genannt, da das Signal innerhalb eines Bitintervalls T_b zwischen den beiden Phasen 0° (1) und 180° (−1) wechselt. Durch den Phasenwechsel in jedem Bitintervall besitzt er einen hohen Taktgehalt. Selbst bei langen Null- oder Einsfolgen kann die Synchronisation im Empfänger aufrechterhalten werden. Dies ist bei den anderen Beispielen in Abb. 4.14 nicht immer der Fall.

4.5.2 Ternäre Leitungscodes

Die *ternären Leitungscodes* bilden eine weitere Klasse. Ein wichtiger Vertreter ist der *AMI-Code*. Das Akronym AMI steht für Alternate Mark Inversion und beschreibt die alternierende Codierung der logischen Eins („mark") als positiven und negativen Impuls.

Abb. 4.15 Basisbandsignal zum AMI-Code

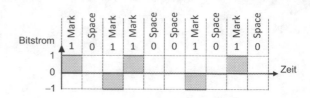

Die logische Null („space") wird ausgetastet. Ein Codierungsbeispiel zeigt Abb. 4.15. Da jeder positive Impuls durch einen negativen kompensiert wird, ist das Basisbandsignal mittelwertfrei – sieht man von einem möglichen letzten unkompensierten Impuls ab.

Beim AMI-Code werden zwar drei Symbole verwendet, gekennzeichnet durch die drei Amplitudenstufen -1, 0 und 1, jedoch wird pro Symbolintervall nur je ein Bit übertragen. Man spricht infolgedessen von einem *pseudoternären Code*. Dafür besitzt er ausreichenden Taktgehalt, wenn lange Nullfolgen vermieden werden. Er wird deshalb häufig zusammen mit einem Scrambler (Abschn. 4.4) eingesetzt.

Alternativ kann eine spezielle Coderegel implementiert werden für den Fall, dass n Nullen aufeinanderfolgen. Man spricht dann vom *High-Density-Bipolar(HDBn)-Code*. Er entsteht aus den AMI-Codes durch Ersetzen von mehreren hintereinander folgenden Nullen. Aus diesem Grund bezeichnet man den HDBn-Code auch als *Substitutionscode* („zero substitution code"). Das Ersetzen von Nullfolgen stellt eine Verletzung der Coderegel dar, die im Empfänger erkannt und wieder rückgängig gemacht wird. Diesem Mehraufwand steht das sichere Vermeiden langer Nullfolgen gegenüber. Mit dem HDBn-Code kann u. U. auf Scrambler und Descrambler verzichtet werden. Die spektralen Eigenschaften sind denen des AMI-Codes ähnlich.

Selbstverständlich setzt die gezielte Anwendung der Coderegelverletzung voraus, dass Übertragungsfehler vernachlässigt werden können. Der HDB3-Code wird beispielsweise beim ISDN auf den Schnittstellen S_{2M}, U_{K2} und V_{2M} eingesetzt.

Für die Coderegel wird die *laufende digitale Summe* (RDS, Running Digital Sum) benötigt. Ihre Berechnung erfolgt durch einen Zähler, der für jeden gesendeten positiven Impuls inkrementiert ($+1$) und für jeden negativen Impuls dekrementiert (-1) wird. Ist die RDS gleich null, kompensieren sich alle bisherigen Impulse gegenseitig. Wächst die RDS über den für den jeweiligen Code zulässigen Bereich hinaus, kann auf einen Fehler geschlossen werden.

▶ Coderegel für HDBn-Codes

a) Es wird mit der Codierung des AMI-Codes begonnen und die RDS mitgeführt.

b) Treten $n + 1$ Nullen hintereinander auf, wird die erste Null bei der Übertragung durch einen Impuls ersetzt mit der Wertigkeit $+1$, -1 oder 0 (kein Impuls), falls die RDS gleich -1, $+1$ bzw. 0 ist.

c) Anschließend wird die $(n + 1)$-te Null so codiert, dass die Coderegel des Alternierens verletzt wird.

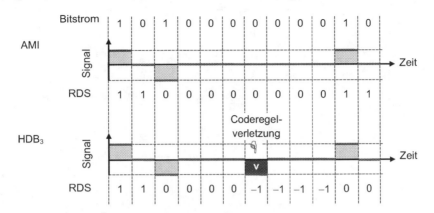

Abb. 4.16 AMI-Code und HDB-3-Code mit RDS

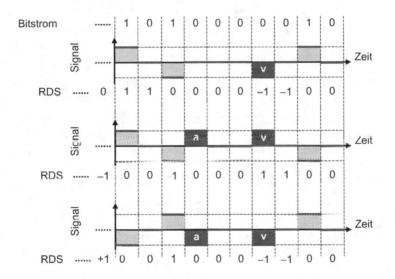

Abb. 4.17 HDB-3-Codierung mit Coderegelverletzung v und vorangestelltem Ausgleichsimpuls a

In Abb. 4.16 werden der AMI-Code und der HDB3-Code gegenübergestellt. Zusätzlich eingetragen ist die RDS, also die fortlaufende Addition der Wertigkeiten der elektrischen Impulse. Ist die RDS null, so haben sich alle Impulse bis dahin gegenseitig kompensiert, das Signal ist gleichstromfrei.

Einige Beispiele für die möglichen Codierungsfälle sind in Abb. 4.17 zusammengestellt. Durch die Kombination von einem Impuls zur Coderegelverletzung (v) und einem gegebenenfalls vorangesetzten Ausgleichsimpuls (a) wird sichergestellt, dass der Betrag der RDS nicht größer als 1 wird. Dem Empfänger ist es relativ einfach möglich, die Kombination der Impulse zu erkennen, da bei einer Coderegelverletzung nur in diesem Fall stets genau $n - 1$ Nullen dazwischenliegen.

Abb. 4.18 Spektrale Ver-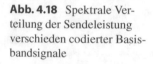
teilung der Sendeleistung
verschieden codierter Basisbandsignale

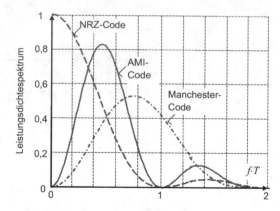

Der HDB3-Code wird nach der ITU-Empfehlung G.921 zur Übertragung des PCM-
30-Grundsystems und der Systeme für 8 und 34 Mbit/s vorgeschlagen (Kap. 6).

Abschließend sind zum Vergleich die Verteilungen der Sendeleistung im Frequenzbereich, die Leistungsdichtespektren (Abschn. 4.6.1), bei der bipolaren NRZ-Übertragung,
der Übertragung mit dem Manchester-Code und dem AMI-Code in Abb. 4.18 gegenübergestellt. Für die NRZ-Übertragung folgt das Leistungsdichtespektrum dem Quadrat der
si-Funktion, wegen der direkten Zuordnung der Bits zu den Rechteckimpulsen.

Der Manchester-Code und der AMI-Code sind gleichstromfrei. Obwohl die Basisbandsignale zu den beiden Codes ebenfalls aus Rechteckimpulsen zusammengesetzt sind,
ergibt sich insbesondere eine Nullstelle des Spektrums bei der Frequenz null. Beim Manchester-Code ist der Signalmittelwert in jedem Bitintervall selbst null, sodass unabhängig
von den zu sendenden Bits im Mittel kein Gleichanteil auftreten kann.

Beim AMI-Code ist die Gleichstromfreiheit auf die Codierungsregel zurückzuführen,
die eine Abhängigkeit vom Signalverlauf einführt. Man spricht von einer *Codierung mit
Gedächtnis*. Im Gegensatz dazu sind der bipolare NRZ- und der Manchester-Code gedächtnislos.

Die Coderegel mit Gedächtnis des AMI-Codes kann aus Abb. 4.16 herausgelesen werden. Die Bits mit dem logischen Wert 1 werden alternierend positiven und negativen
Rechteckimpulsen zugeordnet. Damit ist die Codierung von der jeweils letzten Zuordnung abhängig. Wie in Abb. 4.18 zu sehen ist, konzentriert sich bei der AMI-Codierung
die Leistung im Spektrum um die Frequenz $f \approx 1/(2T)$ (vgl. Nyquist-Frequenz in Abschn. 4.7.2). Das gilt besonders, wenn man eine zusätzliche Impulsformung, z. B. durch
einen Sendetiefpass mit $f_g = 1/T$, berücksichtigt. Der Manchester-Code belegt dazu im
Vergleich ein etwas breiteres Frequenzband.

▶ Durch die Leitungscodierung kann eine spektrale Formung vorgenommen, die
   Gleichstromfreiheit erreicht und ein hoher Taktgehalt erzielt werden. Man unterscheidet zwischen binären und ternären Leitungscodes sowie solchen mit und
   ohne Gedächtnis.

AMI- und HDBn-Codes sind gleichstromfrei und besitzen ein Codegedächtnis. HDBn-Codes benutzen gezielt Coderegelverletzungen, um lange Nullfolgen zu vermeiden.

Aufgabe 4.4

a) Was versteht man unter Leitungscodes mit Gedächtnis und wozu werden sie verwendet?

b) Skizzieren Sie das Basisbandsignal der Bitfolge 0101110... bei AMI-Codierung.

Aufgabe 4.5

Skizzieren Sie zum Bitstrom 1011 0000 1101... die Signale der Leitungscodes

a) Invertierter AMI-Code mit Startwert $RDS = 1$

b) Manchester-Code

c) HDB3-Code mit Startwert $RDS = 0$.

Hinweis: Geben Sie gegebenenfalls auch die jeweiligen Werte der laufenden digitalen Summe an und beachten Sie die gegebenen Startwerte.

Aufgabe 4.6

Skizzieren Sie das Signal des HDB3-Codes zum Bitstrom 1011 1000 0101 0000 0000 1... Geben Sie auch die Werte der laufenden digitalen Summe an und beachten Sie den Startwert $RSD = 0$.

4.6 Störung durch Rauschen

Ein physikalisches Phänomen der elektrischen Nachrichtenübertragung ist die Überlagerung der elektrischen (Nutz-)Signale mit Rauschen, wie in Abb. 4.19. Die Störung kann oft nicht vernachlässigt werden, sondern ist schon bei der Planung nachrichtentechnischer Systeme zu berücksichtigen. Dieser Abschnitt stellt hierzu wichtige Grundlagen aus der Sicht der digitalen Basisbandübertragung zusammen.

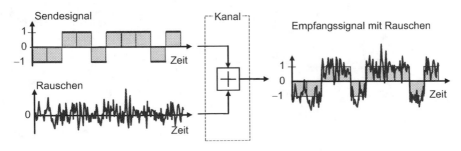

Abb. 4.19 Modell der digitalen Übertragung im Basisband mit Störung durch Rauschen

4.6.1 Rauschen

Wären die Nachrichten nicht selbst zufällig, würde spätestens mit dem Phänomen des Rauschens der Zufall in Nachrichtentechnik einziehen. Die moderne Nachrichtentechnik zeichnet sich dadurch besonders aus, dass sie Erkenntnisse aus der Signaltheorie in die Praxis umsetzt. Leser ohne entsprechende Vorkenntnisse finden in diesem Unterabschnitt eine Heranführung aus dem Blickwinkel der Nachrichtentechnik.

Musterfunktionen und stochastische Prozesse

Wir beginnen mit einem Beispiel, einem Ensemble an Widerständen als Signalgeneratoren in Abb. 4.20. Aufgrund der thermischen Bewegung der Elektronen treten an den ohmschen Widerständen zufällig schwankende Spannungen auf, die mit einem empfindlichen Voltmeter gemessen und aufgezeichnet werden können. (Die in Abb. 4.20 angegeben Zahlenwerte dienen nur zur Illustration.)

Der *stochastische Prozess* steht im Beispiel für die Gesamtheit aller von den Widerständen (Signalgeneratoren) abgegebenen Signale über der Zeit; theoretisch ein Ensemble von abzählbar unendlich vielen Signalgeneratoren.

Wählen wir zufällig einen Signalgenerator aus, z. B. durch Würfeln einer 2, erhalten wir eine Realisierung oder *Musterfunktion*, im Beispiel $u_2(t)$ in Abb. 4.20. Die Musterfunktion ist deterministisch, weil auf einem Messstreifen festgehalten oder anderweitig für alle Zeitpunkte bekannt. Für jeden Zeitpunkt liefert sie einen Zahlenwert, im Beispiel $u_2(t_0) = -0{,}2$.

Stochastische Variable

Den Zusammenhang zwischen stochastischem Prozess, den Musterfunktionen und den Zahlenwerten verdeutlicht das Schema in Abb. 4.21.

Abb. 4.20 Widerstände als Signalgeneratoren

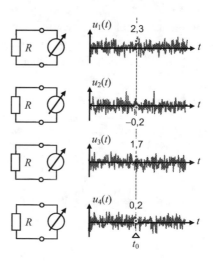

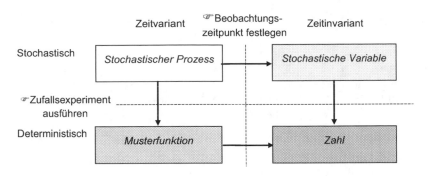

Abb. 4.21 Zusammenhang zwischen stochastischem Prozess, stochastischen Variablen, Musterfunktionen und Zahlwerten

Alternativ können wir in Abb. 4.20 auch erst einen Beobachtungszeitpunkt wählen, im Beispiel wieder t_0. Noch ist die Auswahl der Musterfunktion offen. Es resultiert deshalb eine *stochastische Variable*. Für eine stochastische Variable sind Fragen nach Wahrscheinlichkeiten sinnvoll; beispielsweise die Frage: Wie groß ist die Wahrscheinlichkeit, dass sie einen Wert größer null annimmt? Erst nach der Zufallsauswahl, dem Würfeln, wird ein Zahlenwert angenommen (Abb. 4.21).

Stochastischer Prozess und stochastische Variable sind Begriffe aus der Wahrscheinlichkeitstheorie und dort mathematisch definiert. Im Folgenden stellen wir ohne Herleitung einige Ergebnisse vor, die in der Nachrichtentechnik benutzt werden.

Thermisches Rauschen

Aufgrund der thermischen Bewegung von Ladungsträgern in Leitern, der brownschen[3] Molekularbewegung, sind auch ohne äußere Quellen Effektivwerte der Spannung zu beobachten. Man spricht von *thermischem Rauschen*, auch Johnson- oder Nyquist[4]-Rauschen genannt.

Aufgrund des thermischen Rauschens tritt an einem Widerstand R im Leerlauf der Effektivwert der *Rauschsignalspannung*

$$U_{\text{eff}} = \sqrt{4 \cdot k \cdot T \cdot R \cdot B}$$

auf. Er hängt ab von der Boltzmann[5]-Konstanten $k = 1,3805 \cdot 10^{-23}$ Ws/K, der absoluten Temperatur des Widerstands T in K (Kelvin), dem Wert des Widerstandes R in Ω und der (einseitigen) Messbandbreite B in Hz.

Schließt man an den rauschenden Widerstand einen gleich großen, aber ideal nicht rauschenden Widerstand an (Leistungsanpassung), so erhält man die maximale am Wi-

---

[3] *Robert Brown* (1773–1858), schottischer Botaniker.
[4] *Harry Nyquist* (1889–1976), US-amerikanischer Physiker und Ingenieur schwedischer Abstammung, in den 1920er- und 1930er-Jahren grundlegende Arbeiten zum Abtasttheorem und Rauschen.
[5] *Ludwig Eduard Bolzmann* (1844–1906), österreichischer Physiker.

derstand entnehmbare Signalleistung des thermischen Rauschens im Messband:

$$P_{max} = \frac{U_{eff}^2}{4 \cdot R} = k \cdot T \cdot B.$$

Der Faktor vier im Nenner folgt aus der Spannungsteilung an den beiden Widerständen. Dividiert man noch durch die Messbandbreite, ergibt sich als wichtige Größe, die maximale (einseitige) *Leistungsdichte* des thermischen Rauschens pro Hertz Bandbreite

$$N_{0,max} = k \cdot T.$$

Die Leistungsdichte ist unabhängig von der Frequenz. Dies gilt bis in den THz-Bereich hinein, bis sich schließlich Quanteneffekte bemerkbar machen. Bei Zimmertemperatur (16,6 °C) und 1 GHz Messbandbreite stellt sich der Wert von 4 pW/GHz ein. In der Literatur findet man häufig dazu den auf mW bezogenen Kennwert im logarithmischen Maß von etwa -173 dBm/Hz bei Raumtemperatur.

Anmerkungen

- Der scheinbar sehr kleine Wert für die Leistungsdichte des Rauschens relativiert sich, wenn man bedenkt, dass die Nutzsignale durch den Übertragungsweg stark gedämpft sein können. Störsignale können auch aus anderen leistungsstärkeren Quellen gespeist werden, wie beim Nebensprechen oder bei Signalreflexionen. In der Nachrichtenübertragungstechnik fasst man oft in Übertragungsmodellen Störungen aus mehreren Quellen zusammen, die dann durch eine Quelle mit entsprechend höherer Leistungsdichte ersetzt werden.
- Das logarithmische Maß in dBm ist ein absolutes Maß, auch (Leistungs-)Pegel genannt, das sich auf den absoluten Wert von 1 mW Leistung bezieht.

Wahrscheinlichkeitsdichtefunktion
Das Beispiel der Widerstände als Signalgeneratoren in Abb. 4.20 und die Frage nach der Wahrscheinlichkeit an einer zufällig ausgewählten Musterfunktion zu einem bestimmten Zeitpunkt einen positiven Amplitudenwert zu messen, führt uns zur (Signal-)Statistik. Prinzipiell könnten wir anhand des Ensembles der Musterfunktionen den Anteil aller günstigen Musterfunktionen erfassen, also solcher Musterfunktionen mit zum Beobachtungszeitpunkt positivem Wert. Wäre deren Anteil doppelt so groß, wie der mit negativen Werten, so könnten wir für die Zufallsauswahl schließen, dass die Chance, einen positiven Amplitudenwert zu messen, 2 : 1 ist, also die Wahrscheinlichkeit gleich zwei Drittel postulieren.

Diese Idee übertragen wir auf alle Amplitudenintervalle. Steht uns für die praktische Durchführung nur eine Musterfunktion zur Verfügung, führen wir an ihr eine gewöhnliche Häufigkeitsanalyse durch. Die grafische Darstellung des Ergebnisses geschieht prinzipiell im Histogramm wie in Abb. 4.22. Dort sind für eine Stichprobe mit 1000 Messwerten

Abb. 4.22 Histogramm und
Wahrscheinlichkeitsdichtefunktion

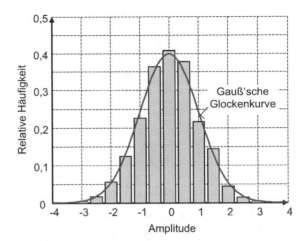

die relativen Häufigkeiten in den jeweiligen Intervallen als Balken im Diagramm aufgetragen. Die Verteilung der Balken erinnert an die bekannte gaußsche Glockenkurve. Zum
Vergleich ist sie ebenfalls eingezeichnet.

Die gaußsche Glockenkurve übernimmt in Abb. 4.22 die Rolle einer *Wahrscheinlichkeitsdichtefunktion* (WDF). Sie gibt, wie die Konstruktion des Histogramms nahelegt, die
Wahrscheinlichkeit an, ein Messergebnis in einem bestimmten Amplitudenintervall zu beobachten. Die Wahrscheinlichkeiten korrespondieren somit zu Flächen unter der WDF.
Weil die Wahrscheinlichkeit nicht negativ und nicht größer als eins (sicheres Ereignis)
sein kann, sind alle WDF nichtnegativ und auf die Fläche eins normiert.

Allgemein gilt: Ist eine (kontinuierliche) stochastische Variable X und ihre WDF $f(x)$
gegeben, so ist die *Wahrscheinlichkeit* einen Wert im reellen Intervall $]A, B]$ zu beobachten

$$P(A < X \leq B) = \int\limits_{A}^{B} f(x)\mathrm{d}x.$$

Der Formelbuchstabe P leitet sich vom lateinischen Wort „probabilis" für Glaubwür-
digkeit ab.

Stationarität und Ergodizität.
Wir knüpfen an der Bestimmung des Histogramms anhand einer Musterfunktion und 1000
zeitlich aufeinanderfolgender Messungen an. Bei der Bestimmung des Histogramms wurden implizit zwei Annahmen getroffen, die vor der Interpretation der Ergebnisse geprüft
oder auf die zumindest kritisch hinzuweisen ist:

- Zum Ersten, die kumulativen Messungen zu verschiedenen Beobachtungszeitpunkten
  setzen voraus, dass sich die stochastischen Kenngrößen, hier die WDF, nicht mit der
  Zeit ändern. Man spricht dann von der *Stationarität* der jeweiligen Kenngröße.

- Zum Zweiten, es wird vom Zeitmittelwert einer Musterfunktion auf das gesamte Ensemble geschlossen. Ist dies zulässig, spricht man von der *Ergodizität* der jeweiligen Kenngröße.

Die Ergodizität schließt die Stationarität ein. Beide sind experimentell schwer oder gar nicht zu zeigen. Meist werden sie aus Modellvorstellungen heraus begründet oder bereits durch die Modellkonstruktion vorausgesetzt.

Zeitmittelwerte und Scharmittelwerte

Um mit Zufallsprozessen konstruktiv umgehen zu können, ist es unerlässlich, Regelmäßigkeiten in den Signalen zu erkennen und entsprechende Kenngrößen anzugeben: also den willkürlichen Zufall durch die theoretisch und/oder empirisch begründete Erwartung zu ersetzen. Typische Beispiele sind Mittelwerte aller Art, wie der lineare und der quadratische Mittelwert und die Varianz.

In vielen Anwendungen sind die Kenngrößen stochastischer Prozesse und Variablen, die *Scharmittelwerte*, aus den Modellen zu erschließen oder müssen erst durch die *Zeitmittelwerte* geschätzt werden. Die Abb. 4.23 stellt die eindimensionalen Kenngrößen in Tabellenform gegenüber. Die Scharmittelwerte sind als *Erwartungswerte* anhand der WDF definiert. Ist die WDF stationär, d. h. unabhängig vom Beobachtungszeitpunkt, sind alle eindimensionalen Kenngrößen ebenfalls stationär. Inwieweit deren Schätzungen durch die Zeitmittelwerte zuverlässig sind, ist im Anwendungsfall jeweils zu klären.

▶ Die *Wahrscheinlichkeitsrechnung* ersetzt den „Zufall" (Chaos) durch die theoretisch und/oder empirisch begründete Erwartung (Kosmos).

Korrelationsfunktion und Leistungsdichtespektrum

In der Nachrichtentechnik ist besonders das dynamische Verhalten der Signale wichtig. Häufig wird nach inneren Bindungen, dem Gedächtnis der Signale, gefragt. Wenn beispielsweise für ein Zufallssignal der Amplitudenwert zu einem bestimmten Zeitpunkt bekannt ist, was kann daraus über die Amplitudenwerte in zeitlicher Nachbarschaft ausgesagt werden?

Der Anschaulichkeit halber knüpfen wir wieder an Musterfunktionen an. Die Abb. 4.24 zeigt vier Musterfunktionen aus vier unterschiedlichen mittelwertfreien zeitdiskreten Prozessen. Die erste Musterfunktion $x_1[n]$ könnte durch Abtastung der Musterfunktion eines der Signalgeneratoren in Abb. 4.20 entstanden sein. Es zeigt sich ein über der Zeit regelloses Springen der Amplitudenwerte, positive wie negative. Die anderen Musterfunktionen lassen von $x_2[n]$ zu $x_4[n]$ zunehmende Bindungen im Signal erkennen: Benachbarte Amplitudenwerte werden ähnlicher, die Signale glätten sich zunehmend.

Um die offensichtlichen Bindungen in den Signalen quantitativ zu erfassen, bietet sich der Vergleich benachbarter Signalwerte als Zeitmittelwert an. Man spricht auch von der

Eindimensionale Kenngrößen reeller und ergodischer stochastischer Prozesse

Scharmittelwerte	Zeitmittelwerte
Prozesse	*Musterfunktionen (-folgen)*
$X(t), Y(t)$ bzw. $X[n], Y[n]$	$x(t), y(t)$ bzw. $x[n], y[n]$
Wahrscheinlichkeitsdichtefunktion (WDF)	
$f_X(x), f_Y(y)$	Relative Häufigkeiten (Histogramm)
Linearer Mittelwert (Erwartungswert)	
$\mu_X = E(X) = \int\limits_{-\infty}^{+\infty} x \cdot f_X(x)\,\mathrm{d}x$	$\overline{x} = \lim\limits_{T \to \infty} \frac{1}{2 \cdot T} \cdot \int\limits_{-T}^{+T} x(t)\,\mathrm{d}t$
	$\overline{x} = \lim\limits_{N \to \infty} \frac{1}{2 \cdot N + 1} \cdot \sum\limits_{n=-N}^{+N} x[n]$
Quadratischer Mittelwert (mittlere Leistung)	
$m_{2X} = E(X^2) = \int\limits_{-\infty}^{+\infty} x^2 \cdot f_X(x)\,\mathrm{d}x$	$\overline{x^2} = \lim\limits_{T \to \infty} \frac{1}{2 \cdot T} \cdot \int\limits_{-T}^{+T} x^2(t)\,\mathrm{d}t$
	$\overline{x^2} = \lim\limits_{N \to \infty} \frac{1}{2 \cdot N + 1} \cdot \sum\limits_{n=-N}^{+N} x^2[n]$
Varianz (Dispersion, Streuung)	
$\sigma_X^2 = E\left((X - \mu_X)^2\right) =$ $= \int\limits_{-\infty}^{+\infty} (x - \mu_X)^2 \cdot f_X(x)\,\mathrm{d}x = E(X^2) - \mu_X^2$	Empirische Varianz $\overline{\sigma}^2 = \overline{x^2} - \overline{x}^2$

Abb. 4.23 Eindimensionale Kenngrößen reeller ergodischer Prozesse

empirischen Korrelationsfunktion

$$\overline{x[n] \cdot x[n+l]} = \frac{1}{2N+1} \sum_{n=-N}^{N} x[n] \cdot x[n+l].$$

Der Verschiebungsparameter l, von englisch „lag", gibt die Differenz zwischen den jeweiligen Beobachtungszeitpunkten an, hier die Zahl der dazwischenliegenden normierten Zeitintervalle. Beispiele empirischer Korrelationsfunktionen der vier Musterfunktionen zeigt Abb. 4.25. Der besseren Vergleichbarkeit halber sind sie auf den Maximalwert eins normiert. (Entsprechendes gilt auch für zeitkontinuierliche Signale.)

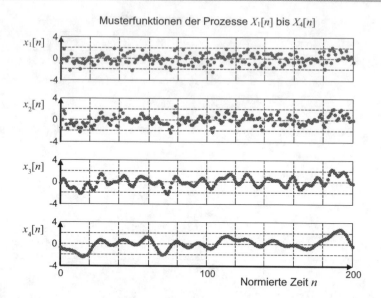

Abb. 4.24 Musterfunktionen unterschiedlich stark korrelierter Prozesse

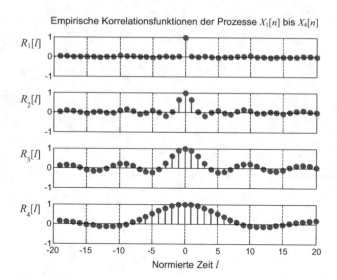

Abb. 4.25 Empirische Korrelationsfunktionen

Die gezeigten empirischen Korrelationsfunktionen spiegeln die Erwartungen wider. Bei der ersten Musterfunktion $u_1[n]$ springen die Amplitudenwerte regellos hin und her. Durch die Verschiebung in der Korrelationsformel oben, treffen positive und negative Amplituden zufällig aufeinander, sodass sich die Produkte in der Summe gegenseitig kompensieren. Die empirische Korrelationsfunktion ist näherungsweise null, bis auf den Fall keiner Verschiebung ($l = 0$). Dann wird offensichtlich die Signalleistung geschätzt.

Ganz anders bei der letzten Musterfunktion $u_4[n]$. Bei geringer Verschiebung treffen fast nur positive Amplitudenwerte auf positive und negative auf negative, sodass die zugehörigen positiven Produkte in der Summe in der Korrelationsformel überwiegen. Erst bei größerer Verschiebung, bei nachlassendem Gedächtnis, nimmt dieser Effekt ab.

Allgemein gilt: Die empirische Korrelationsfunktion liefert stets ihr Maximum bei $l = 0$, den Schätzwert für die Signalleistung. Mit wachsender Verschiebung nimmt der Betrag der Korrelation tendenziell ab, auch wenn zwischendurch höhere Korrelationswerte möglich sind. Per Definition ist die Korrelationsfunktion eine gerade Funktion.

Anmerkung

- Die Abb. 4.24 und Abb. 4.25 basieren auf Simulationen am PC mit MATLAB$^{®}$. Mit dem Befehl randn wurde eine normalverteilte (Pseudo-)Zufallsfolge generiert und mithilfe der DFT mit der normierten Grenzkreisfrequenz $\Omega_g = \pi/2, \pi/4$ bzw. $\pi/8$ tiefpassgefiltert. Wie in Abb. 4.25 gut zu beobachten ist, ergibt sich als Autokorrelationsfunktion aus der Tiefpassfilterung näherungsweise die si-Funktion mit der ersten Nullstelle bei $l_0 = 1, 2, 4$ bzw. 8.

Die Signaltheorie definiert die *Autokorrelationsfunktion* (AKF) eines reellen stochastischen Prozesses als Erwartungswert (Abb. 4.26 linke Spalte). Ist der Prozess ergodisch, kann sie durch die Zeitmittelwerte in der rechten Spalte geschätzt werden. Die AKF besitzt ihr Maximum an der Stelle null. Dort ist sie gleich der mittleren Leistung des Prozesses. Sie ist eine gerade Funktion und geht für große Verschiebungen gegen null.

Diese Eigenschaften stellen sicher, dass die AKF eine reelle nichtnegative Fourier-Transformierte besitzt, das *Leistungsdichtespektrum* (LDS), s. Wiener-Khinchin-Gleichung. Das LDS gibt die Verteilung der Leistung des Prozesses über der Frequenz an. Flächen unter dem LDS entsprechen den Teilleistungen in den jeweiligen Frequenzbändern. Wegen des engen Zusammenhangs mit den physikalisch bedeutsamen Größen Leistung und Energie kommt dem LDS in der Nachrichtentechnik eine herausragende Rolle zu.

Filterung stochastischer Prozesse mit LTI-Systemen

Schließlich gehen wir der Frage nach, welchen Einfluss LTI-Systeme auf stochastische Prozesse ausüben. Dazu greifen wir wieder auf die Vorstellung des Ensembles von Musterfunktionen zurück. Mit den Musterfunktionen eines Prozesses als den Eingangssignalen von jeweils identischen LTI-Systemen kann an den Systemausgängen wiederum ein Ensemble von Musterfunktionen, folglich ein stochastischer Prozess beobachtet werden.

Bei der Berechnung der Kenngrößen des Prozesses am Systemausgang wird die Abbildung durch die Faltung mit der Impulsantwort berücksichtigt, sodass die Resultate sowohl von den Kenngrößen am Systemeingang als auch von der Impulsantwort bzw. dem Frequenzgang des Systems abhängen. Die Abb. 4.27 stellt die Ergebnisse für die AKF und das LDS in Form von Eingangs-Ausgangsgleichungen im Zeit- und im Frequenzbereich zusammen. Die AKF am Systemausgang resultiert aus der Faltung der AKF am Sys-

Zweidimensionale Kenngrößen eines reellen und ergodischen stochastischen Prozesses

Scharmittelwerte	Zeitmittelwerte
Autokorrelationsfunktion (AKF)	
$R_{XX}(\tau) = E(X(t) \cdot X(t+\tau)) =$ $$= \int_{-\infty}^{+\infty}\int_{-\infty}^{+\infty} x_1 \cdot x_2 \cdot f_{XX}(x_1,x_2)\, \mathrm{d}x_1\, \mathrm{d}x_2$$	$\overline{x(t) \cdot x(t+\tau)} =$ $$= \lim_{T\to\infty} \frac{1}{2T} \cdot \int_{-T}^{+T} x(t)\cdot x(t+\tau)\,\mathrm{d}t$$
$R_{XX}[l] = E(X[n] \cdot X[n+l])$	$\overline{x[n]\cdot x[n+l]} =$ $$= \lim_{N\to\infty} \frac{1}{2N+1}\cdot \sum_{n=-N}^{+N} x[n]\cdot x[n+l]$$
Das Maximum der AKF $R_{XX}(0) = E(X^2)$ bzw. $R_{XX}[0] = E(X^2)$ ist gleich der *mittleren Leistung* des Prozesses und gleich der mittleren Leistung der Musterfunktionen $\overline{x^2(t)}$ bzw. $\overline{x^2[n]}$	
Leistungsdichtespektrum (LDS)	
Wiener-Khinchin-Gleichung	$S(\omega) \overset{F}{\leftrightarrow} R(\tau)$ bzw. $S(\Omega) \overset{F}{\leftrightarrow} R[l]$
Das LDS ist nicht negativ	$S(\omega) \geq 0$ bzw. $S(\Omega) \geq 0$

Abb. 4.26 Autokorrelationsfunktion und Leistungsdichtespektrum

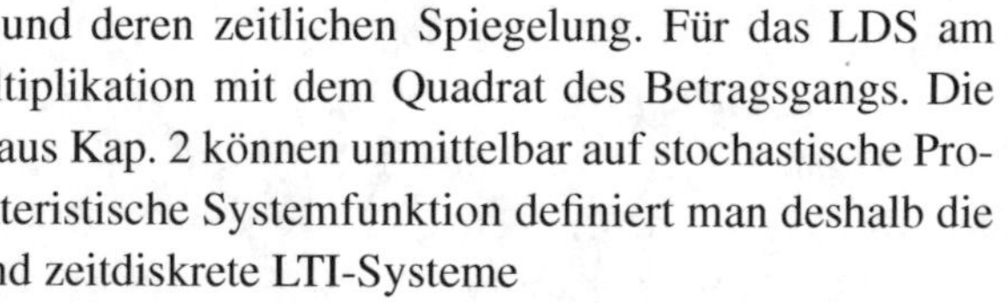

Abb. 4.27 Eingangs-Ausgangsgleichungen von LTI-Systemen für Autokorrelationsfunktion und Leistungsdichtespektrum

LTI-System

AKF $R_{XX}(\tau)$ → $h(t)$ $\updownarrow F$ $H(j\omega)$ → $R_{YY}(\tau) = R_{XX}(\tau)*h(\tau)*h(-\tau)$

LDS $S_{XX}(\omega)$ → $S_{YY}(\omega) = S_{XX}(\omega)\cdot|H(j\omega)|^2$

temeingang mit der Impulsantwort und deren zeitlichen Spiegelung. Für das LDS am Ausgang ergibt sich daraus die Multiplikation mit dem Quadrat des Betragsgangs. Die Vorstellungen zur linearen Filterung aus Kap. 2 können unmittelbar auf stochastische Prozesse übertragen werden. Als charakteristische Systemfunktion definiert man deshalb die *Filter-AKF* für zeitkontinuierliche und zeitdiskrete LTI-Systeme

$$R_{hh}(\tau) = h(\tau) * h(-\tau) \leftrightarrow |H(j\omega)|^2 \quad \text{bzw.} \quad R_{hh}[l] = h[l] * h[-l] \leftrightarrow \left|H\left(e^{j\Omega}\right)\right|^2.$$

Die Filter-AKF wird auch Energie-AKF genannt (Kammeyer 2008), da sie an der Stelle null die Energie der Impulsantwort angibt, siehe parsevalsche Formel Kap. 2.

Weißes Rauschen

Das *weiße Rauschen* spielt in der Nachrichtentechnik eine herausragende Rolle. Es repräsentiert modellhaft näherungsweise unkorrelierte oder äquivalent breitbandige Störsignale in der mathematischen Idealisierung als impulsförmige AKF und konstantes LDS:

$$R_{XX}(\tau) = \sigma^2 \cdot \delta(\tau) \leftrightarrow S_{XX}(\omega) = \sigma^2 \quad \text{bzw.} \quad R_{XX}[l] = \sigma^2 \cdot \delta[l] \leftrightarrow S_{XX}(\Omega) = \sigma^2.$$

Weil alle Frequenzkomponenten im Signal (gleich stark) enthalten sind, wird in Anlehnung an die Optik vom weißen Rauschen gesprochen. Man beachte, die parsevalsche Formel (Kap. 2) liefert für ein konstantes Leistungsdichtespektrum eine unendliche Leistung. Weißes Rauschen stellt eine Idealisierung ähnlich der Impulsfunktion (Kap. 2) dar. Weißes Rauschen tritt stets in Verbindung mit einer Bandbegrenzung, z. B. durch einen Bandpass- oder Tiefpassfilter, auf. Der beobachtbare Prozess ist folglich stets in seiner Leistung beschränkt.

4.6.2 Bitfehlerwahrscheinlichkeit

Messungen und theoretische Überlegungen führen oft auf das Modell des *additiven weißen gaußschen*[6] *Rauschens* (AWGN, Additive White Gaussian Noise). Der Begriff weißes Rauschen leitet sich aus der Betrachtung im Frequenzbereich ab. Alle Frequenzkomponenten des Rauschsignals haben im Mittel gleiche Leistung. Die Bezeichnung gaußsch weist auf die Normalverteilung (Gauß-Verteilung) der Signalamplituden hin. AWGN ist das Standardmodell für das in der elektrischen Nachrichtentechnik praktisch unvermeidliche thermische Rauschen.

Wir verzichten hier auf theoretische Herleitungen (Abschn. 4.6.1) und heben nur die im Weiteren wichtigen Eigenschaften des *AWGN-Kanals* hervor. Die Überlegungen werden durch das Modell der digitalen Übertragung in Abb. 4.19 unterstützt.

- Dem bipolaren Sendesignal wird im Kanal Rauschen additiv überlagert. Am Kanalausgang tritt die Summe aus Sendesignal (Nutzsignal) und Rauschen (breitbandiges Störsignal) auf.
- Die Amplituden des Rauschens sind zu jedem Zeitpunkt normalverteilt mit Mittelwert $\mu = 0$ und Varianz σ^2. Als WDF erhält man die *gaußsche Glockenkurve*.
- Die Amplituden des Rauschens zu zwei beliebigen, verschiedenen Zeitpunkten sind voneinander unabhängig. Die Schwellenwertentscheidung im Empfänger darf deshalb für jedes Bit unabhängig von früheren oder späteren Entscheidungen betrachtet werden. Man spricht in diesem Fall von einem *gedächtnislosen Kanal*.

---

[6] *Carl Friedrich Gauß* (1777–1855), deutscher Mathematiker, Astronom, Geodät und Physiker.

Abb. 4.28 Gaußsche
Glockenkurve: Wahrschein-
lichkeitsdichtefunktion der
(0, 1)-Normalverteilung

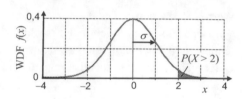

Der Einfluss des AWGN auf das Empfangssignal ist in Abb. 4.19 deutlich zu erkennen. Die gesendeten Rechteckimpulse, grau hinterlegt, liefern für jedes Bitintervall den Mittelwert, um den das Empfangssignal zufällig schwankt. Die Größe der Schwankungen hängt von der Varianz σ^2 des Rauschens ab. Im Bild liegt, um das Rauschen sichtbar hervorzuheben, ein (überhöhtes) Verhältnis von Standardabweichung σ des Rauschens zu der Amplitude des Sendesignals $\hat{u}$ von $1:2$ vor.

Die Wahrscheinlichkeit, dass die Rauschamplitude betragsmäßig den Wert der Sendeamplitude übersteigt, kann deshalb der 2σ-Regel der Normalverteilung entnommen werden (Abb. 4.28). Um innerhalb eines Rechteckimpulses einen (fehlerhaften) Nulldurchgang im Empfangssignal zu erzeugen, muss die Rauschamplitude der Sendesignalamplitude entgegen gerichtet sein. Die Wahrscheinlichkeit für einen Nulldurchgang innerhalb eines Rechteckimpulses ist dann etwa 0,023. Die Wahrscheinlichkeit entspricht der hinterlegten Fläche in Abb. 4.28 für $X > 2$. Tatsächlich sind im Signalbeispiel in Abb. 4.19 nur wenige derartige Nulldurchgänge zu beobachten.

Nach der Vorüberlegung zur Rauschamplitude wird nun die Wahrscheinlichkeit für ein falsch detektiertes Bit berechnet. Wegen des additiven Rauschens sind jeweils für ein Bit die kontinuierlich verteilten *Detektionsvariablen* $y = \pm\hat{u} + n$ auszuwerten. Bei der Detektion liegt die in Abb. 4.29 dargestellte Situation vor. Wird das logische Zeichen 1 übertragen ($b = 1$), resultiert als bedingte WDF die rechte Kurve, andernfalls die linke Kurve ($b = 0$). Für die bedingte WDF zum Zeichen 1 ergibt sich aus dem AWGN-Modell

$$f_{Y|1}(y) = \frac{1}{\sigma \cdot \sqrt{2\pi}} \cdot \exp\left(-\frac{[y - \hat{u}]^2}{2 \cdot \sigma^2}\right).$$

Sie entspricht der WDF der Normalverteilung mit Mittelwert $\mu = \hat{u}$ und Varianz σ^2.

Der Schwellenwertdetektor entscheidet auf den Wert 1, wenn die Detektionsvariable nicht negativ ist, d. h. $y \geq 0$. Wird für das Bit der Wert 1, d. h. $\hat{u}$, übertragen und nimmt die Rauschamplitude einen Wert kleiner als $-\hat{u}$ an, so ist die Detektionsvariable negativ und der Detektor trifft eine Fehlentscheidung. Ein *Bitfehler* tritt auf.

Anmerkung

- Da beide Bits 1 und 0 gleich wahrscheinlich auftreten und sich die bedingten WDF für y bei null schneiden, wird die Entscheidungsschwelle auf die Null gelegt. Dadurch wird die Fehlerwahrscheinlichkeit minimal. Der Wert y gleich null kann ohne Einfluss auf die Fehlerwahrscheinlichkeit beliebig entschieden werden, da er nur mit Wahrscheinlichkeit null (so gut wie nie) auftritt.

Abb. 4.29 Bedingte Wahrscheinlichkeitsdichtefunktion
der Detektionsvariablen

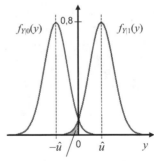

Fehlerwahrscheinlichkeit ($b=1$)

Die Wahrscheinlichkeit für einen Bitfehler, die *Bitfehlerwahrscheinlichkeit* P_b, wird nach Abb. 4.29 bestimmt. Die Wahrscheinlichkeit für den geschilderten Übertragungsfehler bei b gleich 1 gesendet, entspricht der grau unterlegten Fläche

$$P(Y < 0|b = 1) = \int\limits_{-\infty}^{0} f_{y|1}(y)\mathrm{d}y.$$

Die Symmetrie der gaußschen Glockenkurve führt auf eine Form, die mit einer Substitution der Variablen und wenigen Zwischenschritten in die *komplementäre Fehlerfunktion* (erfc, „complementary error function") überführt werden kann.

$$P(Y < 0|b = 1) = \frac{1}{2} - \int\limits_{0}^{\hat{u}} \frac{1}{\sigma \cdot \sqrt{2\pi}} \cdot \exp\left(-\frac{y^2}{2 \cdot \sigma^2}\right) \mathrm{d}y$$

$$= \frac{1}{2} - \frac{1}{\sqrt{\pi}} \cdot \int\limits_{0}^{\hat{u}/(\sigma\sqrt{2})} e^{-x^2}\mathrm{d}x = \frac{1}{2} \cdot \mathrm{erfc}\left(\frac{\hat{u}}{\sigma \cdot \sqrt{2}}\right)$$

Anmerkung

- Für nicht negative Argumente startet die komplementäre Fehlerfunktion bei $\mathrm{erfc}(0) = 1$, und nimmt für wachsende Argumente schnell monoton ab, wobei sie asymptotisch gegen null geht, s. auch „error function" $\mathrm{erf}(.)$ mit $\mathrm{erfc}(x) = 1 - \mathrm{erf}(x)$ und gaußsches Fehlerintegral oder Fehlerfunktion.

Um die Bitfehlerwahrscheinlichkeit zu bestimmen, muss auch die Übertragung des Bits 0 berücksichtigt werden. Da vorausgesetzt wird, dass beide Zeichen gleich wahrscheinlich auftreten und die bedingten WDF bezüglich der Entscheidungsschwelle symmetrisch liegen, erhält man für beide Zeichen die gleichen Beiträge, sodass sich insgesamt die *Bitfehlerwahrscheinlichkeit* einstellt:

$$P_\mathrm{b} = \frac{1}{2} \cdot \mathrm{erfc}\left(\frac{\hat{u}}{\sigma \cdot \sqrt{2}}\right).$$

Abb. 4.30 Bitfehlerwahrscheinlichkeit bei bipolarer
Basisbandübertragung im
AWGN-Kanal in Abhängig-
keit vom Signal-to-Noise Ratio

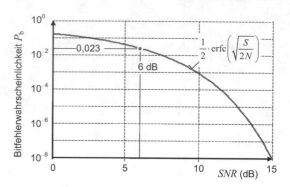

In der Nachrichtentechnik ist es üblich, die Bitfehlerwahrscheinlichkeit auf das Verhältnis aus den Leistungen des Nutzsignals S und des Rauschens N zu beziehen. Man spricht auch kurz vom S/N-*Verhältnis*, SNR, von englisch „signal-to-noise ratio". Weiter ist es üblich, das SNR im logarithmischen Maß anzugeben. Man beachte, dass bei Leistungsgrößen der Vorfaktor 10 zu verwenden ist:

$$\left(\frac{S}{N}\right)_{\text{dB}} = 10 \cdot \log_{10}\left(\frac{S}{N}\right) \text{dB}.$$

Im Beispiel ergibt sich mit

$$\frac{S}{N} = \frac{\hat{u}^2}{\sigma^2}$$

für die Bitfehlerwahrscheinlichkeit

$$P_{\text{b}} = \frac{1}{2} \cdot \text{erfc}\left(\sqrt{\frac{S}{2N}}\right).$$

Die Abhängigkeit der Bitfehlerwahrscheinlichkeit vom SNR zeigt Abb. 4.30.

Denkt man sich die Leistung des Rauschens als konstant, so wird das SNR durch die Signalaussteuerung bestimmt. Sind die Leistungen des Nutzsignals und des Rauschens im Mittel gleich, so liegt ein SNR von 0 dB vor. In diesem Fall ist die Bitfehlerwahrscheinlichkeit mit 0,16 relativ hoch. Mit zunehmender Signalamplitude vergrößert sich das SNR. Bei dem in Abb. 4.19 vorliegenden Verhältnis resultiert ein SNR von 6 dB. Die zugehörige Bitfehlerwahrscheinlichkeit ist in Abb. 4.30 markiert und entspricht dem vorher abgeschätzten Wert für einen Nulldurchgang des Empfangssignals innerhalb eines Rechteckimpulses. Wächst das SNR weiter, so nimmt die Bitfehlerwahrscheinlichkeit rasch ab.

In realen leitungsgebundenen Datenübertragungssystemen sind typische Werte für die Bitfehlerwahrscheinlichkeit 10^{-6} bis 10^{-9}. Durch eine zusätzliche Kanalcodierung mit Fehlererkennung und Wiederholungsanforderung ist eine Bitfehlerwahrscheinlichkeit weit darunter erreichbar. Einfache Verfahren zum Schutz gegen Übertragungsfehler werden in Kap. 8 vorgestellt.

Anmerkungen

- Bei Amplituden, wie z. B. der Dämpfung, wird im logarithmischen Maß der Vorfaktor 20 verwendet. Da die Signalleistung proportional zum Quadrat der Amplitude ist, liefern beide Ansätze den gleichen dB-Wert.
- Mit den Anfängen der Telegrafie, der Telefonie und des Sprech- und Hörfunks hat sich die Bezeichnung Signal-Geräusch-Verhältnis eingebürgert, weil dort die Störungen oft als Geräusche hörbar waren. Insbesondere erinnern die breitbandigen Störsignale im Audioband, z. B. aufgrund thermischen Rauschens, an das Geräusch eines Wasserfalls; daher auch die kurze allgemeine Bezeichnung Rauschen für breitbandige, zufällige Störsignale. In diesem Sinn wird auch der Ausdruck Signal-Rausch-Verhältnis oder Signal-Stör-Verhältnis verwendet. Zum Beispiel spricht man in der Fernsehtechnik und Bildverarbeitung auch vom Bildrauschen. Im analogen Schwarz-Weiß-Fernsehen ist Rauschen am Bildschirm als Grieß oder Schnee bekannt. Dort wird ein Signal-Rausch-Abstand von 40 bis 44 dB als noch brauchbar angesehen (Vlcek und Hartnagel 1993).
- Das SNR ist erfahrungsgemäß ein gutes Maß, um den benötigten technischen Aufwand bzw. die Qualität der Nachrichtenübertragung abzuschätzen, vgl. Kap. 3. Insbesondere wird oft die Leistungsfähigkeit verschiedener digitaler Übertragungsverfahren auf der Basis der Bitfehlerwahrscheinlichkeit und des dazu notwendigen minimalen SNR verglichen.

4.6.3   Matched-Filter-Empfänger

Wie im letzten Abschnitt gezeigt wurde, kann die Störung durch Rauschen viele Übertragungsfehler verursachen. Eine Unterdrückung des Rauschens ist deshalb wünschenswert oder sogar notwendig. Dies leistet das Matched-Filter. Wir nähern uns der Idee des Matched-Filters zunächst anhand eines praktischen Beispiels. Eine in der Flugsicherung wichtige Aufgabe ist die Detektion von Flugzeugen durch zurückgestrahlte Radarsignale im unvermeidlichen Hintergrundrauschen. Gehen wir vereinfachend von einem gesendeten und unverzerrt empfangenen Rechteckimpuls aus, so erhält man für die Energie- bzw. Leistungsbetrachtung im Frequenzbereich die Überlagerung des si^2-Energiedichtespektrums (Kap. 2) für den Nutzanteil und das konstante Leistungsdichtespektrum des Rauschens in Abb. 4.31. Das Leistungsdichtespektrum sei näherungsweise konstant im betrachteten Frequenzband, sodass der Einfachheit halber das Modell des weißen Rauschens verwendet werden darf.

Anmerkungen

- Da es sich im Beispiel des Radarsignals um ein gepulstes Trägersignal handelt, siehe OOK in Kap. 5, liegt nach dem Modulationssatz das si^2-Spektrum symmetrisch um die Trägerfrequenz f_T. Im Fall der Basisbandübertragung ist f_T gleich 0 Hz zu setzen.

Abb. 4.31 Energiedichte
des Nutzsignals und Leis-
tungsdichte des Rauschens
im Frequenzbereich

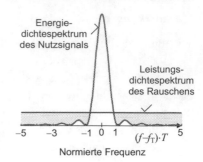

- Eine dem Matched-Filter-Problem ähnliche Fragestellung findet man beispielsweise in der Psychophysik unter dem Schlagwort Signalentdeckungstheorie (SDT, „signal detection theory").

Überall dort, wo das Leistungsdichtespektrum des Rauschens größer als das Energie-dichtespektrum des Nutzsignals ist, dominiert die Störung. Es ist naheliegend, all diese Frequenzkomponenten durch Filterung zu unterdrücken und so das SNR zu verbessern. Im Beispiel wäre ein einfacher Bandpass bzw. Tiefpass mit passender Sperrfrequenz geeignet. Dabei wird allerdings auch dem Nutzsignal Energie entzogen und es wird verzerrt. Hier kommt die besondere Fragestellung der Detektion, wie sie auch bei der digitalen Über-tragung auftritt, zum Tragen. Eine formtreue Signalrekonstruktion ist nicht notwendig, sondern das Auftreten eines Echos ist möglichst zuverlässig zu detektieren. Mit anderen Worten, zu einem bestimmten Zeitpunkt ist die Ja-Nein-Entscheidung zu fällen, ob das Signal entdeckt wurde.

Matched-Filter
Wir gehen das Problem in Abb. 4.32 systematisch an. Es soll ein lineares Empfangsfilter, das spätere Matched-Filter, so entworfen werden, dass das SNR im Detektionszeitpunkt für ein Signal $x(t)$ der endlichen Dauer T bei additivem weißem Rauschen maximal wird.

Am Ausgang des Empfangsfilters in Abb. 4.32 resultiert das *Detektionssignal* aus dem Nutzanteil und dem Störanteil

$$y(t) = \underbrace{x(t) * h_{\mathrm{MF}}(t)}_{\text{Nutzanteil } v(t)} + \underbrace{n(t) * h_{\mathrm{MF}}(t)}_{\text{Störanteil}}.$$

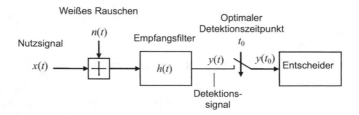

Abb. 4.32 Empfangsfilter zur Unterdrückung des Rauschens

Am Filterausgang ergibt sich die Leistung des Nutzanteils im zunächst noch unbestimm-
ten, optimalen Detektionszeitpunkt t_0 mit dem Frequenzgang des Filters durch inverse
Fourier-Transformation der Eingangs-Ausgangsgleichung im Frequenzbereich (Kap. 2)

$$S = v^2(t_0) = \left(\frac{1}{2\pi} \cdot \int\limits_{-\infty}^{+\infty} X(j\omega) \cdot H(j\omega) \cdot e^{j\omega t_0}\, d\omega \right)^2.$$

Für die Leistung des Störanteils gilt entsprechend Abb. 4.27 mit der Leistungsübertra-
gungsfunktion des Filters bei konstantem Leistungsdichtespektrum $N_0/2$ des Rauschens

$$N = \frac{N_0}{2} \cdot \frac{1}{2\pi} \cdot \int\limits_{-\infty}^{+\infty} |H(j\omega)|^2\, d\omega.$$

Das zu maximierende SNR ist dann

$$\frac{S}{N} = \frac{1}{N_0/2} \cdot \frac{\left| \frac{1}{2\pi} \cdot \int_{-\infty}^{+\infty} X(j\omega) \cdot H(j\omega) \cdot e^{j\omega t_0}\, d\omega \right|^2}{\frac{1}{2\pi} \cdot \int_{-\infty}^{+\infty} |H(j\omega)|^2\, d\omega},$$

wobei im Zähler für das Quadrat des reellen Werts $v(t_0)$ auch das Betragsquadrat eingesetzt werden darf. Wir lösen die Aufgabe mit der schwarzschen[7] Ungleichung, indem wir
den Zähler abschätzen:

$$\int\limits_{-\infty}^{+\infty} \left| X(j\omega) \cdot H(j\omega) \cdot e^{j\omega t_0} \right|^2 d\omega \le \int\limits_{-\infty}^{+\infty} |X(j\omega)|^2\, d\omega \cdot \int\limits_{-\infty}^{+\infty} \left| H(j\omega) \cdot e^{j\omega t_0} \right|^2 d\omega.$$

Das maximale SNR ergibt sich bei Gleichheit. Für die Lösung ist wichtig, dass die Gleichheit in der Abschätzung nur gilt, wenn das Empfangsfilter auf das Sendesignal angepasst
ist, d. h. ein *Matched-Filter* vorliegt mit der Proportionalität

$$H_{\mathrm{MF}}(j\omega) \sim X^*(j\omega) \cdot e^{j\omega t_0}.$$

Die Rücktransformation in den Zeitbereich geschieht durch Anwenden der Sätze der
Fourier-Transformation. Die Bildung des konjugiert komplexen Spektrums bedeutet für
die Zeitfunktion eine Spiegelung bezüglich der Zeitachse. Für ein gesendetes rechtssei-
tiges Signal $x(t)$ ergibt sich dann zunächst ein linksseitiges Zwischenergebnis. Der Faktor $\exp(j\omega_0 t)$ bedeutet eine Zeitverschiebung um t_0 nach rechts. Wählt man t_0 gleich der
Zeitdauer des Nutzsignals T resultiert schließlich die rechtsseitige *Impulsantwort* des reellwertigen Matched-Filters

$$h_{\mathrm{MF}}(t) = x(-t + T).$$

---

[7] *Hermann Amandus Schwarz* (1843–1921), deutscher Mathematiker.

Für das SNR im optimalen Detektionszeitpunkt am Ausgang des Matched-Filters gilt

$$\left(\frac{S}{N}\right)_{MF} = \frac{\frac{1}{2\pi} \cdot \int_{-\infty}^{+\infty} |X(j\omega)|^2 d\omega}{N_0/2} = \frac{E_x}{N_0/2}.$$

Damit ist das SNR mit der parsevalschen Formel (Kap. 2) gleich dem Verhältnis aus der Energie des Sendesignals zur Leistungsdichte des Rauschens. Man beachte auch, dass das SNR nicht von der speziellen Form des Sendegrundimpulses abhängt, woraus sich folglich die Freiheit ergibt, den Sendegrundimpuls nach weiteren Kriterien anzupassen, z. B. eine spektrale Formung vorzunehmen.

Nachdem die Dimensionierungsvorschrift für das Matched-Filter vorgestellt wurde, verweisen wir noch auf drei für die Anwendung wichtige Punkte:

- Betrachtet man rückblickend nur den Betrag des Frequenzgangs des Matched-Filters, dann wird die Überlegung der Unterdrückung des Rauschens durch einen einfachen Bandpass bzw. Tiefpass in Abb. 4.32 bestätigt. Modellrechnungen zeigen, dass sich bei rechteckförmigen Sendegrundimpulsen bereits mit dem einfachen RC-Tiefpass ein SNR erreichen lässt, das nur etwa 1 dB unterhalb des mit dem Matched-Filter erzielbaren Werts liegt.

- Im Fall der AWGN-Störung kann gezeigt werden, dass beim Matched-Filter-Empfänger auch die Wahrscheinlichkeit für eine Fehlentscheidung minimal wird. Man spricht von der *Maximum-Likelihood-Detektion* und in der Radartechnik von einem *optimalen Suchfilter*.

- Die Herleitung des Matched-Filters kann unmittelbar auf stationäres farbiges Rauschen, d. h. Rauschen mit nicht konstantem Rauschleistungsdichtespektrum, erweitert werden. Dann erhält man den sog. *Wiener-Filter*, in dessen Frequenzgang die Form des Leistungsdichtespektrums der Störung mit eingeht.

▷ Dem *Matched-Filter-Empfänger* liegt das Modell der Entdeckung eines zeitbegrenzten Signals im AWGN-Kanal zugrunde. Das Matched-Filter maximiert das SNR im Detektionszeitpunkt und minimiert bei AWGN die Wahrscheinlichkeit für eine Fehlentscheidung (Maximum-Likelihood-Detektion). Das Matched-Filter (optimale Suchfilter) wird auf das Signal angepasst. Seine Impulsantwort ergibt sich aus dem zeitbegrenzten Signal nach dessen zeitlicher Spiegelung und Verschiebung.

Bipolare Basisbandübertragung mit Matched-Filter-Empfang

Wird die Datenübertragung durch additives Rauschen stark gestört, so bietet sich der Einsatz eines Empfängers mit Matched-Filter an. Das Empfangsfilter ist speziell an den Sendegrundimpuls angepasst, sodass in den Detektionszeitpunkten ein größtmögliches SNR erreicht wird. Die Abb. 4.33 stellt das zugrunde liegende Übertragungsmodell vor. (Eventuelle lineare Verzerrungen im Kanal werden im Folgenden der Einfachheit halber

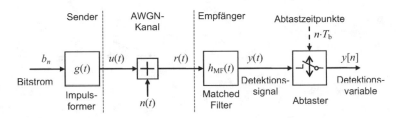

Abb. 4.33 Basisbandübertragung im AWGN-Kanal

als vernachlässigbar vorausgesetzt. Prinzipiell können sie auch in einer erweiterten Überlegung berücksichtigt werden.)

Der Sender führt eine lineare Basisbandmodulation durch. Der zu übertragende Bitstrom $b_n \in \{0, 1\}$ wird im *Impulsformer* in das bipolare zeitkontinuierliche Sendesignal

$$u(t) = \sum_n A_n \cdot g\,(t - n \cdot T_\mathrm{b})$$

umgesetzt, mit den Amplituden $A_n = 2 \cdot b_n - 1 \in \{-1, 1\}$ und dem auf das Bitintervall
$[0, T_\mathrm{b}]$ zeitbegrenzten rechteckförmigen Sendegrundimpuls $g(t)$ (s. auch Abb. 4.8).

Der Empfangsfilter wird als Matched-Filter an den Sendegrundimpuls angepasst. Die
Impulsantwort des Matched-Filters wird gleich dem zeitlich gespiegelten und um eine Bitdauer verschobenen Sendegrundimpuls gesetzt. Wegen der Symmetrie des Sendegrundimpulses gilt hier

$$h_\mathrm{MF}(t) = g\,(T_\mathrm{b} - t) = g(t).$$

Nach Kap. 2 liefert die Faltung eines Rechteckimpulses der Dauer T_b mit sich selbst
einen Dreieckimpuls der Breite $2 \cdot T_\mathrm{b}$. Also erhalten wir als *Detektionsgrundimpuls* einen
Dreieckimpuls mit der Höhe gleich der Energie des Sendegrundimpulses E_g. Demgemäß ergibt sich der Nutzanteil am Abtastereingang als Überlagerung von um ganzzahlig
Vielfache der Bitdauer verzögerten Dreieckimpulsen der Höhe E_g, die entsprechend dem
jeweilig korrespondierenden Bit noch mit 1 bzw. -1 gewichtet sind.

In Abb. 4.34 werden Empfangs- (oben) und Detektionssignal (unten) gezeigt. Die
Übertragung wurde am PC simuliert und die Signale für die Grafiken normiert. Um den
Effekt der Störung deutlich zu machen, wurde bei der Simulation ein untypisch großer
Störanteil vorgegeben. Man erkennt im Empfangssignal ein regelloses Rauschen, dem in
den Bitintervallen die Sendesignalamplituden $\hat{u}$ bzw. $-\hat{u}$ als Mittelwerte eingeprägt sind.

Das Detektionssignal wird darunter gezeigt. Zusätzlich ist das Detektionssignal im ungestörten, rauschfreien Fall angedeutet. Man kann erkennen, wie sich im ungestörten Fall
das Detektionssignal aus der Überlagerung der Detektionsimpulse zusammensetzt. Deutlich zeigt sich, wie das Rauschen durch die Filterung reduziert (herausgemittelt) wird.

Abb. 4.34 Durch AWGN
gestörtes Empfangssignal $r(t)$
und Detektionssignal $y(t)$ mit
den Detektionsvariablen $y[n]$

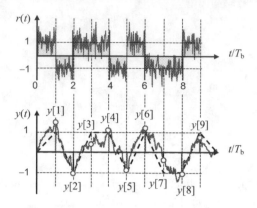

In Abb. 4.34 lassen sich zwei wichtige Eigenschaften der Übertragung erkennen:

- Die zu den Abtastzeitpunkten $t = n \cdot T_b$ gewonnenen Detektionsvariablen $y[n]$ liefern nach der Schwellenwertdetektion die gesendeten Bits.
- Zu den Abtastzeitpunkten ist jeweils nur ein Empfangsimpuls wirksam, sodass in den Detektionsvariablen keine Interferenzen benachbarter Symbole auftreten.

Bitfehlerwahrscheinlichkeit bei bipolarer Übertragung

Wir setzen das Beispiel der bipolaren Übertragung im AWGN-Kanal mit Matched-Filter-Empfang fort und berechnen die Bitfehlerwahrscheinlichkeit. Betrachten wir zunächst nochmal das Übertragungsmodell in Abb. 4.33 und das bipolare Sendesignal $u(t)$ gemeinsam. Es trifft das lineare Übertragungsmodell auf die lineare Basisbandmodulation. Das Matched-Filter wirkt auf jeden einzelnen gesendeten Sendegrundimpuls. Mit der Energie des Sendegrundimpulses E_g erhalten wir im optimalen Detektionszeitpunkt deshalb die Detektionsvariablen im ungestörten Fall

$$v[n] = A_n \cdot E_g.$$

Die zeitliche Verschiebung um ein Bitintervall T_b im Vergleich zum Sendesignal spielt im Weiteren keine Rolle und wurde der Einfachheit halber weggelassen.

Mit AWGN ergibt sich die gleiche Situation wie in Abb. 4.29. Die Detektionsvariablen sind normalverteilte Zufallsvariablen mit den datenabhängigen Mittelwerten $\pm E_g$ und der Varianz σ^2. Die Fehlerwahrscheinlichkeit wird wie in Abschn. 4.6.2 berechnet. Es folgt

$$P_b = \frac{1}{2} \cdot \text{erfc}\left(\frac{E_g}{\sigma \cdot \sqrt{2}}\right).$$

Die Varianz der Rauschstörung am Matched-Filter-Ausgang ist mit der Parsevalschen Formel (Kap. 2)

$$\sigma^2 = \frac{N_0}{2} \cdot E_g.$$

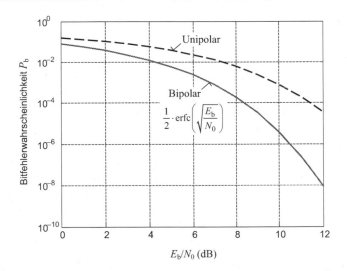

Abb. 4.35 Bitfehlerwahrscheinlichkeit bei bipolarer Basisbandübertragung im AWGN-Kanal und im Matched-Filter-Empfang

Und weil je Sendegrundimpuls ein Bit übertragen wird, ist die Energie des Sendegrundimpulses E_g gleich der aufgewendete Energie pro Bit E_b. Zusammenfassend ergibt sich bei der bipolaren Basisbandübertragung im AWGN Kanal mit Matched-Filter-Empfang die Bitfehlerwahrscheinlichkeit als Funktion der Energie pro Bit E_b und der (zweiseitigen) Rauschleistungsdichte $N_0/2$:

$$P_b = \frac{1}{2} \cdot \text{erfc}\left(\sqrt{\frac{E_b}{N_0}}\right).$$

Den Funktionsverlauf zeigt Abb. 4.35. Die Bitfehlerwahrscheinlichkeit fällt monoton mit wachsendem E_b/N_0-Verhältnis. Zusätzlich eingetragen ist die Bitfehlerwahrscheinlichkeit bei unipolarer Übertragung. Weil aufgrund der Austastung im Mittel pro Bit nur die halbe Energie aufgewendet wird, verschiebt sich in diesem Fall die Kurve um 3 dB nach rechts.

Aufgabe 4.7

a) Welches Problem soll das Matched-Filter in der Datenübertragungstechnik lösen?
b) Worauf ist das Matched-Filter anzupassen?
c) Was bedeutet optimal im Zusammenhang mit dem Matched-Filter?

4.7   Tiefpasskanal

Die frequenzabhängige Leitungsdämpfung, die Bandbegrenzung am Empfängereingang oder das Matched-Filter verursachen typischerweise eine Bandbegrenzung des Empfangssignals wie durch Filterung mit einem Tiefpass. Man spricht dann von einem *tiefpassbegrenzten Kanal*. Ein Tiefpass dämpft die Spektralkomponenten bei hohen Frequenzen. Weil diese für die schnellen Änderungen im Signal verantwortlich sind, tritt eine Glättung des Signals ein. Im Falle bipolarer Signale werden die senkrechten Flanken der Rechteckimpulse verschliffen und benachbarte Impulse überlagern sich. Man spricht von der *Impulsverbreiterung* und der sich daraus ergebenden *Nachbarzeicheninterferenz* (ISI, intersymbol interference). Die Impulsverbreiterung lässt sich im Zeitbereich anhand der Faltung des gesendeten Signals mit der Impulsantwort des Tiefpasses nachvollziehen.

4.7.1   Nachbarzeicheninterferenzen

Im Beispiel eines RC-Tiefpasses als einfaches Leitungsmodell werden die Rechteckimpulse wie in Abb. 4.36 verzerrt. Aus der Bitfolge 1011010010 resultiert zunächst als Sendesignal die grau hinterlegte Folge von Rechteckimpulsen. Am Ausgang des RC-Tiefpasses sind die Lade- und Entladevorgänge an der Kapazität sichtbar (Kap. 2). Die beiden Signale im Bild unterscheiden sich im Verhältnis der Zeitkonstanten τ zur Bitdauer T_b. Je größer die Zeitkonstante ist, umso kleiner ist die Bandbreite des Kanals.

Im Fall $\tau = T_b/\pi$, und damit für die 3 dB-Grenzfrequenz aus Kap. 2 $f_{3\,dB} = 1/(2T_b)$, wird die Kapazität bei jedem Vorzeichenwechsel des Signals fast vollständig umgeladen. Tastet der Empfänger das Signal jeweils am Ende des Bitintervalls ab, so resultiert im Wesentlichen der mögliche Maximalwert. Der Einfluss der Tiefpassfilterung auf die Detektion ist gering.

Halbiert man jedoch wie im gestrichelten Grafen die Bandbreite, d. h. $f_{3\,dB} = 1/(4T_b)$, hängen die Amplituden der Abtastwerte deutlich von der Bitfolge ab. Insbesondere bleiben die Lade- und Entladevorgänge sichtbar unvollständig. Dies ist besonders gut zu

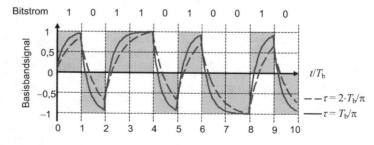

Abb. 4.36 Rechteckimpulsfolge vor und Signal nach der Filterung mit dem RC-Tiefpass mit der Zeitkonstanten τ und der Bitdauer T_b

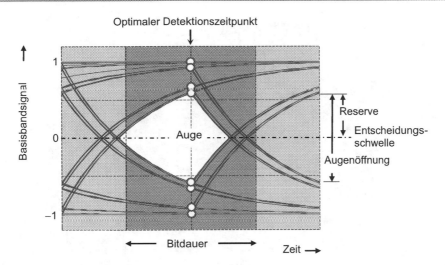

Abb. 4.37 Augendiagramm ($\tau = 2T_{\mathrm{b}}/\pi$)

erkennen, wenn das Vorzeichen im Sendesignal alterniert, wie bei der Bitkombination 101.

Augendiagramm

Die Nachbarzeicheninterferenzen lassen sich am Oszilloskop sichtbar machen. Durch geeignete Triggerung werden die empfangenen Impulse übereinander gezeichnet. Aus der bildlichen Überlagerung der Signalverläufe entsteht das *Augendiagramm* in Abb. 4.37. (Für das Augendiagramm wurde eine zufällige Folge aus 100 Bits ausgewertet.) Die möglichen Abtastwerte in den optimalen Detektionszeitpunkten sind durch Kreise markiert. Sie lassen sich augenfällig in acht Cluster zusammenfassen. Aus $8 = 2^3$ schließen wir, dass im Wesentlichen jeweils drei Nachbarsymbole interferieren.

Je nachdem welche Vorzeichen benachbarte Impulse tragen, ergeben sich verschiedene Signalübergänge in den Bitintervallen. Der ungünstigste Fall resultiert bei wechselnden Vorzeichen. Dann löschen sich die benachbarten Impulse z. T. gegenseitig aus. Der dort für die Detektion abgetastete Signalwert liegt demzufolge näher an der Entscheidungsschwelle.

Ausschlaggebend für die Robustheit der Übertragung gegenüber additivem Rauschen ist die vertikale *Augenöffnung*. Der minimale Abstand zur Entscheidungsschwelle im Detektionszeitpunkt gibt die Reserve an, d. h. um wie viel der Abtastwert durch die additive Rauschkomponente entgegen seinem Vorzeichen verfälscht werden darf, ohne dass eine Fehlentscheidung eintritt. In Abb. 4.37 wird ideale Synchronisation vorausgesetzt. Dann wird das Signal in der maximalen Augenöffnung abgetastet. Tritt jedoch ein *Synchronisationsfehler* wie in Abb. 4.38 auf, nimmt die Reserve merklich ab und die Zahl der Übertragungsfehler spürbar zu.

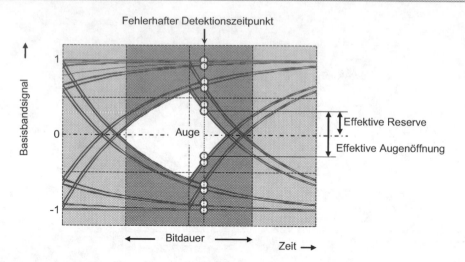

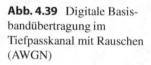

Abb. 4.38 Augendiagramm mit Synchronisationsfehler ($\tau = 2T_b/\pi$)

Abb. 4.39 Digitale Basis-
bandübertragung im
Tiefpasskanal mit Rauschen
(AWGN)

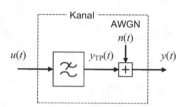

Reale Übertragungsstrecken können oft in guter Näherung als tiefpassbegrenzte Kanäle modelliert werden, wobei dem Empfangssignal zusätzlich AWGN überlagert wird,
s. Abb. 4.39.

Bitfehlerwahrscheinlichkeit
Der prinzipielle Verlauf des Empfangssignals ist in Abb. 4.40 skizziert. Durch die Nachbarzeicheninterferenzen und die Überlagerung mit AWGN weichen die Abtastwerte für
die Detektion mehr oder weniger von den beiden ursprünglich gesendeten Amplitudenwerten ab. Im Beispiel ist ein SNR von 20 dB vorgegeben. Demzufolge fallen im Bild die
Störungen relativ klein aus.

Die Bitfehlerwahrscheinlichkeit kann wie folgt abgeschätzt werden: Zunächst wird die
Augenöffnung bestimmt. Aus Abb. 4.37 ergibt sich eine relative Augenöffnung von etwa
58 %. Da die Detektionsfehler v. a. dann auftreten, wenn die Nachbarzeicheninterferenzen
die Abtastwerte, die Detektionsvariablen, nahe an die Entscheidungsschwelle heranfüh-
ren, legen wir der Rechnung den ungünstigsten Fall zugrunde. Die Augenöffnung von
58 % entspricht einem um den Faktor $0{,}58^2$ reduzierten effektiven SNR von nunmehr
15,26 dB. Aus Abb. 4.30 kann nun die Bitfehlerwahrscheinlichkeit zu $P_b \approx 10^{-8}$ abgeschätzt werden. Sie ist relativ klein, was dem Eindruck aus Abb. 4.40 entspricht.

Abb. 4.40 Empfangssignal
im Tiefpass-Kanal mit AWGN
($\tau = 2T_b/\pi$, $S/N = 20\,\text{dB}$)

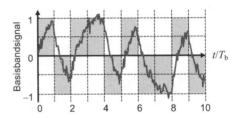

Die relativ geringe Bitfehlerwahrscheinlichkeit zeigt auch das simulierte Augendia-gramm in Abb. 4.41a an. Durch das Rauschen verschmieren sich die Signalübergänge zwar zu breiten Bändern, aber das Auge bleibt in der Simulation deutlich geöffnet. Keines der 100 übertragenen Bits wurde falsch detektiert.

Anmerkungen

- In Abb. 4.19 (Abschn. 4.6.2) tritt ein Verhältnis von maximaler Signalamplitude und Standardabweichung des Rauschens von 2 : 1 auf. Damit ergaben sich ein SNR von 6 dB und eine Bitfehlerwahrscheinlichkeit von 2,3 %. Berücksichtigen wir nun die Nachbarzeichenstörungen, die Augenöffnung von nur 58 %, so erhalten wir eine Degradation des SNR um etwa 4,7 dB. Mit dem resultierenden SNR von nur noch 1,3 dB erhöht sich die Bitfehlerwahrscheinlichkeit auf etwa 12 % (Abb. 4.30).

- In den gezeigten Augendiagrammen ist die Leistung des Rauschens relativ klein. Große Störamplituden treten somit selten auf. Werden für das Augendiagramm mehr Bits übertragen, so verbreitern sich die Übergänge. Letztendlich schließen sich bei genügend langer Messung die Augen, weil Bitfehler nicht ausgeschlossen sind. Bei der Aufnahme des Augendiagramms stehen die Signalübergänge bzw. Nachbarzei-chenstörungen im Vordergrund. Dazu sind soviele Bits zu berücksichtigen, dass alle relevanten Signalübergänge im Augendiagramm auftreten.

An dieser Stelle bietet es sich an, die bisherigen Überlegungen zur digitalen Über-tragung im Basisband kurz zusammenzufassen. Die Aufgabe des Empfängers ist es, die

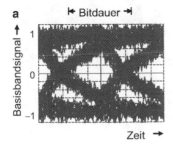

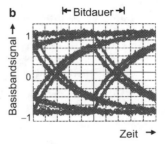

Abb. 4.41 Augendiagramm zum Tiefpass-Kanal mit Rauschen ($\tau = 2T_b/\pi$, $S/N = 20\,\text{dB}$ **a** und 30 dB **b**, Simulation mit 100 Bits)

gesendeten Daten anhand des Empfangssignals zu rekonstruieren. Dazu tastet er im Bit-takt das Empfangssignal ab und führt eine Schwellenwertdetektion durch. Ist im Fall der bipolaren Übertragung die Amplitude des Abtastwertes größer gleich null, so wird auf das Bit auf logisch 1 entschieden, andernfalls auf logisch 0. Die am Beispiel von Recht-eckimpulsen und RC-Tiefpassfilterung vorgestellten Effekte sind typisch für die digitale Übertragung im Basisband.

▶   Durch die Bandbegrenzung auf dem Übertragungsweg entstehen *Nachbar-zeicheninterferenzen*, deren Einfluss auf die Detektion anhand des *Augendia-gramms* beurteilt werden kann. Je weiter die vertikale Augenöffnung ist, desto robuster ist die Bitübertragung gegen Störung durch *Rauschen*. Und je flacher der Augenverlauf in der maximalen Öffnung ist, umso robuster ist die Bitüber-tragung gegen *Synchronisationsfehler* (Abtast-Jitter).

Hier wird ein wesentlicher Vorteil der digitalen Übertragungstechnik gegenüber der analogen deutlich. Solange die Rauschkomponente die Reserve nicht überschreitet, kann im Empfänger die gesendete Nachricht, die Bitfolge, fehlerfrei rekonstruiert werden. Dies ist insbesondere dann von Interesse, wenn zum Transport über weite Strecken die elek-trischen Signale zwischendurch mehrmals verstärkt werden müssen. Im Gegensatz zur digitalen Übertragung wird bei der analogen Übertragung das Rauschen jedes Mal mit verstärkt und zusätzlich das Rauschen des Verstärkers hinzugefügt, sodass das SNR nach jedem Zwischenverstärker kleiner wird. Das begrenzt die Reichweite und setzt eine teure, weil rauscharme Übertragungstechnik voraus.

▶   Bei der digitalen Übertragung kann, solange kein Detektionsfehler auftritt, die gesendete Nachricht im Empfänger fehlerfrei rekonstruiert werden. Die digitale Übertragung eignet sich für große Strecken, auf denen die Signale regeneriert werden müssen.

4.7.2   Nyquist-Bandbreite

Am Augendiagramm wird deutlich, dass die Bandbegrenzung des Kanals wegen der Nachbarzeichenstörungen die Bitfehlerwahrscheinlichkeit stark erhöhen kann. Somit stellt sich die Frage: Wie viele Bits lassen sich in einem Kanal mit vorgegebener Band-breite (binär) zuverlässig übertragen?

Eine schnelle Antwort kann dem Spektrum der Rechteckimpulse entnommen werden. Unter der Annahme der Unabhängigkeit der Quellensymbole ist das Leistungsdichte-spektrum des bipolaren Signals durch das Spektrum des Rechteckimpulses in Kap. 2 vorgegeben:

$$S(\omega) = |G_{\text{rec}}(j\omega)|^2 = \left[T_{\text{b}} \cdot \text{si} \left(\omega \cdot \frac{T_{\text{b}}}{2} \right) \right]^2.$$

Mit der si-Funktion liegt keine strikte Bandbegrenzung vor. Grobe Abschätzungen für die benötigte Bandbreite liefern die erste Nullstelle im Leistungsdichtespektrum bei $f_0 = 1/T_b$ und die 3 dB-Grenzfrequenz mit etwa $f_{3\,dB} = 0,44/T_b$. Bei einer Bitrate von 64 kbit/s entspricht das einer Bandbreite von etwa 28 bis 64 kHz.

Anmerkung

- Für stochastische Signale wird die Verteilung der mittleren Signalleistung im Frequenzbereich durch das Leistungsdichtespektrum beschrieben, s. auch parsevalsche Formel. Da Leistungen betrachtet werden, ist das Betragsspektrum des Rechteckimpulses zu quadrieren. Sind die Symbole der Quelle korreliert, wie z. B. bei einer Codierung mit Gedächtnis, gilt die einfache Beziehung nicht mehr. Das wird in der Leitungscodierung gezielt benutzt, um beispielsweise gleichstromfreie Basisbandsignale, wie den AMI-Code in Abschn. 4.5.2, zu erzeugen.

Die Rechteckimpulse führen zu Sprungstellen im Signal und damit zu einem relativ langsam abklingenden Spektrum. In Abschn. 4.3.1 wurde als alternative Impulsform der stetige $\cos^2$-Impuls eingeführt. Weil auch seine Ableitung stetig ist, ist ein relativ schnell abklingendes Spektrum zu erwarten:

$$S(\omega) = |G_{cs}(j\omega)|^2 = \left[\pi^2 T_b \cdot si\,(\omega \cdot T_b/4) \cdot \frac{\cos\,(\omega \cdot T_b/4)}{\pi^2 - (\omega \cdot T_b/2)^2} \right]^2 .$$

Der Vergleich mit dem Spektrum des Rechteckimpulses zeigt, dass sich die erste Nullstelle im Spektrum des $\cos^2$-Impulses erst bei $f_0 = 2/T_b$ ergibt. In Abb. 4.42 sind die quadrierten Betragsspektren zu sehen. Die größere Breite des Spektrums des $\cos^2$-Impulses ist deutlich zu erkennen. Ein aussagekräftigeres Bild liefert die Darstellung im logarithmischen Maß rechts. Der Anschaulichkeit halber spricht man vom Hauptzipfel („mainlobe") und den Nebenzipfeln („sidelobe"). Der Hauptzipfel im Betragsspektrum des $\cos^2$-Impulses ist doppelt so breit, jedoch nehmen die Nebenzipfelmaxima mit wachsender Frequenz rascher ab. Man nennt deshalb das Spektrum kompakt. Die Basisbandübertra-

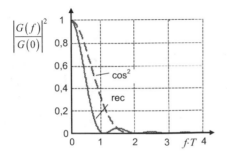 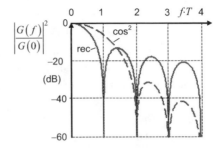

Abb. 4.42 Betragsspektren des Rechteckimpulses und des $\cos^2$-Impulses

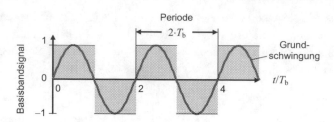

Abb. 4.43 Bipolares Signal zur alternierenden Bitfolge 101010...

gung mit $\cos^2$-Impulsen benötigt damit eine gewisse Bandbreite, ist dann aber relativ robust gegen Verzerrungen im Tiefpasskanal.

Eine zweite, anschaulichere Antwort auf die Frage nach der Bitrate liefert die folgende Überlegung zur Nyquist-Bandbreite[8]. Wir betrachten ein bipolares Signal, bei dem abwechselnd die Bits 0 und 1 gesendet werden. Zum Ersten ergibt sich dann ein Signal mit größter Variation und damit größter Bandbreite. Zum Zweiten erhält man das periodische Signal in Abb. 4.43.

Es ist offensichtlich, dass der in Abb. 4.11 beschriebene Empfänger aus der Grundschwingung in Abb. 4.43 die zum bipolaren Signal identischen Abtastwerte entnimmt. Der Kanal muss also mindestens die Grundschwingung übertragen. Wir schätzen daher die notwendige Bandbreite mit $1/(2T_b)$ ab. Im Vergleich zur ersten Abschätzung wird hier etwas mehr als die 3 dB-Bandbreite benötigt. Das bestätigt auch das Signalbeispiel in Abb. 4.36. Im Fall des RC-Tiefpasses, dessen 3 dB-Grenzfrequenz der Abschätzung entspricht, sind die Nachbarzeichenstörungen gering.

Zur binären Basisbandübertragung mit der Bitrate R_b wird eine Kanalbandbreite benötigt, die mindestens gleich der *Nyquist-Frequenz* ist:

$$f_N = \frac{1}{2 \cdot T_b} = \frac{1}{2} \cdot \frac{R_b}{\text{bit}}.$$

Man spricht auch von der *Nyquist-Bandbreite* B_N.

4.7.3 Impulsformung

Die bisherigen Überlegungen gingen von einem bipolaren Signal aus. Es stellt sich die Frage: Würde eine andere Impulsform eine bandbreiteneffizientere Übertragung ermöglichen?

Zur Beantwortung der Frage gehen wir von einem Tiefpasskanal aus, dessen Grenzfrequenz der Nyquist-Bandbreite entspricht. Dazu wählen wir für den Sendegrundimpuls ein

---

[8] *Harry Nyquist* (1889–1976), US-amerikanischer Physiker und Ingenieur schwedischer Abstammung, in den 1920er- und 1930er-Jahren grundlegende Arbeiten zum Abtasttheorem und Rauschen.

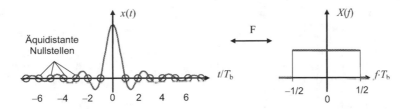

Abb. 4.44 si-Impuls und Spektrum des idealen Tiefpasses als Fourier-Paar

Abb. 4.45 Digitale Übertragung mit interferenzfreien
si-Impulsen

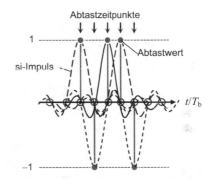

ideales Tiefpassspektrum, das den Kanal vollständig ausfüllt, also vollständig nutzt. Mit
der inversen Fourier-Transformation kann das Zeitsignal, der Sendeimpuls, bestimmt werden. Aufgrund der Symmetrie zwischen der Fourier-Transformation und ihrer Inversen,
der Dualität der Fourier-Transformation (Kap. 2), erhält man zu einem Rechteckimpuls
im Frequenzbereich, dem idealen Tiefpassspektrum, einen si-*Impuls* im Zeitbereich, siehe
Abb. 4.44:

$$\text{si}\left(\pi \cdot \frac{t}{T_b}\right) \leftrightarrow \begin{cases} 2 \cdot T_b & \text{für} \quad |f| \leq f_N \\ 0 & \text{sonst} \end{cases}.$$

Man beachte die Lage der Nullstellen des si-Impulses. Sie liegen äquidistant im Abstand T_b. Benützt man si-Impulse zur Datenübertragung, so überlagern sich zwar die
Impulse; sie liefern aber in den optimalen Detektionszeitpunkten keine Interferenzen, wie
Abb. 4.45 zeigt. Impulse mit dieser Eigenschaft erfüllen das *1. Nyquist-Kriterium*. Damit ist gezeigt, dass eine interferenzfreie Datenübertragung bei der Nyquist-Bandbreite
prinzipiell möglich ist.

▷   Mit dem si-Impuls als Sendegrundimpuls ist eine digitale Übertragung mit der
     Nyquist-Bandbreite im Basisband ohne störende Nachbarzeicheninterferenzen
     prinzipiell möglich.

Bei der realen Nachrichtenübertragung ist jedoch weder ein ideales Tiefpassspektrum
gegeben, noch liegt exakte Synchronität vor. Letzteres führt dazu, dass der optimale Abtastzeitpunkt nicht genau getroffen wird (Abtast-Jitter). Deshalb werden je nach Anwen-

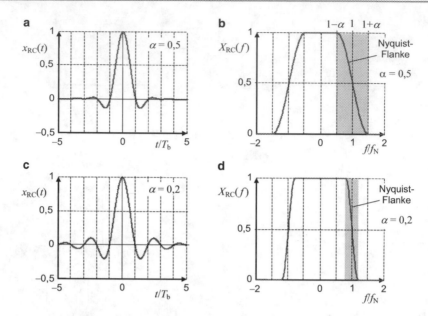

Abb. 4.46 Raised-Cosine-Spektren und zugehörige Impulse mit den Roll-off-Faktoren 0,5 und 0,2

dung verschiedene Impulsformen eingesetzt, wobei ein guter Kompromiss zwischen Aufwand, Bandbreite und Robustheit gegen die erwarteten Störungen angestrebt wird.

Häufig verwendet werden Impulse mit *Raised-Cosine-Spektrum*, kurz RC-Spektrum genannt:

$$X_{RC}(f) = \begin{cases} A & \text{für} \quad \frac{|f|}{f_N} \leq 1 - \alpha \\ \frac{A}{2} \cdot \left[1 + \cos\left(\frac{\pi}{2\alpha \cdot f_N} \cdot [|f| - (1-\alpha) \cdot f_N] \right) \right] & \text{für} \quad 1 - \alpha < \frac{|f|}{f_N} \leq 1 + \alpha \\ 0 & \text{sonst} \end{cases}$$

Zwei Beispiele sind in Abb. 4.46b,d zu sehen. Sie sind strikt bandbegrenzt mit der Grenzfrequenz $f_g = (1 + \alpha) \cdot f_N$. Der Parameter α, mit $0 \leq \alpha \leq 1$, bestimmt die Flankenbreite und damit das Abrollen der Flanke. Er wird *Roll-off-Faktor* genannt. Ist $\alpha = 0$, so liegt ein ideales Tiefpassspektrum vor. Ist $\alpha = 1$, so erhält man eine nach oben verschobene Kosinushalbwelle ($\cos^2$-Impuls). Ein in den Anwendungen üblicher Wert ist $\alpha = 0,25$ bis $\alpha = 0,5$. Die tatsächlich benötigte Bandbreite für die Datenübertragung ist dann 1,25 bis $1,5 \cdot B_N$. Im Zahlenwertbeispiel mit der Bitrate 64 kbit/s sind das 40–48 kHz für die Kanalbandbreite.

Die dazu gehörenden Impulse haben die (nichtkausale) Form

$$x_{RC}(t) = A \cdot \text{si}\left(\pi \cdot \frac{t}{T_b} \right) \cdot \frac{\cos\left(\pi \cdot \frac{\alpha \cdot t}{T_b} \right)}{1 - 4 \cdot \left(\frac{\alpha \cdot t}{T_b} \right)^2}.$$

Aus der Formel lassen sich zwei wichtige Eigenschaften ablesen. Zum Ersten sorgt die si-Funktion für äquidistante Nullstellen, sodass für die Detektion wieder wie in Abb. 4.45 theoretisch ohne Nachbarzeicheninterferenzen abgetastet werden kann. Zum Zweiten bewirkt der Nenner einen zusätzlichen quadratischen Abfall der Impulse mit wachsender Zeit t, was mögliche Interferenzen durch einen Abtast-Jitter reduziert.

▶ Durch spezielle Impulsformen, wie z. B. solche mit RC-Spektrum, kann eine binäre Datenübertragung im Basisband mit einer Bandbreite von etwa 1,25 bis 1,5 · B_N verwirklicht werden.

Zwei Beispiele für die Impulse sind in Abb. 4.46a,c zu sehen. Es bestätigen sich die gemachten Aussagen.

In der Anwendung (Abb. 4.33) wird die Impulsformung auf den Sender und den Empfänger verteilt. Der Frequenzgang $X_{RC}(j\omega)$ wird gleichmäßig auf den Impulsformer und das Empfangsfilter aufgeteilt:

$$G(j\omega) = \sqrt{X_{RC}(j\omega)}.$$

Man bezeichnet den zugehörigen Sendegrundimpuls deshalb als *Root-Raised-Cosine (RRC)-Impuls* (Wurzel-RC-Impuls).

Anmerkung

● Mit der Wahl von RRC-Impulsen ist die Autokorrelationsfunktion des Rauschanteils im Detektionssignal gleich dem Detektionsgrundimpuls. Die abgetasteten Detektionsvariablen sind dann unkorreliert (weißes Rauschen) bzw. im gaußschen Fall sogar unabhängig, sodass der optimale Fall für den Matched-Filterempfänger, die Maximum-Likelihood-Detektion vorliegt.

Ein simuliertes Augendiagramm für die Übertragung mit RRC-Impulsen zeigt Abb. 4.47. Ohne Bandbegrenzung ergibt sich die maximale Augenöffnung in der Bild-

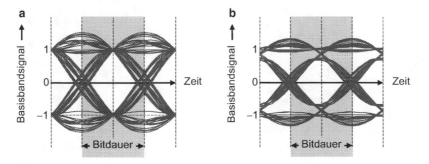

Abb. 4.47 Augendiagramme für die Übertragung mit RRC-Impulsen in Kanälen ohne (**a**) und mit Bandbegrenzung durch einen RC-Tiefpass (**b**)

mitte. Bei einer Bandbegrenzung durch einen RC-Tiefpass mit $\tau = 2T_b/\pi$ erhält man das rechte Teilbild. Im Vergleich zur Übertragung mit Rechteckimpulsen in Abb. 4.37 resultiert mit 0,69 eine deutlich größere Augenöffnung. Die SNR-Degradation beträgt hier 3,2 dB, also 1,5 dB weniger als bei der Übertragung mit Rechteckimpulsen. Darüber hinaus ist das Auge auch flacher zum optimalen Detektionszeitpunkt und damit unempfindlicher gegen Abtast-Jitter.

4.8   Kanalkapazität

Die bisherigen Überlegungen zeigen, wie die Kanalbandbreite die maximale Bitrate beschränkt. Mit der Nyquist-Bandbreite erhält man einen Schätzwert für die binäre Übertragung von etwa zwei Bits pro Sekunde und pro Hz Bandbreite. Soll die Bitrate bei fest vorgegebener Bandbreite erhöht werden, sind neue Lösungen zu finden.

M-stufige Pulsamplitudenmodulation

Die Steigerung der Bitrate wird durch die Verwendung *mehrstufiger Modulationsverfahren* erreicht. Statt wie bei der bipolaren Übertragung nur die beiden Amplituden $\pm\hat{u}$ zuzulassen, werden bei der *Pulsamplitudenmodulation* (PAM) mehrere Amplitudenstufen, sog. Datenniveaus, verwendet. Ein einfaches Beispiel macht dies deutlich: Fasst man zwei Bits zu einem Symbol zusammen, ergeben sich vier mögliche Symbole, die mit vier unterschiedlichen Amplitudenwerten dargestellt werden können. Ist die maximale Sendeamplitude auf $\hat{u}$ beschränkt, so bieten sich die Amplituden $-\hat{u}, -\hat{u}/3, \hat{u}/3$ und $\hat{u}$ an, s. Abb. 4.48. Der Schwellenwertdetektor legt dann die Entscheidungsschwellen genau zwischen diese Datenniveaus. Dadurch wird erreicht, dass die Abstände zwischen den Datenniveaus und den Entscheidungsschwellen jeweils gleich sind. Entsprechend zu Abb. 4.29 ist die Wahrscheinlichkeit für eine Fehlentscheidung zwischen benachbarten Symbolen identisch. Es ist offensichtlich, dass hier bei Störung durch Rauschen die Zahl der Bitfehler deutlich ansteigt, da im Vergleich zur bipolaren Übertragung bereits eine um ein Drittel geringere Rauschamplitude eine Fehlentscheidung herbeiführen kann.

Abb. 4.48 Amplitudenstufen
für die 4-Pulsamplitudenmodu-
lation mit Gray-Code

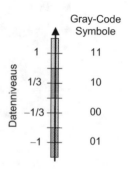

Man beachte auch die Zuordnung der Symbole zu den Datenniveaus in Abb. 4.48. Benachbarte Symbole unterscheiden sich jeweils nur in einem Bit. Tritt im Empfänger eine Verfälschung durch Rauschen auf, wird meist ein Nachbarsymbol detektiert. Der Symbolfehler zieht deshalb nur einen Bitfehler nach sich. Die Codierung der Bit auf die Symbole in solcher Weise, dass sich benachbarte Symbole (Datenniveaus) nur in einem Bit unterscheiden, wird *Gray[9]-Codierung* genannt.

Kanalkapazität

Bei fester Bandbreite und Anwendung von mehrstufigen Modulationsverfahren begrenzt das Verhältnis der Leistungen von Nutzsignal und Rauschen, das SNR, die maximale Bitrate. Diese grundsätzlichen Überlegungen finden in der Informationstheorie als *shannonsche Kanalkapazität* (Shannon 1948) ihre mathematische Formulierung. Mit C der Kanalkapazität in bit pro Sekunde, B der Bandbreite des Kanals in Hertz, und S der Signalleistung und N der Leistung des AWGN gilt

$$\frac{C}{\text{bit}} = B \cdot \log_2 \left(1 + \frac{S}{N} \right).$$

Man beachte die Pseudoeinheit bit, die im Zusammenhang mit dem Zweierlogarithmus (binärer Logarithmus, Logarithmus dualis) in der Informationstechnik üblich ist (Kap. 8). Setzt man die Bandbreite in Hertz ein, so resultiert die Kanalkapazität als Bitrate mit $[C] = \text{bit/s}$.

> Die *shannonsche Kanalkapazität* zeigt, dass die maximal übertragbare Bitrate durch die Bandbreite und das SNR begrenzt wird. Bitrate, Bandbreite und SNR sind in gewissen Grenzen gegeneinander austauschbar.

Wir zeigen die Anwendung der Formel der Kanalkapazität anhand eines vereinfachten Beispiels. Bei der herkömmlichen Telefonie mit Kupferdoppeladeranschluss wird einem Teilnehmer für die transparente Übertragung ein Kanal mit etwa 4 kHz Bandbreite zur Verfügung gestellt. Für das SNR im Empfänger kann ein Wert von 60 dB in der Nähe der Endvermittlungsstelle angenommen werden. Wie groß ist die maximale, theoretisch fehlerfreie übertragbare Bitrate für ein Sprachbandmodem? Wir schätzen die Kanalkapazität ab mit

$$C = 4 \cdot \log_2 \left(1 + 10^{60/10} \right) \text{kbit/s} \approx 80 \, \text{kbit/s}.$$

Wir wiederholen die Abschätzung für einen breitbandigen digitalen Teilnehmeranschluss, der die Kupferdoppelader bis etwa 2 MHz nutzen kann. Dann sollte eine 500-mal höhere Kapazität möglich sein, also etwa 40 Mbit/s.

---

[9] *Frank Gray* (1887–1969), US-amerikanischer Physiker, erhielt 1952 ein Patent auf den später nach ihn benannten Code, frühe Arbeiten auf dem Gebiet des Fernsehens.

Spektrale Effizienz

Aus der Formel für die Kanalkapazität ergibt sich eine wichtige allgemeine Folgerung. Teilt man die Kapazität durch die Bandbreite, so erhält man eine Größe, die in $(\text{bit/s})/\text{Hz}$ gemessen wird:

$$\frac{C}{B} = \log_2 \left(1 + \frac{S}{N} \right) \frac{\text{bit/s}}{\text{Hz}}.$$

Man spricht von der *spektralen Effizienz*; mit anderen Worten, wie viele Bits pro Sekunde pro Hertz belegter Bandbreite können über den Kanal maximal übertragen werden. Will man die Bitrate über die spektrale Effizienz erhöhen, so stellt sich die logarithmische Abhängigkeit vom SNR als ungünstig heraus, weil für SNR-Werte größer null der Logarithmus des SNR langsamer wächst als das SNR selbst. Damit ist das Potenzial begrenzt, durch hohe Sendeleistung und rauscharme Technik eine einfache, kostengünstige Steigerung der Bitrate zu erreichen. Tatsächlich beruhen die Schritte hin zu höheren Bitraten auf der Teilnehmeranschlussleitung, im WLAN und in der Mobilkommunikation großenteils auf der Ausweitung der Bandbreite.

Die Querverbindungen zwischen der spektralen Effizienz, der Kanalkapazität und dem SNR lassen sich am Beispiel der binären Basisbandübertragung mit einfachen Abschätzungen aufzeigen. So können wir zuerst die Bitrate und die Bandbreite ins Verhältnis nehmen. Die Bitrate ergibt sich aus dem Kehrwert des Bitintervalls und für die Bandbreite nehmen wir der Einfachheit halber die Nyquist-Bandbreite. Somit erhalten wird die Abschätzung der spektralen Effizienz der binären Basisbandübertragung

$$\frac{R_\mathrm{b}}{B} = 2 \, \frac{\text{bit/s}}{\text{Hz}}.$$

Mit den Überlegungen zur Impulsformung mit RC-Impulsen (Abschn. 4.7.2) ist die spektrale Effizienz mit etwa 1,3–1,6 $(\text{bit/s})/\text{Hz}$ tatsächlich noch etwas kleiner.

Für die gleiche spektrale Effizienz ist nach der shannonschen Kanalkapazität bei prinzipiell fehlerfreier Übertragung ein SNR von 3 (etwa 1,58 dB) notwendig. Andererseits erhalten wir für dieses SNR aus dem Modell der bipolaren Übertragung im AWGN-Kanal aus Abb. 4.30 die relativ hohe Bitfehlerwahrscheinlichkeit von etwa 0,042 (etwa 4 %).

Soll stattdessen eine typischerweise als ausreichend angesehene Bitfehlerwahrscheinlichkeit von 10^{-6} erreicht werden, so ist ein SNR von etwa 13,3 dB notwendig. Setzt man den SNR-Wert wiederum in obige Formel der spektralen Effizienz ein, resultiert ein Wert von etwa 4,5 $(\text{bit/s})/\text{Hz}$.

Bei der binären Basisbandübertragung wird also trotz der Bitfehlerwahrscheinlichkeit von 10^{-6} nur eine spektrale Effizienz von 2 $(\text{bit/s})/\text{Hz}$ erreicht, obwohl theoretisch fehlerfreie 4,5 $(\text{bit/s})/\text{Hz}$ im Kanal möglich wären. (Berücksichtigt man den üblichen Fehlerschutz durch zusätzliche Redundanz, so verringert sich die Effizienz aus Anwendersicht weiter, s. Kap. 8.)

Die Bedeutung der shannonschen Kanalkapazität liegt v. a. darin, dass der grundlegende Zusammenhang von der zur Verfügung stehenden Bandbreite, dem SNR und der theoretisch fehlerfrei übertragbaren maximalen Bitrate auf mathematischem Wege hergestellt wird. Damit objektiviert sie die Erfahrungen aus der Praxis und liefert einen wichtigen Vergleichsmaßstab zur Beurteilung neuer Übertragungskonzepte in Entwicklung und Forschung. Nicht zuletzt rechtfertigt die Formel für die Kanalkapazität die axiomatische Begründung der Informationstheorie in Kap. 8.

Auf praktische nachrichtentechnische Systeme ist die Kapazitätsformel mit Bedacht anzuwenden, da ihr spezielle Modellannahmen (AWGN-Kanal, Bandbegrenzung im Kanal wie beim idealen Tiefpass oder Bandpass, normalverteiltes Nutzsignal) zugrunde liegen, die in der Realität so nicht gegeben sind.

Aufgabe 4.8

a) Geben Sie die drei prinzipiellen Funktionen im Empfänger bei der digitalen Übertragung im Basisband an.

b) Mit welchen Widrigkeiten ist typischerweise bei der digitalen Übertragung im Basisband zu rechnen?

c) Was versteht man unter Nachbarzeichenstörungen?

d) Welche Bedeutung hat die Augenöffnung?

e) Wie wirkt sich ein (kleiner) Synchronisationsfehler bei der Detektion aus? Worauf sollte deshalb im Augendiagramm geachtet werden?

f) Welchem Zweck dient die Impulsformung bei der digitalen Basisbandübertragung? Nennen Sie eine häufig verwendete Impulsform.

Aufgabe 4.9

a) Es soll ein Datenstrom von 64 kbit/s im Basisband binär übertragen werden. Wie groß muss die Bandbreite B des zugehörigen Übertragungskanals theoretisch mindestens sein und wie nennt man diese minimale Bandbreite? Wie groß ist die in den Anwendungen tatsächlich benötigte Bandbreite typischerweise?

b) In welchem Verhältnis stehen bei der Nachrichtenübertragung die Bitrate, die Bandbreite und das SNR zueinander?

c) Wie kann die Bitrate einer Datenübertragung bei fester Bandbreite gesteigert werden? Mit welchem Nachteil wird dies erkauft?

d) Nennen Sie einen wichtigen Vorteil der digitalen Nachrichtenfernübertragung gegenüber der analogen.

Aufgabe 4.10

Bei der Abschätzung der Kanalkapazität sollen zwischen Teilnehmern und der Endvermittlungsstelle längere Kupferdoppeladerleitungen berücksichtigt werden. Wie bei der PCM-Telefonie in Kap. 3, wird eine zusätzliche Signaldämpfung von 40 dB angenommen. Wie groß ist die Kanalkapazität im Sprachband, wenn an der Endvermittlungsstelle ohne Zusatzdämpfung wieder ein SNR von 60 dB angenommen wird? Und wie groß ist sie bei der Bandbreite von 2 MHz?

4.9   Digitaler Teilnehmeranschluss

Hundert Jahre nach der Patentanmeldung eines gebrauchsfähigen Telefons durch A. G. Bell wurde die Zahl der Telefone 1976 weltweit auf ungefähr 380 Millionen geschätzt. In nur 100 Jahren hatte sich ein weltumspannendes Telefonnetz entwickelt, das in den industrialisierten Ländern seine Fäden in Form von Kupferdoppeladern in fast jedes Haus erstreckt. Vor dem Hintergrund der hohen Kosten für neue Teilnehmeranschlussleitungen und der fast überall verfügbaren Kupferdoppeladern war Ende der 1990er-Jahre offensichtlich, dass ein Eintritt in das Informationszeitalter für viele Menschen nur möglich ist, wenn die bestehenden *Kupferdoppeladern* für die neue Datenübertragung effektiv genutzt werden. Ein wesentlicher, begrenzender Faktor für die erreichbare Bitrate auf der Teilnehmeranschlussleitung (TAL) ist die mit der Entfernung zunehmende Leitungsdämpfung. Ist eine effektive Nutzung nicht möglich, droht die digitale Spaltung; Bürger, Unternehmen und Organisationen ohne leistungsfähigen Internetzugang werden von der Teilhabe am Internet ausgeschlossen.

Leitungsdämpfung

Die Berechnung der Dämpfung einer homogenen Leitung, der idealen Zweidrahtleitung, zeigt, dass die Dämpfung ab 1 kHz mit etwa $\sqrt{f}$ wächst (Vlcek et al. 2000). Untersuchungen von Pollakowski und Wellhausen (1995; zitiert in Keller 2011) ergaben für symmetrische Ortsanschlusskabel eine parametrisierbare Formel des *Dämpfungskennwerts* für Frequenzen bis 30 MHz:

$$\alpha(f) \approx k_1 + k_2 \cdot \left(\frac{f}{\text{MHz}}\right)^{\kappa} \quad \text{mit} \quad [\alpha] = \frac{\text{dB}}{\text{km}}.$$

Der Dämpfungskennwert gibt die Dämpfung der Leitung im logarithmischen Maß bezogen auf die Leitungslänge von 1 km an. In Tab. 4.2 sind für gebräuchliche Leitungsdurchmesser die gefundenen Parameter zusammengestellt. Mit dem Exponenten $\kappa \approx 0{,}6$ für die Frequenz bestätigt sich die vorhergesagte Abhängigkeit der Dämpfung von etwa $\sqrt{f}$.

Mit den ITU-Empfehlungen für den digitalen Teilnehmeranschluss *DSL* („digital subscriber line") rückt der Frequenzbereich bis 30 MHz in den Blick. Während für ADSL2+ das Frequenzband bis 2,208 MHz vorgesehen ist, erweitert VDSL2 die Bandbreite auf bis zu 30 MHz.

Tab. 4.2 Parameter des Dämpfungsmodells für Ortsanschlussleitungen

Leitungsdurchmesser (mm)	k_1 (dB/km)	k_2 (dB/km)	κ
0,35	7,9	15,1	0,62
0,40	5,1	14,3	0,59
0,50	4,4	10,8	0,60
0,60	3,8	9,28	0,61

Nach Pollakowski und Wellhausen (1995; zitiert in Keller 2011)

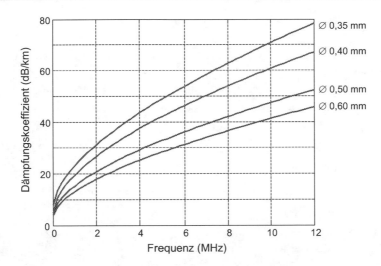

Abb. 4.49 Dämpfungskennwerte der Ortsanschlussleitung in Abhängigkeit von der Frequenz für verschiedene Leitungsdurchmesser

Die grafische Auswertung obiger Formel für den frequenzabhängigen Dämpfungskennwert zeigt Abb. 4.49. Für 12 MHz erreicht er Werte zwischen 45 und 80 dB/km. Einsetzen in die Formel ergibt für den günstigen Fall des Leitungsdurchmessers 0,6 mm knapp 80 dB/km bei 30 MHz.

▶ Auf der Teilnehmeranschlussleitung (Kupferdoppelader) nimmt die (Signal-) Dämpfung näherungsweise proportional zur Leitungslänge und zur Wurzel aus der Signalfrequenz zu.

Digitaler Teilnehmeranschluss

Die mit der hohen Dämpfung verbundenen technischen Herausforderungen treffen vor Ort auf unterschiedliche Gegebenheiten wie Leitungsquerschnitte, Anschlusslängen, gewünschte Koexistenz mit existierenden Systemen etc. Dies hat in den letzten 15 Jahren zu einer Vielfalt an Lösungen geführt, wobei einige als Zwischenschritte keine Marktbedeutung erlangten oder bereits wieder verschwunden sind. Im Folgenden wird eine kleine Übersicht zu den beiden aktuellen Standards, dem ADSL2+ („asymmetric" DSL) und VDSL2 („very-high-bit-rate" DSL), gegeben.

Den Ausgangspunkt bildet der herkömmliche *Teilnehmeranschluss* in Abb. 4.50: Von der Ortsvermittlungsstelle OVSt (Local Central Office, End Office) aus wird über mehrere Verzweiger (Cabinet) der „Teilnehmer" (Customer Premises) angeschlossen. Dabei können je nach örtlichen Gegebenheiten unterschiedliche Kabeltypen, weitere Verzweiger oder auch Verstärker zu Einsatz kommen.

Für den DSL-Einsatz wird die Struktur in Abb. 4.51 zugrunde gelegt. Falls die Koexistenz mit herkömmlichen Telefonsystemen bzw. der ISDN-Telefonie gewünscht wird, z. B.

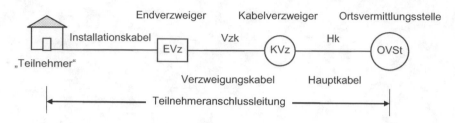

Abb. 4.50 Teilnehmeranschlussleitung als Teil des Zugangsnetzes mit symmetrischen Zweidraht-leitungen

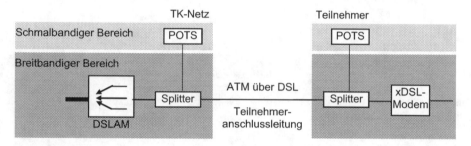

Abb. 4.51 Teilnehmeranschlussleitung als digitaler Zugang zum Telekommunikationsnetz

weil an einem Firmenstandort eine vorhandene Telefonzentrale weiter betrieben werden soll, ist eine Signalaufteilung mit einem Splitter möglich. Der Splitter trennt als Frequenz-weiche das Signal in einen niederfrequenten Bereich für die herkömmliche Telefonie (POTS, Plain Old Telephone Service) und einen höherfrequenten Bereich für die Da-tenkommunikation. Die Datenübertragung auf der Teilnehmeranschlussleitung geschieht durch *Asynchronous Transfer Mode (ATM)* über DSL. Hierbei werden ATM-Datagramme (Kap. 6) mit der jeweiligen DSL-Technologie übertragen. Im TK-Netz werden die di-gitalen Datenströme von und zu den Teilnehmern über einen *DSL Access Multiplexer (DSLAM)* zusammengefasst bzw. aufgetrennt. Entsprechend der Anzahl der Teilnehmer und deren verfügbare Bitraten werden die DSLAM durch hochratige Verbindungen an die Vermittlungsstellen des TK-Netzes angeschlossen, z. B. durch Synchronous-Transfer-Mode(STM)-Systeme (Kap. 6) oder Gigabit-Ethernet (Kap. 7).

ADSL2+

Die heute vielleicht wichtigste Technologie für den digitalen Teilnehmeranschluss über verdrillte Zweidrahtleitungen liefert der *Asymmetric-Digital-Subscriber-Line(ADSL)-Standard* mit seinen verschieden Varianten ADSL ITU-T G.992.1 (1999) bis ADSL2+ ITU-T G.999.5 (2003). In Abb. 4.52 ist die Frequenzbelegung schematisch dargestellt. Zur Koexistenz wird der Frequenzbereich unterhalb von 4 kHz für die herkömmliche analoge Telefonie (POTS) bzw. bis 120 kHz für den ISDN-Basisanschluss freigehalten. Durch eine Frequenzweiche (Splitter) wird das POTS- bzw. ISDN-Telefonsignal abgetrennt (Abb. 4.51).

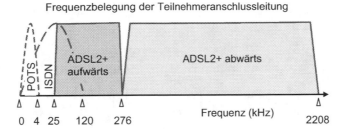

Abb. 4.52 Frequenzbelegung von ADSL2+ auf der Zweidrahtteilnehmeranschlussleitung

Man unterscheidet zwischen der *Abwärtsverbindung* („downlink"), vom *TK-Netz* zum Teilnehmer, und der *Aufwärtsverbindung* („uplink"), vom Teilnehmer zum TK-Netz. Gemäß dem typischen Internetverkehr mit hauptsächlichem Verkehr in Teilnehmerrichtung (Download) wird ein asymmetrischer Betrieb mit unterschiedlichen Bitraten angeboten. Entsprechend asymmetrisch fällt die Frequenzbelegung aus. Der größte Teil ist der Abwärtsverbindung vorbehalten. Im Betrieb mit Echolöschung (EC, „echo cancellation") kann sie auch das Band der Aufwärtsverbindung mitbenutzen.

ADSL2+ ermöglicht im Abwärtssignal (DS, „downstream signal") eine Bitrate bis 24,576 Mbit/s und im Aufwärtssignal (US, „upstream signal") bis 1,024 Mbit/s. Die tatsächlich erreichten Bitraten hängen u. a. stark von der Entfernung der Teilnehmer vom Endverteiler ab. Die Ergebnisse einer Labormessung (Keller et al. 2012) stellt Tab. 4.3 zusammen. Bereits nach 4 km stehen in der Abwärtsverbindung nur noch 8 Mbit/s zur Verfügung. Wie Keller et al. weiter zeigen, reduzieren sich die Bitraten bei Störung mit der Entfernung zunehmend. Für die Übertragungslänge von 4 km geben sie weniger als 4 Mbit/s an, also eine nochmalige Reduktion auf die Hälfte.

Im digitalen Netzzugang ist die Bandbegrenzung der herkömmlichen (Sprach-)Telefonie auf 4 kHz bedeutungslos, sodass auch Signale mit größerer Bandbreite übertragen werden können. Allerdings degradiert die Übertragungsfähigkeit der Kupferdoppeladerleitungen mit steigender Frequenz. Auch die Störungen nehmen mit steigender Frequenz zu, wie das Übersprechen („crosstalk") zwischen den Leitungen in den Kabelbündeln und das Einstreuen von Amateurfunksignalen („radio noise"). Je nach Ort, wo die Störung einge-

Tab. 4.3 Bitrate in Abhängigkeit von der Leitungslänge für ADSL2+ über der Ortsanschlussleitung

Länge (km)	0	1	2	3	4	5	6	7
DS-Bitrate (Mbit/s)	24	23	21	15	8	3	1	0,3
US-Bitrate (Mbit/s)	1,5	1,5	1,5	1,4	1,2	0,9	0,6	0,4

Asymmetric Digital Subscriber Line (G.992.5);
DS Abwärtsverbindung („downstream signal"),
US Aufwärtsverbindung („upstream signal");
Werte gerundet nach Keller et al. 2012

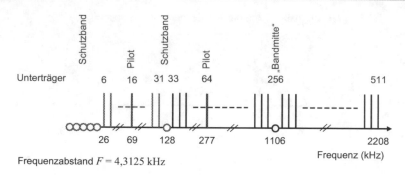

Abb. 4.53 DMT-Frequenzbelegung für ADSL2+

speist wird, spricht man von Near-End-Crosstalk(NEXT)- und Far-End-Crosstalk(FEXT)-Störung. Die NEXT-Störung ist kritischer, weil sie in der Nähe des Empfängers entsteht, meist durch das Signal des eigenen („self-NEXT") oder eines benachbarten („foreign-NEXT") Senders, während die FEXT-Störung durch die Leitung gedämpft wird. Bei hoher Auslastung begrenzen die gegenseitigen Störungen in Leitungsbündeln die Übertragungskapazität.

ADSL2+-Modems vermessen vor Beginn der Datenübertragung den Übertragungskanal und beobachten ihn im laufenden Betrieb. Sie passen die Bitrate auf den Kanal an und entzerren das Empfangssignal vor der Detektion. Zum Schutz gegen Übertragungsfehler werden die Trelliscodierung, der Reed-Solomon-Code sowie die Bitverschachtelung angewendet (Kap. 8). Es werden Mechanismen zur Vermeidung oder zumindest Reduktion der wechselseitigen Störungen eingesetzt, das dynamische Spektrum-Management (DSM, Dynamic Spectrum Management) und die *dynamische Leistungssteuerung* (DPBO, Dynamic Power Backoff; Keller 2011; Starr et al. 2003). Über den DSLAM kann koordinierend eingegriffen werden. Darüber hinaus werden Verfahren zur Datenkompression benutzt und fehlertolerante Übertragungsprotokolle eingesetzt.

Hier kommen die Besonderheiten der ADSL2+-Übertragung zum Zug. Für ADSL2+ wird das *Discrete-Multi-Tone-Modulation(DMT)*-Verfahren eingesetzt, ein Mehrträgerverfahren („multi-carrier transmission") mit diskreten Unterkanälen („sub-channel") bzw. Unterträgern („sub-carrier"), ähnlich den diskreten Tönen der Sprachbandtelefonie.

Es werden 512 Unterträger, englisch hier auch „tone" genannt, mit dem Frequenzabstand von 4,3125 kHz verwendet. Daraus ergibt sich die nominale Bandbreite von 2208 kHz. Die Frequenzbelegung durch die Unterträger zeigt Abb. 4.53. Die ersten fünf Unterträger, beginnend bei der Frequenz null, werden zum Schutz des Sprachbands nicht verwendet. Es schließen sich die Unterträger 6–31 für die Aufwärtsverbindung an. Der Unterträger 16 dient als Pilot, d. h., er trägt keine Daten, sondern erlaubt als fixes Signal die Kanalvermessung. Der Unterträger 32 wird nicht gesendet. Daran schließen sich die Unterträger für die Abwärtsverbindung an. Unterträger 64 dient als Pilot für die Abwärtsstrecke und Unterträger 256 wird aus empfangstechnischen Gründen nicht verwendet.

Den Unterträgern werden die Bitströme via digitaler *Quadraturamplitudenmodulation* (QAM; Kap. 5) aufgeprägt. Zu jedem Unterträger werden jeweils ein Kosinussignal und ein Sinussignal gesendet, deren Amplituden für die Dauer eines Symbols, einer Gruppe von Bits, entsprechend auf diskrete Amplitudenwerte gesetzt werden. Es werden 4000 Symbole pro Sekunde und Unterträger übertragen. Der Empfänger hat dann die Aufgabe, aus den Amplituden des Empfangssignals zu den Symbolen den gesendeten Bitstrom zu schätzen.

Anmerkungen

- In der Sprachbandtelefonie, der herkömmlichen Telefonie, werden seit den 1960er-Jahren diskrete Töne zur digitalen Übertragung eingesetzt, wie beispielsweise das berühmt-berüchtigte Pfeifen der Fax-Maschinen oder das Mehrfrequenzwahlverfahren mit dem Doppelton-Mehrfrequenz(DTMF)-Signal. In Analogie dazu wird bei ADSL von „multi-tone" gesprochen.
- Das DMT-Verfahren für Tiefpasssignale ist eng mit dem OFDM-Verfahren (Kap. 5) für Bandpasssignale verwandt. Damit reelle Basisbandsignale entstehen, ist wegen der Symmetriebedingungen der DFT, die FFT-Länge für die 512 Unterträger hier 1024.

DMT-Übertragung für ADSL2+

Ausgehend von der maximalen Bitrate 24 Mbit/s und der Frequenzbelegung in Abb. 4.53 gehen wir der exemplarisch der Frage nach, wie viele Stufen für die QAM-Modulation der Unterträger benötigt werden?

Das DMT-Verfahren für Basisbandsignale entspricht dem OFDM-Verfahren (Kap. 5) für Bandpasssignale. Es gilt ebenso die *OFDM-Bedingung*

$$T_S \cdot F = 1$$

mit dem Frequenzabstand F der Unterträger und der Dauer der DMT-Kernsymbole T_S. Daraus ergibt sich das DMT-Kernsymbolintervall von

$$T_S = \frac{1}{4{,}3125\,\text{kHz}} = 0{,}232\,\text{ms}.$$

Bei der Übertragung über den Tiefpasskanal (Abschn. 4.7.1) wird das Signal zum Sendesymbol mit der Kanalimpulsantwort gefaltet, also verlängert. Um Nachbarsymbolinterferenzen zu vermeiden, ist ein Schutzintervall T_G („guard interval") vorgesehen. Mit der Vorgabe von 4000 DMT-Symbolen pro Sekunde ergibt sich mit

$$T_T = T_S + T_G = \frac{1}{4000\,\text{Hz}} = 0{,}250\,\text{ms}$$

das Schutzintervall zu 0,028 ms oder 7,8 % der DMT-Symboldauer. Man spricht deshalb auch von einer Bandverbreiterung von 7,8 %. Mit anderen Worten, statt eines theoretischen Frequenzabstands von 4000 kHz werden 4,3125 kHz verwendet. Das Schutzintervall wird zur zyklischen Erweiterung genutzt (Kap. 5).

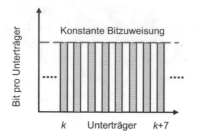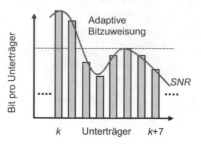

Abb. 4.54 Störungsabhängige Bitzuteilung auf die Unterträger

Nun kann die notwendige Stufenzahl der QAM mit einer Überschlagsrechnung geschätzt werden. Für die Abwärtsverbindung stehen 477 Unterträger für die Datenübertragung zur Verfügung, wobei pro Sekunde 4000 DMT-Symbole gesendet werden. Damit entfallen bei maximaler Bitrate auf jeden Unterträger rechnerisch 13 Bits.

$$N = \frac{24\,\text{Mbit/s}}{477 \cdot 4000\,\text{Hz}} \approx 13\,\text{bit}$$

Tatsächlich sind in der ADSL2+-Übertragung bis zu 15 Bits pro Unterträger vorgesehen. Demgemäß werden zur eindeutigen Darstellung der möglichen Bitgruppen $2^{15} = 32.768$ verschiedene QAM-Symbole benötigt.

Bei der M-stufigen QAM kann die Robustheit gegen Rauschen über die Stufenzahl M eingestellt werden. Bei der üblichen beschränkten Sendeleistung nehmen mit höherer Stufenzahl die Bitfehler zu. Die ADSL2+-Übertragung macht sich diesen Effekt zunutze, indem sie eine adaptive Bitzuweisung („seamless rate adaptation") auf die Unterträger vorsieht. Je nach gemessenem SNR werden zwei Bits für die 4-QAM (QPSK) bis 15 Bits für die 32.768-QAM zugeteilt. Eine völlige Abschaltung eines Unterträgers ist auch möglich. Die Idee veranschaulicht Abb. 4.54 mit der reziproken Abhängigkeit der Zuteilung vom SNR im jeweiligen Unterträger.

Die adaptive Bitzuteilung lädt die Unterträger mit der Bitlast, die sie dem momentanen SNR zufolge ans Ziel tragen können, s. auch Kanalkapazität. Dadurch bleibt die Bitfehlerwahrscheinlichkeit klein, sodass nur selten ein Datenrahmen verloren geht und wiederholt werden muss.

Die genannten Maßnahmen machen es möglich, Störungen zu erkennen, die Datenrate im Mittel zu maximieren oder die Sendeleistung auf das notwendige Maß zu begrenzen und so den Durchsatz des Kabels (Bündel von Zweidrahtleitungen) für alle Teilnehmer gemeinsam zu verbessern. ADSL2+ mit einer Bitrate von mindestens 16 Mbit/s qualifiziert sich für Anwendungen wie *TriplePlay* (Telefon+Internet+Fernsehen) und IPTV (Internetfernsehen).

Anmerkung

- Am digitalen Teilnehmeranschluss kann man mit vereinfachten Überschlagsrechnungen den technischen Fortschritt gut nachvollziehen. Im Jahr 1981 wurde
  der ISDN-Basisanschluss mit der Bitrate von 144 kbit/s standardisiert (2B+D,
  „duplex"). Mit einer Bandbreite von etwa 120 kHz, s. Abb. 4.52, resultiert die
  spektrale Effizienz im Duplexbetrieb von etwa 2,4 (bit/s)/Hz. ADSL2+ aus dem
  Jahr 2003 erreicht mit 2,2 MHz Bandbreite und ungefähr 24 Mbit/s und 1 Mbit/s
  für die Abwärts- bzw. Aufwärtsverbindung eine spektrale Effizienz von etwa
  11,4 (bit/s)/Hz, eine deutliche Effizienzsteigerung trotz erschwerter Übertragungsbedingungen bei höheren Frequenzen. Der Vollständigkeit halber ist anzumerken,
  dass der ISDN-Basisanschluss für fast alle Teilnehmer in Deutschland (99 %)
  möglich ist, während die erreichbaren Bitraten für ADSL2+ je nach Länge des
  Teilnehmeranschlusses und den Störungen in den Kabelbündeln stark abnehmen
  können.

VDSL2

Weil mit der Länge der Teilnehmeranschlussleitung die Dämpfung stark zunimmt und die
Längen von einigen hundert Metern bis einigen Kilometern betragen können, liegt eine
heterogene Situation vor. ADSL2+ kann sich darauf fallweise einstellen, indem Teilnehmer mit kurzen Anschlussleitungen mit den höherfrequenten Unterträgern und Teilnehmer
mit langen Anschlussleitungen mit den niederfrequenteren bedient werden. So kann insgesamt der Durchsatz für alle erhöht werden. Für (sehr) kurze Anschlusslängen ist eine
Übertragung mit Frequenzen über 2 MHz möglich. Aus diesem Grund sind mit *Very High-
Rate DSL (VDSL)* (ITU-T G.993.1, 2004) und VDSL2 (ITU-T G.993.2, 2005) speziell für
Anschlusslängen bis 300 m Systeme eingeführt worden. VDSL2 ist kompatibel zu ADSL
und ADSL2+ und die Übertragung nutzt ebenfalls das DMT-Verfahren. Für VDSL2 wurden verschiedene Profile definiert, die sich durch das belegte Frequenzband von 8,832 bis
30 MHz unterscheiden. Damit sind Bitraten von 50 bis 200 Mbit/s möglich.

Eine weitere Steigerung der Bitraten ist erzielbar, wenn die Übertragungen der Teilnehmer wechselseitig so koordiniert werden, dass die gegenseitigen Störungen im Kabelbündel möglichst klein werden. Das Verfahren wird Vektorisierung („vectoring") genannt. Allerdings verlangt das Verfahren die Koordinierung der Signale aller Teilnehmer,
was eine unabhängige Nutzung eines Kabelbündels durch mehrere Netzbetreiber ausschließt.

DOCSIS 3.0

Abschließend wird auf das Breitbandkommunikationsverteilnetz (BK-Netz) hingewiesen.
Beginnend in den 1970er-Jahren wurde es zur Verteilung von Rundfunk- und Fernsehsi-
gnalen auf der Basis von Koaxialkabeln aufgebaut. Im Jahr 1998 verabschiedete die ITU-T

den ersten Standard J.112 für ein Kabelmodemsystem, genannt *DOCSIS* (Data Over Cable Service Interface Specification). Seit 2006 liegt die Version 3.0 vor, mit Anpassungen für Europa EuroDOCSIS 3.0 genannt. Sie zeichnet sich durch eine Erhöhung der Bitraten, insbesondere in der Aufwärtsverbindung, aus. Für Letztere steht das Frequenzband von 5 bis 65 MHz zur Verfügung. Je nach belegter Bandbreite von 200 kHz bis 6,4 MHz können 0,9–29,025 Mbit/s übertragen werden. In der Abwärtsverbindung wird das Frequenzband von 47 bis 862 MHz in Frequenzkanälen von 7 oder 8 MHz belegt. In den 8 MHz breiten Frequenzkanälen werden bis zu 52 Mbit/s übertragen, wobei in einem Modem bis zu vier Kanäle gebündelt werden können. Damit sind in der Abwärtsverbindung Bitraten von etwa 200 Mbit/s möglich. Das BK-Netz stellt mit DOCSIS 3.0 eine attraktive Alternative zum Teilnehmeranschluss über die Kupferdoppelader (ADLS) dar. Für das Jahr 2012 wird die Zahl der Internetanschlüsse über BK-Netze in Deutschland auf etwa 4,2 Millionen geschätzt, während ADSL mit etwa 23 Millionen noch klar dominiert.

Aufgabe 4.11
Wofür stehen die Akronyme AMI, ADSL, ASCII, AWGN, BER, DMT, DSL, MF und VDSL?

Aufgabe 4.12

a) Warum ist die erzielbare Bitrate von DSL-Anschlüssen von der Länge der Anschlussleitung abhängig?
b) Warum können Modems für ADSL2+ wesentlich höhere Bitraten über die Teilnehmeranschlussleitung übertragen als herkömmliche Sprachtelefonmodems?
c) Wie hängt die erzielbare Bitrate von DSL-Anschlüssen von der benutzten Signalfrequenz ab?
d) Welche Bitrate wird für Triple-Play-Dienste mindestens verlangt?

Aufgabe 4.13

a) Geben Sie die maximale spektrale Effizienz eines Unterträgers der ADLS2+-Übertragung an.
b) Schätzen Sie das in a) mindestens benötigte SNR ab. Begründen Sie Ihre Antwort.
c) Die maximale Bitrate bei ADSL2+ in der Aufwärtsrichtung ist auf 1,5 Mbit/s begrenzt. Welche Parameter der DMT-Übertragung sind dafür ursächlich? Begründen Sie Ihre Antwort.
d) Erklären Sie die Gründe für die generelle Zuteilung der Unterträger in ADSL2+.
e) Überlegen Sie, wie kann durch die adaptive Bitzuweisung mit Reduktion der Bitrate bei den stärker gestörten Unterträgern die Bitrate über alles erhöht werden?

4.10   Zusammenfassung

Die digitale Basisbandübertragung ist überall dort anzutreffen, wo es gilt, digitale Information über eher kurze Entfernungen auszutauschen. Je nach Anwendung existieren sehr unterschiedliche Anforderungen bezüglich Komplexität, Störfestigkeit und Bitrate. Als wichtigste Komponenten der Übertragungskette sind die Leitungscodierung und die Impulsformung im Sender, der Kanal und der Empfänger mit Synchronisations- und Detektionseinrichtung hervorzuheben:

- Die Leitungscodierung und Impulsformung hat die Aufgabe, den Bitstrom in ein an den Kanal angepasstes Signal umzusetzen. Spezielle Anforderungen, wie kompaktes Spektrum oder Gleichstromfreiheit, können durch die Wahl des Leitungscodes und der Form des Sendegrundimpulses erfüllt werden. Als wichtige Beispiele sind hier Codes mit Gedächtnis, wie der AMI-Code, und interferenzfreie Impulsformen, wie der RRC-Impuls, zu nennen.
- Die Übertragungsstrecken lassen sich oft näherungsweise als Tiefpässe modellieren, an deren Ausgängen den Nachrichtensignalen Störsignale überlagert werden. Durch die Bandbegrenzung im Tiefpasskanal treten Dämpfungs- und Phasenverzerrungen auf, die die gesendeten Impulse verbreitern, sodass sie sich gegenseitig stören. Die Nachbarzeicheninterferenzen machen die Übertragung anfällig gegen Rauschen. Wie stark die Übertragungsqualität jeweils degradiert kann im Augendiagramm an der Augenöffnung abgelesen werden.
- Der erfolgreiche Empfang der Nachricht setzt das Erkennen des Bittakts im Empfangssignal voraus. Dazu dient die Synchronisationseinrichtung. Sie wird durch einen hohen Taktgehalt im Sendesignal unterstützt. Halten sich die Störungen in normalen Grenzen, arbeiten die üblicherweise eingesetzten Synchronisationseinrichtungen zuverlässig. Ein Verlust der Synchronisation macht den Nachrichtenempfang meist unmöglich. Für die digitale Übertragung ist deshalb typisch, dass sie entweder zuverlässig funktioniert oder gar nicht. Um die Wirkung der Rauschstörung zu verringern, kann ein Empfänger mit Matched-Filter eingesetzt werden. Er maximiert das SNR im Detektionszeitpunkt und verringert demzufolge die Wahrscheinlichkeit für Übertragungsfehler. Im Fall eines AWGN-Kanals wird die Fehlerwahrscheinlichkeit sogar minimiert.

Für die digitale Basisbandübertragung sind die Nyquist-Bandbreite und die shannonsche Kanalkapazität von allgemeiner Bedeutung:

- Die Nyquist-Bandbreite liefert eine Abschätzung der erforderlichen Bandbreite für die binäre Basisbandübertragung. Sie ist gleich dem Kehrwert der zweifachen Bitdauer. In praktischen Anwendungen ist mit einem etwa 1,2- bis 1,5-fachen Wert der Nyquist-Bandbreite zu rechnen.

- Die shannonsche Kanalkapazität beschreibt den grundlegenden Zusammenhang zwischen dem für die Übertragung notwendigen Aufwand an Bandbreite und Signalleistung und dem erzielbaren Gewinn in Bitrate bei vorgegebener Rauschleistung.

Moderne Standards zur digitalen Basisbandübertragung bedienen sich komplexer Methoden der digitalen Signalverarbeitung, die sich dynamisch an die Übertragungsbedingungen anpassen. Erst diese anspruchsvollen Methoden machen zusammen mit den Fortschritten der Mikroelektronik die moderne Informationstechnik möglich.

Die Möglichkeiten, den herkömmlichen Teilnehmeranschluss mit Kupferdoppeladern für breitbandigen Internetanschluss zu nutzen, sind heute schon weit ausgereizt. Geht man von nachgefragten Bitraten über 100 Mbit/s aus, so gehört die Zukunft auch auf der „letzten Meile" wohl der Glasfaser.

4.11   Lösungen zu den Aufgaben

Lösung 4.1

a) ASCII-Code für NT: 0111001 0010101
b) Mit ungerader Parität: 0111001<u>1</u> 0010101<u>0</u> (Abb. 4.55)
c) Die effektive Bitrate beträgt 70 % bezogen auf die Schrittgeschwindigkeit, also 80,64 kbit/s.

Lösung 4.2
Für die Handshake-Signale Xon und Xoff werden die ASCII-Steuerzeichen DC1 bzw. DC3 verwendet. Die Oktette sind 1000100 bzw. 1100100.

Lösung 4.3

a) Der Scrambler soll in der Bitfolge lange Null- und Einsfolgen verhindern und statistische Bindungen in der Bitfolge reduzieren (dekorrelieren).
b) Schaltungen sind in Abb. 4.56 dargestellt.

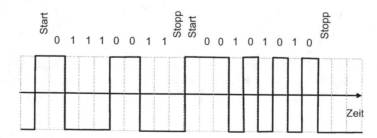

Abb. 4.55 Basisbandsignal

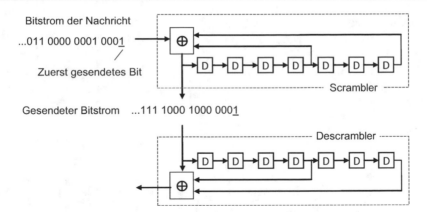

Abb. 4.56 Scrambler- und Descrambler-Schaltung

Abb. 4.57 Basisbandsignal
mit AMI-Codierung

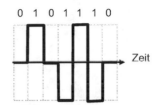

c) Der Descrambler sollte in nicht rekursiver Struktur implementiert werden, um eventuelle Fehlerfortpflanzungen zeitlich zu begrenzen. Dann bricht mit der Stufenzahl N
   des Scramblers nach N Takten die Fehlerfortpflanzung ab.
d) Siehe in die Schaltung eingetragene Bitfolgen.

Lösung 4.4

a) Leitungscodes mit Gedächtnis besitzen Codierungsregeln, bei denen das Basisbandsignal in einem Bitintervall von mehr als einem Bit abhängt. Sie bringen statistische
   Abhängigkeiten in das Basisbandsignal und ermöglichen so die Formung des Leistungsdichtespektrums. Insbesondere können ein gleichstromfreies Basisbandsignal erzeugt und lange Nullfolgen vermieden werden.
b) AMI-Codierung in Abb. 4.57

Lösung 4.5
Basisbandsignale in Abb. 4.58

Lösung 4.6
HDB3-Code in Abb. 4.59

Abb. 4.58 Basisbandsignale der Leitungscodes invertierter AMI-Code, Manchester-Code und HDB3-Code

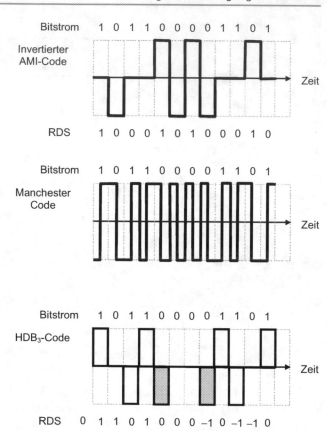

Lösung 4.7

a) Das Matched-Filter soll den Einfluss der Rauschstörung auf die Detektion verringern.

b) Das Matched-Filter ist auf das Sendesignal (Sendegrundimpuls) anzupassen. Mit dem Sendesignal (Sendegrundimpuls) $x(t)$ der Dauer T gilt im Fall des weißen Rauschens (AWGN-Kanal) für die Impulsantwort des Matched-Filters $h_{\mathrm{MF}}(t) = x(T - t)$.

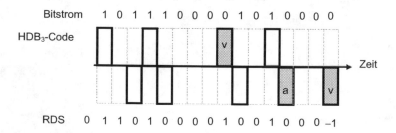

Abb. 4.59 Basisbandsignal des HDB3-Codes

c) Der Matched-Filterempfänger maximiert das SNR in der Detektionsvariablen. Im Fall
einer normalverteilten Störung (AWGN-Kanal) minimiert er die Wahrscheinlichkeit
eines Detektionsfehlers (Bitfehlerwahrscheinlichkeit).

Lösung 4.8

a) Synchronisation (Bittakt), Abtastung (Detektionsvariable), Detektion (Schwellenwertentscheidung)

b) Störung durch Rauschen (AWGN-Kanal), lineare Verzerrungen (Tiefpasskanal) und
nichtlineare Verzerrungen.
Im AWGN-Kanal wird dem (Nutz-)Signal additiv weißes gaußsches Rauschen überlagert. Die Rauschstörung ist unkorreliert und normalverteilt $N(0, \sigma^2)$. Kenngröße ist
die Varianz, die Leistung des Rauschprozesses. Je größer die Varianz, umso stärker die
Störung. Weil unkorreliert im Fall normalverteilter Prozesse auch unabhängig bedeutet, ist der AWGN-Kanal gedächtnislos.
Durch die Rauschstörung des AWGN-Kanals ist den Detektionsvariablen eine normalverteilte Störung überlagert. Dies kann zu Detektionsfehlern führen, wenn die
Rauschamplituden gewisse Werte überschreiten. Entsprechend dem Übertragungsmodell kann eine Fehlerwahrscheinlichkeit (Bitfehlerwahrscheinlichkeit) berechnet wer-
den.
Im Tiefpasskanal können sich die Signale benachbarter Zeichen überlagern und so zu
Nachbarzeichenstörungen fuhren.

c) Bei der Nachbarzeichenstörung überlagern sich die Signale benachbarter Zeichen (Sendegrundimpulse), was zu destruktiven Interferenzen führen kann, sodass die Nachricht
anfälliger gegen Störung bzw. ganz ausgelöscht wird. Nachbarzeichenstörungen entstehen durch lineare Verzerrungen in bandbegrenzten Kanälen, wie den Tiefpasskanälen.

d) Die Augenöffnung ist ein Maß für die Robustheit der Übertragung, des Basisbandsignals, gegen additive Rauschstörung. Je größer die Augenöffnung, umso robuster ist
die Übertragung gegen Störung durch Rauschen.

e) Bei kleinen Synchronisationsfehler, d. h. kleinen zeitlichen Schwankungen bezüglich
der optimalen Detetektionszeitpunkte, wird die maximale Augenöffnung nicht realisiert und die Bitfehlerwahrscheinlichkeit steigt an. Je flacher der Verlauf der Augenöffnung bei größter Öffnung ist, umso robuster ist die Übertragung gegen kleine
Synchronisationsfehler (Abtast-Jitter).

f) Durch die Impulsformung kann die spektrale Effizienz und die Robustheit der Übertragung erhöht werden. Häufig verwendete Impulse sind die RRC-Impulse.

Lösung 4.9

a) Nyquist-Bandbreite 32 kHz; typische Bandbreite 40–48 kHz.

b) Siehe shannonsche Kanalkapazität: Die maximale Bitrate wächst proportional mit der
Bandbreite und logarithmisch mit dem SNR. Je größer die Bandbreite und das SNR
im Kanal, umso größer die übertragbare Bitrate.

c) Die Bitrate kann durch mehrstufige Übertragung (M-PAM) gesteigert werden. Allerdings nimmt mit wachsender Stufenzahl bei festem SNR die Fehlerwahrscheinlichkeit zu.

d) Bei der analogen Übertragung über lange Strecken muss das Signal zwischendurch verstärkt werden. Man spricht von einem Zwischenverstärker. Dabei wird auch das Rauschen mitverstärkt und dem Signal durch das innere Rauschen des Verstärkers neues Rauschen hinzugefügt. Das SNR nimmt ab.

Bei der digitalen Übertragung gibt es zwei Möglichkeiten:

- Im (Zwischen)Regenerator kann das Signal wiederhergestellt werden. Dabei wird das Wissen um die Signalform (Basisbandsignal, Bittakt) genutzt. Eine Detektion findet nicht statt.

- Es kann die Nachricht zwischendurch detektiert und neu versendet werden. Solange kein Detektionsfehler auftritt, ist die Nachricht jedes Mal fehlerfrei. (Unterstützend können fehlererkennende und fehlerkorrigierende Codes genutzt werden.)

Lösung 4.11

Siehe Abschn. 4.12, Abkürzungen.

Lösung 4.12

a) Weil die Signaldämpfung und die Störung mit der Länge der Anschlussleitungen zunehmen.

b) ADSL2+ nutzt mit etwa 2,2 MHz ein um den Faktor 550-mal größere Bandbreite als Modems im herkömmlichen 4 kHz-Sprachband.

c) Mit zunehmender Bandbreite nimmt die Bitrate zu, vgl. ADSL, ADSL2 und VDSL. Wegen der mit der Frequenz zunehmenden Leitungsdämpfung allerdings nicht im gleichen Maß.

d) 16 Mbit/s

Lösung 4.13

a) Bei der maximalen Codierung von 15 Bits pro Symbol, den 4000 Symbolen pro Sekunde und dem Unterträgerabstand von 4,3125 kHz resultiert die spektrale Effizienz

$$\frac{R_b}{B} = \frac{15 \, \text{bit} \cdot 4000}{\text{s} \cdot 4,3125 \, \text{kHz}} = 13,9 \, \frac{\text{bit/s}}{\text{Hz}}$$

b) Aus der Shannon-Formel für die Kanalkapazität bzw. spektrale Effizienz folgt

$$\frac{S}{N} = 2^{13,9} - 1 = 15.285,5$$

und damit das SNR im logarithmischen Maß von 41,8 dB.

c) Die Aufteilung der Unterträger ist den beiden Grafiken Abb. 4.51 und Abb. 4.52 zu entnehmen. Zum Ersten ist auf die Koexistenz zu den Diensten POTS und ISDN zu achten. Zum Zweiten ist zwischen der Aufwärts- und der Abwärtsverbindung zu unterscheiden, wobei für die Abwärtsverbindung eine wesentlich größere Übertragungskapazität bereitgestellt wird, um dem asymmetrischen Internetverkehr Rechnung zu tragen. Zum Dritten sind die Sonderfunktionen Pilot, Schutzband und Bandmitte zu beachten.

d) Die adaptive Bitzuweisung lädt die Unterträger mit der jeweiligen Bitlast, die sie dem momentanen SNR zufolge erfolgreich tragen können, s. Kanalkapazität. Dadurch bleibt die Bitfehlerwahrscheinlichkeit klein, sodass nur selten ein Datenrahmen verloren geht. Das in der Datenübertragung in diesem Fall typische wiederholte Senden von Datenrahmen unterbleibt.

4.12 Abkürzungen und Formelzeichen

Abkürzungen

ADSL	Asymmetric Digital Subscriber Line
AKF	Autokorrelationsfunktion/-folge
AMI	Alternate Mark Inversion
ASCII	American Standard Code for Information Interchange
AWGN	Additive White Gausian Noise (additives weißes gaußsches Rauschen)
BER	Bit Error Rate (Bitfehlerquote)
DFT	Discrete Fourier Transform (diskrete Fourier-Transformation)
DIN	Deutsches Institute für Normung e. V.
DOCSIS	Data Over Cable Service Interface Specification
DPBO	Dynamic Power Backoff
DSL	Digital Subscriber Line (digitale Teilnehmeranschlussleitung)
DSM	Dynamic Spectrum Management
DSLAM	Digital Subscriber Line Access Multiplex
DSM	Dynamic spectrum management
EIA	Electronic Industry Association
FEXT	Far-End Crosstalk
FFT	Fast Fourier Transform (schnelle Fourier-Transform)
GF	Galois Field (Galois-Körper)
HDB	High Density Bipolar
HDLC	High-Level Data Link Control
IA5	International Alphabet Number 5
IEEE	Institute of Electrical and Electronics Engineers
IrDA	Infra-red Data Association
ISDN	Integrated-Services Digital Network

ISI   Intersymbol Interference (Nachbarzeichenstörung)
ISO   International Standardization Organization
ITU   International Telecommunication Union
LDS   Leistungsdichtespektrum
LTI   Linear Time-Invariant
MF   Matched-Filter
NEXT   Near-End Crosstalk
NRZ   Nonreturn-to-Zero
OFDM   Orthogonal Frequency Division Multiplexing
OOK   On-Off-Keying (Ein-Aus-Tastung)
OSI   Open System Interconnect
OVSt   Ortsvermittlungsstelle
POT   Plain Old Telephony
QAM   Quadraturamplitudenmodulation
RC   Raised Cosine
RDS   Running Digital Sum (laufende digitale Summe)
RRC   Root Raised Cosine
Rx   Receiver (Empfänger)
RZ   Return-to-Zero
SNR   Signal-to-Noise Ratio (S/N-Verhältnis)
TAL   Teilnehmeranschlussleitung
TP   Twisted Pair
Tx   Transmitter (Sender)
UART   Universal Asynchronous Receiver/Transmitter
USB   Universal Serial Bus
VDSL   Very High-Rate Digital Subscriber Line
WDF   Wahrscheinlichkeitsdichtefunktion
WLAN   Wireless Local Area Network

Formelzeichen – Parameter und Konstanten

B Bandbreite
E_b Bitenergie
E_g Energie des Sendegrundimpulses
f Frequenzvariable
f_g Grenzfrequenz
k   Boltzmann-Konstante
k_1, k_2 Koeffizienten des Leitungsdämpfungsmodells
κ Exponent des Leitungsdämpfungsmodells
l Verschiebung, zeitdiskret
μ Mittelwert
N_0 Rauschleistungsdichte

P	Leistung
P	Wahrscheinlichkeit
P_b	Bitfehlerwahrscheinlichkeit
R	Widerstand
R_b	Bitrate
σ	Standardabweichung
t	Zeitvariable
τ	Verschiebung, zeitkontinuierlich
T	Temperatur bzw. Impulsdauer
T_b	Bitintervall/-dauer

Formelzeichen – Funktionen, Signale und Operatoren

$\alpha(f)$	Dämpfungsbelag
b_n	Bitfolge
$c(x)$	Generatorpolynom
$\delta(\tau), \delta[l]$	Impulsfunktion, zeitkontinuierlich bzw. zeitdiskret
erf(.)	Fehlerfunktion („error function")
erfc(.)	Komplementäre Fehlerfunktion („complementary error function")
$f(.)$	Wahrscheinlichkeitsdichtefunktion $*$ Faltungssymbol/-stern
$g_{cs}(t)$	$\cos^2$-Impuls
$g_{rec}(t)$	Rechteckimpuls
$h_{MF}(t)$	Impulsantwort des Matched-Filters
$H_{MF}(j\omega)$	Frequenzgang des Matched-Filters
$R_{hh}(\tau)$	Zeitkorrelationsfunktion, Filter-AKF
$R_{XX}[l]$	Autokorrelationsfolge
$R_{XX}(\tau)$	Autokorrelationsfunktion
RDS	„Running digital sum"
$S_{XX}(\omega)$	Leistungsdichtespektrum, Fourier-Paar $R_{XX}(\tau) \leftrightarrow S_{XX}(\omega)$
$S_{XX}(\Omega)$	Leistungsdichtespektrum, Fourier-Paar $R_{XX}[l] \leftrightarrow S_{XX}(\Omega)$
$x(t), x[n]$	Signal, zeitkontinuierlich bzw. zeitdiskret
$\overline{x(t)}, \overline{x[n]}$	Zeitmittelwert

Literatur

Chen W.Y. (1998) DSL. Simulation Techniques and Standards Development for Digital Subscriber Line Systems. Indianapolis, Macmillan

Kammeyer K.-D. (2008) Nachrichtenübertragung. 4. Aufl., Wiesbaden, Vieweg+Teubner

Keller A. (2011) Breitbandkabel und Zugangsnetze. Technische Grundlagen und Standards. 2. Aufl., Berlin, Springer

Keller H., Desch M., Aschenbrenner K., Obermann K. (2012) DSL-Performance und Crosstalk-Messungen. ITG news 3, in VDE dialog 4:8–11

Pollakowski M., Wellhausen H.-W. (1995) Eigenschaften symmetrischer Ortsanschlußkabel im Frequenzbereich bis 30 MHz. Der Fernmelde-Ingenieur 49(9/10)

Shannon C.E. (1948) A mathematical theory of communication. Bell Sys Tech J 27:379–423 und 623–656

Starr Th., Sorbara M., Cioffi J.M., Silverman P. (2003) DSL Advances. Upper Saddle River, NJ, Pearson Education

Vlcek A., Hartnagel H.L. (Hrsg.) (1993) O. Zinke, H. Brunswick: Hochfrequenztechnik 2: Elektronik und Signalverarbeitung. 4. Aufl., Berlin, Springer

Vlcek A., Hartnagel H.L., Mayer K. (Hrsg.) (2000) O. Zinke, H. Brunswick: Hochfrequenztechnik 1: Hochfrequenzfilter, Leitungen, Antennen. 6. Aufl., Berlin, Springer

Weiterführende Literatur

Bluschke A., Matthews M. (2008) xDSL-Fibel. Ein Leitfaden von A wie ADSL bis Z wie ZipDSL. 2. Aufl., Berlin, VDE Verlag

Herter E., Lörcher W. (2004) Nachrichtentechnik: Übertragung, Vermittlung und Verarbeitung. 9. Aufl., München, Carl Hanser

Freyer U. (2009) Nachrichtenübertragungstechnik. Grundlagen, Komponenten, Verfahren und Systeme der Telekommunikationstechnik. 6. Aufl., München, Carl Hanser

Höher P.A. (2011) Grundlagen der digitalen Informationsübertragung. Von der Theorie zur Mobilfunkanwendung. Wiesbaden, Vieweg+Teubner

Kahnbach A., Körber A. (1999) ISDN – Die Technik. 3. Aufl., Heidelberg, Hüthing

Lochmann D. (2002) Digitale Nachrichtentechnik: Signale, Codierung, Übertragungssysteme, Netze. 3. Aufl., Berlin, Verlag Technik

Meyer M. (2011) Kommunikationstechnik. Konzepte der modernen Nachrichtenübertragung. 4. Aufl., Wiesbaden, Vieweg+Teubner

Motorola (1991) Handbuch zum HCMOS Single-Chip Mikrocontroller MC68HC11A8

Nocker R. (2004) Digitale Kommunikationssysteme 1. Grundlagen der Basisband-Übertragungstechnik. Wiesbaden, Vieweg

Nuszkowski H. (2009) Digitale Signalübertragung. Grundlagen der digitalen Nachrichtenübertragungssysteme. 2. Aufl., Dresden, Jörg Vogt

Ohm J.-R., Lüke H.D. (2010) Signalübertragung: Grundlagen der digitalen und analogen Nachrichtenübertragungssysteme. 11. Aufl., Berlin, Springer

Proakis J.G. (2001) Digital Communications. 4th ed., New York, McGraw-Hill

Proakis J.G., Salehi M. (1994) Communication System Engineering. 3rd ed., Englewood Cliffs, NJ, Prentice-Hall

Roppel C. (2006) Grundlagen der digitalen Kommunikationstechnik. Übertragungstechnik – Signalverarbeitung – Netze. München, Carl Hanser

Tietze U., Schenk Ch (2010) Halbleiterschaltungstechnik. 13. Aufl., Berlin, Springer

Werner M. (2006) Nachrichten-Übertragungstechnik. Analoge und digitale Verfahren. Wiesbaden, Vieweg

Werner M. (2008) Signale und Systeme. Lehr und Arbeitsbuch mit MATLAB®-Übungen. 3. Aufl., Wiesbaden, Vieweg+Teubner

Wittgruber F. (2002) Digitale Schnittstellen und Bussysteme. Einführung für das technische Studium. 2. Aufl., Wiesbaden, Vieweg

Modulation eines sinusförmigen Trägers

5

Zusammenfassung

Im Basisband vorliegende Nachrichten werden durch Modulation sinusförmiger Träger in ein für die physikalische Übertragung geeignetes Frequenzband verschoben. Für eine direkte Umsetzung wird die Amplitudenmodulation (AM) in verschiedenen Varianten, wie Einseitenbandmodulation (ESB) und Quadraturamplitudenmodulation (QAM) eingesetzt. Eine Alternative bietet die Frequenzmodulation (FM). Als nichtlineare Modulation ermöglicht sie den Austausch von Bandbreite gegen Störfestigkeit. Für die Demodulation von FM-Signalen bietet sich die Nachlaufsynchronisation mit einem Phasenregelkreis an.

Für die Sinusträgermodulation wichtige technische Funktionsgruppen von Sendern und Empfängern sind der Quadraturmischer und insbesondere der Überlagerungsempfänger. Letzterer ermöglicht Bandpasssignale durch die beiden Quadraturkomponenten darzustellen.

Die digitale M-stufige Quadraturamplitudenmodulation (M-QAM) verbindet die Vorteile der Bandbreiteneffizienz und der einfachen Implementierung der AM mit der Störfestigkeit und Flexibilität der digitalen Übertragung. In Kombination mit dem Orthogonal Frequency Division Multiplexing (OFDM) hat sie sich bei der breitbandigen Übertragung im Teilnehmeranschluss (ADSL2+, VDSL), im digitalen Rundfunk (DAB) und digitalen Fernsehen (DVB), den drahtlosen Netzen (WLAN) sowie der vierten Mobilfunkgeneration (LTE) durchgesetzt.

Schlüsselwörter

Amplitudenmodulation (AM) • Einseitenbandmodulation (ESB) • Trägerfrequenztechnik • Quadraturamplitudenmodulation (QAM) • Quadraturmischer • Überlagerungsempfänger • Superheterodyn-Empfänger • Frequenzmodulation (FM) • Carson-Bandbreite • Modulationsgewinn • Phasenregelkreis • digitale Modulation (ASK • FSK • M-PSK • M-QAM) • Orthogonal Frequency Division Multiplexing (OFDM)

© Springer Fachmedien Wiesbaden GmbH 2017

M. Werner, *Nachrichtentechnik*, DOI 10.1007/978-3-8348-2581-0_5

Die elektrische Nachrichtenübertragung beruht auf dem Phänomen der Ausbreitung elektromagnetischer Felder. Aufbauend auf den Arbeiten von H. Ch. Ørstedt (1777–1851) und eigenen Experimenten vermutete M. Faraday (1791–1867) 1832 die Existenz elektromagnetischer Wellen. J. C. Maxwell (1831–1879) stellte dazu 1864 die theoretischen Grundlagen bereit und beschrieb 1873 die Wellenausbreitung. Schließlich fasste O. Heaviside die Theorie in den vier bekannten Maxwell-Gleichungen kompakt zusammen. Im Jahr 1888 gelang H. R. Hertz (1857–1894) die experimentelle Bestätigung der Wellentheorie in einem grundlegenden Experiment mit einem Funkensender.

Die elektrische Nachrichtenübertragung war zunächst auf die robuste drahtgebundene Telegrafie mit Ein- und Austasten der elektrischen Spannung, also eine binäre Übertragung, beschränkt. Bereits 1851 wurde das erste Seekabel auf der Strecke Dover-Calais verlegt. Vorführungen der drahtlosen Telegrafie gelangen 1895 durch G. Marconi[1] in Bologna, A. Popov[2] in St. Petersburg und F. Schneider[3] in Fulda. Als erster bewerkstelligte Marconi die Funkübertragung von Morsezeichen über den Ärmelkanal 1897 und über den Atlantik 1901.

Mit der Erfindung eines gebrauchsfähigen Telefons durch A. G. Bell[4] 1876 konnten auch Sprachsignale aufgenommenen (Sprechkapsel) und wiedergegeben (Hörkapsel) werden. Wegen der mit der Entfernung zunehmenden Dämpfung der Signale waren mangels eines Verstärkers die Anwendungen zunächst auf Stadtbereiche beschränkt.

Die Erzeugung von Hochfrequenzschwingungen 1903 durch V. Poulsen (1869–1942) und die Signalverstärkung mit Elektronenröhren 1906 und 1910 durch R. v. Lieben (1878–1913) bzw. Lee de Forest (1873–1961) leiteten eine neue Epoche der Nachrichtenübertragungstechnik ein. Nun konnten beispielsweise in den USA erstmals Telefongespräche zwischen Ost- und Westküste direkt geführt werden. Ebenso wurde der Rundfunk möglich, der Hörrundfunk ab 1920 und der Fernsehrundfunk ab 1940.

Die Übertragung von Nachrichten als elektrische Signale unterliegt den Gesetzen der Physik. Mit der Wellengleichung beschreibt die Elektrodynamik die physikalischen Grundtatsachen. Für eine Zweidrahtleitung ergibt sich als Sonderfall die *Telegrafengleichung*, die die zeitliche Änderung der Spannung auf der Leitung in Form einer Differenzialgleichung nach Ort und Zeit beschreibt. Als Lösung erhält man eine gedämpfte Welle, eine Sinusfunktion mit orts- und zeitabhängiger Amplitude und Phase. Für die Nachrichtenübertragung kommen somit als Träger bevorzugt sinusförmige Si-

---

[1] *Guglielmo Marchese Marconi* (1874–1937), italienischer Physiker, Ingenieur und Unternehmer, gründete 1897 die Marconi's Wireless Telegraph Co. Ltd., Nobelpreis für Physik 1909 für seine Beiträge zur Funkkommunikation.

[2] *Alexander Popov* (1859–1906), russischer Physiker und Pionier der Rundfunktechnik.

[3] *Ferdinand Schneider* (1866–1955), deutscher Erfinder.

[4] *Alexander Graham Bell* (1847–1922), britisch-amerikanischer Erfinder und Unternehmer, gründete 1877 die Bell Telephone Company, aus der 1885 die American Telephone and Telegraph Company (AT&T) hervorging.

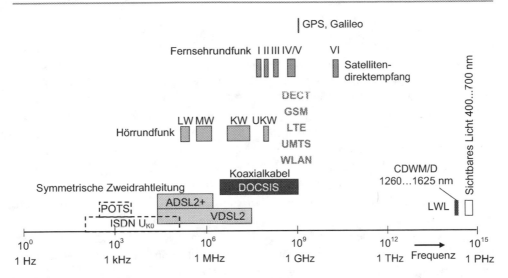

Abb. 5.1 Beispiele für Übertragungsmedien und Frequenzbänder

gnale infrage, denen die Nachrichten in der Amplitude, der Phase und/oder der Frequenz aufgeprägt werden.

Im Lauf der Zeit machte sich die Nachübertragungstechnik immer höhere Frequenzen und größere Bandbreiten zunutze. Im Hörrundfunk beispielsweise vom Bereich der Langwellen (LW) über den der Mittelwellen (MW) und der Kurzwellen (KW) bis zum Ultrakurzwellenbereich (UKW), s. Abb. 5.1. Angetrieben wurde die technische Entwicklung u. a. vom Wunsch nach höherer Qualität und höherwertigen Diensten, wie z. B. dem Stereo-Rundfunk mit robuster Frequenzmodulation statt dem Mono-Rundfunk mit einfacher Amplitudenmodulation. Man beachte in Abb. 5.1 auch die logarithmische Frequenzeinteilung, die die Frequenzbänder nach rechts zunehmend schmaler erscheinen lässt.

Die Entwicklung zu breitbandigen Übertragung bei höheren Frequenzen ist immer noch in vollem Gange. Neue mobile und breitbandige Anwendungen erfordern es, alte Übertragungswege effizienter zu nutzen und neue zu erschließen. Die Abb. 5.1 zeigt einige Beispiele: den breitbandigen Teilnehmeranschluss über die symmetrische Zweidrahtleitung (DSL) mit Frequenzen bis 30 MHz oder über das Koaxialkabel des Breitbandkabelnetzes (DOCSIS) mit Frequenzen bis 1 GHz (Kap. 4). Mehr Kanäle mit besserer Qualität lassen sich mit modernen digitalen Verfahren (DAB, HD-TV) in den bekannten Frequenzbändern des terrestrischen Rundfunks und Fernsehens übertragen. Mehr noch, bisher analoge Fernsehkanäle können nun für die digitale Mobilkommunikation oder den drahtlosen Internetzugang genutzt werden.

Frequenzen im Bereich einiger Hundert MHz bis etwa 5 GHz werden von verschiedenen Funkübertragungssystemen, wie der Schnurlostelefonie (DECT), den öffentlichen

Mobilfunknetzen (GSM, UMTS, LTE) und den drahtlosen lokalen Netzen (WLAN) genutzt. Auch die Satellitennavigationssysteme (GPS, Galileo) verwenden Teile des Spektrums zwischen 1–4 GHz. Darüber hinaus sind Teile des Spektrums durch weitere Anwendungen belegt, wie beispielsweise Richtfunksysteme, Systeme zur Flugüberwachung (Radar), medizinische Systeme etc.

Schließlich ist am oberen Ende des Spektrums in Abb. 5.1 rechts die Übertragung über Lichtwellenleiter (LWL) im Wellenlängenmultiplex (CDWM/D), s. Kap. 7, zu nennen. Auf ihr basieren die Kernnetze der überregionalen Netzbetreiber. Sie bilden das Rückgrat des globalen Kommunikationsnetzes.

Angefangen mit der einfachen Zweidrahtleitung für den Teilnehmeranschluss hat die Nachrichtentechnik mit der optischen Übertragung den Frequenzbereich bis hin zum sichtbaren Licht erschlossen. Von der Patentanmeldung des Telefons durch Bell 1876 bis zur ersten industriellen Produktion von Lichtwellenleitern sind nur etwa 100 Jahre vergangen. Dabei ging der technologische Fortschritt stets einher mit einem wachsenden Verkehrsbedarf. Ein Ende dieses Trends ist nicht zu erkennen.

Die Signalausbreitung ist in den physikalischen Medien stark unterschiedlich, sodass verschiedene Übertragungsverfahren zum Einsatz kommen. Dem Rahmen einer Einführung angemessen, werden zunächst einfache, aber grundlegende Beispiele der Trägermodulation behandelt: die Amplitudenmodulation, die Frequenzmodulation und der Frequenzmultiplex. Darauf aufbauend werden die digitalen Modulationsverfahren und besonders das zunehmend wichtiger werdende OFDM-Verfahren behandelt. Einen anschaulichen Überblick über die Themenschwerpunkte dieses Kapitels gibt das Mindmap in Abb. 5.2.

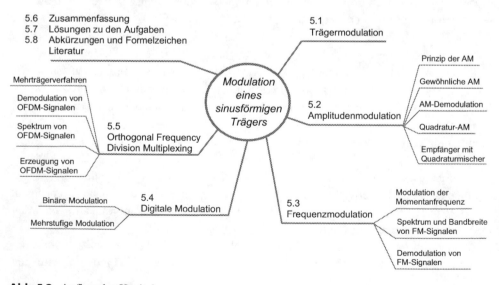

Abb. 5.2 Aufbau des Kapitels

5.1 Trägermodulation

Liegt ein Signal im Basisband vor, z. B. ein Audiosignal als elektrische Spannung am Ausgang eines Mikrofons, wird es i. d. R. zur Übertragung in den Bereich hoher Frequenzen verschoben. Ein Beispiel liefert die *Trägermodulation* in der Rundfunk- und Fernsprechtechnik. Bei der Trägermodulation in Abb. 5.3 wird im *Modulator* des Senders die Amplitude, Frequenz oder Phase eines *sinusförmigen Trägers* entsprechend dem modulierenden Signal manipuliert.

Je nach Verfahren spricht man von der *Amplitudenmodulation* (AM), der *Frequenzmodulation* (FM) oder der *Phasenmodulation* (PM). Beispielhaft werden in Abb. 5.4 die Modulationsprodukte für ein Eintonsignal, ein Kosinussignal, für AM und FM gegenübergestellt.

Bei der gewöhnlichen AM wird das modulierende Signal $u_1(t)$ der Amplitude des Trägers aufgeprägt:

$$u_{AM}(t) = [U_0 + u_1(t)] \cdot u_T(t).$$

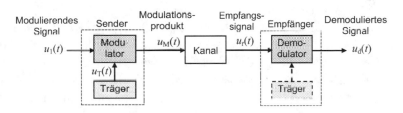

Abb. 5.3 Übertragung mit Trägermodulation

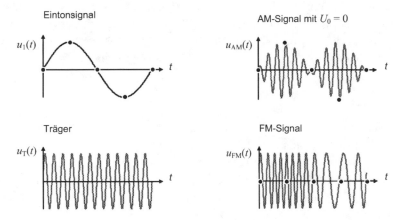

Abb. 5.4 Mit einem Eintonsignal AM- bzw. FM-Träger

Darin ist der *Träger* ein Kosinussignal

$$u_T(t) = \hat{u}_T \cdot \cos(\omega_T t + \varphi_T)$$

mit der Trägeramplitude $\hat{u}_T$, der *Trägerkreisfrequenz* ω_T und der Anfangsphase des Trägers φ_T.

Das FM-Signal besitzt hingegen eine konstante Amplitude. Die Nachricht $u_1(t)$ wird der Phase des Trägers, genauer der Momentanfrequenz, aufgeprägt:

$$u_{FM}(t) = \hat{u}_T \cdot \cos\left[\omega_T t + 2\pi \cdot \Delta F \cdot \int_0^t u_1(\tau)\,d\tau\right].$$

Bei der FM ist das modulierende Signal in den Abständen der Nulldurchgänge oder äquivalent in der Momentanfrequenz des Trägers enthalten (Abb. 5.4).

Das PM-Signal ist dem FM-Signal prinzipiell ähnlich. Beide Modulationsverfahren sind eng miteinander verwandt und werden unter dem Begriff *Winkelmodulation* zusammengefasst. FM und PM sind im Unterschied zur AM nichtlineare Modulationsverfahren, deren Beschreibungen und praktische Implementierungen deutlich aufwendiger sind.

Das Gegenstück zum Modulator bildet im Empfänger der *Demodulator* (Abb. 5.3). Er hat die Aufgabe, das Empfangssignal so aufzubereiten, dass die Sinke die Nachricht erhält. Der Demodulator stellt oft das kritische Element in der Übertragungskette dar, insbesondere dann, wenn das Signal im Kanal verzerrt wird und/oder durch Rauschen gestört ist. Wird im Empfänger die Nachbildung des Trägers zur Demodulation benutzt, spricht man von der *kohärenten*, ansonsten von der *inkohähenten* Demodulation.

Allgemein lässt sich sagen, dass die kohärente Demodulation – da sie Vorwissen über das Empfangssignal benutzt – bei kleiner Störung eine bessere Empfangsqualität liefert als die inkohärente. Sie ist jedoch aufwendiger, denn sie benötigt eine Synchronisationseinrichtung zur Trägernachbildung. Und wenn größere Störungen zum Verlust der Synchronisation führen, ist solange kein Empfang mehr möglich, bis die Synchronität wieder hergestellt ist.

Anmerkungen

- Eine Baugruppe mit Modulator und Demodulator für eine Zweiwegekommunikation wird Modem genannt.

- In der Übertragungstechnik werden auch andere Träger eingesetzt, wie z. B. Impulse bei der Basisbandübertragung und der optischen Übertragung in Kap. 4 bzw. Kap. 7. Zur Unterscheidung spricht man von Sinusträgermodulation bzw. Pulsträgermodulation.

- Eine neuere Entwicklung ist die Impulsübertragung mit Ultra-Wideband (UWB) über wenige Meter, s. IEEE 802.15. Mit besonders kurzen Impulsen wird ein leistungsschwaches, besonders breitbandiges Funksignal zur Datenübertragung mit Bitraten bis etwa 1 Gbit/s erzeugt.

5.2 Amplitudenmodulation

Der Beginn des öffentlichen Rundfunks Anfang der 1920er-Jahre ist mit der AM verknüpft. Sie ermöglichte die Rundfunkübertragung mit relativ einfachen Sendern und simplen Hüllkurvendetektoren in den Empfängern. Heute ist das Prinzip der AM durch die digitalen Modulationsverfahren wieder aktuell. Im Folgenden wird das Prinzip der AM und ihre Anwendung in der Trägerfrequenztechnik vorgestellt. Hierbei wird auch der Nutzen der Signalbeschreibung im Frequenzbereich deutlich.

5.2.1 Prinzip der AM

Bei der AM wird i. d. R. ein niederfrequentes Signal, z. B. ein Audiosignal, mit einem hochfrequenten sinusförmigen Träger übertragen, z. B. im Mittelwellenbereich bei etwa 1 MHz. Das Grundprinzip lässt sich gut anhand zweier Kosinussignale erläutern: dem modulierenden Signal und dem Träger

$$u_1(t) = \hat{u}_1 \cdot \cos(\omega_1 t) \quad \text{bzw.} \quad u_T(t) = \hat{u}_T \cdot \cos(\omega_T t) \quad \text{mit} \quad \omega_1 \ll \omega_T.$$

Mischer
Trägersignal und modulierendes Signal werden im Modulator miteinander multipliziert. Man spricht auch vom Mischen der Frequenzen. Der Modulator (Mischer) besteht aus einem nichtlinearen Bauelement, beispielsweise einer Diode und einem Filter. An der Diode entsteht aufgrund der nichtlinearen Kennlinie ein Signalgemisch mit Frequenzkomponenten bevorzugt bei Vielfachen der Trägerfrequenz. Mit dem Filter werden dann die unerwünschten Spektralanteile entfernt. Das *Modulationsprodukt* ergibt sich idealerweise aus der Multiplikation nach trigonometrischer Umformung

$$u_M(t) = u_1(t) \cdot u_T(t) = \frac{\hat{u}_1 \cdot \hat{u}_T}{2} \cdot [\cos([\omega_T - \omega_1] \cdot t) + \cos([\omega_T + \omega_1] \cdot t)].$$

Darin treten die Differenz und die Summe der Kreisfrequenzen des Signals und des Trägers auf. In Abb. 5.5 sind die (zweiseitigen) Spektren der Signale dargestellt. Unten ist das

Abb. 5.5 Spektrum des modulierenden Signals $U_1(j\omega)$, des Trägers $U_T(j\omega)$ und des Modulationsprodukts $U_M(j\omega)$

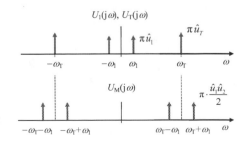

Spektrum des Modulationsprodukts abgebildet. Es enthält Frequenzkomponenten links und rechts von der Trägerkreisfrequenz ω_T im Abstand ω_1.

Bei Fourier-Spektren ist es üblich, diskrete Frequenzkomponenten durch die Impulsfunktion anzugeben (Kap. 2). Die zugehörigen Amplituden werden meist an die Impulse geschrieben oder durch die Impulshöhe symbolisiert. Der Faktor π ergibt sich aus den Rechenregeln der Fourier-Transformation. Für die Kosinus- und Sinusfunktion gelten die Korrespondenzen

$$\cos(\omega_0 t) \leftrightarrow \pi \cdot [\delta(\omega - \omega_0) + \delta(\omega + \omega_0)]$$
$$\sin(\omega_0 t) \leftrightarrow j\pi \cdot [-\delta(\omega - \omega_0) + \delta(\omega + \omega_0)].$$

Die Korrespondenzen prüft man durch Einsetzen der rechten Seiten in die Definitionsgleichung der inversen Fourier-Transformation und Anwenden der Rechenregeln für die Impulsfunktion und der eulerschen Formel.

Modulationssatz

Das Beispiel mit modulierendem Kosinussignal lässt sich verallgemeinern. Den analytischen Zusammenhang liefert der *Modulationssatz* der Fourier-Transformation

$$x(t) \cdot e^{j\omega_0 t} \leftrightarrow X(j[\omega - \omega_0])$$

mit der Fourier-Transformierten $X(j\omega)$ von $x(t)$.

Für die Multiplikation eines Signals mit der Kosinus- bzw. Sinusfunktion folgt

$$x(t) \cdot \cos(\omega_0 t) \leftrightarrow \frac{1}{2} \cdot [X(j[\omega - \omega_0]) + X(j[\omega + \omega_0])]$$

$$x(t) \cdot \sin(\omega_0 t) \leftrightarrow j\frac{1}{2} \cdot [-X(j[\omega - \omega_0]) + X(j[\omega + \omega_0])].$$

Den Modulationssatz verifiziert man ebenfalls durch Einsetzen in die Definitionsgleichung der Fourier-Transformation. Die Anwendung auf die Kosinus- und Sinusfunktion erschließt sich aus der eulerschen Formel.

Die Multiplikation mit der Kosinusfunktion verschiebt das Spektrum des modulierenden Signals aus dem Basisband symmetrisch um die Trägerkreisfrequenz (Abb. 5.6). Man

Abb. 5.6 Spektren zum modulierenden Signal $U_1(j\omega)$ und zum Modulationsprodukt $U_M(j\omega)$

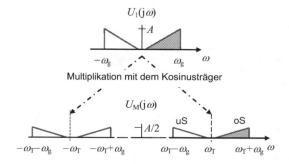

erhält ein *oberes Seitenband* (oS) in der *Regellage*, wie beim modulierenden Signal, und ein *unteres Seitenband* (uS) in der *Kehrlage*, d. h. für reelle Signale frequenzmäßig gespiegelt. Wegen der beiden Seitenbänder spricht man auch von der *Zweiseitenband-AM*. Für Leistungsbetrachtungen beachte man die Gewichtung des Spektrums mit dem Amplitudenfaktor $1/2$.

Anmerkungen

- Die Nachrichtentechnik bedient sich einer vereinfachenden Darstellung der im Allgemeinen komplexwertigen Spektren durch Dreiecke, wobei die Dreiecke in Regellage mit zunehmender Frequenz ansteigen. Oft werden auch die Amplitudeninformationen weggelassen, wenn nur die Lage im Spektrum interessiert. Darüber hinaus werden in Skizzen häufig nur positive Frequenzen dargestellt, da die Betragsspektren reeller Signale gerade sind. Wir werden im Weiteren, wenn keine Verwechslungsgefahr besteht, die Darstellungsform pragmatisch von Fall zu Fall möglichst einfach wählen.
- Der Spiegelungseffekt ergibt sich nicht nur rein formal, sondern ist auch praktisch nachzuweisen. In der Funkkommunikation wurden früher gespiegelte Frequenzbänder übertragen, um das Mithören zu erschweren. Das Verfahren wird Sprachverschleierung („scrambling") genannt.

▶ Die Multiplikation eines Signals mit einem sinusförmigen Träger mit der Trägerkreisfrequenz ω_T liefert im Frequenzbereich zwei Kopien des Signalspektrums die auf $-\omega_T$ bzw. $+\omega_T$ zentriert sind. Die Form des Spektrums bleibt dabei erhalten, nur die Amplitude wird halbiert.

5.2.2 Gewöhnliche AM

Ein einfaches Beispiel erklärt das Prinzip der AM-Übertragung mit kohärenter Demodulation bzw. inkohärenter Demodulation mit dem Hüllkurvendemodulator. In Abb. 5.7 ist das Blockschaltbild des Senders dargestellt. Das modulierende Signal wird dem AM-Modulator zugeführt. Zunächst wird durch Addieren der Gleichspannung U_0 der

Abb. 5.7 Amplitudenmodulation mit Träger

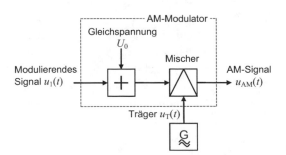

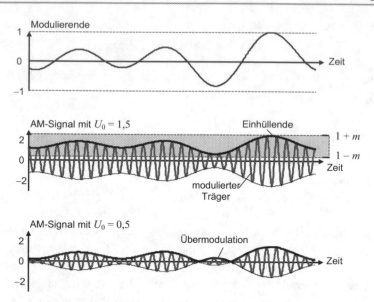

Abb. 5.8 AM-Signal mit und ohne Übermodulation

Arbeitspunkt eingestellt. Im nachfolgenden Mischer geschieht die Frequenzumsetzung mit dem Träger

$$u_{AM}(t) = [U_0 + u_1(t)] \cdot u_T(t) = U_0 \cdot \hat{u}_T \cdot \left[1 + m \cdot \frac{u_1(t)}{\max|u_1(t)|}\right] \cdot \cos(\omega_T t)$$

mit dem *Modulationsgrad*

$$m = \frac{\max|u_1(t)|}{U_0}.$$

Im Modulationsprodukt ist der Träger mit der Amplitude proportional zu U_0 enthalten. Man spricht von einer *AM mit Träger*. Aus historischen Gründen ist die Bezeichnung gewöhnliche AM gebräuchlich.

Für ein Signal mit der normierten Amplitude eins, der Trägeramplitude ebenfalls eins und den normierten Gleichspannungen $U_0 = 0,5$ und 1,5 ergeben sich beispielhaft die AM-Signale in Abb. 5.8. Ist der Modulationsgrad m kleiner eins, so bewegt sich die Einhüllende des modulierten Trägers im unterlegten Streifen in der Bildmitte und ist stets größer null. Ist der Modulationsgrad größer eins, so tritt die unten sichtbare *Übermodulation* auf. Wie noch gezeigt wird, führt die Übermodulation bei der Hüllkurvendetektion zu Signalverzerrungen. Der Modulationsgrad eins stellt den Grenzfall dar. Die tatsächliche Wahl des Modulationsgrads hängt von den praktischen Randbedingungen ab. Ein zu kleiner Modulationsgrad macht das AM-Signal anfälliger gegen Störungen durch Rauschen, da die Amplitude des demodulierten Signals proportional zum Modulationsgrad ist.

Abb. 5.9 Spektrum zur
Zweiseitenbandamplituden-
modulation mit Träger

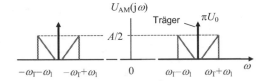

Das Spektrum des Modulationsprodukts der gewöhnlichen AM ist in Abb. 5.9 skizziert. Man erkennt insbesondere den Trägeranteil und die beiden Seitenbänder oberhalb bzw. unterhalb des Trägers. Dementsprechend wird auch von der *Zweiseitenband-AM mit Träger* gesprochen.

5.2.3 AM-Demodulation

Kohärente AM-Demodulation

Für die *kohärente Demodulation*, die *Synchrondemodulation*, wird das Trägersignal im Empfänger frequenz- und phasenrichtig benötigt. Hierzu ist im Empfänger eine aufwendige Synchronisation erforderlich. Steht die Nachbildung des Trägers zur Verfügung, kann die Demodulation in Abb. 5.10 ebenso wie die Modulation erfolgen. Multipliziert man das AM-Signal mit dem Träger

$$u_2\,(t) - u_{\mathrm{AM}}\,(t) \cdot \cos\,(\omega_{\mathrm{T}}t) - [U_0 + u_1\,(t)] \cdot \cos^2\,(\omega_{\mathrm{T}}t)$$

$$= [U_0 + u_1\,(t)] \cdot \frac{1}{2} \cdot [1 + \cos\,(2\omega_{\mathrm{T}}t)]\,,$$

schiebt sich das Spektrum des AM-Signals ins Basisband, s. Abb. 5.11. Dabei entstehen auch Spektralanteile um $\pm 2\omega_{\mathrm{T}}$. Sie können durch einen Tiefpass vom gewünschten Signal

Abb. 5.10 Kohärenter AM-
Demodulator

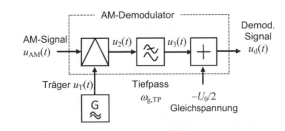

Abb. 5.11 Kohärente
AM-Demodulation im
Frequenzbereich

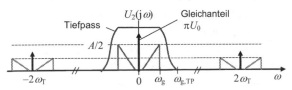

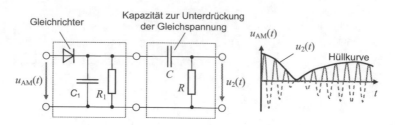

Abb. 5.12 Hüllkurvendetektor mit Signalausschnitt (vereinfachte Darstellung)

abgetrennt werden. Zieht man noch den Gleichanteil ab, so ist das demodulierte Signal proportional zum modulierenden Signal.

Man beachte, dass das Verschieben der Spektren durch die Modulation die Form der Spektren nicht ändert. Es treten keine Signalverzerrungen auf. Die technische Herausforderung besteht darin, die Blockdiagramme mit den idealen mathematischen Operationen in realisierbare analoge und heute auch digitale Schaltungen umzusetzen.

Inkohärente AM-Demodulation

Sind gewisse Abstriche an der Übertragungsqualität tolerierbar, stellt die inkohärente Demodulation mit einem Hüllkurvendetektor eine preiswerte Alternative dar. Bei der *inkohärenten AM-Demodulation* wird die Einhüllende des Empfangssignals gebildet. Eine Nachbildung des Trägers im Empfänger ist nicht notwendig. Allerdings sind im AM-Signal Übermodulationen zu vermeiden.

Die Abb. 5.12 zeigt das prinzipielle Blockschaltbild des *Hüllkurvendetektors* mit einem typischen Signalausschnitt. Das demodulierte Signal wird im Wesentlichen an der Kapazität C_1 abgegriffen. Durch den Gleichrichter werden die negativen Halbwellen des AM-Signals abgeschnitten. Während der positiven Halbwelle lädt sich die Kapazität C_1. In der nachfolgenden negativen Halbwelle kann sich die Kapazität über den Widerstand R_1 teilweise entladen. Die Dimensionierung von C_1 und R_1 geschieht so, dass einerseits die hochfrequente Schwingung des Trägers geglättet wird und andererseits die Spannung an der Kapazität der zum Träger vergleichsweise sehr langsamen Variation der Einhüllenden folgen kann. Die nachfolgende Kapazität hat die Aufgabe, den Gleichanteil abzutrennen.

Trägerfrequenztechnik in der Telefonie

Die Bedeutung der AM für die Entwicklung des weltumspannenden Telefonnetzes zeigt das Beispiel der Trägerfrequenz auf. Das Beispiel weist auch auf wichtige Prinzipien der Nachrichtentechnik hin.

Die *Trägerfrequenztechnik* (TF-Technik) ermöglicht, verschiedene Signale gleichzeitig über ein Medium, z. B. ein Koaxialkabel, zu übertragen. Bei der TF-Technik in der Telefonie sind das gemäß internationaler Normen bis zu 10.800 Gesprächskanäle in einem Koaxialkabel. Hierbei werden die Signale im Frequenzbereich nebeneinander im

Frequenzmultiplex angeordnet. Dadurch teilen sich die Teilnehmer die Übertragungskosten. Erst durch die Multiplextechnik wird Telekommunikation über größere Entfernungen erschwinglich.

Das Grundprinzip der TF-Technik wird am Beispiel einer Vorgruppe in Abb. 5.13 dargestellt. In einer Vorgruppe werden drei Gesprächskanäle zusammengefasst. Dabei werden die Basisbandsignale (Telefonsprache) im Bereich von 300 bis 3400 Hz mit den Trägern bei $f_{T1} = 12$ kHz, $f_{T2} = 16$ kHz bzw. $f_{T3} = 20$ kHz multipliziert. Daran schließen sich Bandpassfilter (BP) an, die jeweils nur das obere Seitenband passieren lassen. Zur Anwendung kommt somit die *Einseitenbandmodulation* nach der Filtermethode (ESB-AM, ab etwa 1920).

Die zugehörigen Spektren sind in Abb. 5.14 vereinfacht dargestellt. Das oberste Teilbild a zeigt das Spektrum des Basisbandsignals mit der unteren Grenzfrequenz $f_u = 300$ Hz und der oberen Grenzfrequenz $f_o = 3400$ Hz. Das Teilbild b gehört zu den Bandpasssignalen nach der Multiplikation mit dem Träger. Schließlich zeigt das Teilbild c das Spektrum nach der ESB-Filterung. Nur das obere Seitenband wird übertragen. Dies geschieht ohne Informationsverlust, da die Spektren reeller Signale symmetrisch sind. Oberes und unteres Seitenband enthalten jeweils dieselbe Information. Durch die Einseitenbandübertragung wird die Übertragungskapazität der Leitungen verdoppelt. Abschließend zeigt Abb. 5.14 unten das resultierende Spektrum der Vorgruppe in der für das Frequenzmultiplex typischen Anordnung der Teilbänder (Kanäle).

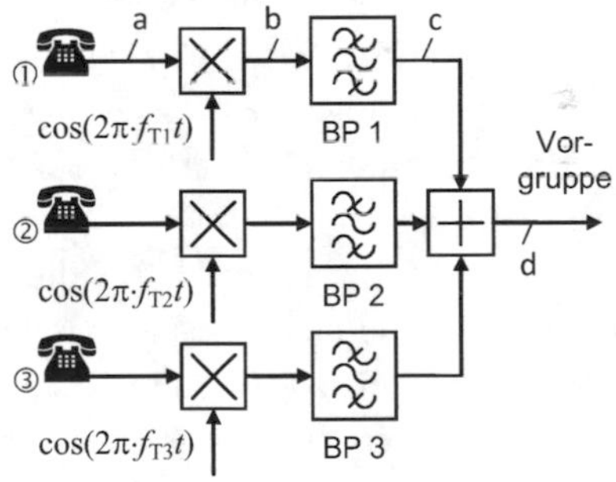

Abb. 5.13 Vorgruppenbildung in der Trägerfrequenztechnik für die Telefonie

Abb. 5.14 Vorgruppenbildung im Frequenzbereich und Frequenzmultiplex

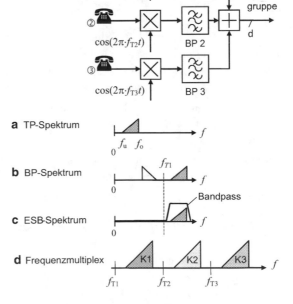

Tab. 5.1 Trägerfrequenzsysteme der analogen Telefonie

TF-System	Kabelleitung	Bandbreite (kHz)	Verstärkerabstand (km)
Z 12	Symmetrische Leitung	6–54 und 60–108	32
V 60		12–252	18
V 120		12–552	18
V 300	Koaxialkabel	60–1300	8
V 960		60–4028	9
V 2700[a]		316–12.388	4,5
V 10.800[a]		4332–59.684	1,5

Zweidrahtsystem (Z) mit getrennter Frequenzlage der Gesprächsrichtungen und
Vierdrahtsystem (V) mit Frequenzgleichlage der Gesprächsrichtungen
[a] Ein bzw. insgesamt bis zu sechs analoge TV-Kanäle mit je 7 MHz Bandbreite möglich

Beginnend mit der Vorgruppe wird eine Hierarchie von Frequenzmultiplexsystemen, *TF-Systeme* genannt, aufgebaut. In Tab. 5.1 ist die Hierarchie der TF-Systeme zusammengestellt. Vier Vorgruppen werden zu einer Gruppe des Z12-Systems zusammengefasst, fünf Z12-Systeme zu einem V60-System usw. Der Vorteil der hierarchischen Gruppenbildung liegt darin, dass Modulation und Demodulation für das nächsthöhere TF-System für die gesamte Gruppe gemeinsam vorgenommen werden können und sich dadurch die praktische Umsetzung in den Filter- und den Modulatorschaltungen vereinfacht. Der Nachteil besteht in der mangelnden Flexibilität. Wenn auch nur ein Gesprächskanal mehr übertragen werden soll, als die Gruppe fasst, ist das Frequenzband einer ganzen Gruppe bereitzustellen und gegebenenfalls auf die nächste Hierarchieebene zu wechseln. Dies kann zu einer unbefriedigenden Auslastung führen. Hinzu kommt, dass bei der Demodulation alle Hierarchiestufen abwärts zu durchlaufen sind, bevor ein Gesprächskanal ausgekoppelt werden kann.

In Tab. 5.1 sind zusätzlich die typischen Entfernungen zwischen zwei Verstärkern eingetragen. Je mehr Gespräche gleichzeitig übertragen werden, desto höhere Frequenzen werden benutzt. Da die Leitungsdämpfung mit zunehmender Frequenz ansteigt (Abschn. 4.11) müssen Verstärker in kürzeren Abständen eingesetzt werden. Die TF-Technik stellt hohe Qualitätsansprüche an die analogen Übertragungseinrichtungen wie Verstärker, Filter und Leitungen. Heute ist sie deshalb in vielen Ländern durch die robustere und flexiblere digitale Übertragungstechnik abgelöst. Seit Anfang der 1980er-Jahre wurden im Netz der Deutschen Bundespost für den Fernverkehr nur noch digitale Systeme mit Lichtwellenleitern neu eingerichtet (Kap. 6 und 7).

5.2.4 Quadraturamplitudenmodulation

Bei der Übertragung von Daten über Telefonkabel und Richtfunkstrecken steht eine hohe spektrale Effizienz im Vordergrund. Häufig wird die *Quadraturamplitudenmodulation* (QAM) eingesetzt. Die QAM ist eine direkte Erweiterung der bisherigen Überlegungen.

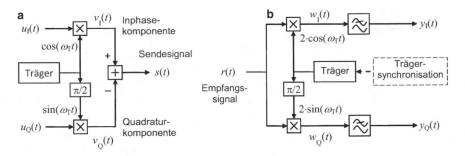

Abb. 5.15 Quadraturamplitudenmodulation(QAM)-Modulator und QAM-Demodulator

Sie erschließt sich am schnellsten aus dem Blockschaltbild des Modulators und des Demodulators in Abb. 5.15. Der QAM-Modulator besitzt zwei Signalzweige für die sog. *Quadraturkomponenten*. Einen Zweig für die *Inphasekomponente* (I) mit der Modulation des Trägers (Multiplikation mit der Kosinusfunktion) und einen für die *Quadraturkomponente* (Q) mit der Modulation des um $\pi/2$-phasenverschobenen Trägers (Multiplikation mit der Sinusfunktion). Beide Signalzweige werden getrennt moduliert. Gesendet wird das kombinierte Signal

$$s(t) = u_I(t) \cdot \cos(\omega_T t) - u_Q(t) \cdot \sin(\omega_T t).$$

Für die Analyse der QAM-Übertragung nehmen wir an, dass das Sendesignal ungestört zum Demodulator gelangt. Der Demodulator arbeitet kohärent. Die Trägernachbildung ist synchron zum Träger im Empfangssignal. Inphase- und Quadraturkomponente werden getrennt auf zwei Signalwegen demoduliert.

Im oberen Signalzweig wird das Empfangssignal mit dem Kosinussignal des (nachgebildeten) Trägers multipliziert. Es ergeben sich die Produkte von Sinus- und Kosinusfunktionen zum Träger, die mit den trigonometrischen Formeln zusammengefasst werden können:

$$\begin{aligned}
w_I(t) &= s(t) \cdot 2\cos(\omega_T t) \\
&= u_I(t) \cdot [\cos(0) + \cos(2\omega_T t)] + u_Q(t) \cdot [\sin(0) + \sin(2\omega_T t)].
\end{aligned}$$

Die anschließende Tiefpassfilterung unterdrückt die Anteile bei der doppelten Trägerfrequenz. Und da die Sinusfunktion von null null ergibt, resultiert im I-Zweig des Empfängers wieder die gesendete I-Komponente. Im unteren Signalzweig geschieht für die Q-Komponente entsprechendes. Man spricht deshalb auch von einer Übertragung mit orthogonalen Trägern. Im ungestörten Fall – und perfekter Trägersynchronisation – sind die demodulierten Quadraturkomponenten gleich den gesendeten. Damit ist es prinzipiell möglich, zwei Nachrichtensignale gleichzeitig im selben Frequenzband ohne gegenseitige Störung zu übertragen.

Abb. 5.16 QAM-Empfänger mit Trägersynchronisation mit Phasenfehler

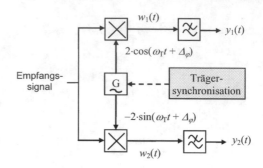

Für die Quadraturkomponenten sind unterschiedliche Sprechweisen gebräuchlich: Inphase- oder Kophasalkomponente („in-phase component/signal"), auch Normalkomponente genannt, und Quadraturkomponente („quadrature(-phase) component/signal"). Daraus leiten sich die Kurzbezeichnungen I-Q- in verschiedenen Zusammensetzungen ab, wie I-Q-Modulator und I-Q-Demodulator. Betrachtet man primär die Umsetzung des Basisbandsignals in die Quadraturkomponenten bzw. umgekehrt, die Umsetzung des Bandpasssignals ins Basisband, so spricht man von einem Quadraturmischer („quadrature mixer").

Phasenfehler

In realen Empfängern ist für die kohärente Demodulation die Trägernachbildung durch eine *Trägersynchronisationsschaltung* erforderlich (Abb. 5.16). Mögliche Realisierungen sind beispielsweise Schaltungen mit einer Quadriererschleife, der Costas-Schleife oder einem Phasenregelkreis.

Aufgrund von Übertragungsstörungen tritt bei der Trägernachbildung ein zeitlich schwankender *Phasenfehler* auf. Wir schätzen den Einfluss des Phasenfehlers am Beispiel eines konstanten Versatzes $\Delta\varphi$ ab. Dann resultieren nach der Tiefpassfilterung die Komponenten

$$y_1(t) = u_1(t) \cdot \cos(\Delta\varphi) + u_2(t) \cdot \sin(\Delta\varphi)$$
$$y_2(t) = u_2(t) \cdot \cos(\Delta\varphi) - u_1(t) \cdot \sin(\Delta\varphi).$$

Als Maß für die Störung durch *Übersprechen* kann das Verhältnis der Leistungen des Nutzanteils (S) und der Störung (N), das SNR (Signal-to-Noise Ratio) herangezogen werden. Mit der Annahme, dass die Nutzsignale in den Quadraturkomponenten gleiche mittlere Leistung besitzen, gilt

$$\text{SNR}_{\Delta\varphi} = \frac{\cos^2(\Delta\varphi)}{\sin^2(\Delta\varphi)} = \cot^2(\Delta\varphi).$$

Die Abb. 5.17 zeigt das SNR im logarithmischen Maß in Abhängigkeit vom Phasenfehler. Wenn der Phasenfehler klein genug ist, kann das Übersprechen vernachlässigt werden. Als

Abb. 5.17 SNR in den Quadraturkomponenten in Abhängigkeit vom Phasenfehler der Trägernachbildung

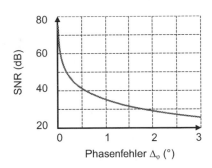

typischer Wert des SNR, der in der analogen Übertragungstechnik insgesamt nicht unterschritten werden soll, gilt 30 dB. Damit sollte im Sinn einer ersten groben Abschätzung der Phasenfehler der Trägernachbildung kleiner ein Grad sein.

5.2.5 Empfänger mit Quadraturmischer

In der Nachrichtentechnik werden oft Signale zur Übertragung von einem Frequenzband in ein anderes umgesetzt. Ein typisches Beispiel ist die Übertragung von Audiosignalen im Hörrundfunk. Während die Audiosignale im *NF-Band* („base band"), hier Frequenzen bis etwa 15 bzw. 57 kHz, vorliegen, findet die Funkübertragung („radio transmission") im *HF-Band* (*RF Band*, „radio frequency") bei etwa 100 MHz statt. In diesem und in ähnlichen Fällen existieren für die Empfängerstrukturen grundsätzlich zwei Möglichkeiten:

- Beim *Geradeausempfänger* (*Homodyn-Prinzip*) wird das HF-Signal direkt ins Basisband abgemischt („direct-conversion receiver", „homodyne receiver").
- Beim *Überlagerungsempfänger* (*Superheterodyn-Prinzip*) wird das HF-Signal zunächst in eine Zwischenfrequenzlage abgemischt („intermediate frequency receiver").

Beide Strukturen besitzen in der Praxis ihre jeweiligen Vor- und Nachteile (Behzad 2008).

Superheterodyn-Empfänger
Der Ausgangspunkt der Überlegungen zur Empfängerstruktur ist die Möglichkeit, jedes reelle Bandbasssignal durch seine Quadraturkomponenten eindeutig darzustellen. Abmischen in den I- und Q-Komponenten ins Basisband ist somit ohne Informationsverlust möglich, vgl. QAM-Demodulator. Wir stellen das Prinzip anhand des Blockdiagramms des Überlagerungsempfängers für Funksignale in Abb. 5.18 vor und beginnen links bei der Antenne mit dem HF-Eingang („RF front end"). Das gewünschte HF-Signal wird zunächst mit einem Bandpass dem Bandselektionsfilter („band-select filter") ausgewählt, indem das Signalspektrum auf das gewünschte Frequenzband limitiert wird. Das meist mit geringer Leistung empfangene HF-Signal wird durch die Bandpassfilterung gedämpft, sodass zu-

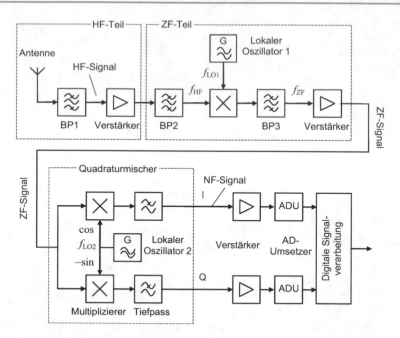

Abb. 5.18 Überlagerungsempfänger mit Quadraturmischer

nächst ein Verstärker mit wenig Eigenrauschen (LNA, Low-Noise Amplifier) eingesetzt wird.

Beim Überlagerungsempfänger wird mindestens eine Zwischenfrequenz(ZF)-Lage benutzt. (Im Fall des Geradeausempfängers entfällt der ZF-Teil.) Das Bandpasssignal im HF-Band wird in das Bandpasssignal im ZF-Bereich mit der *Zwischenfrequenz* f_{ZF} (IF, Intermediate Frequency) abgemischt. Vorher werden noch im HF-Signal mit dem Bandpass BP2 das im Verstärker entstandene breitbandige Rauschen und insbesondere die störenden Spektralkomponenten bei den Spiegelfrequenzen unterdrückt, was noch erläutert wird. Da das Signal mehrmals gefiltert und dabei auch im Nutzband geschwächt wurde, wird es vor dem Quadraturmischer verstärkt.

Im *Quadraturmischer* (*I-Q-Mixer*) wird das ZF-Signal mit der vom lokalen Oszillator (LO, Local Oscillator) erzeugten ZF-Schwingung in den Quadraturkomponenten I und Q in das Basisband (NF-Band) abgemischt. Der lokale Oszillator im Quadraturmischer arbeitet mit einer wesentlich niedrigeren Frequenz als der im ZF-Teil, d. h. $f_{LO2} \ll f_{LO1}$.

Im Beispiel schließt sich jeweils ein Verstärker (AGC, Automatic Gain Control; auch PGA, Programmable Gain Amplifier) an, um die Aussteuerung der Analog-Digital-Umsetzer (ADU) zu verbessern. Nach dem ADU können die Signale digital weiter verarbeitet werden. Dabei wird üblicherweise die I-Komponente als Realteil und die Q-Komponente als Imaginärteil eines *komplexwertigen Basisbandsignals* aufgefasst.

Der Überlagerungsempfänger enthält mit dem ZF-Teil mehr Blöcke als der Geradeausempfänger und ist damit scheinbar komplexer. Für ihn spricht jedoch, dass er flexibel

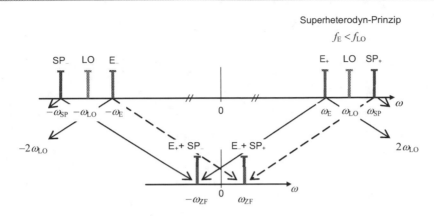

Abb. 5.19 Superheterodyn-Prinzip im Frequenzbereich

an benachbarte Frequenzkanäle so angepasst werden kann, dass die Zwischenfrequenz konstant und damit der nachfolgende Quadraturmischer unverändert bleiben. Durch die ZF-Verarbeitung verbessert sich auch für die Filter das Verhältnis von Bandbreite zu Mittenfrequenz oder Eckfrequenz. Je kleiner dieses Verhältnis ist, umso aufwendiger gestaltet sich die technische Realisierung.

Bei fester ZF bestehen zwei Möglichkeiten für die Einstellung der Oszillatorfrequenz f_{LO1}. Im ersten Fall liegt sie unterhalb des HF-Bands, im zweiten oberhalb. Im Englischen spricht man von „low side/injection" (LO) wenn $f_{LO} < f_E$ bzw. von „high side/injection" (HO) wenn $f_{LO} > f_E$. Streng genommen liegt nur bei HO Einspeisung ein *Superheterodyn-Empfänger* („superheterodyne receiver") vor.

Spiegelfrequenz

Die Arbeitsweise des Überlagerungsempfängers nach dem Superheterodyn-Prinzip veranschaulicht im Frequenzbereich Abb. 5.19 anhand der zweiseitigen, symbolischen Darstellung der Frequenzkomponenten im Stabdiagramm. Dabei ist die Oszillatorfrequenz gleich der Summe aus der Empfangsfrequenz und der Zwischenfrequenz, $f_{LO} = f_E + f_{ZF}$. Ferner liegt bezüglich der Oszillatorfrequenz spiegelbildlich zur Empfangsfrequenz die sog. *Spiegelfrequenz* (SP) vor mit $f_{SP} = f_{LO} + f_{ZF}$.

Die Abwärtsmischung in die ZF-Lage liefert die Überlagerung der Spektralanteile bei der Empfangsfrequenz (E) und der SP. Letzteres wird in Abb. 5.19 anschaulich deutlich. Die Anteile bei den negativen Frequenzen mischen sich mit denen bei den positiven, da die Frequenz des Lokaloszillators (LO) auf null abgebildet wird. (Alternativ kann auch nur mit den trigonometrischen Formeln für Kosinussignale gerechnet werden, wobei die Kosinusfunktion gerade ist.) Die Überlegungen lassen sich direkt auf Bandpasssignale erweitern: Weil Signalanteile im SP-Band den Empfang des Nutzsignals im ZF-Band additiv stören, sind Signalanteile im SP-Band vor der Abwärtsmischung durch den Bandpass BP2 in Abb. 5.18 ausreichend zu dämpfen.

Abb. 5.20 Ausschnitt aus dem
Nachrichtensignal

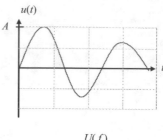

Abb. 5.21 Spektrum des Telefonsprachsignals (schematisch)

Mit dem Überlagerungsempfänger und dem Quadraturmischer eröffnet sich die Möglichkeit, komplexe Basisbandsignale in physikalisch übertragbare reelle Bandpasssignale und umgekehrt zu überführen. Davon wird bei den modernen digitalen Modulationsverfahren Gebrauch gemacht.

Aufgabe 5.1

a) Wodurch unterscheiden sich die kohärente und die inkohärente Demodulation?
b) Worin liegen Vor- und Nachteile der kohärenten Demodulation?

Aufgabe 5.2

In Abb. 5.20 ist ein Ausschnitt des Signals $u(t)$ dargestellt. Das Signal hat die Grenzfrequenz f_g und wird gemäß der gewöhnlichen AM moduliert. Der maximale Betrag des Signals ist A.

a) Skizzieren Sie den Modulator.
b) Was muss für die Trägerfrequenz f_T sinnvollerweise gelten?
c) Wie ist U_0 allgemein zu wählen? Worauf ist zu achten?
d) Skizzieren Sie den prinzipiellen Verlauf des Modulationsprodukts. (Einfache Handskizze)

Aufgabe 5.3

In Abb. 5.21 ist das Spektrum $U(f)$ eines Telefonsprachsignals $u(t)$ schematisch und einseitig dargestellt. Das Signal wird mit einem Träger mit der Frequenz von $12\,\text{kHz}$ AM-moduliert.

a) Skizzieren Sie schematisch das zweiseitige Spektrum des Modulationsprodukts.
b) Das Signal soll demoduliert werden. Geben Sie das Blockdiagramm des Demodulators an.
c) Geben Sie den Bereich der Grenzfrequenz des für eine fehlerfreie Demodulation in b) notwendigen Tiefpasses an. Begründen Sie Ihre Antwort mit einer Skizze.

Aufgabe 5.4

a) Geben Sie für reelle Bandpasssignale die allgemeine analytische Form an.
b) Skizzieren Sie das Blockdiagramm eines Modulators für die QAM. Beschriften Sie alle wesentlichen Signale und Blöcke.
c) Die Nachrichtensignale seien im Basisband auf 10 kHz bandbegrenzt. Der Träger habe die Frequenz 100 kHz. Skizzieren Sie schematisch das Spektrum des Modulationsprodukts.

Aufgabe 5.5
Ein Bandpasssignal mit der HF-Bandbreite von 200 kHz und der Trägerfrequenz von 800 MHz soll mit einem Überlagerungsempfänger nach dem Superheterodyn-Prinzip in den ZF-Bereich bei 450 kHz herabgemischt werden.

a) Skizzieren sie den relevanten Teil des Blockschaltbilds des Empfängers.
b) Geben Sie die Frequenz des Lokaloszillators an.
c) Geben Sie das Spiegelfrequenzband an.

5.3 Frequenzmodulation

Die *Frequenzmodulation*, kurz FM genannt, stellt einen wichtigen Meilenstein in der Entwicklung zur modernen Kommunikationsgesellschaft dar. Im Jahr 1935 demonstrierte E. H. Armstrong[5] in den USA die überlegene Qualität der FM-Übertragung. Die FM-Übertragung macht es möglich, gezielt Robustheit gegen Bandbreite zu tauschen. Konsequenterweise wurde die FM zum Standard in der mobilen Kommunikation im Zweiten Weltkrieg. Ihre überzeugende Klangqualität verschaffte der FM danach raschen Einzug in den Rundfunk. Seit 1948 wird sie im UKW-Hörrundfunk in Mitteleuropa eingesetzt. Weitere Anwendungen finden sich in der Magnetbandaufzeichnung, der Mobilkommunikation, der Tonübertragung im Fernsehrundfunk und der drahtlosen Tonübertragung mit Infrarotlicht für Kopfhörer.

5.3.1 Modulation der Momentanfrequenz

Bei der Frequenzmodulation wird die Nachricht der Phase des Sinusträgers aufgeprägt:

$$u_{\text{FM}}(t) = \hat{u}_T \cdot \cos\left(\psi_{\text{FM}}(t)\right) = \hat{u}_T \cdot \cos\left[\omega_T t + 2\pi \cdot \Delta F \cdot \int_0^t u(\tau)\,d\tau\right].$$

---

[5] *Edwin Howard Armstrong* (1890–1954), US-amerikanischer Elektrotechniker, Pionier der Nachrichtentechnik.

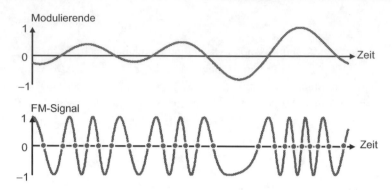

Abb. 5.22 Frequenzmodulation

Weil die Nachricht in das Argument der Kosinusfunktion eingebracht wird, handelt es sich um eine *nichtlineare Modulation*. Es wird direkt die *Momentankreisfrequenz* moduliert:

$$\omega_{FM}(t) = \frac{d}{dt}\psi_{FM}(t) = \omega_T + 2\pi \cdot \Delta F \cdot u(t).$$

Das modulierende Signal wird vorab üblicherweise auf sein Betragsmaximum normiert, sodass max $|u(t)| = 1$. Zur Parametrisierung wird der *Frequenzhub* ΔF verwendet. Er ist gleich der maximalen Abweichung der Momentanfrequenz von der Trägerfrequenz. Der Frequenzhub ist jedoch nicht mit der Bandbreite des FM-Signals gleichzusetzen, obwohl er sie wesentlich beeinflusst. Bezieht man den maximalen Frequenzhub auf die Grenzfrequenz f_g des modulierenden Signals, so erhält man alternativ den *Modulationsindex* als Systemparameter:

$$\eta = \frac{\Delta F}{f_g}.$$

Zur praktischen Realisierung der FM-Modulation stehen mehrere Möglichkeiten zur Verfügung. Beispielsweise kann die Kapazität einer Varaktordiode in einem Schwingkreis durch das modulierende Signal gesteuert werden oder es wird ein spannungsgesteuerter Oszillator (VCO, Voltage Controlled Oscillator) mit einem Schwingquarz verwendet. Selbstverständlich ist auch eine digitale Realisierung möglich.

Die FM-Modulation des Trägers veranschaulicht Abb. 5.22. Betrachten wir zunächst die Modulierende, genauer die mit der Abszisse eingeschlossenen Flächen, so wechseln positive und negative Flächenzuwächse ab. Diese Flächenzuwächse vergrößern bzw. verringern die Momentanfrequenz des FM-Signals. Die Abstände der Nulldurchgänge verkürzen bzw. verlängern sich somit, im Bild deutlich erkennbar an den hervorgehobenen Nulldurchgängen des FM-Signals. Man beachte auch die konstante Einhüllende des FM-Signals, die für viele Anwendungen, wie im Mobilfunk, vorteilhaft ist.

> Bei der Frequenzmodulation wird die Nachricht in der Momentanfrequenz des FM-Trägers, d. h. in den Abständen der Nullstellen des FM-Signals, codiert.

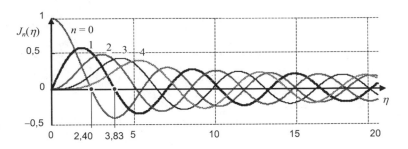

Abb. 5.23 Besselfunktionen erster Gattung der Ordnung null bis vier

5.3.2 Spektrum und Bandbreite von FM-Signalen

Das Spektrum von FM-Signalen kann nicht einfach angegeben werden, weil ein nichtlineares Modulationsverfahren vorliegt. Im Fall eines modulierenden Eintonsignals ist jedoch die Berechnung möglich, da das Eintonsignal periodisch ist und sich die Periodizität über die Phase auf das FM-Signal überträgt, das FM-Signal also durch eine Fourier-Reihe dargestellt werden kann. Um den geplanten Rahmen einer Einführung nicht zu übersteigen, stellen wir direkt das Ergebnis vor:

$$u_{\text{FM}}(t) = \hat{u}_{\text{T}} \cdot \sum_{n=-\infty}^{+\infty} J_n(\eta) \cdot \cos\left[(\omega_T + n \cdot \omega_1) \cdot t\right]$$

Die Fourier-Koeffizienten (Abschn. 2.3) resultieren als Bessel-[6] oder Zylinderfunktionen n-ter Ordnung 1. Gattung $J_n(\eta)$ mit dem Modulationsindex η im Argument (Bronstein, Semendjajew, Musiol & Mühlig 1999). Einige *Besselfunktionen* sind beispielhaft in Abb. 5.23 dargestellt. Für das Spektrum von FM-Signalen sind darin zwei Beobachtungen wichtig:

- Die Besselfunktionen kommen mit wachsender Ordnung immer flacher aus dem Ursprung heraus. Deswegen nehmen, für η nicht zu groß, die Beträge der Fourier-Koeffizienten ab einer gewissen Ordnung n mit wachsendem n rasch ab. Damit ist der größte Teil der Signalleistung auf relativ wenige Fourier-Koeffizienten, also Spektralkomponenten um die Trägerfrequenz, konzentriert.
- Die Besselfunktionen besitzen Nulldurchgänge, sodass für bestimmte Werte des Modulationsindex η gewisse Frequenzkomponenten null sind. Insbesondere verschwindet der Träger im FM-Signal für η ungefähr 2,4048.

Carson-Bandbreite
Wie in Kap. 2 vorgestellt, besitzen periodische Signale *Linienspektren*, wobei die Amplituden der Spektrallinien proportional zu den Beträgen der Fourier-Koeffizienten sind. Beispiele für die Betragsspektren von FM-Signalen aus Modellrechnungen sind in Abb. 5.24

---

[6] *Friedrich Wilhelm Bessel* (1784–1846), deutscher Mathematiker und Naturgelehrter.

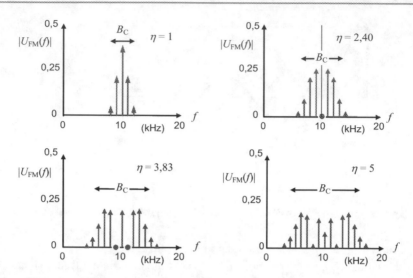

Abb. 5.24 Betragsspektren von FM-Signalen bei modulierendem Eintonsignal mit $f_S = 1\,\text{kHz}$ und der Trägerfrequenz $f_T = 10\,\text{kHz}$ (Modellrechnung)

zu sehen. Die Trägerfrequenz und die Frequenz des modulierenden Eintonsignals wurden mit 10 bzw. 1 kHz so gewählt, dass die oben angesprochenen Effekte deutlich erkennbar sind.

In allen vier Beispielen ist das Schwinden der Spektrallinien für größere Frequenzabstände vom Träger, d. h. für größere Werte von n, zu sehen. Ebenso deutlich ist die Verbreiterung der Spektren mit wachsendem Modulationsindex η zu erkennen. Jedoch bleibt der größte Anteil der Leistung auch bei $\eta = 5$ auf wenige Spektrallinien symmetrisch um die Trägerfrequenz begrenzt. Obwohl das Spektrum des FM-Signals nicht streng bandbegrenzt ist, kann von einer effektiv endlichen Bandbreite ausgegangen werden. Deren Abschätzung liefert die Carson-Formel mit der *Carson-Bandbreite* B_C. Mit der parsevalschen Gleichung für Fourier-Reihen kann im Beispiel der Eintonmodulation die Zahl der Spektrallinien um die Trägerfrequenz bestimmt werden, sodass mindestens 98 % der Leistung des FM-Signals erfasst werden:

$$B_C = 2 \cdot (\eta + 1) \cdot f_g.$$

Die resultierenden Carson-Bandbreiten sind in Abb. 5.24 ebenfalls eingetragen. Messungen an FM-Signalen im UKW-Rundfunk zeigen, dass die Carson-Bandbreite auch bei modulierenden Audiosignalen zur Abschätzung der Bandbreite verwendet werden darf. Es ergeben sich zwar keine Linienspektren, jedoch bleibt die Energie des FM-Signals im Wesentlichen auf den Bereich der Carson-Bandbreite konzentriert.

Schließlich erkennt man in Abb. 5.24 noch zwei Sonderfälle: Für den Modulationsindex $\eta \approx 2,4048$ wird der Träger im FM-Signal unterdrückt. Für $\eta \approx 3,8317$ fehlen die Spektralanteile bei $f_T \pm f_1$.

Anmerkungen

- Die Carson-Bandbreite wird in der Literatur auch mit erfasster Leistung von etwa 99 % definiert, (99 %-Formel) $B_C = 2 \cdot (\eta + 2) \cdot f_g$.
- J. R. Carson zeigte in den 1920er-Jahren in den USA theoretisch, dass die FM-Modulation stets eine höhere Bandbreite als die Einseitenbandmodulation benötigt. Die überlegene Qualität wurde jedoch nicht sofort erkannt, sodass die FM-Modulation zunächst wenig beachtet wurde.

▶ Mit der Carson-Bandbreite B_C wird die Bandbreite von FM-Signalen so abgeschätzt, dass mindestens 98 % der Signalleistung darin enthalten sind.
Die Bandbreite des FM-Signals wird durch die Bandbreite des modulierenden Signals und dem Modulationsindex η bzw. dem Frequenzhub ΔF bestimmt.

Die Carson-Formel zeigt eine nachrichtentechnische Grundtatsache auf. Wir vergleichen dazu die Bandbreite des FM-Signals mit der Bandbreite des Signals bei Einseitenbandmodulation (ESB), d. h. der Bandbreite des modulierenden Basisbandsignals selbst:

$$\frac{B_C}{B_{ESB}} = \frac{2 \cdot (\eta + 1) \cdot f_g}{f_g} = 2 \cdot (\eta + 1) \,.$$

Es ergibt sich eine *Bandaufweitung*, die durch den Modulationsindex η eingestellt werden kann.

In technischen Übertragungssystemen kann die Bandbreite in gewissen Grenzen gegen die Übertragungsqualität und die Informationsrate ausgetauscht werden, s. auch Kanalkapazität nach Shannon (Kap. 4). Daher rührt auch die überlegene Qualität der FM im Vergleich zur AM, die nur Spektren verschiebt.

Man spricht von einem *Modulationsgewinn*. Zur Definition des Modulationsgewinns wird das Verhältnis der Leistung des Nachrichtensignals S zu der des Störsignals (Geräusch bzw. Rauschen) N herangezogen. Hierfür hat sich die verkürzte Sprechweise *S/N-Verhältnis* oder *SNR* (*Signal-to-Noise Ratio*) eingebürgert. Der Modulationsgewinn ist definiert als der Quotient aus dem SNR nach der Demodulation (Empfängerausgang) durch das SNR vor der Demodulation (Empfängereingang). Eine Modellrechnung zeigt, dass bei üblichen Übertragungsbedingungen der Modulationsgewinn bei FM proportional zu $\eta^2 \cdot (\eta + 1)$ ist. Eine beliebige Steigerung des Modulationsgewinns ist jedoch nicht möglich, da mit zunehmendem Modulationsindex auch die Bandbreite steigt und damit die Leistung des innerhalb der Bandbreite empfangenen Rauschsignals ebenso. Bei vorgegebener Sendeleistung nimmt dann das SNR am Empfängereingang ab und es zeigt sich die *FM-Schwelle*. Theoretische Überlegungen und experimentelle Untersuchungen belegen, dass beim Unterschreiten des SNR-Werts am Demodulatoreingang von etwa 10 die demodulierte Nachricht stark gestört ist. Die FM-Schwelle hängt von der Bauart des Empfängers ab. Der SNR-Wert 10 gilt für den konventionellen FM-Empfänger. Durch den Einsatz eines Phasenregelkreises kann die FM-Schwelle gesenkt werden. Beide Empfängertypen werden im nächsten Abschnitt kurz vorgestellt.

UKW-Rundfunk

Im Beispiel des *UKW-Rundfunk* (Ultrakurzwellenrundfunk) wird der Frequenzhub von 75 kHz verwendet. Mit der Grenzfrequenz des Audiosignals von 15 kHz erhalten wir die Carson-Bandbreite

$$B_C = 2 \cdot \left(\frac{75 \, \text{kHz}}{15 \, \text{kHz}} + 1 \right) \cdot 15 \, \text{kHz} = 180 \, \text{kHz}.$$

Ein Vergleich mit der Einseitenbandmodulation, deren Bandbreite ja gleich der Bandbreite des modulierenden Signals ist, ergibt eine Bandaufweitung um den Faktor

$$\frac{B_C}{B_{\text{ESB-AM}}} = \frac{180 \, \text{kHz}}{15 \, \text{kHz}} = 12.$$

In dem für den UKW-Rundfunk vorgegebenen Frequenzspektrum werden somit weniger Programme ausgestrahlt als mit der ESB möglich wäre. Für die überlegene Klangqualität wird dies jedoch in Kauf genommen.

Zur Stereo-Übertragung wird der FM-Träger mit dem Stereo-Multiplex-Signal moduliert. Dessen Grenzfrequenz liegt bei 57 kHz, sodass die Carson-Bandbreite nach der 99 %-Formel 378 kHz ergibt. Der Frequenzabstand benachbarter UKW-Sender beträgt darum mindestens 400 kHz. Allerdings wird bei ausreichenden Senderabständen auch eine Teilüberlappung der Frequenzbänder zugelassen.

Anmerkungen

- Mit dem Übergang von AM zu FM wird Bandbreite gegen Störfestigkeit eingetauscht. Dies setzt voraus, dass Sende- und Empfangseinrichtungen für die Trägersignale und Frequenzbänder bei entsprechend höheren Frequenzen zur Verfügung stehen. In den 1920er- und 1930er-Jahren wurde der AM-Hörrundfunk mit seinem relativ geringen Bandbreitebedarf in den Bändern LW (Langwelle, 148,5–283,5 kHz), MW (Mittelwelle, 526,5–1606,5 kHz) und KW (Kurzwelle, 2,3–26,1 MHz) eingeführt. Erst seit 1949 gibt es in Mitteleuropa den öffentlichen UKW-Rundfunk (Ultrakurzwelle, 87,5–108 MHz) mit der bandspreizenden FM.
- Wellenlänge λ und Frequenz f stehen in reziprokem Zusammenhang: $\lambda = c/f$ mit der Lichtgeschwindigkeit $c \approx 3 \cdot 10^8$ m/s im Vakuum.
- Der Hörrundfunk beruht im Wesentlichen auch heute noch auf den technischen Möglichkeiten von vor 60 Jahren. Wegen der weitverbreiteten preiswerten UKW-Empfänger, insbesondere in Autoradios, und dem rasanten technischen Fortschritt konnte sich der digitale Standard T-DAB (Terrestrial Digital Audio Broadcasting) in Deutschland seit 1995 nicht durchsetzen. Im Jahr 2011 wurde in Deutschland mit dem verbesserten Standard DAB+ (Audio-Format HE AAC v2) ein erneuter Versuch gestartet, den digitalen Rundfunk zu etablieren. Entsprechende Bestrebungen existieren auch in anderen europäischen Ländern.

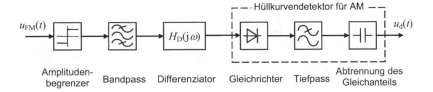

Abb. 5.25 Konventioneller FM-Empfänger

5.3.3 Demodulation von FM-Signalen

Ein FM-Signal zu demodulieren heißt, dessen Momentankreisfrequenz als Signal zu extrahieren. Der konventionelle FM-Empfänger und der FM-Empfänger mit Phasenregelkreis leisten dies.

Konventioneller FM-Empfänger

Der *konventionelle FM-Empfänger* wird manchmal auch Modulationswandler genannt, da er u. a. den AM-Hüllkurvendetektor benutzt. Die Verarbeitungsschritte sind im Blockdiagramm in Abb. 5.25 zusammengestellt. Zentrales Element ist der *Differenziator*. Er bewirkt eine Differenziation des sinusförmigen FM-Trägers. Gemäß der Kettenregel der Ableitung tritt danach die Momentankreisfrequenz in der Amplitude des sinusförmigen Trägers auf und der Hüllkurvendetektor kann wie bei der gewöhnlichen AM verwendet werden.

Die ersten beiden Blöcke im Empfangsweg sind für die Unterdrückung von Amplitudenschwankungen notwendig. Weil das FM-Signal eine konstante Einhüllende besitzt, rühren Amplitudenschwankungen von Störungen her. Wird das FM-Signal differenziert, wird deren störende Wirkung verstärkt. Aus diesem Grund werden die Amplitudenschwankungen zunächst durch eine harte Amplitudenbegrenzung mit nachfolgender Bandpassfilterung beseitigt. Weil die Nachricht in den Nullstellen des FM-Signals codiert ist, wird sie dadurch nicht zerstört.

Der Differenziator wird, entsprechend dem *Differenziationssatz* der Fourier-Transformation

$$\frac{\mathrm{d}}{\mathrm{d}t} x\,(t) \leftrightarrow \mathrm{j}\omega \cdot X\,(\mathrm{j}\omega)\,,$$

durch ein System mit linearem Frequenzgang im Übertragungsband realisiert. Ein derartiges Verhalten liefert beispielsweise der Gegentaktflankendiskriminator, eine elektronische Schaltung, die die Frequenzgänge zweier Reihenschwingkreise gegensinnig so koppelt, dass bezüglich der Trägerkreisfrequenz der Frequenzgang im Übertragungsband proportional zur Frequenz ist.

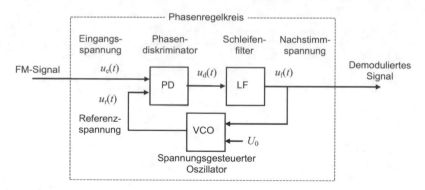

Abb. 5.26 Phasenregelkreis (PLL) zur FM-Demodulation

Phasenregelkreis

Der FM-Empfänger mit *Phasenregelkreis* (PLL, Phase-Locked Loop), ist im Prinzip ein FM-Modulator, der zum empfangenen FM-Signal ein Referenzsignal erzeugt. Seine Arbeitsweise wird anhand des Blockschaltbilds in Abb. 5.26 erläutert. Im *Phasendiskriminator* (PD) wird die Phase des FM-Signals mit der Phase des intern generierten Referenzsignals verglichen. Der PD erzeugt eine zur Phasendifferenz proportionale Spannung, die Phasendifferenzspannung $u_d(t)$. Sie wird im Schleifenfilter mit Tiefpasscharakteristik von Rauschen befreit und geglättet. Es resultiert die Nachstimmspannung $u_f(t)$, die einem *spannungsgesteuerten Oszillator* (VCO, Voltage Controlled Oscillator), zugeführt wird. Der VCO ist bereits durch die Spannung U_0 auf die Trägerkreisfrequenz eingestellt. Durch die Nachstimmspannung wird der Referenzspannung die Änderung ihrer Momentankreisfrequenz vorgegeben, also eine FM-Modulation durchgeführt.

Sind gewisse Bedingungen erfüllt, versucht der PLL die Phasendifferenz zwischen der Eingangsspannung, dem FM-Signal, und der Referenzspannung, der Nachbildung des FM-Signals, zu null zu regeln. Man spricht von einer *Nachlaufsynchronisation*. Im Idealfall sind die beiden Phasen gleich und die Nachstimmspannung ist gleich dem modulierenden Signal. Sie wird als demodulierte Nachricht ausgegeben.

Anmerkung

- Der Regelkreis im Allgemeinen spielt in der Nachrichtentechnik und in der Regelungstechnik eine herausragende Rolle. In der Nachrichtentechnik findet der PLL wichtige Anwendungen bei der Trägerrückgewinnung. Eine tiefergehende Analyse des PLL ist aufwendig. Heute wird der PLL meist digital realisiert.

Preemphase und Deemphase

Eine Modellrechnung zum konventionellen FM-Empfänger mit Rauschen am Eingang zeigt, dass nach der Demodulation die Leistung der Störung mit zunehmender Frequenz quadratisch wächst. Dies ist auf die Bewertung der Frequenzkomponenten durch den Frequenzgang des Differenziators zurückzuführen. Wegen der ungleichmäßigen Verteilung

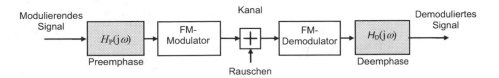

Abb. 5.27 Preemphase und Deemphase für die FM-Übertragung

der Störleistung im Frequenzbereich bietet es sich an, die Störung durch eine Vor- und Nachverarbeitung gezielt zu bekämpfen. Durch das *Preemphase*-System in Abb. 5.27 werden die Spektralanteile des modulierenden Signals mit wachsender Frequenz leistungsmäßig angehoben. Nach der FM-Übertragung werden diese im *Deemphase*-System auf das ursprüngliche Niveau abgesenkt. Da das Deemphase-System somit Tiefpasscharakter hat, wird die Störung deutlich reduziert. Im UKW-Rundfunk kann durch einfache elektrische Schaltungen (Kap. 2) das SNR um den Faktor 6 (7,7 dB) verbessert werden.

▷   Mit der nichtlinearen FM-Modulation steht, anders als bei der AM, eine Möglichkeit zur Verfügung, durch Bandaufweitung einen Modulationsgewinn zu erzielen: Das SNR im demodulierten Signal ist größer als im Empfangssignal. Wird jedoch am Empfängereingang die FM-Schwelle unterschritten, degradiert die Empfangsqualität stark.
   Die Demodulation von FM-Signalen geschieht vorteilhaft mit einem Phasenregelkreis nach dem Prinzip der Nachlaufsynchronisation.
   Durch Preemphase und Deemphase wird bei der FM-Übertragung die Störung im demodulierten Signal reduziert.

Aufgabe 5.6
Ein Kosinusträgersignal bei 1 MHz wird mit einem Eintonsignal mit der Signalfrequenz 10 kHz frequenzmoduliert. Der Frequenzhub ist 24,048 kHz.

a) Welche prinzipielle Form hat das Betragsspektrum des FM-Signals?
b) Wie groß ist die Bandbreite des FM-Signals? Begründen Sie Ihre Antwort.
c) Ist die Trägerfrequenz im FM-Spektrum enthalten? Begründen Sie Ihre Antwort.

Aufgabe 5.7
Erklären Sie das Prinzip der Pre- und Deemphase bei der FM-Übertragung.

5.4   Digitale Modulation

Mobilfunk, lokale Rechnernetzen, Internet etc. haben die Nachrichtenübertragungstechnik in den letzten Jahren zwar stark verändert, die physikalische Übertragung geschieht jedoch weiterhin mit elektromagnetischen Wellen, sodass das Wissen über die analogen Modulationsverfahren und die physikalischen Randbedingungen samt der dazugehörenden

Technik weiter benötigt wird. Die digitale Übertragung stellt jedoch neue Möglichkeiten zur Verfügung, die es zu nutzen gilt. In diesem Abschnitt werden an ausgewählten Beispielen grundlegende Überlegungen zu den digitalen Modulationsverfahren vorgestellt.

Der Vorteil der digitalen Übertragung liegt u. a. in ihrer Störfestigkeit. Der Empfänger braucht nicht wie bei den analogen Verfahren das modulierende Signal möglichst ohne Rauschen und Verzerrungen zu demodulieren, sondern es genügt, die diskreten Datenniveaus in Amplitude, Frequenz bzw. Phase zu erkennen. Damit wirken sich Rauschstörungen und Signalverzerrungen nicht auf die empfangene Nachricht aus – solange ein gewisses Maß nicht überschritten wird. Die Detektion der Nachricht geschieht i. d. R. anhand des demodulierten Basisbandsignals wie in Kap. 4. Dort wird der Einfluss der Störung durch Rauschen auf die Detektion, auf die Bitfehlerwahrscheinlichkeit, ausführlich behandelt.

5.4.1 Binäre Modulation

Kennzeichnend für die digitale Modulation mit sinusförmigem Träger ist die modulierende Nachricht in digitaler Form, d. h. sie liegt als zeit- und wertdiskretes Signal an. In Abb. 5.28 wird das Prinzip an einfachen Beispielen sichtbar. Den Ausgangspunkt liefert ein taktgesteuerter Bitstrom, der in das binäre *Basisbandsignal* mit der *Bitdauer* T_b abgebildet wird. Die binäre Information kann dann beispielsweise durch Austasten eines Trägers übertragen werden. Diese einfache Form der digitalen Trägermodulation durch *Amplitudentastung* (ASK, *Amplitude-Shift Keying*) wird OOK (*On-Off-Keying*) genannt. Alternativ kann die Nachricht auch durch Umtasten der Frequenz (*FSK, Frequency-Shift Keying*) oder der Phase (*PSK, Phase-Shift Keying*) codiert werden. Eine Sonderrolle besitzt die binäre PSK mit Phasensprüngen um π. Sie entspricht einer Amplitudenmodulation des Trägers mit $+1$ und -1, jeweils entsprechend dem zu übertragenden Bit.

Abb. 5.28 Binäre Übertragung mit Sinusträger

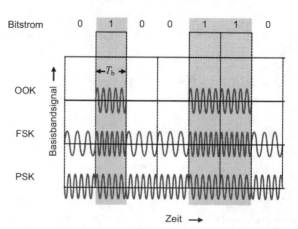

Abb. 5.29 Binäre Frequenzumtastung (BFSK)

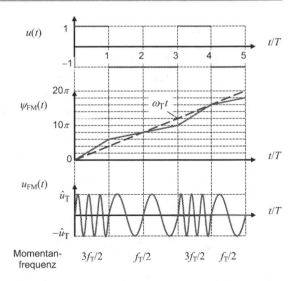

Binäre Frequenzumtastung

Einen grafisch einfach darstellbaren Sonderfall der digitalen FM liefert die Binäre-
Frequenzumtastung(BFSK)-Modulation, die beispielsweise seit den 1960er-Jahren Anwendung bei Telefonmodems mit Sprachbandübertragung findet. Wir skizzieren in
Abb. 5.29 anhand eines kleinen Beispiels das modulierende (Basisband-)Signal, die
Momentanphase und das FM-Signal. Zur einfachen grafischen Darstellung wählen wir
das Intervall zwischen den Umtastungen, das Bitintervall $T = 2/f_T$, also zwei Trägerpe-
rioden, und den Frequenzhub $\Delta F = f_T/2$.

▷ Durch taktgesteuertes Umtasten von Amplitude, Frequenz oder Phase zwischen
diskreten Werten eines sinusförmigen Trägers lassen sich digitale Informationen
übertragen. Man spricht von ASK (Amplitude-Shift Keying), FSK (Frequency-Shift
Keying) bzw. PSK (Phase-Shift Keying).

Eine wichtige Größe zur Beurteilung eines digitalen Modulationsverfahrens für seinen kommerziellen Einsatz ist seine spektrale Effizienz, weil die zur Verfügung stehende
Bandbreite, besonders in der Funkkommunikation, knapp und teuer ist.

Anmerkungen

- Im Jahr 2000 wurden in Deutschland die Frequenzbänder für die 3. Mobilfunkgeneration UMTS versteigert. Sechs Unternehmen zahlten zusammen etwa 50 Mrd. €
  für insgesamt 120 MHz, also etwa 417 € pro Hertz Bandbreite. Im Jahr 2010 wurden
  nochmals insgesamt 360 MHz für UMTS bzw. die vierte Mobilfunkgeneration LTE
  versteigert. Dabei wurde seitens der Regulierungsbehörde, der Bundesnetzagentur,
  durch Auflagen besondere Aufmerksamkeit auf eine flächendeckende Versorgung

mit breitbandigen Internetanschlüssen gelegt. Für die 360 MHz wurden insgesamt etwa 4,4 Mrd. € erlöst. Das sind etwa 12,2 € pro Hertz Bandbreite.

- Auch bei der drahtgebundenen Übertragung ist die spektrale Effizient wichtig, da mit steigender Frequenz die Verzerrungen zunehmen. Beispielsweise macht das digitale Übertragungsverfahren ADSL2+ (Asymmetric Digital Subscriber Line) auf den ursprünglich für die analoge Sprachtelefonie verlegten Zweidrahtleitungen (Doppelader) des Teilnehmeranschlusses das Frequenzband bis etwa 2,2 MHz nutzbar (Kap. 4).

Das Nutzen-Kosten-Verhältnis, der Quotient aus übertragener Bitrate und belegter Bandbreite, definiert die *spektrale Effizienz*

$$\left[\frac{R_b}{B} \right] = \frac{\text{bit/s}}{\text{Hz}}.$$

Die Verteilung der Leistung des Sendesignals im Frequenzbereich, und damit die Bandbreite, bestimmt sich im Wesentlichen aus der Form des modulierenden Basisbandsignals. Liegen keine Abhängigkeiten zwischen den modulierenden Bits vor, so ist das Spektrum des *Sendegrundimpulses*, in Abb. 5.28 der Rechteckimpuls des Basisbandsignals, ausschlaggebend. In Kap. 2 ergibt sich zum Rechteckimpuls im Spektrum die si-Funktion. Somit liefert Umtasten des Trägers mit Rechteckimpulsen, die BPSK-Modulation, als Betragsspektrum den um die Trägerfrequenz zentrierten Betragsverlauf der si-Funktion. In Abb. 5.30 sind auf die jeweiligen Maximalwerte normierte Betragsspektren im logarithmischen Maß dargestellt. Als Parameter tritt die Bitdauer T_b auf. Man erkennt, dass im Fall der *harten Umtastung* mit rechteckförmigen Sendegrundimpulsen (REC, „rectangular") die Nebenmaxima des Betragsspektrums, die Nebenzipfel, mit wachsendem Abstand von der Trägerfrequenz relativ langsam abfallen.

Ein kompakteres Spektrum lässt sich durch eine *weiche Umtastung* mit stetigen Sendegrundimpulsen erzielen. In Abb. 5.30 ist als Beispiel der *Kosinusimpuls* eingetragen, wie

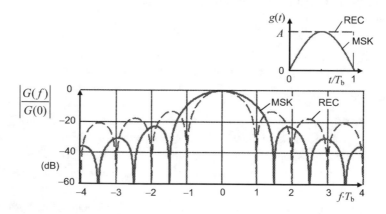

Abb. 5.30 Betragsspektren zu Rechteckimpuls (*REC*) und Kosinusimpuls (*MSK*)

er auch bei der *MSK-Modulation* (*Minimum-Shift Keying*) verwendet wird. Im Vergleich zur harten Umtastung verbreitert sich zwar der Hauptbereich, der Hauptzipfel, jedoch konzentriert sich die Leistung stärker auf ihn. Praktisch wird dadurch eine engere Anordnung von Trägerfrequenzen in einem Frequenzmultiplexsystem möglich.

Anmerkungen

- Die normierte Darstellung der Frequenzachse in Abb. 5.30 kann wie im folgenden Beispiel interpretiert werden. Angenommen ein Bitstrom mit der Bitrate von 10 kbit/s wird binär bei einer Trägerfrequenz von 800 MHz übertragen. Die Bitdauer T_b ist folglich 0,1 ms. Der im Bild angegebene normierte Wert $f \cdot T_b = 4$ entspricht nun im Basisband der Frequenz 40 kHz und nach Trägermodulation 800,04 MHz. Für den normierten Wert $f \cdot T_b = -2$ folgt entsprechend nach Trägermodulation 799,98 MHz.

- Durch die Wahl von stetig differenzierbaren Sendegrundimpulsen kann das Spektrum weiter konzentriert werden. Darüber hinaus können durch Codierung und Vorfilterung gezielt Abhängigkeiten zwischen den Bits bzw. im Basisbandsignal eingebracht werden, um das Sendesignalspektrums einzustellen. Dies geschieht z. B. beim AMI-Code in Kap. 4. Ein Beispiel für die Tiefpassfilterung (Glättung) des Basisbandsignals gibt die GMSK-Modulation für den Mobilfunk in Kap. 9.

- Der Kosinusimpuls steht zwischen dem Rechteckimpuls und dem $\cos^2$-Impuls.

Spektrale Effizienz
Verglichen mit der ESB-AM-Übertragung liegt ein Nachteil der digitalen Übertragung in der höheren Bandbreite, der geringeren spektralen Effizienz. Dies veranschaulichen folgende kurze Vergleiche.

Die Übertragung eines analogen Telefonsprachsignals erfordert als ESB-AM-Signal mit der Trägerfrequenztechnik etwa 4 kHz Bandbreite. Überträgt man das Telefonsprachsignal digital als PCM-Sprache, so liegt zunächst eine Bitrate von 64 kbit/s zugrunde. Die anschließende BPSK-Übertragung belegt ein Frequenzband entsprechend Abb. 5.30. Nehmen wir vereinfachend an, die tatsächlich belegte Bandbreite – z. B. nach BP-Filterung, s. auch Nyquist-Bandbreite – entspricht der halben Breite des Hauptzipfels zu den REC-Impulsen, so ist die tatsächlich belegte Bandbreite $B = 64$ kHz. Die spektrale Effizienz beträgt 1 (bit/s)/Hz. Im Beispiel tritt eine Bandaufweitung um den Faktor 16 auf.

Die Bandaufweitung der digitalen Modulation wird in der Praxis durch eine höhere Störfestigkeit mehr als ausgeglichen, vergleiche auch den Modulationsgewinn der FM-Übertragung. Oft macht erst die digitale Übertragung eine wirtschaftliche Nutzung stark gestörter Übertragungsmedien möglich, wie den Funkkanal beim digitalen Mobilfunk (GSM) oder die herkömmliche Zweidrahtleitung im digitalen Teilnehmeranschluss (ADSL2+). Im Beispiel GSM (Kap. 9) wird bei der Telefonsprachübertragung eine effektive spektrale Effizienz von $8 \cdot 13 (\text{kbit/s})/200 \text{ kHz} \approx 0,52 (\text{bit/s})/\text{Hz}$ erreicht. Hingegen resultiert bei ADSL2+ (Kap. 4) über sehr kurze Entfernung eine spektrale Effizienz von

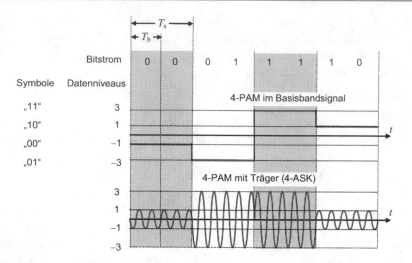

Abb. 5.31 4-PAM im Basisband und mit Sinusträger

$25(\text{Mbit/s})/2{,}2\,\text{MHz} \approx 11(\text{bit/s})/\text{Hz}$. Letzteres kann durch den Übergang auf eine mehrstufige Übertragung erreicht werden.

5.4.2   Mehrstufige Modulation

Pulsamplitudenmodulation, M-PAM

Um bei moderaten Bandbreiten höhere Bitraten zu übertragen, werden *mehrstufige Modulationsverfahren* verwendet. Ein einfaches Beispiel ist die symmetrische vierstufige *Pulsamplitudenmodulation*, 4-PAM, in Abb. 5.31. Jeweils zwei Bits werden zu einem *Symbol* zusammengefasst und als ein Amplitudenwert aus vier codiert. Die Zuordnung der Symbole zu den Datenniveaus des Signals geschieht so, dass sich die Symbole benachbarter Datenniveaus in nur einem Bit unterscheiden. Da typischerweise Übertragungsfehler durch Rauschen zur Verwechslung benachbarter Datenniveaus führen, erhält man so im Mittel weniger Bitfehler. Eine derartige Codierung erfolgt mit dem *Gray-Code*.

Bei einem gleichverteilten unabhängigen Bitstrom resultiert ein mittelwertfreies digitales Basisbandsignal mit vier Datenniveaus. Die Dauer eines Symbols ist hier doppelt so lang wie die eines Bits. Wegen des reziproken Zusammenhangs zwischen der Zeitdauer und der Bandbreite, wird jetzt nur die halbe Bandbreite wie bei der binären ASK bzw. PSK benötigt. Oder umgekehrt, bei gleicher Bandbreite kann die doppelte Bitrate übertragen werden. Die Bitrate ist jedoch nicht beliebig steigerbar. Wie in Kap. 4 begründet wird, wird die maximal erzielbare Bitrate durch die beschränkte Sendeleistung und die unvermeidliche Rauschstörung begrenzt. Mit dem 4-PAM-Basisbandsignal wird schließlich der Sinusträger multipliziert, sodass das 4-PAM-Signal mit Träger im unteren Teilbild entsteht. Da in Abb. 5.31 offensichtlich die Amplitude des Trägers umgetastet wird, ist für diese Art der Übertragung die Bezeichnung *M-ASK-Modulation* gebräuchlich.

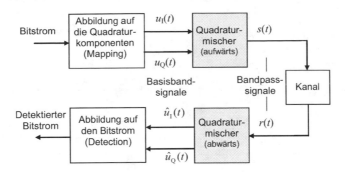

Abb. 5.32 Modulator und Demodulator für die digitale Quadraturamplitudenmodulation

Abb. 5.33 Signalraumkonstellation der 16-QAM mit Gray-Codierung

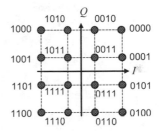

Auch bei der digitalen Modulation spielt die Frage nach kohärentem und inkohärentem Empfang eine Rolle. Beschränkt man die PAM auf positive Datenniveaus (unsymmetrische PAM), so ist eine einfache inkohärente Demodulation mit dem Hüllkurvendetektor möglich. Die aufwendige und bei starken Störungen fehleranfällige Synchronisationseinrichtung entfällt.

Quadraturamplitudenmodulation, M-QAM

Bei der Datenübertragung steht eine hohe spektrale Effizienz im Vordergrund. Deshalb wird häufig die *digitale Quadraturamplitudenmodulation* (QAM) eingesetzt. Die digitale QAM ist eine direkte Erweiterung der Überlegungen in Abschn. 5.2.4. Sie fußt darauf, dass prinzipiell alle zu übertragenden Bandpasssignale wie in Abb. 5.32 als Überlagerung einer Inphase- und einer Quadraturkomponente dargestellt werden können. Bei der digitalen QAM sind die I- und Q-Komponenten digitale Basisbandsignale, die durch Abbildung des Bitstroms entstehen. Das tatsächlich verwendete Modulationsverfahren wird durch die Art der Abbildung („mapping") des Bitstroms auf die Quadraturkomponenten festgelegt. Die Umwandlung des Basisbandsignals in das Bandpasssignal und umgekehrt geschieht durch einen *Quadraturmischer* (Abb. 5.18; s. Abschn. 5.2.5).

Im Beispiel einer symmetrischen 4-PAM in den Quadraturkomponenten wird im komplexen Basisbandsignal in jedem Symboltakt ein Symbol von 16 möglichen übertragen. Man bezeichnet die Modulation deshalb kurz als *16-QAM*. Die Abb. 5.33 zeigt die Lagen der 16 Symbole in der Ebene, die *Signalraumkonstellation* in der komplexen Ebene mit der I-Komponente als Realteil und der Q-Komponente als Imaginärteil. Man erkennt die

Abb. 5.34 Ausschnitt aus
der Signalraumkonstellation
der 16-QAM im Empfän-
ger mit dem Signalvektor *s*
zum Symbol 0011, dem De-
tektionsvektor *d* und dem
Fehlervektor *e*

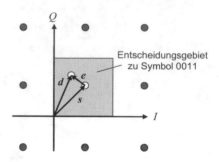

typische quadratische Grundstruktur. Darin geschieht die Abbildung des Bitstroms auf die
Signale wieder mit der Gray-Codierung.

Im WLAN IEEE 802.11ag wird je nach beobachtetem SNR das Modulationsverfahren zwischen BPSK, QPSK, 16-QAM und 64-QAM umgeschaltet. In der Richtfunk-
technik und für die Übertragung des digitalen Fernsehens DVB-T (Digital Video Broadcasting Terrestrial) wird die QAM mit bis zu 256 Stufen verwendet. Der Power-Line-
Communications(PLC)-Standard IEEE P1901 sieht sogar 1024 und 4096 Stufen vor. Noch
weiter geht ADSL2+ mit bis 32.768 Stufen auf der Teilnehmeranschlussleitung bei hoher
Übertragungsqualität (Kap. 4). Bei jeder Verdopplung der Stufenzahl erhöht sich die spektrale Effizienz. Eine beliebige Steigerung ist jedoch nicht möglich, weil die Sendeleistung
begrenzt ist. Die Signale rücken folglich im Signalraum näher zueinander, was die Detektion höherstufiger digitaler QAM-Signale zunehmend anfälliger gegen Rauschen sowie
Phasen- und Dämpfungsverzerrungen macht.

Detektion

Bevor die praktische Begrenzung der Stufenzahl anhand eines Beispiels verdeutlicht werden kann, muss zunächst die Detektion im Empfänger etwas genauer betrachtet werden.
Die Abb. 5.34 zeigt einen Ausschnitt aus der Signalraumkonstellation der 16-QAM. Eingetragen sind drei Vektoren: der *Signalvektor s* zum Symbol 0011, der aus den Quadraturkomponenten im Empfänger gewonnene *Detektionsvektor d* und der *Fehlervektor e =
d − s*, der sich bei der Übertragung durch Störungen und Verzerrungen ergibt. Der Signalraum wird je nach Bedarf in bekannter Weise mit Vektoren mit reellen Koordinaten oder
in der komplexen Zahlenebene beschrieben.

Der Empfänger hat die Aufgabe, aus den Detektionsvektoren die gesendeten Symbole
zu schätzen und dabei möglichst wenig Fehler zu machen. In Kap. 4 wird die Detektionsaufgabe mit der Wahrscheinlichkeitsrechnung analysiert. Im Folgenden genügt es davon
auszugehen, dass die Häufigkeiten von Fehlervektoren mit größeren Beträgen (Längen)
abnehmen. Die Zahl der Fehlentscheidungen wird folglich im Mittel möglichst klein,
wenn die Entscheidung nach der *Nächster-Nachbar-Regel* erfolgt. Das heißt, zu jedem
Detektionsvektor wird das Symbol entschieden, dessen Signalvektor den kleinsten Abstand zu ihm hat.

Die Nächster-Nachbar-Regel zum Symbol 0011 liefert in Abb. 5.34 das markierte quadratische *Entscheidungsgebiet*. Die Signalraumkonstellationen in Abb. 5.33 und Abb. 5.34 werden als quadratische QAM bezeichnet. Sie erlaubt eine einfache Entscheidung anhand der I- und Q-Komponenten. Aus diesem Grund wird sie häufig eingesetzt, obwohl die quadratische Signalkonstellation bei gleicher mittlerer Sendeleistung nicht die kleinste Fehlerwahrscheinlichkeit liefert.

▷ Bei der M-QAM werden die I- und Q-Komponenten im Basisband PAM-moduliert. Ist die Stufenzahl M eine Zweierpotenz (4, 16, 64, ...) ergeben sich quadratische Signalraumkonstellationen mit einer $\sqrt{M}$-stufigen PAM in jeder Quadraturkomponente.
Die quadratische Signalraumkonstellation vereinfacht die Detektion. Bei Störung durch Rauschen liefert sie von allen möglichen Signalraumkonstellationen jedoch nicht die minimale Bitfehlerwahrscheinlichkeit.

Error Vector Magnitude

Die Beträge der Fehlervektoren spielen eine entscheidende Rolle für die Empfangsqualität. Dementsprechend sind Messungen von Fehlervektoren Bestandteile von Konformitäts- und Qualitätstests. Üblicherweise werden Vorgaben bezüglich des Maximalwerts und/oder des Mittelwerts des Betrags überprüft. Für den Test werden eine große Anzahl von Symbolen übertragen, die Detektionsvektoren ausgewertet und die normierte empirische Standardabweichung des Fehlervektorbetrags, *Error Vector Magnitude* (EVM) genannt, bestimmt:

$$\mathrm{EVM_{dB}} = 10 \cdot \log_{10} \left(\frac{\sum_{n-1}^{N} |d_n - s_n|^2}{\sum_{n=1}^{N} |s_n|^2} \right) \mathrm{dB}.$$

Die Zahlenwerte werden üblicherweise im logarithmischen Maß angegeben. Im Beispiel des WLAN-Standards IEEE 802.11a/g darf der EVM am Senderausgang den Wert von $-25\,\mathrm{dB}$ nicht überschreiten. Das heißt, eine mittlere Standardabweichung von 5,6 % ist noch zulässig. Dem entspricht eine Degradation von 0,5 dB im SNR. Ähnliche Überlegung in Kap. 4 bei der digitalen Basisbandübertragung führen zur Degradation des Detektionssignals im Augendiagramm durch Nachbarzeicheninterferenzen.

Man beachte auch, die von WLAN-Sendern tatsächlich ausgesandten Signale weichen bereits von der idealen Signalraumkonstellation ab, sodass selbst mit einem guten Funkkanal und hochwertigen Empfängern nur eine begrenzte Qualität bzw. Reichweite zu erzielen ist.

16-QAM mit AWGN-Störung

Den Einfluss des Rauschens auf die Detektion veranschaulicht das Simulationsbeispiel in Abb. 5.35. Das Bild entspricht der Darstellung in Abb. 5.34 mit der I-Komponente d_I und der Q-Komponente d_Q des Detektionsvektors, $\boldsymbol{d} = (d_\mathrm{I}, d_\mathrm{Q})$. Die Achsen sind so normiert, dass das Sendesymbol 0011 bei idealem Empfang das Signal $s_{0011} = (1, 1)$

Abb. 5.35 Detektionsvektoren
(d_I, d_Q) für die 16-QAM mit
AWGN-Rauschen bei einer
SNR von 6 dB; Entscheidungsgebiet für das Symbol 0011
markiert

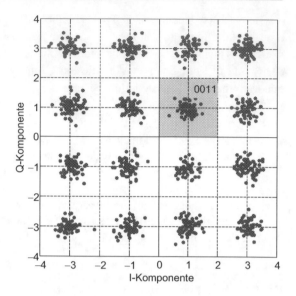

liefert. Die Detektionsvektoren werden durch die Endpunkte mit den Koordinaten (d_I, d_Q) dargestellt.

Bei der Übertragung wird dem Nutzsignal eine weiße gaußsche Rauschstörung (AWGN, Additive White Gaussian Noise) als Fehlervektor überlagert (Kap. 4). Es bilden sich (rotationssymmetrische) Punktwolken um die idealen Signale. Fallen die Rauschamplituden relativ groß aus, rücken viele Punkte in die Nähe der Entscheidungsgrenzen.

In der Simulation für Abb. 5.35 wurde ein SNR von 20 dB für die komplexen Basisbandsignale verwendet und es wurden 1000 Symbole übertragen. Detektionsfehler sind unwahrscheinlich aber nicht ausgeschlossen. Ist das SNR genügend groß, d. h. die Rauschamplituden im Mittel genügend klein, ziehen sich die Punktwolken der Detektionsvektoren um die idealen Signale zusammen.

Bitfehlerwahrscheinlichkeit

Am Beispiel der 16-QAM lässt sich die Berechnung der *Bitfehlerwahrscheinlichkeit* illustrieren. Die Bitfehlerwahrscheinlichkeit kann ähnlich einfach wie bei der digitalen Basisbandübertragung (Kap. 4) berechnet werden, wenn wir das folgende Modell voraussetzen:

- quadratische M-stufige QAM mit M gleich einer Zweierpotenz $(4, 16, 64, 256, \ldots)$;
- AWGN-Kanal mit Bandpassrauschen mit Leistungsdichte $N_0/2$ (zweiseitig);
- ideale Demodulation mit einem Quadraturmischer;
- Matched-Filterempfang in den I-Q-Komponenten.

Die verzerrungsfreie Übertragung im AWGN-Kanal und die ideale Demodulation mit dem Quadraturmischer stellen sicher, dass die Übertragungen in den I-Q-Komponenten als unabhängige symmetrische $\sqrt{M}$-PAM-Übertragungen im Basisband angesehen werden können. Das zugrunde liegende Übertragungsmodell veranschaulicht Abb. 5.36. Im Sender wird der Bitstrom abwechselnd auf den I- und Q-Zweig aufgeteilt und jeweils zwei Bits werden zu einem 4-PAM-Symbol abgebildet. Dabei wird eine Gray-Codierung angewendet. Die Impulsformung geschieht mit Rechteckimpulsen der Dauer $M \cdot T_b$ als Sendegrundimpuls $g(t)$. Ein Beispiel veranschaulicht die Basisbandsignale $u_I(t)$ und $u_Q(t)$ in Abb. 5.36. Für die grafische Darstellung wurden die Signale passend normiert.

Der Quadraturmischer erzeugt das Bandpasssignal $s(t)$, das im Kanal durch AWGN $n(t)$ mit dem (zweiseitigen) Leistungsdichtespektrum (LDS) $N_0/2$ gestört wird, ähnlich wie in Kap. 4 für Basisbandsignale. Der Empfänger erhält das Signal $r(t) = s(t) + n(t)$ und demoduliert es mithilfe eines Quadraturmischers in die I-Q-Komponenten. Für jedes

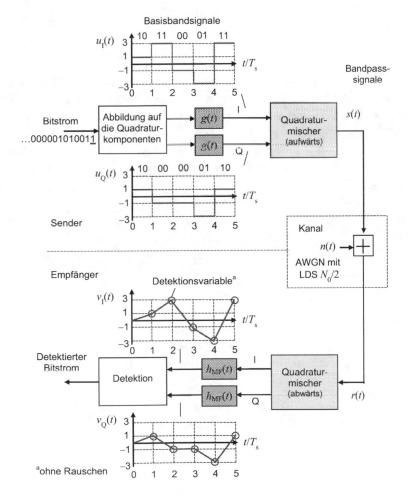

Abb. 5.36 Übertragungsmodell für die 16-QAM im AWGN-Kanal

Quadratursignal steht ein Matched-Filter-Empfänger (Kap. 4) zur Verfügung, das hier drei-eckförmige Detektionsgrundimpulse generiert (Kap. 2). In Abb. 5.36 sind die im Beispiel ohne Rauschen resultierenden Basisbandsignale eingetragen. Für die grafische Darstellung wurden die Signale wieder passend normiert.

Bei der Übertragung in Abb. 5.36 reduziert sich die Berechnung der Bitfehlerwahr-scheinlichkeit auf die Betrachtung einer Quadraturkomponente. Zunächst ist es vorteil-haft, den Signalraum zu normieren. Die normierten Signale der I- oder Q-Komponente der $\sqrt{M}$-PAM-Signale sind Rechteckimpulse der Länge gleich der Symboldauer T_s und der Amplitude

$$ s_i \in A_{\text{qQAM}} \cdot \left\{ \pm 1, \pm 3, \dots, \pm \left(\sqrt{M} - 1 \right) \right\}. $$

Bei der speziellen Wahl des Amplitudenfaktors

$$ A_{\text{qQAM}} = \sqrt{\frac{3}{2 \cdot (M - 1)}} $$

beträgt die Leistung des komplexen Basisbandsignals eins. Der Amplitudenfaktor A_{qQAM} ist der quadratische Mittelwert der Symbole bei Gleichverteilung. Der Index q steht für die quadratische Signalraumkonstellation. Man spricht auch von der quadratischen QAM (SQ-QAM, „squared" QAM).

Im Beispiel der 16-QAM resultiert bei Matched-Filterempfang in den Quadraturkom-ponenten die Detektionsaufgabe für die 4-PAM in Abb. 5.37. Im ungestörten Fall ergibt sich zu den vier möglichen Signalen s_1, s_2, s_3 und s_4 für die Detektionsvariable v am Aus-gang des Matched-Filters jeweils der entsprechende Wert $s_i \cdot E_g$, wobei E_g die Energie des Rechteckimpulses, des Sendegrundimpulses, ist.

Im Fall der AWGN-Störung ist die Detektionsvariable eine normalverteilte stochasti-sche Variable mit der gaußschen Glockenkurve als bedingte WDF. Die Varianz ist jeweils

$$ \sigma_{\text{I,Q}}^2 = \frac{N_0}{2} \cdot E_g. $$

Abb. 5.37 Symmetrische
4-PAM-Detektion in den I-
Q-Komponenten für AWGN
und Matched-Filterempfang

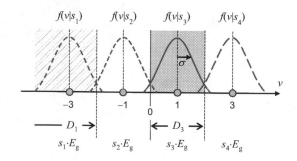

Anmerkung

- Beträgt das Leistungsdichtespektrum des stationären Rauschens im Bandpassbereich $N_0/2$ so verdoppelt sich die Leistungsdichte nach Demodulation in den Tiefpassbereich auf N_0, weil die orthogonalen Komponenten des Rauschens unabhängig sind und sich deshalb deren Leistungen addieren. Rechnet man mit äquivalenten Tiefpasssignalen, den komplexen Signalen oder I-Q-Komponenten, teilt sich die Leistung gleichmäßig auf. Man erhält für jede Quadraturkomponente den Anteil $N_0/2$ (Kammeyer 2008; Werner 2006).

Die Aufgabe des Detektors ist es, je nach Wert der Detektionsvariablen v eine der vier Signale s_1–s_4 nach der Nächster-Nachbar-Regel zu entscheiden. Beispielsweise tritt ein Fehler auf, wenn das Signal s_3 gesendet wurde, aber die Detektionsvariable einen Wert außerhalb des Entscheidungsgebiets D_3 in Abb. 5.37 annimmt. Dazu muss die Störamplitude einen Betrag größer $A_{\mathrm{qQAM}} \cdot E_g$ annehmen.

Nachdem die Schwelle für die Detektion und die Varianz der normalverteilten Störamplitude bekannt sind, resultiert die Fehlerwahrscheinlichkeit für das Signal s_3

$$P_0 = \mathrm{erfc}\left(\sqrt{A_{\mathrm{qQAM}}^2 \cdot \frac{E_g}{N_0}} \right).$$

Das Ergebnis lässt sich unmittelbar auf die anderen Signale übertragen, wenn wir die Sonderstellung der beiden Signale am Rand berücksichtigen. Bei Letzteren führen Störamplituden nur in einer Richtung, nach innen, zu Fehlern. Somit halbiert sich für sie die Fehlerwahrscheinlichkeit.

Im AWGN-Kanal mit Matched-Filterempfang resultiert bei gleichwahrscheinlichen Symbolen für die $\sqrt{M}$-PAM die *Symbolfehlerwahrscheinlichkeit* in den Quadraturkomponenten

$$P_{\mathrm{s,I\text{-}Q}} = \frac{1}{\sqrt{M}} \cdot \left[\left(\sqrt{M} - 2 \right) \cdot P_0 + 2 \cdot \frac{P_0}{2} \right] = \left(1 - \frac{1}{\sqrt{M}} \right) \cdot \mathrm{erfc}\left(\sqrt{\frac{3}{2\,(M-1)} \cdot \frac{E_g}{N_0}} \right).$$

Ein QAM-Symbol ist ungestört, wenn in keiner der Quadraturkomponenten ein Fehler auftritt. Die Symbolfehlerwahrscheinlichkeit für die quadratische QAM-Übertragung ist folglich

$$P_{\mathrm{s,qQAM}} = 1 - \left(1 - P_{\mathrm{s,I\text{-}Q}} \right)^2.$$

Zur Bestimmung der Bitfehlerwahrscheinlichkeit gehen wir zusätzlich davon aus, dass bei normalem Betrieb die Varianz des Rauschens ausreichend klein ist, sodass die Fehler selten und fast nur zwischen Nachbarsymbolen auftreten. Dann zieht wegen der Gray-Codierung jeder Symbolfehler in einer Quadraturkomponente vereinfachend nur einen Bitfehler nach sich. Zusätzlich ist zu beachten, dass je PAM-Symbol $\mathrm{ld}(\sqrt{M}) = \mathrm{ld}(M)/2$ Bits übertragen werden. Im Sinn der relativen Häufigkeit reduziert sich die Bitfehlerwahrscheinlichkeit entsprechend. Schließlich ist es zu Vergleichszwecken üblich, die Bitfehlerwahrscheinlichkeit auf die Energie pro Bit zu beziehen. Pro QAM-Symbol werden $\mathrm{ld}(M)$ Bits übertragen. Also gilt $E_g = \mathrm{ld}(M) \cdot E_b$.

Zusammenfassend resultiert die Näherung für die *Bitfehlerwahrscheinlichkeit* der quadratischen M-stufigen QAM

$$P_{b,\mathrm{qQAM}} \approx \frac{2}{\mathrm{ld}(M)} \cdot \left(1 - \frac{1}{\sqrt{M}}\right) \cdot \mathrm{erfc}\left(\sqrt{\frac{3 \cdot \mathrm{ld}(M)}{2 \cdot (M-1)} \cdot \frac{E_b}{N_0}}\right).$$

Für $M = 4$ erhalten wir als Sonderfall die Bitfehlerwahrscheinlichkeit der später noch vorgestellten *QPSK-Modulation* (Quaternary Phase-Shift Keying):

$$P_{b,\mathrm{QPSK}} = \frac{1}{2} \cdot \mathrm{erfc}\left(\sqrt{\frac{E_b}{N_0}}\right).$$

Der Graf der Bitfehlerwahrscheinlichkeit ist in Abb. 5.38 für die Stufenzahlen 2–16.378, also die Abbildung von 2–14 Bits auf ein QAM-Symbol, zu sehen. Für die Stufenzahl vier erhält man den für QPSK bekannten Verlauf. Die Bitfehlerwahrscheinlichkeit 10^{-5} wird bei E_b/N_0 von 9,6 dB erreicht. Erhöht man die Stufenzahl auf 16 wird für die gleiche Bitfehlerwahrscheinlichkeit ein E_b/N_0 von 13,4 dB benötigt. Mit wachsender Stufenzahl schieben sich die Grafen nach rechts (s. auch Tab. 5.2).

Da sich die Bandbreite nicht ändert, der Sendegrundimpuls also gleich bleibt, wird mit wachsender Bitrate ein zunehmend größeres SNR benötigt, so wie es auch die shannonsche Kanalkapazitätsformel voraussagt. Oder anders herum, bei Übertragungen in

Abb. 5.38 Bitfehlerwahrscheinlichkeit für die quadratische M-Quadraturamplitudenmodulation

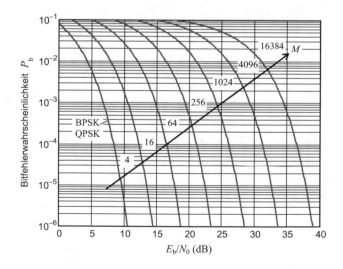

Tab. 5.2 E_b/N_0-Verhältnis für die Bitfehlerwahrscheinlichkeit $P_b = 10^{-5}$ bei quadratischer QAM-Übertragung im AWGN-Kanal

Bit pro Symbol	2	4	6	8	10	12	14
Stufenzahl M	4	16	64	256	1024	4096	16.378
E_b/N_0 (dB)	9,6	13,4	17,8	22,5	27,5	32,6	37,9

zeitvarianten Kanälen bietet es sich an, die Stufenzahl dynamisch an den Kanal anzupassen, z. B. auf der Basis von Kurzzeitschätzwerten des SNR.

Betrachtet man in Abb. 5.38 bei gleicher Bitfehlerwahrscheinlichkeit die Verschiebungen der Grafen nach rechts, so ist ein mit der Stufenzahl wachsender Abstand zu erkennen. Die schrittweise Erhöhung der Bitrate und damit der spektralen Effizienz ist mit einer überproportionalen Zunahme des SNR zu erkaufen und findet so ihre Grenzen. Darüber hinaus beachte man, dass bei fixierter Sendeleistung, d. h. fester mittlerer Energie pro Symbol, die Energie pro Bit mit zunehmender Stufenzahl entsprechend abnimmt.

▷   Durch dynamische Wahl der Stufenzahl der QAM in Abhängigkeit vom (Kurzzeit-)SNR kann die sich verändernde Kapazität des Kanals besser ausgeschöpft werden.

Lineare Verzerrungen

Neben der Störung durch Rauschen sind weitere Fehlerquellen zu beachten. Durch Phasenfehler und Dämpfung auf dem Übertragungsweg kommt es zu einer Drehung bzw. einer Stauchung der Signalraumkonstellation im Empfänger. Tritt Rauschen hinzu, können die Detektionsvektoren somit leichter außerhalb der ursprünglichen Entscheidungsgebiete der Symbole liegen. Deshalb werden in praktischen Anwendungen zu Beginn der Kommunikation, und gegebenenfalls auch danach immer wieder in *Trainingsphasen*, bekannte Bitmuster gesendet, sodass der Empfänger eine Phasenverschiebung und eine Amplitudendämpfung erkennen und kompensieren kann. Ist die Übertragungsqualität ausreichend, kann eine Nachjustierung auch anhand der detektierten Symbole erfolgen; man spricht dann von der *Selbstadaption*.

16-QAM mit Phasendrehung und Dämpfung

Die Simulation der QAM-Signale (Abb. 5.35) kann einfach durch eine Phasendrehung und eine Dämpfung erweitert werden. Im Beispiel zieht sich die Signalraumkonstellation um den Faktor 0,8 zusammen und dreht sich um 22,5° gegen den Uhrzeigersinn. Die Wirkung ist in Abb. 5.39 zu sehen. Eingetragen ist auch das Entscheidungsgebiet für das Symbol 0011 bei unverzerrter Übertragung. Es ist offensichtlich, dass nun viele Detektionsfehler auftreten. Insbesondere fällt das Detektionssignal für das Symbol 0001 (s. Abb. 5.33) häufig in das Entscheidungsgebiet für das Symbol 0011. Sind die Phasendrehung und die Dämpfung im Empfänger bekannt, kann er die Empfangskonstellation zurückdrehen und aufspreizen. Man spricht von der *Entzerrung*. Allerdings wird das Rauschen mit verstärkt,

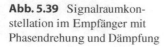

Abb. 5.39 Signalraumkonstellation im Empfänger mit
Phasendrehung und Dämpfung

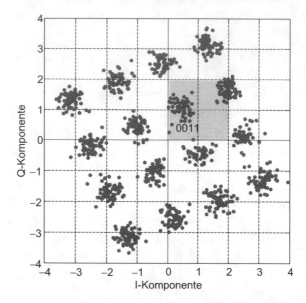

sodass die Fehlerwahrscheinlichkeit sich durch das Aufspreizen nicht verringert. (Erfahrene Ingenieure können aus der Empfangskonstellation auf typische Übertragungsprobleme etc. schließen.)

Anmerkung

- Die Quadraturdarstellung ist für alle Bandpasssignale möglich. Es ergibt sich stets ein äquivalentes Tiefpasssignal in den I- und Q-Komponenten, unabhängig davon, ob die Trägeramplitude, die Trägerphase oder beides moduliert wurden. Die Unterschiede zwischen den digitalen Modulationsverfahren bestehen in der Abbildung des Bitstroms auf die Quadraturkomponenten. Die Erzeugung der modulierenden Basisbandsignale kann durch einen digitalen Signalprozessor mit nachfolgender Digital-Analog-Umsetzung erfolgen. Das Modulationsverfahren wird dann nur durch die verwendete Software bestimmt. Für die Mobilkommunikation der Zukunft wird am breitbandigen Software-Radio gearbeitet, das sich an die jeweiligen Gegebenheiten vor Ort, die Funkzelle, durch Laden der richtigen Modulator- und Demodulator-Software anpasst.

PSK- und DPSK-Modulation

Das Problem der Dämpfungsverzerrungen reduziert sich, wenn die Nachricht nur in der Trägerphase codiert wird, also ein Modulationsverfahren mit konstanter Einhüllenden verwendet wird (vgl. Frequenz- bzw. Phasenmodulation). Die Abb. 5.40 zeigt die Signalraumkonstellation für die *8-PSK-Modulation*. Alle Signale liegen auf einem Kreis um den Ursprung und haben den gleichen Betrag. Die Codierung geschieht je nach zu übertragendem Symbol durch Amplitudenumtastung der I- und Q-Komponente.

Abb. 5.40 Signal-
raumkonstellation der
8-PSK-Modulation mit Ent-
scheidungsgebieten und
Gray-Codierung

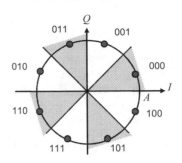

Für die Dekodierung ist die Phasenlage wichtig, wie die Entscheidungsgebiete in Abb. 5.40 in Form radialer Sektoren zeigen. Amplitudenschwankungen im Empfangssignal spielen im Vergleich zur 16-QAM deshalb keine so große Rolle. Auch langsame Phasendrehungen sind tolerierbar, wenn die Nachricht in der Phasendifferenz aufeinanderfolgender Symbole codiert wird. Diese Variante, *differenzielle PSK* (D-PSK) genannt, findet als besonders robustes Verfahren ihre Anwendung. Ein Beispiel liefert die Funkübertragung mit der 2005 eingeführten Weiterentwicklung Bluetooth V.2+EDR (Enhanced Data Rate). Dort wird mit der 8-DPSK-Modulation im Kurzstreckenfunk eine Bitrate von etwa 3 Mbit/s erreicht.

Die mehrstufige PSK-Modulation, die *M-PSK*, ist wegen ihrer Robustheit im Mobilfunk von besonderem Interesse. Als Modulation mit konstanter Einhüllenden ist sie relativ unempfindlich gegen Nichtlinearitäten, was den Einsatz effizienterer Verstärker erlaubt. Die 8-PSK findet man beispielsweise in der Erweiterung von GSM, genannt „Enhanced Data Rates for GSM Evolution" (EDGE).

Wegen ihrer relativen Einfachheit hat die 4-PSK, die *quaternäre PSK* (*QPSK*), viele Anwendungen gefunden. Sie kann als gleichzeitige binäre Amplitudenumtastung, also BPSK-Modulation, in den Quadraturkomponenten aufgefasst werden. Anwendungsgebiete reichen von Sprachbandtelefonmodems, z. B. der V.22-Empfehlung für die Übertragung mit 1200 kbit/s, bis zur Mobilkommunikation, wie dem US-amerikanischen Mobilfunkstandard der zweiten Generation U.S. Digital Cellular (USDC). Die QPSK-Modulation wird u. a. bei drahtlosen lokalen Netzen im WLAN eingesetzt.

Aufgabe 5.8

Vergleichen Sie die analoge AM und die digitale ASK-Modulation bezüglich der Signalbandbreite und der Störfestigkeit.

Aufgabe 5.9

a) Skizzieren Sie die Signalraumkonstellation der QPSK-Modulation, die als BPSK in den Quadraturkomponenten erzeugt wird.

b) Tragen Sie im Bild die Zuordnung der Signale zu den Bitkombinationen der Nachricht ein. Verwenden Sie einen Gray-Code.

c) Welchen Vorteil bietet die Gray-Codierung und auf welche Annahme gründet sich dieser?

d) Wodurch unterscheidet sich die M-PSK-Modulation gegenüber einer quadratischen M-QAM im Signalraum?

e) Welcher Vorteil und Nachteil ergibt sich daraus für die M-PSK?

5.5 Orthogonal Frequency Division Multiplexing

In der modernen digitalen Nachrichtenübertragungstechnik hat sich das *Orthogonal Frequency Division Multiplexing* (OFDM) vielfach durchgesetzt. Anwendungen finden sich beispielsweise im digitalen Hörrundfunk (DAB, Digital Audio Broadcast, 1990/1995), dem digitalen Fernsehrundfunk (DVB-T, Digital TV Terrestrial, 1995/1997), in drahtlosen lokalen Rechnernetzen (WLAN, IEEE 802.11a/g/n, 1999/2003/2009), in verschiedenen Varianten des digitalen Teilnehmeranschlusses (DSL, Digital Subscriber Line, ab etwa 1995), im drahtlosen breitbandigen Internetteilnehmerzugang (WiMAX, Worldwide Interoperability for Microwave Access, IEEE 802.16, 2001/2004), in der Datenübertragung über Stromversorgungsleitungen zu und in Gebäuden (PLC, Power Line Communications, IEEE P1901) und im Mobilfunk der vierten Generation (LTE, Long Term Evolution, 2010).

Die technischen Einzelheiten und die Vorteile der OFDM-Modulation als Systemlösung alle aufzuzeigen, würde den Rahmen dieses Buchs übersteigen (s. weiterführend Behzad 2008; Kammeyer 2008; Reimers 2005). Im Folgenden werden deshalb v. a. die Grundlagen für den Einsatz vorgestellt und die übertragungstechnischen Aspekte soweit behandelt, dass das Prinzip der OFDM-Modulation und ihr Potenzial sichtbar werden. Ein kurzer Einblick in die Anwendung des OFDM-Verfahrens wird beim Teilnehmeranschluss ADSL2+ in Kap. 4 und bei der Funkkommunikation WLAN und LTE in Kap. 9 gegeben.

5.5.1 Mehrträgerverfahren

Die einführende Aufzählung der sehr unterschiedlich erscheinenden Anwendungsgebiete lässt vermuten, dass OFDM gute Antworten auf grundlegende Fragen der Nachrichtenübertragungstechnik liefert. Um uns dem Verfahren zu nähern, betrachten wir exemplarisch die Anforderungen an ein digitales Modulationsverfahren für die terrestrische Funkübertragung des digitalen Fernsehens und führen vereinfachte Überschlagsrechnungen durch. Dabei spielen zwei Punkte eine besondere Rolle: zum Ersten die hohe Bitrate von etwa 36 Mbit/s für das komprimierte Fernsehsignal, und zum Zweiten die Besonderheiten der terrestrischen Funkausbreitung.

Modulationsverfahren für den digitalen terrestrischen Fernsehrundfunk?
Wegen der Knappheit an Frequenzbändern müssen aus wirtschaftlichen Gründen die digitalen Programme meist in den vorhandenen Frequenzkanälen des analogen Fernsehens

eingeführt werden. Nur so können bestehende analoge Kanäle sukzessive durch digitale ersetzt werden. Für die digitale Übertragung stehen deshalb jeweils nur Bandbreiten von 6 bis 8 MHz zur Verfügung.

Aus der Bandbreite von beispielsweise 6 MHz und der Bitrate von 36 Mbit/s resultiert die Forderung nach der spektralen Effizienz von mindestens 6 (bit/s)/Hz. Aus den Überlegungen in Abschn. 5.4.1 (s. Abb. 5.30) wissen wir, dass sich bei einer BPSK mit rechteckförmigen Impulsen eine spektrale Effizienz von etwa 1(bit/s)/Hz ergibt. Verwenden wir stattdessen die Symbole einer M-stufige QAM, also Amplitudenfaktoren für die Rechteckimpulse, so ändert sich die Bandbreite nicht. Mit 6 Bit pro Symbol wird die gewünschte spektrale Effizienz mit einer 64-QAM erreicht.

Bevor wir Geräte in Auftrag geben, betrachten wir die besonderen Verhältnisse der terrestrischen Funkübertragung.

Bei einer Symbolrate von 6 Msymbol/s ist die Dauer eines Symbols $T_s = 0,167\,\mu s$. Da wir Funksignale von den bekannten Sendestationen zu den Fernsehteilnehmern übertragen wollen, schätzen wir ab, welchen Weg die elektromagnetischen Wellen während eines Symbolintervalls T_s zurücklegen. Mit der Lichtgeschwindigkeit in Luft von ungefähr $3 \cdot 10^8$ m/s ergibt sich ein Ausbreitungsweg im Symbolintervall von etwa 50 m.

Für die terrestrische Funkausbreitung ist typisch, dass die elektromagnetischen Wellen an Hindernissen im Funkfeld wie Bergen, Gebäuden usw. (im Prinzip auch Wänden, Möbel, Menschen etc.) reflektiert, gestreut und gebeugt werden. Mit anderen Worten, das Funksignal erreicht den Empfänger auf vielen Wegen und damit unterschiedlich zeitlich verschoben. Man spricht von der *Mehrwegeausbreitung* und konsequenterweise vom *Mehrwegeempfang*. Im Beispiel eines Umwegs von 50 m überlagern sich die Empfangssignale zu zwei benachbarten Symbolen vollständig, sodass mit einer Auslöschung der Information zu rechnen ist. Für die Ausbreitungsbedingungen auf der Erdoberfläche, die terrestrische Ausstrahlung, ist das vorgeschlagene Konzept einer 64-QAM mit kurzer Symboldauer nicht geeignet.

Ähnliche Überlegungen gelten auch für die Funkübertragung bei WLAN- oder LTE-Anwendungen.

Mehrträgerverfahren

Bei Übertragung mit hohen Bitraten zeigt sich, dass sich benachbarte Symbole aufgrund physikalischer Effekte wie Verzerrungen in Leitungen wegen der Bandbegrenzung (Kap. 4) oder dem Mehrwegeempfang in der Funkübertragung überlagern. Man spricht von *Nachbarsymbolinterferenzen* (ISI, Intersymbol Interference) bzw. *Nachbarzeichenstörungen*, die durch destruktive Überlagerung einen Nachrichtenempfang unmöglich machen können.

Abhilfe schaffen u. U. aufwendige Entzerrer, wie bei GSM. Eine alternative Lösung bietet das *Mehrträgerverfahren*. Durch Verteilen des Bitstroms auf mehrere Träger stehen dort entsprechend längere Zeitintervalle für die Übertragung zur Verfügung, sodass sich das ISI-Problem entschärft. Darüber hinaus bietet der Mehrträgeransatz das Potenzial,

Abb. 5.41 Frequenzbelegung
des Mehrträgerverfahrens mit
K Unterträgern im Frequenzabstand F

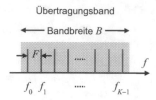

jeden Unterträger sowohl einzeln an den Kanal anzupassen als auch im Sinn der Diversität
die übertragenen Teilnachrichten durch Codierung zu verbinden.

Wie Abb. 5.41 veranschaulicht werden im Übertragungsband K *Unterträger* („subcar-
rier") mit den Unterträgerfrequenzen f_k im äquidistanten *Frequenzabstand F* verwendet
und daraus K Unterkanäle gewonnen. Wegen der Trennung der Unterkanäle nach Frequenzen spricht man vom *Frequenzmultiplex* (FDM, Frequency Division Multiplexing).

Anmerkung

- Die Verlängerung der Symboldauer entschärft das Problem der ISI. Mit weiteren
  Maßnahmen wird in der Mobilfunkübertragung der Mehrwegeempfang sogar konstruktiv genutzt. Im Rundfunk werden *Gleichwellennetze* möglich, bei denen Nach-
  barsender die gleichen Signale im selben Frequenzband aussenden und die Empfänger die Signale nutzbringend kombinieren (Mehrwegediversität).

So einfach die Lösung des ISI-Problems durch das Mehrträgerverfahren ist, so schwierig erscheint die technische Umsetzung: Müssen doch jetzt K Sender und Empfänger
bereitgestellt werden. Hier helfen die moderne Mikroelektronik und Systemintegration
sowie die digitale Signalverarbeitung mit der effizienten Implementierung der DFT durch
die Radix-2-FFT.

5.5.2   Demodulation von OFDM-Signalen

OFDM als spezielles Mehrträgerverfahren versteht man wohl am einfachsten, indem man
zunächst die gewünschte Funktion des OFDM-Empfängers nachweist. Diese Vorgehensweise knüpft direkt am exemplarischen Vorgehen in Kap. 3 zur DFT an. Dort wurde
eine Periode eines bandbegrenzten Signals betrachtet und die Verbindung zwischen den
Koeffizienten der Fourier-Summe und den DFT-Koeffizienten hergestellt. Dem bandbegrenzten äquidistanten Linienspektrum des periodischen Signals entspricht hier das durch
die äquidistant im Frequenzbereich verteilten Unterträger erzeugte bandbegrenzte Signalspektrum.

Werden innerhalb eines gewissen Zeitintervalls, dem OFDM-Symbolintervall T_s, die
K Unterträger mit jeweils konstanten Quadraturkomponenten a_k und b_k gesendet, liefert die Überlagerung der Signale aller Unterträger im m-ten Symbolintervall ein reelles

Bandpasssignal der allgemeinen Form

$$s(t) = \sum_{k=0}^{K-1} [a_k \cdot \cos(2\pi \cdot [f_0 + k \cdot F] \cdot t) - b_k \cdot \sin(2\pi \cdot [f_0 + k \cdot F] \cdot t)].$$

Der Empfänger führt eine Demodulation in den Quadraturkomponenten durch, beispielsweise mit dem Überlagerungsempfänger in Abb. 5.18. Dabei wird die Bandmitte $f_0 + B/2$ (Abb. 5.41), auf die Frequenz null herabgemischt. Für die I- und die Q-Komponente resultieren die Fourier-Summen ohne Trägeranteil

$$v_{\mathrm{I}}(t) = \sum_{k=0}^{K-1} [a_k \cdot \cos(2\pi \cdot [F \cdot k - B/2] \cdot t) - b_k \cdot \sin(2\pi \cdot [F \cdot k - B/2] \cdot t)]$$

$$v_{\mathrm{Q}}(t) = \sum_{k=0}^{K-1} [a_k \cdot \sin(2\pi \cdot [F \cdot k - B/2] \cdot t) + b_k \cdot \cos(2\pi \cdot [F \cdot k - B/2] \cdot t)].$$

Die Quadraturkomponenten werden der Basisbandverarbeitung zugeführt, wobei die I-Komponente als Realteil und die Q-Komponente als Imaginärteil des komplexen Basisbandsignals aufgefasst werden. Mit den komplexen Datensymbolen

$$d_k = a_k + \mathrm{j}b_k$$

gilt für das komplexe Basisbandsignal im m-ten Symbolintervall

$$\tilde{v}(t) = v_{\mathrm{I}}(t) + \mathrm{j}v_{\mathrm{Q}}(t) = \sum_{k=0}^{K-1} d_k \cdot \mathrm{e}^{\mathrm{j}2\pi F \cdot k \cdot t} \cdot \mathrm{e}^{-\mathrm{j}\pi B \cdot t} = \mathrm{e}^{-\mathrm{j}\pi B \cdot t} \cdot \sum_{k=0}^{K-1} d_k \cdot \mathrm{e}^{\mathrm{j}2\pi F \cdot k \cdot t}.$$

Das kann durch Einsetzen und Ausmultiplizieren gezeigt werden. Der komplexe Faktor vor der Summe ist unabhängig von den Daten und liefert nur einen Träger für die Frequenzzentrierung des komplexen Tiefpasssignals, s. auch Modulationssatz der Fourier-Transformation in Abschn. 5.2.1.

Die Basisbandverarbeitung wird typischerweise auf einem digitalen Signalprozessor mit zeitdiskreter Verarbeitung durchgeführt. Für die Abtastung wird die Abtastfrequenz so gewählt, dass das Abtasttheorem in Abschn. 3.1.2 eingehalten wird. Mit der Bandbreite des Bandpasssignals $B = K \cdot F$ (Abb. 5.41), ergibt sich für das komplexe Basisbandsignal durch die Frequenzzentrierung die halbe Bandbreite. Die Abtastfrequenz darf deshalb

$$f_{\mathrm{A}} = \frac{1}{T_{\mathrm{A}}} = K \cdot F$$

gesetzt werden. Man spricht bei dieser Wahl auch von der kritischen Abtastung. Demzufolge ist das zeitdiskrete Basisbandsignal im m-ten Symbolintervall

$$\tilde{v}[n] = \mathrm{e}^{-\mathrm{j}\pi B \cdot nT_{\mathrm{A}}} \cdot \sum_{k=0}^{K-1} d_k \cdot \mathrm{e}^{+\mathrm{j}2\pi F \cdot k \cdot nT_{\mathrm{A}}} = \mathrm{e}^{-\mathrm{j}\pi \cdot n} \cdot \sum_{k=0}^{K-1} d_k \cdot \mathrm{e}^{+\mathrm{j}\frac{2\pi}{K} \cdot k \cdot n}.$$

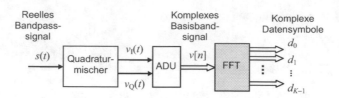

Abb. 5.42 Demodulation von OFDM-Signalen mit der schnellen Fourier-Transformtion

Der datenunabhängige Träger vor der Summe, eine alternierende Folge aus ± 1, kann hier zunächst ohne Beschränkung der Allgemeinheit abgetrennt werden. Wir betrachten nur den datenabhängigen Anteil

$$v\,[n] = \sum_{k=0}^{K-1} d_k \cdot \mathrm{e}^{+\mathrm{j}\frac{2\pi}{K}\cdot k \cdot n}$$

und vergleichen ihn mit der inversen DFT (Kap. 3). Es zeigt sich die Übereinstimmung bis auf den Vorfaktor $1/K$. Die komplexen Datensymbole entsprechen folglich den *DFT-Koeffizienten*

$$d_k = \frac{1}{K} \cdot \sum_{n=0}^{K-1} v\,[n] \cdot \mathrm{e}^{-\mathrm{j}\frac{2\pi}{K}\cdot k \cdot n}.$$

Da die Datensymbole aus der Empfangsfolge im Basisband detektiert werden sollen, bietet es sich an, die DFT in Form der aufwandsgünstigen FFT einzusetzen. Die prinzipielle Struktur des Empfängers für OFDM-Signale zeigt Abb. 5.42.

Die besonderen Vorteile der OFDM-Modulation ergeben sich bei der gewählten Abstimmung zwischen dem Frequenzabstand F der Unterträger, der Zahl der Unterträger K, des Abtastintervalls T_A und der Dauer der OFDM-Symbole T_s. Es ist die *OFDM-Bedingung* einzuhalten

$$F \cdot K \cdot T_\mathrm{A} = F \cdot T_\mathrm{s} = 1.$$

Der Empfänger nach Abb. 5.42 demoduliert alle Unterträger gemeinsam. Eine gegenseitige Beeinflussung findet wegen der Orthogonalität der komplex Exponentiellen (Kap. 3) nicht statt. Daher auch die Bezeichnung orthogonal in OFDM. Für die Berechnung der DFT bei vielen Unterträgern steht mit der FFT, insbesondere die Radix-2-FFT, ein aufwandsgünstiger Algorithmus zur Verfügung.

Anmerkungen

- Im Beispiel des DVB-T wird im $2K$-Modus etwa alle $280\,\mu\mathrm{s}$ ein Mehrträgersymbol übertragen und eine FFT der Länge 2048 berechnet. Es resultiert die Symbolrate von etwa $3571\,\mathrm{symbol/s}$ und ein geschätzter Aufwand für die Radix-2-FFT von etwa $402\,\mathrm{MFLOP/s}$ – mehr Rechenleistung als 1976 der erste Supercomputer der Welt, die Cray I ($133\,\mathrm{MFLOP/s}$), hatte.

- Die Umweglänge der elektromagnetischen Wellen beträgt bei der OFDM-Symboldauer von $280\,\mu s$ rechnerisch $84\,km$. Tatsächlich werden die Funksignale auf ihren Ausbreitungswegen stark gedämpft, sodass die relevanten Umweglängen begrenzt sind.

▶ Die OFDM-Bedingung $F \cdot K \cdot T_A = F \cdot T_s = 1$ definiert den Zusammenhang zwischen dem Frequenzabstand F der Unterträger, der (nominalen) Zahl der Unterträger K, dem Abtastintervall T_A und der Kernsymboldauer T_s.
OFDM ist ein DFT-basiertes Mehrträger-Übertragungsverfahren. Ist die Zahl der Unterträger eine Zweierpotenz, kann die besonders effiziente Radix-2-FFT eingesetzt werden.

5.5.3 Spektrum von OFDM-Signalen

Nachdem für OFDM-Bandpasssignale die Möglichkeit der Demodulation mit der FFT gezeigt wurde, soll das Signalspektrum als wichtige Kenngröße des Funksystems genauer betrachtet werden. Dazu wird vom linear modulierten Basisbandsignal ausgegangen (Kap. 4). Das komplexe Signal für den k-ten Unterträger beschreibt

$$v_k\,(t) = \sum_{m=-\infty}^{\infty} d_{k,m} \cdot g\,(t - mT_s)$$

mit dem Datensymbol im m-ten OFDM-Symbolintervall $d_{k,m}$ und dem rechteckförmigen Sendegrundimpuls der Dauer T_s

$$g\,(t) = \begin{cases} 1 & \text{für } t \in [0, T_s[\\ 0 & \text{sonst} \end{cases} \quad.$$

Der rechteckförmige Sendegrundimpuls (Kap. 2) besitzt das Betragsspektrum

$$|G(j\omega)| = T_s \cdot \left| \text{si}\left(\frac{\omega \cdot T_s}{2} \right) \right|.$$

Das Spektrum zeichnet sich durch die gleichmäßig verteilten Nullstellen der si-Funktion im Abstand $F = 1/T_s$ aus.

Im Übertragungsband überlagern sich die Spektren aller Unterträger. Bei unabhängigem Bitstrom resultiert das in Abb. 5.43 schematisch dargestellte Leistungsdichtespektrum. Das Leistungsdichtespektrum eines modulierten Unterträgers ist nicht auf den nominalen Frequenzkanal der Breite F begrenzt, sondern fließt nach links und rechts aus: Im Spektrum treten Interferenzen auf. Jedoch treffen auf die Frequenzen der Unterträger jeweils Nullstellen im Spektrum aller anderen Unterträgersignale, worin sich die Orthogonalität zeigt.

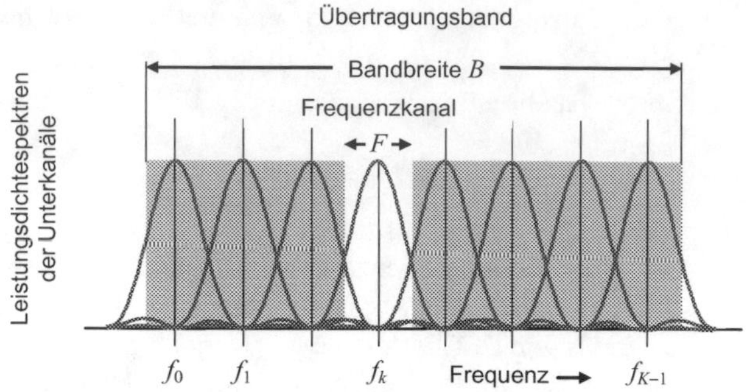

Abb. 5.43 Leistungsdichtespektrum des OFDM-
Multiträgersystems im Übertragungsband

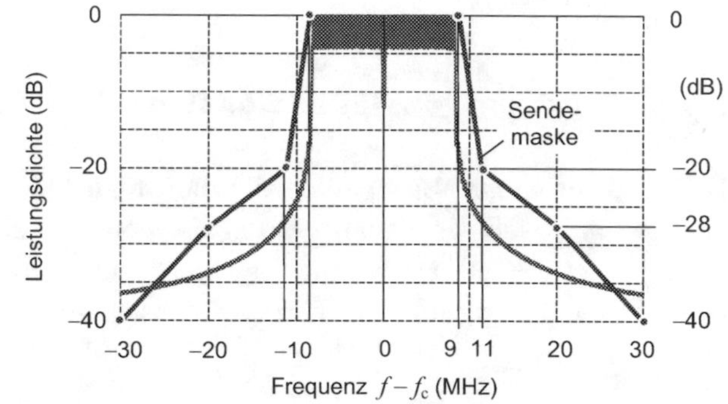

Abb. 5.44 Maske für die
vom Sender ausgestrahl-
te Leistungsdichte nach
IEEE 802.11a/g und Leis-
tungsdichtespektrum des
OFDM-Signals (Simulation
mit Schutzband)

Die Abb. 5.43 erinnert an die si-Interpolation von Abtastfolgen in Kap. 3. Hier überlagern sich die Spektren der Unterträger in idealer Weise zu einer gleichmäßigen Belegung
des Übertragungsbands, sodass es vollständig genutzt wird. Wegen der begrenzten Zahl
der Unterträger gilt dies in den Anwendungen allerdings nur näherungsweise.

Für die ausgesendeten Leistungsdichtespektren der Geräte sind Vorschriften in Form
von Masken einzuhalten, die sog. *Sendemaske* („transmitter spectral mask"). Damit
werden auch Grenzen für die Abstrahlung außerhalb des Übertragungsbands, die *Außerbandstrahlung* („spurious emissions"), vorgegeben. Die Abb. 5.44 zeigt beispielhaft
die Maske für den WLAN-Standard IEEE 802.11a/g und ein Simulationsergebnis für
OFDM-Signale. Um die Vorgaben des Standards einzuhalten, sind besondere Maßnahmen notwendig, v. a. die Einführung eines Schutzbands („guard band") durch Weglassen
von Unterträgern am Rand des benutzten Frequenzbands. Auch eine besondere Impulsformung für das Basisbandsignal kann die Außerbandstrahlung reduzieren.

▶   Das Leistungsdichtespektrum des Sendegrundimpulses der OFDM-Übertragung
     besitzt äquidistante Nullstellen im Frequenzabstand F der Unterträger.
     Um die Außerbandstrahlung zu reduzieren, werden Schutzbänder eingeführt in
     denen keine Unterträger gesendet werden.

Anmerkungen

- Die Sendemaske ist symmetrisch um die Mittenfrequenz f_c des Übertragungsbands. Der Unterträger bei der Mittenfrequenz wird nicht belegt, um bei der Demodulation mit direkt mischendem Empfänger, einem Geradeausempfänger (Abb. 5.18), eine Gleichspannungskomponente zu vermeiden.
- Die 20 dB-Bandbreite beim WLAN beträgt 22 MHz.
- In der (einfachen) Simulation (Abb. 5.44) wird die Forderung nach einer Dämpfung von 40 dB für Spektralkomponenten mit $|f - f_c| \geq 30$ MHz verletzt.
- Zur Belegung der Unterträger beim WLAN (Kap. 9).

5.5.4   Erzeugung von OFDM-Signalen

Inverse DFT

Den Kern der Demodulation von OFDM-Signalen stellt die DFT dar. Ihre Umkehrung, die IDFT bzw. IFFT, liefert den zentralen Baustein für die OFDM-Modulation. Sie bildet jeweils K komplexe Datensymbole auf eine Folge von K komplexen Abtastwerten des OFDM-Basisbandsignals ab. Das Blockschaltbild in Abb. 5.45 fasst die bisherigen Überlegungen zusammen. Links wird der zu übertragende Bitstrom eingespeist. Jeweils ein Block von Bits wird auf die Unterkanäle aufgeteilt und in die komplexen Datensymbole abgebildet („mapping ") Üblich sind Zuweisungen aus den BPSK-, M-PSK- und quadratischen M-QAM-Konstellationen. Die K Symbole der Unterkanäle werden als die DFT-Koeffizienten (Frequenzbereich) eines Signalblocks aufgefasst und durch die IFFT gemeinsam moduliert. Auf der Ausgangsseite der IFFT entsteht im Zeitbereich das komplexe Basisbandsignal – jeweils ein Abschnitt der Dauer T_s.

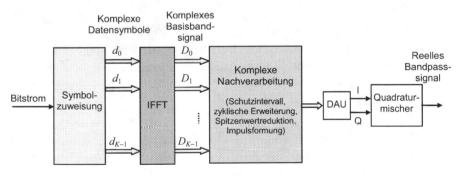

Abb. 5.45 Erzeugung von OFDM-Signalen

Vor der Weitergabe des Basisbandsignals an den Sender sind verschiedene Nachverarbeitungen notwendig bzw. vorteilhaft.

Schutzintervall

Für die Detektion ist die Vermeidung von ISI wichtig, da sonst die Orthogonalität der Unterträger verloren geht. Deswegen werden zwischen den OFDM-Symbolen *Schutzintervalle* (GI, *Guard Interval*) eingeführt. Durch das zusätzliche Schutzintervall T_G erhöht sich die effektive Übertragungsdauer eines OFDM-Symbols. Zur Unterscheidung spricht man von einem *Kernsymbol* der Dauer T_s, was für die Abstände der Unterträger in der OFDM-Bedingung wichtig ist, und der tatsächlichen Dauer („totale time") der Übertragung $T_T = T_s + T_G$.

Die Dauer des Schutzintervalls ist eine kritische Systemgröße. Einerseits soll sie groß genug sein, damit Ausschwingvorgänge im Übertragungskanal abgeschlossen sind, andererseits so klein wie möglich, damit der (Daten-)Durchsatz und der Anteil der Symbolenergie an der Sendeleistung möglichst wenig reduziert wird. Weil das Übertragungsmedium jeweils zwar für die Zeit T_T belegt, aber nur für die Zeit T_s zur Datenübertragung genutzt wird, reduziert sich durch das Schutzintervall der relative *Durchsatz* auf

$$D_{rel} = \frac{T_s}{T_s + T_G}.$$

Beträgt das Schutzintervall beispielsweise 20 %, wie beim WLAN Standard IEEE 802.11a/g, wird der Durchsatz auf 80 % gesenkt. Damit fällt auch die spektrale Effizienz auf 80 % des Werts ohne Schutzintervall. Entsprechendes gilt für die Signalenergie des Kernsymbols, was bei der üblicherweise begrenzten Sendeleistung zu einer erhöhten Fehlerwahrscheinlichkeit führt.

Anmerkungen

- Im WLAN wird u. a. das Schutzintervall von $T_G = 0,8\,\mu s$ eingesetzt. Es entspricht einer Umweglänge der Funksignale von 240 m. Somit tragen alle Teilsignale mit ausreichend kleineren Umweglängen bis zum Empfänger dieselbe Nachricht in sich und können gemeinsam ausgewertet werden, ohne dass die Orthogonalität der Unterträger stark gestört ist.

Im Schutzintervall kann das Signal einfach ausgetastet werden; eine Unterbrechung, die sich im Empfänger relativ einfach erkennen lässt und die Synchronisation erleichtert. Alternativ kann das Schutzintervall durch Wiederholung eines Teils des Signals des Kernsymbols gefüllt werden. Man spricht von der *zyklischen Erweiterung*. Das heißt, der hintere Abschnitt des Kernsymbols wird im Schutzintervall dem Kernsymbol vorangestellt, s. Abb. 5.46 mit der vorangestellten Präfix (CP, *Cyclic Prefix*). Die zyklische Erweiterung harmoniert besonders mit dem Konzept der DFT, die für periodische Signale definiert ist.

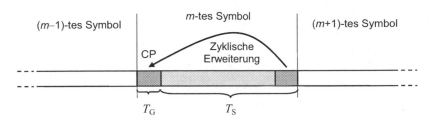

Abb. 5.46 Zyklische Erweiterung mit Präfix im Schutzintervall

Abb. 5.47 Messung des Kanalfrequenzgangs durch OFDM-Signale

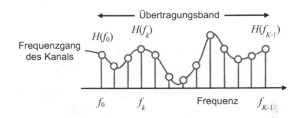

Kanalentzerrung im Frequenzbereich

Ist das Schutzintervall ausreichend groß, um die Kanalimpulsantwort aufzunehmen, ist der Einsatz eines einfachen Entzerrers für den *Kanalfrequenzgang* möglich. Den Schlüssel hierzu liefert die Vorstellung, das OFDM-Symbol als Testsignal zur Messung des Kanalfrequenzgangs einzusetzen. Überträgt man die unmodulierten Unterträger bzw. mit dem Empfänger abgestimmte Datensymbole, so liegt im Prinzip die Messung des Kanalfrequenzgangs $H(f_k)$ an den Frequenzstützstellen f_k gleich den Unterträgerfrequenzen vor, s. schematische Darstellung in Abb. 5.47.

Neben ausreichend großem Schutzintervall setzt eine brauchbare Schätzung des Kanalfrequenzgangs voraus, dass der Frequenzgang quasi-stationär ist, d. h. sich während der Messung (und der anschließenden Datenübertragung) nicht wesentlich ändert, ferner, dass die Messzeit ausreicht, um durch Mittelung gegebenenfalls die Störung durch Rauschen zu unterdrücken.

Sind die Voraussetzungen erfüllt, liefert die digitale Signalverarbeitung komplexe Schätzwerte für den Kanalfrequenzgang zu den Unterträgern. Da wegen der Orthogonalität der Unterträgersignale die Übertragung in unabhängige Parallelübertragungen für die DFT-Koeffizienten zerlegt werden kann, resultiert das äquivalente Übertragungsmodell im Frequenzbereich in Abb. 5.48. Die Kehrwerte der Schätzungen der komplexen Übertragungsfaktoren können direkt zur *Entzerrung im Frequenzbereich* eingesetzt werden. Probleme ergeben sich allerdings bei Frequenzgängen mit tiefen Einbrüchen (Schwund). Ist der Betrag des Kanalfrequenzgang für einen Unterträger klein, wird im Wesentlichen das Rauschen verstärkt.

In Kanälen mit Schwund bietet sich der Einsatz der PSK-Modulation an. Dann genügt zur Entzerrung die Multiplikation mit dem konjugierten komplexen Schätzwerten, da die Detektion nur die Phasen der Signale auswertet (Abb. 5.40).

Abb. 5.48 Übertragungsmodell im Frequenzbereich für
die DFT-Koeffizienten (Datensymbole) mit Entzerrer

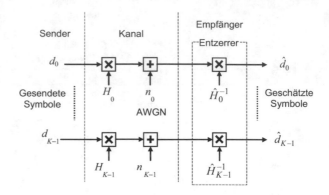

Die Entzerrung im Frequenzbereich entspricht dem Entzerrer in Abschn. 5.4.2 und
wirkt nur im Signalraum des jeweiligen Unterträgers. Die OFDM-Übertragung bietet
jedoch das Potenzial, die *Frequenzdiversität* des Mehrträgerübertragungsverfahrens konstruktiv zu nutzen: mit einer Kanalcodierung des Bitstroms quer über die der Unterträger
und der Nutzung von Zuverlässigkeitsinformation, z. B. auf der Grundlage von (Kurzzeit-)
SNR-Schätzwerten zu den Unterträgern. Mit den SNR-Schätzwerten kann direkt an die
Überlegungen zur M-stufigen QAM in Abb. 5.38 angeknüpft werden. Je nach momentanen SNR-Werten können die Unterträger passend moduliert werden, sodass eine Auslastung nahe der Kanalkapazität möglich wird.

Spitzenwertreduktion

Beim Betrieb der Sender zeigt sich eine weitere Schwierigkeit. Während Modulationsverfahren wie die herkömmliche FM oder die M-PSK Signale mit konstanten Einhüllenden
produzieren, liefert die OFDM-Modulation eine hohe Signaldynamik. Dies stellt die besonders für die mobilen Teilnehmerendgeräte gewünschte Übertragung mit leistungseffi-
zienten Verstärkern vor Probleme.

Spitzenwerte des Betrags des Basisbandsignals können bis um den Faktor $10 \cdot \log_{10}(K)$ dB von der mittlere Amplitude, dem Effektivwert, abweichen (Kammeyer
2008). Im WLAN mit $K = 52$ sind das etwa 17 dB. Mögliche Maßnahmen gehen hier
von nachträglicher Filterung zur Unterdrückung der Außerbandstrahlung bis zur adaptiven Kontrolle zur *Spitzenwertreduktion*. Die Maßnahmen haben ihre eigenen Vor- und
Nachteile. Beispielsweise können einzelne Träger zur Spitzenwertreduktion reserviert
werden. Ihre Amplituden werden jeweils so bestimmt, dass der Spitzenwert abgebaut
wird. Damit gehen allerdings Unterträger für die Datenübertragung verloren, sodass der
erzielbare Durchsatz sinkt. In der Literatur wird das Problem unter den Stichworten Peak-
to-Average Ratio (PAR) bzw. Peak-to-Average Power Ratio (PAPR) vertieft.

Die hohe Dynamik des OFDM-Signals ist v. a. in mobilen Teilnehmerendgeräten kritisch, da dort ein energieeffizienter Sender für lange Betriebszeiten wichtig ist. Der Spitzenwert des Signals geht jedoch in den Leistungsverbrauch der Sendeverstärker maßgeblich mit ein. Im Mobilfunkstandard der vierten Generation LTE (Long Term Evolution)

wird deshalb in den Teilnehmerendgeräten vor der OFDM-Modulation eine DFT-Sprei-
zung der Datensymbole vorgenommen. Das Verfahren heißt *SC-FDMA* (Single Carrier –
Frequency Division Multiple Access) und wird in Kap. 9 ausführlicher behandelt.

Impulsformung

Durch eine *Impulsformung* der Basisbandsignale kann das Problem der Außerbandstrahlung reduziert werden. Dabei ist zu beachten, dass die Orthogonalität der Unterträger, die
äquidistanten Nullstellen im Leistungsdichtespektrum mit dem Frequenzabstand F der
Unterträger, nicht zerstört werden darf. Es bietet sich an, wie in Kap. 4 die Flanken des
Sendegrundimpulses mit Kosinus-roll-off-Übergängen abzurunden.

Abschließend sei noch auf ein weiteres mögliches Problem hingewiesen: die speziell
in der Mobilfunkkommunikation auftretenden Frequenzverschiebungen durch den Dopplereffekt. Sie können kritisch für die Orthogonalität der Empfangssignale sein.

> Im OFDM-Modulator wird aus den komplexen Datensignalen durch die IFFT ein
> komplexes Basisbandsignal erzeugt und ihm ein Schutzintervall hinzugefügt,
> das durch zyklische Erweiterung gefüllt werden kann.
> Durch Impulsformung kann das Leistungsdichtespektrum des OFDM-Signals
> kompakter gestaltet und die Außerbandstrahlung reduziert werden.
> Die hohe Dynamik von OFDM-Signalen kann wegen unzureichender Linearität
> bei einfachen Leistungsverstärkern zu Verzerrungen führen. Als Gegenmaßnah-
> men können Verfahren zur Spitzenwertreduktion eingesetzt werden.
> Im OFDM-Demodulator ist eine Entzerrung im Frequenzbereich einfach mög-
> lich.

OFDM ist heute ein Standardverfahren für breitbandige Übertragungssysteme in unterschiedlichen Anwendungsfeldern. Die OFDM-Übertragung kann als adaptives Mehrträgerverfahren den Übertragungskanal nutzen und sich auf unterschiedliche Dienstszenarien
einstellen. Die technische Realisierung stellt aber in der Praxis hohe Anforderungen. Der
Fortschritt der Mikroelektronik und Systemintegration macht heute jedoch OFDM für die
vierte Mobilfunkgeneration, genannt 3GPP UMTS LTE (3rd Generation Partnership Project UMTS Long Term Evolution), in leichten, tragbaren Handgeräten mit akzeptablen
Betriebszeiten möglich.

Aufgabe 5.10

a) Was sind die Aufgaben eines Quadraturmischers?
b) Wofür steht das Akronym OFDM? Nennen Sie drei Anwendungen mit OFDM-Übertragung.
c) Erklären Sie das Prinzip der OFDM-Modulation. Welche Bedingung muss dabei eingehalten werden?

Aufgabe 5.11

Für ein OFDM-Übertragungssystem mit Funkübertragung ist die Bandbreite 20 MHz vorgesehen. Es soll eine DFT/IDFT der Länge 64 verwendet werden. Um Störungen in den Nachbarbändern auf einen zulässigen Wert zu begrenzen, werden sechs und fünf Unterträger am unteren bzw. oberen Rand des Übertragungsbands nicht verwendet. Auch wird der Unterträger bei der Mittenfrequenz (Bandmitte) nicht übertragen, damit einfachere Empfängerschaltungen verwendet werden können. Als Schutzintervall wird ein Fünftel der OFDM-(Kern-)Symboldauer vorgeschlagen.

Bewerten Sie den Systemvorschlag, indem Sie folgende Fragen beantworten.

a) Wie groß ist der Frequenzabstand der Unterträger?
b) Wie groß ist die OFDM-Symboldauer?
c) Zwischen welchen Werten schwankt die spektrale Effizienz, wenn eine Umschaltung zwischen einer BPSK- und einer 64-QAM-Modulation der Unterträger möglich sein soll?
d) Warum sollte eine Umschaltmöglichkeit wie in c) vorgesehen werden?
e) Was ist für die Funkübertragung aufgrund des Schutzintervalls zu beachten?

Aufgabe 5.12

Warum wird bei der ADSL2+ eine FFT-Länge 1024 verwendet, obwohl nur 512 Unterträger vorgesehen sind?

Aufgabe 5.13

Für ein OFDM-Übertragungssystem mit Funkübertragung ist die Bandbreite 8 MHz vorgesehen. Es soll eine DFT/IDFT der Länge 2048 (2K-Modus) verwendet werden. Die Zahl der verwendeten Unterträger ist 1705. Die totale Symboldauer beträgt 280 µs, wobei ein Schutzintervall der Dauer von 56 µs enthalten ist.

a) Wie groß ist der Frequenzabstand der Unterträger?
b) Wie groß ist die übertragene Bitrate, wenn für die verfügbaren 1512 Unterträger eine 64-QAM-Modulation eingesetzt wird?
c) Wie groß ist die im Feld maximal zulässige Umweglänge der Funksignale?
d) Für welche Anwendung könnte das Übertragungssystem eingesetzt werden?

5.6 Zusammenfassung

Mit sinusförmigen Trägersignalen werden niederfrequente Signale im Frequenzmultiplex gebündelt und gemeinsam in höheren Frequenzlagen übertragen. Im Rundfunk wurde in den 1920er-Jahren die technologisch einfacher zu beherrschende Amplitudenmodulation (AM) mit Träger eingeführt. Die AM zeichnet sich durch eine hohe spektrale Effizienz aus. Als Einseitenbandmodulation (ESB) belegen AM-modulierte Signale die gleiche Bandbreite wie das Originalsignal. Die Übertragung ist aber vergleichsweise anfällig gegen Störungen.

In der Funktechnik wurde Ende der 1930-Jahre die robustere Frequenzmodulation (FM) eingeführt. Bei der FM-Übertragung kann die Bandbreite über den Modulationsindex eingestellt und ein Modulationsgewinn, ein mehr an Robustheit gegen Rauschen, realisiert werden. Darüber hinaus bietet die FM-Übertragung mit der Preemphase und der Deemphase sowie dem Phase-Locked-Loop(PLL)-Empfänger mit Nachlaufsynchronisation zusätzliche Möglichkeiten, die Übertragungsqualität zu verbessern. Im UKW-Rundfunk ist die FM-Übertragung heute noch weit verbreitet.

Anders in der herkömmlichen Telefonie mit den hohen Leitungskosten. Dort spielte die Bandbreite, d. h. die Anzahl der gleichzeitig übertragbaren Gespräche pro Kabel, die bestimmende Rolle. Mit dem analogen Trägerfrequenzsystem für öffentliche Telefonnetze wurde eine relativ leistungsfähige, aber aufwendige analoge Technik auf der Basis der ESB weltweit eingeführt.

Wegen der in der Rundfunktechnik unverzichtbaren Kompatibilität zu den bereits millionenfach vorhandenen Empfängern basiert der heutige analoge Hör- und Fernsehrundfunk teilweise noch auf dem Stand der Technik der 1950er-Jahre. Auch die Einführung technischer Neuerungen wie der Stereotonrundfunk (1961) oder das Farbfernsehen (NTSC 1953, PAL 1963) konnten daran lange nichts ändern.

Die Ablösung durch digitale Systeme ist jedoch bereits weit fortgeschritten. Im Jahr 2009 wurde der letzte analoge (Antennen-)Fernsehsender in Deutschland abgeschaltet. Seit 2010, dem Regelbetrieb für hochauflösendes Fernsehen (HDTV) durch den öffentlich rechtliche Rundfunk, können sich viele Menschen in Deutschland an der hohen Bildqualität des digitalen Fernsehens erfreuen.

Spätestens in den 1960er-Jahren wurden die Grenzen der analogen Übertragungstechnik in der Fachwelt allgemein erkannt. In modernen Telekommunikationsnetzen sind die analogen Trägerfrequenzsysteme durch digitale Übertragungssysteme und insbesondere im Weitverkehr durch optische Systeme abgelöst. Auf Richtfunkstrecken wurde die FM durch die digitale Quadraturamplitudenmodulation (QAM) mit hoher Stufenzahl ersetzt. Weitere Beispiele sind der digitale Mobilfunk oder die terrestrische Ausstrahlung des digitalen Fernsehens. Die digitale QAM verbindet die Bandbreiteneffizienz der Amplitudenmodulation mit der Störfestigkeit der digitalen Übertragung. Insbesondere ermöglichen die Fortschritte der Digitaltechnik zunehmend komplexere Verfahren der digitalen Signalverarbeitung und aufwendigere Fehlerkorrekturverfahren, sodass das Potenzial der digitalen Übertragungstechnik heute noch nicht ausgeschöpft ist. Dies gilt besonders für alle Arten der breitbandigen Funkkommunikation, wie die drahtlosen lokalen Netze (WLAN) oder die öffentlichen Mobilfunknetze (LTE), für die heute mit Orthogonal Frequency Division Multiplexing ein bewährtes und flexibles Übertragungsverfahren mit weiterem Entwicklungspotenzial bereitsteht.

5.7   Lösungen zu den Aufgaben

Lösung 5.1

a) Bei der kohärenten Demodulation wird im Empfänger eine Nachbildung des Trägers verwendet.
b) Nachteile: Es wird eine Synchronisationseinrichtung/-schaltung benötigt. Ist die Übertragung so stark gestört, dass die Synchronität verloren geht, ist keine Übertragung mehr möglich.
Vorteile: Ist die Synchronität gegeben, kann mit höherer Qualität bzw. mehr Information übertragen werden.

Lösung 5.2

a) Blockdiagramm des gewöhnlichen AM-Modulators, s. Abb. 5.7.
b) $f_T > f_g$ (praktisch $f_T \gg f_g$).
c) Eine Übermodulation ist zu vermeiden, m kleiner ungefähr eins.
d) Handskizze in Abb. 5.49

Lösung 5.3

a) Spektrum des Telefonsprachsignals (schematisch) in Abb. 5.50a.
b) Spektrum nach der AM-Modulation (zweiseitig, schematisch) in Abb. 5.50b.
c) Blockdiagramm des Demodulators s. Abb. 5.10.
d) Grenzfrequenz des Demodulator-TP: $3{,}4\,\text{kHz} < f_{g,\text{TP}} < 20{,}6\,\text{kHz}$ in Abb. 5.50c.

Lösung 5.4

a) Allgemeine analytische Form für reelle Bandpasssignale

$$x\,(t) = u_1\,(t) \cdot \cos\,(\omega_c t) - u_Q\,(t) \cdot \sin\,(\omega_c t)$$

Der Index c steht hier für die Bandmittenfrequenz („center frequency").
b) Blockdiagramm des QAM-Modulators s. Abb. 5.15a
c) Spektrum (schematisch) in Abb. 5.51

Abb. 5.49 Handskizze zur Amplitudenmodulation

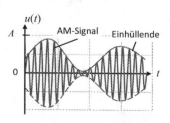

Abb. 5.50 Spektren zur
Amplitudenmodulation und
-demodulation: zum Telefonsprachsignal (**a**), nach AM (**b**)
und im Empfänger (**c**)

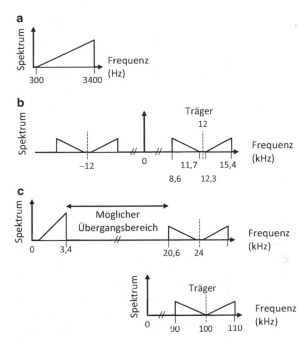

Abb. 5.51 Spektrum des Modulationsprodukts

Lösung 5.5

a) Abmischung in die ZF-Lage s. Abb. 5.18 oben
b) Frequenz des Lokaloszillators: $f_{LO1} = 800\,\text{MHz} + 450\,\text{MHz} = 1250\,\text{MHz}$
c) Spiegelfrequenzband: 1600–1800 MHz

Lösung 5.6

a) Es ergibt sich ein Linienspektrum mit Spektralkomponenten bei $f_T \pm n \cdot f_1$ mit der
    Trägerfrequenz $f_T = 1\,\text{MHz}$ und $f_1 = 10\,\text{kHz}$.
b) Carson-Bandbreite

$$B_C = 2 \cdot (\eta + 1) \cdot f_g = 2 \cdot \left(\frac{24{,}048\,\text{kHz}}{10\,\text{kHz}} + 1 \right) \cdot 10\,\text{kHz} \approx 68\,\text{kHz}$$

c) Wegen

$$J_0 \left(\frac{24{,}048\,\text{kHz}}{10\,\text{kHz}} \right) \approx 0$$

ist der Träger hier nicht im FM-Spektrum enthalten.

Lösung 5.7
Pre- und Deemphase bei der FM-Übertragung bekämpfen die Störung durch Rauschen.

Weil bei der FM-Demodulation das Leistungsdichtespektrum des Rauschens quadratisch mit der Frequenz bewertet wird, sind die Frequenzkomponenten des demodulierten Nachrichtensignals mit zunehmender Frequenz mehr gestört. Als Gegenmaßnahme

wird vor der FM-Modulation durch die Preemphase im Sender das Leistungsdichtespektrum des Nachrichtensignals ebenfalls entsprechend angehoben. Dies geschieht durch die Preemphaseschaltung mit Hochpassverhalten im Übertragungsband. Im Empfänger wird nach der FM-Demodulation die Preemphase rückgängig gemacht. Die Deemphase, eine Schaltung mit Tiefpassverhalten, kompensiert die Anhebung des Leistungsdichtespektrums des Nachrichtensignals.

Für das Nachrichtensignal gleichen sich Preemphase und Deemphase aus. Nicht so für die Störung. Auf sie wirkt nur die Tiefpassfilterung der Deemphase, was zu einer Verringerung der Störung führt. (Eine Modellrechnung für den UKW-Rundfunk lässt eine Steigerung des SNR um 7,8 dB erwarten.)

Lösung 5.8

Bei der analogen Sprachübertragung mit ESB, z. B. in der Telefonie mit TF-Systemen, findet keine Bandaufweitung statt. Die Bandbreite beträgt etwa 4 kHz. Die Störung im Übertragungsband wird, wie das Sprachsignal selbst, in den NF-Bereich demoduliert. (Ein SNR von 40 dB gilt als noch gut verständlich, z. B. Lochmann 2002.)

Bei der Sprachübertragung mit der digitalen ASK, z. B. nach PCM-Modulation mit 64 kbit/s für ISDN, wird eine Bandbreite von etwa 64 kHz benötigt. Im Vergleich zur ESB findet eine Bandaufweitung um den Faktor 16 statt. Die Störung bei der Übertragung kann vollständig beseitigt werden, solange keine Bitfehler auftreten. (Eine Bitfehlerquote kleiner gleich 10^{-7} gilt als tolerierbar, z. B. Lochmann 2002.)

Lösung 5.9

a), b) Signalraumkonstellation $\pi/4$-QPSK in Abb. 5.52

c)   Die Gray-Codierung weist den benachbarten Signalen (Symbolen) als Codewörter Bitmuster zu, die sich nur in einem Bit unterscheiden (Hamming-Abstand 1). Bei Gray-Codierung führen Vertauschungen zwischen Nachbarsymbolen bei der Detektion nur zu einem Bitfehler.

Tritt bei der Übertragung (Regelbetrieb) eine nicht zu große Störung mit dem typischen AWGN auf, werden bei der Detektion meist nur benachbarte Signale vertauscht.

d)   Bei der M-PSK liegen die Signale auf einem Kreis um den Ursprung. Alle Signale haben die gleiche Amplitude (Betrag). Die Information ist in den Phasen der Signale codiert. Bei der M-QAM treten Signale mit unterschiedlichen Amplituden (Beträgen) und Phasen auf.

e)   Da die Information bei der M-PSK nur in den Phasen codiert ist, ist die Übertragung mit M-PSK robust gegen starke Schwankungen der Signalbeträge (typisch in der Mobilkommunikation).

Bei gleicher Sendeleistung führt andererseits die Beschränkung im Signalraum auf einen einheitlichen Betrag der Signale zu geringeren Abständen der Signale als bei M-QAM, was die Detektion von M-PSK anfälliger gegen Rauschstörungen macht.

Abb. 5.52 Signalraumkonstellation der QPSK-Modulation

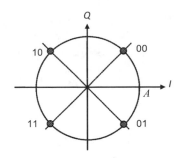

Lösung 5.10

a) Der Quadraturmischer dient zur Umsetzung von reellen Bandpasssignalen in die Quadraturkomponenten I und Q im Tiefpassbereich. (IQ-Mischer)
b) Das Akronym OFDM steht für Orthogonal Frequency Division Multiplexing; OFDM wird beispielsweise bei der digitalen Fernsehübertragung (DVB-T), in drahtlosen lokalen Netzen (WLAN) und in der vierten Mobilfunkgeneration (LTE) eingesetzt.
c) Die OFDM-Übertragung beruht auf dem Prinzip der Mehrträgerübertragung, wobei zwischen den Frequenzabständen der Unterträger und der Symboldauer die Bedingung $F \cdot T_S = 1$ eingehalten werden muss. Dann bilden die Unterträger ein orthogonales System, das mit der IDFT (IFFT) und DFT (FFT) gemeinsam moduliert bzw. demoduliert werden kann.

Lösung 5.11

a) Frequenzabstand: $F = 20\,\text{MHz}/64 = 312{,}5\,\text{kHz}$
b) (Kern-)Symboldauer: $T_S = 1/312{,}5\,\text{kHz} = 3{,}2\,\mu\text{s}$
   Wegen des Schutzintervalls beträgt die effektive Dauer einer Symbolübertragung $T_T = (1 + 0{,}25) \cdot T_S = 4\,\mu\text{s}$
c) Bitrate bei BPSK-Übertragung (48 Unterträger): $R_b = 48\,\text{bit}/4\,\mu\text{s} = 12\,\text{Mbit/s}$
   Bitrate bei 64-QAM-Übertragung (48 Unterträger): $R_b = 6 \cdot 48\,\text{bit}/4\,\mu\text{s} = 72\,\text{Mbit/s}$
   Spektrale Effizienz: $\eta = R_b/B$ (Bitrate/Bandbreite)
   BPSK $\eta = 0{,}6(\text{bit/s})/\text{Hz}$; 64-QAM $\eta = 3{,}6(\text{bit/s})/\text{Hz}$
d) Bei guten Übertragungsbedingungen (hinreichend kleines SNR) kann durch die Umschaltung die (Brutto-)Bitrate von 12 Mbit/s auf 72 Mbit/s erhöht werden.
   Anmerkung: Wenn man noch die Kanalcodierung mit der Coderate 3/4 berücksichtigt, resultiert im besten Fall der bekannte Wert für das WLAN (IEEE 802.11a und g von 54 Mbit/s.
e) Dem Schutzintervall von 800 ns entspricht ein Ausbreitungsweg von $3 \cdot 10^8\,\text{m/s} \cdot 800\,\text{ns} = 240\,\text{m}$. Dies ist für typische Heim- und Büroanwendungen ein unkritischer Wert. In gewissen Sonderfällen, z. B. großen Lager- und Produktionshallen, Dachwohnung etc., könnte dies jedoch u. U. bedeutsam werden.

Lösung 5.12

Bei der Basisbandübertragung mit ADSL2+ wird ein reelles Signal gesendet. Wegen der
Symmetrie der Spektren reeller Signale muss die Symmetrie im Spektrum des Modulators
berücksichtigt werden.

Lösung 5.13

a) Frequenzabstand: $F = 8\,\text{MHz}/2048 = 3906{,}25\,\text{Hz}$
b) Bitrate (1512 Unterträger, 64-QAM): $R_b = 1512 \cdot 6\,\text{bit}/280\,\mu\text{s} = 32{,}4\,\text{Mbit/s}$
c) Maximal zulässige Umweglänge: $3 \cdot 10^8 \text{m/s} \cdot 56\,\mu\text{s} = 16{,}8\,\text{km}$
d) Terrestrisches digitales Fernsehen (DVB-T)

5.8   Abkürzungen und Formelzeichen

Abkürzungen

ADU	Analog-Digital-Umsetzer
AM	Amplitudenmodulation
ADSL	Asymmetric Digital Subscriber Line
AGC	Automatic Gain Control
ASK	Amplitude-Shift Keying (Amplitudenumtastung)
AWGN	Additive White Gaussian Noise (additives weißes gaußsches Rauschen)
BFSK	Binary Frequency-Shift Keying
DAB	Digital Audio Broadcasting
dB	Dezibel
DFT	Diskrete Fourier-Transformation
DSL	Digital Subscriber Line (digitale Teilnehmeranschlussleitung)
DVB-T	Digital Video Broadcasting Terrestrial
ESB	Einseitenbandmodulation
EVM	Error Vector Magnitude (Fehlervektorbetrag)
FFT	Fast Fourier Transform (schnelle Fourier-Transformation)
FM	Frequenzmodulation
FSK	Frequency-Shift Keying (Frequenzumtastung)
HF	Hochfrequenz
I	Inphase
IF	Intermediate Frequency
IFFT	Inverse Fast Fourier Transform
ISI	Intersymbol Interference (Nachbarzeichenstörung)
KW	Kurzwelle
LNA	Low Noise Amplifier
LO	Local Oscillator (lokaler Oszillator)

LW	Langwelle
LDS	Leistungsdichtespektrum
MSK	Minimum-Shift Keying
MW	Mittelwelle
OFDM	Orthogonal Frequency Division Multiplexing
OOK	On-Off-Keying (Ein-Aus-Umtastung)
PAM	Pulsamplitudenmodulation
PAPR	Peak-to-Average Power Ratio
PAR	Peak-to-Average Ratio
PGA	Programmable Gain Amplifier
PLL	Phase-Locked Loop
PSK	Phase-Shift Keying (Phasenumtastung)
Q	Quadratur
QAM	Quadraturamplitudenmodulation
QPSK	Quarternary Phase-Shift Keying
SC-FDMA	Single-Carrier Frequency-Division Multiple Access
SNR	Signal-to-Noise Ratio (S/N-Verhältnis)
SP	Spiegelfrequenz
TF	Trägerfrequenz
UKW	Ultrakurzwelle
WDF	Wahrscheinlichkeitsdichtefunktion
WiMAX	Worldwide Interoperability for Microwave Access
WLAN	Wireless Local Area Network (drahtloses lokales Netzwerk)
ZF	Zwischenfrequenz

Formelzeichen – Parameter und Konstanten

B, B_C	Bandbreite, Carson-Bandbreite
η	Modulationsindex (FM)
$d_{k,m}$	Datensymbol (k-ter Unterträger, m-tes Symbol)
ΔF	Frequenzhub der FM
f	Frequenzvariable
f_g	Grenzfrequenz
f_0	Mittenfrequenz
F	(Unterträger-)Frequenzabstand
K	(Unterträger-)Zahl
m	Modulationsgrad der AM
M	Stufenzahl
ω_T	Trägerkreisfrequenz
P	Wahrscheinlichkeit, Fehlerwahrscheinlichkeit
R_b	Bitrate
t	Zeitvariable

T Bitintervall

T_G Schutzintervall („gard interval")

T_S Symboldauer

$\hat{u}$ (Signal-)Amplitude

U_0 (Signal-)Offset bei der AM

Formelzeichen – Funktionen, Signale und Operatoren

erf(.)   Fehlerfunktion

erfc(.)   Komplementäre Fehlerfunktion $J_n(.)$ Besselfunktion n-ter Ordnung und 1. Gattung

$\omega_{FM}(t)$ Momentankreisfrequenz

si(.)   si-Funktion

$u_{AM}(t), u_{FM}(t)$ AM- bzw. FM-Signal

$u_T(t)$ Trägersignal

$x(t)$ Zeitfunktion (allgemein)

$X(j\omega)$ (Fourier-)Spektrum, Fourier-Paar $x(t) \leftrightarrow X(j\omega)$

Literatur

Behzad A. (2008) Wireless LAN Radios. System Definition to Transistor Design. Hoboken, NJ, John Wiley & Sons

Bronstein I.N., Semendjajew K.A., Musiol G., Mühlig H. (1999) Taschenbuch der Mathematik. 4. Aufl., Frankfurt a. M., Harri Deutsch

Kammeyer K.-D. (2008) Nachrichtenübertragung. 4. Aufl., Wiesbaden, Vieweg+Teubner

Lochmann D. (2002) Digitale Nachrichtentechnik: Signale, Codierung, Übertragungssysteme, Netze. 3. Aufl., Berlin, Verlag Technik

Reimers U. (Hrsg.) (2005) DVB. The Family of International Standards for Digital Video Broadcasting. 2. Aufl., Berlin, Springer

Werner M. (2006) Nachrichtenübertragungstechnik. Analoge und digitale Verfahren mit modernen Anwendungen. Wiesbaden, Vieweg

Weiterführende Literatur

Donnevert J. (2013) Digitalrichtfunk. Grundlagen – Systemtechnik – Planung von Strecken und Netzen. Wiesbaden, Springer Vieweg

Fazel F., Kaiser S. (2005) Multi-Carrier and Spread Spectrum Systems. Chichester, West Sussex, UK, John Wiley & Sons

Freyer U. (2009) Nachrichtenübertragungstechnik. Grundlagen, Komponenten, Verfahren und Systeme der Telekommunikationstechnik. 6. Aufl., München, Hanser

Frohberg W., Kolloschie H., Löffler H. (2008) Taschenbuch der Nachrichtentechnik. München, Hanser

Herter E., Lörcher W. (2004) Nachrichtentechnik: Übertragung, Vermittlung und Verarbeitung. 9. Aufl., München, Carl Hanser

Höher P.A. (2013) Grundlagen der digitalen Informationsübertragung. Von der Theorie zu Mobilfunkanwendungen. 2. Aufl., Wiesbaden, Springer Vieweg

Hübscher H., Petersen H.-J., Rathgeber C., Richter K., Scharf D. (2006) IT-Handbuch (Tabellenbuch). Braunschweig, Westermann

Mäusl R., Göbel J. (2002) Analoge und digitale Modulationsverfahren. Basisband und Trägermodulation. Heidelberg, Hüthig

Meyer M. (2008) Kommunikationstechnik. Konzepte der modernen Nachrichtenübertragung. 3. Aufl., Wiesbaden, Vieweg+Teubner

Meyer M. (2008) Signalverarbeitung. Analoge und digitale Signale, Systeme und Filter. 5. Aufl., Wiesbaden, Vieweg+Teubner

Nett E., Mock M., Gergleit M. (2001) Das drahtlose Ethernet. Der IEEE 802.11 Standard: Grundlagen und Anwendung. München, Addision-Wesley

Nocker R. (2005) Digitale Kommunikationssysteme 2. Grundlagen der Vermittlungstechnik. Wiesbaden, Verlag Vieweg

Nuszkowski H. (2009) Digitale Signalübertragung. Grundlagen der digitalen Nachrichtenübertragungssysteme. 2. Aufl., Dresden, Jörg Vogt Verlag

Obermann K., Horneffer M. (2009) Datennetztechnologien für Next Generation Networks. Ethernet, IP, MPLS und andere. Wiesbaden, Vieweg+Teubner

Ohm J.-R., Lüke H.D. (2010) Signalübertragung: Grundlagen der digitalen und analogen Nachrichtenübertragungssysteme. 11. Aufl., Berlin, Springer

Proakis J.G. (2001) Digital Communications. 4. Aufl., New York, NY, McGraw-Hill

Proakis J.G., Salehi M. (2004) Grundlagen der Kommunikationstechnik. 2. Aufl., München, Pearson Studium

Rohling H. (Hrsg.) (2008) Proceedings of the 13th International OFDM-Workshop, InOWo'08, Hamburg, 27. und 28. August

Tietze U., Schenk C. (2010) Halbleiter-Schaltungstechnik. 13. Aufl., Berlin, Springer-Verlag

Werner M. (2008) Signale und Systeme. Ein Lehr- und Arbeitsbuch. 3. Aufl., Wiesbaden, Vieweg+Teubner

Telekommunikationsnetze

6

Zusammenfassung

Digitale TK-Netze basieren auf den modernen Lösungen der Nachrichtenübertragungs- und -vermittlungstechnik. Die Unterstützung der TK-Dienste wird mittels des OSI-Referenzmodells in eine Abfolge von einzelnen Schritten zerlegt, die den Schichten des Kommunikationsprotokolls zugeordnet werden. Für die Funktion des TK-Netzes besonders wichtig sind die Bitübertragungsschicht, die Datensicherungsschicht und die Netzwerkschicht. Während bei der Bitübertragung die physikalische Punkt-zu-Punkt-Übertragung im Mittelpunkt steht, dienen die beiden anderen Protokollschichten dem Aufbau, der Aufrechterhaltung und dem Abbau der Kommunikation im TK-Netz. Typische Lösungen sind das HDLC-Protokoll für die Datensicherungsschicht und das IP-Protokoll für die Netzwerkschicht. Das HDLC-Protokoll stellt Mittel für eine gesicherte Punkt-zu-Punkt-Übertragung mit Flusssteuerung bereit.

Netzwerktypische Aufgaben ergeben sich aus der effizienten Unterstützung der leitungsvermittelten oder der paketvermittelten Kommunikation zwischen den Teilnehmern. Dazu gehören beispielsweise die Zeitmultiplexsysteme, die optimierte Wegewahl, die Reservierung von Ressourcen für verschiedene Arten von TK-Diensten, die Regelung des Vielfachzugriffs und das Inter-Networking.

Schlüsselwörter

Aloha • Automatic Repeat Request (ARQ) • Asynchronous Transfer Mode (ATM) • Broadband Integrated Services Digital Network (B-ISDN) • Carrier Sense Multiple Access/Collision Detection (CSMA/CD) • Datensicherungsschicht • Durchsatz • Flusssteuerung • High-Level Data Link Control (HDLC) • Internet (TCP/IP) • Integrated Services Digital Network (ISDN) • Lokale Netze (LAN) • Medium Access Control (MAC) • Multiprotocol Label Switching (MPLS) • OSI-Referenzmodell • PCM-System • Point-to-Point Protocol (PPP) • synchrone digitale Hierarchie (SDH) • Telekommunikationsnetz • Verkehrsvertrag • Vielfachzugriff • Zeitmultiplex

© Springer Fachmedien Wiesbaden GmbH 2017
M. Werner, *Nachrichtentechnik*, DOI 10.1007/978-3-8348-2581-0_6

Moderne öffentliche Telekommunikationsnetze (TK-Netze) bestehen aus einer Vielzahl von Netzkomponenten und ermöglichen verschiedenartige Dienste. Da es den Teilnehmern freigestellt ist, welchen Dienst sie zu welcher Zeit von welchem Ort aus in Anspruch nehmen möchten, kann der Telekommunikationsverkehr nicht im Einzelnen vorher geplant werden. Endgeräte und Netzkomponenten müssen situationsbedingt untereinander Nachrichten austauschen und es müssen Übertragungswege im TK-Netz gesucht werden. Hinzu kommt die wirtschaftliche Darstellbarkeit der Dienste. Um Telekommunikation für viele Menschen bezahlbar zu machen, sind die Nachrichten zu bündeln.

In diesem Kapitel wird zunächst das Zeitmultiplexverfahren zur Bündelung digitaler Nachrichtenströme vorgestellt. Danach werden Grundbegriffe der Nachrichtenübermittlung behandelt und mit dem OSI-Referenzmodell wird das Protokoll als Grundlage des geregelten Nachrichtenaustauschs eingeführt. Die Datensicherungsschicht mit Flusssteuerung für die Verbindung von zwei Geräten wird ausführlich erörtert. Dazu werden beispielhaft das High-Level-Data-Link-Control(HDLC)-Protokoll und das Point-to-Point-Protokoll (PPP) vorgestellt. Die darauf folgenden Abschnitte rücken die Netzaspekte wieder mehr in den Mittelpunkt: Breitband-ISDN mit ATM, lokale Netze und Internet mit der Protokollfamilie TCP/IP. Den Aufbau und die Themenschwerpunkte des Kapitels stellt das Mindmap in Abb. 6.1 nochmals übersichtlich zusammen.

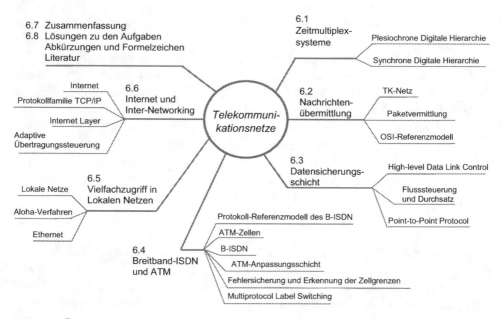

Abb. 6.1 Übersicht des Kapitels

6.1 Zeitmultiplexsysteme

Für die Übertragung analoger Sprachkanäle wurden Systeme zur Vielfachnutzung von Übertragungsmitteln wie Koaxialkabel und Richtfunkstrecken eingeführt. Beispielsweise werden im Trägerfrequenzsystem in Kap. 5 die analogen Sprachkanäle im Frequenzmultiplex, also frequenzmäßig getrennt, über eine Leitung übertragen. Ebenso wäre es unwirtschaftlich, wollte man jedes digitale Sprachsignal (Pulse Code Modulation, PCM, in Kap. 3) über eine eigene Leitung übertragen. Für diesen Zweck werden spezielle digitale Hierarchien aufgebaut.

6.1.1 Plesiochrone digitale Hierarchie

Zur Bündelung der digitalen Gesprächskanäle in der Telefonie wurde Ende der 1960er-Jahre die *plesiochrone digitale Hierarchie* (PDH, Plesiochronous Digital Hierarchy) eingeführt. An ihr lassen sich grundlegende Begriffe, Aufgaben und Lösungen für Zeitmultiplexsysteme erkennen und bis heute gültige Festlegungen verstehen.

Die Grundstufe der PDH ist das *PCM-30-System*, das 30 PCM-Kanäle zum *Primärmultiplexsignal* zusammenfasst. Die PCM-Kanäle werden oktettweise zeitlich ineinander verschränkt, also in Gruppen aus je acht Bits in *Zeitmultiplex*-Übertragung. Die 30 Gesprächskanäle, allgemein Transportkanäle, werden noch um zwei Organisationskanäle ergänzt. Aus den Bitströmen aller 32 Kanäle werden aufeinanderfolgende Rahmen gebildet, die je Kanal ein *Oktett* aus acht Bits (1 Byte) tragen. Daraus ergeben sich 256 Bits pro Rahmen. Bei der Abtastfrequenz von 8 kHz für die PCM-Sprache und acht Bits pro Abtastwert stehen für den Rahmen 125 µs zur Verfügung. Den Rahmenaufbau zeigt Abb. 6.2.

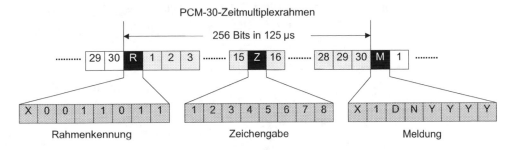

Abb. 6.2 PCM-30-Zeitmultiplexrahmen mit Rahmenerkennung und Inbandsignalisierung

Das erste Oktett im Rahmen ist abwechselnd entweder ein *Rahmenkennungswort* (R) oder ein *Meldewort* (M). Das 2.–16. Oktett gehört zu den ersten 15 Transportkanälen mit jeweils einer Bitrate von 64 kbit/s, z. B. für PCM-Sprache. Das 17. Oktett dient zur *Zeichengabe*, wie der Übertragung von Rufnummern. Danach schließen sich die Oktette der restlichen 15 Transportkanäle an.

Rahmenkennungswort und Meldewort sind typisch für die digitale Übertragung. Da die Zuordnung der Oktette zu den Transportkanälen sowie den Funktionen Zeichengabe und Meldung von der Lage im Rahmen abhängt, ist die Erkennung des Rahmenanfangs, die *Rahmensynchronisation*, für die Kommunikation unverzichtbar. Mit dem Meldewort besteht die Möglichkeit der *Inbandsignalisierung*, d. h. der Übertragung von Informationen für die Steuerung der Verbindung ohne zusätzlichen (physikalischen) Kanal und auch bei laufenden Übertragungen.

Der Aufbau des Rahmenerkennungs- und des Meldeworts und die Bedeutung der einzelnen Bits werden im Schnittstellenprotokoll festgelegt. Im Meldewort ist das Bit X für die internationale Verwendung reserviert, das Bit D dient als Meldebit für dringenden Alarm und Bit N als Meldebit für nicht dringenden Alarm. Obwohl pro Meldewort nur ein D- und ein N-Bit zur Verfügung stehen, entspricht das einer Datenverbindung mit der Bitrate von je 4 kbit/s, da alle 250 µs ein D- und ein N-Bit übertragen werden. Die vier Y-Bits sind schließlich für die nationale Verwendung reserviert.

Aus PCM-30-Systemen wird die PDH-Hierarchie in Abb. 6.3 aufgebaut. Jeweils vier Untersysteme werden in einem *Multiplexer* zusammengeführt, bis schließlich im PCM-7680-System 7680 Gesprächskanäle gebündelt werden. Beim Übergang zur nächsthöheren Hierarchiestufe wird jeweils die Bitrate etwas mehr als vervierfacht, weil zusätzliche Organisationszeichen bzw. eventuell Stopfbits zur Taktanpassung ergänzt werden müssen. (Die Bitraten in Abb. 6.3 sind gerundet.) Wegen der nur ungefähren Synchronizität zwischen den Datenströmen spricht man von einem plesiochronen digitalen Multiplexsystem.

Weitere Details zur PDH-Übertragung sind in Tab. 6.1 zusammengestellt. Erst die Verwendung von Lichtwellenleitern macht eine effiziente Übertragung mit hohen Bitraten über weite Strecken möglich (Kap. 7).

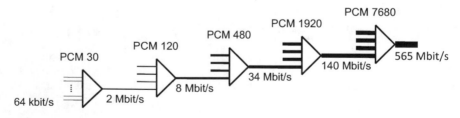

Abb. 6.3 PCM-Zeitmultiplexsysteme in der plesiochronen digitalen Hierarchie

Tab. 6.1 PCM-Zeitmultiplexsysteme

System[a]	PCM 30/E1	PCM 120/E2	PCM 480/E3	PCM 1920/E4	PCM 7680/E5
Bruttobitrate (Mbit/s)	2,048	8,448	34,368	139,264	564,992
Leitung	Kabel[b]	Kabel/Koax[c]	Koax/LWL[d]		
Regenerator-abstand (km)	2	6,5	4, Koax 40, LWL	4, Koax 40, LWL	1,5, Koax 35, LWL

[a] für Europa, Zahl der Nutzkanäle im Systemnamen;
[b] symmetrisches Kabel; verdrilltes Adernpaar;
[c] Koaxialkabel;
[d] Lichtwellenleiter

Anmerkungen

- Man beachte den Unterschied zwischen PCM-30-Systemen und ISDN, das erst Ende der 1980er-Jahre eingeführt wurde. Aus Kompatibilitätsgründen wurde für den ISDN-Basiskanal, dem B-Kanal, ebenfalls die Bitrate von 64 kbit/s festgelegt.
- Das erste transatlantische Kabel aus zwei Lichtwelleleitern (TAT-8) wurde 1988 mit 7680 Telefonkanälen in Betrieb genommen (Huurdeman 2003). Zum Vergleich: Ab 1956 stellte das erste transatlantische Telefonkabel (Koaxialkabel) TAT-1 nur 36 analoge Sprachkanäle bereit, bei über 60-fachen Kosten. Das allererste erfolgreiche transatlantische Kabel wurde 1866 für die Telegrafie verlegt. Seine Übertragungskapazität betrug etwa acht Wörter pro Minute und ein Wort kostete 10 Dollar, was dem Wochenlohn eines einfachen Arbeiters entsprach (Vick und Barone 2016). 1927 wurde ein Telefondienst eingerichtet (Huurdemann 2003).
- In den USA, Kanada und Japan werden jeweils 24 PCM-Kanäle im T1-System (DS1-Format mit 1544 Mbit/s) zusammengefasst und es wird ein etwas modifiziertes PDH-System aufgebaut.

PCM-30-Systeme wurden in Deutschland ab 1971 eingesetzt. Die PDH-Hierarchie spiegelt den Stand der Technik Anfang der 1980er-Jahre wider, insbesondere den Stand der Mikroelektronik und der Nachrichtenübertragungstechnik für Koaxialkabel. Es besitzt einen grundsätzlichen Nachteil. Wie fädelt man in Abb. 6.3 einen einfachen Gesprächskanal in einen hochratigen Multiplexkanal ein und aus? – Indem man alle Hierarchiestufen von unten bis oben bzw. von oben bis unten durchläuft. Es ist klar, dass ein derartig aufwendiges und unflexibles Verfahren wirtschaftlich nur suboptimal sein kann.

6.1.2 Synchrone digitale Hierarchie

Zur Ablösung der PDH wurde 1987 von der ITU-T, vormals CCITT, die *synchrone digitale Hierarchie* (SDH, Synchronous Digital Hierarchy) vorgeschlagen. Die im Vergleich mit PDH genauere Abstimmung der Takte der SDH-Netzelemente mit dem zentralen Netztakt verbessert den Zugriff auf die Bitströme der Zuliefersysteme. Der Zugriff kann somit flexibler gestaltet werden. Darüber hinaus wird der Netzbetrieb nun durch umfangreiche Mechanismen zur Überwachung und zum Schutz der Signalübertragung, z. B. bei Ausfällen von Baugruppen und Übertragungsleitungen etc., unterstützt, sodass eine hohe Verfügbarkeit realisiert wird. Auch ein Prüfwort zur Bitfehlerbestimmung wird übertragen. Auf SDH fußen deshalb heute weltweit die meisten eingesetzten Übertragungssysteme für die Hauptstränge („backbone") im Kernnetz („core network") und den hochratigen Verbindungen zum Kernnetz („backhaul").

Ferner wurde berücksichtigt, die bisher inkompatiblen Multiplexsysteme in Europa, Japan und Nordamerika zu harmonisieren und die neuen Möglichkeiten der optischen Übertragung zu nutzen. In Nordamerika wird das zur ITU-T kompatible System SONET (Synchronous Optical Network) genannt, weil zur Übertragung optische Systeme eingesetzt werden (Kap. 7).

Als Grundelement der SDH wird das *STM-1-Transportmodul* mit einer Bitrate von 155,52 Mbit/s verwendet, das die bisherigen PCM-Multiplexsysteme niedrigerer Bitraten zusammenführt. Bei dessen Definition wurde deshalb besonders auf die flexible Zusammenstellung des Moduls aus niederratigen Bitströmen geachtet. Möglich wird dies durch die Mikroelektronik, die schnellen Zugriff und schnelle Auswertung der übertragenen Oktette erlaubt. Den prinzipiellen Aufbau des STM-1-Transportmoduls zeigt Abb. 6.4.

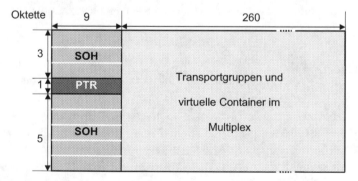

Abb. 6.4 Aufbau des SDH-Transportmoduls (STM1) mit dem SOH-Feld zur Steuerung und Überwachung der Verbindung und dem Pointer-Feld zum Zugriff auf die Transportgruppen und die virtuellen Container

Innerhalb eines Rahmens von 125 µs Dauer werden sequenziell 2430 Oktette übertragen. Die Oktette sind logisch in Form einer Matrix mit neun Zeilen und 270 Spalten eingebettet. Die ersten neun Oktette einer Zeile haben jeweils organisatorische Aufgaben. Dazu gehören die Bits der Verkehrslenkung und der Qualitätsüberwachung des SDH-Netzes im Feld Section Overhead (SOH) und die Zeiger im Feld Pointer (PTR). Die Zeiger verweisen auf die eingebetteten Multiplexsysteme, den Transportgruppen und virtuellen Containern. Transportgruppen und virtuelle Container besitzen wiederum jeweils Kopffelder, die die Information über den inneren Aufbau enthalten. So können mehrerer Container bzw. Transportgruppen ineinander verschachtelt werden. Die Verschachtelung der Bits unterschiedlicher Container und Transportgruppen geschieht oktettweise. Es werden jeweils acht Bits eines niederratigen Systems zusammengestellt.

Ein zusätzlicher Aufwand entsteht durch die notwendige Übertragung der Kopffelder. Hinzu kommt, dass Transportgruppen und Container feste Größen besitzen, sodass gegebenenfalls Stopfbits eingefügt werden müssen, was die effektive Bitrate mindert.

Beginnend mit den STM-1-Transportmodulen, wird die SDH durch Zusammenfassen von jeweils vier Transportmodulen einer Ebene aufgebaut. Ein STM-64-Transportmodul mit 9,6 Gbit/s kann mithilfe von Lichtwellenleitern über Entfernungen bis 200 km ohne Regeneration übertragen werden (Obermann und Horneffer 2013).

STM-n-Transportmodule unterstützen eine relativ flexible Gestaltung des Kommunikationsnetzes. Durch den Einsatz von leistungsfähigen Netzknoten (SDH-CC) oder auch Digital Cross Connect (DXC) genannt, und *Add-/Dropp Multiplexern* (ADM) wird der Zugriff auf Signale bestimmter Bitraten ermöglicht. Der SDH-CC verbindet als Netzknoten STM-n-Eingänge mit STM-n-Ausgängen und wird dynamisch über das Telecommunication Management Network (TMN) gesteuert. Er hat nur Zugriff auf Transporteinheiten und virtuelle Container und schaltet unabhängig von Signalisierungsinformationen der Teilnehmer (Abb. 6.5). Anders der ADM, er manipuliert nur Module innerhalb eines STM-n-Multiplexrahmens. Aus ankommenden Multiplexrahmen kann er einzelne Transporteinheiten entnehmen und in abgehende Multiplexrahmen solche einfügen. ADM haben oft optische Schnittstellen zu zwei Lichtwellenleitern und elektrische Schnittstellen zu zuführenden Systemen, wie einfachen Multiplexern und Endsystemen.

Um den Bedarf an Übertragungskapazität zu befriedigen, hat die ITU-T ab 2003 Empfehlungen zum optischen Transportnetzwerk (OTN, Optical Transport Network) bzw. Optical Transport Hierarchy (OTH) verabschiedet (Kap. 7).

PDH, SDH und OTN regeln primär die Punkt-zu-Punkt-Verbindungen zwischen Netzknoten. Die Verbindungen zwischen den Teilnehmern herzustellen, ist Aufgabe der Nachrichtenübermittlung im nächsten Abschnitt.

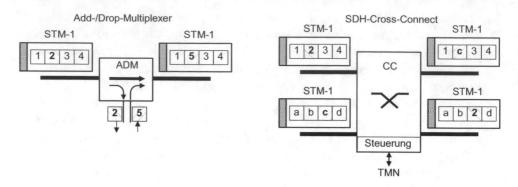

Abb. 6.5 Funktionsprinzip des ADM und des SDH-CC mit der Steuerung durch das TMN

Aufgabe 6.1

a) Im PCM-30-System werden 30 Teilnehmerkanäle mit je 64 kbit/s zu einem Daten-
    strom der Bitrate 2,048 Mbit/s zusammengefasst. Erklären Sie die erhöhte Bitrate das
    Multiplexsystems.

b) Im PCM-30-Zeitmultiplexrahmen sind im Meldewort vier Bits für die nationale Ver-
    wendung reserviert. Diese lassen sich als Kanal für netzinterne Meldungen nutzen.
    Welche Bitrate hat der Kanal?

c) Welchen Vorteil bietet SDH mit ADM gegenüber PDH?

d) Welches PCM-System wird durch das STM-1-Transportmodul direkt unterstützt?

6.2 Nachrichtenübermittlung

Der Begriff *Nachrichtenübermittlung* setzt sich zusammen aus den Begriffen *Nachrichtenübertragung*, der Übertragung von Nachrichten zwischen zwei Geräten oder Netzknoten,
und der *Nachrichtenvermittlung*, der zielgerichteten Organisation des Nachrichtenflusses,
der Wegewahl im *Telekommunikationsnetz* zwischen den Teilnehmern.

6.2.1 Telekommunikationsnetz

Das Telekommunikationsnetz, kurz TK-Netz genannt, ermöglicht den Nachrichtenaustausch zwischen den Netzzugangspunkten, den Orten an denen die Teilnehmer mit ihm
verbunden sind (Abb. 6.6). Es hat die Aufgabe, den Teilnehmern *Dienste* („services")
zur Verfügung zu stellen. Darunter versteht man die Fähigkeit des TK-Netzes, Nachrichten einer bestimmten Art mit bestimmten Merkmalen, wie zeitlichen Vorgaben und
Qualitätsindikatoren, zwischen den Netzzugangspunkten zu übertragen. Aus Sicht der
Teilnehmer steht über allem die Anwendung, die über die Benutzerschnittstelle auf die

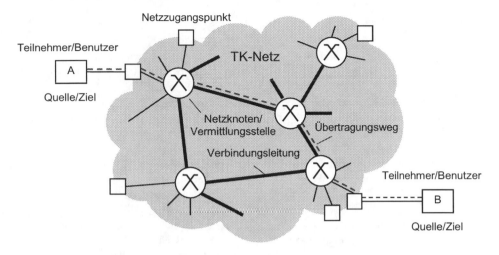

Abb. 6.6 Elemente des TK-Netzes

Abb. 6.7 SDH-Knoten und Verbindungen im Netz der Deutschen Telekom (nach Sigmund 2010, S. 159)

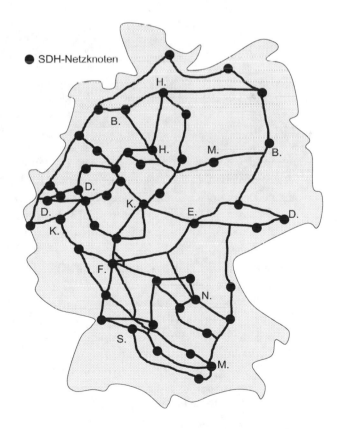

Tab. 6.2 Arten der Vermittlung

Leitungsvermittlung	Paketvermittlung
Durchschaltevermittlung („circuit switching")	Speichervermittlung („packet switching", „store-and-forward switching")
Der physikalisch fest zugeteilte Kanal wird zu Beginn der Kommunikation aufgebaut (Verbindungsaufbau, „circuit establishment") und erst am Ende der Übertragung wieder abgebaut (Verbindungsabbau; „circuit disconnect")	Die Nachricht wird in (Daten-)Pakete zerlegt. Die Übertragung geschieht entweder verbindungsorientiert („connection oriented") oder verbindungslos („connectionless")
Herkömmliche analoge öffentliche Fernsprechnetze (POT, Plain Old Telephony), digitale Netze auf PCM-Basis mit PDH, GSM-Sprachübertragung im Mobilfunknetz	LAN (Ethernet), SDH, ATM-Backbone, GPRS-Datenübertragung im GSM-Mobilfunknetz, Internetverkehr
☺ Zuverlässige schnelle Übermittlung der Nachricht, wenn die Verbindung aufgebaut ist. ☺ Verbindungsaufbau erfordert freien Kanal von A nach B. ☹ Verbindung belegt den Kanal auch dann, wenn keine Daten ausgetauscht werden (Sprechpausen, Lesen am Bildschirm, Pausen zwischen Tastatureingaben etc.).	☺ Kanal wird nicht während der gesamten Verbindungszeit belegt. ☺ Kanäle können von mehreren Teilnehmern bzw. Diensten quasi gleichzeitig genutzt werden. ☺ Optimierte Netzauslastung durch dynamische Kanalzuteilung möglich (asymmetrischer Verkehr). ☹ Zwischenspeichern der Pakete erfordert ausreichend Speicher in den Netzknoten. ☹ Zustellzeit ist eine Zufallsgröße.
Kritisches Qualitätsmerkmal: Blockierwahrscheinlichkeit („blocking probability")	Kritische Qualitätsmerkmale: Paketverlust („packet loss") und schwankende Zustellverzögerung („cell-delay jitter")

jeweilige Endeinrichtung zugreifen kann. Die Endeinrichtungen wiederum nutzen über die Netzschnittstellen an den Netzzugangspunkten den Dienst des TK-Netzes. Die dazu notwendige Kopplung der Geräte untereinander wird *Nachrichtenverbindung* („link") genannt. Meist wird der Begriff in Zusammenhang mit den Endeinrichtungen gebraucht. Man spricht dann von der Nachrichtenverbindung zwischen den Teilnehmern, Einrichtungen oder Stationen A und B. Sie kann beispielsweise mithilfe einer fest geschalteten und exklusiv zu nutzenden Leitung oder einer virtuellen Verbindung geschehen.

Ein weiterer wichtiger Begriff ist der *Kanal* („channel"). Damit ist im engeren Sinn die kleinste, logisch einem Dienst zugeordnete physikalische Einheit des Übertragungsmediums gemeint, wie z. B. das D-Bit im Meldewort des PCM-30-Zeitmultiplexrahmens.

Die Verbindung der Teilnehmer wird über eine oder mehrere *Vermittlungsstellen* geführt. Die Vermittlungsstellen übernehmen organisatorische Aufgaben und sind für die Wegewahl (Routing) zuständig. Als Symbol wird in Abb. 6.6 ein sich überkreuzendes Leitungspaar verwendet. Es erinnert an die ersten Vermittlungsstellen aus der Zeit um etwa 1900. Die Durchschalteverbindungen wurden damals von Hand durch das „Fräulein vom Amt" an Tafeln mit steckbaren Leitungen, den Koppelfeldern, vorgenommen.

Ein Beispiel wie ein landesweites TK-Netz aussehen könnte, zeigt Abb. 6.7. Das Bild veranschaulicht schematisch die höchste Ebene des Übertragungsnetzes, das Kernnetz, der Deutschen Telekom mit den Weitverkehrstrassen (Siegmund 2010, S. 159).

Im TK-Netz werden zwei grundlegende Vermittlungsarten unterschieden: die *Leitungsvermittlung* und die *Paketvermittlung*. Eine Gegenüberstellung wesentlicher Aspekte enthält Tab. 6.2.

6.2.2   Paketvermittlung

Bei der Paketvermittlung gibt es eine Unterscheidung. Sie wird entweder als verbindungsorientiert oder verbindungslos bezeichnet. Die *verbindungsorientierte* Paketvermittlung soll die Vorteile der Leitungsvermittlung verfügbar machen: Entlastung der Netzknoten und Reservierung von Betriebsmitteln, um eine gewisse Dienstgüte sicherzustellen. Die verbindungsorientierte Paketvermittlung im Virtual-circuit-packet-Network zeichnet sich folglich wie die Leitungsvermittlung durch die drei Phasen Verbindungsaufbau („call establishment"), Nachrichtenaustausch („data transfer") und Verbindungsabbau („call disconnect") aus. Entsprechend der Zielinformation und den Dienstmerkmalen wird zunächst ein geeigneter Weg durch das Netz gesucht (Routing). Dem gefundenen Weg zwischen zwei Netzknoten wird eine logische Verbindungsnummer *Virtual Circuit Number (VCN)* zugeordnet und in die *Wegewahltabellen* („routing table") eingetragen (Abb. 6.8). In den

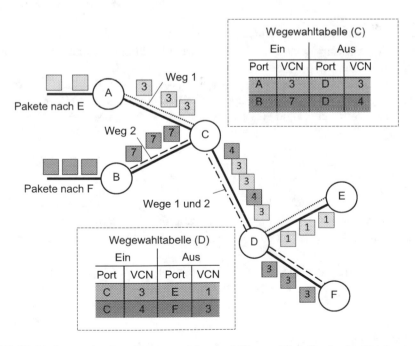

Abb. 6.8 Verbindungsorientierte Paketvermittlung mit Wegewahltabellen in den Netzknoten

Netzknoten werden die VCN gemäß den Wegewahltabellen umgewertet und die Datenpakete weitergeleitet. Der Vorteil der verbindungsorientierten Übermittlung liegt auf der
Hand. Durch die vorbereitende Wegsuche und die kurzen VCN wird die Vermittlung der
Pakete stark vereinfacht. Darüber hinaus können Ressourcen reserviert werden, sodass
eine vereinbarte *Dienstgüte* (QoS, Quality of Service) garantiert werden kann.

Anders bei der *verbindungslosen* Paketvermittlung, auch *Zellenvermittlung* genannt:
Die Verbindung wird nicht auf- und abgebaut. Jedes Paket trägt die zur Zustellung notwendige Information. Man spricht von einem *Datagramm* („datagram") mit dem Ab-
senderadresse („source address"), der Zieladresse („destination address"), einer eventuellen Steuerungsinformation („control information") und der eigentlichen Nachricht („payload"). Ein typisches Beispiel ist die ATM-Zelle, die in Abschn. 6.4 noch vorgestellt wird.

Von *Nachrichtenvermittlung* spricht man, wenn die Nachricht als Ganzes im Store-and-
forward-Prinzip von Station zu Station weitergereicht wird. Es wurde 1961 von L. Klein-
rock vorgeschlagen und kann als Vorläufer der heutigen Paketvermittlung angesehen werden.

▶ Bei der Leitungsvermittlung werden Verbindungen zwischen den Netzzugangspunkten über die Netzknoten durchgeschaltet („circuit switching"). Drei Phasen
werden durchlaufen: Verbindungsaufbau, Kommunikation und Verbindungsabbau. Wird die Verbindung erfolgreich aufgebaut, kann die Dienstgüte (QoS) garantiert werden.
Bei der verbindungslosen Paketvermittlung werden an Netzknoten ankommende Nachrichtenpakete zwischengespeichert und zum nächsten Netzknoten
weitergereicht („store-and-forward switching"). Die Netze arbeiten nach momentaner Verfügbarkeit („best effort"), eine darüber hinausgehende Dienstgüte
kann nicht garantiert werden.
Bei verbindungsorientierter Paketvermittlung werden Betriebsmittel im Verbindungsaufbau reserviert und Wegewahltabellen angelegt. Stehen die Betriebsmittel zur Verfügung, kann die Dienstgüte (QoS) garantiert werden.

6.2.3 OSI-Referenzmodell

Um die Entwicklung offener Telekommunikationssysteme voranzutreiben, hat die internationale Organisation ISO (International Organization for Standardization) 1984 ein Refe-
renzmodell für den Nachrichtenaustausch vorgestellt, das *Open-Systems-Interconnection
(OSI)-Referenzmodell* (ISO-Norm 7489).

Die ursprüngliche Absicht der ISO, ein einheitliches *Protokoll* für alle Telekommu-
nikationsanwendungen zu schaffen, hat sich nicht verwirklicht. Durch unterschiedliche
Anforderungen in verschiedenen Anwendungsbereichen, wie z. B. der Datenübertragung
in lokalen Rechnernetzen und der Funkübertragung in der Mobilkommunikation, kommen heute unterschiedliche Protokolle zum Einsatz. Trotzdem ist der Erfolg des OSI-
Referenzmodells unbestritten. Das hierarchische Architekturmodell hat Vorbildcharakter.

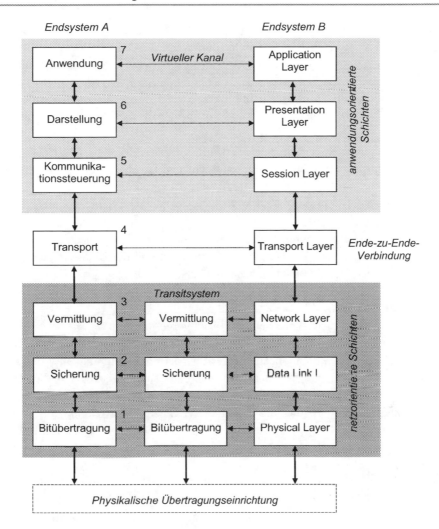

Abb. 6.9 OSI-Referenzmodell für Telekommunikationsprotokolle

Die Kommunikationsfunktionen werden in überschaubare, klar abgegrenzte Funktionseinheiten geschichtet, wobei benachbarte Schichten („layer") über definierte Aufrufe und Antworten, den *Dienstelementen* („service primitives"), miteinander verknüpft sind.

In Abb. 6.9 wird das OSI-Referenzmodell für eine Nachrichtenübertragung vom Endsystem A über ein Transitsystem, z. B. dem öffentlichen TK-Netz, zum Endsystem B vorgestellt. Der Transport läuft prinzipiell vertikal beim sendenden Endsystem von oben nach unten und beim empfangenden Endsystem von unten nach oben. Die Kommunikation zwischen den Schichten wird durch spezielle Dienstelemente unterstützt. Gleiche Schichten verschiedener Systeme sind über *virtuelle Kanäle* horizontal verbunden. Das sind Kanäle, die i. d. R. physikalisch nicht unmittelbar vorhanden sind, aber von den Protokollinstanzen wie solche behandelt werden dürfen.

Die Datenübertragung zwischen den Systemen erfolgt über die physikalischen Übertragungseinrichtungen, die jeweils aus der Bitübertragungsschicht gesteuert werden.

Die Schichten des OSI-Referenzmodells (Abb. 6.9) lassen sich nach ihren Aufgaben in vier Gruppen einteilen:

- Die oberen drei Schichten stellen primär den Bezug zur Anwendung her. Heute werden die Funktionen der OSI-Schichten sieben, sechs und fünf oft unter der Anwendungsschicht zusammengefasst.
- Zusammen mit der Transportschicht werden die obersten vier Schichten meist im Endgerät implementiert.
- Die unteren vier Schichten regeln den Transport der Daten von A nach B.
- Die Vermittlungsschicht, die Datensicherungsschicht und die Bitübertragungsschicht entsprechen den üblichen Funktionen eines TK-Netzes.

OSI-Protokollschichten
Nachfolgend werden die einzelnen Schichten kurz vorgestellt.

- Die *Anwendungsschicht* („application layer", 7) stellt die kommunikationsbezogenen Funktionen der Anwendung bereit. Hierzu gehören beispielsweise die Funktionen eines Anwendungsprogramms, zum gemeinsamen Erstellen eines Dokuments eine Textübertragung und eine Bildtelefonie aus einem Textverarbeitungsprogramm am PC heraus zu starten. Dafür ist beispielsweise auch die Anfrage bei einer aktiven Bildtelefonieanwendung notwendig, ob eine Bildübertragung zum gewünschten Partner überhaupt verfügbar ist.
- Die *Darstellungsschicht* („presentation layer", 6) befasst sich mit der Darstellung (Syntax und Semantik) der Information soweit sie für das Verstehen der Kommunikationspartner notwendig ist. Im Beispiel der gemeinsamen Dokumentbearbeitung sorgt die Darstellungsschicht dafür, dass den Teilnehmer gleichwertige Text- und Grafikdarstellungen angeboten werden, obwohl Hard- und Software von unterschiedlichen Herstellern mit unterschiedlichen Grafikauflösungen benutzt oder Zeichen im ASCII- oder Unicode dargestellt werden.
- Die *Kommunikationssteuerungsschicht* („session layer", 5) dient zur Koordinierung (Synchronisation) der Kommunikation einer Sitzung (Sitzungsschicht). Sie legt fest, ob die Verbindung einseitig oder wechselseitig (nacheinander oder gleichzeitig) stattfinden soll. Die Kommunikationssteuerungsschicht verwaltet Wiederaufsatzpunkte („checkpoints"), die einen bestehenden Zustand solange konservieren, bis der Datentransfer gültig abgeschlossen ist. Sie sorgt dafür, dass bei einer Störung der Dialog bei einem definierten Wiederaufsatzpunkt fortgesetzt werden kann. Auch Berechtigungsprüfungen (Passwörter) sind ihr zugeordnet. Beispielsweise könnte durch die Synchronisation verhindert werden, dass die Partner einen Textabschnitt gleichzeitig

verändern. Oder nach einer Störung können mithilfe der Wiederaufsatzpunkte bereits überarbeitete Textabschnitte eingefügt werden.

- Die *Transportschicht* („transport layer", 4) verbindet die Endsysteme unabhängig von den tatsächlichen Eigenschaften des benutzten TK-Netzes und eventuellen Transitsystemen. Da sie die Ende-zu-Ende-Verbindung bereitstellt, kommt ihr eine besondere Bedeutung zu. Die Transportschicht übernimmt aus der Schicht 5 die geforderten Dienstmerkmale (z. B. Datenrate, Laufzeit, zulässige Bitfehlerrate usw.). Sie wählt gegebenenfalls das TK-Netz entsprechend den dort verfügbaren Diensten aus und fordert von dessen Vermittlungsschicht den geeigneten Dienst an. Sie ist auch für eine Ende-zu-Ende-Fehlersicherung der Übertragung zuständig, d. h. dass die Daten (bit)fehlerfrei, in der richtigen Reihenfolge, ohne Verlust oder Duplikation zur Verfügung stehen.

- Die *Vermittlungsschicht* („network layer", 3) legt anhand der Dienstanforderung und der verfügbaren logischen Kanäle die notwendigen Verbindungen zwischen den Netzzugangspunkten der Teilnehmer fest (Verkehrslenkung, Routing). Sie organisiert den Verbindungsaufbau und Verbindungsabbau zwischen den Netzzugangspunkten. Gegebenenfalls kann die Verbindung über mehrere Teilstrecken (Transitsysteme) erfolgen.

- Die *Datensicherungsschicht* („data link layer", 2) ist für die Integrität der empfangenen Bits auf den Teilstrecken zwischen zwei Netzknoten, einer Punkt-zu-Punkt-Übertragung, zuständig. Bei der Datenübertragung werden i. d. R. mehrere Bits zu einem Übertragungsblock, einem (Daten-)Rahmen („data frame") zusammengefasst und es wird ein bekanntes Synchronisationswort eingefügt, um im Empfänger den Anfang und das Ende der Rahmen sicher zu detektieren. Durch Hinzufügen von Prüfbits im Sender kann im Empfänger eine Fehlererkennung und/oder Fehlerkorrektur durchgeführt werden. Wird ein nicht korrigierbarer Übertragungsfehler erkannt, so wird i. d. R. automatisch die Wiederholung des Rahmens angefordert. Auch die effiziente Steuerung des Rahmenflusses zwischen Sender und Empfänger, z. B. mit Sende- und Empfangsnummern, ist eine wichtige Aufgabe der Datensicherungsschicht.

- Die *Bitübertragungsschicht* („physical layer", 1) stellt alle logischen Funktionen für die Steuerung der physikalischen Übertragung der Bits zur Verfügung. Sie passt den zu übertragenden Bitstrom an das physikalische Übertragungsmedium an und erzeugt aus den ankommenden Signalen wieder einen Bitstrom.

Dienstelemente

Die Schichten der Endsysteme in Abb. 6.9 sind jeweils über logische Kanäle miteinander verbunden. Sie ermöglichen den Nachrichtenaustausch zwischen den *Instanzen* („entities"), den aktiven Elementen, der jeweiligen Schichten. Angewendet werden die im Protokoll vorab definierten Regeln. Die logischen Kanäle sind mit Betriebsmitteln verknüpft, die von den Instanzen, z. B. durch einen Funktionsaufruf, benutzt werden können.

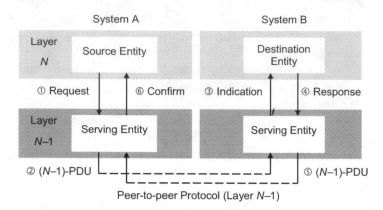

Abb. 6.10 Dienstelemente zur Kommunikation zwischen den Partnerinstanzen einer Protokoll-schicht

In Abb. 6.10 wird die logische Abfolge der elementaren Nachrichten, *Dienstelemente* („service primitives") genannt, zwischen den *Partnerinstanzen* („peer entities") der Protokollschichten dargestellt, wobei ein Dienst mit Bestätigung („confirmed service") angenommen wird. Im System A ruft die Instanz der Schicht N als Dienstnehmer („source entity") mit dem Dienstelement „request" eine Instanz der nachfolgenden Schicht $N-1$ als Diensterbringer („serving entity") auf und übergibt die notwendigen Parameter. Die Instanz der Schicht $N-1$ stellt ein passendes *Protokolldatenelement* (PDU, Protocol Data Unit) für die Übertragung zu einer Partnerinstanz des Systems B zusammen.

In den eventuell weiteren darunterliegenden Schichten wird ganz entsprechend verfahren. Logisch gesehen kommunizieren die Partnerinstanzen der Schicht N direkt miteinander, weshalb von einem *Peer-to-peer-Protokoll* gesprochen wird. Darum werden die tiefer liegenden Schichten auch nicht in Abb. 6.10 dargestellt.

Die Partnerinstanz des B-Systems übergibt die Daten im Dienstelement „indication" an die zuständige Instanz der Schicht N im System B. Da ein Dienst mit Bestätigung aktiviert wurde, sendet die Instanz mit dem Dienstelement „response" eine Nachricht über eine PDU der Schicht $N-1$ zurück. Diese wird schließlich als Dienstelement „confirm" der den Dienst auslösenden Instanz übergeben.

Anmerkungen

- Für den Dienst Verbinden („connect") gibt es beispielsweise die Dienstelemente „connect.request", „connect.indication", „connect.response" und „connect.confirmation", die als Funktionen in der Protokollsoftware mit entsprechenden Parametern aufgerufen werden können.
- Im TCP/IP-Referenzmodell werden für die Transportschicht mit dem Transport Control Protocol (TCP) und für die Internetschicht (Vermittlungsschicht) mit dem Internet Protocol (IP) Prozeduren und Formate vorgegeben.

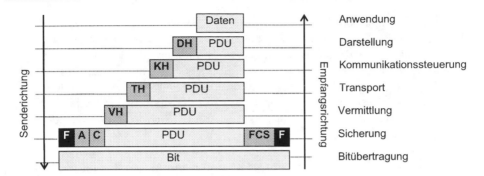

Abb. 6.11 Nachrichtenaustausch zwischen den Protokollschichten des Sende- und Empfangssystems

Protocol Data Unit

Die für den Nachrichtenaustausch gängige Methode ist in Abb. 6.11 dargestellt. Die Darstellungsschicht des sendenden Systems packt die zu übertragende Nachricht als Daten in die PDU. Sie stellt die der Darstellungsschicht im empfangenden System zugedachte Nachricht als Kopf, *Header* (H) genannt, voran und reicht das Paket an die Kommunikationssteuerungsschicht weiter. Die Schichten 5–2 verfahren im Prinzip ebenso. Die Sicherungsschicht stellt die Daten in einer für die Bitübertragung geeigneten Form, einem *Rahmen* („frame"), zusammen. Wichtig dabei ist, dass die Weitergabe *transparent* erfolgt, d. h. die diensterbringende Instanz keinerlei Kenntnis über die Bedeutung der Inhalte der PDU benötigt. Nur so ist die funktionale Unabhängigkeit der Schichten gewährleistet.

Ein häufig verwendetes Übertragungsprotokoll der Schicht 2 ist das HDLC-Protokoll. In diesem Fall werden die Rahmen wie in Abb. 6.11 zusammengestellt, was später noch genauer erläutert wird.

Das empfangende System nimmt die Bits in der untersten Schicht entgegen und rekonstruiert die Rahmen. Die jeweiligen PDU werden von unten zur obersten Schicht hin ausgepackt. Jede Schicht entnimmt den für sie bestimmten Anteil und reicht den Rest gegebenenfalls nach oben weiter.

Es ist offensichtlich, dass durch das Protokoll ein zusätzlicher Übertragungsaufwand entsteht, der sich bei manchen Anwendungen als Übertragungsverzögerung störend bemerkbar machen kann. Andererseits wird es durch die Kommunikationssteuerung möglich, nicht nur die Nachrichtenübertragung zwischen den Teilnehmern zu organisieren, z. B. das Nummerieren der Pakete bzw. Rahmen damit sie in der richtigen Reihenfolge zugestellt werden können, sondern auch den Netzbetrieb zu optimieren. Pakete bzw. Rahmen können als reine Steuerungsnachrichten markiert werden. Betriebsinformationen, wie die Komponentenauslastung oder eine Fehlermeldung, lassen sich so in den normalen Nachrichtenverkehr einschleusen. Moderne digitale TK-Netze werden zentral in einer Operation-Administration-and-Maintenance(OAM)-Einrichtung überwacht und ihr Betrieb nach aktuellem Verkehrsbedarf optimiert.

▶   Das *OSI-Referenzmodell* beschreibt prototypisch das Kommunikationsproto-
    koll zwischen zwei Endsystemen. Es besteht aus sieben Schichten. Die oberen
    drei Schichten (Anwendungs-, Darstellungs- und Kommunikationssteuerungs-
    schicht) werden heute oft zur Anwendungsschicht zusammengefasst. Zusam-
    men mit der Transportschicht für die Kontrolle der Ende-zu-Ende-Verbindung
    finden sich diese Schichten in den Endgeräten. Die unteren drei Schichten
    (Vermittlungs-, Datensicherungs- und Bitübertragungsschicht) bilden die netz-
    orientierten Schichten.
    Die Kommunikation zwischen den Schichten geschieht horizontal auf gleicher
    Ebene durch virtuelle Kanäle. Dazu werden mithilfe von Dienstprimitiven die
    jeweils tieferliegenden Schichten zum vertikalen Transport in Anspruch genom-
    men.

Aufgabe 6.2

a) Was ist die Aufgabe eines TK-Netzes?
b) Was versteht man unter der Nachrichtenübermittlung?
c) Was ist ein Dienst in einem TK-Netz?

Aufgabe 6.3

a) Nennen Sie die beiden grundsätzlichen Vermittlungsprinzipien.
b) Nennen Sie die drei Phasen der verbindungsorientierten Kommunikation.
c) Was ist eine verbindungslose Nachrichtenübermittlung?

Aufgabe 6.4

a) Bringen Sie die sieben Schichten des OSI-Referenzmodells in die richtige Reihenfolge. Welche Schichten sind anwendungsorientiert und welche netzorientiert?
   Hinweis: In alphabetischer Reihenfolge: Anwendung, Bitübertragung, Darstellung,
   Kommunikationssteuerung, Sicherung, Transport, Vermittlung – alternativ: Application Layer, Data Link Layer, Network Layer, Physical Layer, Presentation Layer, Session Layer, Transport Layer
b) Welche Schicht verbindet die Endsysteme miteinander?
c) Erklären Sie, wie die Kommunikation zwischen den Partnerinstanzen einer Protokollschicht logisch erfolgt.

6.3   Datensicherungsschicht

Anfang der 1970er-Jahre wurde von der Firma International Business Machines (IBM)
das bitorientierte Synchronous-Data-Link-Control(SDLC)-Protokoll entwickelt. Es entspricht der Sicherungsschicht, der Schicht 2 im OSI-Referenzmodell. Daran angelehnt

hat 1976 die OSI das HDLC-Protokoll als ISO-Norm verabschiedet. Im gleichen Jahr wurde von der CCITT, heute ITU, das Protokoll unter dem Namen Link Access Protocol (LAP) für die Schicht 2 des weitverbreiteten X.25-Protokolls für Paketdatennetze adaptiert. Eine Erweiterung zu einem symmetrischen Duplexprotokoll, bei dem beide Seiten gleichberechtigt Steuerfunktionen wahrnehmen, wurde 1980 von der CCITT als LAP in Balanced Mode (LAPB) festgelegt. Modifikationen des HDLC-Protokolls finden sich heute beispielsweise im ISDN-Teilnehmeranschluss als LAP-on-D-Channel(LAPD)-Protokoll oder in Global System for Mobile Communications (GSM) als Radio-Link-Protokoll (RLP). Weitere Beispiele finden sich auf der Infrarotschnittstelle der Infra-red Data Association (IrDA) oder in der Bluetooth-Empfehlung. Das HDLC-Protokoll hat beispielgebenden Charakter. Es löst die elementaren Aufgaben einer Schicht-2-Verbindung, der Fehlersicherung in der Datenübertragung, in effizienter Weise. Je nach Ausprägung, z. B. durch Auswahl einer Teilmenge der möglichen Befehle und Meldungen, können unterschiedlich komplexe Anwendungen realisiert werden.

6.3.1 High-Level Data Link Control

Das *High-Level-Data-Link-Control(HDLC)-Protokoll* ist ein häufig verwendetes Protokoll der Datensicherungsschicht, das die Steuerung der Kommunikation und die Nutzdatenübertragung bitorientiert mithilfe von Rahmen durchführt.

HDLC-Rahmen
Den Rahmenaufbau zeigt Abb. 6.12. Jeder Rahmen beginnt mit einem Kopf aus einem Oktett, dem *Header*, und endet mit einem Nachspann aus einem Oktett, dem *Trailer*. Der Header fungiert als *Rahmenerkennungswort* und besitzt deshalb das eindeutige Bitmuster „01111110", das *Flag* genannt wird. Das Flag wird ebenfalls im Trailer übertragen und schließt so jeden Rahmen definiert ab. Dadurch wird es möglich, verschieden lange Rahmen zu verwenden, ohne die Länge durch eine Steuerungsinformation explizit angeben zu müssen. Das Flag darf deshalb nicht an anderer Stelle im Rahmen vorkommen.

Als zweites Oktett wird das *Adressfeld* („address field") mit der Zieladresse übermittelt. Durch Verwenden von Adressen wird die Kommunikation zwischen mehreren Stationen über ein gemeinsames Übertragungsmedium („bus") möglich. Auch können, ähnlich dem Rundsenden, Punkt-zu-Mehrpunkt-Verbindungen implementiert werden. Da genau ein Oktett zur Verfügung steht, sind maximal $2^8 = 256$ unterschiedliche Adressen

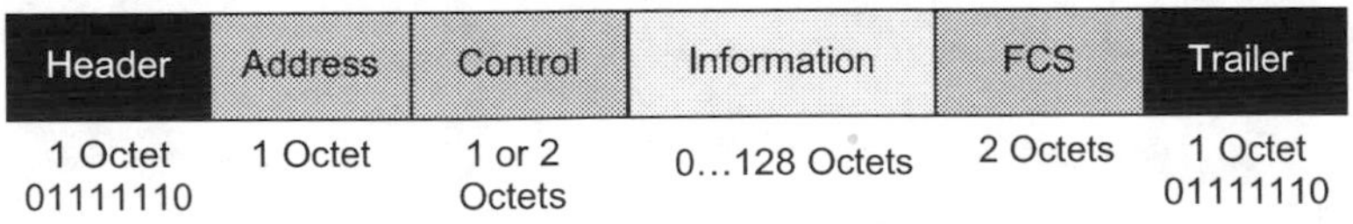

Header	Address	Control	Information	FCS	Trailer
1 Octet 01111110	1 Octet	1 or 2 Octets	0...128 Octets	2 Octets	1 Octet 01111110

Abb. 6.12 Rahmenaufbau des HDLC-Protokolls

darstellbar. Werden Adressen mit Sonderfunktionen belegt, ist die maximal mögliche Zahl der Stationen entsprechend kleiner.

Es schließt sich das *Steuerungsfeld* („control field") mit ein oder zwei Oktetten mit Information zur Kommunikationssteuerung an, was später noch genauer vorgestellt wird.

Das optionale *Informationsfeld* („information field"), auch Datenfeld („data field") genannt, besitzt eine variable Länge mit bis zu 128 Oktetten. Die Länge muss nicht explizit übertragen werden, da das Rahmenende am Flag im Trailer erkannt wird. Im Informationsfeld ist deshalb das Bitmuster des Flag nicht zulässig. Durch systematisches Einfügen von gegebenenfalls zusätzlichen Nullen in die Informationsfolge wird die Bittransparenz gewährleistet. *Bittransparenz* bedeutet, dass jede beliebige Kombination von Bits als Information zugelassen ist. Sollen sechs oder mehr aufeinander folgende Einsen übertragen werden, so wird jeweils nach fünf Einsen eine Null eingefügt („zero bit insertion"), allgemeiner auch *Bitstopfen* („bit stuffing") genannt. Im Empfänger werden die eingefügten Nullen erkannt und entfernt („zero bit deletion"). Weil die Bitfolge der Nachricht vorab nicht bekannt ist, wird hier die Zahl der tatsächlich zu übertragenden Bits eine Zufallsgröße.

Die Bitfehlererkennung im Adressfeld, Steuerungsfeld und Datenfeld wird durch die Prüfzeichen im Feld *Frame Check Sequence* (FCS) unterstützt. Üblicherweise wird nach CCITT-Empfehlung der zyklische Code *Cyclic-Redundancy-Check(CRC)-16* eingesetzt, um eine Fehlererkennung zur Fehlerüberwachung im Empfangssystem zu unterstützen (Kap. 8).

Je nach Aufgabe sind drei unterschiedliche Rahmenformate vorgesehen. Man unterscheidet zwischen Rahmen mit Daten im *I-Format* („information frames"), Rahmen mit Meldungen zur Flusssteuerung im *S-Format* („supervisory frames") und nicht nummerierten Rahmen mit Steuerungsfunktionen im *U-Format* („unnumbered frames").

Flusssteuerung

Die *Flusssteuerung* regelt den zeitlichen Ablauf der Übertragung der Rahmen, wie Reihenfolge und Wiederholungen. Durch die spezialisierten Formate wird eine effektive Kommunikation im Sinn einer schnellen, möglichst fehlerfreien Übertragung der Nutzinformation unterstützt. Sie wird in Abschn. 6.3.2 noch vorgestellt.

Die unterschiedlichen Rahmenformate sind an den Steuerungsfeldern in Abb. 6.13 zu erkennen. Das erste Bit unterscheidet zwischen dem I-Format und den Steuerungsnachrichten. Mit dem zweiten Bit werden das S- und das U-Format auseinandergehalten.

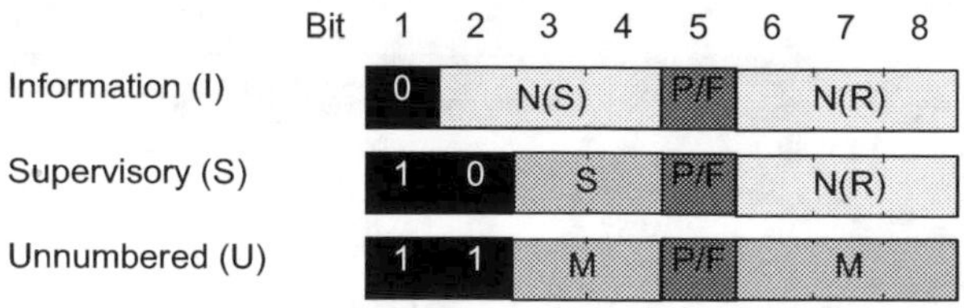

Abb. 6.13 Rahmenformate und zugehörige Steuerungsfelder im HDLC-Rahmen

Im I-Format wird in den Bits 2–4 die *Sendenummer* N(S) übertragen, sodass ein korrekter Empfang von der Gegenstation mit der *Empfangsnummer* N(R) = N(S) + 1 im I-Format bzw. S-Format quittiert werden kann.

Mit drei Bits für die Sende- bzw. Empfangsnummer werden zur Flusssteuerung $2^3 = 8$ aufeinanderfolgende Rahmen durchnummeriert. Es wird modulo-8 durchgezählt, sodass nach der Nummer sieben mit null wieder von vorne begonnen wird. In der Extended Version des Protokolls, der Version mit einem Steuerfeld aus zwei Oktetten, werden die Sende- und Empfangsnummern auf jeweils sieben Bits erweitert. Damit lassen sich 128 Rahmen fortlaufend nummerieren. Die Nummerierung der Rahmen erlaubt eine effizientere Übertragung als bei einfachem Stop-and-Wait-ARQ-Verfahren („automatic repeat request"). Bei Letzterem wird ein neuer Rahmen erst übertragen, wenn sein Vorgänger quittiert wurde. Dadurch entstehen unter Umständen Wartezeiten, die den Datendurchsatz reduzieren. Mit den nummerierten Rahmen des HDLC-Protokolls ist der Einsatz des Go-back-*n*-ARQ-Verfahrens mit selektiver Wiederholung („selective repeat") möglich. Dabei werden auch ohne Quittierung zunächst weitere Rahmen übertragen, sodass etwas verspätete Quittierungen die Übertragung nicht unterbrechen. Darüber hinaus werden auch die vorherigen Rahmen mit quittiert.

Das fünfte Bit im Feld Steuerung („control field") dient in Befehlen als *Poll-Bit* (P). P = 1 fordert die Gegenstation zum sofortigen Senden einer Meldung auf. Die Gegenstation antwortet in ihrer Meldung mit Bit 5 als *Final-Bit* mit F = 1. Mit einem einfachen Poll-Final-Mechanismus kann beispielsweise eine Station als Konzentrator eine Reihe von Terminals zyklisch abfragen. Ist bei der Abfrage das P-Bit gesetzt, kann das Terminal seine Daten senden. Dabei setzt es in seinen Rahmen ebenfalls das P-Bit. Nur der letzte Rahmen zeigt schließlich mit dem F-Bit das Ende der Übertragung an.

Die mit S und M markierten Bitpositionen im S- bzw. U-Format kennzeichnen unterschiedliche Steuerungsnachrichten. Die Codierung für einige wichtige Steuerungsnachrichten stellt Tab. 6.3 vor.

Im S-Format kann mit den beiden Bits 3 und 4 jeweils eine der vier Nachrichten dargestellt werden. Die Nachricht Receive Ready (RR) zeigt die Empfangsbereitschaft für einen weiteren Rahmen an. Mit Receive Not Ready (RNR) wird der Gegenstation signalisiert, dass keine weiteren Daten empfangen werden können. Reject (REJ) weist auf einen fehlerhaft erkannten Rahmen hin. In Verbindung mit einer Quittierung jeden Rahmens bedeutet REJ, dass der Rahmen mit der Empfangsnummer N(R) als fehlerhaft erkannt wurde. Werden mehrere Rahmen quittiert, so müssen alle Rahmen mit N(S) ≥ N(R) wiederholt werden. Mit Selective Reject (SREJ) wird der Empfang eines bestimmten Rahmens als fehlerhaft zurückgemeldet und eine erneute Übertragung angefordert.

Rahmen im U-Format signalisieren keine Empfangsnummern. Sie dienen zum Aufbau und Abbau der Verbindung und der Übertragung von Mitteilungen innerhalb der Sicherungsschicht zwischen den Stationen. Die Befehle Set Asynchronous Balanced Mode (SABM) und SABME (SABM Extended) initialisieren die Schicht-2-Verbindung. Im einfachen Fall wird die Rahmennummerierung modulo-8 und in der Extended Version

Tab. 6.3 Beispiele für die Codierung im Steuerungsfeld des HDLC-Rahmens

Format	Nachricht	Funktion	Bitmuster							
			1	2	3	4	5	6	7	8
I^a	I	–	0	$N(S)^f$			P/F^g	$N(R)^h$		
S^b	RR	C^d/R^e	1	0	0	0	P/F	N(R)		
S	RNR	C/R	1	0	1	0	P/F	N(R)		
S	REJ	C/R	1	0	0	1	P/F	N(R)		
S	SREJ	C	1	0	1	1	P/F	N(R)		
U^c	SABM	C	1	1	1	1	P	1	0	0
U	SABME	C	1	1	1	1	P	1	1	0
U	DISC	C	1	1	0	0	P	0	1	0
U	UA	R	1	1	0	0	F	1	1	0
U	DM	R	1	1	1	1	F	0	0	0
U	FRMR	R	1	1	1	0	F	0	0	1

[a] Informationsrahmen („information frame"),
[b] Überwachungssrahmen („supervisory frame"),
[c] Unnummerierter Rahmen („unnumberd frame"),
[d] Befehl („command"),
[e] Meldung („response"),
[f] Sendenummer („send sequence number"),
[g] Poll-/Final-Bit,
[h] Empfangsnummer („received sequence number")

modulo-128 vorgenommen. Mit Disconnect (DISC) wird der Verbindungsabbau ausgelöst. Die Meldung Unnumbered Acknowledgement (UA) bestätigt den Empfang eines Rahmens ohne Folgennummer. Die Meldung Disconnect Mode (DM) zeigt an, dass Befehle der Schicht-2-Verbindung nicht ausgeführt werden können. Mit Frame Reject (FRMR) wird ein Fehlerzustand angezeigt, der nicht durch Rahmenwiederholung beseitigt werden kann. Im Datenfeld wird eine Fehlerbeschreibung mitgeliefert. Abschließend sei daran erinnert, dass in den Anwendungen nicht alle Steuerungsbefehle und Meldungen realisiert sein müssen.

Nachrichtenflussdiagramm

Die Anwendung des HDLC-Protokolls in typischen Verbindungssituationen zeigt Abb. 6.14 im *Nachrichtenflussdiagramm* („message sequence chart"). Das Nachrichtenflussdiagramm zeigt den Ablauf des Rahmenaustauschs zwischen den zwei Stationen A und B. Die Zeit läuft dabei von oben nach unten und jeder Pfeil entspricht einem gesendeten Rahmen.

Das linke Bild zeigt den Verbindungsaufbau und -abbau. Es wird auch eine *Zeitüberwachung* („timer") verwendet. Da im Beispiel die Bestätigung des Befehls SABM durch die Meldung UA nicht innerhalb der vorgesehenen Zeit eintrifft („timeout"), wird der Befehl wiederholt. Den realen Verbindungen liegen i. d. R. spezifische *Zustandsmodelle* mit Zeit-

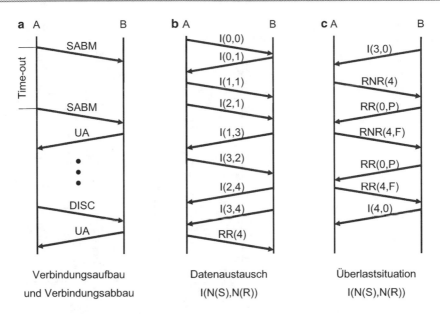

Abb. 6.14 Nachrichtenflussdiagramme für den Verbindungsaufbau, den Datenaustausch und die Überlaststeuerung mit dem HDLC-Protokoll (nach Stallings 2000, S. 220)

überwachung und Fehlerbehandlung zugrunde, deren Darstellung den hier vorgesehenen Raum übersteigen würde.

In der Bildmitte wird ein typischer Datenaustausch dargestellt. In Abb. 6.14c ist die Situation einer *Überlastung* in der Station A zu sehen. Nach dem Empfang von Daten, ein Rahmen im I-Format mit der Sendenummer $N(S) = 3$, ist beispielsweise der Empfangspuffer für Daten voll. Die Station A kann keine neuen Daten (I-Format) aufnehmen. Sie signalisiert dies mit der Meldung RNR, wobei sie gleichzeitig den Empfang des letzten Rahmens quittiert. Die Station B stellt die Übertragung von Daten (I-Format) ein. Sie signalisiert in gewissen Zeitabständen der Station A Empfangsbereitschaft und fordert dabei die Station mit dem Poll-Bit ($P = 1$) auf, sich zu melden. Die Station A antwortet, solange sie nicht Empfangsbereit für Daten ist, mit der Meldung RNR, wobei sie mit dem Final-Bit ($F = 1$), den Polling-Aufruf quittiert. Schließlich ist die Station A wieder empfangsbereit und die Datenübertragung wird fortgesetzt.

Zwei typische Fehlerbehandlungen sind in Abb. 6.15 dargestellt. In Abb. 6.15a wird die Reihenfolge der Rahmen verletzt. Die Station B erkennt den Fehler und sendet die Meldung REJ, wobei der Rahmen 3 quittiert wird. Die Sation A wiederholt die Übertragung beginnend mit Rahmen 4. Eine ähnliche Situation wird in Abb. 6.15b vorgestellt. Allerdings wird nun der Fehler durch Ablaufen eines Timers erkannt; Station B quittiert nicht rechtzeitig den Empfang. Station A signalisiert Empfangsbereitschaft verbunden mit einem Polling-Aufruf. Station B antwortet mit der Meldung Empfangsbereitschaft und quittiert den Polling-Aufruf sowie den letzten korrekt empfangenen Rahmen mit Daten.

Abb. 6.15 Fehlerbehandlung mit HDLC-Protokoll (nach Stallings 2000, S. 220)

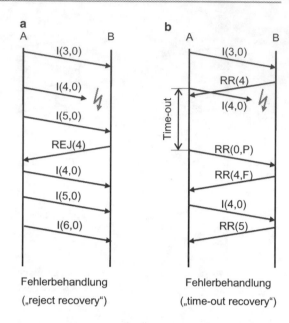

Fehlerbehandlung
(„reject recovery")

Fehlerbehandlung
(„time-out recovery")

> Das *HDLC-Protokoll* gehört zur Datensicherungsschicht. Es unterstützt den Auf-
> und Abbau gesicherter Verbindungen mit *Flusskontrolle*. Übertragen werden
> HDLC-Rahmen mit einem festen Flag, einem Adressfeld, einem Steuerungs-
> feld, einem oder keinem Informationsfeld variabler Länge, einer Prüfsumme
> und zum Schluss noch mal das Flag. Anhand des Bitmusters im Steuerungs-
> feld werden drei spezialisierte Formate unterschieden: Informationsrahmen (I),
> Steuerungsrahmen mit Sendenummern (S) und ohne Sendenummern (U).

6.3.2 Flusssteuerung und Durchsatz

Nachdem das HDLC-Protokoll als grundlegendes Beispiel für die Kommunikation auf der
Schicht 2 vorgestellt wurde, behandeln wir einige allgemeine Begriffe und Prozeduren zur
effizienten und sicheren Datenübertragung. Dabei wird ein normales Funktionieren der
Geräte, d. h. der Bitübertragungsschicht, vorausgesetzt. Die Behandlung von Bitfehlern
durch Kanalcodierung wird in Kap. 8 beschrieben. Hier steht die *Datensicherungsschicht*
im Mittelpunkt. Ihre Aufgabe ist es, die Übertragungseinrichtung als Transportmedium
darzustellen, auf die die Vermittlungsschicht frei von unerkannten Übertragungsfehlern
zugreifen kann.

Eine Datenverbindung heißt transparent, wenn jede beliebige Kombination von Bits,
Symbolen bzw. Wörtern als Nachricht zugelassen ist. Man spricht demgemäß von der Bit-,
der Symbol- bzw. der Worttransparenz. Die Transparenz ist nicht selbstverständlich. Im
Beispiel des HDLC-Protokolls zeigt das Flag „01111110" den Beginn und das Ende jedes

Rahmens an. Die Kombination von sechs aufeinanderfolgenden Einsen darf deshalb in der Nachricht nicht vorkommen. Um die Transparenz zu gewährleisten, wird das *Bitstopfen* („bit stuffing") eingesetzt. Folgen im Nachrichtenbitstrom fünf Einsen aufeinander, wird im Sender immer eine Null eingeschoben. Im Empfänger wird im Nachrichtenbitstrom nach fünf Einsen die folgende Null stets entfernt. Man beachte, dass durch das nachrichtenabhängige Bitstopfen die Zahl der in einer gewissen Zeit zu übertragenden Bits eine zufällig schwankende Größe wird.

In der Regel werden der Kommunikation Zustandsmodelle inklusive Zeitvorgaben zugrunde gelegt. Dadurch können der Kommunikationsablauf und die Signale auf *Plausibilität* geprüft werden. Beispielsweise können Meldungen, die im aktuellen Zustand nicht zulässig sind, ignoriert werden oder es wird eine Fehlerprozedur eingeleitet. Ursachen für derartige Fehler können darin begründet sein, dass die Meldung bei der Übertragung verfälscht oder bereits eine falsche Meldung gesendet wurde.

Weil die Datenübertragung hohe Anforderungen an die Fehlerfreiheit der empfangenen Nachrichten stellt, wird meist eine *gesicherte Übertragung* durchgeführt. Neben Zeitüberwachungen und Plausibilitätskontrollen kommen Fehlerprüfungen mit fehlererkennenden Codes und, einen Rückkanal vorausgesetzt, Quittierungsverfahren zum Einsatz. Die automatische Wiederholungsanfrage bei gescheiterter Übertragung wird *Automatic-Repeat-Request(ARQ)-Verfahren* genannt. Die positive Quittierung ACK bestätigt den korrekten Empfang eines (Nachrichten-)Rahmens durch Meldung an den Sender. Erhält der Sender während einer gewissen Zeitspanne („timeout") keine positive Empfangsbestätigung, so wiederholt er i. d. R. den Rahmen. Bei der negativen Quittierung NAK wird ein als falsch erkannter Rahmen vom Empfänger durch Meldung nochmals angefordert. Bei der *Positiv-negativ-Quittierung* muss jeder empfangene Rahmen mit ACK bzw. NAK quittiert werden.

Durch die Quittierung allein wird, abgesehen vom Versagen des fehlererkennenden Codes, noch keine fehlerfreie Nachrichtenübertragung sichergestellt. Bleibt beispielsweise die Quittierung eines richtig empfangenen Rahmens aus, so wird der Rahmen nochmals gesendet und empfangen. Der Empfänger hat, ohne weitere Maßnahmen, keine Möglichkeit, die Wiederholung zu erkennen: Von der Datensicherungsschicht werden die zugehörigen Bits zweimal als korrekt an die nächst höhere Schicht weitergereicht.

Stop-and-wait-ARQ

Die unterschiedlichen Quittierungsverfahren haben spezifische Auswirkungen auf den Fluss der Rahmen und damit auf die pro Zeit übertragene Datenmenge. Wir machen uns das am Beispiel des einfachen *Stop-and-wait-ARQ*-Verfahrens in Abb. 6.16 deutlich. Die Station A sendet Rahmen n, Rahmen $n + 1$ usw. Dabei wird ein neuer Rahmen erst gesendet, wenn eine Quittierung durch die Station B erfolgt ist. Wir bestimmen die Zeit zwischen dem Senden zweier Rahmen durch die Station A, die *Zykluszeit* t_C („cycle time"). Sie ist die effektive Zeit, die für die Übertragung des Rahmens benötigt wird. Die Zykluszeit setzt sich zusammen aus der Dauer des Rahmens t_F („frame") und der Warte-

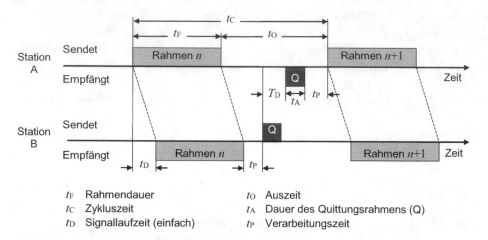

t_F	Rahmendauer	t_O	Auszeit
t_C	Zykluszeit	t_A	Dauer des Quittungsrahmens (Q)
t_D	Signallaufzeit (einfach)	t_P	Verarbeitungszeit

Abb. 6.16 Stop-and-Wait-ARQ-Verfahren

zeit oder Auszeit t_O („timeout"). Letztere besteht aus der Dauer des Quittungsrahmens t_A („acknowledgement") und je zweimal der Signallaufzeit in eine Richtung t_D („propagation delay") und der Verarbeitungszeit in den Stationen t_P („processing time"). Es resultiert die Zykluszeit

$$t_C = t_F + \underbrace{t_A + 2 \cdot t_D + 2 \cdot t_P}_{t_O}.$$

Durchsatz

Es ist offensichtlich, dass wegen der Wartezeit die Übertragungskapazität der Leitung nicht vollständig genutzt wird. Als Maß für die Nutzung der Übertragungskapazität wird in der Informationstechnik der *Durchsatz D* verwendet. Hier ergibt sich als *relativer Durchsatz*, auch Effizienz genannt, das Verhältnis aus der zur Übertragung der Nutzdaten, d. h. einen Rahmen, zur Verfügung stehenden Zeit t_F und der zur Übertragung insgesamt notwendigen Belegungszeit des Mediums t_C

$$D_r = \frac{t_F}{t_C}.$$

In den meisten Anwendungen ist die Verarbeitungszeit in den Stationen viel kleiner als die Rahmendauer, sodass ihr Einfluss meist vernachlässigt werden darf. Die Signallaufzeit bestimmt sich aus der *Leitungslänge* und der *Ausbreitungsgeschwindigkeit* elektromagnetischer Wellen auf bzw. in den üblichen Kupferleitungen und Lichtwellenleitern. Mit der Ausbreitungsgeschwindigkeit von etwa zwei Drittel der Lichtgeschwindigkeit im Vakuum $(3 \cdot 10^8 \text{ m/s})$ ergeben sich pro Kilometer Leitung etwa 5 µs an Signallaufzeit.

▸ Der relative *Durchsatz* gibt an, wie viel der Kapazität des Übertragungsmediums zur Nachrichtenübertragung tatsächlich genutzt wird. Er ergibt sich aus der Rahmendauer geteilt durch die mittlere Zykluszeit. Wichtige Einflussfaktoren sind neben der Rahmendauer die Leitungslänge (Signallaufzeit) und die Wahrscheinlichkeit für die Wiederholung eines Rahmens (Rahmenfehler).

Wir veranschaulichen uns den Einfluss des Stop-and-wait-ARQ-Verfahrens auf den Durchsatz anhand eines Rechenbeispiels für das im LAN weit verbreiteten klassischen Ethernet aus dem Jahr 1980/85 (IEEE 802.3, 10BASE5). Die Übertragungsgeschwindigkeit in Bitrate ausgedrückt ist 10 Mbit/s. Als minimale und maximale Rahmenlänge sind 64 bzw. 1518 Oktette vorgegeben. Es werden pro Rahmen jeweils 18 Oktette an Steuerungsinformation gesendet. Zur Quittierung wird im Folgenden ein Rahmen mit minimaler Länge eingesetzt. Wie groß ist dann der Durchsatz, wenn die Stationen die maximal zulässige Leitungslänge von 2500 m voneinander entfernt sind? Und macht es einen Unterschied, ob kurze oder lange Nachrichtenrahmen verwendet werden?

Wir berechnen zunächst für den kurzen Fall von 64 Oktetten die Dauer eines Nachrichtenrahmens bzw. eines Quittungsrahmens. Zusätzlich berücksichtigen wir die sieben Oktette der Präambel mit festem Bitmuster für die Synchronisation und das Oktett Start Frame Delimiter (SFD) zur Erkennung des eigentlichen Rahmens:

$$t_A = t_F = (8 + 64) \cdot \frac{8\,\text{bit}}{10\,\text{Mbit/s}} = 57,6\,\mu\text{s}.$$

Für die Abschätzung der Verarbeitungszeit nehmen wir an, dass die eigentliche Verarbeitung der Datenwörter in den Stationen vernachlässigbar schnell erfolgt. Die Verarbeitung kann jedoch erst beginnen, wenn ein Oktett vollständig eingetroffen ist, weshalb wir vereinfachend die Verarbeitungszeit durch die Übertragungszeit für ein Oktett abschätzen:

$$t_P = \frac{8\,\text{bit}}{10\,\text{Mbit/s}} = 0,8\,\mu\text{s}.$$

Für die maximale Leitungslänge ergibt sich die Laufzeit

$$t_D = 5\,\frac{\mu\text{s}}{\text{km}} \cdot 2,5\,\text{km} = 12,5\,\mu\text{s}.$$

Daraus resultiert die Auszeit

$$t_O = 57,6\,\mu\text{s} + 2 \cdot 12,5\,\mu\text{s} + 2 \cdot 0,8\,\mu\text{s} = 84,2\,\mu\text{s}$$

und die Zykluszeit

$$t_C = 57,6\,\mu\text{s} + 84,2\,\mu\text{s} = 141,8\,\mu\text{s}.$$

Es ergibt sich der relative Durchsatz

$$D_r = \frac{57,6\,\mu\text{s}}{141,8\,\mu\text{s}} \approx 41\,\%.$$

Im Fall kurzer Nachrichtenrahmen wird die Leitung nur zu 41 % ausgelastet. In diesem Fall beträgt die effektive Bitrate nur etwa 4,1 Mbit/s.

Wir wiederholen die Berechnungen für die maximal zulässige Rahmenlänge von 1518 Oktetten. Es ergibt sich die Rahmendauer 1,21 ms und die Zykluszeit 1,30 ms. Daraus berechnet sich der relative Durchsatz zu 93 %. Die nominelle Übertragungsgeschwindigkeit der Leitung wird jetzt mit 9,3 Mbit/s fast realisiert.

Durchsatz bei Rahmenstörungen

Im obigen Rechenbeispiel wurde vorausgesetzt, dass kein Rahmen nachgesendet wird. In der Realität sind die Rahmen jedoch mit bestimmten Wahrscheinlichkeiten gestört. Der Einfachheit halber wird angenommen, die Übertragung eines Rahmens ist mit der Wahrscheinlichkeit p fehlerhaft und fehlerhafte Rahmen werden nochmals gesendet. Die Störung der Rahmen geschieht jeweils unabhängig. Die Zahl der pro übertragenem Rahmen notwendigen Wiederholungen W ist somit eine Zufallsgröße mit den Wahrscheinlichkeiten für k Übertragungswiederholungen

$$P\,(W = k) = p^k \cdot (1 - p) \quad \text{für} \quad k = 0, 1, 2, \ldots$$

Die Unabhängigkeit der Störungen vorausgesetzt, ist die Wahrscheinlichkeit gleich dem Produkt aus der Wahrscheinlichkeit für k Fehlversuche und der Wahrscheinlichkeit für die abschließende erfolgreiche Übertragung. Der Erwartungswert liefert die Zahl der im Mittel notwendigen Wiederholungen:

$$E\,(W) = (1 - p) \cdot \sum_{k=0}^{\infty} k \cdot p^k = \frac{p}{1 - p}.$$

(Die angegebene Lösung für die unendliche Reihe kann mit der z-Transformation gefunden werden.) Im Mittel ist die Zeit für die erfolgreiche Übertragung eines Rahmens

$$E\,(t_C) = (1 + E\,(W)) \cdot t_C = \frac{t_C}{1 - p}.$$

Man beachte die Nullstelle im Nenner. Mit zunehmender Fehlerwahrscheinlichkeit p steigt die Übertragungszeit schnell an. Entsprechend verringert sich der Durchsatz. Das Stop-and-wait-ARQ-Verfahren kann dann zu erheblichen Wartezeiten führen. Abhilfe schafft hier eine verbesserte Flusssteuerung, wie sie in den nächsten beiden Abschnitten beschrieben wird.

Mit dem Erwartungswert für t_C folgt für den relativen *Durchsatz*

$$D_r = \frac{t_F}{E\,(t_C)} = (1 - p) \cdot \frac{t_F}{t_C}.$$

Man beachte auch, wenn der Quittungsrahmen wesentlich kürzer als der Nachrichtenrahmen ist, ist auch die Wahrscheinlichkeit für einen Übertragungsfehler (Bitfehler) wesentlich kleiner, da weniger Bits als gestört infrage kommen. Die gestörte Übertragung von Quittierungsrahmen wurde deshalb vernachlässigt.

Wir setzen das obige Beispiel fort und nehmen zusätzlich an, dass die *Bitfehler* unabhängig auftreten und die Bitfehlerwahrscheinlichkeit 10^{-5} beträgt. Eine Abschätzung für die Wahrscheinlichkeit einer Übertragungswiederholung, also eines *Rahmenfehlers*, liefert folgende kurze Überlegung.

Mit dem Nachrichtenblock und der Quittung werden pro Zyklus 1518 Oktette, also 12.144 Bits, gesendet. Die Wahrscheinlichkeit für k unabhängige Bitfehler ist P_b^k. Wegen der relativ kleinen Bitfehlerwahrscheinlichkeit können wir vereinfachend davon ausgehen, dass die Fehlerereignisse mit einem Fehler, $k = 1$, dominieren. Da jeweils 12.144 Bits übertragen werden, gibt es entsprechend viele unabhängige Fehlermöglichkeiten. Die Wahrscheinlichkeit für eine notwendige Wiederholung ist demzufolge $12.144 \cdot 10^{-5} \cdot 0,99999^{12.143} \approx 0,108$. Die mittlere Zeit, die für eine erfolgreiche Übertragung notwendig ist, ergibt sich mit der oben berechneten Zykluszeit von 1,30 ms zu

$$E\left(t_C\right) \approx \frac{1}{1 - 0,108} \cdot 1,30\,\text{ms} \approx 1,46\,\text{ms}.$$

Im Vergleich zur vorherigen fehlerfreien Betrachtung verringert sich folglich der relative Durchsatz von 93 % merklich auf nur mehr

$$D_r \approx \frac{1,21\,\text{ms}}{1,46\,\text{ms}} \approx 83\,\%.$$

Wie das Beispiel zeigt, sind längere Rahmen anfälliger gegen Störungen und reduzieren damit den Durchsatz.

Die Rechenbeispiele decken einen gegenläufigen Effekt auf. Um hohe Effizienz zu erreichen, empfehlen sich einerseits möglichst lange Rahmen. Andererseits sind lange Rahmen störungsanfälliger, was zu mehr Übertragungswiederholungen führt und die Effizienz senkt. Tatsächlich muss dieser Effekt bei Übertragungsmedien, wie der Funkkommunikation mit WLAN oder Bluetooth, beachtet werden. Je nach Übertragungsbedingung wird dort zwischen verschiedenen Rahmenlängen umgeschaltet (Kap. 8).

Go-back-*n*-ARQ

Der Durchsatz kann im Vergleich zum einfachen Stop-and-wait-Verfahren erhöht werden, wenn neue Rahmen gesendet werden, obwohl Quittungen noch ausstehen. Hierfür werden die Rahmen durchnummeriert und die Zahl der noch zu quittierenden Rahmen auf einen passenden Wert beschränkt. Als praktisch hat sich eine Modulo-*n*-Zählung mit gleitendem *Sendefenster* („sliding window") der Größe *n* erwiesen. Stellt man beispielsweise $m = 3$ Bits im Rahmen für die Sendenummer N(S) ab, so können $n = 8$ Blöcke unterschieden werden. Wird die Nummerierung in Modulo-*n*-Zählung vorgenommen, ergibt sich in der Rahmenfolge die Nummerierung in Abb. 6.17. Im Bild kann jetzt das *Go-back-n*-Verfahren angewandt werden. Hat die Sendestation den Rahmen mit Sendenummer N(S) = 2 von der Empfangsstation durch die Empfangsnummer N(R) = 2 als quittiert bekommen, so darf sie maximal *n* neue Rahmen senden. Es muss jedoch jeder

Abb. 6.17 Sendefenster und Sendenummer mit Modulo-n-Zählung für $m = 3$ und $n = 8$

Rahmen schließlich einzeln quittiert werden. Wird beispielsweise der Rahmen 3 nicht korrekt empfangen, kann die Übertragung zunächst fortgesetzt werden. Wenn der letzte Rahmen im Sendefenster, N(S) $= 2$, gesendet wurde und die Quittung für Rahmen 3 ausbleibt, werden alle Rahmen im aktuellen Fenster ein zweites Mal gesendet.

Der Vorteil des Verfahrens liegt in seiner Einfachheit, d. h. ohne Zwischenspeicherung der Rahmen im Empfänger, und darin, dass einzelne Quittungen nun auch etwas später an der Sendestation eintreffen dürfen. Ist beispielsweise die Empfangsstation oder der Rückkanal kurzzeitig überlastet, kann die Quittung in gewissen zeitlichen Grenzen nachgeholt werden.

Das Go-back-n-ARQ ist jedoch, was den Durchsatz betrifft, nicht optimal. Wenn ein Block nicht quittiert wird, müssen immer alle Blöcke im zugehörigen Sendefenster nochmals gesendet werden (Abb. 6.18).

Selective-repeat-ARQ

Steht ausreichend Speicher in der Empfangsstation zur Verfügung, kann das Verfahren zum *Selective-repeat-ARQ* erweitert werden. Im Beispiel in Abb. 6.18 beginnt beim Ausbleiben einer Quittung nach dem Senden des letzten Rahmens, N(S) $= 2$, die Wiederholung mit Rahmen N(S) $= 3$. Wird der Rahmen jetzt korrekt empfangen und wurden bereits einmal gesendete Nachfolger ebenso als korrekt eingestuft, so quittiert die Empfangsstation den zuletzt korrekt empfangenen Rahmen, z. B. N(S) $= 7$. Die Sendestation reagiert darauf, indem sie die Rahmen bis einschließlich des zuletzt quittierten Rahmens überspringt. Im Beispiel also die Übertragung mit Rahmen, N(S) $= 0$, fortsetzt. Hierzu müssen korrekt detektierte Rahmen in der Empfangsstation zwischengespeichert werden. Bei langen Rahmen und großem Sendefenster kann damit ein erheblicher Speicheraufwand verbunden sein.

Ein Beispiel zeigt den Problemfall des Verfahrens mit gleitendem Fenster und stellt seine Vermeidung vor. Die Abb. 6.19a zeigt das Nachrichtenflussdiagramm des Go-back-n-ARQ mit $m = 3$, d. h. Fensterlänge $n = 2^m = 8$, und Rahmennummerierung modulo-n. Anders als im früheren Beispiel gehen die Quittungen mit N(R) $= 3$ und N(R) $= 6$ verloren. Da die Quittung ausbleibt, wiederholt Station A nach einer gewissen Zeit die Rahmen im Sendefenster beginnend mit N(S) $= 0$. Die Station B ist nicht in der Lage, die Wiederholung zu erkennen. Da sie auf einen neuen Rahmen mit der Sendenummer N(S) $= 0$ wartet, speichert sie den Rahmen erneut als gültig ab. Alle acht Rahmen im vorherigen Sendefenster werden in der Station B irrtümlich nochmals an die nächst höhere Schicht als gültig weitergegeben.

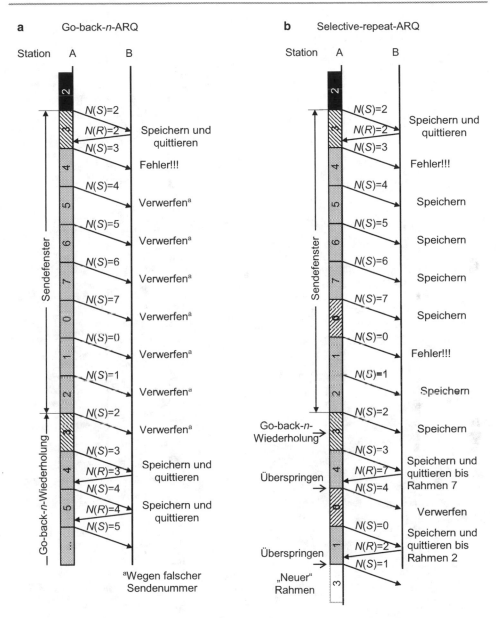

Abb. 6.18 Nachrichtenflussdiagramm für Go-back-n-Verfahren (**a**) und Selective-repeat-ARQ-Verfahren (**b**) mit Sendefenster und Sendenummer mit Modulo-n-Zählung für $m = 3$ und $n = 8$

Dieser Fehlerfall kann vermieden werden, wenn die Sendefensterlänge beispielsweise auf $n = 2^{m-1} = 4$ halbiert wird, wie in Abb. 6.19b. Da die Quittung ausbleibt, sendet A erneut die Rahmen im Sendefenster beginnend mit N(S) = 4. Die Station B erwartet jedoch die Sendenummer N(S) = 0, da sie bis zum Rahmen N(S) = 7 alle Rahmen

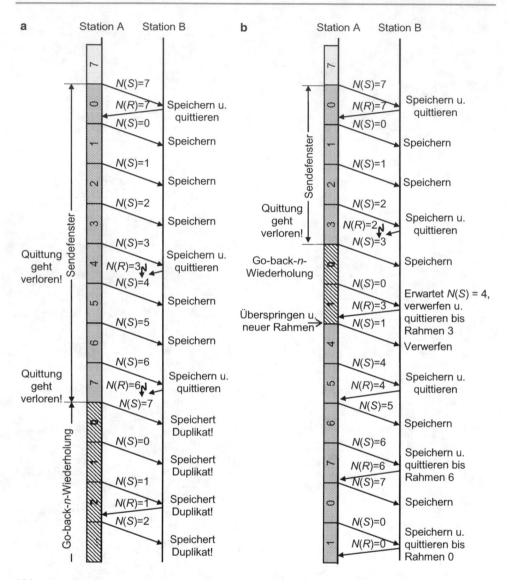

Abb. 6.19 Nachrichtenflussdiagramm für Go-back-n-ARQ-Verfahren mit Sendefenster und Sendenummer mit Modulo-n-Zählung für $m = 3$ und $n = 8$ (**a**) und $n = 4$ (**b**)

als gültig empfangen hat. Sie erkennt die Wiederholung und verwirft die Duplikate. Mit der Quittung $N(R) = 7$ schiebt die Station A das Sendefenster weiter und startet die Übertragung eines neuen Rahmens mit $N(S) = 0$.

➤   Bei der *gesicherten Übertragung* mit Flusssteuerung wird der erfolgreiche Empfang eines Rahmens durch Senden einer Quittung bestätigt. Bleibt die Quittung aus, wird beim ARQ-Verfahren der Rahmen nochmals gesendet. Man unterscheidet drei Varianten: das Stop-and-Wait-ARQ-, das Go-back-n-ARQ- und das Selective-repeat-ARQ-Verfahren.

6.3.3 Point-to-Point-Protokoll

Mit dem HDLC-Protokoll wurden in den 1970er-Jahren die prinzipiellen Anforderungen und Lösungen an ein Protokoll der Datensicherungsschicht erarbeitet. Anfang der 1990er-Jahre machte es die Verbreitung des Internets notwendig, den Internetzugang der Teilnehmer („client") über Telefonmodems zum Internetanbieter (Internet Service Provider) effizient zu regeln. Es handelt sich um eine typische Punkt-zu-Punkt-Verbindung für den Datenverkehr mit einem Auf- und Abbau der Verbindung. Entsprechend konnte auf Elemente des HDLC-Protokolls zurückgegriffen werden. Die Lösung wurde 1994 als Point-to-Point-Protokoll (PPP) in den technischen Berichten der *Internet Engineering Task Force* (IETF) als Bitte um Kommentare (RFC, Request for Comments) 1661, 1662 und 1663 beschrieben. Die Dokumente sind im Internet unter www.ietf.org/rfc verfügbar. Bis heute hat das PPP mehrere Anpassungen bzw. Ergänzungen erfahren, die in weiteren RFC-Dokumenten beschrieben werden. Im Folgenden werden die grundsätzliche Aufgabe und ihre Lösung vorgestellt.

Das PPP regelt die Punkt-zu-Punkt-Verbindung mit Datagrammen auf der Datensicherungsschicht, der Schicht 2 des OSI-Referenzmodells. Die Aufgabe lässt sich mit dem Transport durch den Kanaltunnel vergleichen. Der Tunnel verbindet Conquelles/Calais in Frankreich mit Folkestone/Kent in England durch eine Bahnstrecke unter dem Armelkanal. Es werden Container (Datagramme anderer Protokolle) angeliefert, auf Züge (PPP-Rahmen) umgeladen und an das andere Ende des Tunnels transportiert. Es gelten bestimmte Lade-, Fahr- und Sicherheitsvorschriften und es gibt Vorkehrungen für Unfälle. Am anderen Ende des Tunnels werden die Container entsprechend abgeliefert. Beim PPP kommt das Öffnen und Schließen des Tunnels noch hinzu. Die geschilderten Aufgaben lassen sich nochmals konkret am praktischen Beispiel des Internetzugangs über ein Modem mit *Einwahlverbindung* („dial-up telephone line") nachvollziehen. Es werden die drei Hauptkomponenten des PPP gebraucht:

- *Encapsulating Method*: Methoden zur Kapselung von Datagrammen anderer Protokolle im PPP-Rahmen, z. B. für IP oder Ethernet. Für den zuverlässigen Transport (z. B. über die Teilnehmeranschlussleitung im Sprachband) sind eine eindeutige Kennung von Anfang und Ende der PPP-Rahmen zur Rahmensynchronisation sowie Mittel zur Erkennung und Bearbeitung von Fehlern wichtig.
- *Link Control Protocol* (LCP): Methoden zum Auf- und Abbau von physikalischen Verbindungen mit Konfiguration und Test der Verbindungen (Abheben und Einwahl ins Telefonnetz sowie definiertes Auflegen am Ende der Sitzung). Dabei sollen unterschiedliche Modi wie synchrone oder asynchrone und bit- oder oktettorientierte Verbindungen unterstützt werden.

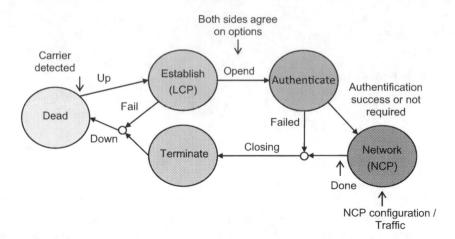

Abb. 6.20 Vereinfachtes Phasendiagramm für den Aufbau und Abbau einer Punkt-zu-Punkt-Verbindung nach RCF 1661 (Stallings 2000; Tanenbaum 2003)

- *Network Control Protocol* (NCP): Methoden zum Aufbau und zur Konfiguration von Verbindungen für unterschiedliche Netzschichtprotokolle.

Die beim Aufbau einer Punkt-zu-Punkt-Verbindung über eine Leitung anfallenden Aufgaben werden im *Phasendiagramm* deutlich. Die Abb. 6.20 zeigt die Phasen, die vom Aufbau bis zum Beenden der Verbindung durchlaufen werden: Zunächst ist die physikalische Leitung, der Träger („carrier"), nicht aktiv („dead"). Im ersten Schritt wird der Träger entdeckt und die Verbindung physikalisch aufgebaut („up") und eingerichtet („establish"). Gelingt dies nicht („fail"), so wird der Ausgangszustand wieder angenommen. Ist die Verbindung auf der Ebene des LCP aufgebaut, wird für ihre Öffnung zur Benutzung („opened") gegebenenfalls eine Authentifizierung notwendig. Danach wird die Netzwerkphase („network-layer protocol phase") geöffnet und mit dem NCP konfiguriert. Scheitert die Authentifizierung („failed") oder soll die Netzverbindung wieder geschlossen werden („closing") wird die Verbindung beendet („terminate") und die physikalische Übertragung deaktiviert („down").

Über das LCP werden die Optionen der Datenverbindung im Dialog verhandelt. Weil die Punkt-zu-Punkt-Kommunikation über verschiedene Arten von Leitungen und Netzen unterstützt werden soll, sieht das LCP mehrere Möglichkeiten vor. Ein ereignisabhängiges Zustandsmodell mit Zeitüberwachung liefert die geforderte Flexibilität und Zuverlässigkeit. Es existieren unterschiedliche Typen von LCP-Paketen für die drei Aufgabenfelder: Aufbauen und Konfigurieren der Verbindung („link configuration packets"), Steuern und Testen der Verbindung („link maintenance packets") und schließlich Abbauen der Verbindung („link termination packets"). Die Funktionen der LCP-Pakete sind in Tab. 6.4 zusammengestellt.

Tab. 6.4 Typen von Link-Control-Protocol(LCP)-Paketen (Initiator I, Responder R)

LCP-Paket	Sender	Kommentar
Configure-Request	I	Liste mit vorgeschlagenen Optionen und Parameterwerte
Configure-Ack	R	Alle Optionen und Parameterwerte werden angenommen
Configure-Nak	R	Parameterwerte werden nicht angenommen (nur abgelehnte Werte werden zurückgesendet)
Configure-Reject	R	Optionen werden nicht angenommen bzw. können nicht verhandelt werden (nicht verhandelbare Optionen werden angezeigt)
Terminate-Request	I	Anforderung der Trennung der Verbindung
Terminate-Ack	R	Verbindung wurde getrennt
Code-Reject	R	Unbekannte Anforderung („code field") erhalten
Protocol-Reject	R	Unbekannte Anforderung („protocol field") erhalten
Echo-Request	I	Anforderung, den Test-Rahmen zurückzusenden (Testschleife)
Echo-Reply	R	Rücksenden des Test-Rahmens (Testschleife)
Discard-Request	I	Test-Rahmen verwerfen

LCP- und NPC-Pakete werden zur Übertragung in *PPP-Rahmen* gekapselt („encapsulation"). Die PPP-Rahmen sind den HDLC-Rahmen ähnlich, vgl. Abb. 6.21 und Abb. 6.12. Es finden sich die Felder „flag", „address" und „control" wieder. Da eine Punkt-zu-Punkt-Verbindung vorliegt, wird nur die HDLC-Rundrufadresse alle Stationen verwendet. Für das Steuerungsfeld wird der HDCL-Code des U-Formats gesetzt. PPP sieht standardmäßig keine Rahmenfolgennummern vor und unterstützt demzufolge auch keine gesicherte Übertragung mit Quittierungen.

Das *Protocol*-Feld beschreibt den Typ der Daten im „information field". Unterschiedlichen Protokollen wie LCP, NCP, IP usw. sind eindeutige Kennungen zugeordnet. Damit können die transportierten Daten im Empfänger an die zuständigen Protokollinstanzen weitergereicht werden.

Das *Information*-Feld ist optional und besitzt eine variable Länge. Die maximale Länge kann bei dem Verbindungsaufbau mit dem LCP im Dialog verhandelt werden. Standardmäßig sind 1500 Oktette vorgegeben. Gegebenenfalls werden Oktette im *Padding-Feld* aufgefüllt, sodass eine vereinbarte Rahmengröße eingehalten wird.

Das *CRC*-Feld enthält die Prüfsumme. Die *Sicherung* erstreckt sich über den gesamten Bereich beginnend mit dem Address-Feld bis einschließlich des Padding-Felds zum

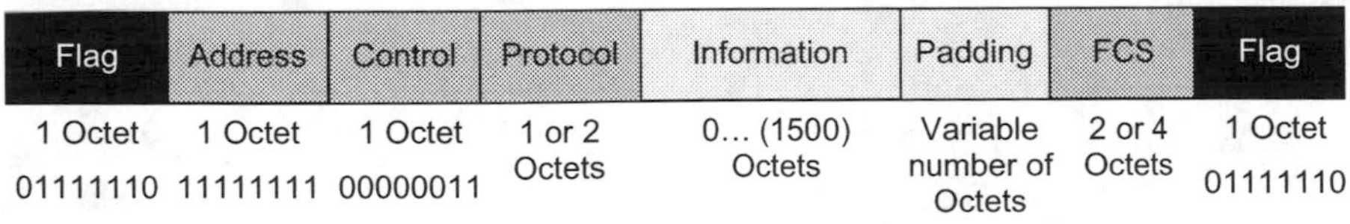

Flag	Address	Control	Protocol	Information	Padding	FCS	Flag
1 Octet	1 Octet	1 Octet	1 or 2 Octets	0... (1500) Octets	Variable number of Octets	2 or 4 Octets	1 Octet
01111110	11111111	00000011					01111110

Abb. 6.21 Rahmenaufbau des Point-to-Point-Protokolls (PPP) nach RFC-1662

Auffüllen des Rahmens auf die vorgeschriebene Länge. Alternativ sind zwei CRC-Codes mit 16 bzw. 32 Prüfzeichen vorgesehen. Ihre von der ITU empfohlenen Generatorpolynome sind in Kap. 8 zu finden. Mit 32 Prüfzeichen kann ein relativ starker Schutz vor unerkannten Übertragungsfehlern (Bitfehlern) gewählt werden.

Die *Transparenz* bezüglich des Flag und weiterer sechs, für die Steuerung reservierter Oktette wird durch Oktettstopfen gewährleistet. Anders als beim bitorientierten HDCL-Protokoll werden Oktette eingefügt und gelöscht. Man spricht hier von einem oktettorientierten Protokoll.

Anmerkungen

- Werden zwei PPP-Rahmen hintereinander gesendet, wird das „flag" nicht zweimal hintereinander gesetzt.
- Weglassen des Adress- und Steuerfelds kann vereinbart werden, da das Bitmuster unveränderlich ist („address-and-control-field compression"). PPP verbietet deshalb die Bitkombination „11111111 00000011" im „protocol field".
- Die Übertragung der Bits geschieht von links nach rechts in Abb. 6.21.
- Im Dokument RFC-1662 finden sich auch C-Programme zur schnellen Berechnung der CRC-Prüfsummen (Kap. 8).

> Das *PPP* (Point-to-Point-Protokoll) ist ein Protokoll der Datensicherungsschicht für die Punkt-zu-Punkt-Verbindung. Ursprünglich als Protokoll für den Zugang zum Internet über Einwahlverbindungen über das Telefonnetz entwickelt, werden heute Anpassungen an unterschiedliche physikalische Medien und Protokolle wie Ethernet (PPPoE) oder ATM (PPPoA) eingesetzt. Typisch für das PPP ist das Zustandsmodell für den phasenweisen Verbindungsaufbau mit *Authentifizierung* und die *Dialogfähigkeit* für die Vereinbarung der Verbindungsparameter.

Das PPP stellt eine Punkt-zu-Punkt-Verbindung robust, flexibel und effizient her. Es kann in unterschiedlichen Protokollumgebungen eingesetzt werden (Obermann und Horneffer 2013), beispielsweise zusammen mit dem verbreiteten Ethernet (Abschn. 6.5) als PPPoE („PPP over ethernet") und der Übertragung mit ATM über den digitalen Teilnehmeranschluss ADSL2+ (Kap. 4). Unter dem Stichwort PoS (Paket über SONET) findet man Beispiele, wie PPP-/HDLC-Rahmen über SDH-Verbindungen in STM-n-Signalen transportiert werden.

Aufgabe 6.5

a) Geben Sie den Rahmenaufbau des HDLC-Protokolls an und erklären Sie die Funktion der einzelnen Abschnitte.
b) Welche Rahmenformate gibt es im HDLC-Protokoll? Geben Sie die prinzipielle Struktur der Steuerfelder an.
c) Wodurch unterscheiden sich I- und S-Format besonders vom U-Format?

d) Was sind die Aufgaben des Poll- und Final-Bits?

e) Wozu dienen die Sende- und Empfangsnummern?

f) Was versteht man unter der Bittransparenz? Und wie wird sie im HDLC-Protokoll sichergestellt?

Aufgabe 6.6

a) Was versteht man unter der gesicherten Übertragung durch Flusssteuerung?

b) Wie wird der relative Durchsatz definiert? Und was beschreibt er?

c) Welchen Einfluss hat die Bitfehlerwahrscheinlichkeit auf den Durchsatz? Begründen Sie Ihre Antwort.

d) Worin liegt die Verbesserung des Selective-Repeat-ARQ im Vergleich zum Stop-and-wait-ARQ?

Aufgabe 6.7

a) Mit welchem Protokoll wird eine Einwahlverbindung zum Internet hergestellt?

b) Was bezeichnet man in der Kommunikationstechnik als Tunnel bzw. Tunnelprotokoll?

6.4 Breitband-ISDN und ATM

Planung, Aufbau und Betrieb von großen öffentlichen TK-Netzen sind aufwendig und international abzustimmen. Entscheidungen können somit eine große Reichweite haben. Hierin unterscheiden sich die öffentlichen TK-Netze von den privaten LAN.

Gab es früher nur den Sprachtelefondienst, so gilt es im diensteintegrierten digitalen Netzwerk (ISDN, *Integrated Services Digital Network*) Anwendungen mit unterschiedlichen Anforderungen zu bedienen. Dies gilt umso mehr für das *breitbandige ISDN* (B-ISDN). Es sollte deshalb bei seiner Einführung die Flexibilität besitzen, noch zu definierende zukünftige Anwendungen effizient anbieten zu können. Vor diesem Hintergrund hat sich die ITU schon in den 1980er-Jahren mit der Weiterentwicklung des ISDN beschäftigt und 1988 eine Grundsatzentscheidung für den *Asynchronous Transfer Mode* (ATM) als Transportplattform getroffen, also der Nachrichtenübertragung mithilfe kurzer Datagramme, ATM-Zellen genannt. Ausschlaggebend für ATM waren die Forderungen nach

- flexiblem Netzzugang,
- dynamischer Bitratenzuteilung,
- effizienter Vermittlung und
- weitgehender Unabhängigkeit von (bereits installierten) physikalischen Übertragungssystemen.

6.4.1 Protokollreferenzmodell des B-ISDN

Einen Überblick über das Konzept des ATM-Transportnetzes für das B-ISDN liefert das dreidimensionale *Protokollreferenzmodell* in Abb. 6.22. Wie im OSI-Referenzmodell, werden die Funktionen in Schichten getrennt.

Die unterste Schicht, die physikalische Schicht („physical layer"), hat die Aufgabe, den Transport der ATM-Zellen auf das Übertragungssystem so anzupassen, dass die darüber liegenden Schichten unabhängig vom physikalischen Übertragungssystem sind. Zwei Varianten sind besonders wichtig: der Transport über SDH-Systeme und die direkte Übertragung als ATM-Zellenstrom.

Die Funktionen der physikalischen Schicht können in zwei Teilschichten („sublayer") separiert werden: Bitstrom und Zellenstrom. Funktionen, die mit dem Bitstrom bzw. der physikalischen Übertragung direkt zu tun haben, werden in der Teilschicht PM (Physical Medium [Dependant] Sublayer) zusammengefasst. Funktionen, die den Zellenstrom betreffen, finden sich in der Teilschicht TC (Transmission Convergence Sublayer). In der TC-Teilschicht werden sendeseitig die Prüfsummen für die Header der ATM-Zellen (HEC) hinzugefügt und falls notwendig auch Stopfzellen. Häufig wird zusätzlich die Nutzinformation der ATM-Zellen mit einem Scrambler (Kap. 4) pseudozufällig verwürfelt, um Fehlsynchronisationen zu vermeiden. Im Empfänger formt die TC-Teilschicht aus dem Empfangsbitstrom wieder die ATM-Zellen. Der Header wird auf Fehler geprüft. Gegebenenfalls werden Fehler korrigiert oder gestörte ATM-Zellen verworfen (Abschn. 6.4.5)

Die *ATM-Schicht* baut auf der physikalischen Schicht auf. Sie ist unabhängig vom Dienst- und Übertragungssystem. Ihre Aufgabe ist die Vermittlung und das Multiplexing der ATM-Zellen für ihren Transport durch das Netz. Die ATM-Schicht bildet den Kern des ATM-Transportnetzes und basiert auf virtuellen Verbindungen, um u. a. geforderte Dienstgüteparameter (QoS) garantieren zu können. Die ATM-Schicht führt keine Fehler-

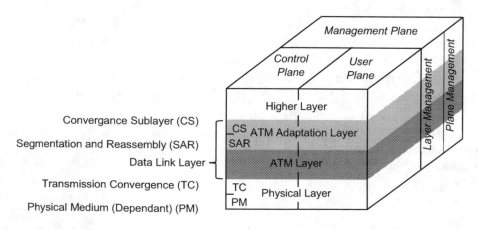

Abb. 6.22 Protokollreferenzmodell des B-ISDN

sicherung der Nutzinformation durch. Allein die Steuerungsinformation im Zellkopf wird in der TC-Teilschicht geprüft. Die ATM-Schicht garantiert nur die richtige Reihenfolge der Zellen. Falls eine Fehlersicherung der Nutzdaten erwünscht ist, muss sie in einer höheren Schicht erfolgen.

Die Anpassung der dienstabhängigen Nachrichtenströme an das ATM-Transportnetz erledigt die *AAL-Schicht* (ATM Adaptation Layer). Sie regelt insbesondere den Netzzugang auf der Sendeseite. Dazu gehören die Festlegung der Dienstgüteparameter und die Überwachung der Flusssteuerung. Auf der Empfängerseite wird aus dem übertragenen Zellenstrom die Nachricht entnommen und der höheren Protokollschicht passend übergeben. Die AAL-Schicht wird im Allgemeinen in zwei Teilschichten zerlegt: den *Segmentation and Reassembly Sublayer* (SAR) und den *Convergence Sublayer* (CS). Für die AAL sind fünf Dienstklassen, AAL-Typ 1–5, mit entsprechenden Protokollen definiert (Abschn. 6.4.3).

Wie bei der ITU-T bereits bei ISDN üblich, wird das OSI-Referenzprotokoll mit seinen übereinanderliegenden Schichten durch hintereinanderliegende Ebenen um eine Dimension erweitert. Die Ebenen durchziehen alle Schichten (und umgekehrt). Sie fassen jeweils alle Funktionen zusammen, die die drei Bereiche betreffen *Benutzerebene* („user plane"), *Steuerungsebene* („control plane") und *Managementebene* („management plane").

Motivation für die Ausgestaltung des Zellenformats war die Herausforderung, sehr unterschiedliche Dienste in einer gemeinsamen TK-Infrastruktur effizient zu bedienen, wie die zeitkritische Sprachtelefonie mit jeweils relativ geringem Datenvolumen und den zeitunkritischen Filetransfer mit relativ großem Datenvolumen. Zur Lösung wurden zwei Prinzipien herangezogen:

- *Atomisierung:* Da kein einheitliches Zellenformat für alle Dienste optimal sein kann, werden die Datenströme in sehr kurze Abschnitte zerlegt, wodurch die notwendige Flexibilität auch für zukünftige Anforderungen geschaffen wird.
- *Verkehrsvertrag:* Um den Anforderungen unterschiedlicher Dienste gerecht zu werden und insbesondere auch von deren zufälliger Mischung im Multiplex profitieren zu können, werden an den Netzzugangspunkten die Dienstparameter ausgehandelt und eine verbindungsorientierte Paketübertragung mit Verbindungsauf- und -abbau durchgeführt.

6.4.2 ATM-Zellen

Die *ATM-Zellen* tragen – wie gewöhnliche Postpakete – eine vollständige Zieladresse, sodass jede einzelne für sich zugestellt werden kann. Derartige Zellen bzw. Pakete werden in der Nachrichtenübertragungstechnik *Datagramme* bezeichnet. Kernstück des ATM-Transportsystems ist die *ATM-Zelle* in Abb. 6.23. Sie umfasst 53 Oktette: Fünf Oktette für den Zellkopf und 48 Oktette für das Informationsfeld. Man beachte die feste und relativ kleine Zellengröße.

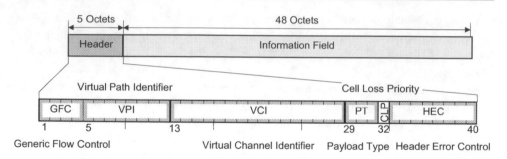

Abb. 6.23 Aufbau der ATM-Zelle

Anmerkung

- Im Vergleich zu ATM-Zellen sind im LAN (Ethernet) und im Internet (TCP) variable Paketgrößen bis zu 1500 bzw. 65.535 Oktette vorgesehen. Wenige große Pakete statt vieler kleiner reduzieren die zusätzliche Last durch die Paketköpfe und den Vermittlungsaufwand. Sie können auch bei Übertragung mit Quittierung den Durchsatz verbessern (Abschn. 6.3.2). Die maximalen Paketgrößen in den Netzen sind z. B. durch den vorhandenen Speicher in den Netzknoten beschränkt. Pakete, die über mehrere (Teil-)Netze übertragen werden können, müssen deshalb von vornherein eher klein gewählt oder zerlegt und wieder zusammengesetzt werden („fragmentation and reassembly"). Letzteres kann zu einem erheblichen Mehraufwand und Fehlern führen. Dazu kommt, dass die Übertragung großer Pakete relativ lange dauern kann, sodass die schnelle Übertragung von Steuerungsinformationen oder Sprachdaten blockiert wird.

Für die ATM-Zellen wurde die Größe von 53 Oktetten festgelegt, um die Vermittlung zu vereinfachen. ATM-Zellen können ihrer Kürze wegen relativ schnell gespeichert und wieder gelesen werden. Die Zellenvermittlung kann somit relativ aufwandsgünstig durch Hardware realisiert werden, was für die bei den in B-ISDN vorgesehenen Nachrichtenflüssen mit hohen Bitraten unverzichtbar ist. Die Größe stellt einen „fairen" Kompromiss dar. Sie ist zu allen Rahmenformaten bestehender Weitverkehrssysteme inkompatibel. ATM-Zellen müssen jeweils in die vordefinierten Rahmenstrukturen der benutzten Transportsysteme abgebildet werden.

Die kleine Zellengröße bietet weitere Vorteile. Bitraten unterschiedlicher Nachrichtenströme können durch den Zellenstrom feinstufig angenähert werden. Speziell für die Sprachtelefonie werden zu lange Wartezeiten für die Verarbeitung („processing time") vermieden, bis die Zellen jeweils gefüllt sind und gesendet werden können. Es lassen sich auch kurze Steuerungsnachrichten effektiv einfügen und rasch übertragen, da keine großen Pakete die Übertragung lange blockieren.

Der Nachteil einer kleinen Zellengröße besteht in relativ großem *Overhead* durch den Zellkopf, also Gemeinkosten (indirekten Kosten) im Sinn von allgemeinem Betriebsaufwand. Er beträgt bei ATM etwa 10 %. Der Zellkopf bei ATM beschränkt sich deshalb auf das Nötigste: Weginformation (GFC, VPI, VCI), Zellcharakterisierung (PT, CLP) und Prüfsumme (HEC). Bei der Übertragung werden die Bits in Abb. 6.23 von links nach rechts gesendet.

Generic Flow Control (GFC)

- Die ersten vier Bits des Zellkopfs ermöglichen die lokale Steuerung des Zellflusses am Zugang der ATM-Netze, der *User-Network-Interface(UNI)-Schnittstelle*. Durch GFC-Nachrichten können beispielsweise unterstützende Maßnahmen bei kurzzeitigen Überlastsituationen ausgelöst werden.
- Netzintern, d. h. auf der *Network-Node-Interface(NNI)-Schnittstelle* zwischen ATM-Vermittlungsknoten, sind die vier Bits des GFC dem Virtual Path Identifier (VPI) zugeordnet.

Virtual Path Identifier (VPI) und Virtual Channel Identifier (VCI)

- Zwischen den Kommunikationspartnern wird eine virtuelle Verbindung aufgebaut. Die Übertragung der Zellen im ATM-Netz geschieht abschnittsweise zwischen den Netzknoten auf virtuellen Strecken. Die acht bzw. zwölf Bits des VPI und die 16 Bits des VCI identifizieren diese virtuelle Verbindung und werden innerhalb des ATM-Netzes zur Wegelenkung mithilfe von Wegewahltabellen benutzt. Sie sind weder Adressen noch netzweit gültig. ATM arbeitet in diesem Sinn verbindungsorientiert.
- Die Unterteilung der Wegeinformation in VPI und VCI entspricht einem hierarchischen Netz mit zwei Ebenen. Die VP-Vermittlungsknoten (VP-Switch, DXC) werten nur die Pfadinformation aus. Sie schalten also ganze Kanalgruppen und ändern nur den VPI. Der Aufwand wird dadurch deutlich reduziert. VC-Vermittlungsknoten (VC-Switch), z. B. an ATM-Netzzugängen, berücksichtigen VPI und VCI.
- Das Konzept der virtuellen Verbindungen schließt Zeichengabekanäle und den Austausch von Betriebsführungsinformation ein. Hierfür werden eigene VCI-Codewörter verwendet.

Payload Type (PT)

- Mit drei Bits wird im PT-Feld der Zellentyp angezeigt. Es werden *Benutzerzellen* („user data cell"), *OAM-Zellen* und *Resource-Management(RM)-Zellen* unterschieden (Tab. 6.5). Die Übertragung von Benutzerzellen wird durch die führende 0 im PT-Feld angezeigt. Im zweiten Bit wird mit 1 das Auftreten einer *Überlast* („congestion") signalisiert. Schließlich ermöglicht das dritte Bit, das *ATM User-to-User Indication Bit* (AUU), je nach Nutzung zwischen zwei Zuständen zu unterscheiden.

Tab. 6.5 Codierung des Payload-Type-Felds

PT-Code	Bedeutung
000	User data cell, congestion not experienced, AUU = 0
001	User data cell, congestion not experienced, AUU = 1
010	User data cell, congestion experienced, AUU = 0
011	User data cell, congestion experienced, AUU = 1
100	OAM segment associated cell
101	OAM end-to-end associated cell
110	Resource management cell
111	Reserved for future function

AUU „ATM User-to-User Indication Bit";
OAM Operation Administration and Maintenance

Cell Loss Priority (CLP)

- Im Gegensatz zur transparenten Übertragung in leitungsvermittelten Netzen ist bei der Zellenvermittlung nach dem Store-and-forward-Prinzip mit dem Verlust von Zellen zu rechnen, wenn der Speicher ausgeschöpft ist. Ein *Zellverlust* tritt typischerweise in Überlastsituationen auf, wenn die Speicher (Warteschlangen) in den Netzknoten überlaufen. Dagegen kann der Zellenverlust durch Übertragungsfehler im Normalbetrieb mit Bitfehlerquoten von 10^{-9} oder kleiner vernachlässigt werden.
- Mit dem CLP-Bit kann hier der Schaden begrenzt werden. Zellen mit CLP-Bit gleich eins werden – falls notwendig – zuerst verworfen. Zusätzlich kann das CLP-Bit nicht nur zur Unterscheidung zwischen virtuellen Verbindungen, z. B. zwischen Premiumdiensten und einfachen Diensten („best effort service"), sondern auch von Zelle zu Zelle, z. B. zur Kennzeichnung von verzichtbarer Zusatzinformation wie eine höhere Bildauflösung für eine Videoanwendung, eingesetzt werden.

Header Error Control (HEC)

- Die Prüfsumme mit acht Bits im HEC-Feld schützt das ATM-Netz gegen unerkannte Übertragungsfehler im Zellkopf. Es wird ein zyklischer Blockcode, ein spezieller *CRC-Code* eingesetzt (s. Abramson-Code in Kap. 8). Darüber hinaus erlaubt das HEC-Oktett auch das Erkennen eines ATM-Header im Bitstrom, und damit die *Zellensynchronisation*, da Bitfehler üblicherweise sehr selten auftreten und der CRC-Code fast alle Fehlermuster erkennt. Die Fehlererkennung und die Zellgrenzenerkennung wird in Abschn. 6.4.5 genauer beschrieben.

Man beachte auch, dass in der ATM-Zelle auf einen zusätzlichen Schutz der transportierten Information gegen Bitfehler verzichtet wird, da in modernen Übertragungseinrichtungen, z. B. Lichtwellenleitern, im Normalbetrieb selten Bitfehler auftreten und die für die Ende-zu-Ende-Verbindung zuständige Transportschicht üblicherweise obligatorisch eine

Fehlerkontrolle durchführt. Mit dem Verzicht auf eine Fehlerprüfung wird in den Netzknoten der Aufwand reduziert, vgl. auch die ähnliche Entwicklung von IPv4 (1981) zu
IPv6 (1995).

6.4.3 B-ISDN

Mit der ATM-Zelle als Transportmittel sollte das von der ITU-T in den 1980er-Jahren
definierte Ziel des Broadband Integrated Services Digital Network (B-ISDN) realisiert
werden. Breitband hieß damals, den Teilnehmern (Organisationen und Firmen) Bitraten
größer als die des Primärratenanschluss von 2,048 Mbit/s anzubieten.

Kernstück der Überlegungen ist eine Verkehrssteuerung, bei der die Dienste und Verkehrsparameter mit den Teilnehmern fallweise vereinbart werden, sog. *Verkehrsverträge*
abgeschlossen werden. Durch die Teilnehmer werden die gewünschten Dienste und Verkehrsparameter mitgeteilt. Das B-ISDN antwortet mit Angeboten. Kommen Verkehrsverträge zustande, garantiert das B-ISDN die vereinbarten Verkehrsparameter. Hier kommt
ATM ins Spiel, da die ATM-Übertragungsnetze QoS-Eigenschaften garantieren können.
Hierfür wurden zur Vereinfachung fünf Dienstklassen spezifiziert, die typische Anforderungen abdecken.

Constant Bit Rate (CBR)
Die Dienstklasse CBR unterstützt Anwendungen mit permanenter und fester Datenrate.
Ein typisches Beispiel liefert die isochrone Übertragung von Datenströmen, wie sie bei
Audio- und Videoanwendungen auftritt, die keine Kompressionsverfahren einsetzte, wie
z. B. die PCM-Sprachtelefonie mit der festen Bitrate 64 kbit/s.

Real Time Variable Bit Rate (rt-VBR)
Die Dienstklasse rt-VBR umfasst Dienste mit isochroner, aber variabler Bitrate. Hierzu
gehören Audio- und Videoanwendungen (Bildtelefonie) mit Audio- und Videokompressi-
onsverfahren, z. B. MPEG-Codierung. Abhängig von den Signalen treten zeitlich schwankende Bitraten auf.

Anmerkung

- Werden zur gleichen Zeit viele VBR-Signale übertragen, tritt in Summe ein Aus-
  gleichseffekt ein. Man spricht von statistischem Multiplexing. So können mehr
  Verbindungen gleichzeitig angeboten werden als die nominelle, statische Übertragungskapazität erlaubt (s. Bündelgewinn in der Nachrichtenverkehrstheorie,
  Werner 2005). Bei Paketvermittlungssystemen wird der Effekt des statistischen
  Multiplexing implizit genutzt. Nachteilig ist, dass der Verkehr stoßartigen Charakter annehmen und zu Überlastsituation mit Blockaden führen kann. Für den Betrieb
  sind deshalb besondere Maßnahmen zu treffen, um einer Überlast vorzubeugen
  bzw. Blockaden abzubauen.

Non Real Time Variable Bit Rate (nrt-VBR)

Die Dienstklasse nrt-VBR ist für Anwendungen vorgesehen, bei denen die Informationen stoßartig im Bündel („burst") übertragen werden und nur gemäßigte Anforderungen bezüglich der Dauer („delay") und Schwankungen der Paketzustellzeit („jitter") gestellt werden. Beispiele sind die Onlineregistrierung für Bahn und Flugreisen, das Telebanking und allgemein die Datenkommunikation bei der hochwertige asynchrone Übertragungen bereitgestellt werden

Unspecific Bit Rate (UBR)

Diese Dienstklasse UBR ergänzt die genannten im Sinn eines Best-effort-Paketnetzes. Das heißt, es werden den Anwendungen freie Übertragungskapazitäten ohne Garantie der Dienstgüte angeboten. Datenanwendungen, ähnlich wie in den typischen TCP/IP-Netzen, werden unterstützt.

Im Fall von Überlast im Netz werden zuerst Zellen der UBR-Dienste verworfen. Der Verlust einer ATM-Zelle kann u. U. durch die externe Flusskontrolle zum Nachsenden eines größeren Datenblocks – also vieler ATM-Zellen – durch die Quelle führen, sodass ein sich aufschaukelnder Effekt einsetzt und die Überlastsituation verschärft.

Available Bit Rate (ABR)

Mit der Dienstklasse ABR sollen Nachteile von UBR vermieden werden. Ziel ist, die von den anderen Dienstklassen nicht genutzte Übertragungskapazität im Netz fair zwischen den Teilnehmern aufzuteilen und dabei Überlastsituationen zu vermeiden. Hierfür werden bei ABR-Diensten im ATM-Transportsystem Flusskontrollen eingeführt und Dienstgüten vereinbart.

Die Idee der verbesserten Nutzung der Übertragungskapazität durch die Dienstklassen spiegelt Abb. 6.24 wider. Je nach Netzbelastung durch CBR- und VBR-Dienste kann die noch verfügbare Kapazität den ABR- und UBR-Diensten zur Verfügung gestellt werden. Für ABR-Dienste werden spezielle *Verkehrsparameter* vereinbart: Die minimale und maximale Zellenrate („minimum cell rate", „peak cell rate") und eine Quote für den Zellverlust („cell loss ratio"). Die maximale Zellenrate ist nicht verbindlich. Die Zellenrate kann durch das Netz bei Bedarf bis zur minimalen Rate reduziert werden.

Abb. 6.24 Nutzung der Übertragungskapazität durch ATM-Dienstklassen

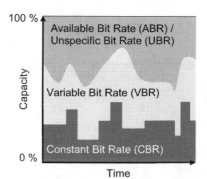

6.4.4   ATM-Anpassungsschicht

Im B-ISDN stehen Dienstklassen, Verkehrsverträge mit Verkehrsparametern einerseits und die technische Infrastruktur andererseits in engem Wechselspiel. Eine spezielle Anpassungsschicht AAL (ATM Adaption Layer) schlägt in Abb. 6.22 die Brücke zwischen den Anwendungen an den Netzzugängen (AAL-SAP) und dem ATM-Transportsystem. Die Abb. 6.25 veranschaulicht nochmals die Aufgabe. In der AAL stehen den Diensten spezielle Protokolle zur Verfügung, AAL1–AAL5, die an die Dienstklassen angepasst sind. Beispielsweise wird das Protokoll AAL1 für CBR-Dienste mit konstanter Bitrate (ISDN-B-Kanal, Voice over ATM etc.) und AAL5 für den IP-Verkehr (IP over ATM) eingesetzt. Die Aufgaben der AAL sind

- die Bereitstellung und Auswertung der Steuerungs- und Managementfunktionen;
- die Flusskontrolle und Zeitsteuerung;
- die Behandlung von Übertragungsfehlern, Verlust und falsches Hinzufügen von Zellen und
- die Behandlung von größeren Datenblöcken der Anwendungen.

Bei der Umsetzung der Aufgaben ist es günstig, die Funktionen nach anwendungsbezogen und transportbezogen zu trennen. Es werden zwei Teilschichten eingeführt: Die anwendungsbezogene CS-Teilschicht (Convergence Sublayer) und die transportbezogene SAR-Teilschicht (Segmentation and Reasemblys Sublayer); Abb. 6.22). Die Kommuni-

Abb. 6.25 Anpassung der Dienste an das ATM-Transportsystem

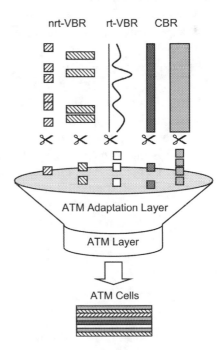

kation erfolgt prinzipiell gemäß dem OSI-Referenzmodell in Abschn. 6.2.3 mit Protokolldatenelementen (PDU). Ein größerer Datenblock der höheren Schicht wird in der CS-Teilschicht durch ein Kopffeld und einen Anhang zur CS-PDU ergänzt.

In der Teilschicht SAR wird die CS-PDU segmentiert. Die einzelnen Segmente werden durch weitere Kopffelder und Anhänge komplementiert. So entstehen SAR-PDU mit der Länge von 48 Oktetten, die sich unmittelbar in die Informationsfelder der ATM-Zellen abbilden lassen.

6.4.5 Fehlersicherung und Erkennung der Zellgrenzen

In diesem Abschnitt wird die Bedeutung des Felds Header Error Control (HEC) im Header der ATM-Zelle aufgezeigt. Mit der Prüfsumme lassen sich nicht nur Fehler erkennen bzw. korrigieren, sondern es lässt sich auch der Beginn einer ATM-Zelle im empfangenen Bitstrom detektieren. Die HEC-Prüfung geschieht in der Transmission-Convergence(TC)-Teilschicht der ATM-Schicht.

Fehlersicherung
Das Feld HEC trägt die Prüfsumme zum zyklischen Code mit dem Generatorpolynom achten Grades. Es handelt sich um den *Abramson-Code* CRC-8 mit den in Kap. 8 genannten Eigenschaften. Die Codewortlänge ist 127 Bits ($2^7 - 1$), wobei jedoch nur 40 Bits im Header benutzt werden. Die anderen Bits im Codewort werden zu null gesetzt und nicht übertragen. Durch die Verkürzung reduziert sich die Zahl der möglichen Fehlermuster; weil die nicht übertragenen Bits auch nicht gestört werden können, sodass die Wahrscheinlichkeit für einen unerkannten Fehler, die *Restfehlerwahrscheinlichkeit*, signifikant abnimmt.

Bei der Übertragung von ATM-Zellen mit Lichtwellenleitern treten über gewisse Zeitabschnitte typischerweise entweder sporadische Einzelfehler oder längere Fehlerbündel auf. Um die Restfehlerwahrscheinlichkeit zu verringern, wird von der ITU-T das *Zweizustandsmodell zur Fehlersicherung* in Abb. 6.26 empfohlen. Links im Bild ist der Zustand Einzelfehlerkorrektur zu sehen. Wird kein Fehler entdeckt, bleibt die Fehlersicherung in diesem Zustand. Tritt ein Einzelfehler auf, so wird er korrigiert. Die Fehlersicherung geht nun in den Zustand Fehlererkennung über – es könnte ja auch der Beginn eines Fehlerbündels vorliegen. Dadurch wird die Gefahr reduziert, dass im Fall eines Fehlerbündels gestörte ATM-Zellen weitergereicht werden. Wird ein Mehrfachfehler erkannt, wird die ATM-Zelle verworfen und ebenfalls in den Zustand Fehlererkennung gewechselt. Weitere fehlerhaft erkannte ATM-Zellen werden verworfen. Wird kein Fehler mehr entdeckt, findet ein Übergang in den Zustand Einzelfehlerkorrektur statt.

Restfehlerwahrscheinlichkeit
Die Qualität des Verfahrens, die Häufigkeit der Restfehler, kann theoretisch abgeschätzt werden. Eine einfache Abschätzung der Restfehlerwahrscheinlichkeit ergibt folgende

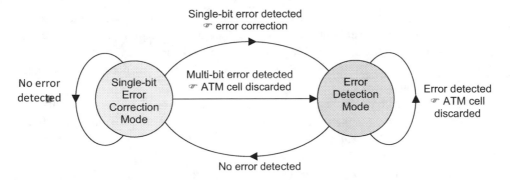

Abb. 6.26 Fehlersicherung bei der Übertragung von ATM-Zellen mit Zweizustandsmodell für Einzelfehlerkorrektur und Fehlererkennung

Überlegung: Mit vier Oktetten im Header für die Nachricht gibt es 2^{32} mögliche Codewörter. Ein Restfehler tritt nur auf, wenn ein Codewort in ein Codewort verfälscht wird (Kap. 8). Wegen der Linearität des Codes muss dazu das Fehlermuster selbst wiederum ein Codewort sein. Um ein Codewort in ein Codewort zu verfälschen, ist bei einem CRC-Code mindestens die Hamming-Distanz vier zu überwinden, also müssen hier mindestens vier Bitfehler auftreten.

Da ein Abramson-Code mit acht Prüfstellen vorliegt, werden alle Fehlerbündel bis auf eine Quote von 2^{-7} erkannt. Hinzu kommt noch, dass alle Fehlerbündel mit ungerader Anzahl von Bitfehlern ebenfalls erkannt werden.

Für den Fall statistisch unabhängiger Bitfehler mit der Bitfehlerwahrscheinlichkeit P_b resultiert die Abschätzung der Restfehlerwahrscheinlichkeit

$$P_{\text{rest}} < 2^{32} \cdot P_b^4 \cdot 2^{-7} \cdot \frac{1}{2} = 2^{24} \cdot P_b^4.$$

Mit der Übertragung mit Lichtwellenleitern typischen Bitfehlerwahrscheinlichkeit von 10^{-9} (bis 10^{-12}) ergibt sich eine Restfehlerwahrscheinlichkeit kleiner als $1{,}7 \cdot 10^{-29}$. In der Empfehlung ITU-T I.432 (Abb. 6.27; Stallings 2000), wird eine konservativere Einschätzung der Restfehlerwahrscheinlichkeit mit etwas kleiner als 10^{-23} gegeben.

Abb. 6.27 Abschätzung der Wahrscheinlichkeiten für unerkannte Störungen im Header von ATM-Zellen und die Löschung von ATM-Zellen in Abhängigkeit von der Bitfehlerwahrscheinlichkeit (ITU I.432 in Stallings 2000, S. 360)

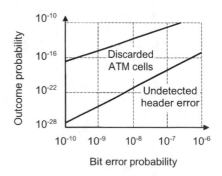

Um die Restfehlerwahrscheinlichkeit besser einordnen zu können, betrachten wir die mittlere Zeit zwischen zwei Fehlerereignissen. Bei einer Übertragung mit 155,52 Mbit/s (STM-1) werden pro Sekunde etwa 366.792 ATM-Zellen übertragen. Bei der Restfehler-wahrscheinlichkeit von 10^{-23} entspricht das im Mittel einem unerkannten Fehlerereignis alle 8,6 Mrd. Jahre.

Interessant ist auch die Wahrscheinlichkeit, dass eine ATM-Zelle verworfen wird. Bei der Bitfehlerwahrscheinlichkeit von 10^{-9} zeigt Abb. 6.27 den Wert 10^{-14} an. Demzufolge wird bei Übertragung mit 155,52 Mbit/s im Mittel alle 8,6 Jahre eine ATM-Zelle verworfen.

Bei der Bewertung der Zahlenwertbeispiele beachte man, dass quasi unabhängige Fehlerereignisse angenommen werden, der Übertragungskanal also keine Fehlerbündel erzeugt.

Zellgrenzenerkennung

Die geringe Wahrscheinlichkeit, dass ein Fehler im Header einer ATM-Zelle bei Normalbetrieb nicht erkannt wird, macht es im praktischen Betrieb möglich, durch die HEC-Prüfung die Lage der ATM-Zellen im Bitstrom zu erkennen. Damit kann auf eine zusätzliche Rahmenstruktur im ATM-Zellenstrom verzichtet und die Verarbeitung der ATM-Zellen in den Netzknoten wesentlich vereinfacht werden.

Zur Synchronisation des ATM-Zellenstroms, die *Zellgrenzenerkennung* in der TC-Teilschicht, wird das *Dreizustandsmodell* in Abb. 6.28 eingesetzt.

- Die Zellgrenzenerkennung startet im asynchronen Fall im Zustand HUNT. Über den ankommenden Bitstrom wird ein kopffeldbreites Fenster (fünf Oktette) gelegt und die Bits im Fenster werden der HEC-Prüfung unterzogen. Wird dabei ein Fehler erkannt, wird das Fenster um ein Bit weiter geschoben und die HEC-Prüfung wiederholt. Dies geschieht solange, bis ein Bitmuster die HEC-Prüfung besteht. Wegen der niedrigen Restfehlerwahrscheinlichkeit füllt dann mit hoher Wahrscheinlichkeit tatsächlich

Abb. 6.28 Zustandsdiagramm für die Zellgrenzenerkennung bei der ATM-Übertragung

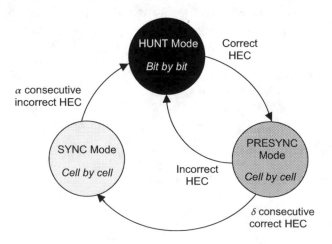

ein Header das Fenster aus. Die Zellgrenzenerkennung geht deshalb in den Zustand PRESYNC über. Häufig wird bei der Übertragung zusätzlich eine quasi-zufällige Verwürfelung des Informationsfelds durch einen Scrambler durchgeführt, sodass systematische Verwechslungen zwischen Headern und Abschnitten der Informationsfelder ausgeschlossen sind.

- Im Zustand PRESYNC wird ein ATM-Zellenstrom entsprechend oben vermutet. Im ankommenden Bitstrom werden die vermeintlich nächsten Header untersucht. Weist die HEC-Prüfung einen Header ab, so kehrt die Zellgrenzenerkennung wieder in den Zustand HUNT zurück. Sind δ aufeinander folgende HEC-Prüfungen ohne Beanstandungen, kann die zeitlich richtige Detektion des empfangenen ATM-Zellenstroms angenommen werden. Die Zellgrenzenerkennung wechselt in den Zustand SYNC.
- Der Zustand SYNC beschreibt den synchronisierten Zustand. Die HEC-Prüfung wird gemäß Abb. 6.28 vorgenommen. Bitfehler werden erkannt und gegebenenfalls korrigiert. Werden jedoch α aufeinander folgende Header als fehlerhaft erkannt, so wird ein Verlust der Synchronisation vermutet und in den Zustand HUNT gewechselt.

Die Leistungsfähigkeit der Zellgrenzenerkennung hängt von den Parametern δ und α ab. Dabei bestimmt δ die Geschwindigkeit, mit der der synchrone Zustand erreicht wird, d. h. die Zeit („acquisition time") bis zum Empfang von ATM-Zellen mit Fehlererkennung und Fehlerkorrektur. Einer kürzeren Akquisitionszeit, d. h. einem kleineren Wert für δ, steht eine größere Wahrscheinlichkeit für eine Fehlanpassung gegenüber.

Die ITU-T empfiehlt in I.432 beispielsweise für die Übertragung über die STM1-Schnittstelle den Wert $\delta = 6$. Bei Bitfehlerwahrscheinlichkeiten kleiner 10^{-3} wird der synchrone Zustand nach etwa zehn ATM-Zellen, also etwa $28\,\mu s$, erreicht (Stallings 2000).

Der Parameter α definiert die Verzögerung mit der ein Verlust des synchronen Zustands erkannt wird. Ein kleinerer Wert für α verkürzt einerseits diese Zeit, andererseits erhöht er die Wahrscheinlichkeit für einen Fehlalarm aufgrund von statistischen Übertragungsfehlern. Von der ITU-T wird $\alpha = 7$ empfohlen. Von besonderem Interesse ist dabei das mittlere Zeitintervall („in-sync time") zwischen zwei Synchronisationsverlusten bei Störung durch zufällige Bitfehler. Für $\alpha = 7$ und einer Bitfehlerwahrscheinlichkeit von 10^{-6} entspricht sie der Übertragungszeit von mehr als 10^{30}-Zellen, oder mehr als $8 \cdot 10^{16}$ Jahren (Stallings 2000). Das heißt, ein Verlust der Synchronizität aufgrund statistischer Bitfehler kann bei Normalbetrieb so gut wie ausgeschlossen werden.

6.4.6   Multiprotocol Label Switching

Seit 1997 ist ATM bei der deutschen Telekom im Regelbetrieb. Weltweit verbindet Hochgeschwindigkeits-ATM-Technik auf Glasfaserstrecken die Knoten in Kernnetzen. Insbesondere lassen sich auch bereits vorhandene SDH-Strecken ohne besonderen Aufwand nutzen, wenn man die Transportmodule STM-1 und STM-4 mit ATM-Zellen füllt.

Der Auf- und Ausbau des B-ISDN mit ATM-Übertragungssystem stellt eine hohe technische Herausforderung dar. Anders als bei der leitungsorientierten Vermittlung, bei der im Verbindungsaufbau ein Übertragungsweg fest zugeschaltet wird, muss bei der ATM-Übertragung in der Vermittlungsstelle der Header – oder zumindest der VPI – jeder ankommenden Zelle ausgewertet werden. Der damit verbundene Aufwand ist enorm. Im Beispiel einer STM-4-Verbindung mit der Bitrate von 622,08 Mbit/s sind pro Sekunde etwa 1,467 Millionen Zellen zu verarbeiten. Bei den für die nahe Zukunft erwarteten riesigen Datenströmen stößt die ATM-Zellen-Vermittlung an praktische Grenzen.

Heute spielt der Sprachverkehr in den TK-Netzen nur noch eine untergeordnete Rolle. Es überwiegt der Datenverkehr aus IP-basierten Zuliefernetzen. Sie arbeiten i. d. R. nach momentaner Verfügbarkeit und garantieren keine Dienstgüte. Letzteres bleibt unbemerkt, wenn das IP-Netz über ausreichend Überkapazitäten („over provisioning") verfügt. Das Vorhalten von Überkapazitäten in großen Weitverkehrsnetzen ist jedoch weder technisch noch wirtschaftlich darstellbar. Letzten Endes bleibt nur die Option einer intelligenten Verkehrssteuerung („traffic engineering"), d. h. einer bedarfsgerechten Bereitstellung von Kapazität, also Bitrate, Überlaststeuerung und garantierte Dienstgütemerkmale.

Heute ist der *Energieverbrauch* eines TK-Netzes stärker in den Blick gerückt. Die Energie, die pro übertragenem Bit aufgewendet werden muss, ist zu einer wichtigen Kennzahl für die Leistungsfähigkeit der Netztechnologie geworden. Traffic-Engineering wird zukünftig dem Energieaspekt erhöhte Aufmerksamkeit widmen müssen.

Da weiterhin sowohl mit einem starkem Wachstum des Datenverkehrs (Abb. 6.29) als auch des IP-basierten Anteils gerechnet wird, wird die Weiterentwicklung der TK-Netze ohne aufwendiges Zerlegen (Fragmentierung) und wieder Zusammensetzen (Defragmentierung) der IP-Datagramme vorgeschlagen. Dabei sollen die Vorteile der virtuellen Verbindung sowie der Zusammenfassung von Verbindungen über gleiche Wegstrecken erhalten bleiben. Weil dieses Konzept prinzipiell auf rahmenorientierte Datenströme aus Zuliefernetzen mit Protokollen wie Ethernet, IP, PPP etc. möglich ist, spricht man vom *Multiprotocol Label Switching* (MPLS).

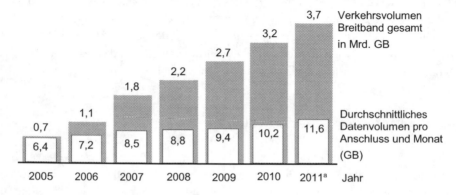

Abb. 6.29 Zunahme des Breitbandverkehrsvolumens in Deutschland. *GB* Giga Byte; [a]Schätzung (Bundesnetzagentur 2012)

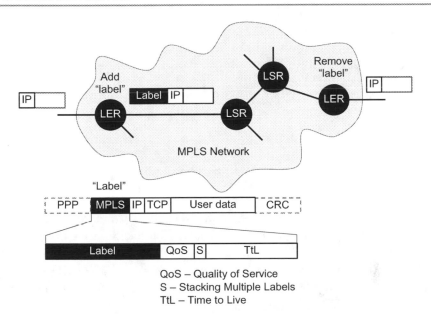

QoS – Quality of Service
S – Stacking Multiple Labels
TtL – Time to Live

Abb. 6.30 Weiterleitung eines IP-Datagramms im MPLS-Netzwerk (nach Tanenbaum und Wetherall 2011)

Zur Umsetzung des MPLS kann auf das Konzept der virtuellen Paketvermittlung in Abb. 6.8 zurückgegriffen werden. Am MPLS-Netz ankommende Pakete werden im Zugangsknoten, dem Label Edge Router (LER) um einen Header erweitert, der nach einem initialen Routingprozess die Weginformation als Label enthält. Die inneren Netzknoten, der Label Switch Router (LSR) werten nur das Label aus und leiten das Paket weiter. Man spricht jetzt vom einfacheren Weiterleiten („forwarding") statt Vermitteln („routing"). Nur die Zugangsknoten an den Netzrändern müssen die Pakete bezüglich ihrer Protokolle bearbeiten. Im MPLS-Netz lassen sich Pakete mit gleichen (Teil-)Zielen für die Weiterleitung in Äquivalenzklassen („forwarding equivalence class") zusammenfassen. Sie können deshalb mit gleichem Label versehen werden, sodass virtuelle Kanäle entstehen.

Den Aufbau des MPLS-Header und die Weiterleitung im MPLS-Netzwerk veranschaulicht Abb. 6.30 am Beispiel eines zu transportierenden IP-Datagramms. Der MPLS-Header besteht aus vier Oktetten. Davon 20 Bits für das Label, drei Bits für die Dienstklasse (QoS), ein Bit als Indikator, ob noch weitere Label vorhanden sind, und schließlich acht Bits für den Parameter „time to live". Letzterer wird in jedem Netzknoten dekrementiert. Ist er null, wird ein Irrlauf unterstellt und das Datagramm gelöscht. Im Bild ist zusätzlich ein möglicher Transport auf der Datensicherungsschicht mit PPP angedeutet.

Obwohl das MPLS-Konzept auf bewährte Methoden der verbindungsorientierten Übertragung zurückgreift, vgl. ATM, ist die Umsetzung umfangreicher und schwieriger als hier angedeutet werden kann. Für eine ausführlichere Darstellung s. beispielsweise Obermann und Horneffer (2013). Eine Chance für die Einführungen von Innovationen eröffnen hier die neuen optischen Transportnetze (Kap. 7).

Aufgabe 6.8

a) Was bedeuten das Akronym ATM?
b) Worin besteht der Vorteil der ATM-Übertragung?
c) Was versteht man unter einer Dienstklasse im TK-Netz? Geben Sie zwei Beispiele an.
d) Nennen Sie zwei Vorteile, die für die Verwendung von Dienstklassen in TK-Netzen sprechen?

6.5   Vielfachzugriff in lokalen Netzen

Der Zugang zum Internet, z. B. über eine Einwahlverbindung, wurde mit dem PPP bereits in Abschn. 6.3.3 thematisiert. Für wohl die meisten Teilnehmer ist heute das Internet über ein lokales Netzwerk (LAN) mit WLAN- und/oder Ethernet-Zugriff erreichbar. Der folgende Unterabschnitt gibt deshalb zunächst einen Überblick über lokale (Rechner-)Netze. Danach wird das zentrale Problem des Vielfachzugriffs im LAN vorgestellt und seine Lösung aufgezeigt. Ein Abschnitt über das Ethernet schließt die Ausführungen ab, während das WLAN in Kap. 9 vorgestellt wird.

6.5.1   Lokale Netze

In den letzten Jahren hat die Verbreitung von LAN (Local Area Network) und Internetzugängen weiter stark zugenommen. Dazu beigetragen haben u. a. immer preiswertere Geräte und die Etablierung des TCP/IP-Protokolls (Transmission Control Protocol/Internet Protocol) als das Standardprotokoll für die Netz- bzw. die Transportschicht.

Unter einem LAN versteht man ein örtlich begrenztes Kommunikationsnetz mit hoher Übertragungsrate zwischen den Arbeitsstationen („client") und den zentralen Diensterbringern („server") in Abb. 6.31. Dabei können unter den Stationen die Rollen für verschiedene Dienste (E-Mail-Server, Datenbank-Server, Programm-Server usw.) verteilt werden.

Die Kommunikation innerhalb eines LAN erfolgt mit Rahmen ohne Auf- und Abbau der Verbindung, also verbindungslos, da sich die Stationen ein gemeinsames (Übertragungs-)Medium teilen. Nur die beiden untersten Schichten des OSI-Referenzmodells sind

Abb. 6.31 Lokales Rechner-netz

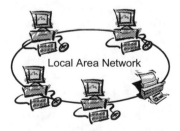

Upper Layer

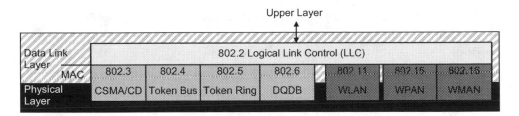

Abb. 6.32 IEEE-802-Referenzmodell für LAN-Protokolle mit der Zwischenschicht Medium Access Control (MAC)

relevant: die Bitübertragungsschicht und die Datensicherungsschicht. Dabei können verschiedene Übertragungsverfahren und -medien sowie Protokolle zum Einsatz kommen. Die physikalischen Übertragungsmedien wie ungeschirmte, verdrillte Zweidrahtleitungen („unshielded twisted pair"), Koaxialkabel („baseband coaxial cable"), Lichtwellenleiter („optical fiber") sowie die Ausbreitungsbedingungen bei einer Funkübertragung haben einen großen Einfluss auf die Leistungsfähigkeit des LAN. Ebenso wichtig sind die physikalische bzw. logische Netzarchitektur als Bus-, Ring-, Baum- oder Sternstruktur. Deshalb werden jeweils maßgeschneiderte Verfahren und Protokolle verwendet. Von besonderer Bedeutung ist dabei die Art des Zugriffs der Stationen auf das gemeinsam genutzte Medium.

In Anlehnung an das OSI-Referenzmodell hat das *Institute of Electrical and Electronics Engineers* (IEEE) für lokale Netze das *IEEE-802-Referenzmodell* entwickelt. Die Arbeiten wurden 1980 begonnen und werden bis heute erfolgreich fortgesetzt, wobei jeweils neueste Technologien aufgegriffen werden. Das IEEE-802-Referenzmodell in Abb. 6.32 ermöglicht die Integration der verschiedenen LAN-Technologien in den Anwendungen. Da keine Vermittlungsfunktion anfällt, korrespondiert das Modell mit den beiden untersten Schichten des OSI-Referenzmodells: der Bitübertragungsschicht („physical layer") und der Datensicherungsschicht („data link layer"). Weil der Zugriff auf ein geteiltes Medium nicht im üblichen „data link layer" geregelt wird, werden die für den Zugriff logischen Funktionen in einer eigenen Zwischenschicht, *Medium Access Control* (MAC) genannt, zusammengefasst. Hinter den MAC-Varianten in Abb. 6.32 stehen folgende Ideen:

- Der Begriff *Carrier Sense Multiple Access/Collision Detection (CSMA/CD)* bezieht sich auf das quasi wahlfreie Zugriffsverfahren durch die Stationen. Bei möglicherweise gleichzeitigem Zugriff mehrerer Stationen auf den gemeinsamen Bus kollidieren die gesendeten Datenrahmen der unterschiedlichen Stationen und müssen neu übertragen werden. Um Kollisionen zu vermeiden, beobachten die Stationen den Bus und senden erst dann, wenn der Bus nicht belegt ist (CSMA). Bei zwei oder mehr wartenden Stationen sind Kollisionen nicht ausgeschlossen. Kollisionen werden jedoch entdeckt (CD) und planmäßig aufgelöst. Realisierungen sind gemeinhin als Ethernet bekannt (Abschn. 6.5.3).

- *Token Bus* und *Token Ring* sind Zugriffsverfahren, die mit Zuteilung der Sendeberechtigung arbeiten. Bei den Token-Verfahren sind die Stationen in einem logischen oder physikalischen Ring angeordnet. Im Ring wird eine Sendeberechtigung, das Token, zwischen den Stationen herumgereicht. Ein Reservierungssystem mit Prioritätssteuerung sorgt für eine faire, bedarfsgerechte Zuteilung der Sendeberechtigung an die Stationen. Eine Station übernimmt als Monitor die Überwachung der Token.
- *Distributed Queue Dual Bus (DQDB)* steht für zwei Busse aus je einem Glasfaserring (DB), die einen Duplexbetrieb unterstützen. DQDB wurde in Metropolitan-Area-Network(MAN)-Netzen eingesetzt.
- *Fiber Distributed Data Interface (FDDI)* ist ein speziell auf die Übertragung mit Lichtwellenleitern zugeschnittenes Token-Ring-Verfahren, das dem IEEE-802.5-Verfahren sehr ähnlich ist.
- *Wireless Local Area Network (WLAN)* steht für drahtloses („wireless") LAN auf Funkbasis bzw. seltener (früher) mit Infrarotübertragung. *Wireless Personal Area Network (WPAN)* und *Wireless Metropolitan Area Network (WMAN)* sind ebenso wie WLAN funkbasierte Systeme. WLAN wird in Kap. 9 noch genauer vorgestellt.

6.5.2   Aloha-Verfahren

Weil jede Station im LAN prinzipiell die Möglichkeit hat, auf das gemeinsame Medium, den Bus, zuzugreifen, spricht man vom *Vielfachzugriff*. Die Abb. 6.33 veranschaulicht die Situation. Ein entsprechendes Kommunikationssystem zum Verbinden von Computern (Stationen) wurde 1976 am Palo Alto Reserach Center (PARC) der Firma Xerox von D. Boogs und R. Mecalf entwickelt. Die Stationen hatten, jede an ihrem Platz, physikalisch Zugriff zu einem Koaxialkabel als Leitung (Bus). Das System erreichte eine Bitrate von 3 Mbit/s.

Offensichtlich tritt ein Problem auf, wenn zwei Stationen zur gleichen Zeit zugreifen. Die elektrischen Signale stören sich gegenseitig. In der Regel führt das zu einer Blockade und den Verlust der Nachricht. Der Vielfachzugriff ist ein grundlegendes Problem bzw. Aufgabe in der Nachrichtentechnik und soll deshalb im Folgenden ausführlich diskutiert werden. Dabei soll der Einfachheit halber kurz von *Rahmen* statt Signalen gesprochen werden, die die Stationen austauschen. Der Begriff Rahmen bezieht sich eigentlich auf

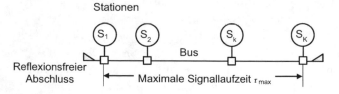

Abb. 6.33 Lokales Netz mit Koaxialkabel als Bus (vereinfacht)

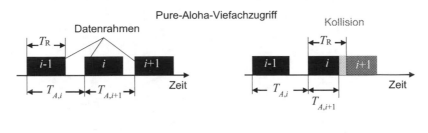

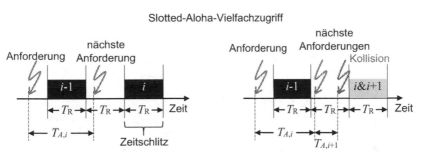

Abb. 6.34 Übertragung im Aloha-Verfahren mit Kollision

die logische Struktur und der Begriff Signal auf den physikalischen Träger. Will man die Funktion der Rahmen betonen, so spricht man auch von Datenrahmen, Steuerungsrahmen, Melderahmen etc. Der häufig verwendete Begriff Paket soll hier nicht eingesetzt werden, sondern der Netzwerkschicht vorbehalten bleiben.

Pure-Aloha-Vielfachzugriffsverfahren

Das Aloha-Vielfachzugriffsverfahren ist nach einem Funkfeldversuch für die Datenübertragung benannt, der Anfang der 1970er-Jahre an der Universität von Hawaii durchgeführt wurde. In der einfachsten Version, dem *Pure-Aloha-Vielfachzugriffsverfahren*, greifen die Stationen wahlfrei auf das Medium (Funkkanal) zu, sobald bei ihnen eine zu übertragende Nachricht (Rahmen) vorliegt.

In der *Nachrichtenverkehrstheorie* wird zur Abschätzung der Leistungsfähigkeit des Pure-Aloha-Vielfachzugriffsverfahrens das Verhalten der Stationen als Zufallsprozess modelliert: Viele gleichartige Stationen senden zufällig und unabhängig jeweils kurze Rahmen der Dauer T_R. Senden zwei oder mehr Stationen gleichzeitig, tritt eine Kollision auf, die Rahmen gehen verloren und werden zu einem späteren Zeitpunkt neu gesendet. Die zwei möglichen Übertragungssituationen sind in Abb. 6.34 oben dargestellt. Links wird der i-te Rahmen ohne Kollision erfolgreich übertragen. Rechts tritt eine *Kollision* auf, da während der Übertragung ein weiterer Rahmen gesendet wird.

Wichtiger Parameter ist die Zeit zwischen zwei (Sende-)Anforderungen T_A. Sie ist eine Zufallsgröße. Unter gewissen Modellannahmen kann der (relative) *Durchsatz*, die Zahl der im Mittel erfolgreich übertragenen Rahmen pro Zeitintervall berechnet werden

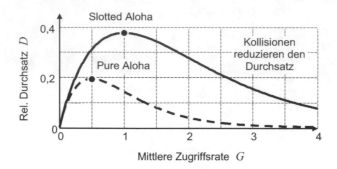

Abb. 6.35 Durchsatz für das Pure- und das Slotted-Aloha-Vielfachzugriffsverfahren über der mittleren Zugriffsrate G

(Werner 2005). Werden pro Zeitintervall T_R im Mittel G Rahmen gesendet resultiert der (relative) Durchsatz

$$D = G \cdot e^{-2G}.$$

Der Durchsatz hängt nur von der pro Zeitintervall T_R im Mittel gesendeten Zahl der Rahmen, der mittleren *Zugriffsrate* G, ab. Da der Durchsatz aus Anwendersicht möglichst groß sein soll, gilt es die mittlere Zugriffsrate so zu wählen, dass der Durchsatz maximal wird. Mit $G = 0{,}5$ erhält man den *maximalen Durchsatz* $1/(2e) \approx 0{,}1839$. In Abb. 6.35 ist der Durchsatz in Abhängigkeit von der mittleren Zugriffsrate G aufgetragen. Mit zunehmendem Verkehrsangebot, Zugriffen, wächst zunächst der Durchsatz, also die Nutzung des Mediums. Kollisionen treten sehr selten auf. Die mittlere Zugriffsrate wird durch den originären Bedarf der Stationen bestimmt. Bei weiter zunehmendem Verkehrsangebot erhöht sich die mittlere Anzahl der Zugriffe und wiederholte Zugriffe aufgrund von Kollisionen vergrößern G. Bis zum Wert $G = 0{,}5$ wächst der Durchsatz mit zunehmender mittlerer Zugriffsrate. Man beachte jedoch den steigenden Anteil von erneuten Zugriffen nach Kollisionen, sodass im Mittel nicht mehr als etwa 18 % der Übertragungskapazität des Kanals für die Nachrichten der Stationen genutzt werden können. Übersteigt das Verkehrsangebot den maximalen Durchsatz, so wächst G wegen zunehmender Kollisionen über 0,5 und der Durchsatz bricht schnell zusammen.

Eine genauere Analyse des dynamischen Verhaltens würde den hier vorgesehenen Raum übersteigen (s. z. B. Bertsekas und Gallager 1992). Obige Diskussion zeigt jedoch bereits, dass beim Pure-Aloha-Vielfachzugriffsverfahren nicht sichergestellt ist, dass bei einer einmaligen Überlast diese wieder abgebaut wird, also die Rahmen in endlicher Zeit übertragen werden können. Man bezeichnet das Verfahren deshalb als *instabil*.

Das Pure-Aloha-Vielfachzugriffsverfahren erlaubt – ohne zusätzliche Maßnahmen – einen praktischen Betrieb nur mit einer mittleren Zugriffsrate deutlich kleiner $G = 0{,}5$, sodass weniger als 18 % der Kapazität des Mediums wirklich genutzt werden, vgl. Überkapazität („overprovisioning"). Im Beispiel der Übertragungskapazität von 10 Mbit/s, wie im ursprünglichen Ethernet vorgesehen, stehen im Mittel für alle Stationen gemeinsam nur

1,8 Mbit/s zur Verfügung. Dem Nachteil der geringen Nutzung der Kapazität des Übertragungsmediums steht der Vorteil des einfachen Vielfachzugriffverfahrens gegenüber. Bei Pure-Aloha-Systemen ist keine zeitliche Synchronisation der Stationen notwendig. Nimmt man den zusätzlichen Aufwand für eine Synchronisation der Stationen in Kauf, so kann der Durchsatz verdoppelt werden.

Slotted-Aloha-Vielfachzugriffsverfahren

Beim *Slotted-Aloha-Vielfachzugriffsverfahren* handelt es sich um ein getaktetes Verfahren, bei dem die Stationen jeweils nur zu Beginn eines Zeitschlitzes mit der Übertragung beginnen dürfen. Dies setzt voraus, dass alle Stationen auf die Zeitschlitze der Dauer T_R synchronisiert sind, s. Abb. 6.34 unten. Tritt in einer Station eine Sendeanforderung auf, so wird im nächsten Zeitschlitz ein Rahmen abgesetzt. Das Modell entspricht ansonsten dem Pure-Aloha-Vielfachzugriffsverfahren. Bertsekas und Gallager (1992) geben den (relativen) *Durchsatz*

$$D = G \cdot e^{-G}$$

an. Der *maximale Durchsatz* wird nun für $G = 1$ erreicht und ist mit $1/e \approx 0{,}3679$ doppelt so groß wie ohne Synchronisation. In Abb. 6.35 werden die Grafen für den Durchsatz des Slotted- und des Pure-Aloha-Vielfachzugriffsverfahrens gegenübergestellt. Für den Preis der Synchronisation der Zeitschlitze in den Stationen kann der Durchsatz verdoppelt werden. Man beachte, auch hier ist die Stabilität nicht gewährleistet.

Exponential Backoff

Für den praktischen Betrieb eines Netzes mit dynamischem Vielfachzugriff ist die Stabilität eine Grundvoraussetzung. Da das Aloha-Verfahren von sich aus nicht stabil ist, muss die Stabilität erzwungen werden.

Die Kollisionen machen eine nochmalige Übertragung der verloren gegangenen Rahmen durch die Stationen notwendig. Versuchen die Stationen kurz nach einer Kollision eine erneute Übertragung, so kommt es in einer, vielleicht an sich sehr kurzen Überlastsituation zu weiteren Kollisionen. Hier kann durch gezieltes Zurückhalten der Rahmen, dem *Backoff*, die Überlast abgebaut werden. Da die Stationen möglichst unabhängig arbeiten sollen, steht den Stationen für die Kollisionsauflösung außer dem Wissen über die gescheiterte Übertragung, z. B. durch fehlende Quittierung auf dem Rückkanal, keine weitere Information zur Verfügung. In der Übertragungstechnik werden in solchen Situationen oft Zeitgeber mit Zufallsgeneratoren eingesetzt, die die wiederholten Übertragungsversuche steuern. Eine einfache Methode der Kollisionsauflösung liefert die *Binary-Exponential-Backoff-Regel*. Dabei wird, wenn die i-te Wiederholung gescheitert ist, die Wahrscheinlichkeit für einen erneuten Übertragungsversuch in den folgenden 2^i Zeitschlitzen mit jeweils 2^{-i} angesetzt. Das entspricht einer Gleichverteilung für die nächsten 2^i Zeitschlitze. Tritt eine erneute Kollision auf, wird die Zahl der möglichen Zeitschlitze erhöht und damit die Wahrscheinlichkeit für die Auswahl eines bestimmten Zeitschlitzes weiter reduziert. Mit anderen Worten, die mittlere Zahl der Anforderungen und damit die

Kollisionsgefahr wird kurzzeitig verringert. Soll ein neuer Rahmen erstmalig übertragen werden, so wird der nächste Zeitschlitz benutzt. Diese Methode ist in der Praxis einfach und wirkungsvoll. Jedoch kann auch hier prinzipiell eine gegen unendlich gehende Rahmenverzögerung auftreten, weshalb das Verfahren theoretisch nicht stabil ist.

In der Literatur werden verschiedene Methoden zur Kollisionsauflösung vorgeschlagen, um den Vielfachzugriff möglichst effizient und stabil zu gestalten. Dabei unterscheidet man zwischen den deterministischen Algorithmen, z. B. nach Adressenprioritäten wie im ISDN-D-Kanal-Protokoll, und den zufallsgesteuerten Algorithmen, wie der oben geschilderte und der auch im WLAN anzutreffen ist, oder den Aufspaltungsalgorithmen, die zur Sicherheit mit Abbruchkriterien kombiniert werden.

Das folgende kleine Zahlenwertbeispiel veranschaulicht die Wirksamkeit des Exponential-backoff-Verfahrens für den Slotted-Aloha-Vielfachzugriff. In Station A steht der dritte und in Station B der zweite Wiederholungsversuch an. Wie groß ist die Wahrscheinlichkeit für eine erneute Kollision der Rahmen durch beiden Stationen, wenn die Binary-Exponential-Backoff-Regel für die Slotted-Aloha-Übertragung angewandt wird?

Station A sendet in einem der nächsten acht Zeitschlitze mit der jeweiligen Wahrscheinlichkeit $2^{-3} = 1/8$; Station B in einem der nächsten vier Zeitschlitze mit der jeweiligen Wahrscheinlichkeit $2^{-2} = 1/4$. Da beide Stationen unabhängig voneinander senden, ist die Wahrscheinlichkeit, denselben Zeitschlitz auszuwählen, gleich dem Produkt aus den Sendewahrscheinlichkeiten, also $1/32$. Es gibt vier gemeinsam mögliche Zeitschlitze, sodass die Wahrscheinlichkeit für eine Kollision sich zu $1/8$ ergibt.

6.5.3 CSMA-Vielfachzugriffsverfahren

Die Aloha-Verfahren zeigen das prinzipielle Problem der Kollision bei Vielfachzugriffsverfahren auf ein gemeinsames Medium auf. Ein wesentlich verbessertes Verfahren wurde 1976 bei Xerox in den Palo alto Research Labs in Kalifornien vorgestellt. Daraus ist die heute im LAN am weitesten verbreitete Ethernet-Technik entstanden. Unter Einbeziehung des Ethernet hat der weltweit organisierte Berufsverband IEEE (Institute of Electrical and Electronics Engineers) den heute maßgeblichen Standard IEEE-802.3 geschaffen. Ethernet und IEEE-802.3-LAN verwenden das *Carrier-Sense-Multiple-Access(CSMA)-Vielfachzugriffsverfahren* mit Kollisionsentdeckung (*Collision Detection*, CD). Dabei beobachten die Stationen den Bus und senden erst, wenn der Bus nicht belegt ist. Da mehrere Stationen gleichzeitig auf den Bus zugreifen können, sind Kollisionen nicht auszuschließen. Diese werden jedoch von den Stationen erkannt und aufgelöst. Ohne in die Details der relevanten technischen Vorschriften des Standards zu gehen, wird im Folgenden die grundsätzliche Leistungsfähigkeit des CSMA/CD-Verfahrens diskutiert. Die Aufgabenstellung veranschaulicht Abb. 6.33 mit linienförmiger Busstruktur. Eine wichtige Größe ist die *maximale Laufzeit* τ_{max} der Signale auf dem Bus. Ein Zahlenwertbeispiel veranschaulicht, dass diese hier nicht vernachlässigt werden kann. Mit einer Buslänge vom $l = 1000\,\mathrm{m}$

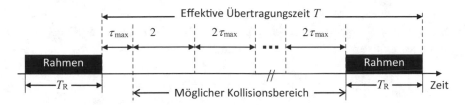

Abb. 6.36 Übertragung mit dem CSMA/CD-Verfahren

und einer Ausbreitungsgeschwindigkeit der elektromagnetischen Wellen auf einer Leitung von typisch zwei Dritteln der Vakuumlichtgeschwindigkeit, $(2/3) \cdot c_0 \approx 2 \cdot 10^8$ m/s,
erhält man eine maximale Laufzeit von etwa $\tau_{max} \approx 5\,\mu s$. Bei einer Bitrate von 10 Mbit/s
auf dem Bus entspricht das der Dauer von 50 Bits. (Bei typisch binärer Übertragung.)

Alle Stationen beobachten den Bus und setzen erst einen Rahmen ab, wenn der Bus frei
ist. In Abb. 6.33 kann das bedeuten, dass die Station A zunächst einen Rahmen absetzt. In
den Stationen B und Z stehen ebenfalls Rahmen zum Senden an. Beide Stationen beobachten nun, dass A nicht mehr sendet. Station B, da in unmittelbarer Nachbarschaft zu A,
tut dies kurz nachdem A die Sendung beendet hat, Station Z jedoch erst um τ_{max} später.
Beide Stationen senden, nachdem sie keine Aktivitäten mehr auf dem Bus festgestellt haben, einen Rahmen. Nun vergeht wiederum maximal die Zeit τ_{max}, bis die Stationen die
Störung ihrer Nachricht durch die jeweils andere Station detektieren und Maßnahmen zur
Kollisionsauflösung einleiten. Die Skizze in Abb. 6.36 veranschaulicht diese Überlegungen. Wegen der Laufzeit auf dem Bus wird ein obligatorisches *Schutzintervall* („guard
interval") gleich der maximalen Laufzeit eingeführt. Senden nun B und Z sobald als möglich, so dauert es maximal die Zeit τ_{max}, bis die Stationen die Kollision erkennen können.
Um eine Kollision für alle Stationen sicher anzuzeigen, wird von der erkennenden Station ein kurzes, relativ energiereiches *Blockierungssignal* (Jam-Signal) ausgesandt. Dieses
muss nun wiederum alle Stationen erreichen. Es ergibt sich demzufolge eine Zeit von
$2 \cdot \tau_{max}$, also gleich der Signallaufzeit auf dem Bus für den maximalen Hin- und Rückweg,
dem *Round Trip Delay*, bis die Kollision sicher von allen Stationen erkannt wurde und
die sendenden Stationen die Übertragung abgebrochen haben. Erst danach kann frühes-
tens ein neuer Übertragungsversuch gestartet werden. Durch n Kollisionen hintereinander
entsteht der Kollisionsbereich der Dauer $n \cdot 2\tau_{max}$.

Nach den Vorüberlegungen kann nun die mittlere Zeitdauer zwischen zwei erfolgreichen Übertragungen bestimmt werden. Die mittlere Anzahl von Übertragungsversuchen
bis zur erfolgreichen Kollisionsauflösung sei N. Dann ergibt sich für die mittlere Übertragungszeit für einen Rahmen

$$T = T_R + \tau_{max} + 2 \cdot \tau_{max} \cdot N.$$

Aus dem Verhältnis der für die Übertragung eines Rahmens insgesamt im Mittel benötigten Zeit T und der tatsächlich den Kanal genutzten Zeit T_R (Rahmendauer) resultiert der (prozentuale, relative) *Durchsatz*

$$D = \frac{T_R}{T} = \frac{1}{1 + (1 + 2 \cdot N) \cdot \tau_{max}/T_R}.$$

Als Einflussgröße taucht der Quotient aus der maximalen Laufzeit auf dem Bus und der Dauer eines Rahmens auf. Es lassen sich für die Anwendung bereits zwei wichtige Schlüsse ziehen:

- Eine Verlängerung des Busses, z. B. zum Anschluss weiterer Stationen, erhöht die maximale Laufzeit und reduziert folglich den Durchsatz.
- Eine Erhöhung der Bitrate, z. B. durch höhere Taktung des Busses bei der die Zahl der Bits pro Rahmen gleich bleibt, reduziert die Rahmendauer T_R und somit den Durchsatz.

Die dritte, nicht unerhebliche Einflussgröße auf den Durchsatz ist die mittlere Anzahl von Übertragungsversuchen bis zur erfolgreichen Auflösung der Kollision N. Ihr Einfluss wird durch eine Modellrechnung abgeschätzt. Darin wird die Backoff-Regel zur Kollisionsauflösung eingesetzt sowie die Zahl der Stationen und deren Verkehrsbedarf so ausbalanciert, dass sich ein möglichst großer Durchsatz bei stabilem Betrieb ergibt. Dann resultiert die Näherungsformel, z. B. in Werner (2005), für den *maximalen Durchsatz*

$$D_{max} \approx \frac{1}{1 + \frac{\tau_{max}}{T_R} \cdot (1 + 2 \cdot e)} \approx \frac{1}{1 + \frac{\tau_{max}}{T_R} \cdot 6,44}.$$

In der Näherung hängt der maximale Durchsatz nur noch vom Quotienten aus dem Schutzintervall (maximale Ende-zu-Ende-Laufzeit) und der Rahmendauer ab. Sind Laufzeit und Rahmendauer etwa gleich groß, beträgt der Durchsatz nur etwa 13 %. Ist die Rahmendauer um den Faktor 10 größer, erhöht er sich auf etwa 61 %. Lange Rahmen erhöhen den Durchsatz. Falls eine Belegung des Busses durch eine Station gelungen ist, kann sie ihr Paket unabhängig von der Länge kollisionsfrei übertragen. Theoretisch kann der Durchsatz sogar beliebig nahezu 100 % gesteigert werden. Allerdings sendet dann nur noch eine Station. Im praktischen Einsatz muss deshalb ein guter Kompromiss zwischen Durchsatz und Zustellzeiten für die Rahmen aller Stationen gefunden werden.

Kollisionserkennung und -auflösung

Ohne weitere Maßnahmen kann das CSMA/CD-Verfahren instabil werden. Aus diesem Grund sind für den Betrieb besondere Vorkehrungen notwendig, um die Zahl der Kollisionen von vornherein möglichst gering zu halten und gegebenenfalls fortgesetzte Kollisionen zwangsweise aufzulösen.

Man unterscheidet grundsätzlich CSMA-Verfahren nach *Listen-Before-Talking(LBT)*- und *Listen-While-Talking(LWT)-Verfahren*. Dabei werden wiederum drei Fälle unterschieden, wenn eine Station eine Kollision feststellt.

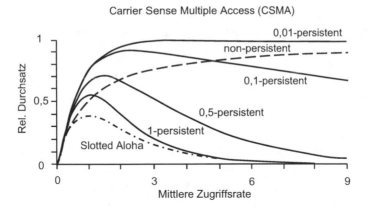

Abb. 6.37 Durchsatz und mittlere Zugriffsrate für das p-persistente und nicht persistente CSMA-Verfahren (nach Tanenbaum und Wetherall 2011, Fig. 4-4)

- Beim *persistenten CSMA-Verfahren* wird bei einer Übertragungsanforderung im Fall, dass das Medium belegt ist, zwar nicht gesendet aber ansonsten auch keine weitere Maßnahme ergriffen. Dadurch ist die Wahrscheinlichkeit relativ groß, dass mehrere Stationen nach Freigabe des Mediums hartnäckig senden und anhaltend Kollisionen auftreten.
- Beim *nicht persistenten CSMA-Verfahren* wird bereits bei einer Anforderung in einer Station und extern belegtem Medium die Kollisionsauflösungsstrategie, z. B. die Backoff-Regel, in der Station eingesetzt. Damit wird die Zahl der Kollisionen im Netz insgesamt deutlich reduziert.
- Beim *p-persistenten CSMA-Verfahren* sendet die Station im externen Belegungsfall ihren Rahmen im nächsten freien Zeitschlitz mit der Wahrscheinlichkeit p. Somit wird auch hier die Wahrscheinlichkeit für Kollisionen insgesamt deutlich reduziert.

Ein Vergleich der Leistungsfähigkeiten der Verfahren ist in Abb. 6.37 zu sehen (Tanenbaum und Wetherall 2011, Fig. 4-4). Darin ist G die mittlere Zahl der in einem Zeitintervall T_R (Rahmendauer, Zeitschlitz) eintreffenden Rahmen. D ist die mittlere (relative) Belegung des Mediums während eines Zeitintervalls T_R. Der Wert $D = 1$ entspricht der vollständigen Belegung des Mediums. Als Referenz ist der Durchsatz des Slotted-Aloha-Vielfachzugriffsverfahrens angegeben.

Das p-persistent CSMA-Verfahren zeigt für $p = 1$, trotz des höheren maximalen Durchsatzes, ein instabiles Verhalten wie das Slotted-Aloha-Verfahren. Entsprechendes gilt für $p = 0,5$ und $0,1$. Für $p = 0,01$ ist die Degradation im Bereich der Abbildung kaum zu erkennen. Beim nicht persistenten CSMA-Verfahren nimmt mit der Zahl der Anforderungen auch der Durchsatz zu.

Das CSMA-Verfahren kann den Durchsatz nicht über die physikalische Grenze von 100 % steigern, sodass letzten Endes bei anhaltender Überlast Rahmen zurückgestellt oder nicht übertragen werden. Bei geeigneter Dimensionierung werden jedoch kurzzeitige Überlastsituationen entschärft und im Vergleich zum Slotted-Aloha-Verfahren deutliche Steigerungen des Durchsatzes erzielt.

6.5.4 Ethernet

Um Kollisionen zu vermeiden, beobachten die Stationen den Bus und senden erst dann, wenn der Bus nicht belegt ist (CSMA). Bei zwei oder mehr wartenden Stationen sind Kollisionen nicht ausgeschlossen. Kollisionen werden jedoch entdeckt (CD) und planmäßig aufgelöst. Realisierungen sind gemeinhin als Ethernet bekannt. Je nach Bitrate von 10 Mbit/s, 100 Mbit/s, 1 Gbit/s und 10 Gbit/s spricht man von *Ethernet* (1980/3), *Fast-Ethernet* (1995), *Gigabit-Ethernet* (GbE, 1998) und *10Gigabit-Ethernet* (10GbE, 2002). Die korrespondierende IEEE-Empfehlung der Serie 802.3 verwendet die Bezeichnungen 10BASE, 100BASE, 1000BASE und 10GBase. Je nach Medium werden Erläuterungen angehängt, wie 10BASE-T für die Verwendung von ungeschirmten, verdrillten Zweidrahtleitungen („unshielded twisted pair").

In Abb. 6.38 ist das Rahmenformat der ursprünglichen Empfehlung zu sehen. Es trägt die typischen Merkmale der Rahmen der Datensicherungsschicht. Die Daten werden binär im Basisband übertragen. Dazu wird die Manchestercodierung eingesetzt, sodass sich für die ursprüngliche Bitrate von 10 Mbit/s eine Baudrate von 20 MBaud ergibt.

Der Rahmen beginnt mit den sieben Oktetten der Präambel. Deren alternierende Folgen von Nullen und Einsen unterstützen die Synchronisation der Empfangsstation. Das achte Oktett, der Start Frame Delimiter(SFD), zeigt mit seinen beiden letzten Bits 11 den nachfolgenden Beginn der Zielinformation im Destination-Address(DA)-Feld an. Der Absender folgt im Source-Address(SA)-Feld. Mit den folgenden beiden Oktetten wird die Zahl der aus der Logical-Link-Control(LLC)-Schicht eingefügten Oktette der Information, der LLC-Daten, angegeben. Damit ist eine bedarfsabhängige Rahmenlänge möglich. Die maximal zulässige Länge von 1500 Oktetten begrenzt den notwendigen Speicherbedarf in den Stationen, was Anfang der 1980er-Jahre einen wichtigen Kostenfaktor darstellte. Um die vorgeschriebene Mindestlänge einzuhalten, können Fülloktette angehängt werden („padding"). Den Schluss bildet die Frame-Check-Sequence(FCS)-Fehlerprüfsumme, die 32 Prüfbits des CRC-Codes. Sein Schutz erstreckt sich über alle Felder ausgenommen der Präambel.

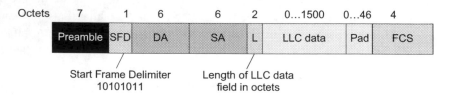

Abb. 6.38 Rahmenaufbau Ethernet (IEEE 802.3)

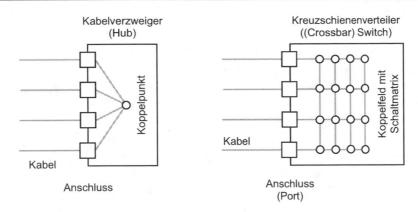

Abb. 6.39   Vermittelndes Ethernet

Vermittelndes Ethernet (Switched Ethernet)

Die Wechselwirkung von Fortschritten in der Mikroelektronik und steigender Nachfrage an LAN-Installationen hat dazu geführt, dass heute LAN meist mit zentralen Geräten mit Verzweigungs- und/oder Vermittlungsfunktionen ausgerüstet sind, die die Beschränkungen durch den Vielfachzugriff im ursprünglichen Bussystem teilweise oder ganz umgehen. Die Abb. 6.39 zeigt den Einsatz eines Kabelverzweigers und eines Kreuzschienenverteilers.

Der *Kabelverzweiger (Hub)* schließt über seine Anschlüsse (Port) die Zuleitungen zu den einzelnen Stationen zentral zusammen. Seine Struktur entspricht anschaulich einer (Rad-)Nabe, die die Speichen zusammenhält. Durch den Hub ergeben sich praktische Vorteile. Der Bus in Abb. 6.33 wird in den Hub konzentriert. Stationen können nun ohne Veränderungen (Verlängerung) am Bus einfach hinzugefügt bzw. bei Störung entfernt werden. Allerdings liegt weiter ein geteiltes Medium vor, um das die Stationen durch den Vielfachzugriff im Wettbewerb stehen. Man spricht von einer *Kollisionsdomäne*, die durch die Stationen gebildet wird.

Der *Kreuzschienenverteiler* („crossbar switch") geht noch einen Schritt weiter. Er wertet die Adressen in den Rahmen aus und schaltet entsprechend die Verbindung paarweise zwischen den Stationen. Somit liegt kein geteiltes Medium vor und der Wettbewerb um das Medium mit Kollisionsmöglichkeit entfällt.

Hubs und Switches werden mit unterschiedlichen Funktionen angeboten und bringen jeweils spezifische Vor- und Nachteile mit sich. Für eine ausführliche Darstellung wird auf entsprechende Fachpublikationen und die jeweiligen Herstellerinformationen verwiesen.

Die Entwicklung von Ethernet (IEEE 802.3) spiegelt sowohl den enormen technischen Fortschritt als auch den Datenhunger der Anwendungen in den letzten 40 Jahren wider: Vom ersten Ethernet 1980 zum 100GbE (IEEE 802.3ba) in 2010 stieg die Bitrate in 30 Jahren um den Faktor 10.000, also quasi etwa eine Verdoppelung der Übertragungskapazität alle zweieinhalb Jahre. Diese rasante Entwicklung steht auch in unmittelbarem Zusammenhang mit dem Erfolg der TCP-/IP-Familie, die im nächsten Abschnitt vorgestellt wird.

Aufgabe 6.9

a) Welche Schichten des OSI-Referenzmodells finden sich im LAN?
b) Wofür steht MAC und welche Funktion hat es?

Aufgabe 6.10

a) Wann bezeichnet man ein Vielfachzugriffsverfahren im LAN als instabil?
b) Wodurch unterscheiden sich das Aloha- und das Slotted-Aloha-Verfahren? Welche
   Auswirkungen hat das für den Durchsatz? Begründen Sie Ihre Antwort.

Aufgabe 6.11

a) Erläutern sie die Funktionsweise des CSMA/CD-Verfahrens?
b) Nennen Sie die drei Faktoren, die den Durchsatz beim CSMA/CD-Verfahren bestimmen?
c) Was soll das Exponential-Backoff-Verfahren wie lösen?

Aufgabe 6.12
Welchen Vorteil bietet das Switched Ethernet gegenüber der ursprünglichen LAN-Archi-
tektur?

6.6   Internet und Inter-Networking

„Das Internet ist für den Alltag der Menschen so wichtig wie das Auto. Mit dieser Begründung hat der Bundesgerichtshof (BGH) erstmals einem Kläger einen Anspruch auf Scha-
denersatz zuerkannt, weil er zeitweilig auf den Netzzugang verzichten musste." (W. Ja-
nisch, 25.1.2013, Süddeutsche Zeitung, S. 1)

   Von der Bundesnetzagentur (2012) veröffentlichte Zahlen nennen für 2011 etwa
23,2 Millionen DSL-Breitbandanschlüsse in Deutschland; davon aber nur etwa 6 %
über 30 Mbit/s. Weitere 3,2 Millionen Anschlüsse fielen auf das Breitbandkabel der TV-
Versorger. Andere Anschlussarten wie Powerline und Satellitenübertragung spielten so gut
wie keine Rolle. Das durchschnittliche Datenvolumen pro Anschluss und Monat war etwa
12 GB (Abb. 6.29). Insgesamt wurde ein Datenvolumen von etwa 3,7 Mrd. GB bewältigt.
Ein weiteres rasches Ansteigen des Verkehrsvolumens für die nächsten Jahre darf erwartet
werden. Hierfür spricht auch der von G. Gilder 1993 postulierte Zusammenhang, dass der
Wert eines Kommunikationsnetzwerks mit dem Quadrat der angeschlossenen Teilnehmer
steigt, bekannt auch als *Metcalf's Law* zu Ehren des Ethernet-Pioniers R. Metcalf. Obgleich der quadratische Zusammenhang als Überschätzung kritisiert wird, bleibt dennoch
die Tendenz. Durch den Ausbau echter Breitbandzugänge mit Bitraten bis 100 Mbit/s und
das sich noch entwickelnde Internet der Dinge wird sich der Datenverkehr in den nächsten
Jahren vervielfachen.

Der heute mit vielen Bedeutungen versehene Begriff *Internet* leitet sich, in Übereinstimmung mit der Beobachtung von Gilder, ursprünglich aus dem Fachbegriff *Inter-Networking* her, also der Kommunikation über Netzgrenzen hinweg. Dabei darf durchaus an TK-Einrichtungen, wie LAN mit unterschiedlicher Hard- und Software, gedacht werden (s. auch OSI-Referenzmodell Abschn. 6.2.3). Im Folgenden wird die Perspektive der Nachrichtenübertragungstechnik eingenommen. Es werden die Transportschicht und die Netzwerkschicht ins Auge gefasst und für das Verständnis wichtige Ideen und Konzepte vorgestellt. Technische Details können später gegebenenfalls aus im Internet publizierten Dokumenten entnommen werden.

6.6.1 Internet

Der Erfolg des Internets ist ein gutes Beispiel für eine lohnende Forschungsfinanzierung, den Enthusiasmus junger Ingenieure/Wissenschaftler und den gelungenen Rückzug staatlicher Stellen. Die Geschichte des Internets begann in den 1960er-Jahren als Konzept für ein Datennetz mit verteiltem Speichervermittlungssystem und wurde 1969 erstmals zur Verbindung von vier Rechnern in den USA eingesetzt.

Das Internet beruht auf dem Prinzip der verbindungslosen Paketvermittlung. Die Netzknoten tauschen Datagramme nach dem Store-and-Forward-Verfahren aus und führen Vermittlungsfunktionen durch. Damit entspricht das Konzept der bewährten Briefpost. Neu und für den Erfolg des Internets unverzichtbar sind die implementierten Merkmale selbstorganisierter verteilter Systeme. Erst damit war das quasi organische Wachstum von der Vernetzung weniger Rechner zu einem weltweit umspannenden Kommunikationsnetz in wenigen Jahrzehnten möglich.

Ein wichtiger Meilenstein ist die 1983 erfolgte Wahl der TCP/IP-Familie zum De-facto-Standard. Die beiden Protokolle entsprechen im OSI-Modell der Transportschicht für die Ende-zu-Ende-Verbindung bzw. der Netzschicht für die Vermittlungsfunktionen. Durch TCP-/IP-Instanzen werden IP-Datagramme gepackt. Im Protokollkopf wird gemäß dem TCP die Steuerungsinformation für eine gesicherte Übertragung mit Flusskontrolle und Fehlerkorrektur ergänzt. Die Adressierung und Punkt-zu-Punkt-Übertragung regelt das IP. Die Übertragung geschieht ungesichert. Der Verlust von IP-Datagrammen wird in der Internetschicht in Kauf genommen.

Um die Aufgaben der Selbstorganisation erledigen zu können, sind in der Internetschicht zusätzlich das *Internet Control Message Protocol* (ICMP) für den Austausch von Fehler- und Kontrollmeldungen und das *Address Resolution Protocol* (ARP) und das *Reverse Address Resolution Protocol* (RARP) für das dynamische Aufbauen von Adressentabellen eingebettet.

Da sich TCP und IP weder mit der Anwendung noch mit dem eigentlichen physikalischen Transport der Daten befassen, können die beiden Protokolle flexibel eingesetzt werden. Die Struktur des Internets ist, verglichen mit herkömmlichen, zentral geplanten leitungsvermittelten TK-Netzen, weitgehend frei, solange die IP-Datagramme die IP-

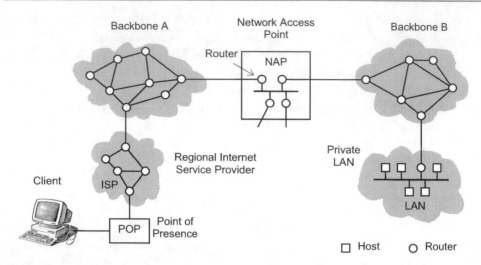

Abb. 6.40 Struktur des Internets

fähigen Netzknoten mit Vermittlungsfunktion („router") erreichen. Die Vermittlung kann durch Softwarezugriffe auf dynamisch verwaltete Tabellen gelöst werden. Neue Netzknoten und Teilnehmerrechner (IP-Host) lassen sich durch automatisches Aktualisieren der Tabellen einbinden.

Die Abb. 6.40 veranschaulicht die Idee des Internets an einem Beispiel. Ein Benutzer möchte von zu Hause aus auf einen Rechner einer Firma zugreifen. Als Kunde („client") stellt er von seinem PC mit einer Modemübertragung zum Übergabepunkt (*Point of Presence*, POP) die Verbindung zu seinem regionalen Internetdienstanbieter (*Internet Service Provider*, ISP) her. Da die Zieladressen der IP-Datagramme nicht zum Bereich des ISP gehören, werden sie über die Router zu einem kooperierenden Backbone-Betreiber weitergeleitet. Die Zieladressen überschreiten ebenfalls den internen Adressenbereich des Backbone-Betreibers. Deshalb werden die IP-Datagramme zu einem *Netzzugangspunkt* (*Network Access Point*, NAP) durchgereicht. Im NAP befinden sich Router unterschiedlicher Backbone-Betreiber, die in einer Art schnellem LAN verbunden sind. Dort findet der Übergang auf das Backbone-Netz statt, an dem das Unternehmens-LAN mit dem gesuchten IP-Host angeschlossen ist. Statt NAP wird auch die Bezeichnung *Internet Exchange Point* (IXP) verwendet. Der in Deutschland am meisten ausgelastete kommerzielle IXP (*DE-CIX*) befindet sich in Frankfurt am Main und bewältigte Ende 2013 Verkehrslastspitzen bis nahezu 3 Terabit pro Sekunde.

Wie der Name Internet ausdrückt, tritt oft der Fall auf, dass IP-Datagramme durch (Teil-)Netze hindurchgeleitet werden müssen. Um dies zu vereinfachen, werden von Netzbetreibern spezielle *Gateway-Router* eingesetzt, die im Transitverkehr eine beschleunigte Übertragung ermöglichen.

Die Struktur des TCP/IP-Protokollmodells erschließt sich am einfachsten historisch. Den Anfang machte in den 1960er-Jahren der simple Austausch von Datagrammen zwischen Stationen, die über (Sprachband-)Modem und öffentliche Telefonleitung Verbindungen aufnehmen konnten. Technische Fortschritte haben zu neuen Anwendungen und Lösungen geführt, die unter eigenen Namen als Protokolle in die Familie aufgenommen wurden. Grundlagen für den Erfolg des Internets waren

- einfache Dienste;
- geringe Ansprüche an die Transportnetze;
- dezentrale Struktur mit Selbstorganisation des Netzes;
- De-facto-Standard durch koordinierendes Gremium IAB (*Internet Architecture Board*, 1983/89); Standardisierungsprozess mit allgemein zugänglichen technischen Berichten, die kurz Request for Comments (RFC) genannt werden.

Konsequenterweise wurden ursprünglich Dienste unterstützt, die sich durch verbindungslose Paketvermittlung im Sinn von *Best-Effort-Netzen* realisieren ließen. Dazu tauschten die autonomen Netzknoten Datagramme nach dem Store-and-Forward-Verfahren ohne garantierte Dienstgüte (QoS) aus. Für den Erfolg unverzichtbar waren die implementierten Merkmale *selbstorganisierter verteilter Systeme*. Sie ermöglichten ein quasi organisches Wachsen des Internets durch flexibles Hinzufügen bzw. Abtrennen von Netzknoten und teilnehmenden Stationen. So wird das Netz auch robust gegen den Ausfall einzelner Stationen.

Anmerkung

- Einen Zugang zu den RFC mit Antworten zu häufigen Fragen findet man auf der Seite www.faqs.org/rfcs. Eine Aufstellung zu wichtigen Parametern stellt die Internet Assigned Numbers Authority (IANA) auf ihrer Seite www.iana.org bereit.

6.6.2   Protokollfamilie TCP/IP

In den meisten lokalen Netzen stehen Internetdienste zur Verfügung. Bekannte Beispiele sind die Übertragung von Dateien und Programmen (*File Transfer Protocol*, FTP), die elektronische Post (*Simple Mail Transfer Protocol*, SMTP), der Informationsaustausch zwischen Hypertextinformationssystemen, wie das *World Wide Web* (WWW), das *Hypertext Transfer Protocol* (HTTP) und der Dialog zwischen Stationen via virtuellem Terminal (TELNET). Die Realisierung dieser Anwendungen im LAN erfordert zusätzliche Funktionalitäten, die im OSI-Referenzmodell in der Netzwerk-, der Transport- und der Kommunikationssteuerungsschicht angesiedelt sind. Hierfür hat sich die *TCP/IP-Familie* (TCP/IP Suite) seit 1985 durchgesetzt. Die beiden Protokolle TCP und IP entsprechen im Wesentlichen der Transport- bzw. der Netzwerkschicht. Eine vereinfachte Übersicht mit vertikaler Teilung in vier Schichten zeigt Abb. 6.41. Darin setzen die Anwendungen aus Schicht 4 („application layer") auf die Transportdienste der Schicht 3 („transport layer") auf. Die Transportschicht bedient sich ihrerseits der Netzwerkdienste in Schicht 2

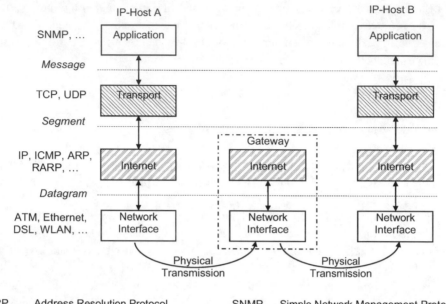

ARP   Address Resolution Protocol   SNMP   Simple Network Management Protocol
ICMP   Internet Control Message Protocol   TCP   Transport Control Protocol
IP   Internet Protocol   UDP   User Datagram Protocol
RARP   Reverse ARP

Abb. 6.41 Schichtenmodell zur TCP/IP-Familie

zur Übertragung der Nachrichten zu den Stationen. Man spricht auch kurz vom *Internet Layer*. Die eigentliche physikalische Übertragung geschieht in Schicht 1, *Link Layer* genannt, wobei auf die bestehende TK-Infrastruktur zurückgegriffen wird – entsprechend dem ursprünglichen Ansatz des Inter-Networking, der Kommunikation über bestehende Netzwerkgrenzen hinweg.

Transport Layer

In der Transportschicht unterstützt das TCP einen verbindungsorientierten, gesicherten Übertragungsdienst mit Ende-zu-Ende-Sicherung, Flusskontrolle und Adressierung der Anwendung. Die Funktionalität entspricht etwa den OSI-Schichten Session Layer und Transport Layer. Die TCP-Instanzen nehmen aus der Anwendungsschicht Nachrichten („message") entgegen und reichen sie gegebenenfalls in *Segmente* zerlegt sukzessive an die IP-Instanzen weiter.

Ergänzt wird das TCP durch das *User Datagram Protocol* (UDP). Es ermöglicht einen einfachen Durchgriff der Anwendungen auf die Funktionen der Netzwerkschicht, d. h. ungesicherte verbindungslose Übertragungen von IP-Datagrammen mit möglichst geringem Zusatzaufwand. Mit UDP werden beispielsweise kurze Meldungen und Befehle des *Simple Network Management Protocol* (SNMP) zur Netzsteuerung übertragen.

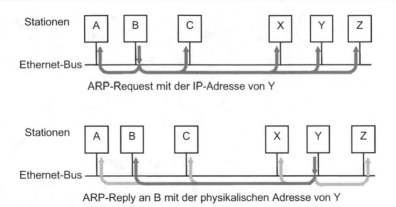

Abb. 6.42 Bestimmung der physikalischen Adresse mit dem ARP-Request

Internet Layer

Das IP löst die Aufgaben der Netzwerkschicht. Es stellt im Wesentlichen eine verbindungslose, ungesicherte paketorientierte Punkt-zu-Punkt-Übertragung der Segmente in *Datagrammen* zur Verfügung. Man beachte das IP stellt nicht sicher, dass alle Datagramme in der richtigen Reihenfolge oder überhaupt zugestellt werden. Das IP wurde entwickelt, um den Datenverkehr zwischen und über TK-Netze unterschiedlicher Art zu ermöglichen. Daher werden im IP nur geringe Anforderungen an die Fähigkeiten der beteiligten Netze gestellt.

In der Netzwerkschicht sind zusätzlich das *Internet Control Message Protocol* (ICMP) für den Austausch von Fehler und Steuerungsmeldungen sowie das *Address Resolution Protocol* (ARP) und das *Reverse Address Resolution Protocol* (RARP) für das dynamische Aufbauen von Adressentabellen eingebettet. Letzteres ermöglicht speziell im LAN die IP-Adressen und die *MAC-Adressen* den einzelnen Stationen zuzuordnen. Eine typische Anwendung ist das spontane Einstecken eines Notebooks in ein LAN. Die Abb. 6.42 zeigt, wie die Station B mit dem ARP-Request anhand der gegebenen IP-Adresse die MAC-Adresse der zugehörigen Station Y erhält. Dabei wird zuerst die MAC-Adresse für eine Nachricht an alle Stationen („broadcast) verwendet. Entsprechendes funktioniert anhand der MAC-Adresse und dem RARP-Request.

Link-Layer

Das TCP/IP bildet das Bindeglied zwischen der Anwendung und der Link Layer(LL)-Schicht. Die Übertragung der Nachrichten geschieht wie in Abb. 6.11 bereits skizziert. Jede Protokollschicht fügt ihre, der jeweiligen Partnerinstanz zugedachte Nachricht in einem eigenen Header hinzu, siehe Abb. 6.43. Gegebenenfalls können Protokolldatenelemente (PDU) der höheren Schicht für die Übertragung in kleinere Elemente zerlegt und in der Empfangsstation wieder zusammengesetzt werden („fragmentation and reas-

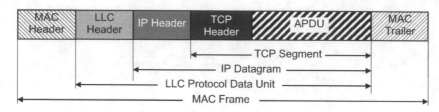

Abb. 6.43 MAC-Rahmen für TCP/IP-Verkehr

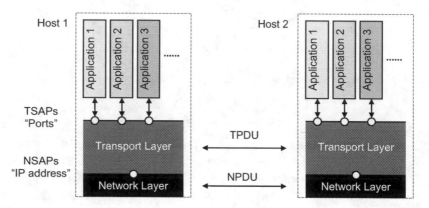

Abb. 6.44 Dienstzugangspunkte

sembly"). Die der physikalischen Übertragung nahe MAC-Schicht ergänzt üblicherweise einen Nachspann (Trailer), beispielsweise wie in Abb. 6.38 die Prüfzeichen der FCS.

Port und Socket

Für das Verständnis des Transports der Daten im Internet sind die zwei Konzepte, Port und Socket, wichtig. In Abb. 6.44 wird die Definition der Dienstzugangspunkte *Service Access Points* (SAP) an den Schnittstellen der Netzwerk- und Transportschichten, NSAP bzw. TS-AP, vorgestellt. Die Adressierung der Zugangspunkte übernimmt auf der Netzwerkschicht die IP-Adresse. Die Zugangspunkte der Transportschicht werden mit 16 Bits durchnummeriert und *Ports* genannt. Es lassen sich $2^{16} = 65.536$ mögliche Ports einrichten.

Im Internet ist manchen Portnummern jeweils ein bestimmter Dienst fest zugeordnet. Es wird dabei zwischen den „well-known", d. h. verbindlichen Portnummern 0–1023, und den „registered" Portnummern ab 1024 unterschieden. Beispielsweise steht 21 für den Dienst FTP, 25 für SMTP oder 80 für HTTP, WWW. Die Angabe einer IP-Adresse und eines Ports aktiviert einen bestimmten Dienst am Zielhost. Ist der Dienst/Rechner nicht abgesichert, kann er leicht missbraucht werden. So kann über Port 49, dem Login Host Protocol, eine Anmeldung als aktiver Nutzer oder gar Systemadministrator am Host erfolgen.

Unter einem „socket", englisch für Steckdose, Fassung bzw. Sockel, versteht man eine Programmschnittstelle, einen Aufruf (Dienstelement), der einen neuen Kommunikationsendpunkt erzeugt. Dieser kann danach im Programm über eine Gerätenummer („device number") als Ein- und Ausgabemedium, vergleichbar dem Bildschirm, der Tastatur, der Festplatte usw., angesprochen werden.

6.6.3 Internet Layer

Das *IP* hat die Aufgabe, die Verbindungen zwischen dem Transport Layer (TCP, UDP) und dem Link Layer zu regeln. Dafür gibt es zwei Dienstelemente, das Sendeelement und das Empfangselement. Die Übertragung geschieht mit Protokolldatenelementen, die die Adressen von Absender und Ziel sowie Steuerungsinformationen enthalten. Das IP regelt den verbindungslosen Austausch von Datagrammen zwischen zwei Systemen. Es ist zurzeit in zwei Versionen im Einsatz, IPv4 (1981) und IPv6 (1995).

6.6.3.1 IPv4

Die Funktionen des IP erklären sich am schnellsten am Aufbau der Datagramme. Die IP-Datagramme werden durch den Header in Abb. 6.45 angeführt. Dessen Abschnitte haben folgende Bedeutungen:

Die Übertragung beginnt oben links mit dem Feld „version" zur Anzeige der verwendeten Protokollversion.

Es schließt sich das Feld *Internet Header Length* (IHL) an. Damit wird es möglich, den Header durch angehängte Zusätze flexibel zu gestalten. Die Angabe im IHL bezieht sich auf Vielfache von 32 Bits. Der minimale Wert ist fünf, was 20 Oktetten entspricht.

Die folgenden sechs Bits des Felds *Type of Service* charakterisieren den zugeordneten Dienst. Dienstklassen eröffnen die Möglichkeit, die Datagramme gezielt unterschiedlich zu behandeln, also *Differentiated Services* (DS). Vorgesehen sind Angaben zu Vorrangigkeit („precedence"), Laufzeit („delay"), Durchsatz („throughput") und Zuverlässigkeit

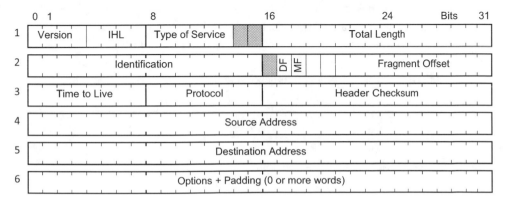

Abb. 6.45 Header des IP-Datagramms (IPv4)

(„reliability"). Tatsächlich werden in den Transportnetzen diese Angaben i. d. R. nicht beachtet. Die IP-Datagramme werden ohne garantierte Dienstmerkmale im Sinn eines Best Effort je nach Möglichkeit transportiert. Die beiden letzten Bits werden nicht benutzt.

Anmerkung

- Soll beispielsweise eine qualitativ hochwertige Übertragung wie Telefonsprache durchgeführt werden, VoIP (Voice over IP) genannt, so funktioniert das ohne weitere Maßnahmen nur solange die Verkehrsbelastung relativ gering ist. Nimmt die Belastung im Netz zu, können IP-Datagramme mit Sprache verspätet zugestellt oder gar verworfen werden.

Das Feld Total Length mit 16 Bits gibt die gesamte Länge des IP-Datagramms in Oktetten an. Als Maximum ist $2^{16} - 1 \approx 64$ KByte vorgegeben.

Anmerkungen

- Die tatsächlich verwendete Länge der Datagramme sollte den benutzten Transportnetzen angepasst werden, wobei die kleinste Länge maßgebend ist. Da bei der verbindungslosen Vermittlung der Weg der Datagramme prinzipiell unvorhersehbar ist, kann eine große Länge, falls das Transportnetz Fragmentation and Reassembly unterstützt, zu aufwendigen Segmentierungen, bzw. falls es sie nicht unterstützt, zum Verlust von Datagrammen führen. Andererseits bedingt eine zu klein gewählte Länge ein unnötiges Übertragen von Informationen in den Headern und belastet die Netze durch mehr Datagramme.
- Beispielsweise umfassen bei ATM die Zellen stets 48 Oktette „payload" und bei Ethernet die Rahmen maximal 1500 Oktette. Im Rahmen des WLAN-Standard IEEE 802.11 sind maximal 2312 Oktette und bei Bluetooth 2744 Oktette „payload" vorgesehen.

Die vier Oktette in der zweiten Zeile des Headers in Abb. 6.45 behandeln den Fall der Fragmentierung eines IP-Datagramms. Bei der Aufteilung eines IP-Datagramms wird in jedes Fragment nahezu der gesamte Header kopiert. Alle Fragmente eines IP-Datagramms besitzen den gleichen Eintrag im Feld „identification", sodass mit der „source address" in der Empfangsstation alle Fragmente eindeutig einem IP-Datagramm zugeordnet werden können.

Die auf das Feld „identification" folgenden drei Bits (Flag) kennzeichnen bestimmte Zustände. Das erste Bit wird nicht benutzt. Das Bit *DF* steht für „don't fragment". Die Anweisung, keinesfalls eine Fragmentierung vorzunehmen, ist dann sinnvoll, wenn die Empfangsstation nicht defragmentieren kann. Es wird erwartet, dass alle Stationen Datagramme mit mindestens 576 Oktetten verarbeiten können. Das Bit *MF*, „more fragments", weist auf ein folgendes Fragment hin. Damit kann die Empfangsstation erkennen, wenn sie alle Fragmente eines Datagramms erhalten hat.

Das Feld „fragment offset" zeigt die Reihenfolge der Fragmente an, sodass in der Empfangsstation die ursprüngliche Reihenfolge der Oktette des IP-Datagramms wiederhergestellt werden kann. Dem ersten Fragment wird der Wert null zugewiesen. Alle weiteren erhalten als Wert den Beginn des jeweiligen Fragments im Datenfeld in Vielfachen eines Oktetts. Mit den 13 Bits lassen sich genau $2^{13} = 8192$ Werte und damit Fragmente darstellen. Das entspricht der Länge des IP-Datagramms in Oktetten $8 \cdot 2^{13} = 2^{16}$ (≈ 64 KByte).

Das Feld „time to live" hilft, ein grundsätzliches Problem der verbindungslosen Vermittlung von Datagrammen zu vermeiden. Wegen möglicher Fehler in der Vermittlung, z. B. falschen Einträgen in Router-Tabellen, ist nicht auszuschließen, dass Datagramme in Schleifen versandt werden. Damit Datagramme nicht endlos im Netz kreisen, wird mit „time to live" die verbleibende Verweilzeit im Netz angezeigt. Mit den acht Bits können Anfangswerte bis maximal 255 s vorgegeben werden. Da eine Zeitüberwachung relativ aufwendig ist, wird der Einfachheit halber der Wert in jedem Router um eins dekrementiert. Man spricht deshalb treffender von einem „hop count". Ist der Wert null, wird das Datagramm verworfen und eine Warnmeldung an den Absender gesendet.

Das Feld „protocol" spezifiziert das Protokoll der Transportschicht an das die „payload" in der Empfangsstation übergeben werden soll; also zum Beispiel Nummer 6 für TCP und 17 für UDP. Die Nummerierung der Protokolle ist einheitlich geregelt (s. www. iana.org).

Das Feld „header checksum" beinhaltet die 16 Bits der Prüfsumme des Headers. Sie sichert nur den Header. Die Daten bleiben ungeschützt. Da das Feld „time to live" in jedem Router verändert wird, ist die Prüfsumme in jedem Router neu zu berechnen.

Die Berechnung der Prüfsumme sollte möglichst effizient geschehen und wird deshalb abhängig von der eingesetzten Hardware optimiert. Eine einfache Paritätssumme liefert nur einen relativ schwachen Fehlerschutz. Durch das gewählte Verfahren mit Übertrag, können Vertauschungen der Reihenfolgen der Oktette, einfügen von Null-Oktetten und viele Fehlermuster erkannt werden. Die Tab. 6.6 zeigt beispielhaft den Header eines IPv4-Datagramms der Länge von 40 Oktetten (05_H) und für den Dienst TCP (06_h). Die Prüfsumme 1404_h ist in der Tabelle in der dritten Zeile in den Spalten drei und vier hinterlegt. Die Prüfsumme wird folgendermaßen berechnet:

Tab. 6.6 Header eines IPv4-Datagramms mit Prüfsumme (Bitmuster in hexadezimaler Darstellung)

45	00	05	8C
66	0F	40	00
35	06	**14**	**04**
3E	9C	A9	45
C1	AE	1C	C9

1. Zuerst werden alle 16 Bit-Worte in hexadezimaler Darstellung (h) addiert:

$$4500_h + 058C_h + 660F_h + 4000_h + 3506_h + 3E9C_h$$
$$+ A945_h + C1AE_h + 1CC9_h = 2EBF9_h.$$

2. Der Überlauf 2_H wird hexadezimal nach rechts übertragen:

$$EBF9_h + 2_h = EBFB_h.$$

3. Im letzten Schritt wird die Prüfsumme als 1er-Komplement gebildet:

$$\overline{EBFB}_h = 1404_h.$$

Wird in der Empfangsstation die Summe einschließlich der „header checksum" berechnet, ergibt sich bei fehlerfreier Übertragung das Bitmuster $FFFF_H$.

Die Zeilen vier und fünf im Header, die Felder „source address" und „destination address", beinhalten die Absende- bzw. Zieladresse. Es stehen jeweils vier Oktette zur Verfügung, sodass prinzipiell $2^{32} = 4.294.967.296$ unterschiedliche Adressen zugewiesen werden können. Die Adressierung in der Internetschicht wird später noch genauer behandelt.

Es schließt sich optional eine Headererweiterung an. Jede Erweiterung besteht aus einem Oktett für die Kennung und einem zweiten Oktett für die Zahl der Oktette der Erweiterung. Jede Erweiterung umfasst mindestens vier Oktette; gegebenenfalls werden Oktette mit dem Wert 0 angehängt („padding"). Die vier wichtigsten Optionen werden in Tab. 6.7 vorgestellt. Sie werden vorwiegend zu Testzwecken benutzt.

Es existiert ferner eine Option, „security" genannt, die beispielsweise durch die Angabe wie geheim ein IP-Datagramm ist und verhindern soll, dass es an ein unzuverlässiges Netz weitergereicht wird. Diese Option wird aus praktischen Gründen kaum eingesetzt.

Tab. 6.7 Optionen für die Header von IP-Datagrammen

Option	Beschreibung
„Record route"	Protokollieren des Wegs durch das Netz. Die Netzknoten tragen ihre Adressen ein.
„Loose source routing"	Die Sendestation gibt eine Liste mit Netzknoten (Adressen) vor, die das IP-Datagramm auf seinem Weg zum Ziel ansteuern soll. (Liste muss nicht notwendigerweise vollständig sein.)
„Strict source routing"	Die Sendestation gibt den vollständigen Pfad in Form der Netzknoten vor. (Alle Netzknoten müssen in der angegebenen Reihenfolge erreichbar sein.)
„Timestamp"	Jeder Netzknoten trägt die Zeit der Bearbeitung ein. („universal time")

Internetadressen

Die Absende- und Zieladresse in den IP-Datagrammen spezifizieren genaugenommen Zugangspunkte für den IP-Dienst. Eine Station kann mehrere Adressen haben. Und sie kann unterschiedliche Funktionen übernehmen, beispielsweise als *Router* (Netzknoten) oder *Host* (Endsystem) funktionieren, als *Server* einen bestimmten Dienst anbieten bzw. als *Client* in Anspruch nehmen.

Die Internetadressen müssen netzweit eindeutig sein und sollen das Routing effektiv unterstützen. Hierfür wurde ein hierarchischer, zunächst zweistufiger Ansatz gewählt: Eine Kombination aus Netzwerkadresse und Hostadresse, auch *Network Identification Number* (Netid) und *Host Identification Number* (Hostid) genannt. Die Netze sind autonome Systeme, die nur über die IP-Router nach außen sichtbar sind. Bei der Vermittlung wird zunächst nur die Netzadresse ausgewertet.

Um sparsam mit dem beschränkten Adressraum umzugehen, wurden die fünf Adressklassen A–E definiert (Abb. 6.46). Die Klassen A, B und C sind für Netze und ihre Hosts gedacht. Dabei wird zwischen großen und kleinen Netzen mit vielen und wenigen Hosts unterschieden. Die Klasse A unterstützt wenige große Netze. Mit sieben Bits ergeben sich insgesamt $2^7 = 128$ Netze vom Typ A mit jeweils prinzipiell bis zu $2^{24} = 16.777.216$ Hosts. Für die Klasse B resultieren entsprechend $2^{14} = 16.384$ Netze mit je bis zu $2^{16} = 65.536$ Hosts. Die Klasse C ist vielen kleinen Netzen vorbehalten: $2^{21} = 2.097.152$ Netze und je $2^8 = 128$ Hosts.

Aus organisatorischen Gründen sind in einem Netz Nachrichten gelegentlich an alle („broadcasting") bzw. Gruppen („multicasting") von Hosts zu versenden. Hierfür ist die Klasse D mit den Multicast-Adressen definiert. Zusätzlich wurde ein nicht unerheblicher Teil der Adressen für zukünftige Verwendungen reserviert, die Klasse E. (Man spricht von einer *Unicast-Adresse*, wenn genau ein spezieller Zugangspunkt definiert wird.)

Man beachte ferner: Nicht alle Bitkombinationen sind frei nutzbar, sodass sich die Zahl der Netze und Hosts geringfügig reduziert. In Abb. 6.47 werden fünf spezielle IP-Adressen angegeben, die für den Netzbetrieb besonders wichtig sind. Die erste Adresse, alle Bits gleich null, kann der Host beispielsweise beim Boot-Vorgang nutzen, bevor ihm

Abb. 6.46 Formate der Internetadressen (IPv4)

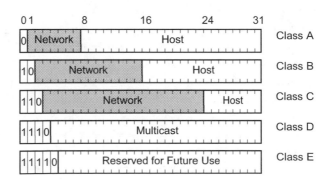

Abb. 6.47 Spezielle Internetadressen (IPv4)

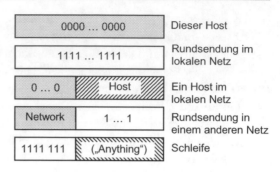

eine IP-Adresse durch den zuständigen Server im lokalen Netz mitgeteilt wird. Die zweite
Adresse, alle Bits gleich eins, erlaubt die Rundsendungen an alle Hosts. So kann der für
die Organisation zuständige Host im lokalen Netz gefunden werden. Die dritte Adresse
erleichtert das Routing im lokalen Netz. (Die Adresse des Netzes muss dem Host nicht
bekannt sein, wohl aber die Klasse, um die richtige Zahl von führenden Nullen einzufü-
gen.) Die vierte Adresse ermöglicht die Rundsendung in einem entfernten Netz – falls dort
vom Administrator zugelassen. Die letzte Adresse dient zu Testzwecken.

Um die 32 Bit langen Adressen benutzerfreundlicher angeben zu können, wurde die
Dotted Decimal Notation eingeführt. Die vier Oktette werden durch Dezimalpunkte getrennt mit Integer-Zahlen angegeben. Die Zieladresse in der fünften Zeile der Tab. 6.6 in
hexadezimaler Darstellung „C1 AE 1C C9" ist dann als Bitmuster und in Dotted Decimal
Notation

$$1100\ 0001\ 1010\ 1110\ 0001\ 1100\ 1100\ 1001 \leftrightarrow 193.174.28.201.$$

Es handelt sich um ein Netz der Klasse C, erkennbar an der führenden Dezimalzahl aus
dem Bereich von 192 (1100 0000) bis 223 (1101 1111).

Mit der zunehmenden Verbreitung von Hosts und LAN stieß die vorgestellte zwei-
stufige, klassenbasierte Adressierung an ihre Grenzen. Große, weltweit agierende Unternehmen strukturieren ihre IT-Infrastruktur beispielsweise standortübergreifend nach
Abteilungen und Geschäftsgebieten. Die Hosts der Entwicklungsabteilung und der Buch-
haltung können, obwohl im selben Gebäude, getrennten Teilnetzen zugeordnet sein. Für
die Weiterentwicklung von Betriebsorganisationen ist heute eine effiziente Möglichkeit
zur Erweiterung und Strukturierung großer IT-Netzwerke notwendig.

Da eine einseitige Änderung des Adressensystems für das Internet aus praktischen
Erwägungen nicht infrage kommt (dies müsste weltweit auf einen Schlag geschehen),
wurde eine rückwärtskompatible Lösung gewählt, eine hierarchische Baumstruktur mit
Teilnetzen („subnets"). Die Methode wird auch „subneting" genannt. Dabei wird der ursprüngliche Hostteil der Adresse nochmals unterteilt in eine Subnet-Adresse und eine
Hostadresse im Teilnetz (Abb. 6.48). Die Einteilung der autonomen Netze in „subnets"
ist nach außen nicht sichtbar und kann deshalb frei gewählt werden. Praktisch werden die
durch die Subnet-Adressen belegten Bits durch Angabe von Subnet-Masken festgelegt. In
Abb. 6.48 wäre dies 255.255.252.0.

Abb. 6.48 Internetadresse
mit sechs Bits für das „subnet"
(Class B, IPv4)

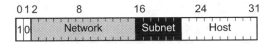

Anmerkungen

- Die ursprüngliche Klasseneinteilung hat sich als unzureichend erwiesen, als viele Netzwerke zu groß für die Klasse C wurden, aber zu klein waren, um den Adressraum der Klasse B effektiv zu nutzen. Mit der Einführung von variablen Masken kann die Auswertung der IP-Adressen letzten Endes unabhängig von den ursprünglichen Klassen geschehen. Man spricht von *Classless Interdomain Routing* (CIDR). Damit kann der Adressraum bedarfsgerechter zugeteilt werden.

- Die Maskierung kann im Router eingesetzt werden, um die Routingtabellen zu vereinfachen. Werden alle Internetadressen, die in einem führenden Bitmuster übereinstimmen, auf denselben Ausgang weitergeleitet, kann dieses Bitmuster als Maske („aggregate entry") die entsprechenden Einträge ersetzen.

- Um dem sich abzeichnenden Mangel an Internetadressen abzuhelfen, wurde eine dynamische Zuweisung von Hostadressen, *Network Address Translation* genannt, eingeführt. Damit kann beispielsweise die Zahl der möglichen Hosts in einem Einwahlnetz erhöht werden, da nicht alle Hosts stets mit dem Internet verbunden sind. Mit der zunehmenden Verbreitung der sog. Flatrate, d. h. der zeitunabhängigen Gebührenabrechnung beim Onlinezugang, reduziert sich dieser Vorteil allerdings.

6.6.3.2 IP-Protokolle mit Steuerungsaufgaben

Zum Betrieb des Internets muss zwischen den Stationen situationsabhängig eine Vielzahl von Steuerungsnachrichten (Meldungen und Befehlen) zusammengestellt, gesendet und interpretiert werden. Hierfür wurden spezielle Protokolle definiert: ICMP, ARP, RARP, BOOTP, DHCP, OSFP, BGP, IGMP und SIPP, um nur einige zu nennen. Für die Übertragung der zugehörigen Nachrichten werden IP-Datagramme benutzt.

Um den vorgegebenen Rahmen nicht zu sprengen, werden im Weiteren nur das ICMP und ARP kurz vorgestellt. Weitergehende Informationen und Angaben zu den anderen Protokollen findet man beispielsweise in Tanenbaum (2003).

Internet Control Message Protocol

Das *Internet Control Message Protocol* (ICMP) dient zur Übertragung von für den Netzbetrieb wichtigen Nachrichten. Es bedient sich der IP-Datagramme, in deren Datenfelder die ICMP-Nachrichten eingetragen werden. Es sind mehrere Typen definiert. Sie werden im ersten Oktett „type" der ICMP-Nachricht gekennzeichnet (Abb. 6.49). Einige Beispiele enthält Tab. 6.8. Die Beschreibungen geben einen Eindruck über typische Aufgaben der Netzsteuerung. Weitere Typen findet man im Internet unter www.iana.org/assignments/icmp-parameters.

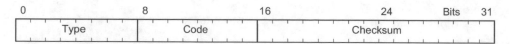

Abb. 6.49 Die ersten vier Oktette der ICMP-Nachrichten

Tab. 6.8 Beispiel für Typen von ICMP-Nachrichten

Typ	Bezeichnung	Beschreibung
3	„Destination unreachable"	IP-Datagramm konnte nicht zugestellt werden: „Subnet"/Host nicht vorhanden, notwendige Fragmentierung wegen DF („don't fragment") nicht zulässig, …
4	„Source quench"	Sender wird aufgefordert, IP-Datagramme zurückzuhalten bzw. die Datenrate zu reduzieren
5	„Redirect"	Router sendet Information über eine bessere Wegewahl zurück (auslösendes IP-Datagramm nicht betroffen)
8	„Echo (request)"	Anforderung einer Echo-Antwort
	„Echo reply"	Antwort auf ein Echo
11	„Time exceeded"	Time-to-live-Wert erreichte null
12	„Parameter problem"	Unzulässiger Parameterwert im Header
13	„Timestamp (request)"	Anforderung einer Antwort (Echo) mit Zeiteintrag
14	„Timestamp reply"	Antwort auf „timestamp" mit Sendezeit A, Empfangszeit B und Sendezeit B
15	„Information (request)"	Anforderung, z. B. Netzadresse
16	„Information reply"	Antwort auf Information
17	„Address mask (request)"	Anforderung der „subnet mask"
18	„Address mask reply"	Antwort „address mask"

Das zweite Oktett, das Feld „code", erlaubt die einfache Kennzeichnung (Codierung) bestimmter Zustände bzw. Einstellungen.

Die Prüfsumme „checksum" wird über die gesamte ICMP-Nachricht mit dem gleichen Algorithmus wie für den IP-Header gebildet.

Je nach Typ und gewählter Option schließen sich weitere Oktette an. Eine ICMP-Nachricht enthält grundsätzlich den Header und die ersten acht Oktette des Datenfelds des sie auslösenden IP-Datagramms.

Address Resolution Protocol

Jeder Host im Internet besitzt mindestens eine Internetadresse. Netzwerkadressen, bzw. genauer Adressräume, werden weltweit eindeutig durch die *Internet Corporation for Assigned Names and Numbers* (*ICANN*) vergeben. Die Internetadresse des Hosts wird durch den Netzbetreiber lokal zugeteilt. Mit der Adresse allein kann der Host jedoch nicht erreicht werden. Das IP baut auf die Netzwerkschicht und den verfügbaren technischen Geräten auf (s. „physical transmission" in Abb. 6.41).

Anmerkungen

- Nur im seltenen Fall, dass Internetadresse und physikalische Adresse identisch sind, genügt scheinbar die Internetadresse.
- Die diversen Empfehlungen des IEEE für das LAN definieren für den Zugriff auf das physikalische Übertragungsmedium die Medium-Access-Control(MAC)-Schicht. In ihr werden die Übertragungsrahmen mit Quell- und Zieladressen, den MAC-Adressen der Geräte, gebildet.

Beispielsweise könnte ein Host an einem LAN mit einer Ethernet-Verbindung angeschlossen sein. Auf der Ethernet-Ebene werden nur die weltweit herstellerseitig eindeutig vergebenen Ethernet-Adressen der Schnittstellenkarten mit je 48 Bits verwendet. Bevor der Host IP-Datagramme gezielt versenden kann, muss er eine Abbildung zwischen der Internetadresse und der Ethernet-Adresse hergestellt haben. Dies kann durch Einträge in eine Tabelle durch den Systemadministrator geschehen oder, wenn das Netz Rundsendungen erlaubt, durch das *Address Resolution Protocol* (ARP). Die Vorgehensweise veranschaulicht Abb. 6.42 an einem Beispiel. Der Host B wird neu an den Ethernet-Bus angeschlossen und möchte ein IP-Datagramm an Host Y senden. Da ihm die physikalische Adresse von Y nicht bekannt ist, sendet B eine Broadcast-Nachricht mit der Internetadresse von Y und seiner eigenen physikalischen Adresse. Alle angeschlossenen Stationen empfangen die Nachricht und werten sie aus. Der Host Y erkennt die an ihn gerichtete Anforderung und antwortet gezielt mit der Übertragung seiner physikalischen Adresse an B. Das umgekehrte Verfahren, die Bestimmung der Internetadresse bei bekannter physikalischer Adresse stellt das *Rerverse-ARP* (RARP) zur Verfügung. In diesem Fall ist einen RARP-Server erforderlich, der die Anfragen der Stationen auflöst. Für eine zukünftige direkte Kommunikation tragen die Hosts die gefundenen Zuordnungen in Tabellen, *Address Resolution Caches* genannt, ein.

6.6.3.3 IPv6

Das IP ist noch immer in zwei Versionen im Einsatz. Bereits 1981 wurde die Version 4 (IPv4) standardisiert. Sie ist allgemein gebräuchlich, obwohl schon 1992 die Entwicklung der Version 6 angestoßen und 1995 mit „The Recommendation for the IP Next Generation Protocol" (RCF 1752) die Grundlage für die Version 6 (IPv6; 1998) gelegt wurde. Bei großen Internetdienstleistern wurde die Zahl der Zugriffe mit IPv6 auch nach 2010 noch im einstelligen Prozentbereich gezählt. Da die Zahl der IPv4-Adressen heute an ihre Grenze stößt, scheint ein Umstieg auf IPv6 allerdings nur eine Frage der Zeit zu sein. Neben dem größerem Adressenraum bietet IPv6 auch einige technische Vorteile (Tanenbaum und Wetherall 2011, S. 474ff). Für die Übergangszeit haben sich sog. Dual-stack Hosts bewährt, die sowohl IPv4- als auch IPv6-Dienste anbieten. Automatische Mechanismen („tunneling") zum Übertragen von IPv6-Paketen über die bestehenden IPv4-Einrichtungen und umgekehrt unterstützen den Aufbau von zunächst Inselnetzen mit IPv6.

Abb. 6.50 Beispiel eines
IPv6-Datagramms

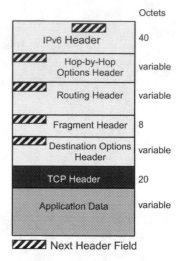

IPv6-Datagramme können durch *Extension Header*) variabler Länge flexibel erweitert werden (Abb. 6.50). Auch für zukünftige Entwicklungen ist somit Platz geschaffen. Durch die Zusatzinformationen lassen sich Dienste und Nachrichtenverkehr bedarfsgerecht steuern. Vorgesehen sind:

- *IPv6-Header:* notwendige Angaben, Details werden später erläutert
- *Hop-by-hop-Header:* enthält Zusatzinformationen für die Netzkonten; muss von jedem vermittelnden Netzknoten (Router) im Übertragungsweg ausgewertet werden
- *Routing Header:* enthält Liste mit den Netzknoten des Übertragungswegs, wobei erst der letzte Eintrag die Zieladresse enthält. Die Übertragung geschieht entsprechend der Liste, wobei jeweils der nächste Netzknoten als Adresse in den IPv6-Header eingetragen wird.
- *Fragment Header,* liefert Informationen zur Optimierung der Datagrammlängen durch die Netzknoten mit Sendefunktionalität („source nodes") entsprechend der Übertragungsbedingungen
- *Authentication Header,* unterstützt die Integrität und Authentifikation des Datagramms (nicht im Bild)
- *Encapsulation Security Payload Header,* unterstützt Maßnahmen zur Sicherung der Vertraulichkeit der Nachricht (nicht im Bild)
- *Destination Options Header,* enthält Zusatzinformation für den letzten Zielknoten

Die Extension Header sind optional, jedoch in der Reihenfolge der Aufzählung zu platzieren. Sie beginnen mit dem Oktett „next header", das auf den nächsten Header verweist, und falls erforderlich schließt sich das Oktett Header Extension Length an, das die Länge des jeweiligen Headers angibt. Damit ist es in den empfangenden Netzknoten möglich,

Abb. 6.51 Header des
IPv6-Datagramms

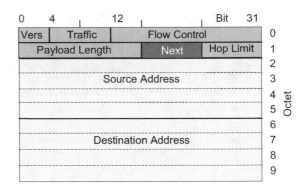

nicht relevante Header zu überspringen und schnell nach Steuerungsinformationen zu suchen und so insgesamt die Belastung der Netzknoten zu reduzieren.

Der Aufbau des festen Headers im IPv6-Datagramm ist in Abb. 6.51 zu sehen. Neben der Versionsnummer (Vers) des Protokolls, hier 6, sind acht Bits für Angaben der Art des Verkehrs („traffic class") vorgesehen. Es könnte z. B. die Sprachtelefonie für eine schnellere Übertragung ausgewiesen werden.

Die folgenden 20 Bits der Flusskontrolle („flow control") sollen den effektiven Transport, d. h. insbesondere die Wegelenkung, der Datagramme einer Anwendung im Netz unterstützen. Ihre Funktion ist vergleichbar mit den virtuellen Kanal- und Wegeangaben VCI bzw. VPI der ATM-Zellen. Mit dem Feld „flow control" wird quasi eine verbindungsorientierte Paketvermittlung im Netzwerk ermöglicht.

Für die Angabe der Zahl der dem Header folgenden Oktette des Datagramms („payload length") sind 16 Bits vorgesehen. Das entspricht einer maximalen Länge von 65.536 Oktetten. Die Länge, die von allen Netzen mindestens unterstützt werden muss, beträgt 1280 Oktette.

Das Feld „next header" verweist auf den eventuell folgenden Extension Header. Schließlich gibt das „hop limit" die maximale Zahl der Netzknoten an, die das Datagramm jeweils weiterleiten. Jeder Knoten reduziert den Wert des Felds um eins. Ist das „hop limit" null, wird das Datagramm verworfen.

Für die Adresse des Absenders sowie des Ziels stehen jeweils 128 Bits zur Verfügung. Ein wesentlicher Anstoß zur Einführung der Version 6 war der Wunsch, die Längen der Adressen von 32 Bits der Version 4 auf nunmehr 128 Bits zu vergrößern. Damit stehen theoretisch etwa $6 \cdot 10^{23}$ Adressen pro Quadratmeter der Erdoberfläche zur Verfügung. Wegen der beabsichtigten hierarchischen Vergabe der Adressen, z. B. nach Regionen, Dienstanbietern usw., und Vergabe mehrerer Adressen pro Gerät besteht ein noch nicht absehbarer Bedarf. Beabsichtigt ist auch, dass durch die hierarchische Vergabe der Adressen die Verkehrslenkung der Datagramme verbessert und damit die Netzbelastung insgesamt reduziert werden kann. Mit IPv6 werden drei Arten von Adressen eingeführt:

- Die *Unicast-Adresse* kennzeichnet einen speziellen Übergabepunkt; das IPv6-Datagramm wird genau zu diesem gesendet.
- Die *Anycast-Adresse* gibt eine Gruppe von Übergabepunkten an; das IPv6-Datagramm wird an den nächsten Übergabepunkt gesendet.
- Die *Multicast-Adresse* definiert eine Gruppe von Übergabepunkten; das IPv6-Datagramm wird an alle zugehörigen Übergabepunkten gesendet.

Mit der Multicast-Adresse sollen neue Internetanwendungen unterstützt werden, wie beispielsweise die Verteilung von Audio- und Videosignalen ähnlich dem heutigen Rundfunk. Weitere Beispiele sind Telekonferenzen mit mehreren Teilnehmern und verteiltes Rechnen, bei dem mehrere Computer an einer Aufgabe arbeiten und die Zwischenergebnisse austauschen.

Damit derartige Multimediadienste für viele Anwender praktisch umgesetzt werden können, muss überflüssiges mehrfaches Versenden der Datagramme und damit eine Überlastung der Netze vermieden werden. Hierfür ist es wichtig, dass die Netzknoten die kürzesten Wege zu den Teilnehmerinnen und Teilnehmern kennen und die Datagramme so spät wie möglich vervielfältigt werden. Man beachte, dass hierfür eine Revolution des Internets erforderlich ist. Wurde das Internet, die TCP/IP-Familie, ursprünglich zum Datenaustausch zwischen unterschiedlichen Netzen konzipiert, wobei die Netzknoten zum Transport der Datagramme nicht viel mehr als den nächsten Netzknoten wissen mussten, so erfordert die breite Anwendung von Multicast-Diensten eine Gruppenverwaltung mit dynamischer An- und Abmeldung der Teilnehmer (Internet Group Management Protocol, IGMP) sowie eine gezielte Verkehrslenkung auf der Grundlage der bekannten Netzstrukturen.

Anmerkungen

- Hier zeigt sich ein Problem bzw. ein grundsätzlicher Widerspruch. Da wegen der gewünschten Zusammenarbeit mit Netzen unterschiedlicher Leistungsfähigkeiten nur geringe Anforderungen an die Netze gestellt werden, ist allgemein nicht gesichert, dass bei der Übertragung das Traffic-Class-Bit erhalten bleibt. Erst wenn alle verwendeten Netze durchgehend soweit ausgebaut sind, also beispielsweise die für die Telefonie geforderten Leistungsmerkmale (QoS) unterstützen, ist Internettelefonie (VoIP) über Netzgrenzen hinweg in gewohnter Qualität möglich.
- Darüber hinaus sollen, dem Mythos des freien Internets gehorchend, die Netze IP-Datagramme ohne Ansehen weiterleiten. Dies steht im Widerspruch mit einem allgemeinen effizienten Netzbetrieb (Überlastvermeidung, Optimierung von Energieverbrauch und Kosten) und der Anforderung, dass bestimmte Dienste, wie die Sprach- und Bildtelefonie, Telekonferenzen etc., gewisse Dienstmerkmale erbringen. Das in Abschn. 6.4.3 für das Breitband-ISDN vorgestellte Konzept der Verkehrsklassen wird sich deshalb mehr oder weniger auch in den TK-Netzen wiederfinden, die vollständig auf TCP/IP basieren, den sog. All-IP-Netzen. Ähnliches gilt auch für das Feld „flow label". Nur wenn die Netzknoten es tatsächlich zur Verkehrslenkung auswerten, kann davon nutzbringend Gebrauch gemacht werden.

6.6.4   Adaptive Übertragungssteuerung

Das Internet stellt besondere Anforderungen an die Steuerung des Transports der TCP-Segmente für die Ende-zu-Ende-Verbindung. Verschiedene Steuerungselemente unterstützen die effiziente Übertragung. Dazu gehören die variable Fenstergröße, die Reaktion auf Überlast im Netz und die Zeitüberwachung von Ereignissen; alles Werkzeuge zur dynamischen Anpassung der Übertragung an die aktuellen Bedingungen. Weil die zugrunde liegenden Probleme und ihre Lösungen in der Nachrichtenübertragungstechnik beispielgebend sind, lohnt es sich, sie etwas genauer zu betrachten.

Dynamische Fenstersteuerung (Window Management)
Zur Optimierung des Durchsatzes einer Verbindung speichern die TCP-Instanzen die von den Anwendungen eingehenden Daten im Sendepuffer und warten mit der Übertragung eine gewisse Zeit, bis eine geeignete Segmentgröße erreicht ist. Dadurch reduziert sich auch der relative „overhead" aufgrund der mitzusendenden Header, z. B. mindestens 20 Oktette für den TCP-Header und 20 Oktette für den IP-Header (IPv4).

Anmerkungen

- Durch das Speichern im Sendepuffer ergibt sich eine gewisse, von Segment zu Segment schwankende Übertragungsverzögerung.
- Für zeitkritische Daten s. auch Real Time Protocol (RTP).

Mit dem Feld „window size" können die Hosts die maximale Zahl der Oktette für die Anwendungsdaten („application data", „payload") vorgeben, die sie im nächsten Segment empfangen können, also im Empfangspuffer speichern können. Grundsätzlich ist es denkbar, dass im Sendepuffer genau ein Oktett zur Übertragung vorliegt bzw. im Empfangspuffer genau ein Oktett freier Speicher vorhanden ist. Im Extremfall könnte sich eine Kommunikation mit Segmenten mit je einem Oktett „payload" und je 40 Oktetten an Header-Information (IPv4) einstellen. Um dies zu vermeiden, werden einfache, im praktischen Betrieb bewährte Methoden angewandt (Tanenbaum und Wetherall 2011):

- Im Sender werden die Daten der Anwendung bis zum Empfang der Quittung des letzten Segments gesammelt. (Beispielsweise können so über die Tastatur eingegebene Zeichen zusammengefasst werden. Werden jedoch Bewegungen der Computermaus übertragen, kann das Datenpuffern zu störenden Verzögerungen für die Anwender führen.)
- Im Empfänger wird die Quittierung solange zurückgehalten, bis die maximal mögliche Segmentgröße bzw. die Hälfte des Empfangsspeichers freigegeben ist.
- Ist genügend Speicher im Empfänger vorhanden, kann im Fall verlorener Segmente statt des Go-back-n-Verfahrens das Selective-repeat-ARQ-Verfahren eingesetzt werden.

Dynamische Überlastregelung (Congestion Control)

Wird ein Router mit Paketen überhäuft, läuft sein Empfangsspeicher voll und danach werden weitere Pakete verworfen. Versuchen die sendenden Stationen daraufhin, den Paketverlust durch vermehrtes Senden von Paketen auszugleichen, verschärft sich die Überlastsituation. Die Überlast kann nur aufgelöst werden, wenn die Sendestationen die momentanen Datenraten senken. Hierzu müssen die Sendestationen die Überlast erkennen. Paketverlust allein ist kein ausreichender Indikator. Paketverluste können durch Überlast aber auch durch Übertragungsfehler entstehen. Letzteres ist heute jedoch sehr selten.

Anmerkung

- In gut ausgebauten Übertragungsstrecken, insbesondere mit Lichtwellenleitern, treten im Normalbetrieb kaum Paketverluste aufgrund von einzelnen zufälligen Bitfehlern auf. Man beachte: Drahtlose Netze verhalten sich anders. Die zunehmende Verbreitung von drahtlosen Transportnetzen, z. B. WLAN und Mobilfunknetze, schafft hier neue Probleme.

Zur Behandlung von Überlastsituationen durch die TCP-Instanzen wird ähnlich wie bei der oben beschriebenen dynamischen Fenstersteuerung verfahren. Zur Steuerung der Segmentgröße in Abhängigkeit des Netzzustands wird für die Verbindung zusätzlich das Congestion Window, kurz *CW*, als Parameter eingeführt und dynamisch angepasst. Für die Zahl der gesendeten Oktette der „payload" im Segment ist dann das Minimum aus den beiden Fenstergrößen maßgebend.

In Abb. 6.52 wird die dynamische Überlastregelung an einem Beispiel veranschaulicht. Der Einfachheit halber wird angenommen, dass die im Feld „window size" garantierte maximale Segmentgröße der Gegenstation durch den Parameter Congestion Window nicht überschritten wird. Als Startwert wird konservativ ein relativ kleiner Wert *CW* = 1 KByte vorgegeben. Um eine rasche Adaption an die maximal zulässige Segmentgröße zu er-

Abb. 6.52 Dynamische Überlastregelung (nach Tanenbaum und Wetherall 2011, Fig. 6-46 und 6-47)

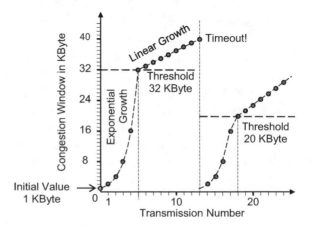

reichen, wird ein exponentielles Wachstum zugelassen. Nach Verbindungsaufbau ist die „payload" des ersten Segments 2 KByte, des zweiten 4 KByte usw.

Als Folge des exponentiellen Wachstums würde bald unvermeidlich die Segmentgröße den maximal zulässigen Wert sprengen, weshalb ein dritter Parameter, „threshold" genannt, als nach oben begrenzender Faktor im Sender verwendet wird. Üblicherweise ist sein Anfangswert 64 KByte. Wird ein Segment nicht in der vorgesehenen Zeit quittiert, wird „threshold" auf die Hälfte des aktuellen CW halbiert und CW auf die maximale Segmentgröße gesetzt. Im Beispiel beträgt „threshold" 32 KByte.

In Abb. 6.52 wächst die Segmentgröße zunächst exponentiell an. Mit Erreichen der Schwelle („threshold") wird der Zuwachs gebremst und in einen linearen Verlauf übergeleitet. Die Segmentgröße tastet sich danach entsprechend dem Startwert in 1 KByte-Schritten an den momentan größtmöglichen Wert heran.

Im Beispiel wird das 13. Segment nicht in der vorgegebenen, durch einen Timer überwachten Zeit quittiert. Im Sender wird ein Segmentverlust aufgrund einer Netzüberlastung als wahrscheinlicher Auslöser angenommen und als Gegenmaßnahme die Segmentgröße auf den Startwert zurückgesetzt. Für eine rasche Adaption sorgt wieder ein exponentieller Zuwachs. Um einen erneuten Segmentverlust zuvorzukommen, wird die obere Begrenzung „threshold" auf den halben Wert von CW bei Segmentverlust, also auf 20 KByte gesetzt. Danach wird wie beschrieben weiter verfahren.

Anmerkungen

- Die ICMP-Nachricht „source quench" kann hier wie ein Timeout Ereignis behandelt werden.
- Für eine Alternative s. auch Dokument RFC 3168

Zeitüberwachungen (Timer Management)
Für jede Verbindung werden gewisse Funktionen des TCP zeitlich überwacht. Von besonderer Bedeutung für den erzielbaren Durchsatz ist dabei die maximale Wartezeit auf die Quittierung eines Segments. Mit dem Senden eines Segments wird der Retransmission Timer mit dem Wert „timeout" gestartet. Trifft die Quittung nicht vor Ablauf des Timers ein, wird das Segment als verloren angenommen und erneut übertragen.

Wird die Wartezeit zu lang gewählt, vergeht unnötig Zeit bis zur erneuten Übertragung. Andererseits, wird sie zu kurz gewählt, werden Segmente als verloren angenommen, die noch erfolgreich zugestellt wurden. Offensichtlich ist für den Durchsatz der Verbindung die Wartezeiteinstellung mitentscheidend. Dies wird umso wichtiger, umso stärker die Ankunftszeiten der Quittungen schwanken. Abb. 6.53 zeigt schematisch zwei Histogramme, H1 und H2, für die relative Häufigkeit der Round Trip Time, also der Zeit zwischen dem Senden eines Segments und dem Empfangen der Quittung. Im Beispiel sollten dementsprechend jeweils unterschiedliche Werte für die Retransmission Time eingestellt werden, im Bild durch T1 und T2 kenntlich gemacht.

Abb. 6.53 Relative Häufigkeiten der Round Trip Time
(schematisch)

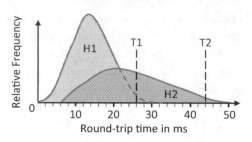

Die Round Trip Time im Internet ist zeitabhängig und schwankt relativ stark. Eine brauchbare Lösung muss deshalb die Situation im Netz beobachten und berücksichtigen (Jacobson 1988; Tanenbaum 2003). Hierfür wird die Variable *RTT* als Schätzwert für die momentane Round Trip Time eingeführt. Wird ein Segment innerhalb der maximalen Wartezeit quittiert, kann die RTT am Retransmission Timer (Zeitgeber) abgelesen werden. Die RTT ist eine Zufallsgröße, die in Einzelfällen stark schwanken kann. Um Ausreißer nicht überzubewerten, wird eine Mittelung durchgeführt:

$$RTT = \alpha \cdot RTT + (1 - \alpha) \cdot M.$$

Der neue Wert *RTT* bestimmt sich aus der Summe aus dem alten nach Multiplikation mit dem Glättungsfaktor α und dem mit $1 - \alpha$ gewichteten aktuelle Messwert M. Für den Glättungsfaktor ist $6/7$ typisch.

Anmerkung

- Die Mittelung der Zeitreihe von *RTT* entspricht in der digitalen Signalverarbeitung einer Tiefpassfilterung erster Ordnung mit der Impulsantwort $h[n] = \alpha^n$ und $0 < \alpha < 1$. Man kann deshalb anschaulich von exponentiellem Vergessen sprechen: Je kleiner α, desto schneller werden alte Werte vergessen.

In der Praxis hat sich herausgestellt, dass eine direkte Ableitung des Werts des Retransmission Timer, d. h. *Timeout* $= c \cdot RTT$ mit der Proportionalitätskonstanten c, keine zufriedenstellende Ergebnisse liefert. In Situationen, in denen die Werte der RTT stark schwanken, fördert eine Zeitreserve im Retransmission Timer den Durchsatz. Eine übliche Lösung ist

$$Timeout = RTT + 4 \cdot D$$

mit der Variablen D („deviation"), einem geglätteten Schätzwert für die Abweichung zwischen der mittleren *RTT* und dem aktuellen Messwert M

$$D = \beta \cdot D + (1 - \beta) \cdot |RTT - M|.$$

Der Parameter β kann auch gleich α sein.

In Transportnetzen mit relativ vielen Übertragungsfehlern hat sich die Verwendung von Messwerten wiederholter Segmente als problematisch herausgestellt. Insbesondere da unklar ist, ob die Quittung nicht bezüglich einer früher versandten Kopie erfolgt. Stattdessen sollte die Wartezeit bei jedem Wiederholungsversuch verdoppelt werden, bis das Segment erfolgreich übertragen wurde (Karn's Algorithmus; Tanenbaum 2003).

Zwei weitere wichtige Timer sind der *Persistence Timer* und der *Keepalive Timer*.

- Wird in einem Segment das Feld „window size" mit null empfangen, setzt die Empfangsstation die Datenübertragung aus und wartet auf ein neues Segment mit einer passenden Fenstergröße. Geht jedoch das Segment mit der Aktualisierung verloren, würde ohne weitere Maßnahme der Wartezustand prinzipiell unbegrenzt verlängert. Man spricht in letzterem Fall von einer Blockade, auch „deadlock" genannt. Um eine Blockade zu verhindern, wird mit Beginn des Wartezustands der Persistence Timer (Verweilzeit) gestartet. Läuft er ab, fragt die wartende Station die Gegenstation ab und erhält mit dem Antwortsegment den aktuellen Wert des Felds „window size".
- Mit dem *Keepalive Timer* wird die Verbindung insgesamt überwacht. Findet während der durch ihn vorgegebenen Zeit kein Nachrichtenaustausch statt, wird die Gegenstation um ein Lebenszeichen angefragt.

Aufgabe 6.13

a) Nennen Sie die vier Schichten der Internetprotokollfamilie.
b) Was bedeuten die Akronyme TCP und IP?
c) Warum spricht man von einer TCP/IP-Familie?
d) Welche Funktion hat die Protokollschicht zu TCP? Wie ist sie im OSI-Referenzmodell einzuordnen?
e) Welche Funktion hat die Protokollschicht zu IP? Wie ist sie im OSI-Referenzmodell einzuordnen?

Aufgabe 6.14

a) Wozu wurde das Feld „type of service" im IPv4-Header eingeführt?
b) Wofür ist das Feld „time to live" im IPv4-Header da? Welches Problem hilft es lösen?
c) Was versteht man unter einem Extension Header im IPv6-Protokoll?
d) Welche Arten von Adressen kennt das IPv6-Protokoll? Erklären Sie kurz die Funktionen.
e) Welche Konsequenzen hat die Einführung von Rundverteilungsdiensten im Internet ähnlich dem heutigen Hör- und Fernsehrundfunk? Welche Art von Adressen unterstützt derartige Dienste im IP?

Aufgabe 6.15

a) Auf welchem Vermittlungsprinzip beruht das Internet?
b) Erklären Sie die Begriffe Netid und Hostid. Welche grundsätzlichen Überlegungen stecken dahinter?

c) Was bedeutet QoS in einem Best-Effort-Netz?

d) Was bezeichnet beim TCP der Begriff Port und was ist ein Well-known-Port.

Aufgabe 6.16

a) Welches Problem wird durch die dynamische Fenstersteuerung entschärft?

b) Die dynamische Überlastregelung ergänzt die dynamische Fenstersteuerung. Erklären Sie das zugrunde liegende Problem und die Wirkungsweise der dynamischen Über-lastregelung. Verwenden Sie dazu auch eine Skizze.

c) Welche Funktion hat der Retransmission Timer? Wie kann ein geeigneter Wert für den Parameter „timeout" praktisch bestimmt werden?

6.7 Zusammenfassung

Telekommunikationsnetze (TK-Netze) werden nach verschiedenen Kriterien eingeteilt: öffentliche und private Netze; lokale Netze (LAN), regionale Stadtnetze (MAN) und Weit-verkehrsnetze (WAN), Festnetze und Mobilfunknetze. Hinzu kommen drahtlose lokale Netze (WLAN) und sich spontan bildende und wieder auflösende Kleinzellenfunknetze (Personal Area Network, PAN). In den letzten Jahren werden besonders neue Systeme für die drahtlose Kommunikation entwickelt: Funknetze für den Internetzugang in heute noch unterversorgten Gebieten, wie z. B. die WiMAX-Netze (Worldwide Interoperability for Microwave Access, IEEE 802.16), Funksensornetzwerke für die drahtlose Erfassung von Daten aller Arten sowie Funknetze auf der Grundlage von Fahrzeug-zu-Fahrzeug-Kommunikationssystemen.

Eine scharfe Trennung von TK-Netzen nach diesen Kategorien wird zukünftig schwie-riger, da die Netze immer mehr zusammenwachsen und Dienste unter Beteiligung ver-schiedener Netze und Zugriffstechnologien angeboten werden. Ein Beispiel könnte das Abrufen des persönlichen Adressenverzeichnisses auf dem LAN-Server einer Firma in Fulda durch einen Außendienstmitarbeiter in Barcelona sein. Dazu benutzt der Außen-dienstmitarbeiter möglicherweise sein Smartphone, um über den Umweg eines WLAN des gerade besuchten Kaufhauses schließlich in ein öffentliches TK-Netz zu gelangen.

Auch wenn die moderne Nachrichtenübertragungstechnik die einzelnen Verbindungen prinzipiell zur Verfügung stellen kann, so sind derartige Dienste – sollen sie für die Teil-nehmer attraktiv sein – eine technische und wirtschaftliche Herausforderung.

Ebenso wichtig sind die technisch-organisatorischen Voraussetzungen in Form von ef-fizienten Protokollen. Wertvolle Hilfe bei der Suche nach effizienten Protokollen leisten die vorgestellten Prinzipien und Beispiele.

Das OSI-Referenzmodell zeigt mit der klaren Trennung von Funktionalitäten und dem hierarchischen Aufbau, wie ein brauchbares Protokoll grundsätzlich auszusehen hat.

Beim IEEE-802-Referenzmodell ist die MAC-Schicht besonders erwähnenswert. Sie vermittelt zwischen der LLC-Schicht, die eine einheitliche Verbindung zu den höheren Schichten herstellt und den speziellen Anforderungen der physikalischen Übertragungstechnik. Durch neue MAC-Varianten wird es möglich, neue Netzzugangstechnologien wie z. B. die Funktechnik, in bestehende TK-Strukturen einzubinden.

Das IPv6-Paket des TCP/IP trägt der Forderung nach möglicher Erweiterbarkeit durch die optionalen Erweiterungsheader Rechnung. Zukünftige Dienste mit noch nicht absehbaren Parametern und Anforderungen lassen sich damit in bestehende Netze einführen. Besonders beachtenswert ist der geplante Paradigmenwechsel im Internet, den die Multicast-Dienste der Version 6 erfordern.

Die neuen Möglichkeiten haben auch ihren Preis. Mit Zunahme der Steuerungsinformation werden nicht nur die zu übertragenden Daten mehr, sondern diese Informationen müssen in den Netzknoten gelesen, auf Fehler geprüft und schließlich in Aktionen umgesetzt werden. Trotz der Fortschritte in der Digitaltechnik bleibt es auch zukünftig wichtig, die Netzbelastung durch die Protokolle in vernünftigen Grenzen zu halten, da mit einem weiter anwachsenden Datenverkehrsvolumen zu rechnen ist.

Vor diesem Hintergrund ist auch das ATM-Konzept mit der kurzen Paketlänge und der Unterstützung von virtuellen Kanälen mit einfacherer Vermittlung interessant. Damit eignet sich ATM insbesondere für zeitkritische Anwendungen wie die Sprachübertragung. Um eine ATM-Zelle vor dem Versenden zu füllen, werden 48 Oktette benötigt. Das entspricht bei PCM-Codierung einem Sprachsignalausschnitt der Dauer von 6 ms. Um ein IP-Datagramm mit der Länge von etwa 1200 Oktetten zu füllen, wird schon eine Wartezeit von 150 ms benötigt. Dieses Beispiel deutet an, welch großen Einfluss das Protokoll auf die Leistungsfähigkeit des TK-Netzes bzw. des unterstützten Dienstes haben kann.

Heute sind die grundsätzlichen Fragen der Nachrichtenübermittlung beantwortet und technische Lösungen verfügbar. An weiteren Innovationen wird gearbeitet. Aus Anwendersicht zeichnet sich für die Zukunft ein Zusammenwachsen unterschiedlicher TK-Netze – Technologien, regionale Verbreitung, Betreiber, Endgeräte und Dienste – zu einer einheitlichen globalen TK-Infrastruktur ab. Damit wendet sich der Blick verstärkt den organisatorischen Fragen zu, die durch technische Einrichtungen im TK-Netz gewährleistet werden müssen, der Frage nach Sicherheit (Datenschutz und Datenintegrität) und korrekter Leistungsabrechnung. Man spricht in diesem Zusammenhang von der *AAA-Architektur* für Authentication, Autorization und Accounting; also der Authentifizierung der Benutzer, der Prüfung der Rechte der Benutzer und der Aufzeichnung der Aktivitäten der Benutzer zur Abrechnung und Kontrolle entsprechend gesetzlicher Vorgaben.

Die umfangreiche Sammlung von persönlichen Daten durch private und staatliche Organisationen ist hinlänglich bekannt. Kommt mit den neuen TK-Netzen und TK-Diensten der gläserne Bürger und schließlich der gelenkte Bürger?

6.8   Lösungen zu den Aufgaben

Lösung 6.1

a) Im PCM-30-System werden zu den 30 Teilnehmerkanälen noch zwei (Organisations-) Kanäle für Steuerungsaufgaben hinzugefügt. Für das Multiplexsystem ergibt sich somit die Bitrate von $32 \cdot 64\,\text{kbit/s} = 2{,}048\,\text{Mbit/s}$.

b) Das Primärmultiplexsignal enthält pro Zeitrahmen zu den 30 Oktetten für die Teilnehmerkanäle zwei zusätzliche Oktette. Davon dient ein Oktett zur Rahmenerkennung bzw. für Meldungen und das zweite zur Zeichengabe. Das Meldewort wird in jedem zweiten Zeitrahmen gesendet, also alle $250\,\mu\text{s}$. Pro Sekunde sind das 4000 Meldewörter à 4 Bits. Somit ist die Bitrate des Meldekanals $4\,\text{kbit/s}$.

c) SDH mit ADM bietet den Vorteil, dass ein selektiver Zugriff auf Datenströme innerhalb der Transportmodule, also über Hierarchiestufen hinweg, möglich ist; anders bei PDH, bei dem das Multiplexen und das Demultiplexen an die Hierarchiestufen gebunden ist. SDH unterstützt den flexiblen Aufbau und folglich die dynamische Entwicklung der Netze.

d) STM-1 unterstützt mit der Bitrate $155{,}52\,\text{Mbit/s}$ direkt das PCM-1920-System mit der Bruttobitrate von $139{,}264\,\text{Mbit/s}$.

Lösung 6.2

a) Die Aufgabe eines TK-Netzes ist es, den Nachrichtenaustausch zwischen den Netzzugangspunkten zu ermöglichen, also Nachrichten zu übermitteln.

b) Der Begriff Nachrichtenübermittlung fasst die Aufgaben der TK-Netze, das Übertragen und Vermitteln von Nachrichten, in einem Wort zusammen.

c) Unter einem Dienst eines TK-Netzes versteht man die Fähigkeit, Nachrichten unter Beachtung bestimmter Merkmale, wie z. B. Datenrate, Zeitvorgaben usw., zwischen zwei (oder mehreren) Netzzugangspunkten zu übertragen.

Lösung 6.3

a) Leitungsvermittlung und Paketvermittlung

b) Verbindungsaufbau, Nachrichtenaustausch und Verbindungsabbau

c) Bei der verbindungslosen Nachrichtenübermittlung werden die Nachrichten in Form von Datenpaketen übertragen. Die Datenpakete enthalten Ursprungs- und Zieladresse.

Lösung 6.4

a) Die netzorientierten Schichten des OSI-Modells sind: (1) Bitübertragung, (2) Sicherung, (3) Vermittlung. Die anwendungsorientierten Schichten des OSI-Modells sind: (5) Kommunikationssteuerung, (6) Darstellung und (7) Anwendung.

b) Die Schicht (4) Transport verbindet die Endsysteme miteinander.

c) Die Kommunikation zwischen den Partnerinstanzen einer Protokollschicht erfolgt nach dem Modell der Dienstanforderung und Diensterbringung. Dabei fordert die Instanz der Schicht N mit einem vordefinierten Dienstelement einen Dienst von einer Instanz der Schicht $N-1$ an. Für die Partnerinstanzen scheint es so, als ob zwischen ihnen ein (virtueller) Kanal bestünde.

Lösung 6.5

a) Siehe Abb. 6.12 und zugehörige Erklärung
b) „Information frames" (I-Format), „supervisory frames" (S-Format) und „unnumbered frames" (U-Format), s. Abb. 6.13
c) Das U-Format kann keine Empfangsnummer N(R) übertragen und somit den Empfang von Rahmen nicht quittieren. Das U-Format ist für den Auf- und Abbau der Verbindungen und zur Übertragung von reinen Steuerungsnachrichten vorgesehen.
d) Mit dem Poll-Bit ($= 1$) wird die Gegenstation zum sofortigen Senden einer Meldung aufgefordert. Letzterer ist am Final-Bit ($= 1$) erkenntlich, aufgefordert.
e) Sende- und Empfangsnummern dienen zur gesicherten Übertragung mithilfe der Flusskontrolle. Durch Sende- und Empfangsnummern werden empfangene Rahmen quittiert bzw. die Gegenstation zum Senden des nächsten Rahmens aufgefordert.
f) Bittransparenz bedeutet, dass das Bitmuster der zu sendenden Nachricht (Bitfolge) beliebig sein darf. Im HDLC-Protokoll wird nach fünf Einsen eine Null eingefügt („zero insertion"), die im Empfänger wieder entfernt wird („zero deletion").

Lösung 6.6

a) Bei einer gesicherten Übertragung wird der korrekte Empfang eines Rahmens durch die Gegenstation quittiert.
b) Der Durchsatz gibt die Menge an Daten an, die pro Zeit über ein Medium übertragen wird bzw. übertragen werden kann. Als relativer Durchsatz wird der tatsächliche Durchsatz auf den maximal erzielbaren Durchsatz bezogen. Dies kann beispielsweise dadurch geschehen, dass die Dauer eines (Daten-)Rahmens t_F durch die für die Übertragung benötigte Zykluszeit t_C dividiert wird.
c) Werden Rahmen durch Bitfehler gestört und wird die Störung im Empfänger erkannt, z. B. anhand der Prüfsumme, wird vom Empfänger die erneute Übertragung des Rahmens angefordert. Mit der Bitfehlerwahrscheinlichkeit steigt die Zahl der Übertragungswiederholungen an und entsprechend sinkt der relative Durchsatz, da in dieser Zeit keine neuen Rahmen übertragen werden können.
d) Das Selective-Repeat-ARQ unterstützt die selektive Wiederholung einzelner gestörter Rahmen, wobei die Übertragung neuer Rahmen weiterlaufen kann. Beim Stop-and-Wait-ARQ wird die Übertragung neuer Rahmen gestoppt, bis der gestörte Rahmen quittiert wurde. Das Selective-Repeat-ARQ führt zu kürzeren effektiven Zykluszeiten. Es benötigt jedoch ausreichend Speicher für die Rahmen, die zwischengespeichert werden müssen.

Lösung 6.7

a) Point-to-Point Protokoll (PPP)

b) Als Tunnel bezeichnet man in einem TK-Netz die Einrichtung zum Transport von Daten, die in einem netzfremden Kommunikationsprotokoll angeliefert und prinzipiell in diesem wieder abgegeben werden, beispielsweise die Übertragung von IPv4-Datagrammen in einem auf IPv6 ausgelegten Netz. Das Tunnel-Protokoll („tunneling protocol") ist gewöhnlich auf einer höheren Protokollschicht angesiedelt und beschreibt die notwendigen Prozeduren im Transportnetz.

Lösung 6.8

a) Asynchronous Transfer Mode (ATM); Übertragung von Datagrammen (ATM-Zellen) mit Paketvermittlung

b) Der besondere Vorteil der ATM-Übertragung besteht in den relativ kleinen ATM-Zellen mit nur 53 Oktetten, sodass lange Wartezeiten zum Füllen der Zellen vermieden werden. Der Header unterstützt die Bündelung von logischen Kanälen und die verbindungsorientierte Paketvermittlung.

c) In Dienstklassen werden Dienste mit gleichen oder ähnlichen Merkmalen zusammengefasst, wie z. B. Dienste mit konstanten Bitraten (CBR) oder variablen Bitraten (VBR). Ein Beispiel für einen CBR-Dienst ist die Sprachtelefonie mit einem PCM-Kanal mit 64 kbit/s; für den VBR-Dienst die Sprachtelefonie mit einem Audiocodec mit variabler, d. h. kurzzeitig signalabhängiger Bitrate.

d) Die Kennzeichnung von Dienstklassen in den Datenpaketen erlaubt die Differenzierung der Datenpakete und ermöglicht so eine unterschiedliche Behandlung. Damit lassen sich unterschiedliche Dienstgüten (QoS) realisieren und die Auslastung der Netze optimieren.

Lösung 6.9

a) Nur die beiden untersten Schichten, die Bitübertragungsschicht und die Sicherungsschicht

b) Medium Access Control (MAC); die MAC-Schicht regelt den Zugriff der Stationen auf das gemeinsame Übertragungsmedium (Leitung, Glasfaser, Funkkanal usw.). Sie ist der Sicherungsschicht zugeordnet und verbindet die Bitübertragungsschicht mit der ebenfalls der Sicherungsschicht zugeordneten Schicht Logical Link Control (s. Abb. 6.32).

Lösung 6.10

a) Als instabil bezeichnet man ein Vielfachzugriffsverfahren, wenn eine einmalige Überlast nicht geregelt abgebaut werden kann, sondern in einem sich selbst verstärkenden Prozess zur Blockade führt.

b) Beim Slotted-Aloha-Verfahren wird eine Zeitschlitzstruktur für den Zugriff eingeführt. Dadurch reduziert sich die Wahrscheinlichkeit für eine Kollision. Der maximale relative Durchsatz verdoppelt sich im Vergleich zum Pure-Aloha-Verfahren auf etwa 37 %. Jedoch ist nun die Synchronisation der Stationen im Netz notwendig.

Lösung 6.11

a) Beim CSMA/CD-Verfahren handelt es sich um ein Vielfachzugriffsverfahren bei dem die Stationen das Übertragungsmedium beobachten und nur zugreifen, wenn das Übertragungsmedium als frei erkannt wurde („carrier sense multiple access"). Da prinzipiell mehrere Stationen auf das freie Medium gleichzeitig zugreifen können, werden Kollisionen erkannt („collision detection") und gezielt abgebaut.

b) Rahmendauer, Leitungslänge/maximale Laufzeit, mittlere Anzahl von Übertragungsversuchen bis zur erfolgreichen Auflösung

c) Mit dem Exponential-Backoff-Verfahren sollen Kollisionen bei der Übertragung und insbesondere Kollisionen der wiederholten Übertragung nach Kollisionen vermieden werden. Es werden die Wartezeiten bis zum Zugriff in jeder Station quasi zufällig und unabhängig bestimmt. Treten Kollisionen hintereinander auf, vergrößern sich die möglichen Wartezeiten in den Stationen exponentiell, sodass die Wahrscheinlichkeit für eine erneute Kollision entsprechend abnimmt.

Lösung 6.12
Beim Switched Ethernet werden die Adressen ausgewertet und gezielt Verbindungen geschaltet. Es liegt, anders wie bei Ethernet, kein (durch die Stationen) geteiltes Medium vor, sodass prinzipiell der maximale Durchsatz realisiert werden kann.

Lösung 6.13

a) Application, Transport, Internet, Network Interface
b) Transport Control Protocol (TCP), Internet Protocol (IP)
c) Die Bezeichnung TCP/IP-Familie soll ausdrücken, dass es sich um eine Gruppe von Protokollen handelt, die verschiedene Kommunikationsdienste auf der Basis des TCP und IP (oder verwandter Protokolle) realisieren (Abb. 6.41). Gemeinsam sind die Verwendung von TCP (verbindungsorientiert, gesichert) und IP (verbindungslos, ungesichert) als Transportschicht- bzw. Vermittlungsschichtprotokolle.
d) Die Protokollschicht TCP entspricht der Transportschicht im OSI-Referenzmodell. Sie stellt eine verbindungsorientierte und gesicherte Übertragung bereit. Es werden die drei Phasen Verbindungsaufbau, Nachrichtenaustausch und Verbindungsabbau umgesetzt. Die Übertragung wird durch eine Ende-zu-Ende-Flusskontrolle mit Quittierung und gegebenenfalls Übertragungswiederholung gesichert.
e) Die Protokollschicht IP entspricht der Vermittlungsschicht im OSI-Referenzmodell. Die Internetschicht unterstützt die verbindungslose und ungesicherte Übertragung von IP-Datagrammen.

Lösung 6.14

a) Mit dem Feld „type of service" ist eine Differenzierung der Datagramme nach Diensten möglich, sodass eine differenzierte Verarbeitung im Sinn von QoS-Merkmalen möglich wird.

b) Das Feld „time to live" zeigt die erlaubte Verweilzeit im Netz an. Trägt das Feld den Wert null, wird das Datagramm verworfen.

c) Unter einem Extension Header versteht man die Möglichkeit, im IPv6-Protokoll optional zusätzliche Headerabschnitte zu verwenden. Durch das Konzept der Extension Header wird der obligatorische IPv6-Header vereinfacht und die Flexibilität des Protokolls verbessert.

d) IPv6 kennt drei Arten von Adressen: Unicast-, Anycast- und Multicast-Adressen, s. Abschn. 6.6.3.3. Anycast-Datagramme richten sich an alle Zugangspunkte aus einer Gruppe. Multicast-Datagramme richten sich an einen Zugangspunkt aus einer Gruppe von Zugangspunkten und Unicast-Datagramme werden an jeweils nur einen speziellen Zugangspunkt gesendet. (Broadcast ist in IPv6 nicht implementiert.)

e) Rundfunkdienste erfordern wegen der Vielzahl von Teilnehmern eine Verkehrslenkung, die unnötiges Duplizieren und Senden von Paketen vermeidet. Dazu ist eine Planung auf Kenntnis der aktuellen Netzstruktur vom zentralen Server (Rundfunkstation) zu den Clients (Hörer) erforderlich. Dies steht im Widerspruch zum ursprünglichen Konzept des dezentralen, nicht organisierten Netzes. Für Rundsendedienste sind die Multicast-Adressen in IPv6 vorgesehen.

Lösung 6.15

a) Paketvermittlung (Speichervermittlung)

b) Netid (Netzwerk) und Hostid (Station) stehen für einen zweistufigen hierarchischen Ansatz. Durch das Auswerten der Netid im Router wird zuerst festgestellt, ob das jeweilige Datagramm nur netzwerkintern anhand der Hostid zugestellt werden kann oder über einen Gateway nach außen weitergeleitet werden muss.

c) QoS in einem Best-Effort-Netz bedeutet, dass keine Dienstgütemerkmale garantiert werden.

d) Ein Port ist ein durch eine IP-Adresse identifizierbarer Zugangspunkt auf der Transportschicht für einen Kommunikationsdienst. Ein Well-known-Port spezifiziert über seine Portnummer einen speziellen Dienst, wie den Postdienst Post Office Protocol (POP).
(„Socket" bezeichnet Programmschnittstellen zum Aufruf von Dienstelementen, die einen neuen Kommunikationsendpunkt erzeugen.)

Lösung 6.16

a) Die dynamische Fenstersteuerung ist Teil des TCP und unterstützt das wechselseitige Aushandeln der Größe des Sendefensters zur Optimierung des Durchsatzes. Dadurch können sowohl kleine Sendefenster mit relativ großem Anteil an „overhead", als auch große Sendefenster mit Speicherüberlastung vermieden werden.

b) Die dynamische Überlastregelung ist Teil des TCP. Sie stellt zum Sendefenster das Congestion Window in Abhängigkeit des Übertragungserfolgs ein. Das heißt vereinfachend gesprochen, wird ein Segment rechtzeitig durch die Empfangsstation quittiert, wird das Congestion Window vergrößert, ansonsten verkleinert. Speziell im letzteren Fall leistet die dynamische Überlastregelung einen Beitrag zur Auflösung einer Überlastsituation im Netzwerk (s. Abschn. 6.6.4 mit Abb. 6.52).

c) Der Retransmission Timer RTO (Retransmission Timeout) dient zur zeitlichen Überwachung der Übertragung. Er ist ein Zeitgeber, der mit der Aussendung eines Segments gestartet wird. Läuft der RTO ab, ohne das eine Quittierung des Segments durch den Empfänger eintrifft, wird das Segment als verloren gewertet und muss nochmals gesendet werden. Die Einstellung des RTO geschieht dynamisch anhand des beobachteten „round trip delays" früherer Übertragungen (Abschn. 6.6.4 nach der Regel des exponentiellen Vergessens).

Abkürzungen und Formelzeichen

Abkürzungen

AAA	Authentification, Authorization and Accounting
AAL ATM	Adaptation Layer
ACK	Acknowledgement
ARQ	Automatic Repeat Request
ADM	Add-Drop-Multiplexer
ARP	Address Resolution Protocol
ATM	Asynchronous Transport Mode
AUU ATM	User-to-User Indication Bit
B-ISDN	Broadband Integrated Services Digital Network
CBR	Constant Bit Rate
CC	Cross Connect
CRC	Cyclic Redundancy Check
CSMA/CD	Carrier Sense Multiple Access/Collision Detection
DCX	Digital Cross Connect
FCS	Frame Check Sequence
FTP	File Transfer Protocol
GbE	Gigabit-Ethernet
HDLC	High-Level Data Link Control
HEC	Header Error Check
HTTP	Hypertext Transfer Protocol
IEEE	Institute of Electrical and Electronics Engineers

IETF	Internet Engineering Task Force
IP	Internet Protocol
ISDN	Integrated Services Digital Network (diensteintegriertes digitales Netzwerk)
ISO	International Standards Institute
ISP	Internet Service Provider
ITU	International Telecommunication Union
IXP	Internet Exchange Point
LAN	Local Area Network
LAPB	Link Access Protocol in Balanced Mode
LCP	Link Control Protocol
LWL	Lichtwellenleiter
LAP	Link Access Protocol
LTB	Listening Before Talking
LWT	Listening While Talking
MAC	Medium Access Control
MPLS	Multiprotocol Label Switching
NAP	Network Access Point
NCP	Network Control Protocol
OAM	Operation Administration and Maintenance
OSI	Open System Interconnection
OTH	Optical Transport Hierarchy
PCM	Pulse Code Modulation
PDH	Plesiochronous Digital Hierarchy
PDU	Protocol Data Unit (Protokolldatenelement)
POP	Point of Presence
POT	Plain Old Telephony
PPP	Point-to-Point Protocol
QoS	Quality of Servic (Dienstgüte)
RFC	Request for Comments
RTT	Round Trip Time
SAP	Service Access Point
SDH	Synchronous Digital Hierarchy
SMTP	Simple Mail Transfer Protocol
SONET	Synchronous Optical Network
STM	Synchrone Digital Hierarchy Transport Module
TAT	Transatlantic Trunk
TCP	Transport Control Protocol
TK	Telekommunikation
TMN	Telecommunication Management Network
UDP	User Datagram Protocol

Formelzeichen – Parameter, Konstanten und Variablen

c_0 Lichtgeschwindigkeit (im Vakuum)

D Deviation

D, D_r Durchsatz, relativer Durchsatz

e   Eulersche Zahl

G Mittlere Zugriffsrate

p Wahrscheinlichkeit

P_b Bitfehlerwahrscheinlichkeit

t Zeitvariable

t_A Dauer des Quittungsrahmens („acknowledgement")

t_C Zykluszeit („cycle time")

t_D Signallaufzeit(-verzögerung) („propagation delay")

t_F Rahmendauer („frame")

t_O Auszeit („timeout")

t_P Verarbeitungszeit („processing time")

T_R Rahmendauer

τ_{max} Maximale (Signal-)Laufzeit

Formelzeichen – Funktionen, Signale und Operatoren

$E(.)$ Erwartungswert

$P(.)$ Wahrscheinlichkeit

Literatur

Bertsekas D., Gallager R. (1992) Data Networks. 2nd ed., London, Prentic-Hall

Bundesnetzagentur (2012) Tätigkeitsbericht 2010/2011 Telekommunikation. http://www.bundesnetzagentur.de/DE/Presse/Berichte/berichte_node.html. Zugegriffen: 20.01.2013

Huurdeman A.A. (2003) The Worldwide History of Telecommunications. Hoboken, NJ, John Wiley & Sons

Jacobson V. (1988) Congestion Avoidance and Control. Proc. SIGCOMM'88 Conf., ACM, S. 314–329

Obermann K., Horneffer M. (2013) Datennetztechnologien für Next Generation Networks. Ethernet, IP, MPLS und andere. 2. Aufl., Wiesbaden, Vieweg+Teubner

Siegmund G. (2010) Technik der Netze 1. Klassische Kommunikationstechnik: Grundlagen, Verkehrstheorie, ISDN/GSM/IN. 6. Aufl., Berlin, VDE

Stallings W. (2000) Data & Computer Communications. 6th ed., Upper Saddle River, NJ, Prentice Hall

Tanenbaum A.S. (2003) Computer Netzworks. 4th ed., Upper Saddle River, NJ, Pearson

Tanenbaum A.S., Wetherall D.J. (2011) Computer Netzworks. 5th ed., Amsterdam, Pearson

Vick K., Barone E. (2016) The digital cloud is underwater – and vulnerable. Time Magazine, 188(15):18–19

Werner M. (2005) Netze, Protokolle, Schnittstellen und Nachrichtenverkehr. Grundlagen und Anwendungen. Wiesbaden, Vieweg

Weiterführende Literatur

Connrads D. (2004) Telekommunikationsnetze. Grundlagen, Verfahren, Netze. 5. Aufl., Wiesbaden, Vieweg

Jung V., Warnecke H.-J. (Hrsg.) (1998) Handbuch für die Telekommunikation. Berlin, Springer

Killat U. (2011) Entwurf und Analyse von Kommunikationsnetzen. Eine Einführung. Wiesbaden, Vieweg

Mandl P., Bakomenko A., Weiß J. (2008) Grundkurs Datenkommunikation. TCP/IP-basierte Kommunikation: Grundlagen, Konzepte und Standards. Wiesbaden, Vieweg+Teubner

Meinel C., Sack H. (2009) Digitale Kommunikation. Vernetzen, Multimedia, Sicherheit. Berlin, Springer

Scherff J. (2010) Grundkurs Computernetzwerke. Eine kompakte Einführung in Netzwerk- und Internet-Technologien. 2. Aufl., Wiesbaden, Vieweg+Teubner

Seitz J., Debes M., Heubach M., Tosse R. (2007) Digitale Sprach- und Datenkommunikation. Netze – Protokolle – Vermittlung. München, fv Hanser

Siegmund G. (2009) Technik der Netze 2. Neue Ansätze SIP in IMS und NGN. 6. Aufl., Heidelberg, Hüthig

Zusammenfassung

Die optische Nachrichtentechnik ist das Rückgrat der globalen TK-Infrastruktur. In Lichtwellenleitern werden Nachrichten in Sekunden um den Globus geschickt. Seit 2001 verbindet das glasfaserbasierte Transatlantikkabel TAT-14 mit der Kapazität von 3200 Gbit/s Europa (DK, D, NL, F, UK) mit den USA. Auch auf der Kurzstrecke zeigt die optische Nachrichtentechnik ihre Stärken. Mit Fiber to the Home" (FTTH) ist sie bei vielen Teilnehmern angekommen.

Die Nachrichtenübertragung bedient sich für die optische Strahlung spezieller Sender (Laserdiode), Kanäle (Lichtwellenleiter), Verstärker (Erbium-dotierter Faserverstärker) und Empfänger (Fotodiode). Darüber hinaus sind für den effizienten Betrieb optischer Netze weitere Komponenten notwendig. Dazu gehört die effiziente Einbindung in die bestehende bzw. zukünftige TK-Infrastruktur, z. B. mithilfe elektrooptischer bzw. optoelektrischer Wandler, optischer Multiplexsysteme etc. Schließlich sind kommerzielle optische Netze konform zu internationalen Standards auszulegen, wie das optische Transportnetz (OTN), das optische Ethernet (XGbE) und das passive optische Netz (PON).

Schlüsselwörter

Bandbreite-Länge-Produkt • Dispersion • Erbium-dotierter Faserverstärker (EDFA) • Faserdämpfung • Fotodiode • Halbleiterlaserdiode • Lichtwellenleiter (LWL) • optisches Ethernet (XGbE) • optische Sender • optische Transportnetze • OTDR-Messung • passive optische Netze (PON) • Wellenlängenmultiplex (WDM)

Die Kommunikation mit einfachen Gesten und Zeichen ging der Entwicklung der Sprache voraus. Auch lange Zeit nachdem die Menschen sprechen konnten, boten nur optische Signale, wie Signalfeuer und Rauchzeichen, die einzige Möglichkeit, schnell Nachrichten über größere Entfernungen auszutauschen. So wurden in Europa noch Anfang des

19. Jahrhunderts optische Telegrafennetze mit Sichtverbindung zwischen den Stationen, also optischer Freiraumübertragung, aufgebaut. Aber bereits 50 Jahre später wurden sie von der elektrischen Telegrafie und danach von der Telefonie verdrängt. Telegrafie und Telefonie funktionieren auch bei Nacht und Nebel.

Die völlig neuen Möglichkeiten der optischen Nachrichtenübertragung ergaben sich erst ab Mitte des 20. Jahrhunderts durch die Erkenntnisse der modernen Quantenphysik und die Fortschritte der Mikroelektronik. Sie werden heute unter dem Begriff *Photonik* zusammengefasst:

> Photonik [zu Photon und Elektronik]: *die*, moderne Grundlagentechnologie, die sich mit der Übertragung, Speicherung und Verarbeitung von Informationen mit Licht befasst und dabei die besonderen Eigenschaften von Lichtquanten (Photonen) anstelle von Elektronen nutzt. (Brockhaus 2009).

Die Definition bezieht sich nicht nur auf die optische Nachrichtentechnik im engeren Sinn, sondern schließt Anwendungen in der Sensorik, der optischen Messtechnik, der Medizin, der Foto-, Film- und Bildtechnik ein. Sie grenzt die Photonik jedoch deutlich ab von Anwendungen in der Fotovoltaik (Solarzellen), der Produktionstechnik (Industrielaser) und der Beleuchtungstechnik (LED).

Im Rückblick gesehen waren viele Schritte notwendig, bis sich die moderne optische Nachrichtentechnik durchsetzen konnte: Theoretische Zusammenhänge der Quantenphysik mussten formuliert und technologische Grundlagen zur Gewinnung der Materialen und zur Herstellung der Komponenten geschaffen werden. Schließlich musste auch die industrielle Produktion sowie der Aufbau und der Betrieb der Nachrichtenübertragungseinrichtungen mit Lichtwellenleitern (LWL) beherrscht werden (Optical fiber 2014).

Etwa um 1850 zeigten D. Colladon und J. Babinet in Paris und J. Tyndall in London wie Licht in Wasser auf einer gekrümmten Bahn geführt werden kann. Im Jahr 1880 erhielt A. G. Bell ein Patent auf das Photophone, das mithilfe von Sonnenlicht und Spiegeln Sprache übertrug. Für den Empfang wurde eine Fotozelle aus Selen benutzt.

Ende der 1950er-Jahre wurde intensiv an Apparaturen zur Lichtverstärkung durch induzierte Strahlungsemission gearbeitet. Th. H. Maiman konstruierte 1960 in Malibu den ersten funktionierenden LASER (Light Amplification by Stimulated Emission of Radiation), einen Rubinlaser. Die erste Licht aussendende Diode, die *Leuchtdiode* (LED, Light Emitting Diode), wurde von R. N. Hall 1962 vorgestellt.

Ch. K. Kao und G. A. Hockham schlugen 1966 die Verwendung von *Lichtwellenleitern* (LWL) zur Nachrichtenübertragung vor. Sie glaubten, dass die Dämpfungen in Glas durch verbesserte Herstellungsverfahren für hochreines Quarzglas (SiO_2) auf unter 20 dB pro Kilometer gesenkt werden könnte, sodass LWL zu Kupferkabel konkurrenzfähig würden. M. Börner erhielt 1966 ein Patent auf die optische Übertragung von Information. Bereits 13 Jahre später, 1979, wurde ein Faserdämpfungsbelag von nur 0,2 dB/km erreicht. Ab 1980 begann weltweit der Aufbau von LWL-basierten TK-Netzen. Im Jahr 1988 wurde das erste transatlantische LWL-Kabel TAT-8 (Transatlantic Telephone Cable) in Betrieb genommen (Huurdeman 2003). Es verband auf einer Länge von über 6700 km Tuckerton in New Jersey (USA) mit Widemouth Bay in Cornwall (GB) und Penmarch in der Bretagne (F). Auf einer Einmodenfaser wurde bei der Betriebswellenlänge 1300 nm die Bitrate 2280 Mbit/s, entsprechend 7680 Telefonkanälen übertragen. Dabei war der Außendurchmesser des LWL-Kabels nur 25 mm. Im Jahr 2000 erreichte die Glasfaserproduktion mehr als 40 Mio. km pro Jahr; eine maximale Bitrate pro Glasfaser von 1 Tbit/s (1000 Gbit/s) wurde experimentell vorgeführt. Heute sind optische Verbindungen mit 40 Gbit/s pro Faser Stand der Technik.

Die optische Nachrichtentechnik wäre ohne die Quantenphysik nicht möglich. Stellvertretend seien hier nur zwei Beispiele aus über einem Jahrhundert Forschung genannt: 1921 erhält A. Einstein (1879–1955) den Nobelpreis für Physik für die Entdeckung des fotoelektrischen Effekts (äußerer fotoelektrischer Effekt, 1905); 2009 geht der Nobelpreis für Physik an C. K. Kao (*1933) für seine bahnbrechenden Beiträge zur Glasfaseroptik.

Wichtig für den nachhaltigen Erfolg der optischen Nachrichtenübertragung sind zwei Entwicklungen in den 1990er-Jahren: Zum ersten die optische Verstärkung in den LWL selbst, sodass die aufwendigen elektronischen Verstärker entfallen können und zum zweiten der Wellenlängenmultiplex (WDM, Wave Division Multiplex). Damit werden weltweite Verbindungen kosteneffizient und LWL lassen sich mehrfach nutzen – auch bereits verlegte Fasern, sog. „dark fibers", können aufgerüstet werden. Heute werden weltweit optische Teilnehmerzugangsnetze vorangetrieben. Unter dem Schlagwort Fiber To The Home (FTTH) bzw. Fiber To The Building (FTTB) werden seit einigen Jahren Teilnehmern mithilfe von LWL Internetzugänge mit 100 Mbit/s und mehr zur Verfügung gestellt.

Anmerkung

- In einer bundesweiten Umfrage der Zeitschrift *bild der wissenschaft* bei 170 Experten aus Forschung und Technik zu den wichtigsten technologischen Durchbrüchen der letzten 50 Jahre wurden die Glasfaserleiter (1966) und der Halbleiterlaser (Mitte der 1960er-Jahre) auf die Plätze 13 bzw. 15 gewählt. Die Plätze 1, 2 und 3 besetzen das World Wide Web (1989), die Erbsubstanz DNA (1967) und die Mondlandung (1969). (1.3.2014, Verfügbar unter http://www.wissenschaft.de/web/wissenschaft. de/highlights/-/journal_content/56/12054/2776162/)

Den Aufbau einer typischen Strecke für die *optische Nachrichtenübertragung* zeigt Abb. 7.1. Die i. d. R. binäre Nachricht der Quelle wird über eine elektrische Verbindung an den optischen Sender herangeführt. Ein elektrooptischer Wandler sorgt für die Umset-

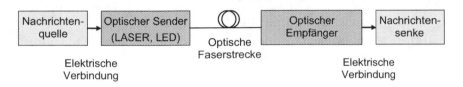

Abb. 7.1 Optische Nachrichtenübertragung

zung des elektrischen Signals in ein optisches. Oft kommt eine Amplitudentastung zur Anwendung, bei der die Binärzeichen 0 und 1 mithilfe von Lichtimpulsen als dunkel oder hell codiert werden. Die Lichtimpulse werden in die optische Faserstrecke, den LWL, eingekoppelt. Für die optische Strahlung charakteristische physikalische Größen sind ihre Wellenlänge, Leistung und Energie.

Bei der Übertragung im LWL wird das optische Signal gedämpft und durch Dispersion verzerrt. Der optische Empfänger hat die Aufgabe, die Lichtimpulse wiederzuerkennen, sodass daraus die gesendete binäre Nachricht geschätzt werden kann. Dafür ist eine ausreichende Empfangsleistung wichtig. Wesentliche Einflussfaktoren auf die Reichweite sind die verfügbare Sendeleistung und die Leitungsdämpfung. Jedoch kommt es nicht nur auf die absolute Größe der Empfangsleistung an, sondern ebenso auf die Empfindlichkeit des Empfängers sowie das Ausmaß an Signalverzerrung durch Dispersion im LWL. Man spricht bei LWL allgemein von der Dämpfungsbeschränkung und der Dispersionsbeschränkung bezüglich der realisierbaren Bitraten und Längen.

Die folgenden drei Abschnitte geben eine elementare Einführung in die optische Nachrichtentechnik. Es werden die Themenschwerpunkte Lichtwellenleiter, optische Sender und Empfänger sowie optische Übertragungssysteme vorgestellt. Eine Übersicht über diese Kapitel gibt das Mindmap in Abb. 7.2.

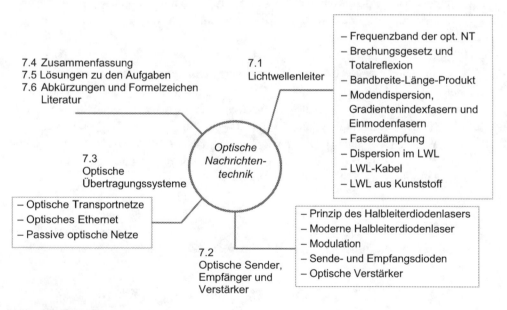

Abb. 7.2 Übersicht des Kapitels

7.1 Lichtwellenleiter

Die *Lichtwellenleiter* (LWL) der Kommunikationstechnik bestehen – vereinfachend gesprochen – aus einem zylinderförmigen Kern, einem umgebenden Mantel und schließlich einer schützenden Umhüllung. Durch geeignete Dimensionierung des LWL wird es möglich, Licht mit nur wenig Verlust von einem Ende zum anderen zu transportieren. LWL sind heute industrielle Produkte, die in zahlreichen Varianten für unterschiedliche Einsatzzwecke spezifiziert sind, z. B. ITU-T G.65X und DIN VDE 0888 (engl. „optical wave guide" und „optical fiber cable" (OFC)). Ausgehend von physikalischen Überlegungen werden im Folgenden wichtige Grundlagen und Eigenschaften von LWL vorgestellt.

7.1.1 Frequenzband der optischen Nachrichtentechnik

Im engeren Sinn wird von *Licht* gesprochen, wenn es sich um optische Strahlung mit Wellenlängen im von Menschen sichtbaren Bereich von 380 nm (violett) bis 780 nm (rot) handelt. Von optischer Strahlung spricht man allgemein bei Wellenlängen von etwa 100 nm bis 1 mm, was die Ultraviolett(UV)- und Infrarot(IR)-Strahlung einschließt. Eine grobe Einordnung des Frequenzbands des sichtbaren Lichts und der Frequenzen der unsichtbaren optischen Nachrichtentechnik gibt Abb. 7.3.

Das Frequenzband der optischen Nachrichtentechnik ist in Abb. 7.4 detaillierter dargestellt: auf der rechten Bildseite das Spektrum des sichtbaren Lichts und auf der linken die besonders interessanten fünf Frequenzbänder der LWL-Übertragung, die Dense-Wavelength-Division-Multiplexing(DWDM)-Bänder. Sie werden später noch genauer

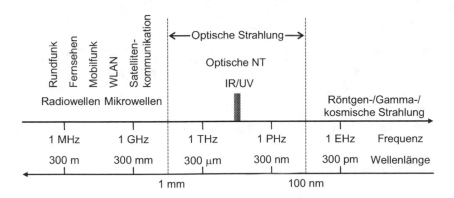

Abb. 7.3 Einteilung des Frequenzspektrums

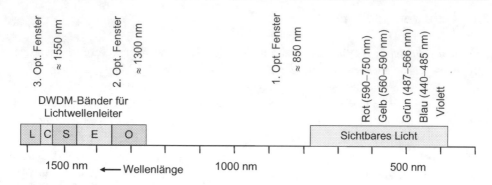

Abb. 7.4 Wellenlängen der optischen Nachrichtentechnik

vorgestellt. Zusätzlich eingetragen sind die Wellenlängen der *optischen Fenster*. Bei diesen Wellenlängen ist die Dämpfung der optischen Strahlung in den LWL relativ gering.

Bei Ausbreitung, Interferenz, Beugung und Polarisation optischer Strahlung stehen der Wellencharakter und die Wellenoptik im Vordergrund. Zu einfachen aber grundlegenden Überlegungen wird das Modell der ebenen Welle bzw. des Lichtstrahls herangezogen. Für die Wellen sind die *Frequenz f*, die *Lichtgeschwindigkeit c* und die *Wellenlänge λ* über die fundamentale Gleichung

$$f \cdot \lambda = c$$

verbunden. Darin sind die Lichtgeschwindigkeit und die Wellenlänge vom Ausbreitungsmedium abhängig. Im Vakuum ist die Lichtgeschwindigkeit mit $c_0 = 2{,}99792458 \cdot 10^8$ m/s am größten. (Bei Überschlagsrechnungen kann vereinfachend mit dem Wert $3 \cdot 10^8$ m/s gerechnet werden.)

Anmerkungen

- Die Halbleiterlaserdioden für die Compact Disc (CD, 1980), die Digital Versatile Disc (DVD, 1995) und die Blue-ray Disc (BD, 2002) arbeiten mit den Wellenlängen 780 nm (nahe infrarot), 650 nm (rot) bzw. 405 nm (blau-violett).
- Wegen der Nichtsichtbarkeit der Strahlung und der Empfindlichkeit der Netzhaut existiert eine besondere Gefährdung. Bei Betrieb und Wartung von LWL-Kommunikationssystemen sind Vorschriften und Schutzmaßnahmen einzuhalten.

7.1.2 Brechungsgesetz und Totalreflexion

Die Strahlführung im LWL beruht auf dem physikalischen Phänomen der Reflexion der Lichtstrahlen an Grenzflächen (Meschede 2015). Somit kommt es beim LWL auf die geometrische Gestaltung und die Materialauswahl an.

Abb. 7.5 Lichtbrechung mit den Brechzahlen $n_1 > n_2$ und dem Grenzwinkel der Totalreflexion α_g

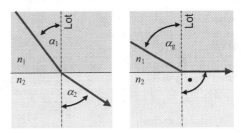

Brechzahlen

Trifft ein Lichtstrahl auf eine Grenzfläche zwischen zwei Medien, wird der Strahl gemäß dem fermatschen Prinzip gebrochen (Abb. 7.5). Der Einfallswinkel α_1 und der Brechungswinkel α_2 verhalten sich nach dem snelliusschen[1] *Brechungsgesetz* wie

$$\frac{\sin \alpha_1}{\sin \alpha_2} = \frac{c_1}{c_2} = \frac{n_2}{n_1}$$

mit den *Brechzahlen* der Stoffe n_1 und n_2. Die Brechzahlen sind Materialkonstanten, die sich rechnerisch aus den jeweiligen Lichtgeschwindigkeiten ergeben:

$$n_i = \frac{c_0}{c_i}.$$

Weil die Lichtgeschwindigkeit im Vakuum am größten ist, ist die Brechzahl stets größer gleich eins. Einige typische Brechzahlen für die Wellenlänge 589 nm (gelbes Natriumlicht) sind 1,333 für Wasser, 1,575 für leichtes Flintglas und 2,417 für Diamant. Typische Werte der Brechzahlen in LWL bewegen sich zwischen etwa 1,41 und 1,52.

Totalreflexion

Man spricht vom optisch dichteren Stoff, wenn seine Brechzahl größer ist als die des Vergleichsstoffs. Tritt der Lichtstrahl vom optisch dichteren Stoff in den optisch dünneren, so ist der Brechungswinkel größer als der Einfallswinkel; der Lichtstrahl wird vom Lot weg gebrochen. Im Extremfall erreicht der Brechungswinkel 90°, sodass der Lichtstrahl total reflektiert wird. Für die Führung von Licht im LWL ist die *Totalreflexion* besonders interessant, weil dann das Licht im optisch dichteren Medium verbleibt. Der *Grenzwinkel* für die Totalreflexion ergibt sich aus dem Brechungsgesetz:

$$\alpha_g = \arcsin\left(\frac{n_2}{n_1}\right).$$

Fertigt man einen LWL in der Form einer dünnen Faser mit einem zylindrischen Kern („core") aus einem Stoff mit der Brechzahl n_K und einem optisch dünneren Mantel

---

[1] *Willebrord van Roijen Snell* (*Snellius*; 1580–1613), niederländischer Astronom und Mathematiker.

Abb. 7.6 Innere Totalreflexion in der Stufenindexfaser (SIF) mit dem Brechzahlstufenprofil $n_K > n_M$ und dem Eintrittswinkel θ

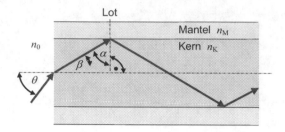

(„cladding") mit der Brechzahl $n_M < n_K$, so treten in der Faser innere Totalreflexionen am Übergang vom Kern zum Mantel auf. Wegen der gestuften radialen Verteilung der Brechzahl spricht man hier von einer *Stufenindexfaser* (Step Index Fiber, SIF).

Akzeptanzwinkel

Für die praktische Anwendung von SIF ist jedoch zu beachten, dass der Lichtstrahl zuerst eingekoppelt werden muss, z. B. aus der Luft. Es ergibt sich die Situation in Abb. 7.6: Nur wenn der links in den Kern eintretende Lichtstrahl einen Eintrittswinkel kleiner einem gewissen Wert aufweist, kann die innere Totalreflexion stattfinden. Aus Abb. 7.6 folgt zunächst für das rechtwinklige Dreieck

$$\sin(\beta) = \cos(\alpha).$$

Und weiter resultiert nach dem Brechungsgesetz für den Eintrittswinkel

$$\sin(\theta) = \frac{n_K}{n_0} \cdot \sin(\beta).$$

Speziell für den Grenzwinkel der Totalreflexion α_g folgt für den kritischen Eintrittswinkel, den *Akzeptanzwinkel* θ_A der Faser,

$$\sin(\theta_A) = \frac{n_K}{n_0} \cdot \cos(\alpha_g) = \frac{n_K}{n_0} \cdot \sqrt{1 - \sin^2(\alpha_g)}.$$

Aus obiger Gleichung wird eine charakteristische Kenngröße der Faser abgeleitet. Mit der Abhängigkeit des Grenzwinkels der Totalreflexion von den Brechzahlen n_K und n_M sowie der Brechzahl $n_0 \approx 1$, z. B. für Luft, erhält man schließlich die *numerische Apertur* (NA) der Faser

$$A_N = \sin(\theta_A) = \sqrt{n_K^2 - n_M^2}.$$

Das Phänomen des Akzeptanzwinkels hat wichtige praktische Konsequenzen. Ein kleiner Akzeptanzwinkel, oder räumlich gedacht kleiner Akzeptanzkegel, erfordert eine möglichst genaue Ausrichtung der lichtführenden Bauteile, z. B. bei der irreversiblen Verbindung zweier Fasern durch einen Spleiß. Andererseits reduziert ein geringer Unterschied in den Einfallswinkeln die Dispersion der Strahlen im LWL.

Das folgende Rechenbeispiel zur numerischen Apertur verdeutlicht die Zusammenhänge. Mit den typischen Werten der Brechzahlen für SIF, $n_M = 1,517$ und $n_K = 1,527$, ergibt sich der Grenzwinkel für die Totalreflexion zwischen Kern und Mantel von $\alpha_g \approx 83,4°$. Die numerische Apertur ist $A_N \approx 0,174$ und der Akzeptanzwinkel schließlich $\theta_A \approx 10°$.

Wegen der geringen Differenz der Brechzahlen von Kern und Mantel liegen für das Einkoppeln aus der Luft ($n_L \approx 1$) typische Werte der numerischen Apertur zwischen 0,16 und 0,25 und des Akzeptanzwinkels zwischen 9 und 14°.

7.1.3 Bandbreite-Länge-Produkt

Das Beispiel der Strahlführung in der SIF stößt eine wichtige nachrichtentechnische Überlegung an. Soll Information durch kurze Lichtimpulse übertragen werden, kann beispielsweise die simple Form der binären *Amplitudentastung* (ASK, Amplitude Shift Keying) in Abb. 7.7 eingesetzt werden. Wie in Abschn. 7.2.2 noch gezeigt wird, kann dies durch Ansteuern eines Halbleiterdiodenlasers mit einem elektrischen Signal geschehen. Für den korrekten Empfang müssen die Lichtimpulse am Faserende noch unterscheidbar sein; dürfen die Lichtimpulse durch Dispersion nicht zeitlich incinanderfließen. Hierbei spielen die Laufzeitunterschiede der Strahlen im LWL eine entscheidende Rolle.

Anmerkungen

- Dispersion, lateinisch für Zerteilen, Zerstreuen, bezeichnet im Allgemeinen die Abhängigkeit einer physikalischen Größe von der Wellenlänge; im engeren Sinn die Abhängigkeit der Brechzahl von der Wellenlänge. Letzteres führt zur bekannten Aufspaltung von weißem Licht an einem Prisma. Bei der Übertragung in LWL verursacht die Dispersion die zeitliche Verbreiterung der Lichtimpulse beim Durchgang durch die Faser.
- Um die Lichtquelle weniger zu belasten, werden die Lichtintensitäten i. d. R. nicht vollständig ausgetastet, sondern nur reduziert.

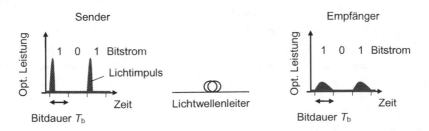

Abb. 7.7 Informationsübertragung mit Lichtimpulsen im Lichtwellenleiter

Laufzeitdifferenz der Strahlen

Der kürzeste Strahlweg ist der Weg entlang der Fasermitte. Seine Länge ist genau gleich der Faserlänge L. Den längsten Weg legt der Strahl zurück, der unter dem Akzeptanzwinkel in die Faser eintritt. Er durchläuft eine Zickzackbahn, wobei er an den Übergängen von Kern und Mantel jeweils reflektiert wird. Eine einfache geometrische Überlegung anhand Abb. 7.6 liefert den maximalen Strahlweg

$$L_{\max} = \frac{L}{\sin\left(\alpha_g\right)} = L \cdot \frac{n_K}{n_M}$$

und demzufolge den maximalen Umweg

$$\Delta L = L_{\max} - L = L \cdot \left(\frac{n_K}{n_M} - 1\right).$$

Durch den Umweg auf der Zickzackbahn verspätet sich der Strahl mit der Lichtgeschwindigkeit im Kern $c_K = c_0/n_K$ um die maximale Laufzeitdifferenz

$$\Delta t = \frac{L}{c_0/n_K} \cdot \left(\frac{n_K}{n_M} - 1\right) = \frac{L}{c_0} \cdot \frac{n_K \cdot (n_K - n_M)}{n_M}.$$

Verdoppelt man die Länge der Faser, verdoppelt sich die maximale Umweglaufzeit.

Bandbreite-Länge-Produkt und Bitrate

In Analogie zur Nyquist-Bandbreite in der Basisbandübertragung (Kap. 4) kann eine Abschätzung für die Bandbreite des Übertragungssystems LWL durchgeführt werden. Wählt man die Bitdauer T_b in Abb. 7.7 entsprechend der maximalen Laufzeitdifferenz Δt, so liefert der doppelte Kehrwert eine Kenngröße für die *Bandbreite*

$$B = \frac{1}{2 \cdot \Delta t}.$$

Statt obiger Abschätzung mit der maximalen Laufzeitdifferenz Δt, verwendet man in der Praxis oft die Impulsverbreiterung $\Delta\tau$, die man nach Messungen an Ein- und Ausgang des LWL durch Vergleich der Impulsbreiten als Halbwertsbreite bestimmt.

Da die Bandbreite von der Leitungslänge abhängt, wird, um eine einfache Kennzahl zu erhalten, oft das Produkt aus Bandbreite und Länge, das *Bandbreite-Länge-Produkt* der Impulsübertragung in der Dimension $[B \cdot L] = \mathrm{Hz} \cdot \mathrm{km}$ angegeben. Im Fall der SIF ergibt sich

$$B \cdot L = c_0 \cdot \frac{n_M}{2 \cdot n_K \cdot (n_K - n_M)}.$$

Mehrmoden-LWL mit SIF besitzen Bandbreite-Länge-Produkte von größer ungefähr $100\,\mathrm{MHz} \cdot \mathrm{km}$ und eignen sich deshalb nur für kurze Strecken, z. B. in Gebäuden in der Medizintechnik (Kliniken), zum Anschluss von Sensoren und zur Computervernetzung.

Ein typisches Zahlenwertbeispiel für das Bandbreite-Länge-Produkt einer SIF zeigt die Konsequenz für die Nachrichtenübertragung auf. Mit den Brechzahlen 1,517 und 1,527 für den Mantel bzw. den Kern, resultiert bei der Leitungslänge von 1 km die maximale Laufzeitdifferenz

$$\Delta t = \frac{10^3 \, \text{m}}{3 \cdot 10^8 \, \text{m} \cdot \text{s}^{-1}} \cdot \frac{1{,}527 \cdot (1{,}527 - 1{,}517)}{1{,}517} \approx 33 \, \text{ns}.$$

Da sich die Lichtimpulse am Ende des Lichtwellenleiters nicht überlappen dürfen, ist ein Abstand der Lichtimpulse von etwa 33 ns einzuhalten, sodass nach Abb. 7.7 pro Sekunde nicht mehr als etwa $30 \cdot 10^6$ Lichtimpulse übertragen werden können.

Im Zahlenwertbeispiel ergibt sich das Bandbreite-Länge-Produkt der Impulsübertragung

$$B \cdot L = 3 \cdot 10^8 \, \frac{\text{m}}{\text{s}} \cdot \frac{1{,}517}{2 \cdot 1{,}527 \cdot (1{,}527 - 1{,}517)} \approx 7{,}5 \cdot \text{MHz} \cdot \text{km}.$$

Analog zur Nyquist-Bandbreite in der Basisbandübertragung resultiert daraus die Abschätzung der maximalen Bitrate von 15 Mbit/s bei einer Leitungslänge von 1 km. (Die Dauer der Lichtimpulse wird dabei in etwa genau so groß wie die Austastung zwischen ihnen angenommen. Auch mit ultrakurzen Lichtimpulsen könnte man die Bitrate wegen der verbleibenden Laufzeitdifferenz nicht mehr als verdoppeln.)

7.1.4 Modendispersion, Gradientenindexfasern und Einmodenfasern

Die bisherigen Überlegungen zum Bandbreite-Länge-Produkt betrachten der Einfachheit halber nur zwei Strahlen im Kern, den mit minimalem Eintrittswinkel in der Fasermitte und den mit maximalem Eintrittswinkel auf der Zickzackbahn. Berücksichtigt man alle möglichen Strahlen des Eintrittskegels und bedenkt dabei, dass sich die Strahlen bei der Phasenverschiebung um π und 2π destruktiv bzw. konstruktiv überlagern, so ergibt sich ein geometrisch kompliziertes Strahlenbild, bei dem nur noch bestimmte Strahlwege ausbreitungsfähig sind.

Modendispersion
Eine genauere Analyse der Lichtausbreitung in SIF mithilfe der Maxwell-Gleichungen ergibt spezielle Lösungen für ausbreitungsfähige Lichtwellen, den *Moden* der SIF. Diese können sichtbar gemacht werden. An den Stirnflächen der Faser lasen sich charakteristische Muster der Intensitätsverteilung des Lichts, helle und dunkle Stellen, beobachten, die mit den speziellen Lösungen der Maxwell-Gleichungen harmonieren (Lichtwellenleiter 2014).

Die Zahl der Moden zu einer bestimmte Wellenlänge charakterisiert der *Faserparameter*

$$V = \frac{\pi \cdot d}{\lambda} \cdot A_{\text{N}}$$

mit dem Durchmesser d des Faserkerns. Daraus berechnet sich die maximale Zahl der Moden bei SIF

$$M_{max} = \frac{V^2}{2}.$$

Weil die Moden unterschiedlichen Ausbreitungswegen entsprechen, resultieren unterschiedliche Laufzeiten und damit eine Verbreiterung der gesendeten Lichtimpulse zum Ausgang hin. Man spricht vom Phänomen der *Modendispersion*.

Wir wollen die Anzahl der Moden in einer SIF berechnen. Dazu setzen wir das obige Beispiel mit den Brechzahlen $n_M = 1{,}517$ und $n_K = 1{,}527$ fort. Der Durchmesser des Kerns der SIF sei 200 μm. Es soll im zweiten optischen Fenster bei der Wellenlänge von 1300 nm übertragen werden. Mit den gegebenen Zahlenwerten ergibt sich der Faserparameter

$$V = \frac{\pi \cdot 200\,\mu m}{1300\,nm} \cdot 0{,}174 \approx 84.$$

Und für die Zahl der Moden folgt

$$M_{max} \approx \frac{84^2}{2} = 3528.$$

Im Beispiel handelt es sich um eine SIF im Mehrmodenbetrieb.

Gradientenindexfasern

Die Abschätzung der Datenrate über die Laufzeitdifferenz liefert für SIF einen im Vergleich mit herkömmlichen Systemen unattraktiv kleinen Wert. Deshalb wurde nach Verbesserungen gesucht und gefunden. Ende der 1970er-Jahre war eine neue Generation von Fasern, die Gradientenindexfaser, marktreif.

Zur Modendispersion kommt es, weil die am Mantel reflektierten Strahlen Umwege durchlaufen und sich gegenseitig beeinflussen und letztlich die maximal erreichbare Bitrate begrenzen. Wäre es möglich, die reflektierten Strahlen bezüglich des Mittelpunktstrahls entsprechend zu beschleunigen, würden sie ohne Zeitversatz am Faserende eintreffen.

Dies gelingt mit einem speziellen Verfahren. Bei der Herstellung wird die Glasfaser mit Fremdatomen so dotiert, dass ein definiertes Brechzahlprofil im Kern entsteht. Statt eines gestuften Verlaufs der Brechzahl wie in Abb. 7.6 wird ein gradueller Übergang eingestellt. Man spricht deshalb von der *Gradientenindexfaser* (GIF). Die Lösung zeigt Abb. 7.8 in schematischer Vereinfachung. Typisch ist eine näherungsweise parabolische Abnahme der Brechzahl von innen nach außen.

Durch die GIF wird das Problem der Laufzeitdifferenz aufgrund der Fasergeometrie deutlich reduziert. Damit liegt eine brauchbare Lösung für preiswerte Übertragungssysteme vor, die nur moderate Anforderungen an die Lichtquellen und Bitraten stellen. Mit einem Bandbreite-Länge-Produkt von über 1 GHz · km sind die Verbindungen auf Orts- und Bezirksnetzebene bevorzugte Einsatzgebiete für die GIF.

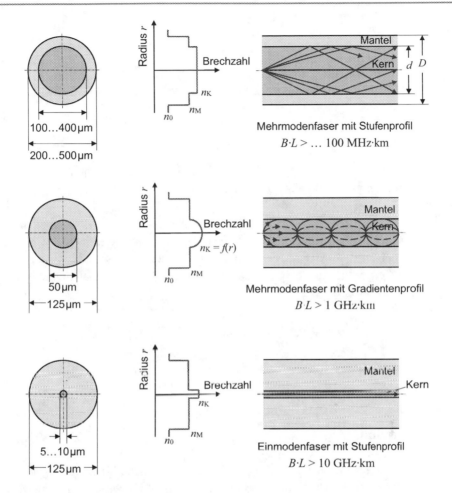

Abb. 7.8 Grundtypen von Fasern für Lichtwellenleiter mit typischen Bandbreite-Länge-Produkten $B \cdot L$

Einmodenfasern

Weitere Fortschritte in der Faserherstellung Anfang der 1980er-Jahre ermöglichten die Fertigung extrem dünner Kerne, in denen sich nur noch ein Modus ausbreiten kann (Abb. 7.8). Erst durch diese *Einmodenfasern* werden die heute üblichen hohen Bitraten im Fernverkehr möglich. Die ITU hat in den 1980er-Jahren die ersten Standards, G.651 (1980) und G.652 (1984) für *Multi-Mode Fiber* (MMF) bzw. *Single-Mode Fiber* (SMF), verabschiedet. Den technischen Fortschritt aufgreifend, folgten später weitere Empfehlungen in der Reihe G.65X. Man unterscheidet allgemein zwischen *Mehrmodenfasern* und *Einmodenfasern* bzw. Mehrmoden- und Einmodenbetrieb.

Die SIF besitzt entsprechend erweiterten theoretischen Überlegungen zur Modendispersion einen kritischen Grenzwert des Faserparameters V, ab dem nur noch Einmodenbetrieb möglich ist:

$$V_c < 2{,}405.$$

Als charakteristische Kenngröße wird meist der zugehörige Grenzwert für die Wellenlänge verwendet. Die *Grenzwellenlänge* („cut-off wavelength")

$$\lambda_c \geq \frac{\pi \cdot d \cdot A_N}{2{,}405}$$

ist die Wellenlänge, ab der sich in der SIF mit Kerndurchmesser d und numerischer Apertur A_N nur noch ein Modus ausbreiten kann, also für $\lambda > \lambda_c$ nur ein Einmodenbetrieb möglich ist.

Wir betrachten ein Zahlenbeispiel zur Grenzwellenlänge einer SIF. Eine runde SIF mit Kerndurchmesser $10\,\mu m$ besitzt die Mantelbrechzahl 1,417 und die Kernbrechzahl 1,457. Liegt bei Betrieb im Bereich der optischen Fenster eine Einmodenausbreitung vor?

Die Lösung ergibt sich aus obiger Grenzwellenlänge. Zur Berechnung benötigen wir die numerische Apertur der SIF:

$$\lambda_c \geq \frac{\pi \cdot d \cdot \sqrt{n_K^2 - n_M^2}}{2{,}405} = \frac{\pi \cdot 10\,\mu m \cdot \sqrt{1{,}457^2 - 1{,}417^2}}{2{,}405} \approx 4400\,nm.$$

Im Bereich der optischen Fenster liegt die Mehrmodenausbreitung vor.

7.1.5 Faserdämpfung

Vor etwa 200 Jahren fand die optische Nachrichtenübertragung mithilfe von Zeigertelegrafen schnell ihre Grenzen. Durch die atmosphärische Dämpfung werden Lichtsignale mit zunehmender Entfernung vom Sender schwächer. So war, trotz des Einsatzes von Fernrohren, der typische Abstand der Stationen der optischen Telegrafenstrecke von Berlin nach Koblenz auf etwa 15 km begrenzt; Nebel machte die optische Kommunikation unmöglich.

Die Lichtleistung unterliegt bei der Ausbreitung im idealen LWL dem für elektromagnetische Wellen typischen exponentiellen Dämpfungsgesetz. Die gleichförmige Abschwächung der Leistung entlang des LWL wird mit dem *Dämpfungsbelag* α in der Maßeinheit $[\alpha] = dB/km$ angegeben. Mit der Sendeleistung P_S und der Empfangsleistung P_E gilt nach der Leitungslänge L für die Dämpfung im logarithmischen Maß

$$a_{dB} = \alpha_{dB} \cdot L = -10 \cdot \log_{10}\left(\frac{P_E}{P_S}\right) dB \cdot \frac{L}{km}.$$

Der Dämpfungsbelag α ist eine spezifische Größe, die u. a. von Material und Geometrie des LWL und von der Wellenlänge abhängt. Einige typische Werte zeigt Tab. 7.1. Man beachte zuerst den hohen Wert für Fensterglas. Mit dem Dämpfungsbelag von 50.000 dB/km

Tab. 7.1 Dämpfungsbelag typischer Medien (nach Eberlein 2010a, Tab. 1.1; Jansen 1993, zitiert in Bundschuh und Himmel 2003, Tab. 3.3 und 3.4)

Medium	Dämpfungsbelag (dB/km)
Fensterglas	50.000
Optisches Glas	3000
Dichter Nebel	500
Atmosphäre im Stadtgebiet	10
MM-LWL[a] mit 850 nm; 1300 nm	2,5; 0,7
SM-LWL[b] mit 1300 nm; 1550 nm	0,33; 0,2
GI-LWL[c] mit 850 nm; 1300 nm; 1550 nm	2,5; 0,5; 0,4

[a] Multi-Mode-LWL,
[b] Single-Mode-LWL,
[c] Gradientenindex-LWL

nimmt die Lichtleistung nach 6 mm bereits auf die Hälfte (3 dB) ab:

$$-10 \cdot \log_{10}\left(\frac{1}{2}\right) dB = 3{,}01\,dB = 5 \cdot 10^5 \frac{dB}{km} \cdot 6 \cdot 10^{-6}\,km.$$

Erst durch die industrielle Herstellung hochreiner Silikatgläser, Quarzgläser auf der Basis von SiO$_2$, war es möglich, den Dämpfungsbelag in LWL auf Werte unter 1 dB/km zu senken. Im Beispiel des Einzelmoden-LWL sind bei der Wellenlänge 1550 nm nach etwa 15 km noch 50 % der gesendeten Leistung vorhanden. Für eine Dämpfung von 20 dB, d. h. 1 % der gesendeten Leistung noch vorhanden, ergibt sich eine Länge von 100 km. Damit werden typische Strecken zwischen Fernvermittlungsstellen überbrückbar.

Man beachte auch die Dämpfungswerte für die Freiraumübertragung, die interessante Anwendungen der optischen Nachrichtenübertragungstechnik in und zwischen Gebäuden zulassen. Entsprechende Produkte sind auf dem Markt verfügbar.

Bei einer genaueren Inspektion der Ursachen der Dämpfungsbeläge von LWL treten drei Phänomene hervor:

- Absorption an mikroskopischen Unreinheiten, z. B. OH$^-$-Ionen, in der Faser;
- (Rayleigh-)Streuung an mikroskopischen Inhomogenitäten in der Faser;
- Abstrahlung aus dem Kern durch mikroskopische Krümmungen der Faser.

Für moderne LWL wesentlich ist die *Rayleigh[2]-Streuung* des Lichts an mikroskopischen Inhomogenitäten im Faserkern, die kleiner ungefähr der Wellenlänge des Lichts sind. An ihnen wird das Licht diffus in alle Richtungen gestreut. Der zusätzliche Dämpfungsbelag durch die Rayleigh-Streuung ist stark von der Wellenlänge abhängig und wird mit

$$\alpha_R = \frac{\alpha_{1\mu}}{\lambda^4}$$

---

[2] *John William Strutt, 3rd Baron Rayleigh* (1842–1919), englischer Physiker und Nobelpreisträger (1904).

Abb. 7.9 Faserdämpfung und die drei optischen Fenster (nach Huurdeman 2003, Fig. 28.2)

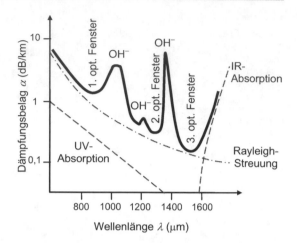

abgeschätzt, wobei auf den Wert bei der Wellenlänge $1\,\mu$m Bezug genommen wird. Typische Werte für $\alpha_{1\mu}$ bewegen sich zwischen 0,63 und 1,3 dB/km (Brückner 2011, Tab. 3.2).

Alle Effekte zusammengefasst ergibt sich ein Verlauf des Dämpfungsbelags über der Wellenlänge wie in Abb. 7.9 gezeigt. Es stellt den grundsätzlichen Zusammenhang am Beispiel des Stands der Fasertechnik bis etwa 1990 vor. Drei physikalische Phänomene sind deutlich erkennbar: Zuerst begrenzen die Dämpfung von unten die SiO_2-Eigenabsorptionen, wo das Glas mehr oder weniger seine Transparenz verliert; links im UV- und rechts im IR-Bereich. Hinzu kommt zweitens die Rayleigh-Streuung, deren Einfluss mit zunehmender Wellenlänge fällt. Drittens sind in Abb. 7.9 deutlich Spitzen („water peak") im Verlauf des Dämpfungsbelags zu sehen. Sie entstehen v. a. durch Lichtabsorption an OH^--Ionen, die als Verunreinigung im Glas verbleiben. In Abb. 7.9 lassen sich entsprechend drei Bereiche geringerer Dämpfung ausmachen, die drei *optischen Fenster* bei den Wellenlängen 850, 1300 und 1550 nm. Sie eignen sich besonders für die Nachrichtenübertragung. Das zweite und das dritte optische Fenster werden deshalb für die Übertragung hoher Bitraten über weite Strecken benutzt.

Verbesserte Produktionsprozesse ermöglichen heute, bei allerdings entsprechenden Kosten, die Herstellung höchst reiner Gläser („ultra low OH fiber"), deren Dämpfungskurven effektiv nur durch die Rayleigh-Streuung und die IR-Absorption begrenzt werden. Das Minimum des Dämpfungsbelags von 0,176 dB/km liegt bei der Wellenlänge 1550 nm.

Anmerkungen

- Für den kommerziellen Einsatz müssen ebenfalls zuverlässige und preiswerte Sende- und Empfangseinrichtungen für die Lichtsignale bei den ausbreitungsfähigen Wellenlängen verfügbar sein.
- Die Trennung der optischen Fenster kann auch für den Duplexbetrieb genutzt werden.

- Betrachtet man die Öffnung der optischen Fenster, so liegen Bandbreiten von etwa 60, 30 bzw. 20 THz vor. Mit der Faustformel der Informationsübertragung von 1 bit pro 1/2 Hz Bandbreite (vgl. Nyquist-Bandbreite) ergibt sich ein geschätztes Potenzial von 220 Tbit/s, oder 2 Millionen Breitbandanschlüsse mit je 100 Mbit/s (Fast-Ethernet) gebündelt über eine Faser.

7.1.6   Dispersion im Lichtwellenleiter

Das Übertragungsvermögen von LWL wird durch zwei Faktoren eingeschränkt. Die Dämpfung beschränkt die Reichweite. Und die Dispersion begrenzt die Bandbreite und damit die Bitrate. Wenn auch die Modendispersion für Gradientenindex- und Monomodefasern in vereinfachter Modellrechnung entfällt, so zeigt eine genauere Betrachtung, dass sie nicht völlig verschwindet. Grund sind drei weitere Quellen für Dispersionserscheinungen.

Materialdispersion
Die *Materialdispersion* wird durch die Abhängigkeit der Brechzahl des Glasmaterials von der Wellenlänge verursacht. Die eingespeisten Lichtimpulse sind nicht monochrom. Sie weisen eine gewisse Verteilung der Wellenlänge auf, die durch die spektrale Halbwertsbreite beschrieben wird. Die spektrale Aufweitung kann durch die gewünschte Impulsform (vgl. Zeitdauer-Bandbreite-Produkt) oder die technischen Eigenschaften der optischen Quelle bestimmt sein. Wegen der wellenlängenabhängigen Brechzahl werden die Signalanteile mit unterschiedlichen Geschwindigkeiten übertragen und eine Impulsverbreiterung am Empfangsort ist die Folge.

Wellenleiterdispersion
Die *Wellenleiterdispersion* ist typisch für Einzelmoden-LWL, da gemäß der maxwellschen Theorie ein nicht unwesentlicher Anteil der optischen Welle im Mantel transportiert wird. Als Kennwert ist der *Modenfelddurchmesser* (MFD, Mode Field Diameter) eingeführt. Nimmt man eine radiale Verteilung der Leistung im LWL entsprechend einer gaußschen Glockenkurve an, so gibt der Modenfelddurchmesser den Bereich an, in dem die Leistung größer gleich e^{-2}-mal (0,135) dem Maximalwert ist:

$$w_M = 2{,}6 \cdot \frac{d}{V}.$$

Weil die Brechzahl im Mantel kleiner ist, wird dort die optische Strahlung quasi beschleunigt.

Chromatische Dispersion
Als dritte Quelle tritt die *chromatische Dispersion* auf. Sie ist auf die Unreinheit der Lichtquelle zurückzuführen, die ein breites Spektrum von Wellenlängen emittiert.

Abb. 7.10 Dispersionsgeglättete Faser (nach Strobel 2006,
Abb. 3.18)

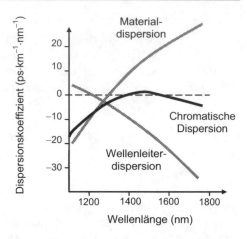

Dispersionskoeffizient

Zur Beurteilung des Dispersionsverhaltens des LWL wird der *Dispersionskoeffizient* $D(\lambda)$ definiert. Als Proportionalitätsfaktor verbindet er die zeitliche Verbreiterung des Lichtimpulses Δt mit der chromatischen Verbreiterung der Lichtquelle $\Delta\lambda$. Durch Berücksichtigung der Faserlänge L entsteht wieder ein Belag:

$$\Delta t = D(\lambda) \cdot L \cdot \Delta\lambda.$$

Der Dispersionskoeffizienten wird in Picosekunde (ps) pro Kilometer (km) und Nanometer (nm) angegeben. Den Verlauf des Dispersionskoeffizienten über der Wellenlänge zeigt Abb. 7.10 getrennt nach den drei Einflüssen Materialdispersion, chromatische Dispersion und Wellenleiterdispersion.

Wir verdeutlichen uns die Bedeutung des Bandbreite-Länge-Produkts bei chromatischer Dispersion an einem typischen Zahlenbeispiel:

Eine SMF soll im dritten optischen Fenster betrieben werden. Die chromatische Dispersion wird vom LWL-Hersteller mit $D_C = 18\,\text{ps}/(\text{km}\cdot\text{nm})$ bei der Betriebswellenlänge 1550 nm angegeben. Die Lichtquelle habe eine chromatische Verbreiterung von $\Delta\lambda = 1\,\text{nm}$.

Über welche Leitungslänge kann mit Ein- und Austasten von Lichtimpulsen die Bitrate von 10 Gbit/s übertragen werden, wenn die chromatische Dispersion der begrenzende Faktor ist?

Die Impulsverbreiterung darf nicht größer werden als der zeitliche Abstand zwischen zwei Lichtimpulsen. Wir schätzend die Impulsverbreiterung mit obiger Formel ab und bestimmen die Bandbreite nach Abschn. 7.1.3, wobei wir die maximale Laufzeitdifferenz gleich der Impulsverbreiterung setzen:

$$B = \frac{1}{2 \cdot \Delta t} = \frac{1}{2 \cdot D \cdot L \cdot \lambda}.$$

Somit ergibt sich das Bandbreite-Länge-Produkt

$$B \cdot L = \frac{1}{2 \cdot D \cdot \lambda} = \frac{1}{2 \cdot 18\,\text{ps} \cdot \text{km}^{-1} \cdot \text{nm}^{-1} \cdot 1\text{nm}} = 28\,\text{GHz} \cdot \text{km}.$$

Bei der Berechnung der maximalen Leitungslänge berücksichtigen wir den Faktor 2 bezüglich Bitrate und der Nyquist-Bandbreite. Das heißt, über einen Kilometer kann hier die Bitrate von 56 Gbit/s übertragen werden und entsprechend die Bitrate von 10 Gbit/s über 5,6 km.

Dispersionsverschobene und dispersionsgeglättete Fasern
Durch komplizierte Brechzahlprofile ist es heute möglich, die Gesamtdispersion bei der Wellenlänge der minimalen Dämpfung um 1500 nm zu null werden zu lassen. Man spricht von *dispersionsverschobenen Fasern* (DSF, Dispersion Shifted Fiber).

Alternativ kann auch ein Bereich geringer Dispersion eingestellt werden; es resultieren die *dispersionsgeglätteten Fasern* („dispersion-flattend fiber"; NZ-DSF, Non-Zero DSF). Sie sind besonders interessant für die DWDM-Technik, bei der beispielsweise 16 Signale mit jeweils der Bitrate 10 Gbit/s auf 16 diskreten Wellenlängen über eine Faser gemeinsam übertragen werden.

Die Abb. 7.10 zeigt an einem Beispiel, wie sich die Materialdispersion und die Wellenleiterdispersion bei der Wellenlänge von 1550 nm gegenseitig kompensieren können. Bei entsprechendem Aufwand lassen sich heute LWL herstellen, deren Fasern im Einmodenbetrieb bei 1550 nm eine Dämpfung von 0,2 dB/km und ein Bandbreite-Länge-Produkt von über 100 GHz · km haben.

Polarisationsmodendispersion
Das elektromagnetische Feld der optischen Strahlung ist eine vektorielle Größe. Im Modell der ebenen Wellen breitet sich die elektromagnetischen Wellen in z-Richtung (Poynting-Vektor) aus und die elektrische und die magnetische Feldstärke haben je eine x- und y-Komponente (Abb. 7.11). Weiter sind elektromagnetische Wellen transversal, d. h. elektrische und magnetische Feldstärke stehen senkrecht zueinander und lassen sich somit

Abb. 7.11 Polarisationsrichtungen der elektromagnetischen Welle

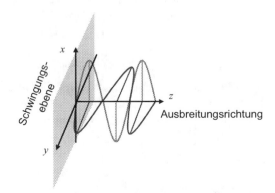

polarisieren. Steht das elektrische Feld immer nur in eine Richtung, in Abb. 7.11 nur in *x*- oder nur in *y*-Richtung, so spricht man von *linear polarisiert*. Schwingt die elektrische Feldstärke entlang der Ausbreitungsrichtung so, dass sie in der Schwingungsebene einen Kreis beschreibt, spricht man von *zirkularer Polarisation*. Letzteres kann als Überlagerung von zwei senkrecht zueinander stehenden linear polarisierten Wellen beschrieben werden.

Aus der Physik sind Objekte bekannt, wie speziell geschliffene natürliche Kristalle (Nicol-Prisma), die für optische Strahlung nur in einer Polarisationsrichtung transparent sind. Gewisse Gase und Flüssigkeiten verändern durch eine äußere elektrische Spannung (elektrooptischer Effekt) ihr Brechverhalten so, dass je nach Polarisation der einfallenden Strahlung mehr oder weniger Transparenz gegeben ist.

In Multi-mode-LWL spielt die Polarisation der optischen Strahlung keine Rolle. Bei Single-mode-LWL und hohen Bitraten machen sich jedoch radiale Asymmetrien bemerkbar. Zur Erklärung des Effekts wird die optische Strahlung in zwei Wellen, mit je nur *x*- und nur *y*-Komponente, zerlegt, die wegen der Asymmetrien leicht unterschiedliche Ausbreitungsgeschwindigkeiten erfahren. Dadurch kommt es schließlich zur Verbreiterung der Strahlungsimpulse, der *Polarisationsmodendispersion*.

7.1.7 LWL-Kabel

Gradienten- und Monomodenfasern mit typisch 125 μm Manteldurchmesser sind empfindlich und müssen deshalb mit einer Schutzbeschichtung umhüllt werden. Dazu wird eine Primärbeschichtung aus Kunststoff mit einer Wandstärke von 50 bis 100 μm aufgebracht. Man spricht dann von einem *Lichtwellenleiter* („optical fiber"), s. auch DIN VDE 0888 und ITG-T G65X-Serie.

Ein Kunststoffröhrchen mit einer oder mehreren Glasfasern bildet eine LWL-Ader. Um die Glasfasern vor Zugüberlastung zu schützen, werden sie meist lose mit einer Überlänge von 1 % in die Röhrchen gelegt. Anders als bei elektrischen Leitungen benötigen die Lichtwellen nur einen lichtleitenden Weg, jedoch für Hin- und Rückrichtung getrennt. Mehrere LWL-Adern können wiederum zu einem LWL-Kabel zusammengefasst werden. Beispielsweise werden 60 LWL zu einem Kabel mit einem Außendurchmesser von 18,5 mm verarbeitet. Je nach Einsatzzweck werden industriell gefertigte LWL unterschiedlichen Aufbaus, Kapazität und Preis angeboten.

Biegen von LWL

Beim Verlegen von LWL erweisen sich das Verbinden und Biegen als kritisch. Biegen der LWL kann als Mikrobiegung bei der Herstellung oder als Makrobiegung durch falsche Kabelführung zu merklichen Dämpfungsverlusten, sog. *Biegeverlusten* („bend loss"), führen. SMF sind besonders empfindlich gegen Krümmungen, da ein nicht unwichtiger Teil der Leistung im Mantel transportiert wird, s. Modenfelddurchmesser. Für Standard-SMF nach ITU-T G.652 ist eine vernachlässigbare *Krümmungsempfindlichkeit* für den Krümmungsradius von 30 mm spezifiziert. Müssen kleinere Krümmungsradien realisiert wer-

Abb. 7.12 Montagefehler bei der Stirnflächenkopplung von Fasern

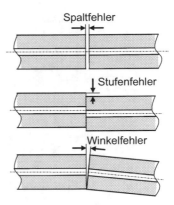

Spaltfehler

Stufenfehler

Winkelfehler

den, können spezielle krümmungsoptimierte Fasern mit Krümmungsradien größer gleich 5 mm eingesetzt werden.

Anmerkung

- An Krümmungen des LWL wird Strahlung ausgekoppelt, die unter Umständen zum Abhören der Nachricht benutzt werden kann, dem sog. Fiber Hacking.

Verbinden von LWL

Kritisch ist auch das Verbinden von LWL (Manzke und Labs 2010). Aufgrund der schmalen Fasern und der Richtungsempfindlichkeit der Lichteinkopplung kann es zu inakzeptablen Dämpfungen kommen. Typische Beispiele von Fehlern bei der Stirnflächenkopplung veranschaulicht Abb. 7.12. Dadurch entstehen zusätzliche Dämpfungsverluste, deren Größen mit Näherungsformeln abgeschätzt werden können (Brückner 2011, S. 52f; Kutza 2010). Da die Fehler bei der Montage von zwei Fasern mit identischen Parametern entstehen, spricht man von *extrinsischen Verlusten*.

Im Gegensatz dazu spricht man von *intrinsischen Verlusten*, wenn die Fehler durch Schwankungen der Faserparameter bei der Herstellung bedingt sind, also die Istwerte der Parameter (Kerndurchmesser, numerische Apertur und Brechzahlprofile) nicht mit den Sollwerten übereinstimmen. Auch hierfür können die Zusatzdämpfungen mit Näherungsformeln geschätzt werden (Brückner 2011, S. 52f; Kutza 2010).

Um Dämpfungsverluste klein zu halten, ist es wichtig, den Einsatz von LWL auch in Gebäuden sorgfältig zu planen und auszuführen. Für die Verbindung von Glasfasern existieren sowohl auftrennbare Steckverbindungen (Faserstecker, „fiber connector") als auch spezielle Werkzeuge und Werkstoffe zum irreversiblen Zusammenfügen, *Spleißen* („splicing") genannt. Beim Spleißen werden die Glasfasern entweder geklebt oder verschmolzen (Manzke und Labs 2010). Es kommen heute oft Automaten zum Einsatz, die vor der Verbindungsstelle Strahlung ein- und nach der Verbindungsstelle auskoppeln. Über eine Intensitätsmessung wird die Faserführung so lange automatisch geregelt, bis die kleinstmögliche Dämpfung auftritt. Dann werden die Fasern verbunden. Typische Dämpfungswerte von gelungenen Spleißverbindungen liegen bei 0,02–0,3 dB.

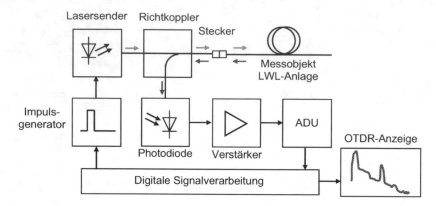

Abb. 7.13 Optische Rückstreumessung (nach Bundschuh und Himmel 2003, Abb. 8.2)

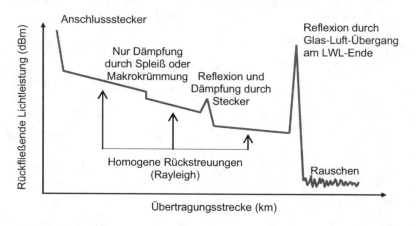

Abb. 7.14 Rückstreukurve einer Optischen Rückstreumessung (vereinfacht)

OTDR-Messung

Verunreinigungen und Beschädigungen von optischen Steckern gelten als häufigste Ursache für Beanstandungen von Verbindungen bei Neuinstallationen. Ein wichtiges Hilfsmittel zur Beurteilung bzw. Fehlersuche von LWL-Installationen ist die *optische Rückstreumessung* (OTDR, Optical Time Domain Reflectometry; Bundschuh und Himmel 2003; Eberlein 2010b). Die OTDR-Messung wird in Abb. 7.13 vorgestellt. Das Messobjekt, z. B. eine LWL-Verkabelung, wird mit einem kurzen Lichtimpuls gespeist und das reflektierte bzw. rückgestreute Licht wird bezüglich Intensität und Laufzeit ausgewertet. Von der Lichtintensität kann auf die Dämpfung und von der Laufzeit auf die Weglänge geschlossen werden. Eine stark vereinfachte Darstellung der OTDR-Anzeige ist in Abb. 7.14 mit kurzen Erläuterungen versehen. Die Auswertung von *Rückstreukurven* ist komplex und bietet zahlreiche Fehlermöglichkeiten. Ausführliche Informationen zur Rückstreumessung und den beobachtbaren Phänomenen gibt beispielsweise Eberlein (2010b).

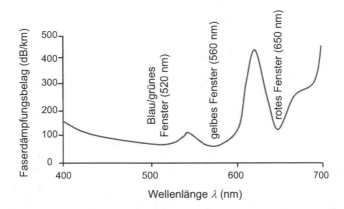

Abb. 7.15 Dämpfung der PMMA-SI-POF; nach Ziemann et al. 2010)

7.1.8 Lichtwellenleiter aus Kunststoff

Polymethylmethacrylat

In Europa wurde 1928 das bekannte transparente Acrylglas (Plexiglas) aus dem ther-
moplastischen Kunststoff *Polymethylmethacrylat* (PMMA) entwickelt. Es liegt auf der
Hand, PMMA für die Lichtleitung zu verwenden, um von den besonderen Vorteilen des
Kunststoffs zu profitieren: Wie Glas-LWL haben *optische Polymerfasern* (POF, Polymeric
Optical Fiber) im Vergleich zu Kupferlösungen ein geringes Gewicht und eine hohe elektromagnetische Verträglichkeit. Darüber hinaus besitzen POF-LWL einen großen Kerndurch-
messer (1 mm) und eine große numerische Apertur (0,5), was die Montage mit einfachen
Steckverbindungen begünstigt, sodass auf das Spleißen meist verzichtet werden kann.
Spezielle POF-LWL ermöglichen Krümmungsradien von wenigen Millimetern. Daraus
ergibt sich ein wichtiger Vorteil in der Montage. Einsatzfelder von POF-LWL sind deshalb
enge und raue Umgebungen, wie im PKW oder in der Automatisierungstechnik. Auch in
Gebäuden werden POF-LWL zur Datenübertragung bei kurzen Strecken eingesetzt.

Der größte Nachteil von POF-LWL ist die relativ hohe Dämpfung (Abb. 7.15). Für
PMMA-SI-POF zeigen sich drei optische Fenster bei den Wellenlängen 520 nm (grün),
560 nm (gelb) und 650 nm (rot). Für Wellenlängen über 700 nm steigt die Dämpfung im
Wesentlichen rasch an. Der Dämpfungsbelag erreicht in den drei optischen Fenstern Werte
um 100 dB/km – im Vergleich zu Fensterglas hervorragende Werte (Tab. 7.1).

Ein typisches Beispiel für eine PMMA-SI-POF findet man auf der Web-Seite Die POF
(27.2.2014). Der Kerndurchmesser beträgt 1 mm und seine Brechzahl ist 1,492. Der Mantel aus fluoriertem PMMA besitzt die Brechzahl 1,412. Das Bandbreite-Länge-Produkt ist
etwa 5 MHz · km und entspricht einer Bitrate von 200 Mbit/s über eine Länge von 50 m.
Weitere Möglichkeiten zur Steigerung der Bitrate berichten Loquai et al. (2013). Mit einem speziell angepassten Fotodetektor im Empfänger erreichen sie über eine GI-POF mit
1 mm Kerndurchmesser und der Länge 20 m die Bitrate 10 Gbit/s.

Tab. 7.2 Kunststofflichtwellenleiter mit parabolischem Brechzahlprofil (nach Eberlein 2010a, S. 38)

Wellenlänge (nm)	Dämpfungsbelag (dB/km)	Bandbreite-Länge-Produkt (MHz · km)
650	≤ 100	≥ 80
850	≤ 40	≥ 150
1300	≤ 40	≥ 150

Im Zusammenhang mit der geplanten Einführung optischer Teilnehmeranschlüsse (FTTH, Fiber To The Home) wird an der Entwicklung spezieller Kunststofffasern gearbeitet, die auf die Wellenlängen der optischen Teilnehmeranschlüsse abgestimmt sind und so die Integration von Zuleitungstechnik und Gebäudeverteilung ohne Wellenlängenumsetzung ermöglichen (s. Tab. 7.2).

Abschließend sei ergänzt, dass bezüglich der Materialien für LWL nach DIN VDE 0888 grundsätzlich vier Typen von LWL unterschieden werden:

- A1: Glaskern und Glasmantel (ASF, All-Silica Fiber) als Gradientenindex-LWL (GI-LWL);
- A2: Glaskern und Glasmantel (ASF) als quasi Stufenindexfaser (SI-LWL);
- A3: Glaskern und Kunststoffmantel (PCF, Polymer oder Plastic Claded Fiber) als SI-LWL;
- A4: Kunststoffkern und Kunststoffmantel (POF bzw. KF) als SI-LWL.

Aufgabe 7.1

Beantworten Sie folgende Fragen:

a) Erklären Sie das Prinzip der Lichtwellenleitung in Glasfasern.
b) Wodurch unterscheiden sich Stufenindex-, Gradientenindex- und Einmodenfasern? Welche Konsequenzen hat das für Leitung der Lichtwellen?
c) Was beschreibt das Bandbreite-Länge-Produkt? Welche Bedeutung hat es für die Nachrichtenübertragungstechnik?
d) Was versteht man unter den drei optischen Fenstern? Unterstützen Sie Ihre Erklärung durch eine Skizze.
e) Das dauerhafte Verbinden von Glasfasern nennt man Spleißen. Warum muss beim Spleißen von Einmodenfasern besondere Sorgfalt aufgewendet werden?

Aufgabe 7.2

Berechnen Sie für die Brechzahlen 1,52 und 1,62 den Akzeptanzwinkel.

Aufgabe 7.3

Wie groß darf die numerische Apertur maximal sein, damit für einen SI-LWL mit dem Kerndurchmesser von 10 μm ein Einmodenbetrieb im dritten optische Fenster möglich ist?

7.2 Optische Sender, Empfänger und Verstärker

Die Nutzung von LWL zur Nachrichtenübertragung setzt geeignete optische Sender und Empfänger in dem gewünschten Wellenlängenbereich voraus. Seit dem Bau der ersten Laser Anfang der 1960er-Jahre werden Erkenntnisse der Quantenphysik in technische Apparaturen umgesetzt. Gaslaser, Festkörperlaser und schließlich Halbleiterlaser sind heute weit verbreitet. Letztere erfüllen durch hohe Kohärenz und schnelle Modulierbarkeit der Strahlung die Anforderungen der Nachrichtentechnik an die Lichtquellen. Zudem sind sie relativ einfach einsetzbar und preiswert.

7.2.1 Halbleiterdiodenlaser

Laser funktionieren nach dem Prinzip der Lichtverstärkung durch stimulierte Emission (Light Amplification by Stimulated Emission of Radiation), die jedoch nur unter bestimmten Bedingungen erfolgt.

Absorption und Emission
Betrachten wir zunächst das grundsätzliche physikalische Phänomen der Wechselwirkung zwischen Atomen und elektromagnetischer Strahlung. Ein Elektron im Energieniveau E_1 wird durch Zuführen von Strahlungsenergie auf das Energieniveau E_2 angehoben (s. Abb. 7.16a). Dann spricht man von *Absorption*. Der gegenteilige Effekt, die *Emission*, tritt ein, wenn das Atom spontan auf das niedrigere Energieniveau zurückfällt. Dabei wird die Energiedifferenz in Form von Strahlung, einem Photon, emittiert. Die Wellenlänge der Strahlung ist an die Energiedifferenz gebunden:

$$\lambda = \frac{h \cdot c}{E_2 - E_1}$$

mit der planckschen[3] Konstante $h = 6{,}6256 \cdot 10^{-34}\,\text{Ws}^2$ ($1\,\text{Js} = 1\,\text{Ws}^2$).

Während die Emission spontan erfolgt, wird die *stimulierte Emission*, auch induzierte Emission genannt, durch eine äußere Strahlung ausgelöst. Die Wechselwirkung ist nur

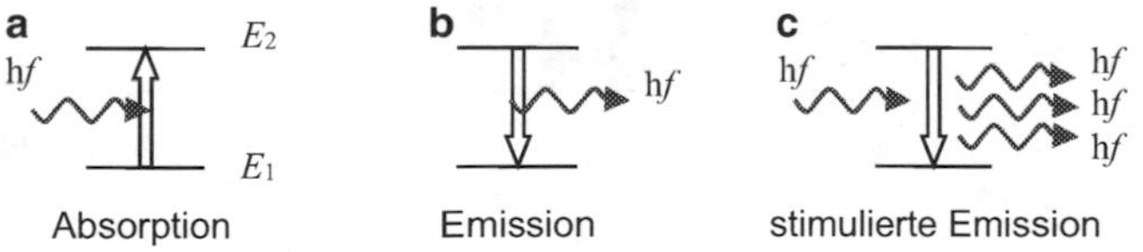

Abb. 7.16 Absorption (**a**), Emission (**b**) und stimulierte Emission (**c**) von Strahlung durch den Wechsel des Energiezustands eines Elektrons

---

[3] *Max Karl Ernst Ludwig Planck* (1858–1947), deutscher Physiker und Nobelpreisträger (1918).

Abb. 7.17 Optischer Resonator

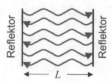

möglich, wenn die Energie des Photons zur Energiedifferenz im Atom passt. Die stimulierte Emission stimmt in Frequenz, Phase und Polarisation mit der Anregung überein,
sodass ein Verstärkungseffekt eintritt. Die resultierende Strahlung ist *kohärent*.

Damit in einem gewissen Volumen mit vielen Atomen ein nachhaltiger Verstärkungseffekt entstehen kann, muss die kohärente Strahlung stets eine ausreichende Anzahl an Atomen zur stimulierten Emission anregen; die Zahl der spontan emittierenden Atome muss
dazu vernachlässigbar klein sein. Man spricht von der *Besetzungsinversion*, bei der die
Zahl der Elektronen im höheren Energiezustand E_2 viel größer ist als die im niedrigeren.

Kohärente Strahlung

Die kohärente Strahlung wird durch einen optischen Resonator erzwungen. Im einfachsten
Fall, einem *Fabry*[4]-*Pérot*[5](FP)-*Resonator*, genügen zwei reflektierende Flächen, zwischen
denen sich eine stehende Welle ausbildet. Der Reflektorenabstand L muss ein Vielfaches
der halben Wellenlänge aus obiger Gleichung betragen (Abb. 7.17):

$$L = q \cdot \frac{1}{2} \cdot \lambda = q \cdot \frac{1}{2} \cdot \frac{h \cdot c}{E_2 - E_1}.$$

Eine ausreichende Anzahl emissionsfähiger Atome, die Besetzungsinversion, wird durch
äußere Energiezufuhr, sog. Pumpen, erzwungen.

Den prinzipiellen Aufbau eines *FP-Halbleiterdiodenlasers* zeigt Abb. 7.18. Die Abmessungen des Halbleiterdiodenlasers bewegen sich im Bereich von einigen Hundert

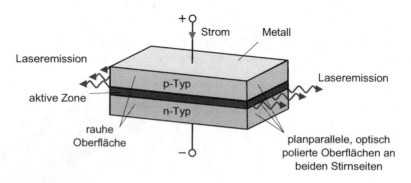

Abb. 7.18 Aufbau eines Fabry-Pérot-Halbleiterdiodenlasers

[4] *Maurice Paul Auguste Charles Fabry* (1867–1945), französischer Physiker.
[5] *Jean-Baptiste Alfred Pérot* (1863–1925), französischer Physiker.

Mikrometern bis einen Millimeter. Als aktive Zone wirkt die Umgebung des stromdurch-flossenen pn-Übergangs mit typischer Dicke von unter $1\,\mu m$. Überschreitet der Strom einen bestimmten Schwellenwert, tritt die Besetzungsinversion mit stimulierter Strahlung ein. Die Resonatorenden werden semitransparent gestaltet, sodass der für die Selbsterregung notwendige Teil der optischen Leistung reflektiert wird; der Rest wird ausgekoppelt. Die Leistung der Strahlung ist relativ gering, da sonst die Laserspiegel (Stirnflächenreflexion) zerstört werden könnten. Typische Leistungen liegen im Milliwatt-Bereich.

Die Wellenlänge bzw. Frequenz der Strahlung wird vom Laser bestimmt. Entsprechend der Abstände der Reflektoren des FP-Resonators ergeben sich die möglichen *longitudinalen Moden* mit den Frequenzen

$$f_q = q \cdot \frac{c_0}{2 \cdot n \cdot L} \quad \text{mit} \quad q = 1, 2, 3, \ldots$$

Der Frequenzabstand zwischen benachbarten Moden, freier spektraler Bereich (FSB) genannt, ist somit

$$FSB = \frac{c_0}{2 \cdot n \cdot L}.$$

Für die Wellenlängen der Moden resultiert der (Linien-)Abstand

$$\Delta\lambda = \frac{\lambda^2}{c_0} \cdot FSB.$$

Die Situation des Mehrmodenbetriebs eines *gewinngeführten Lasers* (GGL) veranschaulicht Abb. 7.19. Im Beispiel bilden sich fünf Resonatormoden aus, die in der aktiven Zone des Lasers verstärkt werden. Nur in einem bestimmten Bereich der Wellenlängen, abhängig vom Halbleitermaterial, wird eine Strahlungsverstärkung, ein optischer Gewinn, erzielt. Und nur wenn der optische Gewinn über einer bestimmten Schwelle liegt, den Resonatorverlusten, kommt es zur Selbstverstärkung.

Das Auftreten von mehreren starken Signalanteilen mit unterschiedlichen Wellenlängen in Abb. 7.19 erhöht die chromatische Dispersion und begrenzt das Bandbreite-Länge-Produkt der LWL-Übertragung (Abschn. 7.1.6). Eine deutliche Verbesserung wird durch ein zusätzliches seitliches Profil des Brechungsindex erreicht, sodass die Strahlung, ähnlich wie im LWL, durch Totalreflexion im aktiven Bereich verbleibt. Man spricht von einem *indexgeführten Laser* (IGL). Bei IGL resultiert im Vergleich zum GGL eine dominante Linie (Wellenlänge), die nur von wenigen stark gedämpften Linien begleitet wird (Abb. 7.19).

Abb. 7.19 Wellenlängen-moden des Fabry-Pérot-Halbleiterdiodenlasers

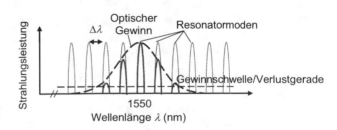

Wir verdeutlichen die Größenordnung des Linienabstands eines FP-Lasers an einem Zahlenwertbeispiel. Bei der Resonatorlänge 800 nm und der hohen Brechzahl des Halbleitermaterials GaAs von 3,3 resultiert ein FSB von 56,8 GHz. Soll der Halbleiterlaser bei 1550 nm betrieben werden, so ist der Wellenlängenabstand $\Delta\lambda = 0,455$ nm.

Moderne Halbleiterdiodenlaser

Wie Abb. 7.19 zeigt, ist die Strahlung des gewinngeführten Halbleiterdiodenlasers nicht monochromatisch, was in LWL wegen der Dispersion die erreichbare Bitrate reduziert (s. chromatische Dispersion in Abschn. 7.1.6). Moderne Bauformen von Halbleiterdiodenlasern schränken die optische Gewinnzone soweit ein, dass nur Licht einer Wellenlänge verstärkt wird.

In den bisherigen Überlegungen wurde stillschweigend vorausgesetzt, dass für die Strahlung die bohrsche[6] Beziehung für die Wellenlängen und Energiedifferenzen erfüllt ist. Um Halbleiterlaser für die optischen Fenster zur Verfügung stellen zu können, mussten spezielle Materialmischungen und Herstellungsprozesse entwickelt werden. Heute stehen für den Bereich von 800 bis 1600 nm direkte Halbleitermaterialien auf der Basis von *Gallium-Arsenid* (GaAs) zur Verfügung. Je nach gewünschtem Wellenlängenbereich werden *Aluminium* (Al), *Indium* (In), *Phosphor* (P) oder *Stickstoff* (N, „nitrogen") hinzudotiert. Brauchbare Kombinationen lassen sich aus dem quarternären Halbleiter $In_xGa_{1-x}As_yP_{1-y}$ für die Wellenlängen von 1300 bis 1550 nm herstellen.

Mit dem praktischen Einsatz der ersten Halbleiterdiodenlaser zur Informationsübertragung ergab sich eine Vielzahl von Wünschen an Verbesserungen bzw. Anpassungen. Es würde den Rahmen einer Einführung sprengen, weitere Probleme und die Lösungen, die zu den modernen Bauformen geführt haben, darzustellen. Mehr Information geben z. B. Eberlein (2010a), Hering und Martin (2006, 2017), Glaser (1997) und Schiffner (2005). Einige weiterführende Schlagwörter sind: Doppelheterostruktur(DH)-Laser, Vertical-Cavity-Surface-Emitting-Laser (VCSE-Laser), Distributed-Bragg[7]-Reflection-Laser (DBR-Laser) und Distributed-Feedback-Laser (DFB-Laser).

Die DFB-Laser besitzen ein besonders schmales Spektrum mit Linienabstand weit unter einem Nanometer (10^{-2}–10^{-4} nm; Eberlein, 2010a). Sie eignen sich deshalb für optische Netze mit dichtem Wellenlängenmultiplex, wie sie in Abschn. 7.3.1 noch vorgestellt werden.

Abschließend wird kurz die praktische Realisierung von Halbleiterdiodenlasern angedeutet. Halbleiterdiodenlaser sind relativ anfällig gegen Temperaturschwankungen. So driftet beispielsweise die Wellenlänge der Strahlung mit der Diodentemperatur und es droht eine Zerstörung der Laserdiode wegen Überhitzung. Darum werden Halbleiterdiodenlaser mit Treiberschaltungen versehen, die entsprechende Schutz- und Regelungseinrichtungen enthalten (Bundschuh und Himmel 2003, Abb. 2.45 und 46). Eine mögliche

---

[6] *Niels Henrik David Bohr* (1885–1962), dänischer Physiker und Nobelpreisträger (1922).
[7] *William Henry Bragg* (1862–1942), britischer Physiker und Nobelpreisträger (1915); *William Lawrence Bragg* (1890–1971), australisch-britischer Physiker und Nobelpreisträger (1915).

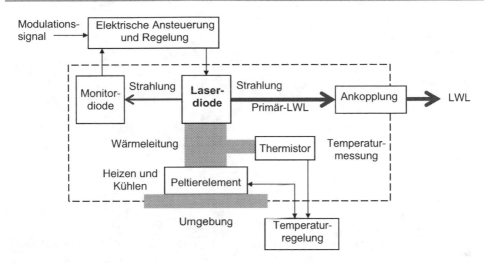

Abb. 7.20 Aufbau eines Halbleiterdiodenlasermoduls (nach Eberlein 2010a, Bild 1.48)

Lösung veranschaulicht das vereinfachte Blockschaltbild eines Lasermoduls in Abb. 7.20 (Eberlein 2010a, Bild 1.48). Die Laserdiode ist mithilfe eines guten Wärmeleiters mit einem Peltierelement verbunden, mit dem die Laserdiode geheizt oder gekühlt werden kann. Mit einem Thermistor wird die Temperatur der Laserdiode gemessen und über eine Temperaturregelung die gewünschte Betriebstemperatur eingestellt.

Man beachte besonders die *Monitordiode* in Abb. 7.20. Wird auch der zweite (hintere) Laserspiegel teildurchlässig gestaltet, kann an ihm etwas Strahlung zur Überwachung der Leistung ausgekoppelt und der Modulationsstrom geregelt werden.

7.2.2 Modulation

Die optische Strahlung kann im Prinzip wie jede elektromagnetische Welle bezüglich Amplitude, Frequenz und Phase moduliert werden. Häufig wird der Einfachheit halber und der fehlerrobusten Übertragung wegen eine binäre *Amplitudentastung* (ASK, Amplitude-Shift Keying) vorgenommen. Dabei wird in direkter Modulation die Amplitude des Diodenstroms I_D in Abb. 7.21 für die logischen Werte 0 und 1 umgetastet. Das Bild zeigt für den Arbeitsbereich den prinzipiellen Verlauf der elektrooptischen Kennlinie, die optische Leistung P_{opt} als Funktion des Diodenstroms I_D der Laserdiode. Bis zum Schwellenwert I_{th} („threshold") finden nur spontane Emissionen statt. Erst wenn der Diodenstrom die Schwelle überschreitet, tritt die Besetzungsinversion ein und es kommt zur Verstärkung mit kohärenter Strahlung, zur stimulierten Emission. In Abb. 7.21 ist die Schwelle am Knick in der Kennlinie deutlich zu erkennen. (Dies unterscheidet die Laserdiode von der Lumineszenzdiode im nächsten Abschnitt.) Die Schwelle liegt typisch im Bereich von 10 bis 100 mA. Sie verschiebt sich mit wachsender Temperatur zu größeren Werten, so-

Abb. 7.21 Binäre ASK-Modulation des Halbleiter-diodenlasers durch ein Non-Return-to-Zero(NRZ)-Signal als Diodenstrom

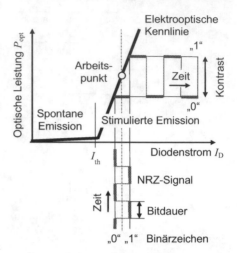

dass zur Aufrechterhaltung der optischen Leistung der Diodenstrom vergrößert werden muss und dadurch die Temperatur weiter steigt bis schließlich die Laserdiode zerstört wird. Aus diesem Grund ist es notwendig, eine Regelung zur Temperaturstabilisierung einzusetzen (s. Abb. 7.20).

Für den Betrieb werden ein Arbeitspunkt und ein Arbeitsbereich gewählt, auf den der modulierende Diodenstrom eingestellt wird. Wegen verschiedener Gründe ist es günstig, die Halbleiterlaserdiode oberhalb des Schwellwerts zu betreiben. Die Amplitudentastung des Diodenstroms wird so zur *Intensitätsmodulation* der kohärenten optischen Strahlung. Die Kennlinie realer Halbleiterdiodenlaser ist, anders als in Abb. 7.21, im Arbeitsbereich nicht streng linear, weshalb bei analoger Modulation mit nichtlinearen Verzerrungen zu rechnen ist. Derartige Anwendungen sind jedoch möglich. Wesentlich einfacher wird die Situation bei der binären Amplitudentastung. Dann kommt es im Wesentlichen auf einen ausreichenden *Kontrast*, der Differenz der benutzten Intensitätswerte, an.

Verschiedene Effekte begrenzen die Geschwindigkeit, mit der die optische Leistung moduliert werden kann. Die Übertragungsbandbreite hat Tiefpasscharakter. Ab einer bestimmten Grenzfrequenz, typischerweise einige MHz, kann die optische Leistung den schnellen Änderungen im Diodenstrom nicht mehr folgen.

Neben der direkten Modulation mithilfe eines Diodenstroms werden auch Verfahren der *externen Modulation* eingesetzt, wenn eine hohe spektrale Reinheit wie bei den DWDM-System in Abschn. 7.3 erforderlich ist. Externe Modulatoren bedienen sich spezifischer physikalischer Effekte, die die Lichtwellen manipulieren. Die Darstellung der physikalischen Phänomene würde den hier gesteckten Rahmen einer Einführung überschreiten, weshalb für interessierte Leser nur Stichworte für eine spätere Vertiefung genannt werden sollen: der elektrooptische, der magnetooptische und der akustooptische Effekt sowie die Elektroabsorbtion.

Für sehr hohe Bitraten, bis 40 Gbit/s, kommt der *Mach-Zehnder*[8]-*Modulator* zum Einsatz (Glaser 2010). Er spaltet das Licht eines Lasers in zwei Signalwege auf, wobei einmal das Licht durch ein äußeres elektrisches Feld (Nachricht) phasenmoduliert wird. Durch Kombination der beiden Lichtsignale entsteht daraus das intensitätsmodulierte Lichtsignal.

7.2.3   Lumineszenzdiode (LED)

Die *Lumineszenzdioden* (LED, Light Emitting Diode), auch *Leuchtdioden* genannt, bestehen aus direkten Halbleitermaterialien mit pn-Schicht und werden in Durchlassrichtung gepolt. Sie emittieren inkohärente Strahlung, die durch Rekombination von Ladungsträgern in der pn-Schicht entsteht. Bei nicht zu großer Aussteuerung ist die Strahlungsleistung etwa proportional zum Diodenstrom. Anders als die Halbleiterlaserdiode besitzt die LED ein breites und kontinuierliches Spektrum. Die Abstrahlung erfolgt über einen weiten Winkelbereich, der durch eine Mikrolinse verringert werden kann. Die LED eignet sich für die Übertragung in Mehrmoden- und Plastikfasern über kurze Entfernungen mit moderaten Bitraten. Dort bietet die LED-Technik eine robuste, leicht zu handhabende und preiswerte Alternative.

7.2.4   Fotodiode

Zum Empfang der optischen Signale wird der innere Fotoeffekt benutzt. Bei passender Wellenlänge löst die optische Strahlung Elektronen aus den Bindungen des Halbleiterkristalls, sodass Elektronen vom Valenzband ins Leitungsband gelangen und für den Stromtransport zur Verfügung stehen. In guten Fotodioden generieren 100 Photonen im Mittel 90 Elektron-Loch-Paare, der *Quantenwirkungsgrad* η beträgt etwa 90 %.

Legt man eine äußere Sperrspannung an, so ist der Strom proportional zur einfallenden Strahlungsleistung, wenn auch mit einigen µA klein. Als spezifische Kenngröße ist die *spektrale Empfindlichkeit* („spectral responsivity"), der Quotient aus dem generierten Fotostrom und der einfallenden optischen Leistung definiert. Sie berechnet sich aus

$$S\left(\lambda\right) = \frac{I_{\mathrm{ph}}}{P_{\mathrm{opt}}} - \eta \cdot \frac{\mathrm{e}}{\mathrm{h} \cdot f} = \eta \cdot \frac{\mathrm{e} \cdot \lambda}{\mathrm{h} \cdot \mathrm{c}_0} \quad \text{für} \quad \lambda \leq \lambda_{\mathrm{g}} = \frac{\mathrm{h} \cdot \mathrm{c}}{E_{\mathrm{g}}}$$

mit der Elementarladung e $= 1{,}602 \cdot 10^{-19}$ C (Coulomb, 1 C $= 1$ As). Die Formel gilt bis zur Grenzwellenlänge λ_{g}. Ist die Wellenlänge größer als die Grenzwellenlänge, reicht die

---

[8] *Ernst Waldfried Josef Wenzel Mach* (1828–1916), österreichischer Physiker und Philosoph; *Ludwig Louis Albert Zehnder* (1854–1949), Schweizer Physiker.

Abb. 7.22 Abhängigkeit der Empfindlichkeit von der Wellenlänge λ wichtiger Materialien für Fotodioden: Silizium (Si), Germanium (Ge) und Indium-Gallium-Arsen (InGaAs) (nach Bundschuh und Himmel 2003, Abb. 5.3)

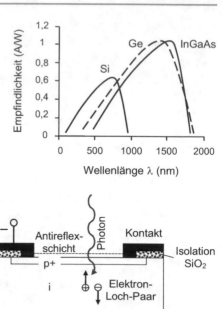

Abb. 7.23 Aufbau einer pin-Fotodiode und Entstehung eines Elektron-Loch-Paars in der i-Schicht durch Absorption optischer Strahlung

Energie der Photonen nicht mehr aus für den Bandübergang mit Bandabstand E_g und der Fotoeffekt tritt nicht mehr auf.

Häufig verwendete Halbleitermaterialien für Fotodioden sind *Silizium* (Si), *Germanium* (Ge) und *Indium-Gallium-Arsenid* (InGaAs). In Abb. 7.22 ist für die genannten Halbleitermaterialien die Abhängigkeit der Empfindlichkeit von der Wellenlänge der Strahlung in der Dimension Ampere pro Watt angegeben. Si, Ga und InGaAs decken speziell die Wellenlängen um 900 nm, 1500 nm bzw. von 1300 bis 1600 nm ab (vgl. auch optische Fenster in Abb. 7.4).

Heute stehen für den gesamten Wellenlängenbereich der optischen Nachrichtentechnik Materialien zur Verfügung. Bei der Auswahl der Diode für die Signalübertragung ist nicht nur ihre Empfindlichkeit von Bedeutung. Dazu gehört auch ihr *Dunkelstrom* („dark current"), also der Diodenstrom, der sich ohne Strahlung einstellt. Er liegt typisch unter 1 nA. Hinzu kommen die *innere Rauschleistung* pro Hertz Bandbreite („noise-equivalent power"), die sich aufgrund verschiedener Störmechanismen ergibt, und nicht zuletzt die Geschwindigkeit, mit der der Diodenstrom der modulierenden Strahlung folgen kann, also die maximal mögliche Übertragungsbandbreite.

Den prinzipiellen Aufbau einer Fotodiode zeigt Abb. 7.23 am Beispiel der *pin-Fotodiode*. Sie besteht im Wesentlichen aus drei Schichten: einer stark p-dotierten (p+), einer eigenleitenden (i, „intrinsic") und einer stark n-dotierten (n+) Schicht. Die Fotodiode wird in Sperrrichtung betrieben. Man spricht vom *Fotodiodenbetrieb* („photoconductive mode") im dem die Fotodiode als Verbraucher arbeitet. (Im Gegensatz dazu steht der Fotoelementbetrieb für die Stromerzeugung in Solarzellen.)

Durch die äußere Spannung werden die freien Ladungsträger aus der i-Schicht abgezogen und es bildet sich dort eine Raumladungszone, ein starkes elektrisches Feld, aus. Dabei entsteht ein gewünscht großer Bereich, sodass die optische Strahlung meist dort absorbiert wird. Die durch Absorption entstehenden Elektron-Loch-Paare werden im elektrischen Feld der Raumladungszone getrennt und tragen unmittelbar zum Diodenstrom (Driftfotostrom) bei. Schließlich sei angemerkt, dass in praktischen Ausführungen die intrinsische Schicht oft durch eine schwach leitende Mittelzone, $p^-(\pi)$ oder $n^-(\nu)$, ersetzt wird.

Die pin-Fotodiode besitzt eine höhere spektrale Empfindlichkeit und eine höhere Bandbreite als die einfachere pn-Fotodiode. Bei der pn-Fotodiode bildet sich nur eine relativ kleine Raumladungszone an der Sperrsicht aus. Die Absorption der Strahlung findet meist außerhalb der Raumladungszone statt und viele Elektronen-Loch-Paare stehen erst nach langsamen Diffusionsvorgängen für den Diodenstrom (Diffusionsfotostrom) zur Verfügung, was einen großen Teil der Strahlung für die Detektion ungenutzt lässt.

Die spektrale Empfindlichkeit kann weiter verbessert werden, wenn zusätzlich der Effekt der *Stoßionisation* genutzt wird: Elektronen-Loch-Paare können bei hoher kinetischer Energie durch Stoßprozesse im Halbleiterkristall selbst wiederum Elektronen-Loch-Paare freisetzen. Dadurch multipliziert sich die Zahl der freien Ladungsträger lawinenartig und der Fotostrom verstärkt sich entsprechend. Man spricht anschaulich von einer *Lawinen-Fotodiode* (APD, Avalanche Photo Diode).

Lawinen-Fotodioden zeichnen sich durch eine hohe spektrale Empfindlichkeit aus. Sie sind allerdings aufwendiger in Herstellung und im Betrieb (hohe Sperrspannung) und generieren mit zunehmenden Verstärkungsfaktoren mehr Rauschen im Fotostrom.

7.2.5   Regeneratoren und optische Verstärker

Aus der optischen Strahlung kann die Information nur wiedergewonnen werden, wenn die Detektoren ihre Funktion erfüllen, also die empfangene optische Leistung größer als die jeweilige Empfindlichkeit des Detektors ist. Die Signaldämpfung im LWL, wenn auch bei Einmodenfasern gering, begrenzt die maximale Leitungslänge einschneidend. Neben ausreichender optischer Leistung ist dabei auch die Signalform wichtig. Das heißt beispielsweise, dass trotz Dispersion die Lichtimpulse noch einzeln erkennbar sind. Wie in der elektronischen Übertragung über Kabel, ist ein wirtschaftlicher Weitverkehr nur möglich, wenn die optischen Signale geeignet verstärkt werden.

Regeneratoren
Um die Übertragung über lange Strecken zu ermöglichen, wird die Strecke in Abschnitte eingeteilt (Abb. 7.24). Nach jedem Abschnitt erfolgt eine optisch-elektrische (O/E) und elektrisch-optische (E/O) Umsetzung, damit *Regeneratoren* (Reg) die elektrischen Signale jeweils aufbereiten können. Drei Stufen der Signalaufbereitung sind dabei unterscheidbar:

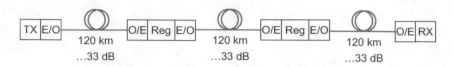

Abb. 7.24 Lichtwellenleiterübertragungsstrecke mit Sender (*TX*) und Empfänger (*RX*), Umsetzern (*E/O*, *O/E*) und Regeneratoren (*Reg*)

- Klasse 1R. Verstärkung der Signalamplitude (1R für „re-transmission"; analog; „repea-ter")

  Das ankommende Signal wird nur verstärkt. Durch Filter können zwar Störanteile außerhalb des Übertragungsbands gedämpft werden, aber das Rauschen im Übertra-gungsband wird mitverstärkt und es kommt das (Eigen-)Rauschen des Verstärkers hin-zu. Das Verhältnis aus Leistung des Nutzsignals S zur Leistung des Rauschens N (SNR, „signal-to-noise ratio") nimmt ab.

- Klasse 2R. Verstärkung der Signalamplitude und Wiederherstellung der (prinzipiellen) Signalform (2R für „re-time and re-transmission"; digital; „repeater")

  Bei digitaler Übertragung mit Impulsen werden mithilfe von Schwellenwertentschei-dungen (z. B. durch Schmitt-Trigger) prinzipiell wieder Impulse erzeugt. Allerdings stimmen, aufgrund der Triggerung mit dem gestörten und verzerrten Empfangssignal, die Zeitdauer und die Zeitabstände der erzeugten Impulse nicht mit dem Original über-ein.

- Klasse 3R. Wiederherstellung der Signalform einschließlich des Zeitbezugs (3R für „re-time, re-transmission and re-shape"; digital; „regenerator")

  In diesem Fall wird auch der Signaltakt regeneriert, sodass die Information neu ge-sendet werden kann. (Hier bietet sich prinzipiell auch die Möglichkeit an, redundant codierte Nachrichten auf Fehler zu prüfen und gegebenenfalls vor dem Weitersenden zu korrigieren.)

Optische Verstärker

Eine Alternative zum Einsatz elektronischer Regeneratoren in Abb. 7.24 bieten rein *op-tische Verstärker*. Sie eröffnen Spielräume für Optimierungen in praktisch allen Übertra-gungskomponenten. Man unterscheidet zwei Typen optischer Verstärker: die Halbleiter-verstärker und die Faserverstärker.

Die *Halbleiterverstärker* funktionieren im Prinzip wie Halbleiterlaser (SLA, Semicon-ductor Laser Amplifier; SOA, Semiconductor Optical Amplifier), wobei die ankommende Strahlung die kohärente Emission des Lasers in der aktiven Zone stimuliert. Die Ei-genschaften der Halbleiterlaser sind stark abhängig von der Wellenlänge der optischen Signale, was ihren Einsatz als breitbandigen Verstärker in einem optischen Netz mit Wel-lenlängenmultiplexsystem erschwert.

Die *Faserverstärker* (OFA, Optical Fiber Amplifier) wurden ab den 1990er-Jahren kommerziell verfügbar und haben der optischen Nachrichtentechnik einen entscheiden-

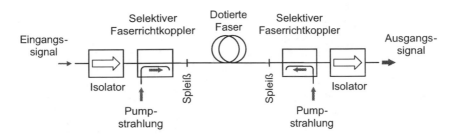

Abb. 7.25 Prinzipieller Aufbau eines Faserverstärkers

den Schub verliehen. Dabei gibt es zwei grundsätzliche Unterschiede, je nachdem ob die Fasern speziell dotiert werden.

In den Standardfasern treten zwei quantenmechanische Effekte auf, die sich zur Signalverstärkung nutzen lassen: der Raman[9]- und der Brillouin[10]-Effekt. Raman- und Brillouin-Verstärker benötigen keine speziell dotierten Fasern und können direkt vor dem Empfänger eingesetzt werden. Der Einsatz unterliegt allerdings gewissen Einschränkungen und die erzielbaren Verstärkungen bewegen sich im Bereich von einigen dB, sodass sie nicht sehr verbreitet sind.

Eine Alternative bzw. Ergänzung zu den genannten Verstärkern liefert die spezielle Dotierung der Fasern über eine gewisse Länge. Dann ist optisches Pumpen möglich: Eine zusätzliche eingespeiste leistungsstarke Strahlung, die *Pumpstrahlung*, hebt Elektronen in höhere Energieniveaus des Dotierungsmaterials. Diese gelangen, gegebenenfalls über Zwischenschritte, in das angeregte Niveau und stellen eine Besetzungsinversion her. Durch die ankommende optische Strahlung stimuliert, fallen die Elektronen zurück in das Grundniveau, wobei sie kohärente Strahlung abgeben. Dabei ist eine Verstärkung von bis zu 30 dB typisch. Den prinzipiellen Aufbau eines Faserverstärkers zeigt Abb. 7.25. Zur dotierten Faser kommen noch die selektiven Faserrichtkoppler für das Einkoppeln der Pumpstrahlung. Die Isolatoren sperren den Durchgang von Strahlung gegen die Pfeilrichtung. Sie verhindern insbesondere eine Rückkopplung zum Sendelaser, wenn der Faserverstärker als Senderverstärker eingesetzt wird.

Pumpstrahlung und Dotierungsmaterial müssen je nach gewünschter Wellenlänge des optischen Signals gewählt werden. Weit verbreitet sind die *EDFA-Verstärker* (*Erbium Doped Fiber Amplifier*), weil sie für das gesamte, im Weitverkehr viel genutzte DWDM-C-Band einsetzbar sind (Abb. 7.4). Für die EDFA-Verstärker zeigt Abb. 7.26 schematisch den wesentlichen Teil des Energieniveauschemas. Häufig verendet werden InGaAs-Pumplaser bei 980 nm. Die so energetisch angehobenen Elektronen fallen nach einem

---

[9] Sir *Chandrasekhara Venkata Raman* (1888–1979), indischer Physiker und Nobelpreisträger (1930).
[10] *Leon Nicolas Brillouin* (1889–1969), US-amerikanischer Physiker französischer Herkunft, emigrierte 1940 in die USA.

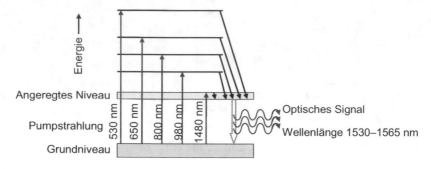

Abb. 7.26 Energieniveauschema von Erbium

Zwischenschritt in das angeregte Niveau, wo sie eine Besetzungsinversion herstellen, so-dass ein optisches Signal im C-Band eine kohärente Strahlung stimulieren kann.

Anmerkungen

- Die stark dotierten Fasern von EDFA-Verstärkern sind typischerweise zwischen 10 und 50 m lang und die Pumpleistungen liegen zwischen etwa 10 und einigen 100 mW.
- Im Jahr 1988 wurde bereits das erste transatlantische LWL-Kabel TAT-8 in Betrieb genommen. Es besaß je zwei Faserpaare und ein Faserpaar in Reserve. Im Abstand von 40 km wurden die Signale regeneriert. Die übertragene (Netto-)Bitrate pro Fa-ser war 20 Mbit/s (Insgesamt 40.000 Sprachtelefonkanäle.) TAT-8 wurde 2002 aus dem Betrieb genommen. Nur sieben Jahre später, 1995, kam mit TAT-12/13 das ers-te transatlantische LWL-Kabel mit EDFA-Verstärkern zum Einsatz (Trischitta et al. 1996). Jede Faser übertrug 2,5 Gbit/s, also insgesamt 10 Gbit/s (entsprechend vier STM-16-Systemen). Dabei sanken die Kosten pro Kanal auf 1/9 im Vergleich zum ersten optischen Kabel TAT-8 (Huurdeman 2003). TAT-12/13 wurde 2008 außer Dienst gestellt.
- Heute sind auch EDFA-Verstärker für das L-Band von 1570 bis 1610 nm verfügbar.

7.2.6 Weitere optische Bauelemente

Mit den LWL, Laserdioden, pin-Dioden und EDFA-Verstärkern wurden zentrale Bauele-mente der optischen Punkt-zu-Punkt-Nachrichtenübertragung vorgestellt. Für den Aufbau eines effizienten optischen Netzes sind weitere optische Komponenten notwendig. De-ren Aufgaben sind u. a.: Umsetzen einer Wellenlänge auf eine andere (z. B. optischer Superheterodynempfänger), Filterung einer Wellenlänge (optische Bandsperre, optischer Bandpass), Zusammenführen und Teilen von Signalen mit unterschiedlichen Wellenlän-gen (optischer Schalter, optischer Splitter, optisches Koppelfeld, optischer Add-Drop-Multiplexer, optischer Cross-Connector) etc. Für diese Aufgaben stehen zum Teil industrielle Produkte bereit, zum Teil sind sie in Entwicklung bzw. ihre Grundlagen werden erforscht. Eine angemessene Diskussion der Ergebnisse würde den Rahmen einer Einführung übersteigen, weshalb interessierte Leserinnen und Leser auf mehr physikalisch orientierte Literatur über die Grundlagen bzw. auf aktuelle anwendungsorientierte Fachpublikationen über den Stand der kommerziell verfügbaren Technik verwiesen werden. Eine wichtige Informationsquelle in Deutschland über den Stand der optischen Nachrichtentechnik ist der *ITG-Fachausschuss 5.3* Optische Nachrichtentechnik, der u. a. mit Fachtagungen umfassend über das Thema optische Netze informiert (ITG-Fachausschuss 5.3, 2.3.2014).

Aufgabe 7.4
Welche elektrooptischen Effekte werden in den Bauelementen a) Fotodiode, b) Laserdiode und c) Lumineszenzdiode benutzt?

Aufgabe 7.5
Beantworten Sie die folgenden Fragen:

a) Wofür steht das Akronym LASER? Erklären Sie das Funktionsprinzip des Lasers?
b) Was versteht man unter einem Faserverstärker und warum ist er in der Nachrichtenübertragungstechnik wichtig? Nennen Sie einen verbreiteten Typ von Faserverstärkern.

Aufgabe 7.6
Für das zweite optische Fenster soll eine Fotodiode ausgewählt werden. Es stehen Fotodioden aus Si oder InGaAs zur Auswahl. Welches Halbleitermaterial sollte gewählt werden?

Aufgabe 7.7
Was versteht man unter dem Lawineneffekt und wo wird er eingesetzt?

7.3 Optische Übertragungssysteme

Nachdem Ende der 1970er-Jahre Feldtests mit faseroptischer Übertragung erfolgreich gewesen waren, begann Anfang der 1980er-Jahre weltweit der Aufbau kommerzieller optischer Übertragungssysteme für den rasch wachsenden digitalen Nachrichtenverkehr.

7.3.1 Optische Transportnetze

SDH, OTH
In den 1980er-Jahren entwickelte Bell Labs in den USA ein optisches Netzwerk mit *synchroner digitaler Hierarchie* (SONET, Synchronous Digital Hierarchy Optical Network), das 1988 von der CCITT, heute ITU-T (International Telecommunication Union),

auf internationale Bedingungen angepasst und als SDH (Synchronous Digital Hierarchy) standardisiert wurde (Kap. 6). SDH fußt auf einer Punkt-zu-Punkt-Übertragung mit *optischen Trägern*. Die Hierarchie beginnt mit der Übertragung von STM1-Transportmodulen, für die die Übertragungskapazität von 155,52 Mbit/s (netto 150,34 Mbit/s) durch OC3-Systeme (Optical Carrier Level 3) bereitgestellt wird. In den höheren Hierarchiestufen werden jeweils vier Transportmodule der zuliefernden Hierarchiestufe zusammengefasst: So entstehen STM4-, STM16- und STM64-Transportmodule mit den korrespondierenden Bitraten 622,08 Mbit/s (OC-12), 2488,32 Mbit/s (OC-48) bzw. 9953,28 Mbit/s (OC-192).

Der stark gewachsene Bandbreitenbedarf durch den Datenverkehr in lokalen Netzen (LAN, Lokal Area Network) und im Internet sowie technologische Fortschritte, wie die Einmodenfaser und der EDFA-Verstärker, haben zu einer Erweiterung der SDH-Hierarchie zu noch höheren Bitraten geführt. Um das Jahr 2000 verabschiedete die ITU-T Empfehlungen für das optische Transportnetzwerk OTN (*Optical Transport Network*), auch optische Transporthierarchie OTH (*Optical Transport Hierarchy*) genannt. Dessen Grundelement ist die OPU-1 (*Optical Payload Channel Unit*) mit der Übertragungskapazität von fast 2,5 Gbit/s, was der Übertragung von STM16-Transportmodul bzw. dem OC-48 entspricht. Mit OPU-2 und OPU-3 werden Bitströme mit annähernd 10 bzw. 40 Gbit/s unterstützt (netto 9,622 bzw. 38,486 Gbit/s).

In den letzten Jahren ist der Bedarf an Übertragungskapazität weiter stark gestiegen. Zunehmend werden Teilnehmeranschlüsse mit 100 Mbit/s und mehr angeboten. Und auch öffentliche Mobilfunknetze haben mit ihren Datendiensten schon den Bereich zweistelliger Megabitraten erreicht. Um den zukünftigen Kapazitätsbedarf zu decken, scheint ein möglichst flächendeckender Ausbau optischer Transportnetzwerke bis zu den Teilnehmern, einschließlich der Basisstationen der öffentlichen Mobilfunkanbieter, der beste Weg zu sein. Hinzu kommt der mit zunehmendem Datenhunger ebenfalls wichtiger werdende Aspekt des Energieverbrauchs der Übertragungssysteme. Schätzungen des Energieverbrauchs des Teilnehmeranschlusses pro übertragenem Bit sehen die Glasfaser im Vorteil zu alternativen Technologien; am ungünstigsten sind die Funktechnologien.

Raum- und Zeitmultiplex

Für einen kostengünstigen Einsatz der optischen Übertragungssysteme ist es wichtig, optische Signale bündeln bzw. trennen und vermitteln zu können. Die gemeinsame Übertragung von Bitströmen unterschiedlicher Quellen bzw. Zubringersysteme bedient sich der Multiplexverfahren. Das *Raummultiplex* (SDM, Space Division Multiplexing) ist so nahe liegend wie meist unattraktiv: Für jeden Kanal wird eine eigene Faser bereitgestellt. Das *Zeitmultiplex* (TDM, Time Division Multiplexing) bietet sich ebenfalls an. Hier wird nur eine optische Verbindung benutzt, die Bitströme der Zubringer werden im Sender aufwendig elektronisch zu einem höherratigen Bitstrom zusammengefasst und im Empfänger wieder getrennt. Entsprechende Systeme mit der Umsetzung von 2,5 (STM-16) auf 10 Gbit/s (STM-64) und 40 Gbit/s (STM-256) sind kommerziell verfügbar. Die nächste Stufe ist in Entwicklung.

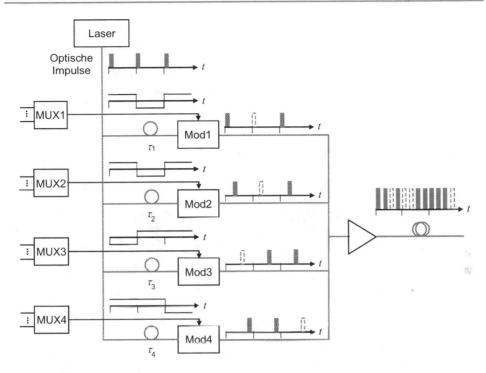

Abb. 7.27 Optisches Zeitmultiplex

Optischer Zeitmultiplex

Als Alternative wird das optische Zeitmultiplex (OTDM) untersucht. Die Idee veranschaulicht Abb. 7.27. Ein Laser sendet sehr kurze Lichtimpulse aus, die über unterschiedlich lange LWL in elektrooptische Modulatoren, z. B. schnelle Mach-Zehnder-Modulatoren, eingespeist werden. Dort werden die Impulse entsprechend den jeweiligen NRZ-Signalen vorgeschalteter elektronischer Multiplexsysteme intensitätsmoduliert; im einfachsten Fall hell-dunkel-getastet.

Ein vereinfachtes Zahlenbeispiel veranschaulicht die Randbedingungen. Für einen Bitstrom mit 40 Gbit/s ergibt sich die Bitdauer T_b zu 25 ps. Sei der Abstand zwischen den Lichtimpulsen ebenfalls 25 ps, so liefert die Lichtquelle alle 200 ps einen Lichtimpuls der Dauer von 25 ps. Die zusätzlichen Verzögerungen der Lichtimpulse auf den speisenden LWL betragen jeweils 50 ps, was bei einer Lichtgeschwindigkeit im LWL von etwa zwei Drittel der Freiraumlichtgeschwindigkeit einer Leitungslänge von 10 mm entspricht.

Wellenlängenmultiplex

Dem optischen Multiplex sind Grenzen gesetzt. Die Impulse können nicht beliebig kurz sein. Es wurden daher Methoden gesucht, die Übertragungskapazität der Fasern anderweitig zu erhöhen. Ein wichtiger Aspekt war dabei die Anwendbarkeit auf bereits verlegte Fasern. Als Lösung wurde 2002 von der ITU-T ein *Wellenlängenmultiplex* eingeführt. (Das

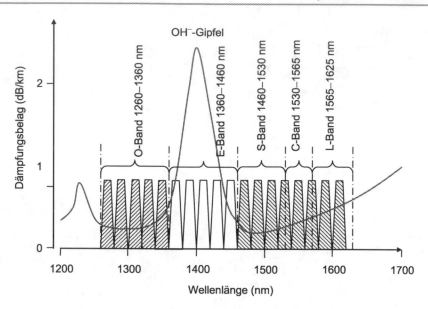

Abb. 7.28 Wellenlängenbänder, CWDM-Kanäle und Faserdämpfungsbelag

Wellenlängenmultiplex ist grundsätzlich ähnlich dem Frequenzmultiplex in der Funkkommunikation.)

Bereits in den 1980er-Jahren wurde vorgeschlagen, für den Duplexbetrieb jeweils ein eigenes optisches Fenster zu nutzen. Eine entsprechende Erweiterung auf den Duplexbetrieb, *Wideband Wavelength Division Multiplexing* (WWDM) genannt, sieht die Übertragung im Sinn von zwei *optischen Trägern* mit den Wellenlängen 1310 und 1550 nm im zweiten bzw. dritten optischen Fenster vor. Der Namenszusatz Breitband deutet an, dass pro Wellenlänge ein herkömmliches breitbandiges optisches Signal übertragen wird. Zusammenfügen und Trennen der Träger geschieht mithilfe optischer Filter. Wegen der relativ einfachen Anforderungen an die Komponenten und damit geringen Kosten pro Kanal, wird das WWDM für passive optische Netze mit Sternstruktur und vielen Endpunkten vorgeschlagen.

Coarse Wave Division Multiplexing

Eine deutliche Kapazitätssteigerung bedeutete das von der ITU-T (G.694.2) im Jahr 2002/ 2003 eingeführte Coarse Wave Division Multiplexing (CWDM), ein WDM-System mit 18 optischen Trägern. Beginnend bei der Wellenlänge 1271 nm wird im Abstand von je 20 nm der Wellenlängenbereich bis 1611 nm mit optischen Trägern belegt (Abb. 7.28). Das Wellenlängenband reicht etwa vom zweiten bis zum dritten optischen Fenster und schließt das dazwischenliegende lokale Dämpfungsmaximum, den OH⁻-Gipfel, ein. Werden bereits verlegte, nicht wasserfreie Fasern nach dem älteren Standard ITU-T G.652a/b verwendet, sind oft nur die acht Kanäle im S-, C- und L-Band nutzbar. In modernen hoch-

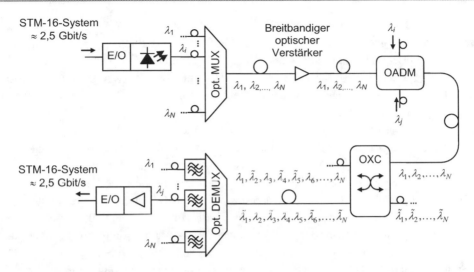

Abb. 7.29 CWDM-System, vereinfachte Darstellung von Schlüsselkomponenten

reinen Fasern nach ITU-T G.652c/d wird der OH^--Gipfel fast vollständig unterdrückt, sodass alle 18 Kanäle nutzbar sind. Jedoch stehen für den gesamten Wellenlängenbereich keine EDFA-Verstärker zur Verfügung, sodass CWDM-Systeme typisch auf großstädtische Ballungsräume (MAN, *Metropolitan Area Network*) mit Entfernungen bis etwa 60 (bis 80) km beschränkt bleiben. Häufig werden mit 2,5 Gbit/s (netto) pro Wellenlänge aggregierte Bitraten von 10 Gbit/s für Ethernet-Anwendungen (10GbE) transportiert.

Den Aufbau eines CWDM-Systems veranschaulicht Abb. 7.29 mit den wichtigsten Komponenten und ihren Funktionen. Oben links beginnend wird das Zubringersignal, z. B. eines STM16-Systems durch einen elektrooptischen (E/O) Umsetzer mit einer Laserdiode auf ein optisches Trägersignal mit der Wellenlänge λ_i umgesetzt. Für die Übertragung über einen LWL bündelt ein optischer Multiplexer bis zu N optische Träger, λ_1 bis λ_N. Ein breitbandiger optischer Verstärker hebt die Leistungen der (verwendeten) Trägersignale an und erhöht so die Reichweite. Optische Add-Drop-Multiplexer (OADM) ermöglichen das ein- und auskoppeln einzelner optischer Träger. Die Überkreuzkopplung verschiedener optischer Träger übernimmt der optische Cross Connect (OXC). Schließlich trennt der optische Demultiplexer die optischen Träger, im Bild durch Bandpässe dargestellt. Nach Verstärkung des optischen Trägers wird durch den O/E-Umsetzer wieder ein Signal eines STM16-Systems erzeugt. Für effizienteren Betrieb werden rekonfigurierbare OADM, sog. ROADM (Reconfigurable OADM), und OXC eingesetzt.

Dense Wave Division Multiplexing

Der Wunsch nach höheren Bitraten und Reichweiten folgend, wurde 2003 von der ITU-T (G.694.1) ebenfalls ein Wellenlängensystem mit optischen Trägern festgelegt, deren Wellenlängenabstände wesentlich kleiner sind als bei CWDM. Man spricht deshalb von *dich-*

tem WDM (DWDM, Dense WDM). Die Referenzfrequenz für die Träger ist 193,10 THz, was der Wellenlänge von etwa 1552,52 nm in der Mitte des C-Bands im dritten optischen Fenster entspricht. Die optischen Träger liegen zur Referenzfrequenz in Abständen, die ganzzahlige Vielfache von 25, 50 bzw. 100 GHz sind. Bei dem Frequenzabstand von 25 GHz ist die minimale Differenz der Wellenlängen nur noch 0,2 nm, also hundertmal kleiner als beim CWDM mit 20 nm.

Grundlage der Einführung des DWDM war u. a. die Tatsache, dass EDFA-Verstärker im C- bzw. L-Band breitbandig arbeiten. Das heißt, jedes Trägersignal wird verstärkt, unabhängig von der Bitrate. Mit EDFA-Zwischenverstärkern alle 80 bis 100 km können so fast beliebige Reichweiten erzielt werden.

Im C-Band und im L-Band lassen sich jeweils bis zu 160 optische Träger unterbringen. Die Anzahl der Träger wird begrenzt durch die mit steigender Zahl zunehmenden gegenseitigen Störungen. Speziell die Temperaturdrift der Laser stellt ein Problem dar. Nur durch hohen technischen Aufwand können die Wellenlängen der Träger im DWDM ausreichend stabil gehalten werden. Mit geringerem Frequenzabstand wachsen die technischen Anforderungen und die übertragbare Bitrate nimmt ab, sodass kommerzielle Systeme stets einen Kompromiss darstellen. Dazu gehört auch, dass die ITU-T für jeden Kanal ein Schutzband von 20 % der Bandbreite vorschreibt, was die Modulation einschränkt und letztlich die Bitraten in den Trägern reduziert. Kommerziell verfügbare Systeme können heute bis zu 64 mal 40 Gbit/s also 2,56 Tbit/s über 1000 km transportieren. Das entspricht 40 Mio. PCM-Sprachtelefonkanälen (unidirektional) über einen LWL.

Für die kleinen Frequenzabstände 25 und 12,5 GHz ist die Bezeichnung *Ultra DWDM* (UDWDM) eingeführt. Im C-Band von 1530 bis 1565 nm werden theoretisch bis zu 160 bzw. 320 Kanäle möglich.

7.3.2   Optisches Ethernet

Von Beginn der LWL-Übertragung in öffentlichen TK-Netzen, die im Zuständigkeitsbereich der ITU-T liegen, wurde parallel versucht, die Vorteile der faseroptischen Übertragung auch für LAN und MAN zu erschließen. Bereits der 1992 verabschiedete IEEE-802.3-CSMA/CD-Standard, bekannt als *Ethernet*, beinhaltete eine faseroptische Variante, *10Base-F* („fiber optics") genannt. Im Jahr 1995 wurde Ethernet von 10 Mbit/s zum Fast Ethernet mit 100 Mbit/s erweitert.

Abermals nur drei Jahre später, 1998, wurde das *Gigabit-Ethernet* (GbE, IEEE 802.3z) als quasi neuer Standard eingeführt. Zur Vereinfachung sind nur mehr Punkt-zu-Punkt-Verbindungen (P2P, Point-to-Point) erlaubt. Das typische Schema einer Netzkonfiguration zeigt Abb. 7.30. Dort sind drei GbE-Switches in einer Ringstruktur verbunden. Die Ringstruktur bietet den Vorteil, dass bei Ausfall eines Segments, einer P2P-Verbindung, weiterhin alle Switches erreichbar sind. Sie wird deshalb oft im MAN eingesetzt.

Die GbE-Switches besitzen mehrere Ein- und Ausgänge, sog. Ports, zwischen denen sie die Ethernet-Rahmen nach den MAC-Adressen der Schicht 2 verteilen (durchschal-

Abb. 7.30 Gigabit-Ethernet
(GbE) über Lichtwellenleiter
im LAN/MAN mit Ringtopo-
logie

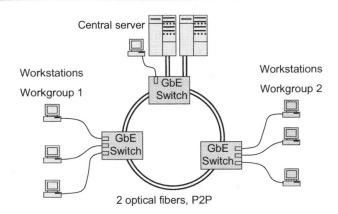

ten) können. Somit kann beispielsweise eine Datenübertragung von einem Server, einem zentralen Rechner der Dienste zur Verfügung stellt (Dienststeller), auf eine Arbeitsstation („work station") als Client (Dienstnehmer) erfolgen oder es können zwei Arbeitsstationen verbunden werden. Aus Gründen der (Abwärts-)Kompatibilität mit bestehenden Einrichtungen ist es oft vorteilhaft, Switches zu verwenden, die mehrere Standards bzw. Übertragungsmedien unterstützen. Im Beispiel könnten die Arbeitsstationen über Fast-Ethernet angebunden sein.

Die GbE-Varianten mit LWL Übertragung werden unter der Bezeichnung *1000Base-X* zusammengefasst. Je nach Einsatzzweck kommen unterschiedliche Lösungen zur Anwendung. 1000Base-LX definiert die Übertragung mit langer („long") Wellenlänge im zweiten optischen Fenster bei 850 nm. Multi-Mode LWL mit einem Bandbreite-Länge-Produkt von 500 MHz·km werden bis zur Länge von 550 m eingesetzt. Bei Verwendung einer Single-Mode LWL sind Strecken bis 5000 m zulässig. Speziell für Gebäudeinstallationen bietet 1000Base-SX eine kostengünstige Alternative mit kurzer („short") Wellenlänge 850 nm im ersten optischen Fenster und reduzierten Bandbreiten und Längen. Im Lauf der Zeit sind weitere Varianten hinzugekommen. Beispielsweise unterstützt 1000Base-BX10 den Duplexbetrieb mit einer Multi-Mode-Faser auf größeren Segmentlängen bis zu 10 km. Im Wellenlängenduplex wird im dritten optischen Fenster (1490 nm) und im zweiten optischen Fenster (1310 nm) in Abwärtsrichtung bzw. Aufwärtsrichtung gearbeitet.

Ab dem Jahr 2002 wurden die Empfehlungen IEEE 802.3 bzw. ae für das *10-Gigabit-Ethernet* (10GbE) verabschiedet. Es unterstützt Punkt-zu-Punkt-Verbindungen mit 10 Gbit/s und Vollduplexbetrieb mit zwei Fasern. Je nach Anwendung und Budget kommen verschiedene Varianten zum Einsatz. Eine Zusammenstellung der Varianten *10GBase* mit einigen physikalischen Merkmalen listet Tab. 7.3 auf.

Seit 2006/2007 wurde an Empfehlungen zum *40GbE* und *100GbE* gearbeitet und 2010 erfolgte mit IEEE 802.3ba deren Verabschiedung. Der Standard sieht wieder unterschiedliche Varianten vor. Die Lösung besteht im Wesentlichen aus der Bündelung von vier oder zehn 10GbE-Kanälen („link aggregation") aus Tab. 7.3.

Tab. 7.3 Varianten des 10-Gigabit-Ethernet (10GbE)

Bezeichnung	Wellenlänge	Fasertyp	Länge
10GBase-S R/W	850 nm	Multi-Mode Fiber	Bis 300 m
10GBase-L X4	Vier optische Träger (Wave Division Multiplexing) im zweiten optischen Fenster (1269–1356 nm)	Multi-Mode Fiber	Bis 300 m
		Single-Mode Fiber	Bis 10 km
10GBase-L R/W	1310 nm	Single-Mode Fiber	Bis 10 km
10GBase-E R/W	1550 nm	Single-Mode Fiber	Bis 40 km

7.3.3   Passive optische Netzwerke

Die Bedeutung von Breitbandanschlüssen für Unternehmen und Organisationen aber auch Privathaushalte ist inzwischen allgemeiner Konsens. In Statistiken wurden früher Anschlüsse ab 1 Mbit/s als breitbandig gezählt. Vor dem Hintergrund des wachsenden Bedarfs an Anwendungen mit hohen Bitraten erscheinen allerdings erst Bitraten ab 100 Mbit/s angemessen. Es existiert ein Bandbreitenbedarf der durch die bestehenden Kupferlösungen nicht mehr befriedigt werden kann. Nur die optische Nachrichtenübertragung über LWL kann die notwendigen hohen Bitraten zur Verfügung stellen. Um die neuen optischen Breitbandanschlüsse für viele bezahlbar zu machen, ist eine kosteneffiziente Technik unumgänglich.

Optischer Teilnehmeranschluss
Die Abb. 7.31 veranschaulicht die Struktur des Teilnehmeranschlussnetzes. Von der Vermittlungsstelle (CO, Central Office) des Kernnetzes („core network") ausgehend, werden die Teilnehmer schließlich fächerartig erreicht. Es handelt sich um ein typisches Verteilernetz mit Punkt-zu-Mehrpunkt-Kommunikation (P2MP, Point-to-Multipoint) mit Duplexbetrieb. Was die Kosteneffizient betrifft, folgt aus Abb. 7.31: Die Kosten der Ver-

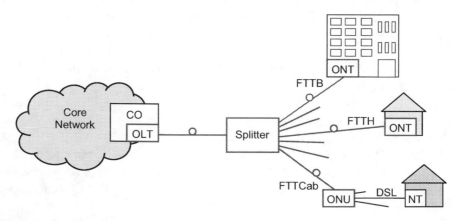

Abb. 7.31 Passives optisches Netz (PON) für den Teilnehmeranschluss

mittlungsstelle teilen sich auf die Teilnehmer auf, während sich die Kosten der Teilnehmereinrichtung summieren. Das spricht für die Idee des passiven optischen Netzes (PON, *Passive Optical Network*), das in den Teilnehmereinrichtungen auf kostspielige Komponenten wie optische Verstärker oder gar Laser bei den Teilnehmern verzichtet.

In Abb. 7.31 beginnt netzseitig das PON mit einem Abschluss für die optische Leitung (OLT, *Optical Line Termination*). Über einen LWL wird das optische Signal in die Nähe der Teilnehmer gebracht. Dort sorgt ein *Splitter* dafür, dass das Signal in die LWL zu den Teilnehmern aufgespaltet wird. Der Splitter hat keine Vermittlungs- und Speicherfunktion. Er arbeitet rein passiv. Wird das optische Signal beispielsweise auf 32 Fasern gleichmäßig verteilt, erfährt jedes Teilsignal eine Dämpfung um $10 \cdot \log_{10}(32)\mathrm{dB} = 15\,\mathrm{dB}$, die bei der Leistungsbilanz zu berücksichtigen ist.

Die Endpunkte für die optischen Signale bilden die optischen Netzabschlüsse (ONT, *Optical Network Termination*) bei den Teilnehmern bzw. ONU (*Optical Network Unit*), wenn sich weitere Zuleitungseinrichtungen, wie eine DSL-Strecke, anschließen.

Die Konzepte und Aktivitäten zum faseroptischen Teilnehmeranschluss werden unter dem Schlagwort *FTTx* zusammengefasst. Dabei stehen FTTH für *Fiber To The Home*, FTTC für *Fiber To The Curb* (Bordsteinkante), FTTCab für *Fiber To The Cabinet* (Schaltschrank, Kabelverzweiger Kvz), FTTB für *Fiber To The Business* und FTTP für *Fiber To The Premise* (Grundstück/Besitz des Kunden).

EPON

Seit den 1980er-Jahren wird am Konzept des PON gearbeitet. Dabei sind zwei Organisationen in der Standardisierung besonders beteiligt: das IEEE und die ITU-T. Aus der Erfahrung mit lokalen Netzen wurde vom IEEE das Ethernet zum GbE weiterentwickelt und 2004 mit 1000Base-PX 10/20 eine PON-Variante standardisiert. Mit einer Reichweite von 10 bzw. 20 km wird in Abwärts- und in Aufwärtsrichtung je über eine SMF übertragen. Für derartige PON hat sich die Bezeichnung G-EPON durchgesetzt. Aus Teilnehmersicht spricht man auch vom Ethernet-Anschluss auf dem ersten Kilometer („Ethernet on the first mile"). Im Jahr 2009 wurde der Standard IEEE 802.3av für das 10G-EPON verabschiedet. Es unterstützt symmetrischen Betrieb mit 10 Gbit/s und asymmetrischen Betrieb mit nur 1 Gbit/s in der Aufwärtsstrecke.

G-PON

Parallel zu den IEEE-Aktivitäten haben die großen öffentlichen Netzbetreiber und Netzausrüster für die Teilnehmeranschlüsse über die ITU-T-G.98X-Serie Empfehlungen für PON entwickelt: zunächst A-PON (ATM), B-PON (Broadband) und ab etwa 2003 G-PON. G-PON sieht eine unsymmetrische Bitrate von etwa 2,5 Gbit/s hin zum Teilnehmer (abwärts, 1490 nm) und 1,25 Gbit/s hin zum Netz (aufwärts, 1310 nm) vor.

Im Jahr 2010 wurde mit 10-GPON, auch XG-PON genannt, die nächste Leistungsstufe spezifiziert. Zwei neue Wellenlängen, 1577 bzw. 1270 nm, wurden gewählt, sodass 10-GPON in Koexistenz mit G-PON eingeführt werden kann.

Betriebsweise und Weiterentwicklung

Die Betriebsweise des PON wird durch die Struktur des Verteilernetzes und der Prämisse passiv bestimmt. In der Regel wird der Wellenlängenduplex mit je einer Wellenlänge für die Abwärts- und Aufwärtsrichtung eingesetzt. Dabei erhalten alle Teilnehmer das gleiche optische Signal. (Durch Verschlüsselung der Daten kann der Datenschutz gewährleistet werden.) In Aufwärtsrichtung wird das Zeitmultiplex eingesetzt; den Teilnehmern werden im Dynamic-Bandwidth-Allocation(DBA)-Verfahren dynamisch nach Bedarf Zeitschlitze für die Übertragung eingeräumt. Dazu sind für jeden Teilnehmer in der OLT Laufzeitmessungen vorzunehmen und die Sendezeiten in den ONU und den ONT zu synchronisieren, damit es bei den an der OLT eintreffenden optischen Signalen zu keinen Kollisionen kommt.

Aktuelle Forschungs- und Entwicklungsarbeiten zum PON haben weitere Verbesserungen bezüglich Kosten, Reichweite, Bitrate etc. im Blick. Vorgeschlagen werden u. a. WDM-Verfahren, OFDM-Modulation des optischen Trägers, Methoden zu DBA, Integration in allgemeine TK-Infrastrukturen usw. (Cvijetic et al. 2010; Kanonakis et al. 2012).

Aufgabe 7.8

Beantworten Sie folgende Fragen

a) Wofür steht das Akronym WDM? In welchem Zusammenhang steht dazu der Begriff „dark fiber"?
b) Welche Bitraten sind heute für Glasfaserstrecken typisch? Welche Reichweiten sind für diese Bitraten ohne besondere Maßnahmen möglich?
c) Was spricht besonders für WDM im C- und L-Band?
d) Welches Problem kann bei Verwendung des E-Bands im WDM auftreten?

Aufgabe 7.9

a) Skizzieren Sie die Struktur eines PON. Benennen Sie die wesentlichen Komponenten.
b) Welche Eigenschaften bzw. fehlende Eigenschaften zeichnen einen passiven Splitter aus?
c) Wie groß ist die typische Zahl der Teilnehmer (ONU, ONT)? Warum ist sie begrenzt?

7.4   Zusammenfassung

Die optische Nachrichtentechnik hat sich in wenigen Jahrzenten zum Rückgrat der globalen TK-Infrastruktur entwickelt. Auf leistungsfähigen LWL-Verbindungen werden Nachrichten in Millisekunden um den Globus geschickt. Aber auch auf der Kurzstrecke zeigt die optische Nachrichtentechnik ihre Stärken. Mit FTTH und FTTB ist sie direkt bei den Teilnehmern angekommen. Blickt man auf Deutschland, waren bis Ende 2012 insgesamt etwa 486.000 km Glasfasern verlegt und 2013 etwa 1,3 Mio. Haushalte an die Glasfaser anschließbar. Davon nutzten nur 184.000 FTTB und 56.000 FTTH (Bundesnetzagentur 10.3.2014). Trotz dieser international eher mäßigen Zahlen kann die Perspektive der optischen Nachrichtentechnik nur positiv eingeschätzt werden. Sowohl der zunehmende Verkehrsbedarf als auch die Innovationen in der optischen Nachrichtentechnik lassen für die kommenden Jahre einen rasch wachsenden Markt für Lösungen aus der optischen Nachrichtentechnik erwarten.

Bei der optischen Nachrichtentechnik werden die Entwicklungsschritte einer neuen Technologie deutlich. Am Anfang stehen die durch Fortschritte der Quantenphysik ausgelösten technischen Inventionen, wie der Lichtwellenleiter, der Laser, die Fotodiode. Daran schließen sich stetige Innovationen zur Leistungssteigerung an. Hier sind zunächst die Fortschritte in der industriellen Fertigung der Komponenten der optischer Nachrichtenübertragungssysteme zu nennen: Herstellung von Gradientenindexfasern (GIF) statt Stufenindexfasern (SIF) und Nutzung von Single-Mode-Fasern (SMF) statt Multi-Mode-Fasern (MMF); Herstellung von Lichtwellenleitern (LWL) ohne OH^--Gipfel; Verbesserung der Halbleitermaterialien bezüglich Reinheit und Dotierung mit Fremdatomen; Verbesserung der Bauformen der Laser, vom gewinngeführten (GGL) zum indexgeführten Laser (IGL); Integration temperaturstabilisierter Halbleiterdiodenlasermodule usw.

Möglich wurden diese stetigen Leistungssteigerungen, weil die sich die Ende des letzten Jahrhunderts entwickelnden Informationsgesellschaften mit ihrem Hunger nach Daten nach breitbandigen Lösungen für eine globale TK-Infrastruktur verlangten. Oder vielleicht umgekehrt? Jedenfalls wäre die Entwicklung ohne vorausschauende große Investitionen bei Herstellern und Netzbetreibern nicht möglich gewesen.

Die Entwicklung der optischen Nachrichtentechnik geht weiter. Allerdings haben sich die Arbeiten mit dem Schwerpunkt optische Netze auf die praktische Anwendbarkeit verschoben. Zum einen geht es darum, Einsatz und Betrieb der optischen Komponenten im industriellen Stil weiter zu verbessern, also beispielsweise Installation und Wartung von Glasfaserstrecken kosteneffizient zu gestalten. Zum anderen geht es um die effektive Interoperabilität mit bestehenden TK-Infrastrukturen und Diensten mithilfe von Schnittstellen und Protokollen. Hierzu muss auf allen Ebenen qualifiziertes Fachpersonal eingesetzt werden. Der Zukunft scheint die Symbiose von optischem Netz und mobilem Funk zum Internet der Dinge vorherbestimmt zu sein.

7.5   Lösungen zu den Aufgaben

Lösung 7.1

a) Die Führung von Lichtwellen in Glasfasern beruht auf der Totalreflexion der Lichtstrahlen zwischen dem optisch dichteren Kern und dem Mantel, sodass die Lichtstrahlen den Kern nicht verlassen.

b) Bei SIF hat die Brechzahl einen sprungförmigen Übergang, eine Stufe, zwischen dem optisch dichteren Kern und dem Mantel. Es breitet sich eine Vielzahl von Lichtstrahlen mit unterschiedlichen Weglängen und damit Laufzeiten zum Ende der Faser hin aus (Multi-Mode-Faser).

Bei der GIF ist der radiale Übergang der Brechzahl parabolisch, sodass alle Lichtstrahlen einer bestimmten Wellenlänge sich gleich schnell zum Faserende fortpflanzen (Single-Mode-Faser).

Bei der Einmodenfaser ist der Durchmesser des Kerns so gering, dass sich die Lichtwelle nur als Mittelpunktstrahl ausbreiten kann (Single-Mode-Faser).

c) Das Bandbreitenlängenprodukt ist das Produkt der für die Übertragung nutzbaren Bandbreite und der Faserlänge. Hierbei beschreibt die Bandbreite die bei der Impulsübertragung mögliche Bitrate im Sinn der Nyquist-Bandbreite. Bei einem Bandbreitenlängenprodukt von 1 GHz · km kann prinzipiell die Bitrate von 2 Gbit/s über 1 km, von 1 Gbit/s über 2 km etc. übertragen werden.

d) Als die drei optischen Fenster bezeichnet man die Wellenlängenbereiche (Frequenzbereiche) lokaler Dämpfungsminima von Glasfasern bei etwa 850, 1300 und 1550 nm. Die optischen Fenster werden durch lokale Dämpfungsmaxima aufgrund von OH^--Ionen-Verunreinigungen in den Fasern getrennt (s. Abb. 7.9). Durch spezielle Fertigungsverfahren lassen sich wasserfreie Gläser ohne diese Dämpfungsüberhöhungen herstellen.

e) Beim Spleißen von Einmodenfasern muss besondere Sorgfalt aufgewendet werden, weil die Fasern nur etwa 5–10 µm Durchmesser aufweisen. Kleine Abweichungen beim Zusammenfügen, Spalt-, Stufen- und Winkelfehler, führen leicht zu Signaldämpfungen von ewa 3 dB. Es werden deshalb oft Spleißautomaten eingesetzt, bei denen die resultierenden Dämpfungen typischerweise bei 0,02–0,3 dB liegen.

Lösung 7.2
Akzeptanzwinkel

$$\theta_A = \arcsin\left(\sqrt{n_K^2 - n_M^2}\right) \approx 0,6 \;\hat{=}\; 34°$$

Lösung 7.3
Numerische Apertur

$$A_N \leq \frac{1550\,\text{nm} \cdot 2,405}{\pi \cdot 10\,\mu\text{m}} \approx 0,119$$

Lösung 7.4
a) Fotodiode – innerer Fotoeffekt; b) Laserdiode – stimulierte kohärente Emission; c) Lumineszenzdiode – Rekombinationsstrahlung

Lösung 7.5

a) LASER steht für Light Amplification by Stimulated Emission of Radiation, also Verstärkung von Licht durch stimulierte Emission von Strahlung. Das Prinzip des Lasers beruht auf dem quantenmechanischen Effekt, dass Elektronen in Atomen bei spontanen Übergängen aus höheren Energieniveaus auf tiefere unter bestimmten Umständen Photonen aussenden können.

Beim Laser werden die Atome durch Besetzungsinversion, d. h. Überbesetzung der höheren Energieniveaus durch externe Energiezufuhr, im strahlungsfähigen Volumen des Lasers (Halbleiter, Kristall) und durch Stimulation zu kohärentem Aussenden von Strahlung angeregt. Die Stimulation kann durch Strahlungsrückkopplung in einem Resonator (z. B. Fabry-Pérot-Resonator) oder extern zugeführte Strahlung (z. B. Faserverstärker) geschehen.

b) Als Faserverstärker bezeichnet man einen speziell dotierten Lichtwellenleiter, i. d. R. nur wenige Meter lang, bei dem die Leistung des optischen Signals beim Durchgang verstärkt wird. Dies geschieht nach dem Laserprinzip, wobei durch eine Pumpstrahlung die Besetzungsinversion erzeugt und durch das eingespeiste optische Signal die kohärente Strahlung angeregt wird.

Ein verbreiteter Typ von Faserverstärkern ist der EDFA-Verstärker (Erbium Doped Fiber Amplifier; Erbium-Verstärker).

Lösung 7.6
Für die Wellenlängen im zweiten optischen Fenster, etwa 1300 nm, ist Si wegen seiner geringen Empfindlichkeit weniger gut geeignet als InGaAs.

Lösung 7.7
In Halbleitern kann unter bestimmten Voraussetzungen durch Stoßionisation eine lawinenartige Vervielfachung der Zahl der freien Ladungsträger eintreten, der Lawineneffekt oder Avalanche-Effekt. Avalanche-Fotodioden nutzen den Lawineneffekt zur inneren Verstärkung des Fotostroms.

Lösung 7.8

a) WDM steht für Wavelength Division Multiplexing, dem Wellenlängenmultiplex. Es werden mehrere optische Signale bei verschiedenen Wellenlängen gleichzeitig über eine Faser übertragen.

Wird auf Fasern, wie zu Beginn der LWL-Technik nicht anders möglich, nur mit einer Wellenlänge übertragen, so ist die Faser bezüglich der möglichen, aber nicht benutzten Wellenlängen dunkel. Man spricht deshalb von einer „dark fiber" und drückt damit aus, dass sie noch eine unausgeschöpfte Übertragungskapazität hat.

b) Typisch für Glasfaserstrecken ohne Verstärker sind Segmentlängen von etwa 10 bis 40 km, wie die 1GbE- und 10GbE-Systeme mit den Nennbitraten 1 Gbit/s bzw. 10 Gbit/s. Hierzu gehören auch passive optische Netzwerke nach ITU-T-Empfehlung, wie das GPON mit der Nennbitrate von 2,5 Gbit/s oder APON und BPON.

c) Für WDM im C- und L-Band spricht die Verfügbarkeit von breitbandigen EDFA-Verstärkern. Damit können die Wellenlängen der WDM-Träger relativ dicht gesetzt werden. Und mit EDFA-Verstärkern sind große Reichweiten möglich.

d) Das E-Band („extended") von 1360 bis 1460 nm schließt den OH^--Dämpfungsgipfel zwischen dem zweiten und dritten optischen Fenster mit ein (s. Abb. 7.9). In nicht wasserkompensierten LWL können die WDM-Träger unterschiedlich gedämpft werden und folglich unterschiedliche Reichweiten haben.

Lösung 7.9

a) Siehe Abb. 7.31
b) Passive Splitter haben keine Vermittlungs- oder Speicherfunktion. Sie arbeiten rein passiv und teilen die optische Leistung entsprechend den N Teilnehmern auf, sodass das Signal zu jedem Teilnehmer die Dämpfung $10 \cdot \log 10(N)$ erfährt.
c) Die Zahl der Teilnehmer (ONU, ONT) wird durch die Sendeleistung im OLT und die Signaldämpfung im passiven Splitter begrenzt. Die typische Zahl der Teilnehmer beträgt bis zu 32 angeschlossene ONU bzw. ONT.

7.6   Abkürzungen und Formelzeichen

Abkürzungen

ADP	Avalanche Photo Diode
ASF	All-Silicon Fiber
ASK	Amplitude Shift Keying
CWDM	Coars Wave Division Multiplexing
DBA	Dynamic Bandwidth Allocation
DBR	Distributed Bragg Reflection
DFB	Distributed Feedback
DH	Doppelheterostruktur
DIN	Deutsches Institut für Normung
DSF	Dispersionsverschobene Faser
DSL	Digital Subscriber Line
DWDM	Dense Wave Division Multiplexing
EDFA	Erbium Doped Fiber Amplifier
E/O	Elektrooptisch
FP	Fabry-Pérot
FTTB/C/Ca/H	Fiber To The Building/Curb/Cabinet/Home
GbE	Gigabit-Ethernet
GGL	Gewinngeführter LASER
GIF	Gradientenindexfaser
IEEE	Institute of Electrical and Electronics Engineers
IGL	Indexgeführter LASER
IR	Infrarot

ITG	Informationstechnische Gesellschaft im VDE
ITU-T/R	International Telecommunication Union – Telecommunication/Radio Sector
LASER	Light Amplification by Stimulated Emission of Radiation
LAN	Local Area Network
LED	Light Emitting Diode
LWL	Lichtwellenleiter
NA	Numerische Apertur
MAC	Medium Access Control
MAN	Metropolitan Area Network
MFD	Modenfelddurchmesser
MM	Multi-Mode
MMF	Multi-Mode Fiber
OADM	Optical Add/Drop Multiplexer
OC	Optical Carrier
OCX	Optical Crossconnect
O/E	Optoelektronisch
OFA	Optical Fiber Amplifier
OFC	Optical Fiber Cable
OLT	Optical Line Termination
ONT	Optical Network Termination
ONU	Optical Network Unit
OFDM	Orthogonal Frequency Division Multiplexing
OPU	Optical Payload Channel Unit
OTDM	Optical Time Division Multiplexing
OTDR	Optical Time Domain Reflectometry
OTN/TH	Optical Transport Network/Transport Hierarchy
PCF	Polymer/Plastic Claded Fiber
PMMA	Polymethylmethacrylat
POF	Polymeric Optical Fiber
PON	Passive Optical Network
P2MP	Point-to-Multipoint
P2P	Point-to-Point
Reg	Regenerator
RX	Receiver
ROADM	Reconfigurable Optical Add/Drop Multiplexer
SDH	Synchrone Digital Hierarchy
SIF	Step Index Fiber
SLA	Semiconductor Laser Amplifier
SM	Single-Mode
SMF	Single-Mode Fiber
SOA	Semiconductor Optical Amplifier

SONET   Synchronous Digital Hierarchy Optical Network
TDM   Time Division Multiplexing
TX   Transmitter
UDWDM   Ultra-Dense Wave Division Multiplexing
UV   Ultraviolett
VCSE   Vertical Cavity Surface Emitting
VDE   Verband der Elektrotechnik, Elektronik und Informationstechnik e. V.
WDM   Wave Division Multiplexing
WWDM   Wideband Wave Division Multiplexing

Formelzeichen

a_{dB} Dämpfung (dB)
α Einfallswinkel
α_{dB} Dämpfungsbelag (dB/km)
α_g Grenzwinkel der Totalreflexion
α_R Dämpfungsbelag aufgrund der Rayleigh-Streuung
A_N Numerische Apertur
B Bandbreite
c Lichtgeschwindigkeit
c_0 Lichtgeschwindigkeit im Vakuum
d Durchmesser
$D(\lambda)$ Dispersionskoeffizient
e   Elementarladung
η Quantenwirkungsgrad
E Energie
E_g Bandabstand
h   Plancksche Konstante
I_D Diodenstrom
I_{th} Schwellenwert des Stroms
P Leistung
P_{opt} Optische Leistung
θ_A Akzeptanzwinkel
Δt Laufzeitdifferenz
$\Delta \tau$ Impulsverbreiterung
ΔL Laufwegdifferenz
f Frequenzvariable
λ Wellenlänge
λ_c Grenzwellenlänge („cut-off")
L (Strahllauf-)Weglänge, Resonatorenabstand
n Brechzahl
$S(\lambda)$ Spektrale Empfindlichkeit

T_b Bitdauer
V Faserparameter
arcsin(.) Arcussinusfunktion
cos(.)   Kosinusfunktion
sin(.)   Sinusfunktion

Literatur

Börner M. (1966) Mehrstufiges Übertragungssystem für in Pulscodemodulation dargestellte Nachrichten. Deutsches Patent, DBP Nr. 1254513, 21. Dezember 1966

Brockhaus (2009) Der Brockhaus multimedial 2009 premium. Mannheim, Bibliographisches Institut & F.A. Brockhaus AG

Brückner V. (2011) Elemente optischer Netze. Grundlagen und Praxis der optischen Datenübertragung. 2. Aufl., Wiesbaden, Vieweg+Teubner

Bundesnetzagentur (10.3.2014) Tätigkeitsbericht Telekommunikation 2012/2013. Verfügbar unter http://www.bundesnetzagentur.de/SharedDocs/Downloads/DE/Allgemeines/Bundesnetzagentur/Publikationen/Berichte/2013/131216_TaetigkeitsberichtTelekommunikation2012-2013.pdf?__blob=publicationFile&v=8

Bundschuh B. und Himmel J. (2003) Optische Informationsübertragung. München, Oldenbourg

Cvijetic N., Qian D. und Hu J. (2010) 100 Gb/s Optical Access Based on Optical Orthogonal Frequency-division Multiplexing. IEEE Communications Magazine 48(7):70–77

Die POF (27.2.2014) Verfügbar unter http://www.pofac.info/startseite/die-pof.html

Eberlein D. (2010a) Grundlagen der Lichtwellenleiter-Technik. In W.J. Bartz, H.-J. Mesenholl und E. Wippler (Hrsg.) Lichtwellenleiter-Technik. 8. Aufl., Renningen, Expert, S 13–95

Eberlein D. (2010b) Lichtwellenleiter-Messtechnik. In W.J. Bartz, H. J. Mesenholl und E. Wippler (Hrsg.) Lichtwellenleiter-Technik. 8. Aufl., Renningen, Expert, S 187–256

Glaser W. (1997) Photonik für Ingenieure. Berlin: Verlag Technik

Glaser W. (2010) Entwicklungsrichtungen. In W.J. Bartz, H.-J. Mesenholl und E. Wippler (Hrsg.) Lichtwellenleiter-Technik. 8. Aufl., Renningen, Expert, S 306–346

ITG-Fachausschuss 5.3 (2.3.2014) Verfügbar unter http://www.vde.com/de/fg/ITG/Arbeitsgebiete/Fachbereich-5/seiten/fachausschuss%205.3.aspx

Hering E., Martin R. (2006) Photonik. Grundlagen, Technologie und Anwendung. Berlin: Springer

Hering E., Martin R. (2017) Optik für Ingenieure und Naturwissenschaftler. Grundlagen und Anwendungen. München: Fachbuchverlag Leipzig im Carl Hanser Verlag

Huurdeman A.A. (2003) The Worldwide History of Telecommunications. Hoboken, NJ, Wiley

Kanonakis K. et al. (2012) An OFDMA-Based Optical Access Network Architecture Exhibiting Ultra-High Capacity and Wireline-Wireless Convergence. IEEE Communications Magazine 50(8):71–78

Kao C.K. und Hockham G.A. (1966) Dielectric-fiber surface waveguides for optical frequencies. Proc. IEEE 133:1151–1158

Kutza C. (2010) Lösbare Verbindungstechnik von Lichtwellenleiter. In W.J. Bartz, H.-J. Mesenholl und E. Wippler (Hrsg.) Lichtwellenleiter-Technik. 8. Aufl., Renningen, Expert, S. 96–141

Lichtwellenleiter (20.2.2014) Verfügbar unter http://de.wikipedia.org/wiki/Lichtleitkabel

Loquai S., Winkler F., Wabra S., Hartl E., Schmauß B. und Ziemann O. (2013) High-speed, Large-Area POF Receivers for Fiber Characterization and Data Transmission $\geq$ 10-Gb/s Based on MSM-Photodetectors. Journal of Lightwave Technology 31(7):1132–1137

Manzke C. und Labs J. (2010) Nichtlösbare Glasfaserverbindung – Fusionsspleißen. In W.J. Bartz, H.-J. Mesenholl und E. Wippler (Hrsg.) Lichtwellenleiter-Technik. 8. Aufl., Renningen, Expert, S 142–186

Meschede D. (2015) Gerthsen Physik. 25. Aufl, Berlin: Springer Spektrum

Optical fiber (2014) Retrieved February 20, 2014, from http://en.wikipedia.org/wiki/Optical_fiber

Schiffner G. (2005) Optische Nachrichtentechnik. Physikalische Grundlagen, Entwicklung, moderne Elemente und Systeme. Wiesbaden: Springer Vieweg

Strobel O. (2006) Optische Nachrichtenübertragung. In E. Hering und R. Martin (Hrsg.) Photonik. Grundlagen, Technologie und Anwendung. Berlin, Springer

Trischitta P., Colas M., Green M., Wuzniak G. und Arena J. (1996) The TAT-12/13 Cable Network. IEEE Communications Magazine 34(2): 24–28. doi:10.1109/35.481240

Ziemann O. et al. (2010) Heimnetzwerke müssen normgerecht sehr schnell und zuverlässig arbeiten. Ntz Fachzeitschrift für Informations- und Kommunikationstechnik 3–4:12-17

Information und Codierung

8

Zusammenfassung

Die Codierung von Information und ihr Schutz gegen Fehler bei der Speicherung und der Übertragung sind zentrale Themen der Nachrichtentechnik. Obgleich beide Aufgaben zusammenhängen, werden sie meist getrennt als Quellencodierung und als Codierung zum Schutz gegen Übertragungsfehler vorgenommen. Dabei hat die (verlustlose) Quellencodierung die Aufgabe, Redundanz aus der Nachricht zu entfernen. Bekannte Verfahren sind die Huffman-Codierung und der Lempel-Ziv-Welch-Algorithmus.

Im Gegensatz dazu fügt die Codierung zum Schutz gegen Übertragungsfehler Redundanz in Form von Prüfzeichen hinzu, damit Übertragungsfehler erkannt und gegebenenfalls korrigiert werden können. Ein Codebeispiel sind die Cyclic-Redundancy-Check(CRC)-Codes, die wegen ihrer Eignung zur Fehlererkennung Standard bei der Datenübertragung sind.

Bei der Übertragung in stark gestörten Kanälen, wie beispielsweise den Mobilfunkkanälen, kommen oft Faltungscodes zum Einsatz. Sie können CRC-Codes wirksam ergänzen. Faltungscodes zeichnen sich durch gutes Fehlerkorrekturvermögen aus. Die Nachrichten werden als Signalfolgen aufgefasst, die im Encoder mit codespezifischen Impulsantworten gefaltet werden. Auf diese Weise werden definiert Abhängigkeiten zwischen den Codeelementen eingeführt, die im Decoder zur Reparatur fehlerhafter Codeabschnitte genutzt werden. Als aufwandsgünstige Realisierung des Decoders wird der Viterbi-Algorithmus eingesetzt.

Schlüsselwörter

Information und Entropie • Quellencodierung • Huffman-Codierung • Lempel-Ziv-Welch-Algorithmus • Kanalcodierung zum Schutz gegen Fehler • symmetrischer Binärkanal (BSC) • lineare binäre Blockcodes • Syndromdecodierung • Hamming-Code • Cyclic-Redundancy-Check-Code (CRC) • Abramson-Code • Schieberegister

© Springer Fachmedien Wiesbaden GmbH 2017
M. Werner, *Nachrichtentechnik*, DOI 10.1007/978-3-8348-2581-0_8

- Faltungscode • Encoderschaltung • Netzdiagramm • Maximum-Likelihood-Decodierung (MLD) • Maximum-Likelihood-Sequenzschätzung (MLSE) • Viterbi-Algorithmus (VA)

Die Informationstheorie liefert eine Definition der Information, die sie zu einer messbaren Größe macht. Damit wird es möglich, Information in technischen Systemen quantitativ zu bestimmen und ihren Fluss zu optimieren. Eine wichtige Anwendung der Informationstheorie ist die redundanzmindernde Quellencodierung. Als Beispiele werden in Abschn. 8.1 die Huffman-Codierung und der Lempel-Ziv-Welch(LZW)-Algorithmus vorgestellt. Die Kanalcodierung hingegen fügt der Nachricht gezielt Redundanz hinzu, sodass der Empfänger Übertragungsfehler erkennen und eventuell sogar korrigieren kann. Dies kann durch die zusätzlichen Prüfzeichen der Hamming-Codes oder der CRC-Codes in Abschn. 8.2 geschehen. Besonders in der Mobilkommunikation werden dazu auch Faltungscodes eingesetzt.

8.1 Einführung in die Informationstheorie und die Quellencodierung

Die Ergebnisse der Informationstheorie machen es möglich, Information in technischen Systemen quantitativ zu bestimmen und ihren Fluss zu optimieren. Eine wichtige Anwendung der Informationstheorie ist die redundanzmindernde Quellencodierung. Als Anwendungsbeispiel werden in den folgenden beiden Unterabschnitten die Huffman-Codierung und der LZW-Algorithmus vorgestellt.

8.1.1 Information, Entropie und Redundanz

Aus täglicher Erfahrung wissen wir: Eine Information (Nachricht) zieht als Neuigkeit unsere Aufmerksamkeit auf sich. Bekanntes stellt keine Information dar. Dieser Zusammenhang erinnert an die Wahrscheinlichkeitsrechnung. Dort haben Ereignisse, die häufig auftreten, die erwartet werden, eine hohe Auftrittswahrscheinlichkeit. Umgekehrt haben unerwartete, überraschende Ereignisse eine kleine Auftrittswahrscheinlichkeit. Informationsgehalt und Wahrscheinlichkeit stehen offenbar in gegenläufigem Zusammenhang.

Informationsquelle
Aus der Vorstellung eines grundsätzlichen Zusammenhangs von Wahrscheinlichkeit der Zeichen und Information entwickelte Claude E. Shannon[1] (1948) den mathematisch-tech-

---

[1] *Claude Elwood Shannon* (1916–2001), US-amerikanischer Ingenieur und Mathematiker, grundlegende Arbeiten zur Informationstheorie.

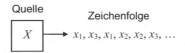

Abb. 8.1 Diskrete Informationsquelle mit dem Zeichenvorrat $X = \{x_1, x_2, x_3, x_4\}$

nischen Informationsbegriff: Wenn es das Wesen der Information ist, Ungewissheit aufzulösen, dann stellt jedes *Zufallsexperiment* eine *Informationsquelle* dar. Das Wissen um den Versuchsausgang beseitigt die dem Experiment innewohnende Ungewissheit. Ebenso wie das Experiment mit der Wahrscheinlichkeitsrechnung im Mittel, d. h. in Erwartung, beschrieben werden kann, sollte auch Information im Mittel beschreibbar sein. Hierzu führte Shannon den mittleren Informationsgehalt, die Entropie, als Erwartungswert ein. Die Gründung des Begriffs Information auf Experimente und die sie beschreibenden Wahrscheinlichkeiten macht die Information zu einer mit statistischen Mitteln empirisch zugänglichen Größe.

Shannon bindet die Information an die statistischen Eigenschaften der Zeichen und führt damit einen syntaktischen Informationsbegriff ein. Die statistischen Bindungen der Zeichen in Zeichenketten spielen dabei zwar eine wichtige Rolle, ihre Bedeutung als Nachricht im Sinne der Semantik wird jedoch nicht erfasst.

Der leichteren Verständlichkeit und der Kürze halber wird im Folgenden Information anhand des Informationsgehalts eines Zeichens eingeführt. Ausgangspunkt ist eine Informationsquelle, die pro Zeittakt ein Zeichen absetzt (Abb. 8.1). Es soll die typische Fragestellung beantwortet werden: Eine diskrete (Nachrichten-)*Quelle* X mit dem Zeichenvorrat (Alphabet) $X = \{x_1, x_2, \ldots, x_N\}$ sendet pro Zeitschritt ein Zeichen aus dem Alphabet. Die Wahrscheinlichkeit des i-ten Zeichens x_i ist p_i. Welchen Informationsgehalt hat das i-te Zeichen?

Die Beantwortung der Frage gelingt mit den folgenden drei Axiomen:

A1 Der Informationsgehalt I eines Zeichens $x_i \in X$ mit der Wahrscheinlichkeit p_i ist ein nicht negatives Maß: $I(p_i) \geq 0$.

A2 Die Informationsgehalte unabhängiger Zeichen, des Zeichenpaars (x_i, x_l), mit der Verbundwahrscheinlichkeit $p_{i,l} = p_i \cdot p_l$ addieren sich zu $I(p_{i,l}) = I(p_i) + I(p_l)$.

A3 Der Informationsgehalt ist eine stetige Funktion der Wahrscheinlichkeiten der Zeichen.

Die Axiome 1 und 2 stellen sicher, dass sich Information nicht gegenseitig auslöscht. Andernfalls würde der Grundsatz verletzt „Information löst stets Ungewissheit auf". Das Axiom 3 drückt den Wunsch aus, dass eine kleine Änderung der (Auftritts-)Wahrscheinlichkeit nur zu einer kleinen Änderung des Informationsgehalts führen soll.

Abb. 8.2 Informationsgehalt $I(p)$ eines Zeichens mit
der Wahrscheinlichkeit p

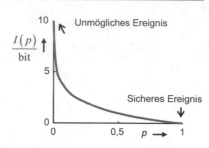

In Axiom 2 wird aus dem Produkt der Wahrscheinlichkeiten die Addition der Informationsgehalte. Dies führt zur Logarithmusfunktion, die die Multiplikation in die Addition abbildet. Man definiert deshalb:

Der *Informationsgehalt* eines Zeichens mit der Wahrscheinlichkeit p ist

$$I\,(p) = -\,\mathrm{ld}\,(p)\,\mathrm{bit}.$$

Es wird i. d. R. der Zweierlogarithmus in Verbindung mit der Pseudoeinheit bit verwendet. Das heißt, $[I] = $ bit bzw. genau genommen bit pro abgegebenem Zeichen. Übliche Schreibweisen für den Logarithmus dualis bzw. Binärlogarithmus („binary logarithm")
sind $\log_2(x) = \mathrm{ld}(x) = \mathrm{lb}(x)$. Die Umrechnung des Logarithmus zu verschiedenen Basen erfolgt mit $\log_a(x) = \log_b(x)/\log_b(a) = \log_b(x) \cdot \log_a(b)$.

Die Abb. 8.2 zeigt den Funktionsverlauf des Informationsgehalts. Der Informationsgehalt des sicheren Ereignisses ($p = 1$) ist null. Mit zunehmender Unsicherheit nimmt der Informationsgehalt stetig zu, bis er schließlich im Grenzfall des unmöglichen Ereignisses ($p = 0$) gegen unendlich strebt. Die obige Definition des Informationsgehalts spiegelt die eingangs gemachten grundsätzlichen Überlegungen wider und erfüllt offensichtlich die Axiome 1 und 3.

Entropie

Der Informationsgehalt einer diskreten Quelle wird als Erwartungswert der Informationsgehalte aller möglichen Zeichen der Quelle bestimmt. Man spricht vom mittleren Informationsgehalt oder in Anlehnung an die Thermodynamik von der *Entropie* der Quelle.

Den grundsätzlichen Überlegungen folgend, verwendete Shannon (1948) eine axiomatische Definition der Entropie, woraus der Informationsgehalt eines Zeichens wie oben in den Axiomen folgte. Er führte als Beispiel die früher verbreiteten Lochkarten an. Eine Lochkarte mit N möglichen Positionen für ein bzw. kein Loch kann genau eine aus 2^N verschiedenen Nachrichten aufnehmen. Nimmt man zwei Lochkarten, so ergeben sich bereits $2^{2 \cdot N}$ verschiedene Möglichkeiten. Die Zahl der möglichen Nachrichten steigt quadratisch. Andererseits sollte erwartet werden, dass zwei Lochkarten zusammen doppelt so viel Information speichern können als eine. Es drängt sich somit der Logarithmus zur Beschreibung des Informationsgehalts auf. Mit $\log(2^N) = N \cdot \log(2)$ und $\log(2^{2 \cdot N}) =$

Abb. 8.3 Entropie der Binärquelle

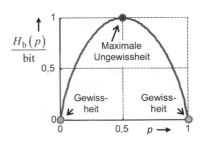

$2 \cdot N \cdot \log(2)$ ergibt sich die erwartete Verdopplung. Man beachte auch, dass 2^{-N} und $2^{-2 \cdot N}$ genau die Wahrscheinlichkeiten der Nachrichten widerspiegeln, wenn alle Nachrichten gleich wahrscheinlich sind, sodass die Definition des Informationsgehalts mithilfe des Logarithmus sinnvoll ist.

Für den Fall einer (endlichen) *diskreten gedächtnislosen Quelle*, bei der die Wahrscheinlichkeiten der einzelnen Zeichen nicht von den vorhergehenden Zeichen abhängen, definiert man: Eine diskrete, gedächtnislose Quelle X mit dem Zeichenvorrat (Alphabet) $X - \{x_1, x_2, \ldots, x_N\}$ und den zugehörigen Wahrscheinlichkeiten $p_1, p_2, \ldots, p_N$ besitzt die *Entropie*

$$H(X) = -\sum_{i-1}^{N} p_i \cdot \mathrm{ld}(p_i) \text{ bit.}$$

Binärquelle

Das einfachste Beispiel einer diskreten gedächtnislosen Quelle ist die *Binärquelle* mit dem Zeichenvorrat $\{0, 1\}$ und den Wahrscheinlichkeiten $p_0 = p$ und $p_1 = 1-p$. Ihre Entropie, manchmal auch *shannonsche Funktion* genannt, ist

$$\frac{H_b(p)}{\text{bit}} = -p \cdot \mathrm{ld}(p) - (1 - p) \cdot \mathrm{ld}(1 - p) .$$

Der Funktionsverlauf ist in Abb. 8.3 zu sehen. Setzt die Quelle stets das Zeichen 1 ab ($p = 0$), so ist die Entropie gleich 0 bit. Da man in diesem Fall weiß, dass die Quelle stets 1 sendet, gibt sie keine Information ab. Sind beide Zeichen gleichwahrscheinlich ($p = 0,5$), wird die Entropie mit 1 bit maximal. Ein Beobachter, der jetzt die Aufgabe hätte, jeweils das nächste Zeichen vorherzusagen, würde im Mittel genauso häufig richtig wie falsch raten. Die Ungewissheit ist maximal.

Die Entropie gibt allgemein Antwort auf die zwei Fragen: Wie viele Ja-/Nein-Entscheidungen sind im Mittel mindestens notwendig, um das aktuelle Zeichen einer Quelle zu erfragen? Und wie viele Bits benötigt man im Mittel, um die Zeichen der Quelle zu codieren?

Um die Bedeutung der Entropie aufzuzeigen, betrachten wir das Zahlenwertbeispiel in Tab. 8.1. Im Beispiel ist die Entropie der diskreten, gedächtnislosen Quelle mit sechs Zeichen etwa 2,25 bit.

Tab. 8.1 Diskrete gedächtnislose Quelle mit dem Zeichenvorrat $X = \{a, b, c, d, e, f\}$, den Wahrscheinlichkeiten p_i, den Informationsgehalten $I(p_i)$ und der Entropie $H(X)$. Zahlenwerte gerundet

x_i	a	b	c	d	e	f
p_i	0,05	0,15	0,05	0,4	0,15	0,2
$I(p_i)$ (bit)	4,32	2,74	4,32	1,32	2,74	2,32
$H(X)$ (bit)	2,25					
Codewort	001	010	011	100	101	110

Wir betrachten nun eine übliche Codierung der Zeichen, den einfachen BCD-Code (*Binary Coded Decimal*) in Tab. 8.1 unten. Die Zeichen werden anhand ihres jeweiligen Index von 1 bis 6 codiert. Der BCD-Code ist ein Blockcode mit gleichlangen Codewörtern. Da sechs Zeichen vorliegen, müssen je Codewort 3 Bits verwendet werden, obwohl die Entropie nur 2,25 bit angibt. Die Entropie besagt im Beispiel, dass die Zeichen der Quelle im Mittel mit 2,25 statt 3 Bits codiert werden können. Ein Verfahren, das einen in diesem Sinn aufwandsgünstigen Code liefert, ist die Huffman-Codierung im nächsten Abschnitt.

Entscheidungsgehalt und Redundanz
Andererseits kann überlegt werden, wie groß die Entropie einer Quelle mit sechs Zeichen maximal sein kann.

Die Entropie einer diskreten gedächtnislosen Quelle mit N Zeichen wird maximal, wenn alle Zeichen gleich wahrscheinlich sind, also maximale Ungewissheit vorliegt. Dieses Maximum ist der *Entscheidungsgehalt* (des Zeichenvorrats) der Quelle:

$$H_0 = \mathrm{ld}(N) \text{ bit}.$$

Der Entscheidungsgehalt einer diskreten gedächtnislosen Quelle mit sechs Zeichen ist 2,58 bit. Dem steht im Beispiel die Entropie von nur 2,25 bit gegenüber.

Die Differenz aus dem Entscheidungsgehalt einer Quelle und ihrer Entropie wird *Redundanz* genannt:

$$R = H_0 - H(X).$$

▶   Der Informationsgehalt eines Zeichens ist der negative Logarithmus der Auftrittswahrscheinlichkeit. Zusammen mit dem Zweierlogarithmus wird die Pseudoeinheit bit verwendet.
Die Entropie, der mittlere Informationsgehalt einer Quelle, ergibt sich als Erwartungswert der Informationsgehalte der Zeichen. Weil Information stets Ungewissheit auflöst, sind die Entropie und alle daraus abgeleiteten (Entropie-) Größen nicht negativ.

Aufgabe 8.1
Bestimmen Sie die Entropie der diskreten gedächtnislosen Quelle mit dem Alphabet a, b, c und d und den Zeichenwahrscheinlichkeiten $1/2$, $1/4$, $1/8$ und $1/8$.

Tab. 8.2 Buchstaben, Morsezeichen und relative Häufigkeiten h_r in der deutschen Schriftsprache (Küpfmüller 1954)

Buchstabe	Morse-zeichen	h_r	Buchstabe	Morse-zeichen	h_r	Buchstabe	Morse-zeichen	h_r
A	. −	0,0651	J	. − − −	0,0019	S	. . .	0,0678
B	− . . .	0,0257	K	− . −	0,0188	T	−	0,0674
C	− . − .	0,0284	L	. − . .	0,0283	U	. . −	0,0370
D	− . .	0,0541	M	− −	0,0301	V	. . . −	0,0107
E	.	0,1669	N	− .	0,0992	W	. − −	0,0140
F	. . − .	0,0204	O	− − −	0,0229	X	− . . −	0,0002
G	− − .	0,0365	P	. − − .	0,0094	Y	− . − −	0,0003
H	. . . .	0,0406	Q	− − . −	0,0007	Z	− − . .	0,0100
I	. .	0,0782	R	. − .	0,0654			

Aufgabe 8.2

Einer diskreten gedächtnislosen Quelle mit sechs Zeichen a bis f sind die Wahrscheinlichkeiten 0,08, 0,20, 0,05, 0,12, 0,30, und 0,25 zugeordneten. Berechnen Sie den Entscheidungsgehalt, die Entropie und die Redundanz der Quelle.

8.1.2   Huffman-Codierung

Die Huffman-Codierung[2] gehört zur Familie der Codierungen mit variabler Codewortlänge. Ein bekanntes Beispiel aus der Familie ist das *Morsealphabet*[3]. Um den Aufwand im Mittel klein zu halten, werden häufige Zeichen mit kurzen Codewörtern belegt. Derartige Codierverfahren bezeichnet man als *redundanzmindernde Codierung* oder *Entropiecodierung*.

Im Beispiel des Morsealphabets in Tab. 8.2 wird der häufige Buchstabe E mit nur einem Zeichen „." und der seltene Buchstabe X mit vier Zeichen „− . . −" codiert. Man beachte auch, das (vollständige) Morsealphabet benötigt ein Kommazeichen, um beispielsweise EE von I unterscheiden zu können.

Huffman-Code

D. Huffman (1952) hat für diskrete gedächtnislose Quellen gezeigt, dass die von ihm angegebene Codierung mit variabler Wortlänge einen optimalen *Präfixcode* liefert. Das heißt, der Huffman-Code liefert die kleinste mittlere Codewortlänge und kein Codewort ist Anfang eines anderen Codeworts. Er ist also ohne Kommazeichen zur Trennung der Codewörter eindeutig decodierbar.

---

[2] *David Huffman* (1925–1999), US-amerikanischer Ingenieur.
[3] *Samuel F. B. Morse* (1791–1872), US-amerikanischer Maler und Erfinder, Vater der Telegrafie.

Die Huffman-Codierung spielt in der Bildcodierung eine wichtige Rolle. Sie ist Bestandteil des JPEG-, MPEG- und H.261-Standards. Auch zur Codierung von digitalen Audiosignalen, wie bei MP3, wird sie eingesetzt.

Die Huffman-Codierung geschieht in drei Schritten. Am Beispiel der diskreten gedächtnislosen Quelle in Tab. 8.1 wird die Codierung vorgeführt.

▶ **Huffman-Codierung**

1. Ordnen → Ordne die Zeichen nach fallenden Wahrscheinlichkeiten
2. Reduzieren → Kombiniere[a] die beiden Zeichen mit den kleinsten Wahrscheinlichkeiten zu einem neuen zusammengesetzten Zeichen. Ordne die Liste neu wie in Schritt 1 und fahre fort, bis alle Zeichen zu einem zusammengefasst sind.
   [a] Im Fall mehrerer Zeichen mit derselben Wahrscheinlichkeit ist es üblich, die Zeichen zu kombinieren, die bis dahin am wenigsten zusammengefasste Zeichen beinhalten. Damit erreicht man bei gleicher mittlerer Codewortlänge zusätzlich eine in der Übertragungstechnik günstigere, weil gleichmäßigere Verteilung der Codewortlängen.
3. Codieren → Beginne bei der letzten Zusammenfassung; ordne jeder ersten Ziffer des Codeworts eines Zeichens der ersten Komponente des zusammengesetzten Zeichens eine 0 und der zweiten Komponente eine 1 zu. Fahre sinngemäß fort, bis alle Zeichen codiert sind.

Im Beispiel zu Tab. 8.1 erhält man im ersten Schritt, dem Ordnen, die in Abb. 8.4 angegebene Reihenfolge der Zeichen in der ersten Spalte mit den zugehörigen Wahrscheinlichkeiten p_i in der zweiten Spalte.

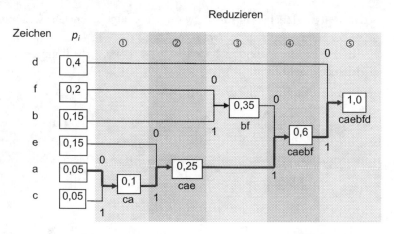

Abb. 8.4 Huffman-Codierung (von Hand ohne Neusortieren nach dem Reduzieren)

Tab. 8.3 Huffman-Code

Zeichen x_i	d	f	b	e	a	c
Wahrscheinlichkeit p_i	0,4	0,2	0,15	0,15	0,05	0,05
Codewort	0	100	101	110	1110	1111
Codewortlänge L_i (bit)	1	3	3	3	4	4

Im zweiten Schritt, dem Reduzieren, werden die beiden Zeichen mit den kleinsten Wahrscheinlichkeiten c und a zu einem Zeichen ca kombiniert. Da es sich um eine diskrete gedächtnislose Quelle handelt, ist die Wahrscheinlichkeit für das Auftreten von c oder a durch die Summe der Wahrscheinlichkeiten gegeben, $p_{ca} = p_c + p_a = 0{,}1$. Nach dem ersten Reduzieren liegt eine diskrete gedächtnislose Quelle mit nur noch fünf Zeichen vor, für die wie oben verfahren werden kann.

Nun werden wieder die beiden Zeichen mit den kleinsten Wahrscheinlichkeiten, nämlich ca und e, zusammengefasst. Für das zusammengesetzte Zeichen erhält man die Wahrscheinlichkeit 0,25. Damit ist sie größer als die Wahrscheinlichkeiten für b und f. Letztere sind nun die beiden kleinsten Wahrscheinlichkeiten. Folglich werden b und f zusammengefasst. Die zugehörige Wahrscheinlichkeit hat den Wert 0,35. Die nunmehr beiden kleinsten Wahrscheinlichkeiten, für bf und cae, ergeben zusammen die Wahrscheinlichkeit 0,6. Die beiden verbleibenden Wahrscheinlichkeiten für d und caebf müssen zusammen den Wert 1 ergeben.

Bei dem von Hand durchgeführten simplen Beispiel wird auf das explizite Sortieren der Zeichen nach jedem Reduzieren verzichtet, d. h. beispielsweise das Hochziehen des zusammengesetzten Zeichens cae unter das Zeichen d. Dadurch erhält man ein etwas übersichtlicheres Verfahren, dessen Code allerdings nicht mehr bitkompatibel zu dem Code mit Umsortieren – wie er für Programmieraufgaben typisch ist – sein muss.

Im dritten Schritt, dem Codieren, werden den Zeichen die Codewörter zugewiesen. Hierbei beginnt man ganz rechts und schreitet nach links fort. Bei jeder Weggabelung (Zusammenfassung von Zeichen) wird dem Pfad nach oben die 0 und dem Pfad nach unten die 1 (oder jeweils umgekehrt) zugewiesen. Der Pfad für die Codezuteilung für das Zeichen a ist in Abb. 8.4 extra markiert. Man erhält schließlich im Beispiel den Huffman-Code in Tab. 8.3.

Dem Huffman-Code liegt das Kriterium zugrunde, ein Code ist umso effizienter, je kürzer seine mittlere Codewortlänge ist. Die *mittlere Codewortlänge* bestimmt sich aus der Länge der einzelnen Codewörter L_i gewichtet mit der Wahrscheinlichkeit der jeweiligen Codewörter (Zeichen) p_i:

$$L = \sum_{i=1}^{N} p_i \cdot L_i.$$

Im Beispiel ist die mittlere Codewortlänge mit $L \approx 2{,}3$ bit (Binärzeichen) nahe an der Entropie $H(X) \approx 2{,}25$ bit. Eine wichtige Kenngröße der Qualität der Codierung ist das

Verhältnis von Entropie zu mittlerer Codewortlänge, die *Effizienz* des Codes oder auch Datenkompressionsfaktor genannt. Sie erreicht im Beispiel den Wert $\eta \approx 0{,}976$:

$$\eta = \frac{H\left(X\right)}{L}.$$

Aus dem Zahlenwertbeispiel wird deutlich: Je größer die Unterschiede zwischen den Wahrscheinlichkeiten der Zeichen sind, desto größer ist die Ersparnis an mittlerer Wortlänge durch die Huffmann-Codierung.

Quellencodierungstheorem

Für die Anwendung ist die Frage wichtig: Wie effizient kann der Code bestenfalls sein? Die Antwort gibt das *Quellencodierungstheorem* von Shannon für diskrete gedächtnislose Quellen. Es besagt, dass ein binärer Code existiert, sodass dessen mittlere Codewortlänge beliebig nahe an die Entropie herankommt (Werner 2008).

Die Informationstheorie zeigt aber auch, dass dabei durch Kombination der Zeichen unter Umständen sehr lange Codewörter entstehen, die einer praktischen Umsetzung des Quellencodierungstheorems entgegenstehen. Durch Zusammenfassen der Zeichen zu kurzen Blöcken vor der Codierung lassen sich jedoch oft signifikante Einsparungen erzielen.

Codebaum

Für den Empfänger ist die Umkehrung der Codierung wichtig. Die Decodiervorschrift des Huffman-Codes folgt unmittelbar aus Abb. 8.4. Durch Verzicht auf das Umordnen beim Codieren in Abb. 8.4 kann der *Codebaum* direkt von rechts nach links abgelesen werden. Der Codebaum in Abb. 8.5 liefert die anschauliche Interpretation der Codiervorschrift.

Für jedes neue Codewort beginnt die Decodierung an der Wurzel. Wird 0 empfangen, so schreitet man auf dem mit 0 gewichteten Zweig, auch Kante genannt, nach oben. Im Beispiel erreicht man das Blatt d. Das gesendete Symbol ist demzufolge d und man beginnt mit dem nächsten Bit von vorne an der Wurzel. Man spricht von einem gerichteten Baum: von der Wurzel über die Zweige zu den Blättern.

Abb. 8.5 Codebaum

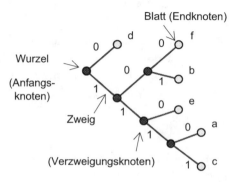

Wird 1 empfangen, wählt man den Zweig nach unten. Man erreicht im Beispiel einen Verzweigungsknoten. Das nächste Bit wählt einen der beiden folgenden Zweige aus. So fährt man fort, bis ein Blatt erreicht ist. Danach beginnt die Decodierung für das nächste Zeichen wieder an der Wurzel.

▶ Die Huffman-Codierung liefert einen optimalen Präfixcode, d. h. einen Code mit kleinster mittlerer Codewortlänge bei dem kein Codewort Anfang eines anderen Codeworts ist.

So einfach die Codierung und Decodierung nach Huffman ist, sie besitzt drei Nachteile:

- Die Huffman-Codierung setzt die Kenntnis der Wahrscheinlichkeiten der Zeichen oder zumindest geeigneter Schätzwerte voraus. Diese sind jedoch oft nicht bekannt bzw. ihre Schätzung ist relativ aufwendig.
- Die unterschiedlichen Codewortlängen führen zu einer ungleichmäßigen Bitrate und Decodierverzögerung.
- Datenkompressionsverfahren reduzieren die Redundanz und erhöhen deshalb die Fehleranfälligkeit. Im Fall der Huffman-Codierung können durch ein falsch erkanntes Bit gegebenenfalls alle nachfolgenden Zeichen falsch decodiert werden.

Für die Komprimierung von großen Dateien werden deshalb sog. *universelle Codierverfahren* wie der Lempel-Ziv-Welch(LZW)-Algorithmus eingesetzt (Abschn. 8.1.3). Sie beginnen die Komprimierung ohne A-priori-Wissen über die Statistik der Daten.

Anmerkungen

- Bei der Datenkompression in der Audio- und der Videocodierung unterscheidet man zwischen Redundanz und Irrelevanz. Man spricht daher von Redundanz bzw. Irrelevanzreduktion.
- Das vorgestellte Konzept der Entropie lässt sich auf Quellen mit Gedächtnis, d. h. Quellen bei denen bereits gesendete Zeichen den weiteren Verlauf beeinflussen, und auf die Informationsübertragung über Nachrichtenkanäle erweitern. Letzteres führt auf den wichtigen Begriff der Transinformation und schließlich der shannonschen Kanalkapazität (Abschn. 8.2.2.3).

Aufgabe 8.3

a) Führen Sie für die diskrete gedächtnislose Quelle in Aufgabe 8.1 eine Huffman-Codierung durch. Skizzieren Sie auch den Codebaum.
b) Welche Effizienz erreicht der Huffman-Code in a) und woran liegt das?

Aufgabe 8.4

a) Führen Sie für die diskrete gedächtnislose Quelle in Aufgabe 8.2 eine Huffman-Codierung durch und skizzieren Sie auch den Codebaum.
b) Geben Sie die Effizienz des Codes an.

Aufgabe 8.5
Nennen Sie wichtige Vor- und Nachteile der Huffman-Codierung.

8.1.3 Lempel-Ziv-Welch-Algorithmus

Betrachtet man allgemein die Aufgabe des Speicherns oder Übertragens eines typischen Textes, so ist die Idee des dynamischen *Wörterbuchs* zur Datenkompression naheliegend. Statt jedes Zeichen einzeln, z. B. als ASCII-Code, zu speichern oder zu übertragen, werden Zeichengruppen, sog. *Phrasen*, gebildet und es wird eine Liste häufiger Phrasen als Wörterbuch angelegt. Damit berücksichtigt das Verfahren implizit das Gedächtnis der Quelle, was zu hohen Kompressionsfaktoren führen kann. Gespeichert oder übertragen werden die Indizes der Phrasen als Ersatzzeichen, also die Position im Wörterbuch. Dabei ist die Datenkompression verlustlos. Zur ordnungsgemäßen Funktion muss allerdings vorausgesetzt werden, dass Sender (Encoder) und Empfänger (Decoder) das gleiche Wörterbuch benutzen.

Für die praktische Anwendung können drei wichtige Folgerungen abgeleitet werden. Zum ersten ist der Effekt der Kompression umso größer, je länger die Phrasen und umso kürzer die Indizes sind. Damit die Indizes mit wenigen Bits dargestellt werden können, sollte der Umfang des Wörterbuchs relativ begrenzt sein. Zum zweiten soll das Verfahren universell einsetzbar sein. Damit ist bei einem Wörterbuch mit nur relativ wenigen Phrasen eine dynamische Anpassung an die lokale Statistik des Textes unumgänglich. Das heißt, das Wörterbuch enthält die Phrasen, die in einem gewissen Textabschnitt häufig vorkommen. (Beispielsweise die Fachausdrücke in einem Kapitel einer Abschlussarbeit.) Für die dynamische Anpassung spricht auch, dass es mit dem Algorithmus zur Anpassung prinzipiell auch möglich sein sollte, im Empfänger ein identisches Wörterbuch zu erstellen. Zum dritten soll das Verfahren mit möglichst geringer Komplexität (Rechenoperationen und Speicher) implementierbar sein.

So einfach die Lösung scheinen mag, ist die Umsetzung in einen effizienten Algorithmus für eine verlustlose Datenkompression jedoch nicht simple. Eine bekannte Lösung ist der *LZW-Algorithmus*, nach A. Lempel, J. Ziv und T. A. Welch benannt. Er beruht auf dem Prinzip des dynamischen Wörterbuchs und ist ein symmetrisches Ein-Schrittverfahren, das sofort mit der Datenkompression beginnt (Welch 1984). Der LZW-Algorithmus wird im nächsten Abschnitt mit einem Beispiel vorgestellt.

8.1.3.1 Kompressionsalgorithmus

Das Flussdiagramm des LZW-Algorithmus zur Kompression ist in Abb. 8.6 zusammengestellt. Der prinzipielle Ablauf des Komprimierungsvorgangs wird am Beispiel der

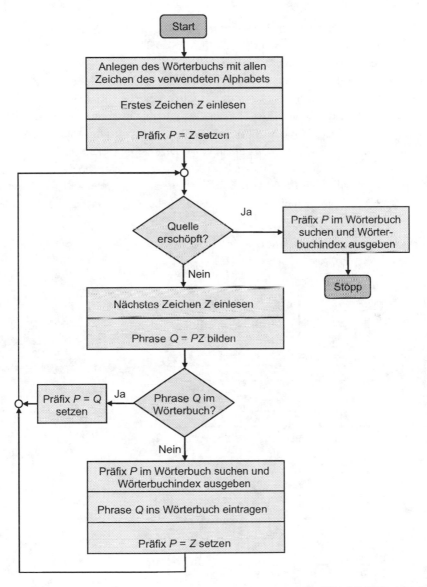

Abb. 8.6 Flussdiagramm der Kompression mit dem Lempel-Ziv-Welch(LZW)-Algorithmus (Welch 1984)

Zeichenkette ohne Leerzeichen

$$a\,b\,a\,b\,c\,b\,a\,b\,a\,b\,a\,a\,a\,a\,a\,a\,a$$

in Abb. 8.7 demonstriert.

In der Initialisierungsphase nach dem Start wird zuerst das Wörterbuch mit allen Zeichen des verwendeten Alphabets vorbesetzt. Im Beispiel sind das der Einfachheit halber die drei Zeichen a, b und c (Abb. 8.7 rechts).

Die Komprimierung beginnt im ersten Takt mit dem Einlesen des ersten Zeichens Z. Mit dem ersten Zeichen wird das *Präfix P* = a für den zweiten Takt vorbesetzt.

Im zweiten Takt wird das nächste Zeichen Z = b eingelesen und die *Phrase Q* durch Anhängen des Zeichens Z an das Präfix gebildet, $Q = PZ$ = ab. Danach wird geprüft, ob die Phrase bereits im Wörterbuch enthalten ist. Dies ist hier nicht der Fall, sodass der Wörterbuchindex des Präfixes P = a als Codewort I_a = 1 ausgegeben wird.

Die Phrase Q wird im Wörterbuch in Abb. 8.7 zum nächsten freien Index 4 eingetragen. Der Wörterbucheintrag geschieht durch Angabe des letzten Zeichens und des Tabellenin-

Komprimierungsalgorithmus						Wörterbuch (K)		
Takt	Präfix	Zeichen	Phrase $Q = PZ$ im Wörterbuch?	Ausgabe(index)	Phrase $Q = PZ$ neu ins Wörterbuch eintragen	Index	Vorgänger-zeichen	Zeichen
n	P	Z	I_w	I_a	$Q \rightarrow I_{end}$+1	1	0	a
1	Präfix mit 1. Zeichen a initialisieren					2	0	b
2	a	b	–	1	ab → 4	3	0	c
3	b	a	–	2	ba → 5	4	1	b
4	a	b	4	–	–	5	2	a
5	ab	c	–	4	abc → 6	6	4	c
6	c	b	–	3	cb → 7	7	3	b
7	b	a	5	–	–	8	5	b
8	ba	b	–	5	bab → 8	9	8	a
9	b	a	5	–	–	10	1	a
10	ba	b	8	–	–	11	10	a
11	baba	a	–	8	baba → 9	12	11	a
12	a	a	–	1	aa → 10	13	–	–
13	a	a	10	–	–	14	–	–
14	aa	a	–	10	aaa → 11	15	–	–
15	a	a	10	–	–	16	–	–
16	aa	a	11	–	–	17	–	–
17	aaa	a		11	aaaa → 12	18	–	–

Abb. 8.7 Komprimierung mit dem Lempel-Ziv-Welch(LZW)-Algorithmus (Welch 1984)

dex des Vorgängerzeichens. Pro Phrase werden somit genau zwei Einträge benötigt. Die gesamte Phrase erhält man aus der Tabelle durch Abarbeiten aller jeweiligen Vorgängerzeichen, bis man bei einem einfachen Zeichen, in Abb. 8.7 durch 0 angezeigt, angelangt ist.

Schließlich wird das aktuelle Zeichen zum Präfix für den nächsten Durchgang, $P = Z = $ b.

Im dritten Takt wird das Zeichen $Z = $ a eingelesen und mit dem Präfix $P = $ b die Phrase $Q = PZ = $ ba gebildet. Es wird geprüft, ob die Phrase Q im Wörterbuch enthalten ist. Dies ist nicht der Fall, sodass der Wörterbuchindex zum Präfix als Codewort $I_a = 2$ ausgegeben wird. Die Phrase Q wird im Wörterbuch zum nächsten freien Index 5 eingetragen. Das aktuelle Zeichen wird zum Präfix $P = Z = $ a für den nächsten Durchgang.

Im vierten Takt ergibt sich eine Variation. Nach dem Einlesen des nächsten Zeichens b, entsteht die Phrase ab, die bereits im Wörterbuch enthalten ist. In diesem Fall wird das Präfix gleich der Phrase gesetzt, $P = Q = $ ab, und der nächste Takt angestoßen.

Im fünften Takt erhält man $Z = $ c und $Q = $ abc. Q ist nicht im Wörterbuch enthalten. Es wird der Wörterbuchindex zum Präfix $P = $ ab als Codewort ausgegeben, also $I_a = 4$. Die Phrase $Q = $ abc wird ins Wörterbuch beim nächsten freien Index 6 eingetragen. Schließlich wird das aktuelle Zeichen zum Präfix $P = Z = $ c für den nächsten Takt.

Der Kompressionsalgorithmus wird entsprechend fortgesetzt, bis das letzte Zeichen berücksichtigt wurde. Im Beispiel in Abb. 8.7 entsteht die Indexfolge der Wörterbucheinträge

$$1, 2, 4, 3, 5, 8, 1, 10 \quad \text{und} \quad 11.$$

Es ist offensichtlich, dass der Spareffekt der Komprimierung erst ab einer gewissen Nachrichtenlänge eintritt, wenn das Wörterbuch vollständig aufgebaut ist und lange Phrasen enthält. Üblich sind Wörterbücher mit der Wortlänge von 12 Bits für die Wörterbuchindizes, also insgesamt $2^{12} = 4096$ Einträgen (Welch 1984).

Man beachte zusätzlich: Im LZW-Algorithmus muss in jedem Takt geprüft werden, ob die Phrase Q bereits im Wörterbuch enthalten ist. Es ist offensichtlich, dass eine sequenzielle Suche einen enormen Aufwand erfordern würde. In den Anwendungen greift man deshalb auf *Hash-Tabellen* zurück. Das heißt, aus den Zeichen der Phrase selbst wird eine eindeutige Wörterbuchadresse berechnet, bei der – oder zumindest in deren Nähe ohne zeitraubendes Suchen – der Eintrag vorgenommen werden kann.

Das Wörterbuch verliert bei langen Nachrichten mit der Zeit seine Anpassung. Je nach Anwendung sind Modifikationen bzw. zusätzliche Maßnahmen zur Aktualisierung des Wörterbuchs anzutreffen. Zusätzlich können, um auch bei kurzen Datensätzen einen guten Kompressionsfaktor zu erreichen, anfangs die Indizes auch mit nur 9, 10 und 11 Bit dargestellt werden, bis das Wörterbuch die entsprechenden Größen, 512, 1024 bzw. 2048, überschreitet (Salomon 2004; Strutz 2009; Welch 1984).

Grundsätzlich liegt die Attraktivität des LZW-Algorithmus in seiner Einfachheit und der Fähigkeit, sofort ohne Vorwissen über die Nachricht, d. h. bis auf das benutzte Alphabet, mit der Kompression zu beginnen.

8.1.3.2 Expansionsalgorithmus

Die Expansion der Zeichenfolge im Empfänger, auch Dekompression genannt, geschieht nach dem Prinzip des *symmetrischen Codierverfahrens*. Das heißt, die Codierung im Sender erfolgt so, dass der Empfänger sie nachvollziehen kann. Hierfür muss bei der Expansion das Wörterbuch genauso angelegt werden wie bei der Kompression, damit zu den übertragenen Indizes die richtigen Phrasen aus dem Wörterbuch des Empfängers entnommen werden. In Abb. 8.8 wird die Vorgehensweise am Beispiel deutlich. Den Ausgangspunkt der Expansion bildet das Wörterbuch mit allen Zeichen des verwendeten Alphabets, wie es auch in der Initialisierungsphase der Kompression verwendet wird.

Im ersten Takt wird der erste Wörterbuchindex $I_e = 1$ eingelesen, die zugehörige Wörterbuchphrase a bestimmt und ausgegeben. Das erste Zeichen übernimmt die Rolle des Präfixes, $P = \mathrm{a}$, für den nächsten Takt.

Mit dem zweiten Takt, dem Wörterbuchindex $I_e = 2$, beginnt die eigentliche Expansion. Es wird zunächst die zugehörige Phrase b aus dem Wörterbuch entnommen und wieder ausgegeben. Nun muss zusätzlich überprüft werden, ob das Wörterbuch zu erweitern ist. Die Wörterbuchphrase übernimmt dazu die Rolle des Zeichens, $Z = \mathrm{b}$, sodass wie bei der Kompression die Phrase $Q = \mathrm{ab}$ betrachtet wird. Wie bei der Kompression wird das Wörterbuch zum Index = 4 um die Phrase Q ergänzt. Das letzte Zeichen b wird zum Präfix für den nächsten Takt.

Im dritten Takt ist der Eingangsindex $I_e = 4$. Aus dem Wörterbuch ergibt sich das Zeichenpaar ab, das ausgegeben werden kann. Nun muss wieder überprüft werden, ob das Wörterbuch zu erweitern ist. Dazu wird, wie bei der Kompression, zeichenweise vorgegangen: zuerst für das Zeichen a und danach für das Zeichen b. Mit dem Präfix b aus dem letzten Takt ergibt sich zunächst die Phrase ba. Sie wird neu ins Wörterbuch eingetragen

Dekomprimierungsalgorithmus					
Takt	Eingangsindex Wörterbuch	Phrase aus dem Wörterbuch auf den Stapel legen	Phrase Q bilden	Phrase Q im Wörterbuch?	Phrase Q ins Wörterbuch eintragen
n	I_e		Q		$Q \to I_{end}+1$
1	1	a	Initialisieren a		
2	2	b	ab	–	ab → 4
3	4	a	ba	–	ba → 5
		b	ab	4	–
4	3	c	abc	–	abc → 6
5	5	b	cb	–	cb → 7
		a	ba	5	–
6	8	Abbruch: Kein Eintrag im Wörterbuch!			

Wörterbuch (E)		
Index	Vorgänger-zeichen	Zeichen
1	0	a
2	0	b
3	0	c
4	1	b
5	2	a
6	4	c
7	3	b

Abb. 8.8 Zur Expansion mit dem Lempel-Ziv-Welch(LZW)-Algorithmus (Welch 1984)

☞ Präfix P = „b"

– Nächstes Zeichen Z = „a", Phrase Q = „ba"

☞ Phrase Q bereits im Wörterbuch unter dem Index I_{ba} = 5

☞ Präfix P = „ba"

– Nächstes Zeichen Z = „b", Phrase Q = „bab"

☞ Phrase Q nicht im Wörterbuch

☞ Index des Präfixes im Wörterbuch I_{ba} = 5 ausgeben ☞ *Expansion*

☞ Phrase Q unter dem Index I_{bab} = 8 ins Wörterbuch

☞ Präfix P = „b"

– Nächstes Zeichen Z = „a", Phrase Q = „ba"

☞ Phrase Q im Wörterbuch unter dem Index I_{ba} = 5

☞ Präfix P = „ba"

– Nächstes Zeichen Z = „b", Phrase Q = „bab"

☞ Phrase Q bereits im Wörterbuch unter dem Index I_{bab} = 8

☞ Präfix P = „bab"

– Nächstes Zeichen Z = „a", Phrase Q = „baba"

☞ Phrase Q nicht im Wörterbuch

☞ Index des Präfixes im Wörterbuch I_{bab} = 8 ausgeben ☞ *Expansion*

usw.

Abb. 8.9 Sonderfall des Lempel-Ziv-Welch(LZW)-Algorithmus für die Kompression

und danach das Präfix a gesetzt. Nun wird die Phrase ab gebildet, die bereits im Wörterbuch vorhanden ist, sodass nur das Präfix mit ab aktualisiert wird und der nächste Takt folgt.

Man beachte, das zeichenweise Abarbeiten der Phrase aus dem Wörterbuch entspricht einer Stapelverarbeitung nach dem Last-In-First-Out(LIFO)-Prinzip entsprechend der Speicherung im Wörterbuch mit Zeichen und Vorgängerzeichen.

In den Takten vier und fünf wird weiter verfahren wie oben.

Im sechsten Takt bricht die Expansion ab, weil der Wörterbuchindex I_e = 8 auf keinen gültigen Eintrag im Wörterbuch verweist. Mit einer zusätzlichen Überlegung wird jedoch die korrekte Fortsetzung der Expansion möglich.

Wir studieren dazu den Sonderfall am Beispiel der Zeichenfolge babab, wobei ba bereits im Wörterbuch enthalten ist und das erste Zeichen b das Präfix für den nächsten Takt bildet. Wir betrachten zunächst den Kompressionsvorgang in Abb. 8.9.

Charakteristisch für den Sonderfall ist, dass bei der Kompression ein neuer Wörterbucheintrag angelegt und anschließend gleich auf ihn verwiesen wird, sodass der entsprechende Wörterbucheintrag bei der Expansion noch nicht erfolgt sein kann. Damit genau dies geschieht, muss sich die Phrase Q = bab zwei Takte später wiederholen. Damit sind Anfang und Ende des fehlenden Wörterbucheintrags Q gebunden. Das Zeichen b am Ende der neuen Wörterbuchphrase bab tritt im nächsten Takt als Präfix auf. Somit muss das erste und letzte Zeichen der Wörterbuchphrase gleich sein.

Das Beispiel lässt sich auf den allgemeinen Fall $ZXZXZ$ mit dem Zeichen Z und der Phrase X erweitern, wobei ZX als bereits im Wörterbuch enthaltende Phrase vorausgesetzt wird.

Die bei der Expansion letzte, dem Wörterbuch entnommene Phrase *ZX* kann mit ihrem ersten Zeichen *Z* zur fehlenden Wörterbuchphrase *ZXZ* eindeutig ergänzt werden. Das Flussdiagramm des so modifizierten Algorithmus zeigt Abb. 8.10.

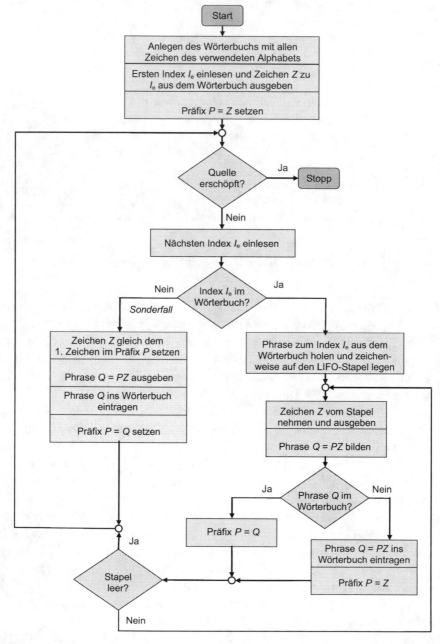

Abb. 8.10   Flussdiagramm zum Lempel-Ziv-Welch(LZW)-Algorithmus für die Expansion (Welch 1984)

		Dekomprimierungsalgorithmus			
Takt	Eingangsindex Wörterbuch	Phrase aus dem Wörterbuch auf den Stapel legen	Phrase Q bilden	Phrase Q im Wörterbuch?	Phrase Q ins Wörterbuch eintragen
n	I_e		Q		$Q \to I_{end}+1$
1	1	a	Initialisieren a		
2	2	b	ab	–	ab → 4
3	4	a	ba	–	ba → 5
		b	ab	5	–
4	3	c	abc	–	abc → 6
5	5	b	cb	–	cb → 7
		a	ba	5	–
6	8	Sonderfall bab			bab → 8
7	1	a	baba	–	baba → 9
8	10	Sonderfall aa			aa → 10
9	11	Sonderfall aaa			aaa → 11
10	1	Abschluss a			

	Wörterbuch (E)	
Index	Vorgänger-zeichen	Zeichen
1	0	a
2	0	b
3	0	c
4	1	b
5	2	a
6	4	c
7	3	b
8	5	b
9	8	a
10	1	a
11	10	a

Abb. 8.11 Zur Expansion mit dem Lempel-Ziv-Welch(LZW)-Algorithmus (Welch 1984)

Wir setzen das Beispiel aus Abb. 8.8 fort. Die expandierte Folge kann nun aus Abb. 8.8 in Spalte 3 abgelesen werden:

a b ab c ba bab a aa aaa a.

In den Sonderfällen werden die nachzuholenden Wörterbucheinträge ausgegeben. Das letzte Zeichen bildet den Abschluss und muss gesondert übertragen werden. Die expandierte Folge stimmt mit der komprimierten überein (Abb. 8.11).

Der LZW-Algorithmus ist ein effizientes und, wie die Anwendungen zeigen, auch effektives Verfahren zur Kompression von Zeichenfolgen. Varianten des Algorithmus haben sich als Standardwerkzeuge der Text- und Bilddatenkompression etabliert, wie z. B. im GIF (Graphics Interchance Format) für Bilder und der Zeichencodierung für Sprachtelefonmodems über die V.42bis-Schnittstelle der ITU-T.

Aufgabe 8.6

Welches Zeichen bzw. Zeichenfolge gehört im Wörterbuch in Abb. 8.11 zum Index $I = 9$?

Aufgabe 8.7

Es soll eine Symbolfolge mit dem LZW-Algorithmus komprimiert werden. Die Symbole werden dem Alphabet $\{a, b, c, d\}$ entnommen.

Codieren Sie die Symbolfolge

b a c b a b a b d c

mit dem LZW-Algorithmus. Geben Sie das Wörterbuch und die Folge der gesendeten Indizes an.

▶ Information ist in unserer alltäglichen Vorstellung subjektiv und kontextbezogen. Will man Information im technischen Sinn erfassen, so ist eine Definition als messbare Größe notwendig. Hier hat sich die axiomatische Definition durch Shannon bewährt. Shannon geht von der Vorstellung aus, dass Information Ungewissheit auflöst. Ungewissheit herrscht überall da, wo ein Zufallsexperiment stattfindet. Ist der Versuchsausgang bekannt, ist die Ungewissheit beseitigt. Jedes Ereignis eines Zufallsexperiments besitzt demzufolge einen Informationsgehalt. Shannon weist den Ereignissen als Informationsgehalt das Negative des Logarithmus der Auftrittswahrscheinlichkeit zu. Im Fall des Zweierlogarithmus wird die Pseudoeinheit bit gesetzt.
Die Pseudoeinheit bit hat direkt praktischen Bezug. So kann eine Informationsquelle mit mittlerem Informationsgehalt, Entropie genannt, nach dem Quellencodierungstheorem auch prinzipiell durch einen binären Code dargestellt werden, dessen mittlere Codewortlänge in Binärzeichen beliebig nahe an die Entropie in bit herankommt. Zwei praktische Verfahren hierzu sind die Huffman-Codierung und der LZW-Algorithmus. Beide sind redundanzmindernd und verlustlos. Während die Huffman-Codierung auf der Wahrscheinlichkeit der Zeichen die Codetabelle vorab aufbaut, arbeitet der LZW-Algorithmus beginnend mit dem ersten Zeichen. Der LZW-Algorithmus erstellt dynamisch ein Wörterbuch und passt sich so an die lokale Häufigkeit der Phrasen an.

8.2   Einführung in die Kanalcodierung und ihre Anwendungen

Bei der Übertragung und Speicherung von Daten existieren zahlreiche Fehlermöglichkeiten. Um wichtige Daten zu schützen, werden jeweils angepasste Verfahren der Kanalcodierung eingesetzt, sodass ein großer Strauß unterschiedlicher Verfahren existiert. Dieser Abschnitt soll dazu grundlegende Konzepte an typischen Beispielen erläutern. Einführend werden zunächst simple Paritätscodes betrachten und danach wird der symmetrische Binärkanals als einfaches Modell des gestörten Kanals vorgestellt. Als Schwerpunkt werden die binären linearen Blockcodes behandelt. Bekannte Vertreter sind der Hamming-Code und die in der Datenübertragung fast allgegenwärtigen Cyclic-Redundancy-Check(CRC)-Codes. Der Abschnitt schließt mit einer Einführung in die Faltungscodes ab, die in der Mobil- und Funkkommunikation eine herausragende Rolle spielen.

8.2.1   Paritätscodes

Paritätscodes ermöglichen einfache Methode der Fehlererkennung.

Tab. 8.4 ASCII-Codewörter mit Parität

Zeichen	ASCII-Code	Paritätsbit	
		gerade	ungerade
M	1101 001	0	1
W	0111 101	1	0

8.2.1.1 Binäre Paritätscodes

Ein Beispiel für die Anwendung von Paritätscodes findet man bei der RS-232-Schnittstelle (Kap. 4). Dort werden die sieben Bits des *Nachrichtenworts* durch ein Paritätsbit so zum *Codewort* ergänzt, dass die XOR-Verknüpfung $\oplus$ aller Bits entweder 0 oder 1 ist. Man spricht von gerader bzw. ungerader Parität.

Im Beispiel in Tab. 8.4 werden die sieben Bits der ASCII-Codewörter der Zeichen M und W zur geraden bzw. ungeraden Parität ergänzt.

Das Ergebnis wird anhand des Zahlenwertbeispiels für M und gerader Parität überprüft:

$$1 \oplus 1 \oplus 0 \oplus 1 \oplus 0 \oplus 0 \oplus 1 \oplus 0 = 0.$$

Mit dem Paritätscode werden durch die Prüfsumme einfache Fehler im Codewort erkannt, wenn die Summe ungleich null ist. Eine Reparatur des fehlerhaften Bits ist im Allgemeinen nicht möglich, da die Fehlerstelle unbekannt ist. Treten zwei Fehler auf, ist das nicht erkennbar, wie man durch ein Beispiel schnell zeigen kann. Bei binären Paritätscodes sind alle n-fachen Fehler mit n gerade nicht erkennbar. Man spricht bei nicht erkennbaren Fehlern von *Restfehlern*.

Anmerkung

- In Anwendungen können Restfehler ein Problem bereiten. Tritt beispielsweise bei einer Softwareaktualisierung ein unerkannter Fehler auf, entsteht ein ungewollter Programmabschnitt, der sporadisch zu Fehlern führen kann. Erst durch den Einsatz geeigneter Fehlerschutzmaßnahmen, wie der Anwendung der CRC-Codes, werden Geschäftsmodelle mit Online-Upgrade-Diensten möglich.

8.2.1.2 Paritätscode mit Kreuzsicherung

Sollen Doppelfehler erkennbar sein, ist ein zusätzlicher Fehlerschutz erforderlich. Dies ermöglicht der zweidimensionale Paritätscode mit *Kreuzsicherung*. Die Idee lässt sich anhand des *Lochstreifens* in Abb. 8.12 erklären. Zeichen werden jeweils quer zum Streifen codiert und längs in Blöcken zusammengefasst.

Tritt beispielsweise ein Doppelfehler in einer Querspalte des Lochstreifens (einschließlich des erweiterten Zeichens für die Querparität) auf, dann ist dies zwar anhand der Querparität nicht zu erkennen, jedoch werden durch die Längsparität zwei Spuren als fehlerhaft erkannt. Da der Paritätscode für jede Zeile und jede Spalte n Fehler mit n ungerade erkennt, sind alle einfachen, doppelten und dreifachen Fehler erkennbar. Für einen Restfehler müssen mindestens vier Fehler in bestimmten Mustern auftreten.

Abb. 8.12 Acht-Spur-Loch-
streifen mit Kreuzparität
(ungerade, Stanzloch für die
logische Eins)

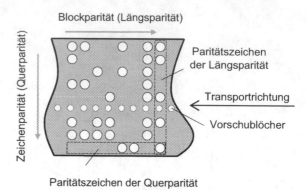

Paritätszeichen der Querparität

Anmerkungen

- Für Lochstreifen existieren unterschiedliche Formate, wie 5-Spur, 7-Spur und
  8-Spur-Lochstreifen mit herstellerspezifischen Codes. Für das Beispiel wurden der
  Einfachheit halber der ASCII-Code und die ungerade Parität gewählt. Die logische
  Eins wird durch ein Stanzloch repräsentiert.
- Bei der Fehlererkennung werden die Zeilen und Spalten einschließlich der Paritäts-
  bits betrachtet. Durch die zusätzlichen Paritätsbits entstehen allerdings zusätzliche
  Fehlermöglichkeiten.

➤ Durch einfache Paritätscodes lassen sich nur einfache Bitfehler sicher erkennen,
   aber keine Fehler korrigieren. Paritätscodes mit Kreuzsicherung erkennen alle
   einfachen, doppelten und dreifachen Fehler in einem Block.

8.2.2 Symmetrischer Binärkanal

Wie entstehen bei der Übertragung fehlerhafte Nachrichten? Wir betrachten dazu ein typisches Kanalmodell. Der *symmetrische Binärkanal* (Binary Symmetric Channel, BSC)
spielt in der Nachrichtentechnik als digitaler Ersatzkanal für die unipolare und bipolare
Übertragung eine herausragende Rolle. Er eignet sich sowohl als Grundlage für analytische Berechnungen als auch zur Monte-Carlo-Simulation, z. B. von Kanalcodierverfahren
oder Netzsimulationen am Computer.

8.2.2.1 Kanalübergangsdiagramm

Der BSC beschreibt die Wirkung des Kanals bei der Übertragung von Binärzeichen vom
Sender zum Empfänger auf der Bitebene. Sender und Empfänger werden als binäre Quellen abstrahiert und der Kanal wird durch das *Kanalübergangsdiagramm* in Abb. 8.13
dargestellt. Den Zeichen der Binärquelle X (Sender) werden durch den Kanal mögliche

Abb. 8.13 Kanalübergangsdiagramm des symmetrischen
Binärkanals

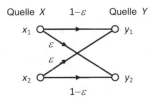

Übergänge auf die Zeichen der Binärquelle Y (Empfänger) zugewiesen. An den Pfaden sind die jeweiligen *Übergangswahrscheinlichkeiten* angeschrieben. Die Übergänge mit der Wahrscheinlichkeit ε stehen für einen Übertragungsfehler. Man spricht deshalb auch von der *Fehlerwahrscheinlichkeit* ε mit $0 \le \varepsilon \le 1/2$. Sie lässt sich beispielsweise durch Schätzung an realen Übertragungssystemen bestimmen. Der BSC ist gedächtnislos.

8.2.2.2 Kanalmatrix

Eine zum Kanalübergangsdiagramm äquivalente Beschreibung liefert die Matrix mit den Übergangswahrscheinlichkeiten, kurz Kanalmatrix genannt. Sie ist eine *stochastische Matrix*, die dadurch gekennzeichnet ist, dass die Summe aller Elemente einer Zeile, die Zeilensumme, stets gleich eins ist.

Im Fall des symmetrischen Binärkanals ergibt sich mit den Übergangswahrscheinlichkeiten vom i-ten Eingang zum j-ten Ausgang $p(y_j|x_i)$ die *Kanalmatrix*

$$
\mathbf{P}_{Y|X} = \left[\begin{array}{cc} p(y_1|x_1) & p(y_2|x_1) \\ p(y_1|x_2) & p(y_2|x_2) \end{array} \right] = \left[\begin{array}{cc} 1 - \varepsilon & \varepsilon \\ \varepsilon & 1 - \varepsilon \end{array} \right].
$$

Aus der Symmetrie der Übergänge folgt die wichtige Eigenschaft, dass eine Gleichverteilung der Zeichen am Eingang eine Gleichverteilung der Zeichen am Ausgang nach sich zieht.

8.2.2.3 Kanalkapazität

In der Informationstheorie wird u. a. der wichtigen Frage nachgegangen, wie viel Information kann der BSC maximal übertragen. Hierzu wird die *Transinformation* $I(X;Y)$ als im Mittel übertragene Information, als eine Entropiegröße, eingeführt. Bestimmt wird dann ihr Maximalwert, die *Kanalkapazität* C, in Abhängigkeit von den Zeichenwahrscheinlichkeiten der Eingangsquelle X. Den funktionalen Zusammenhang zwischen der Transinformation, der Zeichenwahrscheinlichkeit p der Quelle X und der Fehlerwahrscheinlichkeit ε veranschaulicht Abb. 8.14.

Wie erwartet erhält man bei gleichverteilter Binärquelle X am Kanaleingang ($p = 0,5$) und fehlerfreier Übertragung ($\varepsilon = 0$) die maximale Transinformation $I(X;Y) = H(X) = 1$ bit. Die Information wird vom Kanaleingang zum Kanalausgang vollständig weitergereicht. Die Kanalkapazität des BSC, $C = 1$ bit, wird somit gänzlich ausgeschöpft.

Abb. 8.14 Transinformation im symmetrischen Binärkanal in Abhängigkeit von der Zeichenwahrscheinlichkeit p am Kanaleingang und der Fehlerwahrscheinlichkeit ε des Kanals

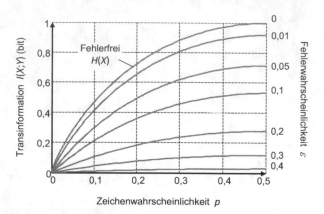

Nicht so bei Kanalstörungen. Im Beispiel einer Fehlerwahrscheinlichkeit von 0,1 beträgt die Transinformation nur noch etwa 0,55 bit. Bei der Fehlerwahrscheinlichkeit von 0,5 ist vom Kanalausgang her kein sinnvoller Rückschluss mehr auf die Zeichen am Kanaleingang möglich. Die gesendeten Zeichen werden genauso häufig mal richtig und mal gestört übertragen.

Gerade weil das Modell des symmetrischen Binärkanals in Abb. 8.13 recht einfach ist, eignet es sich für grundlegende Überlegungen zur Nachrichtenübertragung. Speziell die in den folgenden Abschnitten noch vorgestellten Konzepte zur Kanalcodierung lassen sich mit dem BSC veranschaulichen.

▷   Der symmetrische Binärkanal (BSC) beschreibt auf der Bitebene Kanäle, bei denen Bitfehler gedächtnislos mit der Fehlerwahrscheinlichkeit ε auftreten. Die Kapazität des BSC beträgt 1 bit (pro Zeichen). Bei der Fehlerwahrscheinlichkeit 1/2 ist keine Informationsübertragung möglich.

8.2.3   Kanalcodierung zum Schutz gegen Übertragungsfehler

Beispiele der digitalen Übertragung zeigen, reale Übertragungssysteme sind nicht perfekt. In vielen Anwendungen muss mit Fehlern bei der Übertragung und Speicherung von Daten gerechnet werden, insbesondere bei

- Speichermedien hoher Dichte (Magnetspeicher, Compact Disc (CD) etc.);
- der Nachrichtenübertragung bei begrenzter Signalleistung (Mobilfunk, WLAN, Satellitenkommunikation);
- der Nachrichtenübertragung über stark gestörte Kanäle (Mobilfunk, WLAN, Stromversorgungsleitungen) und
- bei extremen Zuverlässigkeitsanforderungen (CAD-Daten, Programmcode, nach Datenkompression).

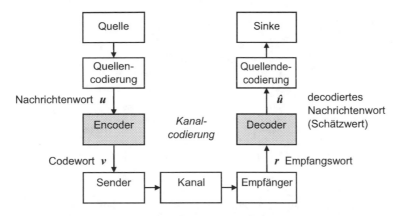

Abb. 8.15 Übertragungsmodell mit Kanalcodierung

In all diesen Fällen wird die *Kanalcodierung* zur Fehlerkontrolle eingesetzt. Die Codierungstheorie stellt auf die jeweilige Anwendung bezogene Verfahren zur Verfügung. Es lassen sich zwei grundsätzliche Fälle unterscheiden:

- *fehlerkorrigierende Codes*, der Empfänger erkennt und korrigiert Fehler;
- *fehlererkennende Codes*, der Empfänger erkennt Fehler und fordert gegebenenfalls die nochmalige Übertragung der Nachricht an.

Die Aufforderung zur wiederholten Übertragung setzt einen Rückkanal voraus und findet v. a. in der Datenübertragung Anwendung, wenn die Fehlerwahrscheinlichkeit ohne Codierung bereits klein ist und es auf eine hohe Zuverlässigkeit ankommt. Ein typischer Wert für die Bitfehlerwahrscheinlichkeit ohne Codierung in Datennetzen ist 10^{-6} (bei optischer Übertragung über Lichtwellenleiter auch 10^{-12}). Durch zusätzliche Kanalcodierung auf der Übertragungsstrecke kann in der Netzschicht eine Bitfehlerwahrscheinlichkeit von 10^{-9} und darunter erreicht werden. Durch weitere Fehlerschutzmaßnahmen der Transportschicht bzw. höherer Schichten werden Restfehler quasi ausgeschlossen. (Die Gefahren durch Restfehler müssen anwendungsbezogen diskutiert werden.)

Eine umfassende Darstellung der Verfahren zur Kanalcodierung und ihrer Anwendungen würde den Rahmen dieses Kapitels übersteigen. In den folgenden Unterabschnitten wird deshalb die Idee der Kanalcodierung exemplarisch anhand einfacher linearer binärer Blockcodes vorgestellt.

Zur Einführung betrachte man das Übertragungsmodell mit Kanalcodierung in Abb. 8.15. Es wird von einer blockorientierten Übertragung ausgegangen. Die Quellencodierung liefert ein binäres *Nachrichtenwort* fester Länge, z. B. $u = (1010)$. Die Kanalcodierung ordnet im *Encoder* dem Nachrichtenwort ein binäres *Codewort* entsprechend der *Codetabelle* in Tab. 8.5 zu. Im Beispiel ist das Codewort $v = (0011010)$.

Tab. 8.5 Codetabelle des
(7, 4)-Hamming-Codes

Nachrichtenwort	Codewort	Nachrichtenwort	Codewort
0000	000 0000	0001	101 0001
1000	110 1000	1001	011 1001
0100	011 0100	0101	110 0101
1100	101 1100	1101	000 1101
0010	111 0010	0011	010 0011
1010	001 1010	1011	100 1011
0110	100 0110	0111	001 0111
1110	010 1110	1111	111 1111

Es wird ein Hamming-Code[4] verwendet, dessen Besonderheiten später noch genauer erläutert werden.

Der Sender generiert ein dem Codewort entsprechendes Signal, das über den Kanal an den Empfänger gesandt wird. Im Empfänger wird das ankommende Signal ausgewertet und ein binäres *Empfangswort r* erzeugt.

Der Decoder vergleicht das Empfangswort mit den Codewörtern. Stimmt das Empfangswort mit einem Codewort überein, so wird das zugehörige Nachrichtenwort ausgegeben. Stimmt das Empfangswort mit keinem Codewort überein, so wird ein Übertragungsfehler erkannt. Soll zusätzlich eine Fehlerkorrektur stattfinden, müssen dazu geeignete Regeln existieren.

Aus diesen einfachen Überlegungen folgen bereits zwei wichtige Aussagen:

- *Restfehler:* Wird ein Codewort durch die Kanalstörung in ein anderes Codewort abgebildet, kann die Störung nicht erkannt werden.
- Gute Codes besitzen eine mathematische Struktur, die die *Fehlererkennung* und gegebenenfalls die *Fehlerkorrektur* unterstützen.

Im Beispiel des (7, 4)-*Hamming-Codes* werden die $2^4 = 16$ möglichen Nachrichtenwörter auf 16 Codewörter der Länge 7, d. h. auf 16 von $2^7 = 128$ möglichen binären Vektoren der Länge 7 abgebildet. Die Auswahl der Codewörter erfolgt so, dass sie sich in möglichst vielen Elementen unterscheiden. Wie in Tab. 8.5 nachzuprüfen ist, unterscheiden sich alle Codewörter in mindestens drei Elementen. Man spricht von der minimalen *Hamming-Distanz* gleich drei.

8.2.4 Lineare binäre Blockcodes

Eine wichtige Familie von Codes sind die *linearen binären Blockcodes*. Sie sind dadurch gekennzeichnet, dass die Nachrichten- und Codewörter als Vektoren aufgefasst und der Codier- und Decodiervorgang mit den Methoden der linearen Algebra beschrieben werden

---

[4] *Richard W. Hamming* (1915–1998), US-amerikanischer Mathematiker und Computerwissenschaftler.

Tab. 8.6 Verknüpfungstafeln der Modulo-2-Arithmetik mit der Addition (XOR) und der Multiplikation (AND)

Addition (XOR)			Multiplikation (AND)		
$\oplus$	0	1	$\odot$	0	1
0	0	1	0	0	0
1	1	0	1	0	1

kann. Die Elemente der auftretenden Vektoren und Matrizen sind 0 oder 1. Mit ihnen wird im Weiteren unter Beachtung der *Modulo-2-Arithmetik* in Tab. 8.6 in gewohnter Weise gerechnet. Mathematisch gesehen liegt ein binärer Körper oder Galois-Körper (GF, Galois Field) der Ordnung 2 vor. Wegen der Vektoreigenschaft der Codewörter wird von Codevektoren, Empfangsvektoren usw. gesprochen.

Anmerkung

- Erwähnt sei hier eine wichtige Erweiterung der Codierung durch den Übergang auf Galois-Körper höherer Ordnung. Eine Familie derartiger Codes sind die Reed-Solomon-Codes, die beispielsweise bei der CD-DA verwendet werden (Schneider-Obermann 1998).

8.2.4.1 Codiervorschrift

Der *Encoder* eines (n, k)-Blockcodes bildet die 2^k möglichen Nachrichtenwörter bijektiv auf 2^k n-dimensionale Codewörter ab (Abb. 8.16). Statt der k Bits des Nachrichtenworts sind nun die n Bits des Codeworts zu übertragen. Man spricht von einer *redundanten Codierung* mit der *Coderate*

$$R = \frac{k}{n}.$$

Je kleiner die Coderate, umso mehr Redundanz besitzt die Codierung, desto größer sind der mögliche Fehlerschutz und allerdings auch der Übertragungsaufwand.

Die Codierung linearer (n, k)-Blockcodes wird durch die *Generatormatrix* $\mathbf{G}_{k \times n}$ und die *Codiervorschrift* festgelegt. Es wird das Nachrichtenwort als Zeilenvektor von links mit der Generatormatrix multipliziert:

$$v = u \odot \mathbf{G}.$$

Im Beispiel des $(7, 4)$-Hamming-Codes besitzt die Generatormatrix vier Zeilen und sieben Spalten:

$$\mathbf{G}_{4 \times 7} = \begin{pmatrix} 1 & 1 & 0 & 1 & 0 & 0 & 0 \\ 0 & 1 & 1 & 0 & 1 & 0 & 0 \\ 1 & 1 & 1 & 0 & 0 & 1 & 0 \\ 1 & 0 & 1 & 0 & 0 & 0 & 1 \end{pmatrix}.$$

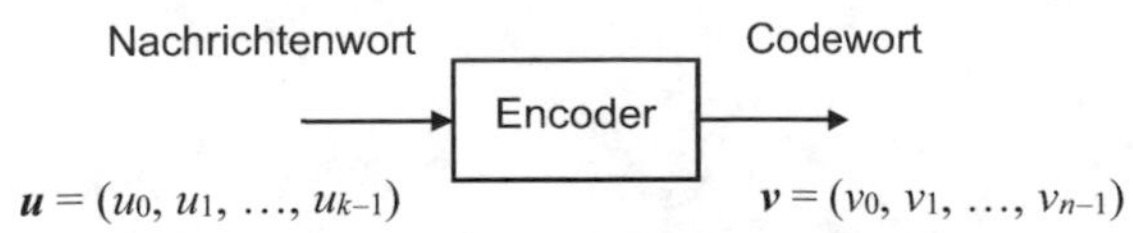

Abb. 8.16 Abbildung durch den Encoder eines (n, k)-Blockcodes

Nachrichtenwort → Encoder → Codewort

$u = (u_0, u_1, \ldots, u_{k-1})$ $v = (v_0, v_1, \ldots, v_{n-1})$

Das Anwenden der Codiervorschrift für das Nachrichtenwort $u = (1010)$ liefert beispielsweise das Codewort

$$v = \begin{pmatrix} 1 & 0 & 1 & 0 \end{pmatrix} \odot \begin{pmatrix} 1 & 1 & 0 & 1 & 0 & 0 & 0 \\ 0 & 1 & 1 & 0 & 1 & 0 & 0 \\ 1 & 1 & 1 & 0 & 0 & 1 & 0 \\ 1 & 0 & 1 & 0 & 0 & 0 & 1 \end{pmatrix} = \begin{pmatrix} 0 & 0 & 1 & 1 & 0 & 1 & 0 \end{pmatrix}.$$

Und für alle Nachrichten erhält man schließlich alle Codewörter in Tab. 8.6. Darin fällt auf, dass in allen Codewörtern das jeweilige Nachrichtenwort im hinteren Teil direkt abgelesen werden kann. Einen solchen Code bezeichnet man als systematisch.

▶   Bei einem *systematischen Code* kann das Nachrichtenwort direkt aus dem Codewort abgelesen werden.

Dass ein systematischer Code vorliegt, ist an der Generatormatrix festzustellen. Es tritt die Einheitsmatrix $\mathbf{I}_k$ als Untermatrix auf:

$$\mathbf{G}_{k \times n} = \begin{pmatrix} \mathbf{P}_{k \times n-k} & \mathbf{I}_k \end{pmatrix}.$$

Anmerkung

- $\mathbf{I}_k$ steht für Identity-Matrix. Der Index k gibt die Dimension an. In der Literatur wird die Einheitsmatrix manchmal auch an den Anfang gestellt. Damit vertauschen sich nur die Plätze der Elemente im Codewort. An den Eigenschaften des Codes ändert sich nichts.

Demgemäß spricht man im Codewort von *Nachrichtenzeichen* und, wie später noch deutlich wird, von *Prüfzeichen*:

$$v = \left(\underbrace{v_0 \quad \cdots \quad v_{n-k-1}}_{n-k \text{ Prüfzeichen}} \quad \underbrace{v_{n-k} \quad \cdots \quad v_{n-1}}_{k \text{ Nachrichtenzeichen}} \right).$$

Aufgabe 8.8
Codieren Sie die Nachricht $u = (1011)$ mit dem $(7, 4)$-Hamming-Code.

8.2.4.2 Syndromdecodierung
Die Aufgabe des Decoders ist es, anhand des Empfangsworts r und dem Wissen über die Codierung die gesendete Nachricht zu rekonstruieren.

Prüfgleichungen

Im Beispiel des systematischen $(7,4)$-Hamming-Codes ist eine Fehlerprüfung einfach möglich. Da ein systematischer Code vorliegt, können die Nachrichtenzeichen des Empfangsworts neu codiert werden. Stimmen die so erzeugten Prüfzeichen nicht mit den empfangenen überein, liegt ein Fehler vor. Die Idee wird in Form von *Prüfgleichungen* ausgearbeitet. Für den $(7,4)$-Hamming-Code ergeben sich aus der Codiervorschrift und der im Empfangswort angenommenen Nachricht $\hat{u} = (r_3, r_4, r_5, r_6)$ die drei Prüfgleichungen entsprechend den ersten drei Spalten der Generatormatrix:

$$
\begin{array}{llllll}
r_0 \oplus & & r_3 \oplus & & r_5 \oplus r_6 & = s_0 \\
& r_1 \oplus & r_3 \oplus r_4 \oplus & r_5 & & = s_1 \\
& & r_2 \oplus & r_4 \oplus r_5 \oplus r_6 & & = s_2
\end{array}
$$

$$\underbrace{}_{\text{Prüfzeichen}} \quad \underbrace{}_{\text{Codierungsvorschrift}}$$

Durch Addition des jeweiligen Prüfzeichens r_0, r_1 bzw. r_2 ergeben die Prüfgleichungen unter Beachtung der Modulo-2-Arithmetik bei Übereinstimmung den Wert null. Liefert eine Prüfsumme nicht null, liegt ein Übertragungsfehler vor.

Die Prüfgleichungen eines systematischen linearen Blockcodes lassen sich direkt aus der Generatormatrix ablesen und in Matrixform angeben. Mit der *Prüfmatrix*

$$\mathbf{H}_{n-k \times n} = \left(\begin{array}{cc} \mathbf{I}_{n\ k} & \mathbf{P}^{T}_{k \times n-k} \end{array} \right)$$

erhält man die Prüfvorschrift der *Syndromdecodierung* mit dem *Syndrom*

$$s = r \odot \mathbf{H}^T = r \odot \left(\begin{array}{c} \mathbf{I}_{n-k} \\ \mathbf{P}_{k \times n-k} \end{array} \right).$$

Ein Fehler wird erkannt, wenn mindestens ein Element des Syndroms ungleich null ist.

Im Beispiel des $(7,4)$-Hamming-Codes erhält man für den Fall einer ungestörten Übertragung, d. h. $r = v = (0011010)$:

$$s = \left(\begin{array}{ccccccc} 0 & 0 & 1 & 1 & 0 & 1 & 0 \end{array} \right) \odot \left(\begin{array}{ccc} 1 & 0 & 0 \\ 0 & 1 & 0 \\ 0 & 0 & 1 \\ 1 & 1 & 0 \\ 0 & 1 & 1 \\ 1 & 1 & 1 \\ 1 & 0 & 1 \end{array} \right) = \left(\begin{array}{ccc} 0 & 0 & 0 \end{array} \right).$$

Tab. 8.7 Syndromtabelle des (7, 4)-Hamming Codes für Einzelfehler

Fehlerstelle im Empfangswort r	r_0	r_1	r_2	r_3	r_4	r_5	r_6
Syndrom s	100	010	001	110	011	111	101

Syndromtabelle

Tritt ein Übertragungsfehler auf, z. B. im vierten Element, d. h. $r = (001\underline{0}010)$, zeigt das Syndrom den Fehler an:

$$
s = \begin{pmatrix} 0 & 0 & 1 & 0 & 0 & 1 & 0 \end{pmatrix} \odot \begin{pmatrix} 1 & 0 & 0 \\ 0 & 1 & 0 \\ 0 & 0 & 1 \\ 1 & 1 & 0 \\ 0 & 1 & 1 \\ 1 & 1 & 1 \\ 1 & 0 & 1 \end{pmatrix} = \begin{pmatrix} 1 & 1 & 0 \end{pmatrix}
$$

Probiert man alle möglichen Fehlerstellen einzeln durch, erhält man die *Syndromtabelle* für Einzelfehler in Tab. 8.7. Man erkennt darin, dass der i-ten Fehlerstelle die i-te Spalte der Prüfmatrix, also der i-ten Zeile von $\mathbf{H}^T$, als Syndrom zugeordnet ist. Da alle Zeilen von $\mathbf{H}^T$ verschieden sind, kann die Fehlerstelle eindeutig erkannt und korrigiert werden.

Anmerkung

- Die Spalten von $\mathbf{H}$ sind verschieden, wenn Zeilen von $\mathbf{P}_{k \times n-k}$ zueinander verschieden sind und mindestens zwei Elemente gleich 1 sind, was später noch zur Konstruktion der Hamming-Codes benutzt wird.

Man beachte auch: Mit $n - k = 3$ stehen drei Prüfstellen und somit drei Elemente für das Syndrom zur Verfügung. Damit lassen sich genau $2^3 = 8$ verschiedene Syndrome darstellen. Das Syndrom mit nur 0 in den Elementen zeigt den Empfang eines Codeworts an. Die restlichen sieben Möglichkeiten sind jeweils einer der sieben möglichen Fehlerstellen im Empfangswort zugeordnet.

Die am Beispiel des (7, 4)-Hamming-Codes eingeführten Größen und Beziehungen für lineare Blockcodes werden nachfolgend mithilfe der linearen Algebra zusammengefasst.

Vektorraum und Prüfmatrix

Den Ausgangspunkt bildet der n-dimensionale binäre Vektorraum mit Modulo-2-Arithmetik. In ihm ist der k-dimensionale Unterraum C mit 2^k Codewörtern eingebettet (Abb. 8.17). Der Code C wird durch k linear unabhängige Basisvektoren $\boldsymbol{g}_1, \ldots, \boldsymbol{g}_k$

Abb. 8.17 Vektorraumstruktur des Codes

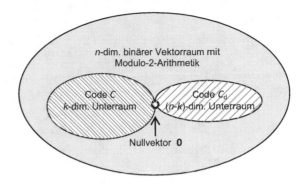

aufgespannt. Sie bilden die Zeilen der *Generatormatrix* des Codes:

$$\mathbf{G}_{k \times n} = \begin{pmatrix} \boldsymbol{g}_1 \\ \vdots \\ \boldsymbol{g}_k \end{pmatrix} = \begin{pmatrix} \mathbf{P}_{k \times n-k} & \mathbf{I}_k \end{pmatrix}.$$

Im Fall eines systematischen Codes kann die Generatormatrix in die Matrix $\mathbf{P}$ und die Einheitsmatrix $\mathbf{I}$ zerlegt werden.

Zu C existiert ein *dualer Unterraum* C_d so, dass das Skalarprodukt zweier Vektoren aus C und C_d stets null ergibt. Das heißt, alle Vektoren aus C sind zu allen Vektoren aus C_d orthogonal und alle Vektoren mit dieser Eigenschaft sind in den beiden Unterräumen enthalten. Der Code ist abgeschlossen. Der duale Vektorraum wird durch die $n - k$ linear unabhängigen Basisvektoren $\boldsymbol{h}_1, \ldots, \boldsymbol{h}_{n-k}$ aufgespannt. Sie liefern die *Prüfmatrix*

$$\mathbf{H}_{n-k \times n} = \begin{pmatrix} \boldsymbol{h}_1 \\ \vdots \\ \boldsymbol{h}_{n-k} \end{pmatrix} = \begin{pmatrix} \mathbf{I}_{n-k} & \mathbf{P}_{k \times n-k}^T \end{pmatrix},$$

wobei der rechte Teil der Gleichung für systematische Codes gilt.

Bei der Syndromdecodierung benutzt der Empfänger die Eigenschaft der *Orthogonalität* des Codes:

$$\mathbf{G} \odot \mathbf{H}^T = \mathbf{0}.$$

Für jedes Codewort $\boldsymbol{v} \in C$ liefert die Syndromberechnung den Nullvektor

$$\boldsymbol{s} = \boldsymbol{v} \odot \mathbf{H}^T = \mathbf{0}.$$

Jedes Empfangswort, das nicht im Code enthalten ist, führt zu einem vom Nullvektor verschiedenen Syndrom:

$$\boldsymbol{s} = \boldsymbol{r} \odot \mathbf{H}^T \neq \mathbf{0} \quad \text{für } \boldsymbol{r} \notin C.$$

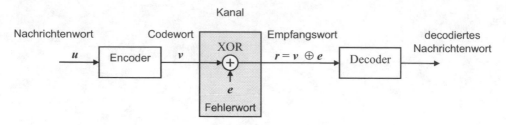

Abb. 8.18   Übertragungsmodell auf der Bitebene

Syndromdecodierung

Nachdem die Vektorraumstruktur des Codes aufgedeckt wurde, wenden wir den Blick wieder der Übertragung und der Decodierung zu. Für die Analyse der Syndromdecodierung wird die Übertragung wie in Abb. 8.18 auf der Bitebene modelliert. Der Kanal stellt sich als Modulo-2-Addition (XOR-Verknüpfung) des zu übertragenden Codeworts v mit dem Fehlerwort e („error") dar. Ist das i-te Element des Fehlerworts 1, so ist das i-te Element des Empfangsworts gestört. Das Fehlerereignis im letzten Beispiel, die Störung des vierten Elements im Empfangswort, wird folglich mit dem Fehlerwort $e = (0001000)$ ausgedrückt.

Die Syndromdecodierung liefert wegen der Linearität und der Orthogonalität

$$s = r \odot \mathbf{H}^{T} = (v \oplus e) \odot \mathbf{H}^{T} = e \odot \mathbf{H}^{T}.$$

Die Gleichung bildet die Grundlage für das Verständnis der Fehlererkennungs- und Fehlerkorrektureigenschaften der Syndromdecodierung. Es lassen sich die folgenden Fälle unterscheiden:

- Fall 1:

$$s = 0 \Leftrightarrow e \in C \text{ mit } \quad e = 0 \quad \Rightarrow \text{fehlerfreie Übertragung}$$
$$\text{oder} \quad e \neq 0 \quad \Rightarrow \textit{Restfehler}, \text{Fehler nicht erkennbar}$$

- Fall 2:

$$s \neq 0 \Leftrightarrow e \notin C \quad \Rightarrow \text{Übertragungsfehler wird erkannt}$$

Für den Decodierprozess bedeutet das:

- Im ersten Fall gibt der Decoder das decodierte Nachrichtenwort aus. Ein möglicher Übertragungsfehler wird nicht erkannt (Restfehler).
- Im zweiten Fall stellt der Decoder einen Übertragungsfehler fest. Er kann nun eine Fehlermeldung ausgeben und oder einen Korrekturversuch durchführen.

Ein Beispiel mit dem $(7, 4)$-Hamming-Code verdeutlicht das Fehlerkorrekturvermögen. Die Syndromtabelle zeigt, dass jeder Einzelfehler eindeutig erkannt wird. In diesem Fall ist es möglich, die Fehlerstelle zu korrigieren. Tritt jedoch ein Doppelfehler auf, wie bei $u = (1010)$, $v = (0011010)$ und $r = (1111010)$, so kann er am Syndrom nicht eindeutig erkannt werden. Im Beispiel erhält man als Syndrom die vierte Spalte der Prüfmatrix $s = (110)$. Der Korrekturversuch würde einen Fehler in der detektierten Nachricht $\hat{u} = (0010)$ erzeugen.

Das Beispiel macht deutlich, dass der Einsatz der Kanalcodierung auf die konkrete Anwendung und insbesondere auf den Kanal bezogen werden muss. Liegt ein AWGN-Kanal oder äquivalent eine BSC vor, sind die Übertragungsfehler unabhängig. Die Wahrscheinlichkeit für einen Doppelfehler ε^2 ist demzufolge viel kleiner als für einen Einfachfehler ε. Korrekturversuche werden dann in den meisten Fällen erfolgreich sein.

Liegt beispielsweise ein Kanal mit nur Fehlerpaaren vor, z. B. durch Übersteuerungseffekte denkbar, ist die Korrektur von Einzelfehlern sinnlos. Ebenso wichtig für die praktische Auswahl des Kanalcodierverfahrens sind die Einbeziehung der Eigenschaften der Sinke und die Frage nach den Bedingungen der technischen Realisierung.

▷   Bei der *Syndromdecodierung* wird nur geprüft, ob ein Empfangswort ein Codewort ist. Wird bei der Übertragung ein Codewort in ein anders verfälscht, kann dies nicht erkannt werden. Es tritt ein Restfehler auf.

Aufgabe 8.9
Bei einer Übertragung mit dem $(7, 4)$-Hamming-Code wird das Empfangswort (0101100) empfangen. Geben Sie die decodierte Nachricht an, wenn gegebenenfalls eine Fehlerkorrektur vorgenommen wird.

Aufgabe 8.10
Warum kann man beim $(7, 4)$-Hamming-Code sofort sehen, dass ein Fehler vorliegt, wenn das Empfangswort nur ein oder zwei Einser enthält?

8.2.4.3 Hamming-Distanz und Fehlerkorrekturvermögen
Im vorhergehenden Abschnitt wurden die grundsätzlichen Eigenschaften der linearen binären Blockcodes und der Syndromdecodierung vorgestellt und am Beispiel des $(7, 4)$-Hamming-Codes veranschaulicht. Offen bleiben jedoch die Fragen: Was sind gute Codes und wie findet man sie? Im Folgenden wird auf diese Fragen eine kurze, einführende Antwort gegeben.

Korrigierkugeln
Zum leichteren Verständnis des Decodiervorgangs benutzt man die geometrische Vorstellung des Vektorraums. Die Abb. 8.19 veranschaulicht einen Ausschnitt des n-dimensionalen binären Vektorraums mit den Codewörtern und den restlichen Vektoren. Der Nullvektor ist gesondert markiert. Der Encoder sende ein Codewort v_1. Die Übertragung sei gestört. Es können nun die im letzten Abschnitt diskutierten drei Fälle auftreten:

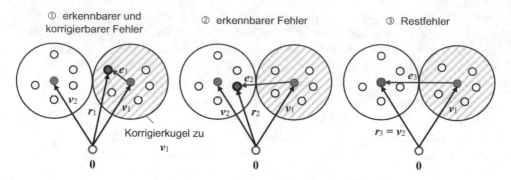

Abb. 8.19 Vektorraum mit Codewörtern *v* und Empfangswörtern *r*

1. Im ersten Fall sei die Störung durch das Fehlerwort e_1 beschrieben. Man erhält das Empfangswort r_1 innerhalb der Korrigierkugel zu v_1. Die *Korrigierkugel* eines Codeworts ist dadurch gekennzeichnet, dass alle Empfangswörter in der Korrigierkugel bei der Decodierung auf das Codewort abgebildet werden. Im Beispiel wird ein Fehler erkannt und das richtige Codewort v_1 decodiert.
2. Im zweiten Fall sei e_2 wirksam. Das Empfangswort r_2 liegt in der Korrigierkugel von v_2, sodass die Detektion das falsche Codewort v_2 ergibt. Da das Empfangswort kein Codewort ist, wird ein Fehler erkannt.
3. Im dritten Fall wird das Codewort durch e_3 in das Codewort v_2 verfälscht und ein nicht erkennbarer Restfehler tritt auf.

Hamming-Distanz und Hamming-Gewicht

Aus dem Bild wird deutlich, dass für das Fehlerkorrekturvermögen des Codes die Abstände zwischen den Codewörtern wichtig sind. Man definiert den Abstand zweier binärer Vektoren als die Zahl ihrer unterschiedlichen Komponenten und nennt ihn *Hamming-Distanz*

$$d\left(v_i, v_j\right) = \sum_{l=0}^{n-1} v_{i,l} \oplus v_{j,l}.$$

Äquivalent dazu ist die Formulierung mit dem *Hamming-Gewicht*, der Zahl der von 0 verschiedenen Elemente eines Vektors:

$$d\left(v_i, v_j\right) = w_\text{H}\left(v_i \oplus v_j\right).$$

Die beiden Codewörter $v_1 = (1101000)$ und $v_2 = (0110100)$ aus Tab. 8.7 veranschaulicht die Berechnung. Die Hamming-Distanz der beiden Codewörter beträgt

$$d\left(v_1, v_2\right) = (1 \oplus 0) + (1 \oplus 1) + (0 \oplus 1) + (1 \oplus 0) + (0 \oplus 1) + (0 \oplus 0) + (0 \oplus 0) = 4$$

und für das Hamming-Gewicht der XOR-Verknüpfung der beiden Codewörter gilt

$$d\left(v_1, v_2\right) = w_\text{H}\left(v_1 \oplus v_2\right) = w_\text{H}((1011100)) = 4.$$

Will man den für das Fehlerkorrekturvermögen entscheidenden minimalen Abstand zwischen den Codewörtern bestimmen, so ist die Hamming-Distanz für alle Paare von Codewörtern zu betrachten. Da wegen der Abgeschlossenheit des Vektorraums jede Linearkombination von Codewörtern wieder ein Codewort ergibt, ist die *minimale Hamming-Distanz* zweier Codewörter gleich dem minimalen Hamming-Gewicht im Code ohne den Nullvektor:

$$d_{\min} = \min_{v \in C \setminus \{0\}} w_{\mathrm{H}}(v).$$

Im Beispiel des $(7, 4)$-Hamming-Codes ergibt sich aus Tab. 8.7 die minimale Hamming-Distanz $d_{\min} = 3$.

Für das *Fehlerkorrekturvermögen* folgt aus den bisherigen Überlegungen und Beispielen allgemein:

▷   Ein linearer binärer (n, k)-Blockcode mit minimaler Hamming-Distanz $d_{\min} \geq 2 \cdot t + 1$ kann $d_{\min} - 1$ Fehler erkennen und bis zu t Fehler korrigieren.

8.2.4.4 Perfekte Codes und Hamming-Grenze

In Abb. 8.19 wird der Fall ausgeklammert, dass ein Empfangswort keiner Korrigierkugel eindeutig zuzuordnen ist. Man spricht von *perfekten* oder *dichtgepackten Codes*, wenn alle Empfangswörter innerhalb der Korrigierkugeln liegen, und somit auch bei Übertragungsfehlern eindeutig decodiert werden können. Nur wenige bekannte Codes sind wie der Hamming-Code perfekt.

▷   Ein Code ist perfekt oder dichtgepackt, wenn alle Empfangswörter innerhalb der Korrigierkugeln liegen.

Aus den Überlegungen zu perfekten Codes kann die Anzahl der Prüfstellen abgeschätzt werden, die notwendig sind, um t Fehler korrigieren zu können. Geht man von einem dichtgepackten linearen binären (n, k)-Blockcode mit minimaler Hamming-Distanz $d_{\min} = 2 \cdot t + 1$ aus, so existieren genau 2^k Codewörter und damit 2^k Korrigierkugeln. In jeder Korrigierkugel sind alle Empfangsvektoren mit Hamming-Distanz $d \leq t$ vom jeweiligen Codevektor enthalten. Dann ist die Zahl der Empfangswörter in jeder Korrigierkugel

$$1 + n + \binom{n}{2} + \cdots + \binom{n}{t} = \sum_{l=0}^{t} \binom{n}{l}.$$

Da die Anzahl der korrigierbaren Empfangswörter nicht größer als die Gesamtzahl aller Elemente im n-dim. binären Vektorraum sein kann, folgt

$$2^n \geq 2^k \cdot \sum_{l=0}^{t} \binom{n}{l}$$

und somit

$$2^{n-k} \geq \sum_{l=0}^{t} \binom{n}{l}.$$

Die Gleichheit gilt nur bei perfekten Codes. Die letzte Gleichung verknüpft die Anzahl der Prüfstellen $n-k$ mit dem Fehlerkorrekturvermögen t des Codes. Sie wird die *Hamming-Grenze* genannt. Sie verifiziert man schnell am Beispiel des $(7, 4)$-Hamming-Codes mit $t = 1$:

$$2^{7-4} = 8 \geq \sum_{l=0}^{1} \binom{7}{l} = \binom{7}{0} + \binom{7}{1} = 1 + 7 = 8.$$

Aufgabe 8.11

a) Schätzen Sie die Zahl der notwendigen Prüfstellen ab, um bei einer Codewortlänge von sieben zwei Fehler korrigieren zu können.
b) Vergleichen Sie die Coderate aus a) mit der des $(7, 4)$-Hamming-Codes.

8.2.4.5 Restfehlerwahrscheinlichkeit

Ausgehend von den bisherigen Überlegungen kann die Wahrscheinlichkeit für einen nicht erkannten Übertragungsfehler bestimmt werden. Ein Übertragungsfehler wird genau dann nicht erkannt, wenn das gesendete Codewort in ein anderes Codewort verfälscht wird. Aus der Abgeschlossenheit des Codes C folgt, dass das Fehlerwort dann selbst ein Codewort sein muss. Damit sind alle Fehlermöglichkeiten bestimmt und die Summe ihrer Wahrscheinlichkeiten, Unabhängigkeit vorausgesetzt, liefert die Restfehlerwahrscheinlichkeit.

Hierzu gehen wir von unabhängigen Übertragungsfehlern mit der Wahrscheinlichkeit P_e für jedes Element, der Bitfehlerwahrscheinlichkeit, aus. Damit beispielsweise das Fehlerwort $e = (0011010)$ resultiert, müssen genau drei fehlerhafte und vier fehlerfreie Bits auftreten. Die Wahrscheinlichkeit hierfür ist $(P_e)^3 \cdot (1 - P_e)^4$. Man erkennt: für die Wahrscheinlichkeit eines Fehlerworts e ist sein Hamming-Gewicht entscheidend.

Für die Restfehlerwahrscheinlichkeit sind alle möglichen Fehlerwörter in Betracht zu ziehen. Demzufolge kommt es auf die Häufigkeiten der Hamming-Gewichte im Code, die *Gewichtsverteilung* des Codes, an. Mit A_i gleich der Anzahl der Codewörter mit Hamming-Gewicht i erhält man die *Restfehlerwahrscheinlichkeit*

$$P_R = \sum_{i=d_{min}}^{n} A_i \cdot P_e^i \cdot (1 - P_e)^{n-i}.$$

Für den $(7, 4)$-Hamming-Code mit der minimalen Hamming-Distanz $d_{min} = 3$ kann die Gewichtsverteilung aus Tab. 8.5 entnommen werden. Es gilt $A_0 = 1, A_1 = A_2 = 0, A_3 = 7, A_4 = 7, A_5 = A_6 = 0$ und $A_7 = 1$. Ist die Fehlerwahrscheinlichkeit P_e bekannt, liefert obige Gleichung die Restfehlerwahrscheinlichkeit in Tab. 8.8.

Tab. 8.8 Restfehlerwahrscheinlichkeit P_R des (7, 4)-Hamming-Codes für die Bitfehlerwahrscheinlichkeit P_e

P_e	10^{-3}	10^{-4}	10^{-5}	10^{-6}
P_R	$7{,}0 \cdot 10^{-9}$	$7{,}0 \cdot 10^{-12}$	$7{,}0 \cdot 10^{-15}$	$7{,}0 \cdot 10^{-18}$

Eine Hilfe zur Interpretation der Zahlen liefert folgendes Beispiel: Soll ein Bitstrom von 4 Gbit/s übertragen werden, so fallen 10^9 Codewörter pro Sekunde an. Um bei der Bitfehlerwahrscheinlichkeit von 10^{-6} einen Restfehler zu erhalten, sind im Mittel etwa $0{,}14 \cdot 10^{18}$ Codewörter zu übertragen. Bei der angegebenen Bitrate wären dafür im Mittel $0{,}14 \cdot 10^9$ Sekunden, also über 4,4 Jahre, notwendig.

Die Bestimmung der Gewichtsverteilung kann bei längeren Codes aufwendig sein. Deshalb ist es wünschenswert, die Restfehlerwahrscheinlichkeit ohne Kenntnis der Gewichtsverteilung abzuschätzen. Eine einfache Abschätzung von oben liefert die minimale Hamming-Distanz mit

$$P_R = P_e^{d_{min}} \cdot \sum_{i=d_{min}}^{n} A_i \cdot \underbrace{P_e^{i-d_{min}} \cdot (1 - P_e)^{n-i}}_{<1} < \left(2^k - 1\right) \cdot P_e^{d_{min}}.$$

Beispiel (7, 4)-Hamming-Code
Das Beispiel wird in Form einer Übungsaufgabe und ihrer Lösung vorgestellt.

Bei einer binären Datenübertragung im Basisband werde ein (7, 4)-Hamming-Code eingesetzt. Die Übertragung sei hinreichend genau durch das Modell eines AWGN-Kanals mit einem SNR von 6 dB und einer Bitrate von 16 kbit/s beschrieben. Wird ein Übertragungsfehler detektiert, so wird ein nochmaliges Senden des Codeworts veranlasst.

a) Wie groß ist die Wahrscheinlichkeit, dass das Codewort ungestört übertragen wird?
b) Wie groß ist die Wahrscheinlichkeit, dass ein Übertragungsfehler nicht detektiert wird?
c) Welche effektive Nettobitrate, also die tatsächlich im Mittel übertragene Zahl an Nachrichtenbits, stellt sich bei der Übertragung ein?

Lösungen

a) Ein Codewort wird dann fehlerfrei übertragen, wenn jedes einzelne Bit des Codeworts fehlerfrei detektiert wird. Da bei der Übertragung im AWGN die Detektion der Bits unabhängig ist, gilt mit P_e, der Wahrscheinlichkeit für einen Bitfehler, für die gesuchte Wahrscheinlichkeit

$$P_0 = (1 - P_e)^7 .$$

Die Bitfehlerwahrscheinlichkeit kann Kap. 4 entnommen werden:

$$P_e \approx 0{,}023 .$$

Es resultiert die gesuchte Wahrscheinlichkeit für ein fehlerfrei übertragenes Codewort

$$P_0 = (1 - 0{,}023)^7 \approx 0{,}85.$$

b) Die Wahrscheinlichkeit für einen unerkannten Übertragungsfehler, die Restfehlerwahrscheinlichkeit, ergibt sich aus obiger Gewichtsverteilung für den $(7, 4)$-Hamming-Code

$$P_R = 7 \cdot 0{,}023^3 \cdot 0{,}977^4 + 7 \cdot 0{,}023^4 \cdot 0{,}977^3 + 0{,}023^7 \approx 7{,}9 \cdot 10^{-5}.$$

Die obere Schranke liefert einen ähnlichen Wert:

$$P_R < \left(2^k - 1\right) \cdot P_e^{d_{min}} = 15 \cdot 0{,}023^3 \approx 18 \cdot 10^{-5}.$$

c) Die effektive Bitrate des Kanals verringert sich durch das Nachsenden fehlerhaft erkannter Empfangswörter. Im Mittel werden nur etwa 85 % der Codewörter richtig empfangen. Der Fall des mehrmaligen Nachsendens wird der Einfachheit halber weggelassen. Der Fall der unerkannten Fehler kann hier wegen der kleinen Restfehlerwahrscheinlichkeit vernachlässigt werden.

Die Zahl der tatsächlich pro Zeiteinheit übertragenen Nachrichtenbits ist nochmals kleiner, da die übertragenen Prüfbits abzuziehen sind. Man erhält insgesamt eine effektive Bitrate

$$R_{b,eff} = \frac{k}{n} \cdot P_0 \cdot R_b \approx \frac{4 \cdot 0{,}85 \cdot 16\,\text{kbit/s}}{7} \approx 7{,}77\,\text{kbit/s}.$$

Codierungsgewinn

In Kap. 4 zur digitalen Basisbandübertragung wird die Abhängigkeit der Bitfehlerwahrscheinlichkeit von dem SNR im Übertragungsmodell des AWGN-Kanals angesprochen. Hier ergibt sich ein Aspekt der digitalen Übertragung, der nicht übersehen werden darf.

Der Einfachheit halber gehen wir von einer binären Übertragung mit konstanter Nutzbitrate und gleichbleibender mittlerer Sendeleistung aus. Weiter sei das typische Modell des AWGN-Kanals mit Matched-Filterempfänger aus Kap. 4 zugrunde gelegt. Dann ist das SNR proportional zur Dauer des Sendegrundimpulses. Der Übergang von den Nachrichtenwörtern mit vier Elementen auf die Codewörter mit sieben Elementen bewirkt, dass statt vier jetzt sieben Sendegrundimpulse im gleichen Zeitintervall zu übertragen sind. Folglich verkürzen sich die Sendegrundimpulse auf $4/7$ der Dauer im uncodierten Fall. Die Energie der Sendegrundimpulse nimmt nun ebenfalls um den Faktor $4/7$ ab, sodass sich das SNR um etwa 2,4 dB verschlechtert. Oder umgekehrt, im uncodierten Fall läge ein SNR von 8,4 dB vor, was die Bitfehlerwahrscheinlichkeit von $P_b = 0{,}0043$ ergibt. Im uncodierten Fall ist die Wahrscheinlichkeit für eine fehlerfreie Übertragung der vier Informationsbits wesentlich größer als im codierten Fall oben:

$$P_0 = (1 - 0{,}0043)^4 \approx 0{,}98.$$

Zusammenfassend ist festzustellen: Durch die Codierung nimmt zunächst die Bitfehler-wahrscheinlichkeit zu, wenn die Sendeleistung konstant bleibt. Diesen Verlust gilt es, bei der Decodierung wettzumachen. Man spricht dann von einem *Codierungsgewinn*. Eine genauere Betrachtung des Problems führt auf ein Schwellenverhalten. Zunächst muss die Bitfehlerwahrscheinlichkeit durch konventionelle Mittel auf einen gewissen Wert redu-ziert werden, dann kann mit der Kanalcodierung die Bitfehlerwahrscheinlichkeit weitge-hend beliebig klein gehalten werden.

8.2.4.6 Konstruktion und Eigenschaften des Hamming-Codes

Eine wichtige Familie von einfachen linearen Blockcodes bilden die Hamming-Codes. Für jede natürliche Zahl $m \geq 3$ existiert ein *Hamming-Code* mit folgenden fünf Eigen-schaften:

Codewortlänge	$n = 2^m - 1$
Anzahl der Nachrichtenstellen	$k = n - m$
Anzahl der Prüfstellen	$m = n - k$
Fehlerkorrekturvermögen	$t = 1, d_{\min} = 3$
Perfekter Code	✓

Die Konstruktion der (systematischen) Hamming-Codes erfolgt anhand der Prüfmatrix $\mathbf{H}$. Folgende drei Überlegungen liefern die Konstruktionsvorschrift.

1. Entsprechend den früheren Ergebnissen zur Syndromdecodierung kann jeder Einzel-fehler nur dann eindeutig erkannt werden, wenn alle Spalten der Prüfmatrix paarweise verschieden sind.
2. Damit die Bedingung 1. für die minimale Hamming-Distanz, $d_{\min} = 3$, erfüllt ist, muss jede Zeile der Generatormatrix $\mathbf{G}$ mindestens dreimal die Eins enthalten, weil jede Zeile von $\mathbf{G}$ selbst ein Codewort ist. Aus der Generatormatrix in Abschn. 8.2.4.2 folgt, dass dann jede Zeile der Matrix $\mathbf{P}$ bzw. jede Spalte der transponierten Matrix $\mathbf{P}^T$ mindestens zweimal die Eins aufweist.
3. Die transponierte Matrix $\mathbf{P}^T$ liefert k unabhängige Spalten mit je m Zeilen zur Prüf-matrix. Da die Zeilenelemente der Spalten nur mit Nullen oder Einsen belegt werden können, existieren 2^m Möglichkeiten, verschiedene Spalten anzugeben. Weil in jeder Spalte mindestens zweimal die Eins vorkommen muss, sind die Spalten mit nur Nullen (eine Möglichkeit) und nur einer Eins (m Möglichkeiten) nicht zugelassen. Es verblei-ben genau $2^m - m - 1 = k$ Möglichkeiten, unterschiedliche Spalten anzugeben.

Daraus folgt: Die Spalten der transponierten Matrix $\mathbf{P}^T$ werden durch alle m-Tupel mit Hamming-Gewicht ≥ 2 gebildet.

Das Beispiel des $(15, 11)$-Hamming-Codes verdeutlicht den Zusammenhang:

$$\mathbf{H}_{4\times15} = \left(\begin{array}{cccc\ cccccccc\ cccc\ c} 1 & 0 & 0 & 0 & 1 & 0 & 0 & 1 & 0 & 1 & 1 & 0 & 1 & 1 & 1 \\ 0 & 1 & 0 & 0 & 1 & 1 & 0 & 0 & 1 & 0 & 1 & 1 & 0 & 1 & 1 \\ 0 & 0 & 1 & 0 & 0 & 1 & 1 & 1 & 0 & 0 & 1 & 1 & 1 & 0 & 1 \\ 0 & 0 & 0 & 1 & 0 & 0 & 1 & 0 & 1 & 1 & 0 & 1 & 1 & 1 & 1 \end{array} \right).$$

$\underbrace{\qquad}_{\mathbf{I}_4} \quad \underbrace{\qquad\qquad}_{\text{Hamming-Gewicht } w_H=2} \quad \underbrace{\qquad}_{w_H=3} \quad \underbrace{\quad}_{w_H=4}$

Aus der Prüfmatrix kann jetzt die Generatormatrix $\mathbf{G}_{11\times15}$ bestimmt werden:

$$\mathbf{G}_{11\times15} = \left(\begin{array}{cccc\ ccccccccccc} 1 & 1 & 0 & 0 & 1 & 0 & 0 & 0 & 0 & 0 & 0 & 0 & 0 & 0 & 0 \\ 0 & 1 & 1 & 0 & 0 & 1 & 0 & 0 & 0 & 0 & 0 & 0 & 0 & 0 & 0 \\ 0 & 0 & 1 & 1 & 0 & 0 & 1 & 0 & 0 & 0 & 0 & 0 & 0 & 0 & 0 \\ 1 & 0 & 1 & 0 & 0 & 0 & 0 & 1 & 0 & 0 & 0 & 0 & 0 & 0 & 0 \\ 0 & 1 & 0 & 1 & 0 & 0 & 0 & 0 & 1 & 0 & 0 & 0 & 0 & 0 & 0 \\ 1 & 0 & 0 & 1 & 0 & 0 & 0 & 0 & 0 & 1 & 0 & 0 & 0 & 0 & 0 \\ 1 & 1 & 1 & 0 & 0 & 0 & 0 & 0 & 0 & 0 & 1 & 0 & 0 & 0 & 0 \\ 0 & 1 & 1 & 1 & 0 & 0 & 0 & 0 & 0 & 0 & 0 & 1 & 0 & 0 & 0 \\ 1 & 0 & 1 & 1 & 0 & 0 & 0 & 0 & 0 & 0 & 0 & 0 & 1 & 0 & 0 \\ 1 & 1 & 0 & 1 & 0 & 0 & 0 & 0 & 0 & 0 & 0 & 0 & 0 & 1 & 0 \\ 1 & 1 & 1 & 1 & 0 & 0 & 0 & 0 & 0 & 0 & 0 & 0 & 0 & 0 & 1 \end{array} \right)$$

$\underbrace{\qquad}_{\mathbf{P}_{11\times4}} \quad \underbrace{\qquad\qquad\qquad}_{\mathbf{I}_{11}}$

Aufgabe 8.12

Zu einem linearen, binären und systematischen $(6,3)$-Blockcode ist die Berechnung der Prüfzeichen gegeben:

$$v_1 = u_1 \oplus u_2, \quad v_2 = u_1 \oplus u_2 \oplus u_3 \quad \text{und} \quad v_3 = u_1 \oplus u_3.$$

a) Geben Sie die Generatormatrix an.
b) Stellen Sie die Codetabelle auf.
c) Geben Sie die minimale Hamming-Distanz des Codes an.
d) Es wird $r = (110110)$ empfangen. Geben Sie die Nachricht an. Führen Sie gegebenenfalls eine Fehlerkorrektur durch.

Aufgabe 8.13

Zur Fehlererkennung werden die sieben Bits der American-Standard-Code-for-Information-Interchange(ASCII)-Zeichen oft durch ein Paritätsbit zu einem Datenwort ergänzt. Tatsächlich war dieser Gedanke der Grund dafür, dass man sich beim ASCII-Code auf

$2^7 = 128$ Symbole beschränkte, um mit dem Paritätsbit die typische Wortlänge von 8 Bit = 1 Byte zu erreichen.

Man unterscheidet zwischen gerader und ungerader Parität. Bei gerader Parität werden die sieben Bits des ASCII-Zeichens durch das Paritätsbit so ergänzt, dass die Modulo-2-Addition aller acht Bits, die Prüfsumme 0 ergibt. Bei ungerader Parität liefert die Prüfsumme den Wert 1.

Für die folgenden Überlegungen wird eine Störung entsprechend dem AWGN-Kanalmodell mit der Bitfehlerwahrscheinlichkeit P_e (äquivalent ein BSC mit $\varepsilon = P_e$) angenommen.

a) Bestimmen Sie die Wahrscheinlichkeit für ein fehlerfreies Datenwort.
b) Bestimmen Sie die Wahrscheinlichkeit für einen erkennbaren Wortfehler.
c) Bestimmen Sie die Wahrscheinlichkeit für einen nicht erkennbaren (Daten-)Wortfehler.
d) Schätzen Sie die Größen in a), b) und c) für $P_e = 10^{-3}$, 10^{-6} und 10^{-9} ab.

Aufgabe 8.14
Bei einer binären Datenübertragung im Basisband wird ein $(7, 4)$-Hamming-Code eingesetzt. Die Übertragung kann hinreichend genau durch das Modell eines AWGN-Kanals mit einer Bitfehlerwahrscheinlichkeit $P_e = 10^{-6}$ und einer Bitrate von 16 kbit/s beschrieben werden. Wird ein Übertragungsfehler detektiert, so wird ein nochmaliges Senden des Codeworts veranlasst.

a) Wie groß ist die Wahrscheinlichkeit, dass das Codewort ungestört übertragen wird?
b) Schätzen Sie die Wahrscheinlichkeit ab, dass ein nicht erkennbarer Übertragungsfehler auftritt.
c) Welche effektive Nettobitrate (tatsächlich im Mittel übertragene Zahl an Nachrichtenbits) stellt sich bei der Übertragung näherungsweise ein?

Aufgabe 8.15
Erklären Sie für lineare binäre Blockcodes

a) den Begriff Restfehler im Zusammenhang mit der Syndrom-Decodierung und
b) die Berechnung der Restfehlerwahrscheinlichkeit bei Übertragung der Codewörter im BSC.

8.2.5 Cyclic-Redundancy-Check-Codes

Sollen Daten, z. B. beim Aktualisieren der Betriebssystemsoftware, über das Internet oder LAN übertragen werden, so ist eine zuverlässige Erkennung von Bitfehlern in den Übertragungsrahmen unverzichtbar. Hierfür haben sich *Cyclic-Redundancy-Check*

(CRC)-Codes bewährt. In den einschlägigen Protokollen der Datenkommunikation werden ihre Prüfsummen in den Rahmenfeldern CRC bzw. *Frame Check Sequence* (FCS), kurz auch *„checksum"*, und im Feld *Header Error Control* (HEC) sichtbar. Für CRC-Codes sprechen die herausragenden Fehlererkennungseigenschaften und die flexible und effiziente Implementierung. Eine Fehlerkorrektur ist in gewissen Grenzen möglich. Auf sie wird in den Anwendungen jedoch i. d. R. zugunsten einer zuverlässigeren Fehlererkennung verzichtet.

8.2.5.1 Grundlagen

Fehlerprüfung

Die Abb. 8.20 zeigt das Prinzip der *Fehlerprüfung*. Die Berechnung der binären Prüfsumme FCS aus dem binären Nachrichtenwort u ist allgemein eine Funktion $f(u)$. Das binäre Codewort v der Länge n liegt in systematischer Form vor, d. h. getrennt in k Nachrichtenstellen und $n - k$ Prüfstellen. Bei der Übertragung können in allen Elementen Bitfehler auftreten. Dabei wird angenommen, dass einzelne *Bitfehler* („bit error") oder Gruppen von Bitfehlern, *Fehlerbündel* („error burst") genannt, quasi zufällig im binären Empfangswort r erscheinen.

Im Empfänger wird aus dem Empfangswort r der Nachrichtenanteil u_r entnommen und dazu die Prüfsumme FCS_c berechnet. Sind die empfangene Prüfsumme FCS_r und die im Empfänger berechnete Prüfsumme verschieden, so liegt ein Übertragungsfehler im Nachrichtenteil und/oder der Prüfsumme vor.

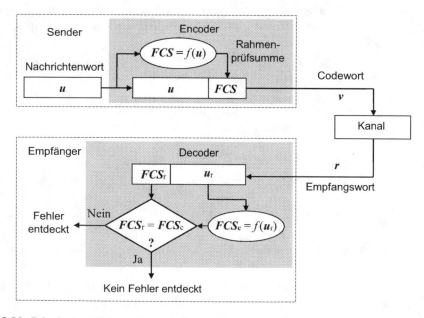

Abb. 8.20 Prinzip der Fehlerprüfung mit Rahmenprüfsumme *FCS*

Man beachte: Die umgekehrte Aussage ist nicht richtig! Trotz identischer Prüfsummen kann eine Verfälschung eines Codeworts in ein anderes Codewort, ein sog. *Restfehler*, vorliegen. Die Wahrscheinlichkeit für einen Restfehler ist allerdings bei den üblichen CRC-Codes gering, wie noch gezeigt werden wird.

Generatorpolynom

Die Fehlerprüfung mit CRC-Codes beruht darauf, dass alle Codewörter als Produkt aus dem zugehörigen Nachrichtenwort und einem den Code erzeugenden Generatorwort dargestellt werden können. Mathematisch geschieht das mit der *Polynomdarstellung* der binären Nachrichtenwörter, Codewörter und Generatorwörter. Man spricht von Polynomen über dem Galois-Körper $GF(2)$. Das heißt, die Bits der Wörter bilden entsprechend ihrem Platz im Wort die Koeffizienten der zugeordneten Polynome. Den eineindeutigen Zusammenhang zwischen der Vektordarstellung (Blockdarstellung) und der Polynomdarstellung zeigt das Zahlenwertbeispiel:

$$\boldsymbol{u} = (u_0, u_1, u_2) = (011) \leftrightarrow u(X) = u_0 + u_1 \cdot X^1 + u_2 \cdot X^2 = X + X^2.$$

In der Polynomdarstellung spielt die Variable X selbst keine Rolle, außer dass der zugehörige Exponent die Position des Koeffizienten im Vektor anzeigt. Gerechnet wird mit den Polynomen wie gewohnt. Nur die Rechenoperationen der binären Koeffizienten werden nach der bekannten Modulo-2-Arithmetik durchgeführt.

CRC-Codes stellen eine Erweiterung der Hamming-Codes dar. Sie erben somit die Vektorraumstruktur, insbesondere die Eigenschaft der Abgeschlossenheit und der Orthogonalität mit dem dualen Code in Abschn. 8.2.4.2.

Um Nachrichtenwörter, die mehrere tausend Bits umfassen, effektiv zu codieren und zu decodieren, sind die Codier- und Decodiervorschrift mit der Generatormatrix bzw. Prüfmatrix nicht geeignet. Hier sind effektivere Algorithmen notwendig, die nur von zusätzlichen Strukturen im Code abgeleitet werden können. Eine wichtige Familie derartiger Codes sind die zyklischen linearen (n, k)-Blockcodes. Sie kennzeichnet zusätzlich, dass jede zyklische Vertauschung eines Codeworts stets wieder ein Codewort liefert. Diese zunächst wenig auffällige Eigenschaft liefert die mathematische Grundlage der CRC-Codes, die eine Teilfamilie der zyklischen Codes bilden.

Um den hier abgesteckten Rahmen nicht zu verlassen, wird auf die mathematische Herleitung zugunsten einer ausführlicheren Vorstellung der Anwendung verzichtet. Die theoretischen Grundlagen und weitere Literaturhinweise findet man z. B. in (Friedrichs 1995; Lin und Costello 2004; Werner 2008). Wir halten hier nur fest:

▶ Alle Codepolynome zyklischer linearer (n, k)-Blockcodes werden durch Multiplikation des Nachrichtenpolynoms vom Grad k mit dem spezifischen Generatorpolynom vom Grad $r = n - k$ erzeugt. Sie sind somit ohne Rest durch das Generatorpolynom teilbar.
Zyklische Codes sind abgeschlossen, d. h. alle Polynome von Grad n, die durch das Generatorpolynom ohne Rest teilbar sind, sind Codepolynome.

Tab. 8.9 Generatorpolynome einiger wichtiger Cyclic-Redundancy-Check(CRC)-Codes (Abramson-Codes)

Code	Generatorpolynom $g(X)$	Anwendung
CRC-5	$1 + X^2 + X^4 + X^5$	Bluetooth DM-Rahmen
CRC-8[a]	$1 + X + X^2 + X^8$	HEC[b] bei ATM[c]
	$1 + X + X^2 + X^5 + X^7 + X^8$	HEC bei Bluetooth
	$1 + X + X^3 + X^4 + X^7 + X^8$	UMTS[d]
CRC-12[a]	$1 + X + X^2 + X^3 + X^{11} + X^{12}$	UMTS
CRC-16 (IBM[e])	$1 + X^2 + X^{15} + X^{16}$	Firmenspezifische Lösung
CRC-16[a]	$1 + X^5 + X^{12} + X^{16}$	HDLC[f], LAPD[g], PPP[h], Bluetooth, UMTS u. a.
CRC-24	$1 + X + X^5 + X^6 + X^{23} + X^{24}$	UMTS
CRC-32[a]	$1 + X + X^2 + X^4 + X^5 + X^7 + X^8 + X^{10}$ $+ X^{12} + X^{16} + X^{22} + X^{23} + X^{26} + X^{32}$	HDLC, PPP, ATM AAL-Typ 5 u. a.

[a] Comite Consultatif International des Télégraphes et Téléphones (CCITT), 1956 aus der International Telephone Consultative Committee (CCIF, 1924) und International Telegraph Consultative Committee (CCIT, 1925) entstanden, 1993 in der International Telecommunication Union (ITU) aufgegangen;
[b] HEC Header Error Control;
[c] ATM Asynchronous Transport Mode;
[d] UMTS Universal Mobile Telecommunications System;
[e] IBM International Business Machines;
[f] HDLC High-Level Data Link Control;
[g] LAPD Link Access Procedure on D-Channel;
[h] PPP Point-to-Point Protocol

Ausgehend von einem primitiven Polynom eines zyklischen Hamming-Codes $p(X)$ mit Grad m wird das den Code erzeugende *Generatorpolynom* $g(X)$ als Produkt definiert:

$$g(X) = (1 + X) \cdot p(X).$$

Ein derartiger Code wird auch *Abramson-Code* genannt. In Tab. 8.9 sind einige wichtige, meist von der ITU empfohlene Beispiele zusammengestellt. Es ergibt sich jeweils ein binärer zyklischer (n, k)-Code mit der Codewortlänge n, der Zahl der Prüfstellen r und der Zahl der Nachrichtenstellen k:

$$n = 2^m - 1; \quad r = m + 1; \quad k = n - r.$$

Dabei ist die Zahl der Prüfstellen r gleich dem Grad des Generatorpolynoms $g(X)$.

Anmerkungen

- Der aus dem zyklischen (n, m)-Hamming-Code entstandene (n, k)-CRC-Code hat die gleiche Codewortlänge wie der Hamming-Code. Durch die Codeerweiterung ist die zu codierende Nachricht um eine Stelle verkürzt. Aus dem zyklischen $(7, 4)$-Hamming-Code $(m = 3)$ wird durch die Codeerweiterung der $(7, 3)$-CRC-Code $(r = 4)$.
- Ein Polynom $p(X)$ vom Grad m über $GF(2)$ wird primitiv genannt, wenn es (a) irreduzibel ist, d. h. durch kein anderes Polynom mit Grad größer null und kleiner m ohne Rest geteilt werden kann, und (b), wenn die kleinste Zahl n für die $p(X)$ das Polynom $X^n + 1$ ohne Rest teilt, $n = 2^m - 1$ ist.
- Primitive Polynome findet man durch gezieltes Probieren mit dem Computer oder entnimmt sie aus Tabellen in der Literatur.
- Eine Erweiterung der Theorie auf nichtbinäre Codes liefert die in der Informationstechnik verwendeten Reed-Solomon-(RS)- und die Bose-Chaudhuri-Hoquenhem(BCH)-Codes.
- Man beachte, der Begriff CRC wird in der Literatur manchmal auch verwendet, wenn ein zyklischer Code eingesetzt wird, z. B. bei GSM in der Sprachübertragung oder bei der S_{2M}-Schnittstelle im ISDN.

Die oben definierten speziellen CRC-Codes, die Abramson-Codes, haben bezüglich der Fehlererkennung besondere Eigenschaften:

- Alle Fehlermuster bis zum Hamming-Gewicht drei, d. h. bis zu drei fehlerhaften Bits im Empfangswort, werden erkannt.
- Alle Fehlermuster mit ungeradem Gewicht werden erkannt.
- Alle Fehlerbündel[a] bis zur Länge $m + 1$ werden erkannt.
- Von allen möglichen Fehlerbündeln[a] der Länge $m + 2$ wird nur eine Quote von 2^{-m} nicht erkannt.
- Von allen möglichen Fehlerbündeln[a] mit größerer Länge als $m + 2$ wird nur eine Quote von $2^{-(m+1)}$ nicht erkannt.

[a] einschließlich der *End-around-Fehlerbündel* (Abb. 8.21).

Anmerkung

- Zyklische Codes mit Generatorpolynomen mit Grad r haben das gleiche Fehlererkennungsvermögen bezüglich der Fehlerbündel wie die CRC-Codes, wenn oben r statt $m + 1$ gesetzt wird.

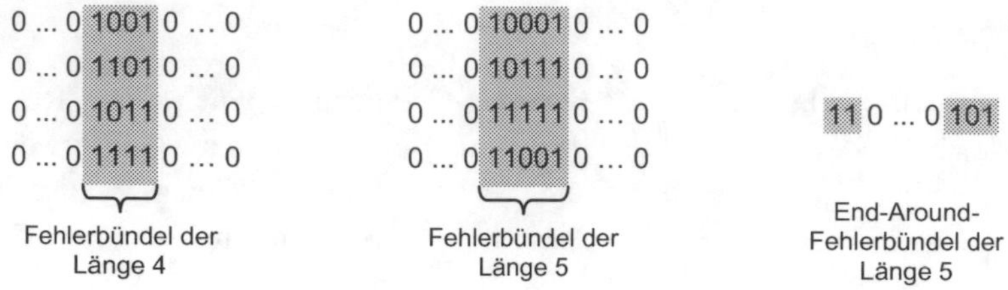

```
0 ... 0 1001 0 ... 0          0 ... 0 10001 0 ... 0
0 ... 0 1101 0 ... 0          0 ... 0 10111 0 ... 0                    11 0 ... 0 101
0 ... 0 1011 0 ... 0          0 ... 0 11111 0 ... 0
0 ... 0 1111 0 ... 0          0 ... 0 11001 0 ... 0
```

Fehlerbündel der	Fehlerbündel der	End-Around-Fehlerbündel der
Länge 4	Länge 5	Länge 5

Abb. 8.21 Beispiele für Codewörter mit Fehlerbündel mit 1 für einen Bitfehler und 0 für keinen Bitfehler

Beispiel: CRC-16-Code

Wir betrachten beispielhaft den CRC-16-Code in Tab. 8.9. Sein Generatorpolynom hat den Grad $r = m + 1 = 16$. Somit werden den Nachrichten in den Codewörtern je 16 Prüfzeichen beigestellt. Die Länge der Codewörter beträgt $n = 2^{m-1} = 2^{15} = 32.768$. Davon sind $k = 32.752$ Nachrichtenstellen. Damit lassen sich binäre Nachrichten mit bis zu $2^{12} = 2048$ Oktette codieren.

Durch den CRC-16-Code werden alle Fehlerbündel der Länge $r = 16$ erkannt. Sind im gesicherten Teil des Rahmens maximal zwei benachbarte Oktette von Bitfehlern betroffen, so wird ein Fehler angezeigt. Von Fehlerbündeln der Länge 17 werden $1 - 2^{-15}$, d. h. mehr als 99,996 %, erkannt. Bei allen längeren Fehlerbündeln ist die Erkennungsquote größer als 99,9998 %.

Bei den berechneten Quoten ist noch nicht berücksichtigt, dass alle Fehlerereignisse mit drei oder weniger Bitfehlern und alle ungeraden Anzahlen von Bitfehlern durch die Fehlerprüfung erkannt werden.

Anmerkungen

- Kürzere Nachrichten können gedanklich durch vorangestellte Bits mit den Werten 0 passend verlängert werden. Praktischerweise lässt man sie weg, sodass kein zusätzlicher Aufwand entsteht. Man spricht dann von verkürzten Codes. Verkürzte Codes haben weniger Bits und damit weniger mögliche Positionen für Bitfehler. Die Fehlerwahrscheinlichkeit, d. h. insbesondere die Restfehlerwahrscheinlichkeit, wird dadurch kleiner.

8.2.5.2 Systematischer CRC-Code

Bevor ein praktisches Zahlenwertbeispiel zur Fehlerprüfung vorgestellt werden kann, ist noch eine Modifikation des Algorithmus einzuführen. Die theoretischen Überlegungen gehen von der Produktdarstellung der Codewörter mit dem Generatorpolynom aus. Dies führt allerdings nicht zu systematischen Codes. Mit einer relativ einfachen Modifikation kann ein äquivalenter systematischer Code angegeben werden. Es ergibt sich ein *systematischer CRC-Code* mit gleichen Eigenschaften, wenn die um r Positionen verschobenen

Nachrichtenwörter mit ihren Divisionsresten zu Codewörtern ergänzt werden. In der Polynomdarstellung heißt das

$$v(X) = X^r \cdot u(X) + b(X).$$

Darin ist $b(X)$ der Rest, der sich nach Division von $X^r \cdot u(X)$ mit dem Generatorpolynom ergibt:

$$b(X) = (X^r \cdot u(X)) \bmod g(X).$$

Das Verfahren ermöglicht unmittelbar die Fehlerprüfung nach Abb. 8.20. Es wird nachfolgend an einem Beispiel erläutert.

8.2.5.3 Codierung und Fehlerprüfung

Wir erläutern die Codierung und Fehlerprüfung an einem Beispiel. Dazu wählen wir ein übersichtlich kurzes Generatorpolynom, den CRC-4-Code mit dem Generatorpolynom mit Grad $r = 4$:

$$g(X) = (1 + X) \cdot p(X) = (1 + X) \cdot (1 + X + X^3) = 1 + X^2 + X^3 + X^4.$$

Es resultiert ein $(7,3)$-CRC-Code mit der Codewortlänge $n = 7$ und $k = 3$ Nachrichtenstellen.

Anmerkungen

- Die Modulo-2-Arithmetik in den Polynomkoeffizienten mit $1 \oplus 1 = 0$.
- $p(X) = 1 + X + X^3$ ist das primitive Polynom zum zyklischen $(7,4)$-Hamming-Code.

Die Codierung stellen wir beispielhaft für das Nachrichtenwort $u = (101)$ vor. Hierfür dividieren wir $X^4 \cdot u(X)$ durch das Generatorpolynom $g(X)$ mit dem *euklidischen Divisionsalgorithmus* in Abb. 8.22. Es ergibt sich der Rest $b(X) = X + 1$. Das Nachrichtenpolynom $u(X) = X^2 + 1$ kombinieren wir nun mit dem Rest zum Codepolynom $v(X) = X^4 \cdot u(X) + b(X) = X^6 + X^4 + X + 1$. Bei der Transformation des Code-

Verschobene Nachricht				Generatorpolynom	Faktorpolynom
X^6	$+X^4$			$: \quad X^4 + X^3 + X^2 + 1$	$= \quad X^2 + X + 1$
X^6 $+X^5$	$+X^4$	$+X^2$			
X^5		$+X^2$			
X^5 $+X^4$	$+X^3$		$+X$		
$+X^4$	$+X^3$	$+X^2$	$+X$		
$+X^4$	$+X^3$	$+X^2$		$+1$	
		X	$+1$	$= b(X)$ Rest	

Abb. 8.22 Euklidischer Divisionsalgorithmus für die Codierung des CRC-4-Codes

				Empfangspolynom				Generatorpolynom		Faktorpolynom
X^6			$+X^4$		$+X$	$+1$	:	$X^4 + X^3 + X^2 + 1$	=	$X^2 + X + 1$
X^6	$+X^5$	$+X^4$		$+X^2$						
	X^5			$+X^2$	$+X$	$+1$				
	X^5	$+X^4$	$+X^3$		$+X$					
		$+X^4$	$+X^3$	$+X^2$		$+1$				
		$+X^4$	$+X^3$	$+X^2$		$+1$				
						0		$= 0(X) = s(X)$ Syndrom		

Abb. 8.23 Euklidischer Divisionsalgorithmus für die Syndromberechnung (Fehlerprüfung) mit dem Empfangswort gleich einem Codewort (1100101)

polynoms in das Codewort beachten wir die Reihenfolge der Elemente im Codewort $v = (1100101)$.

Das Empfangswort wird auf die Zugehörigkeit zum Code geprüft. Dazu führen wir erneut die Division mit dem Generatorpolynom durch (Abb. 8.23). Wie gefordert ergibt sich als Rest das Nullpolynom $0(X)$. Bei der Decodierung spricht man von dem *Syndrom* $s(X)$, da im Fall $s(X) \neq 0(X)$ ein Fehler sicher erkannt wird.

Anmerkungen

- Syndrom, griechisch für das Symptom in der Medizin, an dem eine Krankheit erkannt werden kann.
- Der systematische tabellarische Aufbau in Abb. 8.22 und Abb. 8.23 sowie der Einträge verifiziert die allgemeine Gültigkeit des Codierverfahrens.
- Dass die guten Eigenschaften der Fehlererkennung des CRC-Codes zu $g(X)$ tatsächlich vorliegen, d. h. der systematische Code äquivalent ist, kann allgemein gezeigt werden.

Die Fehlererkennung demonstrieren wir an zwei Beispielen. Im ersten bringen wir einen Bitfehler in der ersten Nachrichtenstelle im Codewort ein und berechnen das Syndrom (Abb. 8.24).

				Empfangspolynom mit Fehler				Generatorpolynom		Faktorpolynom
X^6					$+X$	$+1$	:	$X^4 + X^3 + X^2 + 1$	=	$X^2 + X$
X^6	$+X^5$	$+X^4$		$+X^2$						
	X^5	$+X^4$			$+X$	$+1$				
	X^5	$+X^4$	$+X^3$		$+X$					
			$+X^3$			$+1$		$= s(X) \neq 0(X)$ Syndrom zeigt Fehler an!		

Abb. 8.24 Euklidischer Divisionsalgorithmus für die Syndromberechnung (Fehlerprüfung) mit dem Empfangswort (1100001), also Fehler bei r_4

	Empfangspolynom					Generatorpolynom	Faktorpolynom
$+X^5$		$+X^3$	$+X^2$		:	$X^4 + X^3 + X^2 + 1$ =	$X + 1$
$+X^5$	$+X^4$	$+X^3$		$+X$			
	$+X^4$		$+X^2$	$+X$			
	$+X^4$	$+X^3$	$+X^2$		$+1$		
		$+X^3$		$+X$	$+1$	Syndrom zeigt Fehler an!	

Abb. 8.25 Euklidischer Divisionsalgorithmus für die Syndromberechnung (Fehlerprüfung) mit dem Empfangswort (0011010)

Im zweiten Beispiel verifizieren wir die Behauptung, dass eine ungerade Anzahl von Bitfehlern stets erkannt wird. Dazu nehmen wir alle sieben Bits als gestört an und berechnen das Syndrom (Abb. 8.25). Das Syndrom zeigt wie erwartet den Fehler an.

Aufgabe 8.16

a) Codieren Sie das Nachrichtenwort (100) mit dem Generatorpolynom $g(X) = 1 + X^2 + X^3 + X^4$ in systematischer Form. Geben Sie das Codewort an.
b) Es wird (1001100) empfangen. Führen Sie eine Syndromdecodierung des Empfangsworts durch. Wird ein Fehler erkannt?

8.2.5.4   Schieberegisterschaltung zur Syndromberechnung

Die Codier- und Decodieralgorithmen auf der Basis des euklidischen Divisionsalgorithmus wurden in Abschn. 8.2.5.3 in Form von systematischen Operationen in Tabellen realisiert. Eine Umsetzung in eine relativ einfache Hardware ist folglich möglich. Es wird im Encoder und Decoder jeweils ein *linear rückgekoppeltes Schieberegister* benötigt. Die prinzipiellen Schaltungen erklären sich am einfachsten anhand eines Beispiels.

Wir beginnen der Einfachheit halber mit der Schaltung zur Syndromberechnung. Sie führt die Polynomdivision entsprechend dem euklidischen Divisionsalgorithmus wie in Abb. 8.23 durch.

Anmerkungen

- Die folgenden Ergänzungen in Klammern beziehen sich auf den allgemeinen Fall eines (n, k)-CRC-Codes.
- Unter Berücksichtigung der Eigenschaften des Galois-Körpers $GF(2)$ handelt es sich bei der Schaltung um ein rekursives lineares zeitinvariantes System. Man spricht deshalb auch von einem linear rückgekoppelten Schieberegister.

Die Schaltung und ihre Funktion werden in Abb. 8.26 gezeigt. Sie besteht aus einer Kette von sieben (allgemein n) 1 Bit-Registern. Die vier (r) letzten Register, s_0–s_3 (s_r), sind die *Syndromregister*. Sie enthalten nach drei (k) Takten den Divisionsrest, das Syndrom. Dabei wird in zwei Phasen vorgegangen.

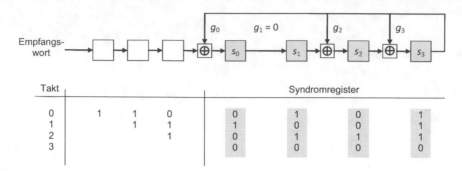

Abb. 8.26 Schieberegisterschaltung zur Syndromberechnung für den CRC-4-Code mit dem Generatorpolynom $g(X) = 1 + X^2 + X^3 + X^4$

Im ersten Schritt, der Ladephase, wird das Empfangswort rechtsbündig in die Registerschaltung geladen, d. h. s_3 (s_r) enthält v_6 (v_{n-1}), s_2 (s_{r-1}) enthält v_5 (v_{n-2}) usw. In Abb. 8.26 sind für $v = (1100101)$ die Bits in der Zeile für den Takt 0 eingetragen.

Mit dem zweiten Schritt beginnt die Rückführungsphase. Das ganz rechte Syndromregister s_3 (s_r) koppeln wir entsprechend dem Generatorpolynom $g(X)$, $(g_0, g_1, g_2, g_3) = (1011)$, zurück. Dabei wird jeweils eine Modulo-2-Addition eingesetzt. Nach dem ersten Takt erhalten wir in Abb. 8.26 die zweite Zeile der Tabelle, nach dem zweiten Takt die dritte usw. Nach drei (k) Takten resultiert der Divisionsrest in den Syndromregistern. Im Beispiel ist das Empfangswort ein Codewort. Das Syndrom ist demzufolge das Nullpolynom.

8.2.5.5 Schieberegisterschaltung zur Codierung

Die Codierung mit einer Schieberegisterschaltung, d. h. dem Ergänzen der Nachricht durch den Divisionsrest, geschieht ähnlich wie die Syndromberechnung. Durch eine leichte Modifikation ergibt sich eine besonders effiziente Schaltung. Zur Codierung ist die verschobene Nachricht, allgemein $X^r \cdot u(X)$, durch das Generatorpolynom zu dividieren. Die Verschiebung des Nachrichtenworts um r Positionen nach rechts vor der Division ist äquivalent zu einer Einspeisung des Nachrichtenworts nach dem Syndromregister s_r.

Die Schaltung zur Codierung des CRC-4-Codes ist in Abb. 8.27 zu sehen. Sie arbeitet in zwei Phasen, gekennzeichnet durch die Schalterstellungen ① bzw. ②. In der ersten Phase wird unten die Nachricht in drei (k) Takten in das Codewortregister geschoben und gleichzeitig oben in den b-Registern der Divisionsrest berechnet. Danach wird in der zweiten Phase in vier (r) Takten der Divisionsrest als Prüfstellen b_0–b_3 unten in das Codewortregister geschoben. Damit es dabei zu keiner Neuberechnung in den b-Registern kommt, wird oben die Rückführung aufgetrennt. Es ergibt sich schließlich das systematische Codewort, das nun übertragen werden kann. Das Zahlenwertbeispiel in Abb. 8.22 kann in Abb. 8.27 ganz entsprechend zu Abb. 8.26 nachvollzogen werden.

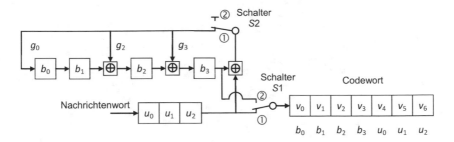

Abb. 8.27 Schieberegisterschaltung zur Codierung für den CRC-4-Code mit dem Generatorpolynom $g(X) = 1 + X^2 + X^3 + X^4$

Anmerkung

- Da im Internet nicht alle Stationen über spezielle Hardware zur Codierung und Decodierung der CRC-Codes verfügen, wird oft ein schneller Algorithmus eingesetzt, der sich auf eine oktettweise Decodierung mit vorbereiteten Tabellen stützt. Die höhere Geschwindigkeit wird mit höherem Speicherbedarf erkauft.

8.2.5.6   (10, 15)-CRC-Code für Bluetooth

Die Bedeutung der CRC-Codes für die Praxis demonstrieren wir anhand eines Anwendungsbeispiels. Für die Datenübertragung in Kleinzellenfunknetzen mit *Bluetooth* ist ein Rate-2/3-Code optional. Es wird der zu übertragende Bitstrom in Blöcke à zehn Bits zerlegt und jeder Block um fünf Prüfbits ergänzt. Zum Einsatz kommt der (10, 15)-CRC-Code mit dem Generatorpolynom aus Tab. 8.9 (CRC-5):

$$g(X) = (1 + X) \cdot p(X) = (1 + X) \cdot (1 + X + X^4) = 1 + X^2 + X^4 + X^5.$$

Aus dem Generatorpolynom leitet sich die Schaltung des systematischen Encoders in Abb. 8.28 ab.

Der CRC-Code erlaubt die Korrektur eines Bitfehlers und besitzt die oben genannten Fehlererkennungseigenschaften. Gehen wir vom üblichen Fehlermodell der unabhängigen Einzelfehler mit einer für die Funkkommunikation nicht untypischen Bitfehlerwahrscheinlichkeit von $P_e = 10^{-3}$ aus, so ist die Wahrscheinlichkeit für eine fehlerfreie („successful") Übertragung bzw. fehlerhafte

$$P_s = P_0 + P_1 = (1 - P_e)^{15} + 15 \cdot P_e \cdot (1 - P_e)^{14}$$
$$= (1 + 14 \cdot P_e) \cdot (1 - P_e)^{14} \approx 0{,}999896$$
$$P_{\bar{s}} = 1 - P_s \approx 1{,}041 \cdot 10^{-4}.$$

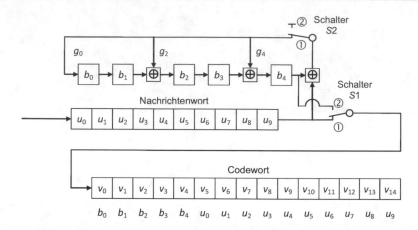

Abb. 8.28 Schieberegisterschaltung zur Codierung für den $(10, 15)$-CRC-Code mit dem Generatorpolynom $g(X) = 1 + X^2 + X^4 + X^5$

Die Wahrscheinlichkeit für einen unerkannten Fehler, einen Restfehler, kann mit der minimalen Hamming-Distanz $d_{\min} = 3$ wie in Abschn. 8.2.4.5 abgeschätzt werden:

$$P_R < \left(2^k - 1\right) \cdot P_e^{d_{\min}} = \left(2^{10} - 1\right) \cdot P_e^3 = 1{,}023 \cdot 10^{-6}.$$

Von allen Fehlerbündeln beliebiger Länge werden bei einem CRC-Code höchstens $2^{-m} = 2^{-4} = 1/16$ nicht erkannt. Also kann die obere Grenze für den Restfehler noch etwas enger gezogen werden:

$$P_R < 2^{-m} \cdot \left(2^k - 1\right) \cdot P_e^{d_{\min}} = 6{,}4 \cdot 10^{-8}.$$

Anmerkung

- Die tatsächliche Restfehlerwahrscheinlichkeit lässt sich durch eine Monte-Carlo-Simulation schätzen, wenn sie nicht so klein ist, dass nicht mehr vertretbare Rechenzeiten nötig sind.

Durchsatz

Für Anwender ist der *Datendurchsatz* wichtig, d. h. wie viele Bits pro Zeit im Mittel übertragen werden. Mit obigen Überlegungen sind die Grundlagen gelegt, um der Frage nach dem Durchsatz noch etwas nachzugehen und wertvolle Hinweise für die Anwendung zu gewinnen.

Die Funkübertragung geschieht bei Bluetooth im Zeitmultiplex mit Zeitschlitzen der Dauer von $625\,\mu s$. Unter anderem sind für die (Daten-)Rahmen, „baseband packet" genannt, die drei Data-Medium-Speed-Formate DM1, DM3 und DM5 definiert. Dabei belegen die Rahmen einen, drei bzw. fünf Zeitschlitze. Sie enthalten 240, 1500 bzw. 2745 Bits im jeweiligen Datenfeld, sodass bei der Coderate von zwei Drittel genau 160, 1000 bzw. 1830 Informationsbits pro Rahmen gesendet werden.

Ein Rahmen wird störungsfrei übertragen, wenn alle Codewörter richtig empfangen werden – die relativ unwahrscheinlichen Restfehler können vernachlässigt werden. Damit ergibt sich mit der Anzahl der Codewörter im Rahmen L die Wahrscheinlichkeit für die erfolgreiche Übertragung bzw. nicht erfolgreiche

$$P_{\text{s,Rahmen}} = P_{\text{s}}^L$$
$$P_{\overline{\text{s}},\text{Rahmen}} = 1 - P_{\text{s}}^L.$$

Dementsprechend beträgt der relative Durchsatz an Rahmen

$$D_{\text{rel}} = P_{\text{s,Rahmen}} = \left[(1 - P_{\text{e}})^{15} + 15 \cdot P_{\text{e}} \cdot (1 - P_{\text{e}})^{14} \right]^L.$$

Einen interessanten Aufschluss über die Leistungsfähigkeit der Formate in Abhängigkeit von der Übertragungsqualität liefert die Auswertung des relativen Durchsatzes bezüglich der Anzahl der übertragenen Nachrichtenbits und der belegten Zeitschlitze für typische Bitfehlerwahrscheinlichkeiten (P_{e}) in Abb. 8.29. Bei geringer Bitfehlerwahrscheinlichkeit, links im Bild, besitzt das Format DM5 den größten Durchsatz. Nimmt die Bitfehlerwahrscheinlichkeit zu, nimmt der Durchsatz ab, da weniger Rahmen erfolgreich übertragen werden. Etwa ab der Bitfehlerwahrscheinlichkeit $3 \cdot 10^{-3}$ schneidet das Format DM3 besser ab; die Wahrscheinlichkeit eines Bitfehlers ist bei kürzerem Rahmen geringer. Ab der Bitfehlerwahrscheinlichkeit von etwa 10^{-2} ist es günstiger, in das Rahmenformat DM1 zu wechseln.

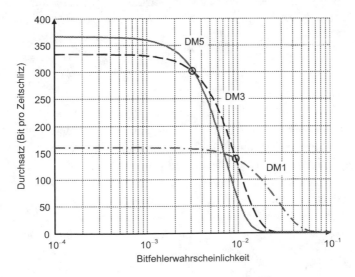

Abb. 8.29 Durchsatz bei Bluetooth für die drei Rahmenformate DM1, DM3 und DM5 in Abhängigkeit von der Übertragungsqualität, der Bitfehlerwahrscheinlichkeit

Die relativ einfachen Modellüberlegungen zeigen bereits, dass es in der Kommunikationstechnik für einen möglichst hohen Durchsatz vorteilhaft ist, unterschiedliche Rahmenlängen zu definieren und die Formate, entsprechen der Übertragungsqualität, dynamisch umzuschalten. Insbesondere liefert Abb. 8.29 mit den beiden Schnittpunkten der Grafen (o) günstige Zahlenwerte für die Umschaltpunkte.

Anmerkungen

- In der Literatur werden, mit Berücksichtigung weiterer bluetoothspezifischer Merkmale, für die drei Rahmenformate im ungestörten Fall die gerundeten Werte 109, 387 bzw. 478 kbit/s als maximale Durchsätze angegeben.
- Ähnliche Überlegungen zeigen, dass bei einem Verzicht auf die Rate 2/3-Codierung mit Fehlerkorrektur der Durchsatz bereits ab einer Bitfehlerrate von 10^{-3} deutlich einbricht.

▶   In der Praxis besonders nützlich hat sich eine spezielle Art linearer Blockcodes erwiesen, die CRC-Codes. Fordert man, dass jede zyklische Vertauschung eines Codeworts eines linearen Blockcodes wieder ein Codewort liefert, entsteht die Familie der zyklischen Codes. CRC-Codes besitzen als zyklische Codes neue mathematische Eigenschaften, die besonders nützlich sind für die effektive Konstruktion der Codes, für die Entwicklung effizienter Codier- und Decodierschaltungen mit Schieberegistern und nicht zuletzt für die hervorragenden Fehlererkennungseigenschaften mit geringen Restfehlerwahrscheinlichkeiten. Hinzu kommt die effiziente Unterstützung variabler Rahmenlängen durch einfache Codeverkürzung. CRC-Codes sind besonders interessant für alle Arten der gesicherten, rahmenorientierten Datenübertragung mit Fehlerüberwachung und Wiederholungsanforderung, wie sie in der modernen Datenkommunikation Standard ist.

Anmerkungen

- In den letzten beiden Abschnitten wurden lineare binäre Blockcodes vorgestellt. Die Codewortelemente waren binär, aus $\{0, 1\}$, und die Rechnungen mit ihnen beruhten auf der Modulo-2-Arithmetik. Mathematisch gesehen lag ein Galois-Körper der Ordnung 2 vor, kurz $GF(2)$ genannt. Die Idee, zyklische Codes einzuführen und mithilfe von Generatorpolynomen zu definieren, hat sich am Beispiel der CRC-Codes als fruchtbar erwiesen.
- Die Theorie der linearen zyklischen Codes ist an dieser Stelle noch nicht ausgeschöpft. Anfang der 1960er-Jahre entdeckten Bose, Chaudhuri und Hocquenghem sowie Reed und Solomon die nach ihnen genannten *BCH-Codes* bzw. *RS-Codes*. Diese Codes sind heute in der Informationstechnik an vielen Stellen anzutreffen, z. B. um Musik auf Audio-CDs trotz einiger Kratzer noch hörbar zu machen. Die BCH- und RS-Codes erweitern die bisherigen Überlegungen in zwei Richtungen.

Durch speziell konstruierte Generatorpolynome ergeben sich zusätzliche neue Eigenschaften. Und durch den Übergang auf Galois-Körper höherer Ordnung, z. B. $GF(2^8)$, werden nicht mehr einzelne Bits, sondern Symbole, z. B. 1 Byte große Datenwörter, betrachtet. Bei der (Syndrom-)Decodierung mit Fehlerkorrektur kommt es damit nicht nur darauf an, die Fehlerstellen zu finden, sondern auch den Wert des Fehlersymbols. Damit nimmt die Komplexität der Decodierung deutlich zu. BCH- und RS-Codes sind bezüglich ihrer mathematischen Eigenschaften und praktischen Anwendungen gut erforscht. Interessierte Leser finden in den Lehrbüchern von Blahut (2003), Friedrichs (1995), Höher (2013), Lin und Costello (2004) sowie Schneider-Obermann (1998) weiterführende, mehr an Ingenieure gerichtete Darstellungen.

Aufgabe 8.17

Was versteht man unter einem CRC-Code? Warum werden CRC-Codes in der Datenübertragungstechnik häufig eingesetzt? Begründen Sie Ihre Antwort.

Aufgabe 8.18

Erklären Sie das Prinzip der Fehlerprüfung mit Prüfsummen. Werden bei der mit CRC-Code geschützten Datenübertragung alle Fehler erkannt? Begründen Sie Ihre Antwort.

Aufgabe 8.19

Bei der Übertragung von *ATM-Zellen* (Kap. 6) wird das HEC-Feld mit der CRC-8-Prüfsumme nach Tab. 8.9 gesetzt.

a) Welche Codewortlänge besitzt der CRC-8-Code? Wie groß ist der Nachrichtenanteil? Charakterisieren Sie den Code.

b) ATM-Zellen umfassen 53 Oktette. Davon werden nur die ersten vier Oktette des Kopffelds mit der Steuerungsinformation durch den CRC-8-Code geschützt. Nimmt die Fehlerwahrscheinlichkeit bei Codeverkürzung zu, bleibt sie gleich oder nimmt sie ab? Begründen Sie Ihre Antwort.

c) Codieren Sie die Nachricht $u = (1010 \ldots 0)$.

d) Ist im Empfangswort $r = (001100010 \ldots 0)$ ein Fehler enthalten? Begründen Sie Ihre Antwort. (Hinweis: Keine lange Rechnung.)

8.2.6 Faltungscodes

Die Faltungscodes spielen in der Informationstechnik heute eine ebenso wichtige Rolle wie die Blockcodes. Frühe Arbeiten zu Faltungscodes wurden in den Jahren 1955, 1961 und 1963 von P. Elias, J. M. Wozencraft und B. Reiffen bzw. J. L. Massey vorgestellt. Während die Blockcodes in den 1950er-Jahren schnell wichtige Anwendungen fanden, blieben die Faltungscodes zunächst im Hintergrund. Als 1967 von A. J. Viterbi ein effizienter Decodieralgorithmus vorgestellt wurde, ergaben sich neue Anwendungsmöglichkeiten. Weiterentwicklungen ermöglichten eine Verarbeitung und Bereitstellung von Zuverlässigkeitsinformationen (Hagenauer und Höher 1989). Anfang der 1990er-Jahre wurden die Faltungscodierung von C. Berrou und A. Glavieux (1996) zu den besonders fehlerrobusten Turbocodes weiterentwickelt (Hagenauer 1997). Sie fanden schließlich Eingang in die Mobilfunkstandards Universal Mobile Telecommunications System (UMTS) und Long Term Evolution (LTE).

Im Folgenden sollen anhand von Beispielen die Grundlagen zum Verständnis von Faltungscodes und ihrer Decodierung exemplarisch vorstellt werden. Eine weiterführende Darstellung und Literaturhinweise findet man z. B. in Höher (2013), Lin und Costello (2004), Werner (2008).

8.2.6.1 Encoderschaltung

Der Name *Faltungscodes* stellt die aus der Systemtheorie bekannte Faltungsoperation für Signale als charakteristisches Merkmal in den Vordergrund. Tatsächlich wird die Codierung als Abbildung des Zeichenstroms durch ein zeitdiskretes *Linear Time-Invariant(LTI)-System* beschrieben. Dadurch wird es möglich, die Codierung und Decodierung als fortlaufenden Prozess darzustellen und lange Bitfolgen effizient zu verarbeiten.

Encoderschaltung

Die Codierung des Rate-1/2-Codes für Global System for Mobile Communications (GSM)) veranschaulicht Abb. 8.30. Gezeigt wird der *Encoder* in der Schieberegisterform. Die *Schieberegisterschaltung* (SRS) besitzt einen Eingang für die Eingangsfolge $u[n]$, zwei Ausgänge für die Ausgangsfolgen $v_1[n]$ und $v_2[n]$ und vier innere Speicher s_1, s_2, s_3 und s_4. Im Sinn der digitalen Signalverarbeitung handelt es sich um ein *nichtrekursives System* mit nur Vorwärtszweigen (Kap. 3).

Allgemein spricht man von einem (n, k, m)-Faltungscode. Die SRS in Abb. 8.30 entspricht einem $(2, 1, 4)$-Faltungscode für $n = 2$ Ausgänge, $k = 1$ Eingänge und $m = 4$ Speicher.

In den Anwendungen, wie GSM, werden i. d. R. binäre Faltungscodes eingesetzt. Wir gehen daher der Einfachheit halber im Weiteren von Bitströmen als Nachrichten- und Codefolgen aus. Dann bedeutet die Linearität, dass die Rechenoperationen in der SRS über den Galois-Körper $GF(2)$ definiert sind, also in Modulo-2-Arithmetik ausgeführt werden.

In Abb. 8.30 wird die Eingangsfolge $u[n]$ durch die *Impulsantworten* $g_1[n]$ und $g_2[n]$ auf die Ausgänge $v_1[n]$ bzw. $v_2[n]$ (von oben nach unten) transformiert. Die Impulsantworten sind in der SRS direkt ablesbar. Fehlt eine Verbindung vom Eingang bzw. einem Speicher zum Ausgang, ist der zugehörige Koeffizient der Impulsantwort null. Aus Abb. 8.30 folgt für die Impulsantworten

$$g_1[n] = \{1, 0, 0, 1, 1\}$$
$$g_2[n] = \{1, 1, 0, 1, 1\}.$$

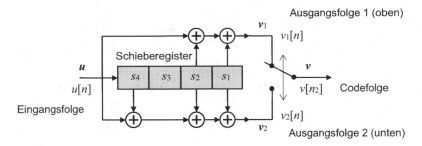

Abb. 8.30 Encoder des $(2, 1, 4)$-Faltungscodes für die GSM-Rate-$1/2$-Codierung

Die maximale Ordnung der Impulsantworten beträgt hier vier, entsprechend den vier Speichern in der Verzögerungskette der SRS.

Die Abbildungen der Eingangsfolge durch die SRS sind durch die Faltung (Kap. 3) gegeben:

$$v_1\,[n] = g_1\,[n] * u\,[n] = \sum_{l=0}^{m} g_1\,[l] \cdot u\,[n-l]$$

$$v_2\,[n] = g_2\,[n] * u\,[n] = \sum_{l=0}^{m} g_2\,[l] \cdot u\,[n-l]\,.$$

Die Ausgangsfolgen der SRS, $v_1[n]$ und $v_2[n]$, werden anschließend ineinander zur *Codefolge* $v[n_2]$ verschränkt. In Abb. 8.30 wird das durch den Schalter, oder allgemein durch einen Multiplexer, dargestellt. Weil hier keine Bits verloren gehen sollen, ist die Ausgangsfolge des Encoders doppelt so schnell getaktet wie die Eingangsfolge, daher auch die neue normierte Zeitvariable n_2 im Bild.

Die Funktion der SRS macht ein Zahlenwertbeispiel nochmals deutlich, wobei zu beachten ist, dass es sich um Binärfolgen handelt und die Rechenoperationen in der Modulo-2-Arithmetik auszuführen sind. In GSM werden Blocklängen bis zu 260 Bits für die Eingangsfolge verwendet Für die Demonstration wählen wir die kurze Eingangsfolge $u[n] = \{1, 0, 1, 1\}$. Dann erhalten wir aus der Rechentafel für die Faltung in Abb. 8.31 die Ausgangsfolge $v_1[n] = \{1, 0, 1, 0, 1, 1, 0, 1\}$. Ebenso erhalten wir die Ausgangsfolge $v_2[n] = \{1, 1, 1, 1, 0, 1, 0, 1\}$.

Aus dem paarweise Verschränken der Ausgangsfolgen der SRS resultiert schließlich die Codefolge $v[n_2] = \{1,1, 0,1, 1,1, 0,1, 1,0, 1,1, 0,0, 1,1\}$.

Anmerkung

- Man beachte die ausführliche Schreibweise für die Modulo-2-Arithmetik in Abb. 8.31. Im Weiteren wird der Einfachheit halber darauf verzichtet.

Wenden wir uns wieder dem Encoder im Allgemeinen zu, so lassen sich aus der SRS weitere wichtige Kenngrößen ablesen. Durch die Faltung der Eingangsfolge, in der SRS

Impulsantwort $g_1[n] = \{1,0,0,1,1\}$					
1	0	0	1	1	Faltungsprodukt $g_1[n]*u[n]$
1					$1 \odot 1 = 1$
0	1				$1 \odot 0 \oplus 0 \odot 1 = 0$
1	0	1			$1 \odot 1 \oplus 0 \odot 0 \oplus 0 \odot 1 = 1$
1	0	0	1		$1 \odot 1 \oplus 0 \odot 0 \oplus 0 \odot 0 \oplus 1 \odot 1 = 0$
	1	1	0	1	1
		1	1	0	1
			1	1	0
				1	1

(Eingangssignal $u[n] = \{1,0,1,1\}$)

Abb. 8.31 Rechentafel für die Faltung von $g_1[n]$ mit $u[n]$ und Modulo-2-Arithmetik

an den Speichern erkennbar, beeinflusst ein Bit der Eingangsfolge typischerweise mehrere Bits der Ausgangsfolge. Man spricht hier anschaulich von einem Gedächtnis und einer Einflusslänge. Weil die Encoder mehrere Eingänge haben können, definiert man als *Encodergedächtnis* („encoder memory") die Zahl der Speicher in der längsten Verzögerungskette:

$$m = \max_{i=1,\dots,k} m_i .$$

Die *Einflusslänge* („constraint length") gibt die maximale Spannweite von Codebits an, die von einem Eingangsbit beeinflusst werden:

$$n_c = n \cdot (m + 1) .$$

Wie später deutlich wird, sind das Encodergedächtnis und die Einflusslänge für das Fehlerkorrekturvermögen und die Komplexität der Decodieralgorithmen von entscheidender Bedeutung. Es entstehen Bindungen im Codesignal, Restriktionen, die zur Fehlererkennung und Fehlerkorrektur verwendet werden.

Ein weiterer, für die Anwendung von Codes wichtiger Parameter ist die Coderate. Da pro k Bits am Eingang n Bits am Ausgang erzeugt werden, folgt die *Coderate*

$$R = \frac{k}{n} .$$

Die Zahl der Eingänge k ist i. d. R. klein, meist eins. Typisch sind Coderaten von $1/3$ bis $7/8$.

Der Nachrichtenaustausch in der Informationstechnik findet immer in gewissen Rahmenstrukturen statt. Deshalb besitzen reale Nachrichtenfolgen eine endliche Länge. In diesem Fall kann sich unter Umständen die tatsächliche Coderate stark verringern. Grund dafür ist, wie auch im Beispiel des $(2, 1, 4)$-Faltungscodes beobachtbar, dass durch das En-codergedächtnis die Nachrichtenbits eine gewisse Zeit nachwirken. In den Anwendungen werden meist die Nachrichtenfolgen jeweils um m Nullen oder andere bekannte Bitmuster verlängert, sodass nach zusätzlichen m Takten das letzte Nachrichtenbit aus dem Encoder-gedächtnis verschwunden ist. In Anlehnung an den englischen Begriff „tail" für Schweif, Schluss, Schleppe usw. spricht man von *Tailbits* oder (Ab-)*Schlussbits*. Im Vergleich zur Länge einer Nachrichtenfolge L erhöht sich die Länge der Codefolge auf $L + m$. Dieser Effekt wird in der *Blockcoderate*

$$R_B = \frac{k \cdot L}{n \cdot (L + m)} \approx R \quad \text{für } L \gg m$$

berücksichtigt. Offensichtlich resultiert für sehr lange Nachrichtenfolgen näherungsweise die Coderate; für kurze muss aber mit merklichen Ratenverlusten gerechnet werden. Der *relative Ratenverlust* („fractional rate loss") ist

$$\frac{m}{L + m}.$$

In Anwendungen mit relativ kurzen Nachrichtenfolgen werden manchmal spezielle Tail-biting-Codes eingesetzt, bei denen auf die Schlussbits verzichtet wird.

Schließlich sei angemerkt, dass die Impulsantworten wie in Abschn. 8.2.5 als Polyno-me dargestellt werden können. Man spricht von den *Generatorpolynomen* des Faltungs-codes. Die Polynomdarstellung des Codes ist wichtig für die theoretischen Analysen und das Design der Faltungscodes. Man findet deshalb in der Literatur oft Angaben in Poly-nomform. Im Beispiel des GSM-Rate-1/2-Codes sind das die Generatorpolynome

$$g_1(X) = 1 + X^3 + X^4$$
$$g_2(X) = 1 + X + X^3 + X^4.$$

Der Kürze halber soll im Folgenden nicht weiter auf die Polynomform eingegangen wer-den.

▶   Binäre (n, k, m)-Faltungscodes können durch einfache Schieberegisterschal-tungen mit Modulo-2-Arithmetik implementiert werden. Die verwendeten Impulsantworten (Generatorpolynome) sind charakteristisch für den jeweili-gen Faltungscode.
Bei Faltungscodes steht und fällt die Fähigkeit zur Fehlererkennung und Feh-lerkorrektur mit dem Encodergedächtnis. Durch die Schieberegisterschaltung werden Bindungen in Form von Restriktionen in das Codesignal eingebracht, die bei der Decodierung berücksichtigt werden können.

Aufgabe 8.20
Der Faltungscode zur SRS in Abb. 8.32 wird im Mobilfunksystem *UMTS* eingesetzt. Er soll von Ihnen charakterisiert werden.

Abb. 8.32 Schieberegisterschaltung eines Faltungscodes
für UMTS

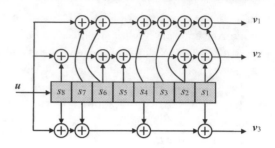

a) Bestimmen Sie die Impulsantworten zur SRS in Abb. 8.32.
b) Geben Sie die weiteren Parameter des Codes an.

Aufgabe 8.21

Gegeben sind die Impulsantworten des $(3, 1, 4)$-Faltungscodes für die GSM-Rate-$1/3$-Codierung $g_1[n] = \{1, 1, 0, 1, 1\}$, $g_2[n] = \{1, 0, 1, 0, 1\}$ und $g_3[n] = \{1, 1, 1, 1, 1\}$.

Skizzieren Sie die SRS zum Faltungscode.

8.2.6.2 Zustandsbeschreibung

Aus der Struktur der SRS mit der endlichen Zahl von Speichern für die Nachrichten-elemente und der Tatsache, dass die digitalen Nachrichtenelemente nur eine endliche Zahl von Werten annehmen können, folgt, dass die Encoderschaltung ebenfalls nur ei-ne endliche Zahl von *Zuständen* („states") erreichen kann. Als alternative Beschreibung der Codierung bietet sich deshalb an, sie als Abfolge von Zuständen aufzufassen. Wie noch gezeigt wird, liefert diese Idee den Schlüssel zum tieferen Verständnis der Eigen-schaften von Faltungscodes und führt insbesondere auf effiziente Algorithmen zu deren Decodierung.

Zustände

Wir entwickeln das Konzept der Zustandsbeschreibung anhand eines Beispiels. Der Kürze halber verwenden wir den $(2, 1, 3)$-Faltungscode in Abb. 8.33 mit den Impulsantwor-ten $g_1[n] = \{1, 1, 0\}$, $g_2[n] = \{1, 0, 1\}$ und $g_3[n] = \{1, 1, 1\}$.

In Abb. 8.33 existieren mit den zwei Speicherplätzen bei der binären Nachrichtenfolge genau $2^2 = 4$ verschiedene Zustände im Encoder. Wir weisen den Speicherplätzen die Zustandsgrößen s_1 und s_2 als Variablen zu und ordnen den Werten der Zustandsgrößen in

Abb. 8.33 Schieberegisterschaltung des $(3, 1, 2)$-
Faltungscodes

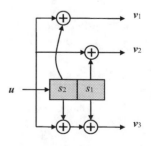

Tab. 8.10 Zustands-übergangstabelle für den (3, 1, 2)-Faltungscode

Zustandsgrößen		Zustand S_i
s_2	s_1	$i = s_2 + 2s_1$
0	0	0
1	0	1
0	1	2
1	1	3

Tab. 8.10 die Zustände S_0 bis S_3 zu. Die Nummerierung der Zustandsgrößen und Zustände ist prinzipiell beliebig, jedoch hat sich das hier verwendete System bei der Softwareimplementierung der Codier- und Decodieralgorithmen als hilfreich bewährt.

Bei der Codierung nach Abb. 8.33 wird pro Takt jeweils ein neues Nachrichtenbit in die Zustandsgröße s_2 geladen. Der Wert der Zustandsgröße s_1 geht aus dem vorhergehenden Wert der Zustandsgröße s_2 hervor. Damit hat jeder Zustand genau zwei Nachfolger, je nachdem ob 0 oder 1 aus der Nachrichtenfolge nachgeschoben wird.

Zustandsdiagramm

Die möglichen Zustandswechsel, ihre Abhängigkeiten von der Nachrichtenfolge und ihre Einflüsse auf die Codefolge lassen sich grafisch anschaulich darstellen. Die Abb. 8.34 zeigt das *Zustandsdiagramm* für den (3, 1, 2)-Faltungscode. Das Zustandsdiagramm entwickelt sich von links beginnend aus dem Nullzustand S_0, d. h. zunächst sind alle Zustandsgrößen null.

- Wird das Nachrichtenbit 0 eingespeist, verbleibt der Encoder im Nullzustand. Am Ausgang erscheint dabei das Bittripel 000 (Abb. 8.33). Im Zustandsdiagramm werden das Eingangsbit und die Ausgangsbits durch 0/000 an der den Zustandsübergang symbolisierenden Kante kenntlich gemacht.
- Wird das Nachrichtenbit 1 eingespeist, wechselt der Encoder in den Zustand S_1 (Tab. 8.10). Am Ausgang erscheint das Bittripel 111 (Abb. 8.33).

Ganz entsprechend lässt sich der Rest des Zustandsdiagramms entwickeln.

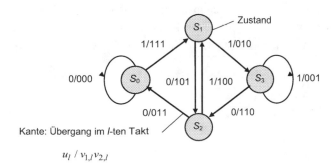

Abb. 8.34 Zustandsdiagramm zum (3,1,2)-Faltungscode

Tab. 8.11 Erweiterte Zustandsübergangstabelle für den $(3, 1, 2)$-Faltungscode

Alter Zustand $S_i[n]$	Neuer Zustand $S_i[n+1]$, wenn Nachrichtenbit		Bittripel der Codefolge, wenn Nachrichtenbit	
	0	1	0	1
0	0	1	0 0 0	1 1 1
1	2	3	1 0 1	0 1 0
2	0	1	0 1 1	1 0 0
3	2	3	1 1 0	0 0 1

Das Zustandsdiagramm enthält die vollständige Information über den Code. Das Codieren einer Nachrichtenfolge ist äquivalent zum Durchlaufen des zugeordneten Wegs im Zustandsdiagramm. Alternativ kann deshalb die Codierung auch im Zustandsdiagramm durchgeführt werden. Dies bietet sich beispielsweise für Softwarerealisierungen an, wenn es auf eine rechenzeiteffiziente Implementierung ankommt. Wir machen uns das am folgenden Beispiel klar.

Zustandsübergangstabelle

Zur eindeutigen Codierung des $(3, 1, 2)$-Faltungscodes genügt es, zu jedem Zustand in Abhängigkeit vom zu übertragenden Nachrichtenbit den jeweiligen Nachfolgezustand und das dabei abzugebende Bittripel zu kennen. Wir führen diese Informationen in der *Zustandsübergangstabelle* in Tab. 8.11 zusammen. Anhand der Zustandsübergangstabelle codieren wir die Nachricht $u[n] = \{1, 1, 0, 0, 1\}$. Wir vereinbaren, im Nullzustand zu beginnen und auch wieder dort zu enden. Wir hängen dazu an die Nachricht die notwendigen zwei Tailbits 00 an. Daraus ergibt sich die Folge der Zustände $S[n] = \{S_0, S_1, S_3, S_2, S_0, S_1, S_2, S_0\}$ und die der Codebits $v[n] = \{1,1,1,0,1,0,1,1,0,0,1,1,$ $1,1,1,1,0,1,0,1,1\}$.

An der Zustandsübergangstabelle lässt sich eine Voraussetzung für einen guten Code entdecken. Dazu vergleichen wir die Bittripel im Code der paarweise alternativen Übergänge in Tab. 8.11. Pro Übergang wird der Unterschied in den Bittripeln der Codefolgen, die Hamming-Distanz, zwischen den beiden Alternativen um jeweils drei erhöht, siehe jeweils die letzten beiden Spalten. Damit nimmt die Robustheit gegen Fehler ebenfalls zu. Gute Codes vergrößern in jedem Zustandsübergang die Hamming-Distanzen der alternativen Codefolgen so weit wie möglich. Später wird noch deutlich, dass es nicht nur auf den einzelnen Übergang ankommt, sondern auf die Entwicklung der unterschiedlichen Pfade im Zustandsdiagramm.

Vollständiges Encodergedächtnis

Ein Blick ins Zustandsdiagramm in Abb. 8.34 macht deutlich, dass die Komplexität der Codierung – und damit ebenso der Decodierung – mit der Zahl der Zustände wächst.

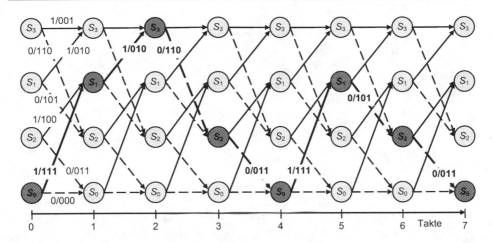

Abb. 8.35 Netzdiagramm zur Codierung der Nachricht $u[n] = \{1, 1, 0, 0, 1\}$ mit dem $(3, 1, 2)$-Faltungscode

Letztere ergibt sich aus der Anzahl der Speicher in der Encoderschaltung. Ein (n, k, m) Faltungscode besitzt genau

$$M = \sum_{i-1}^{k} m_i$$

Speicher. Man bezeichnet die Größe M als das *vollständige Encodergedächtnis*. Damit können maximal M gespeicherte Nachrichtenelemente ein Code-n Tupel am Encoderausgang beeinflussen. Bei binären Nachrichten gibt es in den M Speichern genau 2^M verschiedene Encoderzustände.

Netzdiagramm

Die Zustandsdarstellung des Codes eröffnet die Möglichkeit, die Codierung über der Zeit in Form des *Netzdiagramms*, auch *Trellis-Diagramm* genannt, grafisch abzubilden. Der Codiervorgang im letzten Beispiel lässt das anschaulich werden. Im Netzdiagramm in Abb. 8.35 werden zunächst alle möglichen Zustände in zeitlicher Abfolge aufgetragen. Die zu den Übergängen gehörenden Nachrichten- und Codefolgebits werden als Kantengewichte eingetragen. Im Fall binärer Eingangsfolgen ergeben sich jeweils zwei Kanten, die von jedem Zustand ausgehen bzw. in jedem Zustand münden.

Anmerkung

- Im Beispiel wurde der Übersichtlichkeit halber die vertikale Anordnung der Zustände so gewählt, dass die von einem Bit 0 induzierten Übergänge, im Bild strichliniert gezeigt, nicht nach oben gerichtet sind.

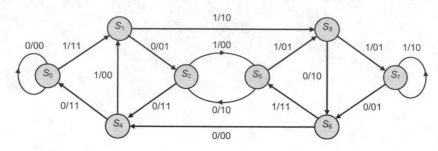

Abb. 8.36 Netzdiagramm

Die Codierung der Nachrichtenfolge $u[n] = \{1, 1, 0, 0, 1\}$ entwickelt sich im Netz-diagramm wie in Abb. 8.35 zu sehen. Sie beginnt im Nullzustand S_0. Durch das erste Nachrichtenbit $u[0] = 1$ wird ein Übergang in den Zustand S_1 ausgelöst. Dabei wird am Encoderausgang das Bittripel 111 erzeugt. Das zweite Nachrichtenbit $u[1] = 1$ führt zum Zustand S_3 mit dem Bittripel 010 am Encoderausgang usw. Schließlich endet der Enco-der – wie vereinbart – im Nullzustand S_0 („zero-bitting"). Das Codewort entspricht einem eindeutigen, durch die Nachricht definierten Weg durch das Netzdiagramm.

> Ein binärer $(n, 1, m)$-Faltungscode besitzt genau 2^m Zustände. Jeder Zustand hat genau zwei Vorläufer und zwei Nachfolger.
> Im Netzdiagramm wird der Codiervorgang über die Zeit dargestellt. Zu jeder möglichen Nachricht gehört genau ein Weg im Netzdiagramm.

Aufgabe 8.22

a) Bestimmen Sie zum Netzdiagramm in Abb. 8.36 die Parameter des (n, k, m)-Faltungs-codes.

b) Codieren Sie die Nachricht $\{1, 1, 0, 0, 1\}$ mit Start und Ziel im Nullzustand.

c) Geben Sie zum Netzdiagramm in Abb. 8.36 die Impulsantworten der Schieberegister-schaltung an.
   Hinweis: Überlegen Sie sich, wie die Impulsantworten an der SRS gemessen werden könnten.

8.2.6.3 Viterbi-Algorithmus

Für die Decodierung von Faltungscodes stehen im Wesentlichen zwei Alternativen zur Verfügung: die sequenzielle Decodierung und der Viterbi-Algorithmus.

Die *sequenzielle Decodierung*, z. B. mit dem Fano- oder dem Stack-Algorithmus, ori-entiert sich an den sich baumartig entwickelnden alternativen Codefolgen. Sie kann für manche Anwendungen interessant sein. Für eine kurze Einführung in die sequenzielle Decodierung und weitere Literaturhinweise siehe beispielsweise Lin und Costello (2004) und Proakis (2000).

Üblicherweise wird der *Viterbi-Algorithmus* (VA) eingesetzt. Er ist ein Sonderfall der dynamischen Programmierung aus der mathematischen Optimierung, wie sie beispielsweise in den Wirtschaftswissenschaften zur Streckenplanung verwendet wird. Die Aufgabe dort ist es, die Folge der angefahrenen Orte so zu wählen, dass die Gesamtstrecke am kürzesten wird.

Ganz ähnlich ist auch die Anwendung in der Nachrichtentechnik. Die Rolle der Orte übernehmen die Zustände im Netzdiagramm und die Gesamtstrecke wird, statt in Kilometern, durch eine an die Anwendung angepasste Metrik bestimmt.

Die Idee des Viterbi-Algorithmus folgt intuitiv aus dem Netzdiagramm. Es wird deshalb zunächst ein Beispiel vorgestellt. Danach werden die theoretischen Zusammenhänge behandelt.

Decodierung im Netzdiagramm

Der Startpunkt für das Beispiel ist das Netzdiagramm in Abb. 8.35. Da wir voraussetzen, dass die Codierung im Zustand S_0 beginnt und endet, können die alternativen Codefolgen – bildlich die alternativen Wege im Netzdiagramm – auf die Wege reduziert werden, die in S_0 starten und nach sieben Takten in S_0 ankommen.

Wir nehmen an, dass die Codefolge ohne Übertragungsfehler am Decoder ankommt. Dann ist die Empfangsfolge gleich der Codefolge,

$$r[n] = v[n] = \{1,1,1,0,1,0,1,1,0,0,1,1,1,1,1,1,0,1,0,1,1\}.$$

Wie kann nun der Decoder herausfinden, welche der möglichen Codefolgen gesendet wurde? Indem er die Bits der Empfangsfolge mit den Bits der möglichen Codefolgen vergleicht und diejenige Codefolge auswählt, die der Empfangsfolge am ähnlichsten ist. Dabei bietet sich an, im Fall unabhängiger Einzelfehler die Hamming-Distanz als Maß für die Ähnlichkeit zu verwenden: je kleiner die Hamming-Distanz, umso größer die Ähnlichkeit.

Der Vergleich der Hamming-Distanzen aller Codefolgen kann im Netzdiagramm effizient realisiert werden. Die Abb. 8.37 zeigt den Algorithmus und sein Ergebnis:

- Im ersten Schritt, Takt oder Übergang, sind zwei Wege aus dem Nullzustand möglich. Der Decoder vergleicht das zuerst empfangene Bittripel der Empfangsfolge mit den Bittripeln der beiden möglichen Wege. Wir machen das deutlich, indem wir die resultierenden Hamming-Distanzen an die Kanten notieren. Zur Erinnerung sind ebenfalls die Gewichte der Kanten im Encoder angegeben. Die beiden Wegalternativen münden in die Zustände S_0 bzw. S_1. Dort wird im *Metrikspeicher* die bis dahin aufgesammelte Hamming-Distanz zwischen der Empfangsfolge und dem Weg im Netzdiagramm festgehalten. Im *Wegspeicher* hinterlegt der Decoder die zu diesem Weg gehörende Folge von Nachrichtenbits.
- Im zweiten Schritt sind jeweils wieder zwei Übergänge pro Zustand möglich. Der Decoder addiert die Hamming-Distanzen der Übergänge zu den Inhalten der Metrikspeicher der Vorläuferzustände und schreibt die Ergebnisse in die Metrikspeicher der

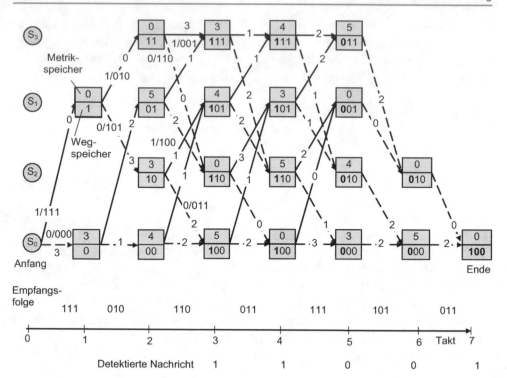

Abb. 8.37 Decodierung im Netzdiagramm

Nachfolgerzustände. Ebenso werden die zugehörigen Nachrichtenbits in den Wegspeichern gemerkt. Am Ende des zweiten Schritts sind alle vier möglichen Zustände im Netzdiagramm erreicht.

- Im dritten Schritt wird ähnlich verfahren. Erstmals münden jedoch je zwei Wege in einen neuen Zustand. Hier wird nun der besondere Vorteil der dynamischen Programmierung deutlich.

Am Beispiel des Zustands S_3 oben in Abb. 8.37 wird das Verfahren demonstriert. Dazu wird die Situation in Abb. 8.38 im Detail gezeigt. Im Zustand S_3 vereinigen sich die beiden Wege über die Vorläuferzustände S_1 oder S_3. Im Übergang werden ihnen die Hamming-Distanzen drei bzw. zwei als *Metrikinkremente* zugewiesen. Die bis hierhin akkumulierten Metriken sind demzufolge die in den Vorläuferzuständen gespeicherten Metriken zuzüglich der jeweiligen Metrikinkremente.

Weil im weiteren Decodierungsprozess die noch hinzukommenden Metrikinkremente unabhängig von den bis hierhin akkumulierten Metriken sind und somit gleichermaßen für beide Alternativen gelten, wird der Weg über S_1 stets eine größere akkumulierte Metrik aufweisen als der Weg von S_3 kommend. Da am Schluss der Weg mit der geringsten Hamming-Distanz – der kleinsten Unstimmigkeit (Diskrepanz), der größten Ähnlichkeit (Kongruenz) mit einer möglichen Nachricht – ausgewählt wird, kommt der Weg über S_1

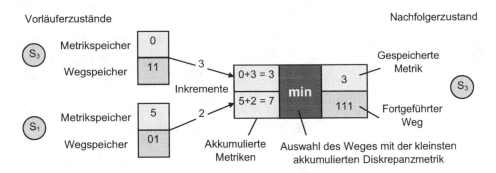

Abb. 8.38 Wegauswahl, fortgeführter Weg

nicht mehr infrage. Er kann deshalb bereits jetzt verworfen werden. Nur der Weg über S_3 muss als potenzieller Kandidat weiterverfolgt werden.

Ganz entsprechend wird für die anderen Zustände verfahren. Pro Zustand muss nur ein Weg mit Metrik- und Wegspeicher weitergeführt werden. Maßgeblich für die Komplexität der Decodierung ist folglich die Zahl der Zustände.

Für die praktische Anwendung ergibt sich noch eine wichtige Vereinfachung. Weil am Ende des dritten Schritts alle Wegspeicher als erstes Nachrichtenbit 1 anzeigen, kann das Nachrichtenbit als decodiert ausgegeben werden. Dadurch reduzieren sich die notwendige Tiefe der Wegspeicher und die Codierverzögerung.

Die weitere Decodierung wird entsprechend den bisherigen Überlegungen vorgenommen. Am Schluss wird der Inhalt des Wegspeichers von S_0 als decodiert ausgegeben.

Maximum-Likelihood-Decodierung

Nach dem einführenden Beispiel wird der theoretische Hintergrund des Viterbi-Algorithmus kurz aufgezeigt. Die Aufgabenstellung für den Decoder ist in Abb. 8.39 zusammengefasst. Um etwas übersichtlichere Formeln zu erhalten, verwenden wir die Vektorschreibweise, z. B. $v = (v_0, v_1, v_2, \ldots)$ für die Codefolge.

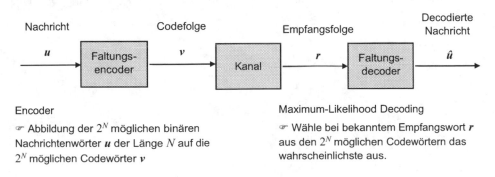

Encoder

☞ Abbildung der 2^N möglichen binären Nachrichtenwörter u der Länge N auf die 2^N möglichen Codewörter v

Maximum-Likelihood Decoding

☞ Wähle bei bekanntem Empfangswort r aus den 2^N möglichen Codewörtern das wahrscheinlichste aus.

Abb. 8.39 Aufgabe der Maximum-Likelihood-Decodierung

Die Aufgabe des Encoders bei der *Maximum-Likelihood-Decodierung* (MLD) ist es, aus der erhaltenen Empfangsfolge die als am wahrscheinlichsten gesendete Codefolge zu identifizieren und die dazugehörige Nachrichtenfolge auszugeben. Man spricht deshalb auch treffender von der Maximum-likelihood Sequenzschätzung (MLSE) (*Maximum-Likelihood Sequence Estimation*).

Die Aufgabe formuliert sich mathematisch so: Es wird von allen möglichen Codefolgen $v \in Code$ diejenige Codefolge $\hat{v}$ ausgewählt, für die zur bekannten Empfangsfolge r die bedingte Wahrscheinlichkeit $P(r|v)$ maximal wird:

$$P(r|\hat{v}) = \max_{v \in Code} P(r|v).$$

Die Lösung der MLD-Aufgabe hängt vom zugrunde liegenden Kanalmodell ab. Im Fall gedächtnisloser Quellen und gedächtnisloser Kanäle, wie beispielsweise dem AWGN-Kanal (äquivalent BSC-Kanal), wird die Aufgabe einfacher. Dann geschieht die Übertragung der einzelnen Bits der Codefolge der Länge J unabhängig voneinander. Statt die Folge insgesamt betrachten zu müssen, resultiert das Produkt der bedingten Wahrscheinlichkeiten zu den einzelnen Bits:

$$P(r|v) = \prod_{j=0}^{J-1} P\left(r_j | v_j\right).$$

Es stellt sich als günstig heraus, das Produkt mit der Logarithmusfunktion in eine Summe aufzuspalten. Da die Logarithmusfunktion monoton ist, ändert sie die Größenverhältnisse zwischen den bedingten Wahrscheinlichkeiten der Codefolgen nicht. Wie in der mathematischen Statistik spricht man hier von der *Log-Likelihood-Funktion*

$$\log P(r|\hat{v}) = \max_{v \in Code} \sum_{j=0}^{J-1} \log P\left(r_j | v_j\right).$$

Mit der Anwendung der Log-Likelihood-Funktion geht die MLD zu einer schrittweisen Decodierung über.

Für den Fall der gedächtnislosen Übertragung kann die MLD mit dem Viterbi-Algorithmus im Netzdiagramm aufwandsgünstig realisiert werden. Wir führen dazu die folgenden Hilfsgrößen ein:

- die *Metrik* der Folge v_i
$$M(r, v_i) = \log P(r|v_i);$$

- das *Metrikinkrement* als Beitrag des j-ten Nachrichtenzeichens
$$M\left(r_j, v_{i,j}\right) = \log P\left(r_j | v_{i,j}\right) \quad \text{und}$$

- die *Teilmetrik* als Zwischensumme
$$M_k(r, v_i) = \sum_{j=0}^{k-1} M\left(r_j | v_{i,j}\right).$$

Viterbi-Algorithmus

Der Viterbi-Algorithmus funktioniert so, wie in Abb. 8.38 illustriert. Zu jedem Zustand werden die Teilmetriken aller ankommenden Wege berechnet. Die dazu notwendige Berechnung der Metrikinkremente hängt vom Kanalmodell ab. Ein Beispiel wird nachfolgend noch vorgestellt. Da die zukünftigen Metrikinkremente unabhängig von den bisherigen Wegen sind, betreffen sie alle weiterführenden Wege gleich. Es muss demnach in jedem Zustand nur der Weg mit der größten Metrik weiter verfolgt werden.

Nachdem der Viterbi-Algorithmus soweit skizziert ist, kann seine *Komplexität* grob abgeschätzt werden:

- Bei einem vollständigen Encodergedächtnis M und einem binären Code existieren 2^M Zustände.
- Pro Zeitschritt sind 2^{M+1} Metrikinkremente zu bestimmen, Teilmetriken zu aktualisieren und zu vergleichen.
- Pro Zeitschritt sind 2^M Wege mit den zugehörigen Teilmetriken und Wegangaben zu speichern.

Die Komplexität des Viterbi-Decoders wächst offensichtlich exponentiell mit dem vollständigen Encodergedächtnis.

Anmerkung

- Beim Vergleich des Encodergedächtnisses vier und acht bei GSM bzw. UMTS zeigt sich der Fortschritt der Mikroelektronik in den 1990er-Jahren, s. auch Vermutung von G. Moore zum exponentiellen Wachstum der Komplexität digitaler Schaltkreise.

Metrik des symmetrischen Binärkanals

Bei der Übertragung der Nachricht einer binären Quelle im BSC (Übergangsdiagramm in Abb. 8.13) liegt ein gedächtnisloser Kanal vor, der die übertragenen Bits mit der Wahrscheinlichkeit ε stört.

Für die MLD sind die bedingten Wahrscheinlichkeiten der am Kanaleingang gesendeten und am Kanalausgang empfangenen Bits zu vergleichen. Die bedingte Wahrscheinlichkeit, d. h. die Wahrscheinlichkeit bei gesendeter Nachricht v_i das Empfangswort r zu erhalten, hängt wegen der gedächtnislosen Übertragung im Wesentlichen von der Zahl der unterschiedlichen Bits, der Hamming-Distanz $d_H(r, v_i)$, ab. Mit der Länge J der Codefolge ergibt sich die bedingte Wahrscheinlichkeit aus dem Produkt der Wahrscheinlichkeiten für genau $d_H(r, v_i)$ gestörte und $J - d_H(r, v_i)$ ungestörte Bits. Für die Log-Likelihood-Funktion folgt

$$\log P\,(r\,|v_i) = \log\left(\varepsilon^{d_H(r,v_i)} \cdot (1-\varepsilon)^{J-d_H(r,v_i)}\right)$$
$$= d_H\,(r, v_i) \cdot \log\left(\frac{\varepsilon}{1-\varepsilon}\right) + J \cdot \log\,(1 - \varepsilon)\,.$$

Das Ergebnis kann wesentlich vereinfacht werden. Die Parameter J und ε sind unabhängig von den möglichen Nachrichten und haben deshalb keinen Einfluss auf die Entscheidung des Decoders. Der zweite Summand kann demzufolge weggelassen werden. Bei der Logarithmusfunktion, dem konstanten Faktor der Hamming-Distanz, ist Vorsicht geboten. Sie liefert einen negativen Wert. Lässt man sie weg, muss statt nach dem Maximum nach dem Minimum gesucht werden. Somit lässt sich die Entscheidungsregel für das MLD-Kriterium in einfacher Form angeben:

$$d_{\mathrm{H}}\left(\boldsymbol{r}, \hat{\boldsymbol{v}}\right) \leq d_{\mathrm{H}}\left(\boldsymbol{r}, \boldsymbol{v}\right) \quad \forall \ \boldsymbol{v} \in Code.$$

Es wird die Codefolge $\hat{\boldsymbol{v}}$ decodiert, deren Hamming-Distanz zur Empfangsfolge am kleinsten ist. Gibt es zwei oder mehrere solche Codefolgen, kann eine davon beliebig ausgewählt werden.

Anmerkung

- Das haben wir zwar vorher schon geahnt, s. einführendes Beispiel, aber jetzt wissen wir, dass das auch die MLD-optimale Lösung ist. Mit der MLD besitzen wir ein objektives Kriterium, das auch in weniger offensichtlichen Fällen zuverlässig angewendet werden kann.

Viterbi-Algorithmus und BSC

Wir zeigen die Anwendung der MLD mit dem Viterbi-Algorithmus, indem wir das einführende Beispiel mit dem $(3, 1, 2)$-Faltungscode mit Übertragungsfehlern wiederholen.

Die MLD der gestörten Empfangsfolge mit dem Viterbi-Algorithmus wird in Abb. 8.40 gezeigt. Die Empfangsfolge, unten im Bild, ist in den fünf unterstrichenen Bits gestört. Die Decodierung geschieht wie im einführenden Beispiel. Anders als dort wird im dritten Zeitschritt im Zustand S_1 der von S_0 kommende Weg weiterverfolgt. Deshalb stimmen jetzt die ersten Nachrichtenbits in den Wegspeichern der vier Zustände nicht überein, sodass kein Nachrichtenbit ausgegeben werden kann. Durch die Störung verzögert sich die Decodierung im Allgemeinen. Erst am Ende kann das letzte Nachrichtenbit decodiert werden. Trotz der fünf Übertragungsfehler, also mehr als 14 % gestörte Bits in der Empfangsfolge, wird die Nachricht fehlerfrei erkannt.

Man beachte auch, dass bei richtiger Decodierung die Metrik die Zahl der Bitfehler in der Empfangsfolge anzeigt. Diese Information kann zusätzlich benutzt werden, um die Vertrauenswürdigkeit der detektierten Nachricht zu bewerten. Sie kann auch als Qualitätsindikator für die Übertragung selbst verwendet werden, um beispielsweise die Verschlechterung des Kanals rechtzeitig zu erkennen und Gegenmaßnamen einzuleiten.

▷ Mit dem Viterbi-Algorithmus steht ein aufwandsgünstiger sequenzieller Decodieralgorithmus für Faltungscodes zur Verfügung. Seine Komplexität wird im Wesentlichen durch die Zahl der Zustände und somit dem Encodergedächtnis bestimmt.

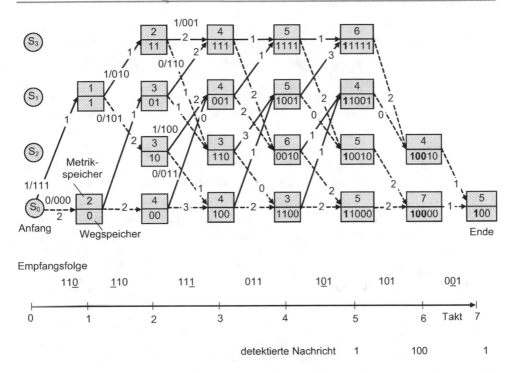

Abb. 8.40 Maximum-likelihood-Decodierung mit dem Viterbi-Algorithmus im Netzdiagramm bei gestörter Übertragung

Der Viterbi-Algorithmus setzt für BSC- und AWGN-Kanäle mit der Hamming-Distanz bzw. dem euklidischen Abstand als Metrik das Prinzip der MLD um.

Aufgabe 8.23

Zum $(3, 1, 2)$-Faltungscode in Abb. 8.33 wird die Codefolge $\{1,0,1,0,1,0,1,1,1,0,1,1,$ $1,1,0,1,0,1,0,1,1\}$ empfangen. Führen Sie eine Decodierung mit dem Viterbi-Algorithmus durch, wenn die Codierung im Nullzustand beginnt und endet.

8.3 Zusammenfassung

In diesem Kapitel wurden wichtige Zusammenhänge und Anwendungen der Quellencodierung und der Kanalcodierung vorgestellt. Die Beschreibung von Informationsquellen als Zufallsexperimente ermöglicht es, den Informationsgehalt der Quellen als Erwartungswert, als Entropie messbar zu machen. Entsprechend zur Entropie liefert die Huffman-Codierung eine praktische Methode, die Nachricht einer Quelle mit geringem (Speicher-) Aufwand darzustellen. Die Huffman-Codierung führt auf einen optimalen Präfixcode für die Zeichen der Quelle. Eine alternative Methode der Quellencodierung realisiert der verbreitete LZW-Algorithmus. Er gründet sich auf die Idee des lexigrafischen Phrasenspeichers für häufig auftretende Zeichenketten. Neben universeller Anwendungsmöglichkeit besitzt er auch ein hohes Kompressionspotenzial, indem er die lokalen Häufigkeiten von Phrasen berücksichtigt.

In der Kommunikationstechnik muss allerdings oft ein mehr oder weniger großer Teil der eingesparten Redundanz für die Kanalcodierung wieder aufgewendet werden. Nach einer kurzen Einführung in die Aufgabenstellung der Kanalcodierung wurden anhand von linearen binären Blockcodes fundamentale Konzepte und Anwendungsaspekte erläutert: die Darstellung der Codes im Vektorraum, die Syndromdecodierung, die Restfehlerwahrscheinlichkeit, die Nettobitrate etc. Anschauliche Beispiele hierfür lieferten Anwendungen des $(7, 4)$-Hamming-Code.

Wenn die Fehlererkennung im Vordergrund steht, werden in der Datenkommunikation meist CRC-Codes eingesetzt. Ausgehend von den Generatorpolynomen können Codier- und Decodierschaltungen von CRC-Codes in Form von Schieberegisterschaltungen angegeben und Codier- bzw. Decodierprozess anhand einfacher Beispiele nachvollzogen werden. Den Einfluss der Kanalcodierung auf die Leistungsfähigkeit der Datenübertragung aus Anwendersicht verdeutlichte das Beispiel aus der Bluetooth-Funkübertragung.

Der letzte Abschnitt des Kapitels stellt die Faltungscodes vor, die in der Funk- und Mobilkommunikation, z.B. in GSM und UMTS, heute Standard sind. Ausführliche Beispiele veranschaulichten das Prinzip des Encoders als lineares und zeitinvariantes (LTI-)System, also die Faltung der Informationsfolge mit den für den jeweiligen Code charakteristischen Impulsantworten. Im Netzdiagramm können Codierung und Decodierung anschaulich nachvollzogen werden. Es wurde gezeigt, wie durch den Encoder Bindungen in die Codefolge eingeführt werden, und wie die Bindungen bei der Decodierung mit dem Viterbi-Algorithmus zur Fehlererkennung und Fehlerkorrektur benutzt werden.

8.4 Lösungen zu den Aufgaben

Lösung 8.1

$$\frac{H(X)}{\text{bit}} = -\frac{1}{2}\operatorname{ld}\left(\frac{1}{2}\right) - \frac{1}{4}\operatorname{ld}\left(\frac{1}{4}\right) - \frac{1}{8}\operatorname{ld}\left(\frac{1}{8}\right) - \frac{1}{8}\operatorname{ld}\left(\frac{1}{8}\right)$$

$$= \frac{1}{2}\operatorname{ld}(2) + \frac{1}{4}\operatorname{ld}(4) + \frac{2}{8}\operatorname{ld}(8) = \frac{1}{2}\cdot 1 + \frac{1}{4}\cdot 2 + \frac{2}{8}\cdot 3 = 1\frac{3}{4}$$

Die Entropie der Quelle beträgt 1,75 bit.

Abb. 8.41 Codebaum und
Codewörter

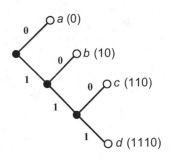

Lösung 8.2

Entscheidungsgehalt $H_0 = \mathrm{ld}(6)\,\text{bit} \approx 2{,}58\,\text{bit}$
Entropie $H(X) \approx 2{,}36\,\text{bit}$
Redundanz (relative) $R \approx 2{,}58\,\text{bit} - 2{,}36\,\text{bit} = 0{,}22\,\text{bit}$ bzw.
                     $r \approx (1 - 2{,}36/2{,}58) \approx 0{,}085$

Lösung 8.3

a) Huffman-Codierung, Codebaum mit Codewörtern (Abb. 8.41)
b) Die Effizienz des Codes ist gleich eins, weil alle Auftrittswahrscheinlichkeiten der
   Zeichen Zweierpotenzen sind, vgl. Rechenformel für Entropie und mittlere Codewortlänge.

Lösung 8.4

a) Huffman-Codierung (Abb. 8.42 und Tab. 8.12), Codebaum (Abb. 8.43).
b) Mittlere Codewortlänge $L = (0{,}30 + 0{,}25 + 0{,}20) \cdot 2\,\text{bit} + 0{,}12 \cdot 3\,\text{bit} + (0{,}08 + 0{,}05) \cdot$
   $4\,\text{bit} \approx 2{,}38\,\text{bit}$

   Effizienz des Codes $\eta \approx 0{,}99$

Abb. 8.42 Huffman-Codierung

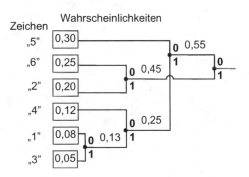

Tab. 8.12 Huffman-Code

Zeichen x_i	Wahrscheinlichkeit p_i	Codewort	Codewortlänge L_i (bit)
5	0,30	00	2
6	0,25	10	2
2	0,20	11	2
4	0,12	010	3
1	0,08	0110	4
3	0,05	0111	4
	$\sum = 1$		

Abb. 8.43 Codebaum

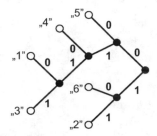

Lösung 8.5

☺ Der Huffman-Code liefert die kleinste mittlere Codewortlänge.

☺ Der Huffman-Code ist ein Präfixcode und benötigt kein Kommazeichen.

☹ Die Auftrittswahrscheinlichkeiten der Zeichen müssen vorab bekannt sein.

☹ Durch unterschiedliche Codewortlängen ergeben sich unterschiedliche Codierverzöge-
rungen und schwankende Bitraten.

☹ Damit ein Detektionsfehler nicht alle folgenden Zeichen auslöschen kann, müssen Ge-
genmaßnahmen ergriffen werden, wie Blockbildung und zusätzlicher Fehlerschutz.

Lösung 8.6

$$9 \rightarrow (8, a) \rightarrow (5, ba) \rightarrow (2, aba) \rightarrow baba$$

Lösung 8.7
Siehe Tab. 8.13.

Lösung 8.8
Codewort $v = (1001011)$

Tab. 8.13 Komprimierung mit dem Lempel-Ziv-Welch(LZW)-Algorithmus für bacbababdc

						Wörterbuch		
n	P	Z	I_w	I_a	Q	Index	V.	Z.
1						1	0	a
2	b	a	–	2	ba → 5	2	0	b
3	a	c	–	1	ac → 6	3	0	c
4	c	b	–	3	cb → 7	4	0	d
5	b	a	5	–		5	2	a
6	ba	b	–	5	bab → 8	6	1	c
7	b	a	5	–		7	3	b
8	ba	b	8	–		8	5	b
9	bab	d	–	8	babd → 9	9	8	d
10	d	c	–	4	dc → 10	10	4	c
11	c			3				

Lösung 8.9

Syndrom

$$
s = r \odot \mathbf{H}^{\mathrm{T}} = \begin{pmatrix} 0 & 1 & 0 & 1 & 1 & 0 & 0 \end{pmatrix} \odot \begin{pmatrix} 1 & 0 & 0 \\ 0 & 1 & 0 \\ 0 & 0 & 1 \\ 1 & 1 & 0 \\ 0 & 1 & 1 \\ 1 & 1 & 1 \\ 1 & 0 & 1 \end{pmatrix} = \begin{pmatrix} 1 & 1 & 1 \end{pmatrix}
$$

Das Syndrom ist ungleich dem Nullvektor, Übertragungsfehler erkannt!

Das Syndrom ist gleich der sechsten Zeile der transponierten Prüfmatrix, wenn Einzelfehler dann in der sechsten Komponente des Empfangsworts mit der geschätzten Nachricht $\hat{u} = (1110)$.

Lösung 8.10

Weil die minimale Hamming-Distanz gleich 3 ist, s. Codetabelle, besitzen – bis auf das Nullwort – alle Codewörter mindestens drei Einsen. Empfangswörter mit einer oder zwei Einsen können folglich keine Codewörter sein.

Tab. 8.14 Codetabelle und Hamming-Gewichte

Nachrichtenwort	Codewort	Hamming-Gewicht
000	000 000	0
100	111 100	4
010	110 010	3
110	001 110	3
001	011 001	3
101	100 101	3
011	101 011	4
111	010 111	4

Lösung 8.11

a) Aus der Hamming-Grenze folgt für $t = 2$

$$\sum_{l=0}^{2} \binom{7}{l} = 1 + 7 + \frac{7 \cdot 6}{1 \cdot 2} = 29 \leq 2^{7-k},$$

dass $k \leq 2$ sein muss. Es verbleiben nur noch zwei Nachrichtenstellen, da fünf Prüfstellen notwendig sind.

b) Die Coderate hat sich im Vergleich zum $(7, 4)$-Hamming-Code halbiert.

Lösung 8.12

a) Generatormatrix systematisch

$$G = \begin{pmatrix} 1 & 1 & 1 & 1 & 0 & 0 \\ 1 & 1 & 0 & 0 & 1 & 0 \\ 0 & 1 & 1 & 0 & 0 & 1 \end{pmatrix}$$

b) Codetabelle (Tab. 8.14)
c) Minimale Hamming-Distanz $d_{min} = 3$.
d) Syndromdecodierung

$$s = r \odot \mathbf{H}^{\mathrm{T}} = \begin{pmatrix} 1 & 1 & 0 & 1 & 1 & 0 \end{pmatrix} \odot \begin{pmatrix} 1 & 0 & 0 \\ 0 & 1 & 0 \\ 0 & 0 & 1 \\ 1 & 1 & 1 \\ 1 & 1 & 0 \\ 0 & 1 & 1 \end{pmatrix} = \begin{pmatrix} 1 & 1 & 1 \end{pmatrix}$$

Weil das Syndrom gleich der vierten Zeile der Matrix $\mathbf{H}^T$ ist, wird unter der Annahme, dass ein einzelner Bitfehler vorliegt, die vierte Komponente des Empfangsworts als gestört betrachtet. Es wird das Nachrichtenwort $u = (010)$ ausgegeben.

Tab. 8.15 Wahrscheinlichkeiten

P_e	10^{-3}	10^{-6}	10^{-9}
P_0	0,992	0,999992	0,999999992
$P_{w,erk}$	$\approx 8 \cdot 10^{-3}$	$\approx 8 \cdot 10^{-6}$	$\approx 8 \cdot 10^{-9}$
$P_{w,unerk}$	$\approx 2,8 \cdot 10^{-5}$	$\approx 2,8 \cdot 10^{-11}$	$\approx 2,8 \cdot 10^{-17}$

Lösung 8.13

a) Wahrscheinlichkeit eines fehlerfreien Datenworts

$$P_0 = (1 - P_e)^8$$

b) Ein erkennbarer Wortfehler tritt auf, wenn die Zahl der gestörten Bits gerade ist. Dabei sind alle Fehlermuster zu berücksichtigen:

$$P_{w,erk} = \binom{8}{1} \cdot (1 - P_e)^7 \cdot P_e + \binom{8}{3} \cdot (1 - P_e)^5 \cdot P_e^3$$

$$+ \binom{8}{5} \cdot (1 - P_e)^3 \cdot P_e^5 + \binom{8}{7} \cdot (1 - P_e) \cdot P_e^7.$$

c) Ein nicht erkennbarer Wortfehler tritt auf, wenn die Zahl der gestörten Bits ungerade ist. Dabei sind alle Fehlermuster zu berücksichtigen:

$$P_{w,unerk} = \binom{8}{2} \cdot (1 - P_e)^6 \cdot P_e^2 + \binom{8}{4} \cdot (1 - P_e)^4 \cdot P_e^4 + \binom{8}{6} \cdot (1 - P_e)^2 \cdot P_e^6 + P_e^8.$$

d) Abschätzung der Wahrscheinlichkeiten.
   Für hinreichend kleine Fehlerwahrscheinlichkeit gilt näherungsweise

$$P_{w,erk} \approx 8 \cdot P_e$$
$$P_{w,unerk} \approx 28 \cdot P_e^2,$$

sodass sich die Zahlenwerte in Tab. 8.15 ergeben.

Lösung 8.14

a) Wahrscheinlichkeit für eine fehlerfreie Übertragung bei $P_e = 10^{-6}$:

$$P_0 = (1 - P_e)^7 \approx 0,999993$$

b) Restfehlerwahrscheinlichkeit (Abschätzung):

$$P_R < \left(2^k - 1\right) P_e^3 \approx 1,5 \cdot 10^{-17}$$

c) Effektive Nettobitrate:

$$R_{b,eff} \approx \frac{k}{n} \cdot P_0 \cdot R_b \approx \frac{4}{7} \cdot 0,999993 \cdot 16\,\text{kbit/s} \approx 9,14\,\text{kbit/s}$$

Lösung 8.15

a) Ein Restfehler tritt auf, wenn ein Fehler vorliegt, der bei der Fehlerprüfung nicht erkannt wird. Bei der Fehlerprüfung durch die Syndromdecodierung wird nur geprüft, ob das Empfangswort ein Codewort ist. Wird bei der Übertragung ein Codewort in ein anderes verfälscht, kann dies nicht erkannt werden. Es tritt ein Restfehler auf.

b) Die Berechnung der Restfehlerwahrscheinlichkeit stützt sich darauf, dass als Fehlerwort nur ein vom Nullwort verschiedenes Codewort infrage kommt. Damit sind alle möglichen Fehlermuster bekannt und ihre Auftrittswahrscheinlichkeiten können über die Gewichtsverteilung des Codes auf der Grundlage des BSC-Kanalmodells (unabhängige Einzelfehler) berechnet werden.

Lösung 8.16

a) Codierung
   Nachrichtenpolynom $u(X) = 1$
   Rest $b(X) = 1 + X^2 + X^3$
   Codepolynom $v(X) = g(X)$, Codewort $v = (1011100)$

b) Empfangswort $r = (1001100)$
   Syndrom $s(X) = X^2$. Ein Übertragungsfehler wird erkannt.

Lösung 8.17
CRC-Codes sind lineare (n, k)-Codes, die durch Erweiterung des Generatorpolynoms von zyklischen Hamming-Codes mit dem Faktor $(1 + X)$ entstehen. Sie zeichnen sich durch relativ einfache Codier- und Decodierschaltungen mit rückgekoppelten Schieberegistern aus, die auch relativ lange Codewortlängen effizient verarbeiten können. CRC-Codes besitzen hohe Fehlererkennungseigenschaften und eignen sich daher für die gesicherte Übertragung von Datenrahmen mit Fehlererkennung und Wiederholungsanforderung, sog. Automatic-Repeat-Request(ARQ)-Verfahren.

Lösung 8.18
Bei der Datenübertragung wird i. d. R. nur geprüft, ob das Empfangswort ein Codewort ist; bei CRC-Codes, ob das Empfangswort ohne Rest durch das Generatorpolynom geteilt werden kann. Wird ein Codewort in ein anderes verfälscht, kann dies folglich nicht erkannt werden. Ein Restfehler liegt vor.

Lösung 8.19

a) CRC-8-Code Es gibt $r = 8$ Prüfstellen, sodass der Codeparameter $m = r - 1 = 7$ ist. Daraus folgt die Codewortlänge $n = 2^7 - 1 = 127$ und die Nachrichtenwortlänge $k = n - r = 119$. Es handelt sich um einen $(127, 119)$-Blockcode.

b) Das ATM-Header besteht aus vier Oktetten Steuerungsinformation und einem Oktett für die CRC-Prüfsumme. Von den 119 möglichen Nachrichtenstellen des Codeworts werden tatsächlich nur 32 benutzt und übertragen. Man spricht von einer Codeverkürzung. Die restlichen 87 Bits werden gedanklich zu null gesetzt – beim Codieren wie beim Decodieren. Weil nur die tatsächlich übertragenen Bits gestört werden können, nimmt die Fehlerwahrscheinlichkeit bezüglich des gesamten Codeworts entsprechend ab. Dies gilt insbesondere für die Restfehlerwahrscheinlichkeit.

c) Generatorpolynom $g(X) = 1 + X + X^2 + X^8$. Nachrichtenpolynom $u(X) = 1 + X^2$. Nach Polynomdivision ist das Restpolynom $b(X) = 1 + X + X^3 + X^4$. Also folgt für das Codepolynom $v(X) = 1 + X + X^3 + X^4 + X^8 + X^{10}$ bzw. den Codevektor $v = (110110001010\ldots0; \text{Länge } 127)$.

d) Das Empfangspolynom $r(X) = X^2 + X^3 + X^7$ ist vom Grad kleiner als das Generatorpolynom und kann folglich kein Vielfaches des Generatorpolynoms sein. Also ist das Empfangspolynom kein Codepolynom.

Lösung 8.20

a) Impulsantworten:

$$g_1[n] = \{1, 0, 1, 1, 0, 1, 1, 1, 1\}, \quad g_2[n] = \{1, 1, 0, 1, 1, 0, 0, 1, 1\} \quad \text{und}$$
$$g_3[n] = \{1, 1, 1, 0, 0, 1, 0, 0, 1\}$$

b) Es handelt sich um einen $(3, 1, 8)$-Faltungscode mit Coderate $1/3$.

Lösung 8.21
SRS zum $(3,1,4)$-Faltungscode (Abb. 8.44)

Lösung 8.22

a) Aus dem Netzdiagramm folgt ein $(2, 1, 3)$-Faltungscode.
b) Aus dem Netzdiagramm folgt zur Nachricht $\{1, 1, 0, 0, 1\}$ und den Tailbits die Codefolge $\{1,1, 1,0, 1,0, 0,0, 0,0, 0,1, 1,1, 1,1\}$.

Abb. 8.44 Schieberegisterschaltung zum $(3, 1, 4)$-Faltungscode

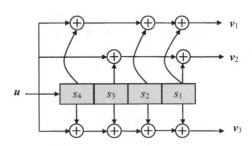

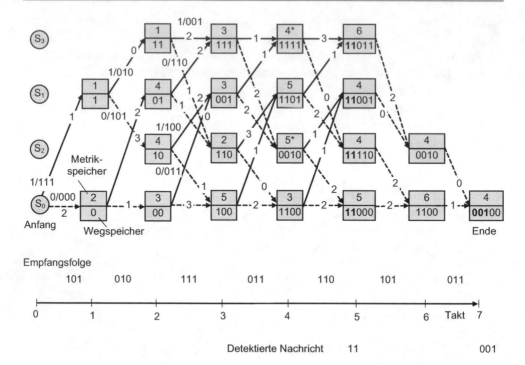

Abb. 8.45 Decodierung mit dem Viterbi-Algorithmus im Netzdiagramm (*Zufallsauswahl)

c) Die Impulsantwort ist die Reaktion eines energiefreien (LTI-)Systems auf die Erregung mit einem Impuls. Dem entspricht hier die Nachricht $\{1, 0, \ldots\}$ bei Start im Nullzustand. Aus dem Netzdiagramm folgt somit die Codefolge $\{1,1,0,1,1,1,1,1,0,0,\ldots\}$. Entsprechend der Verschränkung der Ausgangssignale der SRS zur Codefolge kann die Impulsantwort unmittelbar abgelesen werden: $g_1[n] = \{1, 0, 1, 1\}$ und $g_2[n] = \{1, 1, 1, 1\}$.

Lösung 8.23
Decodierung mit dem Viterbi-Algorithmus im Netzdiagramm mit Start und Ziel im Nullzustand (Abb. 8.45).

8.5   Abkürzungen und Formelzeichen

Abkürzungen

ASCII American Standard Code for Information Interchange
BSC   Binary Symmetric Channel (Symmetrischer Binärkanal)
CRC   Cyclic Redundancy Check
FCS   Frame Check Sequence (Rahmenprüfsumme)

GF   Galois Field (Galois-Körper)
LIFO   Last In First Out
LTI   Linear Time-Invariant (linear-zeitinvariant)
LZW   Lempel-Ziv-Welch
MLD   Maximum Likelihood Decoding/Detector/Detection
SNR   Signal-to-Noise Ratio (S/N-Verhältnis)
SRS   Schieberegisterschaltung

Formelzeichen

A_i	Codegewicht zur Gewichtsverteilung des Codes
C	Kanalkapazität
D	Durchsatz
d_H	Hamming-Abstand/Distanz
d_min	Minimaler Hamming-Abstand/minimale Hamming-Distanz
e	Fehlervektor
ε	Fehlerwahrscheinlichkeit
η	Effizienz des Codes
$\mathbf{g}_i$	Basisvektor zur Generatormatrix (Zeilenvektor)
$\mathbf{G}$	Generatormatrix
$g(X), g[n]$	Generatorpolynom, Impulsantwort
$\mathbf{h}_i$	Basisvektor zur Prüfmatrix (Zeilenvektor)
$\mathbf{H}, \mathbf{H}^T$	Prüfmatrix, transponiert
$H(X)$	Entropie, der Quelle X
$H_\mathrm{b}(p)$	Entropie der Binärquelle, shannonsche Funktion
H_0	Entscheidungsgehalt
$\mathbf{I}_k$	$k \times k$-Einheitsmatrix
$I(p)$	Information(sgehalt)
$I(X;Y)$	Transinformation
k	Nachrichtenwortlänge, Grad des Nachrichtenpolynoms
L, L_i	Mittlere Codewortlänge, Länge des i-ten Codeworts
$\log(.), \mathrm{ld}(.), \mathrm{lb}(.)$	Logarithmusfunktion (allgemein Basis), Logarithmus dualis (2), Binärlogarithmus („binary logarithm") (2)
m	Zahl der Prüfstellen, Polynomgrad, Encodergedächtnis
M	Vollständiges Encodergedächtnis
n	Codewortlänge, Grad des Codepolynoms
n_C	Einflusslänge
p, p_i	Zeichenwahrscheinlichkeit des i-ten Zeichens
$p(y_j|x_i)$	Übergangswahrscheinlichkeit
$\mathbf{0}$	Nullwort/-vektor
$\mathbf{P}_{Y|X}$	Kanalmatrix
P_e	Fehlerwahrscheinlichkeit

P_R	Restfehlerwahrscheinlichkeit
r	Empfangswort/-vektor
r	Grad des Empfangspolynoms
R	Redundanz, Coderate
R_B	Blockcoderate
s	Syndrom(-vektor)
s_i	i-ter Speicherplatz
$S[n]$	Zustandsfolge
S_i	i-ter Zustand
t	Fehlerkorrekturvermögen
$\boldsymbol{u}, u(X), u[n]$	Nachrichtenwort/-vektor, Nachrichtenpolynom, Nachrichtenfolge
$\boldsymbol{v}, v(X), v[n]$	Codewort/-vektor, Codepolynom, Codefolge
x_i	i-tes Zeichen des Alphabets X
X	Zeichenvorrat/Alphabet
$\oplus$	Addition der Modulo-2-Arithmetik (XOR)
$\odot$	Multiplikation der Modulo-2-Arithmetik (AND)

Literatur

Berrou C., Glavieux, A. (1996) Near Optimum Error-Correcting Coding and Decoding: Turbo Codes. IEEE Transactions on Communications, 44, 1261–1271

Blahut R.E. (2003) Algebraic codes for Data Transmission. Cambridge, UK, Cambridge University Press

Friedrichs B. (1995) Kanalcodierung. Grundlagen und Anwendungen in modernen Kommunikationssystemen. Berlin, Springer

Hagenauer J. (1997) The Turbo Principle: Tutorial Introduction and State of the Art. Proc. 1st International Symposium Turbo Codes, Brest, 1–11

Hagenauer J., Höher P. (1989) A Viterbi Algorithm with Soft-Decision Outputs and Its Applications. Proc. IEEE GlobeCom Conf., Dallas, TX, 1680–86

Höher P.A. (2013) Grundlagen der digitalen Informationsübertragung. Von der Theorie zu Mobilfunkanwendungen. 2. Aufl., Wiesbaden, Springer Vieweg

Huffman D.A. (1952) A method for the construction of minimum redundancy codes. Proc. IRE 40: 1098–1101

Küpfmüller K. (1954) Die Entropie der deutschen Sprache. Fernmeldetechnische Zeitschrift, 7, S. 265–272

Lin S., Costello D.J. (2004) Error Control Coding. 2nd ed., Upper Saddle River, NJ, Pearson Education

Proakis J.G. (2000) Digital Communications. 4th ed., New York, McGraw-Hill

Salomon D. (2004) Data Compression – A complete reference. 3nd ed., New York, Springer

Schneider-Obermann H. (1998) Kanalcodierung. Theorie und Praxis fehlerkorrigierender Codes. Wiesbaden, Vieweg

Shannon C.E. (1948) A mathematical theory of communications. Bell Sys. Tech. J. 27:379–423 und 623–646

Strutz T. (2009) Bilddatenkompression. Grundlagen, Codierung, Wavelets, JPEG, MPEG, H.264. 4. Aufl., Wiesbaden, Vieweg + Teubner

Welch T. (1984) A technique for high-performance data compression. Computer 17:8–19

Werner M. (2008) Information und Codierung. Grundlagen und Anwendungen. 2. Aufl., Wiesbaden, Vieweg + Teubner

Weiterführende Literatur

Forney G.D. (1973) The Viterbi Algorithm. Proceedings IEEE 61:268–278

Hamming R.W. (1986) Coding and Information Theory. 2nd ed., Englewood Cliffs, NJ, Prentice-Hall

Ziv J., Lempel A. (1977) A Universal Algorithm for Sequential Data Compression. IEEE Transaction on Information Theory 23(3):337–343

Ziv J., Lempel A. (1978) Compression of individual sequences via variable-rate coding. IEEE Transaction on Information Theory 24(5):530–536

Mobilkommunikation

9

Zusammenfassung

Als erstes vollständig digitales Mobilfunknetz fiel Global System for Mobile Communications (GSM) Anfang der 1990er-Jahre eine Pionierrolle zu. Neue Lösungen mussten gefunden und umgesetzt werden: die bandbreiteneffiziente und störungsrobuste digitale Funkübertragung im Mobilfunkkanal; das zellulare Funknetz mit Handover; die organisatorische Unterstützung der Mobilität durch Datenbanken und Sicherheitsmerkmale. Ende der 1990er-Jahre wurde dem leitungsorientierten GSM mit dem General Packet Radio Service (GPRS) ein paketorientiertes Mobilfunknetz zur Seite gestellt. Die Weiterentwicklung Enhanced Data Rates for GSM Evolution (EDGE) steigerte die Leistung auf der Funkschnittstelle. Vor allem die dynamische Anpassung von Modulation und Coderate sowie die Kanalbündelung erhöht die Bitrate für die Teilnehmer.

Um das Jahr 2000 wurde Universal Mobile Telecommunication System (UMTS) als dritte Mobilfunkgeneration eingeführt. Das breitbandige CDMA-basierte Funkvielfachzugriffsverfahrens (WCDMA, Wideband Code Division Multiple Access) stellt paketorientierte Datendienste mit hohen Bitraten bereit. Im Zusammenspiel mit dem Rake-Receiver unterstützt es die inhärent robuste Mobilfunkübertragung. Soft- und Softer-Handover erhöhen die Verbindungsqualität. Und die schnelle Sendeleistungsregelung unterdrückt die Störungen durch den Nah-Fern-Effekt. Stufenweise wurden weitere Leistungsverbesserungen implementiert. Heute spricht man heute zusammenfassend von High-Speed Packet Access (HSPA+) und einem Mobilfunksystem der 3,5-ten Generation.

Auch die WLAN-Technologie (IEEE 802.11) muss in enger Verbindung zur Mobilkommunikation gesehen werden. Durch die kleinen Funkzellen kann eine hohe Verkehrsdichte erreicht werden. Die hohe Datenrate wird durch die Orthogonal-Frequency-Division-Multiplexing(OFDM)-Modulation in Kombination mit der dynamischen

© Springer Fachmedien Wiesbaden GmbH 2017   545
M. Werner, *Nachrichtentechnik*, DOI 10.1007/978-3-8348-2581-0_9

Ratenanpassung auf der Funkschnittstelle unterstützt; Modulation und Kanalcodierung werden in Abhängigkeit der momentanen Kapazität des Funkkanals eingestellt. Durch die Kombination von Frequenzkanälen und dem Einsatz von Mehrantennensystemen (MIMO) sind Bitraten über 1 Gbit/s möglich (Gigabit-WLAN).

Schlüsselwörter

Mobilkommunikation • Mobilfunkkanal • Funkausbreitung • Leistungsbilanz • GSM • Netzarchitektur • Funkzelle • Funkübertragung • Sicherheit • spezifische Absorptionsrate (SAR) • 26. BImSchV • GPRS • EDGE • UMTS • HSPA • CDMA • Mehrwegediversität • RAKE-Empfänger • Funkschnittstelle • UTRAN-FDD • MIMO-Raummultiplex • WLAN • IEEE 802.11 • HT-OFDM

In diesem Kapitel werden drei Systeme der digitalen Mobilkommunikation näher vorgestellt: das Global System for Mobile Communications (GSM), das Universal Mobile Telecommunication System (UMTS) und das Wireless Lokal Area Network (WLAN). Die Beispiele zeigen wie komplex moderne Kommunikationssysteme sind und wie sie in einem ständigen Innovationsprozess weiterentwickelt werden. Heute erzielen sie durch dynamische Anpassung an die temporären lokalen Bedingungen hohe Systemleistungen.

Die in diesem Kapitel vorgestellten technischen Probleme und ihre Lösungen in der Mobilkommunikation liefern eine solide Grundlage für das Verständnis der heutigen Systeme und bereiten ebenso auf zukünftige Entwicklungen vor.

9.1 Mobile Funkkommunikation

9.1.1 Von der drahtlosen Telegrafie zur globalen Mobilkommunikation

Mitte des 19. Jahrhunderts begann mit der Telegrafie und später dem Telefon der Siegeszug der elektrischen Nachrichtentechnik. Im Jahr 1832 sagte M. Faraday die Existenz elektromagnetischer Wellen voraus; 1864 stellte J. C. Maxwell die grundlegende mathematische Theorie bereit und beschrieb die Wellenausbreitung 1873. O. Heaviside fasste die Theorie in den bekannten vier Maxwell-Gleichungen zusammen. Und als H. R. Hertz 1888 die experimentelle Bestätigung der maxwellschen Wellentheorie gelang, war die Zeit reif für die drahtlose Telegrafie.

Bereits 1895 führten G. M. Marconi in Bologna, A. St. Popov in Sankt Petersburg und F. Schneider in Fulda die drahtlose Telegrafie vor. Marconi gelang 1899 die Funkübertragung von Morsezeichen über den Ärmelkanal (52 km) und schon 1901 von England nach Neufundland (3600 km). Im deutschen Kaiserreich unternahmen zunächst A. K. H. Slaby und G. W. A. H. v. Arco Funkexperimente in größerem Maßstab.

Schon vor 1900 wurde die drahtlose Telegrafie bereits für die Seenotrettung eingesetzt. Im Jahr 1901 experimentierte Marconi mit einer Funkanlage in einem Autobus.

Anfangs waren jedoch die Funkgeräte und die benötigten Generatoren bzw. Batterien groß und schwer. Und weil bei den anfänglich niedrigen Signalfrequenzen Antennen mit großen Abmessungen verwendet werden mussten, wurden die Funkgeräte zunächst in Schiffen und danach in Kraftfahrzeugen und Flugzeugen eingebaut. Erst die Miniaturisierung durch die Mikroelektronik, die mit der Erfindung des Transistors 1947 durch J. Bardeen, W. H. Brattain und W. Shockley eingeleitet wurde, machte die Funkgeräte tragbar. Heute ermöglicht es die Mikroelektronik, die komplexen Signalverarbeitungsalgorithmen der modernen Nachrichtentechnik in handliche Geräte bis hin zu Single-Chip-Lösungen zu integrieren.

In diesem Kapitel werden wichtige technische Grundlagen der modernen Mobilkommunikation mit Blick auf die Systemlösungen vorgestellt. Den Anfang macht das weit verbreitete öffentliche, zellulare, digitale Mobilfunknetz GSM). Wegen seiner vollen digitalen Ausführung wird es, in Abgrenzung zu den analogen Vorgängersystemen, als Mobilfunknetz der zweiten Generation bezeichnet. Wie seine analogen Vorgänger wurde es primär für die leitungsvermittelte Sprachtelefonie entwickelt. Die ersten GSM-Netze gingen 1991 in den kommerziellen Betrieb. Anschließend wird die Ergänzung von GSM zu einem paketvermittelten Funkdatennetz behandelt, der 2001 kommerziell eingeführte *General Packet Radio Service* (GPRS). Man bezeichnet GPRS deshalb als ein Netz der 2,5-ten Generation.

Mit *Universal Mobile Telecommunication System* (UMTS) wird die dritte Generation von öffentlichen Mobilfunknetzen vorgestellt. Erstmals steht um das Jahr 2000 ein Mobilfunksystem zur Verfügung, das primär für paketorientierte Datenübertragung und Multimediaanwendungen konzipiert wurde. Dementsprechend werden an UMTS besondere Anforderungen an die Flexibilität und die Übertragungskapazität gestellt. Für den schnellen Datentransfer wurde später High-Speed Packet Access (HSPA) ergänzt und dafür die Bezeichnung 3,5-te Generation vergeben.

Seit 2010 ist die vierte Mobilfunkgeneration *LTE-Advanced* (*Long Term Evolution*, Release 10) im Aufbau bzw. im Betrieb. LTE-Advanced stellt mit der neuen OFDM-Technologie und neuen Frequenzbändern besonders breitbandige Anwendungen zur Verfügung. Damit sollen auch die öffentliche Mobilkommunikation und die drahtlose Vernetzung von Notebooks und Smartphones über WLAN weiter zusammenwachsen.

9.1.2   Mobilkommunikation für jedermann

Anfang der 1990er-Jahre war in Deutschland die Mobilkommunikation durch die digitalen GSM-Mobilfunknetze D1 und D2 erstmals für die breite Öffentlichkeit zugänglich. Heute ermöglichen vier Netzbetreiber einen Zugang praktisch überall und jederzeit. Damit wurde das Ziel des Mobilfunks für jedermann nahezu erreicht (Abb. 9.1).

GSM stellt Leistungsmerkmale zur Verfügung, die unter dem Schlagwort *intelligente* Netze die modernen öffentlichen Telekommunikationsnetze prägen. Darunter versteht

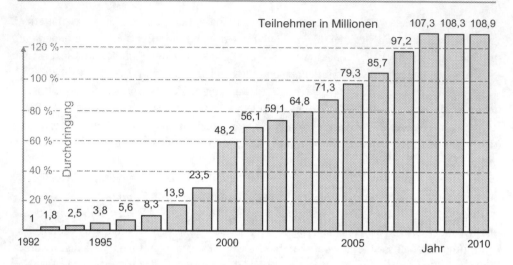

Abb. 9.1 GSM-Teilnehmer in Deutschland in Millionen [Quelle: ab 1996 Jahresbericht der Bundesnetzagentur 2010] und prozentualer Anteil an der Bevölkerung (Durchdringung, 82,5 Millionen Einwohner)

man Telekommunikationsnetze, die durch den massiven Einsatz von Mikrocomputern zur Informationsverarbeitung die nötige Flexibilität und Intelligenz besitzen, um die Teilnehmermobilität und die kundenspezifischen Dienstanforderungen zu ermöglichen.

Das Angebot an mobilen Telekommunikationsdiensten, kurz TK-Dienste genannt, ist bei GSM allerdings eingeschränkt. Mobilfunknetze der zweiten Generation sind primär auf die leitungsvermittelte Sprachübertragung und schmalbandige TK-Dienste, wie die Übermittlung von Kurznachrichten, ausgelegt. Mit GSM wurden jedoch bereits zentrale Fragen der Mobilkommunikation beispielhaft beantwortet.

9.1.2.1 Zeitliche Entwicklung digitaler Mobilfunksysteme

Die Geschichte von GSM beginnt etwa 1979. Einige wichtige Stationen der Entwicklung sind im Folgenden stichpunktartig zusammengestellt:

- 1979 – Freigabe des Frequenzspektrums für die öffentliche Mobilkommunikation durch die *World Administrativ Radio Conference* (WARC). Die europäische Studiengruppe Groupe Spéciale Mobile wird durch die *Conférence Européen des Administrations des Postes et des Télécommunications* (CEPT) 1982 eingesetzt. Sie legt 1987 ein Systemkonzept vor. Im Jahr 1988 beginnt die Spezifizierung durch das *European Telecommunications Standards Institute* (ETSI) mit der Beschreibung der technischen Grundlagen für den Aufbau und den Betrieb eines kompletten Mobilfunksystems nach dem GSM-Standard.
- 1992 – In Deutschland werden unter den Namen D1 (T-Mobile Deutschland) und D2 (Vodafone D2) GSM-Netze in Betrieb genommen; Die GSM Phase 2 mit Zusatzdiens-

ten, wie FAX-Daten und *Short Message Service* (SMS, bis zu 160 Zeichen), wird 1996 eingeführt. Das erste GSM-Netz in den USA geht in den kommerziellen Betrieb.

- 1997 – ETSI standardisiert den Paketdatendienst GPRS für GSM (2.5G). Im selben Jahr verabschiedet das *Institute of Electrical and Electronics Engineers* (IEEE) die WLAN-Empfehlung IEEE 802.11 mit Bitraten bis zu 2 Mbit/s im 2,4-GHz-ISM-Band.
- 1999 – ETSI standardisiert die dritte Generation (3G) von Mobilfunksystemen UMTS, Release 3, auch als Release 99 bekannt. WLAN 802.11a mit bis zu 54 Mbit/s mit OFDM-Übertragung und 20 MHz Bandbreite wird im 5-GHz-ISM-Band eingeführt.
- 2000 – Für GSM wird die schnellere Datenübertragung *High-Speed Circuit Switched Data* (HSCSD) verfügbar. Auf der CeBIT 2000 wird GPRS mit der Datenrate von 53,6 kbit/s vorgeführt. Die Versteigerung der UMTS-Lizenzen (einschließlich der Frequenzbänder) in Deutschland erbringt etwa 50 Milliarden Euro.
- 2001 – Die GSM Phase 2+ geht mit dem GPRS in den Betrieb. Die Einführung eines neuen Kanalcodierverfahrens ermöglicht in einem Verkehrskanal eine maximale Datenrate von 14,4 statt bisher 9,6 kbit/s.
- 2002 – Datenübertragung mit *Enhanced Data Rates for GSM Evolution* (EDGE). In Österreich geht ein UMTS-Netz in den kommerziellen Betrieb. Das UMTS Release 5 mit *High-Speed Downlink Packet Access* (HSDPA, 3.5G) wird verabschiedet. Von einem Firmenkonsortium („special interest group") wird für Kleinstfunkzellen Bluetooth V1.1 empfohlen.
- 2003 – WLAN IEEE 802.11g mit OFDM und Bitraten bis zu 54 Mbit/s auch im 2,4-GHz-ISM-Band.
- 2004 – GSM ist der weltweit führende Mobilfunkstandard mit mehr als 1,2 Milliarden Teilnehmern; UMTS-Netze in Deutschland im kommerziellen Betrieb; Weiterentwicklung Bluetooth V2.0 und Enhanced Data Rate (EDR).
- 2007 – Weltweit werden mehr als eine Milliarde Mobilfunkgeräte im Gesamtwert von über 140 Milliarden US-Dollar verkauft.
- 2008 – Mehr als 10 Millionen UMTS-Anschlüsse in Deutschland. High-Speed Packet Access (HSPA) wird eingeführt.
- 2009 – Die Empfehlung IEEE 802.11n (Next-Generation-WLAN) mit HT-OFDM und Bitraten von 72,2 bis 600 Mbit/s wird verabschiedet.
- 2010 – Die *International Telecommunication Union Radio Sector* (ITU-R) nimmt *LTE-Advanced* (LTE Release 2010) als vierte Mobilfunkgeneration (4G) an. International reservierte Frequenzbänder werden für LTE-Advanced nutzbar und LTE-Netze können kommerziell eingeführt werden.
- 2013 – Das LTE-Netz von Vodafone ist in allen 81 deutschen Großstädten in Betrieb. Die WLAN-Empfehlung 802.11ac (Gigabit-WLAN) erweitert die Übertragung im 5 GHz-Band durch Frequenzkanalbündelung (bis 160 MHz) und Mehrantennensystemen (bis acht MIMO-Ströme) auf Bitraten bis zu 6,93 Gbit/s.
- 2014 – Bluetooth V4.2 führt mit Low Emission (LE) einen Standard für besonders energiesparende Anwendungen, wie z. B. Sensornetzwerke, ein.

9.1.2.2 Mobilität, Sicherheit und Dienste

Der überwältigende Erfolg von GSM beruht nicht nur auf technischen Faktoren. GSM ist von der ETSI als offener Standard so konzipiert, dass ein Wettbewerb zwischen Herstellern von Netzkomponenten, Netzbetreibern und Anbietern von Zusatzdiensten möglich wird. GSM ist ein gelungenes Beispiel dafür, wie konkurrierende Wettbewerber durch internationale Zusammenarbeit einen neuen Markt zum Nutzen der Kunden erschließen können.

Für die ersten Teilnehmer bedeutete GSM statt der herkömmlichen apparatebezogenen Telefonie durch einen einzigen öffentlichen Anbieter (Staatsmonopol) eine am Teilnehmer orientierte Telekommunikationsinfrastruktur (Tab. 9.1).

Mobilität

GSM unterstützt die *Mobilität* der Teilnehmer und der Mobilgeräte:

- Die *Teilnehmermobilität* wird – ähnlich wie bei Geldausgabeautomaten – durch die geräteunabhängige *Subscriber-Identity-Module(SIM)-Card* und die persönliche *Personal Identification Number (PIN)* ermöglicht. Die SIM-Card unterstützt das temporäre Wechseln zwischen den GSM-Netzen im In- und Ausland, das *Roaming*. Damit kann ein GSM-Teilnehmer jedes SIM-Card-fähige Mobilgerät wie sein eigenes benutzen.
- Im Unterschied zur Teilnehmermobilität spricht man von der *Gerätemobilität*, wenn man die Bewegung des Geräts im Mobilfunknetz meint. Die international anerkannte Zulassung des Mobilgeräts erlaubt den Betrieb in jedem Land mit GSM-Netz.

Bei den Mobilgeräten werden zwei Betriebsarten unterschieden: der aktive Betrieb und der Betrieb im Ruhemodus (Idle Mode). Im aktiven Betrieb wird durch den *Handover*, d. h. dem Weiterreichen von einer Funkstation zur nächsten, dafür gesorgt, dass eine laufende Sprach- oder Datenverbindung auch dann aufrechterhalten bleibt, wenn der Teilnehmer seinen Aufenthaltsort wechselt. Im *Ruhemodus* tauschen Mobilgerät und Netz

Tab. 9.1 Mobilkommunikation mit Global System for Mobile Communications (GSM)

Zugang und Sicherheit	Mobilitätsmanagement für Teilnehmer und Endgeräte, Geräteidentifizierung, Zugangskontrolle, Nachrichtenverschlüsselung, Anonymität der Teilnehmer
Dienste	Digitale Übertragung in unterschiedlichen Formaten: Sprache in normaler (13 kbit/s, „full rate") und etwas reduzierter Qualität (5,6 kbit/s, „half rate") Leitungsorientierte Datenübertragung mit bis zu 9,6 kbit/s (14,4 kbit/s) Paketorientierte Datenübertragung mit General Packet Radio Service (GPRS) mit mittleren Bitraten bis 112 kbit/s, Enhanced Data Rates for GSM Evolution (EDGE) mit Bitraten bis 384 kbit/s Zusatz- und Mehrwertdienste
Anbieter	Offener Standard mit internationaler GSM-Gerätezulassung, Wettbewerb der Hersteller und Netzbetreiber

in gewissen Abständen Nachrichten (Messprotokolle) über die Qualität der Funkverbindung aus. Dadurch ist es möglich, die Aufenthaltsorte der Teilnehmer zu verfolgen und sie gezielt zu rufen. Erst durch Abschalten des Mobilgeräts wird der Kontakt zum Netz beendet.

Sicherheit

Die Mobilität setzt einen Netzzugang voraus, egal wo im Funkbereich des Netzes ein Teilnehmer sein Mobilgerät einschaltet. Dieser physikalisch offene Netzzugang über die Luft muss gegen Missbrauch besonders geschützt werden. GSM-Netze verfügen dazu über vier Sicherheitsmerkmale:

- Endgeräteidentifizierung durch das Netz anhand der eindeutigen *Gerätekennung*,
- Zugangsberechtigung nur nach *Teilnehmeridentifizierung*,
- Vertraulichkeit der Daten auf dem Funkübertragungsweg durch *Verschlüsselung* und
- Anonymität der Teilnehmer und ihrer Aufenthaltsorte durch *temporäre Teilnehmerkennungen*

Die Sicherheit des Netzes und der Funktelefone setzt allerdings voraus, dass die Netzbetreiber und Nutzer diese auf dem aktuellen Stand der Technik halten.

Zu den Sicherheitsmerkmalen tritt der Aspekt der *elektromagnetischen Verträglichkeit* hinzu. Durch die Einführung von Geräteklassen und Sicherheitsabständen für Sendeanlagen, einer aufwendigen Planung der Senderstandorte und einer adaptiven Steuerung, bei der die Sender mit möglichst niedriger Ausgangsleistung arbeiten, werden die gesetzlichen Vorsorgewerte für die erlaubte elektromagnetische Abstrahlung meist deutlich unterschritten. Hinzu kommt, dass die Leistungsflussdichte elektromagnetischer Wellen bei Freiraumausbreitung quadratisch mit dem Abstand zum Sender abnimmt, sich also pro Verdopplung des Abstands um den Faktor 4 (6 dB) verringert. Modellrechnungen für die Ausbreitung über einer ebenen Fläche und Messungen im Funkfeld ergeben eine noch stärkere Leistungsabnahme.

TK-Dienste

In der modernen, öffentlichen Mobilkommunikation treten zur klassischen Sprachübertragung weitere TK-Dienste hinzu. Da es sich hierbei letzten Endes um Datenübertragungen handelt, bleibt es der Fantasie der Dienstanbieter und Teilnehmer überlassen, welchen Nutzen sie daraus ziehen. Ein typisches Beispiel ist die Übermittlung von Kurznachrichten (SMS) an eine einzelne Person oder als Rundruf an eine Benutzergruppe. SMS-Dienste finden zunehmend bei der automatischen Fernüberwachung von Maschinen und Anlagen Anwendung.

Die bei GSM anfänglich verfügbaren Datenübertragungsraten bis 9,6 kbit/s reichen jedoch nicht aus, um typische Internetseiten oder gar Audio- oder Videosequenzen in annehmbarer Zeit zu übertragen. Hinzu kommt, dass die einfachen Mobiltelefone nicht zur

Darstellung von Web- und Multimediainhalten geeignet sind. Eine für die meisten Teilnehmer akzeptable einfache Internetfähigkeit von GSM ist erst in Verbindung mit den neuen Datendiensten GPRS und EDGE möglich. Für die meisten mobilen Internetbenutzer ist GSM heute nur noch eine Rückfalloption für einfachste Dienste in Gebieten mit schlechter Funkversorgung. Für Menschen in Ländern mit bisher kaum ausgebauten TK-Festnetzen ist GSM oft der einzige Weg zu TK-Diensten überhaupt.

9.1.2.3   Elektromagnetische Verträglichkeit

Der öffentliche Betrieb von Mobilfunkgeräten setzt voraus, dass sowohl Nutzer als auch andere Personen nicht gefährdet werden. Bei der Gefahrenabschätzung spielt die biologische Wirkung der abgestrahlten elektromagnetischen Wellen, der emittierten Strahlung, eine zentrale Rolle. Die Möglichkeit der kritischen Störungen von Geräten, wie Fahrzeuge oder Herzschrittmacher, sei hier der Kürze halber nur erwähnt.

Seit den Arbeiten von M. Faraday vor fast 200 Jahren wurde umfangreiches Wissen über die elektromagnetische Strahlung und ihre biologische Wirkung gesammelt. Weltweit wurden Vorschriften erlassen, die den sicheren Umgang mit elektromagnetischer Strahlung gewährleisten sollen. Für den Mobilfunk in Deutschland ist die 26. Verordnung zur Durchführung des *Bundes-Immisionsschutzgesetzes* (26. BImSchV, 1996/2013) maßgeblich.

Ionisierende Strahlung

Gemäß dem Dualismus von Welle und (Quanten-)Teilchen wird die elektromagnetische Strahlung in ionisierende und nichtionisierende Strahlung unterteilt. Bei *ionisierender Strahlung* ist die Energie der Teilchen so groß, dass Bindungen zwischen Atomen und Molekülen gelöst werden können. Bekannte Beispiele sind die Röntgen- und die Gammastrahlen. Ionisierende Strahlung kann Gewebe zerstören und auch in geringen Dosen in das Erbgut eingreifen. Physikalische Voraussetzung für die ionisierende Wirkung ist jedoch eine hohe Quantenenergie, die eine hohe Strahlungsfrequenz ab etwa 1,5 Pentahertz (1 PHz = 1.000.000 GHz) erfordert. Im Gegensatz dazu beschränkt sich die elektromagnetische Strahlung im Mobilfunk auf typisch einigen Hundert bis einigen Tausend Megahertz. Die elektromagnetische Strahlung des Mobilfunks ist nicht ionisierend.

Hochfrequenzanlagen

Mobilfunksender (Basisstationen) fallen unter den Begriff der *Hochfrequenzanlagen*. Die 26. BImSchV definiert als solche „[...] ortsfeste Sendefunkanlagen, die elektromagnetische Felder im Frequenzbereich von 9 Kilohertz bis 300 Gigahertz erzeugen, [...]" (BImSchV, 4.4.2015, § 1, S. 1). Die 26. BImSchV legt für Hochfrequenzanlagen Grenzwerte und Kriterien fest: „Zum Schutz vor schädlichen Umwelteinwirkungen sind Hochfrequenzanlagen mit einer äquivalenten isotropen Strahlungsleistung (EIRP) von 10 Watt oder mehr so zu errichten und zu betreiben, dass in ihrem Einwirkungsbereich an Orten, die zum dauerhaften oder vorübergehenden Aufenthalt von Menschen bestimmt sind, bei höchster betrieblicher Auslastung [...] Grenzwerte [...] nicht überschritten werden und [...] festgelegte Kriterien eingehalten werden." (BImSchV, 4.4.2015, § 2, S. 1)

Vorsorgewerte

In einem demokratischen Rechtsstaat ist es Aufgabe des Gesetzgebers – unter Hinzuziehung kundiger Sachverständiger und breiter Beteiligung der Öffentlichkeit – für den Mobilfunk überprüfbare Grenzwerte und Kriterien festzulegen, die den Schutz der Menschen gewährleisten und zugleich die wirtschaftlichen Interessen nicht unnötig behindern. Hinweise auf mögliche Risiken können *epidemiologische Studien* liefern, also Studien an größeren Gruppen, bei denen nach einer Verbindung zwischen Expositionen und Beeinträchtigungen gesucht wird. Wichtig für die Risikoabschätzung im Mobilfunk ist auch die Berücksichtigung *elektrosensibler* Personen, die unter Beeinträchtigungen im Zusammenhang mit Mobilfunksendern leiden.

In Deutschland beschäftigt sich das *Bundesamt für Strahlenschutz* (BfS) als wissenschaftlich-technische Bundesoberbehörde fachlich mit den Gefahren durch elektromagnetische Felder. Einen Einblick in Forschungsarbeiten und Ergebnisse gibt der vom Bundesamt für Strahlenschutz publizierte Bericht des Deutschen Mobilfunk Forschungsprogramms (DMF). Darin wird zusammengefasst: „Die Ergebnisse des DMF geben insgesamt keinen Anlass, die Schutzwirkung der bestehenden Grenzwerte in Zweifel zu ziehen." (BfS 2008, S. 5)

Anmerkung

- Dieser Abschnitt wäre mit der Aufgabe überfordert, die in der Öffentlichkeit kontrovers diskutieren Fragen zum Elektrosmog zu klären. Er kann nur erste Informationen geben und zur selbstständigen und kritischen Auseinandersetzung mit den Fragen der Umweltverträglichkeit elektromagnetischer Strahlung anregen.

Für alltagspraktische Beurteilungen bzw. Zulassungen im Bereich des Mobilfunks werden physikalisch messbare Größen benötigt. In Deutschland wurden durch den Gesetzgeber einfache Grenzwerte im Sinn von Vorsorgewerten definiert, bei deren Einhaltung – auch bei heute noch nicht vollständiger Abklärung aller komplexen Wirkungszusammenhänge – von einem vertretbaren Risiko ausgegangen werden kann. Die 26. BImSchV definiert die Grenzwerte für die elektrische Feldstärke und die magnetische Flussdichte der Strahlung. Im Folgenden sollen kurz die zugrunde liegenden Überlegungen skizziert werden, wie sie in den Erläuterungen zur 26. BImSchV in der Erstfassung von 1996 vorgestellt wurden.

Spezifische Absorptionsrate

Den Ansatzpunkt liefert die allgemeine *thermische Wirkung* der elektromagnetischen Strahlung. Freie Ladungsträger, Atome und Moleküle können durch elektromagnetische Strahlung bewegt oder zu Schwingungen angeregt werden. Diese Bewegungen wiederum können durch Reibungsverluste im Körper in Wärme umgesetzt werden. Allgemein bekannt ist die thermische Wirkung elektromagnetischer Strahlung durch die weit verbreiteten Mikrowellenherde. Durch die *Absorption* der elektromagnetischen Wellen kommt es zur Erwärmung des Körpers. Damit sind zwei grundlegende physikalische Größen, die Wärme (Temperatur) und die elektromagnetische Strahlung (elektrische Feldstärke und magnetische Flussdichte) miteinander verbunden. Es bietet sich an, diese Größen zur Definition alltagspraktischer Grenzwerte zu verwenden, wobei die Zahlenwerte im Sinn einer umfassenden Risikobewertung festzulegen sind. Als Maß für die elektromagnetische Strahlung, die im Körpergewebe aufgenommen wird, wird die *spezifische Absorptionsrate* (SAR) in Watt pro Kilogramm Körpergewicht (W/kg) verwendet. Betrachtet man den ganzen Körper (Ganzkörper-SAR-Wert), z. B. im lokal quasi homogenen (Fern-)Feld einer Basisstation, so darf der SAR-Wert von 0,08 W/kg nicht überschritten werden.

Für die Handynutzung ist eine differenziertere Betrachtung notwendig. Beim Handytelefonat mit dem Gerät am Ohr ist der am meisten exponierte Körperteil i. d. R. der Kopf mit den besonders empfindlichen Augen. Hierfür wird ein Teil-Körper-SAR-Wert von höchstens 2 W/kg vorgeschrieben. Bei Handys und Smartphones gehören die SAR-Werte zu den Produktbeschreibungen. Geräte mit Werten bis maximal 0,6 W/kg gelten als strahlungsarm im Sinn der Umweltauszeichnung „Blauer Engel". Die Messung des Teilkörper-SAR-Werts geschieht an Phantomkörpern, die mit gewebeähnlicher Flüssigkeit gefüllt sind. Mit einer Sonde wird die Feldstärke im Phantomkörper gemessen und bezogen auf 10 g Körpergewebe über 6 min gemittelt. Der Maximalwert liefert den Teil-Körper-SAR-Wert.

Aufgabe 9.1
Nennen Sie die drei Sicherheitsmerkmale von GSM aus Sicht der Anwender. Und wie werden sie in GSM umgesetzt? (Stichwortartige Antwort genügt.)

Aufgabe 9.2
Ergänzen Sie die Textlücken (_) sinngemäß

(1) Hochfrequenzanlagen mit Sendefrequenzen von ___ bis ___ und einer Sendeleistung (EIRP) von ___ oder mehr fallen unter die Regulierung durch die 26 BImSchV.

(2) Bei den elektromagnetischen Wellen des Mobilfunks handelt es sich um ___ Strahlung.

(3) Eine ___ Studie untersucht den Zusammenhang zwischen der Exposition und den Risikofaktoren für Erkrankungen in Populationen.

(4) Unter ___ werden zahlreiche unspezifische Beeinträchtigungen des Wohlbefindens zusammengefasst.

(5) Die Auswirkungen der Funkwellen durch den Körper (Absorption) wird durch die ___ Wirkung gemessen.

(6) In Deutschland werden die Grenzwerte der Strahlungsexposition im Mobilfunk durch ___ geregelt.

(7) Das Akronym SAR steht für ___.

(8) Das deutsche Grenzwertkonzept sieht vor, dass alle Hochfrequenzsender zusammen an keinem öffentlich zugänglichen Ort einen Ganzkörper-SAR-Wert von ___ überschreiten.

(9) Das deutsche Grenzwertkonzept sieht vor, dass die SAR eines Handys über jeweils ___ Körpergewebe gemittelt wird und an keinem Ort den Wert von ___ überschreiten darf.

(10) Ein in Deutschland seit 1978 vergebenes Umweltzeichen für besonders umweltschonende Produkte und Dienstleistungen ist ___.

9.1.3 Funkausbreitung und Mobilfunkkanal

Den physikalischen Hintergrund der terrestrischen Funkübertragung liefert die bodennahe Ausbreitung elektromagnetischer Wellen. Anders als bei der geführten Übertragung, bei der beispielsweise industriell gefertigte und qualitätsgeprüfte Kabel verwendet werden, sind die Bedingungen der terrestrischen Funkübertragung nicht kontrollierbar. Die Übertragungsbedingungen müssen vielmehr als zufällig angesehen werden. Eine Beschreibung gelingt nur im Sinn von Wahrscheinlichkeiten und Erwartungswerten. Nichtsdestotrotz liefern die maxwellsche Theorie der elektromagnetischen Wellen und die praktische Erfahrung wichtige physikalisch-technische Zusammenhänge, die für den Entwurf, den Betrieb und die Bewertung von Mobilfunksystemen unverzichtbar sind.

9.1.3.1 Mehrwegeempfang

Die Übertragungseigenschaften von terrestrischen Funkkanälen werden durch die jeweilige Situation im Funkfeld beeinflusst: Die von der Basisstation in Abb. 9.2 ausgesandten elektromagnetischen Wellen werden durch Hindernisse im *Funkfeld* reflektiert, gestreut und gebeugt. An die Empfangsantenne der Mobilstation gelangt so eine Vielzahl von zeitlich verzögerten, phasenverschobenen und amplitudenbewerteten Kopien des Sendesignals. Man spricht deshalb vom *Mehrwegeempfang*. Der Mehrwegeempfang führt einerseits zu störenden Interferenzen, die bis zur gegenseitigen Auslöschung der Signale führen können; andererseits liegt in ihm eine gewisse Diversität, die einen Empfang auch dann noch ermöglicht, wenn die Sichtverbindung zum Sender, der *direkte Pfad*, blockiert ist. Für den Entwurf und den Betrieb von Funksystemen ist es unverzichtbar, die Eigenschaften des Funkkanals einzubeziehen.

9.1.3.2 Funksignaldämpfung

Das wohl bekannteste Phänomen der Funkausbreitung ist die mit dem Abstand zum Sender abnehmende Empfangsleistung. Funksignale werden unterwegs mehr oder weniger stark gedämpft.

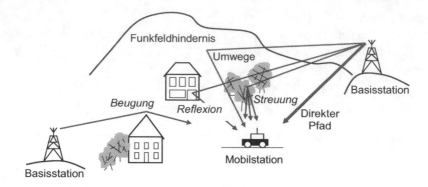

Abb. 9.2 Mehrwegeempfang

Freiraumdämpfung

Zur Beschreibung der Funkausbreitung aus übertragungstechnischer Sicht wird zunächst das einfache Modell mit den messbaren Leistungsgrößen in Abb. 9.3 herangezogen. Im Sender speist der Sendeverstärker die Sendeantenne mit der *Sendeleistung* P_{SV}. Der Einfachheit halber vernachlässigen wir Anschluss- und Kabelverluste.

Die *Sendeantenne* wird durch ihren frequenz- und bauartabhängigen *Antennengewinn* G_S charakterisiert. Der Antennengewinn berücksichtigt die Richtwirkung der Antenne, i. d. R. die Bündelung der elektromagnetischen Welle in die Vorzugsrichtung gemäß der *Richtcharakteristik*. In einem Abstand d im *Fernfeld*, d. h. von mindestens einigen Wellenlängen λ, wird mit der *Empfangsantenne* mit dem Antennengewinn G_E die *Empfangsleistung* P_E gemessen. Dann gilt in Übereinstimmung mit der Physik der Ausbreitung elektromagnetischer Wellen im Freiraum (Vakuum) der Zusammenhang

$$P_E = \underbrace{P_{SV} \cdot G_S}_{P_{Si}} \cdot G_E \cdot \left(\frac{\lambda}{4\pi \cdot d} \right)^2 .$$

Weiter wird eine ideale punktförmige Strahlungsquelle angenommen, der *isotrope Kugelstrahler*, von dem sich die elektromagnetischen Wellen radial gleichmäßig in alle Rich-

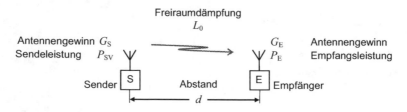

Abb. 9.3 Funkübertragung mit Sende- und Empfangsantenne

tungen ausbreiten. Dann ist die quadratische Leistungsabnahme mit dem Abstand d direkt auf die Verteilung der Leistung auf die entsprechend wachsende Kugeloberfläche zurückzuführen. In der Technik wird deshalb oft für Berechnungen die Leistung P_{Si} als Referenzgröße, *Equivalent Isotropic Radiated Power* (*EIRP*) genannt, verwendet.

Im gebräuchlichen logarithmischen (Pegel-)Maß für Leistungsgrößen

$$P_{E,dB} = 10 \cdot \log_{10} \left(\frac{P_E}{1\,W} \right) \, dB\,(W)$$

ergibt sich die Empfangsleistung als Summe

$$P_{E,dB} = \underbrace{P_{SV,dB} + G_{S,dB}}_{P_{Si,dB}} + G_{E,dB} - L_{0,dB}$$

mit der *Freiraumdämpfung*

$$L_{0,dB} = -20 \cdot \log_{10} \left(\frac{\lambda}{4\pi \cdot d} \right) \, dB.$$

Man beachte, die Freiraumdämpfung ist von der Wellenlänge abhängig.

Anmerkung

- Der Index dB (Dezibel) bei den Formelzeichen soll hier nur an das logarithmische Maß erinnern, um Fehlern beim Einsetzen von Zahlenwerten vorzubeugen.
- Wie üblich wird kurz dB statt dB(W) geschrieben, wenn der Bezug auf die Leistung 1 W genommen wird oder der Bezug aus dem Zusammenhang ersichtlich ist.

Die bekannte, nützliche Formel für die Freiraumdämpfung resultiert, wenn die Wellenlänge durch die Frequenz ersetzt wird. Mit Vakuumlichtgeschwindigkeit $c_0 = \lambda \cdot f \approx 3 \cdot 10^8$ m/s ergibt sich für die Freiraumdämpfung (gerundet)

$$L_{0,dB} = +20 \cdot \log_{10} \left(\frac{f}{1\,Hz} \right) \, dB + 20 \cdot \log_{10} \left(\frac{d}{1\,m} \right) \, dB - 147{,}5\,dB.$$

Die Freiraumdämpfung wächst mit der Frequenz und dem Abstand. Eine Verdopplung der Frequenz oder des Abstands erhöht die Freiraumdämpfung um 6 dB (Abb. 9.4).

Dämpfungsgesetz

Das einfache Modell der Freiraumdämpfung liefert bereits einen wichtigen Anhaltspunkt über die Reichweite von Funksignalen im Mobilfunk. Messkampagnen in typischen Situationen bestätigen das Modell des exponentiellen Zusammenhangs (Rappaport 2002):

$$P_E \sim \left(\frac{f}{f_0} \right)^{-n} \text{ mit } n = 2\ldots3 \quad \text{und} \quad P_E \sim \left(\frac{d}{d_0} \right)^{-\gamma} \text{ mit } \gamma = 1{,}6\ldots6.$$

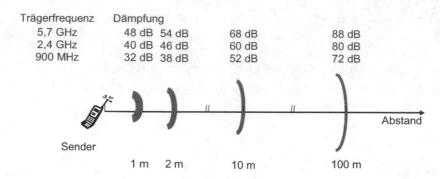

Abb. 9.4 Freiraumdämpfung L_0 in dB in Abhängigkeit von der Sendefrequenz und dem Abstand von Sender und Empfänger

Man spricht vom *exponentiellen Dämpfungsgesetz* der Ausbreitungsdämpfung bezüglich Frequenz und Abstand. Im Funkfeld zeigen sich allerdings erhebliche Unterschiede in der Größe des *Ausbreitungsdämpfungsexponenten* („path-loss exponent") γ. Sie sind den unterschiedlichen Umgebungen geschuldet. Die Tab. 9.2 zeigt typische Werte.

Beugungsdämpfung

Im terrestrischen Funkfeld kann die direkte Sicht (LOS, Line of Sight) zwischen Sender und Empfänger verstellt sein. Kommt es zu Abschattungen, die den Empfang unmöglich machen, spricht man anschaulich auch von einem Funkloch. Andererseits kann es gerade durch Beugung der elektromagnetischen Wellen an Funkfeldhindernissen zu einer Verbindung kommen, was beispielsweise in Städten an bebauten Straßenecken zu beobachten ist.

Tab. 9.2 Typische Werte von Ausbreitungsdämpfungsexponenten im terrestrischen Mobilfunk (nach Rappaport 2002, Table 4.2)

Umgebung („environment")	Ausbreitungsdämpfungsexponent („path-loss exponent")
Freier Raum („free space")	2
Zellularer Mobilfunk in städtischer Umgebung („urban area cellular radio")	2,7–3,5
Zellularer Mobilfunk in städtischer Umgebung ohne Direktempfang („shadowed urban cellular radio")	3–5
In Gebäuden bei Sichtverbindung zwischen Sender und Empfänger[a] („in building line-of-sight").	1,6–1,8
In Gebäuden ohne Sichtverbindung zwischen Sender und Empfänger („obstructed in building")	4–6
In Fertigungshallen ohne Sichtverbindung zwischen Sender und Empfänger („obstructed in factories")	2–3

[a] Durch Kanalisierungseffekt, z. B. in Gängen, sind Signalverstärkungen möglich

Tab. 9.3 Dämpfungswerte von Baumaterialien (nach Rech 2012, Tab. 9-5; ungefähre Werte)

Material	Dämpfung bei 2,4 GHz (dB)	Dämpfung bei 5 GHz (dB)
Hochlochziegel (11,5 cm)	7	10
Leichtbeton (11,5 cm)	12	19
Lehmstein (11,5 cm)	22	36
Kalksandstein (24 cm)	9,5	23
Leichtbeton (30 cm)	26	35
Stahlbeton (16 cm)	20	32
Hochlochziegel (36 cm)	26	50
Tondachziegel (1,3 cm)	3	8
Zweifache Wärmeschutzverglasung	33	27

Allerdings wird dabei das Funksignal durch die *Beugungsdämpfung* stark abgeschwächt. Ein Rechenmodell liefert das Modell der Beugung an Kanten (z. B. Lüders 2001).

Durchgangsdämpfung

In der Funkkommunikation ist nicht nur die Ausbreitung der Funksignale im Freien von Interesse, sondern auch deren Eindringen in Gebäude. Die Dämpfung der Funksignale beim Durchdringen von Hindernissen wie Fenster und Wände wird als *Durchgangsdämpfung* bezeichnet und mithilfe gemessener Dämpfungskennwerte für die Materialien beschrieben. Einige Beispiele für typische Baumaterialien und Dämpfungswerte listet Tab. 9.3 auf.

9.1.3.3 Leistungsbilanz

Die Leistungsbilanz einer Funkübertragung gibt die Empfangsleistung in Anhängigkeit von der Sendeleistung und allen Gewinnen und Verlusten an.

Empfangsleistung

Für die Leistungsfähigkeit bzw. die Reichweite einer Mobilfunkverbindung ist das Zusammenspiel von Funkfelddämpfung und Empfindlichkeit des Empfängers entscheidend. Die *Leistungsbilanz* („link budget") fasst in einer Gleichung alle Einflussfaktoren auf die Empfangsleistung zusammen (z. B. Haykin und Moher 2005). Da im logarithmischen Maß gerechnet wird, ergibt sich ein additiver Zusammenhang, wobei zwischen Gewinnen (z. B. durch Antennen und Verstärker) und Verlusten (z. B. durch Ausbreitungs-, Beugungs- und Durchgangsdämpfungen) unterschieden wird:

$$\text{Empfangsleistung (dB)} = \text{Sendeleistung (dB)} + \text{Gewinne (dB)} - \text{Verluste (dB)}$$

Mit der Leistungsbilanz kann die Empfangsleistung abgeschätzt werden. Die Empfangsleistung ist dann mit der *Empfängerempfindlichkeit* („receiver sensitivity") zu vergleichen.

Jeder Empfänger setzt bauart- und betriebsbedingt eine Mindestempfangsleistung voraus, um die Signale noch brauchbar demodulieren zu können. In den Mobilfunkstandards wird brauchbar als in Tests noch tolerierbare Quoten von Bitfehlern bzw. gestörten Rahmen vorgegeben, *Bit Error Rate* (BER) bzw. *Frame Error Rate"* (FER) genannt. Praktisch heißt das, die Empfangsleistung, oder äquivalent der *Empfangspegel RXLEV*, darf einen gewissen Wert nicht unterschreiten. Geräte werden in Konformitätstest gegen diese Schwellenwerte geprüft.

Die praktische Bedeutung der Leistungsbilanz machen wir uns anhand einer vereinfachten Modellrechnung zur Funkzellengröße in GSM-Netzen deutlich. Sie stellt den prinzipiellen Rechengang vor. Die Zahlenwerte in der Praxis bestimmen sowohl der jeweilige Standard als auch die technische Realisierung des Geräts durch den Hersteller. Die maximalen Sendeleistungen für die GSM-900-Basisstationen liegen zwischen 20 und 50 W und für die Mobilstationen bei 2 W. Für das Frequenzband bei 1800 MHz sind die Sendeleistungen mit 10–20 W bzw. 1 W etwas geringer. Weitere Zahlenwertbeispiele findet man z. B. in Lüders (2001, 2007).

Bei der Planung von Mobilfunknetzen durch die Netzbetreiber werden auf ähnliche Weise computerunterstützte Prognosen über die Funkversorgung zugrunde gelegt, die aus detaillierten topografischen Karten und umfangreichen Messprotokollen abgeleitet werden. Dabei handelt es sich i. d. R. um Angaben zur Empfangsfeldstärke.

Funkreichweite

Funkempfänger besitzen ein gewisse Empfängerempfindlichkeit $RXLEV_{min}$, die beachtet werden muss, soll ein Empfang möglich sein. Bei GSM-Basisstationen geht in diesen Wert das Mindest-SNR des Modulationsverfahrens und die Leistung N des unvermeidlichen additiven Rauschens ein. Gefordert wird ein Empfangspegel

$$RXLEV_{dB} \geq SNR_{min,dB} + N_{dB}.$$

Wir bestimmen zuerst die Leistung der Störung, die sich aus dem thermischen Rauschen und dem bauartspezifischen Eigenrauschen des Empfängers, seinem Rauschmaß F_{dB}, zusammensetzt:

$$N_{dB} = 10 \cdot \log_{10}\left(k \cdot T \cdot B_{neq}\right) dB + F_{dB}.$$

Die Leistung des thermischen Rauschens ist gleich dem Produkt aus der aus der Physik bekannten Boltzmann-Konstante k, der Temperatur T und der äquivalenten Rauschbandbreite B_{neq}. Für GSM erhält man mit der Frequenzkanalbandbreite von 200 kHz, bei der Zimmertemperatur von 20 °C und einem typischen Rauschmaß des Empfängers von etwa 5 dB die Rauschleistung bezogen auf ein Milliwatt (dBm)

$$N_{dB} = 10 \cdot \log_{10}\left(\frac{1{,}38 \cdot 10^{-23} \frac{Ws}{K} \cdot 290\,K \cdot 200\,kHz}{1\,mW}\right) dBm + 5\,dB = -116\,dBm.$$

Das notwendige SNR für den Empfang der GMSK-modulierten Signale kann erfahrungsgemäß mit etwa 12 dB abgeschätzt werden. Zusammengefasst ergibt sich somit die typische Empfängerempfindlichkeit für Basisstationen

$$RXLEV_{\mathrm{min,dB}} = 12\,\mathrm{dB} - 116\,\mathrm{dBm} = -104\,\mathrm{dBm}.$$

Bei dem Empfangspegel *RXLEV* in dBm handelt es sich um eine Absolutgröße, *Pegel* genannt, weil er sich auf die feste Bezugsgröße von 1 mW bezieht.

Die Empfängerempfindlichkeit sagt aus, dass für einen Empfang im standardkonformen Betrieb die Empfangsleistung nicht unter $-104\,\mathrm{dBm}$ ($10^{-10,4}\,\mathrm{mW} \approx 0,04\,\mathrm{pW}$) sinken darf.

Legt man nun die bei GSM für Handgeräte maximal zulässige abgestrahlte (isotrope) Sendeleistung P_{Si} von 2 W (33 dBmi) zugrunde, so kann die maximale Reichweite, über die maximal zulässige Freiraumdämpfung berechnet werden, bei der die Empfängerempfindlichkeit nicht unterschritten wird:

$$P_{\mathrm{Si,dB}} - L_{\mathrm{0,max,dB}} \geq RXLEV_{\mathrm{min,dB}}.$$

Im Zahlenwertbeispiel resultiert die maximal zulässige Freiraumdämpfung

$$L_{\mathrm{0,max,dB}} \leq P_{\mathrm{Si,dB}} - RXLEV_{\mathrm{min,dB}} = 137\,\mathrm{dB}.$$

Gehen wir weiter von der Übertragung im GSM-Frequenzband bei 900 MHz aus, ergibt sich für den entfernungsunabhängigen Anteil in der allgemeinen Formel für die Freiraumdämpfung

$$+20 \cdot \log_{10}\left(\frac{900\,\mathrm{MHz}}{1\,\mathrm{Hz}}\right)\mathrm{dB} - 147,5\,\mathrm{dB} = 31,6\,\mathrm{dB}.$$

Für das Dämpfungsgesetz bezüglich der Entfernung nehmen wir aus Tab. 9.2 den kleinsten Dämpfungsexponenten für zellularen Mobilfunk, den Wert 2,7:

$$+27 \cdot \log_{10}\left(\frac{d_{\max}}{1\,\mathrm{m}}\right)\mathrm{dB} = 105,4\,\mathrm{dB}.$$

Es folgt die Reichweite
$$d_{\max} = 10^{105,4/27}\,\mathrm{m} \approx 8000\,\mathrm{m}.$$

Die Modellrechnung schätzt einen maximal zulässigen Abstand zwischen Mobilstation und Basisstation von etwa 8 km für GSM im 900-MHz-Band, tatsächlich ein typischer Wert für große Funkzellen in GSM-Netzen.

Zum Abschluss wird der zellulare Aufbau der Mobilfunknetze an einem konkreten Beispiel veranschaulicht. Auf der Internetseite der *Bundesnetzagentur* kann eine Straßenkarte mit der Zusammenstellung aller genehmigungspflichtigen ortsfesten Funkanlagen,

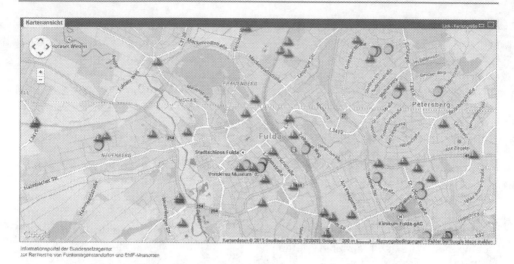

Abb. 9.5 Genehmigungspflichtige Mobilfunksender (*Dreiecke*) und Messorte für elektromagnetische Felder (*Kreise*) (Quelle: Bundesnetzagentur, 08.04.2015)

d. h. nicht auf GSM beschränkt, aufgerufen werden. Die Abb. 9.5 zeigt das Ergebnis für die Stadt Fulda im April 2015 (Bundesnetzagentur, 08.04.2015). An den Dreiecken deutlich zu erkennen ist eine größere Anzahl von Sendern in der Innenstadt. Die Sendeanlagen sind i. d. R. mit Richtantennen ausgestattet, sodass meist Funkzellen mit Reichweiten von nur einigen hundert Metern resultieren.

In der Karte sind zusätzlich Kreise eingetragen, an denen elektromagnetische Felder (EMF) gemessen wurden. Im Internet können zur Karte interaktiv weitere Informationen zu den Sendeanlagen und den EMF-Messungen abgerufen werden.

Aufgabe 9.3

Im obigen Zahlenwertbeispiel zu den GSM-Funkzellen wurde eine Funkreichweite von 8000 m abgeschätzt. Nun soll berücksichtigt werden, dass die Teilnehmer auch innerhalb von Gebäuden über Funk erreichbar sein sollen. In Anlehnung an Tab. 9.3 nehmen wir an, dass die Funksignale beim Eindringen in die Gebäude um 12 dB gedämpft werden.

a) Wie groß ist nun die maximale Funkreichweite? Abschätzung ohne lange Rechnung.
b) Wie groß ist nun die maximale Funkreichweite nach obiger Formel?

Aufgabe 9.4

Gemäß Zulassung ist die maximale Sendeleistung bei einem WLAN-Gerät auf 20 dBm (EIRP) begrenzt. Die Verstärkung der abgestrahlten Sendeleistung durch die Antenne in Hauptstrahlrichtung muss deshalb durch entsprechende Dämpfung der speisenden Leistung auf der Antennenzuführung kompensiert werden.

Auf einem Firmengelände soll ein entferntes Gebäude über WLAN an das Firmennetz angeschlossen werden. Wegen zu schwachen Empfangs sollen zwei Geräte mit Richtantennen mit je 12 dB Gewinn eingesetzt werden. Worauf ist funktechnisch zu achten?

Aufgabe 9.5

Im obigen Zahlenwertbeispiel zu den GSM-Funkzellen wurde eine Funkreichweite von 8000 m abgeschätzt. Nun sollen weitere Verlustfaktoren berücksichtigt werden:

- Abschirmung des Mobiltelefons durch den Körper/Kopf („body loss") von 3 dB,
- Verlust bei der Speisung der Antenne in der Mobilstation („antenna feeder loss") von 3 dB und
- Verlust im Antennenanschluss der Basisstation („connector loss") von 3 dB.

Wie groß ist die Funkreichweite unter Berücksichtigung der oben angegebenen typischen Verluste?

Aufgabe 9.6 Ja-Nein-Fragen (□)/Lückentextfragen (_)

(1) Die typische Empfangssituation im Mobilfunk ist ___.
(2) Die Freiraumdämpfung ist abhängig von der Entfernung und der Frequenz. □
(3) Der formelmäßige Zusammenhang zwischen der Frequenz und der Wellenlänge ist ___.
(4) Bei der Frequenz 2,4 GHz beträgt die Freiraumdämpfung auf dem ersten Meter etwa 48 dB. □
(5) Bei der Funkübertragung kann für die Empfangsleistung jeweils ein exponentielles Dämpfungsgesetz bezüglich des Abstands und der Frequenz beobachtet werden. □
(6) Ausbreitungsdämpfungsexponenten kleiner als zwei sind physikalisch ausgeschlossen. □
(7) Man unterscheidet im Mobilfunk drei typische Arten der Dämpfung, die ___, die ___ und die ___.
(8) Die zweifache Wärmeschutzverglasung hat bei 2,5 GHz einen relativ hohen Dämpfungswert. □
(9) Gebäudeteile, wie Wände aus Beton, Ziegel oder Lehm, dämpfen beim Durchgang die Funksignale mit 2,4 GHz mehr als die mit 5 GHz. □
(10) Eine Verdoppelung der Frequenz oder des Antennenabstands erhöht die Freiraumdämpfung um jeweils 10 dB. □
(11) Der Leistung 100 mW entspricht im logarithmischen Maß ___.
(12) Die Funkreichweite wird im Wesentlichen durch die Sendeleistung beschränkt. □

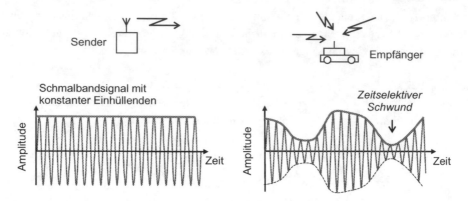

Abb. 9.6 Ausbreitung der elektromagnetischen Wellen im Funkfeld (schematisch)

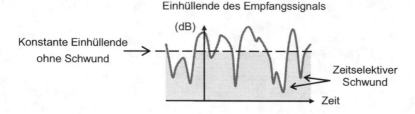

Abb. 9.7 Zeitselektiver Schwund in der Einhüllenden (schematisch)

9.1.3.4 Mobilfunkkanäle

Die Wirkung des Mobilfunkkanals auf die Signale wird durch Messungen im Funkfeld deutlich.

Zeitselektiver Schwund

In Anlehnung an die bis in die 1990er-Jahre üblichen schmalbandigen Mobilfunksignale wird zuerst ein monofrequentes Testsignal, ein unmodulierter Träger, gesendet. Durch die Fahrzeugbewegung oder auch die Bewegung von Funkfeldhindernissen, wie andere Fahrzeuge, im Wind schwankende Bäume usw. entstehen zeitlich variierende Interferenzbedingungen. Typischerweise werden tiefe Einbrüche in der Empfangsfeldstärke beobachtet (Abb. 9.6). Man spricht vom *zeitselektiven Schwund* („time selective fading").

Besonders deutlich wird er bei der Darstellung der Einhüllenden des Empfangssignals im logarithmischen Maß in Abb. 9.7, dem Empfangspegel. Die Messergebnisse mit zeitselektivem Schwund können in erster Näherung mit der Fahrt durch ein stehendes Wellenfeld mit entsprechenden Schwingungsbäuchen und Schwingungsknoten erklärt werden. Die Zeitabstände zwischen zwei Einbrüchen werden im Wesentlichen durch die Wellenlänge und die Fahrzeuggeschwindigkeit bestimmt.

Bei Übertragungen mit schmalbandigen Signalen können folglich temporär starke Beeinträchtigungen der Übertragungsqualität bis hin zum Verlust des Signals auftreten, wenn

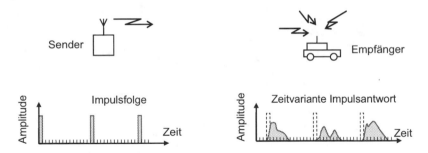

Abb. 9.8 Impulsmessung im Mobilfunkkanal mit zeitvarianter Impulsantwort (schematisch)

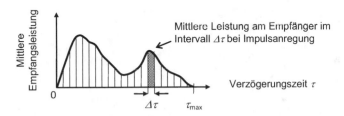

Abb. 9.9 Mittlere Empfangsleistung über der Verzögerungszeit (schematisch)

die Empfängerempfindlichkeit unterschritten wird. Auswertungen von Messkampagnen und Modellüberlegungen zeigen weiter, dass die Einhüllende des Empfangssignals oft rayleigh- oder rice-verteilt ist. Man spricht vom Phänomen des Rayleigh- bzw. Rice-Schwunds („rayleigh fading", „rice fading"), wobei die tiefen Einbrüche für den Rayleigh-Schwund typisch sind.

Signalverzögerung und -verbreiterung

Komplementär zur schmalbandigen Übertragung ist die breitbandige Übertragung von kurzen Impulsen. Die Abb. 9.8 illustriert die Messung der *Kanalimpulsantwort*. Werden die zugehörigen Empfangssignale aufgezeichnet, erhält man Aufnahmen von momentanen Kanalimpulsantworten. Wie Abb. 9.8 darstellt, werden die Sendeimpulse bei der Übertragung verzerrt. Es treten zeitliche Verschiebungen aufgrund der Laufzeiten im Funkfeld auf. Die Impulse werden verbreitert. Man spricht von der zeitlichen *Dispersion* der Signale. Das Dispersionsverhalten wird im Mittel durch die Verteilung der Empfangsleistung bezüglich der Verzögerungszeit beschrieben (Abb. 9.9). Aus der Verzögerungszeit wird dabei die Grundlaufzeit der Signale, die sich beispielsweise im direkten Pfad aufgrund der endlichen Ausbreitungsgeschwindigkeit der elektromagnetischen Wellen ergibt, herausgenommen. Die Messergebnisse können als Häufigkeitsverteilung dargestellt werden. Nach Normierung der Fläche auf eins liegt die Schätzung einer Wahrscheinlichkeitsdichtefunktion für den Mobilfunkkanal vor. Sie wird Verzögerungsleistungsdichte genannt. Wichtige Kenngrößen sind die maximale Verzögerungszeit τ_{max} und die aus der Streuung abgeleitete *Mehrwegeverbreiterung*.

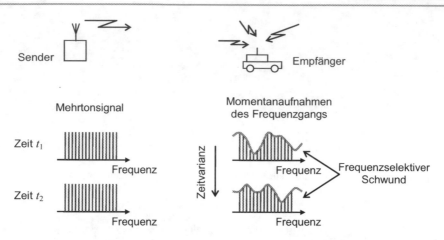

Abb. 9.10 Breitbandmessung im Mobilfunkkanal mit frequenzselektivem Schwund (schematisch)

Frequenzselektiver Schwund

Zur Beurteilung des Übertragungsverhaltens im Frequenzbereich eignen sich spezielle Mehrtonsignale. Den neuen Übertragungsverfahren entsprechend breitbandige Messgeräte, sog. *Channel Sounder*, wurden Anfang der 1990er-Jahre entwickelt. Die Signalerzeugung und -verarbeitung im Channel Sounder beruht auf der Anwendung der schnellen Fourier-Transformation (FFT), wie sie auch bei der OFDM-Übertragung oder Klirrfaktormessung eingesetzt wird. Im Frequenzband des Funkkanals wird ein periodisches Mehrtonsignal gesendet, sodass im Empfänger jeweils Momentaufnahmen des Frequenzgangs des Kanals bestimmt werden können. Die Abb. 9.10 veranschaulicht das Prinzip der Messung.

In den Amplituden der empfangenen Frequenzkomponenten ist deutlich der *frequenzselektive Schwund* zu erkennen. Einzelne Abschnitte des Frequenzbands werden nur schwach oder praktisch gar nicht übertragen. Man beachte, dass sich der Frequenzgang des Mobilfunkkanals mit der Zeit ändert, sodass die gut bzw. schlecht übertragenen Teilbänder von Fall zu Fall andere sein können. Der Kanal ist zeitvariant. Insgesamt liegt bei breitbandiger Übertragung jedoch eine (Frequenz-)Diversität vor, die für eine robuste Übertragung genutzt werden kann.

Dopplereffekt

In die Überlegungen zur Mobilfunkübertragung ist ein weiterer physikalischer Effekt einzubeziehen. Durch die Relativbewegungen zwischen Sender, Empfänger und Funkfeldhindernissen kommt es zu dem nach C. J. Doppler (1803–1853) benannten Phänomen der Verschiebungen der Empfangsfrequenzen, dem *Doppler-Effekt*. Die Abb. 9.11 erinnert an die Zusammenhänge aus der Physik. Die Frequenzverschiebung, die *Dopplerverschie-*

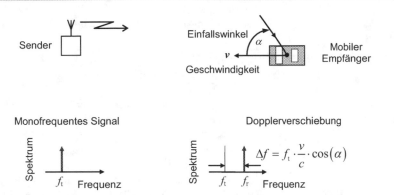

Abb. 9.11 Dopplerverschiebung in der Mobilfunkübertragung (schematisch)

bung Δf, ist proportional zur Sendefrequenz f_t, dem Betrag der Relativgeschwindigkeit v und dem Kosinus des Einfallswinkels α. Die Dopplerverschiebung hat v. a. störenden Einfluss auf die Trägersynchronisation im Empfänger. Für OFDM-Übertragungen kann sie kritisch sein, wenn dadurch die Orthogonalität der Unterträger verloren geht.

Mobilfunkkanäle

Für die Funkübertragung spielen die genannten Phänomene eine wichtige Rolle. Jeweils bezogen auf Bandbreite und Symboldauer der Verfahren werden die Mobilfunkkanäle durch ihre Wirkung auf das gesendete Signal klassifiziert. Die Tab. 9.4 stellt einige wichtige Überlegungen zusammen (Werner 1991). Man beachte dabei, dass die Selektivität im Frequenzbereich sowie im Zeitbereich von der Bandbreite bzw. Symboldauer der jeweiligen Funksignale abhängen, also auf das Übertragungsverfahren zu beziehen sind. Da die Zeitselektivität mit abnehmender Bandbreite zunimmt und umgekehrt, ist für ein leistungsfähiges digitales Übertragungsverfahren ein guter Kompromiss zwischen Bandbreite und Symboldauer bereitzustellen. Tatsächlich unterscheiden sich die charakteristischen Merkmale der Funksignale der Mobilfunkgenerationen 2G, 3G und 4G deutlich. So wächst die Funkkanalbandbreite von GSM mit 200 kHz über UMTS mit 5 MHz bis zu LTE mit 10–20 MHz, womit die Frequenzdiversität des Mobilfunkkanals zunehmend genutzt werden kann. Darüber hinaus gelingt es bei LTE auch, die Zeitselektivität durch die relativ langen Symboldauern des OFDM-Verfahrens, s. auch WLAN in Abschn. 9.5, effizienter zu nutzen.

Aufgabe 9.7

Typische (Signal-)Verzögerungszeiten im GSM-Mobilfunk schwanken zwischen 0,5– 16 μs in städtischem bzw. hügeligem Gelände; in selten Fällen auch bis 20 μs. Berechnen Sie die dazugehörigen Umweglängen der Funksignale.

Tab. 9.4 Klassifizierung von Mobilfunkkanälen bezüglich Bandbreite und Symboldauer der digitalen Modulation

Modulation		Mobilfunkkanal	Kommentar
Band-breite	Klein	Nicht frequenz-selektiv	Die Frequenzkomponenten des schmalbandigen Signals werden gleichartig gestört. $\Rightarrow$ Tiefe Schwundeinbrüche in der momentanen Empfangsleistung sind wahrscheinlicher als bei größerer Bandbreite.
	Groß	Frequenzselektiv	Die Frequenzkomponenten des breitbandigen Signals werden nicht gleichartig gestört. $\Rightarrow$ Tiefe Schwundeinbrüche der momentanen Empfangsleistung sind wegen der Diversität im Frequenzbereich unwahrscheinlicher als bei kleinerer Bandbreite. $\Rightarrow$ Durch den Frequenzgang des Mobilfunkkanals werden lineare Verzerrungen im Signal verursacht und eine aufwendige Entzerrung kann notwendig werden.
Symbol-dauer	Kurz	Nicht zeitselektiv	Symbol wird über seine gesamte Dauer gleichartig gestört. $\Rightarrow$ Auslöschung ganzer Symbole ist wahrscheinlicher als bei längerer Symboldauer. $\Rightarrow$ Da sich viele Symbole überlagern können, sind Nachbarzeichenstörungen wahrscheinlich und eine aufwendige Entzerrung kann notwendig werden.
	Lang	Zeitselektiv	Symbol wird über seine Dauer unterschiedlich gestört. $\Rightarrow$ Wegen der Diversität im Zeitbereich ist die Auslöschung der Symbole unwahrscheinlicher als bei kürzeren Symboldauern. $\Rightarrow$ Da sich die Symbole kaum überlagern, kann eine aufwendige Entzerrung entfallen.

Aufgabe 9.8

Schätzen Sie für eine Funkübertragung bei 900 MHz mit typischem zeitselektivem Schwund die mittlere Zeit zwischen zwei Schwundeinbrüchen ab. Gehen Sie dabei von einer Bewegung im Fußgängertempo (3 km/h) bzw. einer Fahrt auf der Autobahn (120 km/h) aus. *Hinweis:* Modell der stehenden Welle

Aufgabe 9.9

Aus einem mit etwa 180 km/h fahrenden Auto wird mit der Trägerfrequenz von 900 MHz telefoniert. Schätzen Sie die maximale Dopplerverschiebung ab.

Aufgabe 9.10 Ja-Nein-Fragen (□)/Lückentextfragen (_)

(1) Beim zeitselektiven Schwund bricht die Empfangsleistung kurzzeitig ein und es kann zum Signalverlust kommen. □

(2) Der Dopplereffekt beschreibt die Verschiebung der Empfangsfrequenz in Abhängigkeit von der Sendefrequenz, der Fahrzeuggeschwindigkeit und ___.

(3) Mit einem Channel Sounder wird ___ des Funkanals gemessen.

(4) Bei breitbandiger Übertragung kann die Frequenzdiversität des Mobilfunkkanals genutzt werden. □

(5) Durch Senden einer Impulsfolge kann die ___ Dispersion der Signale im Mobilfunkkanal beobachtet werden.

(6) Das Phänomen des Rayleigh-Fading ist besonders bei der breitbandigen Mobilfunkübertragung kritisch. □

9.1.4 Zusammenfassung

An öffentliche Mobilfunksysteme werden hohe Anforderungen an die Sicherheit gestellt. Dazu gehören Maßnahmen wie die Zugangsberechtigung für die Teilnehmer, die Vertraulichkeit der Daten und die Anonymität der Teilnehmer gegenüber Dritten. Von besonderer Bedeutung ist auch die Umweltverträglichkeit der elektromagnetischen Strahlung. Im Mobilfunk handelt es sich um nichtionisierende Strahlung, für die in Deutschland Grenzwerte nach der 26. BImSchV einzuhalten sind.

Die Funkübertragung unterliegt im Mobilfunk schwierigen Bedingungen. Die Dämpfung des Funksignals wächst exponentiell mit zunehmendem Abstand und zunehmender Frequenz.

Für die Reichweite des Funksignals ist die Leistungsbilanz entscheidend. Sie bilanziert die Sendeleistung mit allen Gewinnen und Verlusten auf der Übertragungsstrecke, wie die Antennengewinne und die Ausbreitungsdämpfung, die Durchgangsdämpfung und die Beugungsdämpfung etc. Die Empfangsleistung muss gleich oder größer der Empfängerempfindlichkeit sein, damit die Informationsübertragung möglich ist.

Die Charakterisierung des Mobilfunksignals als frequenzselektiv und/oder zeitselektiv geschieht in Verbindung mit den Eigenschaften des Funksignals, seiner Bandbreite und der Symboldauer.

Durch die Mehrwegeausbreitung kann es zu destruktiven Signalinterferenzen und Signalverzerrungen kommen, die eine Informationsübertragung mehr oder weniger stark behindern bzw. sogar verhindern können. Zusätzlich können lokale Abschattungseffekte (Funkloch) die Funkübertragung beeinträchtigen.

9.2 Global System for Mobile Communications (GSM)

Im Jahr 1982 begann die Arbeitsgruppe Groupe Spécial Mobile der CEPT (Conférence Européenne des Administrations des Postes et des Télécommunications) mit der Entwicklung eines gemeinsamen europäischen Mobilfunksystems. Spätestens Anfang der 1980er-Jahre zeichnete sich ab, dass Mikroelektronik und Software mit ihrer Fähigkeit zur Massenproduktion Industrie und Märkte umwälzen werden. Kein europäisches Land, auch nicht scheinbar große Länder wie Frankreich oder Deutschland, würde sich zukünftig im globalen Wettbewerb gegen die US-amerikanische Telekommunikationsindustrie behaupten können, da letztere sich auf den kontinentalen Binnenmarkt Nordamerika stützen konnte. Was als europäisches Projekt begann, ist heute als Global System for Mobile Communications (GSM) das weltweit am weitesten verbreitete System zur mobilen Kommunikation. Der Erfolg von GSM zeigt, wie Wettbewerber durch Zusammenarbeit einen neuen Markt zum Nutzen der Kunden erschließen können.

9.2.1 Netzarchitektur

Moderne öffentliche Mobilkommunikationsnetze zeichnen sich durch Teilnehmermobilität, Sicherheitsmerkmale und hohe Teilnehmerzahl aus. Die Netzarchitektur von GSM in Abb. 9.12 trägt dem Rechnung. Sie besteht aus dem Funksystem (*Radio Subsystem,*

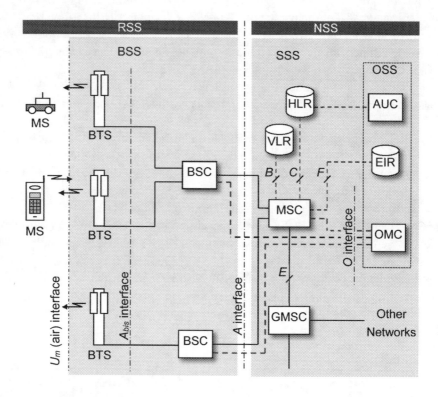

AUC	Authentication Center	MSC	Mobile Switching Center
BSC	Base Station Controller	NSS	Network and Switching Subsystem
BSS	Base Station Subsystem	OMC	Operation and Maintenance Center
BTS	Base Transceiver Station	OSS	Operation and Maintenance Subsystem
EIR	Equipment Identity Register	RSS	Radio Subsystem
GMSC	Gateway MSC	SSS	Switching Subsystem
HLR	Home Location Register	VLR	Visitor Location Register
MS	Mobile Station		

Abb. 9.12 GSM-Netzarchitektur Phase 1

RSS) mit den Mobilstationen (*Mobile Station*, MS) und den Funkzellen mit den Basisstationen (*Base Transceiver Station*, BTS) und ihren Steuerungseinrichtungen (*Base Station Controller*, BSC). Mobilstationen und Basisstationen sind über die *Funkschnittstelle* U_m verbunden. Auf der Festnetzseite sind die BSC über die *A*-Schnittstelle mit den Mobilvermittlungsstellen (*Mobile Switching Center*, MSC) und den Betriebs- und Wartungszentren (*Operation and Maintenance Center*, OMC) verbunden.

Verbindungsaufbau

Ein Einblick in die Funktionen der Netzkomponenten und ihres Zusammenwirkens lässt sich schnell am Beispiel des Verbindungsaufbaus zwischen der MS und dem GSM-Festnetz gewinnen: Befindet sich die MS nach dem Einschalten im Funkbereich eines GSM-Netzes, so passt sie sich den lokalen Funkparametern (Trägerfrequenz, Sendezeitpunkte und Sendeleistung) einer geeigneten BTS an und nimmt mit ihr Funkverbindung auf. In der BTS wird das Funksignal empfangen und die Nachricht über die BSC an die MSC weitergeleitet. Dabei wird die Mobilgerätenummer, die *International Mobile Station Equipment Identity* (IMEI), übertragen und im Netz anhand des Mobilgeräteregisters, dem *Equipment Identification Register* (EIR), überprüft. Ist das Mobilgerät nicht gesperrt, wird von der MSC die Teilnehmeridentifizierung angestoßen.

Befindet sich die MS in ihrem Heimatbereich, wird sie in der MSC im Heimatregister, dem *Home Location Register* (HLR), geführt. Die Teilnehmeridentifizierung wird unmittelbar mit der lokalen Identifizierungseinrichtung, dem *Authentification Center* (AUC), durchgeführt. Danach ist die MS im Netz als erreichbar gemeldet und kann selbst einen Dienst anfordern oder gerufen werden.

Befindet sich der Teilnehmer nicht in seinem Heimatbereich, sucht die MSC zunächst im Besucherregister, dem *Visitors Location Register* (VLR), ob er bereits gemeldet ist. Ist das der Fall, wird die Teilnehmeridentifizierung mit den vorliegenden Daten durchgeführt. Andernfalls nimmt die besuchte MSC die Verbindung mit der Heimat-MSC auf und trägt nach der Identifizierung den Teilnehmer in ihr VLR ein. Die Heimat-MSC wird über den neuen Aufenthalt des Teilnehmers informiert. Für den Teilnehmer ankommende Anrufe werden anhand der Rufnummer zur Heimat-MSC geleitet und dann von dort zur besuchten MSC weitervermittelt.

Die Kommunikation zwischen den Teilnehmern innerhalb des GSM-Netzes wird intern abgewickelt. Die Vermittlungsfunktionen werden in den MSC durchgeführt. Ist ein Teilnehmer außerhalb des GSM-Netzes, z. B. im normalen Telefonnetz, so wird über eine geeignete *Gateway-MSC* die Verbindung nach außen hergestellt.

Funkschnittstelle

Das Beispiel des Verbindungsaufbaus macht deutlich, dass zum ordnungsgemäßen Betrieb des GSM-Netzes ständig eine Vielzahl unterschiedlicher Steuerungsinformationen zwischen den Netzkomponenten ausgetauscht werden muss. Damit ein solcher Informationsaustausch stattfinden kann, muss vereinbart sein wer, was, wann, wo und wie senden darf. Das geschieht durch die Definition der Schnittstellen und ihrer Protokolle (Abb. 9.12).

Abb. 9.13 MSC-Standorte
im Mobilfunknetz von E-Plus
(1997)

Das Nadelöhr eines jeden Mobilfunksystems ist die *Funkschnittstelle* („radio interface") zwischen den Mobilstationen (Teilnehmerendgeräten) und den Basisstationen, die auch Luftschnittstelle („air interface") genannt wird. Über sie werden sowohl die TK-Dienste durchgeführt, als auch die für den Netzbetrieb notwendigen Steuerungsnachrichten ausgetauscht. Der Vergleich mit einem Nadelöhr trifft zu, weil das zur Verfügung stehende Frequenzband begrenzt ist, aber die benötigte Bandbreite mit der zu übertragenden Informationsmenge zunimmt. Für den wirtschaftlichen Aufbau und Betrieb eines öffentlichen Mobilfunknetzes ist daher eine hohe *spektrale Effizienz* gefordert, um möglichst viele Teilnehmer bedienen zu können.

Netzbeispiel

Der Aufwand, der für den Aufbau und den Betrieb der in Deutschland nahezu flächendeckenden GSM-Netze notwendig ist, wird anhand der folgenden Zahlen deutlich. Bis 1997 wurden im E-Plus-Netz mit seinen bis dahin etwa 750.000 Teilnehmern an den elf Standorten in Abb. 9.13 MSC mit insgesamt 230 BSC und 5500 BTS eingesetzt. Im Jahr 2010 hatte E-Plus in Deutschland etwa 2500 Mitarbeiter und über 18 Millionen Teilnehmer. Das Netz von E-Plus verfügte über 10 MSC-Server, 20 Media-Gateways und 16.500 GSM-Basisstationen.

Der Aufbau digitaler Mobilfunknetze ist nicht einfach abgeschlossen. Steht anfangs die flächendeckende Versorgung mit Basisdiensten im Vordergrund, so geht es später um den bedarfsgerechten Ausbau und die Einführung neuer Dienste. Mit den noch beschriebenen GSM-Erweiterungen GPRS und EDGE steht für GSM ein Migrationspfad zu einem Mobilfunknetz der dritten Generation offen.

9.2.2   Funkzellen und Frequenzkanäle

Auf der Basis des bis Ende der 1980er-Jahre freigegebenen Frequenzbands und der damals verfügbaren Technologie wurde für GSM eine digitale Übertragung für schmalbandige TK-Dienste konzipiert. Die gewählte Frequenz- und Kanalaufteilung im 900-MHz-Bereich (GSM-900) ist in Abb. 9.14 zusammengestellt.

In Deutschland teilen sich zwei Netzbetreiber das vorgestellte Frequenzband. Dem D1-Netz der Deutschen Telekom sind die Duplexfrequenzkanäle 14–49 sowie 82–102 zugeordnet. Für das D2-Netz der Mannesmann AG Mobilfunk stehen die Duplexfrequenzkanäle 1–12, 51–80 und 105–119 zur Verfügung. Seit 2002 werden für das D1- und D2-Netz die Marktnamen T-Mobile- bzw. Vodafone-Netz verwendet.

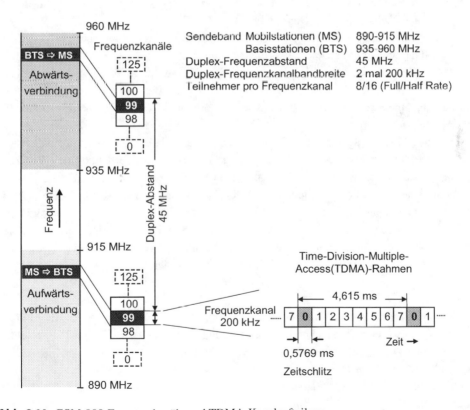

Abb. 9.14 GSM-900-Frequenzkanäle und TDMA-Kanalaufteilung

Frequenzmultiplex

Das verfügbare Frequenzband teilt sich in ein unteres Frequenzband (890–915 MHz) für die Kommunikation von den MS zu den BTS, *Aufwärtsverbindung* (*Uplink*, UL) genannt, und in ein oberes Frequenzband (935–960 MHz) für die Kommunikation in umgekehrter Richtung, *Abwärtsverbindung* (*Downlink*, DL). Die Aufteilung folgt der Tatsache, dass die Funkfelddämpfung mit zunehmender Frequenz ebenfalls zunimmt und somit die batteriebetriebenen MS begünstigt werden (s. Dämpfungsgesetz in Abschn. 9.1.3.2).

Das Frequenzband von $2 \cdot 25$ MHz ist in $2 \cdot 125$ *Frequenzkanäle* à 200 kHz Bandbreite aufgeteilt. Zwei Frequenzkanäle im Abstand von 45 MHz bilden jeweils ein Duplexpaar für die wechselseitige Kommunikation. Die Frequenzkanäle 0 und 125 werden zum Schutz der Nachbarbänder freigehalten.

Zeitmultiplex

Zur Aufteilung in die Frequenzkanäle tritt bei GSM eine Zeitmultiplexkomponente (*Time Division Multiple Access*, TDMA) hinzu (Abb. 9.14). Jeder Frequenzkanal wird durch zeitlich aufeinanderfolgende TDMA-Rahmen belegt. Und jeder TDMA-Rahmen beinhaltet acht Zeitschlitze der Dauer von etwa 0,57 ms.

Fordert ein Teilnehmer eine *Full-Rate(FR)-Sprachübertragung* an, wird, falls verfügbar, vom Netz ein Frequenzkanal und ein Zeitschlitz zugewiesen. Das Mobilgerät nutzt den zugewiesenen Zeitschlitz in jedem folgenden TDMA-Rahmen, bis die Sprachübertragung beendet wird. Im Fall der *Half-Rate(HR)-Sprachübertragung* teilen sich zwei Teilnehmer einen Zeitschlitz. Dadurch können doppelt so viele Gespräche gleichzeitig abgewickelt werden.

Die digitale Übertragung innerhalb eines Zeitschlitzes wird später noch genauer erläutert. Hier sollen zunächst die Überlegungen zur spektralen Effizienz und den Frequenzkanälen weitergeführt werden. Mit der Anzahl der Frequenzkanäle und der Zeitschlitze ist die Funkkapazität der ursprünglichen GSM-900-Netze von D1 und D2 ungefähr $8 \cdot 124 = 992$ FR-Sprachkanäle. Die Zahl der Sprachkanäle pro BTS ist jedoch eingeschränkt, da sich die Funksignale benachbarter BTS stören würden und deshalb nicht alle Frequenzkanäle in allen BTS gleichzeitig benutzt werden können. Darüber hinaus sind Kanäle für die Übertragung von Signalisierungsnachrichten zu reservieren.

Frequenzplanung

Die Aufteilung der Frequenzkanäle auf die BTS, die *Frequenzplanung*, ist für die Kapazität von GSM-Netzen von entscheidender Bedeutung. Die Abb. 9.15 zeigt das Prinzip eines Frequenzplans mit regelmäßiger Frequenzwiederholung. Die Ähnlichkeit der Funkzellen im Modell mit Bienenwaben ist nicht zufällig. Nur mit gleichseitigen Dreiecken, Quadraten bzw. Hexagonen kann die Ebene überlappungsfrei und vollständig abgedeckt werden (s. Parkettierungsproblem). Im Bild werden vier bzw. sieben Funkzellen zu je einem *Cluster* zusammengefasst. Dessen Frequenzbelegung wiederholt sich im Funknetz. Aus geometrischen Gründen können die Clustergrößen nur bestimmte Werte (1, 3, 4, 7, 9, 12, 13 usw.) annehmen.

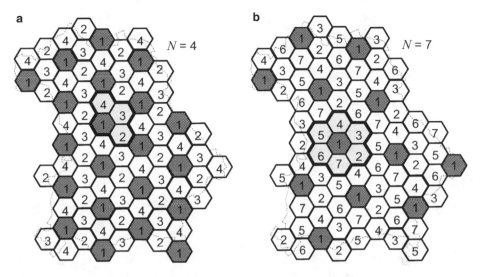

Abb. 9.15 Frequenzplan mit Clusterbildung für die Funkzellen (**a** Vierer- und **b** Siebener-Cluster)

Abb. 9.15b liegt der Frequenzwiederholungsfaktor sieben zugrunde. Damit ergibt sich rechnerisch die *zellulare Funkkapazität* von $992/7 = 142$ FR-Sprachkanälen pro Funkzelle. Praktisch ist sie aber durch die Kapazität der Sendeanlagen auf eine deutlich geringere Zahl begrenzt. Die tatsächliche Funkkapazität eines Mobilfunknetzes hängt von den Verhältnissen vor Ort, der Topologie und der Morphologie, und der Robustheit des Funkübertragungsverfahrens gegen Störungen ab.

Bei der Funkzellenplanung spielt nicht zuletzt auch das erwartete Verkehrsaufkommen eine Rolle. Die Größen der Funkzellen sind entsprechend dem erwarteten Verkehrsaufkommen in einem Gebiet so zu wählen, dass die Funkzellen gut ausgelastet werden, aber auch keine für die Teilnehmer störende Überlast auftritt. Hier ist auch das aus der Verkehrstheorie bekannte Phänomen des *Bündelgewinns* zu beachten. Der Bündelgewinn beruht darauf, dass mit der Zahl der Verkehrskanäle, der geplanten Teilnehmer, die Kapazität überproportional steigt, weil sich eine Gruppe aus einer größeren Zahl von Teilnehmer durchschnittlicher verhält, also im Normalbetrieb der Fall, dass viele (alle) Teilnehmer gleichzeitig telefonieren wollen, immer unwahrscheinlicher wird, je mehr Teilnehmer in der Funkzelle sind. Des Weiteren ist zu beachten, dass i. d. R. zwei Kanäle pro BTS für die Übertragung von Funkparametern und Signalisierung reserviert sind.

Heute werden die Funkzellen meist durch Richtantennen in Sektoren geteilt. Eine typische Netzkonfiguration besteht aus drei Sektoren und einem Frequenzwiederholungsfaktor vier (Eberspächer et al. 2009, S. 268).

In GSM ist durch eine systembedingte Begrenzung der zulässigen Laufzeiten der Funksignale der Funkzellenradius auf maximal 35 km beschränkt. Die Frequenzplanung mit Standortwahl wird mit speziellen Planungswerkzeugen am Rechner vorgenommen. Typische Abmessungen der Funkzellen variieren von etwa 100 m in Innenstädten, wie z. B.

Tab. 9.5 Global-System-for-Mobile-Communications(GSM)-Frequenzbänder (nicht überall verfügbar)

	Frequenzband (MHz)	
	Aufwärtsverbindung	Abwärtsverbindung
GSM-400	410,2–419,8	420,2–429,8
	450,4–457,6	460,4–467,6
	478,8–486	488,8–496
GSM-850	824–849	869–894
GSM-900	890–915	935–960
E-GSM[a]	880–915	925–960
R-GSM[b]	876–915	921–960
GSM-1800	1710–1785	1805–1880
GSM-1900	1850–1910	1930–1990

[a] wie GSM-900 mit je 10 MHz Erweiterungsbänder („extended");
[b] für Eisenbahnen („railway")

in Bahnhofs-, Flughafen- oder Messehallen, bis einige Kilometer auf dem Land. Mithilfe von Richtantennen können an einer Basisstation auch Sektoren eingeführt werden, die wie eigenständige Funkzellen zu betrachten sind. Drei, vier oder sechs Sektoren sind üblich.

Das Mobilfunknetz E1 von E-Plus (1994) und E2 von Viag Interkom (1998, seit 2002 O_2 Germany) basiert auf einem für den Frequenzbereich um 1800 MHz modifizierten GSM, dem GSM-1800-Standard, früher DCS-1800 genannt. Für die GSM-1800-Netze sind die Frequenzbänder von 1710–1785 MHz für den UL bzw. 1805–1880 MHz für den DL vorgesehen. E-Plus sind davon die 75 Frequenzkanäle im Bereich 1760,2–1775 MHz bzw. 1855,2–1870 MHz zugeteilt. Da sich die Funksignale bei den Frequenzen um 1800 MHz schlechter ausbreiten als bei 900 MHz, s. Freiraumdämpfung in Abschn. 9.1.3.2, ist das Netz für kleinere Funkzellen ausgelegt als bei D1 und D2. Der Nachteil der höheren Anzahl der erforderlichen BTS wird durch eine größere Teilnehmerkapazität und eine geringere Sendeleistung wettgemacht.

Die Kapazität der GSM-Netze in Deutschland wurde ursprünglich auf zusammen annähernd 30 Millionen Teilnehmer geschätzt, vorausgesetzt höchstens 10 % der Teilnehmer telefonieren gleichzeitig. Tatsächlich wurde schon im Jahr 2000 die Teilnehmerzahl von 30 Millionen übertroffen (Abb. 9.1).

Die große Nachfrage nach GSM-Diensten und die weltweit teilweise unterschiedlich verfügbaren Frequenzbänder haben bis heute zu den GSM-Frequenzbändern in Tab. 9.5 geführt. Die Frequenzbereiche 880–890 bzw. 925–935 MHz werden als GSM-Erweiterungsbänder („extension bands") bezeichnet. Die Frequenzen um 1900 MHz werden z. B. in den USA verwendet. Bisher analoge Mobilfunksysteme sollen durch GSM 400 ersetzt werden. Mit R-GSM („railway") wurde eine spezielle Anpassung für den Betriebsfunk bei Eisbahngesellschaften geschaffen.

Aufgabe 9.11
Die Mobilvermittlungsstelle (MSC) kann auf zwei Netzwerkelemente mit teilnehmerbezogenen Daten zugreifen.

a) Welche Elemente sind das?
b) Welche zwei grundsätzlichen Aufgaben in Mobilfunknetzen unterstützen die beiden Elemente?

Aufgabe 9.12
In GSM werden die Verfahren a) Frequenzduplex, b) Frequenzmultiplex und c) Zeitmultiplex eingesetzt. Erklären Sie die drei Verfahren kurz am Beispiel von GSM.

Aufgabe 9.13
Was bedeutet der Begriff zellulare Funkkapazität?

Aufgabe 9.14
Wie wirkt sich die Vergrößerung des (Zellen-)Clusters von vier auf sieben im Funknetz auf

a) die zellulare Funkkapazität bzw.
b) die Gleichkanalstorung aus?
c) Wie sollte die Clustergröße allgemein gewählt werden?

Aufgabe 9.15 Ja-Nein-Fragen (□)/Lückentextfragen (_)

(1) Befindet sich die MS nicht in ihrem Heimatbereich, wird sie in der MSC des besuchten Netzbereichs im ___ geführt.
(2) Das Akronym MSC steht in GSM für Mobile Switching Center. □
(3) Die Basisstation in GSM wird Base Transmitter Station (BTS) genannt. □
(4) In der GSM-Funkübertragung sind Frequenzkanäle mit der Bandbreite von ___ und TDMA-Rahmen der Dauer von 4,615 ms mit je ___ Zeitschlitzen vorgesehen.
(5) Im Fall der Half-rate-Sprachübertragung teilen sich zwei Teilnehmer je einen Frequenzkanal. □
(6) An einer Basisstation können mithilfe von ___ auch Sektoren eingeführt werden.
(7) Unter einem (Funkzellen-)Cluster versteht man die lokale Zusammenfassung von mehreren Funkzellen, die auf den jeweils gleichen Frequenzkanälen senden und empfangen. □
(8) R-GSM ist eine spezielle Betriebsfunkanwendung von GSM für Einsätze der Rotkreuz- bzw. Rothalbmond-Gesellschaften („red cross/red crescent"). □

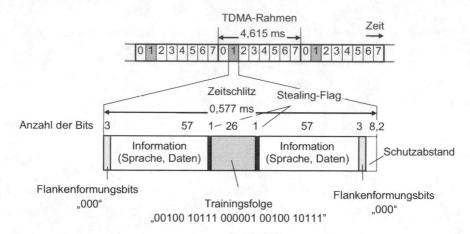

Abb. 9.16 Rahmenstruktur des Normal Burst

9.2.3 Mobilfunkübertragung

Die Sprachsignale werden in den MS bzw. gegebenenfalls im GSM-Festnetz fortlaufend digitalisiert und als Folge von Binärzeichen (Bits) dargestellt. Die Bits werden in Blöcken zusammengefasst und, ähnlich wie ein Strom von Paketen auf einem Fließband, Block für Block in den jeweils reservierten Zeitschlitzen der aufeinanderfolgenden TDMA-Rahmen eingestellt. Das eigentliche Funksignal entsteht daraus durch Modulation des GSM-Trägers im zugewiesenen Frequenzkanal.

9.2.3.1 Normal Burst

Die digitale Übertragung innerhalb eines Zeitschlitzes geschieht mit Bursts. Die Abb. 9.16 zeigt den logischen Aufbau, den Rahmen, des für die FR-Sprachübertragung verwendeten *Normal Burst*. Ohne tief in die Einzelheiten zu gehen, fällt auf, dass von den 148 (+8,25) Bits nur 114 für die eigentliche Datenübertragung zur Verfügung stehen. Bis auf die beiden „stealing flags" zur Kennzeichnung einer bei dringendem Bedarf eingefügten Signalisierungsnachricht, ist der Rest für die Unterstützung der Funkübertragung notwendig. Hinzu kommt, dass die 114 Informationsbits nicht uneingeschränkt für die Nutzinformation des Telediensts zur Verfügung stehen. Bei der FR-Sprachübertragung ist zum Schutz gegen Übertragungsfehler eine redundante Kanalcodierung erforderlich. Tatsächlich werden nur 65 Sprachbits pro Burst effektiv übertragen. Damit wird pro Normal Burst mehr als die Hälfte für den Fehlerschutz und die Signalisierung aufgewendet.

Diese Überlegungen lassen sich anhand der Bitraten nochmals nachvollziehen. Aus der Dauer eines TDMA-Rahmens mit acht Zeitschlitzen mit je etwa 156 Bits ergibt sich theoretisch eine maximale Bitrate pro Frequenzkanal von etwa $8 \cdot 156\,\text{bit}/4,615\,\text{ms} = 270\,\text{kbit/s}$; also je Zeitschlitz rund 33,8 kbit/s. Für die eigentliche Nachricht pro Zeitschlitz, den 144 Bits, reduziert sich die Bitrate auf 22,8 kbit/s, wovon für die FR-Sprachübertragung schließlich nur noch netto etwa 13 kbit/s übrig bleiben. In den letzten beiden Bitraten ist ferner berücksichtigt, dass jede 13. Wiederholung eines Zeitschlitzes für die Signalisierung, z. B. zur Übertragung von Messprotokollen, freizuhalten ist.

9.2.3.2   Mehrwegeempfang

Der relativ geringe Anteil an effektiv für die TK-Dienste zur Verfügung stehender (Netto-) Bitrate ist typisch für die Mobilkommunikation. Grund dafür sind im Wesentlichen die in Abb. 9.2 veranschaulichten Störeinflüsse durch den *Mehrwegeempfang* und die im Netz selbst erzeugte Interferenzstörung, die *Gleichkanalstörung*.

- Das von der BTS gesendete Funksignal wird in der Umgebung der MS am Boden, Bäumen, Häusern usw. reflektiert und gestreut, sodass viele Teilwellen entstehen, die sich an der Empfangsantenne überlagern. Aufgrund gegenseitiger Auslöschung treten die für die schmalbandige Mobilkommunikation typischen Einbrüche in der Empfangsfeldstärke auf, der zeitselektive Schwund in Abb. 9.6.
- Große Funkfeldhindernisse, wie Berge oder Hochhäuser, können das Funksignal abschatten, sodass die Empfangsfeldstärke stark abnimmt. Man spricht im Extremfall anschaulich auch von einem Funkloch.
- Große Funkfeldhindernisse können durch Reflexionen starke Signalechos mit großen Laufzeitdifferenzen hervorrufen. Umwege von etwa 1100 m führen bereits zu einer Laufzeitverschiebung um etwa der Dauer eines Bits (3,7 µs) und damit zur gegenseitigen Störung der Bits, Nachbarzeichenstörung bzw. *Intersymbol Interference* (ISI) genannt.
- Wegen der Frequenzwiederholung im Netz können sich die Funksignale der MS bzw. der BTS gegenseitig stören, was als *Gleichkanalstörung* bezeichnet wird.

9.2.3.3   GSM-Funkübertragung

Der Ortswechsel der MS führt zu veränderlichen Übertragungsbedingungen. Dabei treten die genannten Störeinflüsse meist gleichzeitig auf und können die Mobilfunkübertragung unmöglich machen. Bei GSM werden deshalb in Verbindung mit der digitalen Übertragung verschiedene Maßnahmen zur Verbesserung der Übertragungsqualität getroffen.

Leistungsregelung

Die Empfangsqualität wird bezüglich der Empfangsleistung sowie der erkannten Bitfehler in der BTS und der MS fortlaufend überwacht und die Sendeleistung so eingestellt, dass die geforderte Übertragungsqualität noch eingehalten wird. Bei sehr guten Übertragungsbedingungen kann in GSM-900 die maximale Sendeleistung der MS von 2 W (33 dBm) in 14 Stufen bis auf 3,2 mW (5 dBm) heruntergeregelt werden; bei GSM-1800 von 1 W (30 dBm) in 15 Stufen bis auf 1 mW (0 dBm). Der Vollständigkeit halber sei angemerkt, dass in GSM-900 fest verbaute MS mit bis zu 8 W Sendeleistung vorgesehen sind. Von der *dynamischen Sendeleistungsregelung* ausgenommen sind die Steuerungskanäle der BTS,

Abb. 9.17 Funkzellenwechsel
(Handover) während eines
laufenden Gesprächs

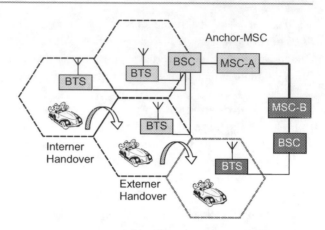

die von allen MS in der Umgebung als Referenz zur Messung der Empfangsleistung benutzt werden.

Handover

Weil die MS während einer aktiven Verbindung nicht dauernd sendet und empfängt, kann
sie regelmäßig die Empfangsleistungen von bis zu sechs benachbarten BTS messen. Die
Messprotokolle werden von der MS zur BTS übertragen. Ist die Funkversorgung durch
eine andere BTS beständig besser, so wird vom Netz ein unterbrechungsfreier Wechsel, *Handover* genannt, zur besser empfangbaren BTS durchgeführt. Ein Wechsel kann
auch entfernungsabhängig durchgeführt werden. Man unterscheidet zwischen internem
und externem „handover", s. Abb. 9.17. Im letzteren Fall wird beim Funkzellenwechsel der Bereich einer MSC überschritten. Eine aufwendige Gesprächsumleitung im Netz
wird dann notwendig. Da der Handover für den Teilnehmer während eines Gespräches
unterbrechungsfrei erfolgt, spricht man bei GSM von einem *Seamless Handover*. Werden jedoch Störungen bei relativ hoher Empfangsleistung gemessen, so kann von einer
Störung durch Interferenz auf dem gleichen Frequenzkanal ausgegangen werden, einer
Gleichkanalstörung. Dann wird gegebenenfalls ein Frequenzwechsel innerhalb der Funkzelle, ein Intracell Handover, durchgeführt.

Frequenzspringen

Um Störungen aus anderen Funkzellen zu verringern, kann optional in GSM die star-
re Frequenzkanalzuordnung aufgegeben werden. Nach fest vereinbarten Regeln wird je
Zeitschlitz, d. h. Burst, ein anderer Frequenzkanal benutzt. In GSM spricht man von einem
„slow frequency hopping" im Gegensatz zu „fast frequency hopping", bei dem etwa für
jedes Bit ein Frequenzsprung durchgeführt wird. Pro BTS sind bis zu 64 Frequenzkanäle
möglich. Sich gegenseitig störende BTS bzw. MS werden entkoppelt, da die Frequenzkanäle in unterschiedlichen Funkzellen nach verschiedenen Mustern variieren.

Abb. 9.18 Aufbau eines Sprachbitrahmens („full rate")

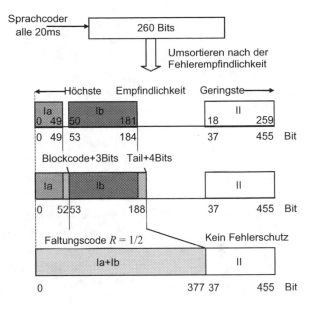

Diskontinuierliche Übertragung von Sprache

Während der vom Sprachcodierer erkannten *Sprechpausen* werden (fast) keine Bursts gesendet. Damit werden nur etwa zwei Drittel der Rahmen benutzt und so die Gleichkanalstörungen reduziert. Weil ein völliges Abschalten in den Sprechpausen durch die Teilnehmer als störend empfunden wird, werden sie im Empfänger durch angepasste Pausengeräusche gefüllt, dem „*comfort noise*".

Ungleichmäßige Kanalcodierung für Sprache

Bei der Kanalcodierung werden zusätzliche Prüfbits erzeugt, mit denen sich Übertragungsfehler erkennen bzw. korrigieren lassen. GSM verwendet für die Sprachübertragung ein gestuftes Verfahren. Die Digitalisierung der Sprache geschieht für die FR-Übertragung nach dem *Residual-Excitation-Linear-Prediction(RELP)-Verfahren*. Der Sprachencoder erzeugt aus je 20 ms langen Ausschnitten des Sprachsignals einen Block mit 260 Sprachbits. Die Bits werden nach Bedeutung für den Höreindruck in weniger wichtige, wichtige und sehr wichtige Bits eingeteilt (Abb. 9.18). Die 50 sehr wichtigen Bits, die für die wichtigsten Modellparameter, werden mit drei Prüfzeichen eines *Cyclic-Redundancy-Check*(CRC)-Codes zur Fehlererkennung ergänzt und danach gemeinsam mit den 132 wichtigen Bits durch einen *Faltungscode* der Rate 1/2 geschützt, d. h. pro Bit wird ein zusätzliches Prüfbit erzeugt. Zusätzlich entstehen bei der Faltungscodierung acht Bits, da die zu codierenden Bits mit vier Bits, auch Tailbits genannt, definiert abgeschlossen werden. Die 78 weniger wichtigen Bits bleiben ungeschützt. Aus einem Block von 260 Sprachbits entstehen so insgesamt 456 Bits für die Übertragung.

Werden weniger wichtige Bits bei der Übertragung gestört, mindert das den Höreindruck kaum. Störungen der wichtigen Bits werden durch die Decodierung meist repa-
riert. Erkennt der Empfänger an den Prüfbits des CRC-Codes trotz des vorhergehenden
Reparaturversuchs einen Fehler, so wird der gesamte Block verworfen und durch eine
Sprachextrapolation, das „error concealment", ersetzt. So kann die Störung von bis zu
16 aufeinanderfolgender Sprachrahmen verschleiert werden.

Das Sprachcodierverfahren RELP für die FR-Übertragung beruht auf dem Stand der
Technik Anfang der 1990er Jahre. Mit der damals verfügbaren Komplexität der Mikroelektronik sollte die Bitrate bei noch akzeptabler Qualität möglichst klein werden. Für eine
kurze Darstellung des RELP-Verfahrens s. beispielsweise Vary et al. (1998) oder Fellbaum
(2012). Dort findet sich auch eine Übersicht über den HR-Sprachcodec nach dem *Code-
Exited-Linear-Prediction(CELP)-Verfahren* und dem Enhanced-FR(EFR)-Sprachcodec,
letzterer ebenfalls aus der Familie der CELP-Verfahren. Das Grundprinzip des CELP-
Verfahrens basiert auf dem Analyse-Synthese-Verfahren: Im Encodierprozess (Analyse)
wird bereits die vom Decoder jeweils erzielbare Qualität (Synthese) berücksichtigt und so
die Zahl der zu übertragenden Bits optimiert.

Bitverschachtelung („interleaving")

Da die Übertragungsqualität von Zeitschlitz zu Zeitschlitz stark schwanken kann, was besonders bei der Anwendung des Frequenzsprungverfahrens gilt, werden die Rahmen mit
Sprachbits ineinander verschränkt übertragen. Die Hälfte der Informationsbits eines Zeitschlitzes ist von je einem Sprachbitrahmen. Die 456 Bits werden auf $8 \cdot 57$ Bits, also
auf acht Bursts (etwa 37 ms), aufgeteilt. Fällt ein Zeitschlitz wegen einer Übertragungs-
störung oder einer mithilfe „stealing flag" eingeschobenen Signalisierungsmeldung aus,
so kann der Fehler durch die Kanalcodierung korrigiert werden. Die *Bitverschachtelung*
ist bei der Datenübertragung besonders wirksam, da dort die Verschachtelungstiefe ohne
Rücksicht auf die Verarbeitungszeit relativ groß gewählt werden kann. Bei GSM Phase 2 beträgt die Tiefe der Bitverschachtelung für Datendienste bis zu 19 Bursts, also etwa
87 ms. Die große Verschachtelungstiefe bedingt allerdings eine entsprechend große Zeit-
verzögerung.

Kanalentzerrung

In der Mitte der Bursts wird eine bekannte Trainingsfolge, die *Midamble*, gesendet. Dadurch kann im Empfänger die bei der Übertragung erfolgte Verzerrung des Signals gemessen und bei der Rekonstruktion der Nachricht berücksichtigt werden. Bei GSM können
Laufzeitunterschiede über etwa drei Bits ausgeglichen werden, was einer Umweglänge
von etwa 3,3 km für die Funksignale entspricht. Es existieren acht verschiedene Trai-
ningsfolgen, die den BTS spezifisch zugeordnet sind. Man spricht vom Base Station Color
Code, an dem die MS die BTS ihrer Umgebung unterscheiden kann.

Spektrale Effizienz

Die z. T. aufwendigen Maßnahmen zur Verbesserung der Übertragungsqualität sind die Voraussetzung für die im Vergleich zur bisherigen Analogtechnik hohe Sprachqualität. Ebenso wichtig sind die nicht unmittelbar hörbaren Vorteile. Die Maßnahmen reduzieren die Störungen in den anderen Funkzellen und sorgen insgesamt für eine höhere spektrale Effizienz. Mit der Frequenzkanalbandbreite von 200 kHz und der (Brutto-)Bitrate von 270 kbit/s für die GSM-Funkübertragung ergibt sich die *spektrale Effizienz* des Modulationsverfahrens zu 1,35 (bit/s)/Hz.

Für den Teilnehmer bedeuten die genannten Maßnahmen einen sparsameren Energieverbrauch in den Mobilgeräten und nicht zuletzt eine möglichst geringe elektromagnetische Exposition. So empfiehlt es sich nicht, bei schlechtem Empfang in abgeschirmten Räumen oder im Auto ohne Außenantenne mit einem Handgerät zu telefonieren.

Ein Nachteil der digitalen Übertragungstechnik ist der abrupte Zusammenbruch der Übertragung bei übermäßiger Störung. Während bei der analogen Sprachübertragung eine zunehmende Störung als solche hörbar ist und man sich darauf einstellen kann, wird sie bei der digitalen Übertragung durch die Kanalcodierung zunächst unterdrückt. Ist die Störung jedoch so stark, dass nicht mehr ausreichend viele Bits richtig erkannt werden, ist die Nachricht verloren. Das Gespräch bricht unvermittelt ab.

Die schwierigen Übertragungseigenschaften im Mobilfunk sind für die Datenübertragung besonders kritisch. Bleibt die Sprache auch bei einer Störung von einigen Prozent der übertragenen Bits noch verständlich, so sollte bei einer Datenübertragung, z. B. einem Download von Software, zum Schluss jedes einzelne Bit korrekt sein. Aus diesem Grund sieht der GSM-Standard bei den Datenübertragungsdiensten einen stärkeren Fehlerschutz als für die Sprachübertragung vor. Wenn es die physikalische Mobilfunkübertragung erlaubt, sind in GSM Phase 2 seit 1996 transparente Datenübertragungsdienste bis zu 9,6 kbit/s möglich. Mit den später noch vorgestellten Datenübertragungsdiensten bzw. -verfahren HSCSD, GPRS und EDGE werden in GSM-basierten Mobilfunknetzen heute wesentlich höhere Bitraten unterstützt.

Aufgabe 9.16
Das GSM-Netz ist ein typisches zellulares Funknetz. Welche Vor- und Nachteile ergeben sich allgemein aus einem zellularen Aufbau? (Kurze Antwort genügt.)

Aufgabe 9.17
Nennen Sie mindestens drei Maßnahmen in GSM, um die Funkübertragung robuster gegen Störungen zu machen.

Aufgabe 9.18
Wie kann das Frequenzspringen die Clustergröße beeinflussen?

Aufgabe 9.19 Ja-Nein-Fragen (□)/Lückentextfragen (_)

(1) Im Normal Burst wird etwa die Hälfte der Bits für den Fehlerschutz und die Signalisierung verwendet. □

(2) In GSM beträgt die maximale (Brutto-)Bitrate im Frequenzkanal etwa 270 kbit/s. □

(3) Die durch Frequenzwiederholung im Netz selbst erzeugte Interferenzstörung wird ___ genannt.

(4) In GSM wird die Sendeleistung so geregelt, dass die bestmögliche Empfangsqualität erreicht wird. □

(5) Ein unterbrechungsfreier Wechsel zwischen zwei Funkzellen während eines Gesprächs wird ___ genannt.

(6) MS messen bei einer aktiven Verbindung regelmäßig die Empfangsleistung von bis zu sechs benachbarten BTS und senden Messprotokolle an den bedienenden BSC. □

(7) Während einer laufenden Verbindung ist innerhalb einer Funkzelle ein Frequenzwechsel nicht möglich. □

(8) Zur Reduktion von Gleichkanalstörungen kann in einer GSM-Funkzelle optional ___ durchgeführt werden.

(9) Man spricht von diskontinuierlicher Übertragung, wenn durch Störungen gelegentlich Bursts bei der Funkübertragung verloren gehen. □

(10) Bei der Funkübertragung können durch ___ die zeitlichen Schwankungen der Übertragungsqualität des Mobilfunkkanals bekämpft werden.

(11) Die spektrale Effizienz der GSM-Funkübertragung (Modulation) beträgt etwa 1,35 Bits pro Sekunde und Hertz Bandbreite. □

(12) An seinen vielen Maßnahmen zum Fehlerschutz erkennt man, dass GSM primär für die mobile Datenübertragung entwickelt wurde. □

9.2.4 Logische Kanäle und Burst-Arten

Der Betrieb der Funkschnittstelle eines öffentlichen Mobilfunknetzes erfordert einen hohen organisatorischen Aufwand. Deshalb stellt GSM maßgeschneiderte Steuerungs- und Verkehrskanäle als logische Kanäle bereit. Ihre Nachrichten werden innerhalb der beschriebenen Frequenzkanäle und Zeitschlitze übertragen.

9.2.4.1 Verkehrskanäle

Sprach- und Datenkanäle

Die Abb. 9.19 zeigt die Struktur der Verkehrskanäle, die *Traffic Channel* (TCH). Sie werden je nachdem, ob sie den Zeitschlitz mit einem anderen TK-Dienst teilen, in zwei Gruppen unterschieden, die nochmals in Sprach- und Datenkanäle untergliedert werden. Die drei Datenkanäle unterscheiden sich nach der zur Verfügung stehenden Bitrate von

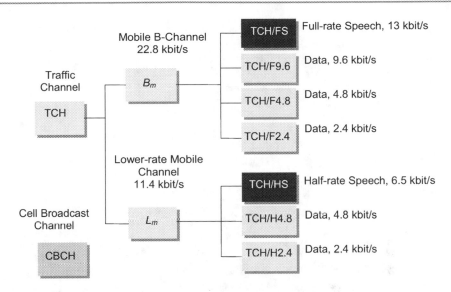

Abb. 9.19 GSM-Verkehrskanäle

2,4 bis 9,6 kbit/s. Weil die Bitrate der Funkschnittstelle von 22,8 kbit/s bleibt, differieren die Datenkanäle im Anteil der Redundanz der Kanalcodierung. Bei geringer Kanalqualität kann die (Netto-)Bitrate reduziert werden, sodass mit mehr Redundanz, mehr Fehlerschutz übertragen wird.

Rundfunkkanal

Etwas aus der Rolle fällt der Rundfunkkanal *Cell Broadcast Channel* (CBCH), der beispielsweise dazu benutzt wird, Kurznachrichten an alle Mobilgeräte in einer Funkzelle zu senden.

9.2.4.2   Steuerungskanäle

Für die Organisation der Funkübertragung werden die Steuerungskanäle, die *Control Channel* (CCH), in Abb. 9.20 verwendet. Sie dienen zur Signalisierung, der Übertragung von Meldungen und Befehlen, bzw. erfüllen jeweils ganz spezielle Aufgaben. Ihre genaue Beschreibung würde den vorgesehenen Rahmen sprengen, weshalb hier nur ein erster Eindruck gegeben werden kann.

FCB

Die Gruppe der Rundfunkkanäle, die *Broadcast Control Channel (BCCH) Group*, spielt beim Einbuchen der MS eine zentrale Rolle, da nach dem Einschalten erst die Funkzellenparameter bestimmt werden müssen. Nach dem Einschalten durchsucht die MS die GSM-Bänder nach einem BCCH mit einem *Frequency Correction Burst* (FCB). Der FCB zeichnet sich durch ein festes Bitmuster aus lauter Nullen aus.

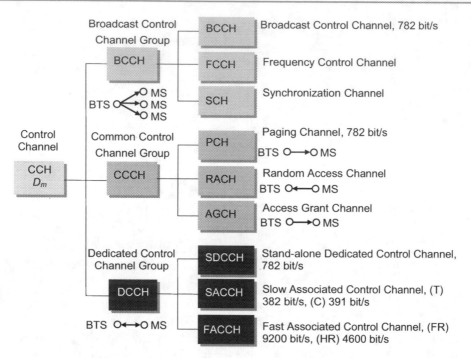

Abb. 9.20 GSM-Steuerungskanäle

Die Abb. 9.21 zeigt eine Übersicht über die GSM-Burst-Arten. Für die Bursts ist jeweils ein Zeitschlitz der Dauer von etwa 577 s reserviert, was mit der Bitdauer T_b von etwa 3,7 μs ungefähr der Übertragungszeit für 156 Bits entspricht. Aus dem festen Bitmuster des FCB mit nur Nullen resultiert zusammen mit dem Modulationsverfahren in GSM, dem *Gaussian Minimum Shift Keying* (GMSK), ein relativ schmalbandiges Signal, das mit 67 kHz über der Bandmitte des Frequenzkanals liegt. Nach erfolgreichem Empfang des FCB kennt die MS den Frequenzkanal und grob das Zeitschlitzraster der BTS.

Synchronization Channel
Als nächstes versucht die MS im *Synchronization Channel* (SCH) den *Synchronization Burst* (SB) zu detektieren. Weil die MS nach dem Empfang des FCB im Allgemeinen noch nicht hinreichend synchronisiert sind, wird die Detektion der Nachricht im SB durch eine 64 Bits lange Trainingsfolge unterstützt.

Random Access Channel
Nach erfolgreicher Detektion des SB ist die MS zeitlich synchronisiert und kennt die für das Anklopfen wesentlichen Netzparameter. Sie sendet dazu im *Random Access Channel* (RACH) einen *Access Burst* (AB). Der AB ist deutlich kürzer als der Normal Burst

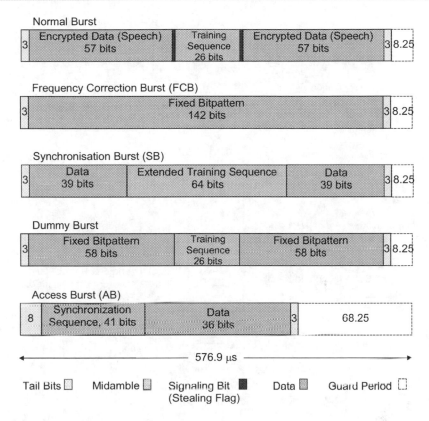

Abb. 9.21 Burst-Arten für die GSM-Funkübertragung

(Abb. 9.21). Weil die MS die Entfernung zur BTS und damit die Signallaufzeit nicht kennt, muss verhindert werden, dass der AB außerhalb des für den RACH vorgesehenen Zeitschlitzes bei der BTS eintrifft und somit Kollisionen mit Bursts anderer MS auftreten. Der zusätzliche Schutzabstand im RACH entspricht einer Funksignalweglänge von etwa 75 km für den Hin- und Rückweg. Folglich ist der Funkzellenradien in GSM auf etwa 35 km begrenzt. Der Zugriff erfolgt durch die MS wahlfrei nach dem Slotted-Aloha-Prinzip.

Anmerkung

- Wird der auf den RACH folgende Zeitschlitz vom Verkehr ausgeschlossen, also der Schutzabstand um einen Zeitschlitz verlängert, so können auch größere Funkzellen unterstützt werden. Dies ist beispielsweise zur Anbindung des küstennahen Schiffverkehrs im Küstenfunk sinnvoll.

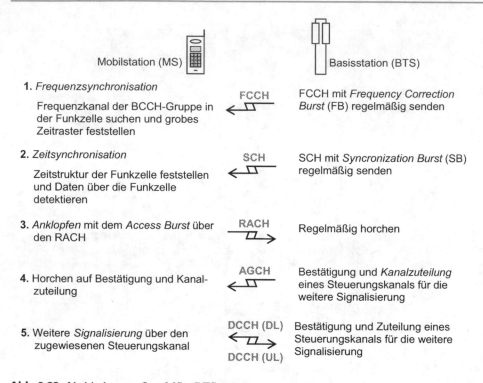

Abb. 9.22 Verbindungsaufbau MS – BTS

Access Grant Channel, Dedicated Control Channel

Empfängt die BTS einen AB, so antwortet sie im *Access Grant Channel* (AGCH) mit einer Bestätigung und weist der Mobilstation für die weitere Signalisierung einen exklusiven Steuerkanal, den *Dedicated Control Channel* (DCCH), für Senden im Uplink (UL) und Empfangen im Downlink (DL) zu. Die Abb. 9.22 fasst den Vorgang nach dem Einschalten der MS nochmals zusammen.

Paging Channel

Mit dem RACH und dem AGCH wurden bereits zwei Kanäle aus der *Common Control Channel Group* (CCCH) vorgestellt (Abb. 9.20). Diese Kanäle stehen allen MS wie der RACH zur Verfügung bzw. werden wie der *Paging Channel* (PCH) von allen regelmäßig empfangen. Im PCH werden die nicht aktiven MS bei eingehenden Anrufen oder Kurznachrichten gerufen. Auch der *Broadcast Common Control Channel* (BCCCH) richtet sich an die nicht aktiven MS. Im BCCH werden Informationen zur Netz- und Funkzellenidentifikation ausgesendet, der Mobile Country Code (MCC), der Location Area Code (LAC) und die Cell-ID. Darüber hinaus werden ebenfalls die Sendefrequenzen der Nachbarzellen mitgeteilt, sodass die MS nicht das gesamte GSM-Frequenzband nach möglichen BTS-Signalen aus den Nachbarzellen absuchen müssen.

Slow Associated Control Channel

Im Gegensatz dazu sind die Kanäle der *Dedicated Control Channel (DCCH) Group* den MS exklusiv zugeordnet. Der *Slow Associated Control Channel* (SACCH) tritt stets zusammen mit einem TCH auf. In der Aufwärtsverbindung wird er für die Übertragung der Messberichte der MS benutzt. Aktive MS messen regelmäßig die Empfangsleistungen (RXLEV) nicht nur von der eigenen BTS, sondern auch von bis zu sechs BTS aus den Nachbarzellen. Hinzu kommt die Messung der Empfangsqualität (RXQUAL) der laufenden Übertragung. Die Messberichte werden vom RNC für die Handover-Entscheidung und die Leistungsregelung verwendet. Man spricht deshalb von einem *Mobile Assist Handover*. In der Abwärtsverbindung werden die Daten zur Leistungsregelung sowie der Anpassung der Sendezeitpunkte in der MS übertragen.

Sendezeitpunktsvorverlegung

Die Vorverlegung des Sendezeitpunkts, *Timing Advance* (TA) genannt, ist notwendig, um die entfernungsabhängige Signallaufzeit durch die MS auszugleichen. Je weiter die MS von der BTS entfernt ist, umso früher muss sie ihren Burst senden, damit er noch im zugewiesenen Zeitschlitz bei der BTS ankommt. Andernfalls würde er in einem nachfolgenden Zeitschlitz bei der BTS eintreffen und könnte mit dem Burst einer anderen MS kollidieren.

Der Maximalwert des TA leitet sich von der maximalen Funkzellengröße in GSM ab. Wie bei der Auslegung des Schutzintervalls des „access burst", wird ein maximaler Radius von 35 km zugrunde gelegt, was eine Funksignallaufzeit von der BTS zur MS und zurück („round-trip propagation delay") von 233 µs ergibt.

Der Funkparameter TA wird in der SACCH-Nachricht jeweils mit sechs Bits als ganzzahliges Vielfaches der Bitdauer T_b codiert, sodass Anpassungen in Schritten von 3,7 µs, entsprechend 550 m Abstand von der MS zur BTS, möglich sind.

Fast Associated Control Channel, Standalone Edicated Control Channel

Der *Fast Associated Control Channel* (FACCH) wird für dringende Steuerungsnachrichten, z. B. ein Handover-Kommando, benutzt. Weil diese nur selten auftreten, wird hierfür durch gesetzte „stealing flag" ein TCH-Burst umgewidmet. Schließlich wird der MS ohne TCH bei Bedarf ein *Standalone Dedicated Control Channel* (SDCCH) zur Signalisierung zugewiesen.

Abschließend sei erwähnt, dass SMS-Nachrichten über die SDCCH- bzw. SACCH-Kanäle zugestellt werden. Die Verwendung des SDCCH ermöglicht die Übertragung während eines laufenden Telefongesprächs. Über den SDCCH werden auch die Messprotokolle zur Unterstützung der Handover-Steuerung gesendet.

Aufgabe 9.20

a) Der „access burst" besitzt ein besonders langes Schutzintervall. Welches Problem soll dadurch gelöst werden?
b) Wie wird das Problem in a) bei den Bursts mit kurzem Schutzintervall gelöst?

Aufgabe 9.21
Ordnen Sie die Steuerungskanäle DCCH, FCCH, PCH, RACH, SCH in der Reihenfolge, wie sie im Verbindungsaufbau (Einbuchen) benutzt werden, und nennen Sie die Aufgaben, die durch sie jeweils gelöst werden.

Aufgabe 9.22
Der Funkparameter TA wird in der Abwärtsverbindung jeweils mit sechs Bits in einem SACCH-Block der Größe von 23 Oktetten übertragen. Er wird als ganzzahliges Vielfaches der Bitdauer von null an beginnend codiert.

a) Bestimmen Sie die maximale Verschiebung des Sendezeitpunkts.
b) Berechnen sie die maximale Entfernung der MS von der BTS, die durch die Vorverlegung des Sendezeitpunkts kompensiert werden kann.

9.2.5 High-Speed Circuit Switched Data

Mit der Verbreitung des Internet Ende der 1990er-Jahre stiegen die Ansprüche an die Geschwindigkeit der Datenübertragung. Hier blieb GSM Phase 2 mit den im günstigsten Fall erreichbaren 9,6 kbit/s hinter dem aus dem Festnetz als Standard bekannten 56 kbit/s für analoge Modems bzw. 64 kbit/s für ISDN-B-Kanal-Modems weit zurück. Aus diesem Grund wurde in GSM die Bündelung von Verkehrskanälen eingeführt. Als *High-Speed Circuit Switched Data* (HSCSD) ist der entsprechende Dienst seit dem Jahr 2000 für HSCSD-fähige MS in Deutschland verfügbar. Durch Zusammenfassen von bis zu vier Verkehrskanälen für einen Teilnehmer, HR- sowie FR-Kanäle (mit modifizierter Kanalcodierung mit 14,4 kbit/s), lassen sich Datenraten bis zu 57,6 kbit/s realisieren. HSCSD hat jedoch für den Teilnehmer den Nachteil, dass ihm die gebündelten Verkehrskanäle exklusiv zugeordnet und somit verrechnet werden, auch wenn z. B. beim Editieren am Notebook oder beim Betrachten einer Webseite keine Daten zur Übertragung anstehen. Man spricht von leitungsvermittelter Datenübertragung („circuit switched data"). Eine denkbare Anwendung ist beispielsweise die kurzzeitige Übertragung großer Datenmengen aus dem Netz (Download) in verkehrsschwachen Zeiten und bei guter Verbindung zur Basisstation. Durch die Einführung von GPRS und UMTS ist der HSCSD-Dienst heute überholt.

9.2.6 Sicherheitsmerkmale

Die Grundvoraussetzung für die Akzeptanz eines öffentlichen Mobilfunknetzes ist der Schutz vor missbräuchlichem Netzzugang, die Vertraulichkeit der Nachricht und die Anonymität des Teilnehmers und seines Aufenthaltsorts. In GSM-Netzen haben deshalb die Sicherheitsmerkmale einen hohen Stellenwert. Besonders angreifbar ist die Funkübertragung, da sie für jedermann zugänglich ist. Auf sie konzentrieren sich die Sicherheitsvorkehrungen. Für die leitungsgebundene Übertragung sind keine besonderen Maßnahmen vorgesehen, da die Telefonate meist in das öffentliche Telekommunikationsnetz gehen und ein höherer Sicherheitsstandard als dort demzufolge auch nicht garantiert werden kann. Letzteres ist heute mit zunehmendem Datenverkehr über das Internet überholt. Mobilkommunikationssysteme sollten eine Ende-zu-Ende-Verschlüsselung unterstützen, wie z. B. bei UMTS vorgesehen.

9.2.6.1 Teilnehmeridentifizierung PIN

Die Prüfung der Netzzugangsberechtigung, die *Teilnehmeridentifizierung,*, geschieht in zwei Schritten. Im ersten identifiziert sich der Teilnehmer durch die PIN) bei der *Subscriber-Identity-Module(SIM)-Card* im Mobilgerät. Dadurch wird das Übertragen der PIN über die angreifbare Luftschnittstelle vermieden. Im zweiten Schritt wird die SIM-Card durch das Netz überprüft. Dies geschieht vereinfachend gesprochen durch eine zufällig ausgewählte Frage an die SIM-Card, die nur sie anhand ihres eingebauten Sicherheitsalgorithmus richtig beantworten kann.

SIM-Card

Nach dem Einschalten des Mobilgeräts ist zuerst, falls nicht bereits als Plug-In fest eingebaut, die SIM-Card einzuführen. Die SIM-Card ist eine Plastikkarte, in die ein Chip mit Mikrocontroller und Speicher eingesetzt ist. Ihren typischen Aufbau zeigt Abb. 9.23. Die SIM Card wurde 1991 ursprünglich mit den Kreditkartenmaßen eingeführt und dann praktisch durch eine wesentlich kleinere Mini-SIM-Card der Größe 25 × 15 × 0,76 mm ersetzt. Weitere kleinere Formate, die Mikro-SIM und die Nano-SIM, folgten 2003 bzw. 2012. Heute gibt es auch eine Embedded-SIM, die direkt in das Gerät eingelötet wird.

Die SIM-Card speichert für den Netzwerkbetrieb wichtige Informationen: u. a. die SIM-Card-spezifische Identifikationsnummer Integrated Circuit Card Identifier (ICCI), die teilnehmerspezifische *International Mobile Subscriber Number* (IMSI), den Authentifizierungsschlüssel (Ki) und die Kennung der Aufenthaltsregion Local Area Identity (LAI).

Abb. 9.23 Aufbau einer SIM-Card

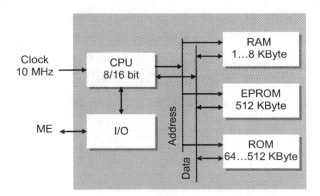

Der Mikrocontroller auf der SIM-Card kann auch Programme ausführen, die von den Netzbetreibern auf die SIM-Card übertragen werden und so Mehrwertdienste ermöglichen. Über die SIM-Application-Toolkit(STK)-Schnittstelle können diese Programme auf Funktionen des Endgeräts zugreifen. Die SIM-Card hat sich mittlerweile mehr und mehr zu einem Mittel des elektronischen Bezahlens entwickelt.

PIN

Mit der vier- bis achtstelligen Geheimzahl (PIN) identifiziert sich der Teilnehmer gegenüber der SIM-Card. Wird die PIN dreimal hintereinander falsch eingegeben, wird die Karte gesperrt und kann nur mit der separaten achtstelligen Geheimzahl *PIN Unblocking Key* (PUK) wieder freigegeben werden. Zehnmaliges falsches Eingeben der PUK macht die SIM-Card unbrauchbar. Als einziger Dienst ohne SIM-Card ist der Notruf vorgesehen. Im Jahr 2009 wurde diese Möglichkeit in Deutschland wegen zu häufiger grundloser Notrufe abgeschafft.

9.2.6.2   Challenge-Response-Verfahren

Geteiltes Geheimnis

Die Identifizierung der Teilnehmer durch das Netz erfolgt auf der Basis der SIM-Card nach dem *Challenge-Response-Verfahren* in Abb. 9.24. Dabei werden weder Schlüssel noch Geheimzahl über die Luftschnittstelle übertragen. Stattdessen generiert das AUC nach dem Zufallsprinzip eine 128 Bits lange Zahl RAND, von *Random Number*. Bei der Länge von 128 Bits gibt es etwa $3{,}4 \cdot 10^{38}$ verschiedene Möglichkeiten, sodass ein zweimaliges Auftreten der gleichen Zahl – hier der gleichen Frage an den gleichen Teilnehmer – sehr unwahrscheinlich ist.

Die Zahl RAND wird an die MS übertragen. Dort wird in der SIM-Card die Zahl RAND zusammen mit einem geheimen, teilnehmerspezifischen Schlüssel Ki aus 128 Bits in dem

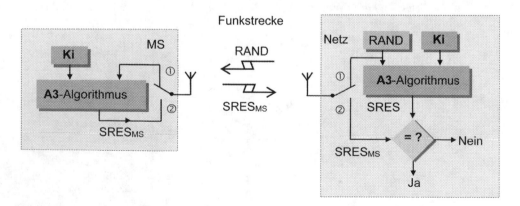

Abb. 9.24 Teilnehmeridentifizierung mit dem Challenge-Response-Verfahren

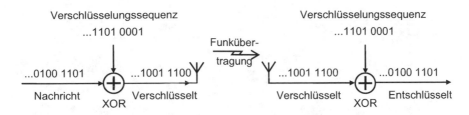

Abb. 9.25 Verschlüsselung der binären Nachrichten durch XOR-Verknüpfung

ebenfalls geheimen Algorithmus A3 verarbeitet. Der Schlüssel Ki stellt dabei das vom Teilnehmer (SIM-Card) und dem Mobilfunknetz geteilte Geheimnis („shared secret") dar.

Das Ergebnis, der 32 Bits lange Wert SRES, von Signed Response, wird ans Netz zurückgegeben. Im AUC wird der Wert SRES ebenfalls berechnet. Das Netz vergleicht die beiden Werte; und nur, wenn sie übereinstimmen wird der MS die Zugangsberechtigung erteilt.

Die Einzelheiten des Verfahrens und die Teilnehmerschlüssel sind geheim und werden bei den jeweiligen Netzbetreibern unter besonderen Sicherheitsvorkehrungen verwaltet. Die notwendige Geheimhaltung des Verfahrens wird von Experten kritisiert, da sie ein zusätzliches Sicherheitsrisiko darstellt. Im Gegensatz dazu kennt die Kryptologie Verfahren, bei denen die Algorithmen öffentlich bekannt sein dürfen.

Verschlüsselung

Bei der *Verschlüsselung* der Nachrichten zeigt sich ein weiterer Vorteil der digitalen Übertragung. Durch eine einfache Exor-Verknüpfung der Bits mit der binären Verschlüsselungssequenz wird die Nachricht für den, der die Verschlüsselungssequenz nicht kennt, unkenntlich gemacht (Abb. 9.25).

Die Verschlüsselungssequenzen werden in GSM mit speziellen Verfahren in der MS und im Festnetz erzeugt. Das Prinzip ist in Abb. 9.26 skizziert. Um die angreifbare Funkschnittstelle zu umgehen, wird der Schlüssel Kc für die Verschlüsselungssequenz nicht übertragen. Der Schlüssel Kc umfasst 64 Bits und wird anhand des Schlüssels Ki, der Zufallszahl RAND und dem netzbetreiberspezifischen geheimen Algorithmus A8 ebenfalls auf der SIM-Card berechnet. Mithilfe von Kc, der auf der Luftschnittstelle signalisierten TDMA-Rahmennummer (RNr.) und dem geheimen, in der MS befindlichen Algorithmus A5 werden dann die Verschlüsselungssequenzen S1 und S2 fortlaufend berechnet. Die Verschlüsselung wird bereits bei der Teilnehmeridentifizierung durch das Prüfwort CKSN getestet. Während der Kommunikation im Normal Burst werden jeweils die 114 Nachrichtenbits der Teilnehmer verschlüsselt.

Temporäre Teilnehmerkennung

Bei der Signalisierung zwischen dem Netz und der MS, wie beispielsweise das Rufen des Teilnehmers, muss eine unverschlüsselte Teilnehmerkennung übertragen werden. Um

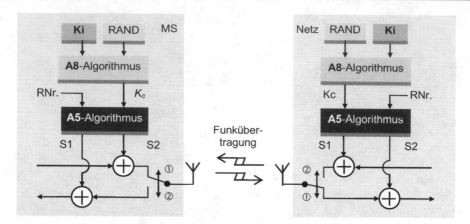

Abb. 9.26 Verschlüsselung und Entschlüsselung der Nachrichten

das Erstellen von Bewegungsprofilen der Teilnehmer auszuschließen, wird in GSM dem Teilnehmer bereits bei seiner Identifizierung eine temporäre Mobilteilnehmerkennung, die *Temporary Mobile Subscriber Identity* (TMSI), verschlüsselt zugewiesen. Die TMSI ist im gesamten Bereich der MSC gültig und wird auch im Netz verwendet. Wechselt die MS in den Bereich einer anderen MSC, wird von der aufnehmenden MSC eine neue TMSI zugeteilt.

Die Umsetzung des Sicherheitskonzepts von GSM entspricht heute nicht mehr den technischen Möglichkeiten potenzieller Angreifer. Das Bundesamt für Sicherheit in der Informationstechnik (BSI) kommt in seiner Internetpublikation 2009-07-10_Sicherheitshinweis_GSM_pdf zu der Bewertung: „Die Kommunikation mit GSM-Mobiltelefonen ist ohne hinreichende Sicherheitsmaßnahmen als unsicher anzusehen.“

Aufgabe 9.23
Auf welchem Verfahren beruht die Teilnehmerauthentifizierung über die Funkschnittstelle GSM? Was ist die Idee dahinter?

Aufgabe 9.24
Wie sicher ist das GSM-Sicherheitskonzept heute einzustufen?

Aufgabe 9.25 Ja-Nein-Fragen (☐)/Lückentextfragen (_)

(1) Die SIM-Card ist im Wesentlichen ein geschützter RAM-Datenspeicher für personenbezogene Daten. ☐
(2) Der GSM-Standard unterstützt den Notruf als einzigen Dienst ohne SIM-Card. ☐
(3) Zur Identifizierung der Teilnehmer berechnet die MS aus der PIN die Zufallszahl SRES. ☐

(4)   Bei GSM findet eine wechselseitige Authentifizierung von Teilnehmern und Mobil-
       funknetz statt. □

(5)   Die Authentifizierung der GSM-Teilnehmer erfolgt mit einem ___-Verfahren und
       beruht auf dem Prinzip des ___.

(6)   Die Algorithmen zur Berechnung der Schlüssel werden vom jeweiligen Netzbetrei-
       ber geheim gehalten. □

(7)   Um das Erstellen von Bewegungsprofilen auszuschließen, wird in GSM den Teilneh-
       mern bereits bei der Identifizierung eine temporäre Mobilfunkteilnehmerkennung
       zugewiesen. □

(8)   GSM-Mobiltelefone haben sich jahrelang bewährt und gelten heute als abhörsicher.
       □

(9)   Der Berechnung der Verschlüsselungssequenz wird eine 128 Bit lange Zufallszahl
       zugrunde gelegt. □

(10) Zur Entschlüsselung wird die übertragene binäre Nachricht mit der Verschlüsse-
       lungssequenz ___ verknüpft.

9.2.7   Zusammenfassung

Seit Anfang der 1990er-Jahre wurde mit den Mobilfunknetzen nach dem GSM-Standard
ein nahezu flächendeckender und für viele Menschen erschwinglicher Zugang zu Mobilkommunikation möglich. Als erste internationale, vollständig digitale Systemlösung für
den Massenmarkt fiel GSM eine Pionierrolle zu. Aus der Sicht des Ingenieurs mussten
sowohl bezüglich der Übertragungstechnik als auch der Netzorganisation und der Teil-
nehmerverwaltung neue Lösungen gefunden und umgesetzt werden. Wichtige Ideen und
Beispiele dazu sind:

• die Anforderungen an die Funkübertragung durch den zeitvarianten Funkkanal mit
  Mehrwegeempfang;
• die speziellen technischen Lösungen für die bandbreiteneffiziente und störungsrobuste
  Funkübertragung;
• das zellulare Funknetz mit der Frequenzplanung;
• der Betrieb des Funknetzes mit Verkehrs- und Steuerungskanälen, einschließlich der
  Unterstützung der Mobilität durch den Verbindungsaufbau über die Funkschnittstelle
  und den Handover und
• die GSM-Netzarchitektur mit der organisatorischen Unterstützung der Mobilität durch
  Datenbanken und Sicherheitsmerkmale.

Mit GSM wurden grundsätzliche Probleme und Lösungen erarbeitet, die für die Weiterentwicklung der Mobilkommunikation beispielgebend sind.

9.3 General Packet Radio Service

Mit der Telefonie als die vorherrschende Anwendung in den öffentlichen TK-Netzen der 1980er-Jahre wurde GSM primär für die leitungsvermittelte Sprachtelefonie konzipiert. Bei der Leitungsvermittlung wird dem Teilnehmer ein Sprachkanal für die gesamte Gesprächsdauer exklusiv zur Verfügung gestellt – und dementsprechend auch für die gesamte Gesprächsdauer in Rechnung gestellt.

Die üblicherweise kostspielige, leitungsvermittelte Übertragung ist für eine typische Internetanwendung mit stoßweisem Nachrichtenverkehr nicht optimal. Beim Blättern in Webseiten ist nur kurzzeitig für das Laden der Inhalte eine möglichst hohe Übertragungskapazität erforderlich. Die meiste Zeit nimmt jedoch das Betrachten der Seiten ein, wofür kein Datenaustausch im Netz notwendig ist. Folglich eignet sich die fallweise Übertragung von Datenpaketen besser. So können die Übertragungsressourcen kurzzeitig für einen Teilnehmer zur Verfügung gestellt werden, um sie danach wieder für andere freizugeben. Darüber hinaus kann die Übertragung von Datenpaketen relativ einfach angehalten und später wiederaufgenommen werden, was sowohl der dynamischen Nutzung als auch den schwankenden Kapazitäten in den Mobilfunkkanälen entgegenkommt.

Von den GSM-Netzbetreibern wurde das Potenzial für paketorientierte Dienste mit entsprechend attraktiven Tarifmodellen bald so hoch eingeschätzt, dass GSM um den *General Packet Radio Service* (GPRS) ergänzt wurde. Bedingung war die Kompatibilität bzw. Koexistenz mit GSM, d. h. die Frequenzkanäle und die Zeitschlitzorganisation sollten beibehalten werden, sodass keine neuen BTS installiert werden mussten, sondern die bestehenden durch neue Software aufgerüstet werden konnten. Bis 1997 wurde die GPRS-Spezifikation erstellt. Seit 2000 ist GPRS in Österreich und ab 2001 in Deutschland verfügbar.

9.3.1 Paketübertragung mit Dienstmerkmalen

Die technischen Lösungen für GPRS lassen sich wohl am einfachsten verstehen, wenn man sich zuerst die neuen Anforderungen vor Augen führt. Die leitungsvermittelte Sprachtelefonie fußt auf dem Prinzip Geht-oder-geht-nicht, je nachdem ob eine freie Leitung vorhanden ist. Sie erfolgt in den drei Phasen: Verbindungsaufbau, Nachrichtenaustausch und Verbindungsabbau. Ganz anders ist das bei der Paketübertragung konkurrierender MS auf der Funkschnittstelle. Die paketorientierte Datenübertragung in GPRS bringt neue Anforderungen mit sich. Diese werden durch Dienstgüteprofile festgelegt. Während die Übertragung von Sprachrahmen den Sprachfluss nicht unterbrechen darf, liegt bei der Datenübertragung i. d. R. keine eng begrenzende Zeitanforderung vor. Dafür sollen die empfangenen Daten fehlerfrei sein. Ist ein Sprachrahmen gestört oder gar verloren, so ist ein Nachsenden wegen der damit verbundenen unzulässigen Verzögerung überflüssig. Ist hingegen ein Datenrahmen gestört oder geht gar verloren, sollte er erneut übertragen werden. Für die Paketübertragung ist deshalb i. d. R. eine gesicherte Übertragung erwünscht. Fehlererkennende Codes, Flusskontrolle, Quittierung und Übertragungswiederholung sind in den beteiligten Protokollschichten vorzusehen.

Der Vorteil der Paketübertragung, die bessere Systemauslastung, erschließt sich für GPRS erst, wenn die Übertragungskapazität der Luftschnittstelle flexibel genutzt werden kann. Hierfür sind der Vielfachzugriff durch die MS und die Verteilung der Frequenz-kanäle und Zeitschlitze effektiv zu lösen. Notwendig sind ein effizientes Management der Funkressourcen, das *Radio Ressource Management*, das bedarfsgerecht Zeitschlitze zu Multislot-Datenübertragungen, auch „*timeslot aggregation*" genannt, zusammenfassen kann. Man spricht von der Kapazität nach Bedarf, „*capacity on demand*". Im Folgenden werden grundsätzliche Konzepte und Anforderungen der Paketübertragung und die Um-setzung bei GPRS vorgestellt.

Dienstgüte

Mit GPRS werden paketorientierte TK-Dienste eingeführt, die sich durch die Dienst-güte, die Geräteklasse und/oder Benutzerklasse, wie z. B. die gleichzeitige Benutzung unterschiedlicher Dienste, unterscheiden können. Die Einbeziehung der *Dienstgüte* (QoS, *Quality of Service*) spielt in Datennetzen eine zunehmend wichtigere Rolle. In GPRS sind die fünf Dienstgütemerkmale Dringlichkeit, Verzögerung, Verlässlichkeit, Spitzendurch-satz und mittlerer Durchsatz festgelegt. Die Dienstgüte ist so definiert, dass sie durch Messung statistisch erfasst und im Betrieb überprüft werden können.

Dringlichkeit

GPRS kennt drei Dringlichkeitsklassen. Klasse 1 steht für hohe, Klasse 2 für normale und Klasse 3 für niedrige Priorität. Beispielsweise können bei hohem Verkehrsaufkommen Datenpakete der Klasse 1 übertragen werden, während andere Datenpakete zurückgestellt oder gar verworfen werden.

Verzögerung

Die zulässigen Verzögerungen bei der Übertragung zwischen zwei GPRS-Dienstzugangs-punkten werden in die vier Verzögerungsklassen in Tab. 9.6 eingeteilt. Es wird zwi-schen kurzen und langen Paketen unterschieden. Angegeben wird jeweils die mittlere (Zustell-)Verzögerung und der Wert, der bei 95 % der Pakete nicht überschritten wer-den darf (0,95-Quantil). Die Werte schwanken zwischen etwa einer Sekunde und sechs

Tab. 9.6 GPRS-Verzögerungsklassen

Klasse	128-Byte-Paket		1024-Byte-Paket	
	Mittelwert (s)	95 %-Wert (s)	Mittelwert (s)	95 %-Wert (s)
1	0,5	1,5	2	7
2	5	25	15	75
3	50	250	75	375
4	„Best effort"			

Tab. 9.7 GPRS-Verlässlichkeitsklassen

Klasse	GTP	LLC-Rahmen	LLC-Daten	RLC-Block	Verkehrsart	Sicherheit
1	ACK	ACK	PR	ACK	nrt	verlustsensitiv, fehler-sensitiv
2	UACK	ACK	PR	ACK	nrt	gering verlustsensitiv, fehlersensitiv
3	UACK	UACK	PR	ACK	nrt	nicht verlustsensitiv, fehlersensitiv
4	UACK	UACK	PR	UACK	rt	nicht verlustsensitiv, fehlersensitiv
5	UACK	UACK	UPR	UACK	rt	nicht verlustsensitiv, nicht fehlersensitiv

ACK Acknowledged;
GTP General Packet Radio Service Tunnel Protocol;
LLC Logical Link Control;
nrt Not Real Time;
PR Protected;
RLC Radio Link Control;
rt Real Time;
UACK Unacknowledged;
UPR Unprotected

Minuten. Mit den relativ langen Verzögerungen wird den typischen Störungen in der Mobilfunkübertragung Rechnung getragen. Bei der Klasse 4 werden vom Netz keine Werte garantiert. Hierfür hat sich der englische Begriff Best Effort (nach Verfügbarkeit) eingebürgert, wie er auch aus dem typischen TCP/IP-Datenverkehr bekannt ist.

Verlässlichkeit

Die Verlässlichkeit der zugestellten Datenpakete wird über die Art der Sicherung der Übertragung charakterisiert. Dabei wird zwischen vier Fehlerarten unterschieden: ein verloren gegangenes Paket, ein dupliziertes Paket, ein Paket in falscher Reihenfolge oder ein verfälschtes Paket. Die ersten drei Fehlerarten können durch eine Flusskontrolle und das verfälschte Paket (Bitfehler) durch eine Kanalcodierung, z. B. mit Fehlerprüfsumme, bekämpft werden. Ein verspätetes Paket wird als verloren gewertet. Wird es doch noch zugestellt, ist es wie ein fremdes Paket zu verwerfen.

Es existieren fünf Verlässlichkeitsklassen (Tab. 9.7). Von Klasse 1 nach Klasse 5 nimmt die Verlässlichkeit ab. Die zweite bis fünfte Spalte beziehen sich auf den GPRS-Protokollstapel in Abb. 9.27. Er wird im nächsten Unterabschnitt noch genauer vorgestellt. In Tab. 9.7 bewegt man sich von Spalte zwei nach vier logisch gesehen im Protokollstapel von oben nach unten. Man nähert sich quasi der Funkschnittstelle an. GTP steht für das GPRS Tunnel Protocol, mit dem die Daten im Festnetzteil übertragen werden. Die Protokollschicht *Logical Link Control* (LLC) ist für den Austausch der Datenpakete zwischen Vermittlungsschicht und Mobilstation in Form von LLC-Rahmen zuständig. Für die LLC-Rahmen kann

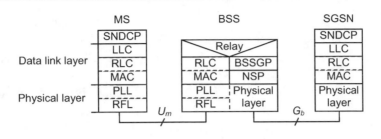

BSS	Base Station Subsystem	NSP	Network Service Protocol
BSSGP	BSS GPRS Application Protocol	PLL	Physical Link Layer
RFL	Physical Radio Frequency Layer	RLC	Radio Link Control
LLC	Logical Link Control	SGSN	Serving GPRS Support Node
MAC	Medium Access Protocol	SNDCP	Subnetwork Dependent Convergence

Abb. 9.27 GPRS-Protokollarchitektur für die Datenübertragung auf der Funkschnittstelle

optional eine Flusskontrolle mit Quittierung (ACK, Acknowledgement) und ein fehlererkennender Code (FCS, Frame Check Sequence; PR, Protected) eingesetzt werden.

Die Segmentierung der LLC-Rahmen in zu den Zeitschlitzen der Funkschnittstelle passende Blöcke wird in der Schicht *Radio Link Control* (RLC) durchgeführt, s. MS und BSS in Abb. 9.27. Dabei kann optional ein Faltungscode verwendet werden, mit dem Fehler erkannt und korrigiert werden können.

Je nachdem, welche Sicherungsverfahren eingesetzt werden, können Paketverluste oder gestörte Pakete erkannt werden. Klasse 1 ist mit der Flusskontrolle und der fehlererkennenden Codierung ein verlustsensitiver und fehlersensitiver Übertragungsmodus und stellt damit den größten Schutz zur Verfügung. Bei der Klasse 3 wird keine Flusskontrolle und kein fehlererkennender Code in der LLC-Schicht verwendet. Jedoch werden die RLC-Blöcke mit dem Faltungscode geschützt, sodass viele Fehler erkannt bzw. korrigiert werden können.

Echtzeit

Bezüglich der Zeitanforderungen sind zwei Modi vorgesehen: die *Echtzeit-* und die *Nicht-Echtzeit-*Übertragung (Real-Time(rt)- und Not-Real-Time(nrt)-Übertragung). Im Fall des nicht zeitkritischen nrt-Verkehrs können zuverlässige Verfahren zur Flusskontrolle (ACK) und Fehlersicherung (PR) auf den höheren Protokollschichten eingesetzt werden. Damit lassen sich verlässliche Dienste mit im üblichen Rahmen geringen Restfehlerwahrscheinlichkeiten konfigurieren.

Wird, wie in den Klassen 4 und 5, der rt-Verkehr gewählt, also eine harte Zeitanforderung gestellt, wird auf die Flusskontrolle und die Fehlersicherung auf GTP- und LLC-Ebene verzichtet. Damit lassen sich Verluste von LLC-Rahmen und RLC-Blöcken nicht mehr erkennen. Die Übertragung ist nicht verlustsensitiv. Wird auch noch, wie bei der Klasse 5, auf die Kanalcodierung in der RLC-Schicht verzichtet, so sind auch Bitfehler nicht mehr erkennbar. Die Übertragung ist nicht fehlersensitiv.

Die Anwendung der Klasse 5 muss indes nicht bedeuten, dass die Daten überhaupt nicht geschützt sind. Hier wird nur seitens des GPRS-Netzes kein Schutz vorgesehen. Es bleibt den Anwendungen überlassen, die Daten vor dem (Sende-)GPRS-Zugangspunkt mit der gewünschten Redundanz zu versehen und nach Übernahme am (Empfangs-) GPRS-Zugangspunkt zu kontrollieren. Unter Umständen ist es nützlich, auf den zusätzlichen Fehlerschutz durch GPRS zu verzichten.

Explizite Werte für die Fehlerwahrscheinlichkeiten findet man in Eberspächer et al. (2009, Tabelle 8.1). Sie geben einen Eindruck von der geplanten Zuverlässigkeit der GPRS-Datenübertragung. Für die Klasse 1 wird die Wahrscheinlichkeit für ein verloren gegangenes Paket, ein dupliziertes Paket, ein Paket in falscher Reihenfolge oder ein verfälschtes Paket jeweils mit 10^{-9} angegeben. Und in der Klasse 3 sind die entsprechenden Wahrscheinlichkeiten 10^{-2}, 10^{-5}, 10^{-5} und 10^{-2}.

Durchsatz

Als letztes Dienstgütemerkmal wird der Durchsatz betrachtet. Für GPRS sind Klassen für den Spitzendurchsatz und den *mittleren Durchsatz* festgelegt. Für den mittleren Durchsatz ist eine weite Spanne von 19 Klassen vorgegeben. Sie beginnt mit Klasse 1 für „best effort", Klasse 2 für $\approx 0{,}22\,\text{bit/s}$ und endet mit Klasse 19 für $\approx 111.000\,\text{bit/s}$ ($112\,\text{kbit/s}$).

Aufgabe 9.26

a) Wofür steht das Akronym GPRS?
b) Welche Art von Diensten wird durch GPRS bereitgestellt?
c) Nennen Sie die fünf Dienstgütemerkmale in GPRS.

Aufgabe 9.27

Welche der folgenden Fehlerarten wird in GPRS mit einer Flusskontrolle bzw. einer Kanalcodierung bekämpft? a) verlorene Pakete, b) duplizierte Pakete, c) Nachricht in Paketen zufällig verfälscht (zufällige Bitfehler) und d) Pakete in falscher Reihenfolge.

Aufgabe 9.28 Ja-Nein-Fragen (□)/Lückentextfragen (_)

(1) Die Paketübertragung ermöglicht eine effiziente Systemauslastung durch ein Management der Funkressourcen. □
(2) In GPRS können einem Teilnehmer/Dienst mit der Multislot-Datenübertragung mehrere Frequenzkanäle zugeordnet werden. □
(3) Bei der Verzögerungsklasse 4 („best effort") werden die strengsten Anforderungen an die Übertragungsdauer eines Pakets gestellt. □
(4) Das Akronym QoS steht für ___.
(5) Durch eine Flusskontrolle mit Quittierung kann ein Paketverlust auf der Funkschnittstelle erkannt werden. □

(6) In GPRS ist ein mittlerer (Daten-)Durchsatz bis 368 kbit/s vorgesehen. □

(7) Zur Messung der Dienstgüte werden statistische Auswertungen durchgeführt. □

(8) Für ___-Rahmen kann eine Flusskontrolle mit Quittierung eingesetzt werden.

9.3.2   Zugriff auf die GSM-Funkschnittstelle

Dynamische Kanalzuteilung

Endgeräte mit der Fähigkeit zur Multislot-Operation, d. h. auf mehreren Zeitschlitzen eines TDMA-Rahmens zu übertragen, kommen den Wünschen der Teilnehmer nach leistungsfähigen mobilen Internetanwendungen entgegen. Die Multislot-Fähigkeit von GPRS verbindet den Vorteil der Kanalbündelung von HSCSD ohne den Nachteil der exklusiven Kanalbelegung. Kurzzeitig können freie Ressourcen aus dem Pool der GSM-Frequenzkanäle und ihrer Zeitschlitze zu einem schnellen Download genutzt werden. Die *dynamische Kanalzuteilung* ermöglicht eine verbesserte Systemauslastung. Die Kunden profitieren von schnellen Datenübertragungen mit attraktiven Abrechnungsmodellen nach Datenvolumen. Aber auch Anwendungen mit eher sporadischem Verkehr profitieren von der dynamischen Kanalzuteilung, da gelegentliche Datenpakete aufwandsgünstig eingeschoben werden können.

Anmerkung

- Die dynamische Kanalzuteilung und die nachfolgend beschriebene Codeumschaltung sind zwei Beispiele, wie durch den Einsatz von Mikrocontrollern und Software nachrichtentechnische Systeme adaptiv werden. Die Leistungsfähigkeit der modernen Mobilkommunikation, speziell bei UMTS, LTE und WLAN, beruht auf der Anpassungsfähigkeit der Übertragungsverfahren – allerdings um den Preis größerer Komplexität in Hard- und Software.

Für das Verständnis des Zugriffs auf die GSM-Funkschnittstelle ist ein kurzer Blick auf die GPRS-Protokollarchitektur notwendig. Die Abb. 9.27 zeigt die Protokollschichten für die Datenübertragung („transmission plane"). Für die logische Steuerung der Verbindung zwischen MS und BSS ist die *Radio-Link-Control(RLC)-Schicht* zuständig. Sie verbindet die *Logical-Link-Control(LLC)-Schicht* mit der *Medium-Access-Control(MAC)-Schicht*.

Die LLC-Schicht stellt für die Übertragung von LLC-Rahmen bereit, wie in Abb. 9.28 gezeigt. Sie bestehen aus dem Rahmenkopf (FH, Frame Header), z. B. für Steuerungsinformation für die Flusskontrolle, dem Informationsfeld mit den zu übertragenden Daten (Information, „payload") und der Fehlerprüfsumme (FCS, Frame Check Sequence).

Die RLC-Schicht nimmt die LLC-Rahmen entgegen, segmentiert sie auf geeignete Länge und fügt eigene Steuerinformation und Redundanz hinzu. Die Abb. 9.28 zeigt das Prinzip für die BSS. Die Zahlenwerte beziehen sich beispielhaft auf das Codierschema CS3 („coding scheme 3"), das später noch erläutert wird.

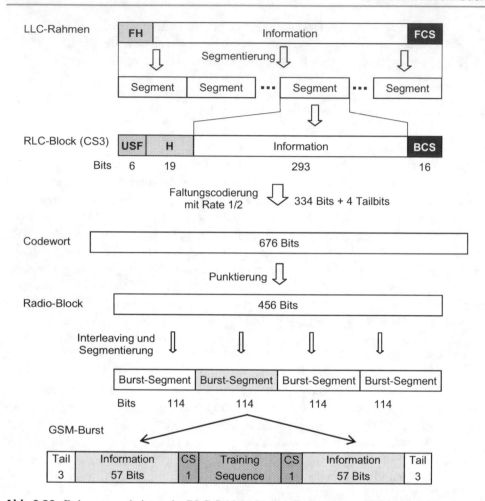

Abb. 9.28 Rahmenverarbeitung der RLC-Schicht für das Codierschema CS3 in der BSS

Eine besondere Rolle spielen die Bits im Feld USF. Sie helfen beim Lösen des Vielfach-zugriffproblems. Um Kollisionen von Datenpaketen der MS, d. h. gegenseitige Zerstörung der Nachrichten auf der Funkschnittstelle, zu vermeiden, wird in GPRS ein hierarchisches *Polling-Verfahren* umgesetzt. Das BSS zeigt im Feld USF an, welche Kanäle im „uplink" frei sind und welche MS sie jeweils nutzen dürfen. Man bezeichnet die Signalisierungs-bits deshalb als *Uplink State Flags* (USF). Ihrer Wichtigkeit entsprechend werden die USF-Bits vorab durch Codierung zusätzlich geschützt.

Radio-Block

Aus je einem RLC-Block wird für die Funkübertragung ein *Radio-Block* mit der festen Länge von 456 Bits erzeugt. Der Radio-Block ist die kleinste logische Einheit für die Funkübertragung auf der RLC-Schicht. Im Beispiel des *CS3* wird der RLC-Block unter Hinzunahme von vier Tailbits mit der Rate 1/2 faltungscodiert. Aus den 338 Bits des RLC-Blocks entsteht ein Codewort der Länge 676 Bits. Um die für die GSM-Burst-Struktur geforderte Länge von 456 Bits zu erhalten, werden nach einem bestimmten Muster etwa ein Drittel der Bits entfernt. Man spricht vom Punktieren bzw. einem punktierten Faltungscode. Die resultierende Coderate ist etwa $1/(2 \cdot 2/3) = 3/4$. Die punktierten Stellen in den Codewörtern sind als Lücken auch dem Empfänger bekannt. Bei der Decodierung wird die Punktierung berücksichtigt, sodass sie zwar keine Prüfstellen liefert, aber selbst keine Fehler hinzufügen. Allerdings verringert sich die Redundanz durch die Punktierung und damit die Robustheit gegen Übertragungsfehler.

Die Bits des Radio-Blocks werden verschachtelt und in vier Segmente à 114 Bits aufgeteilt, entsprechend den 114 Informationsbits eines Normal-Burst. Die weitere Übertragung kann nun von der physikalischen Schicht mit Normal-Bursts übernommen werden. Für die GSM-kompatible Übertragung des Radio-Blocks wird jeweils der gleiche Zeitschlitz in vier aufeinanderfolgenden TDMA-Rahmen belegt.

In der RLC-Schicht ist je nach Übertragungsverhältnissen bzw. Dienstanforderungen pro Zeitschlitz eine der vier Kanalcodierungen CS1 bis CS4 vorgesehen, sodass sich die maximalen Datenraten 9,05, 13,4, 15,6 bzw. 21,4 kbit/s ergeben. Erreicht wird das v. a. durch Punktierung eines Faltungscodes. Dabei wird der Anteil der Bits zum Fehlerschutz bei guten bis sehr guten Übertragungsbedingungen von 0 % bei CS4 bis auf etwa 50 % bei CS1 erhöht, was den Coderaten von 1 (keine Redundanz) bis etwa 1/2 entspricht. Steuerungsnachrichten werden mit CS1 bestmöglich geschutzt. Es sei hervorgehoben, dass mit den vier Alternativen der Kanalcodierung die Übertragung an den zeitvarianten Übertragungskanal adaptiert werden kann, sodass die verfügbare Übertragungskapazität des Mobilfunkkanals besser ausgeschöpft werden kann.

Vor der Codierung werden auch einige Signalisierungsbits (z. B. USF, Header, BCS) hinzu gegeben, s. Abb. 9.28. Aus der Sicht der Teilnehmer reduziert sich die effektive Bruttobitrate deshalb auf 8, 12, 14,4 oder 20 kbit/s. Höhere Bitraten sind nur durch Bündelung (Aggregation) von Zeitschlitzen möglich. Bei Bündelung von acht Zeitschlitzen und CS4-Codierung mit störungsfreier Übertragung ergibt sich die maximale Bitrate von 160 kbit/s pro Frequenzkanal. Heute übliche Endgeräte besitzen die *Multislot-Klasse* 12. Es können pro TDMA-Rahmen bis zu vier Zeitschlitze in der Abwärts- bzw. Aufwärtsverbindung verwendet werden. Gemeinsam aber nicht mehr als fünf. Damit resultiert eine maximale Bitrate von 80 kbit/s in eine Richtung. Praktisch werden in günstigen Fällen mit GPRS Bitraten vergleichbar zu einfachen Telefonsprachbandmodems (56 kbit/s) oder einem ISDN-B-Kanal (64 kbit/s) erreicht.

Aufgabe 9.29
Wodurch unterscheiden sich in GPRS die Schemata zur Kanalcodierung CS1 bis CS4? Und warum ist es nützlich, zwischen ihnen wählen zu können?

Aufgabe 9.30
Was versteht man unter einer Multislot-Klasse? Und wozu sind Multislot-Klassen gut?

Aufgabe 9.31 Ja-Nein-Fragen (□)/Lückentextfragen (_)

(1) Die dynamische Kanalzuteilung bei GPRS führt zu einer erhöhten Systembelastung, die die Datenübertragung zu den einzelnen Teilnehmern bremst. □

(2) Das Vielfachzugriffsproblem der GPRS-Funkschnittstelle wird in der RLC-Schicht mithilfe der USF-Information gelöst. □

(3) Auf der GPRS-Funkschnittstelle kommt in der Abwärtsverbindung ein hierarchisches Polling-Verfahren zum Einsatz. □

(4) Bei der GPRS-Funkschnittstelle treten wegen der unterschiedlichen Kanalcodierschemata unterschiedlich große Radio-Blöcke auf. □

(5) Durch die unterschiedlichen Kanalcodierschemata kann die GPRS-Funkübertragung an die Kapazität des Mobilfunkkanals angepasst werden. □

(6) Unter günstigen Mobilfunkbedingungen ist die in GPRS erzielbare Bitrate für einen Teilnehmer mit einem ISDN-B-Kanal vergleichbar. □

9.3.3 GPRS-Systemarchitektur

Koexistenz

GPRS wurde als Ergänzung zu GSM Phase 1 konzipiert. Bedingung war die Koexistenz auf der Funkschnittstelle. Die Abb. 9.29 zeigt eine mögliche Aufteilung der Zeitschlitze in einem Frequenzkanal einer Funkzelle. Man beachte hier auch die Möglichkeit der gemeinsamen Signalisierung. Diese Betriebsart, Network Operation Mode 2 (NOM2) genannt, wurde v. a. in der Aufbauphase benutzt.

Die GSM-Netzarchitektur der Phase 1 wurde primär für die mobile Sprachtelefonie konzipiert. Für die Realisierung der paketorientierten Übertragungsdienste von GPRS musste eine neue Systemarchitektur eingesetzt werden. Sie wird, wie in Abb. 9.30 gezeigt, parallel zum ursprünglichen Network Subsystem (NSS) aufgebaut, das *GPRS Switching Subsystem* (GSS). Das GSS in Abb. 9.30 unterstützt die Betriebsart NOM1.

Serving GPRS Support Node

Der externe Netzzugang geschieht über den *Gateway GPRS Support Node* (GGSN). Er dient als Verbindung zu externen paketorientierten Netzen („packet data network") und ist für die Protokollumsetzung zuständig, wie z. B. das Zuordnen von Internetpaketen zu

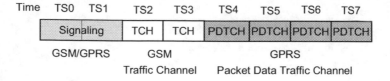

Abb. 9.29 Zeitschlitze für GSM und GPRS in einem gemeinsamen Frequenzkanal

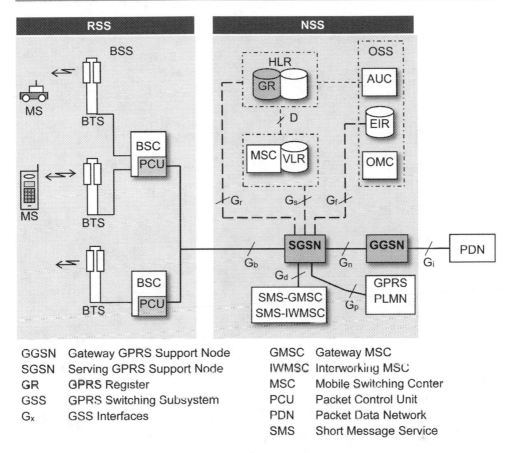

GGSN	Gateway GPRS Support Node	GMSC	Gateway MSC
SGSN	Serving GPRS Support Node	IWMSC	Interworking MSC
GR	GPRS Register	MSC	Mobile Switching Center
GSS	GPRS Switching Subsystem	PCU	Packet Control Unit
G_x	GSS Interfaces	PDN	Packet Data Network
		SMS	Short Message Service

Abb. 9.30 GSM-Systemarchitektur für NOM1

den GPRS-Teilnehmern. Der *Serving GPRS Support Node* (SGSN) unterstützt die Funktionalitäten der GPRS-Dienste, -Geräte und -Teilnehmer. Er hat Zugriff zu den dafür notwendigen Datenbankerweiterungen im HLR und im EIR. Für das Mobilitätsmanagement der GPRS-Teilnehmer steht ihm das VLR zur Verfügung.

Die Übertragung der Datenpakete vom SGSN geschieht direkt auf die *Packet Control Unit* (PCU), die die Paketübertragung über die Funkschnittstelle steuert. Die PCU übernimmt die Aufgaben der GSM-BSC, also das Ressourcenmanagement mit der Vergabe der Zeitschlitze und dem Rufen der Teilnehmer, die Flusskontrolle, die Fehlerkorrektur mit ARQ-Verfahren (Automatic Repeat Request) und die Regelung des „timing advance".

Die PCU ist i. d. R. direkt an der BSC angebunden. Die Frequenzkanäle und Zeitschlitze werden je nach Verkehrsbedarf dynamisch zwischen Sprachübertragung, leitungsorientierter (HSCSD) und paketorientierter (GPRS) Datenübertragung aufgeteilt.

Da grundsätzlich auch MS vorgesehen sind, die nur GPRS unterstützen, muss GPRS die bereits aus GSM bekannten Aufgaben eines Mobilfunksystems ebenfalls lösen. Dazu

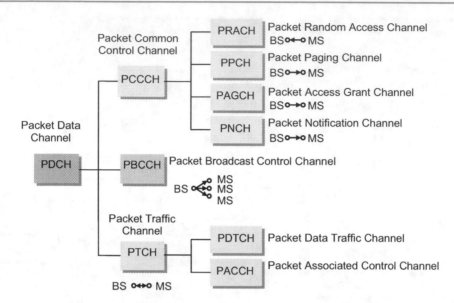

Abb. 9.31 Logische GPRS-Kanäle

gehören beispielsweise das Einbuchen von Teilnehmern, die Unterstützung von Sicherheitsmerkmalen, das Bereitstellen eines Mobilitätsmanagements usw. Konsequenterweise besitzt GPRS dafür auf der Luftschnittstelle eine Struktur logischer Kanäle wie GSM mit Verkehrskanälen, z. B. den Packet Data Traffic Channel (PDTCH), und maßgeschneiderten Steuerungskanälen, wie den Packet Random Access Channel (PRACH). Eine Übersicht über die logischen GPRS-Kanäle gibt Abb. 9.31.

Anders als bei GSM werden GPRS-Geräte nicht fortlaufend auf Funkzellenebene erfasst und gegebenenfalls Handover durchgeführt. Bei nur sporadischem Datenverkehr wird so das Netz entlastet. Zur genauen Lokalisierung der MS wird vor der eigentlichen Datenübertragung die MS mit dem Packet Paging Channel (PPCH) in einem größeren Gebiet („routing area") gerufen. Die MS antwortet darauf mit ihrer Lokalisierungsinformation. Für die Datenübertragung selbst werden dann mit dem Packet Access Grant Channel (PAGCH) ein oder mehrere Verkehrskanäle (PDTCH) zugewiesen.

9.3.4   Zustandsmodell für die Endgeräte

Bei der Entwicklung technischer Systeme sollte der zukünftige Einsatz in all seinen Facetten bestmöglich vorausbedacht werden. In der Nachrichtentechnik werden hierfür alle Betriebszustände im Detail geplant und durch Zustandsmodelle beschrieben. Beispielhaft werden im Folgenden die Betriebszustände für MS in GSM und GPRS skizziert.

Abb. 9.32 Betriebszustände
Global System for Mobile
Communications – Mobile
Station

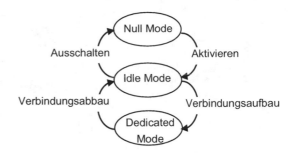

In Mobilfunksystemen ist der effiziente Umgang mit den Ressourcen des Festnetzes, der Funkübertragung und nicht zuletzt der Batterie des Endgeräts ein wichtiges Planungsziel. Im Betrieb einer MS lassen sich v. a. drei Situationen unterscheiden: die Aktivierung des Endgeräts und das Einbuchen in das Netzwerk, die enge Verbindung zum Netzwerk mit aktiver TK-Dienstnutzung und die lose Verbindung, die die Aktivitäten der MS und des Netzwerks auf das notwendige Mindestmaß beschränkt, um die Signalisierung auf der Funkschnittstelle und deren Verarbeitung im Netz klein zu halten und nicht zuletzt die Batterien zu schonen.

Betriebszustände

Dementsprechend werden für eine MS im leitungsvermittelten GSM-Netz die drei Betriebszustände „off" („null"), „idle" und „dedicated" in Abb. 9.32 definiert. Beim Einschalten wird die MS zuerst selbst aktiviert und bucht sich dann in das GSM-Netz ein. Danach ist sie im Zustand „idle" bereit für den Aufbau einer Verkehrsverbindung. Im Zustand „idle" laufen alle notwendigen Prozesse für Lokalisierung und Auswahl der Funkzelle ab. Die MS wertet zudem regelmäßig den „paging channel" aus und kann somit jederzeit gerufen werden. Mit einem Verbindungsaufbau, z. B. für ein Telefonat in oder vom Festnetz, wechselt die MS in den Zustand „dedicated".

Im Zustand „dedicated" werden beispielsweise von der MS notwendige Messungen durchgeführt und Messprotokolle übertragen, um einen unterbrechungsfreien Handover zu unterstützen. In GSM sind Beginn und Ende des Zustands „dedicated" über die drei Phasen der Leitungsvermittlung (Verbindungsaufbau, Nachrichtenaustausch, Verbindungsabbau) klar definiert. Wie in GSM müssen in GPRS-Netzen die MS grundlegende Funktionen zur Unterstützung der Mobilität aufweisen. Die Übertragung von Datenpaketen der TK-Dienste geschieht aber fallweise, je nachdem wann die Pakete eintreffen. Das Modell der Betriebszustände für GPRS in Abb. 9.33 besitzt deshalb ebenfalls drei Betriebszustände, die sich jedoch im Einzelnen von Abb. 9.32 unterscheiden. Sie werden „idle", „ready" und „standby" genannt.

Im Zustand „idle" kann der Teilnehmer eventuell bereits in einem GSM-Netz, z. B. für die Sprachtelefonie, eingebucht sein, ohne aber für GPRS selektiv erreichbar zu sein. Dieser Zustand ist nicht identisch mit dem Zustand „off" bei GSM, denn die MS kann auf die

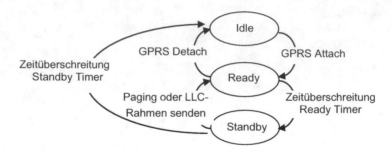

Abb. 9.33 Betriebszustände GPRS – Mobile Station

Funkschnittstelle eingestellt sein und Multicast-Sendungen empfangen. Aus dem Zustand „idle" tritt die MS über die Attach-Prozedur dem GPRS-Netz als aktiver Nutzer bei. Das heißt, dem GPRS-Netz ist nun die MS und ihr Aufenthaltsort (Funkzelle) bekannt. Und das GPRS-Netz kann der MS nach Bedarf jederzeit ohne „paging" gezielt Funkressourcen für das Senden und Empfangen von Datenpaketen zuteilen.

Beim Nutzen von TK-Diensten können die Datenpakete mehr oder weniger unregelmäßig anfallen, sodass die MS eine gewisse Zeit im Zustand „ready" verbleiben sollte, falls ein weiteres Datenpaket übertragen werden soll. Allerdings ist der Ressourcenverbrauch im Zustand „ready" am größten, so ist beispielsweise gegebenenfalls ein Zellenwechsel von der MS vorzubereiten und durch das Netz auszuführen. Ein längerer Verbleib der MS ohne Übertragung im Zustand „ready" sollte folglich vermieden werden. Ein Zeitgeber, der „ready timer", sorgt nach einiger Zeit im Leerlauf für den Wechsel in den ressourcenschonenden Zustand „standby".

Im Zustand „standby" wird die MS im GPRS-Netz nicht mehr funkzellenweise, sondern in einem größeren Gebiet, der „routing area", lokalisiert. Nur wenn die MS die „routing area" verlässt, stößt die MS einen „routing area update" an. Allerdings muss im Zustand „standby" vor einer Datenübertragung aus dem Netz die MS erst durch eine Paging-Nachricht gerufen werden. Dieser erhöhte Aufwand wird jedoch in Kauf genommen, weil bei dem in vielen Netzen eingestellten Wert von 44 s für den „ready timer", ein häufiges Zurückkehren in den Zustand „ready" durch verspätete Datenpakete unwahrscheinlich wird (Sauter 2015).

Aufgabe 9.32 Ja-Nein-Fragen (□)/Lückentextfragen (_)

(1) In einem GSM-Frequenzkanal können sowohl GSM-Telefonie als auch GPRS-Paketdatendienste erbracht werden. □
(2) In GPRS wird die MSC durch ___ ersetzt.
(3) In GPRS werden mit dem PPCH die Betriebsmittel zur Datenübertragung zugewiesen. □
(4) Die PCU ist Teil ___. □

9.3.5 Enhanced Data Rates for GSM Evolution

Mit der Einführung von GPRS war die Entwicklung von GSM-Netzen noch nicht zu Ende. Zu den wirtschaftlichen Gründen für die Weiterentwicklung traten zwei wichtige technische Impulse hinzu. Zum ersten führte der zunehmende Netzausbau in den Ballungsräumen zu kleinen Funkzellen mit Abmessungen von wenigen hundert Metern. In ihnen werden ständig kleinräumige Verbindungs- und Funkparametern automatisch erfasst. Zum zweiten ermöglichte der Fortschritt der Digitaltechnik leistungsfähigere Mikroprozessoren in den Endgeräten. Beide Impulse gehen konform mit der Idee des „software radio"; also eines Endgeräts, das die Funkschnittstelle in Koordination mit dem Netz adaptiv nach Verkehrs- und Funkbedingungen in der jeweiligen Funkzelle einstellt.

EDGE

Mit *Enhanced Data Rates for GSM Evolution* (EDGE) gingen die GSM-Netze einen Schritt in Richtung „software radio". EDGE wurde 1997 als Weiterentwicklung der HSCSD- und GPRS-Datendienste von der ETSI vorgeschlagen. Um die Koexistenz herkömmlicher Endgeräte und neuer EDGE-Geräte zu ermöglichen, wurden die Frequenzkanäle und das TDMA-Raster beibehalten. Durch ein Bündel von Neuerungen können, falls die Situation in der Funkzelle es erlaubt, auf der Funkschnittstelle höhere Bitraten zur Verfügung gestellt werden.

8-Phase-Shift Keying

EDGE ersetzt optional im Normal-Burst die 114 Datenbits durch 114 achtwertige Datensymbole. Statt des Modulationsverfahrens GMSK wird die 8-Phase-Shift-Keying(PSK)-Modulation (, Phasenumtastung) verwendet, die pro Zeitschritt drei Bits überträgt. Wie Abb. 9.34b veranschaulicht, besitzt die 8-PSK-Modulation acht Symbole, die bezüglich der Quadraturkomponenten des Sendesignals gleichmäßig auf einem Kreis angeordnet sind. Zwischen ihnen kann pro Zeitschritt beliebig gewechselt werden.

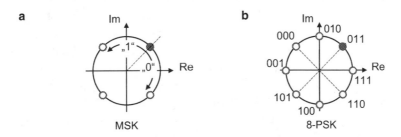

Abb. 9.34 Symbole der MSK-Modulation (GSM) (**a**) und 8-PSK-Modulation (EDGE) (**b**)

Anmerkung

- Die GMSK-Modulation kann im Wesentlichen als modifizierte MSK-Modulation auf die Offset-QPSK mit Impulsformung zurückgeführt werden. Pro Zeitschritt, d. h. Bitintervall, wird ein Bit übertragen, da pro Zeitschritt nur ein Symbolwechsel jeweils zu einem der beiden Nachbarsymbole möglich ist.

Kanalqualität

Warum wurde nicht gleich die 8-PSK-Modulation bei GSM eingesetzt? Die Antwort findet man in den Besonderheiten der Mobilfunkübertragung. Die GMSK-Modulation stellt einen guten Kompromiss zwischen Bandbreiteneffizienz und Robustheit gegen Störungen dar. Bestimmende Größe ist der Quotient aus der Leistung des Nutzsignals („carrier") durch die Leistung des Störsignals („interferer"), Carrier to Interference Ratio (CIR) genannt. Für GSM-Empfänger ist die Zielgröße 15–20 dB – insbesondere auch am Rand der Funkzelle. Für die 8-PSK-Modulation ist ein etwa 20 dB größeres C/I-Verhältnis und ein aufwendigeres Sende-Empfangs-Gerät erforderlich, vgl. Kanalkapazität nach Shannon.

Durch den Ausbau der GSM-Netze mit kleinen Funkzellen und Sektoren reduzierten sich die Interferenzen und es standen Leistungsreserven für ein größeres CIR zur Verfügung. Weil die Funkübertragung mit der 8-PSK-Modulation störanfälliger als das bisherige Verfahren ist, werden eine neue Sendeleistungsregelung (*Link Quality Control*, LQC) und eine von aktuellen Messdaten abhängige dynamische Anpassung der Modulation und der Codierung nach einem neuen *Enhanced Coding Scheme* (ECS) eingesetzt. Darüber hinaus wird das ARQ-Verfahren durch die Methode der *inkrementellen Redundanz* erweitert. Statt im Fehlerfall die Nachricht neu zu senden, werden zunächst die (aus-) punktierten Bits des (Faltungs-)Codeworts übertragen. Damit können die empfangenen Bits des ersten und des zweiten Übertragungsversuchs zur Decodierung kombiniert werden. Man spricht deshalb von einem hybriden ARQ-Verfahren (*Hybrid Automatic Repeat Request*, HARQ).

EDGE kann prinzipiell für GPRS und HSCSD eingesetzt werden. Man spricht dann von *Enhanced GPRS* (EGPRS) oder Enhanced CSD (ECSD). Eine Übersicht über die Modulation und Codierung für EGPRS stellt Tab. 9.8 zusammen. Neun Codierschemata bzw. Kanäle (MCS, Modulation and Coding Scheme) stehen zur Wahl mit Bruttobitraten von 8,8 bis 59,2 kbit/s pro Zeitschlitz. Je nach Stärke der Störung im Funkkanal kann durch einen Adaptionsalgorithmus das geeignetste Schema für die Verbindung verwendet werden. Die Wirkung der Adaption auf den Durchsatz zeigt Abb. 9.35. In Abhängigkeit vom CIR, der Kanalqualität der Verbindung, wird das Kanalschema gewählt, das den höchsten Durchsatz liefert. Weil das momentane Übertragungsvermögen des Funkkanals möglichst gut genutzt wird, wird im Mittel ein hoher Durchsatz für alle Teilnehmer in der Funkzelle erreicht.

Dritte Generation

Mit der Bitrate von 60 kbit/s im günstigsten Fall pro Zeitschlitz liegt die maximale Bitrate pro GSM-Frequenzkanal bei etwa 480 kbit/s. Sie ist damit über der von der ITU-T geforderten Untergrenze von 384 kbit/s für Mobilfunksysteme der dritten Generation. Für

Tab. 9.8 EGPRS-Modulation und Codierung (Eberspächer et al. 2009)

Kanalbezeichnung	Coderate	Modulation	Bitrate[a] (kbit/s)
MCS-1	0,53	Gaussian Minimum Shift Keying	8,8
MCS-2	0,66		11,2
MCS-3	0,85		14,8
MCS-4	1		17,6
MCS-5	0,37	8-Phase Shift Keying	22,4
MCS-6	0,49		29,6
MCS-7	0,76		44,8
MCS-8	0,92		54,4
MCS-9	1		59,2

[a] pro Zeitschlitz und brutto inklusive Signalisierung

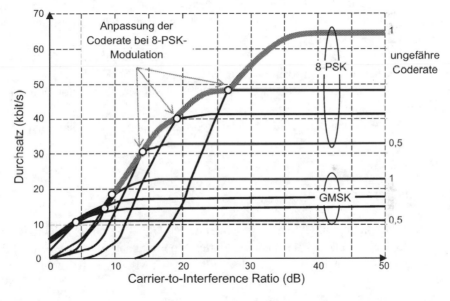

Abb. 9.35 Adaption der EGPRS-Funkübertragung für den größtmöglichen Durchsatz (Furuskär, Näslund und Olofsson 1999)

Betreiber von GSM/GRPS-Netzen eröffnet EDGE einen Migrationspfad zu einem Netz der dritten Generation, was im Zusammenhang mit Verlängerungen von Betriebsgenehmigungen und Frequenzvergaben eine Rolle spielen kann. In der Praxis sind Multislot-Geräte üblich, die bis zu fünf Zeitschlitze bündeln, sodass die erreichbare maximale Bruttobitrate bei etwa 300 kbit/s liegt.

Aufgabe 9.33

a) Welche Möglichkeiten bietet EDGE für die Anpassung der Funkübertragung?
b) Nach welchem Kriterium wird die Anpassung vorgenommen?

Aufgabe 9.34

a) Schätzen Sie die minimale und maximale spektrale Effizienz der EGPRS-Modulation
    ab. Vergleichen Sie Ihr Ergebnis mit GSM.
b) In welchem Zusammenhang stehen Ihre Ergebnisse mit der Kanalkapazität nach Shan-
    non?

Aufgabe 9.35 Ja-Nein-Fragen (□)/Lückentextfragen (_)

(1) Die Qualität der Mobilfunkverbindung ist je nach Teilnehmer zeitlich starken
     Schwankungen unterworfen. □
(2) Beim Verbindungsaufbau werden die Funkparameter so bestimmt, dass während der
     EDGE-Verbindung der größtmögliche Durchsatz erreicht wird. □
(3) EDGE ermöglicht in der Praxis für einzelne Teilnehmer erreichbare Bruttobitraten
     von bis zu etwa 300 kbit/s. □
(4) Der größte Durchsatz wird bei EDGE für den stärksten Code mit Rate $1/2$ erreicht. □
(5) Die 8-PSK-Modulation ist robuster gegen Störungen als GMSK. □
(6) EDGE erreicht die für die dritte Generation der Mobilfunksysteme geforderte Bitrate
     nur bei Kanalbündelung. □
(7) In EDGE werden mit der 8-PSK-Modulation pro Symbol ___ Bits übertragen.
(8) In EDGE hängt der Durchsatz der Funkübertragung von ___ ab.

9.3.6 Zusammenfassung

Ende der 1990er-Jahre wurde dem leitungsorientierten GSM-System mit dem General
Packet Radio Service (GPRS) ein paketorientiertes Mobilfunknetz zur Seite gestellt. Als
sog. 2,5te Mobilfunkgeneration entwickelte GPRS das GSM-Netz in Richtung mobiles
Internet weiter.

Kennzeichnend für GPRS ist zum einen die Einbettung in die feste Infrastruktur von
GSM und zum anderen die Koexistenz mit der Funkschnittstelle von GSM.

GPRS ermöglicht im Vergleich mit GSM höhere Bitraten und eine effizientere Ab-
wicklung der Datendienste. Auf der Funkschnittstelle wird dies v. a. durch die erweiterte
Adaptivität erreicht. Je nach Qualität der Funkverbindung, aber auch nach dem Verkehrsbedarf kann die Übertragungsrate durch die Redundanz der Kanalcodierung bzw. die
Bündelung von Kanälen angepasst werden.

Mit Enhanced Data Rates for GSM Evolution (EDGE) steht für GSM-Netzbetreiber
ein Migrationspfad zu einem Mobilfunknetz der dritten Generation zur Verfügung. Die
Leistungssteigerung auf der Funkschnittstelle wird v. a. erstens durch die dynamische Anpassung von Modulation und Coderate an die Qualität des Funkkanals und zweitens durch
die Kanalbündelung erreicht. Letzteres spiegelt auch die Fortschritte in der Mikroelektronik wider, die insbesondere zunehmend komplexere Endgeräte ermöglicht.

9.4   Universal Mobile Telecommunication System (UMTS)

Beflügelt von GSM, Internet und den Erfolgen der New Economy setzte sich bei den in Wirtschaft und Politik Verantwortlichen die Meinung durch, nur durch eine rasche Einführung eines neuen multimediafähigen Mobilfunknetzes könne der Bedarf an neuen Diensten und Übertragungskapazitäten in naher Zukunft gedeckt werden. Internationale Forschungsprojekte wurden aufgelegt und in Koordinierungsgremien und Standardisierungsorganisationen weltweit die Arbeit intensiviert. So sollte um das Jahr 2000 ein möglichst global harmonisiertes Mobilfunksystem der dritten Generation in neuen Frequenzbändern eingeführt werden. Die Arbeiten in China, Europa, Korea, Japan und den USA führten schließlich nicht zu einem einheitlichen System, jedoch entstand ein hohes Maß an gegenseitiger Abstimmung im *3rd Generation Partnership Project* (3GPP).

Anmerkungen

- Die weltweite Einführung der digitalen Mobilfunksysteme der zweiten Generation geschah uneinheitlich. Wichtig waren neben den aktuellen technischen Entwicklungen, TDMA vs. CDMA, und den wirtschaftlichen Überlegungen der Hersteller und Betreiber auch industriepolitische Entscheidungen in den jeweiligen Ländern. Es haben sich zwei Systeme durchgesetzt: GSM/GPRS und cdmaONE, ein in den USA entwickeltes System mit CDMA-Funkschnittstelle.
- Für die wirtschaftlich erfolgreiche Einführung der dritten Generation war wichtig, die für die zweite Generation getätigten Investitionen weiter nutzen zu können. Man spricht von der Migration der Systeme. Demzufolge haben sich zur Standardisierung durch die ITU, dort IMT 2000 (International Mobile Telecommunications) genannt, zwei Partnerschaften gebildet. In der Projektgruppe 3GPP schlossen sich die Unterstützer von UMTS zusammen: ANSI T1 (ANSI Standards Committee T1, USA), ARIB (Association of Radio Industries and Businesses, Japan), CWTS (China Wireless Telecommunication Standard Organization, China), ETSI (European Telecommunications Standards Institute, Europa), TTA (Telecommunication Technology Association, Korea) und TTC (Telecommunication Technology Committee, Japan). Die Weiterentwicklung des Systems cdmaONE zu CDMA 2000 hat sich die Projektgruppe 3GGP2 vorgenommen. Mitglieder sind: ANSI T1, ARIB, CWTS, TIA, TTA und TTC. Beide Projektgruppen arbeiten zusammen, was auch durch die Mehrfachmitgliedschaften zum Ausdruck kommt.

In Europa definierte ETSI 1999 wesentliche Eckdaten für die erste Phase des *Universal Mobile Telecommunication System* (UMTS). UMTS stützt sich auf die bei der WARC 1992 zugewiesenen Frequenzbänder für den öffentlichen Mobilfunk von 1885 bis 2025 MHz und 2110 bis 2200 MHz. Diese sind nicht ausschließlich für terrestrische Mobilfunksysteme der dritten Generation bestimmt und werden in manchen Ländern teilweise auch anderweitig genutzt.

In Europa stehen die Frequenzbänder von 1900 bis 1980 MHz und 2110 bis 2170 MHz exklusiv für UMTS zur Verfügung. Man beachte die unterschiedlichen Breiten der beiden Frequenzbänder. Zweimal 60 MHz sind für den Frequenzduplexmodus (FDD, Frequency Division Duplex) mit dem Duplexabstand 190 MHz reserviert. Für den unteren Bereich von 1900 bis 1920 MHz ist ein Zeitduplexmodus (TDD, Time Division Duplex) vorgesehen. Für ihn steht zusätzlich das Frequenzband von 2010 bis 2025 MHz zur Verfügung.

Im Jahr 2000 versteigerte die Bundesrepublik Deutschland öffentlich das Privileg, Frequenzbänder mit je 5 MHz Bandbreite für UMTS zu nutzen. Den Zuschlag erhielten sechs Unternehmen für zusammen etwa 50 Milliarden Euro. In den Informations- und Kommunikationstechnik(ITK)-Sektor wurden große Erwartungen gesetzt. Sie haben sich damals nicht erfüllt. Die Börsennotierungen vieler Dotcom- und ITK-Firmen sind weltweit stark gefallen und manche Unternehmen mussten ganz aufgeben. Zwei der Firmen mit ersteigerten UMTS-Lizenzen mussten ihre Pläne fallen lassen.

Anmerkung

- Das Platzen der sog. Dotcomblase im Jahre 2000 verdeutlicht das Beispiel der Deutschen Telekom. Die Aktie der Deutschen Telekom fiel nach ihrem Höchststand am 6. März 2000 von 103,5 € bis 30. September 2002 auf 8,42 €, also unterhalb ihres Ausgabekurses. Auch 15 Jahre später bewegte sich die Aktie der Deutschen Telekom mit dem Jahreshöchststand 2015 von 17,53 € auf relativ niedrigem Niveau.

Auch wenn die Einführung von UMTS in Deutschland zunächst nicht mit dem erhofften Tempo erfolgte und die Geschäftspläne von Herstellern und Netzbetreiber bzw. die politischen Vorgaben zu optimistisch waren, sind die UMTS-Netze in ihren Möglichkeiten den GSM/GPRS-Netzen so weit überlegen, dass sich UMTS schließlich durchsetzte. Wurden im Jahr 2004 erst 2,4 Millionen UMTS-Teilnehmer in Deutschland gezählt, so nutzten im Jahr 2011 bereits mehr als 28 Millionen Menschen regelmäßig UMTS-Dienste. Dazu trug auch die Tatsache bei, dass der TK-Markt zu einem Massenmarkt geworden war mit allen dazugehörigen sozioökonomischen Facetten, wie den sozialen Netzwerken im Internet.

Anmerkung

- Der weiter zunehmende Bedarf an Mobilfunkdiensten lässt sich besser am Datenvolumen erkennen. Der Ericsson Mobility Report 2015 (2016) meldet weltweit zwischen 2014 und 2015 einen Anstieg des Datenvolumens um 55 %. Der Verkehrsanteil der Sprachtelefonie nimmt dabei stetig ab. Er betrug 2014 nur mehr circa 10 %. 15 % des mobilen Datenverkehrs in 2014 sind auf Anwendungen sozialer Netzwerke zurückzuführen, wobei 2014 im Bereich von GSM/EDGE-Netzen circa 90 % und WCDMA/HSPA-Netzen circa 65 % der Weltbevölkerung lebten (Ericsson 2016).

UMTS baut als dritte Mobilfunkgeneration auf GSM/GPRS auf. Mit GSM wurde ein Mobilitätsmanagement für Teilnehmer und Mobilstationen mit bewährtem Sicherheitskonzept eingeführt. GPRS erweiterte das leitungsorientierte GSM um die Paketübertragung mit effektivem Dienstmanagement. Die bei GSM/GPRS implementierten Lösungen findet man bei UMTS wieder, auch weil UMTS von Beginn an als Weiterentwicklung oder Migration verstanden wurde. Die UMTS-Spezifikationen von 1999, *Release 99* genannt, knüpft direkt an die Festnetzkomponente von GSM/GPRS als Kernnetz an.

Die Weiterentwicklung von UMTS wird konsequent betrieben, in freigegebenen Standardpaketen, Release genannt, werden Verbesserungen und Innovationen eingeführt. Wichtige Meilensteine waren das UMTS Release 4 (2001) mit Einführung des IP-Protokolls im Kernnetz, das UMTS Release 5 (2002) mit der beschleunigten Übertragung von Datenpaketen HSDPA. Besonders hervorzuheben ist das UMTS Release 10 mit dem neuen Funkübertragungsverfahren LTE-Advanced. Im Jahr 2011 wurde es von der ITU-R als Mobilfunknetz der vierten Generation eingestuft, womit wesentliche administrative Hürden für eine weltweite Einführung genommen wurden; 2013 gingen erste LTE-Netze in den kommerziellen Betrieb.

Im Folgenden sollen aus der Sicht der Nachrichtenübertragungstechnik wichtige Aspekte von UMTS als dritte Mobilfunkgeneration vorgestellt werden. Ziel dabei ist, einen roten Faden durch die Aufgabenstellung und die technischen Lösungen zu ziehen und insbesondere die Innovation der neuen CDMA-Funkschnittstelle verständlich zu machen.

9.4.1 UMTS-Dienste

Am Anfang der technischen Planungen für UMTS standen u.a. die Fragen nach dem verfügbaren und dem benötigten Frequenzspektrum. Dazu wurden ein *Dienstmodell* eingeführt, z.B. Walke (2001). Welche heutigen und zukünftigen TK-Dienste im Festnetz sollen in UMTS unterstützt werden? Welche TK-Dienste sollen für UMTS hinzukommen? Und welche Parameter wie Bitraten, Bitfehlerquoten, Übertragungszeiten etc. haben die Dienste? Nimmt man noch mögliche Betriebssituationen wie Wohngegenden, Geschäftsgebäude, usw. mit typischen Zahlen an Benutzern und Verkehrsverhalten hinzu, resultieren Modelle, mit denen für bekannte Übertragungsverfahren der zukünftige Bandbreitenbedarf geschätzt werden kann. Eine Betrachtung der Modelle, die sich u.a. auf die Nachrichtenverkehrstheorie stützen, würde hier zu weit gehen. In Walke (2001) wird eine Schätzung des Bandbreitenbedarfs von etwa 400 MHz für das Jahr 2005 und 580 MHz für 2010 begründet. Auch wenn solche Modelle, trotz rationaler Systematik, nur Schätzungen für den zukünftigen Verkehrsbedarf liefern können, spielen sie in der (Vor-)Planungsphase bei wirtschaftspolitischen Überlegungen eine große Rolle. Geht es doch darum, in internationalen Gremien kostbare Frequenzbänder für die Mobilkommunikation zu akquirieren und in den Firmen Investitionsentscheidungen in beträchtlichen Höhen vorzubereiten.

Aus den Überlegungen zum Dienstmodell ergaben sich Ende der 1990er-Jahre drei zentrale Anforderungen an UMTS:

- Kundenzufriedenheit. Effiziente Unterstützung des Dienstmix mit hoher Dienstgüte wie im Festnetz
- Dienstangebot. Datenraten für Teilnehmer auf der Funkschnittstelle bis zu 144 kbit/s (Fahrzeug) bzw. 384 kbit/s (Fußgänger) und unter besonderen Bedingungen (Büro) bis zu 2 Mbit/s in der Spitze
- Frequenzressourcen. Effiziente Nutzung durch dynamische Bitratenzuteilung auf der Luftschnittstelle nach Dienstanforderungen und Kanaleigenschaften.

Anmerkung

- Aus dem Wunsch nach 2 Mbit/s für die Spitzenbitrate zu einem Teilnehmer kann überschlägig die benötigte Bandbreite exploriert werden. Zunächst zeigt ein Blick zurück auf die wesentlichen Parameter des bewährten GSM/GPRS, dass für die Bitrate von etwa 270 kbit/s (brutto) die Funkkanalbandbreite von 200 kHz aufgewendet wird. Weil Frequenzbandbreite und Kanalkapazität als proportional angenommen werden können (vgl. Shannon 1948) scheint für Bitraten im Mobilfunk von 2 Mbit/s eine Funksignalbandbreite von 2 MHz oder mehr sinnvoll. Neue Technologien können dann durch Steigerungen der spektralen Effizienz noch höhere Bitraten erzielen.

9.4.2 UMTS-Systemarchitektur

Die Systemarchitektur von UMTS fußte zunächst mit dem Release 99 auf GSM2+ und der von ETSI vorgeschlagenen globalen Multimediatransportplattform für Mobilität, *Global-Multimedia-Mobility*-Architektur genannt. Sie unterstützt die Migration bestehender Systeme der zweiten Generation zu UMTS und die zukünftige Weiterentwicklung durch Trennung in physikalische Bereiche, die über definierte Schnittstellen verbunden werden. Die physikalischen Bereiche werden *Domänen* genannt und UMTS wird wie in Abb. 9.36 gegliedert. Auf der Teilnehmerseite der Funkschnittstelle U_u wird vom „mobile

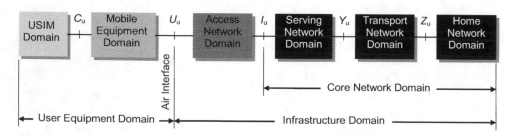

Abb. 9.36 Beschreibung der UMTS-Systemarchitektur mit Domänen

equipment" gesprochen. Es enthält die logischen Funktionen für die Funkübertragung und Bedienung der Teilnehmerschnittstelle. Die entsprechenden Komponenten werden „mobile termination" bzw. „terminal equipment" bezeichnet. Dort spielt das Subscriber Identification Module, kurz USIM für UMTS-SIM oder Universal SIM genannt, eine besondere Rolle. Verglichen mit GSM wurde das Sicherheitskonzept erweitert und der eingebettete Mikrocontroller wesentlich leistungsfähiger, sodass beispielsweise durch die Netzbetreiber Anwendungsprogramme auf die USIM geladen und dort ausgeführt werden können. Eine mögliche Anwendung ist die elektronische Brieftasche.

Die Funkschnittstelle („air interface") verbindet das Mobile Equipment in der *User Equipment Domain* mit dem Funkzugangsnetz (*Radio Access Network*, RAN) in der *Access Network Domain*. Das Funkzugangsnetz kann ein *UMTS Terrestrial Radio Access Network* (UTRAN) oder ein *GSM/EDGE Access Network* (GERAN) basiertes Base Station Subsystem (BSS) sein. Das Funkzugangsnetz stellt die Träger zur drahtlosen Nachrichtenübertragung bereit. Ihm obliegen das Management der Funkressourcen und die Unterstützung der Gerätemobilität, wie „handover" und „macrodiversity".

Das Funkzugangsnetz stellt über die Schnittstelle I_u den Zugang zum Kernnetz („core network") in der *Core Network Domain* her. Um eine möglichst große Flexibilität und das Zusammenwirken unterschiedlicher Netze bzw. Technologien zu ermöglichen, wird die Core Network Domain gemäß der Funktionalitäten in drei Teilbereiche durch die Schnittstellen Y_u und Z_u getrennt: der *Serving Network Domain*, der *Transport Network Domain* und der *Home Network Domain*.

Beispielsweise könnte, die SIM-Card-Kompatibilität und ein Roaming-Abkommen vorausgesetzt, ein UMTS-Kunde aus Österreich seine USIM in den USA in einem cdma2000-Gerät benutzten. Vom jeweiligen Ort des Teilnehmers unabhängige Dienste, wie die Authentifizierung oder das Freischalten zusätzlicher Dienste durch den Teilnehmer, würden im Teilnehmerheimnetz in Österreich vorgenommen werden. Als Transportnetz könnte eine B-ISDN-Netz oder ein TCP/IP-Netz auftreten. Das benutzte Mobilfunknetz in den USA erbringt die ortsbezogenen Funktionen im Kernnetz bzw. RAN.

Eine weitere generische Sichtweise auf die Systemarchitektur von UMTS liefert der Blick auf Abb. 9.37. Die gezeigte Systemarchitektur unterstützt die Migration von GSM2+ auf UMTS. Sie orientiert sich im Kernnetz an GSM und GPRS. Entsprechend besitzt sie einen leitungsvermittelten Teil (Circuit Switching Domain, CSD) und einen paketvermittelten Teil (Packet Switching Domain, PSD). Übergangsweise können MSC im CSD bzw. SGSN im PSD weiter betrieben werden. Die teilnehmerspezifischen Daten werden im *Home Subscriber Server* (HSS) bereitgestellt. Er integriert die von GSM bekannten Funktionen des HLR, ELR und AuC (vgl. Abb. 9.12).

Über die Schnittstellen I_{uCS} und I_{uPD} werden die Verbindungen zum Funkzugangsnetz UTRAN (oder GERAN) hergestellt. Sie ermöglichen die Trennung der Funktechnologie und der Funkressourcenverwaltung vom Kernnetz. Dahinter steht der Wunsch, die GSM/GPRS-Systemarchitektur im Kernnetz schrittweise weiterzuentwickeln bzw. zu ersetzen. Schließlich ist ein Umstieg auf ein All-IP-Netzwerk mit einem *IP Multimedia*

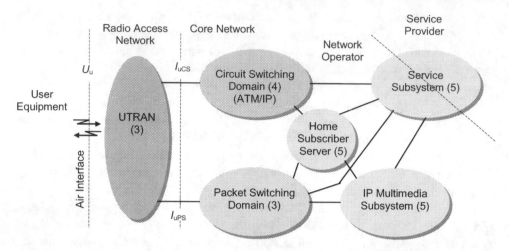

Abb. 9.37 UMTS-Systemarchitektur nach den Standardpaketen 3 (1999), 4 und 5 (2004)

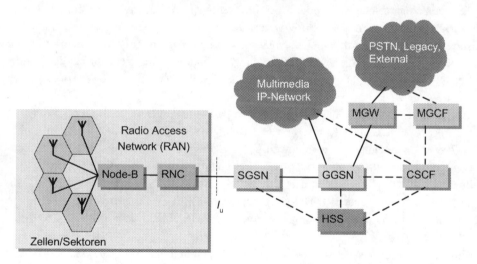

CSCF „Call Session Control Function"	MGW „Media Gateway"
GGSN „Gateway GPRS Support Node"	SGSN „Serving GPRS Support Node"
HSS „Home Subscriber Server"	RAN „Radio Access Network"
MGCF „Media Gateway Control Function"	RNC „Radio Network Controller"

Abb. 9.38 UMTS-Systemarchitektur mit All-IP-Kernnetz und UTRAN

Subsystem (IMS) auf der Grundlage der Protokolle RTP/TCP/IP (Real Time Protocol/ Transport Control Protocol/Internet Protocol) in den Standardpaketen 4 und 5 vorgesehen.

Einen Überblick über die UMTS-Systemarchitektur für das All-IP-Kernnetz (Release 5) gibt Abb. 9.38. In vereinfachter Darstellung werden die wichtigsten Komponenten vorgestellt. Alle Komponenten erhalten eine eigene IP-Adresse, sodass die Kommunikation zwischen ihnen, Signalisierung und Nutzerdaten, über IP-basierte Datagramme abgewickelt werden kann. Damit wird eine durchgehende IP-basierte Verbindung von Endgerät zu Endgerät möglich, z. B. für die Sprachtelefonie (VoIP, Voice over IP"). Selbstverständlich sind gewisse Dienstgütemerkmale einzuhalten, was Aufgabe des jeweiligen Kernnetzbetreibers ist.

Im Wesentlichen werden zwei Anwendungsfälle unterschieden. Im ersten Fall liegt eine Verbindung mit einem Multimedia-IP-Netzwerk vor. Es sollen die IP-Datagramme über den Zugangskonten GGSN und den Dienstknoten SGSN möglichst schnell zum RAN durchgesteckt werden. Anders als bei GSM/GPRS werden Protokollanpassungen vermieden. Durch ein vorangestelltes Feld (Header) mit IP-Adresse wird das interne Ziel des Datagramms für den Transport angegeben. Für die (übertragungstechnische) Steuerung der Sitzung ist die *Call Session Control Function* (CSCF) zuständig. Die Administration im weiteren Sinn, wie Verwaltung von Berechtigungen, obliegt dem HSS.

Der zweite Fall schließt alle anderen Verbindungen ein. Durch den Zugangsknoten Media Gateway (MGW) findet eine Anpassung statt, sodass für den Transport wieder auf IP-Datagramme über den GGSN zurückgegriffen werden kann. Die Steuerung der Verbindung über den MGW übernimmt die MGCF (*Media Gateway Control Function*), die dabei durch die CSCF unterstützt wird.

Aufgabe 9.36

a) Erläutern Sie kurz den Begriff Dienstmodell am Beispiel von UMTS. Worauf beruht das Dienstmodell und wozu dient es?

b) Welche Bitraten soll UMTS je nach Situation den Teilnehmern für die Datenübertragung mindestens anbieten?

c) Was ist mit Bitrate in der Spitze („peak rate") gemeint? Und welche Rolle spielt sie bei UMTS?

d) Was wurde mit der Definition der Access Network Domain im UMTS-Standard beabsichtigt?

e) Was ist für All-IP-Netze typisch?

9.4.3   UTRAN-FDD-Funkschnittstelle

Für GSM wurden in den 1980er-Jahren bereits breitbandigere Funkkonzepte erörtert als das schließlich ausgewählte Funkübertragungsverfahren mit Frequenzkanälen je 200 kHz Bandbreite. Im Jahr 1995 wurde in den USA ein Übertragungsverfahren mit 1,25 MHz Bandbreite vorgeschlagen. Der Systemvorschlag wurde als TIA/IS-95 (Telecommunication Industry Association Interim Standard 1995) bekannt und zu *cdmaONE* weiterentwickelt. Der Name weist auf die Funktechnologie *Code Division Multiple Access* (CDMA) hin. Es handelt sich um eine Spreizbandtechnik, bei der die informationstragenden Signale, z. B. Telefonsprache, über Funk mit einer wesentlich größeren Bandbreite übertragen werden, als sie selbst aufweisen. Der Vorteil von CDMA im Mobilfunk, die Mehrwege-diversität zu nutzen, kommen jedoch bei der Bandbreite von 1,25 MHz meist nicht zum Tragen. Das Übertragungsverfahren von cdmaOne wird deshalb als Schmalband-CDMA bezeichnet. Für das UMTS-Funkzugangsnetz UTRAN wurde die Bandbreite 5 MHz ge-wählt. Zur Unterscheidung spricht man vom Breitband-CDMA oder WCDMA (Wideband CDMA). Streng genommen handelt es sich bei den 5 MHz um den Frequenzkanal. Die Si-gnalbandbreite ist etwas geringer. Die größere Bandbreite erleichtert auch die Realisierung der anvisierten Spitzenbitrate („peak rate") von 2 Gbit/s. Im Weiteren betrachten wir die Funkschnittstelle für den FDD-Zugriff im UTRAN, kurz *UTRAN-FDD* genannt.

Anmerkung

- Der im Weiteren nicht mehr behandelte *TDD-Modus* („time division duplex") wur-de, wo möglich, mit gleichen Parametern wie der FDD-Modus definiert (Toskala et al. 2004, Table 13.1). Ein Vorteil des TDD-Modus liegt darin, dass kein gepaartes Frequenzband für Ab- und Aufwärtsverbindung benötigt wird. Zum Zweiten ermög-licht der TDD-Modus eine dynamische Aufteilung der Ressourcen. Ist beispielswei-se das Verkehrsangebot in Abwärtsrichtung größer, so kann der Abwärtsrichtung ein größerer Zeitanteil eingeräumt werden. Im Allgemeinen sind kleinere Zellengrößen für TDD-Verfahren günstiger, da zur Vermeidung von Interferenzen zwischen den Signalen in Abwärts- bzw. Aufwärtsrichtung Schutzintervalle notwendig sind, die mit der Zellengröße zunehmen. Für mehr Informationen zu UTRAN-TDD (s. bei-spielsweise Holma und Toskala 2004).

9.4.3.1 Mehrwegediversität, Spreizbandtechnik und Rake-Empfänger

Mehrwegeempfang
Charakteristisch für die Mobilfunkübertragung ist der Mehrwegeempfang in Abb. 9.2. An der Empfangsantenne überlagern sich verzögerte, phasenverschobene und gedämpfte Ko-pien des Sendesignals. Die Überlagerung bewirkt Signalinterferenzen, die bis zur Auslö-schung führen können. Der Mehrwegeempfang kann jedoch durch die *Spreizbandtechnik* in Verbindung mit einem *Rake-Empfänger* genutzt werden. Hierfür erhielten B. Price und P. Green schon 1956 ein US-Patent. Der Rake-Empfänger sammelt die Teilsignale ein, wie ein Rechen (Harke, englisch „rake") mit seinen Fingern Laub einsammelt. Der Rake-Empfänger benutzt dabei implizit das Prinzip des Maximum-Ratio-Kombinierers, das sich schon bei der schmalbandigen Mobilfunkübertragung bewährt hat.

Antennendiversität
Im Mobilfunk spricht man allgemein von der *Mehrwegediversität* („multipath diversi-ty") und meint damit das Potenzial zur Verbesserung des Empfangs, wenn es gelingt, die unterschiedlichen Signale richtig zu kombinieren. Dazu erinnern wir beispielhaft an die

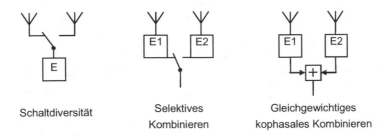

Schaltdiversität   Selektives   Gleichgewichtiges
                          Kombinieren   kophasales Kombinieren

Abb. 9.39 Antennendiversität

Empfangssituation in Abb. 9.2 und sehen für den Empfänger mehrere Antennen vor. Aufgrund der räumlichen Trennung der Antennen von mindestens einigen Wellenlängen sind die Empfangssignale quasi unabhängig. Man spricht speziell von der *Antennendiversität* („antenna diversity"). In diesem Fall wird die Mehrwegediversität durch die Antennen erzwungen.

Besonders bei schmalbandiger Übertragung mit zeitselektivem Schwund der Empfangsfeldstärke (s. Abb. 9.7), ist die Wahrscheinlichkeit relativ gering, dass die Signale an den Antennen gleichzeitig einen Schwundeinbruch erleiden. Es bieten sich verschieden aufwendige Möglichkeiten, an die Signale zu kombinieren.

Die einfachste Methode ist die *Schaltdiversität* („switching diversity") in Abb. 9.39. Sie benötigt nur zwei Antennen und einen Empfänger. Bei einem Schwundeinbruch, wird blind auf das Signal der anderen Antenne umgeschaltet. Stehen alternativ zwei (einfache) Empfänger zur Verfügung, kann jeweils das leistungsstärkere Signal ausgewählt werden. Man spricht vom selektiven Kombinieren („selective combining"). Eine weitere praktisch einfache Methode ist die Addition der Signale („equal-gain combining"), die allerdings nur nach Angleichung der Signalphasen (kophasal) erfolgen sollte, da sonst auch destruktive Interferenz auftritt.

Maximum-Ratio-Kombinierer

Die drei genannten Methoden nutzen jedoch nicht das volle Potenzial der Antennendiversität. Dieses erhält man nur, wenn die Signale zur Addition optimal gewichtet werden. Verwendet man als Kriterium das Verhältnis aus der Leistung des kombinierten Signals und der Leistung des Rauschens, das SNR, das es beispielsweise auch beim Matched-Filter-Empfänger zu maximieren gilt, erhält man den Maximum-Ratio-Kombinierer (MRC, *Maximum Ratio Combiner*). Die Funktion des MRC erklärt Abb. 9.40 anhand dreier Ausbreitungswege/Antennen. In jedem Signalpfad unterliegt das Sendesignal einer Dämpfungs- und Phasenverzerrung, die durch die jeweiligen komplexen Kanalkoeffizienten c_n dargestellt und anhand der Oszillogramme der Quadraturkomponenten veranschaulicht werden. Die Oszillogramme zeigen die Kanalkoeffizienten als Vektoren in der I-Q-Ebene. Die Dämpfung nimmt augenscheinlich in den Pfaden von oben nach unten zu. Als Störung tritt schließlich in jedem Pfad additives weißes gaußsches Rauschen (AWGN) hinzu.

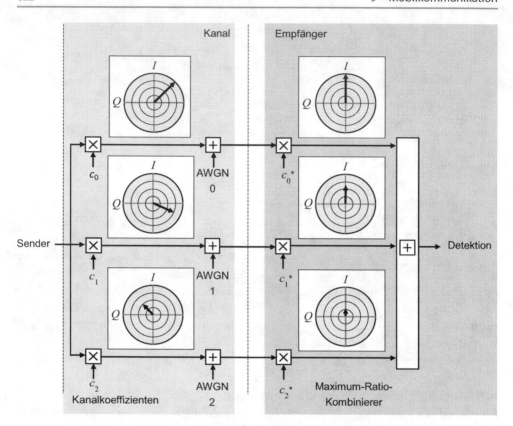

Abb. 9.40 Übertragungsmodell mit Mehrwegeempfang und Maximum-Ratio-Kombinierer

Der MRC hat die Aufgabe, die Signale für die Detektion so zu kombinieren, dass das SNR unter den gegebenen Bedingungen maximal wird. Für die Modellrechnung, auf die wir hier der Kürze halber verzichten, wird die Unabhängigkeit der Signalpfade (Kanalkoeffizienten und Rauschen) angenommen. Die Modellrechnung zeigt erstens, dass zur konstruktiven Interferenz die Signale in gleiche Phasenlage zu bringen sind, und zweitens, dass die Empfangssignale gemäß ihren Leistungen zu bewerten sind. Je höher die Dämpfung im Signalpfad, umso höher ist der relative Anteil des Rauschens und umso weniger sollte das Signal zur Detektion beitragen. Die optimale Einstellung der Faktoren im Kombinierer liefern folglich die konjugiert komplexen Kanalkoeffizienten c_n^*. Die Wirkung veranschaulichen wieder Oszillogramme in Abb. 9.40. Die Signale im Empfänger sind nun in Phase und das am stärksten gedämpfte Signal unten trägt deutlich weniger bei als die beiden anderen darüber.

Die Funktion des MRC steht und fällt mit der Qualität der Schätzung der zeitveränderlichen Kanalkoeffizienten. Erschwerend kommt hinzu, dass mit stärkerer Dämpfung im Signalpfad die Kanalschätzung unzuverlässiger wird. Aus diesem Grund sollten Pfade mit relativ hohem Anteil an Rauschen ganz abgeschaltet werden.

Modellrechnungen und praktische Erfahrungen im schmalbandigen Mobilfunk zeigen, z. B. bei GSM, dass Antennendiversität die Empfangsqualität deutlich steigert. Meist reichen zwei oder drei Antennen (Übertragungswege) aus, um das Potenzial der Antennendiversität im Wesentlichen zu realisieren. Nachdem die Signalkombination mit dem MRC vorgestellt wurde, wenden wir uns wieder direkt der Funkübertragung für das UTRAN zu. Statt mehrere Antennen zu nutzen, wird primär die zeitliche Auflösung des Mehrwegeempfangs angestrebt. Wir werden sehen, dass die Antennendiversität als Zugabe mitgeliefert wird.

Rake-Empfänger

Aufgabe und Lösung veranschaulicht Abb. 9.41. Die Sendestation (S) sendet das Signal mit *Spreizcode*. Der Spreizcode besteht aus einer binären Folge von Rechteckimpulsen, den *Chips* mit der *Chipdauer* T_c. Je kürzer die Chipdauer, umso feiner die mögliche zeitliche Auflösung.

Das Sendesignal gelangt als elektromagnetische Wellen im Funkfeld auf verschiedenen Wegen zur Empfangsstation (E). Im Bild sind vereinfachend drei Wege eingezeichnet, darunter die kürzeste mögliche Verbindung, die Sichtverbindung (LOS, Line of Sight). Je nach Länge der Ausbreitungswege ergeben sich die Laufzeiten ι_0, τ_1 und τ_2. Die Signale weisen zu den Laufzeiten unterschiedliche Phasenverschiebungen und Dämpfungen auf.

Der Rake-Empfänger soll die Signale konstruktiv kombinieren. Dazu greift er auf die digitale Signalverarbeitung zurück. Das von der Antenne kommende Signalgemisch wird zunächst gemäß der Chipdauer T_c abgetastet. Bei UMTS ist die *Chiprate* mit 3,84 Mchip/s vorgegeben. Die Chipdauer T_c beträgt somit etwa 0,2604 µs. Das abgetastete Signalgemisch wird in eine Kette von Verzögerungsgliedern eingespeist. Hinter jedem Verzögerungsglied befindet sich ein Abzweig, Rake-Finger genannt.

Jede Verzögerung um T_c entspricht mit der (Vakuum-)Lichtgeschwindigkeit von ungefähr $3 \cdot 10^8$ m/s einer Weglängendifferenz von etwa 78 m. Bei L Rake-Fingern können folglich Signalechos in dem Zeitfenster (Echofenster) der Dauer $L \cdot T_c$ erfasst werden.

Die Lage des Zeitfensters orientiert sich i. d. R. am stärksten Signal, weshalb meist wenige Rake-Finger ausreichen. Mit drei Rake-Fingern lässt sich bereits ein Bereich von etwa 240 m erfassen, was mit den überwiegend kleinen Zellen in UMTS von einigen hundert Meter harmoniert. Innerhalb des Echofensters ist der linke Rake-Finger (keine zusätzliche Verzögerung) für das Signal mit der längsten Laufzeit und der rechte Rake-Finger (größte zusätzliche Verzögerung) für das Signal mit der kürzesten Laufzeit zuständig, sodass die Signale später gemeinsam in der gleichen Zeitlage weiterverarbeitet werden können.

Zur Detektion wird in jedem Rake-Finger das Signalgemisch mit der Spreizfolge multipliziert ($\times$) und über die Dauer des Spreizcodes summiert (Σ). Die Operation entspricht einem signalangepassten Filter, einem *Matched-Filter*, oder äquivalent einem *Korrelator*. Es resultiert prinzipiell die Autokorrelationsfunktion des Spreizcodes gewichtet mit einer vom Mobilfunkkanal herrührenden Phasenverschiebung und Dämpfung. Das Maximum der Autokorrelationsfunktion ist gleich der Energie der Spreizfolge.

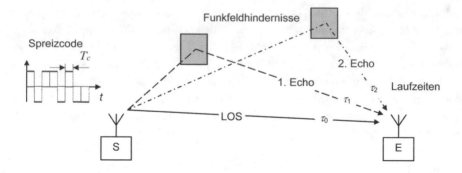

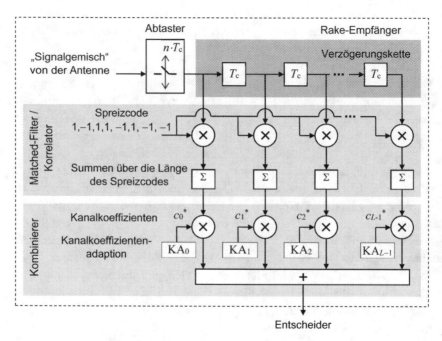

Abb. 9.41 Spreizbandtechnik mit Rake-Empfänger für die Mobilfunkübertragung

Wegen des Mehrwegeempfangs liegt jedoch jeweils ein Gemisch aus verschobenen und gewichteten Kopien der Spreizfolge an. Jeder Rake-Finger liefert folglich entsprechend verschobene und gewichtete Kopien der Autokorrelationsfunktion. Zur späteren konstruktiven Kombination darf jedoch nur das dem jeweiligen Rake-Finger zugedachte Teilsignal mit der passenden Laufzeitverzögerung beitragen. Deshalb sollte die Autokorrelationsfunktion außer bei der Verschiebung null, wo sie gleich der Signalenergie ist, verschwinden. Dies kann durch die Auswahl des Spreizcodes näherungsweise erreicht werden.

Zur Vereinfachung der weiteren Verarbeitung kann am Ausgang des Matched-Filters die Abtastfrequenz entsprechend der Zahl der Chips der Spreizfolge pro Symbol reduziert werden.

Die Mehrwegediversität wird in einer *Kombinationsschaltung* durch konstruktives Addieren der Ausgangssignale der Matched-Filter realisiert. Es wird das Prinzip des MRC angewandt, der das Verhältnis der Leistungen von Nutzsignal und Rauschen maximiert. Im idealen Fall ist die Energie des Nutzanteils die Summe der Energien der empfangenen Teilsignale aller Rake-Finger.

Dazu werden in den Rake-Fingern die Phasenunterschiede durch Multiplikation mit den adaptierten komplexen Kanalkoeffizienten $c_0^*, c_1^*, \ldots$ ausgeglichen. Die Teilsignale überlagern sich phasenrichtig und addieren sich konstruktiv. Die Beträge der Koeffizienten berücksichtigen die Dämpfung der Signale. Das heißt, ein Weg mit relativ großer Ausbreitungsdämpfung wird vor dem Zusammenführen relativ gesehen nochmals abgeschwächt, da er vergleichsweise wenig Signal und viel Rauschen beiträgt. Ein Rake-Finger ohne Nutzanteil erhöht nur das Rauschen. Er sollte erkannt und abgeschaltet werden.

Anmerkung

- In Abb. 9.40 und Abb. 9.41 werden die Kanalkoeffizienten der Funkausbreitung zugeordnet, sodass zur Kompensation der Phasenverschiebungen ihr konjugiert-komplexes zu nehmen ist. Alternativ können die von der Adaptionseinrichtung gelieferten Koeffizienten als die Kanalkoeffizienten eingeführt werden. Dann entfallen in Abb. 9.41 die Sternchen bei den Kanalkoeffizienten des Kombinierers.

Der MRC verwendet Schätzwerte für die Phasenverschiebungen und Dämpfungen im Mobilfunkkanal. Sie werden von speziellen Einrichtungen zur *Kanalkoeffizientenadaption* (KA) bereitgestellt. Die Güte der Schätzungen beeinflusst die Qualität der Detektion im Entscheider. Im realen Betrieb ändern sich die Kanalkoeffizienten mit der Zeit und müssen fortlaufend adaptiert werden. Zur Kanalschätzung werden, wie in der „midamble" bei GSM, im Empfänger bekannte Bitmuster, sog. *Pilotsymbole* gesendet.

Die praktische Umsetzung des Rake-Prinzips veranschaulicht Abb. 9.42 nach Holma und Muszynski (2006, Fig. 3.7). Statt einer festen Kette von Verzögerungsgliedern und Rake-Fingern werden die einzelnen Rake-Finger als Baugruppe (ASIC, DSP) realisiert, deren Signalverzögerungen individuell einstellbar sind. Das Eingangssignal liegt als digitales Signal in den Quadraturkomponenten I und Q an. Mithilfe eines Suchers („searcher") werden die Zeitlagen leistungsstarker Echos bestimmt. Dazu dienen ein Matched-Filter und ein Suchfenster, das Kurzzeitmittelwerte für die Mehrwegeverbreiterung liefert. Im Beispiel werden im Suchfeld drei Echos angezeigt, sodass drei Rake-Finger aktiviert werden. Jeder Rake-Finger erhält vom Sucher seine Zeitlage, mit der der Codegenerator und der Korrelator synchronisiert werden. Der Kanalschätzer bestimmt die Phase des Kanalkoeffizienten für den Phasenabgleich im Phasendreher. Das Verzögerungsglied

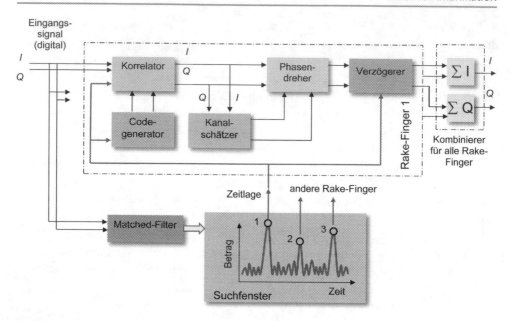

Abb. 9.42 Rake-Empfänger für die CDMA-Übertragung (nach Holma und Muszynski 2006, Fig. 3.7)

bringt das Ausgangsignal in die richtige Zeitlage für die Zusammenführung der I- und Q-Komponenten aller Rake-Finger. In Abb. 9.42 wird auf die Amplitudengewichtung der Quadraturkomponenten verzichtet. Diese kann im Kombinierer vor der Zusammenführung durchgeführt werden. Soll Antennendiversität unterstützt werden, so lassen sich weitere Rake-Finger hinzufügen.

Für die Fähigkeit des Empfängers, die Mehrwegeausbreitung zu nutzen, ist die Chipdauer T_c ausschlaggebend. Im UTRAN stellt sie einen Kompromiss zwischen den Gegebenheiten des Mobilfunkkanals und der Komplexität des Übertragungsverfahrens dar. Nimmt man, wie in Abb. 9.41 dargestellt, vereinfachend Rechteckimpulse für die Signale zu den Spreizcodes an, ergibt sich die Bandbreite des Funksignals von etwa $1/T_c$. Durch die Impulsformung auf Wurzel-RC-Impulse mit Roll-off-Faktor gleich 0,22 wird im UTRAN die *Bandbreite* von etwa 4,6 MHz eingestellt.

Aufgabe 9.37

Schätzen Sie die maximale spektrale Effizienz der UTRAN-FDD-Funkschnittstelle in Abwärtsrichtung ab.

Aufgabe 9.38 Ja-Nein-Fragen (□)/Lückentextfragen (_)

(1)   Die Bandbreite der UTRAN-Funkschnittstelle ist etwa 1,25 MHz. □
(2)   Die Funkübertragungstechnik von UTRAN macht sich den Mehrwegeempfang als
       ___ zu nutze.

(3)   Bei der Schaltdiversität wird auf die Antenne mit bestem Empfang umgeschaltet. □
(4)   Im Fall von unabhängigen Kanälen mit linearen Verzerrungen und AWGN optimiert der MRC ___.
(5)   Im MRC werden die Signale kophasal kombiniert. □
(6)   Beim MRC werden leistungsschwach empfangene Signale vor der Kombination weniger verstärkt als leistungsstark empfangene. □
(7)   Die Elemente des Spreizcodes werden ___ genannt.
(8)   Je länger die Chipdauer, umso feiner die Auflösung bezüglich der Signallaufzeiten. □
(9)   Im Wesentlichen bestimmt die Chipdauer die Bandbreite des Funksignals. □
(10) Im Suchfenster werden ___ für die Rake-Finger bestimmt.

9.4.3.2   CDMA-Vielfachzugriff

In den WCDMA-Sendern des UTRAN-FDD werden die Nachrichtensignale auf die Bandbreite von etwa 4,6 MHz gespreizt. Der Vorteil der Bandspreizung liegt nicht nur in der Robustheit der Übertragung durch die Mehrwegediversität, sondern ebenso in der Lösung des Vielfachzugriffs durch die Teilnehmer sowie der flexiblen Dienstabwicklung. Die Funkübertragung basiert auf dem Prinzip des *Code Division Multiple Access* (CDMA). Es werden Nachrichten für mehrere Teilnehmer und/oder Dienste gleichzeitig und im gleichen Frequenzband übertragen. Die Signale unterscheiden sich durch spezifische Spreizcodes. Dabei werden die Bandbreiten der ursprünglichen Nachrichtensignale für die Übertragung um Faktoren von 4 bis 512 aufgeweitet. Daher auch der Name *Spreizbandtechnik* („spread-spectrum technique").

Codespreizung

Das Prinzip des Vielfachzugriffs durch Codespreizung verdeutlicht Abb. 9.43. Im Bild links wird das NRZ-Basisbandsignal zur Nachricht des Teilnehmers A fortlaufend mit dem Codesignal A multipliziert. Das Codesignal besteht aus einer bestimmten Folge von kurzen Rechteckimpulsen mit positiven oder negativen Vorzeichen, den *Chips*. Im Beispiel treffen auf einen Rechteckimpuls der binären Nachricht acht Chips des Codesignals. Wegen dem reziproken Zusammenhang von Zeitdauer und Bandbreite ist das Spektrum der codierten Nachricht im Vergleich zum Spektrum der Nachricht um den Faktor acht gespreizt. Man spricht vom *Spreizfaktor* oder dem resultierenden *Prozessgewinn* G_p („processing gain")

$$G_P = \frac{T_b}{T_c}.$$

Im Empfänger für A wird synchron nochmals mit dem Codesignal A multipliziert (Abb. 9.43 rechts oben). Dadurch heben sich die durch den Spreizcode eingeprägten Vorzeichenwechsel auf. Das Nachrichtensignal wird wieder hergestellt.

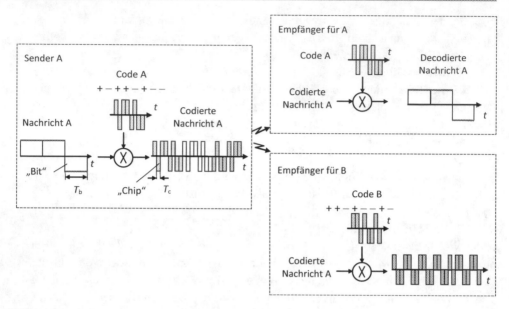

Abb. 9.43 Codevielfachzugriff (CDMA) im Zeitbereich

Anmerkung

- Im Empfänger wird eine Synchronisationseinrichtung benötigt, die von Beginn bis zum Ende der Übertragung die Synchronität bereitstellt. Der Synchronisationsfehler darf nur einen Bruchteil der Chipdauer betragen, womit aus technischen Gründen die praktische Anwendung des CDMA-Verfahrens auf Bandbreiten von 10 bis 20 MHz begrenzt ist (Prasad und Ojanperä 1998).

Im Empfänger für B wird der Spreizcode des Teilnehmers B verwendet (Abb. 9.43 rechts unten). Die Bandspreizung bleibt im Wesentlichen bestehen. Eine anschließende Tiefpassfilterung unterdrückt das hier unerwünschte Signal des Teilnehmers A.

Die Wirkung der Codespreizung veranschaulicht im Frequenzbereich Abb. 9.44. Die Nachrichtensignale werden zur Übertragung gespreizt und überlagern sich auf dem Übertragungsweg. Durch das codespezifische Bündeln (Entspreizen) werden die jeweiligen Nachrichtensignale wieder hergestellt. Die überlagerten, unerwünschten Signale bleiben breitbandig, sodass sie nach Tiefpassfilterung nur wenig stören. Die Störung wird umso kleiner, desto größer der Prozessgewinn ist.

In Abb. 9.44 ist im Übertragungsband zusätzlich das Spektrum eines schmalbandigen Störers eingezeichnet. Das Entspreizen wirkt für systemfremde schmalbandige Signale wie Spreizen. Die Leistung eines schmalbandigen Störsignals wird über ein größeres Frequenzband verteilt, sodass nur ein kleiner Teil als Störung nach der Tiefpassfilterung

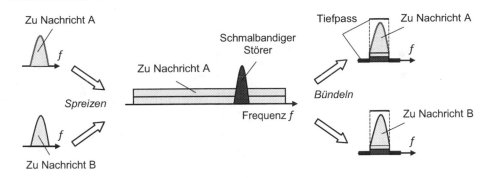

Abb. 9.44 Prinzip des Codevielfachzugriffs (CDMA) im Frequenzbereich

wirksam wird. Diese Eigenschaft der Spreizbandtechnik macht eine Koexistenz mit bestehenden schmalbandigen Funkdiensten möglich.

Vielfachzugriff

Die für die CDMA-Übertragung notwendigen Operationen im Empfänger entsprechen der Signalverarbeitung zur Korrelation im Rake-Empfänger. Zu den Interferenzen aufgrund des Mehrwegeempfangs („multipath interference") kommen nun noch Interferenzen durch die Signale der anderen Teilnehmer bzw. Dienste, die *Vielfachzugriffsinterferenz* („multiuser interference") hinzu. Am Ausgang des Matched Filters treten zusätzlich die Kreuzkorrelationen zwischen den Spreizcodes der Teilnehmer als Störungen auf. Sie sollten null sein. In der Praxis wird dies nur näherungsweise erreicht. Es verbleibt ein gewisser Störanteil. Infolgedessen ist die mögliche Zahl der Teilnehmer beschränkt. Man spricht von einem *interferenzbegrenzten* Übertragungssystem.

Kanalmultiplex

Die sich aus dem WCDMA-Verfahren ergebenden Möglichkeiten des Multiplex lassen sich am Beispiel der Abwärtsstrecke des UTRAN-FDD-Modus anschaulich erläutern. Den Ausgangspunkt bilden die zu erbringenden Dienste, wie z. B. die Sprachtelefonie mit dem *Adaptive Multirate Rate Codec* (AMR) mit der Nettobitrate 12,2 kbit/s, die leitungsvermittelte Übertragung eines ISDN-B-Kanals mit 64 kbit/s oder die leitungsvermittelte Übertragung mit der Bitrate 384 kbit/s. Im UTRAN werden die beiden letzten Dienste als Basisdienste CS64 und CS384 (CS, „carrier switched") bezeichnet.

Die Übertragungsdienste werden mithilfe logischer Daten(-verkehrs)-Kanäle erbracht. Zusätzlich werden für Organisationsaufgaben, z. B. dem Verbindungsaufbau, Steuerungskanäle benötigt. Die Kanäle werden physikalisch auf der Funkschnittstelle im Codemultiplex übertragen (Abb. 9.45). In der Basisstation („node B") werden die den Teilnehmern bzw. Diensten zugeordneten Bitströme in jeweils einem komplexen Datenstrom, den I- und Q-Komponenten eines Kanals, abgebildet und mit dem kanalspezifischen Spreiz-

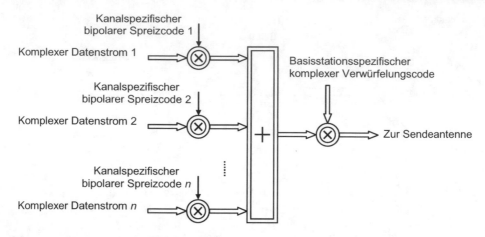

Abb. 9.45 Spreizen und Verwürfeln für die Abwärtsstrecke im UTRAN/FDD

code multipliziert. Die Bitströme zu den Teilnehmern werden entsprechend ihrer Bitraten auf die gemeinsame Chiprate von 3,84 Mchip/s gespreizt. Als Spreizfaktoren können die Werte von 4 bis 512 in Tab. 9.9 gewählt werden. Damit werden auf der Abwärtsstrecke Dienste mit unterschiedlichen Bitraten mit einem einheitlichen Übertragungsverfahren realisiert. Mehr noch, mit speziellen Spreizcodes werden auch die Steuerungskanäle integriert. Darüber hinaus wird ein dynamisches Anpassen der Bitrate durch Umschalten des Spreizfaktors möglich.

Anders als bei GSM/GPRS mit seinen für die Teilnehmer reservierten Zeitschlitzen und Frequenzkanälen werden in UNTRAN-FDD die Kanäle im selben Frequenzband gleichzeitig als Signalgemisch ausgesendet. Die im Empfänger auftretenden wechselseitigen Störungen hängen direkt von den Spreizfaktoren ab. Eine Übertragung mit kleinem Spreizfaktor und hoher Bitrate, z. B. das schnelle Laden eines Videos aus dem Internet, verdrängt entsprechend viele Übertragungen mit großen Spreizfaktoren und kleinen Bitraten, wie z. B. Sprachtelefoniekanäle, und umgekehrt.

Tab. 9.9 Konfigurationen der Datenübertragung in UTRAN/FDD im DPDCH

Spreizfaktor		4	8	16	32	64	128	256	512
Bitrate[a] (kbit/s)	abwärts[b]	1920 (1872)	960 (912)	480 (432)	240 (210)	120 (90)	60 (51)	30 (24)	15 (6)
	aufwärts[c]	960	480	240	120	60	30	15	–

[a] nominale Bruttobitrate, Werte in Klammern geben die Bruttobitraten nach Abzug des Aufwands für Steuerungsnachrichten an
[b] Abwärtsverbindung mit QPSK-Modulation
[c] Aufwärtsverbindung mit Nutzerdaten im I-Kanal

OVSF-Codes

In der Basisstation werden die Signale der Kanäle addiert (Abb. 9.45) und so gemeinsam im selben Frequenzband gleichzeitig übertragen. Damit die Kanäle für die Empfänger unterscheidbar sind, müssen die Nachrichtensignale nicht nur gespreizt werden, sondern kanalspezifische Spreizcodes („channelisation code") aufweisen. UTRAN-FDD verwendet einen speziellen Satz orthogonaler Spreizfolgen, die *Orthogonal-Variable-Spreading-Factor-Codes* (OVSF-Codes). Die OVSF-Codes ermöglichen es, in den Kanälen die unterschiedlichen Spreizfaktoren aus Tab. 9.9 zu verwenden und dabei die gegenseitige Orthogonalität der Signale nicht zu verlieren. Weil die Signale von der Basisstation synchron ausgesandt werden, bleibt die Orthogonalität der Signale erhalten und kann in den mobilen Empfängern zur Trennung der Kanäle genutzt werden. (Anders in der Aufwärtsverbindung, wo sich an der Basisstation die Signale der Mobilstationen quasi zufällig überlagern.)

Den Aufbau der OVSF-Codes zeigt Abb. 9.46. Ausgehend von der Wurzel des Codebaums links, werden bei jeder Gabelung die Elemente der Spreizcodes im oberen Ast jeweils durch Anhängen verdoppelt, womit sich auch der Spreizfaktor verdoppelt. Im unteren Ast wird zusätzlich der angehängte Teil mit -1 multipliziert. So entstehen an jeder Verzweigung orthogonale Codes ganz entsprechend zu den *Walsh-Funktionen*. Das

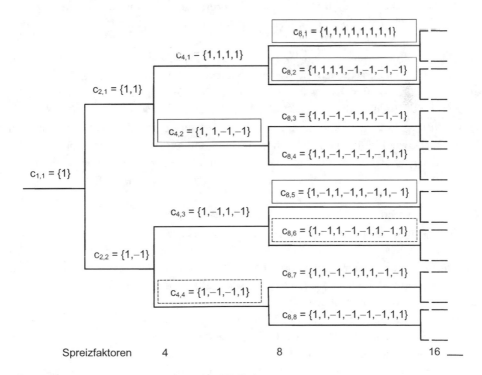

Abb. 9.46 Codebaum (Anfang) für die OVSF-Codes

heißt, es resultiert stets null, wenn man, wie im Korrelationsempfänger, die Elemente der Codefolgen paarweise multipliziert und die Produkte addiert. Damit sind alle Spreizcodes gleichen Spreizfaktors zueinander orthogonal. Darüber hinaus sind auch die Spreizcodes auf unterschiedlichen Ästen und zu unterschiedlichen Spreizfaktoren orthogonal, wie man am Beispiel der Spreizcodes $c_{8,1}$, $c_{8,2}$, $c_{4,2}$ und $c_{8,5}$ in Abb. 9.46 verifizieren kann. Dabei bedeutet der erste Index den Spreizfaktor und der zweite Index unterscheidet die Spreizcodes mit gleichen Spreizfaktoren. Liegen die Spreizfolgen auf dem gleichen Ast, wie z. B. $c_{4,2}$ und $c_{8,3}$, geht die Orthogonalität verloren. Folglich kann auf einem Ast nur der Code mit dem kleineren Spreizfaktor verwendet werden. Er blockiert somit alle aus ihm hervorgehenden Tochter-Codes. Die Spreizfolgen bilden ein Reservoir, das durch die Teilnehmer bzw. Dienste ausgeschöpft wird. Im Beispiel sind zu den bereits vergebenen Spreizcodes $c_{8,1}$, $c_{8,2}$, $c_{4,2}$ und $c_{8,5}$ nur die beiden Spreizcodes $c_{4,4}$, und $c_{8,6}$ möglich, wenn die Spreizfaktoren vier bzw. acht verwendet werden sollen.

Die in Abb. 9.46 veranschaulichten Zusammenhänge werden für die größeren Spreizfaktoren im gesamten OVSF-Codebaum entsprechend fortgesetzt. Man beachte, die Einschränkung der Spreizfolgen im Codebaum folgt der Einschränkung durch die Vielfachzugriffsinterferenzen. Ein Dienst mit dem Spreizfaktor vier verdrängt zwei Dienste mit dem Spreizfaktor acht oder vier mit dem Spreizfaktor 16 usw. Weil jedem Spreizfaktor in Tab. 9.9 eine feste Bitrate zugeordnet ist, bildet die Funkzelle folglich ein Reservoir an Bitrate, die an die Teilnehmer bzw. Dienste entsprechend der Regeln für die OVSF-Codes aufgeteilt werden kann.

Die OVSF-Codes werden nicht dazu benutzt, die Signale je nach Bitrate zu spreizen; wegen ihrer Orthogonalität dienen sie primär der Signaltrennung. Im Sinn des Vielfachzugriffs auf das Funkübertragungsband kann jedem OVSF-Code ein Kanal zugeordnet werden.

Den prinzipiellen Aufbau der Nachrichtenaufbereitung zeigt Abb. 9.45. Die Symbole der Datenströme sind dem komplexen Signalalphabet der QPSK-Modulation entnommen. Sie werden sowohl im Realteil als auch im Imaginärteil mit dem jeweiligen bipolaren kanalspezifischen Spreizcode („channelisation code") multipliziert. Die gespreizten Signale in den Kanälen, die Chipströme, werden zur Übertragung zusammengeführt.

Verwürfelungscode

Vor der eigentlichen Funkübertragung wird ein *Verwürfelungscode* (Scrambling Code) eingesetzt. Es handelt sich um einen pseudozufälligen Code (PN-Folge, Pseudo-Noise Sequence) mit günstigen Korrelationseigenschaften. Der Verwürfelungscode stellt die näherungsweise gleichmäßige Belegung des gesamten Frequenzkanals sicher, insbesondere dann, wenn spektral ungünstige OVSF-Codewörter verwendet werden. Im Extremfall, im obersten Ast des Codebaums in Abb. 9.46, besteht das Codewort nur aus Einsen. Dann erzwingt erst der zusätzlichen Verwürfelungscode die notwendige Spreizung. Durch den Verwürfelungscode können alle Codewörter des OVSF-Codes verwendet werden.

Man beachte: Durch das Verwürfeln erfolgt keine über den vorgesehenen Frequenzkanal hinausgehende weitere Bandspreizung, weil der Verwürfelungscode ebenfalls im Chiptakt T_c generiert wird.

Basisstationen („node B") und Endgeräte (UE) verwenden spezifische Verwürfelungscodes und sind folglich eindeutig identifizierbar. Darüber hinaus können nun die OVSF-Codes in jeder Basisstation und jedem Endgerät unabhängig vergeben werden können.

Auf dem Weg zur Sendeantenne schließen sich weitere typische übertragungstechnische Komponenten an: die Aufteilung des komplexen Signals in Normal- und Quadraturkomponente, die Impulsformung mit einem Wurzel-RC-Filter, der Quadraturmischer usw.

Anmerkung

- Der Verwürfelungscode in UTRAN geht auf Vorschläge von Gold und Kasami aus den 1960er Jahren zurück. Dabei werden zwei bestimmte Pseudozufallszahlenfolgen (PN-Folge) XOR verknüpft. UTRAN verwendet zur Erzeugung des Verwürfelungscodes die primitiven Generatorpolynome vom Grad 18 des Gold-Codes $1 + X^7 + X^{18}$ und $1 + X^5 + X^7 + X^{10} + X^{18}$. Gold-Codes besitzen günstigere Kreuzkorrelationseigenschaften als PN-Folgen (Proakis 2001) und reduzieren so das Übersprechen der Quadraturkomponente im Empfänger.

▷ Durch *Spreizen* („spreading") mit OVSF-Codes werden die Kanäle (Nutzer, Dienste) adressiert und ihre jeweiligen Datenraten an den Chiptakt angepasst.
Durch *Verwürfeln* („scrambling") mit den spezifischen PN-Folgen im Chiptakt wird eine gleichmäßige spektrale Verteilung des Funksignals erzwungen. Die Basisstationen und die Endgeräte sind anhand ihrer Verwürfelungscodes eindeutig identifizierbar.

Durchsatz

An dieser Stelle lässt sich die maximale Bitrate für die Abwärtsverbindung abschätzen: Aus der Chiprate und dem minimalen Spreizfaktor vier resultiert bei Übertragung in Quadraturkomponenten eine maximale Bruttobitrate von $2 \cdot 3{,}84/4\,\text{Mbit/s} = 1{,}92\,\text{Mbit/s}$ (Tab. 9.9), also der Wert für breitbandige Anschlüsse im Festnetz mit dem ISDN-Primärmultiplexanschluss. Da pro Frequenzkanal vier OVSF-Codes mit Spreizfaktor vier zur Verfügung stehen, ist der maximale Durchsatz einer Funkzelle von 7,68 Mbit/s ideal.

Berücksichtigt man die Kanalcodierung, z. B. ein Faltungscode mit Rate 1/2 oder gar 1/3, reduziert sich die im Vergleich mit dem Festnetz praktisch erzielbare (Netto-)Bitrate auf die Hälfte oder weniger. In der Regel werden in UTRAN-FDD (Release 99) nur Datendienste bis 384 kbit/s mit dem Spreizfaktor acht, folglich 960 kbit/s brutto, angeboten. Zum Vergleich, für die Sprachtelefonie ist der Spreizfaktor 128 vorgesehen.

Anmerkung

- Einen Gesichtspunkt für die Einschätzung der Leistungsfähigkeit der Mobilfunksysteme liefert der Vergleich der Bitraten der Datendienste für einen Teilnehmer. Bei GSM werden im TCH/F9.6 pro Kanal maximal 9,6 kbit/s angeboten. Die GSM-Weiterentwicklung GPRS bietet unter günstigen bis sehr günstigen Bedingungen

eine Übertragung pro Zeitschlitz mit 14,4–20 kbit/s. Bei Bündelung von fünf Zeitschlitzen resultieren 72–100 kbit/s. EDGE bietet bis zu 60 kbit/s pro Zeitschlitz an,
dann aber praktisch ohne Redundanz durch eine Kanalcodierung. Wieder mit fünf
Zeitschlitzen gebündelt, resultiert die Bitrate 300 kbit/s. Ein praxisnaher Wert dürf-
te die Hälfte sein. UTRA-FDD (Release 99) liefert die Netto-Bitrate von 384 kbit/s
mit ausreichend Redundanz für eine robust-zuverlässige Übertragung. Zusätzlich
kann auch eine Kanalbündelung durchgeführt werden. Bei der CDMA-Übertragung
geschieht dies einfach durch Zuweisung von mehreren Codes (Multi-Code-Modus),
die allerdings im Empfänger auch mit entsprechendem Mehraufwand decodiert werden. Der Vorteil des UTRAN-FDD liegt hier eindeutig in der Möglichkeit, durch die
größere Bandbreite von 5 MHz einzelnen Teilnehmern deutlich höher Spitzenbitraten anbieten zu können. Hinzu kommt das noch nicht berücksichtigte Potenzial, das
sich in der Weiterentwicklung HSPA zeigt. Nicht zuletzt ist bezüglich der spektralen
Effizienz anzumerken, dass auf GSM basierende Systeme die Frequenzkanäle nur
in gewissen Abständen der Zellen wiederverwenden können, s. Reuse-Faktor.

Aufgabe 9.39

In einer Basisstation im UMTS-FDD-Modus nach Release 99 wird ein Datendienst mit
maximaler Bitrate angefordert. Wie viele Sprachkanäle dürfen (theoretisch) aktiv sein,
damit die Anforderung erfüllt werden kann?

Aufgabe 9.40

Welche wichtigen Funktionen erfüllen a) das Spreizen („spreading") und b) das Verwürfeln („scrambling") in UTRAN-FDD?

9.4.3.3 Nah-Fern-Effekt, Sendeleistungsregelung und Zellatmung

Der CDMA-Vielfachzugriff setzt voraus, dass sich die Signale aller aktiven Teilnehmergeräte mit etwa gleicher Leistung an der Basisstation überlagern. Die Situation veranschaulicht Abb. 9.47. Im Beispiel befindet sich das Teilnehmergerät 1 (UE 1) relativ nah
an der Basisstation („node B") und das Teilnehmergerät 2 (UE 2) relativ fern. Durch
den größeren Abstand erfährt das Funksignal von UE 2 eine größere Ausbreitungsdämpfung als das von UE 1. Würden beide Teilnehmergeräte mit gleicher Leistung senden,
könnten die durch UE 1 verursachten Interferenzen den Empfang des Signals von UE 2

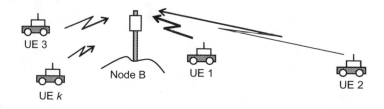

Abb. 9.47 Nah-Fern-Effekt für die Empfangsleistung

übermäßig stören. Der Effekt der unterschiedlichen Empfangsleistungen aufgrund der entfernungsabhängigen Funkfelddämpfungen wird *Nah-Fern-Effekt* bezeichnet. In realen Funkfeldern ist die Situation komplizierter. Unabhängig von den tatsächlichen Entfernungen der Teilnehmergeräte können beispielsweise Fahrten durch Unterführungen und entlang von Häuserzeilen mit Straßenkreuzungen kurzzeitig zu starken Schwankungen der Empfangsleistung führen. Um nachhaltige Störungen durch den Nah-Fern-Effekt zu vermeiden, ist bei CDMA-Mobilfunksystemen eine schnelle Anpassung der Sendeleistung in den Funksendern besonders wichtig.

Sendeleistungsregelung

Zur Einstellung der Sendeleistungen werden im UTRAN-FDD-Modus zwei *Regelkreise* verwendet. Regelgröße ist das Verhältnis der Leistungen von Nutzsignal und Störsignal im Empfänger, das CIR (*Carrier-to-Interference Ratio*). Der Sollwert wird dynamisch im jeweils zugeordneten Steuerungsmodul des Funkzugangsnetzes (RAN), dem *Radio Network Controller* (RNC), bestimmt. Wichtige Einflussgrößen sind Bitfehlerquote und Übertragungsparameter, wie der Spreizfaktor und die Art der Kanalcodierung.

Die Geschwindigkeit der Regelung hängt mit der zeitlichen Organisation der Funkschnittstelle zusammen. Die Übertragung im UTRAN-FDD-Modus ist in Rahmen und Zeitschlitzen strukturiert. Ein Funkrahmen dauert 10 ms und umfasst genau 38.400 Chips. Die Funkrahmen werden in je 15 Zeitschlitze unterteilt. Folglich ist die Dauer eines Zeitschlitzes 2/3 ms und entspricht 2560 Chips, (Abb. 9.48). Innerhalb eines Zeitschlitzes werden gegebenenfalls verschiedene Kanäle im Zeitmultiplex übertragen. Die Abb. 9.48

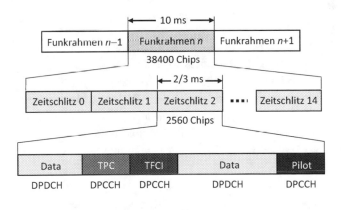

DPCCH	Dedicated Physical Control Channel
DPDCH	Dedicated Physical Data Channel
TFCI	Transport Format Combination Indicator
TPC	Transmission Power Control

Abb. 9.48 Zeitstruktur der Funkschnittstelle (Abwärtsverbindung) mit Chipintervall T_c gleich $1/3{,}84\,\mu s$

zeigt ein Beispiel für die Datenübertragung in der Abwärtsverbindung. Neben den Datensymbolen des Datenkanals *Dedicated Physical Data Channel* (DPDCH) werden Pilotsymbole als Teil des Steuerungskanals *Dedicated Physical Control Channel* (DPCCH) zur Kanalschätzung und Messung des Verhältnisses von Signalleistung zu Interferenzleistung im UE übertragen. Hinzu kommen die Symbole des Transport Format Combination Indicator (TFCI), der die im Rahmen vorhandenen Transportkanäle der MAC-Schicht anzeigt. Die Symbole der Transmission Power Control (TPC) schließlich enthalten die Information zur Sendeleistungsregelung im UE, sodass in jedem Zeitschlitz, also alle 10 bzw. 15 ms, geregelt werden kann.

Die beiden Regelkreise werden innerer bzw. äußerer Regelkreis genannt. Der *innere Regelkreis* ermöglicht eine schnelle Anpassung auf Basis der Zeitschlitze in typischen Schritten von 1 oder 2 dB, d. h. etwa 26 % bzw. 58 % mehr oder weniger Sendeleistung. Es werden mit den Symbolen des TPC-Felds 1500 Steuerungsbefehle pro Sekunde übertragen. Innerhalb von 10 ms sind damit Anpassungen bis zu 30 dB (Leistungsfaktor 1000) möglich. Im Vergleich dazu werden bei GSM nur zwei oder weniger Steuerungsbefehle pro Sekunde und auch nur in der Abwärtsverbindung übertragen.

Der *äußere Regelkreis* stellt den CIR-Sollwert für den inneren Regelkreis zur Verfügung. Seine Zeitbasis liefern die Funkrahmen. Gegebenenfalls wird alle 10 ms ein neuer CIR-Sollwert generiert.

Die beiden Regelungen setzen eine wechselseitige Kommunikation zwischen Teilnehmergerät und Funknetz voraus. Ist dies nicht der Fall, wie z. B. beim Verbindungsaufbau, wird die Leistung des Senders zunächst aufgrund der im Empfänger gemessenen Signalleistung der Gegenstation eingestellt.

Sendeleistung

Die UTRAN-FDD-Endgeräte gibt es in den Leistungsklassen 1–4 mit den maximalen Sendeleistungen 33, 27, 24 und 21 dBm. Für Handgeräte sind die Klassen 3 und 4 typisch, also Endgeräte mit maximalen Sendeleistungen von 250 bzw. 125 mW. Die Sendeleistung ist über einen Dynamikbereich von 80 dB regelbar. Meist bleibt sie unter 10 mW. Die maximalen Sendeleistungen der Basisstationen liegen zwischen 20 und 40 Watt. Je nach Anlage sind auch bis zu 80 W maximal pro Antenne möglich. Die Sendeleistungen der Basisstationen werden ebenfalls geregelt. Der Dynamikbereich beträgt 25 dB.

Zellatmung

Aus der CDMA-typischen Kapazitätsbegrenzung durch die Vielfachzugriffsinterferenzen ergibt sich ein weiteres wichtiges Phänomen: die verkehrsabhängige Vergrößerung und Verkleinerung des Versorgungsgebiets einer Funkzelle, anschaulich *Zellatmung* genannt. Das Phänomen stellt Abb. 9.49 vor. Links ist eine Funkzelle bei geringer Verkehrslast zu sehen. Der Teilnehmer am Rand (UE k) ist mit der Basisstation („node B") solange verbunden, bis das CIR den minimal zulässigen Wert unterschreitet. Dabei ist näherungsweise die Störleistung (I, „interference") durch die Vielfachzugriffsinterferenzen proportional der Zahl der aktiven Teilnehmer bzw. der Auslastung der Zelle. Die Empfangsleistung

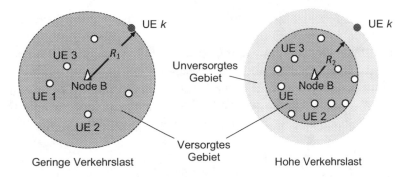

Abb. 9.49 Zellatmung: Funkzellengröße in Abhängigkeit von der Verkehrslast ($R_1 > R_2$)

(C, „channel") wird über den Sollwert für das CIR eingestellt. Dazu wird die Sende-leistung im UE so geregelt, dass die mit zunehmender Entfernung wachsende Ausbrei-tungsdämpfung kompensiert wird. Ist im Endgerät die maximal zulässige Sendeleistung erreicht, kann eine weitere Zunahme der Funkfelddämpfung nicht mehr ausgeregelt wer-den. Die Verbindung wird beendet.

Sind, wie in Abb. 9.49 rechts veranschaulicht, beispielsweise doppelt so viele Teilneh-mer aktiv, so wird zur Erreichung des CIR-Sollwerts entsprechend mehr Sendeleistung benötigt, um die etwa verdoppelte Vielfachzugriffsinterferenz auszugleichen. Zur Kom-pensation der Funkfelddämpfung steht dann weniger Leistungsreserve im Sender zur Ver-fügung. Mit der Vereinfachung, dass im Funkfeld die Empfangsleistung proportional zum Quadrat der Entfernung gedämpft wird (Freiraumausbreitung), reduziert sich der maxi-male Abstand im Beispiel um etwa den Faktor $1/\sqrt{2}$. Im praktischen Betrieb unterliegt die Zellatmung zufälligen Schwankungen.

Mobilfunksysteme mit CDMA-Vielfachzugriff erfordern ein adaptives *Interferenzma-nagement*. Dafür ist vorab keine aufwendige Funkzellenplanung mit Zuweisung von Fre-quenzkanälen und Frequenzwiederholungen notwendig, wie in GSM-basierten Mobil-funksystemen. Bei Bedarf können neue Basisstationen ohne Frequenzplanung installiert werden. Wie später noch erläutert wird, steht darüber hinaus mit Soft Handover eine wirk-same Maßnahme zur Senkung des Interferenzniveaus zur Verfügung.

9.4.3.4   Leistungsbilanz

Die Leistungsbilanz der Funkübertragung dient zur Berechnung von Reichweite, Zellab-deckung und Kapazität – alles Faktoren, die für die Wirtschaftlichkeit des Mobilfunknet-zes entscheidend sein können. In UMTS hängt die Leistungsbilanz von vielen Parametern ab: dem Dienst, der Umgebung, der Art der Mobilität, der Systemkonfiguration etc. Sie wird deshalb anhand von ausgesuchten Modellen abgeschätzt. Drei Beispiele finden sich in Holma et al. (2004). Eines davon wird im Folgenden exemplarisch vorgestellt. Alle dazu benötigten Zahlenwerte sind aus Holma et al. (2004, Table 8.3) entnommen: Im Beispiel wird mit einem Klasse-4-Mobiltelefon aus einem schnell fahrenden Auto telefoniert. Es handelt sich um eine Sprachverbindung mit dem ARM-Codec mit der Bitrate von 12,2 kbit/s.

Wir gehen ähnlich vor wie für GSM in Abschn. 9.1.3.3. In mehreren Schritten bestimmen wir die maximal zulässige Ausbreitungsdämpfung. Dazu berechnen wir zunächst die Sendeleistung, die Gesamtleistung der Störungen und berücksichtigen die Empfänger-empfindlichkeit. Danach beziehen wir die Besonderheiten des Modells mit ein. Schließlich schätzen wir mithilfe der zulässigen Ausbreitungsdämpfung die Zellengröße ab.

Sendeleistung

Der Nennwert der Sendeleistung des Klasse-4-Mobilgeräts ist

$$P_{Si,dB} = 21 \, dBm.$$

Gesamtleistung der Störungen

Für den Empfang in der Basisstation werden zunächst die Leistungen des thermischen Rauschens und der Interferenzstörung des Vielfachzugriffs bestimmt. Die Leistung des thermischen Rauschens („thermal noise") berechnet sich wie in Abschn. 9.1.3.3. Es werden die Umgebungstemperatur 300 K und die äquivalente Rauschbandbreite $B_{neq} = 1/T_c = 3,84$ MHz eingesetzt. Der Eigenbeitrag des Empfängers („receiver noise figure") wird mit dem Rauschmaß von 5 dB berücksichtigt:

$$N_{dB} = 10 \cdot \log_{10} \left(\frac{1,38 \cdot 10^{-23} \, \frac{Ws}{K} \cdot 300 \, K \cdot 3,84 \, MHz}{1 \, mW} \right) dBm + 5 \, dB = -103 \, dBm.$$

Die CDMA-typische Interferenzstörung aufgrund des Vielfachzugriffs wird durch den *Interferenzabstand* („interference margin") charakterisiert. Er gibt den Anstieg des Rauschens durch die Interferenzen an. Die Modellrechnung in (Holma et al. 2004) zeigt für die Aufwärtsrichtung einen Anstieg der Rauschleistung um 3 dB bei einer 50 %-igen Auslastung („load factor") der Funkzelle. (Bei 75 % Auslastung steigt das Rauschen um 6 dB.) Thermisches Rauschen und Interferenzrauschen summieren sich somit zur Gesamtstörleistung („total effective noise") von

$$N_{t,dB} = -103 \, dBm + 3 \, dB = -100 \, dBm.$$

Empfängerempfindlichkeit

Die *Empfängerempfindlichkeit* („receiver sensity") RXLEV gibt die Leistung an, die im Empfangssignals für die Informationsübertragung mindestens notwendig ist. Mit dem zur Detektion mindestens notwendigen Verhältnis von Bitenergie und Rauschleistungsdichte von $E_b/N_0 = 5$ dB, der Gesamtstörleistung $N_{t,dB}$ und dem *Prozessgewinn* $G_P = 3.840.000/12.200 \approx 315$ folgt

$$RXLEV_{min,dB} = \frac{E_b}{N_0} + N_{t,dB} - G_{P,dB} = 5 \, dB - 100 \, dBm - 25 \, dB = -120 \, dBm.$$

Tab. 9.10 Verlustfaktoren (nach Holma et al. 2004, Table 8.3)

Abschirmung des Senders durch den Körper („body loss")	3 dB
Dämpfung beim Senden aus dem Auto („in-car loss")	8 dB
Schwundreserve gegen den schnellen Schwund („fast fading margin", „power control headroom")	0 dB
Schwundreserve gegen Abschattung („log-normal fading margin")	7,3 dB
Anschluss- und Kabelverlust („connection and cable loss")	2 dB
Verluste gesamt	$L_z = 20{,}3$ dB

Man beachte, der Prozessgewinn gibt an, wie stark die Leistung des Empfangssignals durch das Entspreizen gebündelt wird (s. Abb. 9.44). Je größer der Prozessgewinn, umso niedriger die Empfängerempfindlichkeit.

Verluste

Holma et al. (2004) berücksichtigen einige weitere typische Verlustfaktoren (Tab. 9.10). Für die Absorption der Strahlung durch den Körper wird ein Verlust von 3 dB gesetzt. Zusätzlich wird angenommen, dass das Funksignal beim Senden aus dem Auto um 8 dB gedämpft wird.

Die Interferenzen der elektromagnetischen Wellen in der Umgebung des Empfängers können zu kurzzeitigen Schwankungen der Empfangsleistung führen, dem schnellen Schwund. Sollen die Leistungseinbrüche durch eine Leistungsregelung im Sender kompensiert werden, benötigt der Sender eine Leistungsreserve („power control headroom"). Dazu muss das mittlere Leistungsniveau des Senders vorab entsprechend abgesenkt werden. Die Leistungsreserve, auch *Schwundreserve* genannt, geht deshalb prinzipiell negativ in die Leistungsbilanz ein. Im Modell wird für die Kompensation des schnellen Schwunds keine Leistungsreserve (0 dB) vorgesehen. Wegen der angenommenen hohen Geschwindigkeit von etwa 120 km/h, ist hier eine Kompensation nicht möglich.

Die Abschattungseffekte werden vom Umgebungsmodell bestimmt. Im Kanalmodell A für fahrzeugbasierte Mobilgeräte („vehicular A type channel") wird eine Schwundreserve von 7,3 dB angesetzt. Zusammengenommen ergeben die Faktoren in Tab. 9.10 einen Verlust L_z von 20,3 dB.

Gewinne

Sende- und Empfangsantenne können die elektromagnetische Strahlung bündeln und so Leistungsgewinne erzielen (Tab. 9.11). Da die Mobilstation bereits mit maximaler EIRP-Leistung angesetzt wurde, wird für sie kein Antennengewinn berücksichtigt.

Die CDMA-Technologie von UTRAN-FDD macht die Benutzung des gleichen Frequenzbands in benachbarten Funkzellen möglich. Folglich kann das Funksignal an mehreren Basisstationen konstruktiv empfangen werden (s. Abschn. 9.4.3.6). Man spricht von der *Basisstationsdiversität* („soft-handover gain"). Hierfür wird ein Gewinn von 3 dB verbucht. Insgesamt ergibt sich ein Gewinn G_z von 21 dB.

Tab. 9.11 Gewinnfaktoren (nach Holma et al. 2004, Table 8.3)

Antennengewinn Mobilstation („antenna gain")	0 dB
Antennengewinn der Basisstation („base station antenna gain")	18 dB
Gewinn durch Basisstationsdiversität („soft-handover gain")	3 dB
Gewinne gesamt	$G_z = 21$ dB

Leistungsbilanz

Mit obigen Modellannahmen kann die Leistungsbilanz, die Empfangsleistung und die Anforderung bezüglich der Empfängerempfindlichkeit angegeben werden:

$$P_{R,dB} = P_{Si,dB} - L_{dB} - L_{z,dB} + G_{z,dB} \geq RXLEV_{min,dB}.$$

Auflösen nach der zulässigen Ausbreitungsdämpfung ergibt

$$L_{dB} \leq -RXLEV_{min,dB} + P_{Si,dB} - L_{z,dB} + G_{z,dB}$$
$$L_{dB} \leq -(-120\,dBm) + 21\,dBm - 20,3\,dB + 21\,dB = 141,7\,dB.$$

Funkreichweite

Aus Abschn. 9.1.3.2 folgt der entfernungsunabhängige Teil der Ausbreitungsdämpfung für UTRAN-FDD bei der Sendefrequenz von etwa 2 GHz:

$$+20 \cdot \log_{10}\left(\frac{2\,GHz}{1\,Hz}\right) dB - 147,5\,dB = 38,5\,dB.$$

Für den entfernungsabhängigen Teil resultiert mit dem hier gewählten Dämpfungsexponenten von drei (vgl. Tab. 9.2)

$$+30 \cdot \log_{10}\left(\frac{d_{max}}{1\,m}\right) dB = 103,2\,dB$$

und weiter für die maximale Entfernung

$$d_{max} = 10^{103,2/30}\,m = 2754\,m.$$

Das Ergebnis harmoniert mit den in UTRAN-FDD typischen Radien von 2 bis 3 km für große Funkzellen.

Anmerkungen

- Holma et al. (2004) verwenden für die Ausbreitungsdämpfung das Okumura-Hata-Modell. Sie kommen auf einen ähnlichen Wert für den maximalen Funkzellenradius.

- Im Vergleich zur Reichweitenabschätzung für GSM (Abschn. 9.1.3.3) ergeben sich hier etwas kleinere Funkzellen. Bei der Gegenüberstellung der Abschätzungen beachte man die um 12 dB höhere Sendeleistung bei GSM und den hier eingesetzten Antennengewinn von 18 dB in der Basisstation.

Aus dem Beispiel zur Leistungsbilanz lassen sich allgemeine Zusammenhänge zu den Rollen des Prozessgewinns bzw. der Vielfachzugriffsinterferenz erkennen.

Prozessgewinn

Der CDMA-typische Prozessgewinn $P_{G.dB}$ geht negativ in die Empfängerempfindlichkeit *RXLEV* ein. Erhöht sich der Prozessgewinn, so nimmt die Empfängerempfindlichkeit, die mindestens benötigte Empfangsleistung, ab. Entsprechend erhöht sich die die zulässige Ausbreitungsdämpfung und die Funkreichweite nimmt zu. Oder anders herum, Dienste mit hohen Bitraten haben kleine Spreizfaktoren bzw. äquivalent kleine Prozessgewinne. Sie haben relativ kleine Funkreichweiten bzw. müssen mit höheren Leistungen gesendet werden.

Vielfachzugriffsinterferenz

Die Interferenzen durch die Zugriffe der Teilnehmer gehen positiv in die Empfängerempfindlichkeit ein. Mit wachsender Auslastung nimmt die mindestens benötigte Empfangsleistung zu. Entsprechend reduziert sich die zulässige Ausbreitungsdämpfung und die Funkreichweite nimmt ab (Abb. 9.49). Wechselnde Auslastungen einer Funkzelle schlagen sich im Phänomen der Zellatmung nieder.

Anmerkungen

- Holma et al. (2004) stellen in Table 8.5 eine Modellrechnung für den Datendienst mit 384 kbit/s vor. Verglichen mit der Sprachkommunikation aus dem Auto reduziert sich der Prozessgewinn um 15 dB auf nur noch 10 dB. Zur Kompensation des Verlusts wird das Szenario gewechselt. Mit Klasse-3-Geräten wird die Sendeleistung um 3 dB erhöht. Statt der Dämpfung durch Körperabsorption um 3 dB wird ein Antennengewinn des Senders von 2 dB angenommen, vgl. Gewinn der Dipolantenne von 2,15 dB. Die Dämpfung durch das Auto von 8 dB entfällt. Auch das mindestens erforderliche E_b/N_0-Verhältnis wird auf 1 dB reduziert. Durch weitere kleinere Änderungen wird insgesamt eine zulässige Ausbreitungsdämpfung wie im Beispiel der Telefonie aus dem Auto erreicht.
- Die Modellrechnungen können keine realen Funksituationen für die Teilnehmer vorhersagen. Sie geben jedoch für unterschiedliche Szenarien Einblicke in die Machbarkeit und mögliche Einschränkungen und Kosten.

9.4.3.5 Zellulare Funkkapazität

Im Regelbetrieb begrenzt die Vielfachzugriffsinterferenz die Zahl der aktiven Teilnehmer bzw. Dienste. Die *zellulare Funkkapazität* kann mit vereinfachenden Annahmen grob abgeschätzt werden (Viterbi 1995). Dazu gehen wir für alle Teilnehmer von gleichem Dienst Sprachtelefonie und optimaler Leistungsregelung aus. Die maximale Zahl an aktiven Teilnehmern K_{max}, die an einer Basisstation empfangen werden können, hängt wesentlich vom Prozessgewinn G_p und der Robustheit des Modulationsverfahrens gegen Störung durch Rauschen ab. Die Robustheit wird durch das für einen Empfang mindestens notwendige Verhältnis von empfangener Energie pro Bit E_b und effektiver Rauschleistungsdichte $N_{0,eff}$ erfasst. Letztere berücksichtigt mit dem Faktor $(K_{max} - 1)$ die Vielfachzugriffsinterferenz. Es resultiert die Abschätzung für die maximale Teilnehmerzahl

$$K_{max} \leq 1 + \frac{G_P}{(E_b/N_{0,eff})_{min}}.$$

Anmerkungen

- Eine Verdoppelung des Prozessgewinns bei gleicher Nettobitrate führt im Wesentlichen auf die doppelte zellulare Funkkapazität. Allerdings zieht sie auch die Belegung der doppelten Bandbreite nach sich.
- Eine Verdoppelung des Prozessgewinns bei gleicher Bandbreite führt ebenfalls auf die doppelte zellulare Funkkapazität. Jedoch steht dann pro Teilnehmer bzw. Dienst nur noch die halbe Nettobitrate zur Verfügung.
- Die Interferenzabschätzung gilt nicht für orthogonale Spreizcodes, wie sie in der Abwärtsverbindung bei UTRAN eingesetzt werden. In UTRAN wird bei hoher Auslastung die Kapazität der Zelle durch die nicht orthogonalen Signale der Aufwärtsverbindungen begrenzt.

Das minimale Verhältnis $E_b/N_{0,eff}$ wird durch das Modulationsverfahren bestimmt. Typische Werte liegen zwischen 6 und 10 dB. Der Spreizfaktor orientiert sich am gewünschten Dienst. Für die Sprachtelefonie mit dem AMR-Codec (Adaptiv Multi Rate) sind optional acht Nettobitraten von 4,75–12,2 kbit/s vorgesehen. Berücksichtigt man noch eine Kanalcodierung als Fehlerschutz, so folgt für die Sprachtelefonie mit der Bruttobitrate von 60 kbit/s der Spreizfaktor 128 aus Tab. 9.9. Mit dem Spreizfaktor und dem optimistischen Wert von 6 dB ergibt sich die zellulare Funkkapazität für (nur) Sprachtelefonie von 33 gleichzeitig aktiven Teilnehmern. Wird alternativ die Telefonsprache mit der kleinen Nettobitrate von 5,15 kbit/s codiert, genügt die halbe Bruttobitrate. Mit dem Spreizfaktor 256 aus Tab. 9.9 verdoppelt sich die Zahl der möglichen Teilnehmer nun auf 65. Die vorgestellte Abschätzung ist stark vereinfacht und lässt weitere positive und negative Einflussfaktoren des realen Betriebs außer Acht. Eine alternative Modellrechnung („pole capacity") von Holma et al. (2004, Table 12.15), die noch einige Verbesserungsmaßnahmen für UTRAN einschließt, ergibt etwa 80–112 Sprachdienstteilnehmer. Darin ist beispielsweise berücksichtigt, dass bei der Sprachübertragung häufig Pausen auftreten und die Übertragung kurzzeitig unterbrochen werden kann. Sprachpausen können im AMR-Coder erkannt (VAD, Voice Activity Detection) und die Sprachrahmen durch Silence-Descriptor(SID)-Rahmen mit einer Nettobitrate von 1,8 kbit/s ersetzt werden. Durch die Reduktion der Bitrate kann der Prozessgewinn erhöht und die Sendeleistung erniedrigt werden. Letztlich wird dadurch das Interferenzniveau reduziert und die Kapazität vergrößert.

Anmerkungen

- Mit Zulassen von Pausen bei der Datenübertragung (DTX, Discontinuous Transmission) können Electromagnetic-Compatibility(EMC)-Probleme einhergehen. Werden nämlich im Zeitmultiplex zusätzlich regelmäßig Steuerungssignale, wie z. B. zur Leistungssteuerung, gesendet, können beim Teilnehmer gepulste elektromagnetische Störungen im Kilohertzbereich auftreten. Um diese EMC-Probleme zu vermeiden, werden in UTRAN die Steuerungssignale in der Aufwärtsverbindung im Codemultiplex kontinuierlich übertragen.
- Die Telefonie unterstützt UMTS mit dem AMR-Sprachcodec mit acht Nettobitraten von 4,75 bis 12,2 kbit/s. Letztere entspricht dem GSM-EFR-Codec. In UMTS Release 5 werden zusätzliche Sprachcodecs (AMR-WB, WideBand AMR) mit höherer Qualität, allerdings auch höheren Bitraten definiert

Soll eine hohe Teilnehmerdichte bedient werden, wie z. B. in Fußgängerzonen, Sportstadien usw., sind viele kleine Funkzellen erforderlich. Werden an den Basisstationen zusätzlich Richtantennen eingesetzt, typischerweise drei Antennen mit je 120° Hauptkeulenbreite, entstehen kleinere Funkzellen, Sektoren genannt. Auch sechs Antennen mit 60° Hauptkeulenbreite finden Verwendung.

Für ein flächendeckendes UMTS-Netz werden kleinere Funkzellen und folglich mehr Basisstationen als für GSM/GPRS benötigt. Diesem Nachteil steht der Vorteil kleinerer Sendeleistungen gegenüber. So ist die maximale Sendeleistung typischer Teilnehmerendgeräte in Europa auf 0,25 W begrenzt, statt 2 W bei GSM.

Weltweit wird weiter daran geforscht, die Mehrfachzugriffsinterferenzen zu senken. Anordnungen mit mehreren Antennen (MIMO, Multiple Input Multiple Output) und fortschrittliche Verfahren der digitalen Signalverarbeitung ermöglichen es, die jeweiligen Funksignale auf die einzelnen Teilnehmer zu richten („adaptive beam-forming") sowie Interferenzen algorithmisch zu reduzieren („multi-user interference cancellation").

9.4.3.6   Handover

Die Mobilität der Teilnehmer erfordert in UMTS-Funknetzen ein Mobilitätsmanagement ähnlich dem in GSM-basierten Netzen, um beispielsweise Teilnehmern einzubuchen oder zu rufen. Für bestehende leitungsorientierte Verbindungen, z. B. Telefongespräche oder Videokonferenzen, ist ein unterbrechungsfreier Wechsel zwischen den Funkzellen, ein

Handover, zu realisieren. Bei GSM wird dazu hart vom Frequenzkanal der aktuellen Basisstation (BTS) zum Frequenzkanal der neuen Basisstation umgeschaltet. Anders beim UTRAN-FDD-Modus: Da benachbarte Basisstationen („node B") im gleichen Frequenzband senden und empfangen, kann die Nachricht prinzipiell gleichzeitig von mehreren Basisstationen gesendet bzw. empfangen werden. Im UTRAN-FDD-Modus gibt es drei Arten des *Intrafrequenz-Handover:*

- Hard Handover,
- Soft Handover und
- Softer Handover.

Wie bei GSM wird der Handover durch die Endgeräte unterstützt. Hierzu erhalten die Endgeräte vom *Radio Network Controller* (RNC) eine Liste mit Informationen über die zu beobachtenden Basisstationen und die benutzten Frequenzkanäle. Die Endgeräte führen regelmäßig spezielle Messungen an den verschiedenen Frequenzkanälen durch. In UTRAN benutzen die Basisstationen die gleiche Sendefrequenz aber spezifische Verwürfelungscodes („primary code"). Deren Signale können getrennt ausgewertet werden und bilden sich beispielsweise im Sucher des Rake-Empfängers in Abb. 9.42 als Spitzen (Peak) ab. Für die Handover-Vorbereitung analysieren die Endgeräte die Anzeige im Sucher nach Zugehörigkeit zu einer Basisstation und messen die Verhältnisse der jeweiligen Empfangsleistungen zu den Interferenzen anhand der Pilotsignale. Die Handover-Messberichte werden regelmäßig an den steuernden RNC übertragen. Der RNC wiederum liefert dem Endgerät die notwendigen Netzinformationen und steuert schließlich den Handover.

Hard Handover

Beim *Hard Handover* ist die Mobilstation jeweils nur mit einer Basisstation verbunden. Wenn der RNC aufgrund von Signalstärkemessungen erkennt, dass die Verbindung zu einer anderen Basisstation mit weniger Sendeleistung nachhaltig möglich ist, kann der RNC die neue Zelle vorbereiten und danach das Endgerät zum Handover auffordern. Dazu ist dem Endgerät der neue basisstationsspezifische Verwürfelungscode (Scrambling-Code) mitzuteilen. Der Zellenwechsel wird meist in weniger als 100 ms durchgeführt. Danach kann die Nutzdatenübertragung wieder aufgenommen werden. Gegebenenfalls wird dem Endgerät auch für einen *Interfrequenz-Handover* eine neue Sendefrequenz zugeteilt.

Auch ein Wechsel in die Zelle eines anderen RNC ist möglich. Diesen Fall regeln die RNC über die bei UTRAN neu geschaffene Schnittstelle I$_{ur}$. Im Vergleich zu den Base Station Controllern (BSC) in GSM, die an die MSC angebunden sind, wird bei UTRAN durch die RNC das Kernnetz nicht einfach nur entlastet, sondern gleichzeitig werden Steuerungsintelligenz und Steuerungsmöglichkeiten im RAN erhöht.

Soft Handover

Durch die CDMA-Technik kann in benachbarten Zellen die gleiche Sendefrequenz verwendet werden. Dies eröffnet die Möglichkeit, die Signale gleichzeitig über mehrere

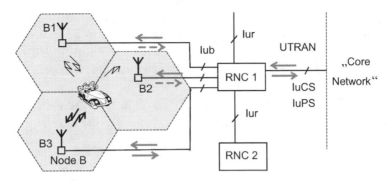

Abb. 9.50 UTRAN/FDD Soft Handover

Basisstationen auszutauschen. Beim *Soft Handover* im UTRAN-FDD-Modus kann eine Verbindung mit maximal sechs Basisstationen gleichzeitig bestehen (Abb. 9.50). Die Nachricht wird netzseitig vom RNC zu den aktiv beteiligten Basisstationen, dem „active set", übertragen und von dort mit ihren jeweiligen Verwürfelungscodes an das Endgerät gesendet. Das Endgerät kann, entsprechende Ausstattung vorausgesetzt, die Signale der Basisstationen getrennt empfangen und zur Signalverbesserung kombinieren. Für den Soft Handover ist eine Synchronisation der beteiligten Basisstationen notwendig, damit die Signale im Rake-Empfänger kombiniert werden können. Hierfür führt das Endgerät vorbereitend Laufzeitmessungen durch und meldet die Laufzeitdifferenzen an den steuernden RNC.

Auf der Aufwärtsstrecke empfangen die beteiligten Basisstationen das Funksignal vom Endgerät und geben die Nachrichten mit einem Zuverlässigkeitsindikator („frame reliability indicator") an den RNC weiter. Dieser kombiniert die Nachrichtenrahmen im Sinn einer Bestenauswahl („selection combining"). Das heißt, das jeweils zuverlässigste Datenpaket wird an das Kernnetz weitergereicht, in Abb. 9.50 beispielsweise die von Basisstation B3 empfangenen Daten. Bewegt sich das Endgerät von einer Basisstation zu einer anderen, gibt es keinen festen Umschaltzeitpunkt, deshalb der Name Soft Handover. Die ursprüngliche Verbindung des Endgeräts zur alten Basisstation wird entsprechend der Signalqualität schließlich abgebaut.

Über die I_{ur}-Schnittstelle ist auch ein Soft Handover über zwei RNC hinweg möglich.

Durch den Soft Handover wird für mobile Teilnehmer eine plötzliche Unterbrechung der Übertragung viel unwahrscheinlicher, da bereits eine neue Verbindung aufgebaut ist. Darüber hinaus können die Endgeräte meist mit geringerer Leistung senden und so das Interferenzniveau in den beteiligten Zellen senken. Das kommt der Kapazität der Funkzellen unmittelbar zugute. Auch das Nah-Fern-Problem wird entschärft. Der Soft Handover ist ein wichtiges Leistungsmerkmal des UTRAN.

Die *Basisstationsdiversität* („base station diversity") durch den Soft Handover bietet zusammengefasst drei entscheidende Vorteile für das Funknetz:

- *Makrodiversität* – Abschattungen werden unwahrscheinlicher, weil sich die Funkstrecken zu den Basisstationen unterscheiden.
- *Mikrodiversität* – durch die Mehrwegediversität bezüglich der Basisstationen ergeben sich zueinander unkorrelierte schnelle Schwundprozesse, sodass kurzzeitige komplette Signalauslöschungen unwahrscheinlicher werden.
- Der Nah-Fern-Effekt wird reduziert.

Die Vorteile des Soft Handover lassen sich allerdings nur durch einen erhöhten Aufwand realisieren. Um den Aufwand im UTRAN klein zu halten, wurde nur das selektive Kombinieren der Datenpakte im RNC eingeführt. Dabei wird signaltheoretisch gesehen auf wertvolle Information für die Detektion verzichtet. Um diese zumindest teilweise nutzbar zu machen, wurde noch ein dritter Handover-Typ eingeführt, Softer Handover genannt.

Softer Handover
Der *Softer Handover* ist ein Sonderfall des Soft Handover. Wird an einer Basisstationen eine *Sektorisierung* mit drei oder sechs Richtantennen vorgenommen, können die jeweiligen Empfangssignale einer Verbindung ohne aufwendige Signalisierung und Übertragung in der Basisstation vor Ort kombiniert werden (Abb. 9.51).

Interfrequenz-Handover
Für den praktischen Betrieb des UTRAN-Funknetzes sind nicht nur die vorgestellten CDMA-typischen Intrafrequenz-Handover wichtig, sondern auch der Wechsel des Frequenzbands sollte während einer Verbindung möglich sein.

Der Wechsel des Frequenzbands, der *Interfrequenz-Handover* („inter-frequency handover"), versteht sich aus Kapazitätsgründen von selbst. Viele Netzbetreiber besitzen mindestens zwei Frequenzbänder. So kann an einem Ort mit hohem Verkehrsbedarf (Hotspot) ein zweites Frequenzband verwendet oder eine hierarchische Struktur mit Makro- und Mikrozellen aufgebaut werden (Abb. 9.52).

Abb. 9.51 „Softer Handover"

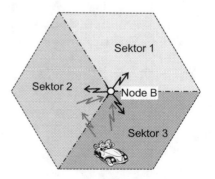

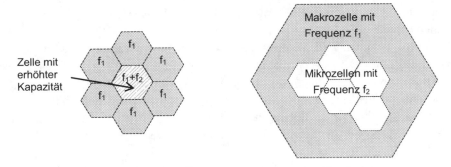

Abb. 9.52 Beispiele für die Nutzung zweier Frequenzbänder im RAN mit Interfrequenz-Handover

Anmerkungen

- Man unterscheidet die Funkzellen nach Größe in Makro-, Mikro-, Pico- und Femtozellen. Entsprechend werden auch die Basisstationen als Produkte vermarktet, wobei die Grenzen nicht scharf gezogen werden. Eine grobe Orientierung liefert folgende Einteilung: Makrozellen haben Radien von größer etwa 10 km, Mikrozellen von etwa 1 km. Picozellen sind kleiner als Mikrozellen und werden meist in Gebäuden wie Bahnhofshallen, Einkaufzentren etc. eingesetzt. Basisstationen für Femtozellen sind eine relativ neue Entwicklung (Release 8) und, ähnlich dem WLAN, auch für Installationen in den Teilnehmerwohnungen gedacht. Wegen der sich daraus ergebenden sozialen und rechtlichen Implikationen wird der breite Einsatz von Femtozellen kontrovers diskutiert.
- Ob und wie Makro-, Mikro-, Pico- oder Femtozellen eingesetzt werden, hat große Auswirkungen auf die Funknetze. Vor- und Nachteile müssen jeweils gegeneinander abgewogen werden.

Komprimierte Übertragung

Soll bei laufender Verbindung ein Interfrequenz-Handover vorgenommen werden, müssen für die Steuerung physikalische Parameter des neuen Frequenzkanals, wie z. B. der Empfangspegel am Endgerät zur Leistungsregelung, bekannt sein. Deshalb werden vom Endgerät vorbereitend Messungen im neuen Frequenzkanal vorgenommen. Während dieser Zeit ist keine Datenübertragung möglich. UTRAN-FDD sieht dazu Zeitfenster der Dauer von 3 bis 14 Zeitschlitzen vor (s. Abb. 9.48). Um die Übertragungspause auszugleichen, werden im Funkrahmen („single-frame method") bzw. in dem vorhergehenden und dem nachfolgenden Rahmen („double-frame method") die Daten komprimiert übertragen. Man spricht anschaulich vom „compressed mode". Es stehen prinzipiell drei Methoden zur Vermeidung des messungsbedingten Datenverlusts zur Verfügung:

- Kurzzeitige Reduktion der Datenrate im zuliefernden Dienst (durch höhere Protokoll-schichten)
- Kurzzeitige Erhöhung der Datenrate im Funkkanal verbunden mit der Reduktion des Prozessgewinns. Damit sinkt die Robustheit der Übertragung gegen Störungen, was eventuell durch eine Erhöhung der Sendeleistung ausgeglichen werden kann.
- Kurzzeitiges Punktieren des Datenstroms mit Entfernen von Redundanzbits der Kanal-codierung. Damit sinkt die Robustheit der Übertragung gegen Störungen, was eventuell durch eine Erhöhung der Sendeleistung ausgeglichen werden kann.

Vorbereitenden Messungen können insbesondere bei einem Wechsel von UTRAN auf GSM/GPRS, dem Intersystem-Handover, notwendig werden.

Intersystem-Handover

Der Aufbau der Mobilfunknetze der dritten Generation findet i. d. R. dort statt, wo schon Mobilfunknetze der zweiten Generation existieren. Mehr noch, UTRAN ist als Evolution von GSM-basierten Netzen mit bereits mehreren hundert Millionen Teilnehmern gedacht. Der Netzaufbau kann nur schrittweise erfolgen, sodass zunächst Inselnetze entstehen. Teilnehmer, die die fast flächendeckende Funkversorgung von GSM gewöhnt sind, kön-nen für die neue Technik nur gewonnen werden, wenn sie keine Einschränkungen der Versorgung hinnehmen müssen. Aus unternehmerischer Sicht ist deshalb ein fallweiser Rückgriff auf GSM unverzichtbar. UMTS hat darum und aufgrund der weiteren prakti-schen Vorteilen, die sich für die Netzbetreiber ergeben, den *Intersystem-Handover* spezi-fiziert. Insbesondere wurde die Möglichkeit für einen Wechsel aus und in GSM-basierten Mobilfunknetzen während einer laufenden Verbindung geschaffen. Je nach Szenario sind hinsichtlich der technischen (Funkmessungen, Signalisierung etc.) und administrativen Aspekte (Berechtigungen, Sicherheit, Bezahlung etc.) unterschiedliche Varianten mög-lich. Eine Darstellung der Details würde den hier gesteckten Rahmen überschreiten.

9.4.3.7   Protokollstapel für die UTRAN-Funkschnittstelle

GSM und GPRS weisen die grundlegenden Funktionen eines modernen öffentlichen Mo-bilfunksystems auf: Verwaltung der Mobilität von Teilnehmern und Geräten (Mobility Management) und Bereitstellung von Diensten durch Zuteilung geeigneter Betriebsmittel (Radio Resource Management) wie Funkzellen, Frequenzkanäle und Zeitschlitze. UMTS knüpft an GSM/GPRS an, unterstützt jedoch Dienste mit einem breiten Spektrum an Dienstmerkmalen sowie die schnelle dynamische Anpassung der Funkübertragung an den wechselnden Verkehrsbedarf im Dienstmix. Die damit verbundene Komplexität im Detail wird durch den Protokollstapel für den Zugriff und die Steuerung der Funkschnittstelle in eine übersichtlichere Darstellung gebracht. Die Abb. 9.53 illustriert beispielhaft die Kom-munikation von TCP-/IP-Datagrammen über die Funkschnittstelle. Das TCP-/IP-Szenario ist auch deshalb interessant, weil All-IP-UMTS-Netze Signalisierungsnachrichten und Nutzdaten mit IP-Datagrammen austauschen.

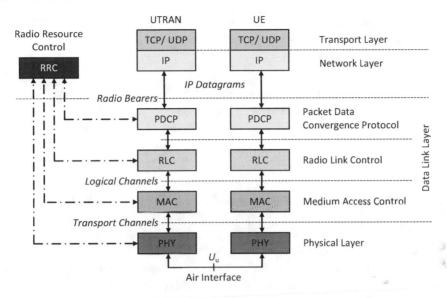

Abb. 9.53 Protokollstapel für die Luftschnittstelle am Beispiel einer TCP/IP-Übertragung für den UMTS-FDD-Modus

Anmerkungen

- Bei einer Punkt-zu-Multipunkt-Übertragung wird die Broadcast-and-Multicast-Control(BMC)-Schicht vor der RLC-Schicht durchlaufen. In Abb. 9.53 wurde sie der Einfachheit halber weggelassen.
- Vergleiche auch GPRS-Protokollarchitektur in Abb. 9.27.

In Abb. 9.53 geschieht die Abbildung der IP-Datagramme auf die Funkschnittstelle in vier Schritten: in der *Packet-Data-Convergence-Protocol(PDCP)-Schicht*, der *Radio-Link-Control(RLC)-Schicht*, der *Medium-Access-Control(MAC)-Schicht* und der *Physical-Layer(PHY)-Schicht*.

Die PDCP-Schicht stellt die Brücke zum IP-Protokoll her. Im Beispiel nimmt sie IP-Datagramme entgegen bzw. stellt sie zu. Von besonderer Bedeutung ist sie beispielsweise bei der Internettelefonie Voice over IP (VoIP). Es werden typischerweise kurze IP-Datagramme übertragen, bei denen der Header mit 20 Oktetten (IPv4) ebenso lang ist wie die Sprachinformation. Dabei sind viele Informationen im Header statisch bzw. bei der Funkübertragung impliziert, wie z. B. die Teilnehmeradresse. Weglassen dieser redundanten Informationen, die Methode wird „header compression" genannt, reduziert die Belastung der Funkschnittstelle deutlich und erhöht so die zellulare Funkkapazität.

RLC-Schicht und MAC-Schicht übernehmen die Aufgaben der Datensicherungsschicht („data link layer") im OSI-Referenzmodell. Der Schutz gegen Übertragungsfehler
obliegt der RLC-Schicht. Die Anpassung an das Übertragungsmedium geschieht in der
MAC-Schicht.

Die RLC-Schicht bietet (gegebenenfalls via PDCP) der Netzschicht Trägerdienste („radio bearer") an, wobei sie die speziellen Eigenschaften des Funknetzes verbirgt. Die
typischen Aufgaben der Datensicherungsschicht erfüllt sie durch die drei möglichen Über-
tragungsmodi:

- Gesicherte Übertragung mit Wiederholung („acknowledged mode"). Datenblöcke mit
  Flusskontrolle und Fehlererkennung mit gegebenenfalls Übertragungswiederholung
  (ARQ) und Verschlüsselung („ciphering")
- Gesicherte Übertragung ohne Wiederholung („unacknowledged mode"). Als fehlerhaft
  erkannte Datenblöcke werden verworfen, Verschlüsselung
- Ungesicherte Übertragung („transparent mode"). Übertragung ohne Zusatzinformatio-
  nen (Kopffeld) durch RLC-Schicht, keine Verschlüsselung

Die IP-Datagramme werden in der RLC-Schicht gegebenenfalls segmentiert bzw. assem-
bliert. Mit der MAC-Schicht tauscht die RLC-Schicht Datenblöcke bestimmter Längen
aus und vereinfacht somit die Organisation von Warteschlangen und Sendezeitpunkten.

Die MAC-Schicht stellt logische Kanäle („logical channels") zur Verfügung. Die Art
der transportierten Information, ob Verkehrs- oder Steuerungskanäle, steht im Vordergrund. Beispiele sind die Nutzdaten (DTCH, Dedicated Traffic Channel), Signalisierung
bei bestehender Verkehrsverbindung (DCCH, Dedicated Control Channel) oder außerhalb
(CCCH, Common Control Channel) und Systeminformation für alle (BCCH, Broadcast
Control Channel). Mit den logischen Kanälen verbunden sind gewisse Anforderungen wie
Bitraten, Zustellzeiten usw.

Die MAC-Schicht bildet die logischen Kanäle auf die Transportkanäle („transport
channels") der Bitübertragungsschicht (PHY) ab. Aus den Datenblöcken der logischen
Kanäle werden *Transportblöcke* (TB) der Transportkanäle und umgekehrt. Dabei kommt
die für den Dienstmix notwendige Flexibilität, aber auch Komplexität der Funkübertragung im UMTS-FDD-Modus zum Vorschein. Um die möglichen Kombinationen von
Diensten mit ihren spezifischen Merkmalen effizient zu unterstützen, werden *Transportformate* (TF) definiert. Sie legen genau fest, wie Transportblöcke in der physikalischen
Schicht zu behandeln sind, beispielsweise wie groß der TB ist, welche Art des Fehlerschutzes verwendet wird und wie groß die zulässige Übertragungszeit (TTI, Transmission
Time Interval") in Vielfachen der Dauer eines Funkrahmens, also 10, 20, 40 oder 80 ms,
ist. Die TB werden zu *Transport Block Sets* (TBS) gruppiert und so der Aufwand verringert. Ähnlich werden *Transport Format Sets* (TFS) mit kompatiblen Transportformaten
gebildet. TBS und TFS bilden die Basis für die Abbildung der logischen Kanäle durch die
MAC-Schicht.

Anmerkung

- Nachrichten unterschiedlicher Teilnehmer können im Multiplex übertragen werden, da sie unabhängig verschlüsselt sind. Für den Fall des transparenten Modus in der RLC-Schicht wird die Verschlüsselung in der MAC-Schicht vorgenommen.

Die *Bitübertragungsschicht* (PHY) ist für die unmittelbare Funkübertragung der Daten zuständig. Sie stellt die Transportkanäle bereit und unterstützt die Funktionen, die direkt für die Funkübertragung relevant sind, wie Handover, Synchronisation, Leistungsregelung und Messprotokolle. Die PHY-Schicht ist im Funkzugangsnetz (RAN) in den „node B" angesiedelt. Dort werden auch Kanalcodierung und -decodierung vorgenommen. Im Beispiel einer Coderate von 1/3 wird dadurch aufwendiger Datenverkehr im UTRAN vermieden.

Anmerkung

- Siehe auch Soft Handover im RNC und Softer Handover im „node B".

Das Konzept der dreigestuften Hierarchie von Kanälen fasst Abb. 9.54 zusammen (z. B. Sauter 2015, Abb. 3.13). Mit den logischen Kanälen werden der Netzwerkschicht Dienste mit bestimmten Merkmalen zur Verfügung gestellt – unabhängig von der tatsächlichen Implementierung auf der Funkschnittstelle. Die Daten der logischen Kanäle werden in

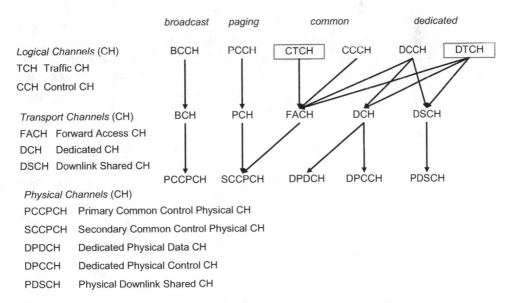

Abb. 9.54 Kanalhierarchie mit logischen Kanälen, Transportkanälen und physikalischen Kanälen in der Abwärtsverbindung UTRAN/FDD

einem Zwischenschritt zur Funkübertragung vorbereitet. Dies geschieht durch Abbilden der logischen Kanäle auf die Transportkanäle. Die Transportkanäle sind mit Transportformaten versehen, die die Verarbeitung durch die physikalischen Kanäle definieren, wie beispielsweise Transportblockgröße, Art der Kanalcodierung und Fehlerkorrektur, Coderate etc.

In den physikalischen Kanälen, in der physikalischen Schicht, werden die Daten (Nutzlast) entsprechend der Transportformate verarbeitet und übertragen. Hinzu kommen Signalisierungs- und Steuerungsaufgaben wie z. B. das Einfügen von Information im DPCCH für die Leistungssteuerung (TPC, Transmission Power Control), für das Transportformat (TFCI, Transport Format Combination Indicator) und Pilotbits (s. Abb. 9.48). Die beiden physikalische Kanäle PCCPCH und SCCPCH werden zur Synchronisation bei der Netzwerksuche benötigt. Anhand des PCCPCH mit dem basisstationsspezifischen Verwürfelungscode („primary code") wird der stärkste Sender ausgewählt und der Beginn der Zeitschlitze erkannt. Die Analyse des SCCPCH liefert den Beginn der Rahmen und das Endgerät kann nun synchronisiert die Systeminformationen auslesen. Gegebenenfalls kann sich das Endgerät danach in Aufwärtsrichtung mit dem Physical Random Access Cannel (PRACH) im Netz anmelden.

Anmerkung

- Vergleiche Verbindungsaufbau in GSM mit den Steuerungskanälen FCH, SCH, RACH und AGCH.

Der effiziente Betrieb der Luftschnittstelle erfordert eine schnelle und umfassende Steuerung auf der Grundlage aktueller Daten über Funkbedingungen und Dienste. Hierfür dient die Funkbetriebsmittelsteuerung (RRC, Radio Resource Control) in der Netzwerkschicht. In der RRC-Schicht werden Daten aus den RLC-, MAC- und PHY-Schichten gesammelt, verarbeitet und die genannten Schichten gesteuert.

Aufgabe 9.41 Zellulare Funkkapazität
Verifizieren Sie die Abschätzung der zellularen Funkkapazität in Abschn. 9.4.3.5. Starten Sie allgemein mit dem Ansatz für das SNR und formen Sie so um, dass die Formel in Abschn. 9.4.3.5 entsteht. Benutzen Sie für die Abschätzung nur elementare Zusammenhänge.

Aufgabe 9.42 Leistungsbilanz und Funkreichweite
Die Leistungsbilanz in UMTS hängt von vielen Parametern ab: dem Dienst, der Umgebung, der Mobilität, der Systemkonfiguration etc.

a) Schätzen Sie in einer vereinfachten Modellrechnung für die Aufwärtsstrecke die zulässige Funkfelddämpfung ab, wenn zu einem typischen Fall folgende Parameter berücksichtigt werden:

- Dienstbitrate 144 kbit/s
- Maximale Sendeleistung (MS) 0,25 W
- Antennengewinn (MS) 2 dB
- Dämpfung beim Senden aus dem Gebäude („indoor loss") 15 dB
- Zellenauslastung 75 %
- Rauschzahl Empfänger (BS) 5 dB
- Antennengewinn (BS) 18 dB
- Anschluss- und Kabelverluste (BS) 2 dB
- E_b/N_0 mindestens 1 dB
- Verlustausgleich bei schnellem Schwund 4 dB
- Verlustausgleich bei Abschattung 4 dB
- Gewinn durch Basisstationsdiversität 2 dB

b) Wie groß ist der maximale Funkzellenradius in a)?

Aufgabe 9.43 Ja-Nein-Fragen ($\square$)/Lückentextfragen (_)
Die Fragen beziehen sich auf den UTRAN-FDD-Modus.

(1)   Der CDMA-Vielfachzugriff durch die Teilnehmer setzt voraus, dass alle UE mit etwa gleicher Leistung senden. $\square$

(2)   Der Sendeleistungsregelung liegt der Sollwert des ___-Verhältnisses zugrunde.

(3)   Für den inneren Regelkreis der Leistungssteuerung werden pro Sekunde 1500 Steuerungsbefehle übertragen. $\square$

(4)   Die Dauer eines Funkrahmens ist 10 ms. $\square$

(5)   Das OVSF-Codewort $c_{8,1}$ spreizt die Signalbandbreite um den Faktor acht. $\square$

(6)   Telefonsprache wird mit den Spreizfaktoren ___ oder ___ übertragen.

(7)   Statt der Frequenzplanung bei GSM/GPRS ist bei UTRAN ___ notwendig.

(8)   In UTRAN sind drei Arten des Intrafrequenz-Handover möglich: Hard Handover, ___ und ___.

(9)   Bei der Basisstationsdiversität verbinden sich bis zu sechs Basisstationen („node B") untereinander. $\square$

(10) Während einer laufenden Sprachverbindung kann von UTRAN zu GSM/GPRS gewechselt werden. $\square$

(11) Je nach Anforderung wird von UTRAN entweder ein logischer Kanal, ein Transportkanal oder ein physikalischer Kanal zur Verfügung gestellt. $\square$

(12) Bei UTRAN geschieht die Kanalcodierung und -decodierung im RNC, um die Datenübertragung auf der gesamten Strecke gegen Übertragungsfehler zu schützen. $\square$

9.4.4   High-Speed Packet Access (HSPA)

Das Webbrowsing erfordert eine stoßartige Übertragung der Daten, wenn sich die Anzeige schnell aufbauen soll. Eine technisch kritische Größe für die von den Teilnehmern

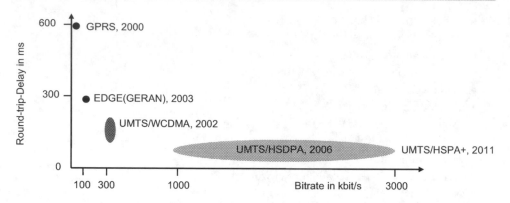

Abb. 9.55 Entwicklung der Datenübertragung in GSM- und UMTS-Mobilfunknetzen (nach Holma und Toskala 2006, Fig. 1.9)

wahrgenommene Qualität eines TK-Datennetzes ist deshalb das „round-trip delay", die Übertragungszeit zwischen dem Senden eines Datagramms und dem Erhalt der Quittung. Bei der Weiterentwicklung der Mobilfunksysteme wurde deshalb sowohl auf eine hohe Bitrate als auch auf ein kurzes „round-trip delay" Wert gelegt. Die erzielten enormen Fortschritte innerhalb weniger Jahre zeigt Abb. 9.55. Im Jahr 2006 erreicht der paketori-entierte UMTS-Datendienst *High-Speed Downlink Packet Access* (HSDPA) Bitraten über 3 Mbit/s bei Verzögerungszeiten von weniger als 100 ms. Weiterentwicklungen in UMTS machen kaum 10 Jahre später (Spitzen-)Bitraten von über 100 Mbit/s möglich. Die dazu notwendigen technischen Innovationen werden im Folgenden am Beispiel des UTRAN-FDD vorgestellt.

9.4.4.1 High-Speed Downlink Packet Access
Im Jahr 2000 begannen im 3GPP-Projekt die ersten Studien für einen schnellen, breit-bandigen paketorientierten Datendienst für UMTS. Ähnlich wie bei der Ergänzung von GSM durch GPRS sollte eine kompatible Lösung für die Funkschnittstelle gefunden wer-den, die im Zugangsnetz im Wesentlichen durch ein Softwareupdate verwirklicht werden kann. Dem Bedarf entsprechend wurde zunächst die Abwärtsverbindung (Downlink) in den Mittelpunkt gestellt und 2002 mit der Spezifikation von HSDPA in Release 5 begon-nen.

Avisiert wurde die Einführung von HSDPA mit einer Bitrate von mindestens 1,8 Mbit/s und einer späteren schrittweisen Verdopplung bis 14,4 Mbit/s. Bei den Werten handelt es sich um theoretische Bruttobitraten für den Spitzendurchsatz („peak user data rate") des typisch stoßartigen Verkehrs. HSDPA war 2006 erstmals kommerziell verfügbar.

Funkzelle
Die Innovationen des HSDPA werden durch drei allgemeine Beobachtungen in den Funk-zellen motiviert:

- Die Teilnehmer einer Funkzelle stehen im Wettbewerb um die Kanäle, die OVSF-Codes. Dabei kann das benötigte Datenvolumen kurzzeitig stark schwanken.
- Die Qualitäten der Funkkanäle zu den Teilnehmern können kurzzeitig und unterschiedlich voneinander stark schwanken.
- Die Maximierung des Durchsatzes der gesamten Funkzelle kommt allen Teilnehmern zugute (eine faire Ressourcenzuteilung vorausgesetzt).

Aus den Beobachtungen leitet sich die Forderung nach Adaptivität in den Funkzellen ab. Die Daten sollten in der Basisstation zwischengespeichert und dann zum jeweiligen Teilnehmer übertragen werden, wenn dessen Funkkanal gerade eine hohe Qualität aufweist. Entsprechendes gilt auch für die Endgeräte (UE). Womit die Basisstation („node B") ins Zentrum der Überlegungen rückt. Um die Reaktionszeiten sowie den Datenverkehr auf der I_{ub}-Schnittstelle zwischen „node B" und RNC klein zu halten, werden zwei wichtige Aufgaben der Steuerung vor Ort in der Basisstation implementiert. Zum Ersten ist es die Datenfluss-Steuerung („scheduling") für den neu einzuführenden Zeitmultiplex: Welches UE erhält wann Daten bzw. darf senden? Zum Zweiten ist es die Anpassung der Parameter der Funkübertragung an den jeweiligen Kanal („link adaptation"): Wie werden die Daten zum UE übertragen? Beide Aufgaben betreffen die physikalische Schicht.

▶   Um die Übertragungskapazität einer Funkzelle möglichst vollständig zu nutzen, sollten jedem Teilnehmer die Funkressourcen zugewiesen werden, die der momentanen Dringlichkeit seiner Nachricht und der Kapazität auf seinem Funkkanal entsprechen.

Datenflusssteuerung

Die Funkübertragung geschieht logisch im High-Speed Downlink Shared Channel (HS-DSCH), der in einer Funkzelle im Zeitmultiplex zwischen den Endgeräten geteilt wird. Die *Datenflusssteuerung* des HS-DSCH auf der Funkschnittstelle bedient sich der Kanalqualität CQI (*Channel Quality Information*) und des Pufferstatus. Die Priorität der Übertragung steigt mit der Kanalqualität und dem Füllstand des Pufferspeichers (Abb. 9.56). Daneben berücksichtigt die Datenflusssteuerung auch die Dringlichkeit des Diensts.

Übertragen wird mit Transportblöcken in Zeitintervallen (TTI) von 2 ms, was in Abb. 9.48 nur mehr drei Zeitschlitzen entspricht. Die kurzen Transportblöcke ermöglichen eine schnelle Anpassung und wirken sich ebenfalls günstig auf das „round-trip delay" aus.

Anmerkung

- Bei der Adaption der Funkübertragung ergibt sich zwangsläufig eine zeitliche Verzögerung von wenigen Millisekunden, weil die Beurteilung der Kanalqualität auf Messprotokollen („channel quality report") beruht. Die Messungen müssen erst vom UE aufgenommen und schließlich an die Basisstation übertragen werden.

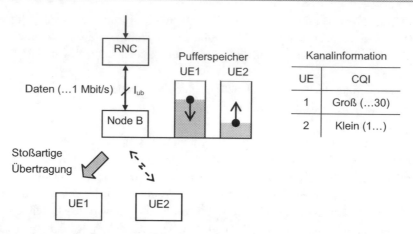

Abb. 9.56 Datenflusssteuerung der HS-DSCH-Funkübertragung in Abhängigkeit von der Kanalqualität (CQI) und des Füllstands des Pufferspeichers

Funkübertragung

Die Funkübertragung wird für jeden Transportblock bezüglich des Codes, der Kanalcodierung, der Modulation und der Sendeleistung eingestellt. Eine schnelle Leistungsregelung während eines Transportblocks ist wegen des kurzen TTI nicht möglich.

Der Spreizfaktor ist fest eingestellt auf 16. Folglich können bis zu 15 Kanäle, d. h. 15 der 16 OVSF-Codes in Abb. 9.46, gleichzeitig für den HS-DSCH benutzt werden. Mit der Bruttobitrate von 480 kbit/s pro Kanal aus Tab. 9.9 ergibt sich zunächst ein maximal möglicher Durchsatz von 7,2 Mbit/s für den HS-DSCH.

Der Durchsatz lässt sich steigern. Weil i. d. R. bei hoher Kanalqualität übertragen wird, kann gegebenenfalls statt der relativ robusten QPSK-Modulation die etwas störanfälligere 16-QAM verwendet werden. Damit werden pro Modulationssymbol vier statt zwei Bits übertragen. Die maximal mögliche HS-DSCH-Bitrate in der Funkzelle verdoppelt sich somit auf 14,4 Mbit/s.

Der wirklich realisierte Durchsatz hängt von mehreren Faktoren ab, beispielsweise vom Umfang der in der Funkzelle vorrangig zu bedienenden Dienste mit reservierten Ressourcen, wie die Sprachtelefonie und die Videokonferenz, ergo wie viele OVSF-Codes für den HS-DSCH verfügbar sind, zum anderen auch von der Geschwindigkeit mit der die Daten auf der I_{ub}-Schnittstelle vom RNC an den „node B" zugestellt werden können. Hier macht sich der Pufferspeicher im „node B" günstig bemerkbar. Er glättet den Datenverkehr im Funkzugangsnetz, sodass für die Kapazität der I_{ub}-Schnittstelle eher der mittlere Durchsatz zu betrachten ist. Schließlich können Daten aus dem Internet nicht schneller übertragen werden, als sie von den dortigen Servern zur Verfügung gestellt werden bzw. die UE Daten annehmen können.

Das adaptive mehrstufige Modulationsverfahren M-QAM ist nur eine von mehreren zusammenhängenden Innovationen in der HSPDA-Funkübertragung.

Hybrid-automatic-repeat-Request

Einen entscheidenden Einfluss auf den Durchsatz der Funkschnittstelle hat die Rahmen-fehlerquote (block error rate) am RNC. Der RNC überwacht gemäß dem RLC-Protokoll im Automatic-Repeat-Request(ARQ)-Modus die Korrektheit der RLC-PDU (Protocol Data Unit) und fordert bei Fehlern Übertragungswiederholungen an. Um die zeitaufwen-dige und ressourcenbelastende mehrmalige Übertragung von RLC-PDU möglichst zu vermeiden, wird für den HS-DSCH ein zusätzlicher Fehlerschutz direkt auf der Basissta-tion und in den Endgeräten implementiert. Eingesetzt wird ein hybrides ARQ-Verfahren mit einem Rate-1/3-Turbo-Code. *Turbo-Codes* sind spezielle Faltungscodes, die sich für kurze Datenblöcke eignen und in einem iterativen Verfahren, daher der Namenszusatz Turbo, effizient decodiert werden können. Für die Übertragung eines Transportblocks im HS-DSCH wird zunächst die Bitrate bzw. der Fehlerschutz durch Punktierung des Codeworts eingestellt. Es werden systematisch Elemente des Codeworts weggelassen. Weil die punktierten Bits nicht mehr übertragen werden, erhöht sich die Coderate. Indes verringert sich die Redundanz und damit der Fehlerschutz. Im Extremfall werden die Bits ohne Fehlerschutz übertragen. Somit kann die Basisstation durch Punktierung die Bitrate und den Fehlerschutz jedes Transportblocks einstellen.

Wird im Endgerät, gegebenenfalls trotz eines Reparaturversuchs im Turbo-Decoder, ein fehlerhafter Transportblock erkannt, wird eine wiederholte Übertragung direkt bei der Basisstation angefordert. Von *Hybrid-ARQ* (HARQ) spricht man, weil zur Fehler-korrektur die neu übertragene Information mit der bereits erhaltenen kombiniert wird. Es stehen zwei Methoden zur Auswahl. Zum einen kann die vorher durch Punktie-rung entfernte Redundanz nachgeliefert und in die Decodierung eingebracht werden („incremental redundancy combining"). Zum anderen kann das (punktierte) Codewort wiederholt werden. Dann werden das gespeicherte und das neue Signal vor der Decodie-rung kombiniert („chase combining", „soft combining"). Beide Methoden erhöhen die Wahrscheinlichkeit einer erfolgreichen Decodierung. Erst wenn die eingestellte Anzahl von erfolglosen Übertragungsversuchen erreicht ist, wird der RNC durch eine NACK-Nachricht über den Fehlversuch in der Funkverbindung, der Bitübertragungsschicht, informiert.

Steuerungskanäle

Damit der HS-DSCH in einer Funkzelle betrieben werden kann, sind zwischen RNC, „node B" und den UE Steuerungsnachrichten (Meldungen und Befehle) auszutauschen. Dafür wird die Kanalhierarchie in Abb. 9.54 um zwei physikalische Kanäle ergänzt. Mit dem HS-SCCH werden die Endgeräte darüber informiert, in welchen Transportblöcken des HS-DSCH die Daten für sie übertragen werden. Der HS-DPCCH stellt für die End-geräte einen Rückkanal bereit, auf dem sie Quittierungen, Anforderungen und Mess-protokolle an die Basisstation senden können. Für weitere Aufgaben, einschließlich der Verwaltung der Mobilität, wie z. B. dem Zellenwechsel, werden die schon in UTRAN-FDD vorhanden Kanäle benutzt.

Schließend sei bemerkt, dass für HSDPA nur der Hard Handover vorgesehen ist. Dies entspricht dem Konzept der Datenflusssteuerung mit Pufferspeicher durch die bedienende Basisstation auf der physikalischen Schicht.

9.4.4.2 High-Speed Uplink Packet Access

Ergänzend zu HSDPA wurde mit dem Release 6 im Jahr 2006 ein Dienst für die paketorientierte Datenübertragung vom Endgerät zur Basisstation definiert. Er ist seit 2007 verfügbar und als *High-Speed Uplink Packet Access (HSUPA)* bekannt. Die Standardisierung verwendet den Begriff Enhanced Uplink (EUL) bzw. Enhanced Data Channel (E-DCH). Im Wesentlichen handelt es sich um einen verbesserten Datenkanal für die paketorientierte Aufwärtsverbindung.

Die Situation in der Aufwärtsverbindung unterscheidet sich grundlegend von der Abwärtsverbindung. Bei HSDPA liegt eine Punkt-zu-Multipunkt-Kommunikation vor, bei der die Basisstation die Funkressourcen, den HS-DSCH, zentral für alle Endgeräte zur Verfügung stellt. Die Kanäle bleiben in der Abwärtsverbindung orthogonal. Durch den adaptiven Zeitmultiplex werden die Kanäle kurzzeitig jeweils einem oder mehreren Endgeräten mit hoher Kanalqualität und Dringlichkeit zugewiesen.

In der Aufwärtsverbindung kommunizieren die Endgeräte mit einer Basisstation in einer Multipunkt-zu-Punkt-Situation. Begrenzender Faktor für den Durchsatz der Funkzelle ist die Interferenz der CDMA-Signale an der Basisstationsantenne. Sendet ein Endgerät mit maximaler Sendeleistung, können weitere Kanalstörungen nur durch die Reduktion der Datenrate kompensiert werden. Wird beispielsweise die Datenrate halbiert, verdoppelt sich der Prozessgewinn. Es werden in der gleichen Zeit halb so viele Bits übertragen. Bei konstanter Sendeleistung verdoppelt sich folglich die Bitenergie und damit erhöht sich die Wahrscheinlichkeit der korrekten Detektion. Die Übertragung bei geringer Kanalqualität wird mit einer niedrigen Bitrate erkauft. Für die Aufwärtsverbindung gilt Ähnliches. Der Durchsatz der Funkzelle wird größer, wenn die Endgeräte im Zeitmultiplex bevorzugt bei hoher Kanalqualität senden.

Für die Aufwärtsverbindung stehen dem Endgerät grundsätzlich die drei physikalischen Kanäle in Abb. 9.57 zur Verfügung. Der PRACH ist dazu da, der Basisstation Nachrichten zu senden, falls kein dedizierter Kanal eingerichtet ist. Die beiden dezidierten Kanäle DPCCH und DPDCH übertragen Steuerungsnachrichten bzw. Daten. Sie treten stets paarweise auf.

Anmerkungen

- In der Aufwärtsstrecke entfallen der Rundruf („broadcast") und der Teilnehmerruf („paging"). Dagegen wir der Netzzugriff („access") benötigt.
- Befindet sich das Endgerät im Cell-FACH-Zustand kann es den PRACH in geringem Umfang zur Datenübertragung nutzen. Das Endgerät teilt dann den Kanal mit allen anderen Endgeräten in der Funkzelle. Es kommt der Slotted-Aloha-Zugriff mit exponentiellem Back-off zum Einsatz.
- Durch den endgerätespezifischen Verwürfelungscode („scrambling code") sind die CDMA-Funksignale der Endgeräte in einer Funkzelle näherungsweise orthogonal.

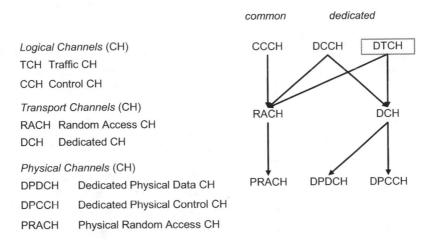

Abb. 9.57 Kanalhierarchie mit logischen Kanälen, Transportkanälen und physikalischen Kanälen in der Aufwärtsverbindung UTRAN FDD Release 99

Für die einzelnen Endgeräte stehen somit alle OVSF-Codes als Kanäle zur Verfügung. Mit anderen Worten, ein Endgerät kann in seinem Sendesignal gleichzeitig mehrere unabhängige Kanäle realisieren, indem es unterschiedliche OVSF-Codes benutzt.

Der DPDCH unterstützt Spreizfaktoren von 256 bis 4 und die BPSK-Modulation, also (Brutto-)Bitraten von 15 bis 960 kbit/s (s. Tab. 9.9). Im Release 99 ist ein Multi-Code-(Empfangs-)Betrieb mit bis zu sechs Kanälen im Endgerät vorgesehen. Er wurde aber nicht implementiert (Holma und Toskala 2006).

Das UMTS-Release 6 führt weitere Verbesserungen für die paketorientierte Übertragung in der Aufwärtsstrecke ein. Die Funkübertragung wird durch drei Maßnahmen optimiert: schnelle Flusssteuerung durch die Basisstation, Turbo-Codierung und schnelles HARQ auf der physikalischen Schicht. Um eine schnelle Anpassung zu gewährleisten, wird das TTI auf 10 ms beschränkt bzw. kann optional nur 2 ms sein. Beibehalten werden die schnelle Leistungsregelung, die variablen Spreizcodes, die BPSK-Modulation und der Soft Handover im RNC.

Für den verbesserten Datenkanal, E-DCH, wird nun auch in der Aufwärtsverbindung der Spreizfaktor zwei zugelassen. Damit resultiert eine (Spitzen-)Bitrate von 1920 kbit/s brutto (vgl. Tab. 9.9). Zusätzlich können gleichzeitig mehrere E-DCH von einem Endgerät durch die Verwendung mehrerer OVSF-Spreizcodes im Multi-Code-Modus belegt werden. Die höchste Bitrate wird bei der Kombination aus zweimal dem Spreizfaktor zwei und zweimal dem Spreizfaktor vier erreicht. Es resultiert $(1 + 1 + 0,5 + 0,5) \cdot 1,920\,\text{Mbit/s} = 5,760\,\text{Mbit/s}$. Die Bitraten in der Praxis hängen nicht nur von der Situation im Funkfeld ab, sondern auch inwieweit das Endgerät den Multi-Code-Modus unterstützt.

9.4.4.3 High-Speed Packet Access Plus

Mit den leistungsfähigen Paketdiensten HSDPA für die Abwärts- und HSUPA für die Aufwärtsverbindung haben sich die UMTS-Netze nicht nur weit von den GSM-basierten Mobilfunknetzen der zweiten Generation abgesetzt, sondern auch ihren eigenen Anfang hinter sich gelassen. Man spricht deshalb kurz vom HSPA und von der Mobilfunkgeneration 3,5.

Auf die Einführung von HSPA mit Release 5 und 6 folgten im Jahresabstand neue Releases mit weiteren Verbesserungen bzw. Erweiterungen des Funkzugangsnetzes und der Funkschnittstelle. Um diese Weiterentwicklungen hervorzuheben, spricht man seit etwa 2011 vom *High-Speed Packet Access Plus (HSPA+)*. Das 2008 verabschiedete Release 7 erhöht die maximale mögliche Stufenzahl der Modulation von 16-QAM auf 64-QAM in der Abwärtsverbindung und von QPSK auf 16-QAM in der Aufwärtsverbindung. Für die maximale (Brutto-)Bitrate ergeben sich somit die Spitzenwerte von 21,6 Mbit/s bzw. 11,4 Mbit/s, also Steigerungen um 50 bzw. 100 %.

Multiple Input Multiple Output

Mit dem Release 7 wurde auch die Multiple-Input-Multiple-Output(MIMO)-Übertragungstechnik eingeführt. *MIMO* steht für den systemtheoretischen Ansatz, den Funkkanal als ein System mit mehreren Eingängen („multiple input") und mehreren Ausgängen („multiple output") aufzufassen (Kammeyer 2008; Höher 2013). In der Mobilkommunikation heißt das, mehrere Sende- und/oder Empfangsantennen zu verwenden. Je nach Verschaltung ermöglichen *Mehrantennensysteme*

- die Strahlführung („beam forming"),
- die Ortung („radio location"),
- Antennendiversität („antenna diversity") und
- Raummultiplex („spacial multiplexing").

Release 7 sieht für den Raummultiplex den Einsatz von zwei Sende- und zwei Empfangsantennen, ein 2 × 2-MIMO-System, vor. Den prinzipiellen Aufbau zeigt Abb. 9.58. Zwei Datenströme werden zunächst über Kreuz vorcodiert und im Sender (TX) über je eine Antenne gesendet. Bei 2 × 2-MIMO entstehen vier Übertragungswege zwischen den

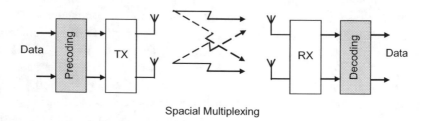

Spacial Multiplexing

Abb. 9.58 2 × 2-MIMO-Raummultiplex

Antennen. Im Empfänger erhält man je Antenne ein Empfangssignal als gewichtete Summe der beiden gesendeten Signale. Bei ausreichender Empfangsqualität können durch eine aufwendige Signalverarbeitung im Decoder die beiden ursprünglichen Datenströme wieder gewonnen werden. Die Trennung der Kanäle geschieht anhand der unterschiedlichen Ausbreitungswege, was die Bezeichnung Raummultiplex rechtfertigt.

In UTRAN-FDD werden im 2×2-MIMO-Betrieb idealerweise zwei Kanäle nicht nur gleichzeitig im selben Frequenzband, sondern auch mit gleichem Verwürfelungscode übertragen. Damit verdoppelt sich die Bitrate. Dies setzt jedoch voraus, dass die Funkkanäle unabhängig voneinander und ihre Übertragungseigenschaften bekannt sind. In der Praxis müssen die zeitveränderlichen Kanaleigenschaften geschätzt werden. Auch sind die Funkkanäle oft korreliert, letzteres besonders bei kleinen tragbaren Endgeräten, bei denen die Antennen nahe beieinander platziert sind. Der Komplexität wegen wurde für den 2×2-MIMO-Betrieb die Modulation 64-QAM im Release 7 ausgenommen.

Continuous Packet Connectivity

In Release 7 wurde auch dem Betrieb mit nur geringem Datenvolumen Aufmerksamkeit geschenkt. Sind Endgeräte aktiv, übertragen aber nur selten Daten, können sie trotzdem die Steuerungskanäle belasten und Codes belegen, z. B. durch regelmäßiges Senden von Messprotokollen. Dadurch wird auch die Batterie der Endgeräte entladen. Mit dem neuen Verbindungsmodus *Continuous Packet Connectivity* (CPC) werden Netz und Endgeräte entlastet (z. B. Sauter 2015).

Mit den höherstufigen Modulationsverfahren und dem MIMO-Betrieb wurde die spektrale Effizienz erhöht. Sie musste mit zunehmender Komplexität in den Endgeräten erkauft werden – was nur durch Fortschritte in der Digitaltechnik schrittweise bewältigt werden konnte. Weil die spektrale Effizienz eine physikalische Größe ist, werden weitere Steigerungen aufwendiger und finden schließlich ihre Grenze.

Dual-Carrier-Betrieb

Mit dem Release 8 im Jahr 2009 wird nun auch der 2×2-MIMO-Betrieb mit 64-QAM-Modulation unterstützt. Zur weiteren Steigerung der Bitrate aus Sicht des Teilnehmers wird das Bündeln von Frequenzbändern eingeführt. Besitzt ein Mobilfunkbetreiber zwei Frequenzbänder für UMTS, so kann er den gleichzeitigen Betrieb eines Endgeräts in zwei Frequenzbändern unterstützten, den *Dual-Carrier(DC)-Betrieb* oder *Dual-Cell(DC)-Betrieb*. Bei idealen Bedingungen kann somit eine maximale (Brutto-)Bitrate von etwa 42 Mbit/s in Abwärtsrichtung erreicht werden.

Endgerätekategorie

UMTS wurden von Anfang an als wachsender abwärtskompatibler Standard konzipiert. Mit den Releases kamen neue Fähigkeiten hinzu, die erst von jeweils neuen Endgeräten unterstützt wurden. Die Entwicklung der Funkübertragungstechnik kann man deshalb gut anhand der Endgerätekategorien nachvollziehen. Dabei wird die Kategorie hochgezählt. Die Tab. 9.12 stellt Kategorien und Leistungsmerkmale für die Abwärtsverbin-

Tab. 9.12 Endgerätekategorien und Leistungsmerkmale für die Abwärtsverbindung

Endgerätekategorie	Kanäle[a]	Modulation[b]	MIMO und DC	Bitrate[c] (Mbit/s)
6	5	16-QAM	Nicht unterstützt	3,6
8	10			7,2
9	15			10,1
10				14,4
14[d]		64-QAM		21,1
16		16-QAM	MIMO	27,9
20		64-QAM	MIMO	42,2
24			DC	42,2
28			DC + MIMO	84,4

[a] Maximale Anzahl von Kanälen (HS-PDSCH) im Multi-Code-Modus
[b] maximale Stufenzahl der Modulation
[c] Spitzenwert (brutto)
[d] Release 7, 2008

dung zusammen. Kategorie 14 entspricht dem bestausgestatten Endgerät nach UMTS-Release 7. Geräte nach Kategorie 14 unterstützen Datenraten bis zu 21,1 Mbit/s. In Kategorie 28, Release 9, werden mit 2×2-MIMO und DC-Betrieb bis zu 84,4 Mbit/s möglich.

Long-Term Evolution

Der exponentielle Anstieg des bedienten Datenvolumens in UMTS (z. B. Ericsson 2016, S. 11) zeigte, dass UMTS in wenigen Jahren an seine Grenzen stoßen würde. Die modulare Struktur des Mobilfunksystems in Abb. 9.38 sollte mit der Zeit weiterentwickelt werden. Hierfür wurde der Begriff *Long-Term Evolution* (LTE) als Programm gewählt.

Bereits in Release 8 und 9 wurde der Anfang für LTE gemacht. Mit Release 10 war schließlich 2011 die Spezifizierung so weit fortgeschritten, dass die Anforderungen des ITU-R an ein echtes Mobilfunksystem der *vierten Generation* („true 4G") erfüllt wurden. Als Mindestanforderungen wurden Bitraten von 75 und 300 Mbit/s für die Aufwärts- bzw. Abwärtsverbindung in einer Funkzelle mit 5 MHz Bandbreite vorgegeben. Die Übertragungsverzögerungen („latency") sollten in günstigen Fällen 5 ms nicht übersteigen. Als *LTE Advanced* wurden entsprechende Mobilfunknetze ab 2013 kommerziell eingeführt. Es werden Bandbreiten von 1,4 bis 20 MHz und darüber hinaus dynamisch unterstützt. Wie bei UMTS gibt es einen TDD- und einen FDD-Modus. Mit dem Protokoll *LTE Direct* sind nun auch direkte Verbindung zwischen den Endgeräten möglich.

Die Funkübertragung basiert bei LTE auf dem orthogonalen Frequenz-Multiplex (*Orthogonal Frequency Division Multiplexing*, OFDM), einem Übertragungsverfahren das sich beispielsweise im WLAN schon seit 1999 bewährt hat. Es zeichnet sich besonders durch seine Fähigkeit aus, große Bandbreiten effizient zu unterstützen und schnell an die momentane Situation der Funkzelle anpassbar zu sein. Das OFDM-Verfahren wird im nächsten Abschnitt am Beispiel des WLAN näher vorgestellt.

Anmerkung

• Bei der CDMA-Übertragung ist die Signalbandbreite proportional zur Chiprate, also umgekehrt proportional zur Chipdauer. Da das Entspreizen chipsynchron zu geschehen hat, steigen mit der Signalbandbreite die technischen Anforderungen im Empfänger stark an. Ein wichtiger Grund für 4G nicht CDMA einzusetzen.

Rückblickend scheint es, als würde alle 10 Jahre ein Generationswechsel im digitalen Mobilfunk stattfinden: 1990 GSM (2G), 2000 UMTS (3G), 2010 LTE (4G). Für 2020 wird die Einführung der fünften Generation (5G) angestrebt. Sie soll besonders den Anforderungen des Internets der Dinge (*Internet of Things*, IoT) Rechnung tragen.

Aufgabe 9.44

a) Nennen Sie zwei wichtige Zielgrößen für die Entwicklung von HSDPA.
b) Auf welchen Prinzipien beruhen die Verbesserungen durch HSDPA?

Aufgabe 9.45   Ja-Nein-Fragen (□)/Lückentextfragen (_)

(1)   Das Akronym HSDPA steht für High-Speed Data Packet Access. □
(2)   In einer Funkzelle bietet HSDPA einen Spitzendurchsatz von bis zu 14,4 Mbit/s. □
(3)   Zum Fehlerschutz wird in HSDPA auf der Funkschnittstelle das ___-Verfahren mit ___-Code eingesetzt.
(4)   In HSDPA kann der Fehlerschutz auf der Funkschnittstelle alle 10 ms eingestellt werden. □
(5)   Zu HSPA wird in HSPA+ die spektrale Effizienz der Modulation durch Einsatz der ___ gesteigert.
(6)   In HSPA+ kann die übertragbare Bitrate durch Mehrantennensysteme erhöht werden. Man spricht vom ___-Betrieb und der Anwendung ___.
(7)   In HSPA+ kann die übertragbare Bitrate durch Belegung von zwei Frequenzkanälen erhöht werden. Man spricht vom ___-Betrieb und der Anwendung ___.
(8)   Der Übertragungsmodus Continuous Packet Connectivity (CPC) entlastet Endgeräte, die nur selten Daten übertragen. □
(9)   Durch den Übergang von 16-QAM auf 64-QAM steigt die spektrale Effizienz der Modulation um den Faktor vier. □
(10) In UTRAN-FDD unterstützen UE der Kategorie 28 Bitraten bis zu 84,4 Mbit/s. □

9.4.5   Zusammenfassung

UMTS wurde um das Jahr 2000 als die dritte Generation der öffentlichen Mobilkommunikationsnetze eingeführt, zu einer Zeit, als die Mobilkommunikation mit GSM/GPRS und das Internet enormen Aufschwung erlebten und der Begriff Informationsgesellschaft zum Allgemeingut wurde. Es war deshalb selbstverständlich: UMTS sollte paketorientierte Datendienste mit hohen Spitzenbitraten für den mobilen Internetzugang ermöglichen.

Das von dem 3GPP-Konsortium vorgeschlagene Funkzugangsnetzwerk UTRAN-FDD kommt diesen Forderungen in besonderer Weise nach. Dank des breitbandigen CDMA-basierten Vielfachzugriffsverfahren (WCDMA) stellt es den Teilnehmern Datendienste mit hohen Bitraten bereit. Die Flexibilität wird durch die Kanalzuweisung über die OVSF-Codes mit unterschiedlichen Prozessgewinnen ermöglicht. Teilnehmer können auch mehrere Codes für verschiedene Dienste oder zur Steigerung der Bitrate nutzen. Dabei ist die unverzichtbare Sprachtelefonie unkompliziert integriert.

Die hohen Bitraten und die robuste Mobilfunkübertragung werden durch die Frequenz-kanalbandbreite von etwa 5 MHz unterstützt. Die UTRAN-FDD-Funkübertragung ist inhärent robust gegen typische Probleme der Mobilfunkübertragung: Der Rake-Empfänger nutzt die Mehrwegediversität. Soft und Softer Handover erhöhen die Verbindungsqualität speziell an den kritischen Funkzellenrändern. Eine schnelle Sendeleistungsregelung unterdrückt die Störungen durch den Nah-Fern-Effekt.

Der CDMA-Vielfachzugriff ermöglicht die Verwendung der gleichen Frequenzkanäle in benachbarten Basisstationen. Eine Frequenzplanung wie in GSM entfällt. An ihre Stelle tritt das Interferenzmanagement.

Auf der Festnetzseite wurde mit dem Konzept der Domänen der Übergang von GSM-/GPRS-Netzen zu einer modularen Systemarchitektur mit Entwicklungspfad zu All-IP-Kernnetz beschritten bzw. vollzogen.

Seit der Einführung von UMTS im Jahr 2000 wurden stufenweise weitere Leistungs-verbesserung für die paketorientierte Datenübertragung implementiert: die adaptive Ressourcenzuteilung und die Flusssteuerung mit HARQ auf der Funkschnittstelle, der Multi-Code-Modus und die Frequenzkanalbündelung (DC) für hohe Bitraten. Kleine Funkzellen und aufwendige Mehrantennensysteme in den Sendestationen haben die Kapazität weiter gesteigert. Insbesondere die Mehrantennensysteme ermöglichen im MIMO-Betrieb die Anwendung des Raummultiplex und schaffen so zusätzliche Übertragungskapazitäten. Mit Blick auf die vielen Verbesserungen in UMTS spricht man heute zusammenfassend von HSPA+ und einem Mobilfunksystem der 3,5ten Generation.

Trotz der mittlerweile eingeführten Innovationen in UMTS mit Bitraten über 80 Mbit/s in der Spitze, ist die Leistungsfähigkeit von UMTS begrenzt. Noch höhere Bitraten erfordern noch höhere Bandbreiten. Hier kommt die WCDMA-Technologie heute an ihre technischen Grenzen.

9.5   Wireless Local Area Network

Seit etwa dem Jahr 2000 finden *Wireless-Local-Area-Network(WLAN)-Technologien* schnell wachsende Verbreitung. Der positive Rückkopplungseffekt zwischen den technischen Innovationen und den sinkenden Preisen des Massenmarkts beschleunigte die

Entwicklung. Mobiltelefone, Notebooks und Smartphones sind oft ab Fabrik WLAN-fähig. Die Geräte können spontan verbunden werden („ad-hoc connectivity"). Die WLAN-Technologien spielen ihre Stärken besonders im Heim- und Bürobereich aus: Über kurze Strecken werden in Wohnungen bequem drahtlos Verbindungen zu DSL-Modems mit hohen Bitraten bereitgestellt. Den Vernetzungen von Unterhaltungsgeräten wie Fernseher, Multimediaprojektoren, Audioanlagen und Heim-PC als Medienserver wird wachsende Bedeutung vorhergesagt. In Büros ersetzt WLAN die aufwendige Verkabelung von Rechnern und Peripherie. WLAN vereinfacht die Anpassung der IT-Infrastruktur an sich wandelnde Organisationsstrukturen.

WLAN-Netze finden v. a. Anwendung in Gebäuden. Die maximale Sendeleistung ist auf 100 mW (20 dBm) beschränkt. Es ergeben sich typische Funkreichweiten von 10 (bis 30) m in Gebäuden und bei idealen Bedingungen bis zu 300 m im Freien. Die geringe Reichweite kann durchaus als Vorteil gesehen werden. Die kleinen Funkzellen ermöglichen hohe Verkehrsdichten. Mit Blick auf die zellularen Mobilfunknetze sind WLAN-Angebote an öffentlichen Orten wie Gaststätten, Flughäfen, Hotels usw. von besonderem Interesse. *Hotspots* genannte Zugangspunkte zu WLAN ermöglichen Menschen unterwegs den Zugang zum Internet. Sie treten damit in direkte Konkurrenz zu den mobilen Datendiensten in UMTS- und LTE-Netzen. Wegen des erwarteten weiter steigenden mobilen Datenvolumens werden heute öffentliche Mobilfunknetze und WLAN-Hotspots als gegenseitige Ergänzung angesehen.

9.5.1   WLAN-Empfehlung IEEE 802.11

Die marktbeherrschenden WLAN-Technologien fußen auf der LAN-Standardisierung durch den weltweiten Berufsverband von Ingenieuren IEEE. Im Februar 1980 wurde die IEEE-Arbeitsgruppe 802 gegründet. Zunächst aufbauend auf existierende Firmenlösungen wie Ethernet wurde ein Protokollmodell, die Serie 802, entwickelt. Es ersetzt die Datensicherungsschicht („data link layer") des OSI-Referenzmodells (Abb. 9.59).

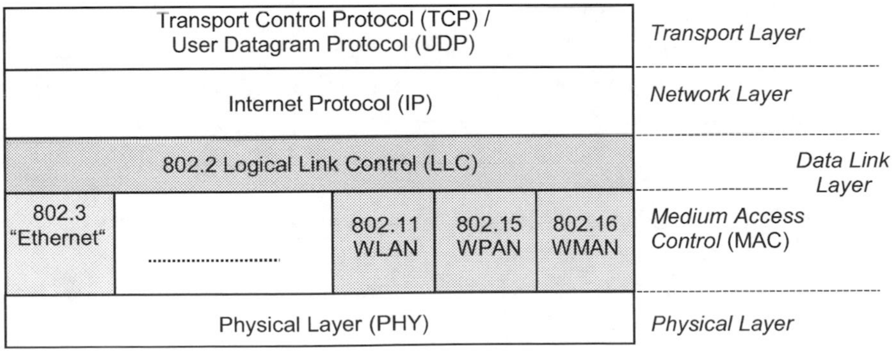

Transport Control Protocol (TCP) / User Datagram Protocol (UDP)				Transport Layer
Internet Protocol (IP)				Network Layer
802.2 Logical Link Control (LLC)				Data Link Layer
802.3 "Ethernet"	....	802.11 WLAN	802.15 WPAN 802.16 WMAN	Medium Access Control (MAC)
Physical Layer (PHY)				Physical Layer

Abb. 9.59   IEEE-Referenzmodell für LAN- und MAN-Protokolle mit TCP/IP-Anbindung

Unterschiedliche physikalische Medien (Busleitung, Koaxialkabel, Lichtwellenleiter, Infrarotlicht, Funksignale) und Architekturen (Linienbus, Ring) werden in ein einheitliches Modell integriert. Hierfür wird die Datensicherungsschicht in zwei Teilschichten gespalten: der *Logical-Link-Control(LLC)-Schicht* und der *Medium-Access-Control(MAC)-Schicht*. Die LLC-Schicht fasst die von der physikalischen Übertragung unabhängigen Funktionen zusammen und stellt die Verbindung zur übergeordneten Netzwerkschicht her.

Medium Access Control

Die Funktionen der MAC-Schicht realisieren den Zugriff auf das physikalische Übertragungsmedium. Insbesondere regeln sie den Vielfachzugriff durch die konkurrierenden Stationen. Ein verbreitetes Beispiel ist die unter dem Begriff Ethernet bekannte Empfehlung 802.3 aus dem Jahr 1985. Die Stationen des LAN sind über ein Kommunikationskabel verbunden, auf das alle Stationen Zugriff haben. Es liegt ein Mehrfachzugriffskanal mit Konkurrenz vor, dessen Gebrauch durch das *Carrier-Sense-Multiple-Access(CSMA)/Collision-Detection(CD)-Zugriffsverfahren* geregelt wird. Dazu beobachten die Stationen den Kanal und senden nur, wenn er als frei erkannt wird. Beginnen zwei Stationen zur gleichen Zeit zu senden, tritt ein Konflikt mit Kollision der elektrischen Signale auf. Konflikte werden erkannt und regelgerecht abgebaut.

Ersetzt man die Übertragung über eine gemeinsame Leitung durch die Funkübertragung über die gemeinsame Luft, so liegt ein im Prinzip ähnliches Zugriffsproblem vor. Es ist deshalb nicht verwunderlich, dass – sobald preiswerte Funktechnologien für lizenzfreie Frequenzbänder verfügbar waren – das IEEE-Referenzmodell um entsprechende Funkvarianten erweitert wurde: 802.11 für WLAN, 802.15 für *Wireless Personal Area Network* (WPAN) und 802.16 für *Wireless Metropolitan Area Network* (WMAN).

In einem wichtigen Punkt des Zugriffs unterscheiden sich Ethernet und WLAN. Ethernet-Stationen können das gemeinsame Medium gleichzeitig nutzen und überwachen. So können sie Kollisionen schnell entdecken (CD) und abbauen. Für die verteilten WLAN-Stationen ist dies nicht möglich. Deshalb kommen im WLAN Methoden zur Kollisionsvermeidung (Collision Avoidance, CA) zum Einsatz, wie z. B. eine zentrale Steuerung und die Verteilung von Sendeberechtigungen.

Eine Auswahl von IEEE-802-Empfehlungen stellt Tab. 9.13 vor. Bemerkenswert ist der technische Wandel in wenigen Jahren, der sich in der Tabelle am Zuwachs der verfügbaren Bruttobitraten ablesen lässt.

Anmerkungen

- Spielt die Reichweite eine wichtige Rolle, sind Verfahren mit kleiner Bitrate aber robusterer Übertragung vorteilhafter. Bei ungenügender Übertragungsqualität ist ein automatisches Umschalten zu niedrigeren Bitraten bzw. umgekehrt in den Geräten vorgesehen.
- Die angegebenen Bitraten beinhalten Steuerungsinformation und Redundanz zur Fehlerbeherrschung. Für Nutzerdaten stehen unter günstigen Bedingungen etwa

Tab. 9.13 Auswahl von Empfehlungen für drahtlose Netze nach IEEE 802.11

Empfehlung/Jahr	Bruttobitraten	Kommentar
802.11/1997	1 oder 2 Mbit/s	Drei alternativen Übertragungsverfahren: – Diffuse Infrarotübertragung bei den Wellenlängen 0,85 oder 0,95 μm – Frequency Hopping Spread Spectrum (FHSS) mit Frequenzspringen zwischen 79 Frequenzträgern im Abstand von 1 MHz im ISM-Band bei 2,4 GHz – Direct Sequence Spread Spectrum (DSSS) mit Bandspreizung durch Barker-Code der Länge elf im ISM-Band bei 2,4 GHz
802.11a/1999	6, 9, 12, 18, 24, 36 und 54 Mbit/s	Orthogonal Frequency Division Multiplexing (OFDM) im ISM-Band bei 5 GHz, etwa 20 MHz Bandbreite
802.11b/1999	5,5 oder 11 Mbit/s	Erweiterung von 802.11 mit High Rate Direct Sequence Spread Spectrum (HR-DSSS), etwa 22 MHz Bandbreite
802.11d/2001	–	Automatische Anpassung der Stationen auf länderspezifische Gegebenheiten („international roaming")
802.11e/2005	–	MAC-Erweiterung zu Quality of Service (QoS) und Voice over IP (VoIP); direkte Kommunikation zwischen Stationen mit Direct Link Protocol (DLP)
802.11f/2003	–	Kommunikation zwischen Zugangspunkten („inter access point protocol")
802.11g/2003	Bis 54 Mbit/s	802.11b mit Orthogonal Frequency Division Multiplexing (OFDM) für höhere Bitraten; etwa 20 MHz Bandbreite; abwärtskompatibel zu 802.11b; Industrial-scientific-and-medical(ISM)-Band bei 2,4 GHz
802.11h/2003	–	Ergänzungen für 802.11a für internationale Zulassung (Europa): dynamische Kanalauswahl („dynamic frequency selection") und Sendeleistungsregelung („transmit power control")
802.11i/2004		Authentifizierung und Verschlüsselung (WEP40, WEP128, WPA, WPA2)
802.11n/2009	(6) bis 72,2 bis 150 bis 600 Mbit/s	Next-Generation-WLAN, OFDM-Übertragung, 20 oder 40 MHz Bandbreite und mehrere Antennen (Multiple Input Multiple Output, MIMO) optional; 2,4 GHz- und 5 GHz-Band
802.11p/r/s	–	Studiengruppen zu mobilen Stationen (Roaming) und drahtlos vermaschten Netzen („mesh WLAN")
802.11ac/2014	bis 1 bis (6,93) Gbit/s	Weiterentwicklung des 802.11n-Standards im 5 GHz-Band; Kanalbandbreite bis 80 MHz, Channel-Bonding von zwei 80 MHz-Kanälen; Modulation bis 256-QAM; bis zu 8×8 MIMO-Ströme

50 % der Bruttobitrate zur Verfügung. In vielen praktischen Fällen bleibt die Nettobitrate sogar deutlich darunter. Sie muss darüber hinaus zwischen den Stationen in
einer Funkzelle geteilt werden.

- Die Arbeitsgruppe 802 versucht auch externe Entwicklungen zu integrieren. Dazu gehören die Ergebnisse der High-Performance-LAN(HIPERLAN)-Aktivitäten
  des European Telecommunication Standards Institute (ETSI) und die Empfehlungen verschiedener Konsortien wie der Bluetooth SIG (Special Interest Group) und
  der ZigBee-Alliance.

- Häufig taucht der Begriff WiFi mit Produkten für das WLAN auf. *Wireless Fidelity*
  (WiFi) ist ein gesetzlich geschütztes Warenzeichen der Wi-Fi-Alliance, die sich als
  Non-profit-Konsortium namhafter ITK-Gerätehersteller der Förderung der WLAN-
  Technologie auf der Basis der IEEE 802.11-Empfehlungen verschrieben hat. Die
  Wi-Fi-Alliance zertifiziert Produkte verschiedener Hersteller auf ihre Konformität
  zum Standard und Interoperabilität mit anderen WiFi-Geräten.

Industrial-Scientific-and-Medical-Band

Die Frequenzangaben beziehen sich auf die beiden ISM-Bänder (*Industrial, Scientific and
Medical*) von 2,40 bis 2,4835 GHz und 5,15 bis 5,35 GHz. Sie können in vielen Ländern
ohne Zulassung oder Anmeldung benutzt werden. Der Funkbetrieb in den ISM-Bändern
ist lizenz- aber nicht regulierungsfrei. Er ist an die Einhaltung technischer Spezifikationen
gebunden. Dazu gehört die Begrenzung der gesendeten Strahlungsleistung (EIRP, *Equivalent Isotropic Radiated Power*). Überschreiten des Grenzwerts durch nachträgliches
Anbringen einer Sendeantenne mit Richtwirkung ist unzulässig. Steigerung der Reichweite durch eine Empfangsantenne mit hohem Gewinn ist selbstverständlich möglich.

Um die WLAN-Technologie im Umfeld der Mobilkommunikation einordnen zu können, wird im Folgenden der Medienzugriff im WLAN vorgestellt. Zunächst werden das
Problem des Vielfachzugriffs und seine Lösung in der MAC-Schicht erörtert. Danach richtet sich der Blick auf die physikalische Übertragung. Beispielhaft wird die Übertragung
mit dem OFDM-Verfahren behandelt.

Weitere, für den praktischen Einsatz ebenso wichtige Fragen, wie z. B. die nach der
Sicherheit, werden der Kürze halber hier nicht vertieft, obwohl Prozeduren der Authen-
tifizierung und Verschlüsselung (WEP, Wired Equivalent Privacy; WPA, WiFi Protected
Access, WAP2) für die Anwendung von entscheidender Bedeutung sein können (z. B.
Sauter 2015).

9.5.2 Zugriff auf Funkschnittstelle und Netzstrukturen

Während GSM-Netze von den Basisstationen zu den Mobilstationen und umgekehrt im
Frequenzduplex senden, konkurrieren im WLAN alle Stationen einer Funkzelle um das
gleiche Frequenzband. Weil die Funkreichweite eng begrenzt ist, kann ein Zeitduplexver-
fahren *Time Division Duplex* (TDD) ohne große Schutzintervalle zwischen den Funkrah-

men eingesetzt werden. Der Zugriff auf das Funkmedium ist aber nur erfolgreich, wenn nur eine Station sendet. Andernfalls treten Kollisionen auf, ähnlich wie im Ethernet-LAN mit CSMA/CD. Anders als bei der Übertragung über eine Leitung können die Stationen die Funksignale über die Antenne entweder senden oder empfangen. Eine Kollision ist für die sendenden Stationen nicht schnell erkennbar. Die Stationen senden ihre Rahmen weiter und belegen nutzlos das Funkmedium. Für einen hohen Durchsatz, das pro Zeit übertragene Datenvolumen, ist die Vermeidung von Kollisionen deshalb im WLAN wichtig.

9.5.2.1 Independent Basic Service Set

Der Aufbau einer Kommunikation im WLAN basiert auf dem Prinzip des lauten Rufens „ist da jemand?". Eine Station mit Verbindungswunsch prüft zunächst im vorgesehenen Frequenzband, ob ein Funksignal einer anderen Station empfangen wird. Ist keine andere Station aktiv, sendet sie ein *Beacon-Signal* (Leuchtfeuer) mit allen für den Beginn des Verbindungsaufbaus notwendigen Informationen. Gegebenenfalls wird das Beacon-Signal regelmäßig wiederholt.

Hidden-station- und Exposed-station-Problem

Beim Ad-hoc-Betrieb mit mehreren Stationen ohne zentrale Steuerung können zwei Fälle den Durchsatz stark vermindern: das Problem der verborgenen Station („hidden station") und das Problem der entdeckten Station („exposed station"). Die Abb. 9.60a illustriert das *Hidden-station-Problem*. Station A möchte an Station B senden. Sie kann wegen der begrenzten Funkreichweite nicht erkennen, dass Station B bereits von Station C („hidden station") empfängt. Von Station A gesendete Rahmen kollidieren bei Station B mit denen von Station C und müssen deshalb später nochmals übertragen werden.

Während beim Hidden-station-Problem der Durchsatz durch Übertragungswiederholungen reduziert wird, geschieht dies beim *Exposed-station-Problem*, indem mögliche Sendezeit ungenutzt verstreicht. Die Abb. 9.60b macht die Situation deutlich. Es besteht

a
Hidden-Station-Problem
A sendet an B, da A nicht erkennen
kann, dass B von C empfängt
☞ B kann wegen Kollision nicht
empfangen

b
Exposed-Station-Problem
B sendet an A; C kann nicht erkennen,
dass D ohne Kollision erreichbar ist
☞ C wartet und sendet nicht

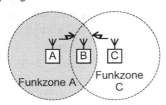
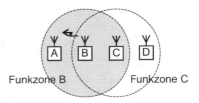

Abb. 9.60 Kritische Situationen im WLAN, die den Durchsatz vermindern

eine Verbindung von Station B („exposed station") zu Station A. Station C möchte an Station D senden. Weil aber die entdeckte Station B bereits aktiv ist, sendet Station C nicht, obwohl ein kollisionsfreier Empfang durch Station D, und weiter bei A, möglich wäre.

Ad-hoc-Modus

Die Empfehlung 802.11 sieht für den Betrieb ohne zentrale Steuerung die Betriebsart *Independent Basic Service Set* (IBSS) vor. Man spricht auch vom *Distributed-Coordination-Function(DCF)-Zugriffsmodus*, bei dem jede Station quasi unabhängig arbeitet. Anders als der Name Ad-hoc (für den Augenblick gemacht) suggeriert, sind die Stationen bezüglich der Funkparameter vorab entsprechend zu konfigurieren.

Die Grundlage des Funkzugriffs bildet das *Slotted-Aloha-Zugriffsverfahren*, bei dem die Stationen zeitlich koordiniert arbeiten. Beispielsweise werden Zeitschlitze der Dauer von 20 μs für die DSSS- und 50 μs für die FHSS-Übertragungen verwendet. Beim Zugriff auf die Zeitschlitze kommt das *Carrier-Sense-Multiple-Access-with-Collision-Avoidance(CSMA/CA)-Zugriffsverfahren* zur Anwendung. Zwei Modi sind prinzipiell möglich.

Der erste Modus entspricht dem vom Ethernet bekannten Wettbewerb um den Zugriff auf das freie Medium (CCA, *Clear Channel Assessment*) mit einer Kollisionsauflösungsstrategie nach dem Back-off-Algorithmus. Der Zugriff ist erst nach einer Wartezeit möglich. Sie wird von den betroffenen Stationen nach gewissen Regeln jeweils zufällig bestimmt, sodass die Wahrscheinlichkeit für eine erneute Kollision gering ist. Die Wartezeit, *DCF Inter-Frame Spacing* (DIFS) genannt, ist bis zum Zugriff mindestens einzuhalten.

Ist die Wartezeit im Vergleich zur typischen Rahmendauer relativ klein, so ist der resultierende Verlust an Durchsatz ebenso klein und tolerierbar. Diese Betriebsart eignet sich bei kleiner Verkehrslast, bei der Kollisionen selten auftreten.

Mit zunehmender Verkehrslast nimmt die Kollisionswahrscheinlichkeit zu. Der Durchsatz nimmt also genau dann ab, wenn ein hoher Durchsatz gebraucht wird. Kollisionen von wiederholt übertragenen Rahmen führen schließlich zur *Blockierung* des WLAN. Die Stationen reagieren darauf, indem sie die Übertragungswiederholungen einstellen und eine Fehlermeldung generieren.

Virtuelle Reservierung

Um die Wahrscheinlichkeit für Blockaden zu reduzieren und insbesondere das Hiddenstation-Problem zu umgehen, wird optional ein Verfahren mit *virtuellen Reservierungen* eingesetzt, dessen technische Voraussetzungen in den Geräten gemäß Standard verpflichtend sind.

Stationen, die senden wollen, kündigen dies an und die Zielstationen bestätigen die Empfangsbereitschaft. Die Abb. 9.61 veranschaulicht das Prinzip anhand von vier Stationen, wobei sich die jeweils benachbarten Stationen in Funkreichweite befinden (vgl. Abb. 9.60). Mit dem *Request-to-Send(RTS)-Rahmen* kündigt Station C die geplante Übertragung und ihre Dauer der Station B an. Station B ist empfangsbereit und bestätigt dies mit dem *Clear-to-Send(CTS)-Rahmen*, der ebenso die geplante Übertragungsdauer

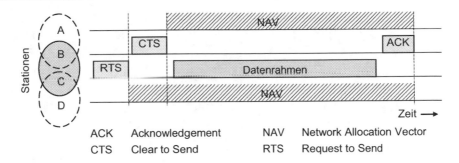

Abb. 9.61 Virtuelle Reservierung, RTS/CTS-Erweiterung

enthält. Die Station D empfängt ebenfalls den RTS-Rahmen und sperrt daraufhin ihren Sender für die gemeldete Übertragungszeit. Die für Station C verborgene Station A empfängt auch den CTS-Rahmen und sperrt desgleichen ihren Sender für die angegebene Übertragungszeit. Das Reservierungsverfahren wird deshalb auch *RTS-/CTS-Erweiterung* genannt.

Die Stationen A und D reagieren so, als ob der CCA-Test einen belegten Kanal ergäbe. Daher die Bezeichnung virtuelle Reservierung. Die Reservierungsdauer wird im Protokollparameter *Network Allocation Vector* (NAV) gespeichert. Der Parameter schließt die Zeit für die Quittung, die Übertragung des Acknowledgement(ACK)-Rahmens, ein.

Die RTS/CTS-Erweiterung reduziert das Hidden-station-Problem, indem es die beiden Funkzonen der Stationen C und B berücksichtigt und das Zeitfenster für mögliche Kollisionen auf die relativ kurze Dauer der Signalisierung einschränkt.

Aus praktischen Gründen gibt es eine Ergänzung, das *Fragment-burst-Verfahren*. Im Vergleich mit drahtgebunden LAN steigt wegen der relativ hohen Bitfehlerwahrscheinlichkeit der Funkübertragung die Wahrscheinlichkeit für Rahmenfehler mit der Rahmenlänge an. Für einen hohen Durchsatz ist es deshalb günstig, stoßweise kürzere Rahmen hintereinander zu senden und dabei die Pausen zwischen den Rahmen kurz zu halten.

9.5.2.2 Infrastructure Basic Service Set

Die beiden vorgestellten Zugriffsmodi gelten für Konfigurationen ohne zentrale Steuerung, den DCF-Zugriffsmodus. Typischerweise wird jedoch eine Anbindung an das Internet (für E-Mail, WWW etc.) gewünscht. Dann ist ein Netzzugangspunkt AP (*Access Point*) erforderlich, der i. d. R. über einen Datennetzanschluss und eine Stromversorgung verfügt und zentrale Steuerungsfunktionen übernehmen kann. Die zentrale Steuerung durch den AP verspricht einen fairen Zugriff auf die Funkschnittstelle und kollisionsfreien Betrieb mit hohem Durchsatz. Die nun mögliche Betriebsmittelreservierung unterstützt Dienstgütemerkmale, wie sie beispielsweise bei der Telefonie (VoIP) benötigt werden.

Der Zugriff über den AP wird *Point-Coordination-Function(PCF)-Zugriffsmodus* genannt. Die Empfehlung 802.11 sieht zwei derartige Betriebsarten vor. Die Abb. 9.62 zeigt links die Grundanordnung (BSS, *Basic Service Set*) mit einem AP zur fixen Infrastruk-

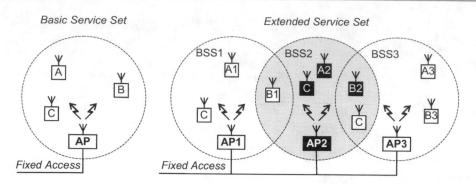

Abb. 9.62 Netzstrukturen für WLAN mit Netzzugangspunkten (AP)

tur und über Funk angebundene Stationen. Rechts ist die erweiterte Anordnung (ESS, *Extended Service Set*) zu sehen. Hier werden mehrere BSS über eine gemeinsame feste Infrastruktur verbunden. Ein quasi unterbrechungsfreies Weiterreichen mobiler Stationen, z. B. Teilnehmer mit Smartphones, wird möglich. Hierzu wird die Funkversorgung so ausgelegt, dass sich benachbarte BSS-Zellen teilweise räumlich überlappen, aber in den Frequenzkanälen unterscheiden. In diesem Fall ist eine Frequenzplanung erforderlich. Das folgende Beispiel bezieht sich auf das DSSS-Verfahren.

Die Bandbreite des DSSS-Funksignals beträgt 22 MHz. Beginnend mit der Mittenfrequenz 2,412 GHz für den Kanal 1 stehen in USA 11 und in Europa 13 Frequenzkanäle mit jeweiligem Trägerabstand von 5 MHz zur Verfügung. Ein (Frequenz-)Kanalabstand von mindestens fünf Ordnungszahlen (25 MHz) vermeidet Interferenzen. Es empfiehlt sich deshalb, für das ESS in Abb. 9.62 die (Frequenz-)Kanalwahl von 1 (2,412 GHz), 6 (2,437 GHz) und 11 (2,462 GHz). In Europa sind beispielsweise auch die Kanäle 1, 7 und 13 möglich. Bei genügend räumlichem Abstand der Funkzellen und ausreichender Funkfelddämpfung kann unter Umständen eine teilweise Überlappung der Bänder interferierender Funksignale toleriert werden.

Prioritätssteuerung

Ein WLAN mit AP verfügt über eine ausgezeichnete Station, die zentrale Steuerungsaufgaben übernehmen kann. Insbesondere kann sie als Taktgeber fungieren, dem alle Stationen im Funkbereich folgen. Damit wird ein Zugriffsverfahren mit Prioritäten möglich, das sogar den gleichzeitigen PCF- und DCF-Betrieb zulässt.

Die Grundlage bildet der etwa 10- bis 100-mal pro Sekunde gesendete Beacon-Rahmen des AP (Basisstation) auf das sich die Stationen im BSS synchronisieren. Nach Abschluss einer Übertragung durch den Quittungsrahmen ACK erfolgt der Medienzugriff jetzt prioritätsgesteuert durch die Stationen. Die Abb. 9.63 veranschaulicht das Verfahren mit unterschiedlichen Rahmenabständen, d. h. Wartezeiten bis zum Zugriff.

Nur die Stationen in aktiver Verbindung, z. B. im Fragment-burst-Verfahren, können nach dem kürzesten Rahmenabstand *Short Inter-Frame Spacing* (SIFS) die Übertragung

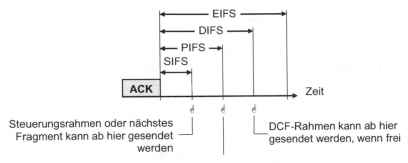

Abb. 9.63 Prioritätsgesteuerter Medienzugriff

mit einem RTS- bzw. CTS-Rahmen fortsetzen. Geschieht dies nicht, kann nach der Zeit *PCF Inter-Frame Spacing* (PIFS) der zentral gesteuerte Verkehr des PCF-Zugriffsmodus abgewickelt werden. Falls keine Station zum Senden aufgefordert wird, kann der AP einen Beacon- oder Polling-Rahmen senden. Beim hierarchischen *Polling-Verfahren* werden die Stationen abgefragt und gegebenenfalls Sendeberechtigungen durch den AP vergeben.

Der Medienzugriff nach den Rahmenabständen SIFS und PIFS erfolgt ohne Wettbewerb, da das Protokoll den Zugriff eindeutig einschränkt.

Verstreicht die Zeit *DCF Inter-Frame Spacing* (DIFS) ohne Zugriff, beginnt die *Wettbewerbsphase* des DCF-Zugriffsmodus. Durch den eingesetzten Back-off-Algorithmus mit zufälligen Verzögerungen ist die Wahrscheinlichkeit klein, dass mehrere sendewillige Stationen wiederholt gleichzeitig zugreifen.

Nach zugriffsfreier Zeit *Extended Inter-Frame Spacing* (EIFS) kann von einer Station der Empfang eines fehlerhaften Rahmens gemeldet werden. Dieses Ereignis hat die geringste Priorität, da die Kommunikation von der Zielstation durch Quittungen gesichert wird.

Die IEEE-802.11-Empfehlung unterstützt den quasi wahlfreien fairen Zugriff auf das Übertragungsmedium im Wettbewerb durch den DCF-Zugriffsmodus sowie den zentral gesteuerten Betrieb im PCF-Zugriffsmodus, beides sogar in Koexistenz.

Der PCF-Zugriffsmodus ermöglicht, die Stationen eines BSS mit dem Polling-Verfahren durch den AP zentral zu steuern. Die Stationen senden dann nur nach Aufforderung durch den AP. Zwei Stationen können im BSS nur über den AP miteinander kommunizieren. Ein Funkrahmen, der zwischen zwei Stationen ausgetauscht wird, belegt folglich zweimal das Funkmedium, womit sich der effektive Durchsatz des WLAN halbiert.

Darüber hinaus ist es möglich, Stationen für gewisse Zeiten in einen Ruhezustand, den *Power-save-Betrieb*, zu versetzen. Anmeldungen neuer Stationen und Übertragungen unvorhergesehener Meldungen durch die Stationen können regelmäßig im DCF-Zugriffsmodus ermöglicht werden. Der PCF-Zugriffsmodus erlaubt die Reservierung und Zuteilung von Übertragungszeiten, sodass Stationen bzw. Dienste bevorzugt werden können. Damit ist eine Unterstützung von Dienstmerkmalen, wie garantierte Bitrate und maximale Zustellzeit in gewissen Grenzen möglich.

Die Qualität der WLAN-Funkübertragung kann zufällig schwanken, da die Konfiguration eines WLAN i. d. R. nicht genau geplant ist. Im Büro beispielsweise kann es eine Rolle spielen, wo Mitarbeiter und Gäste gerade ihre Notebooks abstellen. Dazu kommt, dass das ISM-Band für das WLAN nicht exklusiv reserviert ist. Reale Nettobitraten liegen meist deutlich unter 50 % der in Tab. 9.13 angegebenen Bruttowerte. Die Bitraten müssen auch noch zwischen den Stationen geteilt werden. So stellten sich in einer Testinstallation eines Audio-Video-Heimnetzwerks (Hansen und Zota 2005) mit WLAN 802.11g im Test Nettobitraten für Punkt-zu-Punkt-Übertragungen nur 2–16 Mbit/s ein. Ein neuerer, vergleichbarer Test (Ahlers 2008) mit Geräten nach dem WLAN-Standard IEEE 802.11g und IEEE 802.11n („draft") ergab Bitraten von 17 bis 23 Mbit/s bzw. 26 bis 94 Mbit/s. Man beachte, die Übertragungskapazität des WLAN für den Internetzugang kann eventuell auch durch den Festnetzanschluss (DSL-Modem etc.) begrenzt sein.

Aufgabe 9.46

a) Erklären Sie das Hidden-station-Problem anhand einer Skizze.
b) Erklären Sie das Exposed-station-Problem anhand einer Skizze.

Aufgabe 9.47
Wie wird im WLAN das Hidden-station- bzw. Exposed-station-Problem entschärft. Erläutern Sie die Idee des Verfahrens anhand einer Skizze.

Aufgabe 9.48
Auf welchem Konzept basiert der Medienzugriff im WLAN mit AP? Welche Vor- und Nachteile bietet das Konzept?

Aufgabe 9.49 Ja-Nein-Fragen (□)/Lückentextaufgaben (_)

(1) Das WLAN-Protokoll ist zwischen der Vermittlungs- und der Bitübertragungsschicht des OSI-Referenzprotokolls einzuordnen. □
(2) WLAN können in den ISM-Bänder von 433,05 bis 434,79 MHz, 2,4 bis 2,4835 GHz und 5,15 bis 5,35 GHz ohne behördliche Anmeldung betrieben werden. □
(3) Die 802.11n-Empfehlung wurde 1999 verabschiedet. □
(4) OFDM ist im WLAN seit 2009 im Einsatz. □

(5)   Authentifizierung und Verschlüsselung sind in der 802.11-Empfehlung (offenes
      WLAN) nicht vorgesehen. □

(6)   CSMA/CD beschreibt eine Zugriffsmethode auf ein geteiltes Medium. □

(7)   Beim Hidden-station-Problem findet zwischen zwei Stationen keine Kommunikati-
      on statt, weil sie in der gleichen Funkzone liegen. □

(8)   Beim Exposed-station-Problem findet eine mögliche Kommunikation nicht statt. □

(9)   Im Independent Basic Service Set kommunizieren die Stationen direkt miteinan-
      der. □

(10) Die virtuelle Reservierung verhindert Kollisionen bei der Übertragung langer Da-
      tenrahmen. □

(11) Ein WLAN im Infrastructure Basic Service Set nutzt den Zugriffsmodus Point Coor-
      dination Function (PCF). □

(12) Durch die Einführung von Quittierungen (ACK) nach gelungener Funkübertragung
      wird die virtuelle Reservierung möglich. □

(13) Reale Bitraten liegen bei der WLAN-Übertragung oft unter 50 % der nominalen
      Bruttobitraten. □

(14) Beim ___ verteilt die Basisstation die Sendeberechtigung.

(15) Durch die virtuelle Reservierung werden ___ unwahrscheinlicher.

(16) Das Akronym ESS steht für ___.

(17) Die Funkübertragung in WLAN benutzt die ___-Bänder bei ___ und ___ GHz.

9.5.3   WLAN-Übertragung mit OFDM

Das *Orthogonal-Frequency-Division-Multiplexing(OFDM)-Übertragungsverfahren* kann
sowohl als Multiträger- wie auch als Frequenzmultiplex-Verfahren interpretiert werden
(Kap. 5). Im traditionellen Frequenzmultiplex gibt es Frequenzkanäle mit relativ großen
Trägerfrequenzabständen und eigenen Sende- und Empfangseinrichtungen. Im Gegensatz
dazu wird beim OFDM die digitale Signalverarbeitung eingesetzt, um den Datenstrom gezielt auf viele Unterträger aufzuteilen und bei der Detektion die Signale der verschiedenen
Unterträger gemeinsam zu verarbeiten.

Die Idee des OFDM wurde schon 1957 angewendet und 1966 wurde ein relevantes
U.S.-Patent eingereicht. Heute kann OFDM mit digitalen Signalprozessoren sehr effizient realisiert werden. Als softwarebasiertes Verfahren ermöglicht es im laufenden Betrieb
eine Anpassung an veränderte Funkfeldbedingungen und Dienstcharakteristika. OFDM
wird deshalb bereits 1999 in der WLAN-Empfehlung IEEE 802.11a vorgeschlagen. Im
Frequenzbereich um 5 GHz werden Bitraten von 6 bis 54 Mbit/s unterstützt. Dabei werden je nach Bedarf und Funkfeldbedingung für die Unterträger die Modulationsverfahren
BPSK, QPSK, 16-QAM oder 64-QAM eingesetzt. Zusätzlich wird die Fehlerschutzcodie-
rung angepasst. Die tatsächlich erzielbare Bitrate ist u. a. entfernungsabhängig. Tests im
Freien zeigen, dass sich Bitraten von 6 und 54 Mbit/s über Funkstrecken von etwa 200 bis
300 m bzw. 20 bis 30 m übertragen lassen.

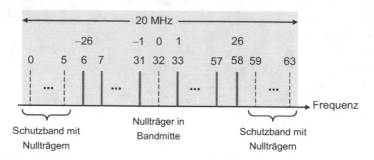

Abb. 9.64 Frequenzlage der 64 Unterträger im Teilband

Für WLAN mit OFDM wurden in Europa ursprünglich die Frequenzbänder von 5,15 bis 5,35 GHz und 5,47 bis 5,725 GHz vorgesehen. Im Jahr 2003 wurde mit der Empfehlung 802.11g OFDM ebenfalls für das ISM-Band bei 2,4 GHz eingeführt.

Unterträger

20 MHz breite Teilbänder werden jeweils für eine OFDM-Übertragung mit theoretisch 64 *Unterträgern* reserviert. Benachbarte Unterträger besitzen gleiche Frequenzabstände, sodass sich der *Unterträgerabstand* ergibt:

$$F = \frac{20\,\text{MHz}}{64} = 312,5\,\text{kHz}.$$

Um Störungen in den angrenzenden Frequenzbändern zu vermeiden, werden sechs Unterträger am unteren und fünf am oberen Rand nicht verwendet. Der Unterträger in der Bandmitte, wird – um im Empfänger eine störende Gleichkomponente nach abmischen ins Basisband zu verhindern – ebenfalls nicht verwendet. Man spricht insgesamt von zwölf *Nullträgern* (Abb. 9.64). Weitere vier Unterträger, die Unterträger 11, 25, 39 und 53, sind als *Pilotträger* für die Synchronisation belegt. Somit stehen noch 48 Unterträger als *Datenträger* für die eigentliche Datenübertragung zur Verfügung.

Anmerkungen

- Mit der Bandbreite von 20 MHz können im ISM-Band bei 2,4 GHz vier unabhängige WLAN-Funkzellen am gleichen Ort betrieben werden. In Europa stehen dafür die Kanäle 1 (Mittenfrequenz 2,412 GHz), 5 (2,432 GHz), 9 (2,452 GHz) und 13 (2,472 GHz) zur Verfügung.
- Die Verteilung des Datenstroms auf viele Unterträger kann als Spreizen bezüglich der Zeitachse verstanden werden. Der Einfluss jedes Bits des Datenstroms erstreckt sich jeweils über ein ganzes OFDM-Symbol.

OFDM-Bedingung

Die Bandbreiteneffizienz des OFDM-Verfahrens beruht auf der starken Überlappung der Spektren der Unterkanäle. Diese scheint zunächst der Erfahrung aus der Frequenzmultiplextechnik zu widersprechen. Bei Orthogonalität der Unterträger ist jedoch eine perfekte Signaltrennung möglich. Dafür sind der Unterträgerabstand F und die Symboldauer der Unterträgermodulation T fest miteinander zu verkoppeln (OFDM-Bedingung, Kap. 5). Mit der für WLAN gewählten *Kernsymboldauer* gilt

$$T = \frac{1}{F} = 3{,}2\,\mu s.$$

Fast-Fourier-Transformation

Betrachtet man die Signale der Unterträger gemeinsam, so stellt sich die Erzeugung des OFDM-Sendesignals als Kombination aus Harmonischen der Fourierreihe dar. Darin ist die Teilnachricht in den komplexwertigen Fourierkoeffizienten zu den Unterträgern codiert. Die digitale Signalverarbeitung stellt hierfür einen effizienten Algorithmus, die inverse schnelle Fourier-Transformation (IFFT, Inverse Fast Fourier Transform), bereit.

Ähnliche Überlegungen für den Empfang von OFDM-Signalen liefern eine entsprechende Struktur. Statt der IFFT wird im Empfänger die fast identische FFT verwendet.

Modulation

Entsprechend den zu übertragenden Nachrichten werden die *Fourier-Koeffizienten* aus den jeweils gültigen Signalraumkonstellationen entnommen. Vorgesehen sind die digitalen Modulationsverfahren BPSK, QPSK, 16-QAM oder 64-QAM für die Übertragung von 1, 2, 4 bzw. 6 Bits je Symbol. Die Abkürzungen stehen für *Binary Phase Shift Keying* (binäre Phasenumtastung), *Quaternary Phase Shift Keying* (quaternäre Phasenumtastung) bzw. *Quadrature Amplitude Modulation* (Quadraturamplitudenmodulation). Mit zunehmender Anzahl von Bits pro Symbol wird die Übertragung jedoch störanfälliger. Im WLAN wird deshalb die Übertragungsqualität überwacht und die Modulation entsprechend dynamisch angepasst. Wichtige Steuerungsinformation wird mit der relativ robusten BPSK-Modulation gesendet.

Bitrate

Abschließend wird eine kurze Überlegung zur Bitrate in der WLAN-Anwendung vorgestellt und ein wichtiger Hinweis zur praktischen Realisierung gegeben. Mit dem Frequenzabstand F ($= 1/T$) der Unterträger, den 48 Unterträgern zur Nachrichtenübertragung sowie der 64-QAM-Modulation je Unterträger ergibt sich die geschätzte maximale Bitrate

$$\hat{R}_b = 3{,}125\,\text{kHz} \cdot 48 \cdot 6\,\text{bit} = 90\,\text{Mbit/s}.$$

Tatsächlich werden in den Empfehlungen IEEE 802.11a nur 54 Mbit/s realisiert. Dies hat zwei Gründe. Zum Ersten werden zusätzliche Prüfbits mit übertragen, sodass nur drei Viertel der codierten Bits tatsächlich zu den Nachrichten gehören. Zum Zweiten wird aus praktischen Gründen eine sog. *zyklische Erweiterung* vorgenommen. Überträgt man nämlich, wie in den bisherigen Überlegungen, nur eine Periode des Basisbandsignals, so resultieren strikte Forderungen an die Genauigkeit der Synchronisation im Empfänger. Insbesondere machen sich dann die im Funkfeld typischen Mehrwegeübertragungen mit unterschiedlichen Laufzeiten störend bemerkbar. Aus diesem Grund wird das Basisbandsignal periodisch etwas fortgesetzt, also zyklisch erweitert. Man spricht von einem Schutzintervall, auch *Guard Interval* (GI) genannt. Der Empfänger kann dann aus dem verlängerten Signal leichter eine Periode für die Detektion entnehmen. Es wird ein Schutzintervall T_G von 800 ns verwendet. Das Schutzintervall von 800 ns entspricht einer Umweglänge der Funksignale von $3 \cdot 10^8$ m/s $\cdot\, 8 \cdot 10^{-7}$ s $= 240$ m. Damit verlängert sich die tatsächliche Symboldauer auf

$$T_T = T + T_G = 3{,}2\,\mu s + 0{,}8\,\mu s = 4\,\mu s.$$

Die Bitrate beträgt einschließlich der Kanalcodierung deshalb

$$R_b = \frac{3}{4} \cdot \frac{6\,bit \cdot 48}{T_T} = \frac{3}{4} \cdot \frac{6\,bit \cdot 48}{4\,\mu s} = 54\,Mbit/s.$$

Bitratenadaption

Die Bitrate von 54 Mbit/s stellt den günstigsten Fall dar. Je nach Situation im Funkfeld, z. B. Funkfelddämpfung und/oder Störungen durch andere Stationen, kann das Modulationsverfahren für die Unterträger umgeschaltet werden: von BPSK auf QPSK, 16-QAM oder 64-QAM, wobei mit höherer Stufenzahl die Empfindlichkeit gegen Störungen zunimmt.

Um den WLAN-Kunden eine gewisse Zufriedenheit zu garantieren, müssen standardkonforme Geräte Mindestanforderungen erfüllen. Als Gütekriterium ist u. a. die Empfängerempfindlichkeit vorgesehen, bei der im Konformitätstest eine Übertragung mit weniger als 10 % Paketverlusten („packet error rate") möglich ist (Rech 2012). Die Tab. 9.14 zeigt die paarweise festgelegten Werte für die *Empfängerempfindlichkeit* und *Bitrate*. Darin entspricht der Bereich von -65 bis -82 dBm einer Empfangsleistung von $3{,}16 \cdot 10^{-7}$ bis $6{,}31 \cdot 10^{-9}$ mW.

Die Tabelle zeigt, dass im Vergleich zur Übertragung mit 54 Mbit/s durch die Bitratenadaption selbst dann noch eine sinnvolle Übertragung möglich ist, wenn die Empfangsleistung um 17 dB, d. h. um etwa den Faktor 50, kleiner wird. Viele moderne WLAN-Geräte übertreffen die Empfängerempfindlichkeiten in Tab. 9.14 um etwa 5 dB.

WLAN-Empfänger für die zuerst eingeführte DSSS-Übertragung nach IEEE 802.11 und b sind noch etwas unempfindlicher gegen Störungen. Für die Bitraten 11, 5,5, 2 und

Tab. 9.14 Empfängerempfindlichkeiten und Bitraten für die OFDM-WLAN-Übertragung (IEEE 802.11a, nach Rech 2012) und relative Funkreichweiten

Empfängerempfindlichkeit (dBm)	-65	-66	-70	-74	-77	-79	-81	-82
Bitrate (Mbit/s)	54	48	36	24	18	12	9	6
Relative Funkreichweite[a] (%)	14	16	25	40	56	71	89	100

[a] Modellrechnung gemäß Freiraumdämpfung und 20 dBm Sendeleistung, Werte gerundet

Abb. 9.65 Abschätzung der
relativen Funkreichweite und
Bitrate für IEEE 802.11a

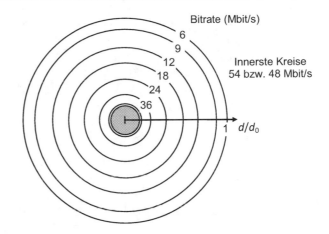

1 Mbit/s gibt Rech (2012) die Empfängerempfindlichkeiten praktischer Geräte mit -90, -92, -93 bzw. -94 dBm an.

Mit den Standardvorgaben der Empfängerempfindlichkeit in Tab. 9.14 lässt sich der Zusammenhang zwischen Funkreichweite und Bitrate anschaulich darstellen. Dazu schätzen wir die jeweilige Funkreichweite mit der Formel für die Freiraumdämpfung in Abschn. 9.1.3.2 ab und führen die Ergebnisse in Abb. 9.65 zusammen. Das Bild zeigt die relativen Größen der Funkzellen bezogen auf die maximale Reichweite d_0 für die robusteste Übertragung mit 6 Mbit/s in Tab. 9.14. Die relativen Reichweiten sind in Tab. 9.14 unten zu finden. So kann die Funkreichweite um den Faktor sieben gesteigert werden, wobei allerdings eine entsprechend große Abnahme der Datenrate hingenommen werden muss.

Auch wenn die absolute Funkreichweite von den lokalen Gegebenheiten maßgeblich bestimmt wird, so veranschaulicht Abb. 9.65 dennoch den praktischen Nutzen der *Bitratenadaption*. Insbesondere wird deutlich, dass wichtige Steuerungsinformationen vom AP mit größtmöglicher Robustheit, hier also BPSK-moduliert, gesendet werden müssen, damit alle Stationen im Funkbereich koordiniert werden können.

9.5.4   High Throughput OFDM

Bereits 10 Jahre nach der Einführung der OFDM-Übertragung in WLAN war es technologisch möglich, noch komplexere Algorithmen für die Übertragungssteuerung und die digitale Signalverarbeitung wirtschaftlich zu realisieren. Schließlich konnten die digitale und die analoge Signalverarbeitung in miniaturisierten Schaltungen zum preiswerten Single-Chip-WLAN integriert werden (Behzad 2008). Die 2009 neu eingeführte WLAN-Empfehlung 802.11n (*Next Generation*) stützt sich auf 802.11a/g und bietet eine erweiterte Auswahl von Optionen für die Funkübertragung an. IEEE 802.11n richtet sich sowohl an das 2,4 GHz- als auch 5 GHz-Band. Es ermöglicht die Auswahl aus den acht

Tab. 9.15 Bitraten der HT-OFDM-Übertragung, 52 Unterträger, 20 MHz Kanalbandbreite

MCS	Modulation	Bit pro Unterträger	Bit pro OFDM-Symbol	FEC-Coderate	Datenbit pro OFDM-Symbol	Bitrate (Mbit/s) mit GI 800 ns	mit GI 400 ns
0	BPSK	1	52	1/2	26	6,5	7,2
1	QPSK	2	104	1/2	52	13	14,4
2				3/4	78	19,5	21,7
3	16-QAM	4	208	1/2	104	26	28,9
4				3/4	156	39	43,3
5	64-QAM	6	312	2/3	208	52	57,8
6				3/4	234	58,5	65
7				5/6	260	65	72,2

Modulations- und Codierschemata (MCS) in Tab. 9.15. Zur Hervorhebung der gesteigerten Bitrate wird vom *High Throughput OFDM* (HT-OFDM) gesprochen.

Bitraten

Die maximale Bitrate von 72,2 Mbit/s wird durch drei Maßnahmen erreicht. Eine präzisere Signalverarbeitung reduziert die Außerbandstrahlung, sodass auf jeder Seite des Übertragungsbands zwei bisherige Nullträger als die Datenträger nutzbar werden. Die Zahl der Datenträger steigt von 48 auf 52, was ein Plus von etwa 8,3 % in der Übertragungskapazität mit sich bringt. Treten in der Funkzelle nur kurze Signallaufzeiten auf, kann das Schutzintervall von 800 ns auf 400 ns halbiert werden. Damit reduziert sich die tatsächliche Übertragungsdauer eines OFDM-Symbols auf 3,6 μs und der Durchsatz erhöht sich um 10 %. Schließlich kann bei sehr guter Übertragungsqualität die Redundanz des Fehlerschutzes verringert werden. Mit der Coderate 5/6, statt bisher 3/4, nimmt die Nutzbitrate um etwa 11 % zu. Insgesamt erlauben die drei Maßnahmen bei HT-OFDM eine Steigerung der Bitrate von 54 auf 72,2 Mbit/s.

Frequenzkanalbündelung

Die technologischen Fortschritte der letzten Jahre spielen IEEE-802.11n-Systeme erst richtig aus, wenn zwei benachbarte Frequenzbänder zur Verfügung stehen. Dann können die Frequenzbänder zusammengelegt werden. Man spricht vom *Channel-Bonding*. HT-OFDM nutzt das durchgehende 40 MHz-Band; die Nullträger in der Mitte werden nun für die Datenübertragung benutzt. Die Zahl der Unterträger erhöht sich auf 108 und damit die Datenrate auf maximal 150 Mbit/s.

Anmerkungen

- In der Frequenzkanalbündelung zeigt sich die Stärke des OFDM-Verfahrens. Statt der FFT der Länge 64 wird nun einfach die Länge 128 eingesetzt. Die Komplexität der FFT steigt nur linear mit der Länge.

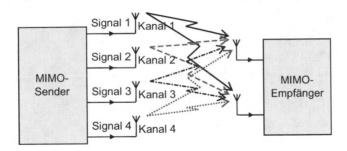

Abb. 9.66 MIMO-Übertragung für das Raummultiplexverfahren

- Ein ähnliches Konzept für das Zusammenlegen von Datenrahmen wird Frame-Aggregation genannt. Frame-Aggregation wurde mit IEEE-802.11e eingeführt und wird in 802.11n unterstützt.

Obwohl die Frequenzkanalbündelung für das 2,4 GHz- und 5 GHz-Band spezifiziert ist, sollte sie dem breiteren 5 GHz-Band vorbehalten bleiben. Darüber hinaus enthält 802.11n Vorschriften für einen 20 MHz-40 MHz-Mischbetrieb und zur Koexistenz mit anderen WLAN (z. B. Rech 2012). Man beachte auch, die Funksignale werden zwar im 5 GHz-Band stärker gedämpft, d. h. die Reichweite verringert sich, aber dadurch ergeben sich kleinere Funkzellen und schließlich größere Verkehrsdichten.

Besonders leistungsfähige Geräte können optional mehrere Antennen nutzen (Abb. 9.66). Man spricht von der *Multiple-Input-Multiple-Output(MIMO)-Übertragung*. *Mehrantennensysteme* ermöglichen die *Antennendiversität*, die *Strahlungsbündelung* („beam forming") oder den *Raummultiplex*. Damit kann die Sendeleistung reduziert und/oder der Datendurchsatz gesteigert werden.

Setzt man das Verfahren des *Raummultiplex* ein, werden komplexe Algorithmen der Signalverarbeitung zur Kanalschätzung benötigt. Je nachdem, ob die Kanaleigenschaften im Sender und im Empfänger bekannt sind, werden unterschiedliche Verfahren möglich (Kammeyer 2008). Im Beispiel in Abb. 9.66 werden vier Sende- und zwei Empfangsantennen benutzt. Es ergeben sich vier (Daten-)Kanäle. Unter idealen Bedingungen vervierfacht sich die Datenrate, also bei 40 MHz Frequenzkanalbandbreite auf insgesamt 600 Mbit/s.

Anmerkung

- Für MIMO-Systeme benutzt man die Kurzschreibweise a × b : c. Das heißt, der Sender hat a und der Empfänger b Antennen. Und es können maximal c Datenkanäle (Datenströme) unterstützt werden. Die Abb. 9.66 zeigt die Konfiguration 4 × 2 : 4.

Die im HT-OFDM vorgestellten Konzepte wurden 2014 in der Empfehlung 802.11ac für das 5 GHz-Band zum Gigabit-WLAN erweitert. Die vier wesentlichen Elemente der Leistungssteigerung sind

- der auf bis zu 160 MHz vergrößerte Frequenzkanal,
- die auf bis zu 256 Stufen erhöhte QAM-Modulation,
- bis zu acht MIMO-Datenströme und
- bis zu vier gleichzeitig bediente MIMO-Klienten.

Bezogen auf die OFDM-Übertragung spricht man nun auch von Very-HT(VHT)-OFDM.

Im Vergleich zu IEEE 802.11n mit 20 MHz Bandbreite und ohne MIMO ergibt sich in einer einfachen Überschlagsrechnung eine Steigerung um den Faktor $8 \cdot (8/6) \cdot 8 \approx 85$, also theoretisch eine Erhöhung der Bitrate von etwa 72 Mbit/s auf etwa 6 Gbit/s. Dieser Zuwachs wird erreicht durch die vergrößerte Bandbreite (Faktor acht), die gesteigerte spektrale Effizienz des Modulationsverfahrens (Faktor 8/6) und die vergrößerte Komplexität des Mehrantennensystems und seiner Signalverarbeitung (Faktor acht).

Der Leistungszuwachs beim Gigabit-WLAN beruht also im Wesentlichen auf der Zunahme der Bandbreite und der Anwendung des Raummultiplex.

In kommerziellen Geräten sind weitere Verbesserungen implementiert, die als proprietäre Lösungen aber nicht standardisiert sind. Im praktischen Betrieb können die erreichten Durchsätze je nach Gerät und Umgebung stark schwanken, z. B. Ahlers und Labs (2016).

Aufgabe 9.50

a) Vergleichen Sie die Funkreichweite der WLAN-Übertragungen mit 54 und 6 Mbit/s für IEEE 802.11a und 1 Mbit/s für IEEE 802.11.
   Hinweis: Gehen Sie der Einfachheit halber von einer Freiraumausbreitung aus und vernachlässigen Sie alle möglichen Gewinne und weitere Verluste. (Gute) WLAN-Geräte besitzen heute eine niedrigere Empfindlichkeit als im Standard gefordert. Berücksichtigen Sie deshalb 5 dB zugunsten dieser Geräte.
b) Welcher Schluss lässt sich daraus für die Übertragung von Befehlen und Meldungen ziehen?

Aufgabe 9.51

a) Worauf beruht der Kapazitätszuwachs der Datenübertragung im IEEE 802.11n im Vergleich zu IEEE 802.11a/g?
b) Worauf beruht der Kapazitätszuwachs der Datenübertragung im IEEE 802.11ac im Vergleich zu IEEE 802.11n?
c) Was bedeutet die Steigerung der Stufenzahl der QAM von 64 auf 256 für IEEE 802.11n bzw. IEEE 802.11ac im praktischen Betrieb, wenn dafür ein zusätzliches SNR von etwa 6 dB im Empfänger benötigt wird?

Aufgabe 9.52 Ja-Nein-Fragen (□)/Lückentextaufgaben (_)

(1) Bei der OFDM-Übertragung im WLAN werden ___ und ___ dynamisch an den Funkkanal angepasst.

(2)   Steigert man bei Geräten nach IEEE 802.11a die Bitrate von 6 auf 54 Mbit/s, reduziert sich gemäß einfacher Modellüberlegungen die Fläche der Funkzelle auf etwa 2 %. $\square$

(3)   Man unterscheidet bei IEEE 802.11a,g drei Arten von Unterträgern, nämlich 12 ___, 4 ___ und 48 ___.

(4)   Durch Verkleinerung des Frequenzabstands der Unterträger im IEEE 802.11n wurde die Bitrate auf 72,5 kbit/s gesteigert. $\square$

(5)   Die OFDM-Bedingung ist ___.

(6)   Die Übertragung eines OFDM-Symbols dauert 3,2 µs. $\square$

(7)   Mit dem Schutzintervall des OFDM-Symbols werden Störungen in den Nachbarfrequenzbändern vermieden. $\square$

(8)   Durch die dynamische Bitratenadaption wird die Übertragungsgeschwindigkeit an das zeitlich variierende Datenaufkommen angepasst. $\square$

(9)   Für die Übertragung mit 6 Mbit/s liegen typische Empfängerempfindlichkeiten moderner WLAN-Geräte heute bei etwa ___.

(10) Zur Steigerung der Übertragungsgeschwindigkeit setzen Geräte nach IEEE 802.11ac bei günstigsten Übertragungsbedingungen die FCC-Coderate ___ und die ___-Modulation ein.

(11) Die Angabe $4 \times 2 : 4$ beschreibt eine ___ -Übertragung mit vier ___, zwei___ und insgesamt vier ___.

(12) Mit Mehrantennensystemen können sowohl die Verfahren zur herkömmlichen Antennendiversität als auch ___ oder ___ realisiert werden.

9.5.5   Zusammenfassung

Obwohl der Name WLAN noch auf die ursprüngliche Anwendung, das kabellose lokale Rechnernetzwerk, hinweist, muss die WLAN-Technologie heute in enger Verbindung mit der Mobilkommunikation gesehen werden. Leistungsfähige WLAN-Funkschnittstellen gehören zur Serienausstattung von Notebooks und Smartphones. Sie werden immer häufiger in öffentlichen Zugangspunkten (Hotspots) zum schnellen Internetzugang verwendet. Damit werden Teilnehmermobilität und -authentifizierung zur gemeinsamen Aufgabe. Man spricht auch von „nomadic computing".

Den Zusammenhang zur Mobilkommunikation unterstreicht die wachsende Zahl der ESS-Netze. Bei Anwendung von WLAN-Telefonie (VoIP) ist ein schneller Handover zwischen den WLAN-Zellen vorzusehen. Aber auch ein schneller Handover zwischen WLAN und einem Mobilfunknetz wie UMTS rückt in den Blick.

Im WLAN kann durch die kleinen Funkzellen von etwa 10 bis 100 m eine hohe Verkehrsdichte erreicht werden. Unterstützt wird sie durch hohe Datenraten auf der Funkschnittstelle. IEEE 802.11n sieht Nettobitraten bis 72,2 Mbit/s bei 20 MHz Bandbreite vor. Ermöglicht wird dies durch die OFDM-Modulation in Kombination mit der dynamischen Ratenanpassung auf der Funkschnittstelle: Modulation und Kanalcodierung werden in Abhängigkeit der momentanen Kapazität des Funkkanals eingestellt. Durch die Kombination von zwei Frequenzkanälen (40 MHz) und dem Einsatz von Mehrantennensystemen (MIMO) sind im Standard Nettobitraten bis 600 Mbit/s möglich.

Der 2014 verabschiedete Standard 802.11ac geht mit der Vergrößerung des Frequenzkanals auf bis zu 160 MHz und mit bis zu acht MIMO-Datenströme noch weiter. Man spricht vom Gigabit-WLAN.

Auch wenn die maximalen Bitraten in der Praxis meist nicht erreicht und die Kapazität in der Funkzelle geteilt wird, ist die WLAN-Technologie heute die Schlüsseltechnologie für die breitbandige drahtlose Kommunikation der Informationsgesellschaft.

9.6 Lösungen zu den Aufgaben

Lösung 9.1

Überprüfung der *Zugangsberechtigung* durch die Teilnehmerauthentifizierung mithilfe SIM-Card; *Vertraulichkeit* der Nachrichten durch Verschlüsselung; *Anonymität* im Netz durch die temporäre Teilnehmerkennung.

Lösung 9.2

(1) 9 kHz, 300 GHz, 10 W; (2) nichtionisierende Strahlung; (3) epidemiologische Studie; (4) der Elektrosensibilität; (5) thermische; (6) die 26. BImSchV; (7) die spezifische Absorptionsrate; (8) 0,08 W/kg; (9) 10 g, 2 W/kg; (10) der Umweltengel

Lösung 9.3

a) Nach der Formel für die Freiraumdämpfung halbiert sich die Reichweite bei zusätzlicher Dämpfung von 6 dB. Wenn eine Eindringdämpfung von 12 dB in Gebäude berücksichtigt werden soll, beträgt die Funkreichweite nur noch etwa 2000 m.

b) etwa 2900 m

Lösung 9.4

Die Antennen sind gegenseitig aufeinander auszurichten, damit die Antennengewinne realisiert werden können. Wegen der vorschriftsmäßig zu begrenzenden Sendeleistung (EIRP), z. B. mit einem 12 dB-Dämpfungsglied oder entsprechend langer Zuleitung in Senderichtung, kann der Antennengewinn nur im Empfänger realisiert werden. Im Beispiel vergrößert sich die Empfangsleistung nur um 12 dB.

Lösung 9.5

Die Verluste und Reserven summieren sich auf insgesamt 9 dB. Somit ist die maximale Funkreichweite noch etwa 3700 m.

Lösung 9.6
(1) Der Mehrwegeempfang; (2) r; (3) $f \cdot \lambda = c$; (4) f; (5) r; (6) f; (7) Freiraumdämpfung, Durchgangsdämpfung, Beugungsdämpfung; (8) r; (9) f; (10) f; (11) 20 dBm (-10 dB); (12) f

Lösung 9.7
Die Signalverzögerungszeiten 0,5, 16 und 20 µs entsprechen den Weglängen 150, 4800 bzw. 6000 m.

Lösung 9.8
Die mittlere Strecke zwischen zwei Schwundeinbrüchen wird gemäß dem Modell der stehenden Welle mit der halben Wellenlänge abgeschätzt, hier also etwa 0,167 m. Im Fußgängertempo ergeben sich 200 ms und bei der Fahrt auf der Autobahn 5 ms.

Lösung 9.9
Die maximale Dopplerverschiebung beträgt 150 Hz.

Lösung 9.10
(1) r; (2) dem Einfallswinkel; (3) der (zeitvariante) Frequenzgang; (4) r; (5) zeitliche; (6) f

Lösung 9.11

a) HLR und VLR
b) Authentifizierung und Lokalisierung der Teilnehmer

Lösung 9.12

a) Frequenzduplex in GSM heißt, dass die Abwärts- und Aufwärtsverbindungen in zwei getrennten Frequenzbändern durchgeführt werden.
b) Frequenzmultiplex in GSM heißt, dass die Funkübertragungen der Teilnehmer in unterschiedlichen Frequenzkanälen stattfinden (können).
c) Zeitmultiplex in GSM heißt, dass die Funkübertragungen der Teilnehmer in unterschiedlichen, jeweils relativ kurzen aber regelmäßig wiederholten Zeitintervallen (Zeitschlitzen) in einem Frequenzkanal erfolgen.

Lösung 9.13
Die zellulare Funkkapazität ist gleich der maximalen Zahl der Teilnehmer, die in einer Funkzelle den Basisdienst Telefonie gleichzeitig nutzen können.

Lösung 9.14

a) Die Clustergröße ist gleich der Zahl der Funkzellen, auf die die Frequenzkanäle aufgeteilt werden müssen. Durch die Vergrößerung des Clusters von vier auf sieben stehen
   somit pro Funkzelle statt ein Viertel nur noch ein Siebtel der gesamten Frequenzkanäle
   zur Verfügung. Die zellulare Funkkapazität reduziert sich damit auf 57 % des vorherigen Werts.

b) Durch die Vergrößerung des Clusters nimmt der Abstand der Basisstationen mit Frequenzwiederholung zu und die Gleichkanalstörungen reduzieren sich entsprechend.

c) Die Clustergröße sollte so klein wie möglich gewählt werden, sodass die Gleichkanalstörungen noch toleriert werden können.

Lösung 9.15

(1) VLR; (2) r; (3) f („transceiver" für Sender und Empfänger); (4) 200 kHz, 8; (5) f;
(6) Richtantennen; (7) f; (8) f

Lösung 9.16

Wegen der beschränkten Funkreichweite ist ein zellularer Aufbau für ein landesweites
Mobilfunknetz unumgänglich. Dabei kann das Mobilfunknetz über die Ausgestaltung der
Funkzellen bei entsprechenden Infrastrukturkosten (inklusive Handover) an lokale Gege-
benheiten (Verkehrsbedarf, Beschaffenheit des Funkfelds etc.) angepasst werden.

Lösung 9.17

Leistungsregelung, Handover, Frequenzspringen, diskontinuierliche Übertragung, ungleichmäßige Kanalcodierung für Sprache, dynamische Ratenanpassung durch Codeumschaltung, Bitverschachtelung, Kanalentzerrung

Lösung 9.18

Durch das Frequenzsprungverfahren kann der Effekt der Gleichkanalstörung reduziert
werden. Gegebenenfalls kann dadurch eine kleinere Clustergröße und folglich eine höhere Radiokapazität erreicht werden.

Lösung 9.19

(1) f; (2) r; (3) Gleichkanalstörung; (4) f; (5) „seamless handover"; (6) r; (7) f; (8) das
Frequenzspringen („frequency hopping"); (9) f; (10) „interleaving" (Bitverschachtelung);
(11) r; (12) f

Lösung 9.20

a) Das Schutzintervall des Access Burst berücksichtigt, dass beim ersten Netzzugriff
   durch die MS die Laufzeit des Signals von der MS zur BTS unbekannt ist. Durch
   das besonders lange Schutzintervall wird eine Kollision des Access Burst an der BTS

mit dem Burst zum darauffolgenden Zeitschlitz verhindert, wenn die Radien der Funkzellen etwa 35 km nicht überschreiten.

b) Anhand des Access Burst wird vom BSC die relative Zeitverschiebung („timing advance") bestimmt, mit dem die Bursts von der MS gesendet werden müssen, um die Laufzeit zwischen MS und BTS auszugleichen, also im vorgesehenen Zeitschlitz an der BTS einzutreffen.

Lösung 9.21

Frequenzsynchronisation mit FCCH $\Rightarrow$ Zeitsynchronisation mit SCH $\Rightarrow$ Anklopfen mit RACH $\Rightarrow$ Signalisierung DCCH in Abwärts- bzw. Aufwärtsrichtung.

Der PCH wird zum Rufen der MS benutzt, die bereits im Netz eingebucht sind.

Lösung 9.22

a) Mit sechs Bits werden die Integerwerte 0–63 codiert. Die maximale Zeitverschiebung ist dann

$$T_{TA,max} = 63 \cdot T_b \approx 63 \cdot 3{,}7\,\mu s \approx 0{,}233\,ms.$$

b)

$$s_{max} = c \cdot T_{TA,max} \approx 3 \cdot 10^8\,m/s \cdot 233 \cdot 10^{-6}\,s \approx 70\,km$$

$$\Rightarrow \text{jeweils 35 km für Hin- und Rückweg}$$

Lösung 9.23

Die Teilnehmerauthentifizierung fußt auf dem Challenge-response-Verfahren. Dabei stellt das Netz (ACU) an den Teilnehmer (SIM-Card) eine quasi-zufällig generierte Frage, die durch den Teilnehmer (SIM-Card) nur anhand der in seiner SIM-Card fest implementierten und nicht über die Funkschnittstelle übertragenen Informationen beantwortet werden. (Prinzip des geteilten Geheimnisses)

Lösung 9.24

GSM gilt heute nicht mehr als abhörsicher.

Lösung 9.25

(1) f; (2) r; (3) f; (4) f; (5) Challenge-response-Verfahren, geteilten Geheimnisses („shared secret"); (6) r; (7) r; (8) f; (9) r; (10) exor

Lösung 9.26

a) General Packet Radio Service
b) Es werden paketorientierte Datendienste mit gewissen Dienstgütemerkmalen angeboten.
c) Dringlichkeit, Verzögerung, Verlässlichkeit, Spitzendurchsatz und mittlerer Durchsatz

Lösung 9.27

Flusskontrolle: a), b) und d); Kanalcodierung: c)

Lösung 9.28

(1) r; (2) f; (3) f; (4) „quality of service"; (5) r; (6) f; (7) r; (8) LLC-Rahmen

Lösung 9.29

Die Schemata der Kanalcodierung CS1–CS4 unterscheiden sich durch den Anteil an Redundanz, sodass sich Nettobitraten von 9,05 (etwa 50 % Redundanz) bis 21,5 kbit/s (keine Redundanz) ergeben. GPRS verfügt somit über Mittel zur (Daten-)Ratenadaption, die zur Anpassung der Funkübertragung an die Kanalqualität eingesetzt werden können.

Lösung 9.30

Mit der Multislot-Klasse werden Endgeräte nach ihrem Vermögen klassifiziert, in einem TDMA-Rahmen mehrere Zeitschlitze nutzen zu können. Man spricht auch von Kanalbündelung. Dadurch kann die Kapazität der entsprechenden Kanäle für den Teilnehmer addiert werden.

Lösung 9.31

(1) f; (2) r; (3) f; (4) f; (5) r; (6) r

Lösung 9.32

(1) r; (2) die SGSN; (3) f; (4) dem BSC

Lösung 9.33

a) Es kann die Coderate und die Modulation angepasst werden.
b) Als Kriterium wird die Kanalqualität verwendet. Bei guter Qualität wird mit hoher Coderate (weniger Redundanz) und höherstufiger Modulation (höherer spektraler Effizienz) übertragen.

Lösung 9.34

- Minimale spektrale Effizienz bei MSC-1: $8 \cdot 8,8\,\text{kbit/s}/200\,\text{kHz} = 0,352\,(\text{bit/s})/\text{Hz}$
- Maximale spektrale Effizienz bei MS9-1: $8 \cdot 59,2\,\text{kbit/s}/200\,\text{kHz} = 2,368\,(\text{bit/s})/\text{Hz}$
- GSM TCH/F9.6: $8 \cdot 9,6\,\text{kbit/s}/200\,\text{kHz} = 0,384\,(\text{bit/s})/\text{Hz}$
- GSM/GPRS TCH/F14.4: $8 \cdot 14,5\,\text{kbit/s}/200\,\text{kHz} = 0,580\,(\text{bit/s})/\text{Hz}$

Lösung 9.35

(1) r; (2) f; (3) r; (4) f; (5) f; (6) r; (7) 3; (8) der Kanalqualität

Lösung 9.36

a) Mit dem Dienstmodell für UMTS soll der zukünftige Bandbreitenbedarf abgeschätzt werden. Es stützt sich auf die Ergebnisse der Nachrichtenverkehrstheorie und berücksichtigt für unterschiedliche Teledienste typische Parameter wie Nutzungsdauer und Verkehrsdichte.

b) Datendienste mit bis zu 144 kbit/s für schnell fahrende Fahrzeuge, 384 kbit/s in der Fläche für z. B. Fußgänger und 1920 kbit/s in der Spitze in geschlossenen Räumen

c) Die Bitrate in der Spitze (Spitzenbitrate, „peak bit rate") gibt die maximale Bitrate an, die über eine gewisse kurze Zeit zur Verfügung gestellt werden kann. Für UMTS ist die Spitzenbitrate wichtig, weil UMTS von den Teilnehmern als Datendienst für den Internetzugang mit seinem typisch burstartigen Verkehr eingesetzt wird. Bei hohen Spitzenbitraten werden Internetseiten schnell geladen und Funkressourcen rasch wieder für andere Teilnehmer frei.

d) Durch die Definition der Access Network Domain mit Schnittstelle zum Kernnetz soll eine funktionale Eigenständigkeit des Funkzugangsnetzes (RAN) erreicht werden. Ziel ist es, unterschiedliche Funkzugangsnetze bzw. deren Weiterentwicklungen unabhängig vom Kernnetz zu ermöglichen.

e) Übertragung von Nutzer- und Steuerungsdaten mithilfe von IP-Datagrammen. Netzkomponenten (Switch, Router, Gateway etc.) erhalten jeweils eine eigene IP-Adresse, auf deren Basis die Vermittlung der Nutzerdaten geschieht.

Lösung 9.37 Spektrale Effizienz

$2 \cdot 3{,}840\,\text{Mbit/s}/4{,}6\,\text{MHz} = 1{,}67\,(\text{bit/s})/\text{Hz}.$ (bezüglich Modulationsverfahren)

Anmerkung: $(3/2) \cdot 1{,}920\,\text{Mbit/s}/4{,}6\,\text{MHz} = 0{,}63\,(\text{bit/s})/\text{Hz}$ (netto, maximal drei Spreizcodes für einen Teilnehmer und Coderate $1/2$), (Toskala 2004, Tab. 6.3)

Lösung 9.38

(1) f; (2) Mehrwegediversität; (3) f; (4) das SNR; (5) r; (6) r; (7) Chip; (8) f; (9) r; (10) die Zeitlagen

Lösung 9.39

Zum Spreizfaktor 128 existieren genau 128 OVSF-Codes. Durch den Datendienst mit Spreizfaktor acht werden davon für die Sprachübertragung 1/8 blockiert. Somit bleiben $7 \cdot 128/8 = 112$ Sprachkanäle.

Lösung 9.40

a) Durch Spreizen („spreading") mit OVSF-Codes werden die Kanäle (Nutzer, Dienste) adressiert und ihre jeweiligen Datenraten an den Chiptakt angepasst.

b) Durch Verwürfeln („scrambling") mit den spezifischen PN-Folgen im Chiptakt wird
   eine gleichmäßige spektrale Verteilung des Funksignals erzwungen. Durch die spezifischen PN-Folgen sind die Basisstationen und die Endgeräte eindeutig identifizierbar.

Lösung 9.41

Wir schätzen zunächst das SNR ab. Mit der angenommenen perfekten Leistungssteuerung
werden alle K Teilnehmersignale mit der gleichen Leistung S_0 empfangen. Im Nenner
steht deshalb für die Störung die Summe aus den Leistungen der $K - 1$ interferierenden
Signale plus der Leistung des unvermeidlichen additiven Rauschens. Im Zähler erhalten
wir die Empfangsleistung, die nach dem Entspreizen mit dem Prozessgewinn verstärkt ist:

$$\frac{S}{N} = \frac{S_0 \cdot G_P}{S_0 \cdot (K - 1) + N_r}.$$

Da das System bei maximaler Kapazität betrieben wird, also mit K_{max} interferenzbegrenzt
ist, dürfen wir das additive Rauschen vernachlässigen:

$$\frac{S}{N} = \frac{G_P}{K_{max} - 1}.$$

Es bleibt noch die Umformung auf die Bitenergie E_b. Mit Energie gleich Leistung mal Zeit
erhalten wir $E_b = S \cdot T_b$. Aus $N \cdot T_b$ wird mit dem reziproken Zusammenhang von Bitdauer T_b und Bandbreite B zunächst N/B also die effektive Rauschleistungsdichte $N_{0,eff}$.
Somit ergibt sich

$$\frac{E_b}{N_{0,eff}} = \frac{G_P}{K_{max} - 1}.$$

Auflösen nach K_{max} führt auf die Abschätzung der zellularen Funkkapazität in Abschn. 9.4.3.5.

Lösung 9.42
Leistungsbilanz und Funkreichweite

a) Zulässige Ausbreitungsdämpfung (s. Abschn. 9.4.3.4)

Sendeleistung	24 dBm
Gesamtleistung der Störung	$-108\,\text{dBm} + 5\,\text{dB} + 6\,\text{dB} = -97\,\text{dBm}$
RXLEV	$1\,\text{dB} - 14\,\text{dB} + (-97\,\text{dBm}) = -110\,\text{dBm}$
Verluste	$15\,\text{dB} + 2\,\text{dB} + 4\,\text{dB} + 4\,\text{dB} = 25\,\text{dB}$
Gewinne	$2\,\text{dB} + 18\,\text{dB} + 2\,\text{dB} = 22\,\text{dB}$

Zulässige Ausbreitungsdämpfung

$$L_{dB} \leq -(-110\,\text{dBm}) + 24\,\text{dBm} - 25\,\text{dB} + 22\,\text{dB} = 131\,\text{dB}$$

b) Funkreichweite

$$d_{max} = 10^{(131-38,5)/30}\,\text{m} \approx 1212\,\text{m}$$

Lösung 9.43

(1) f; (2) CIR; (3) r; (4) r; (5) f; (6) 128, 246; (7) ein Interferenzmanagement; (8) Soft Handover, Softer Handover; (9) f; (10) r; (11) f; (12) f

Lösung 9.44

a) Möglichst große (Spitzen-)Bitrate und möglichst kleiner Round-trip-Delay
b) (i) Jedem Teilnehmer/Dienst sollten die Funkressourcen nach momentanem Bedarf und Kanalqualität zugewiesen werden. Je vordringlicher die Nachricht und je größer die Kanalqualität (Kapazität), umso eher sollten die Funkressourcen zugewiesen werden. (ii) Die Maximierung des Zellendurchsatzes kommt allen Teilnehmern bei fairer Ressourcenzuteilung zugute.

Lösung 9.45

(1) f; (2) r; (3) HARQ, Turbo; (4) r; (5) 64-QAM; (6) MIMO, des Raummultiplex; (7) „dual-carrier/dual cell" (DC), der Kanalbündelung; (8) r; (9) f; (10) r

Lösung 9.46
S. Abb. 9.60

Lösung 9.47
Das Hidden-station- und Exposed-station-Problem wird durch virtuelle Reservierung entschärft (s. Abb. 9.61). Bevor eine Station bei freiem Medium einen langen Funkrahmen sendet, wird erst eine kurze Anforderung (RTS) geschickt. Die Anforderung enthält die Länge des geplanten Funkrahmens (Dauer der Übertragung). Die Zielstation sendet eine Freigabe (CTS) zurück. Sie enthält ebenfalls die Länge. Alle anderen Stationen im Funkbereich des Senders und Empfängers erhalten somit die Angabe der Dauer der Übertragung und können für diese Zeit ihre Sender sperren (NAV).

Die Folgen möglicher Kollisionen werden dadurch entschärft, dass die Wahrscheinlichkeit von Kollisionen in langen Informationsrahmen reduziert wird. Wird ein langer Informationsrahmen gestört, belegt die Übertragungswiederholung das Funkmedium nochmals entsprechend lang.

Lösung 9.48
Bei einem WLAN mit AP kann der Medienzugriff über die Vergabe von Sendeberechtigungen durch den AP erfolgen (hierarchisches Polling). Dadurch werden Kollisionen vermieden.

Wollen zwei Stationen gegenseitig Informationen austauschen, so ist dies jedoch nur über den AP möglich, was zur doppelten Belegung des Funkmediums und damit zum halben Durchsatz führt.

Weil der AP einen zentralen Zeittakt vorgibt, kann der Medienzugriff dezentral über eine Countdown-Methode gesteuert werden. Das heißt, bei freiem Medium können die

Stationen je nach Priorität der Anforderung früher (hohe Priorität) oder später (niedrige Priorität) senden. Damit ist sogar die Koexistenz eines kollisionsfreien Zugriffs im PCF-Modus ohne und eines Zugriffs mit Wettbewerb im DCF-Modus möglich.

Lösung 9.49

(1) r; (2) f; (3) f; (4) f; (5) f; (6) r; (7) f; (8) r; (9) r; (10) r; (11) r; (12) f; (13) r; (14) Polling-Verfahren; (15) Kollisionen; (16) Extended Service Set"; (17) 50 %; (18) ISM, 2,4, 5

Lösung 9.50

a) Zum Vergleich der Funkreichweiten benutzen wir das vereinfachte Modell der Frei-raumausbreitung. Eventuelle Antennengewinne werden im Empfänger konservativ ver-nachlässigt, ferner unberücksichtigt bleiben alle weiteren Verluste. Für IEEE 802.11a setzen wir konservativ die Frequenz auf die obere Bandgrenze 5,35 GHz bzw. für IEEE 802.11 auf 2,48 GHz.

Die maximal zulässige Freiraumdämpfung $L_{0,max}$ berechnen wir nach Abschn. 9.1.3.3.

Übertragungsverfahren	DSSS	OFDM	
Frequenz	2,48 GHz	5,35 GHz	
Bitrate (brutto)	1 Mbit/s	6 Mbit/s	54 Mbit/s
Sendeleistung	20 dBm	20 dBm	20 dBm
Empfängerempfindlichkeit	−94 dBm	−82 dBm, −5 dB	−65 dBm, −5 dB
$L_{0,max}$	114 dB	107 dB	90 dB
Frequenzabhängiger Dämpfungs-anteil und Offset	40,4 dB	47,1 dB	
Entfernungsabhängiger Dämpfungsanteil (maximal)	73,6 dB	59,9 dB	42,9 dB
Maximale Entfernung mit Dämpfungsexponent zwei	4786 m	989 m	140 m

Da das Modell sehr stark vereinfacht ist, sollten v. a. die relativen Funkreichweiten interpretiert werden. Mit der Bitrate 1 Mbit/s (DSSS) als Referenz ergeben sich für die Bitraten 6 und 54 Mbit/s (OFDM) die relativen Werte von etwa 21 bzw. 3 %.

b) Die Ergebnisse lassen für die Praxis eine starke Abhängigkeit der erzielbaren Daten-raten vom Funkfeld erwarten. Es sollten für die Übertragung günstigen Plätze gewählt werden.

Für den Betrieb von WLAN-Netzen ist es wichtig, Befehle und Meldungen mit größter Reichweite/Robustheit zu übertragen, d. h. bei OFDM-Übertragung mit der BPSK-Modulation bzw. mit DSSS bei nur 1 Mbit/s. So können alle Geräte in Funkreichweite durch den AP koordiniert werden.

Lösung 9.51

a), b) Der Kapazitätszuwachs von etwa 54 Mbit/s auf 600 Mbit/s beruht im Wesentlichen auf der Ausweitung des Frequenzbands von 20 auf 40 MHz und Anwendung des Raummultiplex durch die MIMO-Technik. Die Verwendung von HT-OFDM spielt dabei nur eine relativ kleine Rolle.

Bei den angegebenen Bitraten handelt es sich um rechnerische Spitzenwerte. In der Praxis sind je nach Situation mehr oder weniger große Abweichungen zu erwarten.

c) Der Forderung nach 6 dB mehr Empfangsleistung steht bei gleichbleibender Störung durch Rauschen gemäß dem Modell der Freiraumausbreitung eine Halbierung der Reichweite gegenüber.

Lösung 9.52

(1) Modulation, Redundanz/Coderate; (2) r (Tab. 9.14, Radius 14 %); (3) Nullträger, Pilotträger, Datenträger; (4) f; (5) $F \cdot T = 1$; (6) f (zuzüglich Schutzintervall, 3,6 bzw. 4 µs); (7) f (Schutzintervall $\to$ Nachbarzeicheninterferenzen, Schutzbänder (Nullträger) $\to$ Nachbarfrequenzstörungen (Außerbandstrahlung)); (8) f (Kanaleigenschaften); (9) 70 dBm; (10) 5/6, 256-QAM; (11) MIMO, Sendeantennen, Empfangsantennen, Datenkanälen (-strömen); (12) der Strahlformung, dem Raummultiplex

9.7 Abkürzungen und Formelzeichen

Abkürzungen

AB	Access Burst $\to$GSM
ACK	Acknowledgement
AGCH	Access Grant Channel
AMR	Adaptive Multi-Rate [codec]
ANSI	American National Standards Institute
AP	Access Point
ARIB	Association of Radio Industries and Businesses
ASIC	Application-Specific Integrated Circuit
AUC	Authentification Center
AWGN	Additive White Gaussian Noise
BCCH	Broadcast Control Channel
BER	Bit Error Rate
BfS	Bundesamt für Strahlenschutz
BImSchG	Bundes-Imissionsschutzgesetzverordnung

BPSK	Binary Phase-Shift Keying
BS	Base Station
BSC	Base Station controller
BSI	Bundesamt für Sicherheit in der Informationstechnik
BSS	Base Station Subsystem
BTS	Base Transceiver Station
CBCH	Cell Broadcast Channel
CCA	Clear Channel Assessment
CCCH	Common Control Channel
CCH	Control Channel
CDMA	Code Division Multiple Access
CELP	Code Exited Linear Prediction [encoder]
CEPT	Conférence Européen des Administrations des Postes et des Télécommunications
CPC	Continuous Packet Connectivity
CPU	Central Processing Unit
CQI	Channel Quality Information
CRC	Cyclic Redundancy Check [Code]
CSD	Circuit Switching Domain
CSCF	Call Session Control Function
CSn	Coding Scheme n
CSn	Carrier Switched n
CSD	Circuit Switched Data
CTS	Clear to Send [frame]
DC	Dual Carrier/Dual Cell
DCH	Dedicated Channel
DCCH	Dedicated Control Channel
DCF	Distributed Coordination Function
DCS	Digital Communication System (Digital Cellular System)
DIFS	Distributed Coordination Function Inter-Frame Spacing
DL	Downlink
DMF	Deutsches Mobilfunk Forschungsprogramm
3G	Dritte Generation („third generation")
3GPP	3G Partnerschaftsprojekt (3G Partnership Project)
DPCCH	Dedicated Physical Control Channel
DPDCH	Dedicated Physical Data Channel
DSCH	Downlink Shared Channel
DSL	Digital Subscriber Line
DSP	Digital Signal Processor
DSSS	Direct Sequence Spread Spectrum
DTCH	Data Traffic Channel
DTX	Discontinuous Transmission

ECSD	Enhanced Circuit Switched Data
EDGE	Enhanced Data Rates for GSM Evolution
E-DCH	Enhanced Dedicated Channel
EDR	Enhanced Data Rate
EFR	Enhanced Full-Rate [Codec]
EGPRS	Enhanced GPRS
EMF	Elektromagnetische Felder
EIFS	Extended Inter-Frame Spacing
EIR	Equipment Identification Register
EIRP	Equivalent Isotropic Radiated Power
ESS	Extended Service Set
ETSI	European Telecommunications Standards Institute
EUL	Enhanced Uplink
FACCH	Fast Associated Control Channel
FACH	Forward Access Channel
FCB	Frequency Correction Burst
FCS	Frame Check Sequence
FDD	Frequency Division Duplex
FER	Frame Error Rate
FFT	Fast Fourier Transform
FH	Frame Header
FHSS	Frequency Hopping Spread Spectrum
FR	Full Rate
GERAN	GSM/EDGE RAN
GGSN	Gateway GPRS Support Node
GI	Guard Interval
GMSC	Gateway Mobile Switching Center
GMSK	Gaussian Minimum-Shift Keying
GPRS	General Packet Radio Service
GR	GPRS Register
GSM	Global System for Mobile Communications
GSN	GPRS Support Node
GSS	GPRS Switching Subsystem
GTP	GPRS Tunnel Protocol
HARQ	Hybrid Automatic Repeat Request
HIPERLAN	High Performance Local Area Network
HLR	Home Location Register
HR	Half Rate
HSCSD	High-Speed Circuit Switched Data
HSPA	High-Speed Packet Access
HSDPA	High-Speed Downlink Packet Access
HSUPA	High-Speed Uplink Packet Access

HSS	Home Subscriber Server
HT-OFDM	High Throughput Orthogonal Frequency Division Multiplexing
IBSS	Independent Basic Service Set
ICCI	Integrated Circuit Card Identifier
ID	Identity
IEEE	Institute of Electrical and Electronics Engineers
IFFT	Inverse Fast Fourier Transform
IFS	Inter-Frame Spacing
IMEI	International Mobile Station Equipment Identity
IMS	Internet Protocol Multimedia Subsystem
IMSI	International Mobile Subscriber Number
IP	Internet Protocol
ISI	Intersymbol Interference
ISM	Industrial, Scientific and Medical
ITU	International Telecommunication Union
IWMSC	Interworking Mobile Switching Center
LAC	Location Area Code
LAI	Local Area Identifier
LAN	Local Area Network
LE	Low Energy
LLC	Logical Link Control
LOS	Line of Sight
LTE	Long Term Evolution
MAC	Medium Access Control
MCC	Mobile Country Code
ME	Mobile Equipment
MGCF	Media Gateway Control Function
MGW	Media Gateway
MIMO	Multiple Input Multiple Output
MRC	Maximum Ratio Combiner
MS	Mobile Station
MSC	Mobile Switching Center
MSK	Minimum Shift Keying
NACK	Not Acknowledgement
NAV	Network Allocation Vector
NOM	Network Operation Mode
nrt	Not Real Time
NRZ	Non-Return to Zero
NSS	Network Subsystem
OFDM	Orthogonal Frequency Division Multiplexing
OMC	Operation and Maintenance Center
OVSF	Orthogonal Spreading Factor

PACCH	Packet Access Control Channel
PAGCH	Packet Access Grant Channel
PBCCH	Packet Broadcast Control Channel
PCCCH	Packet Common Control Channel
PCCPCH	Primary Common Control Physical Channel
PCF	Point Coordination Function
PCU	Packet Control Unit
PCH	Paging Channel
PDTCH	Packet Data Traffic Channel
PHY	Physical Layer
PIFS	PCF Inter-Frame Spacing
PIN	Personal Identity Number
PN	Pseudo Noise
PDCH	Packet Data Channel
PDCP	Packet Data Convergence Protocol
PDN	Packet Data Network
PDSCH	Physical Downlink Shared Channel
PR	Protected
PRACH	Packet Random Access Channel
PSD	Packet Switching Domain
PSK	Phase Shift Keying
PTCH	Packet Traffic Channel
PUK	PIN Unblocking Key
QAM	Quadraturamplitudenmodulation
QoS	Quality of Service
QPSK	Quarternary Phase Shift Keying
rt	Real Time
RACH	Random Access Channel
RAN	Radio Access Network
RAND	Random Number
RELP	Residual Excitation Linear Prediction [encoder]
RLC	Radio Link Control
RNC	Radio Network Controller
RNr	Rahmennummer
RRC	Radio Resource Control
RSS	Radio Subsystem
RTP	Real Time Protocol
RTS	Request to Send
RXLEV	Empfängereingangspegel
RXQUAL	Qualitätsindikator im Empfänger
SAR	Spezifische Absorptionsrate
SACCH	Slow Associated Control Channel

SB	Synchronization Burst
SCCPCH	Secondary Common Control Physical Channel
SCH	Synchronization Channel
SDCCH	Standalone Dedicated Control Channel
SGSN	Serving GPRS Support Node
SID	Silence Descriptor
SIFS	Short Inter-Frame Spacing
SIG	Special Interest Group
SIM	Subscriber Identity Module
SMS	Short Message Service
SNR	Signal-to-Noise Ratio
SRES	Signed Response
SSS	Switching Subsystem
TA	Timing Advance
TAI/IS-95	Telecommunication Industry Association/Interim Standard 1995
TB	Transportblock
TBS	TB-Set
TCH	Traffic Channel
TCP	Transport Control Protocol
TDD	Time Division Duplex
TDMA	Time Division Multiple Access
TF	Transport Format
TFCI	Transport Format Combination Indicator
TFS	Transport Format Set
TK	Telekommunikation
TMSI	Temporary Mobile Subscriber Identity
TPC	Transmission Power Control
TTA	Telecommunication Technology Association
TTC	Telecommunication Technology Committee
TTI	Transmission Time Interval
UE	User Equipment
UL	Uplink
UMTS	Universal Mobile Telecommunication System
UPR	Unprotected
USF	Uplink State Flags
UTRAN	UMTS Terrestrial Radia Access Network
VAD	Voice Activity Detection
VHT-OFDM	Very High Throughput Orthogonal Frequency Division Multiplexing
VLR	Visitors Location Register
WAP	Wi-Fi Protected Access
WCDMA	Wideband Code Division Multiple Access
WEP	Wired Equivalent Privacy

WLAN   Wireless Local Area Network
WMAN   Wireless Metropolitan Network
WPAN   Wireless Personal Area Network
WARC   World Administrative Radio Conference

Formelzeichen

α	Einfallswinkel
B_{neq}	Äquivalente Rauschbandbreite
c, c_0	Lichtgeschwindigkeit, Vakuumlichtgeschwindigkeit
c_i	Kanalkoeffizient, i-ter
d	Abstand
dB	Dezibel (logarithmisches Maß), oft kurz für das Pegelmaß dB(W) bezüglich 1 W
dBm	kurz für das Pegelmaß dB(mW) bezüglich 1 mW
f	Frequenz
k	Boltzmann-Konstante
λ	Wellenlänge
C/I	Verhältnis der Leistungen von Nutzanteil („channel") und Interferenz
E_b	Bitenergie
F	Unterträgerabstand
G	(Antennen-)Gewinn
G_P	Prozessgewinn
γ	Ausbreitungsdämpfungsexponent
I	Inphasekomponente, Normalkomponente
$\log_{10}(.)$	Logarithmus zur Basis 10
L_0	Freiraumdämpfung
N	Rauschleistung
N_0	Rauschleistungsdichte
P	Leistung
Q	Quadraturkomponente
R_b	Bitrate
$RXLEV$	Empfangspegel
$RXLEV_{min}$	Empfängerempfindlichkeit
SNR	Signalleistung-zu-Rauschleistungs-Verhältnis
T, T_G, T_T	Kernsymboldauer, Schutzintervall, totale Symboldauer
T	Temperatur
τ	Laufzeit
T_b, T_c	Bitdauer/-intervall, Chipdauer/-intervall
v	Geschwindigkeit

Literatur

Ahlers E. (2008) „Netz-Antrieb. Handreichungen für den schnellen Netzverkehr". Magazin für Computertechnik. c't 2008/20, S 114–117

Ahlers E., Labs L. (2016) „Netzerweiterung. Zehn WLAN-Repeater stopfen Funklöcher." Magazin für Computertechnik. c't 2016/6, S 92–94, 96, 98, 99

Behzad A. (2008) Wireless LAN Radios. System Definition to Transistor Design. Hoboken, NJ, John Wiley & Sons

BfS (2008) Ergebnisse des Deutschen Mobilfunk Forschungsprogramms. Bewertung der gesundheitlichen Risiken des Mobilfunks (Stand 15.05.2008). Bundesamt für Strahlenschutz, Fachbereich Strahlenschutz und Gesundheit

BImSchV (4.4.2015) 26. Verordnung zur Durchführung des Bundes-Immisionsschutzgesetzes (Verordnung über elektromagnetische Felder). Verfügbar unter http://www.gesetze-im-internet.de/bundesrecht/bimschv_26/gesamt.pdf

Bundesnetzagentur (08.04.2015) Verfügbar unter http://emf3.bundesnetzagentur.de/karte/Default.aspx

Eberspächer J., Vögel H.-J., Bettstettert C., Hartmann Ch. (2009) GSM – Architecture, Protocols and Services. 3rd ed., Chichester, West Sussex, UK, John Wiley & Sons

Ericsson (2016) Ericsson Mobility Report 2015. http://www.ericsson.com/res/docs/2015/ericsson-mobility-report-june-2015.pdf. Zugegriffen: 29. Februar 2016.

Furuskär A., Näslund J., Olofsson H. (1999) Aspects of Introducing EDGE in Existing GSM Networks. Ericsson Review, 1, 28–37

Hansen S., Zota V. (2005) „Mediale Grundversorgung. Audio-Video-Heimnetz in der Praxis." Magazin für Computertechnik. c't 18/05, S 92–95

Haykin S., Moher M. (2005) Modern Wireless Communications. Upper Saddle River, NJ: Pearson Prentice Hall

Höher P.A. (2013) Grundlagen der digitalen Informationsübertragung. Von der Theorie zu Mobilfunkanwendungen. 2. Aufl., Wiesbaden, Springer Vieweg

Holma H., Honkasalo Z.-C., Hämäläinen S., Laiho J., Sipilä K., Wacker A. (2004) Radio Network Planing. Holma H. and Toskala A. (Ed.) WCDMA for UMTS. 3rd ed., Chichester, UK, Wiley, S 185–230

Holma H., Muszynski P. (2006) Introduction to WCDMA. Holma H. and Toskala A. (Ed.) WCDMA for UMTS. 3rd ed., Chichester, UK, Wiley, S 47–60

Holma H., Toskala A. (Ed.) (2004) WCDMA for UMTS. Radio Access for Third Generation Mobile Communications. 3rd ed., Chichester, UK, Wiley

Holma H., Toskala A. (Ed.) (2006) HSDPA/HSUPA for UMTS. High Speed Radio Access for Mobile Communications. Chichester, UK, Wiley

Kammeyer K.-D. (2008) Nachrichtenübertragung. 4. Aufl., Wiesbaden, Vieweg+Teubner

Lüders C. (2001) Mobilfunksysteme. Grundlagen, Funktionsweisen. Planungsaspekte. Würzburg, Vogel Buchverlag

Lüders C. (2007) Lokale Funknetze. Wireless LANs (IEEE 802.11), Bluetooth, DECT. Würzburg, Vogel Buchverlag

Prasad R., Ojanperä T. (1998) An Overview of CDMA Evolution toward Wideband CDMA. IEEE Communications Surveys 1(1):2–29

Rappaport T.S. (2002) Wireless Communications. Principles and Practice. 2nd ed., Upper Saddle River, NJ, Prentice-Hall

Rech J. (2012) Wireless LANs. 802.11-WLAN-Technologie und praktische Umsetzung im Detail. 4. Aufl., Hannover, Heise Zeitschriften Verlag

Sauter M. (2015) Grundkurs Mobile Kommunikationssysteme. UMTS, HSDPA und LTE, GSM, GPRS, Wireless LAN und Bluetooth. 6. Aufl., Wiesbaden, Springer Vieweg

Shannon C.E. (1948) A mathematical theory of communication. Bell Sys Tech J 27:379–423, 623–656

Toskala A. (2004) Physical Layer. Holma H. and Toskala A. (Ed.) WCDMA for UMTS. 3rd ed., Chichester, UK, Wiley, S 99–148

Toskala A., Holma H., Lehtinen O. und Väätäjä H. (2004) UTRA TDD Modes. Holma H. and Toskala A. (Ed.) WCDMA for UMTS. 3rd ed., Chichester, UK, Wiley, S 411–432

Werner M. (1991) Modellierung und Bewertung von Mobilfunkkanälen. Dissertation, Technische Fakultät der Universität Erlangen-Nürnberg, Erlangen

Weiterführende Literatur

Ahlers E. (2016) „Funk-Übersicht. WLAN-Wissen für Gerätewahl und Fehlerbeseitigung". Magazin für Computertechnik. c't 2015/15, S 178–181

Chaudet C., Dhoutaut D., Lassous I.G. (2005) „Performance Issues with IEEE 802.11 in Ad Hoc Networking." IEEE Communications Magazine 43(7):110–116

Dahlman E., Parkvall S., Sköld J. (2011) 4G LTE/LTE-Advanced for Mobile Broadband. Oxford, UK, Academic Press

Gessler R., Krause T. (2008) Wireless-Netzwerke für den Nahbereich. Grundlagen, Verfahren, Vergleich, Entwicklung. Wiesbaden, Vieweg+Teubner

Holma H., Reunanen J., Chan L., Mogensen P., Pedersen K., Horneman K., Vihriälä J. und Juntti M. (2004) Physical Layer Performance. Holma H. and Toskala A. (Ed.) WCDMA for UMTS. 3rd ed., Chichester, UK, Wiley, S 347–410

Rappaport T.S. (1996) Wireless Communications. Principles and Practice. Upper Saddle River, NJ, Prentice-Hall

Rupp M., Caban S., Mehlführer C., Wrulich M. (2011) Evaluation of HSDPA and LTE. From Testbed Measurements to System Level Performance. Chichester, UK, Wiley

Sauter M. (2014) From GSM to LTE-Advanced. An Introduction to Mobile Networks and Mobile Broadband. 2nd ed., Chichester, West Sussex, UK, John Wiley & Sons

Sesia S., Toufik I., Baker M. (2011) LTE. The UMTS Long Term Evolution. 2nd ed., Chichester, UK, Wiley

UMTSWorld (2003) WCDMA Link Budget. http://www.umtsworld.com/technology/linkbudget.htm. Zugegriffen: 9. März 2016

Živadinović D. (2016) Funk-Optimierung. WLAN im ganzen Haus: die Grundlagen. Magazin für Computertechnik. c't 2016/6, S 86–87

Živadinović D., Ahlers E. (2016) Drahtlos Expandieren. Wege zur Reichweitensteigerung von WLANs. Magazin für Computertechnik. c't 2016/6, S 88–91

Živadinović D. (2016) WLAN ohne Router. Ad-hoc-Dateiübertragung und Repeater-Funktion mit WiFi Direct. Magazin für Computertechnik. c't 2016/6, S 100–102, 104

Sachverzeichnis

© Springer Fachmedien Wiesbaden GmbH 2017
M. Werner, *Nachrichtentechnik*, DOI 10.1007/978-3-8348-2581-0

Printed in the United States
By Bookmasters